GRUNDWISSEN BAU

TECHNOLOGIE – TECHNISCHE MATHEMATIK – TECHNISCHES ZEICHNEN – COMPUTERTECHNIK

Von
Dipl.-Ing. Balder Batran
Dipl.-Ing. Herbert Bläsi
Dipl.-Gewl. Volker Frey
Gewl. Klaus Hühn
Dr. rer. nat. Klaus Köhler
Dipl.-Gewl. Eduard Kraus
Dipl.-Gewl. Günter Rothacher
Dipl.-Ing. Eugen Sonntag

10., durchgesehene und verbesserte Auflage

Mit vielen Versuchen und Aufgaben,
zahlreichen mehrfarbigen Abbildungen
und einem Tabellenanhang

HANDWERK UND TECHNIK – HAMBURG

VORWORT

Das vorliegende Fachbuch vermittelt das **Grundwissen des 1. Ausbildungsjahres** in den Fächern **Technologie, Technische Mathematik, Technisches Zeichnen** und **Computertechnik** für Hochbau-, Tiefbau- und Ausbauberufe. Die Inhalte dieser Fächer berücksichtigen die Lernziele der **Rahmenlehrpläne des Bundes und der Länder.**

Mit diesem Werk wurde versucht, nur das nach den Lehrplänen **unbedingt Erforderliche** aufzunehmen und dies in **einfacher Sprache** darzubieten. Besondere Sorgfalt wurde der **Veranschaulichung** gewidmet. Die erläuternden Abbildungen sind jeweils neben dem zugehörigen Text angeordnet, dadurch wird größere **Schülernähe** erreicht. Die zusätzliche **Strukturierung der Inhalte** durch entsprechende Farbgebung, die unter didaktischen und methodischen Gesichtspunkten entwickelten farbigen **Abbildungen** und die zahlreichen **aktuellen farbigen Fotos** steigern die **Motivation** und tragen zu einem verbesserten **Lernerfolg** wesentlich bei.

Hinweise zur **Arbeitssicherheit,** zur **Schadenverhütung** und zum **Umweltschutz** werden durch besondere Symbole **einprägsam hervorgehoben.**

Durch die inhaltliche Beschränkung konnten die Teile Technologie, Technische Mathematik, Technisches Zeichnen und Computertechnik zusammengebunden werden. Dies führt für den Benutzer zu einem **erheblichen Preisvorteil.** Der **aktuelle Stand von Technik und Normung** ist berücksichtigt.

Die Verfasser

VORWORT ZUR 10. AUFLAGE

Dank zahlreicher Anregungen aus dem Benutzerkreis konnten in der **10. Auflage** weitere **Verbesserungen** eingebracht werden. Die neuesten **Entwicklungen von Technik und Normung** wurden ebenso berücksichtigt wie neue Lehrpläne. Wir danken allen, die durch Hinweise und Vorschläge beigetragen haben.

Stuttgart, im Sommer 1998

Die Verfasser

HINWEISSYMBOLE

Unfallgefahr!

Gefahr durch schädliche Stoffe!

Gefahr für das Bauwerk!

Gefahr durch elektrischen Strom!

Umweltschutz

ISBN 3.582.03500.X

Die Normblattangaben werden wiedergegeben mit Erlaubnis des DIN Deutsches Institut für Normung e.V. Maßgebend für das Anwenden der Norm ist deren Fassung mit dem neuesten Ausgabedatum, die bei der Beuth Verlag GmbH, Burggrafenstraße 4–10, 10787 Berlin, erhältlich ist.

Verlag Handwerk und Technik G.m.b.H., Lademannbogen 135, 22339 Hamburg
Postfach 630500, 22331 Hamburg – 1998

Gesamtherstellung: Universitätsdruckerei H. Stürtz AG, Würzburg

öko Papier aus chlorfrei gebleichten Faserstoffen

TECHNOLOGIE

TECHNISCHE MATHEMATIK

TECHNISCHES ZEICHNEN

COMPUTERTECHNIK

TECHNOLOGIE

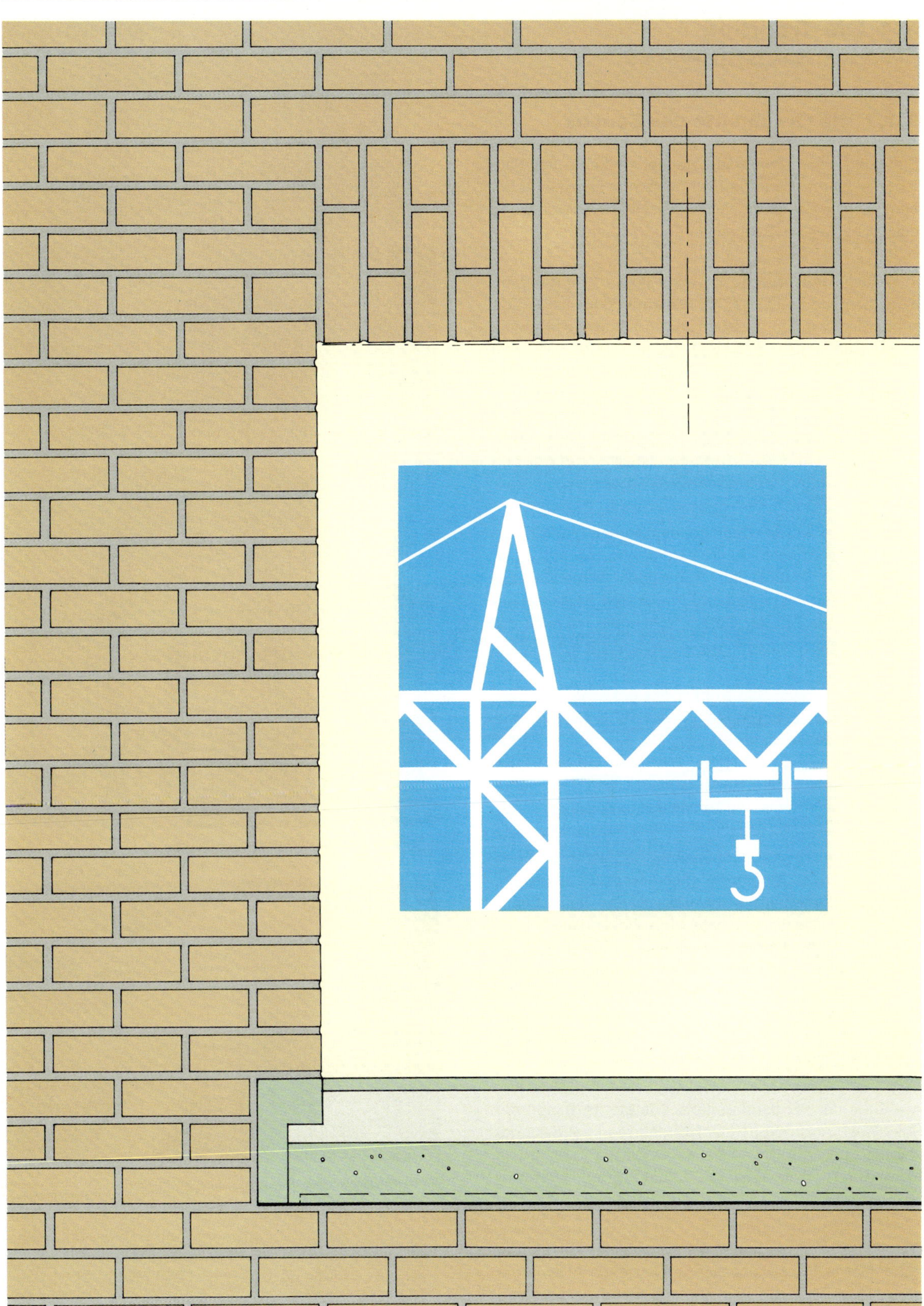

1 Grundlagen des Baugeschehens

1.1 Die Tradition des Bauhandwerks

1.1.1 Die Geschichte des Bauens

Staunend und bewundernd stehen wir heute vor Bauten, die Jahrhunderte und Jahrtausende überdauert haben. Sie sind Zeugnisse des technischen Wagemuts und der Tüchtigkeit der Baumeister und Bauhandwerker.

In Deutschland begann um etwa 800 n. Chr. die erste eigenständige Bauweise, die **Romanik** (800–1250). Vorzugsweise wurden Klöster und Kirchen gebaut, die durch Rundbögen, wuchtige Mauern und wehrhafte Türme gekennzeichnet sind. Eine erste Entfaltung des Bauhandwerks ist festzustellen. Es entwickelt sich ein freies, städtisches Handwerkertum, das sein Ansehen durch den Zusammenschluss in **Zünften** (Gilden, Bruderschaften, Innungen) zu wahren wusste. Zunftzeichen und Zunftkleidung waren äußere Kennzeichen.

Im Mittelalter wurden dann bei den Domen und Kirchen mehr die senkrechte Linie betont, Wände aufgelöst, Fenster und Portale mit Spitzbögen versehen und Kreuzgewölbe auf gegliederte Pfeiler und Säulen abgestützt. In diese Zeit der **Gotik** (1250–1530) fiel auch der Fachwerkbau.

Die bedeutsamsten Handwerker des gotischen Kirchenbaus waren die Steinmetzen, die sich in Verbänden, den **Bauhütten**, zusammenschlossen. Die Bauhütten, die bei Dombauten (Straßburg, Köln) betrieben wurden, führten und lehrten die „Hüttengeheimnisse", das handwerkliche, technische und künstlerische Wissen.

Im Spätmittelalter trat dann gleichbedeutend neben den Kirchenbau der Profanbau (Schlösser, Stadtanlagen, Rat- und Bürgerhäuser). Wurde in der **Renaissance** (1530–1600) die waagerechte Linie besonders betont, bevorzugte die **barocke Baukunst** (1600–1800) geschwungene und lebhafte Formen. Der Innenraum wurde durch Stuck und Farbe belebt. So erforderte das Entstehen barocker Bauwerke das Zusammenwirken vieler Berufe: Maurer, Stuckateur, Maler, Bildhauer, Glaser, Zimmerer, Stellmacher, Schreiner.

Am Ende des 18. Jahrhunderts erfolgte im Bauen ein Stilwandel. Anknüpfungspunkte fand man bei der griechischen und römischen Baukunst. In der Epoche des **Klassizismus** (1800–1850) wurde die Form der Bauwerke durch eine strenge, klare Gliederung bestimmt.

Das 19. Jahrhundert mit seiner **technischen Revolution** hatte auch auf das Bauwesen umwälzende Auswirkungen. Neue Baustoffe wie Zement, Beton, Stahl- und Spannbeton und die Einsicht für die Eigenart und die richtige Anwendung dieser Materialien führten zu neuen Konstruktionen und Bauformen.

Historische Bauten (Dom zu Erfurt)

Barocke Baukunst (Würzburger Residenz)

Moderne Baukunst (Kongresshalle in Berlin)

Art und Charakter der Bauwerke änderten sich mit der Entwicklung der Kultur und Technik.

Materialgefühl und werkgerechtes Ausführen waren in allen Bauepochen Voraussetzungen bauhandwerklichen Schaffens.

1.1.2 Erhaltenswerte Bausubstanz

In den letzten vier Jahrzehnten haben sich in unseren Städten und Orten Veränderungen eingestellt, die zum Abbruch alter Häuser führten. Der erfolgte Neubauboom, häufig verbunden mit „Flächensanierungen“, hatte die Zerstörung ganzer Stadtteile und ihrer gewachsenen sozialen Strukturen zur Folge. Hand in Hand mit dieser Entwicklung ging auch wertvolle handwerkliche Tradition im Umgang mit alter Bausubstanz verloren. In den letzten Jahren ist ein Sinneswandel eingetreten und es wächst das Bewusstsein für den Wert alter Bauwerke und deren Erhaltung. Jedoch können nicht immer Neubauerfahrungen ohne weiteres auch auf die Altbauinstandsetzung übertragen werden. Es muss deshalb **traditionellen Handwerkstechniken** wieder stärkere Beachtung beigemessen werden.

So ist die Kunst, **Gewölbe** zu bauen, heute nahezu verloren gegangen. Umso wichtiger ist es, die Gewölbe, die es noch gibt, zu erhalten. Zur Ausführung von Gewölbebögen gehören Erfahrung, eingehende Kenntnis und Verständnis für die statischen Verhaltensweisen.

Auch im Zuge der Sanierung von **Fachwerkhäusern** wird beispielsweise der Instandsetzung von Lehmgefachen besondere Aufmerksamkeit gewidmet. Ein kritischer Punkt ist hierbei die Fuge zwischen Lehm und Holz. Die meisten Schäden an Fachwerkwänden mit Lehmausfachung entstehen durch handwerklich falsches Vorgehen mit ungeeigneten Materialien.

Die natürlichen Materialvorkommen der Umgebung des Hauses lieferten früher auch den Baustoff für die **Dachhaut**. So wurde in Gegenden mit langfaserigem Weichholz dieses als Schindelholz verwendet. In anderen Gegenden wurden geeignete Natursteine (Schiefer) eingesetzt. In Norddeutschland bildeten Stroh oder Reet die Dachhaut. Bei der Instandsetzung solcher Dächer sind unbedingt die materialspezifischen Besonderheiten zu beachten.

Saniertes Fachwerkhaus

1.1.3 Handwerkliches Brauchtum

Wohl in keinen anderen Berufen als den Berufen des Bauhandwerks sind die alten Bräuche in so ausgeprägter Weise bis in die heutige Zeit überliefert worden. Handwerkliches **Brauchtum** und **Traditionsbewusstsein** zeigen sich nicht zuletzt in der in unserer Zeit zu beobachtenden Wanderschaft der Handwerksgesellen. Nach feierlicher Lossprechung gehen die Gesellen in auffallender Kleidung auf die Wanderschaft, um neue Arbeitsweisen und Gebräuche anderer Länder kennen zu lernen.

Auch das noch allgemein übliche „Richtfest“ wird als altes Brauchtum in unserer Zeit gefeiert. Wenn das Haus durch den Zimmermann „gerichtet“ ist, also sich mit der Dachkonstruktion die Form des Hauses abzeichnet, befestigen die Zimmerer einen „Richtbaum“ oder eine „Richtkrone“. Ein Zimmerer verliest den „Richtspruch“, verbunden mit den besten Wünschen für das Haus und seine Bewohner.

Handwerksgesellen auf Wanderschaft

Pflege und Erneuerung alter Bauten mit wertvoller Bausubstanz sind heute eine wichtige Aufgabe.

Eine genaue Kenntnis des Aufbaus und der Eigenschaften der Altbaumaterialien und ihrer Verhaltensweise sind Grundlage für eine sachgerechte und schadensfreie Instandsetzung.

1.2 Die Bauberufe

1.2.1 Übersicht

Das Bauen ist für unsere Volkswirtschaft von großer Bedeutung. Der steigende Lebensstandard und die technische Entwicklung haben die Aufgaben der Bauindustrie und des Bauhandwerks erheblich ausgeweitet. Dazu gehören z.B. in dem Bereich der Industrie und der Verkehrserschließung: weit gespannte Hallen, Kraftwerke, Kläranlagen, Straßen, Brücken, Talsperren usw., in dem gesellschaftlich-kulturellen Bereich: neben dem Wohnungsbau Schulen, Bibliotheken, Museen, Freizeitzentren, Krankenhäuser, Altersheime, Sportstätten, Schwimmbäder usw.

Zur Erstellung solcher Gebäude ist eine große Zahl von Bauberufen mit ihren jeweiligen Spezialkenntnissen und -fertigkeiten erforderlich. Die Anforderungen sind groß, daher ist eine gute Grundausbildung notwendig.

Handwerkliche Fachverbandzeichen

1.2.2 Ausbildung im Berufsfeld

In der im Mai 1974 im Bundesgesetzblatt veröffentlichten „Verordnung über die Berufsausbildung in der Bauwirtschaft" ist die Ausbildung in Stufen festgelegt. Die Ausbildung erfolgt im Betrieb, in der Berufsschule und in überbetrieblichen Ausbildungsstätten.

Berufsausbildung und Weiterbildung im Berufsfeld Bautechnik (Übersicht)

Jahre	Bauplanung	Hochbau	Ausbau	Tiefbau		Stufe	Prüfung
7–6	**Meisterschule** (für Maurer, Zimmerer, Stuckateure, Fliesenleger usw.)		**Fachschule für Technik** (Bautechnik) (Schwerpunkte Hochbau, Tiefbau usw.)			Weiterbildung	**Staatl. gepr. Bautechniker oder Meisterprüfung**
5–3	Mindestpraxis 3 Jahre		Mindestpraxis 2 Jahre				
3–2	Bauzeichner	Maurer*); Beton- und Stahlbetonbauer*); Feuerungs- und Schornsteinbauer*)	Zimmerer; Beton- und Terrazzohersteller; Stuckateur; Fliesen-, Platten- und Mosaikleger; Estrichleger; Wärme-, Kälte-, Schallschutzisolierer/Isoliermonteur; Trockenbaumonteur	Straßenbauer; Rohrleitungsbauer; Kanalbauer; Brunnenbauer; Gleisbauer	Wasserbauwerker; Straßenwärter; Baustoffprüfer	Fachstufe II	**Abschlussprüfung** *Spezialausbildung*
2–1		Hochbaufacharbeiter	Ausbaufacharbeiter	Tiefbaufacharbeiter		Fachstufe I	**Zwischen- bzw. Abschlussprüfung** *Fachausbildung*
	Bauplanung	**Hochbau**	**Ausbau** mit Schwerpunktbildung	**Tiefbau**			
1	Oft als **Berufsfachschule Bau (BFB)** oder Berufsgrundbildungsjahr (BGJ) Die im ersten Ausbildungsjahr enthaltene praktische Grundausbildung kann in überbetrieblichen Ausbildungsstätten oder in den Werkstätten der beruflichen Schulen erfolgen. *) Werden künftig zum Ausbildungsberuf Maurer und Betonbauer zusammengefasst.					Grundstufe	**Zwischenprüfung** oder **Abschlussprüfung (BGS)** *Grundausbildung*

1.3 Zusammenwirken der Bauberufe

Die Erstellung eines Bauwerks erfordert die Mitarbeit einer Vielzahl verschiedener Fachkräfte und Berufssparten. Die Entwicklung der Technik hat die Anforderungen an die Bauberufe sehr stark verändert. Der Einsatz neuer Baustoffe und neuer Arbeitstechniken hat zu einer Spezialisierung der Bauberufe geführt, d.h., für bestimmte Tätigkeiten am Bau werden besonders ausgebildete Fachkräfte gefordert. Jeder Einzelne hat seine bestimmte Aufgabe und trägt seinen Anteil zum Ganzen bei. Dieser Vorgang muss reibungslos nach einem bestimmten Plan ablaufen. Die Bauhandwerker sind aufeinander angewiesen. So benötigen z.B. Bauklempner oder Maler für die Ausführungen ihrer Arbeiten das Gerüst des Maurers.

Neben der Bereitschaft zur Zusammenarbeit ist eine **sorgfältige** und **fachgerechte** Ausführung der Arbeiten eine Voraussetzung dafür, dass keine Nacharbeiten nötig sind. Die nachfolgenden Handwerker müssen sich auf die richtige Ausführung der Vorarbeiten verlassen können und ihrerseits darauf achten, keine Beschädigungen an bereits vorhandenen Bauteilen hervorzurufen. Arbeitssicherheitsvorschriften sind zu beachten.

Die Bauwirtschaft

Im Rahmen der Gesamtwirtschaft unseres Volkes spielt die Bauwirtschaft – Bauhandwerk und Bauindustrie – eine bedeutende Rolle. Eine große Zahl anderer Wirtschaftszweige hängt durch Zulieferung von Produkten aufs engste mit ihr zusammen.

Das **Bauhandwerk** setzt sich in der Hauptsache aus kleineren und mittleren Betrieben zusammen. Sie sind Mitglieder der Kreishandwerkerschaft, der zuständigen Handwerkskammer und sind in den Innungen organisiert.

Die **Bauindustrie** umfasst die größeren Betriebe, wobei Hoch-, Tief- und Ingenieurbau die Schwerpunkte bilden.

Nur durch eine reibungslose Zusammenarbeit aller Fachkräfte auf der Baustelle wird Qualitätsarbeit erreicht. Die Bauwirtschaft setzt sich aus dem Bauhandwerk und der Bauindustrie zusammen.

Verbände	Bauindustrie	Bauhandwerk	Gewerkschaft
Branchenübergreifende Spitzenverbände	Bundesverband der Deutschen Industrie	Zentralverband des Deutschen Handwerks	Deutscher Gewerkschaftsbund
Dachverbände	Bundesverband der Deutschen Bauindustrie	Zentralverband des Deutschen Baugewerbes	Industriegewerkschaft Bauen-Agrar-Umwelt
Regionale Verbände	Bauindustrielle Landesverbände (Fachverbände)	Bauhandwerkliche Landesverbände (Innungen)	Bezirksstellen der IG Bauen-Agrar-Umwelt

Überörtliche Organisationen in der Bauwirtschaft

1.4 Bauplanung und Bauausführung

1.4.1 Planung, Vergabe, Abrechnung

Soll ein Bauwerk erstellt werden, wird die **Planung** durch den Zweck des Gebäudes sowie Lage und Größe des Grundstücks bestimmt. Als **Bauherr** können eine Privatperson, eine Gesellschaft, eine Behörde usw. auftreten. Die Wünsche des Bauherrn werden von einem Architekten oder Fachplaner aufgenommen und unter Berücksichtigung planerischer Gesichtspunkte sowie bestehender **Vorschriften** zu einem **Vorentwurf** zusammengefasst. Diesen bespricht er mit dem Bauherrn und nach Einigung beider Parteien werden die Entwurfspläne gezeichnet.

Die Vorschriften sind im **Baugesetzbuch**, in der **Landesbauordnung** und den **örtlichen Bauvorschriften** festgehalten. Im Baugenehmigungsverfahren wird die Einhaltung der bestehenden Vorschriften geprüft. Dazu ist bei der zuständigen Baugenehmigungsbehörde ein **Bauantrag** zu stellen. Er besteht aus:

a) dem Lageplan (M 1:500 oder M 1:1000),

b) den Entwurfszeichnungen (M 1:100),

c) der Baubeschreibung.

Der **Lageplan** wird von einem beauftragten Vermessungsbüro gefertigt.

Die **Entwurfszeichnungen** werden meist im Maßstab 1:100 dargestellt. Sie bestehen aus Grundrissen, dem Schnitt und den Ansichten.

Die **Baugenehmigung** wird durch die zuständige Baubehörde erteilt. An der Prüfung des Bauantrages sind neben dem Baurechtsamt Stellen wie das Tiefbauamt, Technische Werke, Feuerpolizei usw. beteiligt. Die Nachbarn müssen gehört werden. Wenn die Baugenehmigung erteilt ist, kann mit der **Bauausführung** begonnen werden. Dazu werden die **Ausführungszeichnungen** gezeichnet und die **Leistungsverzeichnisse** aufgestellt (s. Technisches Zeichnen, Abschnitt 1.1).

Die Bauausführung darf erst nach der Baugenehmigung begonnen werden.

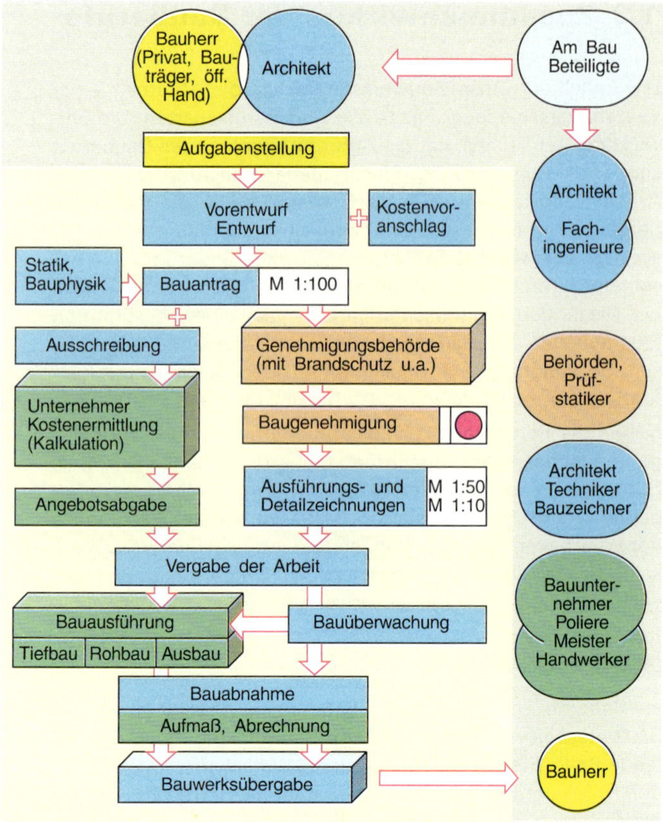

Darstellung der Bauplanung und des Bauablaufs

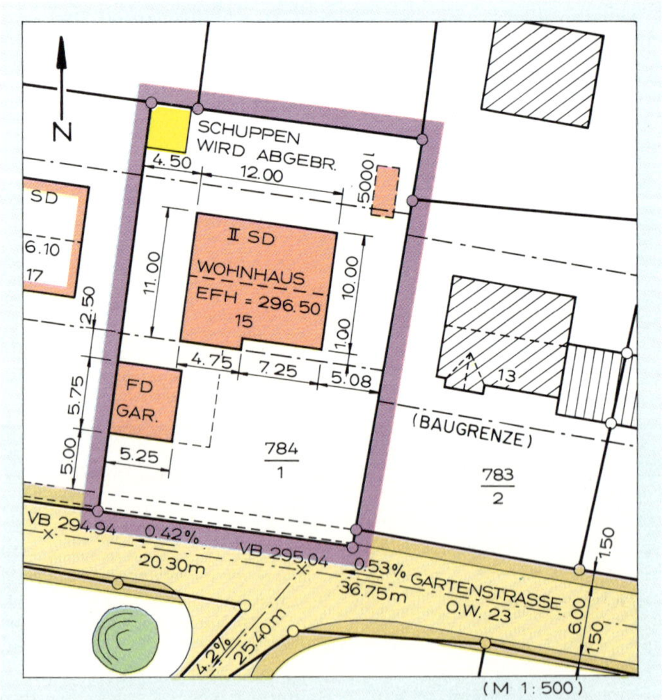

Auszug aus dem Lageplan eines Bauantrages für ein Wohnhaus
Das beauftragte Vermessungsbüro fertigt den **Lageplan.** Der Plan zeigt die geplanten Gebäude (rot) bemaßt. Auf den Nachbargrundstücken sind geplante Gebäude rot umrandet, bestehende schraffiert.

Die **Ausschreibung** der Arbeiten erfolgt nach Abschluss der Planung oder nach Eintreffen der Baugenehmigung. Dazu erstellt der Architekt die **Leistungsverzeichnisse**. Dies sind Zusammenstellungen der verschiedenen Arbeiten, die bei der Ausführung des Bauwerks anfallen. Der Unternehmer füllt die Verzeichnisse aus, setzt die Preise ein und fertigt damit ein Angebot an. Unter Umständen braucht er dazu Ausführungszeichnungen.

Die **Vergabe der Arbeiten** muss so rechtzeitig erfolgen, dass der Unternehmer Zeit genug hat, die nötigen Vorbereitungen für den Beginn der Arbeiten zu treffen. Der Architekt oder Fachingenieur holt für die gleiche Arbeit Angebote verschiedener Unternehmer ein. Bei der Angebotseröffnung werden die Preise der einzelnen Unternehmer verglichen. Für den Zuschlag, d.h. die Wahl des Unternehmers, sind neben den Preisen Leistungsfähigkeit der Firma, zu erwartende Qualität der Arbeiten und der mögliche Zeitraum für die Beendigung der Arbeiten mit entscheidend.

Die **Abrechnung** ist in der **„Verdingungsordnung für Bauleistungen" (VOB)** geregelt. Danach hat der Unternehmer seine Leistungen **prüfbar**, d.h. Art und Umfang der Leistungen durch Massenberechnungen, Zeichnungen und andere Belege, nachzuweisen.

Zur Sicherung von Festpreisen und zur Einhaltung von Fristen werden mit den Unternehmern **Bauverträge** abgeschlossen. Weil Terminüberschreitungen eine Vielzahl negativer Folgen auslösen, werden sie zum Teil mit hohen Vertragsstrafen, so genannten **Konventionalstrafen**, geahndet. Die Höhe der Konventionalstrafe hängt hauptsächlich von der geplanten Nutzung des Gebäudes ab.

Der **Bauzeitenplan** stellt den zeitlichen Ablauf der Arbeiten an einem Bauwerk dar. Jeder Unternehmer kann darin sehen, wann er mit seinen Arbeiten beginnen und fertig sein muss.

Unter Ausschreibung versteht man die Weitergabe der vom Architekten aufgestellten Leistungsverzeichnisse an die einzelnen Unternehmer, die ihrerseits Preisangebote einreichen.

Die Abrechnung der Bauleistungen geschieht auf der Grundlage der VOB; sie muss prüfbar sein.

Der Bauzeitenplan regelt den Ablauf der Arbeiten der einzelnen Unternehmer.

[1]) OZ = Ordnungszahl (Position)

OZ [1])	Text	Mengen	Einh.	Einheitspreis	Gesamtpreis
—	012 412 22 22 15 22 Verblendschalenmauerwerk DIN 1053 mit hohlraumfrei vermörtelter Schalenfuge, Dicke 2 cm, vor Außenwänden, Kalksandsteine DIN 106 – KSVm–28–2,0–DF, MG II a, Schalendicke 11,5 cm. Ausführung im Läuferverband.	800	m^2	——	——
—	012 665 03 51 30 02 Verfugen von Verblendmauerwerk, Farbton schwarz, mit Mörtel MG III. Wasser abweisendes Zusatzmittel, Erzeugnis: .... Fuge unterschnitten. Durch Mörtel verschmutzte Steinoberfläche säubern.	800	m^2	——	——
—	012 680 03 01 92 08 Glasbausteinwand DIN 4242 als Außenwand, aus Glasbausteinen 240 × 240 × 80 DIN 10 175, Wolkendekor, Verfugen mit Mörtel MG III, Farbton schwarz. Anschluss an stumpfe Leibungen mit Anschlag. Abmessungen Rohbaurichtmaß × h) 1750 × 1250 mm.	15	St	——	——
—	012 703 03 00 01 Zulage zu vorbeschriebener Wand für Schwingflügel mit 3 Glasbausteinen. Abrechnung nach Anzahl der Schwingflügel.	15	St	——	——
—	012 707 13 10 31 31 Herstellen von Öffnungen mit Anschlägen, Einzelgröße über 1,00 m^2, in Verblendmauerwerk als Fensteröffnungen, lichte Breite über 1,51 bis 2,01 m, lichte Höhe bis 1,51 m, Wanddicke über 8 ... 11,5 cm.	66	m^2	——	——
	(Architekt, Fachingenieur)	(Architekt)		(Unternehmer)	

Muster für Standardleistungsbeschreibungen in einem Leistungsverzeichnis

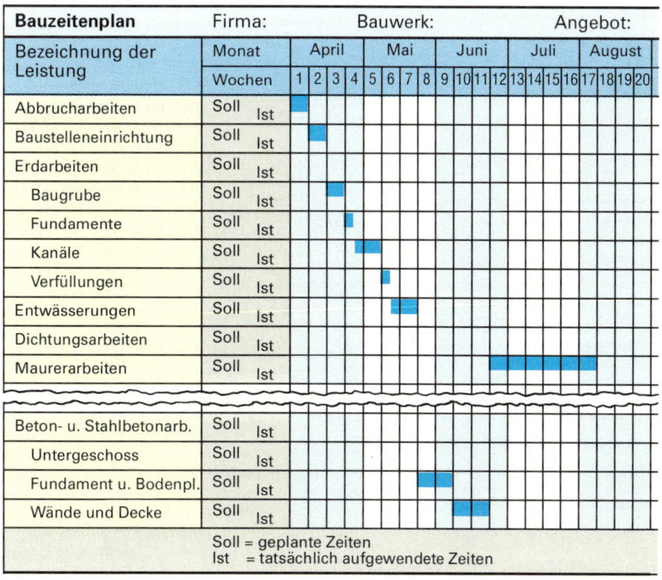
Bauzeitenplan
Firma:
Bauwerk:
Angebot:
Bezeichnung der Leistung
Monat
April
Mai
Juni
Juli
August
Wochen
1 2 3 4 5 6 7 8 9 10 11 12 13 14 15 16 17 18 19 20
Abbrucharbeiten
Baustelleneinrichtung
Erdarbeiten
Baugrube
Fundamente
Kanäle
Verfüllungen
Entwässerungen
Dichtungsarbeiten
Maurerarbeiten
Beton- u. Stahlbetonarb.
Untergeschoss
Fundament u. Bodenpl.
Wände und Decke
Soll
Ist
Soll = geplante Zeiten
Ist = tatsächlich aufgewendete Zeiten

Auszug aus einem Bauzeitenplan

1.4.2 Arbeitsvorbereitung

In der Bauwirtschaft sind, im Gegensatz zur Industrie, ortsfeste Werkstätten oder Fertigungsbetriebe in nur geringem Maße vorhanden. Jede einzelne Baustelle muss neu eingerichtet werden, weil bei jedem Auftrag die örtlichen Gegebenheiten verschieden sind. Der Aufwand für den Einsatz von Maschinen und Geräten sowie der Arbeitskräfte muss so klein wie möglich gehalten werden, um Kosten einzusparen. Es bedarf einer **betrieblichen Arbeitsvorbereitung**, indem Werkstoffbedarfslisten und Verzeichnisse der anfallenden Arbeiten erstellt werden.

Auch der **Einzelne** hat die benötigten Werkstoffe, das Funktionieren der Schutzvorrichtungen an den Maschinen und den Zustand der Werkzeuge zu prüfen.

1.4.3 Die Baustelle

Die Baustelleneinrichtung

Zur Durchführung eines Bauvorhabens müssen die dazu notwendigen Maschinen, Geräte, Werkzeuge, Baumaterialien und Bauhütten, wie Magazine, Mannschaftsräume usw., bereitgestellt werden. Platz und Beschaffenheit des Geländes (eben oder Hanglage) beeinflussen die Einrichtung.

Bei einer größeren Baustelle ist ein wohl überlegter Plan anzufertigen. Besonders die Transportwege innerhalb der Baustelle wirken sich auf die Transportzeiten und daher auf die Kosten aus. Plätze für Holz, Zuschlag, Stahl, Bindemittel, Geräteschuppen, Kran usw. müssen entsprechend angeordnet, Wasser- und Stromversorgung gesichert werden. Notfalls sind die Zufahrtswege vorzubereiten.

Gute Arbeitsvorbereitung und eine wohl überlegte Baustelleneinrichtung sparen Kosten.

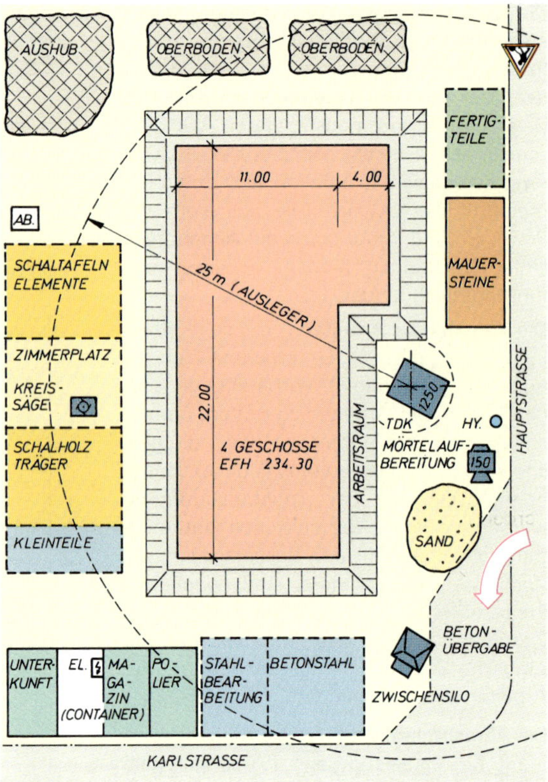

Plan für Baustelleneinrichtung

Baustelle

Zusammenfassung

Instandsetzung alter Bauten mit wertvoller Bausubstanz ist heute eine vordringliche Aufgabe.

Die Bauwirtschaft braucht qualifizierte Fachkräfte. Eine in Stufen gegliederte Ausbildung ist Voraussetzung für Qualifizierung und Spezialisierung.

Bei Errichtung eines Bauwerks müssen die Vorschriften der Landesbauordnung und die örtlichen Bauvorschriften eingehalten werden.

Der Bauantrag besteht aus Lageplan, Entwurfszeichnungen und Baubeschreibung.

Nach Erteilung der Baugenehmigung erfolgt die Vergabe der Arbeiten zur Bauausführung.

Die Vergabe von Bauleistungen umfasst Ausschreibung, Angebot und Vertragsabschluss.

Aufgaben:

1. *Wo sind die zu beachtenden Vorschriften bei der Erstellung eines Bauwerks niedergelegt?*
2. *Welche Folgen würden entstehen, wenn keine Bauvorschriften vorhanden wären?*
3. *Was versteht man unter Entwurfszeichnungen?*
4. *Aus welchen Teilen besteht der Bauantrag?*
5. *Wer fertigt den Lageplan?*
6. *Wer überprüft und genehmigt den Bauantrag?*
7. *Wann darf mit den Bauarbeiten begonnen werden?*
8. *Wozu dienen Leistungsverzeichnisse?*
9. *Warum ist die Arbeitsvorbereitung so wichtig?*
10. *Welche Gesichtspunkte sind bei der Vergabe der Arbeiten mit entscheidend?*
11. *Welche äußeren Gegebenheiten beeinflussen die Gestaltung der Baustelleneinrichtung?*

1.5 Arbeitssicherheit und Unfallverhütung

1.5.1 Sicherheit am Bau

Die Baustelle als Arbeitsplatz

Für den Baufacharbeiter ist die Baustelle entweder dauernd (z.B. für Maurer, Beton- und Stahlbetonbauer) oder zeitweise (z.B. für Zimmerer) der **Arbeitsplatz**. Im weitesten Sinne ist damit der gesamte Baustellenbereich mit den Einrichtungen, Maschinen und Materiallager gemeint. Im engeren Sinne ist es der Arbeitsplatz am oder im Neubau, wo Bauteile erstellt oder montiert werden. Die Vielfalt und Menge der notwendigen Baustoffe und der oft knappe Baustellenplatz zwingen dazu, aus wirtschaftlichen Gründen und aus Sicherheitsgründen Ordnung zu planen und zu halten. **Ordnung am Arbeitsplatz** spart Zeit, erleichtert die Arbeit und verhindert Unfälle. Herumliegende und nicht benötigte Werkzeuge, Bretter, Steine und Betonstähle bergen Stolper- und Sturzgefahr, dabei sind herumliegende Sägen besonders gefährlich. Ordnung wendet Unfallgefahren ab.

Eine wichtige Voraussetzung für Sicherheit am Arbeitsplatz ist Ordnung.

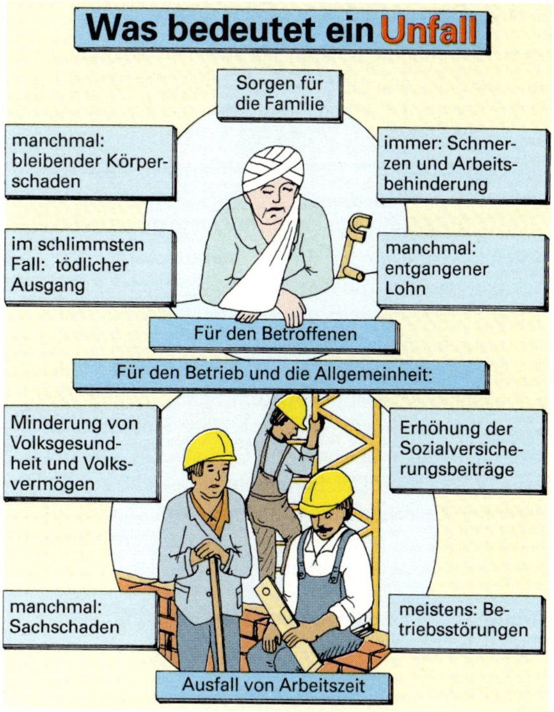

Der Arbeitsunfall und seine Folgen

Gebotszeichen

Sicherheit am Bau

Unfallverhütungsvorschriften

Unfälle können schwerwiegende Folgen für den Betroffenen, den Betrieb und die Volkswirtschaft haben. Wegen der großen Bedeutung der Arbeitssicherheit gibt es Vorschriften und Gesetze, um die Gefährdungen am Arbeitsplatz zu vermeiden oder zu verringern. Für die Sicherheit am Bau gelten die **Unfallverhütungsvorschriften** der Bau-Berufsgenossenschaften. Jeder Beschäftigte ist verpflichtet, diese Vorschriften einzuhalten. Fachleute kennen die besonderen Gefahren ihres Berufes. Sie geben ihr Wissen weiter an Mitarbeiter, insbesondere an Auszubildende und an Neulinge im Betrieb.

Verhaltensregeln zur Vermeidung von Unfällen:

- Ordnung am Arbeitsplatz halten.
- Beim Arbeiten auf Baustellen stets eng anliegende Arbeitskleidung, Sicherheitsschuhe und Schutzhelm tragen.
- Kein Aufenthalt unter schwebenden Lasten (Kran).
- Nur einwandfreie und sichere Werkzeuge nutzen.
- Sicherheitstechnische Mängel sofort melden.
- Sicherheitszeichen und Gefahrensignale beachten.
- Kein Alkohol am Arbeitsplatz!

Die Sicherheit am Arbeitsplatz hängt in hohem Maße vom Verhalten ab. Der verantwortungsbewusste Fachmann beachtet die Unfallverhütungsvorschriften.

Missachtung der Grundregeln zur Unfallverhütung
Nicht unter schwebenden Lasten stehen! Schutzeinrichtungen benutzen! Kein Alkohol!

Gefahr! Nichtbeachten der Unfallverhütungsvorschriften

1.5.2 Benutzen von Gerüsten

Viele Bauunfälle passieren bei Arbeiten auf Baugerüsten. Gerüste sind Hilfskonstruktionen. Sie werden benötigt, wenn die Arbeitshöhe über die Reichweite der Bauarbeiter hinausgeht und wenn Personen gegen tieferes Abstürzen und gegen herabfallende Gegenstände geschützt werden müssen. Entsprechend werden Gerüste in **Arbeitsgerüste** und **Schutzgerüste** eingeteilt.

Arbeitsgerüste, wie z.B. Bock-, Stangen-, Stahlrohr- und Auslegergerüste, müssen die beschäftigten Personen, deren Werkzeuge und die erforderlichen Baustoffe sicher tragen können. Gerüste müssen kippsicher stehen, sicher befestigt und gegen waagerecht wirkende Kräfte ausreichend verstrebt sein. Zum Schutz gegen Absturz ist an Arbeitsgerüsten ein dreiteiliger **Seitenschutz** anzubringen, wenn der genutzte Gerüstbelag 2,00 m über dem Boden liegt. Der Seitenschutz besteht aus **Geländerholm**, **Zwischenholm** und **Bordbrett**. Das Bordbrett soll verhindern, dass Material oder auf dem Gerüstbelag liegendes Werkzeug hinabfallen kann.

Grundsätze für die Benutzung von Gerüsten:

- Gerüste dürfen vor der Fertigstellung nicht benutzt werden.
- Arbeitsgerüste dürfen nicht überlastet werden.
- Die Lasten müssen möglichst gleichmäßig verteilt werden.
- Die Betriebssicherheit muss überwacht werden.
- Von Gerüstlagen darf nicht abgesprungen werden.

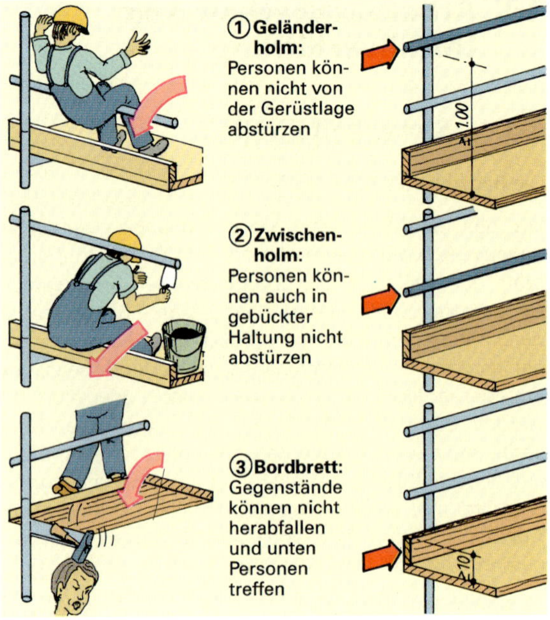

Unfallgefahren ohne richtigen Seitenschutz

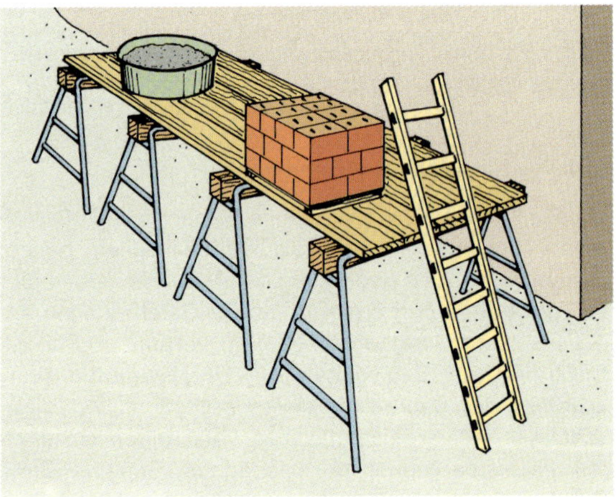

Bockgerüst, Lasten gleichmäßig verteilt

1.5.3 Arbeiten mit Leitern

Die Leiter ist ein Hilfsgerät, das zum Erreichen von höher oder tiefer gelegenen Arbeitsplätzen benutzt wird. Auf Baustellen sind Anlegeleitern als Verkehrswege unerlässlich. Die **Bauleiter** ist eine für die Zwecke der Baustelle entwickelte Art der Anlegeleiter.

Anlegeleitern können einteilig sein oder aus mehreren Teilen bestehen, die man aufeinander schiebt. Dabei muss stets die obere Leiter über die untere zu liegen kommen. Die Gesamtlänge darf nicht mehr als 8 m betragen.

Etwa 80% aller Leiterunfälle werden durch fehlerhafte Benutzung von Anlegeleitern verursacht. Häufige Unfallursachen sind das Abrutschen der Leiter sowie das „Hinauslehnen" beim Arbeiten auf der Leiter. Besonders ist darauf zu achten, dass die Leiter standsicher steht und an einem sicher tragenden Bauteil unter einem Winkel von etwa 70° anlehnt (s. Abb.). Übermäßiges Durchbiegen und Schwanken der Leiter ist durch Absteifen zu verhindern.

Soll von einer Leiter auf ein Gebäudeteil übergetreten werden, muss sie mindestens 1 m über den Austritt hinausragen.

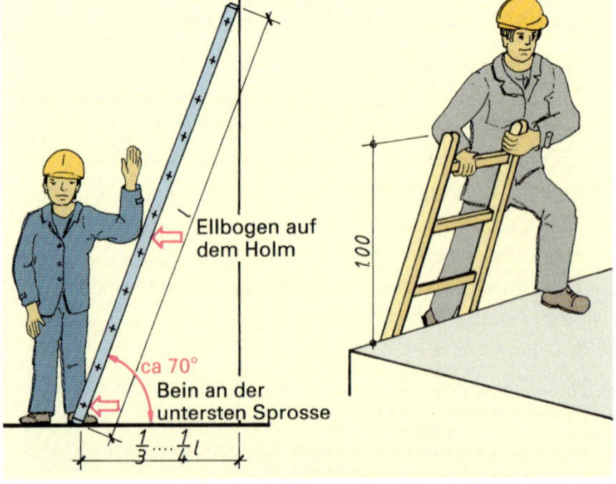

Richtiges Benutzen von Anlegeleitern

Unfälle mit Leitern sind häufig auf mangelhaften Zustand der Leitern und auf unsachgemäße Benutzung zurückzuführen.

1.5.4 Umgang mit elektrischen Betriebsmitteln

Aus einem Unfallbericht: Ein Maurer verunglückte beim Reinigen einer Betonmischmaschine durch Stromschlag tödlich. In der Steckdose der Anschlussleitung hatte sich die Befestigungsschraube des Stromleiters gelöst und eine Strombrücke zum Gehäuseteil geschaffen. Dadurch geriet das Gehäuse unter Strom. Als der Maurer dieses anfasste, erhielt er den tödlichen Stromschlag. Die Maschine war nicht über einen Baustromverteiler ans Stromnetz angeschlossen. Mit dem Berühren des unter Spannung stehenden Gehäuses hat der Maurer den **Stromkreis** geschlossen. Was ist ein Stromkreis?

Der Stromkreis

Versuch: Ein 3,8-V-Lämpchen mit Fassung wird mit zwei Kupferdrähten an eine Taschenlampenbatterie angeschlossen.

Beobachtung: Das Lämpchen leuchtet auf, wenn beide Drähte mit den Kontaktfedern der Batterie verbunden sind.

Ergebnis: Strom fließt nur bei geschlossenem Stromkreis.

Der **Stromkreis** besteht aus einer Spannungsquelle (Batterie, Steckdose), einem Verbraucher (z. B. eine Lampe), je einem Hin- und Rückleiter und einem Schalter zum Öffnen und Schließen des Stromkreises. Da Metalle gute elektrische Leiter sind, kann ein Stromkreis auch durch Anschluss an Wasserleitungsrohre geschlossen werden. Die Abbildung zeigt einen Schulversuch mit einer Batterie als Stromquelle (sonst Lebensgefahr bei direkter Berührung der Wasserleitung).

Strom fließt nur bei geschlossenem Stromkreis.

Gefahren bei Berührung von Spannungen

Auch der menschliche Körper leitet elektrischen Strom. Kommt ein Mensch mit einem unter elektrischer Spannung stehenden Gehäuse in Berührung, kommt es zum **Körperschluss**. Das heißt, der Körper schließt den Stromkreis, so dass der Strom über den menschlichen Körper zur Erde fließen kann. Bei Stromstärken über 0,05 A ist die Stromwirkung bereits lebensgefährlich.

Der Strom wird durch Muskel und Nerven geleitet. Das Herz liegt fast immer im Stromweg. Der Strom bewirkt eine Verkrampfung der Muskeln und bei bestimmter Stromstärke Herzstillstand oder Herzkammerflimmern. Bei Verkrampfung der Brustmuskulatur droht Erstickungstod. Bleibt das Herz länger als drei Minuten stehen oder flimmert es, so stirbt der Mensch infolge der fehlenden Durchblutung des Gehirns.

Elektrischer Strom wird für den Menschen ab einer Stromstärke von 0,05 A lebensgefährlich.

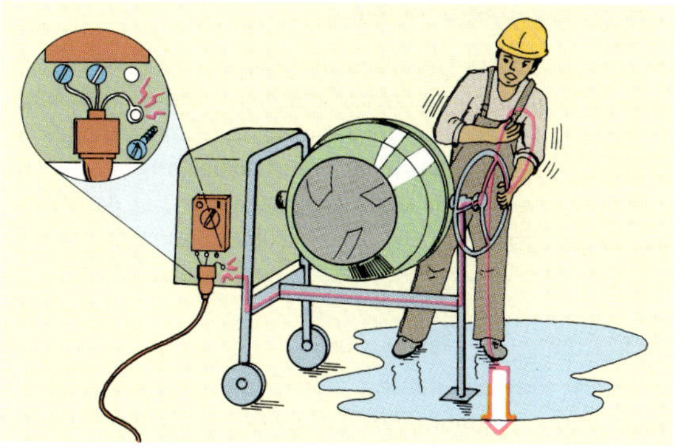

Stromunfall

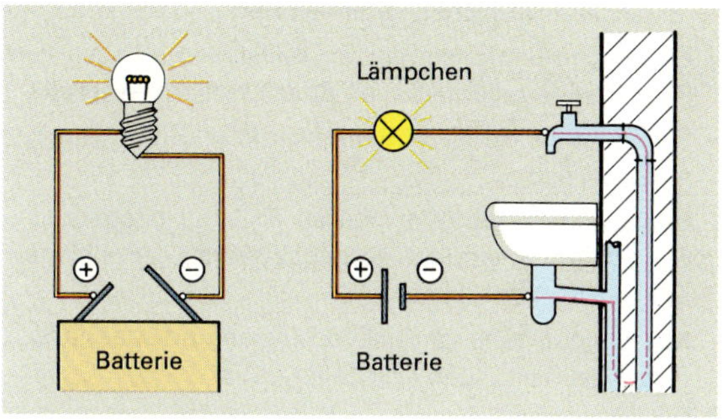

Elektrische Stromkreise

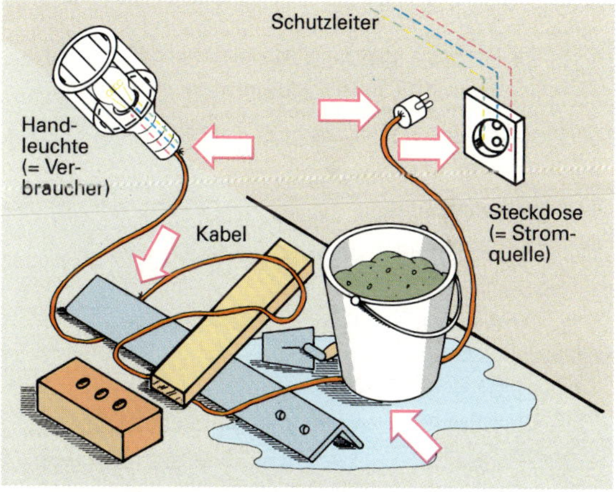

Gefahrenstellen am Stromkreis

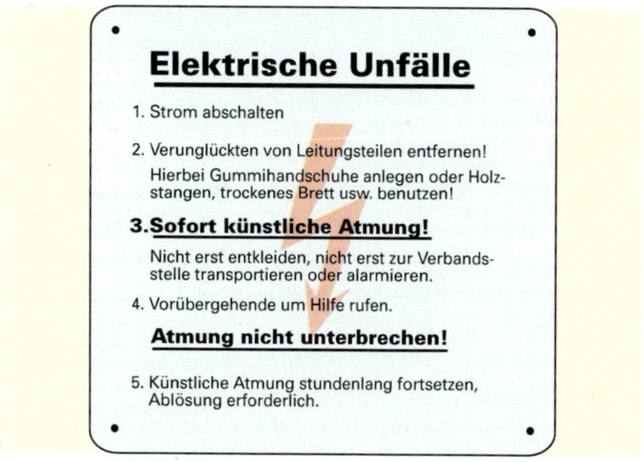

Verhalten nach Stromunfall

Verhütung von Stromunfällen

Der beschriebene Unfall wäre nicht passiert, wenn die Betonmischmaschine vorschriftsmäßig über einen Baustromverteiler an das Stromnetz angeschlossen gewesen wäre. Die **Fehlerstrom-Schutzschaltung** des Baustromverteilers hätte die Mischmaschine bei Auftreten des Fehlerstromes in Sekundenbruchteilen stromlos geschaltet. Die Betonmischmaschine war lediglich über eine Steckdose angeschlossen. Dies ist unzulässig; der Maurer hätte das wissen müssen.

Kenntnis und Einhaltung der Sicherheitsvorschriften verhindern Stromunfälle. Folgende wichtige Bestimmungen müssen beachtet werden:

- Elektrische Maschinen und Geräte müssen mit den amtlichen Prüfzeichen versehen sein.
- Elektrische Betriebsmittel auf Baustellen müssen von **Baustromverteilern** aus mit Strom versorgt werden.
- Schadhafte elektrische Betriebsmittel dürfen nicht benutzt werden.
- Bewegliche Leitungen müssen an stark beanspruchten Stellen besonders geschützt werden (Hochlegen oder Schutzabdeckung).
- Nicht in der Nähe von ungeschützten und spannungsführenden Leitungen arbeiten!
- Leuchten auf Baustellen müssen mindestens regengeschützt sein.

Kein Risiko beim Umgang mit elektrischem Strom! Defekte elektrische Betriebsmittel sind lebensgefährlich.

Zusammenfassung

Die Ordnung am Arbeitsplatz verhindert Unfälle und erleichtert die Arbeit.

Die Unfallverhütungsvorschriften dienen dem Schutz des Lebens und der körperlichen Unversehrtheit des Bauschaffenden.

Gerüste müssen vorschriftsmäßig erstellt sein.

Leitern müssen so gestellt sein, dass sie nicht wegrutschen können und der Ausstieg sicher ist.

Der menschliche Körper ist elektrisch leitfähig. Stromstärken über 0,05 A wirken lebensgefährlich.

Aufgaben:

1. *Welche Auswirkungen hat ein Arbeitsunfall?*
2. *Begründen Sie die allgemeinen Verhaltensregeln.*
3. *Welche Unfallverhütungsvorschriften müssen bei Arbeiten auf Gerüsten beachtet werden?*
4. *Warum sollten Leitern mindestens 1 m über den Ausstieg hinausragen?*
5. *Welche Teile bilden den Stromkreis bei einer an der Steckdose angeschlossenen Lampe?*
6. *Begründen Sie die angegebenen Sicherheitsvorschriften beim Umgang mit elektrischem Strom.*

Baustrom nur vom Baustromverteiler

VDE-Prüfzeichen (Verband Deutscher Elektrotechniker)

Nur geprüfte Geräte verwenden!

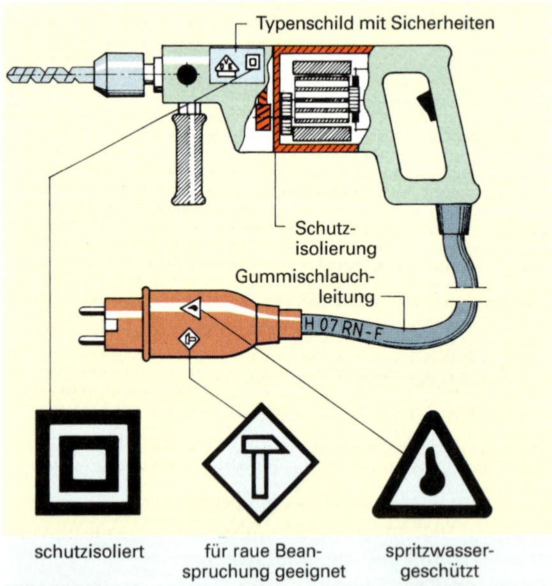

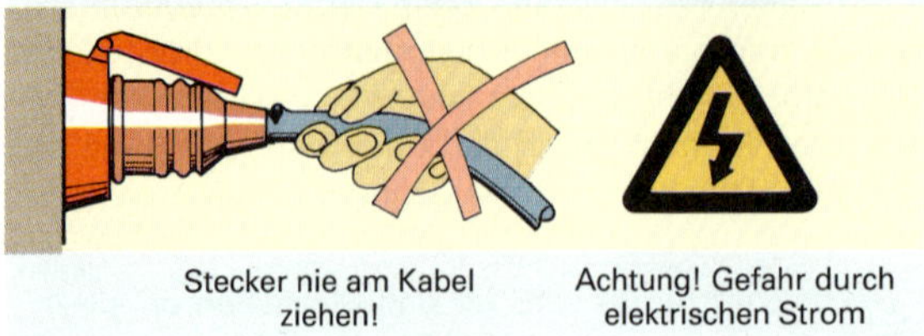

Schutz gegen elektrische Unfälle

2 Die Baustoffe

Übersicht

Die Übersicht zeigt die Vielzahl der Baustoffe, die bei einem Bauwerk verwendet werden können. Seine Eigenschaften geben dem jeweiligen Stoff sein besonderes Gepräge. Daraus ergibt sich die Auswahl für die Verwendung. Falsch gewählte Baustoffe ergeben in kurzer Zeit Bauschäden, die zusätzliche Kosten verursachen.

Arten	Haupteigenschaften	Verwendung
Natursteine:		
Erstarrungsgesteine Ablagerungsgesteine Umprägungsgesteine	Druckfest, witterungsbeständig, gute Bearbeitbarkeit, schönes Aussehen	Mauerbau, Bekleidungen, Straßenbau
Künstliche Steine:		
Mauerziegel	Druckfest, z.T. witterungsbeständig	Wände
Betonstein	Druckfest, witterungsbeständig	Wände, Böden, Deckenelemente
Leichtbetonstein	Beschränkt druckfest, wärmedämmend	Außenwände
Porenbetonstein	Beschränkt druckfest, wärmedämmend	Außenwände, Deckenelemente
Kalksandstein	Druckfest, schalldämmend, beständig	Wände
Hüttenstein	Dicht, sehr druckfest, beständig	Böden, Pflaster
Fliesen und Platten	Spröde, abriebfest, schmückend	Wand- und Bodenbeläge
Holz:		
Nadelhölzer wie Fichte, Tanne, Kiefer, Lärche Laubhölzer wie Eiche, Buche	Gut bearbeitbar, biegefest, im Trockenen dauerhaft Hart, gut bearbeitbar, dauerhaft	Schalung, Dachstühle Innenausbau, Möbel Innenausbau, Möbel Bauholz
Bindemittel:		
Kalk Zement	Erhärten nach Verarbeitung, verbinden andere Stoffe, z. B. Sand und Kies, fest	Mörtel, Beton
Gips	Erhärtet nach Verarbeitung, verbindet sich mit Sand, feuerbeständig	Innenputz, Stuckarbeiten
Zuschläge:		
Kies Sand Wieder aufbereitete Baustoffe	Druckfest, bilden tragendes Gerüst vieler Baustoffe	Beton Mörtel Künstliche Steine
Baustähle:		
Stabstahl Profilstahl Stahlmatten	Sehr hart, zugfest, bilden mit Beton Verbundbaustoff	Stahlbeton Stahlbauten Stahlbeton
Nichteisenmetalle:		
Aluminium	Leicht formbar, beständig	Außenverkleidungen, Fenster
Kupfer	Leicht formbar, beständig	Rohre, Dachdeckung
Blei	Geschmeidig, geringe Festigkeit	Bleche, Folien
Zink	Witterungsbeständig	Bleche, Verzinken von Stahl
Dämmstoffe	Leicht, porös, wärmedämmend	Wärmedämmung, Schallschutz
Dichtungsstoffe	Dicht, feuchtigkeitssperrend	Abdichtung gegen Feuchtigkeit
Kunststoffe	Leicht verarbeitbar, beständig, dämmend	Rohre, Bahnen, Bodenbeläge, Dämmstoffe usw.
Bitumen und Steinkohlenteerpech	Veränderliche Festigkeit, wasserundurchlässig	Asphalt, Pappen, Dichtungsbahnen, Anstriche

3 Physikalische Grundlagen

3.1 Internationales Einheitensystem (SI)

Das internationale Einheitensystem baut auf den Einheiten der sieben physikalischen Grundgrößen auf. Diese sieben Einheiten werden als **Basiseinheiten** bezeichnet.

Aus diesen Einheiten können direkt und ohne Verwendung eines Zahlenfaktors weitere Einheiten abgeleitet werden, z.B.:

für die Fläche Meter (m) · Meter (m) = **Quadratmeter (m^2)**

für das Volumen Meter (m) · Meter (m) · Meter (m) = **Kubikmeter (m^3)**

für die Dichte **Kilogramm (kg)/Kubikmeter (m^3)** usw.

Basiseinheiten und abgeleitete Einheiten zusammen bilden die **SI-Einheiten**.

Es ist möglich, alle denkbaren Größen mit diesen Einheiten auszudrücken. Dies würde aber oft zu sehr großen bzw. kleinen Zahlenwerten führen oder dem üblichen Gebrauch der Einheiten widersprechen. Es sind deshalb neben den SI-Einheiten noch so genannte **gesetzliche Nebeneinheiten** zulässig.

Vielfache und Teile

Gesetzliche Nebeneinheiten sind einmal die **Vielfachen und Teile** der SI-Einheiten. Für das Bauwesen empfiehlt DIN 1080 bei kleineren Zahlenwerten als 0,1 bzw. größeren Zahlenwerten als 1000 Teile und Vielfache der Einheit zu verwenden. Hierbei soll aber jeweils nur durch 1000 dividiert bzw. mit 1000 multipliziert werden. Darum kommen praktisch nur

das **Tausendstel** (Vorsilbe **Milli**...),

das **Tausendfache** (Vorsilbe **Kilo**...) und

das **Millionenfache** (Vorsilbe **Mega**...) infrage,

also z.B.: Millimeter, Kilometer, Meganewton usw.

Sonstige Einheiten

Außer den Vielfachen und Teilen dürfen auch noch einige **bisher gebräuchliche Einheiten** weiterverwendet werden, die sich mit SI-Einheiten nicht überschneiden. Es wird hierfür jeweils ein Umrechnungsfaktor festgelegt.

Nicht mehr zulässig sind alle früheren Einheiten, die nicht in das System passen. Dies gilt insbesondere für das Kilopond (kp) und alle davon abgeleiteten Größen (z.B. PS, atü).

> SI-Einheiten sind die Basiseinheiten und die aus diesen abgeleiteten Einheiten.
>
> Neben den SI-Einheiten sind noch gesetzliche Nebeneinheiten gültig. Andere Einheiten dürfen nicht verwendet werden.

Größe	SI-Basiseinheiten	
	Name	Zeichen
Länge	das Meter	**m**
Masse	das Kilogramm	**kg**
Zeit	die Sekunde	**s**
Stromstärke	das Ampere	**A**
Temperatur	das Kelvin	**K**
Lichtstärke	die Candela	**cd**
Stoffmenge	das Mol	**mol**

SI – Basiseinheiten

Größe	Formelzeichen	Einheit
Länge	l	m
Fläche	A	m^2
Volumen	V	m^3
Winkel	$\alpha; \beta; \gamma$	°
Masse	m	t; kg
Dichte	ϱ_0	$\frac{t}{m^3}; \frac{kg}{dm^3}$
Rohdichte	ϱ	$\frac{t}{m^3}; \frac{kg}{dm^3}$
Schüttdichte	ϱ_s	$\frac{t}{m^3}; \frac{kg}{dm^3}$
Zeit	t	s; min; h
Geschwindigkeit	v	$\frac{m}{s}; \frac{km}{h}$
Beschleunigung	a	$\frac{m}{s^2}$
Kraft, Schnittkraft Einzellast	F	kN
Spannung	$\sigma; \tau$	$\frac{MN}{m^2}; \frac{N}{mm^2}$
Festigkeit	β	$\frac{MN}{m^2}; \frac{N}{mm^2}$
Elastizitätsmodul	E	$\frac{MN}{m^2}; \frac{N}{mm^2}$
Druck	p	$\frac{MN}{m^2}$
Moment	M	kNm
Energie; Arbeit	W	J; kWh
Celsius-Temperatur	$t; \vartheta$	°C
Temperatur	T	K

Physikalische Größen und Einheiten

3.2 Gewichtskraft – Masse – Dichte

3.2.1 Gewichtskraft

Wenn wir ein Betonstück auf unsere Hand legen, verspüren wir einen Druck. Tragen wir eine Aktentasche, so verspüren wir einen Zug. In beiden Fällen hat der Gegenstand das Bestreben, sich nach unten, d.h. in Richtung des Erdmittelpunktes, zu bewegen. Diese Bewegung wird durch die Anziehungskraft der Erde verursacht. Auch wenn wir einen Stein fallen lassen, beobachten wir denselben Vorgang.

Als Ergebnis dieser Beobachtungen können wir feststellen, wenn ein Körper auf eine Unterlage drückt oder an einem Aufhängepunkt zieht, haben wir es mit einer **Gewichtskraft** zu tun. Man hat herausgefunden, dass die Gewichtskraft mit zunehmender Entfernung vom Erdmittelpunkt abnimmt.

Auf hohen Bergen ist sie um ein Geringes kleiner als im Tal, an den Polen um 0,5% größer als am Äquator.

Auf dem Mond ist die Anziehungskraft nur 1/6 der Anziehungskraft auf der Erde.

Die **Gewichtskraft** ist die Kraft, mit der ein Körper zum Erdmittelpunkt hingezogen wird. Formelzeichen ist *F*.
Die **Größe** der Gewichtskraft **ändert** sich mit dem Ort.

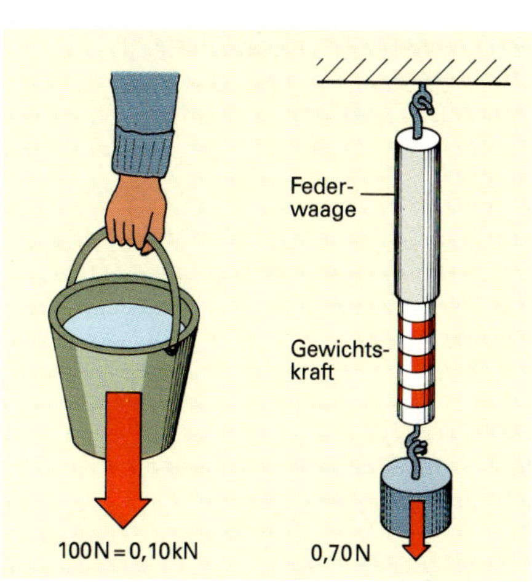

Darstellung der Gewichtskraft

1 N	(Newton)	
1 kN	(Kilonewton)	= 1000 N
1 MN	(Meganewton)	= 1000 kN

Einheiten der Gewichtskraft

Gewichtskräfte, die auf Bauteile einwirken, werden im **Bauwesen** als **Lasten** bezeichnet (s. Abschnitt 3.3.2). Die Kraft, die ein Bauteil durch seine eigene Masse hervorruft, wird als **Eigenlast** bezeichnet.

Die Eigenlast eines Bauteils errechnet sich aus dem Rauminhalt *V* (Volumen) des Bauteils und der Wichte γ des verwendeten Baustoffes. Die **Wichte** ist die volumenbezogene Gewichtskraft eines Stoffes.

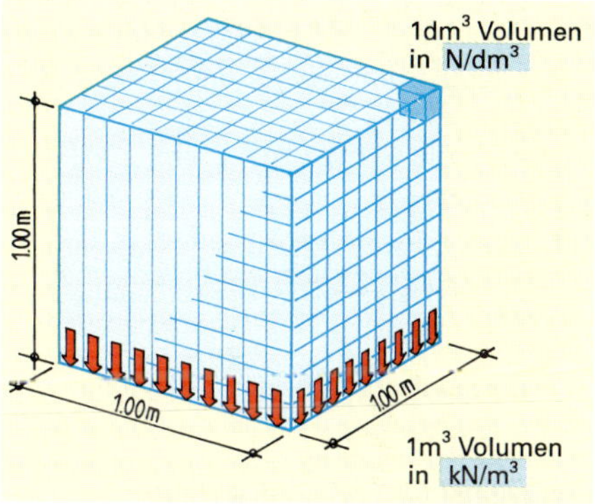

Wichte = Eigenlast eines bestimmten Stoffvolumens

3.2.2 Masse

Ein und derselbe Körper hat eine genau bestimmbare Materie (Stoff) in sich, d.h., er enthält eine ganz bestimmte Zahl von Molekülen, Atomen, Ionen.

Im Gegensatz zur Gewichtskraft eines Körpers, die mit zunehmender Höhe durch Nachlassen der Erdanziehungskraft abnimmt, verändert sich die Materie ein und desselben Körpers nicht, wenn wir mit ihm den Ort (und die Höhe) wechseln. Ein Beispiel macht dies klar.

Nimmt ein Astronaut eine Schokoladentafel von 100 g mit auf den Mond, so wiegt sie dort nur 0,17 N. Die Tafel ist in ihrer Materie nicht kleiner geworden und hat noch den gleichen Nährwert wie auf der Erde. Die Zahl der Moleküle hat sich nicht verändert, d.h., ihre **Masse** ist gleich geblieben. Daraus folgt, dass **Masse** nicht gleich der **Gewichtskraft** ist.

Die **Masse** eines Körpers ist die Größe für die in ihm enthaltene Stoffmenge. Sie verändert sich **nicht** mit dem Wechsel des Ortes.

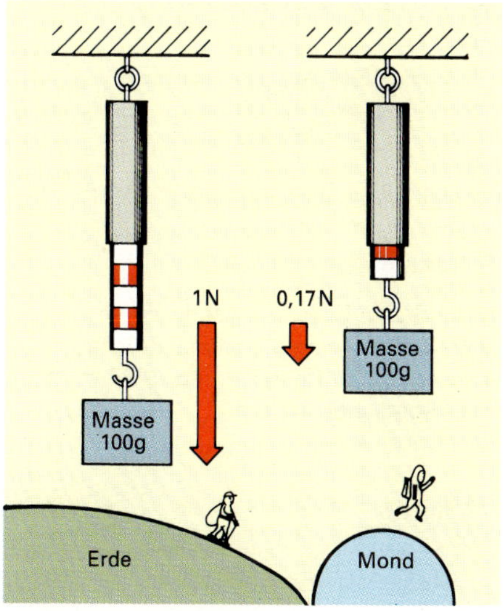

Vergleich der Gewichtskraft auf Erde und Mond

Die Einheit der Masse (Formelzeichen *m*) **ist das Kilogramm.**

1 Tonne (t) = 1000 kg, 1 kg = 1000 g, 1 g = 1000 mg

Die Beziehung zwischen Masse und Gewichtskraft zeigt folgendes Beispiel aus der Baupraxis:

Ein I-Träger wird beim Einkauf als Masse nach kg bezahlt. Als Sturz verwendet, übt er auf seine Auflager eine Gewichtskraft (N) aus, die zahlenmäßig das Zehnfache der Masse ist.

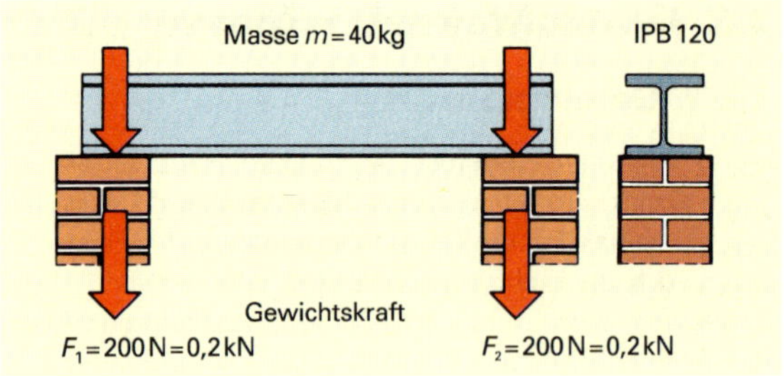

Masse und Gewichtskraft

3.2.3 Dichte

Mit einer **Balkenwaage** können Massen miteinander verglichen werden.

Versuch: Wir stellen einen Messzylinder auf eine Balkenwaage und bringen ihn ins Gleichgewicht. Dann füllen wir in den Messzylinder je einmal 100 cm³ und 200 cm³ Sand und wiegen jeweils diese zwei Füllungen mit geeigneten Wägesteinen.

Beobachtung: a) bei 100 cm³ Sandfüllung wiegt die Masse ca. 150 g,
b) bei 200 cm³ Sandfüllung wiegt die Masse ca. 300 g.

Wird das Volumen des Sandes verdoppelt, so wird auch die Masse auf das Doppelte vergrößert.

Wir bilden nun jeweils den Quotienten aus Masse und Volumen.

a) $\frac{m}{V} = \frac{150\ \text{g}}{100\ \text{cm}^3} = 1{,}5\,\frac{\text{g}}{\text{cm}^3}$ b) $\frac{m}{V} = \frac{300\ \text{g}}{200\ \text{cm}^3} = 1{,}5\,\frac{\text{g}}{\text{cm}^3}$

Ergebnis: Die Teilzahl aus Masse und Volumen bei den Messungen a, b ergibt jedesmal den gleichen Wert.

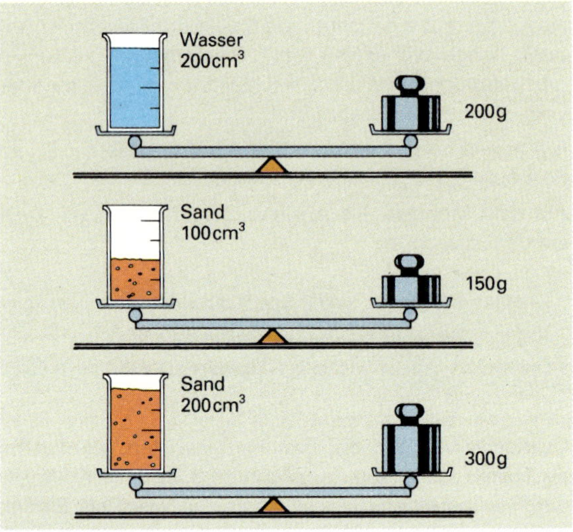

Massenvergleich mit der Balkenwaage

Das Ergebnis der Teilzahl bezeichnet man als **Dichte** (ϱ_0).

Die Einheit für die Dichte ist kg/m³
(*im Bauwesen bevorzugt*).

Weitere Einheiten: g/cm³, kg/dm³, t/m³

Da die Masse **ortsunabhängig** ist, gilt dies auch für die Dichte.

$$\text{Dichte} = \frac{\text{Masse}}{\text{Volumen}} \qquad \varrho_0 = \frac{m}{V} \ \text{(sprich: rho)}$$

Verschiedene Stoffarten haben verschiedene Dichte.

Rohdichte (ϱ)

Feste Baustoffe haben häufig Poren in sich, z.B. Mauerziegel, Bimssteine oder Gasbetonsteine. Die Dichte solcher festen Stoffe mit Poren und evtl. Kammern nennt man **Rohdichte**.

Schüttdichte (ϱ_s)

Wird Zuschlag, wie Sand oder Kies, auf einen Haufen geschüttet, bleiben zwischen den Körnern Räume, die nach DIN 1306 als **Zwischenräume** bezeichnet werden. Unter Schüttdichte versteht man daher die Teilzahl aus der Masse und **dem** Volumen, das auch Zwischenräume und evtl. vorhandene Hohlräume mit einschließt. Die Größe der Schüttdichte ist von der Art und dem Schüttvorgang abhängig.

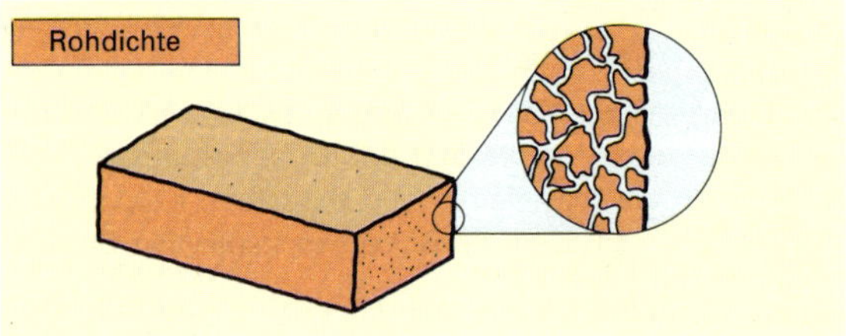

Mauerziegel

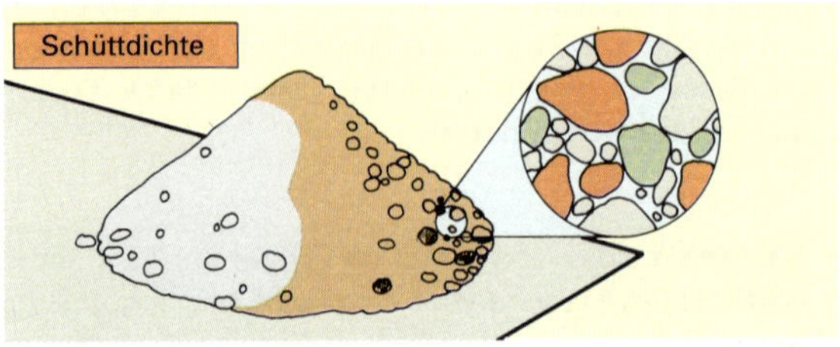

Aufgeschütteter Kiessand

Aufgabe:

Bestimmen Sie die Rohdichte eines 3-Kammer-Hohlblocksteines mit den Maßen 49,5/30/23,8 cm aus Leichtbeton. Die Steinmasse wird durch Wiegen festgestellt.

3.3 Kräfte und Lasten am Bau

Bauwerke müssen standfest erstellt werden. Sie dürfen sich nicht setzen, nicht kippen und müssen den auftretenden Belastungen und Kraftwirkungen ohne Schaden widerstehen können. Bei Erstellung eines Bauwerks muss mit verschiedenartigen Kräften gerechnet werden.

3.3.1 Kräfte und ihre Wirkungen

In einem standfesten Bauwerk wirken Kräfte, die gegeneinander gerichtet und im Gleichgewicht sind. Man kann Kräfte erkennen, wenn das Kräftegleichgewicht gestört ist. Wenn Körper in Bewegung gesetzt oder verformt werden, wirken Kräfte. Soll z.B. ein Handwagen in Bewegung gesetzt werden, muss er geschoben oder gezogen werden, d.h., es muss z.B. **Muskelkraft** aufgewendet werden. Soll er zum Stehen gebracht werden, muss er mit einer entgegenwirkenden Kraft gebremst werden. Kräfte im Sinne der Physik sind z.B. **Gewichtskraft**, **Federkraft** und **magnetische Kraft**. Jede auf einen Körper wirkende Kraft erzeugt eine **Gegenkraft**. Beispiele: Gewichtskraft des Massenstückes und Federkraft, Gewichtskraft des Balkens und Hubkraft (s. Abb.). Sind Kraft und Gegenkraft gleich groß, herrscht **Kräftegleichgewicht**; der Körper befindet sich dadurch im Ruhezustand. Ist die Kraft größer als die Gegenkraft, kommt es zu einseitiger Bewegung oder zur Verformung des Körpers. Auf Bauwerke wirken z.B. Gewichtskräfte von Bauteilen, Personen, Gegenständen und Schnee sowie **Windkräfte** und **Bodendruckkräfte** (z.B. auf Stützwände).

Kräfte verformen und bewegen Körper und ändern auch deren Bewegungsrichtung.

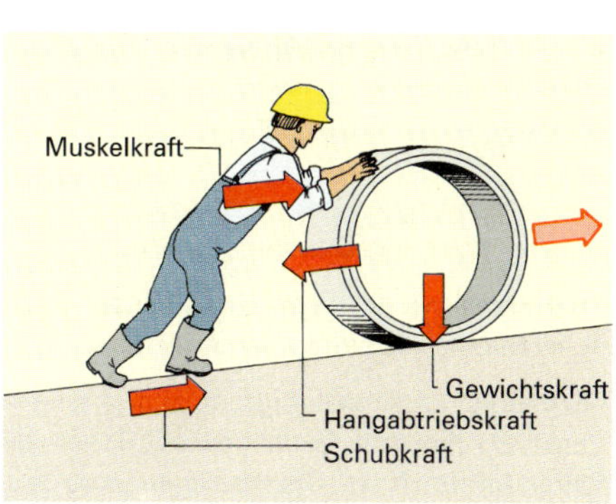

Kräfte bewirken Bewegung

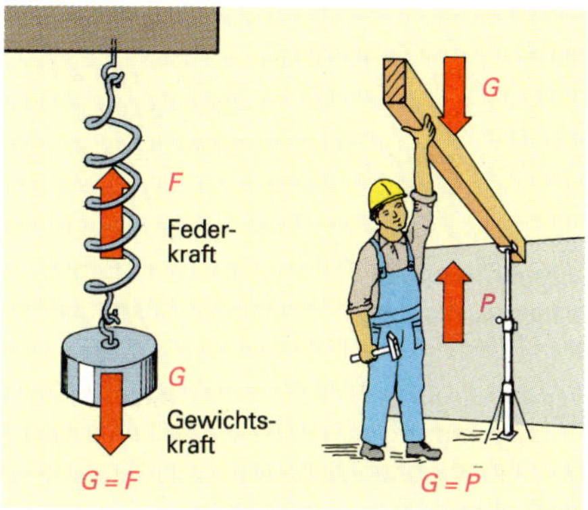

Kräftegleichgewichtszustand

3.3.2 Kräfte und Lasten

Neben den physikalischen Größen Masse und Kraft werden im Bauwesen noch die Bezeichnungen Last und Eigenlast verwendet. Als **Lasten** werden die Kräfte bezeichnet, die von außen auf Bauteile einwirken; als **Eigenlasten** werden die Gewichtskräfte der Bauteile bezeichnet, mit denen sie auf ihre Auflager drücken. Lasten am Bau werden unterteilt in ständige Lasten und in Verkehrslasten.

Ständige Lasten sind am Bauwerk immer vorhanden. Dazu gehören die Eigenlasten der tragenden Bauteile (z.B. Stahlbetondecke) und die von ihnen dauernd aufzunehmenden Lasten (z.B. Fußbodenbelag, Deckenputz, Dämmstoff).

Verkehrslasten sind veränderliche oder bewegliche Lasten des Bauwerkes. Dazu gehören z.B. die Lasten von Personen, Einrichtungen, Lagerstoffen, Schnee und die Wirkung des Windes.

Um die einzelnen Bauteile bemessen zu können, müssen die Lasten ermittelt werden, die diese Bauteile tragen sollen. Zur Berechnung der Lasten wird die DIN 1055, **Lastannahmen für Bauten**, benutzt. Diese enthält genaue Angaben über die Eigenlasten von Baustoffen, Bauteilen und Lagerstoffen, Verkehrslasten für Decken und Dächer, Werte für Bodenarten sowie Angaben für Wind- und Schneelasten.

Als Lasten werden alle Kräfte bezeichnet, die auf Bauteile von außen einwirken.

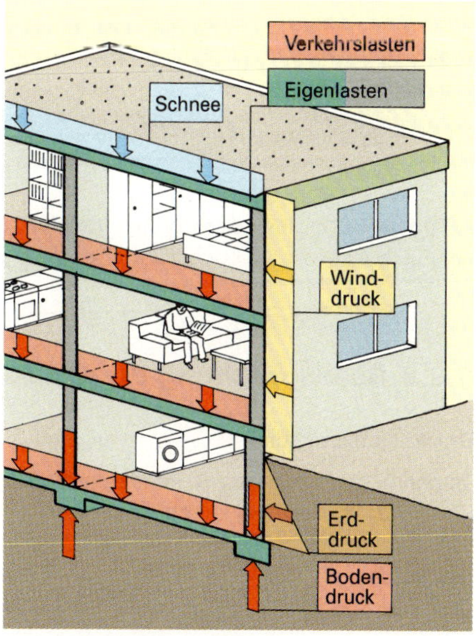

Lasten und Kräfte am Bau

Beispiel für die Berechnung einer Deckenlast:
Lastannahme für Stahlbeton
nach DIN 1055: $g_R = 25\ kN/m^3$
Deckendicke: $d = 16$ cm
Lösung:
$g = d \times g_R = 0{,}16\ m \times 25\ kN/m^3 = 4\ kN/m^2$
Ein Quadratmeter dieser Decke hat eine Eigenlast von 4 kN.

3.3.3 Gleichgewicht der Kräfte

Versuch:

An einem Federkraftmesser ziehen drei Gewichtskräfte in der abgebildeten Anordnung.

Beobachtung: Der Federkraftmesser zeigt eine den Lasten entsprechende Gesamtkraft an.

Ergebnis: Wirken mehrere Kräfte in einer Wirkungslinie, so herrscht Gleichgewicht, wenn die Summe aller Kräfte = 0 ist. Dies bedeutet, die Kräfte heben sich in ihrer Wirkung auf.

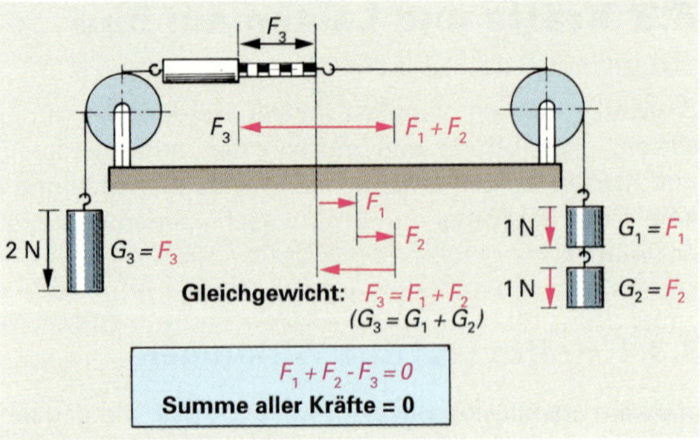

Kräftegleichgewicht

An allen Bauwerken muss Gleichgewichtszustand herrschen, d.h., allen auftretenden Lasten müssen gleich große Kräfte entgegenwirken. Können Bauteile die durch Lasten hervorgerufenen Spannungen nicht aufnehmen, werden sie zerstört: Pfeiler knicken, Träger und Decken brechen, Zugstäbe reißen. Der Statiker (**Statik** = Lehre vom Gleichgewicht der Kräfte) berechnet die auftretenden Spannungen und bemisst die Bauteile so, dass sie allen auftretenden Lasten widerstehen können.

Wirkt auf einen Bauteil eine Last, z.B. Belastung eines Fundamentes durch einen Pfeiler, so tritt in diesem Bauteil ein Spannungszustand auf. Die Zusammenhangskraft zwischen den Molekülen des belasteten Bauteils wirkt gegen die äußere Kraft. Dieser innere Widerstand des Körpers gegen die Verformung und Zerstörung durch äußere Kräfte wird als **Festigkeit** bezeichnet.

Wird der innere Widerstand auf die beanspruchte Fläche bezogen, spricht man von **Spannung**.

$$\textbf{Spannung} = \frac{\textbf{Kraft (Last)}}{\textbf{Fläche}} \qquad \sigma = \frac{F}{A} \text{ in } \frac{\text{N}}{\text{mm}^2}$$

Die Festigkeit eines Baustoffes entspricht der Spannung, bei der dieser bricht (Bruchspannung).

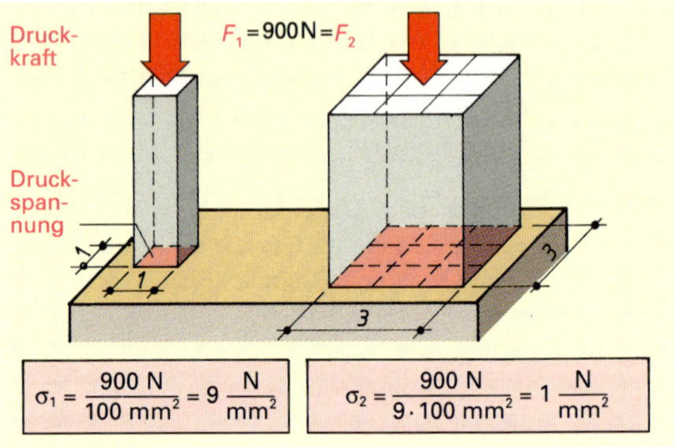

Druckspannung

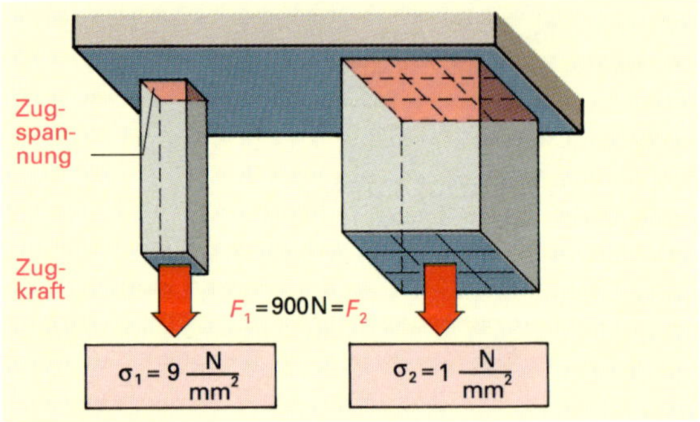

Zugspannung

3.3.4 Beanspruchung durch Lasten

Druckbeanspruchung

Tragende Bauteile, wie z.B. Fundamente, Wände, Pfeiler und Pfosten, werden durch Lasten auf **Druck** beansprucht. Für solche Bauteile müssen Baustoffe verwendet werden, die große Druckspannung aufnehmen können. Druckfeste Baustoffe sind Beton, Stahl, Eisen, Klinkermauerwerk, Natursteine und Holz in Faserrichtung. Druckkräfte haben das Bestreben, Bauteile zu zerdrücken bzw. zu pressen.

Die Belastbarkeit auf Druck ist von der Dichte des Werkstoffes und der Größe der druckbelasteten Fläche abhängig.

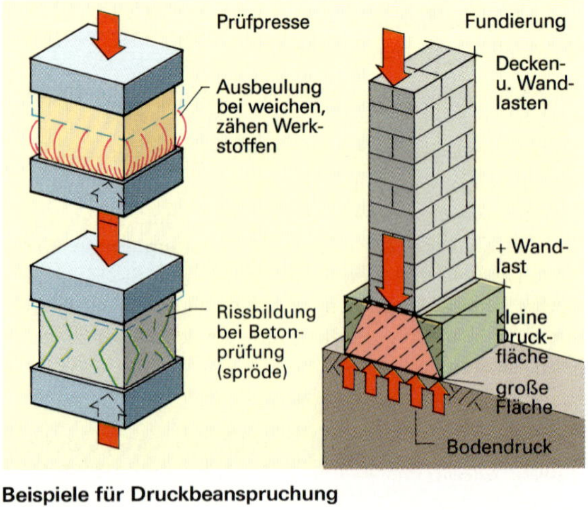

Beispiele für Druckbeanspruchung

Zugbeanspruchung

Zugspannung entsteht, wenn ein Baustoff durch eine Zugkraft beansprucht wird. Zugkräfte treten z.B. in Zugankern, in Zugstäben von Fachwerkträgern und in Streckbalken bei Hängewerken auf.

Zugfeste Stoffe sind Stahl, Perlon, Nylon, Holz in Faserrichtung. Mineralische Baustoffe haben nur eine geringe Zugfestigkeit. Wo Beton auf Zug beansprucht wird, muss er mit Stahl bewehrt werden (Stahlbeton).

> Die Belastbarkeit auf Zug ist abhängig von der Zugfestigkeit des Baustoffes und von der Größe der belasteten Fläche.

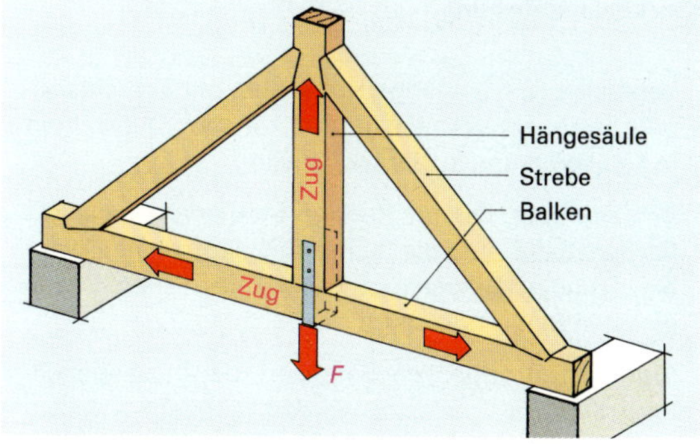

Zugbeanspruchung beim Hängewerk

Biegebeanspruchung

Bauteile, wie z.B. Stürze, Träger, Balken, Decken und Dachsparren, überbrücken Mauer- bzw. Raumöffnungen. Sie werden durch ihre Eigenlast und die auftretenden Verkehrslasten auf **Biegung** beansprucht. Die Lasten wirken quer zur Längsachse. Dadurch entstehen im Bauteil Druck- und Zugspannungen. Dies kann mit dem Schnittbalkenmodell verdeutlicht werden (s. Abb.). Bei mittiger Belastung verengen sich die oberen Schichten des Balkens, die unteren Schichten werden dabei gedehnt. Die Verengung zeigt Druck-, die Dehnung zeigt Zugwirkung an. Dazwischen liegt eine Schicht, die keine Längenveränderung erfährt. Es ist die so genannte **neutrale Schicht** (Nulllinie).

Die Baustoffe biegebeanspruchter Bauteile müssen zugfest sein. Die Tragfähigkeit eines Balkens hängt aber auch von der Form und der Lage seiner Querschnittsfläche ab.

So besitzen Bauteile mit Querschnittsformen, wie sie nebenstehend abgebildet sind, besonders gute Biegesteifigkeit. Es handelt sich um Rechteck-, Hohl-, I- (Doppel-T-), U-, Trapez-, Rohr- und Wellprofile. Ordnen Sie diese Begriffe den richtigen Abbildungen zu.

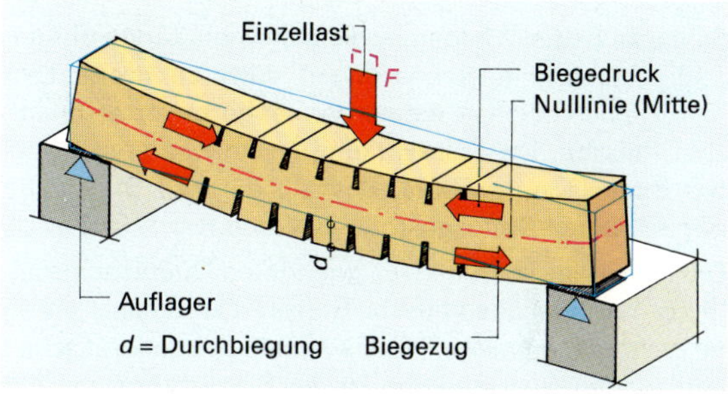

Biegebeanspruchung am Balken

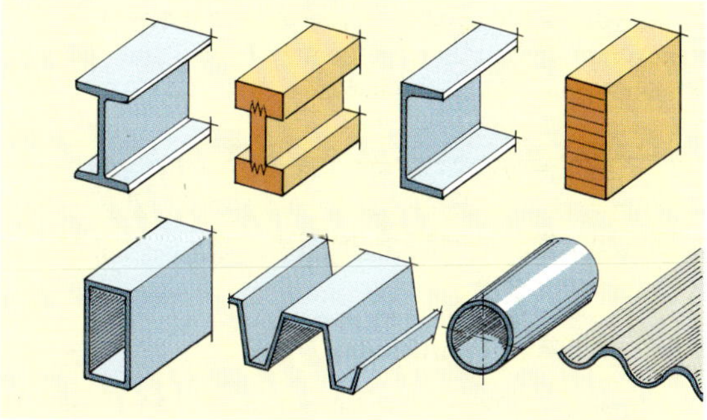

Biegesteife Querschnittsformen

> **Versuch:** Holzleiste mit rechteckigem Querschnitt sowohl flachkant als auch hochkant belasten.
>
> **Beobachtung:** Die Leiste biegt sich bei gleicher Belastung flach liegend mehr durch als in hochkantiger Lage.
>
> **Ergebnis:** Ein Balken mit rechteckigem Querschnitt trägt hochkant verwendet mehr als bei flachkantiger Lage.

Die **Biegefestigkeit** nimmt zu, je größer der Abstand der Randfaser von der Nulllinie ist. Bei hochkantiger Lage eines Trägers wird dieser Vorteil genutzt.

> Die Belastbarkeit auf Biegung hängt ab von der Größe und Form der beanspruchten Querschnittsfläche und deren Lage zur Beanspruchungsrichtung.

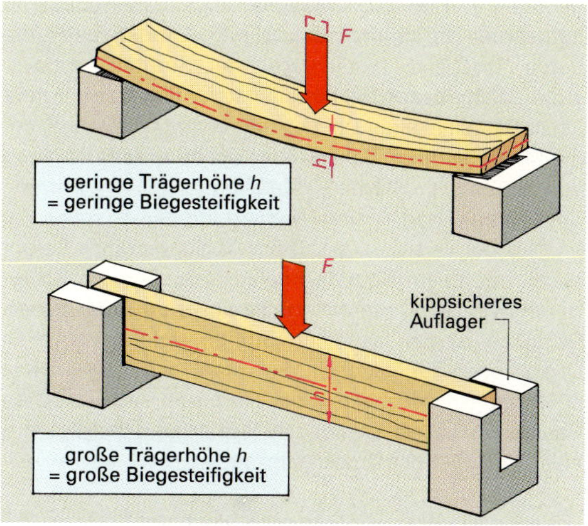

Bauteil mit Rechteckquerschnitt: Biegesteifigkeit bei flachkantiger und bei hochkantiger Auflage

Knickbeanspruchung

Versuch: Etwa 1 m lange Holzleisten mit a) rechteckigem, b) quadratischem und c) rundem Querschnitt in Längsrichtung auf Druck belasten.

Beobachtung: Der rechteckige Stab knickt nach der flachen Seite aus; die Stäbe mit dem rechteckigen bzw. runden Querschnitt haben nach allen Seiten gleichen Biegewiderstand.

Ergebnis: In schlanken Bauteilen, die in Längsrichtung auf Druck belastet werden, entsteht Knickbestreben. Bauteile mit rechteckigen Querschnitten knicken zur geringsten Querschnittsabmessung aus.

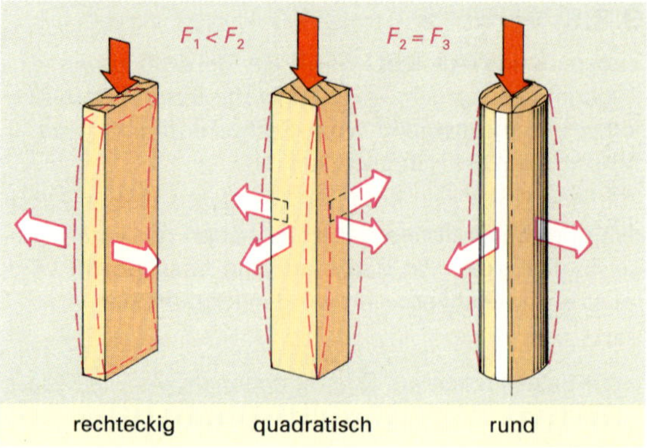

Knickbeanspruchung

Schlanke Bauteile haben im Vergleich zur Länge nur geringe Querschnittsabmessungen. Eine zu große Last bringt einen solchen Baukörper, lange bevor er bricht, zum **Knicken**. Die Knickwirkung ist im mittleren Drittel des Bauteils am größten. Deshalb dürfen z.B. Sprieße nur im oberen Drittel gestoßen werden.

Ein Pfeiler knickt immer zur geringeren Querschnittsseite hin aus. Eine quadratische Stütze ist knickfester als eine rechteckige gleichen Querschnitts. Bei quadratischen und runden Querschnitten ist der Biegewiderstand der Bauteile nach allen Seiten gleich. Sehr biegefest sind Rohre. Bei diesen ist der zugfeste Werkstoff im besonders wirksamen Randfaserbereich angeordnet. Auf Knickung werden beansprucht: z.B. Stützen, Säulen, Pfeiler, Sprieße, Gerüstständer.

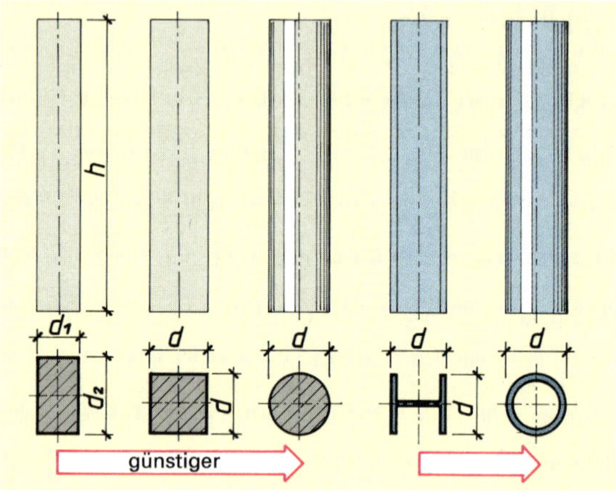

Querschnittsform und Knickung

Die Belastbarkeit auf Knickung hängt von der Schlankheit des Bauteils, von der Größe und von der Form der Querschnittsfläche ab.

Abscherende Beanspruchung

Bei Sparrendächern über Holzbalkendecken muss der Sparren an den Deckenbalken mit einem Versatz angeschlossen werden. Eine Zapfenverbindung würde nicht genügen, um die hier wirkende horizontale Schubkraft aufnehmen zu können. Schubkräfte können Baustoffe durch Abscheren (Verschieben der Stoffteilchen) zerstören. **Scherbeanspruchung** entsteht, wenn zwei Kräfte einen Bauteil in einer Ebene, aber entgegenwirkend, angreifen (Scherung). Scherkräfte wirken in Verbindungen von Bauteilen (Holzbau, Metallbau) z.B. in Bolzen-, Schrauben-, Nagel- und Nietverbindungen sowie im Vorholz bei Versatzungen. Beim Ablängen eines Betonstahls mit einem Bolzenschneider erzeugen die Schermesser im Stahl ebenfalls Scherspannung. **Die Scherfestigkeit** ist bei fast allen Stoffen kleiner als deren Druck- oder Zugfestigkeit. Bei Stahl beträgt sie etwa 60% der Druckfestigkeit, bei Holz und mineralischen Baustoffen ist sie wesentlich kleiner und beträgt nur etwa 10...15% der Druckfestigkeit.

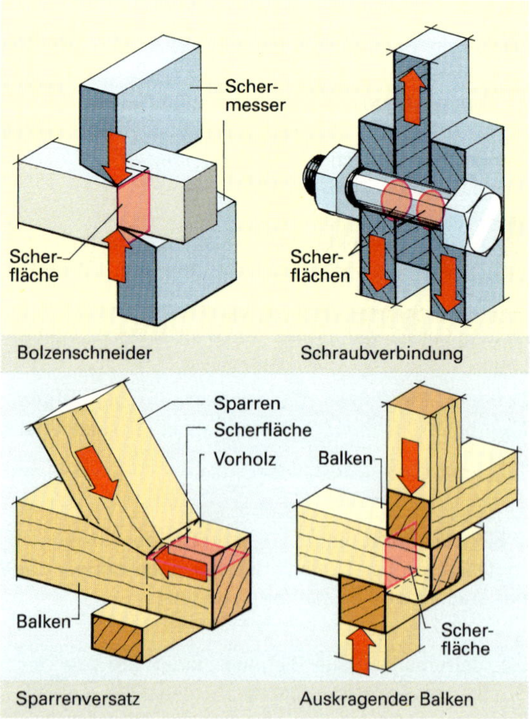

Abscherende Beanspruchung

Die Belastbarkeit auf Scherung hängt vom Werkstoff und von der Größe der Querschnittsfläche ab.

3.3.5 Verhalten fester Stoffe unter Einwirkung äußerer Kräfte

Baustoffe zeigen unter Einwirkung von Druck-, Zug-, Scher- und Knickbeanspruchung unterschiedliche **technologische Eigenschaften**. Von technischer Bedeutung sind Härte, Zähigkeit, Elastizität und Plastizität.

Minerale	Härtegrade	Minerale	Härtegrade
Talk	1	Feldspat	6
Gipsspat	2	Quarz	7
Kalkspat	3	Topas	8
Flussspat	4	Korund	9
Apatit	5	Diamant	10

Härteskala nach Mohs

Hart – weich

Versuche: Wechselseitiges Ritzen oder Schneiden von Stahl – Holz, Stahl – Aluminium, Stahl – Glas, Stahl – Hartmetall.

Beobachtung: Stahl ritzt Holz und Aluminium; Hartmetall ritzt Glas und Stahl.

Ergebnis: Werkstoffe weisen verschiedene Härtegrade auf.

Härte ist der Widerstand eines Stoffes, den er dem Eindringen eines fremden Körpers entgegensetzt.

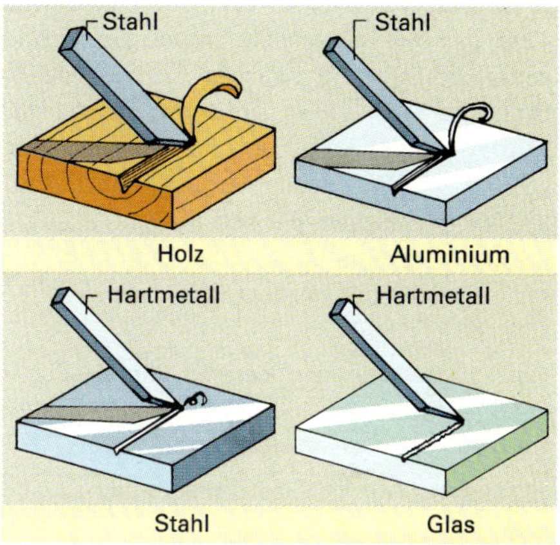

Ritzversuche

Zur Bestimmung der Härte gibt es die Zusammenstellung der Mineralien Talk bis Diamant (mohssche Härteskala). Andere Stoffe können durch Ritzversuche eingeordnet werden. Die Härte von Werkstoffen wird in der Technik nach genau festgelegten Härteprüfverfahren ermittelt. Dabei werden besondere Prüfkörper (Kugel, Kegel, Pyramide) in den Werkstoff eingedrückt und die Eindrucktiefe bzw. Eindruckgröße gemessen. Harte Stoffe sind z.B. Diamant, Platin, Stahl, Granit, Beton und Hart-PVC. Werkstoffe mit geringer Härte bezeichnet man als weich. Zu den weichen Stoffen zählen z.B. Blei, Aluminium, Holz u.Ä.

Je härter ein Baustoff ist, umso geringer ist seine Abnutzbarkeit.

Die Härte ist von der Größe der Kohäsion abhängig.

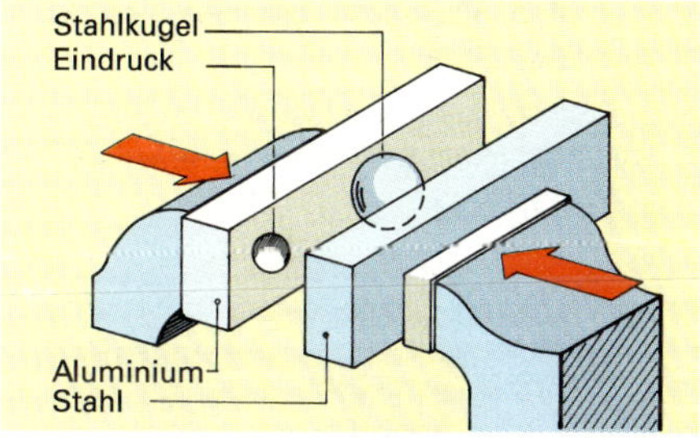

Härtevergleich mit Kugeldruckversuch

Zäh – spröde

Versuch: Stahlblech und Zinkblech mehrmals hin- und herbiegen; Kreidestück auf Biegung beanspruchen.

Beobachtung: Stahlblech verträgt öfteres Hin- und Herbiegen als Zinkblech. Die Kreide bricht bei geringer Biegebeanspruchung.

Ergebnis: Stahl und Zink sind zähe Stoffe, Stahl ist zäher als Zink. Kreide ist spröde.

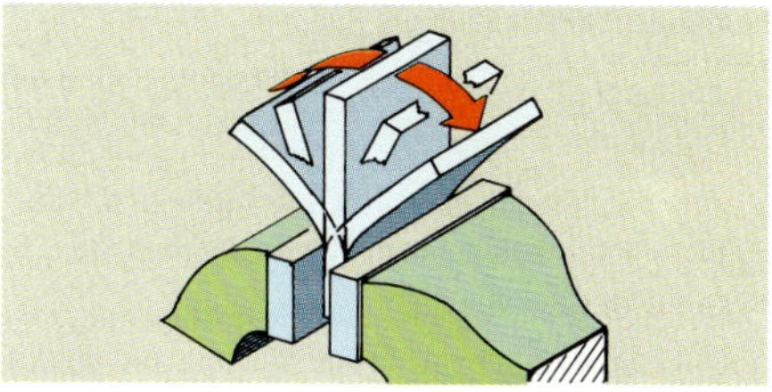

Zähigkeit

Als **zäh** bezeichnet man Werkstoffe, die erst nach starker Verformung brechen. Sie besitzen meist faseriges Gefüge. **Zähe** Stoffe sind Stahl, Holz, Kunststoffe, wie z.B. Vulkanfiber und Kunsthorn. Zähe Werkstoffe finden Verwendung, wo Schlag-, Stoß- und Biegebeanspruchungen auftreten.

Spröde Werkstoffe, z.B. Glas, Gusseisen, mineralische Baustoffe wie Beton und Natursteine, brechen schon bei geringer Verformung infolge Stoß-, Schlag- oder Biegebeanspruchung.

Ein Werkstoff, der sich durch große Krafteinwirkung zunächst verformt und erst dann reißt, ist zäh.

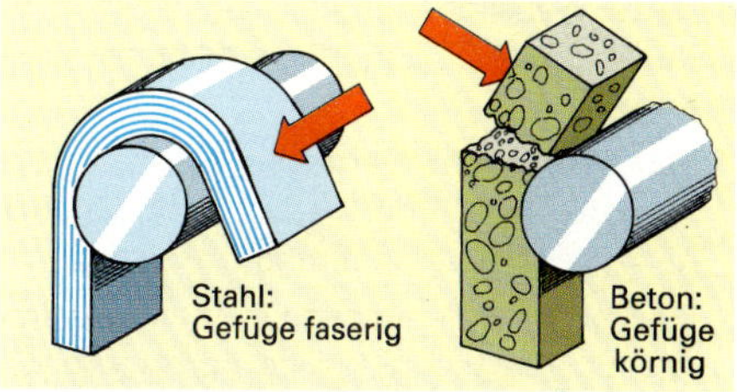

Eigenschaftsmerkmal für zähe und spröde Werkstoffe

Elastisch – plastisch

Versuch: Eine Stahlfeder im Schraubstock einspannen und auf Zug beanspruchen.

Beobachtung: Die Stahlfeder verkürzt sich nach der Entlastung auf die ursprüngliche Länge.

Ergebnis: Die Stahlfeder ist elastisch.

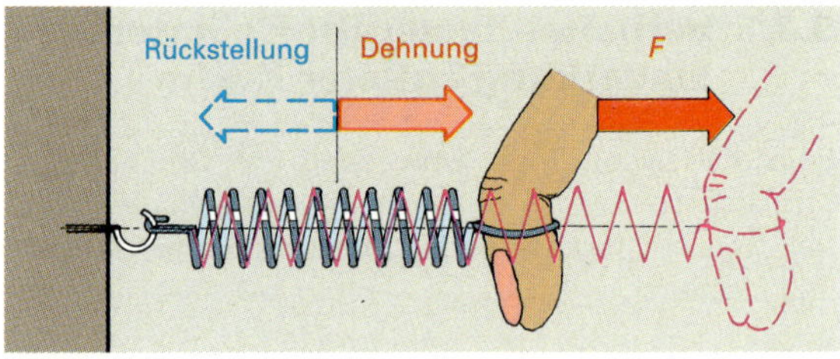

Elastizität

Werkstoffe sind **elastisch**, wenn sie ihre Form unter Belastung ändern und nach der Entlastung wieder in die ursprüngliche Form zurückkehren. Alle Metalle besitzen eine gewisse Elastizität, wobei die Größe der elastischen Verformung von der Art des Metalles abhängt. Stahl hat z.B. einen größeren **Elastizitätsbereich** als Kupfer. Bei der Ermittlung der Elastizität wird ein Probestab in eine Prüfmaschine gespannt und auf Zug belastet. Im elastischen Bereich steigt die Zugspannung im gleichen Verhältnis wie die Dehnung; nach der Entlastung geht der Probestab auf die Ausgangslänge zurück.

Wird Stahl über den Bereich der elastischen Dehnung gezogen, geht Stahl vom elastischen in den plastischen Bereich über – die Verformung bleibt.

Stahl kann nur im Elastizitätsbereich beansprucht werden.

Als **plastisch** bezeichnet man Stoffe, die sich unter Belastung verformen und die Verformung nach Entlastung beibehalten. Plastisch verhalten sich z.B. Blei, Frischbeton, Fensterkitt.

Harte Stoffe können elastisch und spröde sein (Stahl, Beton), weiche Stoffe können elastisch oder plastisch sein (Gummi, Kitt).

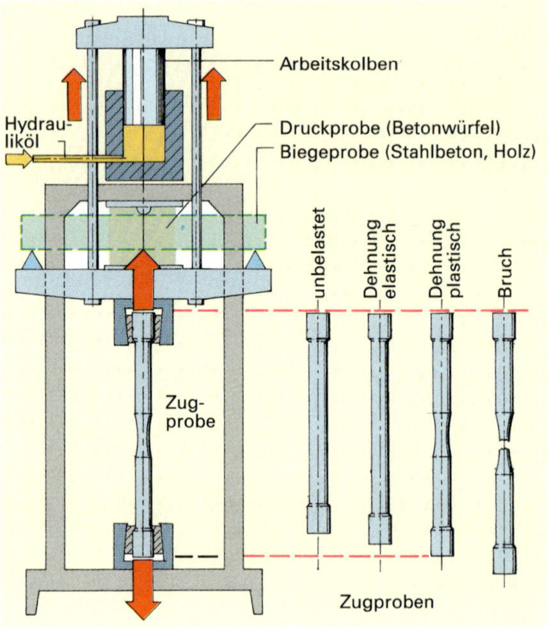

Zugversuch mit Stahlproben in der Universalprüfmaschine

Ein Werkstoff gilt als elastisch, wenn er nach Wegnahme der Kraft seine Ursprungsform wieder annimmt.

Zusammenfassung

Als **Lasten** bezeichnet man Kräfte, die von außen auf Bauwerke einwirken.

Am Bauwerk herrscht Gleichgewicht, wenn den auftretenden äußeren Kräften gleich große innere Kräfte entgegenwirken.

Bei biegebeanspruchten Bauteilen treten Druck- und Zugspannungen auf. Sie heben sich im Bereich der neutralen Zone auf.

Harte Werkstoffe unterscheiden sich von weichen durch größeren Eindringwiderstand gegen fremde Körper.

Zähe Werkstoffe vertragen starke Verformung bis zum Bruch, spröde Werkstoffe brechen bereits bei geringer Formveränderung.

Elastische Stoffe erhalten nach Wegnahme der Kraft wieder ihre ursprüngliche Form zurück. Plastische Stoffe zeigen bleibende Verformung.

Aufgaben:

1. *Ermitteln Sie mithilfe von Tabellen (DIN 1055):*
   a) *die Eigenlast von 1 m^3 Mauerwerk jeweils aus Granit, Mauerziegel und Beton,*
   b) *die zulässigen Verkehrslasten von Wohnräumen und Fluren in Wohnhäusern.*
2. *Welcher Unterschied besteht zwischen Festigkeit und Spannung?*
3. *Welche Festigkeitsarten müssen folgende Bauteile aufweisen: Stützen, tragende Wände, Decken, Dachsparren?*
4. *Geben Sie druck- und zugfeste Werkstoffe an.*
5. *Warum sind Pfeiler und Stützen mit quadratischer Querschnittsform knickfester?*
6. *Welche harten Werkstoffe eignen sich für Geh- und Straßenbeläge?*
7. *Warum darf Betonstahl nur im Elastizitätsbereich belastet werden?*
8. *Zählen Sie elastische und plastische Stoffe auf.*

4 Chemische Grundlagen

4.1 Aufbau der Materie

Zu den Tätigkeiten auf der Baustelle gehören die Be- und Verarbeitung von Baustoffen, wie z.B. Natursteinen, künstlichen Steinen, Metallen und Holz. Die fachgerechte Verarbeitung der Baustoffe setzt Kenntnisse über ihre Eigenschaften voraus. Eine wichtige Grundlage hierfür ist die **Chemie**. Sie befasst sich mit der Zusammensetzung und dem Aufbau der Stoffe sowie mit ihren Veränderungen und Umwandlungen.

Die Gesamtheit aller Stoffe wird als **Materie** bezeichnet. Die chemischen Eigenschaften eines Stoffes hängen nicht von der Form ab, die dem Stoff, z.B. Eisen, gegeben wurde. Eisen rostet in Form eines Bleches, eines Nagels oder als Pulver. Deshalb befasst sich die Chemie nicht mit den Körpern, sondern nur mit den Stoffen der Körper.

Chemisches Labor, Baustoffuntersuchung

4.1.1 Chemische Verbindungen

Von vielen Stoffen ist uns bekannt, dass sie durch den Zusammenschluss, das heisst, die chemische Bindung verschiedener Stoffe, entstehen. So entsteht zum Beispiel Rost, wenn Eisen Sauerstoff und Wasser bindet. Zementstein entsteht, wenn Zement Wasser bindet. Viele Metalle verbinden sich mit Sauerstoff und anderen Stoffen aus der Luft und bilden beständige Schutzschichten.

In der Natur gibt es Stoffe, die in ihrer Zusammensetzung unverändert verwendet werden, wie Holz, Lehm, Wasser, Gesteine, Kies, Sand. Manche Stoffe bestehen aus einem Gemisch oder Gemenge verschiedener chemischer Verbindungen, z.B. Granit aus Feldspat, Quarz und Glimmer.

Viele Stoffe werden durch chemische Umwandlungen gewonnen, z.B. Metalle aus Erzen, Baukalke aus Kalkstein, Ziegel aus Ton.

Ein Stoff, der aus der Bindung verschiedener Stoffe entsteht, ist eine chemische Verbindung. Die meisten Baustoffe sind chemische Verbindungen oder Gemische chemischer Verbindungen.

Naturbelassene Stoffe **Umgewandelte Stoffe**

Will man einen festen Stoff, z.B. einen Kalksteinbrocken, in seine Grundstoffe zerlegen, so gelingt dies nicht, wenn man den Brocken mit einem Hammer zerkleinert und anschließend zu feinem Pulver zermahlt. Auch das Pulver besteht aus Kalkstein. Ursache dafür, dass die Zerlegung der chemischen Verbindung Kalkstein mit mechanischen Mitteln nicht gelingt, sind die zahllosen kleinen Anziehungskräfte zwischen den kleinsten Teilchen fester Stoffe.

Viele feste Baustoffe sind salzartige (kristalline) Verbindungen. Die kleinsten Teilchen dieser **Stoffe** bilden in ihrer Vielzahl regelmäßige, starre **Teilchengitter** (Stoffgitter, Kristallgitter). Die Anziehungskräfte der Teilchen, auch Gitterkräfte genannt, sind elektrischer Natur, d.h. Plus- und Minusladungen. Die Gitterteilchen sind nur unter großer Kraftaufwendung verschiebbar.

Die kleinsten Teilchen der **Flüssigkeiten und Gase** sind **Moleküle** (lat. molecula: kleine Masse). Moleküle bestehen aus zwei oder mehreren miteinander verbundenen Atomen. Die Moleküle von Flüssigkeiten haben untereinander nur geringe Anziehungskräfte. Gasmoleküle haben praktisch keine Anziehungskräfte und streben auseinander.

Viele feste Baustoffe bestehen aus starren Teilchengittern. Zwischen diesen Feststoffteilchen wirkt eine Vielzahl von Gitterkräften. Flüssigkeiten und Gase bestehen aus Molekülen. Flüssigkeitsmoleküle haben nur geringe, Gasmoleküle keine Anziehungskräfte untereinander.

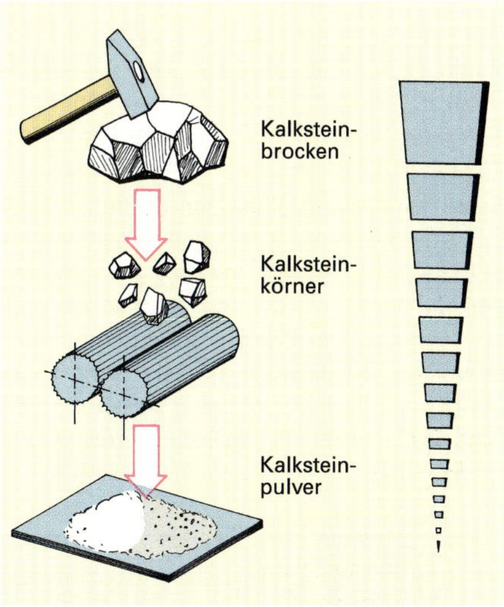

Zerkleinerung in kleinste Teilchen ist keine Stoffumwandlung

4.1.2 Chemische Grundstoffe

Will man etwas über den Aufbau und die Zusammensetzung der Stoffe erfahren, so müssen die Stoffteilchen voneinander getrennt werden. Das gelingt durch chemische Zerlegung der Stoffe. Bestimmte chemische Verbindungen lassen sich zerlegen, wenn man sie erhitzt.

Versuch: Glasplatte über brennende Kerze halten.

Beobachtung: Die Glasplatte wird geschwärzt.

Ergebnis: An der kühlen Glasscheibe hat sich Ruß abgesetzt. Ruß ist Kohlenstoff, ein chemischer Grundstoff.

Freisetzung von Kohlenstoff

Lässt sich Kohlenstoff weiter zerlegen? Mit chemischen Mitteln ist dies nicht möglich. Derart unzerlegbare Stoffe werden Grundstoffe oder Elemente genannt. Bekannt sind 107 chemische Elemente. Nur 7 Elemente bilden rund 96% der Materie von Erdrinde (bis 16 km Tiefe), Weltmeeren und Lufthülle.

Zur Bezeichnung von Elementen und Verbindungen benutzt man Symbole. Hierfür wird jeweils der Anfangsbuchstabe und eventuell ein weiterer Buchstabe des lateinischen Elementnamens verwendet.

Jedes Element besteht aus sehr kleinen Teilchen, den **Atomen** (griech.: unteilbar). Sie lassen sich chemisch nicht weiter zerlegen.

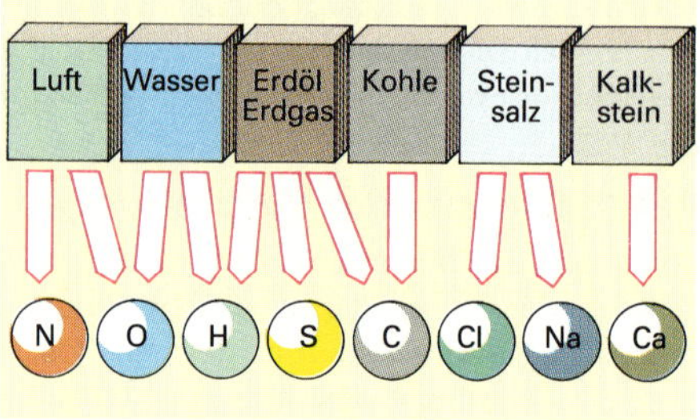

Herkunft wirtschaftlich wichtiger Elemente

Chemische Elemente sind Grundstoffe, die sich mit chemischen Mitteln nicht weiter zerlegen lassen. Das Atom ist das kleinste Teilchen eines chemischen Elements.

Gase		Leichtmetalle	
Wasserstoff	H	Magnesium	Mg
Stickstoff	N	Aluminium	Al
Sauerstoff	O	Calcium	Ca
Chlor	Cl		
Nichtmetalle		**Schwermetalle**	
Kohlenstoff	C	Eisen	Fe
Silicium	Si	Kupfer	Cu
Phosphor	P	Zink	Zn
Schwefel	S	Zinn	Sn
		Blei	Pb

Bauwichtige Elemente mit ihren Symbolen

4.1.3 Umweltschutz

Bestimmte **chemische Verbindungen** können andere Stoffe schädigen oder zerstören, indem sie mit ihnen chemisch reagieren: Säuren zerstören Baustoffe, Benzin und Öl vergiften Gewässer und Böden, Humussäure (Moorwasser) zerstört Beton, Dünger (natürlich oder künstlich) schädigt Gewässer und Böden, große Kohlenstoffdioxidmengen beeinträchtigen das Klima, Treibgase aus Spraydosen zerstören die Ozonschicht der Atmosphäre usw.

Die **Schädigung unserer Umwelt** ist jedoch nicht allein der Chemie an sich zuzuschreiben. Erst der fahrlässige, bedenkenlose Umgang mit chemischen Substanzen und die wachsende Menge schädigender Stoffe erhöhen die **Umweltbelastung** ins Unerträgliche und stören das **ökologische Gleichgewicht**.

Jeder Einzelne kann beim Umgang mit der Natur und der Chemie durch umsichtiges Handeln zum **Umweltschutz** beitragen. Schon geringe Mengen Säure, Öl oder andere Chemikalien schädigen Wasser oder Erdreich in großem Umfange: Bereits ein Liter Heizöl verseucht 1 Million Liter Wasser (1000 m^3), z.B. Grundwasser!

Reste von Öl und ölhaltigen Stoffen, Säuren, Farben, Lösungsmitteln u.a. müssen in speziellen Behältern gesammelt, sicher gekennzeichnet und gelagert und den zuständigen **Sammelstellen für Sondermüll** zugeführt werden. Kunststoffe (Verpackungsmaterial) sollten möglichst der **Wiederverwendung** zugeführt werden. Nicht wiederverwendbare Stoffe sollten nicht in den Abfall (Müllvermeidung!), sondern der Wiederverwertung (Recycling) zugeführt werden. Die meisten Kunststoffe verrotten im Boden nicht und entwickeln beim Verbrennen giftige Dämpfe.

Jeder Einzelne muss so handeln, dass die Umwelt weder verschmutzt noch geschädigt wird. Wiederverwendung und Wiederverwertung (Recycling) von Stoffen dienen der Müllvermeidung und damit dem Umweltschutz.

Gase	Flüssigkeiten	Feste Stoffe
Schwefeldioxid, Stickstoffoxide, Kohlenstoffmonoxid, Fluorkohlenwasserstoffe, Kohlenstoffdioxid (gr. Mengen)	Säuren, Heiz- und Motorenöle u.a., Treibstoffe, Lösungsmittel, Farben und Lacke	Asbest, Stäube mit Blei-, Cadmium- oder Quecksilberverbindungen

Umwelt- und gesundheitsschädigende Stoffe

Reinhaltung des Bodens, des Wassers, der Luft

Vermeiden von Lärm

Beseitigung von Abfallstoffen

Aufbereitung = Recycling

Gesetzliche Auflagen zum Schutz der Umwelt

4.1.4 Atomaufbau

Der dänische Physiker Niels Bohr entwarf 1913 ein Atommodell, das zwar den neuesten Erkenntnissen der Atomphysik nicht mehr entspricht, das uns aber eine bildhafte Vorstellung vom Aufbau der Atome ermöglicht. Nach Bohr besteht jedes Atom aus einem Atomkern und einer Atomhülle.

Der **Atomkern** wird aus zwei verschiedenen Kernbausteinen (Elementarteilchen) aufgebaut, den positiv geladenen **Protonen** und den elektrisch neutralen **Neutronen**.

Um den Atomkern bewegen sich die negativ geladenen **Elektronen**. Ihre Zahl entspricht der Protonenzahl. Dadurch wird die positive Kernladung ausgeglichen, und die Atome erweisen sich nach außen hin als elektrisch neutral. Die Elektronen verteilen sich, mit Ausnahme von Wasserstoff und Helium, auf mehreren Schalen, die einen unterschiedlichen Abstand vom Kern haben. Sie bilden die **Atomhülle**, die bis zu sieben **Elektronenschalen** umfassen kann.

Jede Schale kann nur eine bestimmte Anzahl von Elektronen aufnehmen, z.B. in der ersten Schale zwei, in der äußersten Schale acht Elektronen. Ein Atom strebt eine möglichst stabile Elektronenhülle an. Fehlen einem Atom nur wenige Außenelektronen bis zu seiner Achterschale, so versucht es, einem Atom eines anderen Elements die noch fehlenden Elektronen zu entreißen. Hat ein Atom nur wenige Außenelektronen, so versucht es diese abzustoßen, um damit die stabil aufgebaute Innenschale zur Außenschale zu machen. **Chemische Reaktionen** spielen sich somit in der Atomhülle ab.

Die Atome sind winzig klein. Würden etwa 1 Million Wasserstoffatome aneinander gelegt, so ergäbe dies eine Strecke von 1 mm. Vergleicht man den Kern mit einem Stecknadelkopf, so bewegen sich die Elektronen in ungefähr 100 m Entfernung. Demnach bestehen alle Stoffe zum weitaus überwiegenden Teil aus „leerem Raum“.

Wie kommt nun aber die Festigkeit und Härte der Baustoffe zustande? Die Elektronen bewegen sich mit sehr hoher Geschwindigkeit (ungefähr 2160000 km/h) auf einer Umlaufbahn um den Kern. Dadurch entsteht, vergleichbar mit dem Wickeln eines Wolleknäuels, die Hohlkugelform des Atoms.

Da alle Atome aus denselben Urbausteinen bestehen, liegt es nahe zu fragen, warum die Elemente unterschiedliche Massen aufweisen. Die Atome der Elemente unterscheiden sich in der Anzahl der Elektronen, Protonen und Neutronen. Da die Elektronen praktisch nichts „wiegen“, setzt sich die Masse des Atoms aus der Summe der Protonen und Neutronen zusammen. Die Dichte der Stoffe wird also durch die Anzahl der Urbausteine im Kern beeinflusst.

Alle Atome bestehen aus denselben Urbausteinen: Protonen und Neutronen bilden den Kern, Elektronen die Atomhülle. Die Anzahl der Elektronen in der äußersten Schale beeinflusst die chemischen Eigenschaften der Stoffe.

Protonen und Neutronen bestimmen die Masse der Atome und beeinflussen die Dichte der Stoffe.

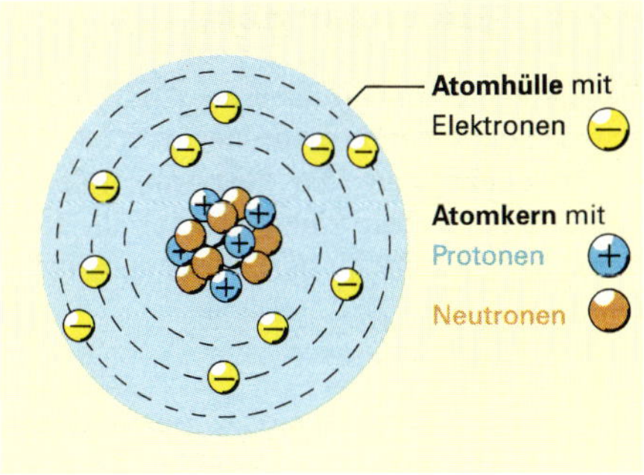

Atomaufbau

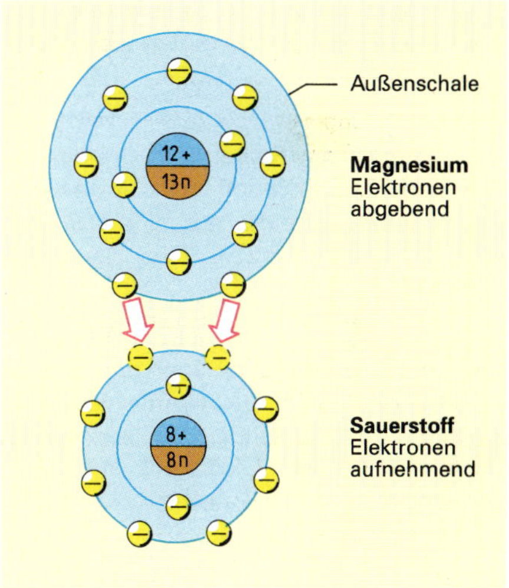

Abgabe und Aufnahme von Außenelektronen

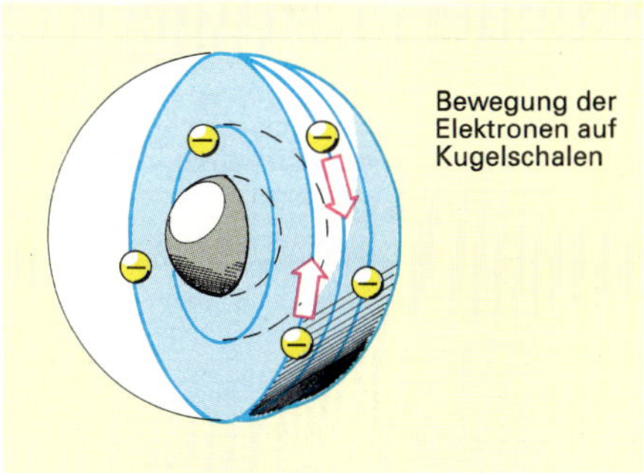

Hohlkugelform des Atoms

Urbausteine	Grundstoff		
	Al	Fe	Pb
Neutronen	14	30	125
Protonen	13	26	82
Elektronen	13	26	82
Dichte in $\frac{g}{cm^3}$	2,7	7,9	11,3

Anzahl der Urbausteine in den Atomen

4.1.5 Periodensystem

Die Elemente können nach der Ähnlichkeit ihrer chemischen Eigenschaften geordnet werden. Dies geschieht im **Periodensystem der Elemente (PSE)**. Sie erhalten hier ihren Stellenwert nach der Anzahl der Protonen im Kern. Sie entspricht der **Kernladungszahl** oder **Ordnungszahl**.

Die **relative Atommasse** aller Elemente kann ebenfalls dem PSE entnommen werden. Sie ist eine vergleichende, unbenannte Zahl, die sich auf die Masse eines Kohlenstoffatoms von 12 bezieht. Beispielsweise beträgt die Atommasse von Eisen 56, das bedeutet, dass die Masse eines Eisenatoms 56-mal größer als die Masse von 1/12 Kohlenstoffatom ist.

Die waagerechten Reihen des Systems werden **Perioden** genannt. Die Periodenzahl, insgesamt sind es sieben Perioden, gibt die Anzahl der Elektronenschalen an.

Die senkrechten Spalten werden **Gruppen** genannt. Es gibt acht Gruppen, die in Haupt- und Nebengruppen unterteilt sind. Die Gruppennummer lässt die Anzahl der Außenelektronen erkennen. Das bedeutet, dass die Elemente einer Gruppe gleich viel Elektronen auf der äußeren Schale haben und deshalb in ihrem chemischen Verhalten sehr ähnlich sind.

> Das Periodensystem erlaubt wesentliche Aussagen über das chemische Verhalten der Elemente. Die Elemente sind nach dem Bau ihrer Atomhülle geordnet.

Sauerstoffatom

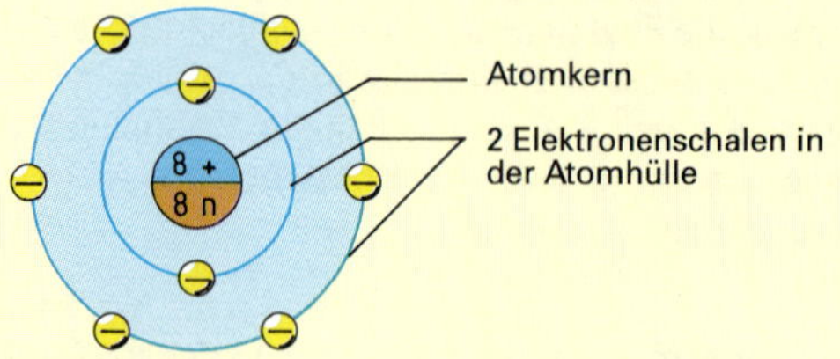

Periode 2 → Elektronen auf 2 Schalen
Hauptgruppe VI → 6 Außenelektronen

Ordnungszahl 8
8 → = 8 Protonen im Kern
→ + 8 Elektronen in der Hülle
O → Sauerstoff
16 → Atommasse 16

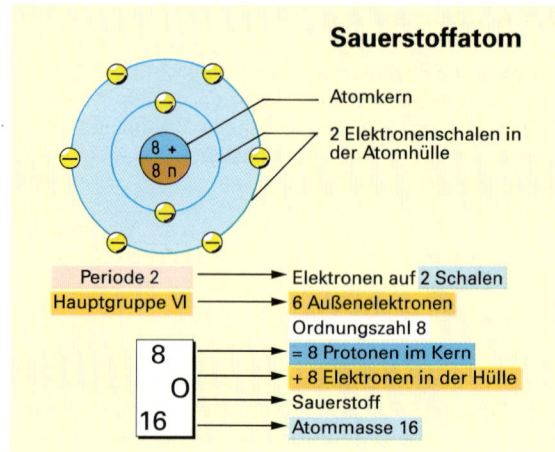

Stellung des Sauerstoffatoms im PSE

Magnesiumatom

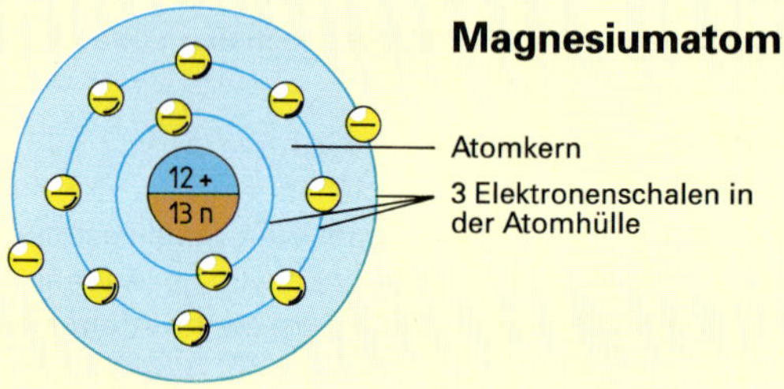

Periode 3 → Elektronen auf 3 Schalen
Hauptgruppe II → 2 Außenelektronen

Ordnungszahl 12
12 → = 12 Protonen im Kern
→ + 12 Elektronen in der Hülle
Mg → Magnesium
24 → Atommasse 24

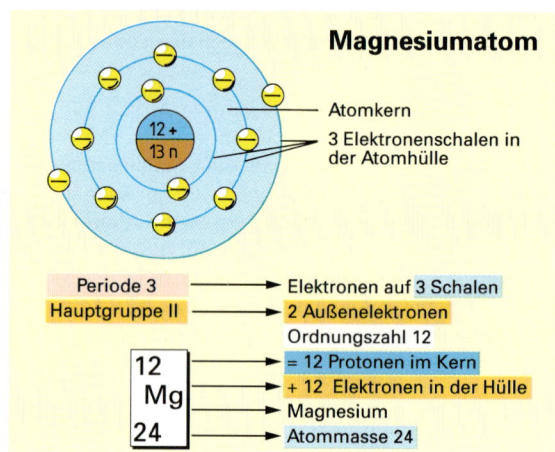

Stellung des Magnesiumatoms im PSE

Periodensystem der chemischen Elemente (PSE)

Legende: Gase | Edelgase | Nichtmetalle | Metalle

Periode	Hauptgruppen		Nebengruppen										Hauptgruppen					
	I a	II a	III b	IV b	V b	VI b	VII b	VIII	VIII	VIII	I b	II b	III a	IV a	V a	VI a	VII a	VIII
1	1 **H** 1,0																	2 **He** 4,0
2	3 **Li** 6,9	4 **Be** 9,0											5 **B** 10,8	6 **C** 12,0	7 **N** 14,0	8 **O** 16,0	9 **F** 19,0	10 **Ne** 20,2
3	11 **Na** 23,0	12 **Mg** 24,3											13 **Al** 27,0	14 **Si** 28,1	15 **P** 31,0	16 **S** 32,1	17 **Cl** 35,5	18 **Ar** 39,9
4	19 **K** 39,1	20 **Ca** 40,1	21 **Sc** 45,0	22 **Ti** 47,9	23 **V** 50,9	24 **Cr** 52,0	25 **Mn** 54,9	26 **Fe** 55,8	27 **Co** 58,9	28 **NI** 58,7	29 **Cu** 63,5	30 **Zn** 65,4	31 **Ga** 69,7	32 **Ge** 72,6	33 **As** 74,9	34 **Se** 79,0	35 **Br** 79,9	36 **Kr** 83,8
5	37 **Rb** 85,5	38 **Sr** 87,6	39 **Y** 88,9	40 **Zr** 91,2	41 **Nb** 92,9	42 **Mo** 95,9	43 **Tc** 99	44 **Ru** 101,1	45 **Rh** 102,9	46 **Pd** 106,4	47 **Ag** 107,9	48 **Cd** 112,4	49 **In** 114,8	50 **Sn** 118,7	51 **Sb** 121,8	52 **Te** 127,6	53 **I** 126,9	54 **Xe** 131,3
6	55 **Cs** 132,9	56 **Ba** 137,3	57 ... 71	72 **Hf** 178,5	73 **Ta** 180,9	74 **W** 183,9	75 **Re** 186,2	76 **Os** 190,2	77 **Ir** 192,2	78 **Pt** 195,1	79 **Au** 197,0	80 **Hg** 200,6	81 **Tl** 204,4	82 **Pb** 207,2	83 **Bi** 209,0	84 **Po** 210	85 **At** 210	86 **Rn** (222)
7	87 **Fr** 223	88 **Ra** 226	89 ... 103	104 **Ku** 261	105 **Ha**	(gekürzte Darstellung)												

Wichtige Elemente mit Kurzzeichen

Wasserstoff	H	Natrium	Na	Chlor	Cl	Silber	Ag
Helium	He	Magnesium	Mg	Calcium	Ca	Zinn	Sn
Kohlenstoff	C	Aluminium	Al	Eisen	Fe	Gold	Au
Stickstoff	N	Silicium	Si	Nickel	Ni	Quecksilber	Hg
Sauerstoff	O	Phosphor	P	Kupfer	Cu	Blei	Pb
Neon	Ne	Schwefel	S	Zink	Zn	Uran	U

4.1.6 Wertigkeit

An Bauwerken können wir beobachten, dass sich Baustoffe, wie Kupfer, Zink, Blei, an der Luft verändern. Sie verbinden sich beispielsweise mit dem Sauerstoff der Luft. Wie wir vom Atomaufbau her wissen, haben die Atome das Bestreben, sich mit anderen Atomen zu verbinden. Dieses chemische Bindeverhalten wird als **Wertigkeit** oder **Valenz** bezeichnet. Sie hängt von der Anzahl der Elektronen ab, die bei einer chemischen Reaktion aufgenommen bzw. abgegeben werden. Die austauschbaren Elektronen werden als **Valenzelektronen** bezeichnet. Die Wertigkeit wird mit Valenzstrichen an den Symbolen verdeutlicht. Zur Veranschaulichung kann man sich die Atome als kleine Kugeln und die austauschbaren Elektronen als Arme vorstellen. Nach seiner Stellung im Periodensystem besitzt Sauerstoff in seiner Außenschale sechs Elektronen, kann also zwei aufnehmen, um eine stabile Außenschale aufzubauen, d.h., Sauerstoff ist zweiwertig. Quecksilber hat in der Außenschale zwei Elektronen; es stößt diese ab und ist somit ebenfalls zweiwertig. Wasserstoff kann ein Valenzelektron abgeben oder aufnehmen, d.h., es ist einwertig.

Da ein Atom nicht in jedem Falle alle Außenelektronen aufnehmen muss, sind eine Reihe von Elementen verschiedenwertig. So ist z.B. Eisen zwei- und dreiwertig, Blei zwei- und vierwertig.

Die Wertigkeit eines Elements gibt an, wie viele Elektronen ein Atom des Elements abgeben oder aufnehmen kann.

Zusammenfassung

Die Bauchemie befasst sich mit dem Aufbau, den Eigenschaften und dem Verhalten der Baustoffe.

Moleküle lassen sich chemisch in Atome zerlegen.

Zur Bezeichnung von Elementen und Verbindungen benutzt man Symbole.

Bestimmte chemische Verbindungen wirken umweltschädigend. Abfälle derartiger Stoffe gehören in den Sondermüll. Wiederverwendung und Wiederverwertung (Recycling) von Stoffen dienen dem Schutz der Umwelt.

Ein Atom besteht aus drei Arten von Urbausteinen: Protonen, Neutronen, Elektronen.

Protonen und Neutronen bestimmen die Atommasse.

Die Außenelektronen beeinflussen weitgehend das chemische Verhalten eines Elementes.

Protonen und Elektronen haben gleich große, aber entgegengesetzte Ladungen.

Aus der Stellung im Periodensystem kann der Atombau eines Elementes erklärt werden.

Die Wertigkeit gibt die Zahl der Elektronen an, die sich an einer chemischen Reaktion beteiligen.

Element	Wertigkeit	Darstellung
Wasserstoff	einwertig	H–
Sauerstoff	zweiwertig	–O–
Aluminium	dreiwertig	–Al– (mit Strich nach oben)
Blei	zwei- und vierwertig	–Pb– –Pb– (mit Strichen nach oben und unten)
Calcium	zweiwertig	–Ca–
Eisen	zwei- und dreiwertig	–Fe– –Fe– (mit Strich nach unten)
Kohlenstoff	zwei- und vierwertig	–C– –C– (mit Strichen nach oben und unten)
Kupfer	ein- und zweiwertig	Cu– –Cu–
Magnesium	zweiwertig	–Mg–
Zink	zweiwertig	–Zn–

Wertigkeit bauwichtiger Elemente

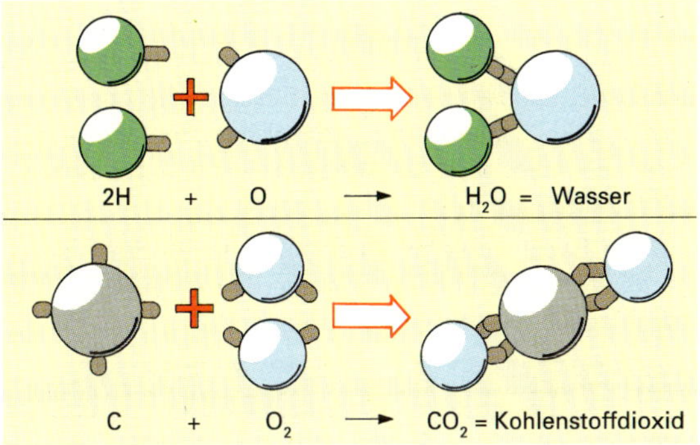

Wertigkeit und Verbindung

Aufgaben:

1. *Unterscheiden Sie zwischen Atom und Molekül.*
2. *Klären Sie den Unterschied zwischen einer chemischen Verbindung und einem Element.*
3. *Welche Maßnahmen sollen das Auslaufen von Heizöltanks verhindern?*
4. *Nennen Sie Maßnahmen zur Reinhaltung der Luft, des Wassers, des Bodens.*
5. *Erläutern Sie anhand einer Skizze den Atomaufbau von Kohlenstoff.*
6. *Welche Elemente sind für das Bauwesen von Bedeutung? Wo werden sie verwendet?*
7. *Welche chemischen Symbole haben Eisen, Zink, Schwefel und Phosphor?*
8. *Welche Elemente sind in den chemischen Verbindungen $CaSO_4$, $Ca(OH)_2$, Al_2O_3 und Fe_2O_3 enthalten?*
9. *Geben Sie für das Element Aluminium die Kernladungszahl, die Atommasse, die Zahl der Elektronenschalen und die Zahl der Außenelektronen an.*
10. *Begründen Sie, warum Zink zweiwertig ist.*
11. *Bestimmen Sie die Wertigkeit der Elemente in Salzsäure HCl und Wasser H_2O.*

4.2 Physikalische und chemische Vorgänge

4.2.1 Physikalische Vorgänge

Auf der Baustelle müssen viele Baustoffe bearbeitet werden. Betonstähle werden beispielsweise von Länge geschnitten und nach Plan gebogen oder Bretter werden für Betonschalungen gesägt, gehobelt, gebohrt und genagelt. Bei diesen Vorgängen ändert sich jeweils die Form; das Gefüge des Baustoffes, der Baustoff selbst aber bleibt unverändert. Solche Vorgänge nennt man **physikalische Vorgänge**.

Zu den physikalischen Vorgängen auf der Baustelle gehören auch das Mischen und das Trennen von Stoffen.

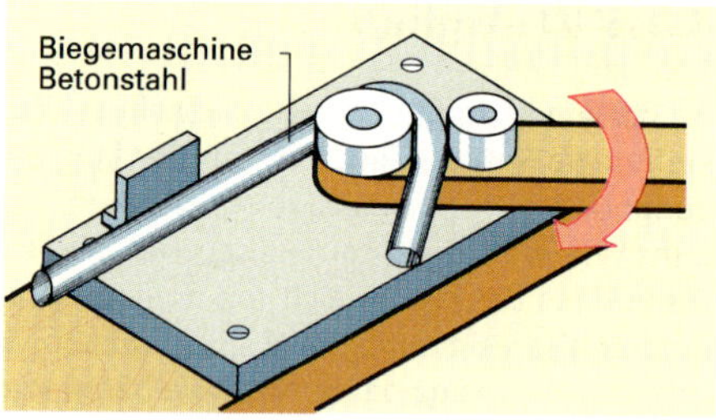

Biegen: physikalischer Vorgang

Versuch: Zuschlag unterschiedlicher Korngröße (Sand und Kies) wird miteinander vermengt und anschließend mit einem Sieb getrennt.

Ergebnis: Die feinen Körner füllen die Hohlräume zwischen den großen Körnern. Beim Sieben fällt das feine Korn durch das Sieb, das grobe Korn bleibt liegen.

Mischungen aus mehreren Stoffen nennt man **Gemenge** oder **Stoffgemische**. Es lassen sich feste, flüssige und gasförmige Stoffe mischen. Die Ausgangsstoffe, die sich beliebig mischen lassen, ändern sich dabei nicht. Gemenge lassen sich mit einfachen physikalischen Mitteln trennen.

Auf der Baustelle kommen sehr häufig Stoffgemische vor, die mit geeigneten Verfahren getrennt werden können. Hierfür werden unterschiedliche Bezeichnungen verwendet.

Bestandteile	Bezeichnung	Trennverfahren
Kies – Sand	Zuschlaggemisch	Sieben
Sand – Feinststoffe	Gemisch	Absetzen, Schlämmen
Wasser – Salze	Lösung	Eindampfen, Destillieren
Wasser – Öl	Emulsion	Abstehen, Abgießen
Zement – Wasser	Suspension	Filtrieren

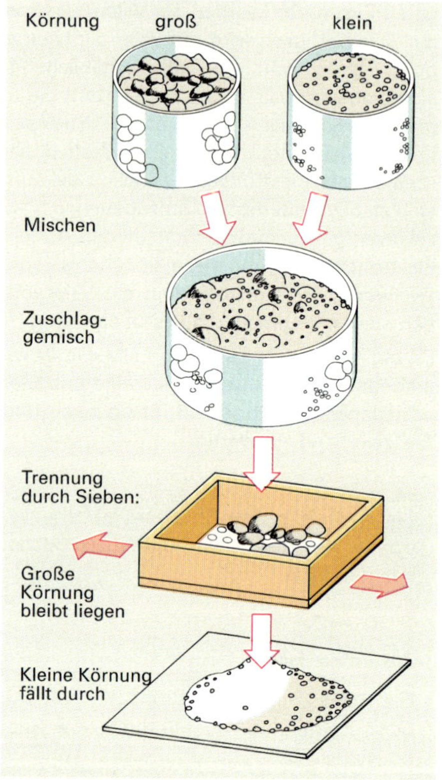

Stoffe mischen und trennen: physikalischer Vorgang

Bei physikalischen Vorgängen tritt keine Stoffänderung auf. Stoffgemische sind Mischungen verschiedener Stoffe, deren Eigenschaften unverändert bleiben. Sie lassen sich durch einfache physikalische Mittel wie Sieben, Schlämmen und Filtrieren wieder trennen.

4.2.2 Chemische Vorgänge

Versuch: 56 g Eisenpulver und 32 g Schwefelpulver, gut vermengt, werden in einem Reagenzglas erhitzt. Danach wird der Inhalt gewogen, pulverisiert und mit einem Magneten berührt.

Beobachtung: Das ganze Gemenge glüht durch. Es entsteht eine harte, spröde Masse, die 88 g wiegt.

Ergebnis: Schwefel verbindet sich mit Eisen unter starker **Wärmeentwicklung** zu **Schwefeleisen**. Die Masse des neuen Stoffes entspricht der Summe der Massen der Ausgangsstoffe.

Neuer Stoff mit anderen Eigenschaften: chemischer Vorgang

Die stoffliche Umwandlung, auch chemische Umsetzung oder **Reaktion** genannt, ist ein **chemischer Vorgang**. Am Schluss liegen andere Stoffe vor als am Anfang. Aus dem Schwefel-Eisen-Gemenge ist ein neuer Stoff mit anderen Eigenschaften, eine **chemische Verbindung**, entstanden. Die Eigenschaften des neuen Stoffes (Eisensulfid) sind nicht von den Eigenschaften seiner Ausgangsbestandteile abhängig. Der neue Stoff besitzt einheitliche Eigenschaften und kann durch Filtrieren, Destillieren oder andere physikalische Vorgänge nicht in seine Bestandteile aufgetrennt werden. Es handelt sich um einen Reinstoff.

Bei vielen chemischen Vorgängen wird **Energie** frei, bei anderen muss Energie zugeführt werden.

Bei allen chemischen Reaktionen gilt das **Gesetz von der Erhaltung der Masse**. Es lautet: Die Gesamtmasse der Ausgangsstoffe ist gleich der Masse der Endprodukte.

Beispiele für chemische Vorgänge: Fäulnisbildung, Verbrennungsvorgänge, Rostbildung; Löschen von gebranntem Kalk, Erhärten des Löschkalks zu Kalkstein, Erhärten des Zementleims zu Zementstein; Gewinnung der Metalle aus Erzen.

Bei chemischen Vorgängen werden Synthese und Analyse unterschieden. **Synthese** oder Stoffaufbau bedeutet die Vereinigung von zwei oder mehreren Stoffen zu einem neuen Stoff. Bei der **Analyse** oder dem Stoffabbau wird eine Verbindung in einfachere Bestandteile zerlegt. Bei der Analyse einer Verbindung ist Energie notwendig, um die Bindekräfte zwischen den Stoffen zu überwinden.

Bei chemischen Vorgängen entstehen neue Stoffe mit neuen Eigenschaften. Die Gesamtmasse der beteiligten Stoffe bleibt unverändert.

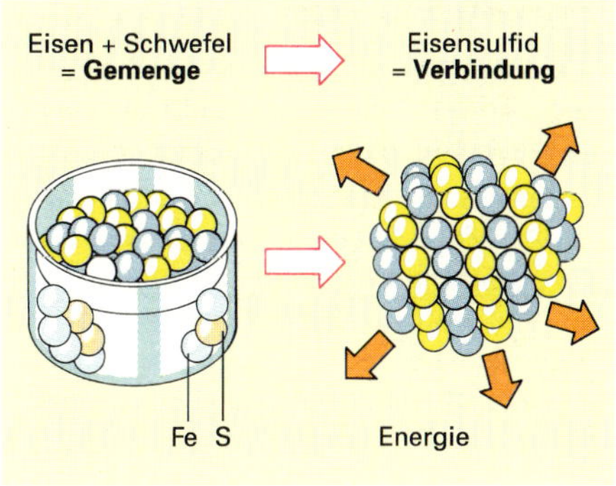

Chemischer Vorgang: Synthese

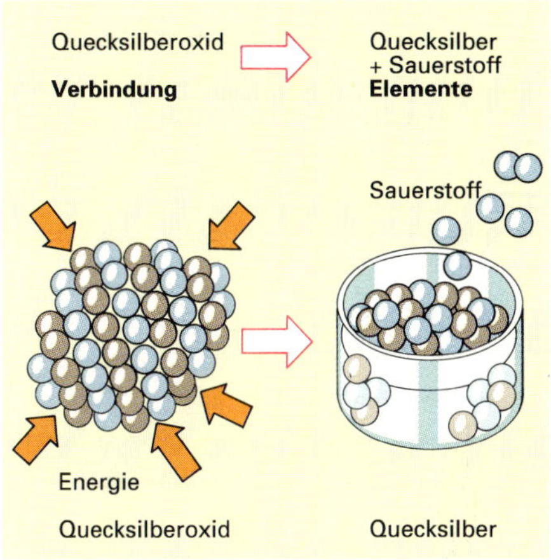

Chemischer Vorgang: Analyse

4.2.3 Chemische Formeln und Gleichungen

Chemische Formeln

Atome zeigen das Bestreben, sich miteinander zu verbinden. Wie viele und welche Atome an einer chemischen Verbindung beteiligt sind, kann durch **chemische Formeln** angegeben werden.

Bei diesen Formeln werden die Symbole aller in der Verbindung enthaltenen Elemente aneinander gereiht. Die Symbole dienen dabei nicht nur als Abkürzungen, sie lassen auch die Anzahl der Atome erkennen. Jedes Elementsymbol steht nämlich für ein Atom des betreffenden Elements. Die chemische Formel CO für Kohlenstoffmonoxid sagt z.B. aus, dass in dieser Verbindung jeweils auf ein Kohlenstoffatom auch ein Sauerstoffatom kommt. Andere Verhältnisse werden durch Zahlen ausgedrückt, die man an das Symbol des jeweiligen Elements unten anhängt. So kommen z.B. in der Verbindung CO_2 (Kohlenstoffdioxid) auf jeweils ein Atom Kohlenstoff zwei Atome Sauerstoff; die Verbindung Wasser H_2O besteht aus Molekülen, die jeweils zwei Atome Wasserstoff und ein Atom Sauerstoff enthalten. Die chemischen Formeln geben somit die Atomzahlenverhältnisse an.

Die Zusammensetzung chemischer Verbindungen wird durch chemische Formeln verdeutlicht.

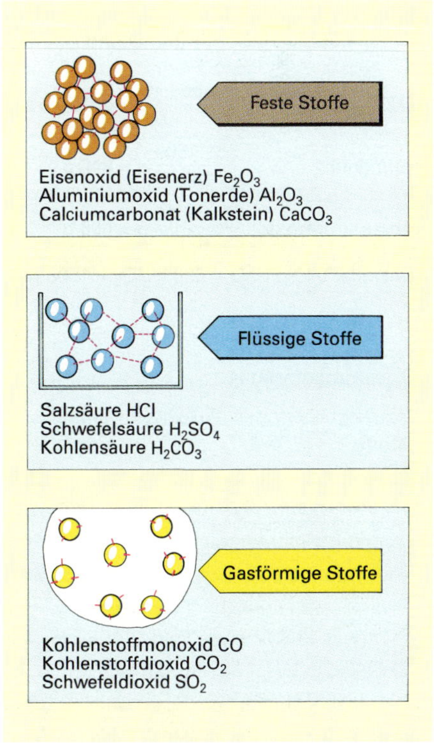

Chemische Verbindungen und ihre Formeln

Chemische Gleichungen

Chemische Vorgänge werden durch **chemische Gleichungen** dargestellt. Anstelle eines Gleichheitszeichens setzt man einen Pfeil →, der die **Richtung** des chemischen Vorganges anzeigt.

Die linke Seite jeder chemischen Gleichung zeigt die Ausgangsstoffe, die rechte Seite die Endprodukte. Da sich die Atome der Ausgangsstoffe in den Endprodukten wiederfinden, muss die Anzahl der Atome auf der linken Seite der Gleichung gleich der Anzahl der Atome auf der rechten Seite sein. Dieser Sachverhalt wird durch den Versuch mit Schwefel und Eisen verdeutlicht.

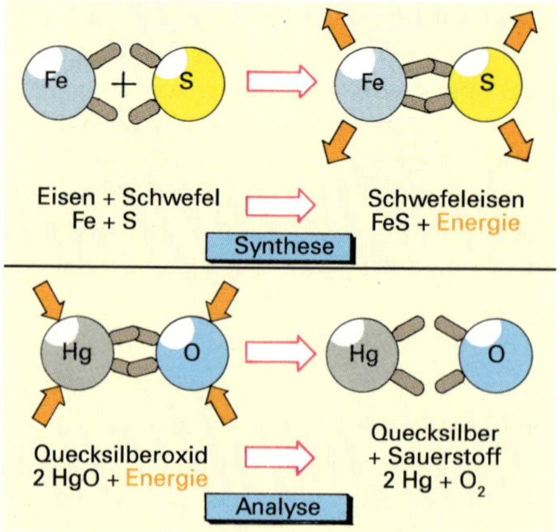

Chemische Gleichungen

In einer chemischen Gleichung muss die Summe der einzelnen Atomsymbole beiderseits des Reaktionspfeiles gleich sein.

4.2.4 Stöchiometrische Berechnung

Wie wir feststellten, zeigt eine chemische Gleichung, dass die Stoffe an einer Reaktion in bestimmten Massenverhältnissen beteiligt sind.

Eine Berechnung der miteinander reagierenden Atommassen ist somit möglich. Solche Berechnungen werden in der Chemie **Stöchiometrie** genannt. Wie sie durchzuführen sind, soll an einem Beispiel gezeigt werden.

Beispiel: Wie viel Gramm Branntkalk und Kohlenstoffdioxid werden aus 1500 g Kalkstein gewonnen?

Berechnungsverfahren:

1. Reaktionsgleichung aufstellen,
2. Summe der Atommassen aller Atome im Molekül in Gramm ermitteln; die Atommassen werden dem Periodensystem auf Seite 24 entnommen.
3. Dreisatzrechnung durchführen.

Dreisatz:

100 g $CaCO_3$ ergeben 56 g CaO und 44 g CO_2

1 g $CaCO_3$ ergibt $\frac{56}{100}$ g CaO und $\frac{44}{100}$ g CO_2

1500 g $CaCO_3$ ergeben $\frac{56 \cdot 1500}{100}$ g CaO und $\frac{44 \cdot 1500}{100}$ g CO_2

Branntkalk: $\frac{56 \cdot 1500}{100}$ g = **840 g**

Kohlenstoffdioxid: $\frac{44 \cdot 1500}{100}$ g = **660 g**

Kontrolle: 840 g CaO + 660 g CO_2 = 1500 g $CaCO_3$

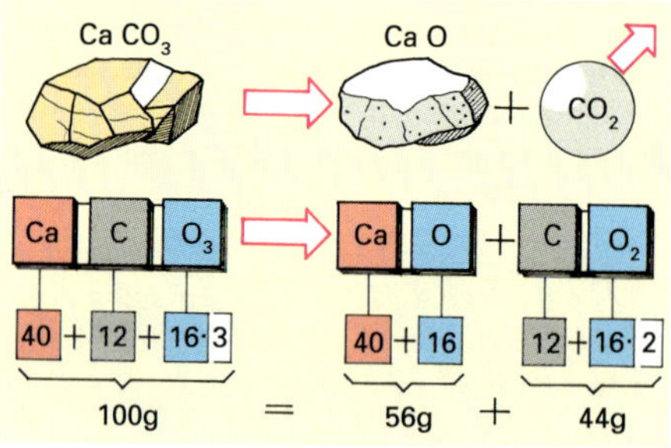

Reaktionsgleichung und Atommassen

Die Stöchiometrie ermöglicht die Berechnung der an einer Reaktion beteiligten Stoffmassen.

Zusammenfassung

Bei physikalischen Vorgängen ändert sich nur der Zustand der Stoffe.

Bei chemischen Vorgängen liegen am Schluss andere Stoffe vor als am Anfang; Wärme wird gebunden oder frei.

Gemenge können mit physikalischen Mitteln getrennt werden.

Verbindungen können durch chemische Verfahren zerlegt werden.

Synthese und Analyse sind chemische Vorgänge.

Chemische Vorgänge lassen sich durch Gleichungen darstellen.

Bei allen chemischen Reaktionen geht weder Masse verloren noch wird Masse dazugewonnen.

Aufgaben:

1. *Beurteilen Sie, ob es sich um physikalische oder chemische Vorgänge handelt:*
   a) Salz wird in Wasser gelöst, b) Öl verbrennt, c) Eisen rostet.
2. *Unterscheiden Sie Gemenge und Verbindung.*
3. *Nennen Sie Gemenge und Verbindungen und ihre Verwendung am Bau.*
4. *Erläutern Sie die Begriffe „Analyse" und „Synthese" und führen Sie je ein Beispiel an.*
5. *Erklären Sie an einem Beispiel das Gesetz von der Erhaltung der Masse.*
6. *Wie viel Gramm Sauerstoff werden bei der Verbrennung von 12,5 g Magnesium zu Magnesiumoxid gebraucht?*
7. *Wie viel Tonnen Tonerde (Al_2O_3) sind zu zerlegen, um 5 t reines Aluminium zu gewinnen?*

4.3 Säuren – Basen – Salze

4.3.1 Entstehung und Eigenschaften der Säuren

Säuren sind hochwirksame chemische Verbindungen, die für die Natur lebensnotwendig und in der Technik unentbehrlich sind.

Umweltgefährdend wirken Säuren z. B. in Form „sauren Regens", der durch Abgase der Industrie, des Verkehrs und der Hauskamine verursacht wird. Schäden sind vor allem an Wäldern, aber auch an Bauwerken festzustellen. Der Baufachmann soll Schäden verhindern und Entstehung und Eigenschaften der Säuren kennen.

Versuch: In einem Glaskolben mit Lackmuslösung wird Schwefel verbrannt. Der verschlossene Kolben wird geschüttelt.

Beobachtung: Beim Verbrennen des Schwefels entstehen stechend riechende Nebel. Nach kurzer Zeit verlöscht die Flamme. Der Nebel schwindet, die Lackmuslösung rötet sich.

Ergebnis: Durch Verbrennen von Schwefel entsteht Schwefeldioxid, das sich mit Wasser zu **schwefliger Säure** verbindet. Die Lackmuslösung zeigt durch Rotfärbung Säure an.

Kohlensäure entsteht, wenn Kohlenstoffdioxid mit Wasser reagiert. Kohlenstoffdioxid, Schwefeldioxid, Stickstoffoxide u.a. entstehen in großen Mengen beim Verbrennen von Holz, Kohle, Heizöl, Benzin u.a. Brennstoffen. **Salzsäure** entsteht, wenn die Chlorwasserstoffverbindung mit Wasser reagiert (**Umweltbelastung**).

Versuch: Konzentrierte Schwefelsäure wird auf Leinwand und Holz geträufelt. Baustahl wird in verdünnte Schwefelsäure, Zink, Marmor, Mauermörtel und Beton in Salzsäure getaucht.

Beobachtung: Leinwand und Holz werden durch Schwefelsäure geschwärzt und zersetzt. Baustahl, Zink, Marmor, Mörtel und Beton werden von den Säuren unter Gasentwicklung gelöst.

Ergebnis: Säuren zersetzen organische Stoffe, Haut und Kleidung. Metalle werden unter Wasserstoffabgabe, Kalkstein unter Kohlenstoffdioxidabgabe gelöst.

Die **Stärke der Säuren** wird mit Universalindikatorpapier gemessen, indem man einen Indikatorpapierstreifen in die Säure eintaucht und seine Verfärbung mit der beigefügten Farbtabelle vergleicht. Der an der Tabelle abgelesene **pH-Wert** lässt darauf schließen, wie stark die Säure andere Stoffe **angreift**. Säuren färben Universalindikatorpapier gelborange bis rot. Säuren haben pH-Werte unter 7.

Wegen ihres Angriffsvermögens nennt man säurehaltige Wässer **aggressive Wässer**.

Unfallverhütung, Umweltschutz: Säuren müssen in dafür vorgesehenen Behältern mit Etikett und **Warnschild** aufbewahrt werden. Arbeiten mit Säuren sind nur mit **Schutzkleidung** und **Schutzbrille** zu verrichten! Achtung! Bei Säureverdünnung stets Säure ins Wasser gießen, nie umgekehrt! Verspritzungsgefahr!

Säure auf der Haut oder Kleidung mit viel Wasser abspülen! **Gegenmittel bei Säureverätzung** sind 1%ige Natronlösung, Seifenwasser, Kalkwasser, Salmiakgeist. Bei **Augenverätzung** sofort in ärztliche Behandlung begeben!

Säuren entstehen, wenn Oxide von Nichtmetallen mit Wasser reagieren. Säuren röten Lackmus und Indikatorpapier. Säuren zersetzen organische Stoffe, Metalle und Kalkstein. Die Stärke der Säuren wird in pH-Werten angegeben.

Beim Arbeiten mit Säuren immer Schutzkleidung tragen!

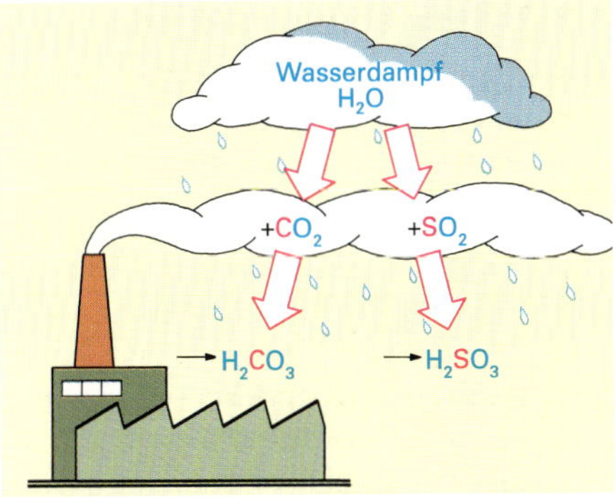

Säurebildung aus Rauchgasen und Luftfeuchte

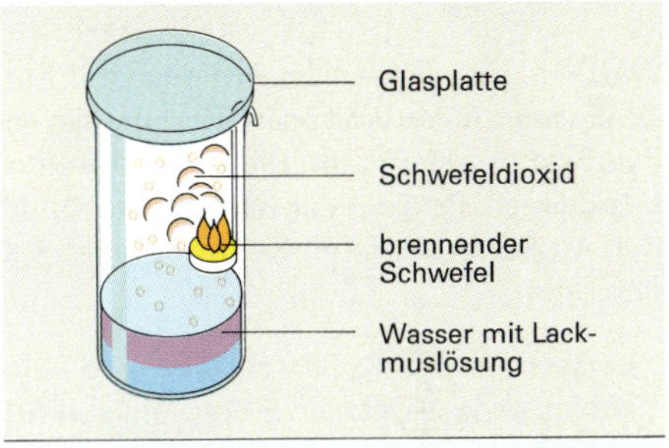

Wasser + Schwefeldioxid ⇒ Schwefl. Säure

$H_2O + SO_2 \longrightarrow H_2SO_3$

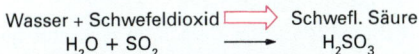

Entstehung schwefliger Säure

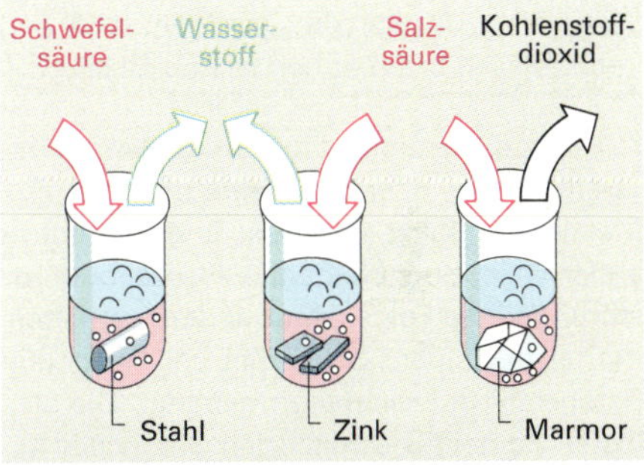

Säuren lösen Metalle und Kalkstein

pH-Werte	Reaktion
pH 7	neutral
pH 6,5 ... 5,5	schwach angreifend
pH 5,5 ... 4,5	stark angreifend
pH < 4,5	sehr stark angreifend

Angriffsvermögen der Säuren auf Bauteile

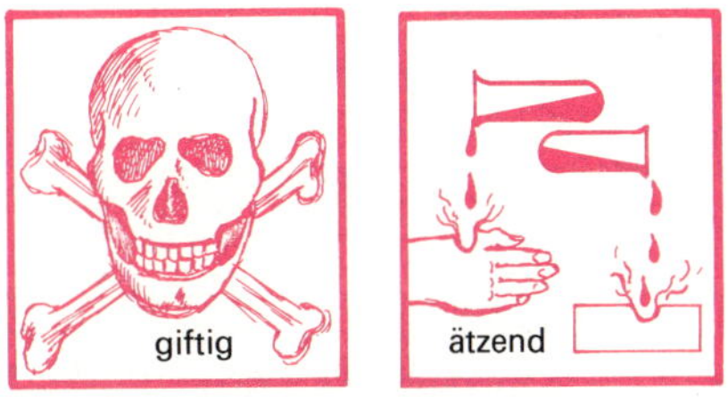

Warnschilder zur Unfallverhütung

4.3.2 Entstehung und Eigenschaften der Basen

Basen sind hochwirksame chemische Verbindungen in fester oder flüssiger bzw. gelöster Form. Die wässrigen Lösungen bestimmter Basen werden auch Laugen genannt.

Versuch: Calciumoxid und Wasser werden miteinander vermischt. Ein Teil dieser Mischung wird mit Lackmus-, der andere Teil mit Phenolphthaleinlösung versetzt. Der pH-Wert wird mit Universalindikatorpapier gemessen.

Beobachtung: Lackmuslösung und Indikatorpapier werden gebläut, Phenolphthaleinlösung gerötet.

Ergebnis: Die Nachweismittel zeigen eine Base an. Die basische Wirkung entspricht dem pH-Wert 12. Reagiert Calciumoxid mit Wasser, so entsteht Calciumhydroxid, eine Base.

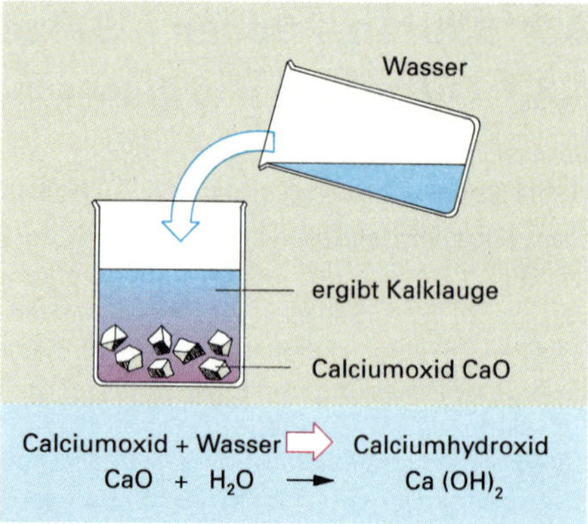

Herstellen von Kalklauge

Wird nur eine kleine Wassermenge auf das Calciumoxid gegeben, so entsteht unter Wärmeentwicklung ein lockeres Pulver, Calciumhydroxid in fester Form. Dieses Verfahren nennt man das „Löschen des Kalkes". Es dient zur Herstellung von Mauer- und Putzkalk, der mit Wasser zu Kalkbrei, Kalkmilch oder Kalkwasser verdünnt werden kann.

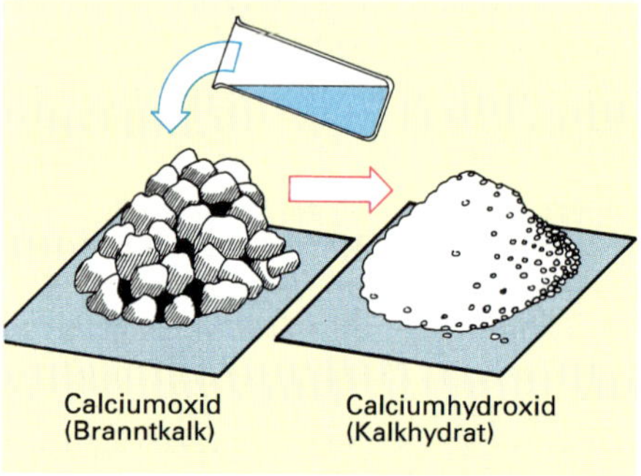

Löschen des Branntkalks

Versuch: Verdünnte Natronlauge wird zwischen den Fingern verrieben, dann abgespült. Betonstahl und Aluminiumblech werden in Natronlauge getaucht.

Beobachtung: Die Haut fühlt sich erst glitschig, nach dem Abspülen stumpf an. Natronlauge reagiert mit Betonstahl nicht, mit Aluminium hingegen heftig.

Ergebnis: Laugen entfetten die Haut. Betonstahl wird von Laugen nicht, Aluminium dagegen stark angegriffen und zerstört, d.h., Basen bzw. Laugen wirken **alkalisch.**

Kalk- und Zementmörtel **reagieren stark alkalisch**. Sie greifen Leichtmetalle, aber auch Zink und Blei an. Deshalb müssen diese Metalle sorgfältig vor Kalk- und Zementmörtel geschützt werden, andernfalls sind bleibende Flecke oder durchgehende Metallzerstörungen die Folge. Ganz anders verhalten sich Kalk- und Zementmörtel gegenüber Stahl. Bei der Herstellung von Stahlbeton wird Betonstahl in Frischbeton gebettet. Die alkalische Wirkung des gelösten Zementes schützt den Betonstahl vor dem Rosten und entfernt vorhandene dünne Rostbeläge.

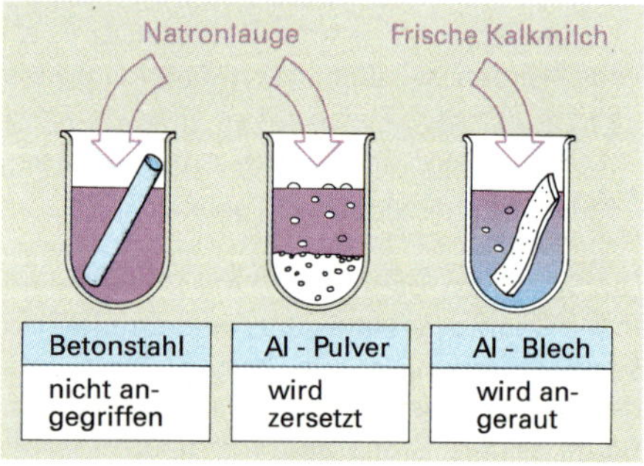

Laugenwirkung auf Metalle

Vorsicht! Vermeiden Sie Hautkontakt mit Kalk und Zement. Die alkalische Wirkung **entfettet** die Haut, **zerstört** ihren natürlichen Säuremantel und führt zur Hautaustrocknung (Ekzem).

Hautschutz durch **Schutzhandschuhe**, aber auch durch schonende **Hautreinigung** und **Hautpflege** mit Hautschutzsalben.

Beim Einsatz von Mörtelspritzen und Betonpumpen stets **Schutzbrille** tragen. Starke Verätzung kann Augenlicht kosten!

Trotz Augenspülung mit viel Wasser (Borwasser 2%ig) **sofortige** augenärztliche Behandlung!

Basen entstehen, wenn Metalloxide mit Wasser reagieren. Basen bläuen Lackmus, röten Phenolphthaleinlösung, färben Universalindikatorpapier grün bis blau, d.h., Basen haben pH-Werte über 7.

Basen bzw. Laugen wirken fettlösend, ätzend. Stahl wird durch Laugen vor dem Rost geschützt. Leichtmetalle, Zink und Blei werden von Laugen angegriffen.

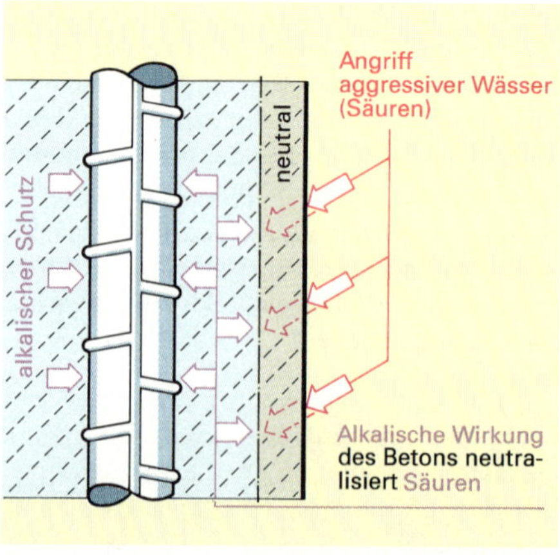

Chemischer Rostschutz des Betonstahls

4.3.3 Entstehung und Eigenschaften der Salze

Salze sind feste, größtenteils wasserlösliche Stoffe, die in großen Mengen auf der Erde vorkommen.

Versuch: Salzsäure lässt man so lange in Natronlauge tropfen, bis die beigemengte Lackmuslösung weder rot noch blau, sondern violett gefärbt ist. Der pH-Wert wird gemessen, etwas Lösung eingedampft.

Beobachtung: Die violett gefärbte Lösung hat den pH-Wert 7. Beim Eindampfen entstehen weißliche, scharf schmeckende Kristalle.

Ergebnis: Die genau abgestimmte Mischung von Säure und Base ist weder sauer noch basisch, sondern neutral. Bei der **Neutralisation** von Säure und Base entstehen Salz und Wasser.

Eine Neutralisation findet beim Erhärten des Kalkes zwischen Calciumhydroxid und Kohlensäure statt. Dabei entsteht Calciumcarbonat (Kalkstein) und Wasser als Feuchte.

Salze entstehen auch auf andere Weise. Gelangt Salzsäure auf Zink (Versuch Abschnitt 4.3.1), so wird Zink gelöst, das Salz Zinkchlorid entsteht, Wasserstoff entweicht. Wirkt Kohlensäure auf Kupfer ein, so entsteht ein grüner Belag aus Kupfercarbonat, Patina genannt.

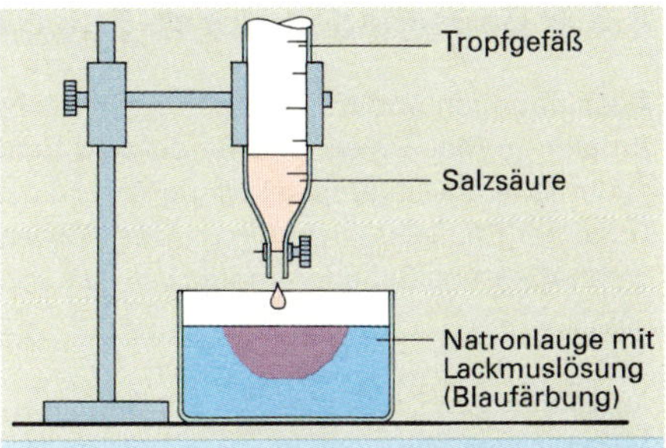

Natronlauge + Salzsäure ⇨ Kochsalz + Wasser

$NaOH + HCl \rightarrow NaCl + H_2O$

Neutralisation von Lauge und Säure

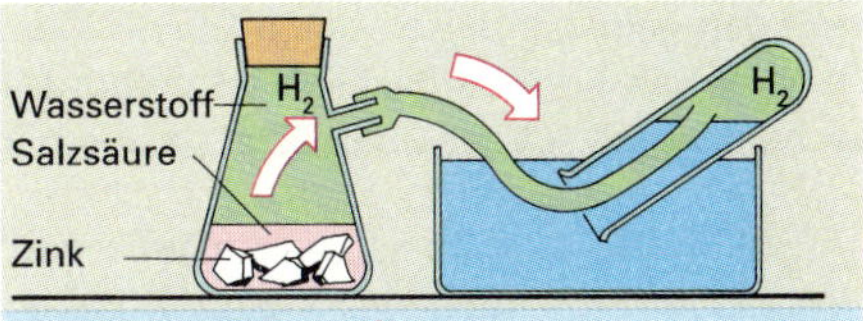

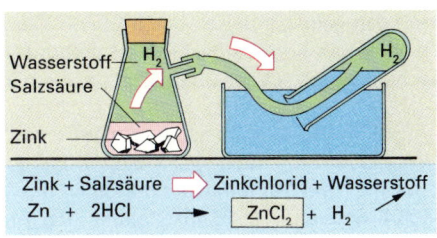

Zink + Salzsäure ⇨ Zinkchlorid + Wasserstoff

$Zn + 2HCl \rightarrow ZnCl_2 + H_2 \uparrow$

Salzbildung aus Metall und Säure

Kristallwasser der Salze

Versuch: Gipssteinstücke werden im Reagenzglas erhitzt.

Beobachtung: Wasserdampf entweicht, der sich am Glas niederschlägt.

Ergebnis: Gipsstein enthält **Kristallwasser.** Gipsstein besteht aus wasserhaltigem Salz: Calciumsulfatdihydrat $CaSO_4 \cdot 2\,H_2O$.

Gips erhärtet durch Wiederaufnahme von Wasser unter **Volumenzunahme**, die vorteilhaft ist beim Ausfüllen von Formen und Dübellöchern. Dringen gipshaltige (sulfathaltige) Wässer in Bauteile ein, so entstehen durch Wasseraufnahme **„Treibkristalle"**, die **Abplatzungen** bewirken. Auch andere Salze binden Wasser: Calciumchlorid, Calciumnitrat u.a.

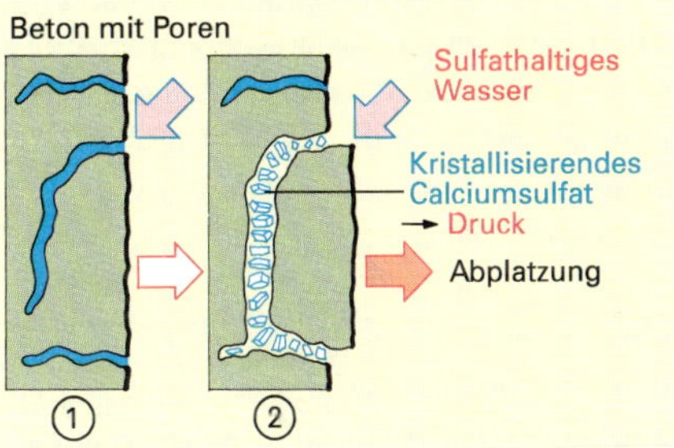

Treibwirkung des Gipses an Beton

Die **Wasserlöslichkeit der Salze** ist sehr unterschiedlich. Ein Liter Wasser löst „nur" 0,02 g Calciumcarbonat (Kalkstein), aber 2,5 g Calciumsulfatdihydrat (Festgips).

Leicht lösliche Salze (siehe Tabelle) sind bauschädliche Salze. Sie bewirken Ausblühungen, Abplatzungen und **Rostförderung**, wenn sie in Bauteile gelangen. Vor allem Betonstahl muss vor rostfördernden Salzen geschützt werden, z.B. vor chlorid- und sulfathaltigen Wässern.

1 Liter Wasser löst bei 20 °C:	
0,02 g	Calciumcarbonat, Kalkstein
2,5 g	Calciumsulfat
359 g	Natriumchlorid, Kochsalz
745 g	Calciumchlorid
1270 g	Calciumnitrat, Kalksalpeter

Wasserlöslichkeit einiger Salze

Bestimmte wasserlösliche Salze werden als **Holzschutzmittel** verwendet. Anwendung auch bei nassem Holz im Gegensatz zu öligen Holzschutzmitteln (siehe Abschn. 12.10.2).

Calciumcarbonat ist weniger wasser-, dafür stark **säurelöslich**, weil es ein Salz der Kohlensäure ist. Das heißt, Kalkstein wird gelöst, wenn Säure auf ihn einwirkt. Dabei können Salze entstehen, die Bauschäden verursachen. Weitgehend **säurefest** sind Verbindungen der Kieselsäure, die Silicate, Hauptbestandteil des Zementsteins im Beton, ferner Basalt, Klinker, Steinzeug und Glas.

Salze entstehen, wenn Säuren mit Basen oder mit Metallen reagieren. Viele Salze binden Wasser unter Volumenzunahme. Leicht lösliche Salze verursachen Ausblühungen, Abplatzungen und wirken rostfördernd. Kalkstein ist säurelöslich.

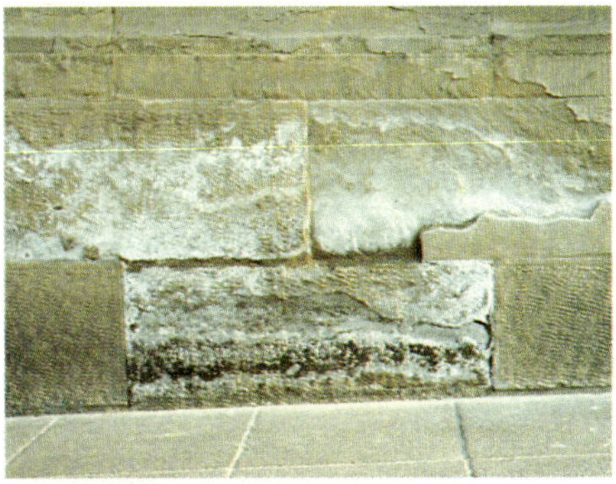

Ausblühung und Abplatzung an Natursteinsockel

4.3.4 Bauschäden durch Salze und Säuren

Ausblühungen und Kalkablagerungen an Bauwerken sowie Abplatzungen an Mauerwerk und Beton sind Schäden, deren völlige und dauerhafte Beseitigung schwierig und kostenaufwendig ist. Deshalb sollte der Baufachmann sein ganzes Wissen und Können einsetzen, damit derartige Schäden möglichst von vornherein vermieden werden.

Ausblühungen sind Salze, die auf Bauwerksoberflächen auskristallisieren. Diese Salze entstehen in der Regel im Bauwerk, wenn Wasser – meistens von außen – eindringen kann. Das Wasser löst geringe Mengen verschiedener Stoffe aus Steinen, Mörtel und Beton, die miteinander chemisch reagieren. Dadurch entstehen leicht lösliche Salze. Beim Wiederaustrocknen des Bauteils gelangt das Wasser mit den gelösten Salzen durch Stein-, Mörtel- und Betonporen (Kapillaren) an die Oberfläche. Dort verdunstet das Wasser. Die Salze scheiden sich auf der Oberfläche ab und bilden weiße Beläge.

Ausblühsalze sind meistens **Kalium- und Natriumsulfate**. Dringt Wasser in Ziegelmauerwerk ein, so werden lösliche Mörtelanteile (Kalium- und Natriumhydroxid) durch das Wasser in die Steine geführt, wo sie mit Calciumsulfat der Ziegel reagieren. Lösliches Kaliumsulfat entsteht.

Zu den seltenen **Calciumsulfatausblühungen** kann es kommen, wenn Wässer ins Bauteil gelangen, die z. B. Salzsäure oder Natriumchlorid enthalten. Chloridhaltige Wässer fördern die schwache Ausblühneigung des Calciumsulfates.

Kalkablagerungen an Bauteilen sind keine Ausblühungen. Eindringendes Wasser spült Calciumhydroxid aus undichten Mauerfugen und undichtem Beton und transportiert es an die Oberfläche, wo sich das Calciumhydroxid in Form von „Kalkfahnen" ablagert. Durch Kohlensäure erhärtet es auf der Bauwerksoberfläche zu schwer löslichem Calciumcarbonat.

Eindringende Kohlensäure löst Calciumcarbonat aus erhärtetem Mörtel (Angriff **aggressiver Kohlensäure**) und lagert es auf Beton- oder Mauerwerksflächen ab.

Zu **Abplatzungen** an Mauerwerk und Beton kommt es, wenn Salze im Inneren des Baukörpers auskristallisieren, weil die Salzlösung nicht auf die Oberfläche gelangt (zu rasche Verdunstung, zu große Poren, sperrende Anstriche).

Rostende Betonstähle verursachen häufig Abplatzungen.

Ausblühungen an Mauerwerk und Beton bestehen aus Salzen, die im durchfeuchteten Bauteil entstehen, wenn Mörtel-, Stein- bzw. Zementbestandteile chemisch reagieren. Häufigste Ausblühsalze sind Kalium- und Natriumsulfate.

Chloridhaltige Wässer fördern Calciumsulfatausblühungen. Kalkablagerungen entstehen, wenn Wasser Calciumhydroxid aus undichtem Mauerwerk und Beton herausspült.

Aggressive Kohlensäure löst Calciumcarbonat (Kalkstein).

Abplatzungen werden durch Salzabscheidung im Bauteil verursacht, oft auch infolge rostender Stahlbewehrung.

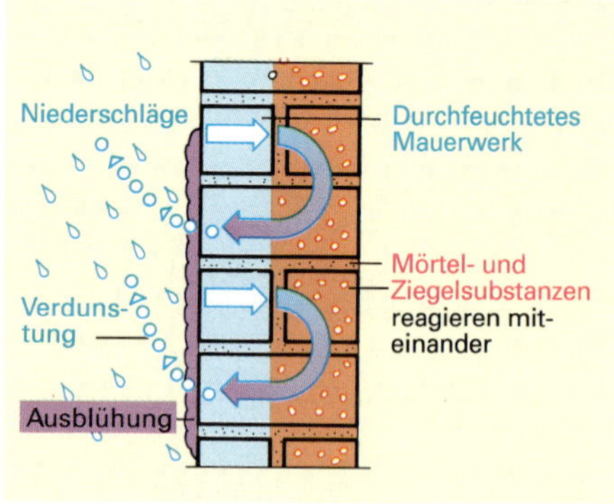

Entstehung von Ausblühungen

Ausblühung auf Mauerwerk

Kalkablagerungen auf Natursteinmauerwerk

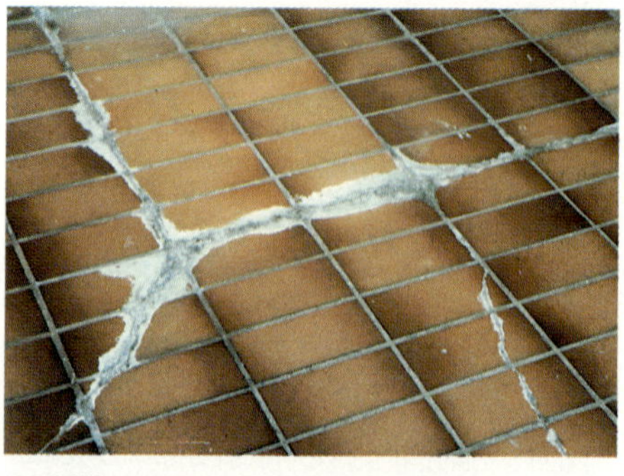

Ausblühungen auf dem Klinkerbelag einer Terrasse

Vermeidung von Bauschäden

Mit dem Eindringen von Wasser ins Bauwerk erfolgt dessen Schädigung. Die Schadwirkung wird erhöht, wenn das Wasser Säuren, Salze oder andere bauschädliche Stoffe enthält, die Steine, Mörtel, Beton und Metalle angreifen und zerstören. Derartige Wässer nennt man **aggressive Wässer**.

Folgende Maßnahmen können Bauschäden verhindern:

- Sorgfältige Abdichtung des Bauwerkes gegen Wasser von unten, von der Seite und von oben.
- Dichtes Mauerwerk durch vollfugige Vermörtelung der Steine. Poröse Steine erfordern poröse Fugen.
- Dichten Beton herstellen. Betonfugen sorgfältig abdichten. Betonstahl durch ausreichende Betondeckung schützen. Sichtbetonflächen und Betonfertigteile mit Folien vor Regen und Schnee schützen. Portlandpuzzolanzement für Mörtel und Beton verhindert Kalkabscheidung (Flecken).
- Bausteine, Sand und Kies vor Verunreinigungen schützen (Blech- oder Dielenunterlage). Verunreinigten Zuschlag mit 3%iger Natronlauge auf Humusbestandteile prüfen (Abschnitt 9.2.2).
- Beim „Absäuern" von Kalkbelägen an Mauerwerk gut vornässen. Keine Salzsäure, sondern verdünnte Ameisensäure verwenden. Gut nachspülen.
- Ausblühungen möglichst auf trockenem Wege durch Abbürsten oder Abkratzen beseitigen.

Rostende Betonstähle bewirken Abplatzen

Kies wird vor Verunreinigungen geschützt

Zusammenfassung

Bestimmte **Säuren** entstehen, wenn Nichtmetalloxide mit Wasser reagieren.

Säuren röten Lackmus und Indikatorpapier (pH-Werte unter 7).

Säuren zersetzen organische Stoffe, lösen Metalle und Kalkstein.

Basen entstehen, wenn Metalloxide mit Wasser reagieren. Basen, auch Laugen genannt, bläuen Lackmus und Indikatorpapier (pH-Werte über 7) und röten Phenolphthalein. Basen wirken alkalisch, d.h., sie ätzen organische Stoffe, lösen Fette.

Stahl wird von Basen nicht, Leichtmetalle, Zink und Blei werden dagegen stark angegriffen.

Salze entstehen, wenn Säuren mit Basen oder mit Metallen reagieren.

Viele Salze kristallisieren unter Wasserbindung (Volumenzunahme), sind wasser- bzw. säurelöslich und wirken rostfördernd. Säurebeständiger sind Silicate.

Ausblühungen sind Salzkristalle auf Bauwerksflächen. Ausblühsalze entstehen im Baukörper, wenn Wasser eindringt und Baustoffbestandteile miteinander chemisch reagieren. Chloridhaltige Wässer fördern Calciumsulfatausblühungen.

Kalkablagerungen entstehen, wenn eindringendes Wasser Calciumhydroxid aus Mörtel oder Beton ausspült oder wenn Kohlensäure Calciumcarbonat löst.

Aggressive Wässer sind bauschädlich, weil sie Säuren, Salze oder andere bauschädliche Stoffe enthalten.

Zuschlag vor Verunreinigungen schützen! Zuschlag gegebenenfalls mit Natronlauge auf Humusbestandteile prüfen!

Aufgaben:

1. *Weshalb sind Bauteile in Industriegegenden dem Säureangriff besonders ausgesetzt?*
2. *Prüfen Sie erhärteten Mörtel und Beton mit Salzsäure auf Säurebeständigkeit.*
3. *Was besagt die Unfallverhütungsvorschrift über den Umgang mit ätzenden Stoffen?*
4. *Worauf muss beim Arbeiten mit Laugen geachtet werden?*
5. *Was würden Sie tun, wenn frischer Mörtel oder Beton an Leichtmetall gelangt?*
6. *Warum ist bei Stahlbeton eine ausreichende Betondeckung des Betonstahls sehr wichtig?*
7. *Wie behandelt man Säure- und Laugenspritzer, um Schäden zu verhindern?*
8. *Warum ist Calciumcarbonat (Kalkstein) säurelöslich?*
9. *Erläutern Sie die bauschädlichen Wirkungen leicht löslicher Salze.*
10. *Warum entstehen Ausblühungen, wenn Tausalzlösung ins Bauwerk gelangt?*
11. *Welche Maßnahmen können spätere Mauerwerksausblühungen verhindern?*
12. *Wodurch lassen sich Kalkablagerungen von Ausblühungen unterscheiden?*

5 Vermessungsarbeiten

5.1 Längenmessung

Bevor es an die Ausführung eines Bauwerkes geht, sind genaue Messungen erforderlich, um den geplanten Grundriss maßgerecht auf dem dafür vorgesehenen Standort abzustecken. Werden die vorgegebenen Planmaße nicht eingehalten, so entstehen zwangsläufig Baufehler, deren Beseitigung hohe Kosten verursacht.

Längenmessung bedeutet, eine Strecke mit einer Längeneinheit zu vergleichen. Die **Einheit der Länge ist das Meter**. Es wurde ursprünglich als der 40-millionste Teil des Erdumfanges, über beide Pole gemessen, festgelegt. 1985 wurde das Meter als die Länge der Strecke festgelegt, die Licht im Vakuum während der Dauer von zirka ein dreihundertmillionstel Sekunden durchläuft.

Kurze Strecken werden meistens mit dem **Meterstab** gemessen. Meterstäbe sind fast ausschließlich aus Holz gefertigte Gliederstäbe von zwei Meter Länge. Die gesamte Länge ist in Zentimeter und Millimeter unterteilt. Die Teilung beginnt an den Enden mit einer Metalleinfassung. Deshalb wird der Meterstab beim Messen direkt angestoßen. Stets geradlinig messen! Die Gerade ist die kürzeste Verbindung zweier Punkte.

Längere Strecken werden meistens mit Messbändern gemessen. Hölzerne **Messstangen** (Messlatten) werden zur Streckenmessung nicht mehr so häufig eingesetzt. Messstangen haben eine Länge von 5,00 m und werden paarweise geliefert und verwendet.

Messbänder werden in verschiedenen Längen hergestellt (20, 30 und 50 m). Die meisten Bänder bestehen aus Stahl, manche haben eine Beschichtung. Die Messbänder befinden sich in einem Aufrollrahmen oder einer Aufrollkapsel. Das Band hat eine Zentimeterteilung. Der erste Dezimeter ist in Millimeter unterteilt. Die Bänder werden bei einer Temperatur von +20 °C und einer Zugspannung von 50 N geeicht. Stahlbänder müssen oft gereinigt, sorgfältig getrocknet und leicht geölt werden, damit sie nicht rosten.

Bei der **Bandmessung** in geneigtem Gelände ist das ausgerollte Band so zu halten, dass sich beide Bandenden in gleicher Höhe befinden (waagerechte Messung). Nur die **waagerechte Länge** entspricht den Maßen des Bauplans. Die waagerechte Länge ist die kürzeste Verbindung zwischen zwei Messungspunkten.

Ein gewisser Durchhang des Bandes ist nicht vermeidbar und beim Eichen des Bandes berücksichtigt worden. Deshalb sollte das Band beim Messen weder zu stark noch zu schwach gespannt werden (ca. 50 N). Zum **Waagerechtmessen** wird die Nullmarke des Bandes genau senkrecht über der Mitte des Messungspunktes abgelotet.

Immer mehr Bedeutung gewinnen die **elektronischen Entfernungsmessgeräte** (elektronische Tachymeter). Sie gewährleisten mit einer Reichweite von 800–1200 m hohe Messgenauigkeit und schnelles, wirtschaftliches Messen. Durch eingebaute Anwendungsprogramme (automatische Funktionen) ist die Bedienung vereinfacht. Aufwendige Absteckungen, Überprüfungen und Aufmessungen werden schnell und sicher durchgeführt.

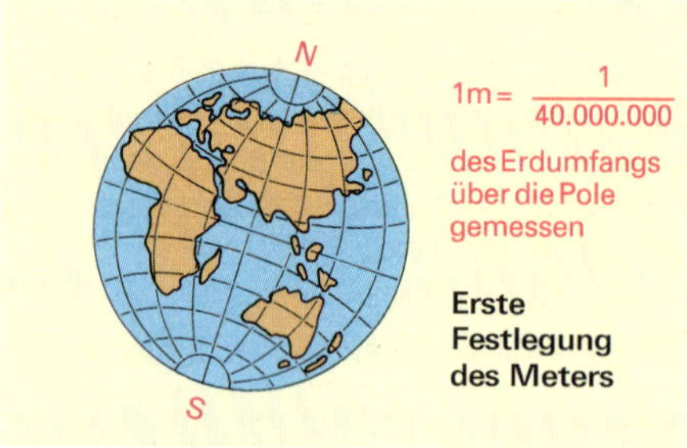

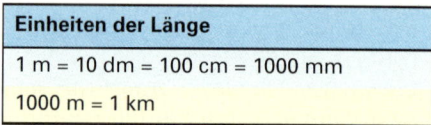

Einheiten der Länge
1 m = 10 dm = 100 cm = 1000 mm
1000 m = 1 km

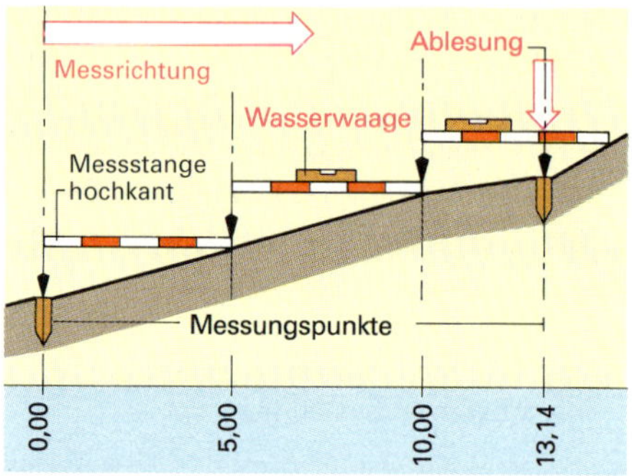

Stangenmessung (Staffelmessung)

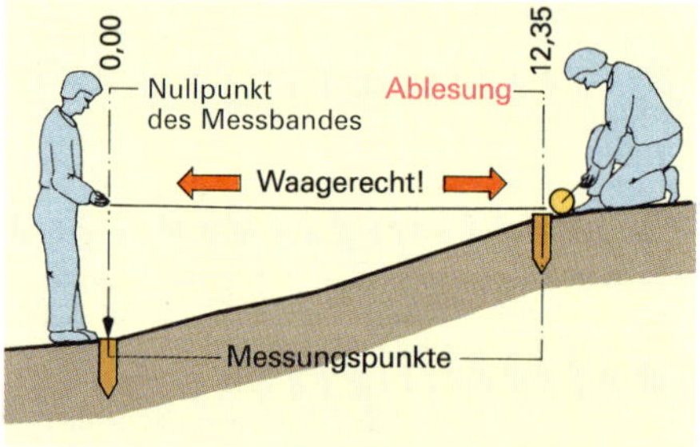

Bandmessung in ansteigendem Gelände

Elektronisches Tachymeter zur Entfernungsmessung

Bei der Längenmessung werden Strecken mit der Längeneinheit Meter verglichen. Stets geradlinig und waagerecht messen.

Bei der Bandmessung muss sich die Nullmarke des Bandes genau über der Mitte des Messungspunktes befinden. Messbänder beim Messen mit ca. 50 N spannen.

5.2 Abstecken von Geraden

Zur Kennzeichnung von Messungspunkten beim Abstecken von Gebäudegrundrissen, Straßen und Kanälen werden **Fluchtstäbe** verwendet. Fluchtstäbe bestehen aus Holz, sind etwa 2 m lang und durch rote und weiße Farbfelder von 50 cm Länge gekennzeichnet. Eine Stahlspitze am unteren Stabende dient zum Einrammen in den Boden. Fluchtstäbe werden senkrecht über Messungspunkten aufgesteckt. Bei langen Messungslinien ist es erforderlich, weitere Fluchtstäbe zwischen die aufgesteckten Stäbe in die Gerade einzuweisen (Zwischenpunkte).

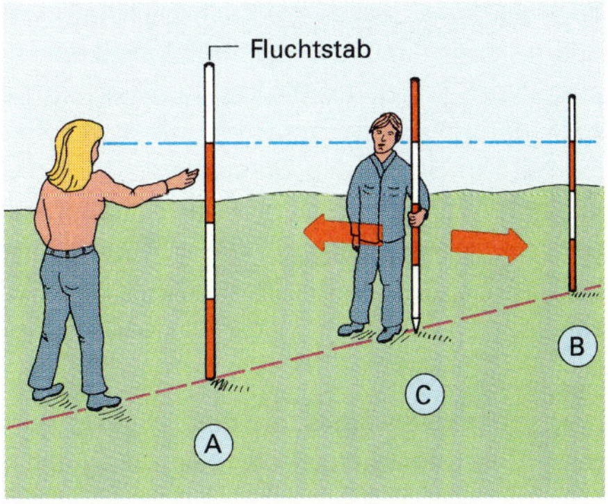

Einfluchten zwischen zwei Stäben

Zum **Einfluchten eines Stabes** stellt sich der Einweisende einige Meter hinter einem Fluchtstab der Messungslinie auf. Durch Zuruf oder Handzeichen weist er den Fluchtstab seines Helfers in die Gerade ein, indem er an den Stäben seitlich entlang schaut (visiert).

Zum Abstecken einer **Messungslinie** ist es erforderlich, dass die Fluchtstäbe genau senkrecht stehen. Zum **Senkrechtstellen der Stäbe** verwendet man ein **Senklot**. Es besteht aus einem meist kegelförmigen Metallkörper, der zentrisch an einer Schnur aufgehängt ist. Die Fluchtstäbe werden nach der senkrecht gespannten Schnur des frei hängenden Lotes mehrseitig ausgerichtet.

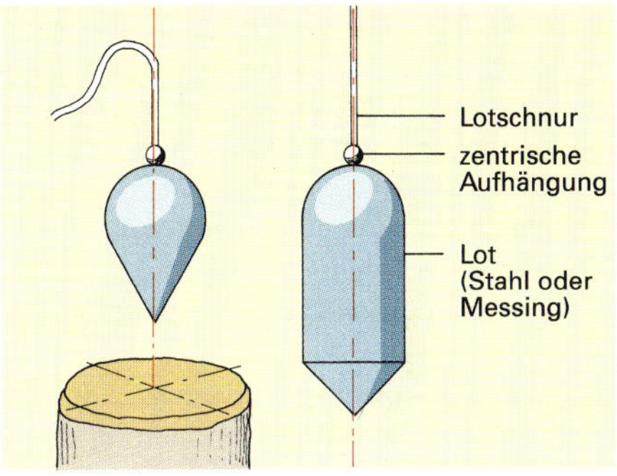

Senklote

Außerdem kommen auch so genannte **Lattenrichter** zur Anwendung. Das sind kleine Wasserwaagen von etwa 12 cm Länge, die zum Senkrechtstellen von Fluchtstäben und Nivellierlatten und zum Waagerechthalten von Messstangen verwendet werden. Lattenrichter haben in einer schmalen Längsseite eine durchgehende Einkerbung zum Anlegen an Stäbe. In der anderen Längsseite ist eine Röhrenlibelle, in einer Stirnseite eine Dosenlibelle eingelassen.

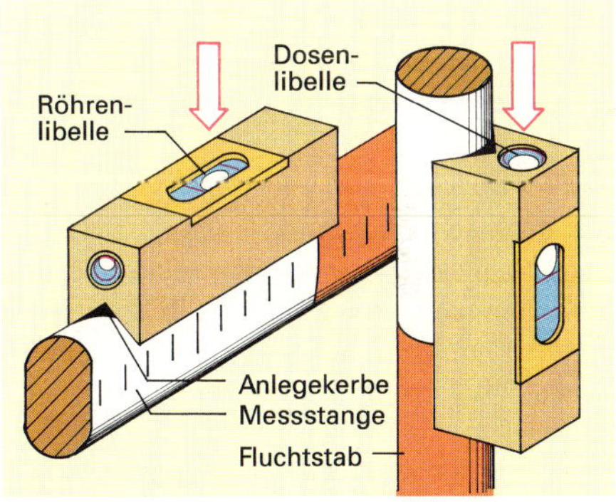

Lattenrichter

Fluchtstäbe werden über Messungspunkten aufgesteckt. In langen Messungslinien werden Fluchtstäbe als Zwischenpunkte eingewiesen. Fluchtstäbe werden mit Senklot oder Lattenrichter senkrecht gestellt.

5.3 Abstecken rechter Winkel

Auch bei einfachen Grundrissen müssen rechte Winkel abgesteckt werden. Stehen hierzu keine speziellen Instrumente zur Verfügung, so kann mit dem Messband oder mit Messstangen ein rechtwinkliges Dreieck abgesteckt werden, dessen Seitenlängen nach dem **Lehrsatz des Pythagoras** im Verhältnis 3:4:5 stehen. Die beiden kürzeren Dreieckseiten schließen den rechten Winkel ein. Beim Abstecken der Dreieckseiten muss genau von Stabmitte zu Stabmitte gemessen werden. Das Dreieck ist möglichst groß anzulegen, z.B. a = 6 m, b = 8 m, c = 10 m, damit sich Ungenauigkeiten möglichst wenig auswirken.

Zur Absteckung kleinerer Grundrisse kann auch ein so genannter **Bauwinkel** verwendet werden. Ein Bauwinkel wird aus Brettern zusammengenagelt, die Dreieckseiten bilden das Verhältnis 3:4:5.

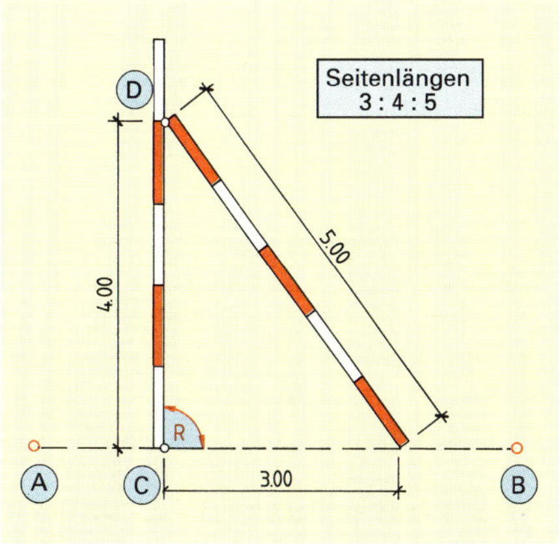

Abstecken rechter Winkel mit Messstangen

Rechte Winkel lassen sich schneller und genauer mit dem Winkelprisma oder der Kreuzscheibe abstecken. Die **Kreuzscheibe** besteht aus einem kegelstumpfförmigen Blechkörper, dem Kreuzscheibenkopf, der auf einem Stahlstab von etwa 1,40 m Länge aufgeschraubt ist. Mit der Spitze des Stabes kann die Kreuzscheibe in den Boden gesteckt werden. In dem Kreuzscheibenkopf sind vier senkrechte Sehschlitze eingearbeitet, die sich paarweise gegenüberliegen. Die beiden Zielebenen bilden einen rechten Winkel. Auf dem Kreuzscheibenkopf befindet sich eine Dosenlibelle.

Zum **Abstecken eines rechten Winkels** wird die Kreuzscheibe auf dem Messungspunkt K senkrecht aufgestellt. Dann wird die Kreuzscheibe so weit gedreht, bis Stab A, der auf der Messungslinie steht, genau in der Mitte zweier Schlitze zu sehen ist. Durch die anderen Schlitze wird anschließend Stab B eingewiesen. Die Gerade BK bildet mit der Messungslinie einen rechten Winkel.

Auf dem Kreuzscheibenkopf ist meistens ein **Doppelpentagonprisma** (doppeltes Fünfeckprisma) aufgeschraubt, das sich in einem zylinderförmigen Metallgehäuse befindet. Man kann die Kreuzscheibe mithilfe dieses Doppelprismas ohne Helfer genau in die Flucht einer Messungslinie stellen und außerdem Gebäudeeckpunkte oder andere Punkte rechtwinklig auf die Messungslinie aufnehmen.

Das **Winkelprisma** dient ebenfalls zum Abstecken rechter Winkel. Die häufig verwendete Prismenart ist das **Doppelpentagonprisma**. Die beiden Pentagonprismen befinden sich übereinander in einem offenen Metallgehäuse. Zwischen beiden Prismen befinden sich ein schmaler Durchblick, durch den man einen Fluchtstab, der sich hinter dem Winkelprisma befindet, direkt anvisieren kann. Unten am Gehäuse ist ein stielförmiger Handgriff angeschraubt, an dem ein Schnurlot hängt oder an den ein Lotstab gesteckt werden kann.

Beim Abstecken eines rechten Winkels wird das Winkelprisma genau senkrecht über Punkt P abgelotet. Dann wird das Prisma seitlich gedreht, bis der über A aufgestellte Stab im unteren Prisma sichtbar wird. Nun weist man einen Stab S durch den schmalen Durchblick so ein, dass der Fluchtstab S mit dem Fluchtstab A im Prisma eine senkrechte Linie bildet. Winkel APS ist ein rechter.

Liegt Punkt P nicht fest, so sucht man mit dem Winkelprisma den Fluchtpunkt P auf, indem man das Winkelprisma quer zur Messungslinie so lange hin und her bewegt, bis Stab A im unteren Prisma und Stab B im oberen Prisma miteinander eine senkrechte Linie bilden. Das Winkelprisma befindet sich nun in der Flucht der Messungslinie AB. Jetzt weist man durch den Durchblick schauend Stab S so ein, dass Stab S, Stab A und Stab B eine senkrechte Linie bilden. Dann ist Winkel APS ein rechter.

Ein rechter Winkel oder rechtwinkliges Dreieck kann mit einem Messband oder Messstangen abgesteckt werden, wenn die Dreieckseiten im Verhältnis 3:4:5 stehen. Ein Bauwinkel wird nach diesem Seitenverhältnis aus Brettern angefertigt.

Genauer und müheloser lassen sich rechte Winkel mit der Kreuzscheibe oder dem Winkelprisma abstecken und überprüfen. Mit Kreuzscheibe und Winkelprisma muss schonend umgegangen werden. Schon geringe Geräteschäden mindern die Absteckungsgenauigkeit.

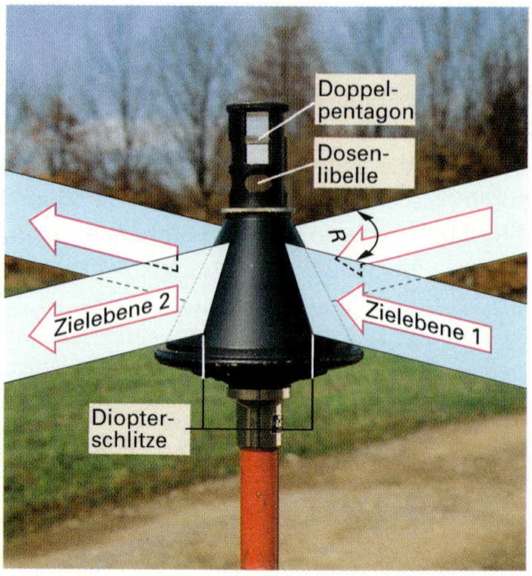

Kreuzscheibe mit Doppelpentagon

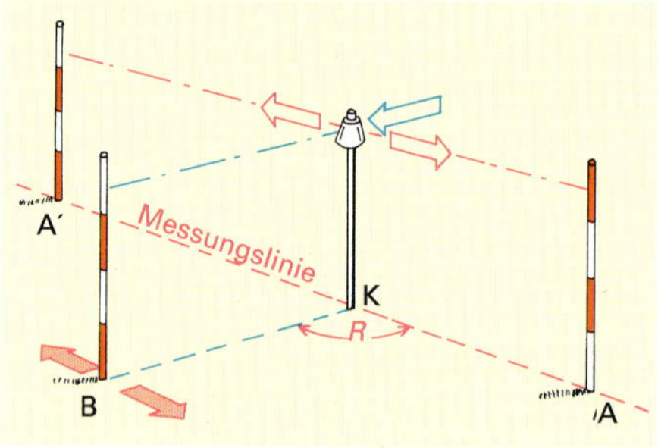

Rechter Winkel mit der Kreuzscheibe

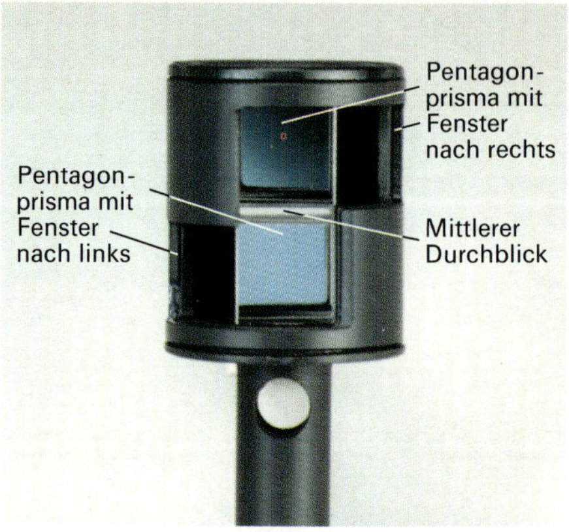

Winkelprisma mit Doppelpentagon

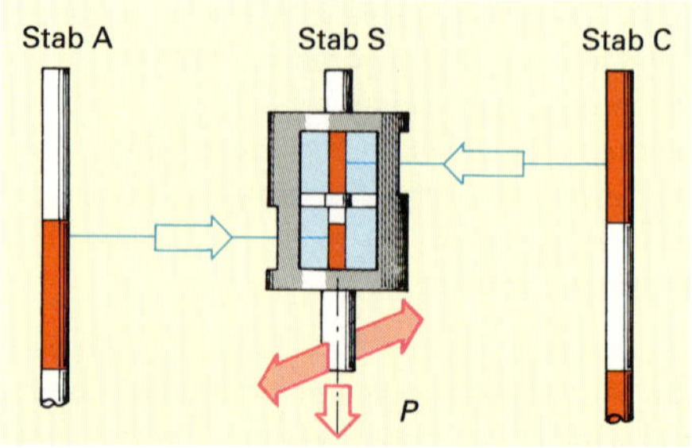

Rechter Winkel mit Winkelprisma

5.4 Höhenmessung

Bei der Höhenmessung wird der **senkrechte Höhenunterschied** von Punkten gemessen, die einen mehr oder weniger großen seitlichen Abstand haben. Der senkrechte Höhenunterschied bezieht sich deshalb auf eine waagerechte Bezugsgerade oder -ebene. Je nach Entfernung der Punkte werden verschiedene Geräte zum Messen verwendet.

Die **Wasserwaage** überträgt Höhen über kurze Strecken. Auf eine hochkant gestellte geradkantige Latte gelegt wird eine Höhe mehrere Meter übertragen (Setzlatte).

Zur Höhenmessung kann die **Schlauchwaage** verwendet werden. Im wassergefüllten Schlauch mit zwei Wasserstandsgläsern an den Enden stehen die Wasserspiegel gleich hoch und dienen zum Übertragen von Höhen.

Laserwasserwaagen (Lasernivelliere) dienen zum raschen und genauen Antragen von Höhen, zum Fluchten und zum Anlegen von 90°-Winkeln. Laser sind Lichtverstärker, die durch Zuführen elektrischer Energie (Akku) Edelgase zur hochfrequenten Glimmentladung bringen. Die gebündelten Lichtstrahlen erzeugen auf der Zielfläche einen Lichtfleck. **Nicht in den Laserstrahl blicken!**

Zur Höhenmessung über eine größere Entfernung wird das **Nivellierinstrument** verwendet. Es besteht aus einem Fernrohr, das sich auf einem Unterbau um eine zum Fernrohr senkrecht stehende Achse (Stehachse) drehen lässt.

Das Nivellierinstrument wird mit einer Schraube auf einem höhenverstellbaren Dreibeinstativ befestigt und standsicher und möglichst erschütterungsfrei aufgestellt. Mithilfe der Fußschrauben wird die Dosenlibelle eingestellt. Dadurch stellt sich die Zielachse des Fernrohres selbsttätig waagerecht (automatisches Nivellier).

Die Höhenmessung beginnt auf einem festen Punkt, Höhenbolzen oder Pflock, dessen Höhe bekannt ist. Auf diesem Punkt wird die **Nivellierlatte** senkrecht aufgehalten. Vor der ersten Lattenablesung mit dem Nivellierinstrument wird das **Strichkreuz im Fernrohr** durch Drehen am Okular scharf eingestellt. An der Fokussierschraube des Fernrohres wird gedreht, bis das Bild der Latte deutlich zu sehen ist.

Der Betrag der 1. Lattenablesung („Rückwärts"-Ablesung) wird mit der Höhe des Festpunktes (Höhenbolzen) zusammengezählt und ergibt die so genannte Visur-Höhe. Dann wird die Nivellierlatte auf dem Pflock aufgestellt, dessen Höhe bestimmt werden soll. Nach Drehung des Fernrohres erfolgt nun die 2. Ablesung. Wird diese Vorwärtsablesung von der errechneten Visurhöhe abgezogen, so erhält man die Höhe des Pflockes.

In einem **Nivellier-Formular** ergibt sich folgende Aufstellung:

Lattenablesung		Höhe		Bemerkungen
rückwärts	vorwärts	der Visur	des Punktes	
			235,786	Höhenbolzen
(+) 0,621		236,407		
	(–) 1,569		234,838	Pflock

Die Höhe eines Punktes wird in Meter über **Normal-Null** (m ü. NN) angegeben. Normal-Null entspricht der Höhe des Mittelwassers der Nordsee am Amsterdamer Pegel. Die Höhen der Festpunkte sind durch **Höhenbolzen** an Gebäudesockeln, Brückenpfeilern usw. festgelegt.

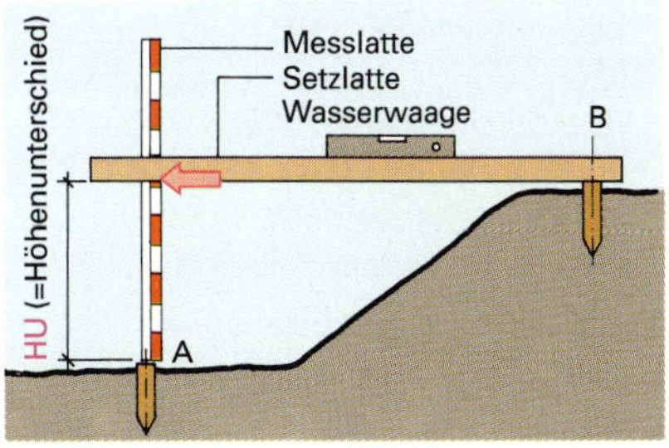

Höhenmessung mit Setzlatte

Laserwasserwaage, auch ohne Stativ einsetzbar

Warnzeichen Laserstrahl

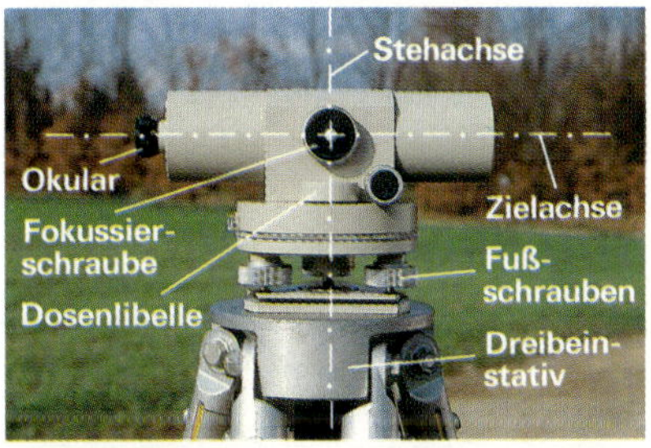

Nivellierinstrument

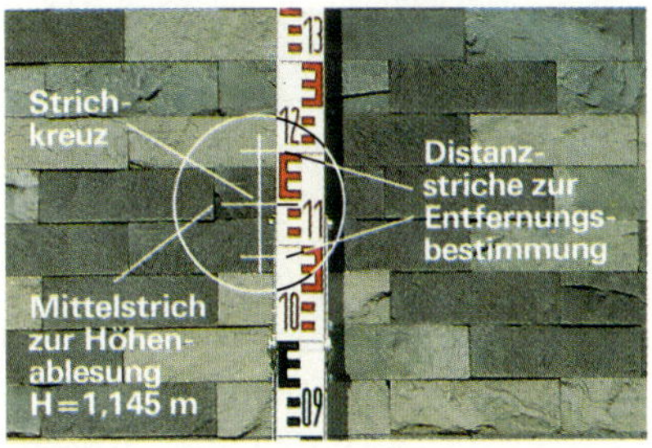

Ablesung an der Nivellierlatte

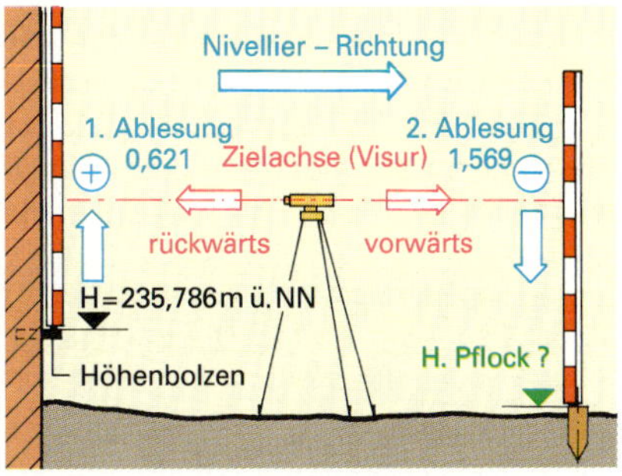

Höhenmessung mit dem Nivellier

Wasserwaage, Setzlatte und Schlauchwaage werden zur Höhenübertragung bei kurzen Entfernungen verwendet. Mit Nivellierinstrumenten werden durch waagerechte Zielungen Höhen über größere Entfernungen gemessen. Die Zielachse des Fernrohres stellt sich automatisch waagerecht, wenn man die Dosenlibelle mithilfe der Fußschrauben einstellt.

Zur Vermeidung kostenaufwendiger Geräteschäden sind diese optischen Präzisionsinstrumente sachgemäß zu transportieren (Pendelautomatik) und zu handhaben.

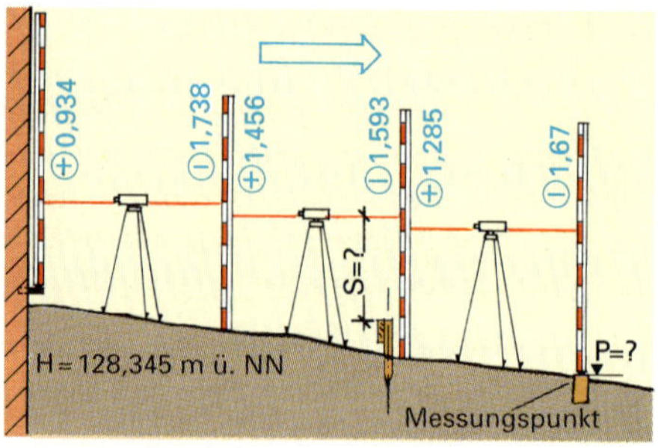

Höhenmessung

Errechnen Sie:

a) die Höhe des Messungspunktes P,

b) das Stichmaß s für Oberkante Haussockel H = 126,800 m ü.NN

5.5 Bauabsteckung

Vor dem Abstecken eines Bauwerkes muss man sich genau über seine Lage innerhalb des Baugrundstückes informieren. Der **Lageplan** zeigt das Baugrundstück mit dem geplanten Neubau. Aus dem Plan sind die Abstände des Gebäudes von den Grenzen ersichtlich. Der Lageplan wird von einem öffentlich bestellten Vermessungsingenieur oder Vermessungsamt (Katasteramt) angefertigt.

Vor Beginn der Absteckungsarbeiten prüft man, ob die Grenzzeichen der im Lageplan eingezeichneten Grenzpunkte vorhanden sind. Als Grenzzeichen werden Grenzsteine aus Granit, Grenzpfähle aus bewehrtem Beton oder Holz, Grenzbolzen aus nicht oxidierendem Metall sowie Grenzmarken aus Kunststoff oder Metall verwendet. Es ist oft erforderlich, die Lage der Grenzzeichen durch Messung zu kontrollieren. Entspricht die Lage der Grenzzeichen nicht der im Lageplan ausgewiesenen Grenze, so muss die entsprechende Unterlage des Katasteramtes eingesehen werden.

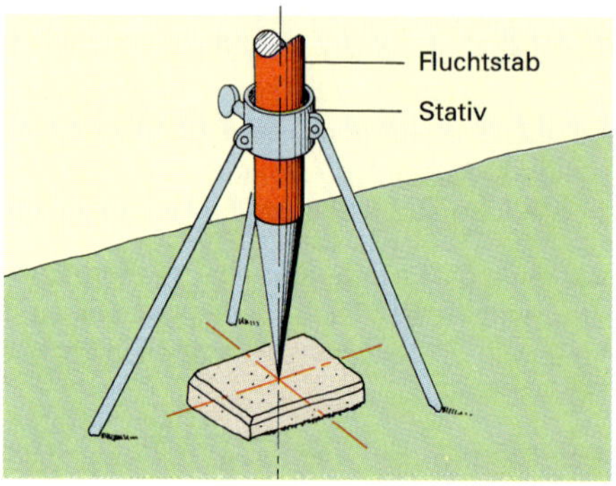

Markierter Grenzstein

Die Grenzpunkte werden durch Fluchtstäbe markiert. Die Fluchtstäbe werden mit Stabstativen genau senkrecht über der Mitte des Grenzzeichens aufgestellt.

Zum **Abstecken der Baufluchtlinie**, die in diesem Beispiel in 4 m Abstand parallel zur Straßengrenze verläuft, wird eine Kreuzscheibe über dem Grenzpunkt A aufgestellt und der Stab in Grenzpunkt B angezielt. Danach wird ein Stab A′ rechtwinklig zur Straßengrenze in 4 m Entfernung eingewiesen und ein Stab B′ von B aus in 4 m Abstand zur Grenze eingewiesen. Die Baufluchtlinie A′B′ ist damit dem Lageplan entsprechend aufgesteckt.

Die Gebäudeecke E wird von der Grundstücksgrenze AD aus eingemessen. Der **Mindestgrenzabstand** zum Nachbargrundstück beträgt laut Lageplan 3,50 m. Damit ist der senkrechte Abstand von der Grenze AD zur Gebäudeecke gemeint. Zur Festlegung der Gebäudeecke E wird mit der Kreuzscheibe eine Parallele zur Grenze AD im Abstand von 3,50 m abgesteckt. Die Gebäudeecke E liegt auf dem Schnittpunkt der Parallelen mit der Baufluchtlinie.

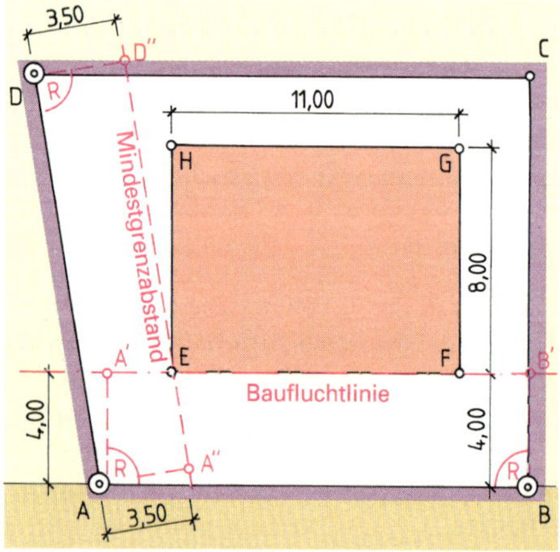

Abstecken der Baufluchten und des Mindestgrenzabstandes

Die Gebäudeecke F wird in 12 m Entfernung von Punkt E auf der Baufluchtlinie eingemessen. Rechtwinklig zur Strecke EF werden die Gebäudeeckpunkte G und H in 8 m Entfernung aufgesteckt.

In jedem Fall muss eine **Überprüfung der Absteckung** erfolgen. Die Strecke GH wird zur Kontrolle gemessen und die Längen der Diagonalen EG und FH überprüft, die gleich lang sein müssen. Die Länge der Diagonalen wird zur Kontrolle berechnet. Die Gebäudeecken werden durch Pflöcke (mit Nägeln) markiert.

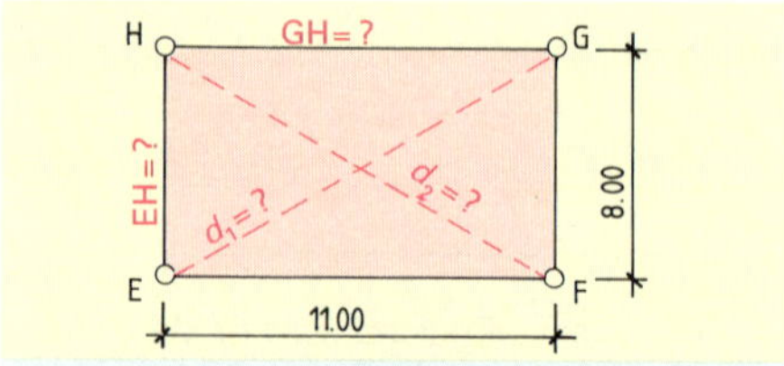

$$d_1 = d_2 = \sqrt{11{,}00^2 + 8{,}00^2} = ...\text{m}$$

Kontrollmessungen – Kontrollrechnungen

Der Lageplan zeigt Größe und Lage des Bauwerkes innerhalb des Baugrundstückes. Die Baulinie legt den Abstand des Bauwerkes von der Straßengrenze fest.

Der Mindestgrenzabstand ist der senkrechte Abstand des Bauwerkes zur Grenze des Nachbargrundstückes.

Die Baufluchten EF und GH sollten sofort auf seitlich gelegene Punkte (Pflöcke) übertragen werden. Das **Versichern der Hauseckpunkte** ist notwendig, weil die Pflöcke der Bauabsteckung beim Ausheben der Baugrube verloren gehen. Die Versicherungspflöcke werden von festen Punkten aus eingemessen. Über die Lage dieser Pflöcke ist eine bemaßte Skizze anzufertigen.

Nach dem Ausheben der Baugrube wird das **Schnurgerüst** aufgestellt. Die Schnurgerüstböcke bestehen aus drei Rundholzpfählen mit zwei waagerecht daran angenagelten Bohlen oder Brettern. Mit der Wasserwaage, der Schlauchwaage oder dem Nivellierinstrument werden die Bohlen bzw. Bretter in die erforderliche Höhe (über Sockelhöhe) und waagerechte Stellung gebracht.

Von den Versicherungspflöcken werden die Gebäudefluchten auf die Winkelböcke übertragen, durch Einkerbungen oder Nägel gekennzeichnet und beschriftet. Nach dem Einhängen der Fluchtschnüre werden Gebäudeabmessung und Gebäudelage überprüft.

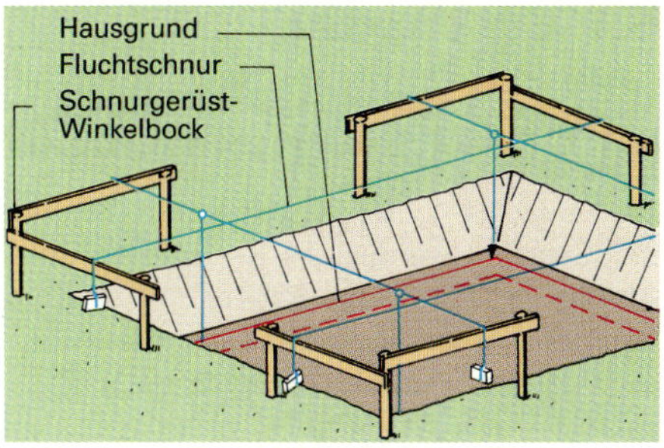

Schnurgerüst an Baugrube

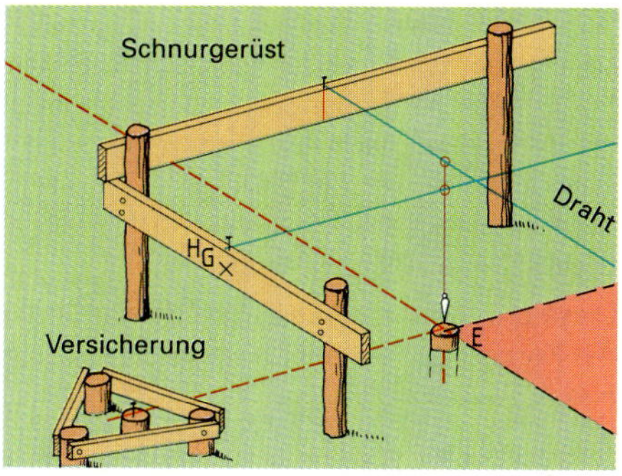

Übertragen der Fluchten vom Versicherungspflock aufs Schnurgerüst

Zusammenfassung

Strecken werden mit Messband oder Messstangen gemessen.

Stets waagerecht und in einer Geraden messen.
Stahlmessbänder stets trocken aufbewahren und leicht ölen.

Rechte Winkel können nach dem Dreieckseitenverhältnis 3:4:5 oder mit dem Bauwinkel abgesteckt werden. Rationeller ist die Absteckung mit einer Kreuzscheibe oder dem Winkelprisma.

Zur **Höhenmessung** in eng begrenzten Bereichen werden Wasserwaage, Setzlatte und Schlauchwaage verwendet.

Nivellierinstrumente werden zur genauen Höhenmessung über größere Strecken eingesetzt. Ist die Dosenlibelle mithilfe der Fußschrauben eingestellt, so ist die Zielachse waagerecht. Genaue Lattenablesungen (+ oder –) sind Grundlage der Höhenberechnung und Kontrolle. Die Handhabung der Nivellierinstrumente erfordert Sachkenntnis, Aufmerksamkeit und Umsicht.

Bei **Bauabsteckung** erst die Baufluchtlinie einmessen.

Der Mindestgrenzabstand muss eingehalten werden.

Die Bauabsteckung muss auf Genauigkeit überprüft werden, bevor sie durch seitlich gelegene Pflöcke versichert wird.

Das **Schnurgerüst** wird nach Ausheben der Baugrube aufgestellt. Die Gebäudefluchten werden von den Versicherungspflöcken auf die Winkelböcke übertragen zum Einhängen der Fluchtschnüre.

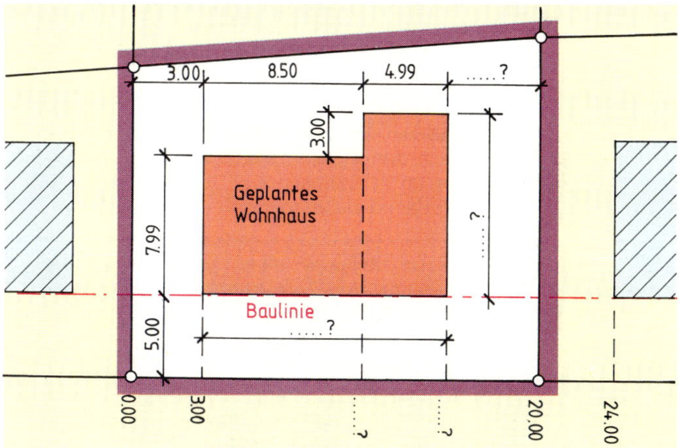

Abstecken eines Gebäudes

Aufgaben:

1. *Wie führt man eine Bandmessung im geneigten Gelände durch?*
2. *Welche Fehler können bei der Bandmessung gemacht werden?*
3. *Erläutern Sie die Absteckung eines rechten Winkels mit*
   a) 20-m-Messband
   b) Kreuzscheibe (Winkelprisma)
4. *Wie wird eine Höhenmessung mit der Schlauchwaage durchgeführt?*
5. *Worauf ist beim Einstellen eines Nivellierinstrumentes zu achten?*
6. *Wie kommt es beim Nivellieren zu fehlerhaften Messergebnissen?*
7. *Auf welche Weise wird eine Parallele abgesteckt?*
8. *Warum genügt es nicht, nur die Seiten der Absteckung nachzumessen?*
9. *Abstecken eines Gebäudes*
   a) Beschreiben Sie die Absteckung des geplanten Wohnhauses (s. Plan).
   b) Wie prüfen Sie die Absteckung auf Richtigkeit und Genauigkeit?
   c) Auf welche Weise versichern Sie die Gebäudeeckpunkte?
10. *Welche Aufgabe hat das Schnurgerüst?*
11. *Warum müssen die Markierungen für die Fluchtschnüre präzise festgelegt und beschriftet werden?*

6 Baugrund und Gründung

6.1 Bodenarten

6.1.1 Bezeichnung und Einteilung

Die zunächst locker abgelagerten Verwitterungsreste der Gesteine werden als Bodenarten bezeichnet (vgl. Abschn. 8.12.3). Diese Bodenarten sind vor allem als Baugrund, aber auch als Baustoffe (Kies, Sand) von sehr viel größerer Bedeutung als die natürlichen Festgesteine.

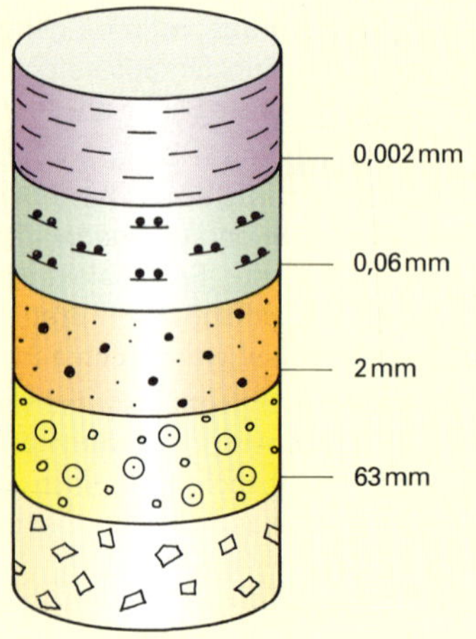

Einteilung der Böden nach Korngrößen

Korngröße

Da die meisten Eigenschaften der Bodenarten von der Korngröße der Bodenbestandteile abhängen, werden die Bodenarten nach den vorherrschenden Korngrößen unterschieden. Für die einzelnen Korngruppen sind die Bezeichnungen **Ton** (T), **Schluff** (U), **Sand** (S), **Kies** (G), **Steine** (X) und **Blöcke** (Y) üblich.

Diese grundsätzliche Bezeichnung der Bodenarten nach der Korngröße sagt aber nichts über die Bearbeitbarkeit aus.

Boden- und Felsklassen

Sind bei einem Bauvorhaben Erdbewegungen durchzuführen, so interessiert vor allem der dazu erforderliche Arbeitsaufwand. Dieser ist bei verschiedenen Bodenarten verschieden groß: So lässt sich z. B. Sand in der Regel leichter bearbeiten als Lehm. Für Ausschreibung und Abrechnung von Bauvorhaben müssen die Boden- und Felsarten deshalb nach dem beim Lösen erforderlichen Arbeitsaufwand eingeteilt werden.

Sonstige Bezeichnungen

Neben diesen Bezeichnungen sind noch weitere Bezeichnungen für bestimmte Bodenarten üblich, die sich z. B. nach Zusammensetzung oder Entstehung richten.

Lehm ist ein Gemenge von Ton und Sand, das bei der Verwitterung vieler Gesteine entsteht.

Mergel ist ein Gemenge von Ton und Kalk. Nicht alle Mergel sind Bodenarten, kalkreiche Mergel sind oft stark verfestigt und werden dann den Ablagerungsgesteinen zugerechnet.

Löss ist in der Eiszeit vom Wind verwehter und abgelagerter feinkörniger Quarz-, Feldspat- und Kalkstaub. Heute ist der Löss zumindest oberflächlich durch Auswaschen des Kalkes und Verwittern des Feldspates zu Ton in **Lösslehm** übergegangen.

Organische Bodenarten wie Faulschlamm und Torf entstehen in stehenden Gewässern (Sauerstoffmangel!) aus den Resten abgestorbener Pflanzen und Tiere.

Bodenarten werden nach verschiedenen Gesichtspunkten eingeteilt und bezeichnet.

Boden- und Felsklassen nach DIN 18 300

Klasse	Bezeichnung und Beschreibung
1	**Oberboden** (Mutterboden) = oberste Schicht des Bodens, die Humus und Bodenlebewesen enthält.
2	**Fließende Bodenarten** = Bodenarten, die wegen ihres hohen Wassergehaltes von flüssiger bis breiiger Beschaffenheit sind.
3	**Leicht lösbare Bodenarten** = Sande und Kiese mit höchstens 30 % Steinen über 63 mm Korngröße.
4	**Mittelschwer lösbare Bodenarten** = Bodenarten mit innerem Zusammenhalt und leichter bis mittlerer Plastizität, die höchstens 30 % Steine über 63 mm Korngröße enthalten.
5	**Schwer lösbare Bodenarten** = Bodenarten nach den Klassen 3 und 4, jedoch mit mehr als 30 % Steinen von über 63 mm Korngröße, sowie ausgeprägt plastische Tone.
6	**Leicht lösbarer Fels und vergleichbare Bodenarten** = Felsarten, die brüchig, weich oder verwittert sind, sowie vergleichbare verfestigte Bodenarten.
7	**Schwer lösbarer Fels** = Felsarten, die eine hohe Gefügefestigkeit haben und nur wenig klüftig oder verwittert sind.

6.1.2 Eigenschaften der Bodenarten

Bindige und nichtbindige Bodenarten

Versuch: Erst Ton- oder Lehmklumpen, dann Sand oder Kies hochwerfen.

Beobachtung: Bei Ton und Lehm bleiben die Bodenteilchen miteinander verbunden, bei Kies und Sand nicht.

Ergebnis: Die feinkörnigen Bodenarten, wie Ton und Lehm, haben einen inneren Zusammenhalt. Sie werden deshalb als bindige Bodenarten bezeichnet. Die grobkörnigen Bodenarten, wie Sand und Kies, haben keinen inneren Zusammenhalt. Sie werden deshalb als nichtbindige Bodenarten bezeichnet.

Ob ein Boden bindig oder nichtbindig ist, hängt von der Korngröße der Bodenteilchen ab. Die Feinteile eines Bodens (< 0,06 mm) haften durch das im Boden befindliche Wasser aneinander, etwa wie zwei nasse Papierschnitzel aneinander haften. Je mehr Feinteile ein Boden hat, desto bindiger wird er also.

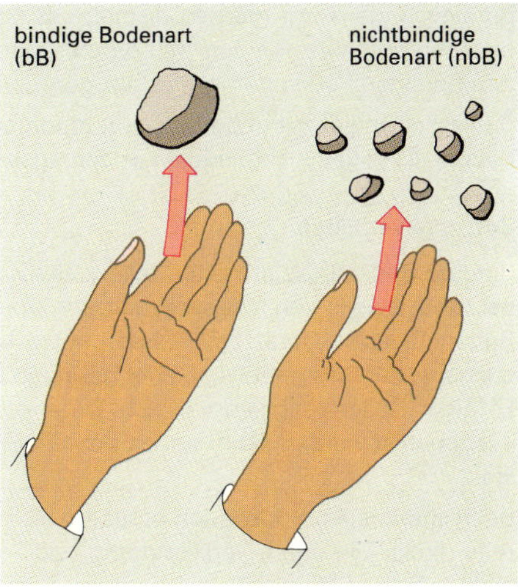

Unterscheidung bindiger und nichtbindiger Bodenarten

Tragfähigkeit

Kein Bauwerk kann beständig sein, wenn der Untergrund nicht tragfähig und frostsicher ist. Bei Festgesteinen sind diese Eigenschaften im Allgemeinen gegeben und durch normale äußere Einflüsse kaum veränderlich. Anders verhält es sich mit Tragfähigkeit und Frostsicherheit bei den Bodenarten, aus denen der Baugrund meistens besteht.

Versuch: Drei bindige Bodenproben werden in Wannen mit verschiedenen Wassermengen vermischt und dann belastet.

Beobachtung: Je feuchter der Boden, desto tiefer sinkt der Belastungskörper ein.

Ergebnis: Mit zunehmendem Wassergehalt nimmt die Tragfähigkeit bindiger Bodenarten ab. Dies rührt daher, dass die Einzelkörner bei höherem Wassergehalt gegeneinander beweglicher sind und der Boden bei Belastung deshalb besser ausweichen kann.

Dieselbe Beobachtung lässt sich auch auf unbefestigten Wegen bei trockener und nasser Witterung machen.

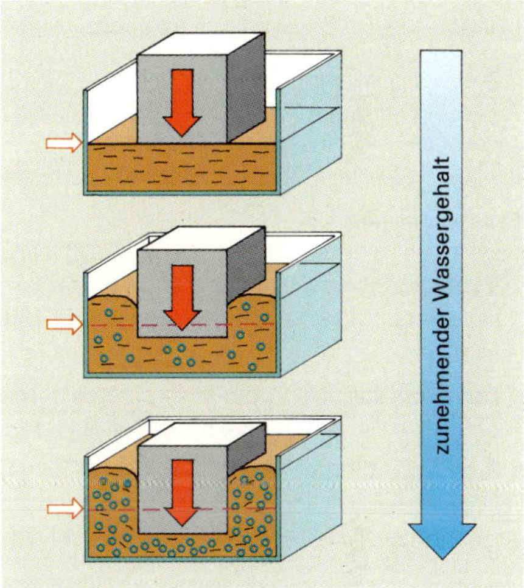

Tragfähigkeit bindiger Bodenarten bei verschiedenen Wassergehalten

Wird der Belastungsversuch mit nichtbindigen Bodenproben verschiedener Wassergehalte durchgeführt, so ergibt sich keine Abhängigkeit vom Wassergehalt. Die Tragfähigkeit nichtbindiger Bodenarten muss also von anderen Ursachen abhängen.

Versuch: Feinsand und Grobsand, Kies und Splitt werden in der Hand „geknetet".

Beobachtung: Grobsand lässt sich schlechter kneten als Feinsand, Splitt gar nicht.

Ergebnis: Die Einzelkörner lassen sich umso schlechter gegeneinander verschieben, je größer und rauer sie sind, je größer also die Reibung ist. Die Tragfähigkeit ist hier also von der inneren Reibung abhängig, da der Boden bei Belastung weniger ausweichen kann, wenn die Einzelkörner gegeneinander nur schwer beweglich sind.

Die Tragfähigkeit bindiger Bodenarten ist vom Wassergehalt abhängig, die nichtbindiger Bodenarten von der inneren Reibung.

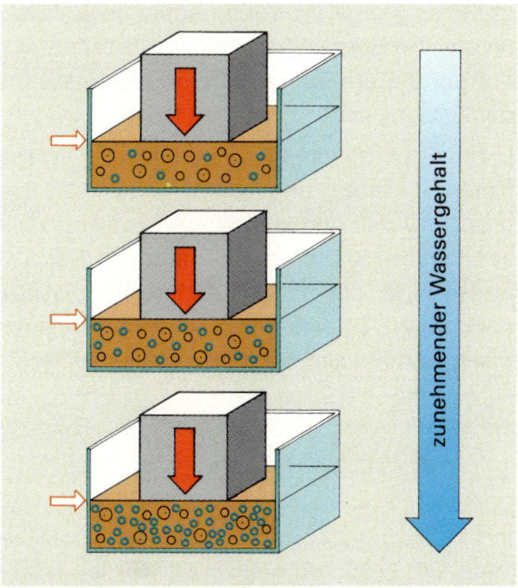

Tragfähigkeit nichtbindiger Bodenarten bei verschiedenen Wassergehalten

Bindige Bodenarten müssen deshalb als Baugrund vor Durchnässung geschützt werden. Auf durchnässtem und aufgeweichtem bindigen Boden darf keinesfalls gegründet werden.

Zu nasser und damit unbrauchbarer bindiger Boden muss gegebenenfalls gegen nichtbindigen Boden ausgetauscht werden.

Setzungsverhalten

Bindige Bodenarten enthalten relativ viel Wasser; die Einzelkörner sind jeweils von Wasserfilmen umgeben. Wird ein solcher Boden belastet, gerät das Wasser unter Überdruck und wird ausgepresst. Dies geht wegen der geringen Durchlässigkeit feinkörniger Böden langsam vor sich. Da andererseits viel Wasser ausgepresst werden kann, setzen sich bindige Böden lange und stark.

Bei nichtbindigen Bodenarten berühren sich die Einzelkörner bereits direkt. Die durch Verklemmung oder günstigere Lagerung noch mögliche geringe Setzung tritt bei Belastung sofort ein.

Setzungen unter Bauwerken sollten durch Wahl einer angemessenen Gründungsart (s. Abschn. 6.2.3) gering gehalten werden. Muss mit ungleichen Setzungen gerechnet werden, sind Bewegungsfugen im Bauwerk vorzusehen.

> Bindige Bodenarten setzen sich langsam und stark, nichtbindige rasch und wenig.

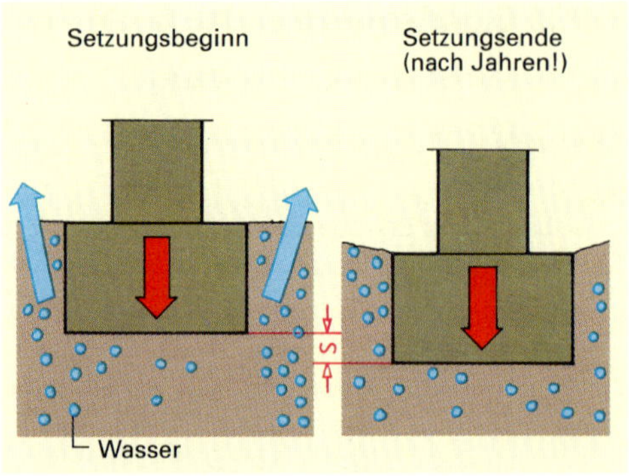

Setzungsverhalten bindiger Bodenarten

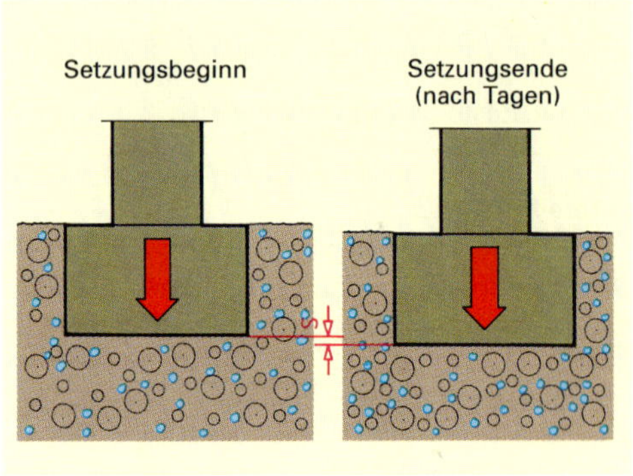

Setzungsverhalten nichtbindiger Bodenarten

Frostsicherheit

> **Versuch:** Ein Lehmziegel wird in eine Wanne mit etwas Wasser gestellt. Kies wird in ein Glasgefäß mit etwas Wasser geschüttet.
>
> **Beobachtung:** Nach einiger Zeit steigt im Lehm Feuchtigkeit über den Wasserspiegel hoch, im Kies dagegen nicht.
>
> **Ergebnis:** Bindige Bodenarten sind kapillar, in ihnen steigt Wasser hoch. Nichtbindige Bodenarten enthalten große Poren und sind deshalb nicht kapillar (vgl. Abschn. 6.1.4).

Dieser Unterschied ist für das Verhalten bei Frost von ausschlaggebender Bedeutung.

In nichtbindigen Bodenarten gefriert bei Frost nur das oberhalb der Frostgrenze im Boden befindliche Wasser. Die Ausdehnung dieses Wassers um 10 Volumenprozente wird weitgehend vom Luftporenraum aufgenommen. Es tritt keine merkbare Hebung des Bodens ein.

In bindigen Bodenarten steigt ständig Wasser aus dem nicht gefrorenen Untergrund kapillar hoch und gefriert an der Frostgrenze. Durch den ständigen Nachschub bilden sich dort Eislinsen, die bis zu mehreren Zentimetern dick werden können. Verändert sich bei abnehmenden Temperaturen die Frostgrenze nach unten, so bilden sich weitere Eislinsenschichten. Durch die Eislinsen hebt sich der Boden stellenweise.

> Bindige Bodenarten sind stets frostgefährdet. Saubere nichtbindige Bodenarten sind frostsicher.

In bindigen Bodenarten muss deshalb entweder in frostsicherer Tiefe (80...120 cm) gegründet werden oder es muss eine Frostschutzschicht aus sauberem nichtbindigem Material eingebracht werden, die den kapillaren Aufstieg von Wasser verhindert.

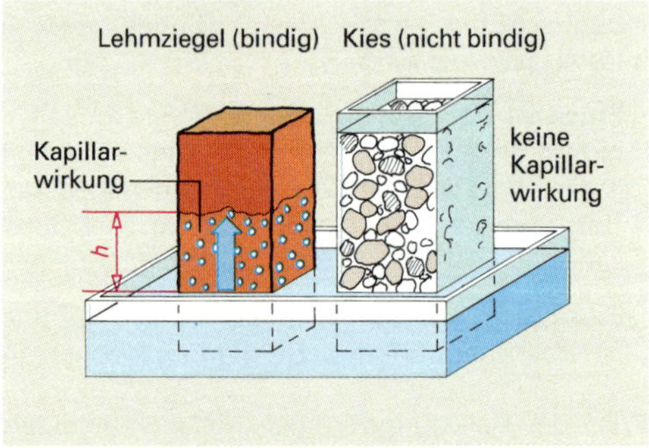

Kapillarität bindiger Bodenarten

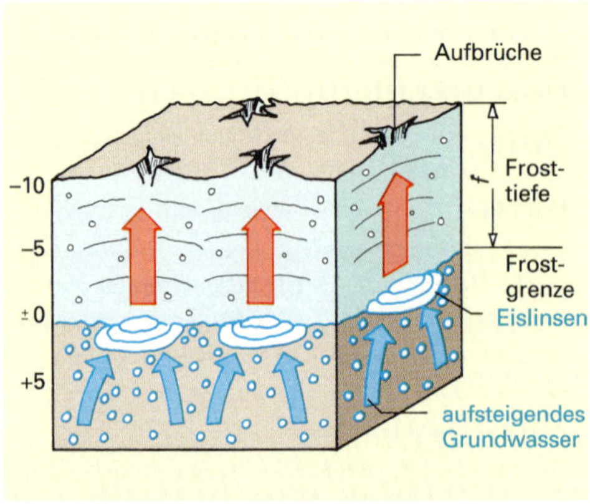

Eislinsenbildung bei bindigen Bodenarten

6.1.3 Kohäsion und Adhäsion

Bei nichtbindigen Bodenarten sind die einzelnen Körner fest, sie haften aber nicht aneinander. Die in sich ebenfalls festen Teilchen einer bindigen Bodenart haften aneinander. Da keinerlei äußere Kräfte erkennbar sind, müssen Festigkeit und Zusammenhalt von inneren Kräften herrühren.

Kohäsion (Zusammenhangskraft)

Versuch: Eine Kreide, ein Holz- und ein Stahlstab werden gebrochen.

Beobachtung:
Kreide bricht leicht.
Holzstab bricht weniger leicht.
Stahlstab bricht nicht.

Ergebnis: Es müssen innere Kräfte vorhanden sein, die diese Stoffe verschieden stark zusammenhalten und die unterschiedliche Festigkeit bewirken.

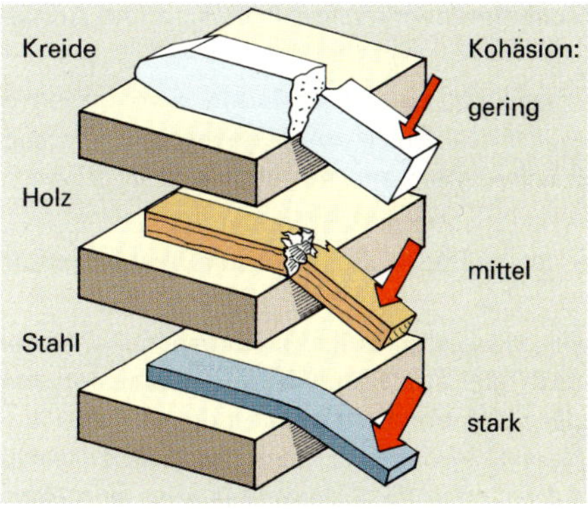

Kohäsion verschiedener Stoffe

Wir wissen, dass Stoffe aus Molekülen bestehen. Diese Moleküle ziehen sich gegenseitig wie Magnete an. Die Größe der Anziehungskraft hängt vom Abstand der Moleküle voneinander ab. Je kleiner der Abstand ist, umso stärker hängen sie zusammen. Bei Stahl ist der Abstand in unserem Fall am kleinsten, daher ist die Anziehungskraft am größten.

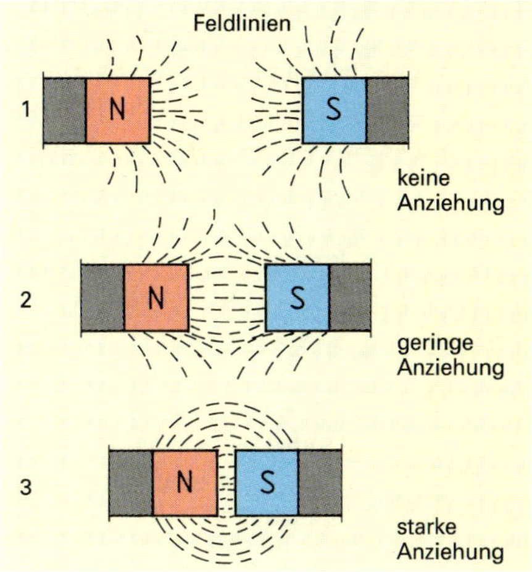

Vergleich der Anziehungskräfte zweier Stabmagnete

Die **Anziehungskräfte** zwischen den Molekülen eines Stoffes bezeichnet man als **Kohäsion.**

Eine geringere Kohäsion wirkt auch zwischen den Molekülen flüssiger Stoffe und bewirkt z.B. die Tropfenbildung. Die Kohäsion in Flüssigkeiten ist geringer, weil deren Moleküle weiter voneinander entfernt sind. Bei gasförmigen Stoffen herrscht wegen des großen Molekülabstandes keine Kohäsion mehr.

Adhäsion (Anhangskraft)

Versuch: An einer Tafel wird ein Kreidestrich gezogen.

Beobachtung: Die Kreideteilchen bleiben an der Tafel haften.

Ergebnis: Auch die Oberflächenmoleküle verschiedener Stoffe ziehen sich an.

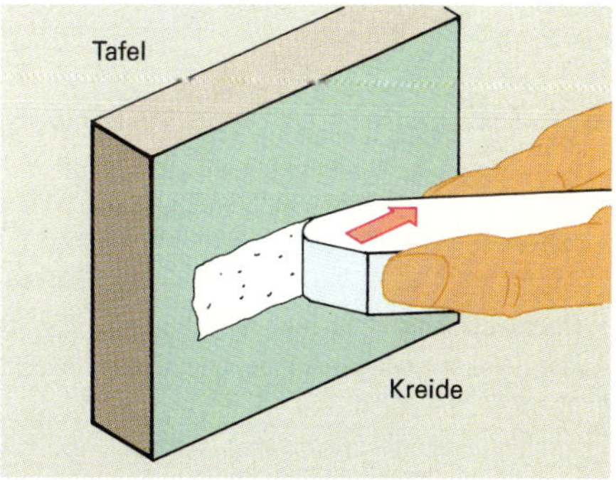

Kreidestrich haftet an der Tafel

Die Anziehungskraft zwischen den Molekülen zweier Stoffe nennt man **Adhäsion.**

Auch zwischen Flüssigkeiten und festen Stoffen kann Adhäsion wirksam werden.

Wasser wirkt auf eine Glaswand benetzend und haftet an ihr. Dies wird sichtbar, wenn wir kleine Wassertropfen an eine Fensterscheibe spritzen. Wird die Glasscheibe aber leicht eingeölt, bleiben die Wasserspritzer nicht haften. Zwischen Öl und Wasser wirkt keine Adhäsion. Im Bauwesen spielt diese Tatsache eine Rolle. Vor dem Betonieren besprüht man eine Schalung mit Schalöl, damit sie nicht an der Betonwand haften bleibt und mühelos ausgeschalt und leicht gesäubert werden kann.

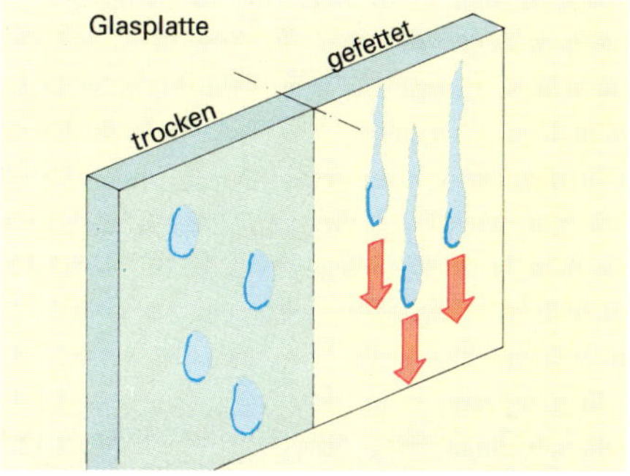

Adhäsion zwischen Wasser und Glasscheibe

Zusammenwirken von Kohäsion und Adhäsion

Versuch: Ein Stück Karton wird gegen die Tafel gepresst. Ein gleiches Stück wird gegen eine vorher mit einem nassen Schwamm benetzte Tafelfläche gedrückt.

Beobachtung: Beim ersten Versuch fällt der Karton beim Loslassen zu Boden. Beim zweiten bleibt er an der Tafel hängen.

Die Wassermoleküle füllen die Unebenheiten zwischen Kartonfläche und Tafel aus. Damit wird die Adhäsion zwischen dem Wasser und der Tafel, ebenso zwischen dem Wasser und dem Karton, wirksam. Nachteilig dabei ist, dass das Wasser verdunstet und daraufhin die Adhäsion entfällt. Beim Verkleben von Bauteilen (z.B. Brettern) verwendet man Klebstoffe, die nicht verdunsten, sondern fest werden und so eine dauerhafte Verbindung zwischen zwei Materialien herstellen.

Bei Leimen, Klebstoffen und Mörtel herrscht nach Trocknung oder Erhärten innerhalb dieser Stoffe **Kohäsion**, im Grenzbereich zu einem anderen Stoff (z.B. zwischen Mörtel und Ziegel) dagegen **Adhäsion**.

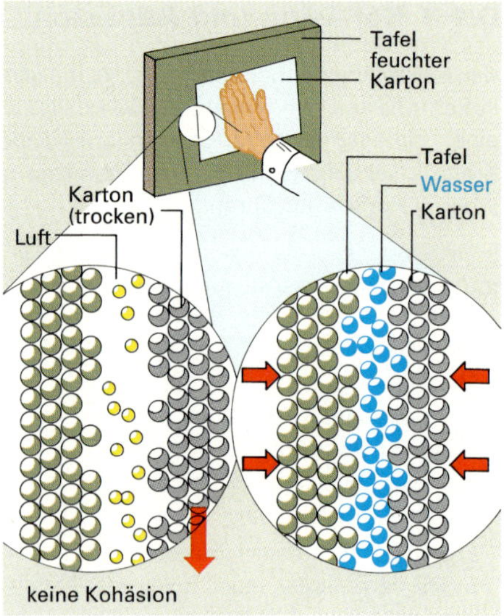

Adhäsion durch Wasser

Bei Leimen, Klebstoffen, Mörtel usw. wirkt nach Erhärten im Stoff selbst Kohäsion, an der Nahtstelle zu einem anderen Stoff Adhäsion.

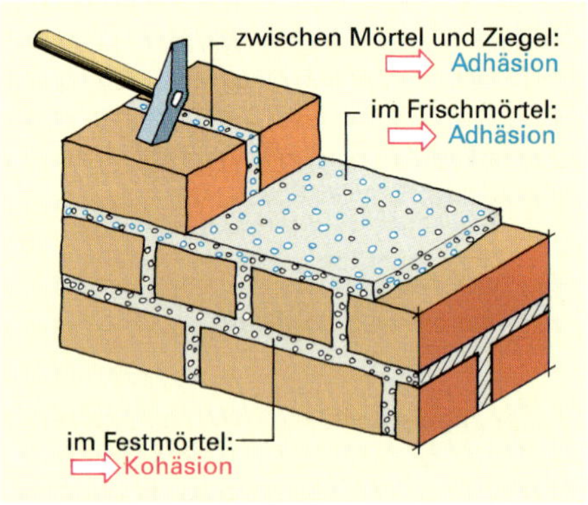

Mauerwerk mit Mörtelfugen: Kohäsion und Adhäsion

Auch die **Kapillarität**, die wir als Ursache für die Eislinsenbildung kennengelernt haben, ist eine Folge des Zusammenwirkens von Kohäsion und Adhäsion.

6.1.4 Kapillarität (Haarröhrchenwirkung)

Versuch 1: Ein gewöhnlicher Mauerziegel und ein Klinkermauerziegel werden in ein Glasgefäß mit Wasser gestellt.

Beobachtung: An den Wandungen von Gefäß und Stein steigt das Wasser aufgrund der Adhäsion zwischen festen und flüssigen Stoffen leicht an.
Im Mauerziegel steigt das Wasser hoch, im Klinkermauerziegel nicht.

Versuch 2: In eine Glaswanne werden drei enge Glasröhrchen mit verschiedenem Durchmesser gestellt.

Beobachtung: Das Wasser steigt in den drei Röhren verschieden hoch.

Ergebnis: Je kleiner der Durchmesser eines Röhrchens ist, umso höher steigt das Wasser. Diese Erkenntnis finden wir im Mauerziegel mit seinen kleinen Poren bestätigt. Im dichten Klinker steigt kein Wasser hoch.

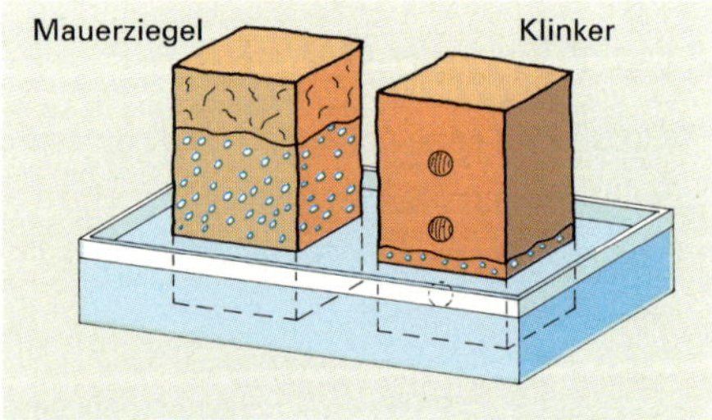

Kapillarwirkung: poröser und nicht poröser Ziegel

Das Hochsteigen von Flüssigkeiten in engen Röhren (Kapillaren) wird als Kapillarität (Haarröhrchenwirkung) bezeichnet.

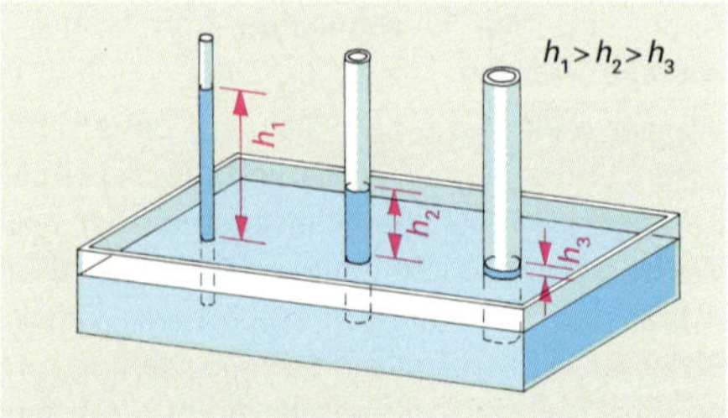

Wasser steigt in engen Röhren höher

Die **Kapillarwirkung**, also das Hochsteigen von Flüssigkeiten beobachten wir in allen Körpern, die enge Hohlräume (Kapillaren = Haarröhrchen) haben.

Am Rand der Röhren wird das Wasser durch Adhäsion hochgezogen. Kohäsion zieht die Oberfläche nach (Oberflächenspannung). Der Vorgang kommt zur Ruhe, wenn die Gewichtskraft der „hängenden Wassersäule" so groß ist wie die Summe aller nach oben gerichteten Kräfte.

So werden zum Beispiel die in Wasser gelösten Nährstoffe in den Pflanzen auf diese Weise bis in die höchsten Teile der Pflanze hochgezogen.

Die meisten Baustoffe besitzen Kapillaren, z.B. Natursteine, Mauerziegel, Beton, Mörtel, Holz und Dämmstoffe. Das Wasser wird dadurch aufgenommen und nach oben geführt. Diese Wasseraufnahme verändert aber häufig die Eigenschaften der Werkstoffe bzw. Bauteile recht nachteilig. Sobald z.B. Wärmedämmstoffe durchfeuchtet werden, erfüllen sie die ihnen zugedachte Aufgabe nicht mehr in vollem Maße.

Die Kapillarität muss deshalb durch Wahl nichtkapillarer Baustoffe oder durch konstruktive Maßnahmen verhindert werden.

Solche Maßnahmen sind z.B. das Einbringen einer Bitumenpappe unter dem aufgehenden Mauerwerk oder das Einbringen einer Frostschutzschicht aus nichtkapillarem Kies unter Straßen und Bodenplatten.

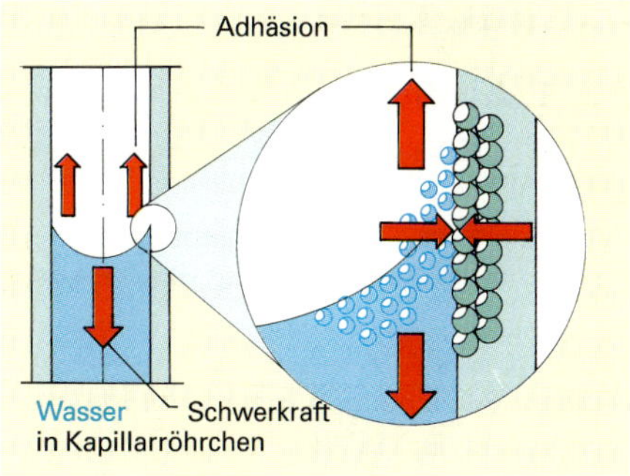

Ursachen der Kapillarität

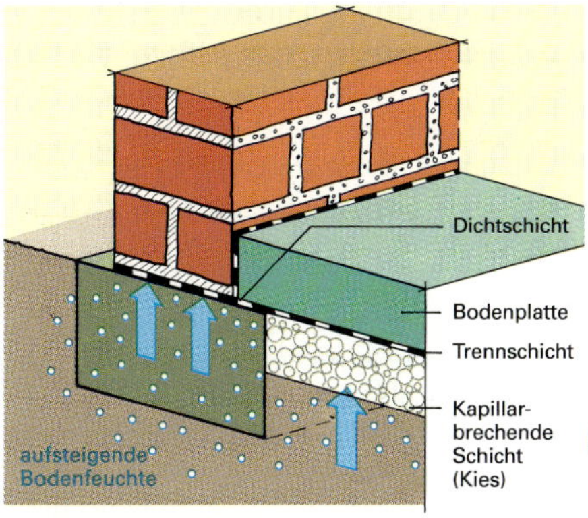

Kapillar aufsteigende Feuchtigkeit wird unterbrochen

Zusammenfassung

Bodenarten sind die locker abgelagerten Verwitterungsreste der Gesteine. Ihre Eigenschaften sind von der Korngröße abhängig.

Für Ausschreibung und Abrechnung werden die Boden- und Felsarten in sieben Klassen eingeteilt.

Bodenarten mit innerem Zusammenhalt werden als bindige Bodenarten bezeichnet, die übrigen als nichtbindige Bodenarten.

Bindige Bodenarten setzen sich langsam und stark; nichtbindige Bodenarten rasch und wenig.

Die Tragfähigkeit ist bei bindigen Bodenarten vom Wassergehalt, bei nichtbindigen Bodenarten von der inneren Reibung abhängig.

Bindige Bodenarten sind kapillar und deshalb frostgefährdet. Saubere nichtbindige Bodenarten sind frostsicher.

Die Anziehungskräfte zwischen den Molekülen des gleichen Stoffes nennt man **Kohäsion.**

Die Anziehungskräfte zwischen den Molekülen zweier Stoffe nennt man **Adhäsion.**

Beim Leimen von Holz, Ansetzen von Fliesen oder Mauern mit Mörtel wirken Kohäsion und Adhäsion.

Das Hochsteigen von Flüssigkeiten in engen Röhren wird als Kapillarität bezeichnet. Die Kapillarität beruht auf dem Zusammenwirken von Kohäsion und Adhäsion.

Da viele Baustoffe kapillar sind, müssen oft konstruktive Maßnahmen zum Schutz vor Durchfeuchtung ergriffen werden.

Aufgaben:

1. *Warum kann man die Korngrößenverteilung bei bindigen Bodenarten nicht durch Sieben ermitteln?*
2. *Welches sind die wichtigsten*
   a) bindigen Bodenarten,
   b) nichtbindigen Bodenarten?
3. *Weshalb sinkt man bei Regen im Lehm ein, im Sand aber nicht?*
4. *Wodurch heben sich manche Böden im Winter?*
5. *Erläutern Sie die Bildung von Eislinsen.*
6. *Was versteht man unter Kohäsion?*
7. *Welche Stoffe besitzen große Kohäsion?*
8. *Wie unterscheidet sich Adhäsion von Kohäsion?*
9. *Nennen Sie Beispiele für Adhäsion.*
10. *Auf welche Weise kann Adhäsion verhindert werden?*
11. *Erklären Sie die Wirkung von Kohäsion und Adhäsion.*
12. *Unter welchen Voraussetzungen tritt Kapillarität auf?*
13. *Wann wirkt sie am stärksten?*
14. *Warum kann sie im Bauwesen so gefährlich sein?*
15. *Wie kann die Wirkung der Kapillaren ausgeschaltet werden?*

6.2 Baugrube

6.2.1 Aushub

Vorarbeiten

Vor Beginn der eigentlichen Erdarbeiten sind Vorarbeiten zu leisten. Werden sie unterlassen, kann dies schwere Schäden zur Folge haben.

Bodenuntersuchungen mittels Aufgrabungen (Schürfgruben), Bohrungen und durch Eintreiben spitzer Sonden in den Boden (Sondierungen) geben bei nicht bekanntem Untergrund Aufschluss über Bodenbeschaffenheit und Wasserstände.

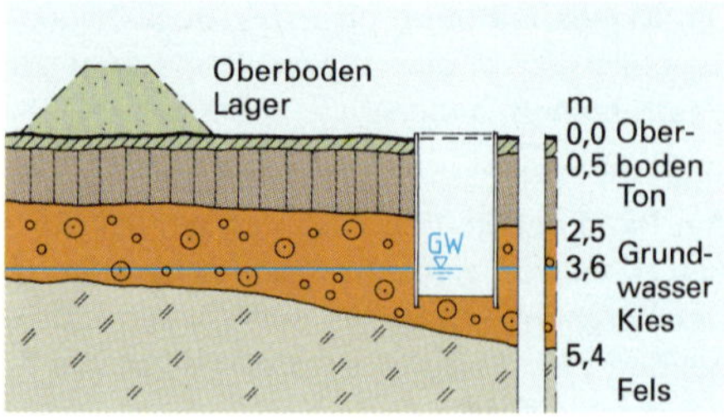

Bodenuntersuchung mit Schürfgrube

Durch **Vermessen** müssen Achsen und Höhen eindeutig festgelegt werden (vgl. Kap. 5). **Leitungen** im Aushubbereich müssen rechtzeitig festgestellt und gegebenenfalls verlegt werden. Hierzu sind Erkundigungen vor allem bei der Post und bei den örtlichen Versorgungs- und Entsorgungsbetrieben einzuziehen. Werden Leitungen im Zuge der Bauarbeiten beschädigt, entstehen meist hohe Kosten und Zeitverluste.

Zur **Vorbereitung des Baugeländes** muss u.U. vorhandener Bewuchs teilweise gerodet werden. Erforderliche Zufahrten und Entwässerungsanlagen müssen rechtzeitig vor Beginn der Arbeiten hergestellt werden.

Der belebte **Oberboden** (Mutterboden) ist vor Beginn des Aushubs mit der Planierraupe abzuschieben und getrennt von anderen Bodenarten bis zur Wiederverwendung zu lagern.

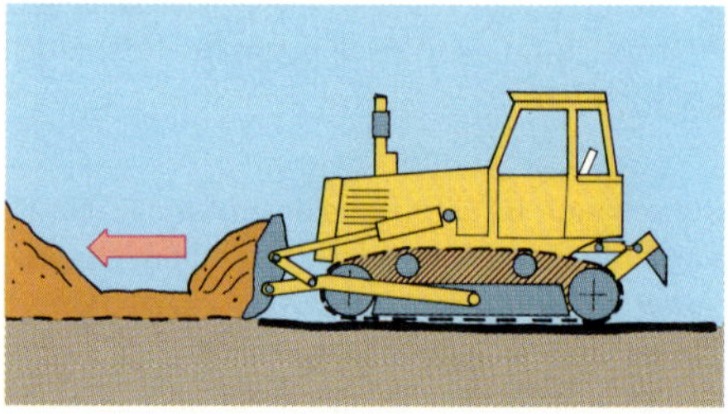

Planierraupe

Tieflöffelbagger

Geräteeinsatz

Der Aushub wird heute fast ausschließlich maschinell ausgeführt. Welches Gerät jeweils zum Einsatz kommt, richtet sich nach Lage, Tiefe und Befahrbarkeit der Baugrube, nach der Bodenart, nach der Menge des Aushubs und nach Transportart und Transportweite.

Baugruben werden mit Tieflöffelbagger, Greiferbagger, Laderaupe oder Radlader ausgehoben. Laderaupen und Radlader müssen ebenso wie die den überschüssigen Aushub abfahrenden Lastwagen die Baugrubensohle befahren. Dies ist bei bindigen Böden insbesondere bei nasser Witterung nachteilig. Als Zufahrt muss meist eine Rampe angelegt werden, deren Steigung die beladenen Lastwagen überwinden müssen. Tieflöffelbagger und Greiferbagger weisen diese Nachteile nicht auf, da sie von außerhalb der Baugrube arbeiten können.

Greiferbagger

Leitungsgräben werden mit Tieflöffelbaggern oder Greiferbaggern ausgehoben.

Nicht benötigte Bodenmassen sind möglichst gleich abzutransportieren. Der für die Verfüllung der Böschungskeile und der Arbeitsräume benötigte Boden ist zwischenzulagern.

Radlader

Ist die Baugrube ausgehoben, so ist die **Baugrubensohle** vor Durchnässung und Auflockerung zu schützen; beides führt später zu verstärkten Setzungen. Bei nichtbindigen Böden ist die Baugrubensohle gegebenenfalls zu verdichten; aufgeweichte Schichten bindigen Bodens sind vor dem Betonieren zu entfernen. Bestehen irgendwelche Zweifel an der Tragfähigkeit oder entspricht die angetroffene Bodenart nicht den Erwartungen, ist in jedem Fall der Verantwortliche (Bauleiter, Architekt) zu benachrichtigen. Dasselbe gilt, wenn Wasser in die Baugrube eindringt.

Handgeführte Walze

Für die verschiedenen Erdarbeiten gibt es jeweils geeignete Erdbaugeräte. Die Wahl des richtigen Gerätes ist entscheidend für die Wirtschaftlichkeit.

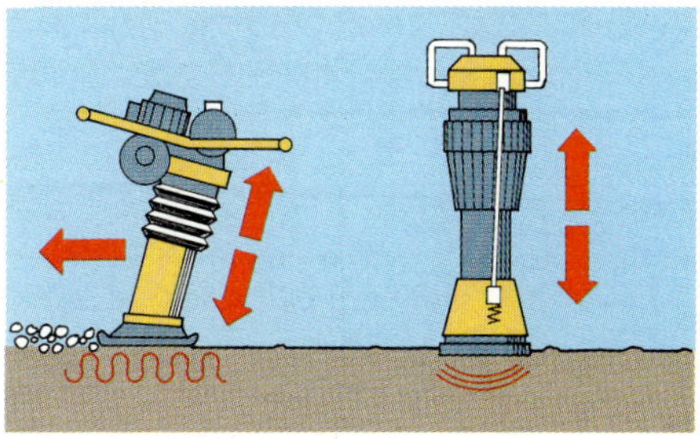

Vibrationsstampfer und Stampframme (bindige Böden)

Verfüllen

Der nicht durch das Bauwerk bzw. die Rohrleitungen eingenommene Teil des Aushubbereichs muss wieder verfüllt werden. Hierbei wird häufig nachlässig gearbeitet, was zu späteren Setzungen und Schäden führt. Vor dem Verfüllen ist der Arbeitsraum von groben Abfällen zu säubern, die ein späteres Nachsacken des Bodens verursachen könnten. Die Verfüllung muss lagenweise und unter sorgfältiger Verdichtung erfolgen. Geeignete Verdichtungsgeräte für **bindigen Boden** sind
- **Grabenwalzen** (handgeführt)
- **Stampfer**.

Geeignete Verdichtungsgeräte für **nichtbindigen Boden** sind
- **Vibrationsplatten**
- **Vibrationswalzen** (handgeführt).

Walzen und Vibrationsplatten eignen sich auch zur Verdichtung größerer Flächen.

Vibrationsplatte (nichtbindige Böden)

Arbeitsräume und Gräben müssen lagenweise sorgfältig wieder verfüllt und mit geeignetem Gerät verdichtet werden.

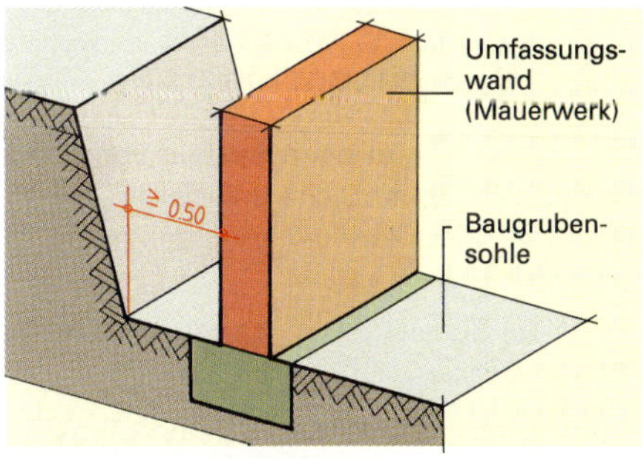

Arbeitsraum bei Baugrube mit Böschung

Arbeitsraum

Die Größe der Baugrube richtet sich nach dem Grundriss des Gebäudes zuzüglich einem **Arbeitsraum** von 50 cm Breite an jeder Seite. Als Breite des Arbeitsraumes gilt bei abgeböschten Baugruben der Raum zwischen Böschungsfuß und Mauerwerk bzw. Außenseite der Schalung. Bei Baugruben mit Verbau ist der Raum zwischen Innenseite des Verbaus und Außenseite des Mauerwerkes bzw. der Schalung maßgebend. Für Schalung und Verbau werden jeweils pauschal 15 cm Stärke angenommen.

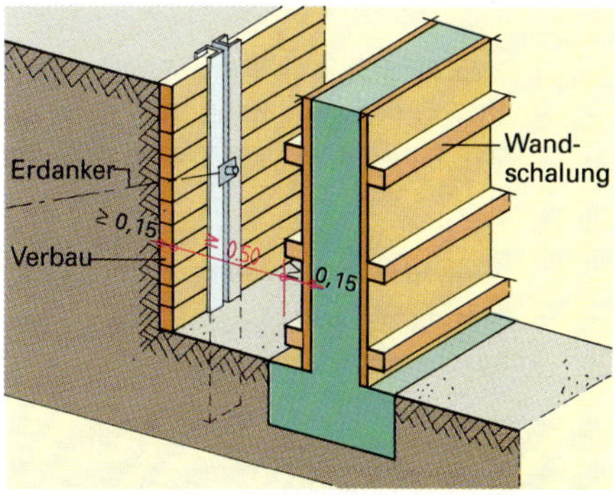

Arbeitsraum bei Baugrube mit Verbau und Wandschalung

Die Baugrube umschließt den im Boden befindlichen Teil des künftigen Bauwerkes, den Arbeitsraum und den Raum für Schalungen, Verbau und Böschungen.

Bei **Gräben für Abwasserleitungen und -kanäle** ist die Breite der Grabensohle in Abhängigkeit von der Nennweite (DN), vom äußeren Rohrschaftdurchmesser (OD) und von der Art der Grabensicherung in DIN EN 1610 festgelegt. Für Schalung bzw. Verbau werden gegebenenfalls jeweils 15 cm zugerechnet.

DN	Mindestgrabenbreite (OD + χ) m		
	verbauter Graben	unverbauter Graben	
		β > 60°	β ≤ 60°
≤ 225	OD + 0,40	OD + 0,40	
> 225 bis ≤ 350	OD + 0,50	OD + 0,50	OD + 0,40
> 350 bis ≤ 700	OD + 0,70	OD + 0,70	OD + 0,40
> 700 bis ≤ 1200	OD + 0,85	OD + 0,85	OD + 0,40
> 1200	OD + 1,00	OD + 1,00	OD + 0,40

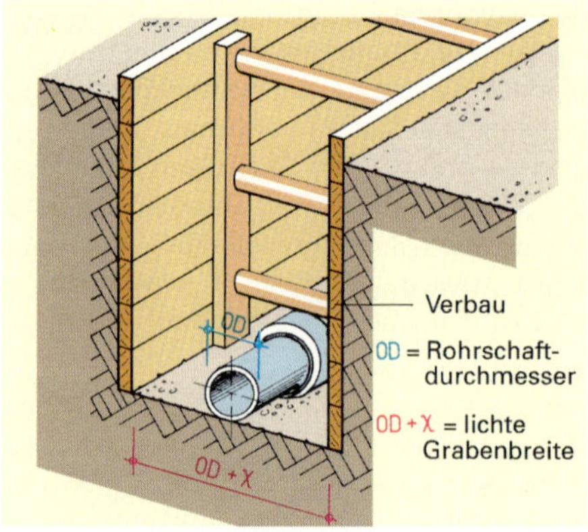

Verbauter Graben

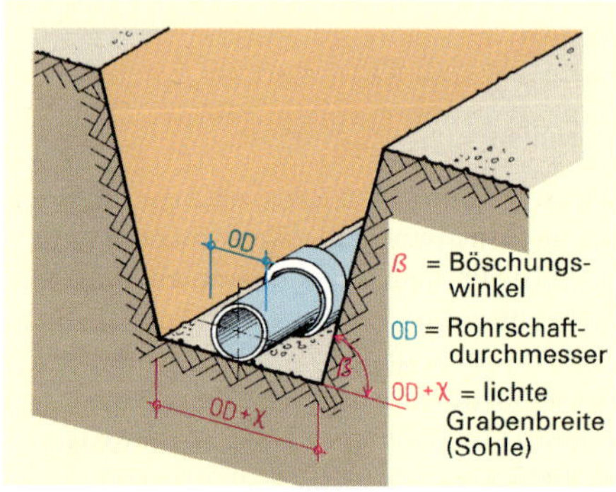

Nicht verbauter Graben

Unabhängig hiervon sind bei Gräben für Abwasserleitungen ab einer Tiefe von 1,00 m folgende lichte Mindestbreiten einzuhalten:

0,80 m bei einer Tiefe von 1,00 bis 1,75 m Tiefe,

0,90 m bei einer Tiefe von über 1,75 bis 4,00 m Tiefe,

1,00 m bei einer Tiefe über 4,00 m Tiefe.

Bei der Herstellung von Gräben für alle übrigen Leitungsarten (z.B. Wasser, Gas) sind die Mindestbreiten in DIN 4124 festgelegt.

Bei Leitungsgräben ist die Breite der Grabensohle abhängig von der Art der Grabensicherung, vom äußeren Durchmesser des Rohrschaftes und von der Tiefe des Grabens.

6.2.2 Baugrubensicherung

Das Hauptproblem beim Aushub von Baugruben und Leitungsgräben besteht in der Sicherung der Wände gegen Nachrutschen und Einstürzen. Die Standfestigkeit der Wände ist von mehreren Einflüssen abhängig:

- von der Bodenart und den Lagerungsverhältnissen,
- von der Wasserführung,
- von Witterungseinflüssen (Regen, Frost),
- von Erschütterungen des Bodens (Verkehr, Baumaschinen),
- von zusätzlichen Belastungen durch Aufschüttungen, Baumaterialien usw.

Unter Berücksichtigung dieser Einflüsse schreibt die Berufsgenossenschaft vor, dass nur Baugruben bzw. Gräben bis zu einer Tiefe von 1,25 m ohne besondere Wandsicherung erstellt werden dürfen. Bei einer Tiefe von 1,25 m ... 1,75 m muss der über 1,25 m überstehende Teil gesichert werden. Bei einer Tiefe von über 1,75 m müssen die Wände in ihrer gesamten Höhe gesichert werden.

Zur Sicherung der Wände gibt es zwei grundsätzliche Möglichkeiten: **Abböschen** und **Verbauen**.

Die Wände von Baugruben und Gräben mit 1,25 m ... 1,75 m Tiefe müssen im oberen Teil, die Wände von tieferen Baugruben und Gräben in ihrer ganzen Höhe gesichert sein.

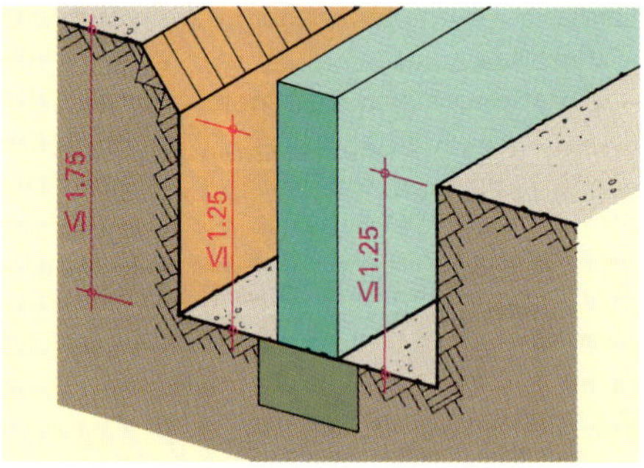

Wandsicherung in Baugruben von 1,25 m ... 1,75 m Tiefe

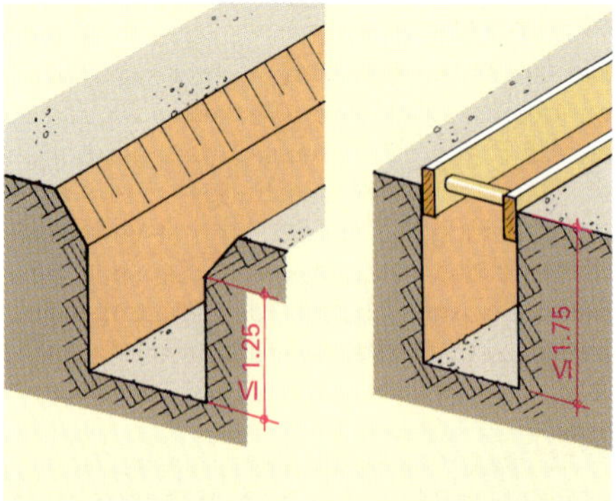

Wandsicherung in Gräben von 1,25 m ... 1,75 m Tiefe

Wandsicherung durch Abböschen

Steht genügend Platz zur Verfügung, so ist insbesondere bei nicht sehr tiefen Baugruben die Wandsicherung durch Abböschen das einfachste und billigste Verfahren. Die Böschungen sind dabei so anzulegen, dass die in der Baugrube oder im Graben Beschäftigten nicht gefährdet werden. Das wird in der Regel dadurch erreicht, dass die in DIN 4124 für die einzelnen Bodenarten genannten **Böschungswinkel** eingehalten werden.

Es sind dies:
45° bei nichtbindigen oder weichen bindigen Böden,
60° bei steifen oder halbfesten bindigen Böden,
80° bei festen bindigen Böden oder Fels.

Ist in besonderen Fällen damit zu rechnen, dass der Boden durch Eindringen von Wasser, ungünstige Lagerungsverhältnisse oder andere störende Einflüsse dennoch seinen Halt verliert, so sind entsprechend flachere Böschungen herzustellen.

In jedem Fall sind oberhalb der Böschungen 60 cm breite **Schutzstreifen** freizuhalten, um die Böschungen nicht zu sehr zu belasten und das Abrollen von Steinen und Erdbrocken in die Baugrube bzw. den Graben zu verhindern. Die Schutzstreifen dienen gleichzeitig als Verkehrswege. Hohe Böschungen werden oft zusätzlich durch **Bermen** gegen das Nachstürzen von Aushubmassen gesichert.

Jede Baugrube muss sicher zu begehen sein. Da bereits eine Böschung von 40° nicht mehr sicher zu begehen ist, müssen auf allen steileren Böschungen **Leitergänge** angelegt werden.

Beim Abböschen der Wände von Baugruben und Gräben dürfen die in DIN 4124 angegebenen Böschungswinkel nicht überschritten werden. Oberhalb der Böschung ist ein Schutzstreifen freizuhalten; zum sicheren Begehen der Böschungen sind Leitergänge anzulegen.

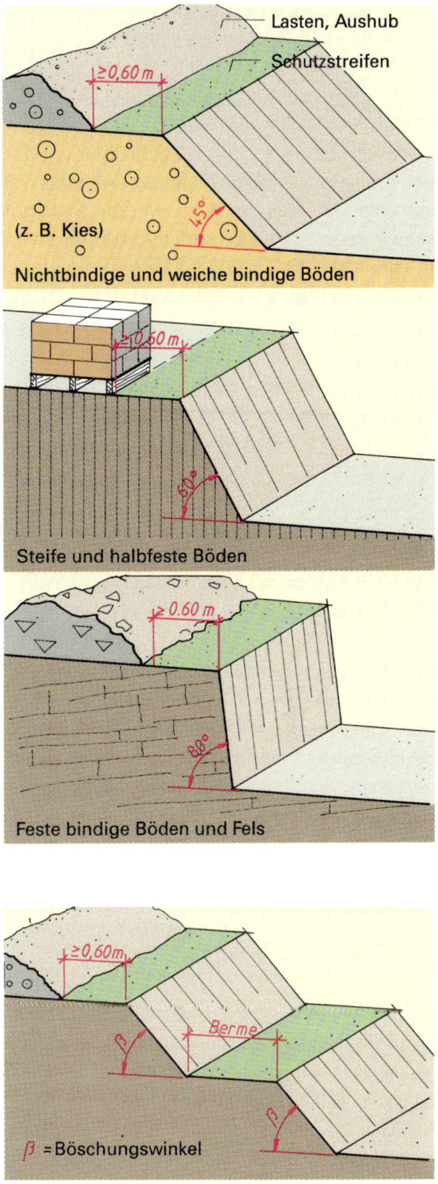

Böschungswinkel nach DIN 4124

Wandsicherung durch Verbauen

Das Abböschen erfordert, vor allem bei tiefen Baugruben bzw. Gräben, viel Platz. Steht dieser nicht zur Verfügung, wie es in Städten meist der Fall ist, müssen die Baugruben bzw. Gräben verbaut werden.

Der Verbau muss grundsätzlich gleichzeitig mit dem Fortschreiten der Aushubarbeiten hergestellt werden. Eine Ausnahme bilden Gräben, die auf volle Tiefe maschinell ausgehoben werden. Hier kann der Verbau nach Beendigung des Aushubs, aber vor Betreten des jeweiligen Grabenabschnitts hergestellt werden. Hierzu werden heute oft Verbaugeräte verwendet, die komplett in den Graben eingesetzt und durch Spindeln gegen die Wände versteift werden.

Bei allen Verbauarten müssen die Wände glatt abgestochen werden, damit hinter dem Verbau keine Hohlräume verbleiben, die dem anstehenden Boden Raum für Bewegungen geben.

Oberhalb des Verbaus ist wie bei Böschungen ein Schutzstreifen freizulassen. Außerdem muss der Verbau an der Geländeoberfläche mindestens 5 cm überstehen, damit kein loses Material über die Kante rollen kann.

Der Verbau muss hergestellt werden, bevor Graben oder Grube betreten werden. An der Erdoberfläche muss der Verbau etwas überstehen; hinter dem Verbau dürfen sich keine Hohlräume befinden.

Mit Verbaugeräten verbauter Graben

Beim **waagerechten Verbau** werden vor waagerecht eingebrachten Bohlen beidseits senkrechte Brusthölzer angebracht und meist mit Stahlspindeln ausgesteift. Dadurch kann bei fortschreitendem Aushub der Verbau nach unten verlängert werden. Ebenso kann der Verbau beim Verfüllen von unten nach oben wieder kontinuierlich entnommen werden. Die verwendeten Bohlen müssen mindestens 5 cm dick sein, die Brusthölzer müssen mindestens 8 cm dick und 16 cm breit sein. Der Verbau muss an der Geländeoberkante mindestens **5 cm überstehen**, damit keine Gegenstände in den Graben rollen können.

Beim **senkrechten Verbau** werden Holzbohlen oder Kanaldielen eingerammt und zwischen waagerechten Gurthölzern ausgesteift. Die der Ausschachtung des Leitungsgrabens vorangehend einzutreibenden Bohlen oder Dielen müssen bei jedem Stand der Ausschachtung noch mindestens 30 cm tief in die jeweilige Grabensohle einbinden. Die Gurthölzer müssen durch Hängeeisen, Ketten oder Ähnliches gegen Herabfallen gesichert werden.

Eine weitere, vor allem bei tiefen Baugruben gebräuchliche Verbauart sind **Trägerbohlwände**. Bei der Trägerbohlwand (z.B. Berliner Verbau) werden I-Träger vor dem Aushub in den Boden gerammt bzw. in Bohrlöcher versetzt. Die Flansche weisen dabei in Richtung des künftigen Verbaus. Mit fortschreitendem Aushub werden dann die Fächer zwischen den Trägern ausgefacht, indem man Bohlen zwischen die Flansche einschiebt und verkeilt. Statt Holzbohlen werden zur Ausfachung auch Stahlbetonfertigteile oder Kanaldielen verwendet. Der Abstand zwischen zwei Trägern beträgt im Allgemeinen 1,50...3,00 m. Die Einzelteile der Ausfachung müssen auf jeder Seite mindestens zu einem Fünftel der Trägerflanschbreite aufliegen.

Auch Trägerbohlwände werden durch Aussteifung oder rückwärtige Verankerung gehalten. Ein statischer Standsicherheitsnachweis ist in jedem Fall erforderlich.

Wo mit starker Wasserführung und/oder Fließsand zu rechnen ist, werden vor Beginn des Aushubs **Spundwände** gerammt. Am gebräuchlichsten sind heute Stahlspundwände mit abgewandelten U-Profilen, die sich durch gute Seitenführung beim Rammen auszeichnen. Auch Spundwände müssen bei großen Wandhöhen ausgesteift oder verankert werden.

Als Rammgeräte kommen meistens Schnellschlagbäre mit kleinem Bärgewicht zum Einsatz. Bei Sanierungsarbeiten im Stadtgebiet haben hydraulische Pressen gegenüber den Rammen den Vorzug. Sie arbeiten lärm- und erschütterungsfrei.

Je nach Bodenart und Bauaufgabe muss eine geeignete Verbauart gewählt werden.

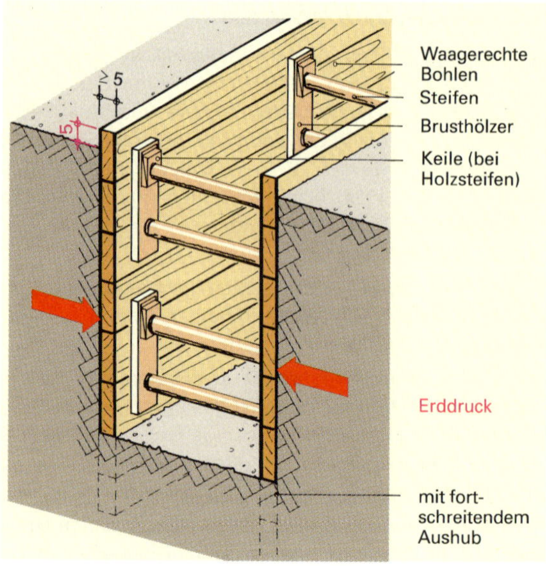

Waagerechter Verbau

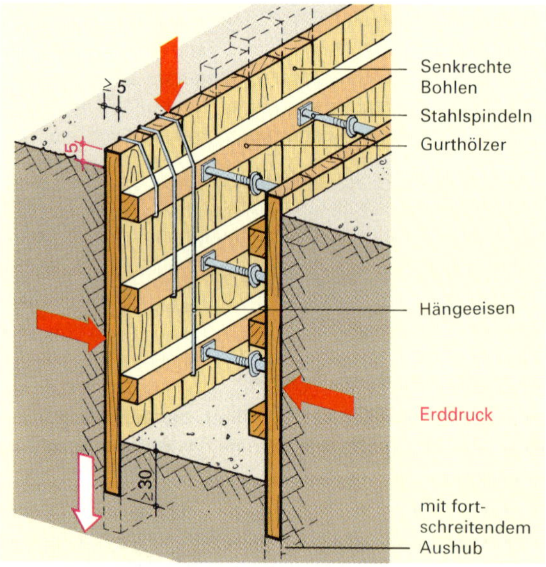

Senkrechter Verbau

Trägerbohlwand

6.2.3 Einfache Gründungen

Fundamente

Wenn Menschen sich auf weichen Untergrund, wie z.B. Schnee, begeben, vergrößern sie ihre Aufstandsfläche durch Skier und sinken dadurch weniger ein. Bei Sturm geht der Seemann besonders breitbeinig; durch die breitere Standfläche steht er sicherer.

Auch Bauwerke sollen sicher stehen und möglichst wenig einsinken. Die Wände werden deshalb nicht direkt auf den Untergrund gesetzt, sondern auf verbreiterte **Fundamente**.

Fundamente sollen die auftretenden Lasten auf den Baugrund übertragen, ohne dass Setzungen und Schäden auftreten.

Solche am Bauwerk auftretenden Lasten sind ständige Lasten, wie zum Beispiel die Eigenlasten der Decken und Wände und Verkehrslasten, wie zum Beispiel die Belastung durch Menschen und Einrichtungsgegenstände.

Fundamente haben die Aufgabe, die auftretenden Kräfte in den Baugrund abzuleiten und die Standsicherheit zu erhöhen.

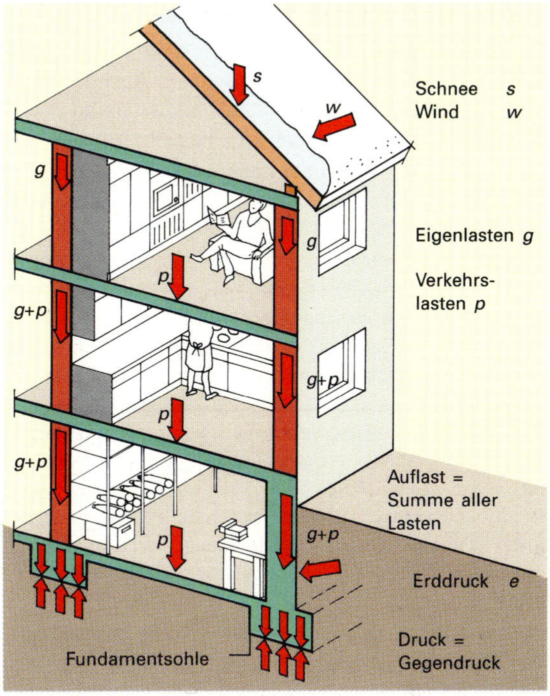

Übertragen der Bauwerkslasten durch die Fundamente auf den Baugrund

Gründungsarten

Die Größe der Fundamentfläche muss auf die Bauwerkslasten und auf die Tragfähigkeit des Baugrundes abgestimmt sein. Je setzungsempfindlicher der Baugrund, desto größer muss die Fundamentfläche im Verhältnis sein.

Bei normal belastbarem Baugrund kommen unter Wänden **Streifenfundamente** und unter Stützen **Einzelfundamente** infrage. Die Vergrößerung der Übertragungsfläche durch diese Gründungsarten genügt im Allgemeinen, um Setzungen weitgehend zu verhindern und das Gebäude standfest zu machen.

Bei weniger tragfähigem Baugrund kann ein bewehrtes **Plattenfundament** erforderlich werden. Hierbei werden die Lasten auf die gesamte Grundfläche des Gebäudes verteilt und somit die Beanspruchung des Baugrundes vermindert.

Einzel-, Streifen- und Plattenfundamente werden als **Flachgründungen** bezeichnet, da sie flächenhaft und in geringer Tiefe gründen.

Steht tragfähiger Baugrund nicht oder nur in größerer Tiefe zur Verfügung, müssen **Tiefgründungen** angewendet werden.

Die häufigste Art der Tiefgründung ist die Pfahlgründung.

Um Setzungen so gering wie möglich zu halten, ist eine geeignete Gründungsart zu wählen.

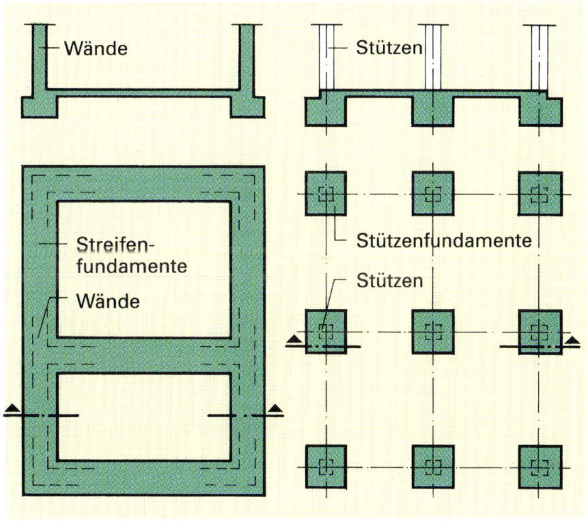

Streifenfundamente **Einzelfundamente**

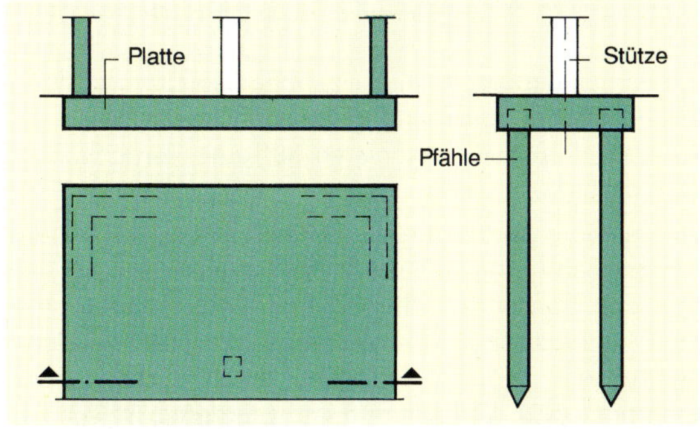

Plattenfundament **Pfahlgründung (Tiefgründung)**

Ausführung von Streifenfundamenten

Die häufigste Gründungsart sind Streifenfundamente, wie sie bei jedem Wohnhaus vorkommen. Nach erfolgtem Aushub wird auf der Baugrubensohle die Lage der Fundamente eingemessen und durch gespannte Schnüre, aufgestreutes Sägemehl oder Ähnliches festgehalten.

Die Formgebung erfolgt bei standfestem Boden direkt durch die Wände der Fundamentgräben, bei nicht standfestem Boden oder aufgesetzten Fundamenten muss geschalt werden.

Im ersten Falle müssen die Fundamentgräben genau den Fundamentmaßen entsprechend sorgfältig hergestellt werden. Insbesondere muss die Fundamentsohle waagerecht und eben sein und der Grabenquerschnitt darf sich keinesfalls nach unten verjüngen. Erfolgt der Aushub maschinell, müssen Wände und Sohle des Grabens gegebenenfalls nachgearbeitet werden. Beim Handaushub werden beiderseits des Grabens Bohlen ausgelegt, die das genaue Abstechen erleichtern. Handaushub ist sehr arbeitsaufwendig und wird deshalb nur angewendet, wenn keine Möglichkeit besteht, Maschinen einzusetzen. Wenn Handaushub unvermeidlich ist, sollte darauf geachtet werden, dass durch entsprechenden Arbeitsablauf (kurze, natürliche Bewegungen und kleine Wege beim Laden) diese schwere Arbeit möglichst erleichtert wird.

Müssen Fundamente geschalt werden, so verwendet man wegen der sich oft wiederholenden Abmessungen meist Schaltafeln oder vorgefertigte Schalungen. Herkömmliche Bretterschalungen erfordern einen unangebracht hohen Zeitaufwand. Beim Aushub der Gräben für geschalte Fundamente ist beiderseitig ein entsprechender Arbeitsraum zu berücksichtigen.

Ausheben der Fundamentgräben

Einbringen des Betons mit dem Betonkübel

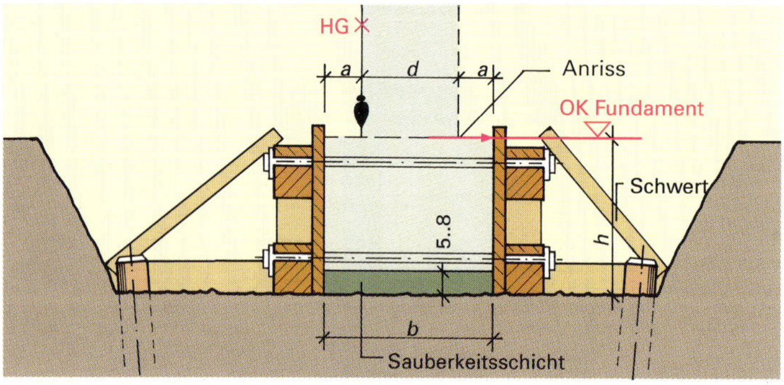

Fundamentschalung bei nicht standfestem Boden

> Werden Fundamente gegen Grund betoniert, müssen die Fundamentgräben genau maßgerecht ausgehoben werden.

Verdichten des Fundamentbetons durch Rütteln

Fundamente müssen einerseits hohe Belastungen aufnehmen, andererseits dient ihre Oberfläche als Standfläche für die Kellerwände. Dementsprechend ist beim Betonieren auf gute Verdichtung und eine ebene Oberfläche zu achten.

Fundamente werden meist aus Beton B10 oder B15 hergestellt. Das **Einbringen** kann je nach Situation mit Schubkarren, mit dem Krankübel, direkt vom Transportmischer oder mit der Betonpumpe erfolgen. Im letzten Falle muss ein Beton weicherer Konsistenz verwendet werden. **Verdichtet** wird je nach Konsistenz durch Rütteln (KP, KR) oder durch Stampfen (KS). Verdichten durch Stampfen ist sehr arbeitsaufwendig und wird deshalb meist nur noch bei Eigenarbeit angewendet, wenn Verdichtungsgeräte fehlen.

Wird der Beton durch Stampfen verdichtet, sollte er in Lagen von höchstens 15...20 cm Dicke eingebracht und jeweils verdichtet werden. Die bei den einzelnen Stößen gestampften Flächen müssen einander überlappen, damit der Beton gleichmäßig verdichtet wird. Die Verdichtung ist beendet, wenn an der Oberfläche Wasser austritt.

Arbeitsfugen sind nach Möglichkeit zu vermeiden. Wo dies nicht möglich ist, müssen die Anschlüsse abgeschrägt oder abgetreppt hergestellt werden. Vor dem Weiterbetonieren müssen die Anschlussflächen aufgeraut und gereinigt werden. Arbeitsfugen dürfen sich nicht unter besonders belasteten Stellen, wie zum Beispiel Ecken, befinden.

Nach dem Verdichten wird die Oberfläche geebnet und aufgeraut.

Ist die Sohle der Fundamentgräben aufgeweicht, so muss der durchnässte Boden entfernt werden.

Bewehrte Fundamente werden nicht gegen Grund betoniert. Hier wird zuerst eine 5...10 cm dicke **Sauberkeitsschicht** aus Beton eingebracht, um die Bewehrung vor Verschmutzung zu schützen und die Betonüberdeckung der Bewehrung zu gewährleisten.

Ausgleichen von Unebenheiten nach dem Verdichten

Der Fundamentbeton muss lagenweise eingebracht, sorgfältig verdichtet und eben abgezogen werden.

Zusammenfassung

Vor Beginn der Erdarbeiten muss das Baugelände sorgfältig vorbereitet werden.

Der Aushub erfolgt maschinell; das verwendete Gerät richtet sich nach Größe, Lage, Tiefe und Befahrbarkeit der Baugrube und nach der Bodenart.

Die Baugrubensohle muss vor Auflockerung geschützt werden.

Bei Baugruben ist ein Arbeitsraum vorzusehen. Für Gräben sind Mindestbreiten vorgeschrieben.

Die Wände von Baugruben und Leitungsgräben über 1,25 m Tiefe müssen durch Abböschen oder Verbauen gesichert werden. Die zulässigen Böschungswinkel sind in DIN 4124 angegeben. Ist Verbau erforderlich, werden Baugruben und Gräben meist durch waagerechten Verbau, senkrechten Verbau oder in Sonderfällen durch Trägerbohlwände und Spundwände gesichert.

Fundamente haben die Aufgabe, die auftretenden Kräfte auf den Baugrund abzuleiten.

Neben bewehrten und unbewehrten Streifenfundamenten sind bewehrte und unbewehrte Einzelfundamente und bewehrte Plattenfundamente gebräuchlich. Bei unzureichendem Baugrund wird meist auf Pfähle gegründet.

Fundamente werden heute meist gegen Grund betoniert. Sie müssen fachgerecht und sorgfältig hergestellt werden.

Aufgaben:

1. *Welche Vorarbeiten müssen dem Beginn der Erdarbeiten vorausgehen?*
2. *Welche Geräte werden zum Aushub von*
   a) Baugruben,
   b) Leitungsgräben
   eingesetzt?
3. *Weshalb soll die Baugrubensohle bei bindigen Bodenarten vor Nässe geschützt werden?*
4. *Welche Verdichtungsgeräte empfehlen sich für die Verfüllung eines Arbeitsraumes*
   a) mit bindigem Boden,
   b) mit nichtbindigem Boden?
5. *Wovon ist die Standfestigkeit der Baugrubenwände abhängig?*
6. *Welches sind die wichtigsten Verbauarten*
   a) für Gräben,
   b) für Baugruben?
7. *Welche Aufgaben haben Fundamente?*
8. *Nennen Sie Beispiele, wo in der Natur durch „Fundamente" die Standfestigkeit erhöht wird.*
9. *Wann werden*
   a) Streifenfundamente,
   b) Einzelfundamente,
   c) Plattenfundamente,
   d) Pfahlgründungen
   angewendet?
10. *Weshalb darf sich der Querschnitt der Fundamentgräben nach unten nicht verjüngen?*

7 Wasser am Bau

7.1 Eigenschaften des Wassers

Wasser ist eine chemische Verbindung. Ein Molekül Wasser besteht aus zwei Atomen Wasserstoff und einem Atom Sauerstoff.

7.1.1 Zustandsformen

Wasser kommt im festen, flüssigen und gasförmigen Zustand vor. Wir nennen diese Zustandsformen **Aggregatzustände**.

Wird einem Eiswürfel Wärme zugeführt, so schmilzt er, d.h., er geht vom festen in den flüssigen Zustand über. Diesen Punkt des Übergangs nennt man **Schmelzpunkt**. Eis schmilzt bei 0 °C. Dieser Punkt liegt bei verschiedenen Stoffen nicht gleich hoch. So schmilzt z.B. Wachs bei +63 °C.

Versuch: Wasser wird in einem Gefäß stark erhitzt.

Beobachtung: Im Wasser steigen Blasen auf und es entsteht eine wallende Bewegung.

Ergebnis: Die Temperatur, bei der Wasser in Dampf übergeht, bezeichnet man als **Siedepunkt.** Dieser Übergang findet bei 100 °C statt (normaler Luftdruck vorausgesetzt). Die Verdampfung von Wasser ist auch unter 100 °C möglich. Versuch: Eine mit einem nassen Schwamm abgewischte Wandtafel trocknet rasch. Hier findet eine **Verdunstung** statt.

Wenn der Wind weht, geht die Verdunstung schneller vor sich, weil die um die Verdunstungsstelle herum gelagerte, mit Wasserdampf angereicherte Luft weggetrieben wird und die neu herangeführte, trockene Luft den Wasserdampf schnell aufnimmt. Wird Wäsche in einem Raum getrocknet, so kühlt sich darin die Luft ab, weil ihr Wärme entzogen wird, die zum Verdunsten notwendig ist.

Die Ergebnisse des Versuches lassen sich dadurch erklären, dass mit steigender Temperatur die Kohäsion abnimmt. Bei Eis sind die Moleküle noch fest miteinander verbunden, bei Wasser sind sie schon verschiebbar und bei Dampf verlieren sie jeden Zusammenhang. Sie streben auseinander (Expansion).

Bei der Verdunstung haben nicht alle Moleküle des Wassers gleich viel Energie, d.h. Wärme, in sich. Nur den „heißeren" ist der Übertritt in den gasförmigen Zustand möglich.

Eine für die Natur wichtige Besonderheit („Anomalie") des Wassers ist, dass die Dichte bei +4 °C am höchsten ist und zum Nullpunkt hin abnimmt. Deshalb schwimmt Eis auf dem Wasser und Seen frieren von oben her zu.

Der Schmelzpunkt ist der Übergang eines Stoffes vom festen zum flüssigen Zustand.

Bei Verdunstung geht Wasser vom flüssigen in den gasförmigen Zustand über.

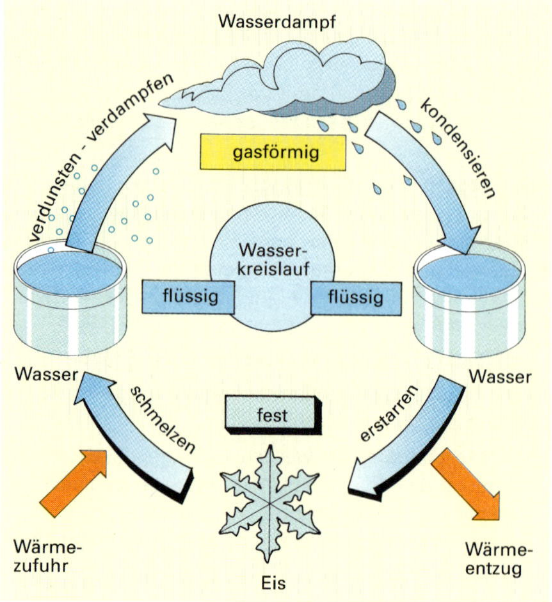

Aggregatzustände beim Wasser

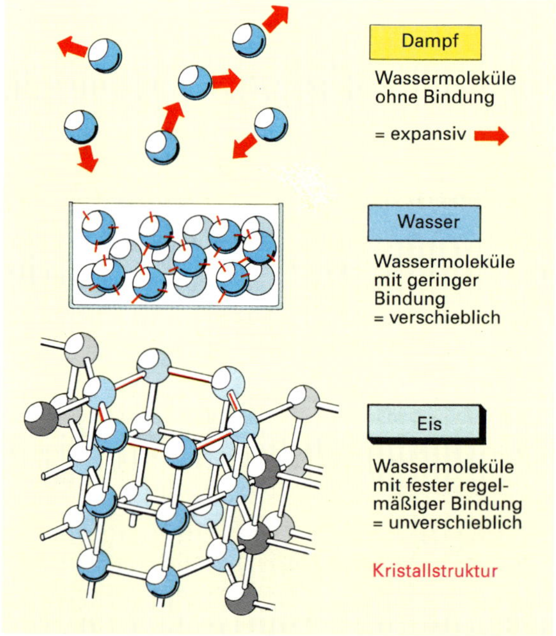

Moleküle des Wassers bei verschiedenen Zustandsformen

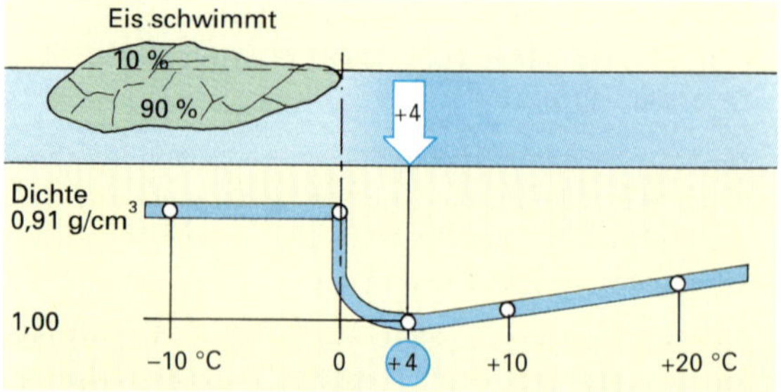

Dichte von Wasser und Eis

Kondenswasser

Versuch: Eine Glasplatte oder eine Fliese wird über verdampfendes Wasser gehalten.

Beobachtung: An der dem Dampf zugekehrten Oberfläche der Platten bilden sich Wassertröpfchen.

Ergebnis: Der heiße Dampf verliert durch die Berührung mit den kalten Platten Wärme und verdichtet sich dadurch. Aus Wasserdampf entsteht Wasser. Dieser Vorgang ist eine **Kondensation.**

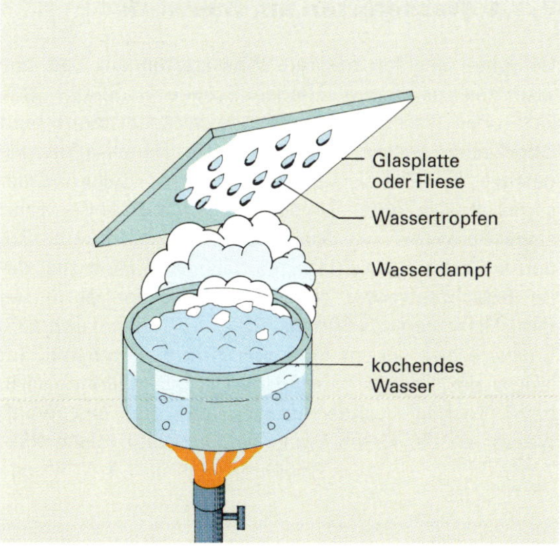

Wasserdampf kondensiert auf Glasplatte

Im Bauwesen spielt Kondensation eine große Rolle. Bei der Konstruktion eines Bauwerkes, besonders bei der Wärmedämmung der Außenwände, muss dies berücksichtigt werden. In Nassräumen, in denen besonders viel Kondenswasser anfällt, muss dafür gesorgt werden, dass dieses keinen Schaden anrichten kann.

Die Kondensation kann bautechnisch zur **Feuchteprüfung** von Estrich genutzt werden. Kondensieren an einer aufgelegten Glasplatte binnen eines Tages Tautröpfchen, so ist der Estrich noch nicht trocken und belagsfähig.

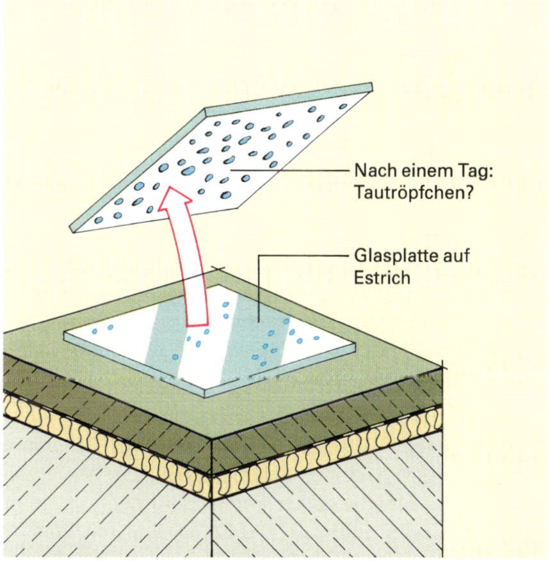

Feuchteprüfung von Zementestrich:
Tautröpfchen zeigen feuchten Estrich an.

Wasser wird bei Abkühlung zu Eis; flüssiges Wachs nimmt eine feste Form an. Diesen Vorgang nennt man **Erstarren**. Die Eisbildung führt zu einer Volumenvergrößerung. Dadurch kann eine Sprengwirkung entstehen, die zu Bauschäden führt.

7.1.2 Wasser als Werkstoff

Zur Herstellung von Mörtel benötigen wir Zuschlag (Sand, Kies), Bindemittel (Kalk, Zement, Gips) und das Wasser. Dasselbe gilt für den Beton. Wasser wird in beiden Fällen als Werkstoff verwendet, weil es zur Reaktion der Bindemittel benötigt wird. Es wird damit mindestens zum Teil chemisch gebunden und geht in das Bauwerk ein.

7.1.3 Wasser als Hilfsstoff

Als Hilfsstoff wird es weit mehr und in vielfältigster Form gebraucht. Eine bedeutende Rolle spielt es als **Transportmittel**. Bei Pflaster- und Plattenarbeiten hilft es, den Sand in die Fugen einzuschlämmen. Die Fäkalien werden schon seit dem Altertum durch Wasser in die Abwasserkanalisation geschwemmt und abtransportiert. Diese Beispiele ließen sich in beliebiger Zahl vermehren.

Auch als **Reinigungsmittel** leistet es wertvolle Dienste, z.B. bei der Reinigung von Fassaden, Schalungen und Werkzeugen.

Es dient weiter als **Lösungsmittel**, z.B. für Salze, sowie als **Verdünnungsmittel**, z.B. für Säuren.

Wasser als Reinigungsmittel (Hochdruckreiniger)

Wasser hat eine Reihe wichtiger Funktionen.

Es ist Werkstoff und Hilfsstoff, dient als Transportmittel, Reinigungsmittel, Lösungsmittel und Verdünnungsmittel.

7.1.4 Wasserarten am Bauwerk

Wir unterscheiden mehrere **Wasserarten** am Bau. Sie stammen vor allem aus Regen, Schnee, Hagel usw. Das sich oberirdisch frei bewegende Wasser nennt man **Oberflächenwasser**. Es wird in die Kanalisation abgeleitet. Ein Teil versickert und dieses **Sickerwasser** sammelt sich unter Umständen an der Außenwand eines Bauwerkes als **Stauwasser**. Lagert lockerer Boden auf schwer durchlässigen Schichten, kann sich darin **Schichtenwasser** bilden. **Grundwasser** ist in tieferen Schichten des Bodens. Steigt es in Kapillaren zum Bauwerk auf, spricht man von **Grundfeuchtigkeit**. Im Innern des Hauses entsteht durch Dampfbildung (z.B. beim Kochen) **Kondenswasser**, das sich als Tropfwasser an der kalten Wand niederschlägt (siehe Kap. 7.1.1).

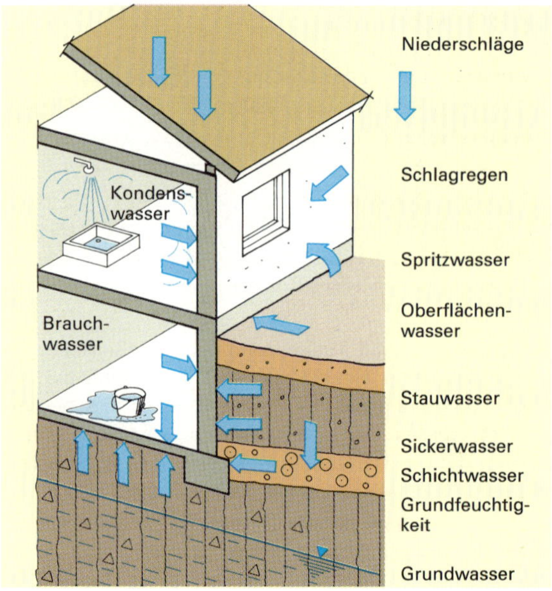

Wasserarten am Bauwerk

7.1.5 Schäden durch Wasser am Bau

Kapillarität. Wasser steigt in bindigen Böden nach oben. Dadurch gelangt Bodenfeuchtigkeit in Fundamente und Mauerwerk. Erhebliche Bauschäden sind die Folge. Durch geeignete Maßnahmen muss die Kapillarwirkung unterbrochen werden.

Ausblühungen. Sind Salze im Mauerwerk, löst Wasser die Salze auf und führt sie an die Oberfläche. Dort verdunstet das Wasser und Salzkristalle bleiben zurück. Diese Ausblühungen aufgrund der Durchfeuchtung des Mauerwerkes können durch geeignete Abdichtmaßnahmen vermieden werden.

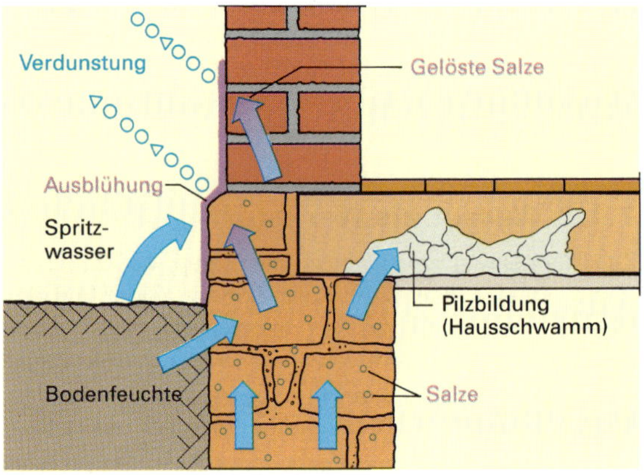

Aufsteigende Feuchtigkeit infolge fehlender Dichtschichten

Frostwirkungen. Wasser gefriert bei 0 °C. Es dehnt sich dabei um $^1/_{10}$ seines Volumens aus. Der Mauerziegel hat eine Menge kleiner Poren. Bei Regen saugt er sich mit Wasser voll, d.h., die Poren sind mit Wasser angefüllt. Bei Frost gefriert das Wasser in den Poren, dehnt sich aus und sprengt den Stein. Daher muss Mauerwerk aus Normalziegeln verputzt werden, um Wasser abzuhalten. Poröse Natursteine, wie z.B. der Sandstein, zeigen dieselben Erscheinungen. Sprengen von Steinen und Abplatzen von Steinteilchen ist ein Teil der **Verwitterung**. Wichtig ist auch die Form der Poren.

Versuch: In zwei Papierblätter werden Kerben geschnitten. Bei einem Blatt wird am spitzen Ende der Kerbe ein Loch eingestanzt. Nun wird versucht, die eingeschnittenen Kerben weiter aufzureißen.

Beobachtung: Das ungelochte Blatt lässt sich viel leichter einreißen.

Ergebnis: Bei Kapillarporen ist die Kerbwirkung durch das gefrierende Eis groß. Kugelporen sind durch Verteilung des Eisdruckes günstiger.

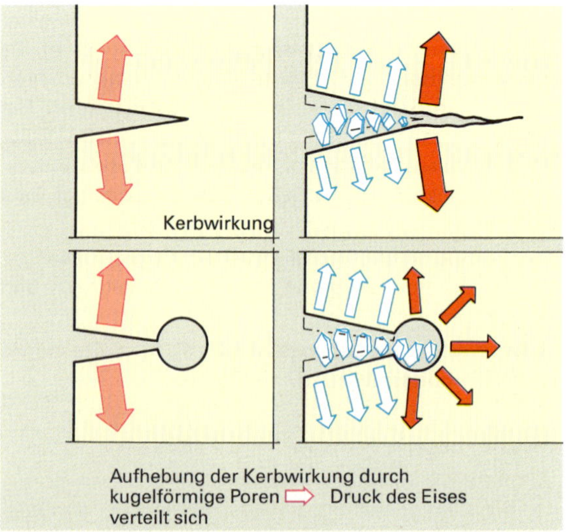

Ungünstige und günstige Porenform

Kondenswasserbildung. Vor allem im Innern des Hauses entsteht in Nassräumen wie Bad, Küche usw. Kondenswasser. Wirkt es längere Zeit auf bestimmte Baustoffe oder Bauteile ein, ergeben sich schädliche Auswirkungen. Bauschäden müssen durch entsprechende Gegenmaßnahmen, wie Lüftung und ausreichenden Wärmeschutz, verhindert werden.

Korrosion. Der Zugang von Wasser oder Baufeuchte zu korrosionsanfälligen Metallen muss verhindert werden, andernfalls werden sie durch chemische oder elektrochemische Vorgänge zerstört.

Aggressive Wässer. Kalkmörtel, Zementmörtel und Beton werden durch aggressive Wässer in ihrer Güte beeinträchtigt. Selbst reines Wasser kann Schäden durch Herauslösen des Bindemittels, Einleitung chemischer Reaktionen sowie Verursachen von Sprengwirkung herbeiführen.

Schutzmaßnahmen. Schutz des Bauwerkes vor schädlichem Wasser ist eine dringliche Aufgabe. Dazu dienen Maßnahmen wie **Außenwandanstriche** beim Untergeschoss, Ableiten außen anfallender Wässer, Anbringen von kapillarbrechenden Schichten bei Fundamenten und Kellerfußböden. Die erforderlichen Maßnahmen sind in den entsprechenden Abschnitten beschrieben.

Wasser kann durch Kapillarwirkung ins Bauwerk eindringen und zu Ausblühungen, Frostschäden und anderen Nachteilen führen. Auch Kondenswasser und aggressive Wässer schädigen Baustoffe und Bauteile.

Schutzmaßnahmen sind deshalb unbedingt erforderlich!

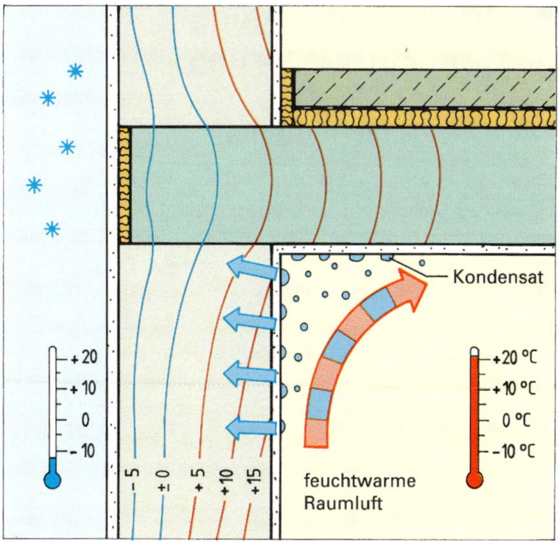

Kondensat- und Schimmelbildung an kalten Raumecken

Außenwandanstrich im UG-Bereich

Zusammenfassung

Wasser kommt im festen, flüssigen und gasförmigen Zustand vor.

Verdunstung ist der Übergang vom flüssigen zum gasförmigen Zustand.

Beim Wasser am Bau sind die Vorgänge „Verdunsten", „Kondensieren" und „Erstarren" besonders wichtig.

Wir unterscheiden Oberflächenwasser, Sickerwasser, Stauwasser, Schichtenwasser, Grundwasser, Kondenswasser und Baufeuchte (aufsteigendes Kapillarwasser).

Wasser kann als Feind des Bauwerkes auftreten; es verursacht oft starke Schäden.

Eine Reihe von Schutzmaßnahmen ist bei der Ausführung des Bauwerkes unerlässlich.

Aufgaben:

1. *Erläutern Sie die Ausdrücke*
   a) „Verdunsten" und
   b) „Kondensieren".
2. *Wann ist Wasser am Bau „Werkstoff" und wann „Hilfsstoff"?*
3. *Welche Schäden kann Wasser am Bau anrichten?*
4. *Beschreiben Sie die Vorgänge bei*
   a) Frostwirkung und
   b) Kondenswasserbildung.
5. *Erläutern Sie den Vorgang der „Verwitterung".*
6. *Wie kann Korrosion der Baumetalle am Bau verhindert werden?*
7. *Welche Maßnahme muss ergriffen werden, wenn Wasser an die Außenwand des Kellergeschosses dringt?*
8. *Was ist zu tun, wenn Kapillarwasser gegen Fundamente und Fußböden drückt?*

7.2 Wasserversorgung und Entwässerung

7.2.1 Wasserversorgung

Heute ist es eine Selbstverständlichkeit, dass im Haus fließendes Wasser zur Verfügung steht. Damit das Wasser auch in den oberen Geschossen aus dem Wasserhahn fließt, muss es unter Druck stehen. Dieser Druck wird gewöhnlich dadurch erzeugt, dass das Wasser in einen Hochbehälter gepumpt wird und von dort durch die **Zuleitung** unter Eigendruck ins tiefer gelegene Versorgungsgebiet fließt.

Die Zuleitung besteht meist aus duktilen Gussrohren (duktil = dehnbar), mitunter aber auch aus Stahl- oder Stahlbetonrohren.

Innerhalb des Versorgungsgebietes wird das Wasser über ein **Straßenrohrnetz** verteilt. Die Trinkwasserleitung in der Straße wird Versorgungsleitung genannt. Sie hat wie alle anderen Ver- und Entsorgungsleitungen ihren festen Platz im Straßenkörper.

Für die Versorgungsleitung werden die gleichen Rohrmaterialien verwendet wie für die Zuleitung.

Von der Versorgungsleitung führt die **Anschlussleitung** zum Gebäude. Sie endet am Wasserzähler, der meist im Keller untergebracht ist. Dort kann auch der Wasserzufluss abgestellt und die im Gebäude befindlichen Leitungen können (z.B. bei Frostgefahr) entleert werden.

Die Hausanschlussleitung besteht meist aus Polyethylenrohren (PE, vgl. Abschn. 14.3.1).

Die Wasserleitungen hinter dem Wasserzähler werden **Verbrauchsleitungen** genannt. Hierzu gehören
- die Verteilleitung im Keller,
- die Steigleitungen zu den oberen Geschossen,
- die Stockwerksleitungen, die das Wasser in den Stockwerken verteilen.

Die Verbrauchsleitungen werden aus verzinkten Stahlrohren oder Polyethylenrohren hergestellt.

Die Ausführung der Installationen ist Sache des Installateurs. Doch auch der Bauhandwerker sollte grundsätzliche Kenntnisse auf diesem Gebiet haben, da er Schlitze und Aussparungen für die Installationen berücksichtigen muss.

Die Wasserversorgung erfolgt über Zuleitung, Versorgungsleitung und Verbrauchsleitungen. Der Bauhandwerker muss die Installation durch geeignete Maßnahmen vorbereiten.

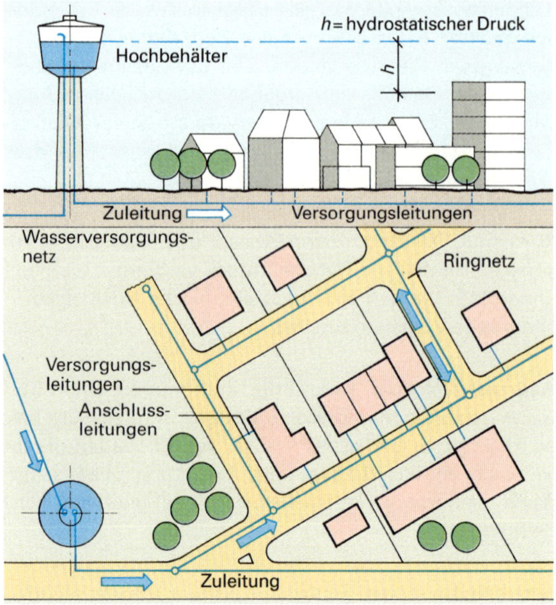

Zuleitung und Versorgungsleitungen (Wasserversorgungsnetz)

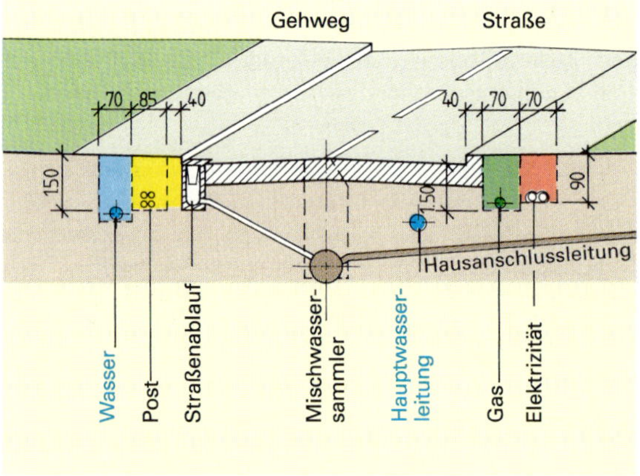

Lage der Leitungen im Straßenquerschnitt

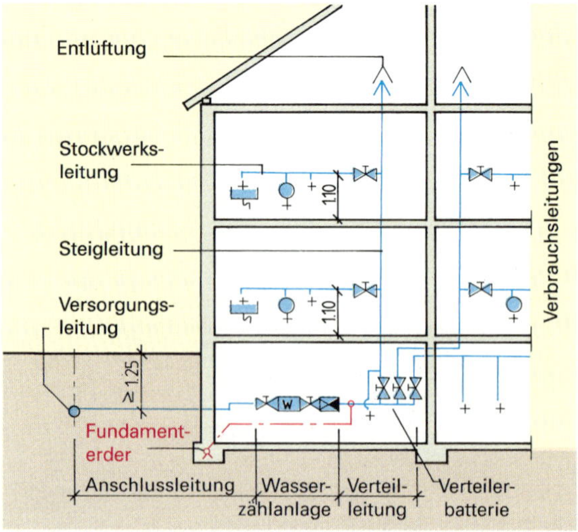

Wasserversorgung

7.2.2 Gebäudeentwässerung

Anfallende Wässer

Das ins Gebäude geleitete Wasser wird dort zum Waschen, Baden, Geschirrspülen usw. genutzt.

Es wird dabei verschmutzt und damit zu **Abwasser**, das beseitigt werden muss. Bei Regen fällt auf dem Dach und auf den befestigten Hofflächen Regenwasser an, das ebenfalls abgeleitet werden muss. Bei an Hängen gelegenen Bauwerken muss oft Hang- und Sickerwasser durch Dränung erfasst und abgeleitet werden.

Der Grundstückseigentümer ist verpflichtet, alle diese anfallenden Wässer so abzuleiten, dass kein Schaden angerichtet wird, d.h., er muss sein Grundstück ordnungsgemäß entwässern.

Aufgabe der Haus- und Grundstücksentwässerung ist es, alle anfallenden Wässer so abzuleiten, dass keine Schäden entstehen.

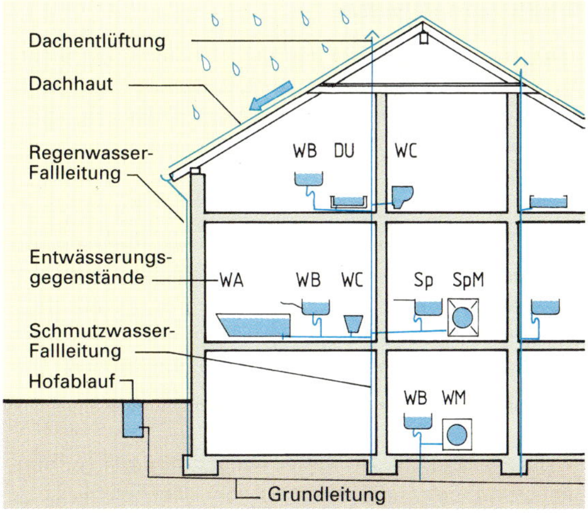

Anfallende Wässer und Fallleitungen

Fallleitungen

Zur Ableitung müssen die an verschiedenen Stellen anfallenden Wässer erst gesammelt werden.

Das Schmutzwasser wird vom jeweiligen Entwässerungsgegenstand, wie z.B. Waschbecken, Waschmaschine oder WC, über Anschlussleitungen in senkrechte Rohre geführt. Diese senkrecht durch das Gebäude geführten Leitungen werden als **Fallleitungen** bezeichnet. Durch sie fällt das Schmutzwasser in das unter dem Gebäude befindliche Entwässerungssystem. Auch das Regenwasser wird über Regenrinnen und Fallleitungen nach unten geführt. Die Fallleitungen können innerhalb der Wand oder vor der Wand verlegt werden. Hierfür müssen die Aussparungen vorgesehen werden.

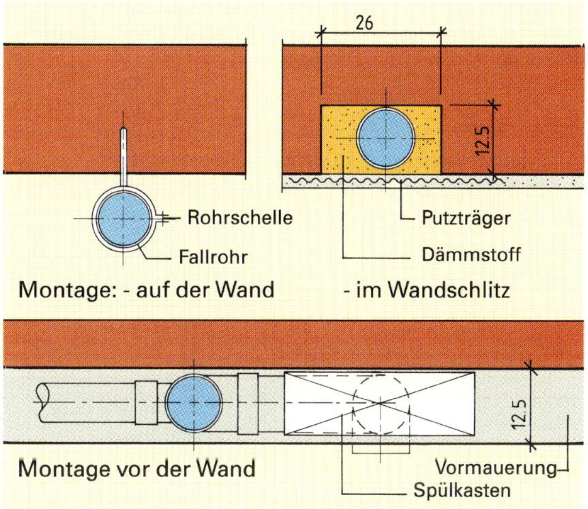

Montage der Fallrohre

Für die Ausführung der Fallleitungen ist der Klempner bzw. Installateur zuständig, der auch die Wasserleitung installiert. Im Bereich des Kellers und der höheren Geschosse werden für Fall- und Anschlussleitungen meist Kunststoffrohre aus PVC oder PE (s. Abschn. 14.3.1) verwendet.

Um Geruchsbelästigungen zu vermeiden, müssen alle Anschlussstellen im Haus durch **Siphons**, in denen das Wasser steht, verschlossen werden. Damit keine Sogwirkung entsteht, durch die die Siphons entleert würden, werden die Fallleitungen nach oben entlüftet.

Entwässerungsgegenstände im Keller werden direkt an die Grundleitung angeschlossen.

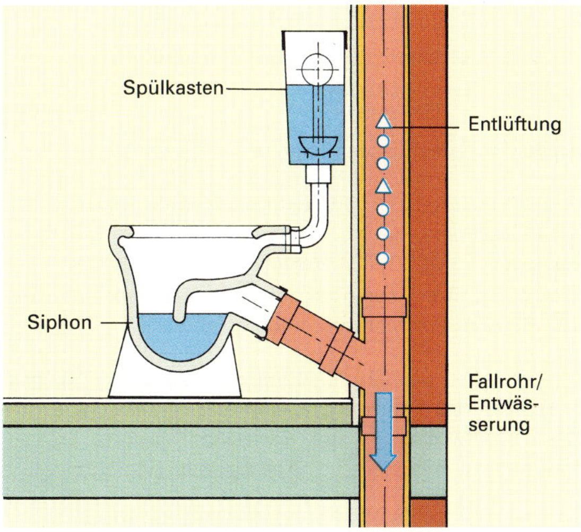

Siphon und Entlüftung an WC

Fallleitungen führen Schmutz- und Regenwasser in das unter dem Gebäude gelegene Leitungssystem.

Ableitung der Abwässer

Unter dem Gebäude werden die Abwässer von einem mit leichtem Gefälle verlegten Rohrsystem, der **Grundleitung**, gesammelt und in die Ortsentwässerung abgeführt. Zur Ortsentwässerung sind zwei Verfahren gebräuchlich.

Beim **Mischsystem** werden Schmutz- und Regenwasser in einem Kanalstrang abgeleitet. Bei diesem Verfahren muss zwar nur eine Leitung verlegt werden, dafür müssen aber die Leitungen und vor allem die Kläranlagen für die zusätzliche Belastung durch Regenwasser größer gebaut werden.

Da das Problem der Abwässerreinigung immer größere Bedeutung bekommt, wird bei der Neuerschließung von Siedlungsgebieten heute das **Trennsystem** angewendet, bei dem Schmutzwasser und Regenwasser in verschiedenen Kanalsträngen abgeführt werden. Das Regenwasser kann dann ungeklärt in den Vorfluter (Bach, Fluss) eingeleitet werden.

Die Grundleitung mündet in einen auf dem Grundstück gelegenen **Revisions- oder Kontrollschacht**, der es ermöglicht, den Ablauf des Abwassers zu überprüfen. Dazu muss der Schacht zugänglich sein. Kontrollschächte werden häufig aus Fertigteilen hergestellt, aber auch betoniert oder gemauert. Die Größe der Schächte ist vorgeschrieben:

Tiefe	Form	lichte Mindestabmessungen
≤ 1,60 m *	kreisförmig rechteckig quadratisch	∅ 1,00 m 0,80 × 1,00 m 0,90 × 0,90 m
≤ 0,80 m	rechteckig	0,60 × 0,80 m

* Tiefere Schächte können im oberen Bereich eingezogen werden.

Ab 80 cm Tiefe müssen Steigeisen eingebaut werden.

Das letzte Glied der Grundstücksentwässerung ist der **Anschlusskanal**, der vom Kontrollschacht in den **Straßenkanal** führt. Der Anschlusskanal wird meist aus Steinzeugrohren, der Straßenkanal aus Steinzeug-, Beton- oder Faserzementrohren hergestellt.

Das Verlegen der Grundleitung und der Dränung, das Herstellen des Kontrollschachtes und der Anschluss an die Ortsentwässerung sind Sache des Maurers. Die erforderlichen Erdarbeiten sind in Abschn. 6.2 behandelt.

Das durch die Grundleitung gesammelte Wasser wird über Kontrollschacht und Anschlusskanal in die Ortsentwässerung abgeleitet.

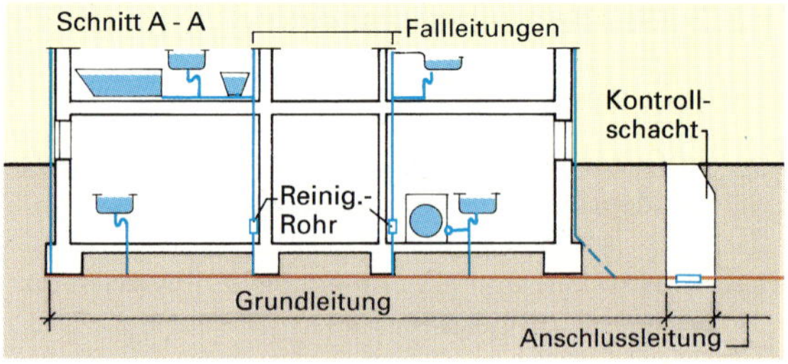

Fallleitungen und Grundleitungen

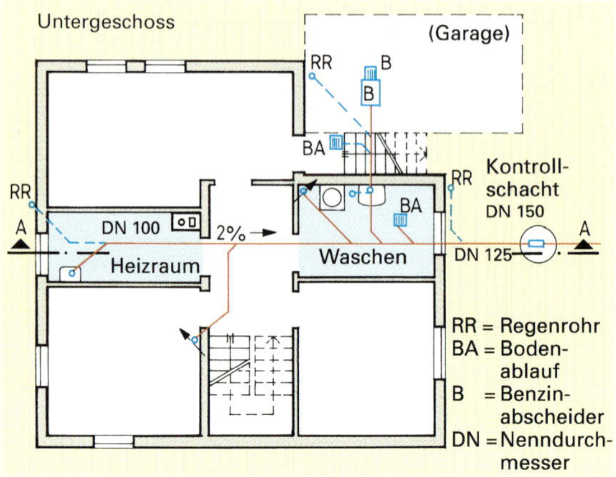

Grundleitungen, Mischsystem

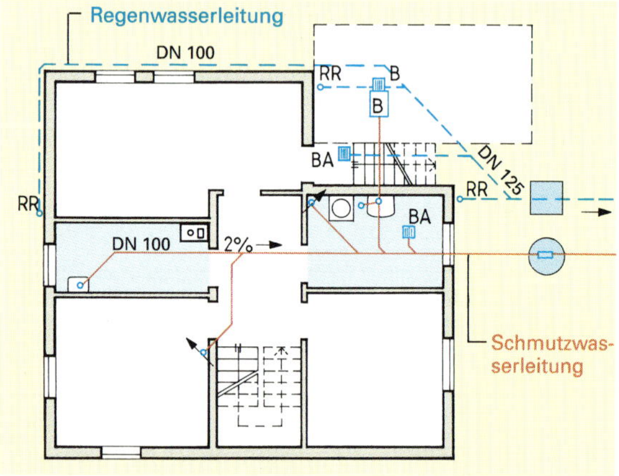

Grundleitungen, Trennsystem

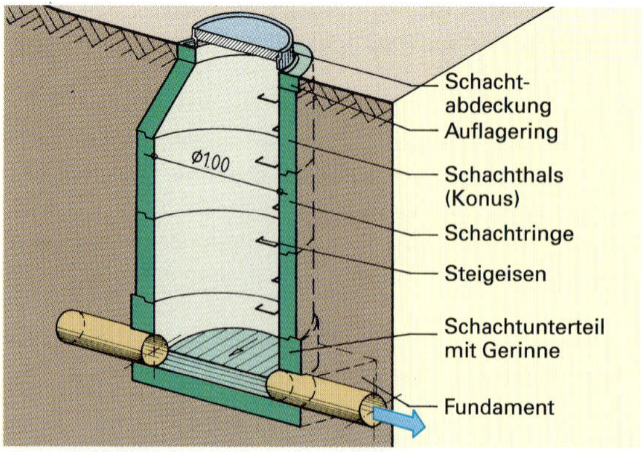

Kontrollschacht mit offenem Durchlauf

7.2.3 Rohre für Abwasserleitungen

Gebräuchliche Rohrmaterialien für Abwasserrohre sind **Steinzeug**, **Beton**, **Kunststoff** und **Faserzement**. Rohre aus diesen Materialien unterscheiden sich hinsichtlich Eigenschaften, Verarbeitbarkeit, Rohrverbindungen und Preis.

Steinzeugrohre

Steinzeugprodukte werden aus Ton unter Hinzufügung von Schamotte hergestellt. Der dicht gebrannte Scherben ist gegen chemische Angriffe beständig. Eine Glasur erhöht den Widerstand gegen mechanische Angriffe sowie die Abriebfestigkeit.

Nennweiten von DN 100 – DN 1400 in den Baulängen von 1,00 bis 2,50 m stehen zur Verfügung. Für unterschiedliche Belastungen werden die Steinzeugrohre in Tragfähigkeitsklassen und in die **Normallastreihe (N)** und **Hochlastreihe (H)** eingeteilt.

Um eine leichte, schnelle Handhabung zu erzielen, werden Steinzeugrohre werkseitig mit den Steckmuffen L nach Verbindungssystem F (DN 100 – DN 200) und K nach Verbindungssystem C (DN 200 – DN 1400) ausgerüstet. Eine Weiterentwicklung der Steckmuffe K ist die Steinzeug-Steckmuffe nach Verbindungssystem C (DN 300 – DN 400).

Bei der **Steckmuffe L** werden die Rohre und Formstücke mit einem in der Muffe fest verbundenen Dichtelement ausgerüstet. Diese Lippendichtung besteht aus einem elastischen Kunststoff (Kautschuk). Beim Einschieben des freien Rohrendes drücken sich die Lippen fest an den Schaft und bilden so einen dichten Verschluss. Bei der **Steckmuffe K** werden in der Muffe und am Spitzende Dichtelemente aus Kunststoffen angegossen.

Bei der **Steinzeug-Steckmuffe** wird der Muffenbereich mit erhöhter Wanddicke hergestellt und auf den erforderlichen Innendurchmesser abgeschliffen. Das Spitzende wird ebenfalls durch Schleifen auf extreme Genauigkeit nachbearbeitet. Die Dichtung erfolgt mit einem werkseitig vormontierten Dichtring. Ein umfangreiches **Zubehör-Programm** ermöglicht u.a. die Verbindung von zwei Rohrspitzenden, den Übergang auf andere Werkstoffe, den nachträglichen Anschluss an die Hauptleitung oder den Einbau von Schiebern.

Eine Vielzahl von **Formstücken** wie Abzweige (45° und 90°), Bögen (15°, 30°, 45° und 90°) und Übergangsstücke (z.B. 250/300) passt das Abwassersystem jeder Anforderung an.

Gelenkstücke erfüllen die Forderung nach gelenkiger Verbindung an Schachtbauwerken.

> Aufgrund guter Eigenschaften und eines umfangreichen Angebotes werden für Grundleitung, Anschlussleitung und Straßenkanal oft Steinzeugrohre verwendet.

Betonrohre

Betonrohre sind bei Transport und Einbau nicht so bruchempfindlich und auch billiger als Steinzeugrohre. Sie werden deshalb oft für Straßenkanäle verwendet. Bei aggressiven Wässern müssen sie durch Überzüge geschützt werden. Es gibt kreis- und eiförmige Profile, z.T. mit Fuß. Die Dichtung erfolgt bei kleinen Nennweiten mit Rollring-, bei größeren Nennweiten mit Gleitringdichtung. Außerdem gibt es Betonrohre mit integrierter Dichtung.

> Betonrohre werden für den Straßenkanal verwendet. Sie sind fester als Steinzeugrohre, aber nicht säurefest.

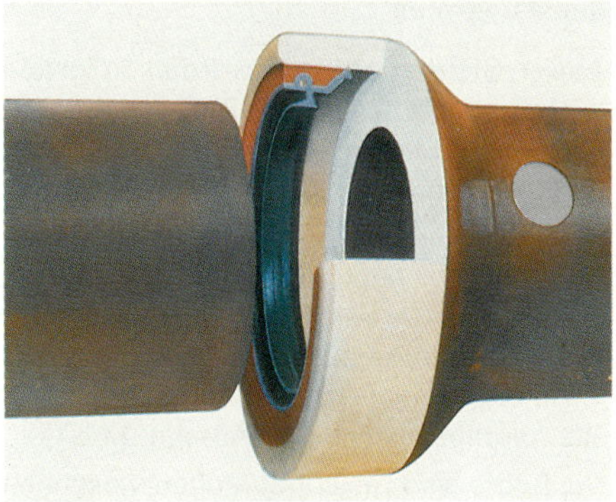

Steckmuffe L (offen)

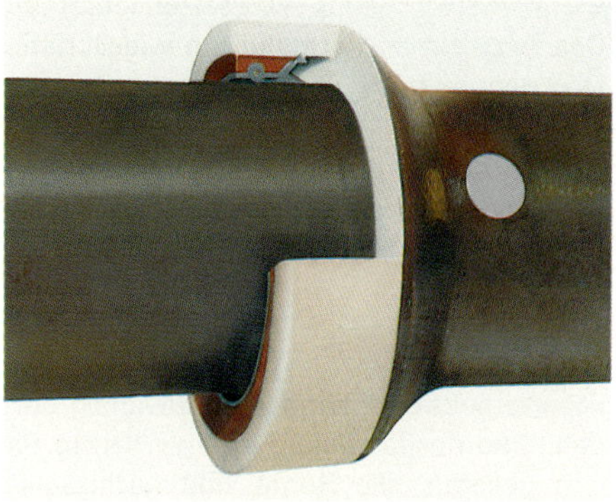

Steckmuffe L (geschlossen)

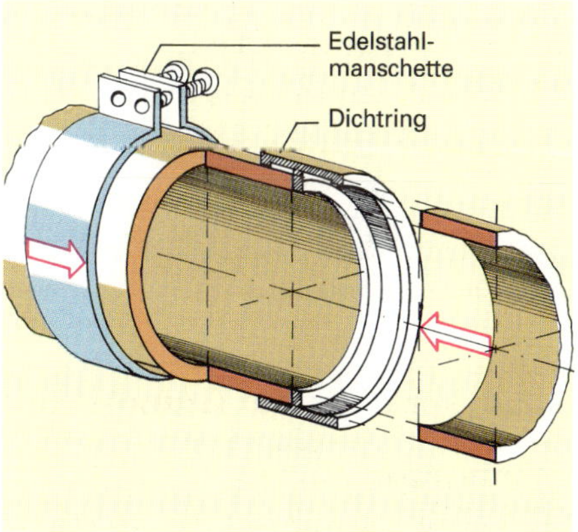

Muffenlose Steinzeug- oder Gussrohre

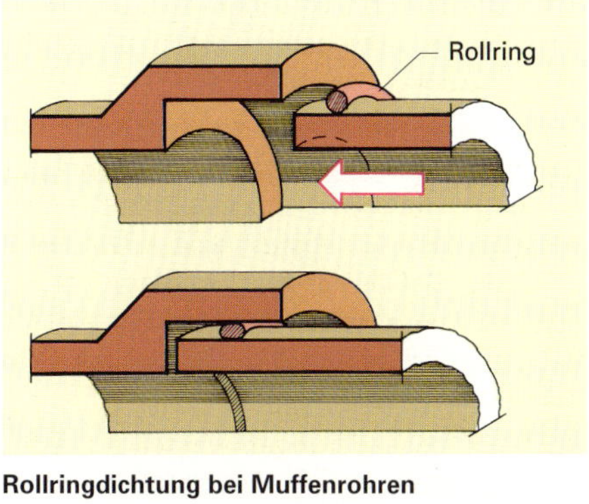

Rollringdichtung bei Muffenrohren

Kunststoffrohre

Außer Steinzeugrohren werden in großem Umfang auch **Kunststoffrohre aus PVC** verwendet. Sie werden abgekürzt als **PVC-KG-Rohre** bezeichnet (KG = **K**analgrundleitung). Ihr großer Vorteil ist die gute Verarbeitbarkeit.

Aufgrund der geringen Dichte des Kunststoffs können die Rohre in großen Baulängen geliefert und verlegt werden. Außerdem können die Rohre gesägt und somit leicht abgelängt werden. Chemisch sind sie gegen fast alle Angriffe beständig (s. Abschn. 14.3.1).

Die Rohre sind meist mit Muffen versehen und werden mit separatem Dichtring gedichtet. Muffenlose bzw. abgelängte Rohrstücke werden mit **Überschiebemuffen** oder Aufklebemuffen verbunden.

Das Angebot an **Formstücken** wie Bögen, Abzweigen, Übergangsrohren, Reinigungsrohren usw. ist groß und erleichtert ebenfalls den Einsatz.

> Kunststoffrohre sind besonders leicht zu verlegen und chemisch beständig.

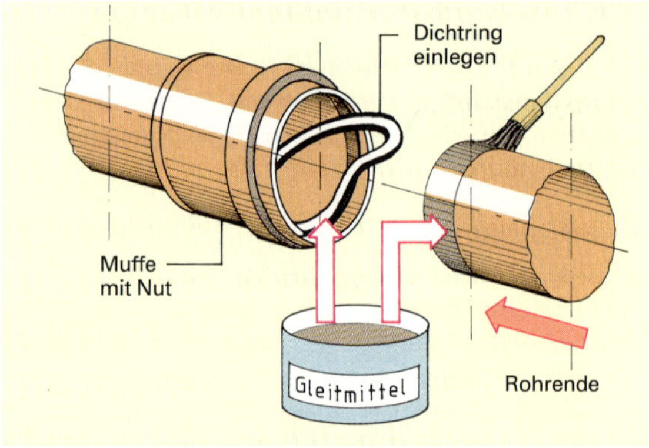

Kunststoffrohr KG mit Muffe und Dichtring

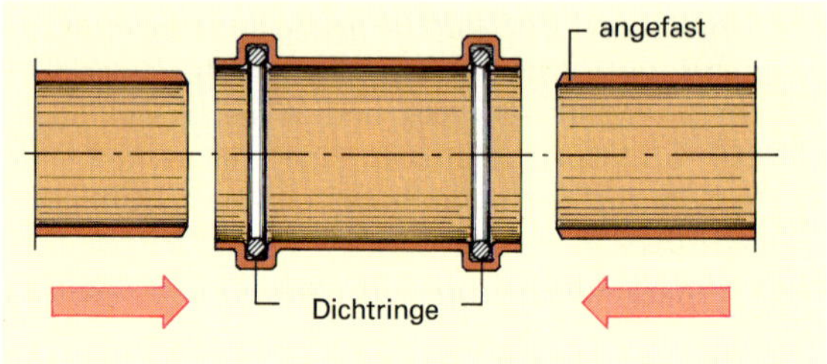

Überschiebemuffe für muffenlose KG-Rohre

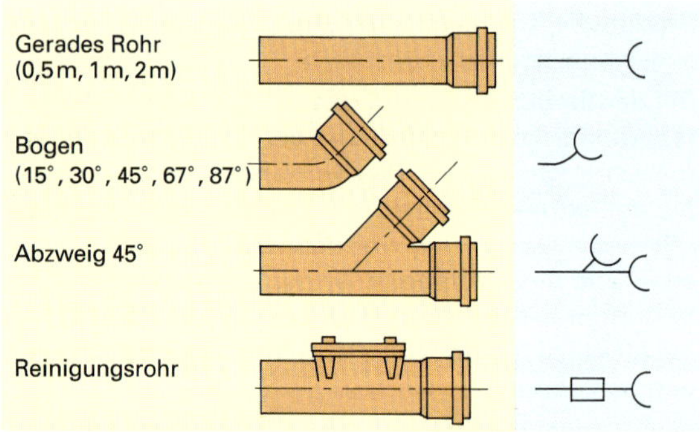

Formstücke und ihre Symbole

Faserzementrohre (Asbestzementrohre)

Faserzementrohre können dünnwandig hergestellt werden, sind deshalb leicht und werden in Baulängen bis 5 m geliefert. Die Rohre sind nachträglich leicht bearbeitbar, hierbei ist aber bei alten, noch mit Asbestfasern hergestellten Rohren Vorsicht geboten:

Die im Staub enthaltenen Asbestfasern sind beim Einatmen gesundheitsschädlich!

Die Produktion neuer Rohre ist inzwischen auf gesundheitlich unbedenkliche Synthetik- und Zellstofffasern umgestellt.

Die zur Rohrverbindung verwendeten Kupplungen sind Doppelmuffen aus Faserzement oder Kunststoff mit speziellen Dichtungen.

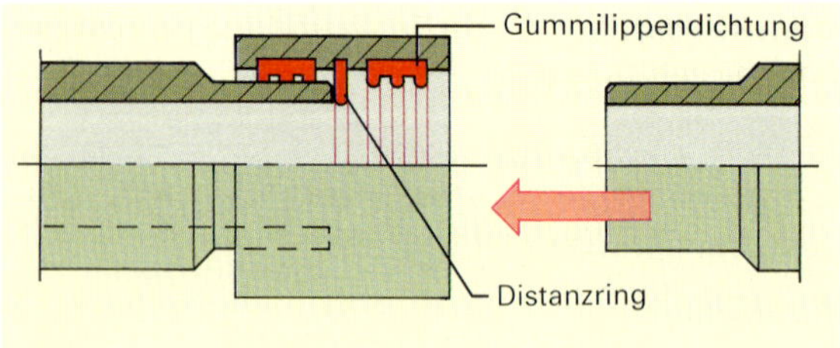

Kupplung für Faserzementrohre

7.2.4 Verlegen der Grundleitung

Anforderungen

Die Grundleitung wird nach dem Verlegen mit Beton für die Fundamentplatte überdeckt. Spätere Schäden verursachen darum stets erhebliche Kosten und Belästigungen. Deshalb muss schon bei der Herstellung der Grundleitung alles getan werden, um künftige Schäden zu vermeiden.

Die Leitungen müssen dicht sein, damit kein Abwasser austritt und das Grundwasser verunreinigt, und die Verbindungen müssen wurzelfest sein. Die Leitungen müssen eine hohe Abriebsfestigkeit aufweisen und mit dem richtigen Gefälle verlegt werden, damit sich keine Schmutzteile absetzen können. Für die Ableitung von Regenwasser genügt 1% Gefälle, bei Schmutzwasser müssen es 1...2% sein.

Bei Richtungsänderungen werden Formstücke verwendet oder Schächte angelegt. In Grund- und Sammellei-

Nennweite der Rohre	Schmutzwasser	Regenwasser
DN 100	2 %	1 %
DN 125	1,5 %	1 %
DN 150	1,5 %	1 %
DN 200	1 %	1 %

Mindestgefälle

tungen dürfen nur Abzweige mit höchstens 45° eingebaut werden. Die Einführung eines Rohres in ein anderes mit kleinerem Querschnitt ist nicht zulässig. Weiterhin ist der Einbau von Reinigungsstücken vorgeschrieben, um spätere Störungen beheben zu können.

Verlegen der Rohre

Die Herstellung der Grundleitung beginnt mit der Übertragung der im Entwässerungsplan vorgegebenen Maße auf die Baugrubensohle. Außerhalb des Gebäudes ist auf frostsichere Gründung zu achten. Der Leitungsverlauf kann mit aufgestreutem Sägemehl oder Kalk markiert und die Anfangs- und Endhöhen der einzelnen Stränge durch Nivellieren festgelegt werden. Die Höhen von Zwischenpunkten können mit Richttafeln (Tafeln) oder Visierscheiben (Visieren) bestimmt werden.

Beim Aushub der Rohrgräben wird bereits grob das geplante Gefälle berücksichtigt. Das im Entwässerungsplan vorgeschriebene Gefälle darf keinesfalls unterschritten werden. Bei der Aushubtiefe der Rohrgräben muss ein Sand-Kies-Auflager (Größtkorn 20 mm) mit berücksichtigt werden. Die Dicke des Auflagers in der Sohllinie des Rohres muss mindestens 100 mm + 1/10 des Zahlenwertes der Nennweite der Rohre in mm betragen.

Vor Beginn der eigentlichen Rohrverlegung werden Gefälle und Richtung der Leitung durch Spannen einer Schnur festgelegt.

Eine weitere Methode zur Ausrichtung der Rohre bietet die Lasertechnik. Mit einem Kanalbaulaser wird ein fein gebündelter Lichtstrahl erzeugt, der sich auf das einzuhaltende Gefälle einstellen lässt (Unfallverhütungsvorschrift „Laserstrahlen“ beachten!).

Die Rohre müssen so in das Auflager eingebettet werden, dass weder Linien- noch Punktlagerungen auftreten und eine gleichmäßige Spannungsverteilung gewährleistet ist. Die Rohre müssen in den Zwickeln so unterstopft werden, dass sich eine satte Auflagerung ergibt. Bei Muffenrohren sind Muffenlöcher auszuheben. Etwa ein Viertel des Rohrumfanges soll im Kiessand eingebettet sein.

Vor dem Zusammenschieben werden Rohrende und Muffe mit einem Gleitmittel eingestrichen. Zum Ineinanderschieben der Rohre wird eine Brechstange als Hebel benutzt; ein vorgelegtes Holzbrett schützt das Rohrende.

Beim Zusammenführen von Leitungen, bei Richtungs- und Querschnittsänderungen oder zum Anschluss der Fallleitungen werden Formstücke eingebaut. Mit einem Schneidgerät (Schneidring, Schneidkette) können die Rohre gekürzt und Passlängen hergestellt werden.

An der fertig verlegten Leitung werden nochmals Richtung und Gefälle geprüft. Sämtliche Öffnungen (Anschlüsse etc.) müssen verschlossen werden, damit kein Schmutz oder andere Abflusshindernisse in die Rohre geraten können. Anschließend wird die gesamte Grundleitung einer Dichtheitsprüfung unterzogen.

> Grundleitungen müssen mit größter Sorgfalt und unter genauester Einhaltung von Richtung und Gefälle dem Entwässerungsplan entsprechend hergestellt werden.

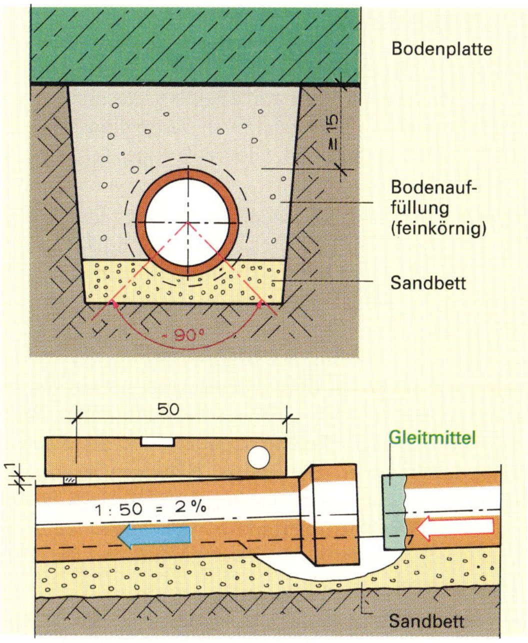

Lage der Rohre im Sandbett

Zusammenschieben der Rohre

Fertig verlegte Grundleitung

7.2.5 Dränung

Ist das Gelände an einer oder mehreren Seiten zum Gebäude hin geneigt, wird zufließendes Wasser am Gebäude aufgestaut. Dies kann auch geschehen, wenn eine im Boden befindliche undurchlässige Schicht zum Gebäude hin fällt.

Solches drückende Wasser würde mit der Zeit zu Bauschäden führen; es muss deshalb abgeleitet werden. Dies geschieht mittels **Dränung** (früher: Dränage). Die Dränung besteht aus der im Boden befindlichen **Dränleitung**, die von außen Wasser aufnehmen und dies ableiten kann, und der **Dränschicht** aus durchlässigem Material. Durch diese Dränschicht sickern die anfallenden Wässer nach unten und werden durch die im Gefälle verlegte Dränleitung abgeleitet und dann entweder in den Vorfluter oder mit der Hausentwässerung in die Ortsentwässerung eingeleitet. Als Sickerschicht werden außer Kies und Kiessand auch **Dränelemente** wie Dränsteine, Dränplatten aus Hartschaum und Dränmatten verwendet.

Um das Einschwemmen von Feinteilen in die Dränleitung zu verhindern, sollte sie von einem **bodenstabilen Filter** umgeben sein, der das Wasser, nicht aber die Feinteile durchlässt.

Das Gefälle der Leitung muss zwischen 0,5% und 2% betragen; üblich ist **1% Gefälle**.

Der Untergrund muss durchgehend das gleiche Gefälle aufweisen. Es dürfen nirgends Mulden enthalten sein, in denen die Dränung vorübergehend entgegengesetztes Gefälle erhält. In solchen Mulden würde das Wasser aus dem Drän austreten und die Stelle würde übernässt.

Dränrohre werden heute in den verschiedensten Materialien angeboten. Am gebräuchlichsten sind gelochte oder geschlitzte **Kunststoffrohre**.

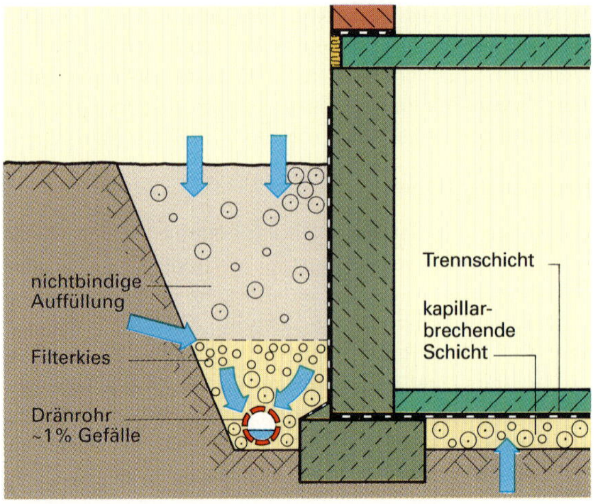

Dränung

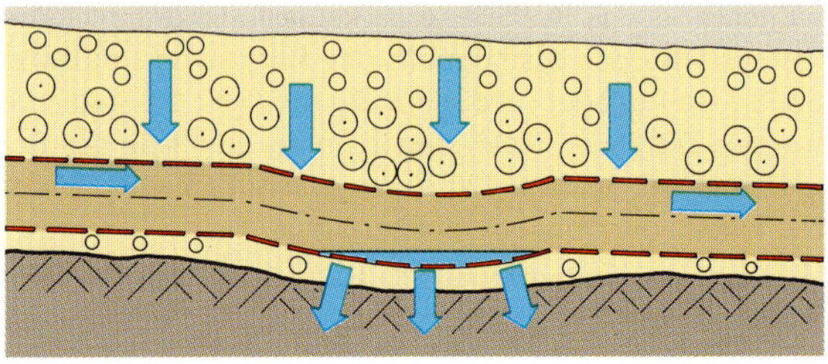
Wassersammelnde Wirkung einer Mulde im Drän

Die Dränung nimmt versickernde Wässer auf und leitet sie ab.

Zusammenfassung

Die Wasserinstallation ist Sache des Installateurs, der Bauhandwerker hat vorbereitende Maßnahmen zu treffen.

Die Haus- und Grundstücksentwässerung hat Schmutz- und Regenwasser von der jeweiligen Entwässerungsstelle in das örtliche Kanalnetz abzuleiten.

Das Entwässerungssystem besteht aus Fallleitungen, Grundleitung, Kontrollschacht und Anschlusskanal.

Als Material für Abwasserrohre kommen Steinzeug, Kunststoff, Beton und Faserzement infrage. Für jedes Material gibt es entsprechende Dichtungen.

Die Grundleitung muss dicht, innen glatt, beständig und im richtigen Gefälle verlegt sein.

Die Dränung besteht aus Dränleitung und Dränschicht. Sie muss versickernde Wässer sicher ableiten.

Aufgaben:

1. *Beschreiben Sie, wie das Trinkwasser vom Hochbehälter zur Zapfstelle geleitet wird.*
2. *Aus welchen Materialien werden Fallleitungen hergestellt?*
3. *Weshalb müssen Fallleitungen entlüftet werden?*
4. *Unterscheiden Sie Mischsystem und Trennsystem bei der Ortsentwässerung.*
5. *Beschreiben Sie*
   a) die Steckmuffe L,
   b) die Steckmuffe K.
6. *Welche Rohrdichtungen sind bei Abwasserrohren aus Kunststoff üblich?*
7. *Welche Anforderungen sind an Grundleitungen zu stellen?*
8. *Weshalb müssen die Muffen gegen die Fließrichtung verlegt werden?*
9. *Erklären Sie die Wirkungsweise der Dränung.*

8 Steinbau – Plattenbau

8.1 Künstliche Bausteine

Mauerwerk, z.B. gemauerte Wände, wird vorwiegend aus künstlichen Mauersteinen hergestellt. Natürliche Steine werden dafür nur in wenigen und besonderen Fällen genutzt. Künstliche Bausteine bestehen aus natürlichen Rohstoffen. Die Ausgangsstoffe werden aufbereitet, geformt und zu Steinen gebrannt oder gehärtet. Die künstlichen Bausteine sind in Form, Gefüge, Festigkeit und Farbe wesentlich gleichmäßiger als Natursteine. Nach der Herstellung unterscheidet man gebrannte und ungebrannte Steine.

Gebrannte Mauersteine aus tonigen Rohstoffen:

- Ziegel, z.B. Mauerziegel (Vollziegel, Leichtziegel, Klinker),
- Schamottesteine.

Ungebrannte Mauersteine aus Bindemitteln und Zuschlägen:

- Kalksandsteine,
- Mauersteine aus Normalbeton und Leichtbeton,
- Porenbetonsteine,
- Hüttensteine.

Zu den künstlichen Bausteinen gehören auch die Glasbausteine.

Die künstlichen Bausteine werden nach bautechnischen Eigenschaften beurteilt. Beispiele solcher Eigenschaften sind Druckfestigkeit, Wärmedämmfähigkeit, Frostbeständigkeit, Maß- und Formhaltigkeit und die Handhabbarkeit des Steines beim Vermauern. Die Vielzahl der Steinarten ermöglicht den Mauerwerksbau mit den erforderlichen bautechnischen Eigenschaften.

8.1.1 Formate und Abmessungen

Die Maße der Mauersteine sind durch die **Maßordnung im Hochbau** bestimmt. Entsprechend sind die Steinmaße so festgelegt, dass mit den Bausteinen Bauteile gemauert werden können, deren Abmessungen Teile oder Vielfache von 25 cm sind (z.B. Mauerhöhe von 2,25 m).

Das Maß **25 cm** ist ein **Baurichtmaß**; es berücksichtigt die Steinmaße und die Dicke der erforderlichen Mörtelfugen. Die Steinmaße sind **Nennmaße**; sie ergeben sich aus den in der Norm festgelegten Baurichtmaßen und den für das Mauerwerk festgelegten Fugendicken.

Grundformate für die Bausteine sind das **Dünnformat (DF)** und das **Normalformat (NF)**. Alle weiteren Steinformate werden als Vielfache von 1 DF angegeben, z.B. 2 DF, 3 DF.

Nach ihrer Größe werden kleinformatige, mittelformatige und großformatige Mauersteine unterschieden; nach ihrer Handlichkeit unterscheidet man Einhandsteine und Zweihandsteine.

Die Maße der Steinformate sind so aufeinander abgestimmt, dass Mauerteile mit Baurichtmaßen ohne oder mit nur wenig Verhau erstellt werden können.

Mauerwerk aus künstlichen Steinen

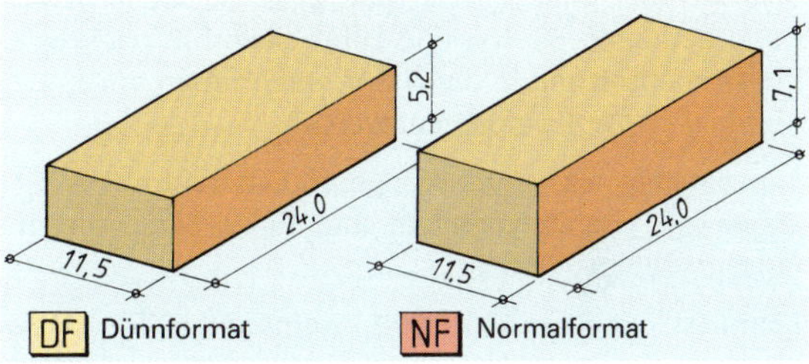

Steinformate: Grundformen

Kurzbezeichnung	Maße in cm			Gruppen	
	Länge *l*	Breite *b*	Höhe *h*		
1 DF (Dünnformat)	24	11,5	5,2	Kleinformate	Einhandsteine
NF (Normalformat)	24	11,5	7,1		
2 DF	24	11,5	11,3		
3 DF	24	17,5	11,3	Mittelformate	
4 DF	24	24	11,3		
5 DF	30	24	11,3		
6 DF	36,5	24	11,3		
8 DF	24	24	23,8	Großformate	Zweihandsteine
10 DF	30	24	23,8		
12 DF	36,5	24	23,8		
16 DF	49	24	23,8		
20 DF	49	30	23,8		

Steinformate (Beispiele)

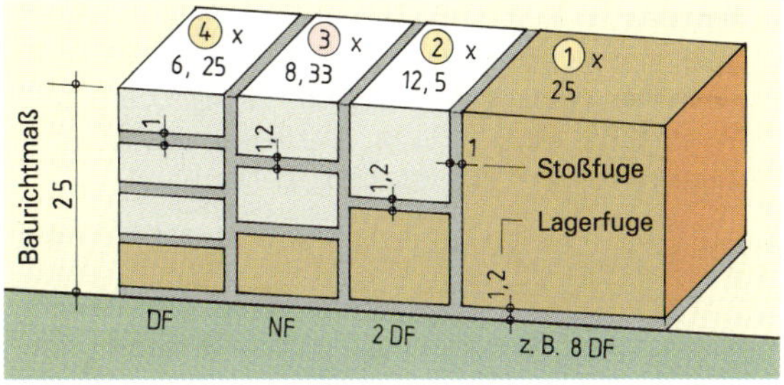

Steinhöhen mit Fugendicken

8.1.2 Mauerziegel

Mauerziegel sind die ältesten künstlich hergestellten Mauersteine. Sie wurden schon von den Römern gebrannt. In vielen Städten und Dörfern finden wir heute noch historische Bauwerke, wie z. B. Befestigungen, Dome und Burgen, die größtenteils aus gebrannten Ziegeln erstellt sind. Wegen seiner guten bautechnischen Eigenschaften wird der Mauerziegel auch heute vielfältig verwendet. Mauerziegel sind mit die wichtigsten verwendbaren künstlichen Bausteine.

Mauerziegel-Sichtmauerwerk

Rohstoffe und Herstellung

Mauerziegel werden aus Ton, Lehm oder tonigen Massen mit oder ohne Zusatzstoffe geformt und anschließend gebrannt. Da Ton und Lehm selten in geeigneter Zusammensetzung in der Natur vorkommen, muss das Material im Werk aufbereitet werden.

Ton entsteht als Verwitterungsprodukt zahlreicher Gesteine (z. B. Granit), vor allem unter Einwirkung von kohlensäurehaltigem Wasser.

Lehm ist mit Sand (30...80%) gemagerter Ton. Meistens enthält er noch Verunreinigungen, die zum Teil entfernt oder unschädlich gemacht werden müssen.

Die nebenstehende Abbildung zeigt die Reihenfolge der **Mauerziegelherstellung** (Schema):

- **Rohstoff-Abbau** in Lehm- bzw. Tongruben mithilfe von Baggern; Transport mit Loren oder Lastkraftwagen zum Ziegelwerk. Die Lehmgruben werden später wieder aufgefüllt und bepflanzt (Umweltschutz).
- **Rohstoff-Aufbereitung:** Rohstoffe Ton und Lehm werden zerkleinert, gemischt, mit Sand gemagert, von unerwünschten Bestandteilen gereinigt und durch Feuchteregulierung in die gewünschte Plastizität gebracht.
- **Formen:** Formgebung im Strangpressverfahren; die geschmeidige plastische Tonmasse wird durch ein Mundstück getrieben; Lochungen der Ziegel werden mit Kerneinsätzen im Mundstück erzeugt; durch Abschneiden vom Strang entsteht ein **Rohling**.
- **Trocknen:** Trocknen der Rohlinge in Trockenkammern bei Temperaturen bis zu 100 °C, um Schwind- bzw. Trocknungsrisse beim Brennen zu vermeiden.
- **Brennen** im Tunnelofen (bis 160 m lang), Brenntemperatur in der Brennzone 900 °C bis 1200 °C; Ziegelrohstoffe „verbacken" zu einer wasserbeständigen Verbindung ($Al_2O_3 \cdot 2SiO_2$). Der Eisenoxidgehalt im Ziegelton bewirkt den roten Ziegelscherben.

> Der Mauerziegel erhält durch das Brennen seine Festigkeit. Höhere Brenntemperaturen erhöhen die Dichte des Ziegelscherbens und verringern seine Wasseraufnahmefähigkeit.

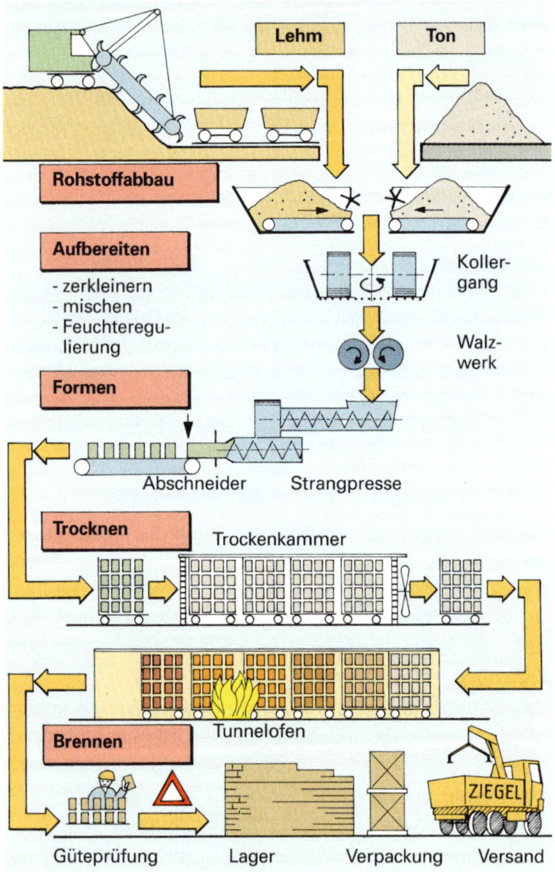

Herstellung von Mauerziegeln (Schema)

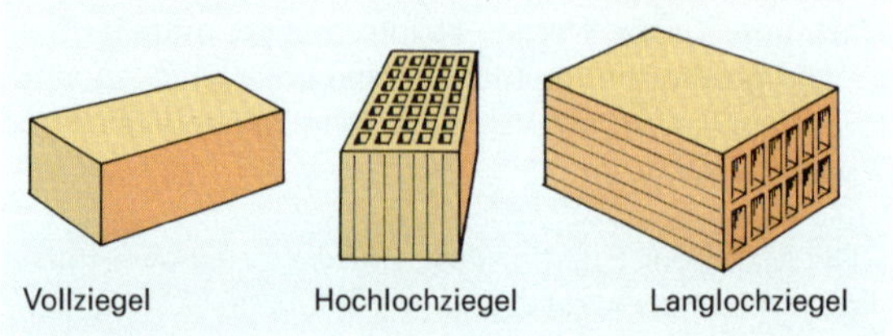

Ziegelprodukte (stranggepresst)

Mauerziegelarten

Mauerziegel ist die Bezeichnung für alle Ziegel, die zum Bauen von tragenden und aussteifenden Wänden geeignet sind. Je nach Art und Gestalt unterscheidet man Vollziegel, Hochlochziegel, Vormauerziegel und Leichtziegel.

Vollziegel (Mz) werden gelocht oder ungelocht geliefert. Die Lochung verläuft rechtwinklig zur Lagerfläche und darf nicht mehr als 15% der Lagerfläche betragen.

Hochlochziegel (HLz) weisen mehr als 15% Lochflächenanteil auf, bezogen auf die Lagerfläche. Nach Größe und Zahl der Löcher auf 100 cm^2 Lagerfläche werden verschiedene Lochungsarten unterschieden. Lochung **A**: mindestens 13 Löcher mit Einzelquerschnitt bis 2,5 cm^2; Lochung **B**: wie Lochung A, aber Fläche eines Loches bis 6 cm^2. **Leichthochlochziegel** werden mit der Lochung **W** hergestellt. Sie besitzen besonders viele Lochreihen in Wärmestromrichtung und versetzt angeordnete Lochkanäle.

Hochlochziegel mit mehr als 11,5 cm Breite werden mit Griffhilfen versehen (je nach Breite 1 oder 2 Griffschlitze).

Vormauerziegel (VMz) sind Mauerziegel, deren Frostbeständigkeit nachgewiesen sein muss. Sie werden für Sichtmauerwerk und Verblendmauerwerk verwendet.

Klinker (KMz) sind bis zur Sinterung (bei ca. 1450 °C) gebrannte Ziegel. Sie sind dicht und sehr druckfest. Die Mindestdruckfestigkeit für Vollklinker beträgt 28 N/mm^2, für hochfeste Klinker 36 N/mm^2. Vollklinker (KMz) werden in den Formaten DF und NF hergestellt, Hochlochklinker (KHLz) in den Formaten DF bis 5 DF und NF.

Leichtziegel sind Mauerziegel mit einer Rohdichte von 0,6 kg/dm^3 bis 1,0 kg/dm^3. Diese geringe Rohdichte wird bei der Herstellung durch Zugabe Poren bildender Stoffe zum Ziegelrohstoff erreicht (z.B. Sägemehl, Styroporkörner). Leichtziegel werden als Hochlochziegel und als **Hochlochblockziegel** in Formaten 8 DF bis 24 DF (49/35,5/23,8 cm) hergestellt. Blockziegel sind zur besseren Vermörtelung mit Mörteltaschen ausgebildet. Wegen ihrer guten Wärmedämmung werden Leichtziegel häufig für Außenwände verwendet.

Weitere Ziegelarten sind Kanalklinker, Keramikklinker, Formziegel und Akustikziegel.

Mauerziegel werden als Vollziegel und Lochziegel hergestellt. Klinker sind besonders druckfest und widerstandsfähig; Leichtziegel haben eine besonders gute Wärmedämmfähigkeit.

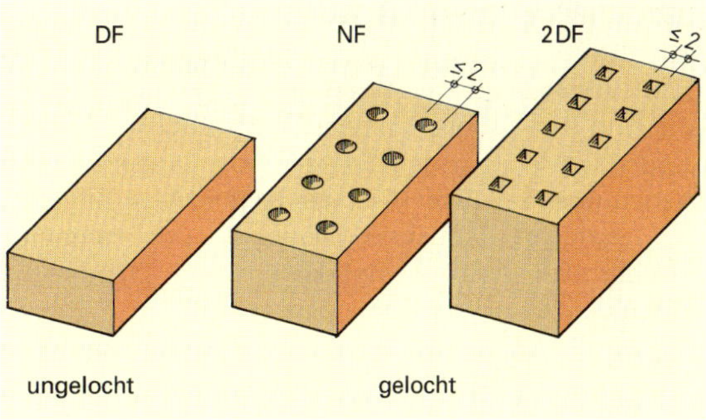

Vollziegel (Mz)

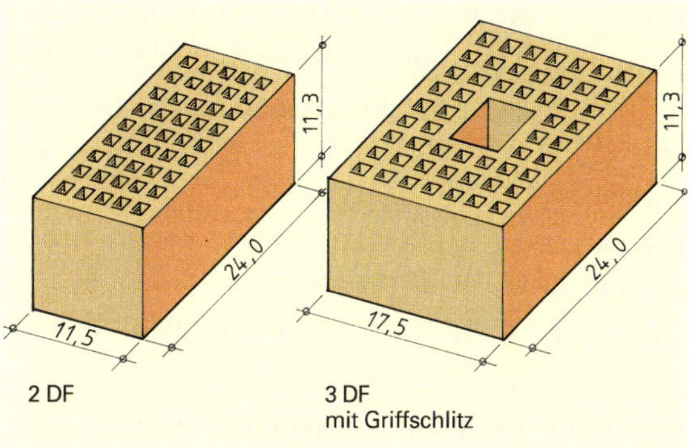

Hochlochziegel mit Lochung A (HLzA)

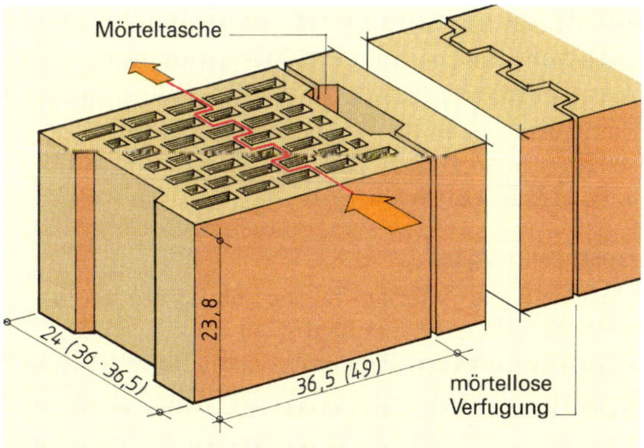

Hochlochblockziegel mit Lochung W (HLzW)

Kurzbezeichnung	Ziegelart
Mz	Vollziegel
HLz	Hochlochziegel
VMz	Vormauer-Ziegel
VHLz	Vormauer-Hochlochziegel
KMz	Vollklinker
KHLz	Hochlochklinker
HLz A	Hochlochziegel mit Lochung A
HLz B	Hochlochziegel mit Lochung B
HLz W	Hochlochziegel mit Lochung W

Kurzzeichen für Mauerziegel

Eigenschaften der Mauerziegel

Mauerziegel haben eine gute Druckfestigkeit, besitzen gute Wärmedämm- und Wärmespeichereigenschaften und sind feuer- sowie raumbeständig. Zugleich sind sie widerstandsfähig gegen Säuren- und Laugenangriffe. Wegen ihres kapillaren Gefüges haben Mauerziegel einen geringen Diffusionswiderstand. Das bedeutet, Feuchte und Wasserdampf können die Wand nach außen durchdringen („Atmungsfähigkeit").

Rohdichte der Mauerziegel

Als Steinrohdichte bezeichnet man die Dichte des vollständig trockenen Steins mit Poren und Hohlräumen (z.B. Lochungen, Kammern, Griffschlitze). Sie ist demnach abhängig von Art und Dichte (Porenzahl und -größe) des Ziegelmaterials sowie bei Lochziegeln vom Gesamtquerschnitt der Lochungen. Die verschiedenen Rohdichten sind in **Rohdichteklassen** zusammengefasst (s. Tabelle). Vollziegel haben eine Rohdichte bis 1,8 kg/dm³, Lochziegel bis 1,4 kg/dm³. Vollklinker haben eine Rohdichte von mindestens 1,8 kg/dm³.

Druckfestigkeit der Mauerziegel

Die Druckfestigkeit der Mauerziegel wird durch eine Belastung der Ziegel bis zum Bruch festgestellt. Die Mauerziegel mit etwa der gleichen Druckfestigkeit werden zu **Druckfestigkeitsklassen** zusammengefasst. Die Druckfestigkeit gibt stets den kleinsten Einzelwert von 10 geprüften Steinen an. Zur Unterscheidung der Druckfestigkeit wird bei Formaten < 10 DF mindestens 1 Ziegel von 200 Ziegeln und bei Formaten ≥ 10 DF mindestens 1 Mauerziegel von 50 mit einem Farbstreifen gekennzeichnet.

Auf der Baustelle kann man die Druckfestigkeit durch Hammerschlag an den frei gehaltenen Ziegel grob einschätzen (Klangprobe). Der helle Klang weist auf dichten und festen Stein hin.

Frostbeständigkeit

Frostbeständig müssen Klinker und Vormauerziegel sein. Hintermauerziegel sind nicht frostbeständig und müssen bei Verwendung im Außenmauerwerk verputzt werden.

Kurzbezeichnung der Mauerziegel

Zur eindeutigen Bezeichnung der verschiedenen Mauerziegel werden genormte Kurzbezeichnungen verwendet.

Beispiel:

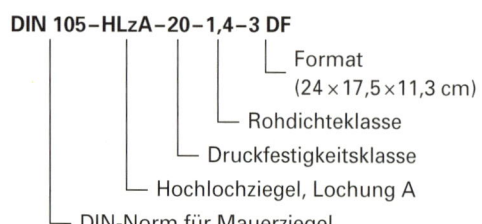

DIN 105-HLzA-20-1,4-3 DF

- Format (24 × 17,5 × 11,3 cm)
- Rohdichteklasse
- Druckfestigkeitsklasse
- Hochlochziegel, Lochung A
- DIN-Norm für Mauerziegel

Druckfestigkeit und Wärmedämmfähigkeit hängen weitgehend von der Rohdichte des Ziegels ab.

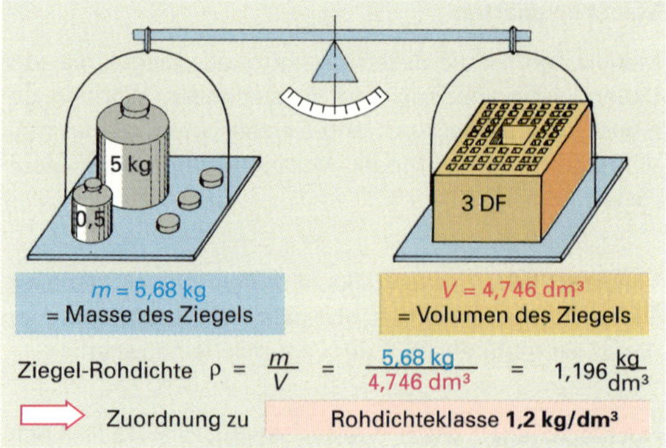

Ermittlung der Rohdichteklasse

Ziegel-Rohdichte-klasse	Mittelwert der Ziegelrohdichte-klasse in kg/dm³	Rohdichte und Ziegelart
0,6	0,51 bis 0,60	Leichtziegel Hochlochziegel ≤ 1,4
0,7	0,61 bis 0,70	Leichtziegel Hochlochziegel ≤ 1,4
0,8	0,71 bis 0,80	Leichtziegel Hochlochziegel ≤ 1,4
0,9	0,81 bis 0,90	Leichtziegel Hochlochziegel ≤ 1,4
1,0	0,91 bis 1,00	Leichtziegel Hochlochziegel ≤ 1,4
1,2	1,01 bis 1,20	Leichtziegel Hochlochziegel ≤ 1,4; Vollziegel ≤ 1,8
1,4	1,21 bis 1,40	Leichtziegel Hochlochziegel ≤ 1,4; Vollziegel ≤ 1,8
1,6	1,41 bis 1,60	Vollziegel ≤ 1,8
1,8	1,61 bis 1,80	Vollziegel ≤ 1,8
2,0	1,81 bis 2,00	Vollklinker ≥ 1,8
2,2	2,01 bis 2,20	Vollklinker ≥ 1,8

Rohdichteklassen

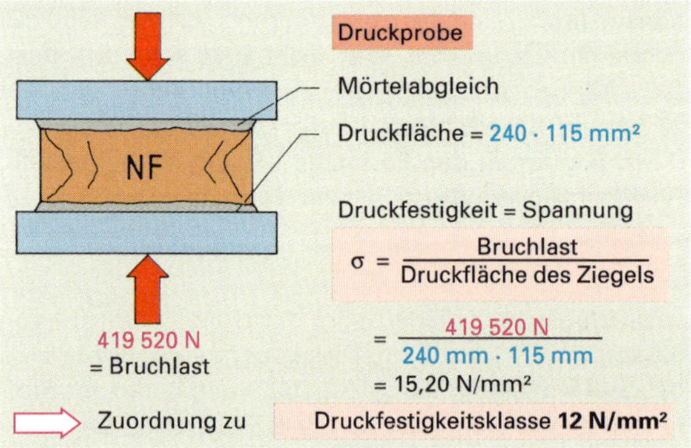

Ermittlung der Druckfestigkeitsklasse

Druck-festigkeits-klasse	Druck-festigkeit N/mm²	Farbkenn-zeichen
2	2,0	grün
4	4,0	blau
6	6,0	rot
8	8,0	Aufdruck „8"
12	12,0	ohne
20	20,0	gelb
28	28,0	braun
36	36,0	violett
48	48,0	zwei schwarze Streifen
60	60,0	drei schwarze Streifen

Druckfestigkeitsklassen

8.1.3 Kalksandsteine

Kalksandsteine sind ungebrannte, künstliche Steine. Sie werden wie Mauerziegel für Innen- und Außenmauerwerk verwendet.

Herstellung

Grundstoffe des Kalksandsteins sind Kalk (fein gemahlener Branntkalk – ungelöscht) und kieselsäurehaltige Zuschläge (Quarzsand). Die Rohstoffe werden unter Wasserzugabe intensiv vermischt und in einem Reaktionsbehälter 2 bis 3 Stunden gelagert. Dabei löscht der Branntkalk (CaO) zu Kalkhydrat ($Ca(OH)_2$) ab. Das gelöschte Mischgut wird nachgemischt, auf Pressfeuchte gebracht und mit vollautomatischen Pressen zu Rohlingen der verlangten Steinart in verschiedenen Formaten gepresst. Die Rohlinge werden im Härtekessel bei Temperaturen von 160 °C bis 220 °C unter Dampfdruck gehärtet. Dabei entsteht ein Calcium-Silicat-Hydrat, das die Sandkörner fest verkittet. Nach dem Erhärten sind die Steine versandfertig.

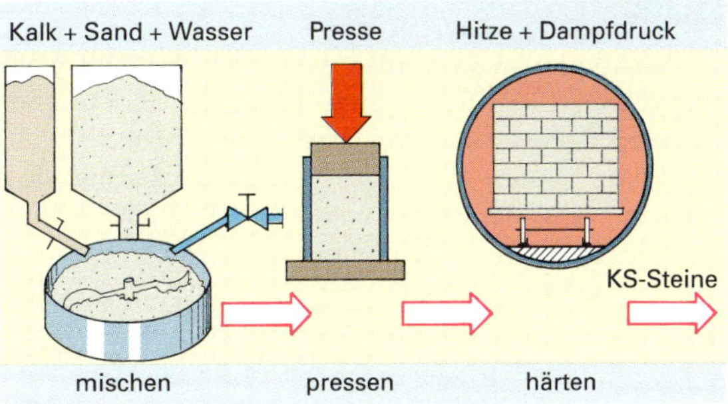

Herstellung von Kalksandsteinen (Schema)

Kalksandsteinarten

Kalksandsteine werden als Vollsteine, Lochsteine, Blocksteine und Hohlblocksteine hergestellt.

Kalksandvollsteine (KS) sind Mauersteine mit Steinhöhen bis zu 11,3 cm. Der Steinquerschnitt darf durch Lochungen und Grifföffnungen bis zu 15% gemindert werden.

Kalksandlochsteine (KSL) sind ebenfalls bis 11,3 cm hoch. Der Anteil der Lochungen beträgt aber mehr als 15% der Auflagerfläche. Die Löcher sind fünfseitig geschlossen und zur Lagerfläche hin offen.

Kalksandblocksteine (KS) und **Kalksandhohlblocksteine (KSL)** sind Mauersteine mit mehr als 11,3 cm Steinhöhe. Blocksteine dürfen Lochungen mit einer Gesamtquerschnittsfläche von höchstens 15% der Lagerfläche haben. Bei Hohlblocksteinen beträgt die Gesamtquerschnittsfläche der Lochungen mehr als 15% der Steinflächen. Die Löcher sind, mit Ausnahme der durchgehenden Grifföffnungen, fünfseitig geschlossen.

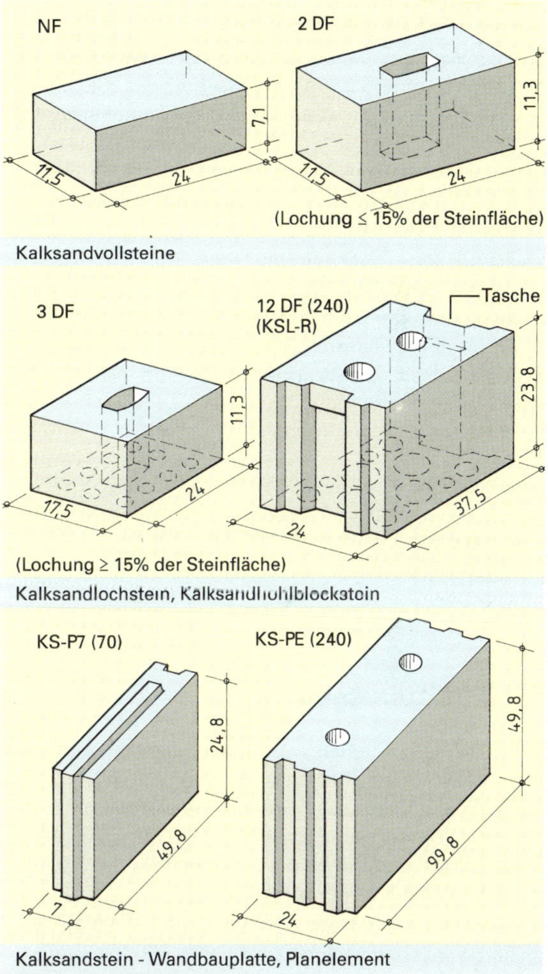

Arten von Kalksandsteinen

Kalksandvormauersteine (KSVm) und **Kalksandverblender (KSVb)** sind frostbeständige Mauersteine, die eine verhältnismäßig hohe Druckfestigkeit besitzen müssen. Kalksandverblender müssen hinsichtlich Verfärbungen, Maßhaltigkeit und Frostbeständigkeit höhere Anforderungen erfüllen als Vormauersteine.

Kalksandstein-Bauplatten (KS-P) und **Planelemente (KS-PE)** sind großformatige Bauelemente für das rationelle Bauen. Planelemente werden in Längen von 99,8 cm und mit Höhen von 49,8 cm sowie mit Steinbreiten von 11,5 cm, 17,5 cm, 24 cm und 30 cm hergestellt. Bauplatten werden für nicht tragende Innenwände verwendet.

Kalksandsteine

Formate

Wie bei Mauerziegeln werden die Steinformate als Vielfaches vom Dünnformat angegeben. Bei Block- und Hohlblocksteinen mit Mörteltaschen wird zusätzlich die Wanddicke in mm hinter das Format-Kurzzeichen geschrieben, z. B. 10 DF (240) für eine Wanddicke von 24 cm (Wanddicke = Steinbreite).

Vollsteine und Lochsteine werden in den Formaten DF, NF, 2 DF bis 6 DF hergestellt; Block- und Hohlblocksteine werden in den Formaten 5 DF bis 24 DF geliefert. Vormauersteine und Verblender haben die Formate DF, NF oder 2 DF.

Eigenschaften der Kalksandsteine

Kalksandsteine zeichnen sich durch gute Werte für Wärmespeichervermögen und Schallschutz aus. Sie sind in den Abmessungen maßgenau und besitzen winkelrechte, scharfkantige und planebene Oberflächen. Im Kantenbereich sind sie allerdings bruchgefährdet. Kalksandsteine nehmen Feuchtigkeit langsam auf und geben diese auch langsam ab.

Kalksandsteine werden in den Rohdichteklassen 0,6 kg/dm³ bis 2,2 kg/dm³ hergestellt. Die Druckfestigkeitsklassen der Kalksandsteine liegen zwischen 4 N/mm² und 60 N/mm². Die Rohdichte beeinflusst die Druckfestigkeit, die Wärmedämm- und die Wärmespeicherfähigkeit.

Kalksandsteine sind nichtkeramische ungebrannte Bausteine. Maß- und Formgenauigkeit, scharfkantige und planebene Oberflächen sind wesentliche Merkmale dieser Steine.

Steinart	Kurzzeichen	Rohdichteklassen in kg/dm³	Druckfestigkeitsklassen in N/mm²
Kalksandsteine allgemein: Vollsteine Lochsteine Blocksteine Hohlblocksteine	**KS** **KSL** **KS** **KSL**	0,6 ... 2,2	4, 6, 8, 12, 20, 28, 36, 48, 60
Kalksand – Vormauersteine Verblender	**KSVm** **KSVmL** **KSVb** **KSVbL**	1,0 ... 2,0	12 (nicht für Vm) 20, 28, 36, 48, 60
Kalksand – Planelemente Bauplatten	**KS-PE** **KS-P**	2,0 2,0	20 —

Kalksandsteine mit Kurzzeichen und Eigenschaften (nach DIN 106)

DIN 106 - KSL - 12 - 1,2 - 12 DF (240)

- Wanddicke (mm)
- Format (36,5 · 24 · 23,8)
- Rohdichteklasse 1,2 kg/dm³
- Druckfestigkeitsklasse ≥ 12 N/mm²
- KS-Hohlblockstein (h > 11,3 cm)
- DIN-Norm für Kalksandsteine

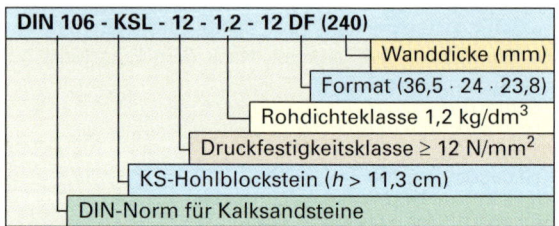

Kurzbezeichnung von Kalksandsteinen

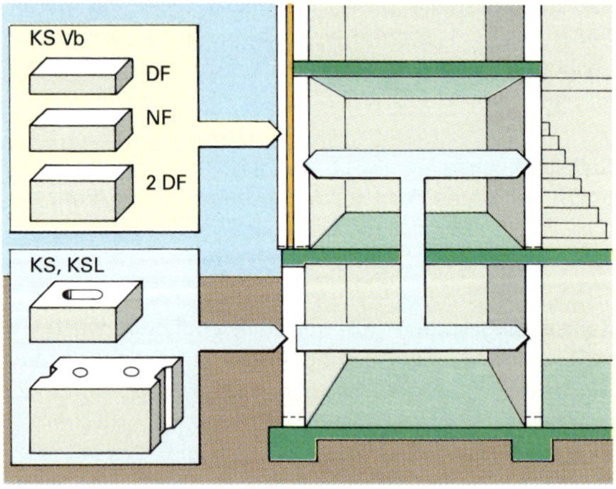

Einsatz der verschiedenen Kalksandsteine

8.1.4 Hüttensteine

Hüttensteine bestehen aus gekörnter (granulierter) Hochofenschlacke (Hüttensand) und einem hydraulischen Bindemittel. Diese Grundstoffe werden unter Zugabe von Wasser vermischt und zu Rohlingen gepresst. Die Rohlinge erhärten an der Luft, unter Dampf oder unter kohlendioxidhaltigen Abgasen.

Hüttensteine werden als Voll-, Loch- und Hohlblocksteine hergestellt und für Innen- und Außenmauerwerk verwendet. Arten, Rohdichte- und Druckfestigkeitsklassen entsprechen weitgehend denen der Kalksandsteine, ebenso die Vorschriften über die Steinlochungen, Grifflöcher, Frostverhalten und Maßabweichung. Die **Kurzbezeichnung** der Hüttensteine erfolgt in der Reihenfolge wie bei den Kalksandsteinen.

Beispiel: **DIN 398–HSL–12–1,6–2 DF**

Hüttensteine sind ungebrannte Mauersteine. Ihre Bezeichnung ist vom Grundstoff Hüttensand abgeleitet.

Steinart	Kurzzeichen	Formate	Rohdichteklassen in kg/dm³	Druckfestigkeitsklassen in N/mm²
Hüttenvollsteine	**HSV**	DF, NF, 2 DF, 3 DF, 5 DF	1,6; 1,8, 2,0	12, 20, 28
Hüttenlochsteine	**HSL**	2 DF, 3 DF, 5 DF	1,2; 1,4, 1,6	6, 12
Hütten-Hohlblocksteine	**HHbl**	6 DF, 8 DF, 9 DF, 10 DF 12 DF	1,0; 1,2, 1,4; 1,6	6, 12

Hüttensteine mit Kurzzeichen und Eigenschaften

8.1.5 Mauersteine aus Leichtbeton

Mauersteine aus Leichtbeton werden aus mineralischen Zuschlägen mit porigem Gefüge und hydraulischen Bindemitteln, in der Regel Zement, hergestellt. Durch das porige Gefüge wird die Rohdichte gemindert und die Wärmedämmfähigkeit der Steine verbessert.

Herstellung

Als porige Zuschläge werden z.B. Naturbims, Hüttenbims, Ziegelsplitt und Lavaschlacke verarbeitet. Der Zuschlag wird mit dem Zement unter Zugabe von Wasser gemischt, in Formen gebracht und auf Vibrationsmaschinen verdichtet. Der Frischbeton erhärtet an der Luft oder durch Behandlung mit Dampf. Die Steine müssen die vorgesehene Festigkeit nach spätestens 28 Tagen erreicht haben. Sie sind dann versandfertig.

Arten

Die gebräuchlichsten Mauersteine aus Leichtbeton sind Vollsteine, Vollblöcke und Hohlblocksteine.

Vollsteine aus Leichtbeton (V) sind Mauersteine ohne Kammern mit einer Steinhöhe bis 11,5 cm. **Vollblöcke aus Leichtbeton (Vbl)** haben eine Steinhöhe von 23,8 cm. Sie können mit bis 11 mm breiten Schlitzen bis zu 10% der Lagerfläche und mit Griffhilfen ausgestattet sein **(VblS)**.

Hohlblocksteine aus Leichtbeton (Hbl) sind großformatige Mauersteine mit fünfseitig geschlossenen Kammern rechtwinklig zur Lagerfläche. Diese sind parallel zur Steinlängsseite angeordnet. Nach der Zahl der Kammerreihen werden Einkammer-, Zweikammer-, Dreikammer- und Vierkammersteine unterschieden (1 K Hbl, 2 K Hbl, 3 K Hbl, 4 K Hbl). Hohlblocksteine werden für Wanddicken 17,5 cm, 24 cm, 30 cm und 36,5 cm hergestellt. Vollblöcke und Hohlblocksteine sind an den Stirnseiten in der Regel mit Mörteltaschen versehen.

Wandbauplatten aus Leichtbeton (Wpl) sind Bauplatten ohne Hohlräume für Wanddicken 5 cm, 6 cm, 7 cm und 10 cm (für nicht tragende Bauteile).

Mauersteine aus Leichtbeton haben aufgrund ihres porigen Gefüges eine geringe Rohdichte und eine günstige Wärmedämmfähigkeit.

8.1.6 Porenbetonsteine

Porenbeton ist ein Dampf gehärteter, feinporiger Beton. Bei der Herstellung wird fein gemahlener Quarzsand, Zement und Kalk mit Wasser und Poren bildenden Zusätzen (z.B. Aluminiumpulver) gemischt und in Gießformen eingebracht. In der Mischung entwickelt sich ein Treibgas, das diese auftreibt und eine Vielzahl kleiner Poren entstehen lässt (daher: Porenbeton). Nach dem Erhärten werden aus den Betonrohblöcken die Steine in der gewünschten Größe geschnitten. Diese werden anschließend unter Dampfdruck gehärtet.

Porenbetonsteine werden aus Dampf gehärtetem Porenbeton hergestellt.

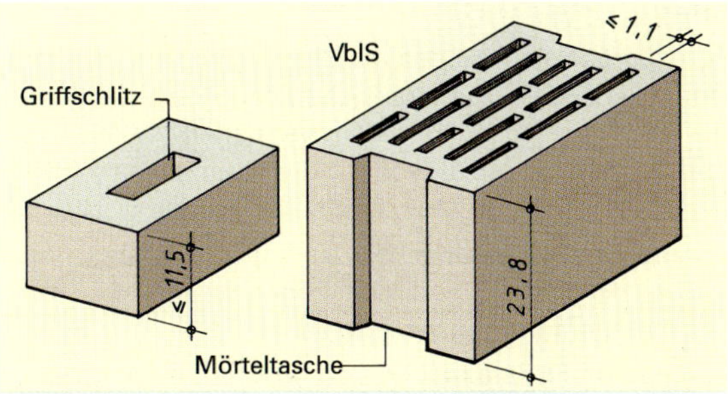

Vollstein		Vollblock, geschlitzt

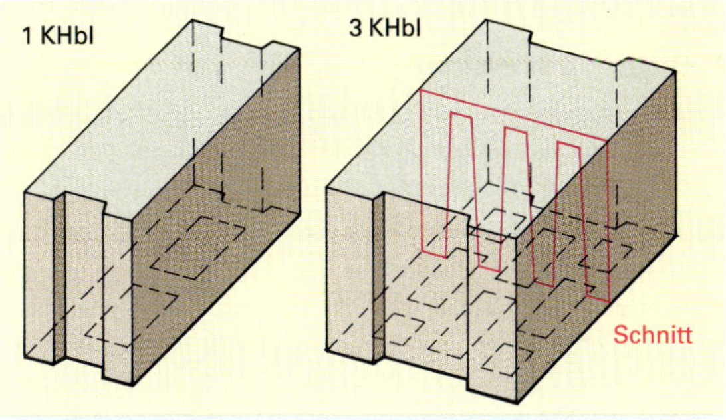

1-Kammer- und 3-Kammerhohlblockstein

Mauersteine aus Leichtbeton

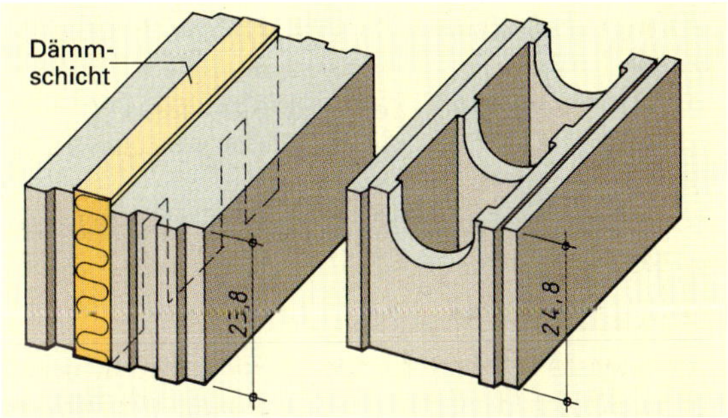

Zweischaliger Hohlblockstein		**Leichtbeton-Schalungsstein**

Kurzbezeichnung	Steinart
Hbl	Hohlblöcke aus Leichtbeton
V	Vollsteine aus Leichtbeton
Vbl	Vollblöcke aus Leichtbeton
VblS	Vollblöcke aus Leichtbeton mit Schlitzen
VblS W	Vollblöcke aus Leichtbeton mit Schlitzen und erhöhter Wärmedämmfähigkeit
Wpl	Wandbauplatten aus Leichtbeton

Kurzbezeichnung von Mauersteinen aus Leichtbeton

Steinart	Steinformate	Rohdichteklassen in kg/dm³	Festigkeitsklassen in N/mm²
Hohlblocksteine	6 DF ... 24 DF	0,5 .. 1,4	2 ... 6
Vollsteine	2 DF ... 10 DF	0,5 ... 2,0	2 ... 12
Vollblöcke	6 DF ... 24 DF	0,5 ... 2,0	3 ... 12

Eigenschaften von Leichtbetonsteinen nach DIN 18151

Arten

Porenbetonsteine werden als Blocksteine und als Plansteine hergestellt. Die Stirnflächen der Steine werden in der Regel glatt ausgeführt. Zum Vermauern mit Normal- und Leichtmauermörtel können die Stirnflächen mit Nut und Feder sowie mit Mörteltasche hergestellt werden.

Porenbeton-Blocksteine (PB) sind großformatige Vollsteine, die mit 1 cm dicken Fugen in Normal- oder Leichtmauermörtel zu versetzen sind.

Porenbeton-Plansteine (PP) sind großformatige Vollsteine, die in Dünnbettmörtel zu versetzen sind (Fugendicke 1 bis 2 mm).

Formate und Bezeichnung

Die Formate der Porenbetonsteine werden nicht als Vielfaches des Dünnformates dargestellt, sondern mit den Längen-, Breiten- und Höhenmaßen gesondert angegeben.

Bei der Bezeichnung der Porenbetonsteine sind die einzelnen Angaben in folgender Reihenfolge angegeben: Benennung, DIN-Nummer, Steinart mit Festigkeitsklasse, Rohdichteklasse, Steinmaße (Länge, Breite, Höhe). Nachfolgend sind zwei Beispiele für Steinbezeichnungen dargestellt.

- Porenbeton-Blockstein der Festigkeitsklasse 2, der Rohdichteklasse 0,50, der Länge 490 mm, der Breite 300 mm und der Höhe 240 mm:
  Porenbeton-Blockstein DIN 4165–PB2–0,50–490 × 300 × 240
- Porenbeton-Planstein der Festigkeitsklasse 2, der Rohdichteklasse 0,40, der Länge 499 mm, der Breite 250 mm und der Höhe 249 mm:
  Porenbeton-Planstein DIN 4165–PP2–0,40–499 × 250 × 249

Eigenschaften

Porenbetonsteine haben eine geringe Rohdichte und daher eine hohe Wärmedämmfähigkeit. Sie besitzen eine verhältnismäßig gute Festigkeit und können leicht bearbeitet werden (sägen, bohren, hobeln). Die Porosität des Baustoffes macht einen schützenden Außenputz oder Anstrich nötig.

Porenbetonsteine sind Wandbaustoffe, die sich durch hohe Wärmedämmfähigkeit und rationelle Ver- und Bearbeitbarkeit auszeichnen.

Zusammenfassung

Die Maße der Mauersteine sind durch die Maßordnung im Hochbau bestimmt.

Kalksandsteine werden vorwiegend für Innen- und Außenmauerwerk verwendet.

Hüttensteine bestehen aus gekörnter Hochofenschlacke und einem hydraulischen Bindemittel.

Leichtbetonsteine werden als Voll-, Block- und Hohlblocksteine hergestellt.

Porenbetonsteine besitzen ein gleichmäßig poriges Gefüge und dadurch eine sehr gute Wärmedämmung.

Porenbetonsteine

Bezeichnung	Steinmaße in mm			Fugenmörtel Fugendicke
	Länge	Breite	Höhe	
Blocksteine **PB**	240	115	115	Normal- und Leichtmauermörtel 10 ... 12 mm
	300	175	160	
	365	240	175	
	490[1])	300	190	
	615	365	240[1])	
Plansteine **PP**	249	115	124	Dünnbettmörtel 1 ... 2 mm
	299	175	164	
	374	250	186	
	499[1])	300	199	
	624	375	249[1])	

Maße von Porenbetonsteinen, nach DIN 4165 (Beispiele)
(Maßabweichungen: Blocksteine bis ± 3 mm; Plansteine ±1 mm bis ±1,5 mm)
[1]) Standardmaße

Kurzbezeichnung PB	PP	Festigkeitsklasse in N/mm²	Rohdichteklasse in kg/dm³	Kennfarbe
PB2	PP2	2	0,35; 0,40; 0,45; 0,50	grün
PB4	PP4	4	0,55; 0,60; 0,65; 0,70; 0,80	blau
PB6	PP6	6	0,65; 0,70; 0,80	rot
PB8	PP8	8	0,80; 0,90; 1,00	—

Festigkeits- und Rohdichteklassen von Porenbetonsteinen

Aufgaben:

1. *Nennen Sie die Maße für DF, NF, 2 DF und 3 DF.*
2. *Was versteht man unter Rohdichteklasse 0,80 und Druckfestigkeitsklasse 6?*
3. *Erläutern Sie den Unterschied zwischen Mauerziegel und Klinker.*
4. *Erklären Sie die Kurzbezeichnungen: Mz, VMz, VHLz, KMz, HLzA.*
5. *Aus welchen Rohstoffen werden Kalksandsteine hergestellt?*
6. *Welche besonderen Eigenschaften weisen Kalksandsteine auf?*
7. *Welche Arten von Leichtbetonsteinen werden hergestellt?*
8. *Welche Arten von Porenbetonsteinen gibt es?*

8.2 Fliesen und Platten

8.2.1 Platten für Wand- und Bodenbeläge

Für die Herstellung von Wand- und Bodenbelägen werden vom Fliesenleger vielfältige Arten und Formen von Platten verwendet. Der Begriff **Platten** bezeichnet als Oberbegriff alle mineralischen Baustoffe, die als Belag für Wände und Böden verarbeitet werden. Nach der Entstehung bzw. Herstellung werden Natursteinplatten und künstliche Platten unterschieden (siehe Tabelle). Keramische Fliesen und Platten werden zusammenfassend auch als **Baukeramik** bezeichnet. Als Keramik werden alle Erzeugnisse bezeichnet, die aus Ton hergestellt und anschließend gebrannt werden.

Nach der Struktur des Scherbens, der Reinheit und Mahlfeinheit der Rohstoffe teilt man keramische Baustoffe in **Feinkeramik** und **Grobkeramik** ein. Grobkeramische Erzeugnisse bestehen aus weniger fein aufbereiteten Rohstoffen als feinkeramische. **Fliesen** und **Platten** haben eine Oberfläche von mehr als 90 cm². Ist die Fläche kleiner oder gleich 90 cm², so wird die Fliese als **Mosaik** bezeichnet. **Riemchen** sind Fliesen im Rechteckformat mit dem Seitenverhältnis >3:1.

Platten für Wand- und Bodenbeläge		
Natursteinplatten	**Künstliche Platten**	
	Keramische Platten (gebrannt)	**nichtkeramische Platten (ungebrannt)**
Erstarrungsgestein	**Feinkeramik** Keramische Fliesen	**zementgebunden** Betonplatten Terrazzoplatten
Ablagerungsgestein	**Grobkeramik** Spaltplatten Bodenklinkerplatten Ziegelplatten	**bitumengebunden** Asphaltplatten
Umprägungsgestein		**magnesiumgebunden** Steinholzplatten

Übersicht über Platten

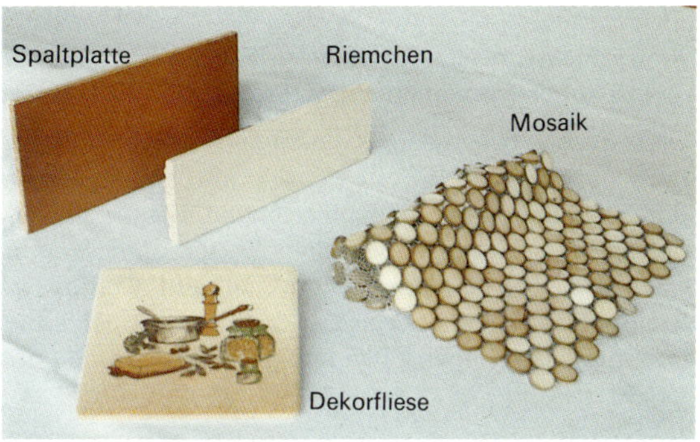

Keramische Fliesen und Platten

8.2.2 Einteilung und Maße der keramischen Fliesen und Platten

Die europäische Norm (EN) teilt die keramischen Fliesen und Platten nach ihrem Herstellungsverfahren und ihrer Wasseraufnahme in Gruppen ein (siehe Tabelle).

In der Gruppe **A** sind stranggepresste Fliesen und Platten, in der Gruppe **B** sind trockengepresste und in der Gruppe **C** sind gegossene Fliesen und Platten eingeordnet. Nach der Wasseraufnahme unterscheidet man Fliesen und Platten mit niedriger Wasseraufnahme (E≤3%, Gruppe I), mit mittlerer Wasseraufnahme (E>3%≤10%, Gruppe II) und mit hoher Wasseraufnahme (E>10%, Gruppe III).

Je niedriger die Gruppe, umso verschleißfester und belastbarer ist die Fliese bzw. Platte. Die Gruppe I gewährleistet frostbeständige Fliesen und Platten.

Formgebung	Wasseraufnahme E in M.-%			
	Gruppe I E ≤ 3 %	**Gruppe II a** E > 3 % ≤ 6 %	**Gruppe II b** E > 6 % ≤ 10 %	**Gruppe III** E > 10 %
A (stranggepresst)	**A I** (EN 121)	**A II a** (EN 186)	**A II b** (EN 187)	**A III** (EN 188)
B (trockengepresst)	**B I** (EN 176) Steinzeug	**B II a** (EN 177)	**B II b** (EN 178)	**B III** (EN 159) Steingut
C (gegossen)	**C I**	**C II a**	**C II b**	**C III**

Keramische Fliesen und Platten für Wand- und Bodenbeläge nach DIN EN 87

Maße

Es wird zwischen Nennmaß, Werkmaß und Koordinierungsmaß unterschieden. Das **Nennmaß (N)** gibt die Fliese in **cm** an, das **Werkmaß (W)** ist zugleich Herstellmaß und in **mm** angegeben, das **Koordinierungsmaß (C)** setzt sich aus Werkmaß und Fuge **(J)** zusammen und ist für die Planung von Verlegeflächen günstig. Das so genannte **modulare Maß** baut auf dem Grundmaß M = 100 mm auf, z.B. 2 M, 3 M und 5 M sowie deren Vielfache und Teilbare. Die Werkmaße berücksichtigen die jeweils erforderlichen Fugenbreiten.

Genormt sind rechtwinklige Fliesen und Platten mit mehr als 90 cm² Oberfläche.

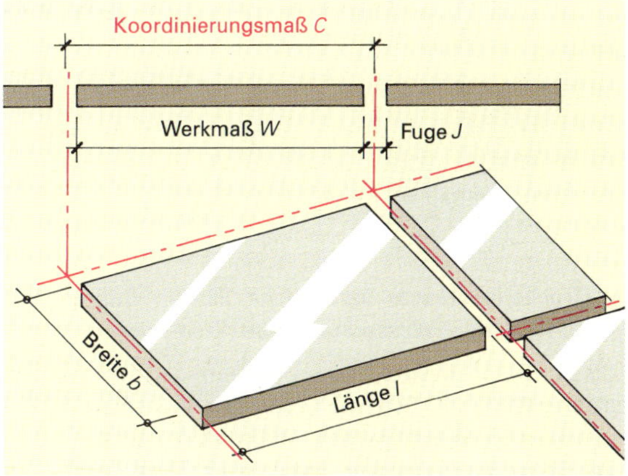

Fliesen- und Plattenmaße nach DIN EN 178

8.2.3 Trockengepresste keramische Fliesen und Platten (Feinkeramik)

Hauptrohstoffe der keramischen Fliesen und Platten sind Ton, Quarz und Feldspat. Die Rohstoffe werden durch Mahlen, Sieben, Mischen und Befeuchten aufbereitet und durch Pressen, Ziehen (Trocken- bzw. Strangpressen) oder Gießen zu Rohlingen der Fliesen und Platten geformt. Diese werden danach getrocknet und anschließend bei hohen Temperaturen gebrannt (Steingut ca. 1000 °C, Steinzeug ca. 1200 °C). Es werden Fliesen und Platten mit hoher oder niedriger Wasseraufnahme, glasiert (GL) und unglasiert (UGL) hergestellt.

- **Trockengepresste keramische Fliesen und Platten mit hoher Wasseraufnahme (Steingut)**

Diese Fliesen bestehen aus einem feinkörnigen, kristallinen und porösen Scherben, der mit einer dichten, durchsichtigen oder undurchsichtigen Glasur überzogen ist. Die Fliesen haben eine Wasseraufnahme von mehr als 10 Massenprozent (M.-%) und werden als **Steingutfliesen** bezeichnet. Der Scherben ist hellfarbig. **Irdengutfliesen** haben einen farbigen Scherben.

Arten und Eigenschaften

Nach der Glasurart werden unterschieden: **Weiß- und Elfenbeinfliesen**, **Majolikafliesen** (farbige, transparente Glasur), **Uni-Fliesen** (einfarbige Glasur), **Dekorfliesen** (Verzierung mit farbigen Mustern unter der Glasur). **Formstücke**, wie z.B. Seifenschalen und Handtuchhalter, sind Zubehörteile der Wandbekleidung; sie werden durch Gießen in Gipsformen hergestellt (Formgebung C).

Bei unbeschädigter Glasur sind Steingutfliesen wasserundurchlässig, feuchtigkeitsbeständig und leicht zu reinigen. Sie sind nicht frostbeständig, bedingt säurebeständig und daher nur für Beläge in Innenbereichen von Gebäuden geeignet.

Steingutfliesen werden nach der Güte sortiert: **1. Sortierung** und **Mindersortierung MS**. Fliesen der Mindersortierung haben erkennbare Mängel in der Oberfläche oder größere Maßabweichungen.

Trockengepresste Fliesen und Platten mit hoher Wasseraufnahme haben einen porösen, nicht widerstandsfähigen Scherben. Sie können nur für Beläge in Innenräumen verwendet werden.

- **Trockengepresste keramische Fliesen und Platten mit niedriger Wasseraufnahme (Steinzeug)**

Diese Fliesen besitzen einen feinkörnigen, kristallinen, dicht gesinterten Scherben, der eine Wasseraufnahme von höchstens 3 M.-% hat. Aufgrund der Sinterung ist der Scherben frostsicher und sehr hart. Die gesinterten Fliesen werden auch als **Steinzeugfliesen** bezeichnet.

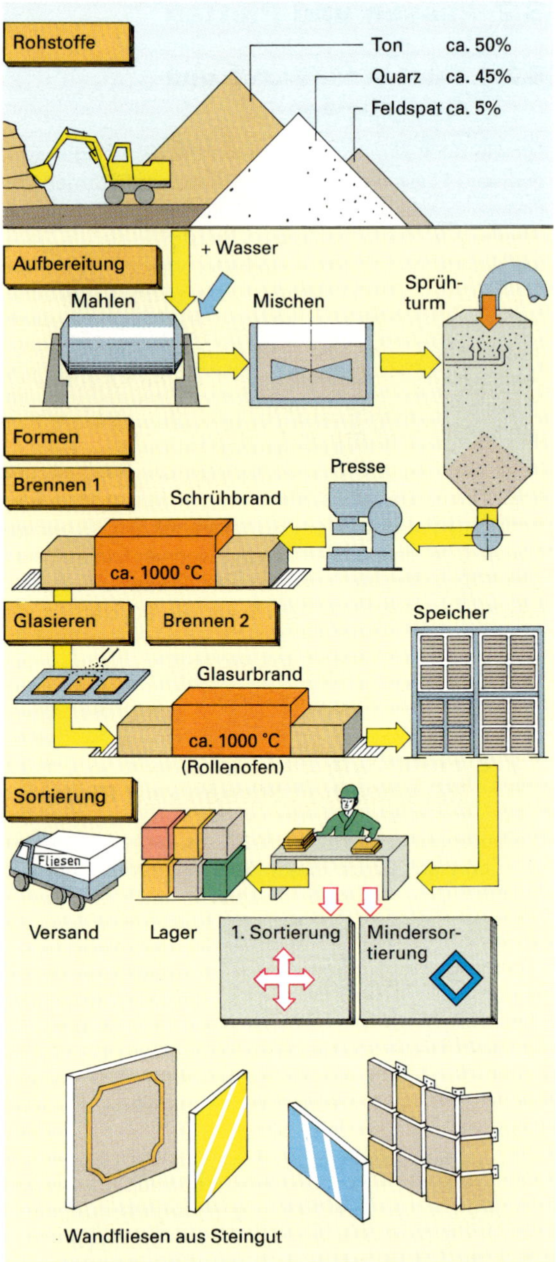

Herstellung keramischer Fliesen (Schema) am Beispiel „Zweibrandverfahren" (Speicher = Zwischenlager bei Produktionsüberhang)

Modulare Vorzugsmaße	Nichtmodulare Maße
Koordinierungsmaß (c) cm	**Nennmaß (N) cm**
M 10 × 10	15,2 × 7,6
M 15 × 15	15,2 × 15,2
M 20 × 20	21,8 × 10,8
M 20 × 10	33 × 33
M 25 × 25	30 × 30

(Modul)

Vorzugsmaße für Steingutfliesen

Arten und Eigenschaften

Steinzeugfliesen werden **unglasiert (UGL)** und **glasiert (GL)**, in Kleinformat mit einer Ansichtsfläche unter 90 cm² als **Steinzeugmosaik** und als **Riemchen** hergestellt. **Steinzeugformstücke**, wie z.B. Sockel, Rinnen und Treppenfliesen, ergänzen die Steinzeugfliesen.

Steinzeugfliesen sind frostbeständig, verschleißfest sowie säuren- und laugenbeständig. Sie werden hauptsächlich als Bodenfliesen im Innen- und Außenbereich von Gebäuden verwendet.

> Trockengepresste Fliesen mit niedriger Wasseraufnahme haben einen dichten und sehr widerstandsfähigen Scherben. Sie können auch für Beläge in Außenbereichen verwendet werden.

8.2.4 Stranggepresste Platten (Grobkeramik)

Stranggepresste Platten sind grobkeramische Erzeugnisse. Rohstoffe sind Tone mit mineralischen Zuschlagstoffen, Quarz, Feldspat, eventuell Schamotte. Die Rohstoffe werden wie bei der Ziegelherstellung zu einer plastischen Masse aufbereitet. Die Formgebung erfolgt in den Strangpressen. Dabei wird die plastische Masse durch ein Mundstück (Düse) gepresst. Je nach Form der Mundstücke entsteht entweder für **Doppelplatten** oder für **Einzelplatten** ein endloser Strang, von dem die einzelnen Plattenrohlinge abgeschnitten werden. Diese werden glasiert oder unglasiert bei etwa 1200 °C gebrannt.

Zu den stranggepressten Platten zählen keramische Spaltplatten und Formteile, z.B. Hohlkehlen und Schenkelplatten, sowie Trennwandsteine.

Keramische Spaltplatten und Einzelplatten

Spaltplatten werden als Doppelplatten geformt und nach dem Brennen in Einzelplatten gespalten (daher „Spaltplatten"). Die früher üblichen schwalbenschwanzförmigen Stege auf der Rückseite verankern die Platte fest im Mörtelbett (Dickbett). Für die vorherrschende Dünnbettverlegung verwendet man Platten mit gerillter Rückseite.

Einzelplatten werden nach dem Strangpressen bis auf etwa 5% Restfeuchte getrocknet und anschließend vorwiegend im Flachbrandofen gebrannt.

Keramische Spaltplatten haben ein dichtes Gefüge mit mittlerer Wasseraufnahme (AI≤3%, AII≤6%). Sie sind frost- und säurebeständig und weisen eine große Bruch- und Stoßfestigkeit auf. Die keramischen Spaltplatten eignen sich zur Herstellung von witterungs- und frostbeständigen Belägen im Innen- und Außenbereich.

8.2.5 Bodenklinkerplatten

Bodenklinkerplatten werden im Trockenpressverfahren geformt. Sie haben ein dichtes Gefüge mit geringer Wasseraufnahme (E≤3%) und sind daher frost- und säurebeständig sowie druck- und abriebfest. Bodenklinkerplatten werden für Bodenbeläge, z.B. für Terrassen und Balkone, verwendet.

Abriebklassen und Beanspruchung			
1	2	3	4
sehr gering	gering	mittel	stark

Bad, Schlafräume	Wohnbereich	Hallen, Dielen, Küchen	Eingang, Arbeitsräume

Abriebklassen glasierter Steinzeugbodenfliesen

Modulare Vorzugsmaße		Nichtmodulare Maße
Koordinierungsmaß (C) cm		Nennmaß (N) cm
M 10 × 10	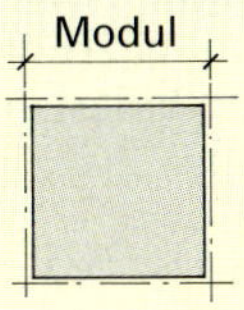	10 × 10
M 15 × 15		15 × 7,5
M 20 × 10		15,2 × 15,2
M 20 × 20		25 × 25
M 30 × 30		40 × 40

Vorzugsmaße für Steinzeugfliesen und Feinsteinzeug

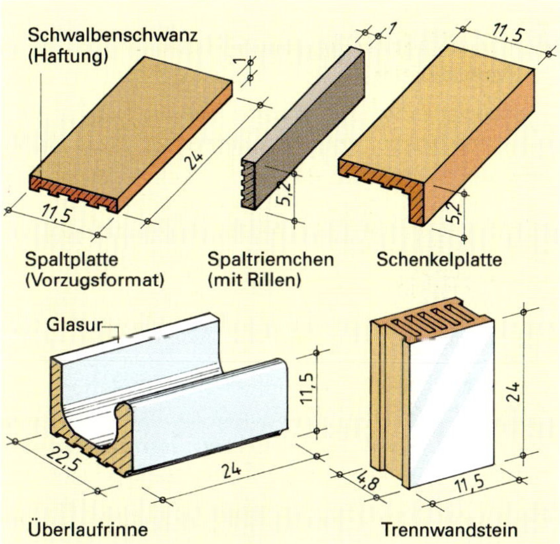

Keramische Strangerzeugnisse

Koordinierungsmaß (C) Breite × Länge (cm)		Werkmaß (W) Breite × Länge (cm)
6,25 × 25	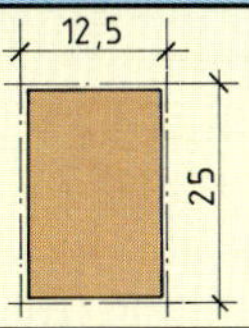	5,2 × 24
10 × 20		9,4 × 19,4
12,5 × 25		11,5 × 24
20 × 20		19,4 × 19,4
25 × 25		24 × 24

Vorzugsmaße für Spaltplatten

Vorzugsmaße (Werkmaße) cm		Dicke mm
10 × 20	25 × 25	10 bis 40
20 × 20	30 × 30	

Abmessungen von Bodenklinkerplatten

8.2.6 Bindemittelgebundene Platten

Je nach verwendetem Bindemittel unterscheidet man zementgebundene und bitumen- oder teergebundene Platten.

- **Zementgebundene Platten (Betonplatten)**

Sie bestehen aus Zement und Zuschlag, die unter Zugabe von Wasser sorgsam gemischt und verdichtet werden. Nach dem Erhärten wird die Sichtfläche werksteinmäßig behandelt, z.B. durch Schleifen, Scharrieren oder Sandstrahlen.

Es gibt **Fußbodenplatten mit Hartbetonbelag** und **Fußbodenplatten mit Terrazzobelag**. Dabei handelt es sich um Verbundplatten, die aus zwei Schichten, dem Kernbeton und dem Vorsatzbeton, bestehen. Die Vorsatzbetonschicht enthält einen harten Zuschlag, z.B. Korund oder Hartmetall. Der Terrazzobelag enthält farbigen Natursplitt. Nach dem Schleifen der Oberfläche sehen Betonwerksteine manchen Natursteinplatten ähnlich. Sie werden deshalb manchmal auch als Kunststeinplatten bezeichnet.

- **Bitumen- und teergebundene Platten (Asphaltplatten)**

Asphaltplatten werden in der Regel aus Naturasphaltmehl und Bitumen oder Teer hergestellt. Diese Platten sind verhältnismäßig gut wärme- und trittschalldämmend; sie sind jedoch nicht säurefest. Säurefeste Asphaltplatten enthalten statt Asphaltmehl Quarzmehl. Für öl- und benzinbeständige Platten wird statt Bitumen Teer als Bindemittel verwendet.

Asphaltplatten finden nur als Bodenplatten Verwendung.

Hergestellt werden **Hochdruck-Asphaltplatten** (Zuschlag Kalksteinmehl), **Homogen-Asphaltplatten** (mit säurebeständigem Zuschlag) und **Terrazzo-Asphaltplatten** (Kernschicht aus Asphalt, Deckschicht aus Terrazzo).

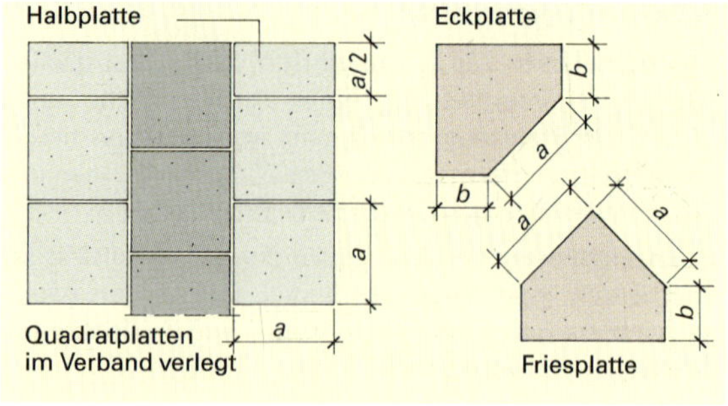

Formate der Gehwegplatten (a = 30, 40, 50 cm)

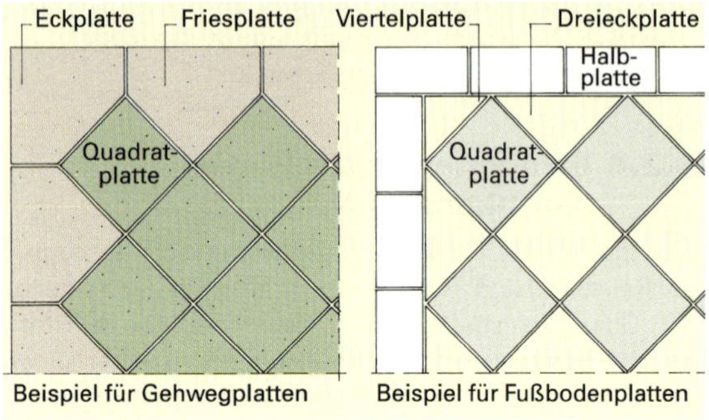

Verlegemuster für Betonplatten

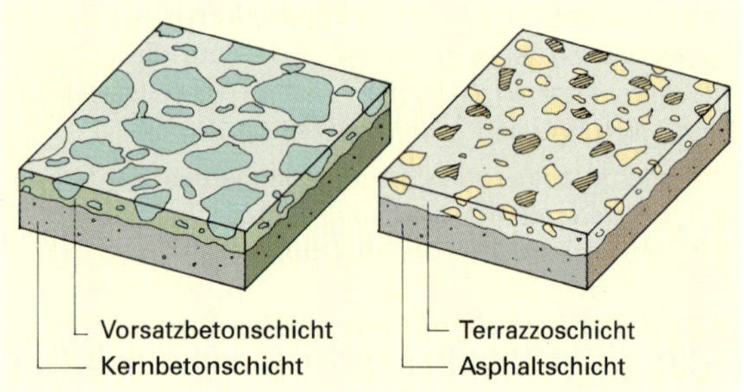

Terrazzoplatte **Terrazzo-Asphaltplatte**

Betonwerkstein ist die Bezeichnung für vorgefertigte, werksteinmäßig bearbeitete oder durch die Schalungsart besonders gestaltete Erzeugnisse aus Beton.

Zusammenfassung

Platten werden in Natursteinplatten, keramische und bindemittelgebundene Platten eingeteilt.

Fliesen sind keramische Platten.

Steingutfliesen haben einen porösen Scherben und sind nicht frost- und säurebeständig.

Steinzeugfliesen sind gesinterte Fliesen mit geringer Wasseraufnahme. Sie sind frost- und säurebeständig.

Klinkerplatten und Spaltplatten sind grobkeramische Platten mit frost- und säurebeständigem Scherben.

Betonwerksteinplatten werden ein- und zweischichtig (Kernbeton- und Vorsatzschicht) hergestellt.

Asphaltplatten bestehen aus Asphaltgesteinsmehl und Bitumen oder Teer.

Aufgaben:

1. *Unterscheiden Sie zwischen Grobkeramik und Feinkeramik. Ordnen Sie den Gruppen zu: Steingutfliesen, Spaltplatten, Dachziegel, Klinkerplatten.*
2. *Was versteht man unter Mosaik?*
3. *Geben Sie wesentliche Eigenschaften und Verwendungsmöglichkeiten an für a) Steingutfliesen, b) Steinzeugfliesen. Begründen Sie die unterschiedlichen Eigenschaften.*
4. *Erläutern Sie die Bezeichnung: Trockengepresste Fliesen und Platten, EN 159, B III, M15 cm × 15 cm (W148 mm × 148 mm), GL.*
5. *Nennen Sie vier Eigenschaften von Spaltplatten.*
6. *Beschreiben Sie den Aufbau von a) Betonwerksteinplatten, b) Terrazzoplatten.*
7. *Welche Eigenschaften haben Asphaltplatten?*

8.2.7 Ansetzen von Fliesen

Vorbereiten des Belaggrundes

Um eine gute Haftung des Ansetzmörtels zu ermöglichen, muss der Belaggrund rau, saugfähig und sauber sein. Putz- und Gipsreste, Verunreinigungen und lose Teile sind zu entfernen. Stark saugender Grund ist vorzunässen, Holz- und Stahlbauteile sind mit einem Mörtelträger zu überspannen. In jedem Fall muss der Untergrund mit einem Spritzbewurf aus Zementmörtel versehen werden. Dieser reguliert die Saugfähigkeit des Belaggrundes und vergrößert die Mörtelhaftfläche.

Jeder Belaggrund (Ansetzgrund) muss vor dem Ansetzen der Fliesen auf seine Eignung überprüft werden. Besonders zu prüfen sind Sauberkeit, Rauigkeit, Saugfähigkeit, Festigkeit, Ebenheit, Lot- und Fluchtmäßigkeit. Gegebene Mängel müssen beseitigt oder ausgeglichen werden.

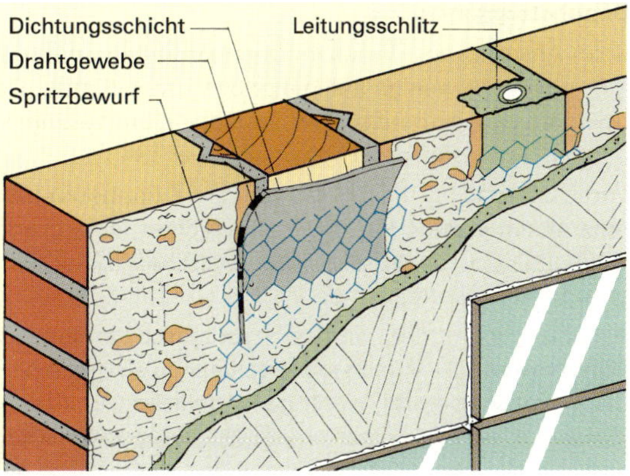

Mörtelträger über unterschiedlichem Grund

Ansetzen der Wandfliesen

Die Fliese wird mit Mörtel an die Wand angesetzt und durch leichtes Klopfen in die richtige Lage gebracht. Da die Steingutfliese aus dem Frischmörtel Wasser aufnimmt, muss sie vor dem Mörtelaufzug in Wasser getaucht werden. Dadurch wird verhindert, dass dem Mörtel zu viel Wasser entzogen wird. Es ist darauf zu achten, dass die Fliesen vollflächig mit der Wand verbunden und die Belagsfläche lot- und fluchtrecht ist.

Durch das Anklopfen mit dem Kellenstiel wird nicht nur die Fliese in die richtige Lage gebracht, sondern auch der Zementleim in die Poren des Scherbens gedrückt. Dadurch entstehen nach dem Erhärten Zementmörteldübel, die eine mechanische Verankerung zwischen Mörtel und Fliese und zwischen Mörtel und Ansetzgrund bewirken.

Keramische Wand- und Bodenbeläge werden in der Regel mit einer Fugenbreite von 2...5 mm angelegt. Die Fugenbreite hängt von der Art der Fliesen, vom Zweck und Beanspruchung des Belages und von der Art der Verfugung ab.

Mörtelauftrag auf Fliese

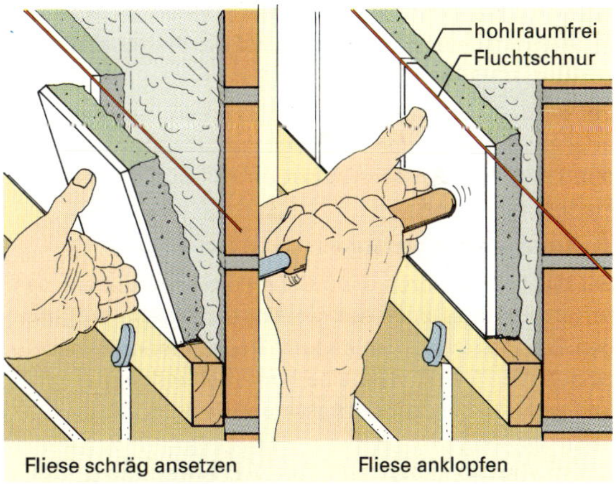

Ansetzen von Wandfliesen

Dickbettverfahren

Vom Dickbettverfahren spricht man, wenn die Fliesen im dicken Mörtelbett angesetzt bzw. verlegt werden. Das Mörtelbett für Fliesen soll mindestens 10 mm und im Mittel 15 mm dick sein.

Als **Ansetzmörtel für Wandfliesen** ist Zementmörtel im Mischungsverhältnis von 1:5...1:6 Raumteilen günstig. Es darf nur Normzement verwendet werden. Die Zugabe von Kalk ist nur bei Verarbeitung von Solnhofener Platten gestattet. Der Sand muss gemischtkörnig sein (0...4 mm) und darf keine Verunreinigungen enthalten. Der Ansetzmörtel muss vor dem Verarbeiten gründlich durchgemischt sein.

Als **Verlegemörtel für Steinzeugfliesen** ist Zementmörtel im Mischungsverhältnis 1:4...1:6 Raumteilen günstig.

Ansetzmörtel für :	Zement : Sand
Steingut-Wandfliesen	1 : 5 .... 1 : 6
Steinzeugfliesen	1 : 4 .... 1 : 6
Spaltwandplatten	1 : 4 .... 1 : 4,5
Spritzbewurf	1 : 2,5 3

Mischungsverhältnisse in Raumteilen

Im Dickbettmörtel werden die Fliesen im vollen Mörtelbett angesetzt und angeklopft.

Dünnbettverfahren

Beim Ansetzen der Fliesen im Dünnbettverfahren ist das Mörtelbett nur wenige Millimeter dick (max. 6 mm). Dabei kann ein hydraulisch erhärtender Dünnbettmörtel oder ein Kunststoffkleber verwendet werden.

Voraussetzung für die Anwendung des **Dünnbettverfahrens** ist ein ebener, lot- und waagerechter Untergrund. Unebenheiten können durch den Dünnbettmörtel nicht ausgeglichen werden.

Als Dünnbettmörtel werden **hydraulisch erhärtende Dünnbettmörtel** (kunststoffvergüteter Zementkleber), **Dispersionsklebstoffe** (wässrige Fertigkleber) und **Reaktionsharzkleber** (Zweikomponentenkleber-Kunstharz und Härter) verwendet. Man wählt den Kleber nach seiner Eignung für die Art des Klebegrundes und die zu erwartende Beanspruchung des Belages.

Es können verschiedene Dünnbettverfahren angewendet werden.

a) Auftragen des Klebemörtels auf den Ansetzgrund (Floating-Verfahren)

Dabei wird zunächst mit der Glättekelle eine dünne Klebemörtelschicht aufgetragen. Danach wird das eigentliche Dünnbett mit der Zahnspachtel aufgetragen bzw. aufgekämmt. Durch die Zahntiefe und den Anstellwinkel beim Kämmen (etwa 45°...60°) wird die richtige Rillentiefe geschaffen. Die Fliesen werden anschließend schräg zur Kämmung eingeschoben und kräftig angedrückt oder leicht angeklopft. Es darf nur so viel Dünnbettmörtel vorgezogen werden, dass die Fliesen stets im frischen Dünnbett eingedrückt werden.

b) Auftragen des Klebemörtels auf die Plattenrückseite (Buttering-Verfahren)

Bei diesem Verfahren lassen sich Platten mit unebener oder stark profilierter Rückseite gut ansetzen. Anwendung zum Beispiel beim Ansetzen von Spaltplatten und Platten mit Noppen.

c) Kombiniertes Verfahren

Bei diesem Verfahren wird Klebemörtel sowohl auf den Ansetzgrund als auch auf die Plattenrückseite aufgetragen. Die Platten werden dadurch im Dünnbett vollflächig eingebettet. Damit wird eine hohe Haftwirkung erreicht und zugleich die Druckfestigkeit des Belages erhöht.

Wichtige Voraussetzung für die Anwendung des Dünnbettverfahrens ist ein ebener, lot- und waagerechter Ansetzgrund. Dünnbettmörtel müssen genau nach den Herstellerangaben angemischt und verarbeitet werden.

Zusammenfassung

Vor Verlegearbeiten ist der Belaggrund sorgfältig vorzubereiten.

Der Untergrund für Dünnbettmörtel muss eben, lot- bzw. waagerecht sein.

Zum Ansetzen und Verlegen von Fliesen ist Zementmörtel zu verwenden.

Dünnbettmörtel sind Klebemörtel.

Auftragen des Klebers auf den Untergrund

Eindrücken der Fliese in das Klebebett

Mörtelaufzug auf Untergrund und Fliese

Aufgaben:

1. *Warum muss der Untergrund vor den Verlegearbeiten sorgfältig vorbereitet werden?*
2. *Geben Sie die üblichen Vorbereitungsarbeiten an.*
3. *Welche Aufgaben hat Spritzbewurf?*
4. *Was versteht man unter „Dünnbettverfahren"?*
5. *Beschreiben Sie*
   a) das Floating-Verfahren,
   b) das Buttering-Verfahren,
   c) das kombinierte Verfahren.
6. *Geben Sie zu diesen Verfahren je ein Anwendungsbeispiel an und begründen Sie dies.*

8.2.8 Ziegel und Platten für die Dachdeckung

Das Dach besteht aus Dachkonstruktion und Dachhaut. Die Dachdeckung bildet die Dachhaut. Sie bietet Schutz vor Niederschlägen und Sturm. Die Dachdeckungswerkstoffe müssen wasserundurchlässig und witterungsbeständig sein.

Dachdeckungswerkstoffe

Zum Eindecken geneigter Dachflächen werden Dachziegel, Betondachsteine, Dachplatten, Wellplatten und Schieferplatten verwendet. Zur Dacheindeckung werden die Ziegel oder die Platten so verlegt, dass sie sich schuppenartig überdecken. Dadurch wird eine regenundurchlässige Dachhaut gebildet, auf der das Wasser bei geneigten Dächern schnell abgeleitet wird. Die vielen so verlegten Ziegel und Platten nehmen auch Windstöße und Verkehrserschütterungen des Bauwerkes elastisch auf.

Dachziegel sind keramische Platten, die aus Lehm, Ton oder tonigen Massen hergestellt werden. Sie werden als Strangdachziegel oder Pressdachziegel geformt. Nach dem Trocknen erhalten die Formlinge durch Brand ihre endgültige Form, Farbe und Härte. Im Lauf der Jahrhunderte haben sich – regional unterschiedlich – viele Formen und Formate entwickelt. Dachziegel sind witterungs- und frostbeständig. Sie sind naturfarben, engobiert (mit aufgetragener Tonschlämme, die beim Brand eine bestimmte Farbe annimmt) und glasiert im Handel.

Pressdachziegel werden mit der Stempelpresse geformt und haben eine Kopf- und Seitenverfalzung. Beispiele: Falzziegel, Reformpfannen, Krempziegel.

Strangdachziegel werden mit der Strangpresse hergestellt und haben keine Verfalzung oder nur Seitenverfalzung. Beispiele: Hohlpfannen, Biberschwanzziegel und Strangfalzziegel.

Dachziegel müssen vor allem wetterbeständig sein. Sie dürfen keine Risse haben und müssen frei von Bestandteilen sein, die eine Verwitterung fördern, wie z.B. Kalkteile. Sie müssen beim Anschlagen hell klingen, dürfen kein Wasser durchlassen und sollen möglichst wenig Wasser aufnehmen.

Betondachsteine werden aus hochwertigem Spezialbeton (mit Farbpigmenten) hergestellt. Sie sind vollständig durchgefärbt und in fast allen „Ziegelfarben" (Rot-Braun-Farben) sowie in Grautönen und in Schwarz lieferbar. Sie sind in ihrer Form den Dachziegeln ähnlich, haben jedoch größere Abmessungen.
Betondachsteine haben keinen Kopffalz. Nach der Ausführung des Längsfalzes werden Platten mit **tief liegendem Längsfalz** und Platten mit **hoch liegendem Längsfalz** (Falz liegt über der ableitenden Fläche) unterschieden.

Betondachsteine werden mit Mittelwulst (Doppelrömerform) gewellt und mit ebener Oberfläche hergestellt. Sie sind witterungs- und frostbeständig.

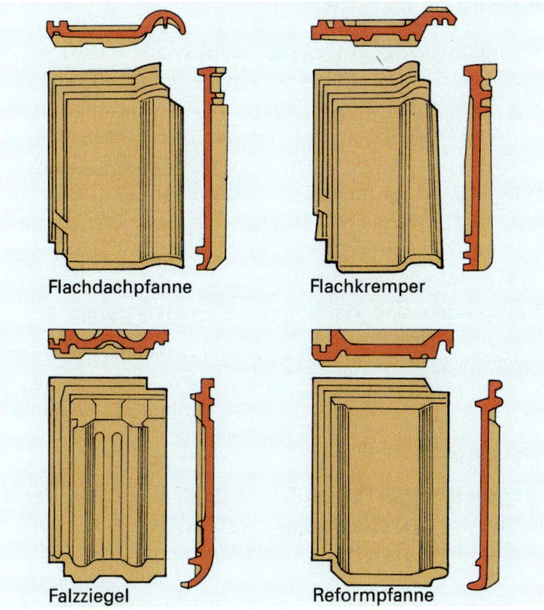

Pressdachziegel

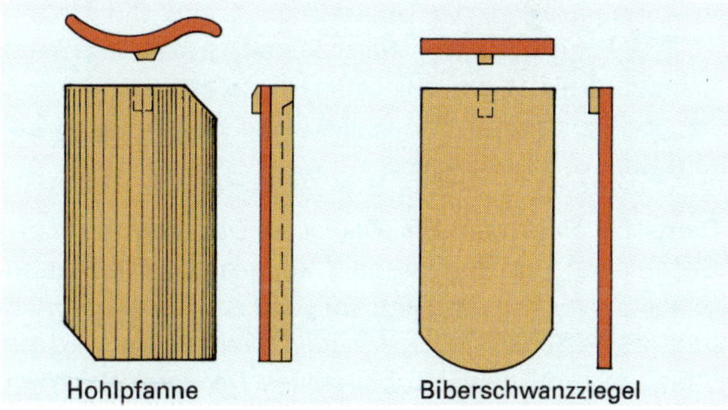

Strangdachziegel

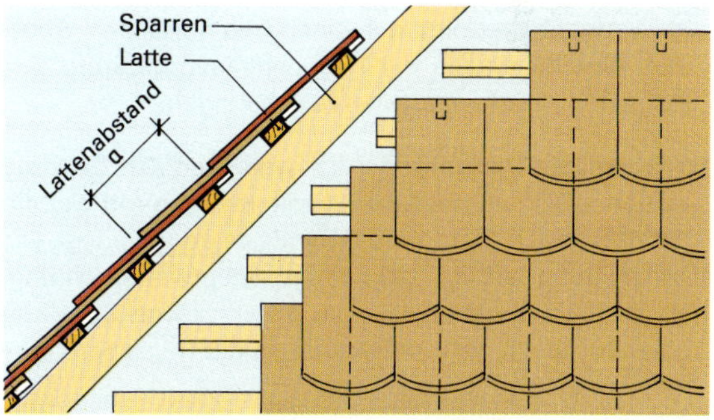

Biberschwanzziegeldeckung (Doppeldeckung)

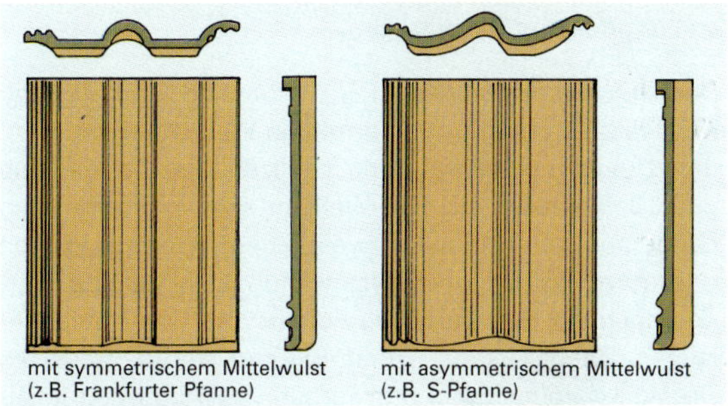

Betondachsteine

Dachplatten, Wellplatten

Dachplatten und Wellplatten werden aus Faserzement hergestellt. Faserzement ist ein Verbundwerkstoff aus mit Fasern bewehrtem Zement. Als „Bewehrungsfasern" werden heute meist nicht mehr Asbestfasern, sondern im Hochbaubereich ausschließlich synthetische organische Fasern (aus Polyvinylalkohol oder Polyacrylnitril) verwendet (s. auch Abschnitt 7.2.3). Faserzement ist im erhärteten Zustand witterungsbeständig, frostsicher und nicht brennbar.

Dachplatten sind kleinformatige Deckelemente, die in Vorzugsgrößen hergestellt werden. **Wellplatten** sind großformatige, biegesteife Tafeln.

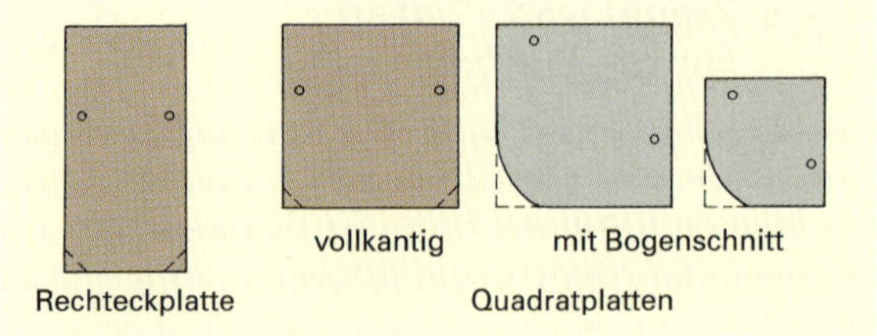

Faserzementplatten: Dach- und Wandplatten, Vorzugsformen

Deckungsarten

Doppeldeckung: Für die Doppeldeckung werden Rechteckplatten und Quadratplatten mit vollen oder gestutzten Ecken verwendet. Die Gebinde verlaufen parallel zur Traufe. Dabei sind die Plattenreihen jeweils um eine halbe Plattenbreite gegeneinander versetzt. Die dritte Reihe überdeckt noch die erste. Je steiler das Dach ist, desto geringer kann die Überdeckung sein. Die Höhenüberdeckung beträgt je nach Plattenformat und Dachneigung 6 bis 12 cm. Als Unterkonstruktion wird in der Regel eine Lattung vorgesehen. Die Dachneigung soll mindestens 25° betragen.

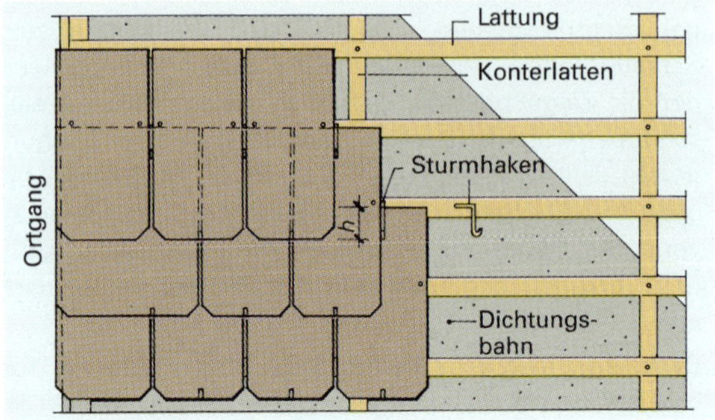

Doppeldeckung

Deutsche Deckung: Die Deutsche Deckung wird aus Dachplatten mit Bogenschnitt ausgeführt. Die Plattenreihen (Gebinde) verlaufen steigend zur Hauptwindrichtung. Bei Dächern mit geringer Dachneigung wird die Steigung groß gewählt, bei steilen Dächern ist sie gering. Höhen- und Seitenüberdeckung der Platten betragen je nach Plattengröße und Dachneigung 6 bis 12 cm. Die Verlegung erfolgt auf einer geschlossenen Schalung, gegebenenfalls mit Dachbahnenvordeckung. Die Dachneigung soll mindestens 25° betragen.

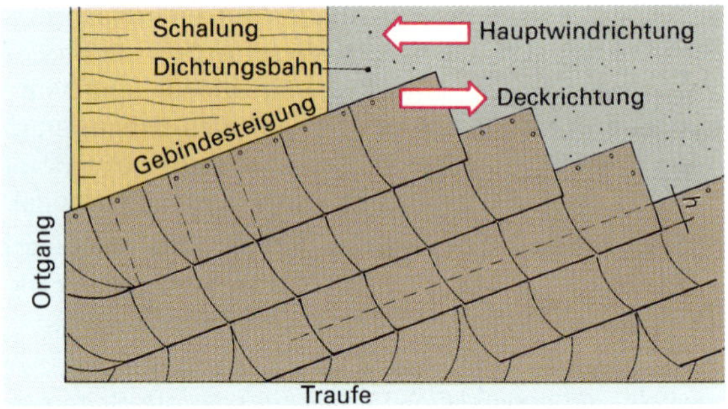

Deutsche Deckung, Schiefer oder Faserzementplatten

Waagerechte Deckung: Bei der waagerechten Deckung werden die Platten ebenfalls mit Höhen- und Seitenüberdeckung, jedoch ohne Gebindesteigung verlegt. Die Deckrichtung erfolgt gegen die Hauptwetterrichtung. Als Unterkonstruktion ist eine geschlossene Schalung möglich, jedoch nicht notwendig. In der Regel wird eine horizontale Lattung vorgesehen.

Die Höhen- und Seitenüberdeckung (6 bis 12 cm) nimmt mit zunehmender Dachneigung ab. Die Dachneigung soll mindestens 30° betragen.

	Profil 5 Maße in mm	Kurzwellplatten Maße in mm
Wellenzahl	5	6
Wellenhöhe	51	51
Plattenbreite	920	1097
Plattenlänge	1250 1600 2500	625 830

Formate von Faserzement-Wellplatten

Deckung mit Wellplatten: Für die Dachdeckung werden Kurzwellplatten und großformatige Wellplatten verwendet. Durch das Wellenprofil besitzen die Platten eine gute Biegesteifigkeit. Die Wellplatten werden je nach Länge auf Latten (nur Kurzwellplatten) oder auf Pfetten oder direkt auf Beton befestigt. Zur Dachdeckung werden auch die erforderlichen Formstücke wie Traufzahnleisten, Giebelleisten, Trauffußstücke u.a.m. geliefert. Die Wellplatten sind in drei Farben (dunkelgrau, dunkelbraun und ziegelrot) lieferbar.

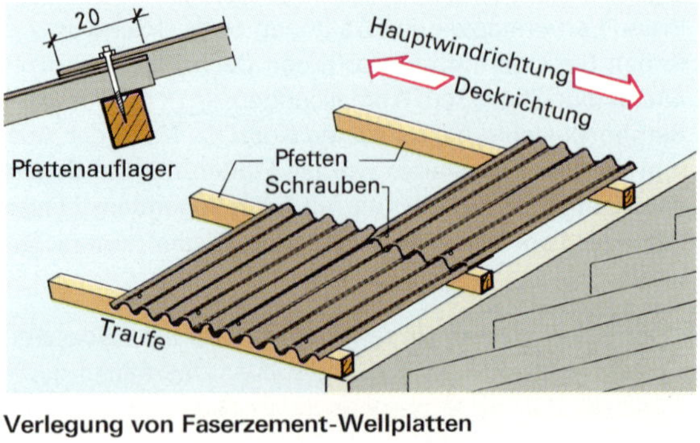

Verlegung von Faserzement-Wellplatten

8.2.9 Außenwandbekleidungen

Aufgaben

Außenwände werden meist aus hochwärmedämmenden Wandbaustoffen (z.B. Hohlblocksteine aus Leichtbeton, Hochloch- und Langloch-Leichtziegel) hergestellt. Diese Baustoffe müssen wegen ihres Saugvermögens wirksam gegen Niederschlagswasser geschützt werden. Mineralischer Außenputz ist bei einschaligen Außenwänden die wirtschaftlichste Form der Außenbekleidung.

Werden Außenwände stark durch Schlagregen beansprucht, sollten diese Wände mit einer **hinterlüfteten Fassade** versehen werden. Der Begriff „Fassade" bedeutet so viel wie Außenseite, Schauseite des Gebäudes. Zu den ursprünglichen Aufgaben, wie Schutz vor Regen, Kälte, Sonne und Wind und architektonischer Gestaltung, kamen Brandschutz- und Schallschutzaufgaben sowie Schutz vor Beanspruchung und Belastung durch Schadstoffe der Umwelt hinzu.

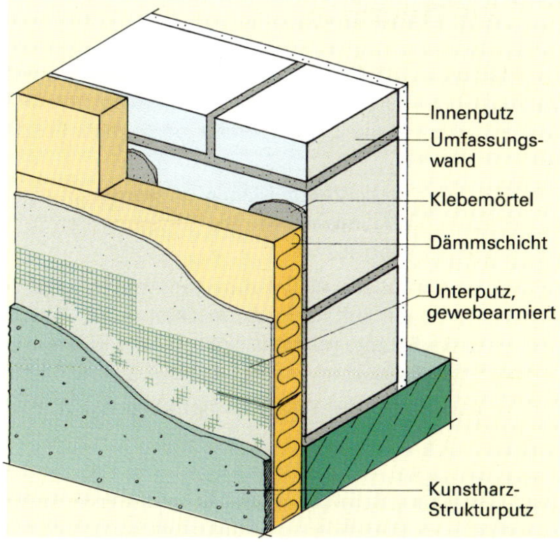

Außenwandbekleidung, z.B. Wärmedämmverbundsystem mit Kunstharzputz

Hinterlüftete Wandbekleidung

Diese Konstruktion besteht aus einer äußeren Bekleidungsschicht und der tragenden Außenwand (in der Regel Mauerwerk oder Holzkonstruktion), wobei beide Bauteile durch eine durchgehende Luftschicht voneinander getrennt sind. Durch die Luftschicht wird die Fassade hinterlüftet. Dadurch wird Kondenswasserbildung hinter der Bekleidungsschicht vermieden und eventuell eingedrungene Feuchtigkeit über Lüftungsöffnungen (unten und oben) abgeleitet. Das Wärmedämmvermögen der Außenwand bleibt erhalten.

Durch zusätzlich aufmontierte Dämmschichten wird der Wärme- und Schallschutz der Außenwand verbessert. Zwischen Außenbekleidung und Dämmschicht muss stets eine mindestens 2 cm dicke Luftschicht verbleiben.

Für die Konstruktion einer hinterlüfteten Fassade werden Faserzementplatten, Holzschindeln, gehobelte und ungehobelte Bretter, Naturschiefer und Leichtmetallbleche verwendet. Die Außenbekleidung aus Faserzementplatten und Holz wird auf Unterkonstruktionen (Konterlattung oder Metallkonstruktion) montiert. Verbindungsteile aus Metall müssen korrosionsbeständig sein.

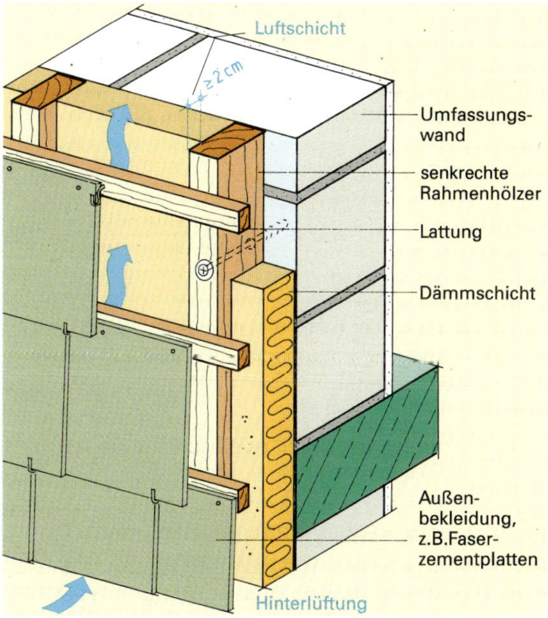

Hinterlüftete Fassade

Zusammenfassung

Dachdeckwerkstoffe müssen witterungsbeständig sein. Durch ihre schuppenartige Verlegung entsteht eine regenundurchlässige Dachhaut.

Faserzement ist ein Verbundwerkstoff aus Kunststofffasern und Zement.

Bei der hinterlüfteten Fassadenbekleidung ist die Bekleidungsschicht von der tragenden Hinterwand durch eine durchgehende Luftschicht getrennt.

Die Werkstoffe für die Außenbekleidungen müssen witterungsbeständig sein.

Aufgaben:

1. *Welche Ziegel- und Plattenerzeugnisse werden für Dachdeckungen verwendet?*
2. *Geben Sie Beispiele an für a) Pressdachziegel, b) Strangdachziegel.*
3. *Beschreiben Sie folgende Deckungsarten: Doppeldeckung, waagerechte Deckung.*
4. *Beschreiben Sie den Aufbau einer hinterlüfteten Fassadenbekleidung.*
5. *Warum wird durch die Hinterlüftung der Fassade Tauwasserbildung vermieden?*

8.3 Luftfeuchte

Feuchte Luft ist ein Gemisch aus Luft und Wasserdampf. Die Aufnahmefähigkeit der Luft für Wasserdampf hängt von der Lufttemperatur ab. Je höher die Lufttemperatur, desto mehr Feuchte kann die Luft aufnehmen.

Luft kann nur eine begrenzte Menge Wasserdampf aufnehmen, die so genannte **Sättigungsmenge**. Die Sättigung der Luft hängt von der Temperaturhöhe ab.

Luftfeuchte schlägt sich nieder, d. h., der Wasserdampf der Luft kondensiert, wenn die Luft im Raum feuchter wird (Übersättigung der Luft) oder die Raumtemperatur sinkt. Dieses **Kondenswasser** zeigt sich als Schwitzwasser an Fensterscheiben, Wänden und Decken.

Die Temperatur, bei der Wasserdampf kondensiert, wird **Taupunkt** genannt.

Schimmelbildung in Raumecke

Kondenswasser (Schwitzwasser) ist hygienisch gefährlich, verschlechtert das Raumklima und führt häufig zu Schimmelbildung. Eine Gegenmaßnahme ist die Zufuhr von Außenluft, deren Feuchtegehalt meist geringer ist. Oft tritt Kondenswasser in das Mauerwerk ein und mindert dessen Wärmedämmung. Wände aus Leichtbetonsteinen bieten in dieser Hinsicht Vorteile, weil sie eine gute Wärmedämmung besitzen.

Das Verhältnis der tatsächlich **vorhandenen Luftfeuchte** zur Sättigungsmenge heißt **relative Luftfeuchte**. Sie wird in Prozent angegeben.

$$\text{Relative Luftfeuchte} = \frac{\text{vorhandene Feuchte}}{\text{Sättigungsmenge}} \cdot 100\ (\%)$$

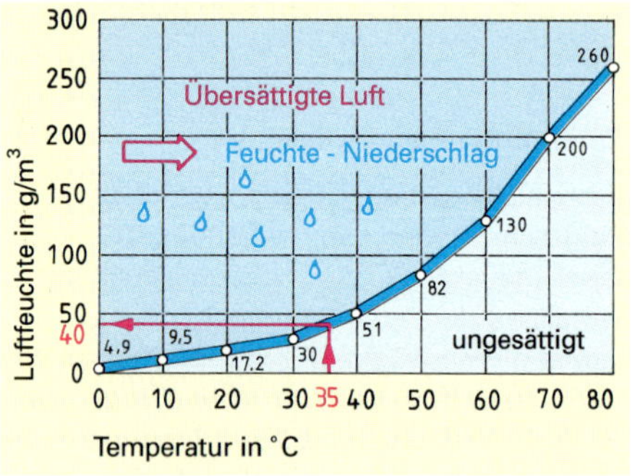

Feuchtegehalt der Luft, Sättigungskurve

Zur Bestimmung der relativen Luftfeuchte, die in starkem Maße von der Lufttemperatur abhängig ist, gibt es Feuchtemesser (Hygrometer). Die durchschnittliche relative Luftfeuchte während eines Jahres liegt in Deutschland bei 70%.

In neu errichteten Gebäuden ist die Luftfeuchte durch das Ausscheiden von Wasser beim Abbinden und Erhärten von Mörtel und Beton sehr groß. Die Feuchte kann durch Beheizung oder Zufuhr weniger feuchter Luft (Außenluft) verringert werden.

In bewohnten Räumen wird zusätzlich Wasserdampf durch Atmung, Hautverdunstung, Heizung und Reinigung erzeugt. Wird der **Wasserdampfdruck** zu hoch, erschwert er die Körperwasserverdunstung beim Menschen durch die Hautporen, es entsteht ein Schwülegefühl. Zufuhr von Außenluft schafft Abhilfe. Richtige Luftfeuchte in Räumen ist sowohl für den Aufenthalt von Menschen als auch für einwandfreie Lagerung verschiedenartigster Güter erforderlich (s. Kap. 12 „Holz").

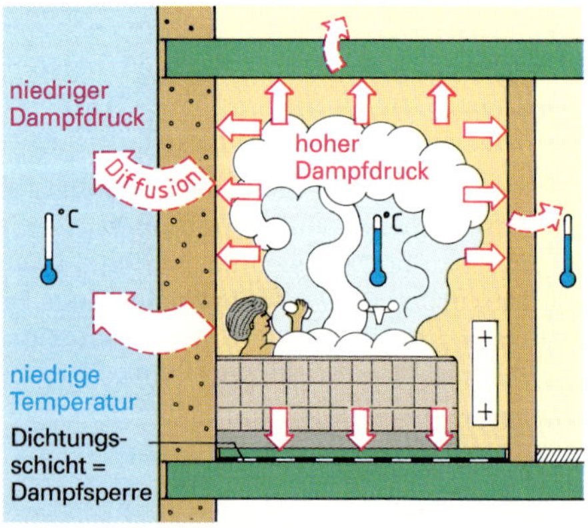

Wasserdampf durchdringt Bauteile (Diffusion)

Der Wasserdampf dringt durch die Poren der Bauteile, wenn in einem Raum ein wesentlich höherer Dampfdruck herrscht als außerhalb des Raumes. Diese Durchdringung fester Stoffe nennt man **Diffusion**. Die Diffusion des Dampfes höherer Temperatur erfolgt stets in Richtung kühlerer Räume beziehungsweise der Außenluft.

Ungenügender Wärmeschutz der Bauteile oder allzu hohe Luftfeuchte in Räumen ergeben oft Tauwasserbildung auf der Innenoberfläche dieser Räume. Bauschäden sind die Folge. Sie können durch entsprechende Dämmmaßnahmen nach DIN 4108 und genügend intensive Lüftung unterbunden werden. Küchen und Bäder sind in dieser Hinsicht besonders gefährdet.

Das Verhältnis der vorhandenen Luftfeuchte zur Sättigungsmenge heißt relative Luftfeuchte.

Der Taupunkt ist die Temperatur, bei der Wasserdampf zu Tau kondensiert.

Wasserdampfdiffusion ist die Wanderung des Wasserdampfes durch poröse Bauteile infolge Dampfdruck- und Temperaturgefälle.

8.4 Grundlagen der Wärme

Bauten werden errichtet, um Menschen und Material vor Witterungseinflüssen (Wärme, Kälte, Regen) zu schützen, Dabei spielt die Wärme eine sehr wichtige Rolle. Sie wird uns von der Sonne als natürliche Quelle, aber auch durch künstliche technische Einrichtungen gespendet.

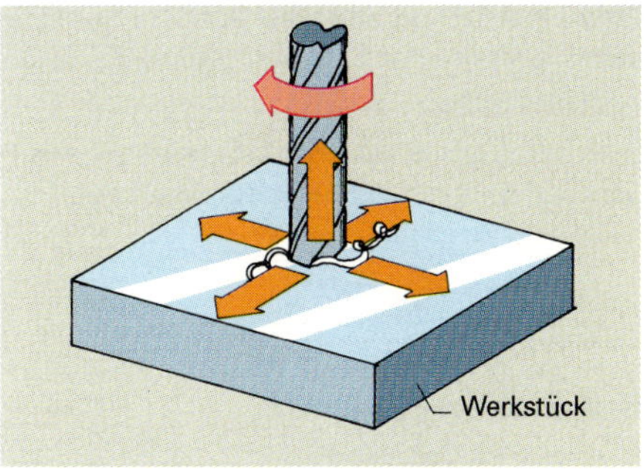

Wärmeerzeugung: mechanisch durch Reibung

8.4.1 Entstehung der Wärme

Versuche: Hände kräftig aneinander reiben. Draht mehrmals an derselben Stelle hin und her biegen. Holz, Metall, Stein bohren oder sägen.

Beobachtung: Hände erwärmen sich. Draht erwärmt sich an der Biegestelle. Bohrer und Sägeblatt erhitzen sich stark.

Ergebnis: Reiben und Biegen sind mechanische Arbeit. Zwischen Wärme und mechanischer Arbeit besteht ein enger Zusammenhang.

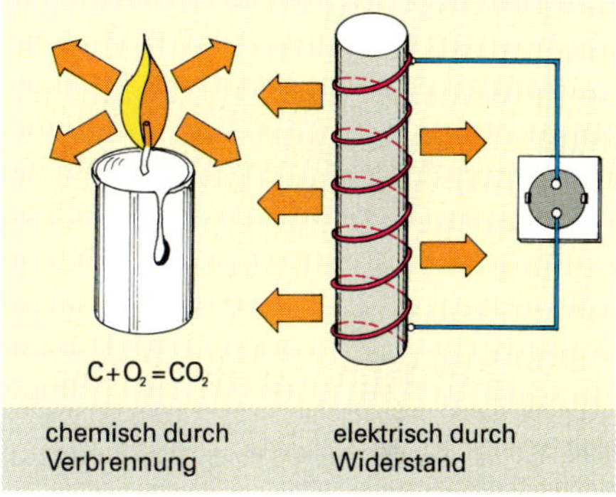

Wärmeerzeugung

Wärme entsteht:

a) bei **mechanischen** Vorgängen (siehe Versuche),

b) bei **chemischen** Vorgängen wie Verbrennung (Oxidation) von Holz, Kohle, Benzin und Gas,

c) bei **elektrischen** Vorgängen, wenn z.B. Strom durch Widerstandsdrähte fließt (elektrischer Heizofen, Tauchsieder usw.).

Mit Wärme kann auch **Arbeit** verrichtet werden. Dies geschieht z.B., wenn erhitzte Gase sich ausdehnen. Wird Wärme einem Topf Wasser zugeführt, bis das Wasser verdampft, so kann der entstehende Dampf den Deckel hochheben, d.h. **mechanische Arbeit** verrichten. Wärme lässt sich in mechanische Arbeit verwandeln und umgekehrt (Dampfmaschine, Kompressor eines Kühlschranks).

Wasserdampf entwickelt Energie (Druck)

Auch bei Verbrennungsmotoren, z.B. beim Automotor, wird durch Verbrennung von Benzin Wärmeenergie in mechanische Energie umgewandelt. Die Fähigkeit, Arbeit zu verrichten, bezeichnet man als **Energie**.

Wärme ist eine Form der Energie.

Wärme kann auch als **Bewegungsenergie der Moleküle** bezeichnet werden. Die verschiedenen Bewegungsarten der Moleküle bei Wärmeeinfluss sind in Kap. 7.1.1 dargestellt.

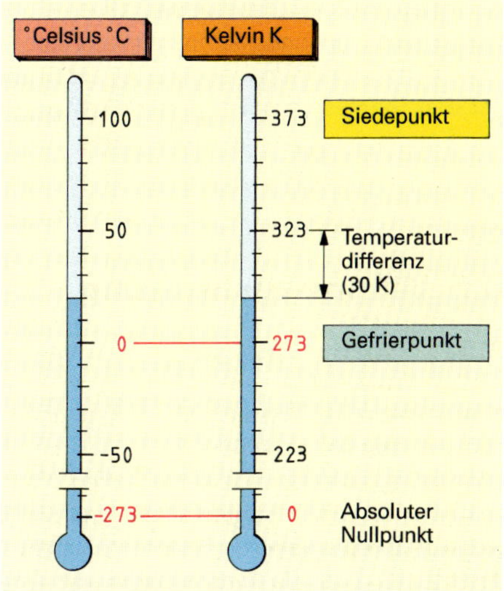

Temperaturmessung:
Vergleich zwischen Grad Celsius und Kelvin

8.4.2 Temperatur

Unter Temperatur versteht man den Wärmezustand eines Körpers. Die Messung der Temperatur geschieht mit einem Thermometer. Dabei wird die Ausdehnung flüssiger und fester Stoffe genutzt. Quecksilber und Alkohol dehnen sich gleichmäßig aus. Sie werden deshalb bei Flüssigkeitsthermometern verwendet. Die gesetzlichen Einheiten sind Kelvin (K) und Grad Celsius (°C), wobei lt. DIN 4108 Kelvin bevorzugt werden soll.

Die Kelvin-Temperaturskala geht vom absoluten Nullpunkt (–273 °C) aus. Die Werte der Temperaturunterschiede sind dagegen in beiden Einheiten gleich.

Bei Grad Celsius wird der Gefrierpunkt des Wassers mit 0 Grad und der Siedepunkt mit 100 Grad bezeichnet.

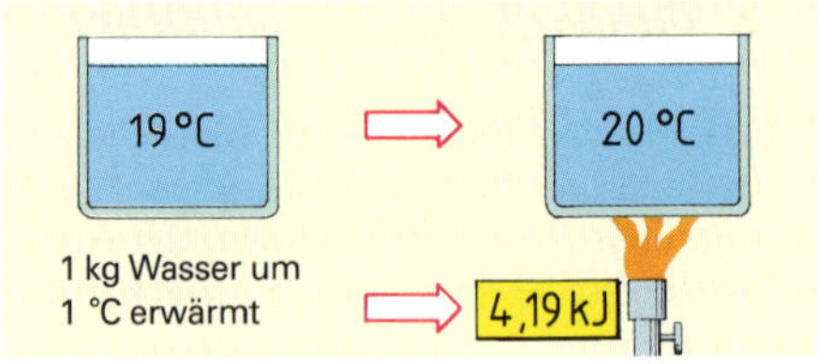

Einheit der Wärmemenge

8.4.3 Wärmemenge

Bringt man einen Körper mit einem wärmeren in Berührung, wird die Temperatur des kälteren gesteigert. Wärme geht also vom wärmeren auf den kälteren Körper über.

> Die Einheit für Wärmemenge ist Joule (J) [sprich dschul].
> Im Bauwesen wird **Ws** bzw. **kWh** verwendet.
> 1 J = 1 Ws; 1 kWh = 1000 Wh; 1 kWh = 3600 kJ

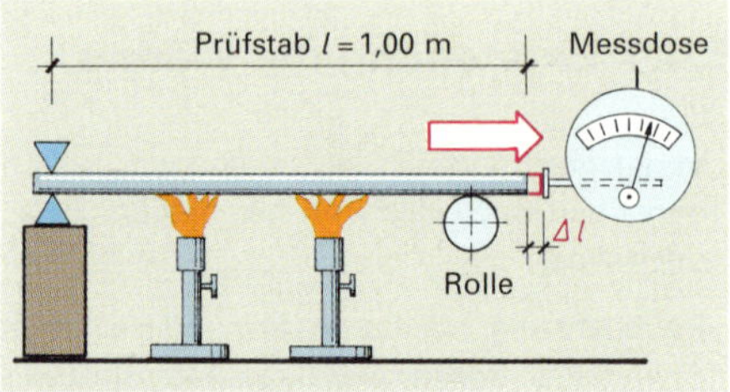

Messen der Längenausdehnung durch Erwärmen

8.4.4 Ausdehnung durch Wärme

Alle festen Baustoffe dehnen sich beim Erwärmen aus. Je mehr Wärme einem festen Stoff zugeführt wird, umso schneller bewegen sich seine Stoffteilchen und benötigen dadurch mehr Raum. Dies gilt für feste, flüssige und gasförmige Stoffe. Bei Wärmeentzug, also Abkühlung, ziehen sich die Stoffe zusammen. Die Ausdehnung ist bei verschiedenen Stoffen unterschiedlich groß.

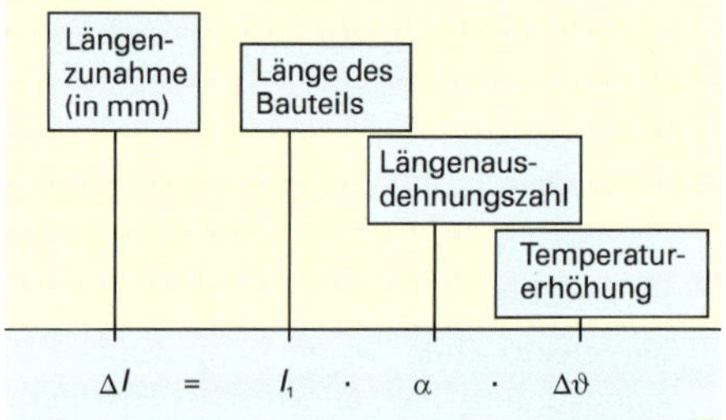

Berechnung der Längenausdehnung (s. S. 299)

> Bei Erwärmung eines Körpers geraten die Stoffteilchen in erhöhte Schwingungsbewegung; damit entsteht ein vergrößerter Schwingungsraum, d.h. eine Volumenvergrößerung.

Baustoffe	Längendehnungszahl α (in mm/m · Kelvin)
Holz	0,003
Ziegel	0,005
Beton	0,011
Stahl	0,012
Kupfer	0,016
Aluminium	0,024
PVC, PE	0,08

Vergleich der Längenausdehnungszahlen

Bei größeren Betonflächen oder längeren Mauerwerkskörpern müssen **Dehnfugen** angebracht werden. Sind Werkstoffe unterschiedlicher Wärmeausdehnung fest miteinander verbunden, entstehen Bauschäden durch Rissebildung. Diese Gefahr besteht z.B. bei der Blechabdeckung einer Betonkragplatte über einer Eingangstür oder einer Fenstersohlbank. Hier stoßen Blech und Putz meist aufeinander. Bei Stahlbeton spielt dieser Umstand keine Rolle, weil Beton und Stahl nahezu gleiche Ausdehnung haben.

8.5 Wärmeausbreitung

8.5.1 Wärmeströmung (Konvektion)

Wärmeströmung entsteht bei vorhandenen Temperaturunterschieden. Als Träger der Wärme sind bewegte Flüssigkeitsteilchen oder Gase nötig. Wärmere Teilchen haben eine größere Ausdehnung, sind weniger dicht, damit leichter und steigen nach oben. An ihre Stelle treten die kälteren Teile. Es entsteht eine Bewegung. Leicht bewegliche Stoffteile transportieren also Wärme.

Auf dieser Wirkung beruhen Zentralheizungen, offene Kamine, Abluftschächte und Einzelofenheizungen.

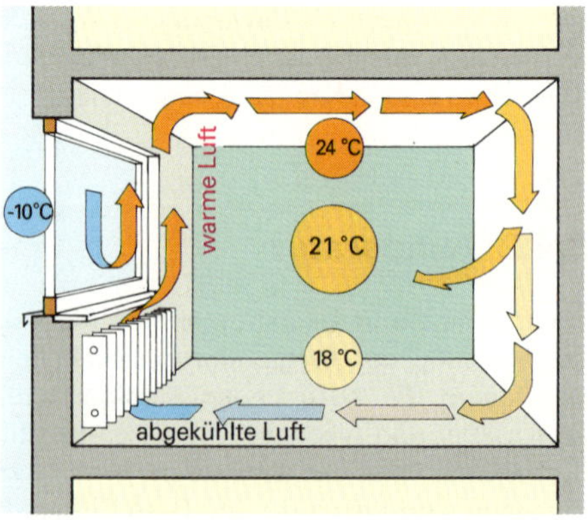

Strömung der Raumluft bei Raumheizkörper

8.5.2 Wärmestrahlung

Ein erhitzter Körper gibt Wärme, ähnlich den Lichtstrahlen, an die Umgebung ab. Die Sonnenstrahlen durchdringen den luftleeren Weltraum und geben bei Auftreffen auf die Erde Wärme ab. Die Wärmeaufnahme hängt von der Beschaffenheit der Oberfläche des Körpers ab. Dunkle und raue Körper nehmen mehr von der Wärmestrahlung auf als helle und glatte. Diese reflektieren den größeren Teil der Strahlung. Werden bei nebenstehendem Versuch blankes Aluminium und ein dunkler, rauer Putz der Strahlung durch eine Heizsonne ausgesetzt, so zeigt der dunkle, raue Putz eine höhere Temperatur.

Die Stärke der Abstrahlung hängt von der Beschaffenheit und Farbe der strahlenden Fläche ab. Die Wärmeaufnahme ist bei dunklen und rauen Körpern höher. Wärmestrahlung ist Wärmeübertragung ohne Bindung an die Materie.

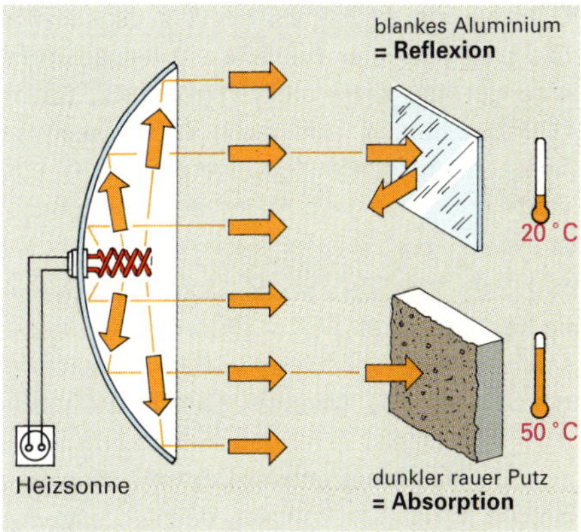

Wärmestrahlung und ihre Wirkung

8.5.3 Wärmeleitung

Bei **festen Stoffen** wird Wärme von Teilchen zu Teilchen weitergegeben, ohne dass die Teilchen den Ort verlassen. Die Weiterleitung hängt von der Art des Stoffes ab. Dichte Stoffe, wie Stahl und Kupfer, leiten besser als leichte, porige. Durchfeuchtete Bauteile leiten die Wärme besser als trockene. Wasser in den Poren von Stoffen mindert die **Wärmedämmfähigkeit** stark.

Gase sind besonders schlechte Wärmeleiter. Darauf beruht die Wärmedämmung bei Lufträumen (z.B. Doppelfenster). Die Luftschicht behindert den Wärmedurchgang in starkem Maße. Die geringste Wärmeleitung hat das Vakuum (Thermosflasche). Stoffe mit schlechter Wärmeleitung sind als **Dämmstoffe** geeignet. Dies gilt insbesondere für porige, lockere und leichte Stoffe, die Luftporen enthalten.

Die **Wärmeleitfähigkeit** wird durch die Wärmeleitzahl λ (lambda) bestimmt. Die Einheit ist W/m · K.

Die Wärmeleitfähigkeit eines Baustoffes gibt an, welche Wärmemenge (J) in einer Sekunde (s) durch die Fläche von 1 m² einer 1 m dicken Schicht eines Baustoffes bei einer Temperaturdifferenz der beiden Oberflächen von 1 Kelvin hindurchgeleitet wird.

Rohdichte in kg/dm³	Baustoffe	Wärmeleitfähigkeit λ in W/m · K
2,5	Normalbeton	2,1
2,1	Zementmörtel	1,4
1,2	Gipsputz	0,7
0,8–2,0	Lochziegel	0,4–0,6
0,5–0,8	Porenbeton	0,22–0,29
0,7–1,2	Gipskartonplatten	0,21
0,4–0,6	Nadelholz	0,13
0,1–0,2	Dämmstoffe	0,03–0,04

Wärmeleitfähigkeit einiger Baustoffe

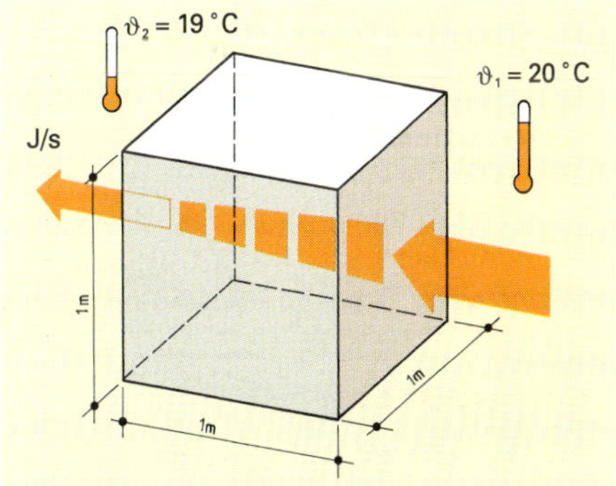

Die Einheit der Wärmeleitung durch einen Stoff

8.6 Wärmedämmung

Die Behaglichkeit einer Wohnung hängt in hohem Maße von der Raumtemperatur ab. Sie sollte, besonders im Winter, gleichmäßig und anhaltend sein. Ein beheizter Raum gibt Wärme über Wände, Decke, Fußboden und Dach ab. Die Baustoffe und Konstruktionen sollten das Abfließen der Wärme verhindern. Infolge der teuren und knappen Heizenergie genügt nicht nur der in DIN 4108 geforderte Mindestwärmeschutz, sondern zusätzliche Maßnahmen müssen die gewünschte Temperatur in Wohnräumen, mit möglichst niedrigen Wärmeverlusten, garantieren. So werden z.B. bei Außenwänden zweckmäßigerweise Leichtziegel, Hochlochsteine oder Porenbetonsteine verwendet. Betonwände und insbesondere Kellerdecken und Decken unter Dachräumen müssen mit Dämmschichten versehen werden, um ein Abfließen der Wärme so gering wie möglich zu halten. Wärmeverluste durch Fenster sind beträchtlich. Auch hier sind geeignete Konstruktionen (z.B. Doppelverglasung) nötig.

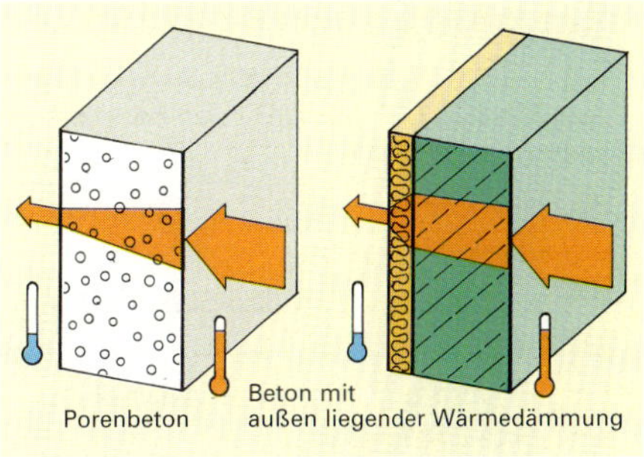

Wärmedämmung von Außenwänden

Dämmstoffe sollen durch ihre Eigenschaften die Wärmedämmfähigkeit einzelner Bauteile verbessern. Wärmedämmstoffe weisen eine geringe Wärmeleitfähigkeit auf. Sie müssen witterungs- und fäulnisbeständig und nach Möglichkeit Wasser abweisend sein. Schaumkunststoffe (Polystyrolschaum) und mineralische Faserstoffe (z.B. Glas- und Steinfasern) sind besonders wirksame Dämmstoffe.

Auf dem Hintergrund des zunehmenden Abbaus der Ozonschicht sollte heute auf FCKW-(fluorchlorkohlenwasserstoff-)haltige Hartschaumstoffe verzichtet werden. Ersatzstoffe sind verfügbar und gleichwertig. Bei Mineralfasern ist auf die gegenwärtige Diskussion über eine Krebs erzeugende Wirkung von Faserstäuben hinzuweisen, die aus Mineralfaser-Dämmstoffen freigesetzt werden können. Solche Mineralien müssen deshalb „staubarm" eingebaut werden. Offene Dämmschichten sollten mit Kunststofffolien abgedichtet werden.

8.7 Wärmespeicherung

Von einer Wohnung wird ein ausgeglichenes Innenraumklima erwartet. Dies hängt neben anderem auch weitgehend von der Wärmespeicherfähigkeit ihrer Wände ab. Nicht jeder Baustoff speichert Wärme gleich gut. Dichte, feste Stoffe mit einer großen Masse, wie Beton oder Steine, speichern Wärme besser als porige, leichte Stoffe. Erwärmt eine Raumheizung Wände (aus Beton oder dichten Steinen), so wird die Wärme von den Wänden langsam aufgenommen und gespeichert, dann ebenso langsam wieder an die Raumluft abgegeben. An diesem Vorgang sind die den Raum umschließenden Bauteile beteiligt. Die Außendämmung einer Wohnungswand verhindert den Abfluss von Heizenergie und fördert die Wärmespeicherung.

Bei **Außendämmung** erwärmt sich die Raumluft bei Heizbeginn langsam, bei Heizende kühlt sie sich ebenso langsam ab. Außendämmung ist bei Räumen anzuwenden, die ständig bewohnt werden, z.B. in Wohnhäusern, Altenheimen, Krankenhäusern.

Bei **Innendämmung** dagegen erwärmt sich die Raumluft bei Heizbeginn rasch und kühlt sich bei Heizunterbrechung auch wieder rasch ab. Innendämmung kann deshalb dort vorgesehen werden, wo Räume nur kurzfristig benutzt werden und somit schnell aufzuheizen sind, wie z.B. bei Vortragsräumen und Konzertsälen.

Zusammenfassung

Wärme entsteht bei mechanischen, chemischen und elektrischen Vorgängen.

Wärme ist eine Form der Energie.

Temperatur ist der Wärmezustand eines Körpers. Die gesetzlichen Einheiten sind Kelvin (K) und Grad Celsius (°C).

Baustoffe dehnen sich mehr oder weniger bei Wärmeeinwirkung aus. Dies ist bei der Wahl der Baustoffe und bei Konstruktionen zu berücksichtigen.

Wärmeströmung entsteht bei Temperaturunterschieden in Flüssigkeiten oder Gasen.

Wärmestrahlung ist Wärmeübertragung ohne Bindung an die Materie.

Es gibt gute und schlechte Wärmeleiter. Schlechte Wärmeleiter sind gute Dämmstoffe.

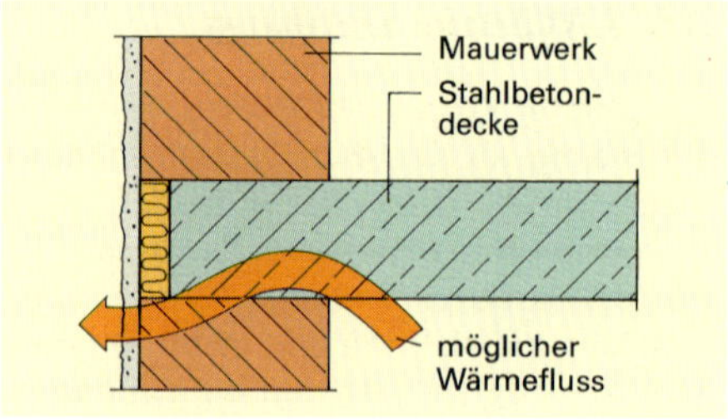

Dämmung einer Stahlbetondecke

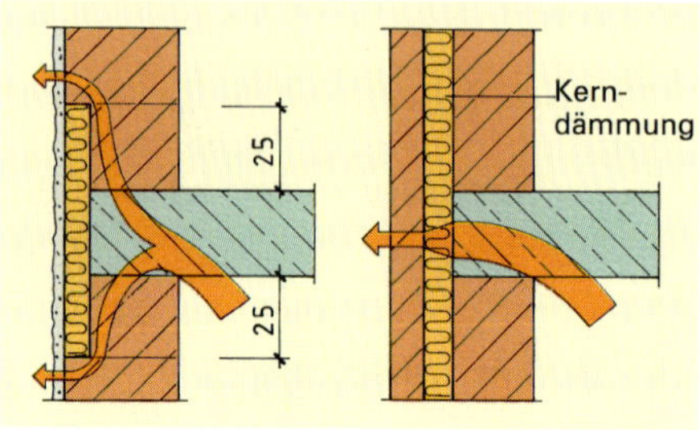

Verbesserung der Wärmedämmung

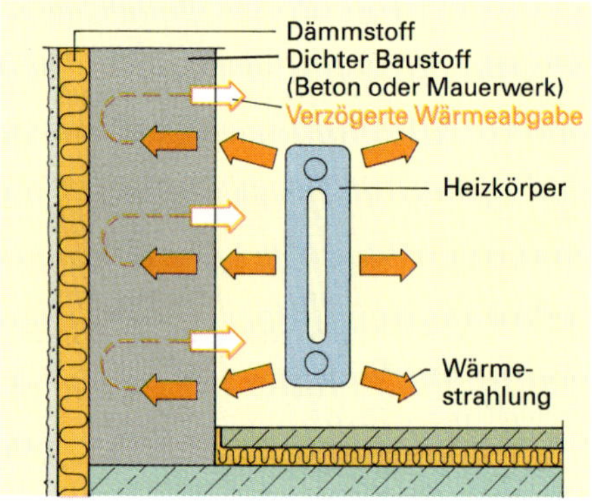

Wärmespeicherung bei Außenwand mit Wärmedämmung

Aufgaben:

1. *Bei welchen Vorgängen wird Wärme erzeugt?*
2. *Welcher Zusammenhang besteht zwischen Wärme und mechanischer Arbeit?*
3. *Was versteht man unter Bewegungsenergie der Moleküle?*
4. *Erläutern Sie die Wirkungsweise des Thermometers.*
5. *Was versteht man unter Wärmemenge und welches ist die Einheit?*
6. *Warum wird in der Zentralheizung Wärme durch Wasser transportiert?*
7. *Von welchen Faktoren hängt bei Wärmestrahlung die Wärmeaufnahme eines Körpers ab?*
8. *Führen Sie a) gute Wärmeleiter, b) schlechte Wärmeleiter auf.*
9. *Welche Faktoren beeinflussen die Wärmeleitung?*

8.8 Grundlagen des Schalls

8.8.1 Entstehung des Schalls

Versuch: Eine Stimmgabel wird zuerst leicht, dann **stark** angeschlagen und jeweils an ein lose aufgehängtes Pendel gehalten.

Beobachtung: Im ersten Falle zeigt das Pendel leichte Ausschläge, während beim zweiten Mal die Stimmgabel einen Ton erzeugt und das Pendel schneller und stärker angeschlagen wird.

Ergebnis: Durch die Hin- und Herbewegung der Stimmgabelenden entstehen in der Luft – wie auch beim Pendel – Schwingungen.

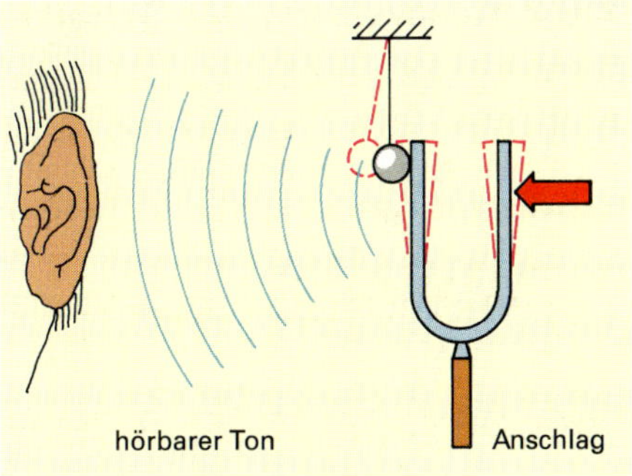

Stimmgabel in Schwingung

Wird bei einer Pendelreihe die erste Kugel angestoßen, wird dieser Stoß von Kugel zu Kugel bis zur letzten weitergegeben. Derselbe Vorgang findet auch in der Luft bei den Luftteilchen statt. Es entstehen Luftverdichtungen und -verdünnungen. Man nennt sie **Schwingungen**.

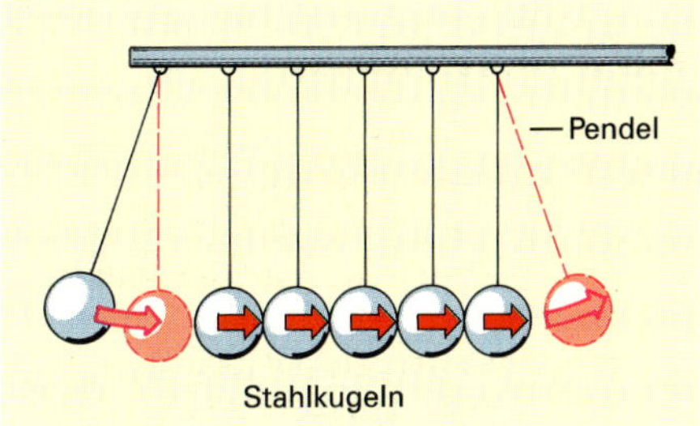

Stoßdurchgang bei Pendelreihe

Schall entsteht durch Verdichtung und Verdünnung der Luft. Hieraus ergeben sich Schwingungen und Schallwellen.

Der Schall breitet sich von der Schallquelle als Schallwellen nach allen Seiten aus und wird bei bestimmter Geschwindigkeit für das Ohr als Ton hörbar. Schwingungen, Schallwellen und Ton stehen in einem Zusammenhang.

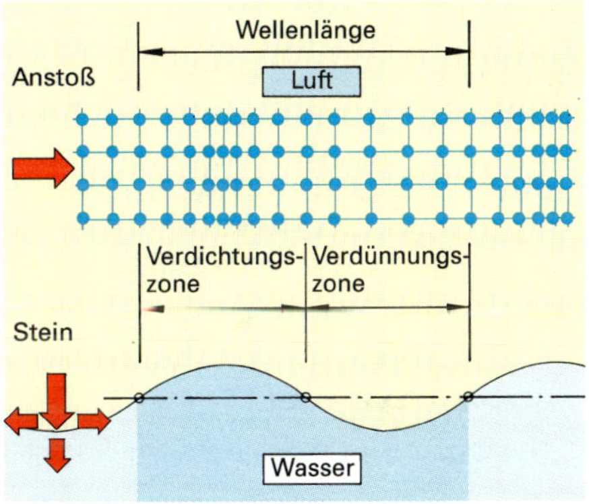

Wellen in Luft und Wasser

Die Anzahl der Schwingungen in der Sekunde heißt Frequenz. Die Einheit ist Hertz (Hz). 1 Hz = 1 Schwingung/s.

Im Gegensatz zur Wärme benötigt der Schall zur Ausbreitung einen Stoff als Träger. Die Fortpflanzung in den einzelnen Stoffen ist verschieden groß.

Geräusch ist ein Schall, der aus verschiedenen Teiltönen zusammengesetzt ist.

Unter **Schalldruck** versteht man den Wechseldruck, der durch die Schallwelle in Gasen oder Flüssigkeiten hervorgerufen wird. Er überlagert sich dem statischen Druck (z.B. dem atmosphärischen Druck der Luft). Einheit: Pascal (1 Pa ≙ 10 µbar).

Der **Schalldruckpegel** berücksichtigt nicht nur die Druckschwankungen (dB), sondern auch die **Tonhöhen**. Dies entspricht eher dem Lautempfinden unseres Ohres. Er ist ein Maß für die Stärke eines Geräusches und wird in Dezibel (Kurzzeichen dB) angegeben. Die Messung in der Einheit dB ist sehr kompliziert und nur mit größtem Aufwand möglich. Es wurde deshalb als Näherungswert für das menschliche Gehörempfinden der **A-Schalldruckpegel** eingeführt. Er hat die Einheit dB(A).

Geräusch	A-Schallpegel in dB (A)
ruhiger Raum, nachts	10–20
ruhiger Raum, tags	25–30
leise Sprache	50
normale Sprache	60
Zimmerlautstärke	60–70
Verkehrslärm	70–80
Hauptverkehrsstraße	80–90
Betonwerk, Rütteltisch	90–110
Disko	90–110
Presslufthammer	100–120
Schmerzschwelle	120

Schallpegel verschiedener Geräusche

8.8.2 Ausbreitung des Schalls

Schall, der sich in der Luft ausbreitet, wird nach DIN 4109 als **Luftschall** bezeichnet.

Schall, der sich in festen Stoffen, z.B. Stahlbeton, Mauerwerk, Installationsleitungen, ausbreitet, wird **Körperschall** genannt.

Bei Begehen von Decken, Bewegen von Möbeln auf Decken oder ähnlichen Schallanregungen an Decken entsteht der **Trittschall**.

Man unterscheidet Luftschall, Körperschall, Trittschall.

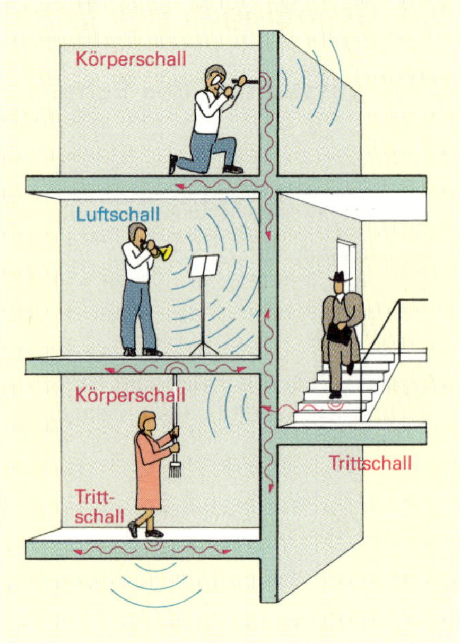

Erzeugung und Ausbreitung der Schallarten

8.8.3 Schallschutz

Durch die Technisierung in unserer Umwelt sind wir einer Vielzahl von Schalleinwirkungen ausgesetzt. Um uns dagegen zu schützen, sind Maßnahmen nötig, die sich einerseits gegen die **Schallentstehung** und andererseits gegen die **Übertragung von Schall** von einer Schallquelle zum Hörer richten. Im ersten Falle bedarf es **Schalldämmmaßnahmen** an der Schallquelle, um die Ausbreitung des Schalls zu mindern. Beispiele dafür sind die mit einem Dämmmantel versehenen Maschinen und Geräte auf der Baustelle, wie Kompressoren und Presslufthämmer. Daneben gibt es Geräusche, wie Verkehrslärm u.Ä., bei denen der einzelne Mensch die **Schallquelle** nicht beeinflussen kann. In unseren Wohnungen sind wir häufig dem Verkehrslärm ausgesetzt. Diese Schallübertragungen werden durch Schalldämmmaßnahmen wie Doppel- oder Dreifachverglasung der Fenster, entsprechenden Wandaufbau aus Baustoffen mit hoher Dichte, großer Masse, geringer Elastizität und besondere Konstruktionen, wie zweischalige Wände und „schwimmende" Estriche auf Decken, bekämpft. Dadurch kann die Schalleinwirkung erheblich gemindert werden.

Schalldämmmaßnahmen werden entweder an der Schallquelle oder in den Räumen eines Gebäudes durchgeführt.

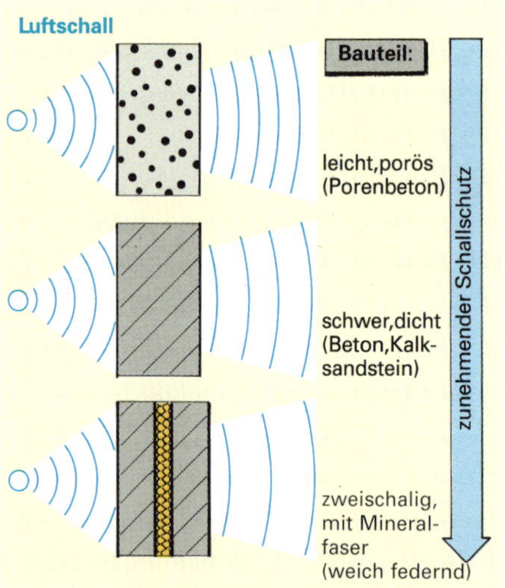

Schallschutz verschiedener Wandbauarten

Befinden sich Schallquelle und Hörer im gleichen Raum (Fertigungsraum, Großbüro u.Ä.), kann der Schallschutz durch **Schallschluckung** (Absorption) erreicht werden. Man versucht den Schall zu **mindern**, um den Aufenthalt im Raum erträglich zu machen. Wände und Decken werden mit porösen oder gelochten Schallschluckplatten versehen. Der Schall dringt in die Öffnungen ein, vermindert sich darin, wie nachstehende Zeichnung zeigt, oder läuft sich im günstigen Falle sogar „tot". Auch störender Nachhall kann dadurch wesentlich vermindert werden.

Den gleichen Vorgang finden wir bei Neuschnee. Der Schall tritt in die lose aneinander gefügten Schneekristalle ein und wird zum Teil verschluckt.

Unter Schallschluckung versteht man die Verminderung von Schallenergie bei der Reflexion (Zurückwerfung) an Begrenzungsflächen eines Raumes oder an Gegenständen.

Schallschluckplatten an Wänden und Decken verbessern die Schallabsorption.

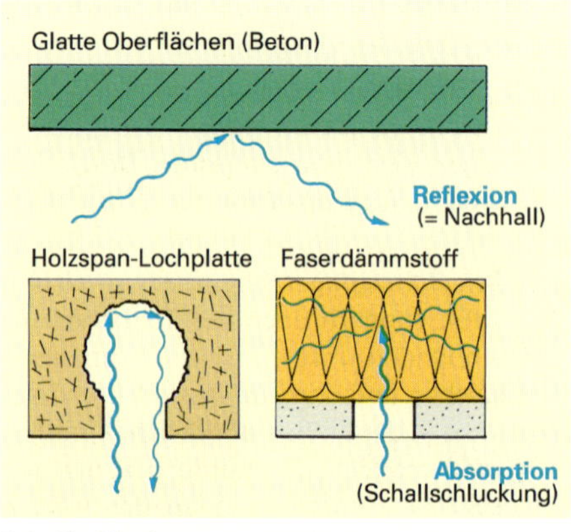

Schallschluckung

8.9 Mauerwerk aus künstlichen Steinen

Mauerwerksbau hat große Bedeutung im Baugeschehen, insbesondere im Wohnungsbau. Durch fachgerechtes Vermauern geeigneter künstlicher Mauersteine können günstige bauphysikalische Eigenschaften erzielt werden. In der Wirtschaftlichkeit ist Mauerwerksbau anderen Bauverfahren gleichwertig. Für rationelles Mauern ist die **Maßordnung im Hochbau** von besonderer Bedeutung.

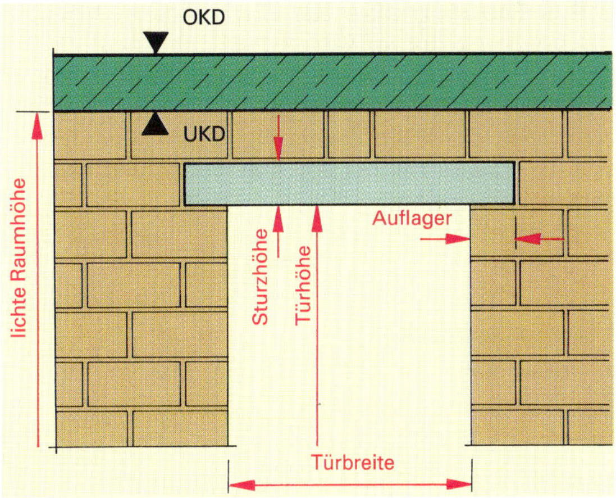

Mauer- und Sturzmaße nach der Maßordnung im Hochbau (z.B. 2DF)

8.9.1 Maßordnung im Hochbau

Die Maßordnung im Hochbau geht von der Längeneinheit 1 m = 100 cm aus, die für den Rohbau in vier Reihen von **Richtmaßen** (Baunormmaße) unterteilt ist. Durch die Teiler 4, 8, 12 und 16 ergeben sich die Richtmaße **25 cm**, **12 1/2 cm**, **8 1/3 cm** und **6 1/4 cm**. Diese Richtmaße sind Grundlage für die Abmessungen von Bausteinen und Baufertigteilen.

Es hat sich als zweckmäßig erwiesen, das **Achtelmeter** (**12,5 cm**, Kurzzeichen **am**) als Baumaßeinheit zu benutzen. Es entspricht dem Kopfmaß, mit dem Mauerlängen, -dicken und -höhen berechnet werden. Das **Kopfmaß** (**1 am** = 12,5 cm) setzt sich aus einer Steinbreite von 11,5 cm und der Fugendicke von 1 cm zusammen.

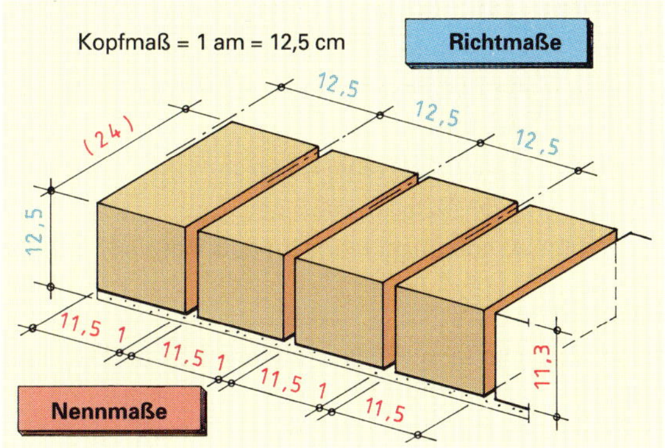

Das Achtelmeter als Kopfmaß

Wird die Maßordnung im Hochbau bei der Planung und Ausführung von Mauerwerk beachtet, kann Arbeitszeit und Verlust an Material (Bruchabfall durch Schlagen von Steinen) vermieden oder verringert werden. Sind vorgefertigte Bauteile (z.B. Türstürze) im Mauerwerk einzubauen, sollen sie in ihren Abmessungen ebenfalls dem Maßsystem entsprechen, so dass sie ohne zusätzliche Stemmarbeit eingebaut werden können.

> Die Maßordnung im Hochbau ist Grundlage für die Abmessungen von Bausteinen und Bauteilen. Sie ermöglicht Kosten sparendes Bauen.

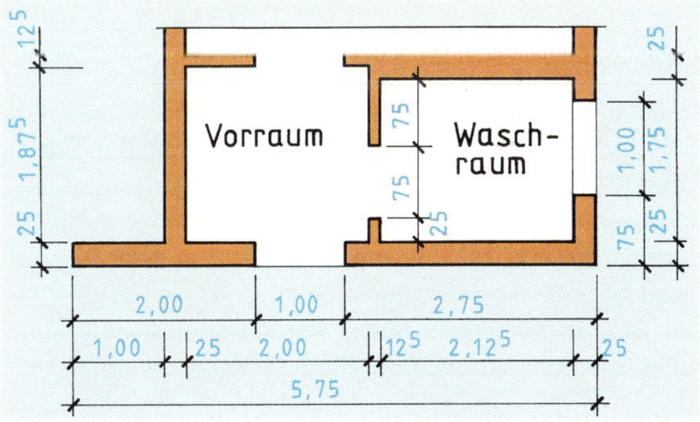

Baurichtmaße, z.B. in Entwurfszeichnungen (Maße in m und cm)

8.9.2 Baurichtmaß – Baunennmaß

Die abgebildeten Bezeichnungsausschnitte (Teilpläne) enthalten Maße nach der Maßordnung im Hochbau. Es sind Baurichtmaße und Baunennmaße.

Die **Baurichtmaße** bauen sich auf dem Grundmaß 25 cm auf, das in Teilen oder ganzen Vielfachen zur Anwendung kommt. Es sind theoretische Maße für die Planung, nach denen sich die eigentlichen Baumaße richten, damit sie zusammenpassen. Beispiele für Baurichtmaße: 12,5 cm, 25 cm, 37,5 cm, 50 cm.

Nennmaße sind die wirklichen Maße der Bauteile, die in Ausführungszeichnungen (Werkplänen) angegeben werden. Sie errechnen sich aus den Baurichtmaßen zuzüglich oder abzüglich der Fugendicken. Beispiele für Nennmaße: 11,5 cm, 24 cm, 38,5 cm, 49 cm.

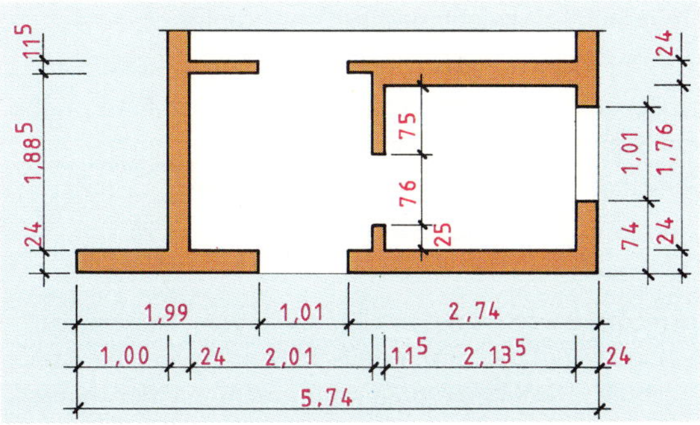

Nennmaße (= Baumaße) in Ausführungszeichnungen (s.S. 375)

8.9.3 Mauermaße für Bauzeichnungen

In Ausführungszeichnungen werden Nennmaße eingetragen. Da alle Steinformate genormt und auf die Baunormmaße der Maßordnung abgestimmt sind, lassen sich die Mauermaße mit den Kopfmaßen und den Fugenanteilen berechnen.

Mauerlängen

Nach der Begrenzung der Mauer werden drei Arten von Maßen unterschieden:

a) **Außenmaße** bei frei endenden Mauern (Pfeiler, Wanddicken, Gebäudeaußenmaße);

Nennmaß: Anzahl der Köpfe × 12,5 cm – 1 cm

Beispiel: l = 5 · 12,5 cm – 1 cm = **61,5 cm**

b) **Innenmaße** bei beiderseits angebauten Mauern (Öffnungsmaße für Türen und Fenster, Rauminnenmaße);

Nennmaß: Anzahl der Köpfe × 12,5 cm + 1 cm

Beispiel: l = 5 · 12,5 cm + 1 cm = **63,5 cm**

c) **Anbaumaße** bei einseitig angebauten Mauern (Mauervorlagen, Mauerhöhen);

Nennmaß: Anzahl der Köpfe × 12,5 cm

Beispiel: l = 5 · 12,5 cm = **62,5 cm**

Das Nennmaß entspricht hier dem Baurichtmaß.

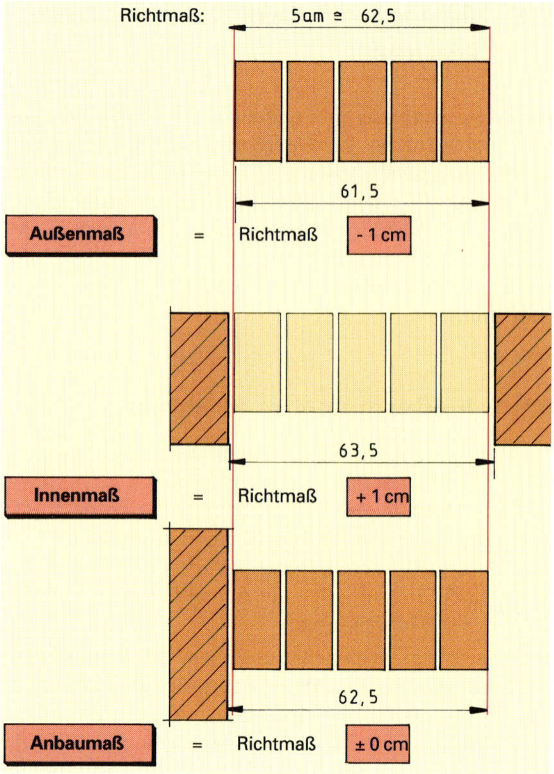

Mauer-Nennmaße

Mauerdicken

Mauerdickenmaße sind Maueraußenmaße und errechnen sich entsprechend:

Nennmaß: Anzahl der Köpfe × 12,5 cm – 1 cm.

Mauerdicken werden in cm oder in am angegeben, z. B. 24 cm dicke Mauer = 2er Mauer.

Mauerhöhen

Die Mauerhöhe errechnet sich aus Schichthöhe und Anzahl der Schichten. Die Schichthöhe setzt sich aus Steinhöhe (Steinnennmaß) und der Dicke der Lagerfuge zusammen. Für Lagerfugen kann eine durchschnittliche Fugendicke von 1,2 cm angenommen werden. Die genaue Fugendicke errechnet sich nach Anzahl und Höhe der Steine auf einem Meter Mauerhöhe. Aus Mauerhöhe und Schichthöhe wird die Schichtanzahl ermittelt.

Berechnungsbeispiele:

a) Gesucht ist die Mauerhöhe von 30 Schichten mit Steinen in NF.

Mauerhöhe = Schichtanzahl × Schichthöhe

h = 30 × 8,33 cm = 249,9 cm

b) Gesucht ist die Schichtanzahl bei einer Mauerhöhe von 3,25 m und Steinen in 2 DF.

Schichtanzahl = Mauerhöhe : Schichthöhe

n = 325 cm : 12,5 cm = 26

Für die Berechnung von Mauerlängen, -dicken und -höhen wird das Grundmaß 12,5 cm (1 am) berücksichtigt. Die Mauernennmaße errechnen sich unter Berücksichtigung des Fugenanteils.

Formate	DF	NF	2 DF 3 DF	Groß- formate
Steinhöhe in cm	5,2	7,1	11,3	23,8
Lagerfuge in cm	1,05	1,23	1,2	1,2
Schichtenhöhe in cm	6,25	8,33	12,5	25
Schichtenzahl je 25 cm Mauerhöhe	4	3	2	1

Höhenmaße des Mauerwerks nach der Maßordnung

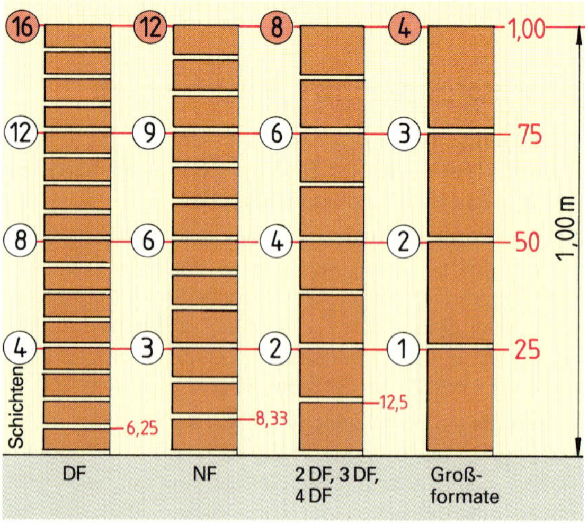

Schichtenhöhen mit verschiedenen Formaten

8.9.4 Mauerschichten und Mörtelfugen

Mauerwerk entsteht durch schichtweises, waagerechtes und fluchtgerechtes Verlegen von Mauersteinen in Mörtel. Der Mörtel verbindet die Steine fest miteinander zu einem einheitlichen Mauerwerkskörper, der den von oben aufgenommenen Druck gleichmäßig nach unten weiterleitet.

Beim Mauerstein unterscheidet man **Lagerflächen** und **Kopfflächen** (auch als Stoßflächen bezeichnet). Im Mauerwerk ergeben sich zwischen den Lagerflächen zweier Steinschichten **Lagerfugen** und zwischen den Kopfflächen zweier Steine **Stoßfugen**. Lagerfugen verlaufen in der Regel waagerecht (Dicke bis 1,25 cm). Stoßfugen sind die senkrechten Fugen im Mauerwerk (Dicke 1 cm). In einer Mauerschicht können auch Längsfugen und Schnittfugen vorkommen. **Längsfugen** sind die zwischen Läuferreihen oder zwischen Läufer- und Binderreihen parallel zur Mauerflucht verlaufenden Stoßfugen. Als **Schnittfugen** werden Stoßfugen bezeichnet, die im Maßsprung eines Läufers durch die ganze Dicke der Mauer verlaufen.

Die Mörtelfugen sind der schwächste Teil im Mauerwerk. Sie müssen daher grundsätzlich mit Sorgfalt ausgeführt werden. Die Lager- und Längsfugen sind stets vollflächig und satt zu füllen. Stoßfugen sind so zu verfüllen, dass sie die Anforderungen hinsichtlich Statik, Schlagregen-, Wärme-, Schall- und Brandschutz erfüllen.

Sichtmauerwerk soll schön aussehen. Stoßfugen und Köpfe, die nach dem Verband übereinander liegen sollen, müssen senkrecht eingelotet sein. Beim Mauern ist auf gleichmäßige Fugendicke zu achten. Sichtmauerwerk wird oft nachträglich verfugt, weil sich so eine sehr glatte, saubere und in der Farbe gleichmäßige Fugenoberfläche erzielen lässt. dabei ist zu beachten, dass die Stoß- und Lagerfugen etwa 1,5 cm ausgekratzt sind und die Steinkanten nicht beschädigt werden. Nach dem Säubern und Vornässen wird der plastische Fugenmörtel kräftig eingedrückt. Lager- und Stoßfugen sind gut miteinander zu verbinden.

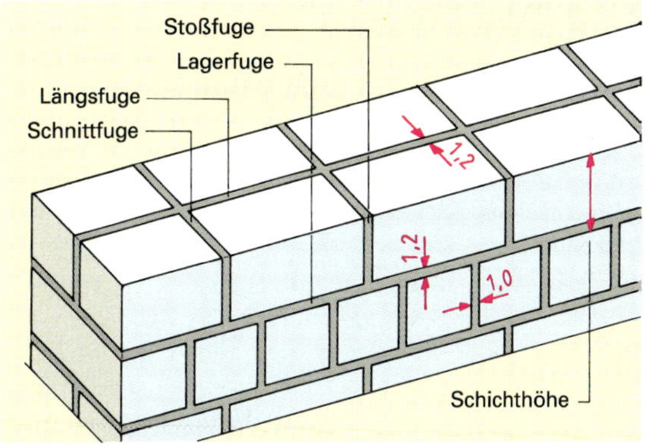

Benennung und Dicke der Fugen

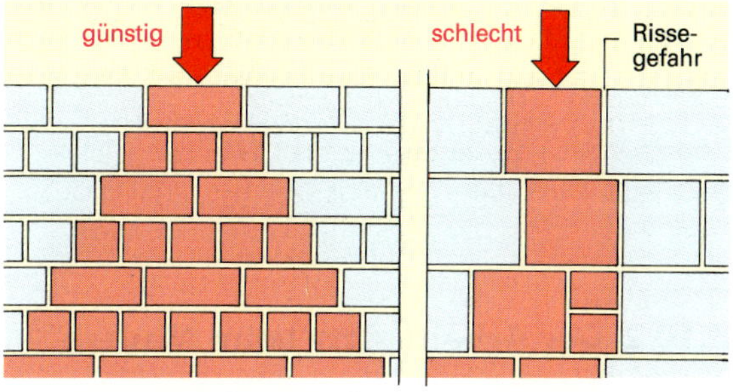

Lastverteilung im Mauerwerk

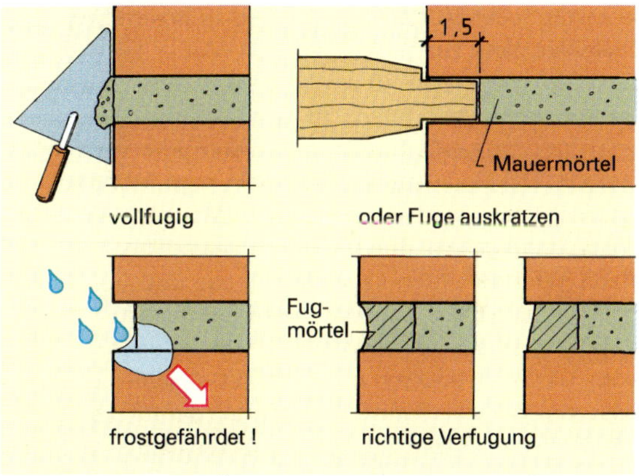

Fugenausbildung bei Sichtmauerwerk

Zusammenfassung

Die Maßordnung im Hochbau ist Voraussetzung für den wirtschaftlichen Mauerwerksbau.

Die Baunormmaße sind Baurichtmaße für die Bauplanung.

Nennmaße sind die wirklichen Maße der Bauteile. Sie werden in den Ausführungszeichnungen angegeben.

Grundlage für die Berechnung von Mauerlängen, -dicken und -höhen ist das Achtelmeter (12,5 cm).

Am Mauerstein wird zwischen Lagerfläche und Kopffläche unterschieden. In Mauerschichten unterscheidet man Lagerfugen und Stoßfugen.

Aufgaben:

1. *Was versteht man unter der „Maßordnung im Hochbau"?*
2. *Unterscheiden Sie zwischen Baurichtmaß und Baunennmaß.*
3. *Geben Sie Berechnungsformeln an für a) Mauer-außenmaße, b) Mauerinnenmaße und c) Maueranbaumaße.*
4. *Wie errechnet man die Mauerhöhe?*
5. *Was versteht man unter Lagerfuge, Stoßfuge, Längsfuge und Schnittfuge?*
6. *Geben Sie durchschnittliche Lager- und Stoßfugendicken an.*
7. *Wie sind Lager- und Stoßfugen bei Sichtmauerwerk fachgerecht auszuführen?*

8.10 Das Mauern

8.10.1 Werkzeuge zum Mauern

Folgende Werkzeuge und Hilfsgeräte werden zum Mauern benötigt: Maurerkelle, Maurerhammer, Wasserwaage, Richtscheit, Senklot, Mauerschnur, Mauerwinkel und Fugkelle.

Die Maurerkelle dient zum Auftragen des Lagerfugenmörtels und des Stoßfugenmörtels. Die Kelle kann ein dreieckiges oder viereckiges Blatt haben. Die Dreieck-Kelle ist für das Handgelenk günstiger ausgebildet (günstige Schwerpunktlage). Der Maurerhammer wird besonders zum Schlagen von Teilsteinen benötigt. Voraussetzung für gut geschlagene Teilsteine ist die keilförmig geschärfte Schneide. Wasserwaage, Richtscheit, Senklot und Mauerschnur dienen zum Einmessen waagerechter und senkrechter Mauerkanten.

> Sorgfältige und gute Maurerarbeit kann nur geleistet werden, wenn das Werkzeug in einwandfreiem Zustand ist.

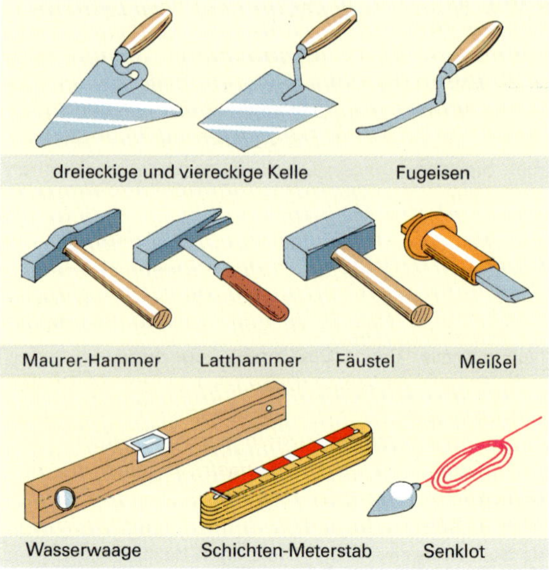

Maurerwerkzeuge

8.10.2 Der Arbeitsplatz beim Mauern

Für einen zügigen Ablauf des Mauerns ist der Arbeitsplatz zweckmäßig einzurichten. Mauersteine und Mörtelkasten (oder Mörtelkübel) sind so zu lagern bzw. aufzustellen, dass zur zu erstellenden Mauer ein Arbeitsraum von 60 cm bis 70 cm bleibt. Der Arbeitsraum ist größer vorzusehen, wenn in Gruppenarbeit gemauert oder großformatige Steine mit Versetzgerät verarbeitet werden. Die Mauersteine sollen links vom Mörtelkasten abgesetzt sein, so dass der einzelne Mauerstein mit der linken Hand gefasst und die Maurerkelle mit der rechten Hand geführt werden kann. Werkzeuge und Gerät werden griffbereit und so neben dem Mörtelkasten bereitgelegt, dass sie beim Arbeiten nicht behindern. Wird vom Gerüst gemauert, muss darauf geachtet werden, dass nur so viel Steine und Mörtel darauf abgesetzt werden, wie die Tragfähigkeit des Gerüstes dies zulässt.

> Der zweckmäßig und ordentlich eingerichtete Arbeitsplatz erleichtert die Maurerarbeit und mindert die Unfallgefahr.

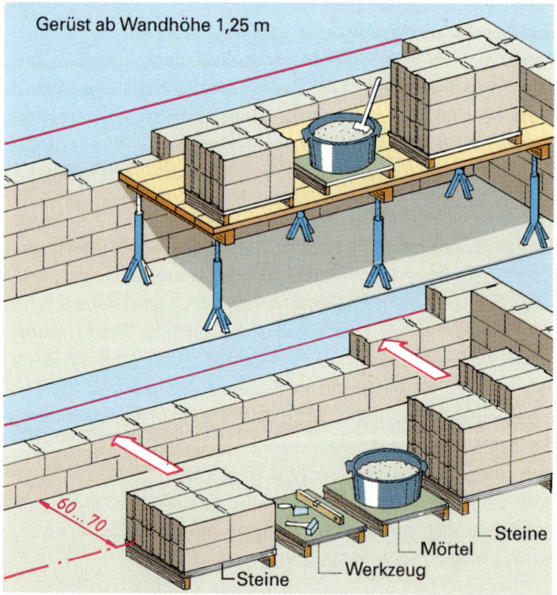

Der Arbeitsplatz beim Mauern

8.10.3 Arbeitsgänge beim Mauern

- Stein mit freier Hand greifen.
- Stoßfugenmörtel anbringen.
- Lagerfugenmörtel aufbringen und verteilen.
- Stein versetzen, gegen bereits versetzten Stein anschieben und ausrichten.
- Hervorquellenden Mörtel abstreichen und auf Lagerfuge geben.

> Das Vermauern von Einhandsteinen erfolgt nach der Handwerksregel „ein Stein, ein Mörtel".

Stoßfugenmörtelung

8.10.4 Hochführen von Schichten

In der Regel werden zuerst die Mauerenden bzw. Mauerecken im Verband lotrecht hochgemauert. Die zur Mauermitte gerichteten Seiten werden abgetreppt. Diese Mauerteile bilden das Schnurmauerwerk, an dem die Mauerschnur für die Erstellung des Zwischenmauerwerks befestigt wird.

Beim Hochführen von Schichten wird die Fluchtschnur verwendet. Mit ihrer Hilfe werden waagerechte und fluchtrechte Schichten erreicht. Mauerecken bzw. Mauerenden müssen lotrecht und maßgerecht ausgeführt werden. Das richtige „Stecken" der Schnur ist in der Abbildung gezeigt. Drei Nägel gewährleisten das richtige Spannen der Schnur. Der Zwischenraum zwischen Schnur und Mauerschicht soll eine Kellenblattstärke betragen.

Das Aufmauern einer Mauerecke muss besonders sorgfältig geschehen. Die Ecke ist **Richtpunkt** für die ganze Mauer. Die Abtreppung ermöglicht den Anschluss der Zwischenmauer. Die Schichten müssen genau waagerecht übereinander liegen, die Schichthöhen sind maßgerecht einzuhalten. Zur Prüfung der Senkrechten wird bei kleineren Höhen die Wasserwaage, bei größeren das Lot benutzt. Die Schichthöhen werden mit der Schichtmesslatte geprüft. Darauf sind die Schichthöhen für das Mauerwerk markiert.

Die **waagerechte Richtung** wird bei kurzen Mauern (Pfeiler) mit der Wasserwaage, bei größeren Längen mit der Wasserwaage auf einer Setzlatte und bei großen Längen mit der Schlauchwaage geprüft. In neuerer Zeit werden bei größeren Entfernungen zunehmend Nivellierinstrumente zum Übertragen von Punkten benutzt.

Das Hochführen von Schichten beginnt mit dem lot- und fluchtgerechten Hochmauern der Mauerenden bzw. Mauerecken.

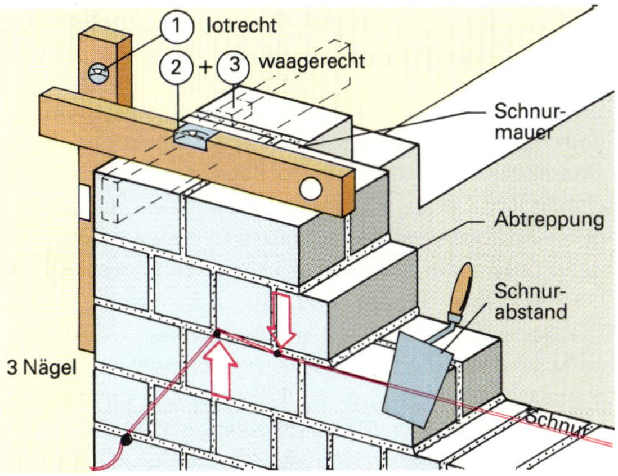

Anlegen der Mauerecke – Spannen der Schnur

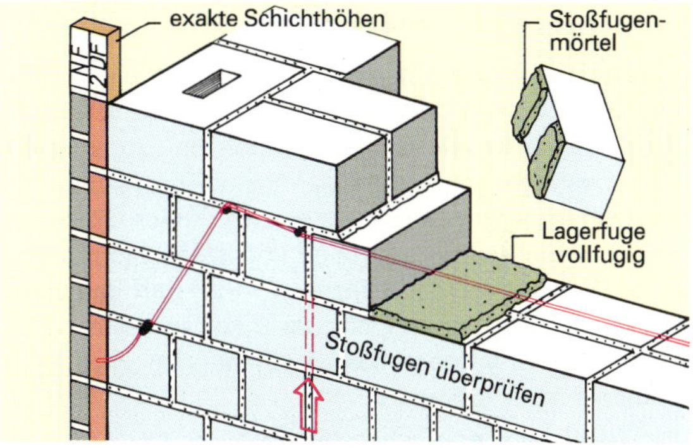

Schichthöhen und Schichtmesslatte

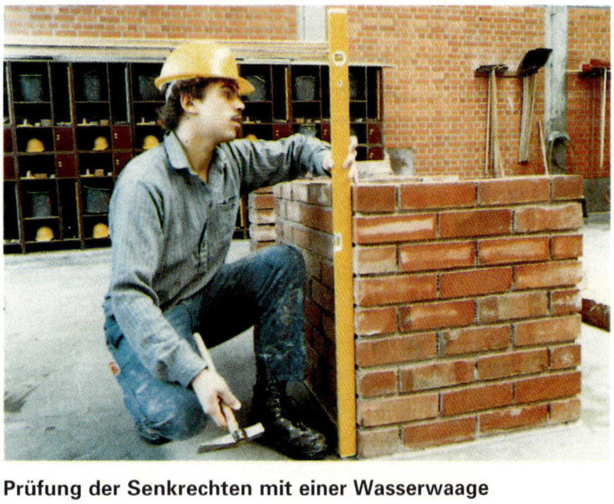
Prüfung der Senkrechten mit einer Wasserwaage

8.10.5 Schlagen von Teilsteinen

Zur Herstellung eines einwandfreien Mauerverbandes werden auch Teile eines ganzen Steines benötigt. Der Maurer schlägt diese Teilsteine mit dem Maurerhammer. Dafür sind nur fehlerlose Steine geeignet. Es werden **Halb-**, **Viertel-** und **Dreiviertelsteine** unterschieden. Beim Putzmauerwerk wird nach Augenmaß gearbeitet, während beim Sichtmauerwerk genaue Abmessungen nötig sind. Diese werden durch Anreißen oder mithilfe von Einkerbungen am Stiel des Maurerhammers erreicht.

Die linke Hand fasst unter die Teilstelle und der Hammer soll auf den Stein senkrecht an der Teilstelle auftreffen.

Zum Schlagen von Teilsteinen sind nur rissefreie Steine mit gleichmäßigem Gefüge zu verwenden.

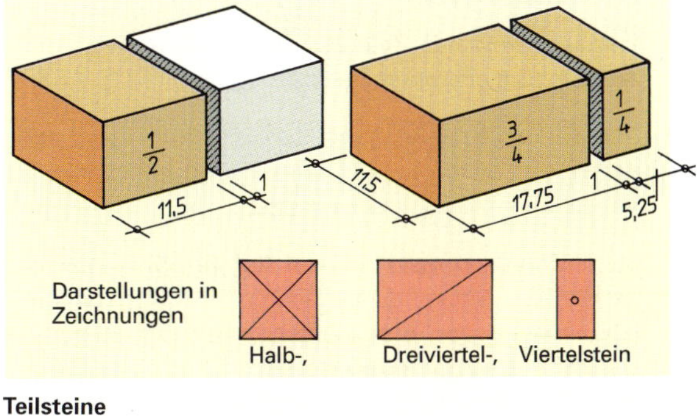

Teilsteine

8.10.6 Bedingungen für das Handhaben von Mauersteinen

Die Handhabbarkeit eines Mauersteins hängt von seinem Verarbeitungsgewicht, seinem Format und seiner Oberflächenbeschaffenheit (Griffigkeit, Grifflöcher) ab. Unhandliche Mauersteine bewirken beim Heben, Tragen und Versetzen Haltungen und Bewegungen, die den Körper stark belasten. Auf Dauer kann dies zu einer Überbelastung führen und Gesundheitsschäden der Wirbelsäule und der Gelenke verursachen. Um die körperliche Beanspruchung beim Handhaben von Mauersteinen zu verringern, sind z.B. Grenzwerte für Verarbeitungsgewichte von Mauersteinen für das Vermauern von Hand vorgegeben bzw. vorgeschrieben.

Verarbeitungsgewicht und Greifspannen bei Einhand- und Zweihandsteinen

Einhandsteine sind Mauersteine, die mit einer Hand zwischen Daumen und Fingern ergriffen und vermauert werden können. Die **Greifspanne** ist die in der Ebene der Lagerfuge gemessene geringste Abmessung. Als Einhandsteine gelten Mauersteine mit einer Greifspanne von mindestens 40 mm und höchstens 115 mm. Bei einer Greifspanne von mehr als 75 mm darf das Verarbeitungsgewicht nicht mehr als 6 kg, bei einer Greifspanne bis 75 mm darf das Verarbeitungsgewicht nicht mehr als 7,5 kg betragen.

Als **Zweihandsteine** gelten Mauersteine, bei denen die Grenzwerte für Einhandsteine überschritten sind und das Verarbeitungsgewicht nicht mehr als 25 kg beträgt. Zweihand-Mauersteine müssen Griffhilfen haben, z.B. Grifflöcher, Grifftaschen und Griffleisten, oder so gestaltet sein, dass sie mit Zweihand-Greifwerkzeugen versetzt werden können.

Versetzgeräte und -maschinen, Arbeitshilfen

Mauersteine mit mehr als 25 kg Verarbeitungsgewicht dürfen nur mithilfe von Versetzgeräten bzw. -maschinen verarbeitet werden, z.B. mit Minikran und Greifzangen.

Beim Verarbeiten von Mauersteinen sollen Maßnahmen getroffen werden, die dem Maurer unnötiges Bücken ersparen, z.B. durch Benutzung von **Maurergerüsten mit zwei Ebenen** (höhenverstellbarer Arbeitsplatz).

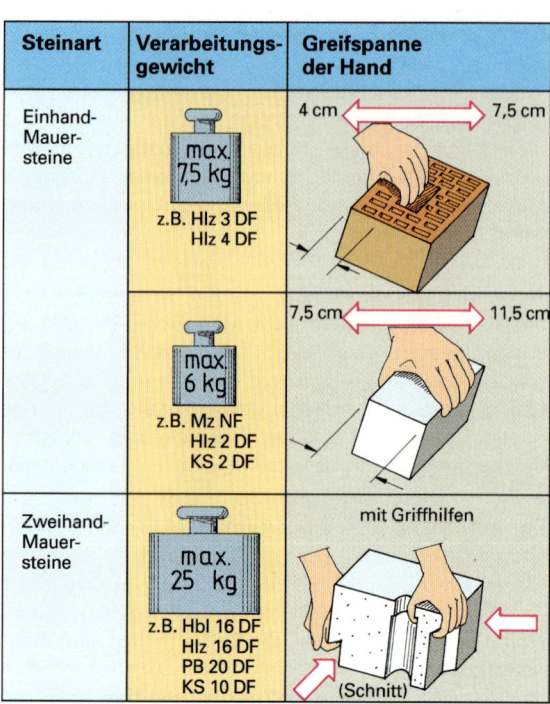

Steinart	Verarbeitungsgewicht	Greifspanne der Hand
Einhand-Mauersteine	max. 7,5 kg z.B. Hlz 3 DF Hlz 4 DF	4 cm – 7,5 cm 
	max. 6 kg z.B. Mz NF Hlz 2 DF KS 2 DF	7,5 cm – 11,5 cm 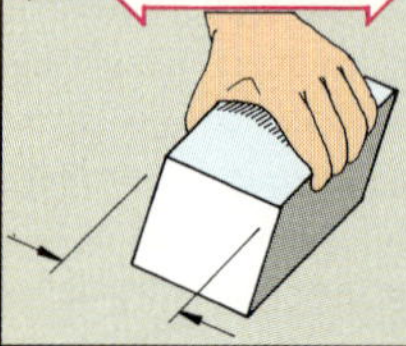
Zweihand-Mauersteine	max. 25 kg z.B. Hbl 16 DF Hlz 16 DF PB 20 DF KS 10 DF	mit Griffhilfen  (Schnitt)

Grenzwerte für Einhand- und Zweihand-Mauersteine

Minikran mit Versetzgerät

Zusammenfassung

Voraussetzung für Zeit sparendes Mauern ist der zweckmäßig eingerichtete Arbeitsplatz.

Die waagerechte Richtung der Schichten wird mit der Wasserwaage geprüft. Zum Prüfen der Schichthöhen dient die Schichtmesslatte.

Beim Mauern gesund bleiben! Auf Verarbeitungsgewichte von Mauersteinen achten und gegebenenfalls technische Arbeitshilfen (höhenverstellbare Gerüste, Versetzgeräte) benutzen.

Aufgaben:

1. *Begründen Sie mit Beispielen: Werkzeuge in einwandfreiem Zustand ermöglichen genaues und leichteres Arbeiten.*
2. *Beschreiben Sie die zweckmäßige Einrichtung eines Arbeitsplatzes für Maurerarbeiten.*
3. *Geben Sie die aufeinander folgenden Arbeitsschritte beim Erstellen eines Mauerwerks an.*
4. *Welche Arbeitsregeln sind beim Hochführen der Schichten zu beachten?*
5. *Erläutern Sie das Schaubild: „Grenzwerte für Einhand- und Zweihand-Mauersteine".*

8.11 Mauerverbände

Durch den Mauerverband wird die Anordnung der Steine im Mauerwerk von vornherein festgelegt. Zusammenhalt und Tragfähigkeit des Mauerwerks sind nur durch verbandsgerechtes Vermauern der Steine gewährleistet.

8.11.1 Überbindemaß

Mauerverbände sollen verhindern, dass die Stoßfugen der einzelnen Steinschichten übereinander zur Deckung kommen, d.h., übereinander liegende Steine müssen versetzt angeordnet werden. Dadurch ergibt sich eine Überbindung der Steine. Das Mindest-Überbindemaß ist von der Höhe der verwendeten Mauersteine abhängig. Die Überbindung (ü) – auch Fugenversatz genannt – muss mindestens das 0,4fache der Steinhöhe betragen. Sie darf nicht kleiner als 4,5 cm sein (DIN 1035).

Mindest-Überbindemaß = 0,4 · Steinhöhe

Beispiele:

Steinhöhe 11,3 cm:	0,4 · 11,3 = 4,5 cm gewählt: ½ am
Steinhöhe 24 cm:	0,4 · 24 = 9,6 cm gewählt: **1 am**

Fugendeckung ist nur in den **Endverbänden** der Mauern in beschränktem Umfang erlaubt. Hier darf die Fugendeckung im Inneren des Mauerwerks – wenn sie aus wichtigem Grund nicht vermeidbar ist – insgesamt höchstens 1½ Achtelmeter (am) betragen. Zwischen den Endverbänden, d.h. in den **Mauermitten**, ist Fugendeckung grundsätzlich **nicht** erlaubt.

8.11.2 Verbandsarten

Es werden Läufer-, Binder-, Block- und Kreuzverband unterschieden.

Die Benennung einer Mauer erfolgt nach ihrer Dicke in Zentimetern, z.B. 11,5er-Mauer.

Allgemeine Grundregeln für das Mauern mit künstlichen Steinen:

- Die Schichten einer Mauer müssen **waagerecht** liegen, weil die Belastung der Wände fast immer senkrecht ist.
- Es sind möglichst viele **ganze Steine** zu verwenden.
- Läufer- und Binderschichten **wechseln** in 24er-, 30er- und 49er-Mauern miteinander ab.
- Die Mauerflächen sind **lot- und fluchtrecht** zu mauern.
- Es ist **vollfugig** zu mauern.
- Mittelformatige Steine (Einhandsteine mit Griffschlitz) werden **zusammen** mit kleinformatigen Steinen vermauert.
- Mauerziegel sind bei heißem Wetter **anzunässen**, damit dem Mörtel nicht das Wasser entzogen wird.

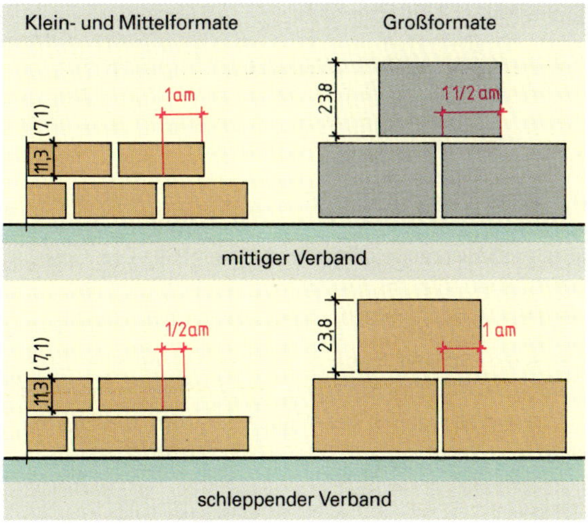

Mindest-Überbindemaße

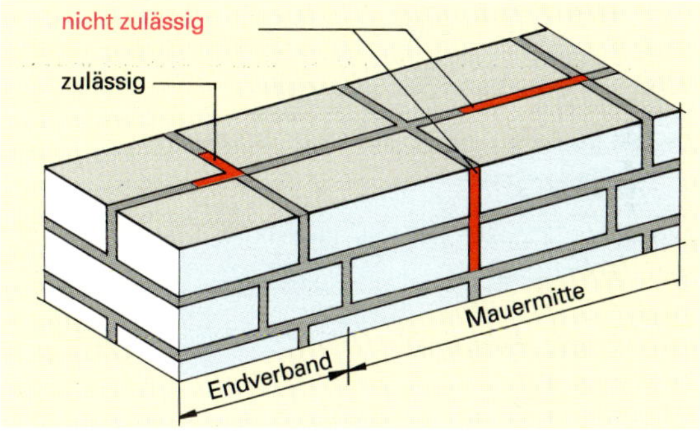

Fugendeckung

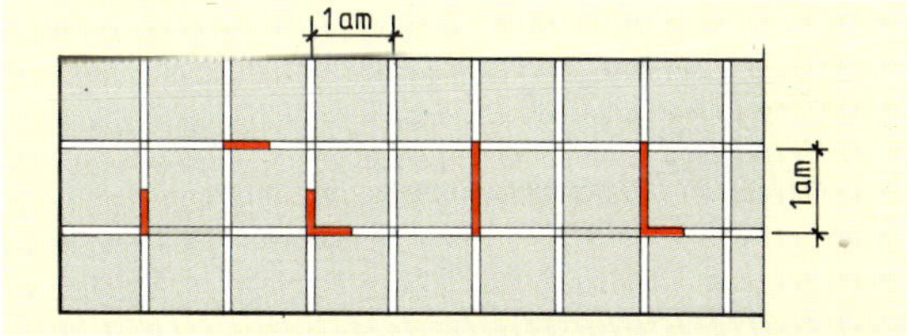

Achtelmeter-Raster für zulässige Stoßfugendeckung

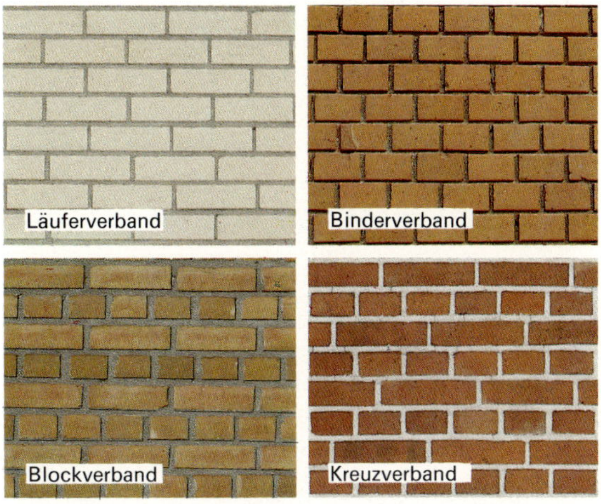

Sichtmauerwerk beeindruckt durch Mauerverband und Steinart

11,5er-Mauer, Läuferverband

11,5er-Mauern werden hauptsächlich für unbelastete Innenwände und für Verblendmauerwerk verwendet. Die Steine werden in Längsrichtung vermauert (Läuferverband).

Die 11,5er-Mauer kann mit DF-, NF- und 2 DF-Steinen ausgeführt werden. Auch die Verwendung von mittel- und großformatigen Steinen ist möglich. Die Gruppe von Steinen, die das Ende einer Mauer bilden, wird als „Endblock" oder einfach als Mauerende bezeichnet.

Die erste Schicht beginnt mit einem ganzen Stein, während die zweite mit einem halben Stein anfängt, dadurch ergibt sich in der Mauermitte der mittige Verband.

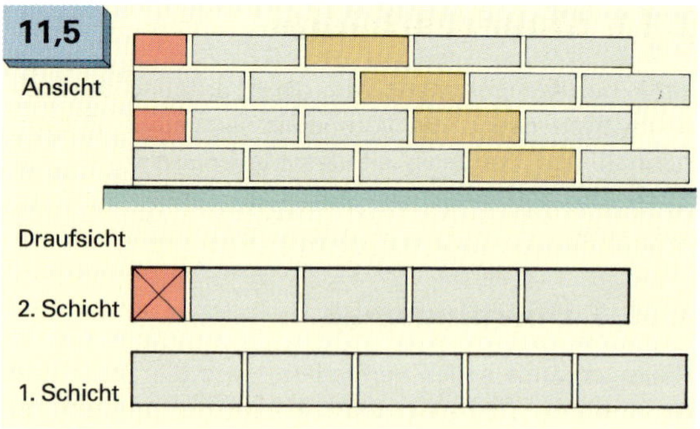

11,5er-Mauer im Normalformat im mittigen Verband

11,5er-Läuferverband (Mauerenden)

Mauerende 1 beginnt stets mit einem ganzen bzw. einem halben Stein.

Mauerende 2 passt sich der jeweiligen Mauerlänge an (siehe Abbildung).

Mauerlängen (Beispiele)

1. Ganze Achtelmeter (am)

$l = 10$ am

$l = 10 \cdot 12{,}5$ cm $- 1$ cm $= 124$ cm $= 1{,}24$ m

2. Teile vom Achtelmeter (+ ½ am)

$l = 10$ am $+ \frac{1}{2}$ am

$l = 10 \cdot 12{,}5$ cm $+ 6{,}25$ cm $- 1$ cm $= 130{,}25$ cm $= 1{,}30$ m

3. Teile vom Achtelmeter (– ½ am)

$l = 10$ am $- \frac{1}{2}$ am

$l = 10 \cdot 12{,}5$ cm $- 6{,}25$ cm $- 1$ cm $= 117{,}75$ cm $= 1{,}18$ m

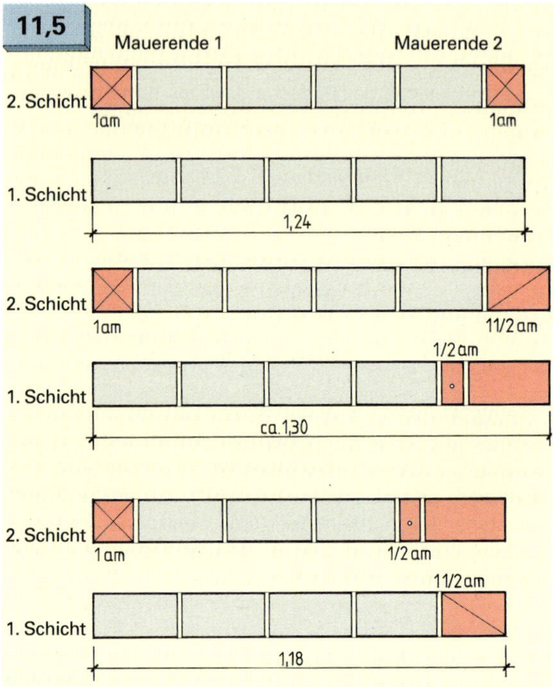

11,5er-Mauer, verschiedene Mauerlängen im mittigen Verband

17,5er-Mauer

17,5er-Mauern werden für unbelastete und belastete Innenwände verwendet.

Diese Mauer ist aus kleinformatigen Steinen nicht herstellbar. Es werden 3 DF-Steine verwendet. Die Anpassung an die jeweilige Mauerlänge erfolgt wie bei der 11,5er-Mauer (siehe Abbildung).

Für die Mauerenden ist die Verwendung von 2 DF-Steinen vorteilhaft. Daraus lassen sich auch die nötigen Teilsteine für die ½-Achtelmeter-Verbände gewinnen.

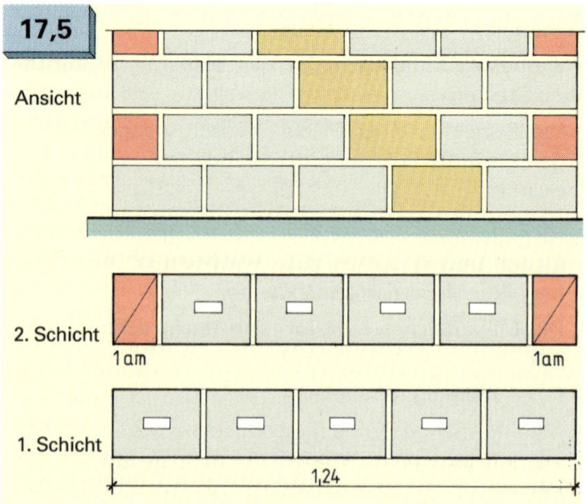

17,5er-Mauer aus 3DF-Steinen im mittigen Verband (1er-Verband), Mauerlänge: gerade Zahl – Achtelmeter

24er-Mauer, Blockverband und Kreuzverband

24er-Mauern sind für tragende Innenwände und mit zusätzlichem Wärmeschutz auch für Außenwände geeignet.

Bei dieser Mauer wechseln Binder- und Läuferschichten regelmäßig miteinander ab. Diese Kombination von Läufern (Längsverbund) und Bindern (Querverbund) wirkt sich besonders positiv auf die Stabilität der Mauer aus.

Mauern mit wechselnden Binder- und Läuferschichten werden entweder im Block- oder im Kreuzverband errichtet. Bei beiden Verbänden beginnt und endet die Läuferschicht mit so viel Dreiviertelsteinen, wie die Mauer Achtelmeter dick ist.

Beim **Blockverband** sind die Läuferschichten untereinander völlig gleich, deshalb liegen die Läufer übereinander. Die Verzahnung ist **regelmäßig** ½ am.

Beim **Kreuzverband** sind die Läuferschichten gegeneinander um ½ Stein (1 am) versetzt. Die Verzahnung ist **unregelmäßig** ½ am. Dadurch wird der Längsverband im Mauerwerk verstärkt und das Fugenbild bei Sichtmauerwerk belebt.

Beim Blockverband ist die Abtreppung unregelmäßig, d.h. wechselnd zwischen ¼ und ¾ Stein. Beim Kreuzverband ist die Abtreppung regelmäßig ¼ Stein.

Umgeworfener Verband

Umfasst die Länge einer Mauer nicht nur ganze, sondern auch ½ Achtelmeter, so ist der so genannte umgeworfene Verband anzuwenden.

Die Binderschicht endet mit 2 Dreiviertelsteinen, dadurch wird die Mauerlänge auf ein ½ Achtelmetermaß angelegt.

Die Läuferschicht endet mit einem oder zwei Bindern.

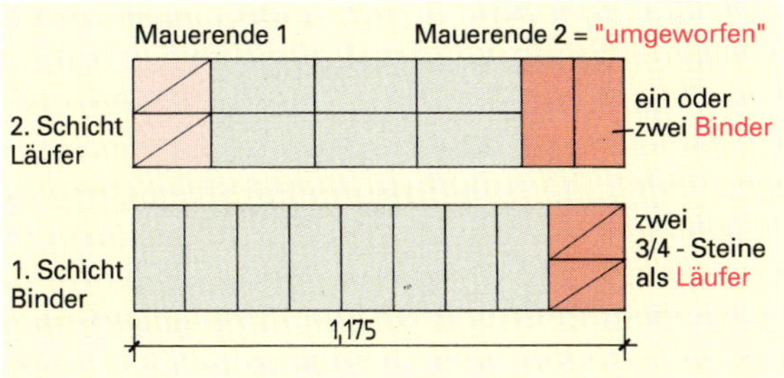

Umgeworfener Verband

Aufgabe: Skizzieren Sie eine 24er-Mauer im umgeworfenen Verband mit NF-Steinen;

Mauerlänge: 10 ½ am ≈ 1,30 m

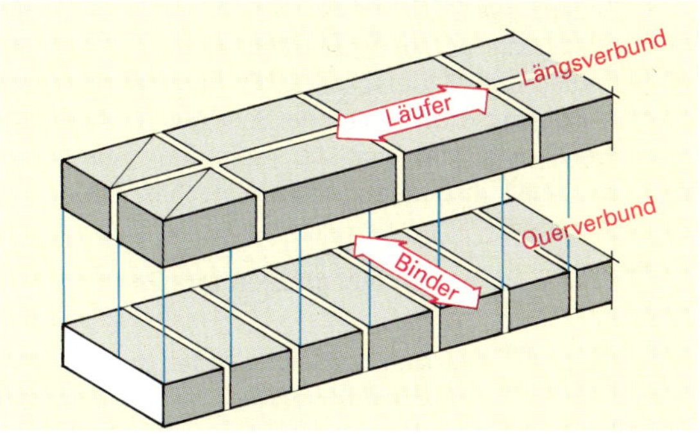

Schichten einer 24er-Mauer

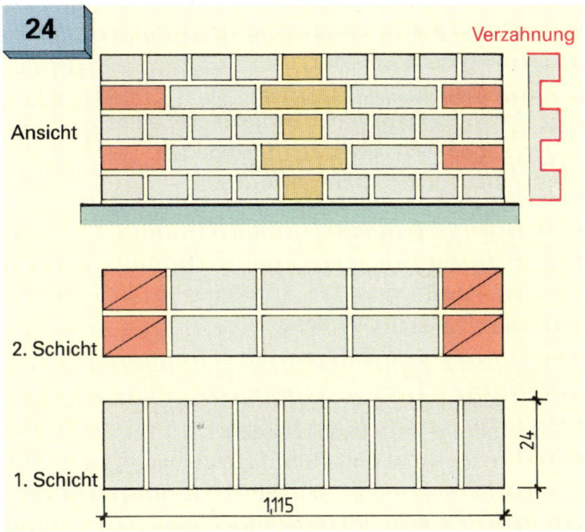

24er-Mauer im Blockverband aus Normalformat-Steinen

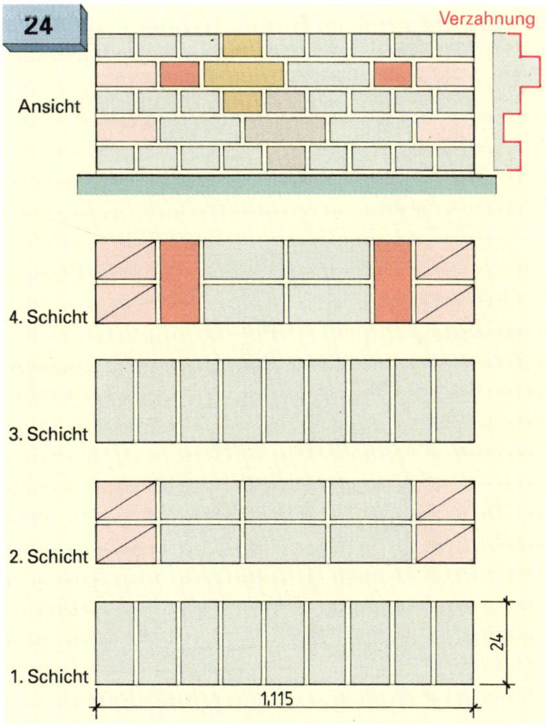

24er-Mauer im Kreuzverband aus Normalformat-Steinen

24er-Mauern aus 2 DF-Steinen können ohne Teilsteine verbandsgerecht gemauert werden, wenn man an den Mauerenden und Mauerecken 3 DF-Steine einsetzt. Das lästige, Zeit und Kraft raubende Schlagen von Teilsteinen (Dreiviertelsteinen) entfällt. Außerdem gibt es keinen Steinabfall. Insgesamt ist die Wirtschaftlichkeit wesentlich erhöht.

24er-Mauern aus mittel- und großformatigen Steinen

24er-Mauern lassen sich aus mittel- oder großformatigen Steinen als **Einsteinmauerwerk** besonders wirtschaftlich herstellen. Die Steine werden im Binderverband oder Läuferverband vermauert.
Für derartige Mauern benötigt man in der Regel keine Teilsteine, wenn an Mauerenden und Mauerecken 2 DF-Steine eingesetzt werden.
Bei 24er-Mauern aus 3 DF-Steinen und 2 DF-Steinen ergibt sich ein **schleppender Verband**, das heißt, die Stoßfugen liegen nicht über den Steinmitten. Das Überbindemaß beträgt in diesem Fall 6,25 cm.
Schleppender Verband ergibt sich auch bei Verwendung von 5 DF- oder 6 DF-Steinen.

Bei 24er-Mauern aus 4 DF-, 8 DF- oder 16 DF-Steinen ergibt sich ein mittiger Verband.

Mit seitlichen **Mörteltaschen** versehene Hochlochziegel, Hohlblocksteine und Vollblöcke können jeweils mit oder ohne Stoßfuge verarbeitet werden.
Wenn in der Regel ohne Stoßfuge gemauert wird, werden die Steine auf dem Mörtelbett (Lagerfuge) dicht aneinander gestoßen. Dann werden die aus den Stirnseitennuten gebildeten Mörteltaschen mit Mauermörtel gefüllt.
Beim Vermauern mit Stoßfugen wird der Mörtel an die Stoßfläche des Steines angetragen, nachdem der erste Stein ins Mörtelbett gesetzt wurde, und zwar nur an die Flächen neben der Stirnseitennut. Die durch die Stirnseitennuten gebildete Mörteltasche bleibt in diesem Falle leer und bildet einen Hohlraum.

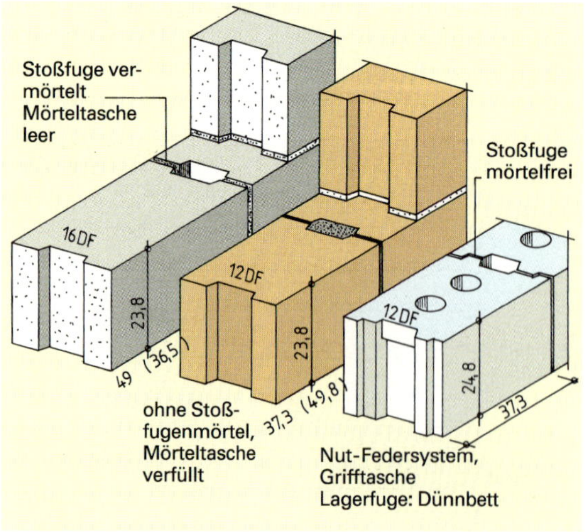

24er-Mauern aus 16DF- und 12DF-Steinen, Stoßfugen

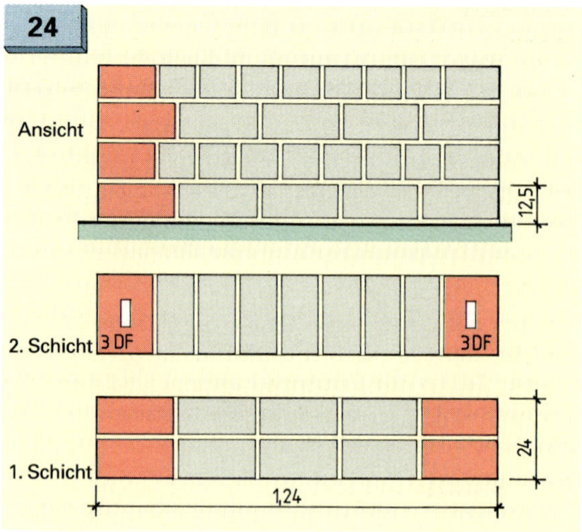

24er-Mauer aus 2DF-Steinen, mit 3DF-Steinen an den Mauerenden

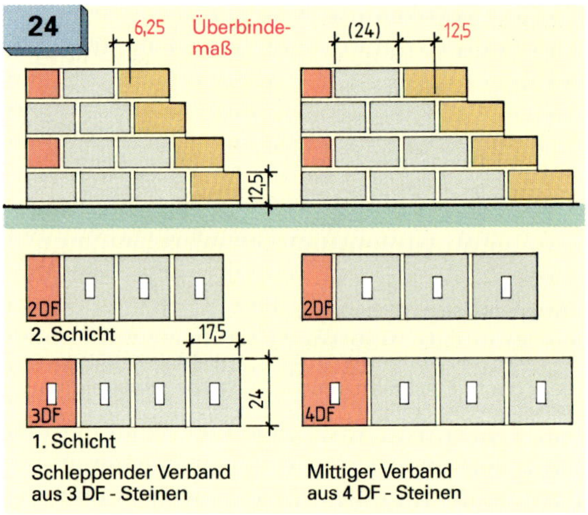

24er-Mauer aus mittelformatigen Steinen

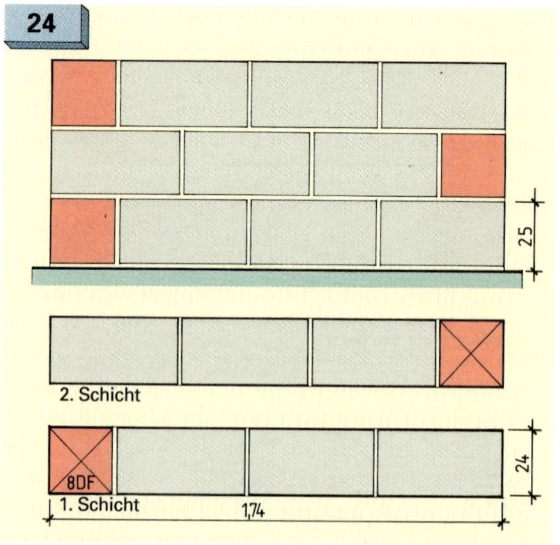

24er-Mauer aus 16DF-Steinen, mittiger Läuferverband

30er-Mauer

Diese Mauern sind für stark belastete Innenwände und für Außenwände geeignet, erforderlichenfalls mit zusätzlicher Wärmedämmung.

30er-Mauern lassen sich aus 2 NF-Steinen nur in Kombination mit 3 DF-Steinen herstellen. Beide Steinsorten bilden Läuferreihen, die von Schicht zu Schicht von vorn nach hinten wechseln und umgekehrt. Dadurch ist der Querverbund der Mauer erreicht, Überbindemaß 6,25 cm.

Im Längsverbund beträgt das Überbindemaß 12,5 cm. Die Steine liegen im mittigen Verband.

30er-Mauern lassen sich sehr wirtschaftlich aus 5 DF-, 10 DF- oder 20 DF-Steinen als Einsteinmauerwerk errichten, wenn man zum Beispiel 2 DF-Steine an den Mauerenden einsetzt.

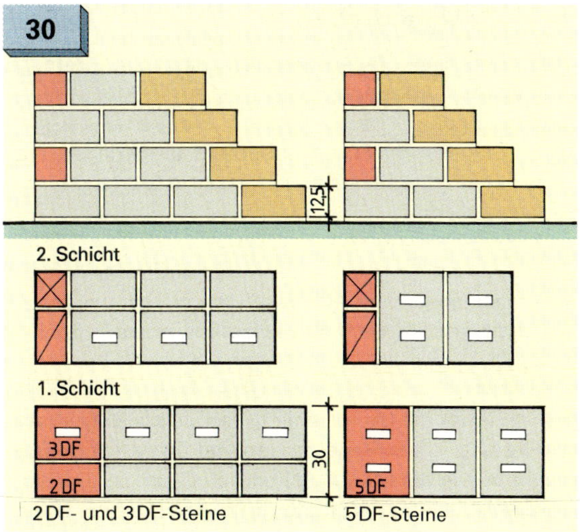

30er-Mauer aus mittelformatigen Steinen im mittigen Verband

36,5er-Mauer

36,5 cm dicke Mauern werden vor allem als Innen- und Außenwände für mehrgeschossige Gebäude in den unteren Stockwerken eingesetzt.

Beim Mauern mit NF- und 2 DF-Steinen besteht jede einzelne Schicht aus Läufern und Bindern. Von Schicht zu Schicht wechselnd liegen die Läufer oder die Binder an der Schnurseite der Mauer, auch Bundseite genannt.

Die Läuferschicht beginnt und endet mit 3 Dreiviertelsteinen, die Binderschicht mit 2 Dreiviertelsteinen. Die sich hieraus ergebende Fugendeckung von ½ am = 6,25 cm ist erlaubt.

Wenn man diese geringfügige Fugendeckung vermeiden will, müssen für die Binderschicht jeweils 4 Dreiviertelsteine an den Enden eingesetzt werden.

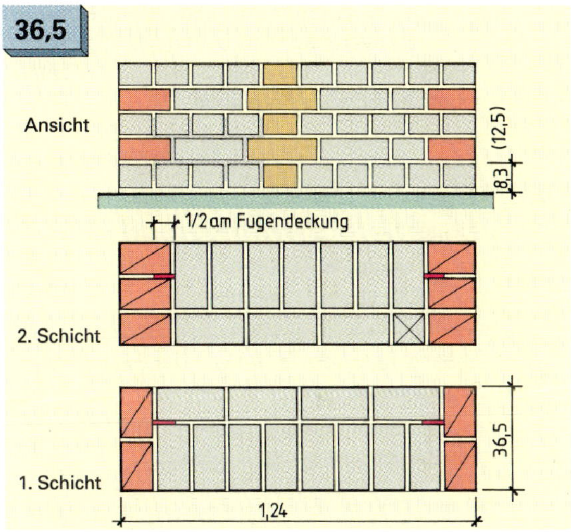

36,5er-Mauer aus NF-(2DF-)Steinen (Normalverband) im Blockverband

Sehr wirtschaftlich wird die 36,5er-Mauer errichtet mit 4 DF- und 2 DF-Steinen. Hier wird fast gänzlich auf Teilsteine verzichtet, das spart Kraft, Zeit und Material.

Es entsteht ein mittiger Verband mit einem Überbindemaß von 12,5 cm im Längs- und Querverbund.

Merkmal dieses Verbandes ist, dass er praktisch keine Binderschicht enthält. In der Ansicht erscheinen nur Läuferschichten.

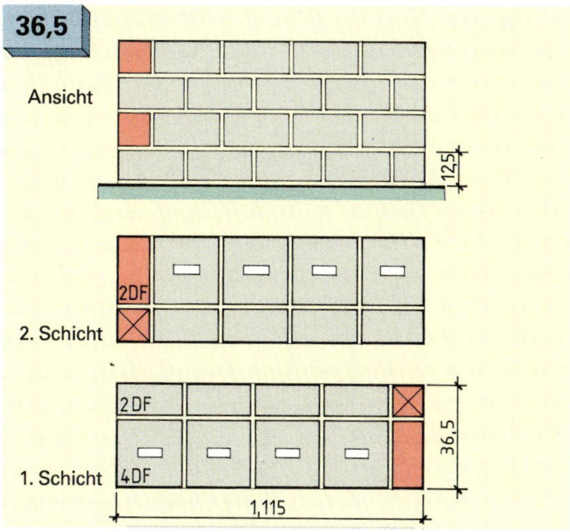

36,5er-Mauer aus 2DF- und 4DF-Steinen

> Nur durch fachgerechtes Vermauern der Steine im Mauerverband wird die geforderte Festigkeit des Mauerwerks erreicht. Lasten und Kräfte werden dann gleichmäßig auf den gesamten Mauerquerschnitt verteilt.

8.11.3 Mauerecken

Beim Bau eines Hauses werden zuerst die Ecken gemauert (mit Abtreppung) und dann die Mauermitten hochgezogen. Deshalb müssen die Verbandsregeln beim Mauern der Ecken unbedingt eingehalten werden. Fehler würden sich auf die ganze Mauer nachteilig auswirken.

Damit die an einer Ecke zusammentreffenden Mauern fest miteinander verbunden werden, binden die Schichten der beiden Mauern abwechselnd bis zur Außenkante durch.

Es ist immer die Läuferschicht, die bis zur Ecke durchbindet und in der Regel mit so viel Dreiviertelsteinen beginnt, wie die Mauer Achtelmeter dick ist. Dadurch wird vermieden, dass in der inneren Ecke eine **Kreuzfuge** entsteht, die eine Herabsetzung der Stabilität zur Folge hätte.

Die Überbindung der Steine in der Mauer um 1 am oder ½ am wird vom Verband der Mauerecke „geregelt“. Deshalb bezeichnet man die erste Stoßfuge der Läuferschicht neben der Ecke als **Regelfuge**.

Verbandsregeln für Mauerecken:

- Die Schichten binden abwechselnd durch.
- Im Regelfall bindet die Läuferschicht durch, die Binderschicht stößt stumpf dagegen.
- Die Regelfuge der durchbindenden Schicht liegt je nach Verband 1 am oder ½ am von der Innenecke entfernt (Fugenversatz).
- Die durchbindende Schicht beginnt mit Dreiviertelsteinen (bei Mauerwerk aus NF-Steinen).

Das Mauern von Mauerecken erfordert besondere Sorgfalt und Umsicht. Nachlässigkeiten und Ungenauigkeiten wirken sich sehr nachteilig auf die anderen Mauerteile aus.

Aufgabe:

Zeichnen Sie 2 Schichten einer rechtwinkligen Mauerecke aus NF-Steinen verbandsgerecht nach den angegebenen Maßen.

2 am ≙ 1 cm

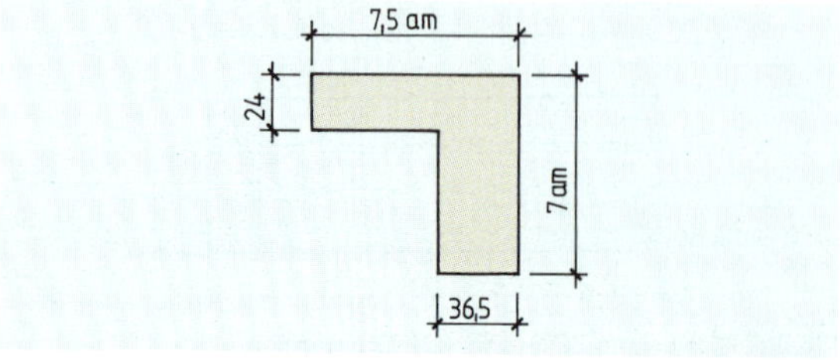

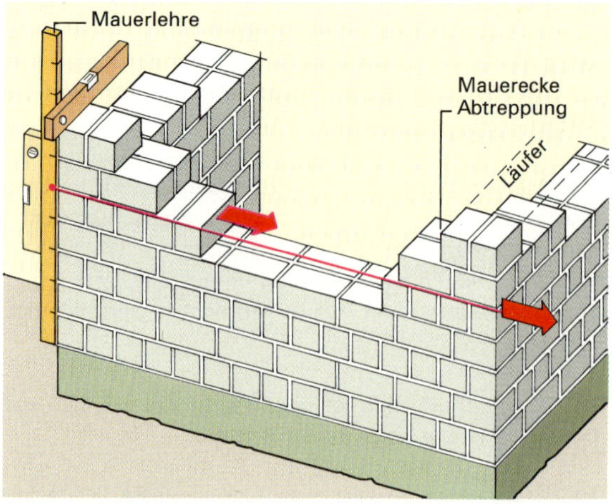

Anlegen der Mauerecken (2 DF-Steine)

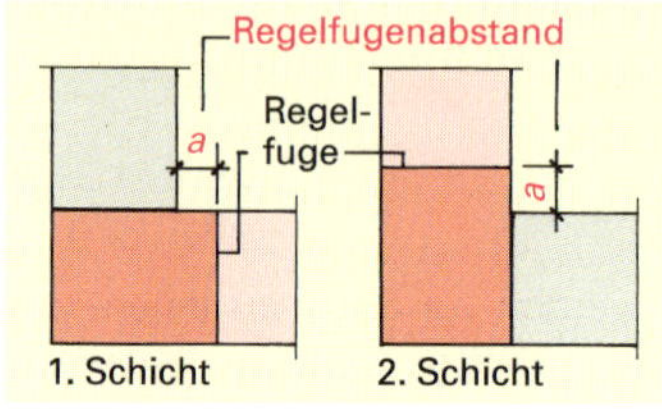

Mauerecke, Regelfugenbild
a = $^1/_2$ am, 1 am, 1 $^1/_2$ am

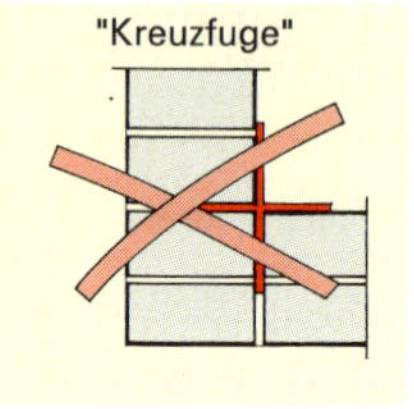

Verbandsfehler

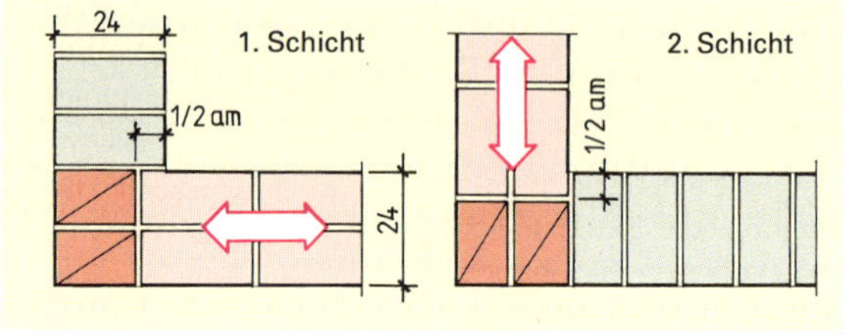

Mauerecke 24/24 cm aus 2 DF-Steinen

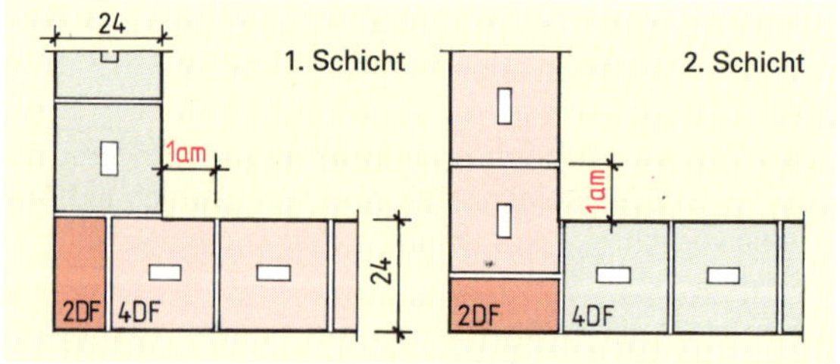

Mauerecke 24/24 cm aus 2 DF- und 4 DF-Steinen

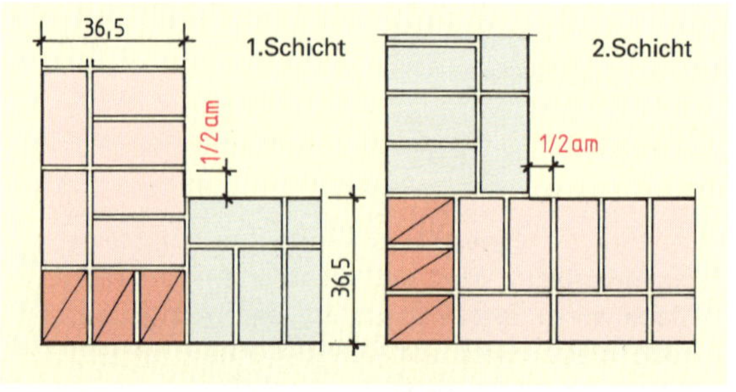

Mauerecke 36,5/36,5 cm aus 2 DF-Steinen

8.11.4 Mauerstöße, Mauerkreuzungen

Bindet eine Mauer in eine andere Mauer ein, so entsteht ein **Mauerstoß**, auch **Maueranschluss** genannt.

Mauerstöße wirken aussteifend auf das Bauwerk, wenn der Anschluss fachgerecht ausgeführt wird.

Wie bei der Mauerecke bindet die Läuferschicht bei Verwendung von NF-(2 DF-)Steinen durch.

Bei Verwendung mittel- und großformatiger Steine läuft jeweils die Schicht durch, die keine Kreuzfuge bildet.

Bestehen die Schichten der durchgehenden Mauer aus mehreren Steinreihen, so binden die Schichten der anschließenden Mauer nicht durch, sondern nur ein.

Die Fugendeckung von ½ am oder 1 am, die in dicken durchgehenden Mauern entstehen kann, ist zulässig.

Auch bei **Mauerkreuzungen** bindet die Läuferschicht durch, wenn NF-Steine verwendet werden.

Zur Vermeidung von Kreuzfugen beträgt der Fugenversatz ½ am oder 1 am.

Bei Mauerwerk aus mittel- und großformatigen Steinen läuft die Schicht durch, die keine Kreuzfuge bildet.

Verbandsgerechte Mauerstöße und Mauerkreuzungen haben eine stark aussteifende Wirkung auf das Bauwerk.

Aufgabe:

Zeichnen Sie 2 Schichten des Mauerstoßes und der Mauerkreuzung aus NF-Steinen verbandsgerecht nach den angegebenen Maßen.

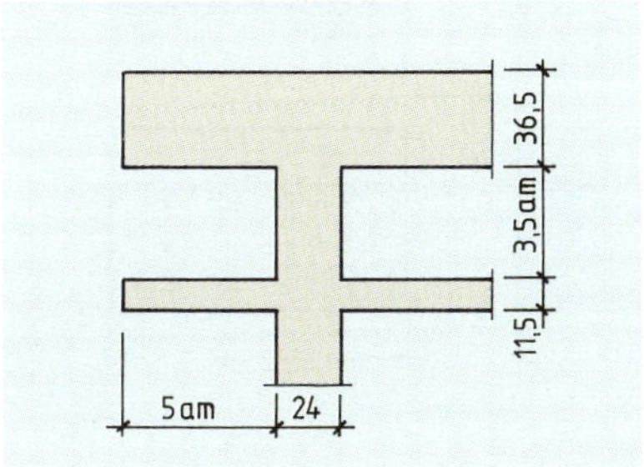

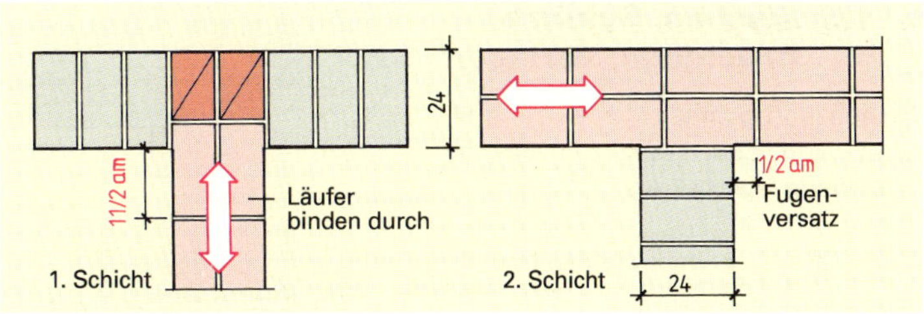

Mauerstoß 24/24 cm aus NF-(2 DF-)Steinen

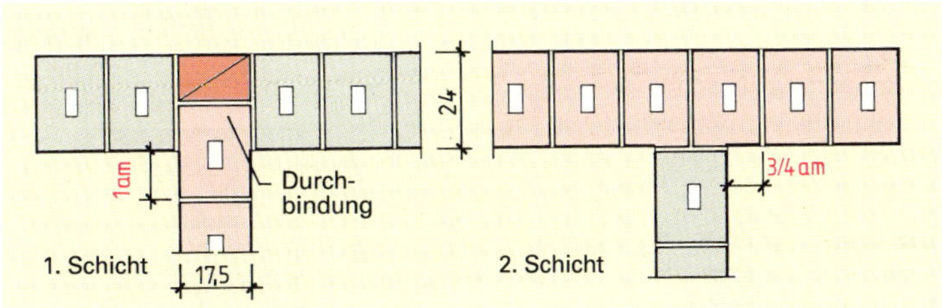

Mauerstoß 24/17,5 cm aus 3 DF-Steinen

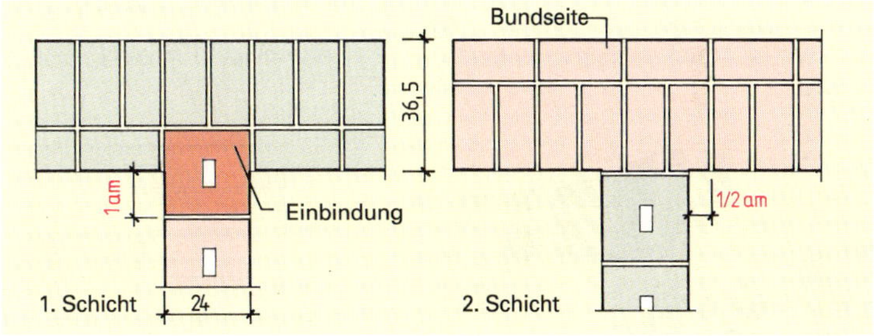

Mauerstoß 36,5/24 cm aus 2 DF- und 4 DF-Steinen

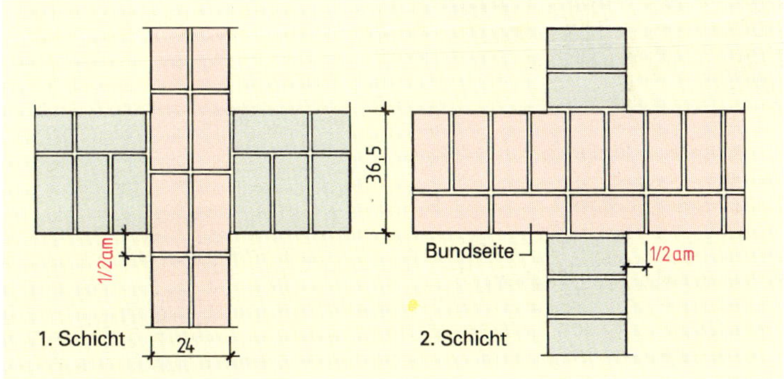

Mauerkreuzung 36,5/24 cm aus 2 DF-Steinen

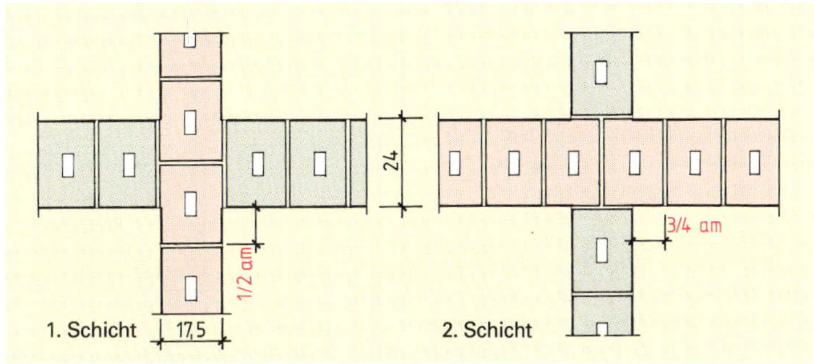

Mauerkreuzung 24/17,5 cm aus 3 DF-Steinen

8.11.5 Nischen, Schlitze, Anschläge, Vorlagen

Nischen und **Schlitze** dienen zur Aufnahme von Einbauelementen und Installationen jeglicher Art.

Wenn das Mauerwerk als Sichtmauerwerk ausgeführt wird, soll man von außen nicht erkennen, wo sich die Nische oder der Schlitz befindet. Das erfordert meistens mehr Teilsteine.

Im Bereich der Nische oder des Schlitzes gilt die Verbandsregel für Mauerenden.

Anschläge dienen dem Einbau von Türen und Fenstern. Auch hier gilt die Verbandsregel für Mauerenden.

Vorlagen sind Mauerverstärkungen (Mauervorsprünge). Sie stellen praktisch in die Mauer eingebundene Pfeiler dar.

Mauerpfeiler erfordern handwerkliches Können

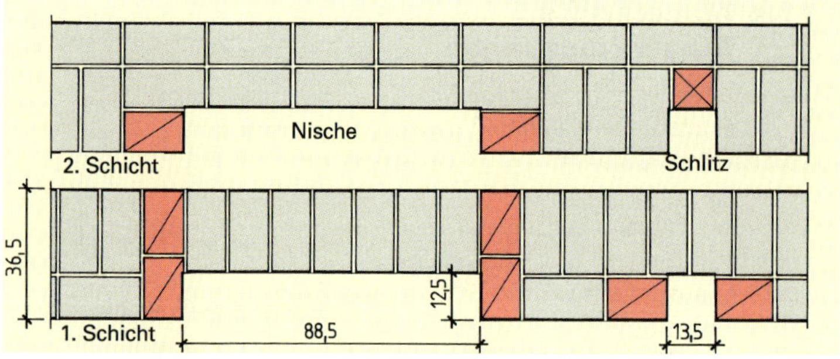

Nische und Schlitz, 1 am tief, 2 DF-(NF-)Steine

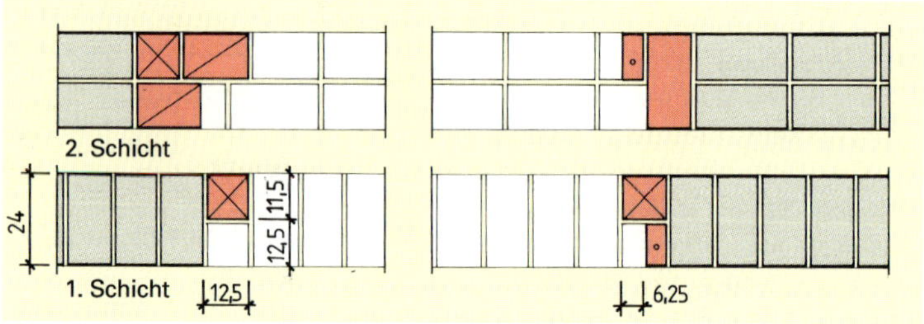

Anschläge, 1 am und $^1/_2$ am breit, 2 DF-(NF-)Steine

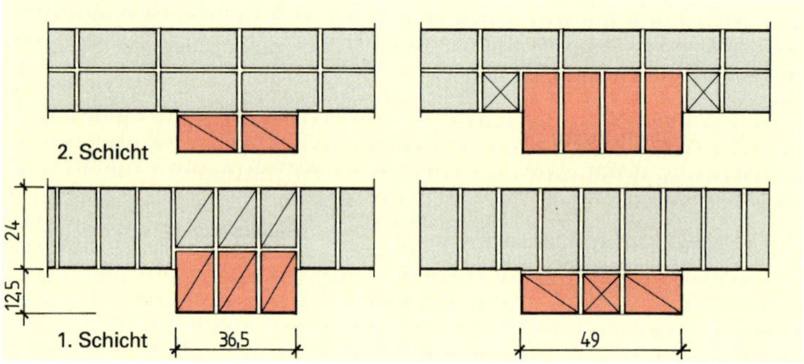

Vorlagen, 3 am und 4 am breit, 2 DF-(NF-)Steine

8.11.6 Mauerpfeiler

Mauerpfeiler haben kleine Querschnittsflächen im Verhältnis zu ihren Höhen. Sie müssen sorgfältig gemauert werden, weil sie in der Regel stärker belastet werden als Wandmauerwerk. Fugendeckung ist bei hoch belasteten Pfeilern nicht zulässig.

Für Pfeiler werden die Verbandsregeln der 24er- und 36,5er-Mauern so weit wie möglich angewendet.

Für Pfeiler aus DF-, NF- oder 2 DF-Steinen braucht man viele Viertelsteine und Dreiviertelsteine. Diese Steinformate werden deshalb nur für Pfeiler-Sichtmauerwerk, **Zierpfeiler**, eingesetzt.

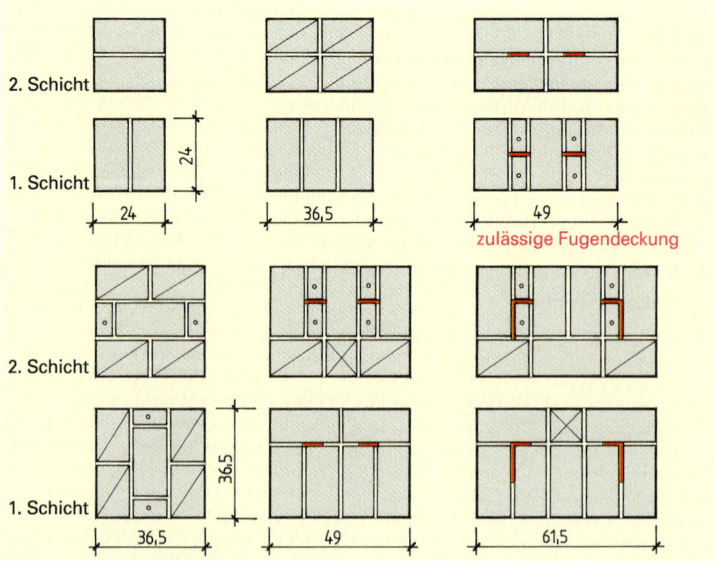

Pfeiler aus kleinformatigen Steinen: NF- oder 2 DF-Steine (Sparverbände)

Die Verwendung **mittelformatiger Steine** (2 DF- und 3 DF-Steine) vereinfacht die Pfeilerverbände wesentlich und macht sie dadurch wirtschaftlicher. Teilsteine werden nur in geringer Zahl benötigt. Das Zeit raubende Schlagen der Steine entfällt weitgehend.

Die Tragfähigkeit der Pfeiler aus mittelformatigen Steinen ist größer, weil weniger Fugen vorhanden sind und Fugendeckung entfällt.

Diese Pfeiler sind – im Vergleich zu Zierpfeilern – für hohe statische Belastung besonders geeignet.

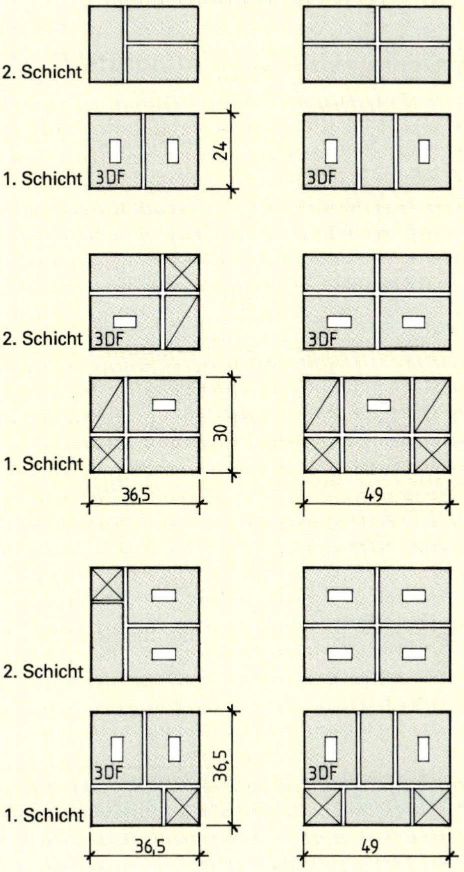

Pfeiler aus mittelformatigen Steinen: 3 DF- und 2 DF-Steine

Aufgabe:

Zeichnen Sie 2 Schichten eines Mauerstückes mit Nischen, Vorlage und Anschlägen aus NF-Steinen verbandsgerecht nach den angegebenen Maßen.

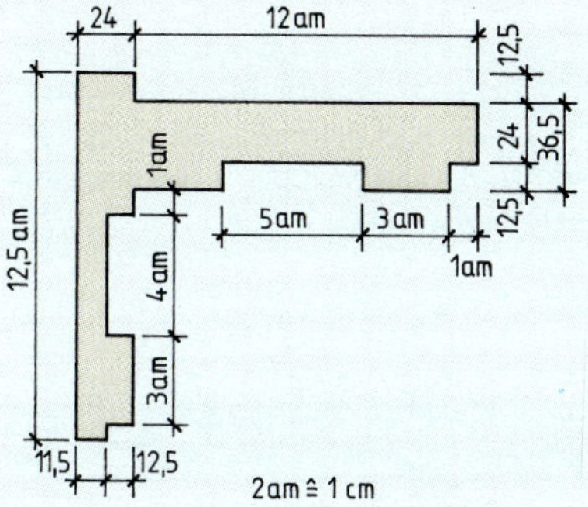

Zusammenfassung

Durch die verbandsgerechte Anordnung der Steine im Mauerwerk erhöhen sich dessen Zusammenhalt und Tragfähigkeit.

Das Mindestüberbindemaß der Steine hängt von der Steinhöhe ab.

Die Mauerschichten sind waagerecht, die Mauerflächen lot- und fluchtrecht zu mauern.

Es sind möglichst viele ganze Steine zu vermauern. Stets vollfugig mauern, innen und außen.

Man unterscheidet den Läufer-, Binder-, Block- und Kreuzverband.

Bei Block- und Kreuzverband wechseln Binder- und Läuferschichten regelmäßig übereinander ab.

Beim Blockverband liegt Läufer über Läufer.

Beim Kreuzverband sind die Läufer gegeneinander um ein Achtelmeter versetzt.

Der umgeworfene Verband wird für Mauerlängen mit ½ Achtelmeter benötigt.

Mauern aus mittel- und großformatigen Steinen sind besonders wirtschaftlich.

Durch die Kombination verschiedener Steinformate in einer Mauer lässt sich das Schlagen von Teilsteinen weitestgehend vermeiden.

Aufgaben:

1. *Warum wird die Tragfähigkeit einer Mauer durch verbandsgerechtes Vermauern der Steine erhöht?*
2. *Erläutern Sie die Begriffe Läufer, Binder, Lagerfuge, Stoßfuge, Schnittfuge, Kreuzfuge.*
3. *Wozu kann es führen, wenn sich Stoßfugen in einer Mauer überdecken?*
4. *Welche negativen Folgen hat es, wenn nicht vollfugig gemauert wird?*
5. *Weshalb legt man Binder- und Läuferschichten in regelmäßigem Wechsel übereinander?*
6. *Warum zieht man den Kreuzverband mitunter dem Blockverband vor?*
7. *Erläutern Sie den umgeworfenen Verband und seine Anwendung.*
8. *Wozu dienen Mauerabtreppung und -verzahnung?*
9. *Wodurch lässt sich das Zeit raubende Schlagen von Teilsteinen einschränken?*
10. *Welche Verbandsregeln sind bei Mauerecke, Mauerstoß und Mauerkreuzung zu beachten?*
11. *Welche Vorteile haben Mauerpfeiler aus mittelformatigen Steinen gegenüber Mauerpfeilern in Sichtmauerwerk?*

8.12 Natürliche Bausteine

8.12.1 Gesteinsbildende Mineralien

Betrachten wir einen Naturstein, wie z. B. Granit, so sehen wir, dass dieser nicht aus einem einheitlichen Stoff, sondern aus einzelnen kristallisierten Verbindungen besteht. Diese natürlichen Verbindungen werden als Mineralien bezeichnet. Aus ihnen sind die Gesteine aufgebaut. So besteht z. B. das Gestein Granit im Wesentlichen aus den Mineralien Feldspat, Quarz und Glimmer; Kalkstein besteht aus dem Mineral Kalkspat.

Die Mineralien sind stets kristallin, nur sind die Kristalle oft so klein, dass sie mit dem bloßen Auge nicht erkennbar sind. So sind z. B. beim Granit die einzelnen Mineralien ohne weiteres als Kristalle zu erkennen, während uns ein Kalkstein einheitlich erscheint, obwohl er aus lauter kleinsten Kalkspatkristallen aufgebaut ist.

Bei der Vielzahl der Elemente gibt es naturgemäß außerordentlich viele verschiedene Mineralien. Für die Gesteinsbildung sind aber nur wenige – insbesondere Quarz, Feldspat, Glimmer, Ton und Kalkspat – von Bedeutung. Diese gesteinsbildenden Mineralien sind fast alle gleichzeitig wichtige Rohstoffe für das Bauwesen.

Kenntnisse über diese Mineralien sind deshalb von grundlegender Bedeutung.

Mineralien im Granit

Die gesteinsbildenden Mineralien sind die häufigsten Bestandteile der Natursteine und gleichzeitig die wichtigsten Rohstoffe für das Bauwesen.

Mineral	Eigenschaften	Rohstoff für
Quarz (SiO_2)	Farblos oder weißlich, hart, verwitterungs- und säurebeständig	Als Quarzsand bzw. -kies: Beton, Mörtel, Ziegel, Kalksandsteine, Glas
Feldspat (Silicat)	Weißlich oder rötlich, ebene Kristallflächen, säurebeständig, verwittert zu Ton	Steingut, Steinzeug, Glasuren
Ton (Silicat)	Quillt bei Wasseraufnahme und wird dann plastisch	Ziegel, Zement
Glimmer (Silicat)	Blättrig, hell oder dunkel glänzend	Blähglimmer (Wärmedämmstoff)
Kalkspat ($CaCO_3$)	Ähnlich Feldspat, aber säurelöslich	Baukalke, Zement, Kalksandsteine

8.12.2 Erstarrungsgesteine

Ein Fall, in dem sich die Gesteinsbildung direkt beobachten lässt, ist ein Vulkanausbruch, bei dem flüssige Gesteinsschmelze aus dem Erdinneren ausfließt und zu festem Gestein erstarrt. Solche Gesteine, die beim Erstarren einer flüssigen Gesteinsschmelze entstanden sind, heißen **Erstarrungsgesteine**.

Die vulkanischen Ergussgesteine sind allerdings nur ein kleiner Teil der Erstarrungsgesteine. Der Großteil der Erstarrungsgesteine entsteht unsichtbar unter der Erdoberfläche.

Flüssige Gesteinsschmelze (Magma) findet sich bei den dort herrschenden Temperaturen und Drücken ab etwa 100 km Tiefe. Auf diesem Magma lastet das überlagernde Festgestein. Diese Situation kann im Versuch dargestellt werden.

Erstarrte Gesteinsschmelze (Lava)

Versuch: In einem teilweise mit Flüssigkeit gefüllten Standzylinder werden nacheinander eine geschlossene Platte und eine Platte mit einer Öffnung eingedrückt, die beide mit der Zylinderwand dicht abschließen.

Beobachtung: Die geschlossene Platte lässt sich nicht weiter eindrücken. Bei der Lochplatte dringt durch die Öffnung Flüssigkeit nach oben.

Ergebnis: Die flüssige Gesteinsschmelze, die von Festgestein, das durch seine große Eigenlast nach unten drückt, überlagert wird, hat den Drang aufzusteigen.

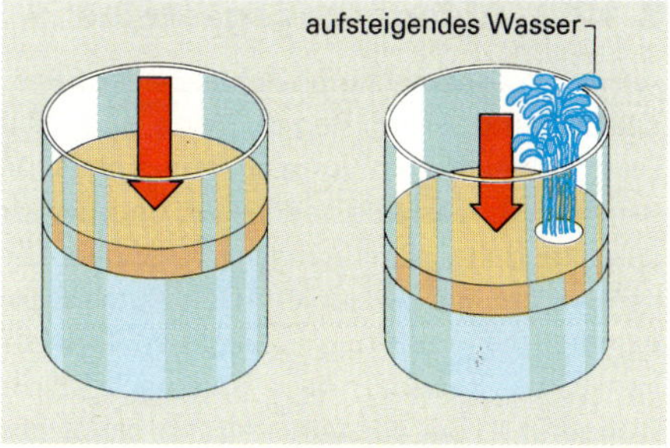

Verhalten einer Flüssigkeit unter Überlagerungsdruck

Wo immer das überlagernde Festgestein schwache Stellen zeigt, wird also Magma in oberflächennähere und damit kühlere Bereiche aufsteigen und dort durch Abkühlung erstarren. Je näher die aufdringende Schmelze dabei der Erdoberfläche kommt, desto rascher kühlt sie ab.

Gesteine, die in größerer Tiefe stecken bleiben, heißen **Tiefengesteine**. Sie kühlen nur langsam ab. Die aus der Schmelze auskristallisierenden Mineralien haben deshalb Zeit, deutlich erkennbare Kristalle zu bilden. Tiefengesteine sind deshalb allgemein grob- und gleichkörnig. Sie sind unabhängig von der Beanspruchungsrichtung sehr druckfest.

Wichtigstes Tiefengestein ist der **Granit**.

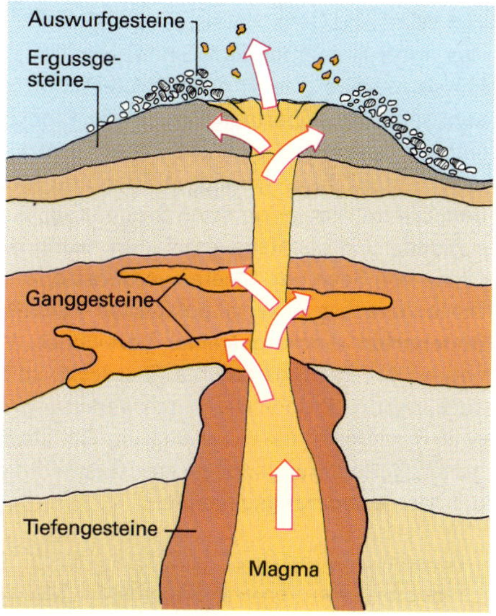

Entstehung der Erstarrungsgesteine

Ein Teil des Magmas wird auch in unterirdische Risse und Gänge gedrückt und kühlt dort rascher ab. Dadurch haben oft nur noch wenige Mineralien Zeit um auszukristallisieren; der Rest erstarrt als glasige Grundmasse. Die entstehenden **Ganggesteine** zeigen deshalb oft eingesprengte Kristalle in einer einheitlichen Grundmasse. Dies wird als „porphyrische Struktur" bezeichnet.

Ein Ganggestein ist z. B. der Granitporphyr.

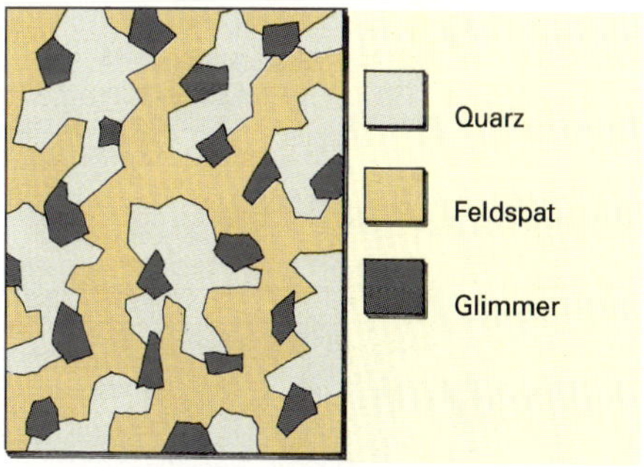

Struktur eines Tiefengesteins (Granit)

Gelangt Magma an die Oberfläche und fließt dort als Lava aus, so erstarrt es noch rascher. Die Grundmasse der entstehenden **Ergussgesteine** lässt deshalb keine Kristalle erkennen. Es kommen aber ebenfalls oft Kristalleinsprengsel vor, die bereits vor dem Austritt an die Erdoberfläche auskristallisiert waren.

Wichtigstes Ergussgestein ist der Basalt.

Bei Vulkanausbrüchen wird oft ein Teil des Materials als vulkanische Aschen ausgeschleudert. Aus diesen Aschen entstehen dann die wenig verfestigten **Auswurfgesteine**, insbesondere Tuffe, wie z. B. Trass.

Ein Auswurfgestein besonderer Art ist **Bims**. Bims besteht aus bei Vulkanausbrüchen ausgeworfenen erbsen- bis kopfgroßen Brocken. Diese enthalten so viele gasgefüllte Poren, dass Bims eine Dichte von unter 1 g/cm^3 aufweist, also auf Wasser schwimmt.

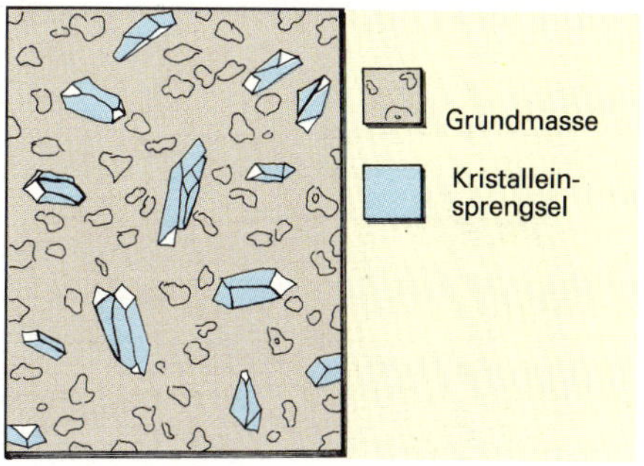

Porphyrische Struktur eines Ergussgesteins

Aus einem Magma können durch verschieden rasche Abkühlung Tiefengesteine, Ganggesteine, Ergussgesteine und Auswurfgesteine entstehen.

8.12.3 Ablagerungsgesteine

An der Erdoberfläche anstehende Gesteine werden durch Sonneneinstrahlung, Frost, Regen, Wind und Pflanzenwurzeln allmählich zerstört. Bei diesem Vorgang, den man als **Verwitterung** bezeichnet, werden die Gesteine zerkleinert und die einzelnen Mineralien entsprechend ihrer Beständigkeit verändert. Die beständigsten Mineralien werden nur zerkleinert (Quarz), die weniger beständigen umgewandelt (Glimmer und Feldspat zu Ton) und die löslichen Mineralien (Gips, Kalkspat) nach und nach im Regenwasser gelöst und weggeführt. Bei der Verwitterung bleibt also neben nur zerkleinerten Gesteinsbrocken ein Gemenge von Ton und Quarzsand zurück. Dieses Gemenge von Ton und Sand wird als **Lehm** bezeichnet. Diese Verwitterungsrückstände werden meist vom Wasser, seltener von Wind und Gletschereis, abgetragen.

Wenn mit abnehmendem Gefälle die Transportkraft der Bäche und Flüsse nachlässt, wird der Gesteinsschutt nach der Größe sortiert abgesetzt. Am Oberlauf bleiben die Blöcke und Steine liegen, im Flachland werden Kies und Sand abgesetzt, und nur das feinste Material – meist Ton – gelangt in Seen und Meer und sinkt dort zu Boden. Die im Wasser gelösten Stoffe (Kalk, Gips usw.) werden ausgeschieden und ebenfalls abgelagert, wenn das Wasser an der Oberfläche von Seen und Meeren verdunstet.

Diese zunächst locker abgelagerten Verwitterungsreste werden als **Bodenarten** (Lockergesteine) bezeichnet. Werden sie von immer neuem Ablagerungsmaterial überdeckt, so tritt durch diesen Überdeckungsdruck und/oder durch Verkittung der Einzelkörner mit einem Bindemittel eine Verfestigung ein. Damit sind aus den abgelagerten Verwitterungsresten von Gesteinen neue Gesteine entstanden, die **Ablagerungsgesteine**.

Ablagerungsgesteine entstehen durch Ablagerung und Verfestigung von Verwitterungsresten. Sie sind deshalb meist geschichtet.

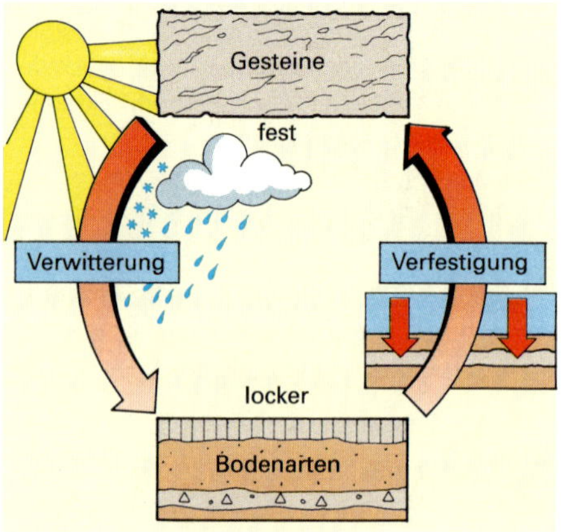

Verwitterungskreislauf

Ablagerung	Entstehendes Gestein
Kies	Konglomerat (Nagelfluh)
Sand	Sandstein
Ton	Tonstein
Kalk	Kalkstein
Ton + Kalk	Mergel
Gips	Gipsstein
Pflanzen	Kohle
Tierschalen	Kreide, Radiolarit

Herkunft der Ablagerungsgesteine

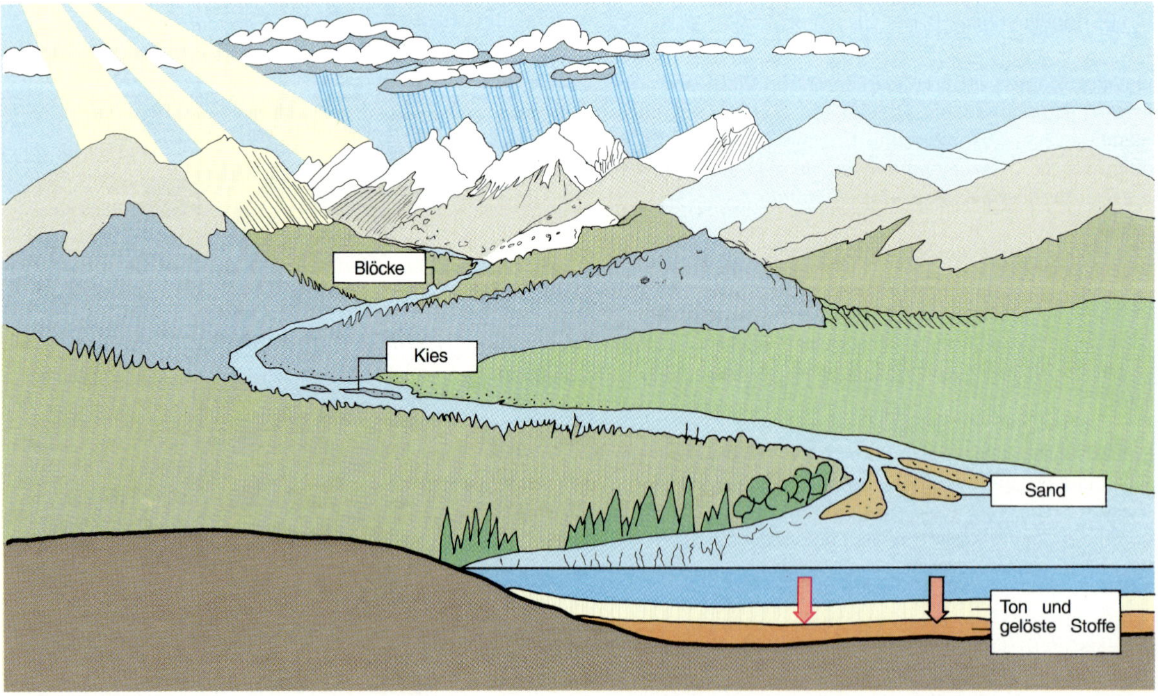

Verwitterung und Ablagerung der Verwitterungsreste

8.12.4 Umprägungsgesteine

Bei Gebirgsbildungen treten in der Natur sehr hohe Kräfte und Temperaturen auf. Diesen extremen Bedingungen können Gesteine nicht widerstehen, sie werden umgeprägt.

Die Umbildung der Gesteine kommt dadurch zustande, dass viele Mineralien unter den veränderten Bedingungen unbeständig werden. Ein Teil der Mineralien wird in andere umgewandelt.

Tonmineralien können entwässert und in plattigen Glimmer umgewandelt werden. Diese und andere neu gebildete Mineralien werden häufig senkrecht zur Richtung des größten Drucks eingeregelt. Die Gesteine erscheinen dadurch geschiefert. Auch durch Bewegungen bei Gebirgsbildungen können Schieferungen entstehen. Die Umprägungsgesteine werden deshalb auch als **„kristalline Schiefer"** bezeichnet.

Bei anderen Umprägungsgesteinen werden die Mineralien nur zu größeren Kristallen umkristallisiert (Marmor, Quarzit).

Je nach Ausgangsgestein entstehen verschiedene Umprägungsgesteine:

aus Granit → das Umprägungsgestein Gneis,
aus Tonstein → Tonschiefer,
aus Kalkstein → echter Marmor,
aus Sandstein → Quarzit.

Umprägungsgesteine entstehen durch Umbildung vorhandener Gesteine bei gebirgsbildenden Vorgängen. Sie zeigen durch Einregelung der Mineralien meist eine schiefrige Struktur.

Struktur eines Umprägungsgesteins

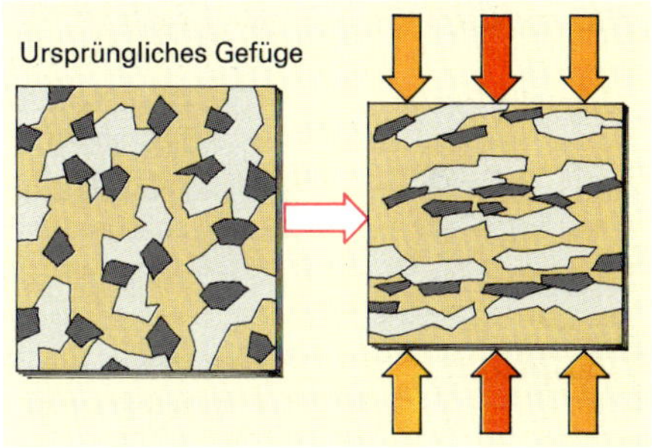

Umprägungsgestein: Druck + Hitze

8.12.5 Eigenschaften und Verwendung

Entsprechend der unterschiedlichen Zusammensetzung und Entstehung haben die Gesteine sehr unterschiedliche Eigenschaften.

Die meisten **Erstarrungsgesteine** sind unter Druck erstarrt. Sie haben direkte Kornbindung und dementsprechend hohe Dichten und Festigkeiten. Da die Gesteine unstrukturiert sind, ist die Festigkeit in allen Richtungen etwa gleich. Erstarrungsgesteine sind deshalb schwer zu bearbeiten, aber wegen ihrer Beständigkeit als Werksteine oft besonders geeignet.

Poröse Ergussgesteine (Laven) und Auswurfgesteine sind nicht druckfest. Sie werden deshalb kaum als Werksteine, sondern allenfalls als Zuschläge für Leichtbaustoffe (Bimsstein) und als Rohstoff für Bindemittel (Trass) genutzt.

Ihrem verbreiteten Vorkommen und der guten Verarbeitbarkeit entsprechend sind **Ablagerungsgesteine** die am häufigsten verwendeten Natursteine. Da diese Gesteine schichtig abgelagert und durch Überlagerungsdruck verfestigt wurden, sind sie bei senkrechter Belastung am beständigsten. Ablagerungsgesteine sind deshalb grundsätzlich der natürlichen Lagerung entsprechend einzubauen.

Die bautechnisch wichtigen Ablagerungsgesteine sind fast ausschließlich **Sandsteine** oder **Kalksteine**.

Bei **Umprägungsgesteinen** ist die Festigkeit durch die Schieferung stark richtungsabhängig, was die Verwendungsmöglichkeiten als Werkstein einschränkt, andererseits sind sie durch die Schieferung leicht aufzuspalten und werden deshalb oft für Platten genutzt.

Verarbeiteter Naturstein (Kalkstein)

Viele Tiefen- und Ergussgesteine sind durch hohe Dichte und Festigkeit ausgezeichnete Werksteine. Bei der Verarbeitung von Ablagerungs- und Umprägungsgesteinen muss die Schichtung bzw. Schieferung berücksichtigt werden.

Gesteinsart/Gestein	Eigenschaften	Verwendung	Vorkommen
Erstarrungsgesteine			
Granit	Hart, witterungsbeständig, nicht feuerbeständig	Bordsteine, Treppenstufen	Schwarzwald, Bayerischer Wald, Erzgebirge, Fichtelgebirge
Basalt	Sehr druckfest, witterungsbeständig, beständig gegen aggressive Wässer	Wasserbau Splitt, Schotter	Eifel, Rhön, Kaiserstuhl, Hegau, Erzgebirge
Trass	Locker porös	Trasszement	Neuwieder Becken
Bims	Dichte unter 1 kg/dm^3, einzelne Steine mit Durchmessern bis ca. 300 mm	Leichtbetonzuschlag	Neuwieder Becken
Ablagerungsgesteine			
Bausandstein	Rot, hart, witterungsbeständig	Werksteine für alle Zwecke	Schwarzwald, Odenwald
Elbsandstein	Gelblich, Eigenschaften wechselnd	Werksteine, Bruchsteine	Elbsandsteingebirge
Devonkalkstein	Grau, hart, witterungsbeständig	Werksteine, Schotter	Rheinisches Schiefergebirge
Muschelkalkstein	Dunkelgrau, leicht bearbeitbar, nachhärtend	Werksteine, Platten, Schotter	Württemberg, Thüringen, Pfalz
Jurakalkstein	Weiß bis gelblich, hart	Werksteine, Schotter, Baukalke, Zement	Schwäbische und Fränkische Alb
Travertin	Bunt gebändert, dicht, polierfähig	Werksteine, Platten	Stuttgart, Göttingen, Langensalza/Thüringen
Umprägungsgesteine			
Gneis	Parallel strukturiert, wechselnde Festigkeiten	Schotter, Platten, Bruchsteine	Schwarzwald, Fichtel- und Erzgebirge, Thüringer Wald
Tonschiefer	Dunkelgrau, oft plattig, gegen Dauerfeuchte empfindlich	Dachschiefer, Wandbeläge	Rheinisches Schiefergebirge, Harz

Zusammenfassung

Quarz, Kalkspat und Ton sind häufige gesteinsbildende Mineralien und gleichzeitig wichtige Rohstoffe für das Bauwesen.

Erstarrungsgesteine entstehen, wenn glutflüssige Gesteinsschmelze aus tieferen Erdschichten aufdringt, abkühlt und erstarrt.

Bei der Verwitterung werden die Gesteine zerkleinert; die einzelnen Mineralien werden umgewandelt und zum Teil gelöst. Werden diese Verwitterungsreste wieder abgelagert und verfestigt, so entstehen Ablagerungsgesteine.

Umprägungsgesteine entstehen durch Umbildung vorhandener Gesteine. Durch Einregelung der Mineralien sind sie meist geschiefert.

Viele Tiefen- und Ergussgesteine sind durch hohe Dichte und Festigkeit gute Werksteine. Bei Ablagerungs- und Umprägungsgesteinen muss die Struktur berücksichtigt werden.

Aufgaben:

1. *Nennen Sie Beispiele für Verwendung von*
   a) Quarz,
   b) Kalkspat,
   c) Ton.
2. *Warum dringt das Magma in höhere Gesteinsschichten auf?*
3. *Worin unterscheiden sich Tiefengesteine und Ergussgesteine*
   a) hinsichtlich der Entstehung,
   b) hinsichtlich der Struktur?
4. *Was entsteht bei der Verwitterung von*
   a) Granit,
   b) Mergel?
5. *Woran können Sie Granit und Gneis leicht unterscheiden?*
6. *Welche Natursteine kommen in Ihrer engeren Heimat vor?*
7. *Wozu werden diese Natursteine verwendet?*

9 Mörtel und Beton

Mörtel und Beton werden aus Bindemittel, Zuschlag und Wasser hergestellt und im plastischen Zustand verarbeitet.

Sie erhärten durch chemische Reaktionen der Bindemittel.

9.1 Bindemittel

9.1.1 Kalk

Baukalke nach DIN 1060-1 werden als Bindemittel für Mauer- und Putzmörtel sowie zur Bodenverbesserung und -verfestigung im Straßenbau verwendet. Man unterscheidet **Luftkalke** (Weißkalk und Dolomitkalk) und **hydraulische Kalke**.

Weißkalk wird aus Kalkgestein gewonnen. Sein Hauptbestandteil ist Calciumcarbonat, $CaCO_3$. **Dolomitkalk** wird aus Dolomitstein (Calcium-Magnesium-Carbonat) erzeugt. Zur Herstellung **hydraulischer Kalke** wird tonhaltiger Kalkstein verwendet.

Brennen des Kalksteins

Versuch: Ein Stückchen Kalkstein wird ca. 10 min gebrannt.

Beobachtung: Der Stein wird weiß, porös und spröde.

Ergebnis: Aus Calciumcarbonat, $CaCO_3$, entsteht Calciumoxid, CaO, Branntkalk. Kohlenstoffdioxid entweicht.

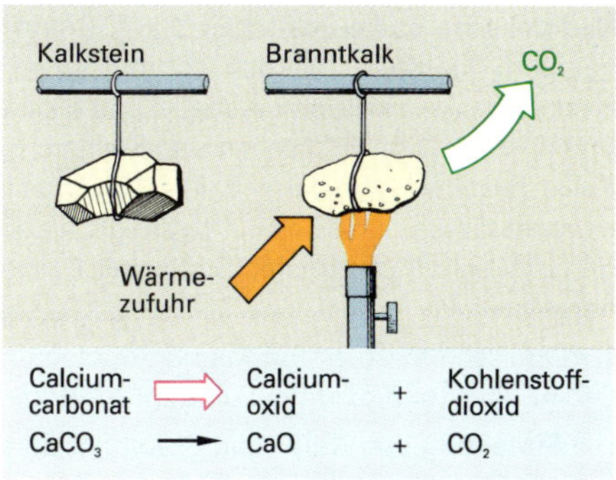

Brennen von Kalkstein (Analyse)

Im Kalkwerk wird Kalkstein in Schacht-, Ring- oder Drehöfen bei über 900 °C gebrannt (Stückkalk) und anschließend gemahlen (Feinkalk).

Löschen des Branntkalkes

Versuch: Branntkalk wird mit Wasser beträufelt.

Beobachtung: Der Kalk erwärmt sich, vergrößert sein Volumen.

Ergebnis: Branntkalk bindet Wasser zu Calciumhydroxid.

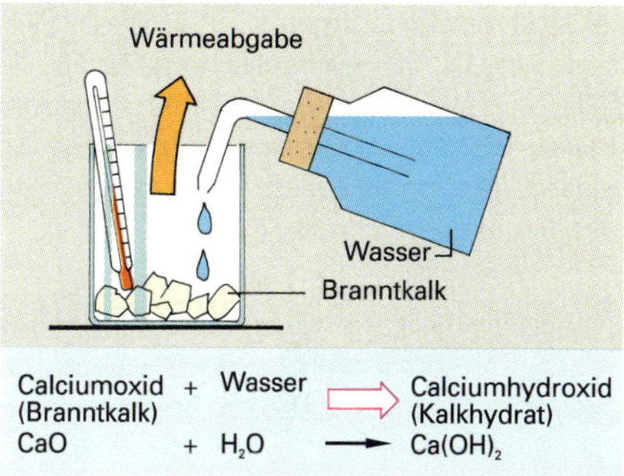

Löschen von Branntkalk (Synthese)

Calciumhydroxid, $Ca(OH)_2$, entsteht als Kalkbrei oder als weißes Pulver, im Handel Kalkhydrat genannt (siehe Abschnitt 4.3.2 **Basen**). Im Kalkwerk wird der gemahlene Branntkalk in Löschpfannen gelöscht und in Säcke abgefüllt. Der gelöschte Kalk ergibt mit Sand und Wasser vermischt einen gut verarbeitbaren Kalkmörtel.

Erhärten des Luftkalkes

Versuch: Kalkmilch wird gefiltert. Dem klaren Kalkwasser (Lauge) wird etwas Kohlensäure (Sprudel) zugesetzt.

Beobachtung: Das Kalkwasser wird trüb.

Ergebnis: Kalklauge und Kohlensäure reagieren miteinander und bilden fein verteiltes Calciumcarbonat.

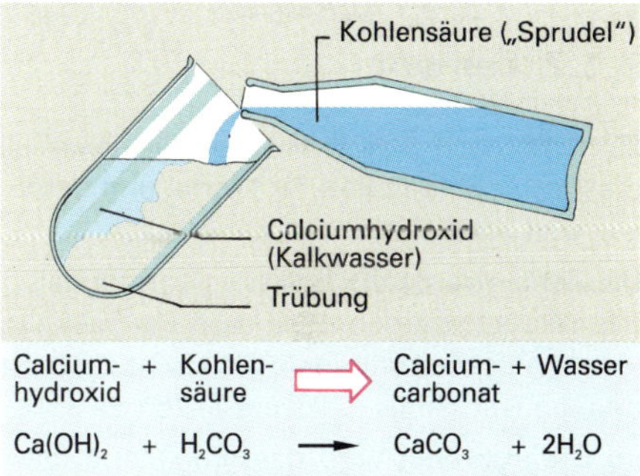

Erhärten des Luftkalkes

Luftkalkmörtel erhärtet, wenn sich Kohlenstoffdioxid der Luft mit dem feuchten Calciumhydroxid des Mörtels zu Calciumcarbonat verbindet (Carbonaterhärtung). Dabei entsteht Wasser (Neubaufeuchte). Die Carbonerhärtung ist völlig luftabhängig und kann mehrere Jahre dauern, weil die Luft nur 0,03% Kohlenstoffdioxid enthält. Deshalb darf Luftkalkmörtel nicht für Bauteile unter Wasser oder für sofort hinterfüllte Bauteile verwendet werden. Nur erhärteter Luftkalkmörtel ist weitestgehend wasserbeständig.

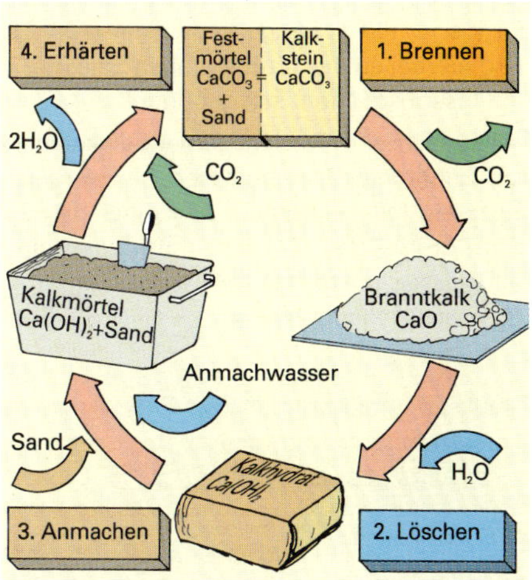

Kreislauf des Luftkalkes

Wird Kalkstein bei 900 °C gebrannt, so entweicht das Kohlenstoffdioxid und Calciumoxid entsteht. Bindet Calciumoxid Wasser, so entsteht Calciumhydroxid (Kalkhydrat).

Luftkalkmörtel erhärtet, wenn sich Calciumhydroxid und Kohlensäure zu Calciumcarbonat verbinden.

Hydraulische Kalke entstehen durch Brennen von tonhaltigem Kalkstein mit den Tonmineralien Siliciumdioxid, SiO_2, Aluminiumoxid, Al_2O_3, und Eisenoxid, Fe_2O_3, und anschließendes Löschen und Mahlen. Hydraulische Kalke bestehen vorwiegend aus Calciumsilicaten, Calciumaluminaten und Calciumhydroxid; sie werden auch durch Mischen geeigneter Stoffe mit Calciumhydroxid hergestellt.

Hydraulische Kalke erstarren und erhärten unter Wasser. Das Kohlenstoffdioxid der Luft trägt zur Erhärtung bei.

Die **Einteilung** der Weiß- und Dolomitkalke erfolgt nach ihrem Mindestgehalt an Calcium- und Magnesiumoxid in Masseprozent. Hydraulische Kalke werden nach ihrer Mindestdruckfestigkeit in N/mm² nach 28 Tagen eingeteilt. **Kurzbezeichnungen** sind für Weißkalke CL, für Dolomitkalke DL, für hydraulische Kalke HL. Hydraulische Kalke, aus mehr oder weniger tonhaltigem Kalkstein gebrannt, werden „natürliche hydraulische Kalke" (NHL) genannt. Kalke mit Zusatz hydraulischer Stoffe bis 20% erhalten die Bezeichnung NHL-P.

Hydraulische Kalke entstehen durch Brennen tonhaltigen Kalksteins oder durch Mischen hydraulischer Stoffe mit Calciumhydroxid. Sie erstarren und erhärten unter Wasser.

Benennung	**Kurzzeichen**	**CaO +MgO**
Weißkalk 90	CL 90	≥90 %
Weißkalk 80	CL 80	≥80 %
Weißkalk 70	CL 70	≥70 %
Dolomitkalk 85	DL 85	≥85 %
Dolomitkalk 80	DL 80	≥80 %
Hydraulischer Kalk 2	HL 2	2–7 N/mm²
Hydraulischer Kalk 3,5	HL 3,5	3,5–10 N/mm²
Hydraulischer Kalk 5	HL 5	5–15 N/mm²
		Druckfestigkeit

Baukalkarten

Kennzeichnung der Baukalke
a) Baukalkart, z.B. **Weißkalk 80**
b) Normbezeichnung, z.B. **DIN 1060 CL 80**
c) Überwachungszeichen
d) Handelsform, z.B. **Kalkhydrat**
e) Herstellungsort
f) Ggf. Verarbeitungsanweisung
g) Bruttomasse
h) Sicherheitsanweisung

9.1.2 Zement

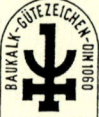

Zemente nach DIN 1164 sind fein gemahlene hochhydraulische Bindemittel für Mörtel und Beton, die an der Luft und unter Wasser erhärten.

Die **Zementrohstoffe** Kalkstein und tonhaltiges Gestein, z.B. Mergel, werden nach dem Brechen zuerst gemahlen, fein dosiert und innig gemischt zu **Zementrohmehl** (Mengenverhältnis Kalkstein zu Ton ca. 3:1).

Im **Drehrohrofen** wird das granulierte (gekörnte) Rohmehl bis ca. 1450 °C, d.h. bis zur beginnenden Schmelze (Sintergrenze), gebrannt. Dabei durchwandert das Brenngut den schräg liegenden, sich drehenden Ofen, der bis zu 100 m Länge haben kann. Der gesamte Kalk wird hierbei an die Tonmineralien Silicium-, Aluminium- und Eisenoxid chemisch gebunden.

Die steinartigen **Portlandzementklinker** haben etwa einen Zentimeter Durchmesser. Sie werden mit ca. 3% **Gipsstein** fein gemahlen. Je kleiner die Zementkörner, desto größer die Reaktionsoberfläche beim Anmachen mit Wasser, umso höhere Festigkeiten erreicht der Beton nach 28 Tagen.

Kalkstein und tonhaltiges Gestein werden zu Zementrohmehl verarbeitet, bis zur beginnenden Schmelze gebrannt und mit ca. 3% Gips fein gemahlen.

Je feiner die Zementklinker gemahlen werden, umso höher ist die Betonfestigkeit nach 28 Tagen.

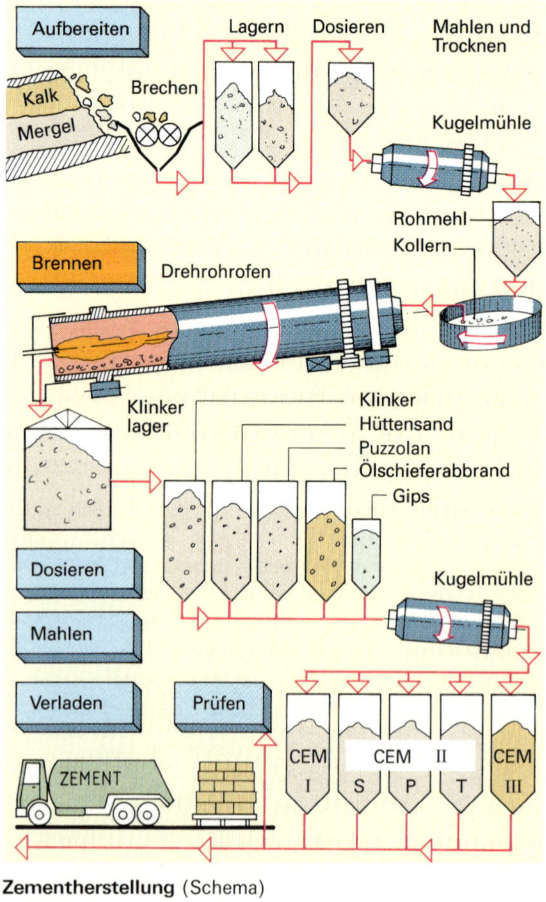

Zementherstellung (Schema)

Beim **Anmachen des Zementes** mit Wasser entsteht Zementleim, der die Zuschlagkörner umhüllt. Die Zementbestandteile binden allmählich Wasser. Zementleim wird starres Zementgel. Die chemische Wasserbindung, **Hydratation** genannt, setzt Hydratationswärme frei.

Die **Erstarrung des Betons** darf frühestens nach einer Stunde beginnen und muss nach zwölf Stunden beendet sein. Die Erstarrung wird durch den Gipszusatz verzögert.

Die **Erhärtung des Betons** erfolgt durch fortgesetzte Wasserbindung (Hydratation) an das Zementgel. Auf diese Weise werden Mindestdruckfestigkeiten innerhalb bestimmter Fristen erreicht (Normfestigkeit). Zementstein entsteht. Die Erhärtung ist zeitlich nicht begrenzt und oft erst nach Jahren abgeschlossen. Die Hydratation setzt eine ausreichende Feuchtigkeitszufuhr voraus. Vorzeitiger Feuchtigkeitsentzug unterbricht den Erhärtungsvorgang.

Normzemente müssen den Anforderungen der DIN 1164-1 entsprechen. Die häufig verwendeten **Portlandzemente** werden aus Portlandzementklinkern hergestellt. Portlandzemente sind kalkreich (Rostschutz des Stahls), erreichen rasch hohe Festigkeiten (kurze Ausschaltfristen) und entwickeln relativ viel Hydratationswärme (Betonieren bei niedrigen Temperaturen).

Für massige Bauteile und solche, die chemischen Angriffen verstärkt ausgesetzt sind (Tiefbau, Wasserbau), ist die Verwendung kalkärmerer Zemente mit niedrigerer Hydratationswärme vorteilhaft. Hierzu gehören Portlandhüttenzement, Hochofenzement und Portlandpuzzolanzement. **Portlandhütten- und Hochofenzement** werden aus Portlandzementklinkern unter Zusatz von Hüttensand hergestellt. Hüttensand besteht aus Hochofenschlacke, die bei der Roheisengewinnung anfällt. **Portlandpuzzolanzement** ergibt einen besonders dichten Beton. Ein natürliches Puzzolan vulkanischen Ursprungs ist Trass.

Portlandölschieferzement nach DIN 1164-1 enthält 65 bis 94% Portlandzementklinker und 6 bis 35% gebrannten Ölschiefer. Er ist in allen Festigkeitsklassen erhältlich.

Weißzement ist eisenoxidarmer Portlandzement 42,5 R. Er wird für hellen Sichtbeton und hellen Putz verwendet.

Die **Normdruckfestigkeiten** der Zemente nach 28 Tagen (in N/mm²) entsprechen den auf der Verpackung oder dem Lieferschein angegebenen **Festigkeitsklassen** 32,5, 42,5, 52,5. Für Säcke und deren Aufdruck werden bestimmte **Kennfarben** verwendet.

Zemente der Festigkeitsklassen 32,5, 42,5 und 52,5 mit hoher Anfangsfestigkeit werden mit R gekennzeichnet. Zemente mit niedriger Wärmeentwicklung (Hydratationswärme) erhalten die Zusatzbezeichnung NW, **mit hohem Sulfatwiderstand** die Zusatzbezeichnung HS, mit niedrigem Alkaligehalt die Zusatzbezeichnung NA.

Zement beginnt Wasser zu binden, wenn er zu Beton verarbeitet wird (Hydratation des Zementes). Die Betonerstarrung wird durch den Gipszusatz verzögert, muss aber nach 12 Stunden erfolgt sein. Beton und Zementmörtel erhärten durch fortgesetzte Wasserbindung zu Zementstein. Frischer Beton muss vor Feuchtigkeitsentzug geschützt werden. Bei der Hydratation wird Hydratationswärme frei.

Auf Verpackung und Lieferschein der Zemente werden die Mindestdruckfestigkeiten nach 28 Tagen angegeben. Zusatzbezeichnungen weisen auf Erhärtungstempo, Hydratationswärme und Sulfatwiderstand hin.

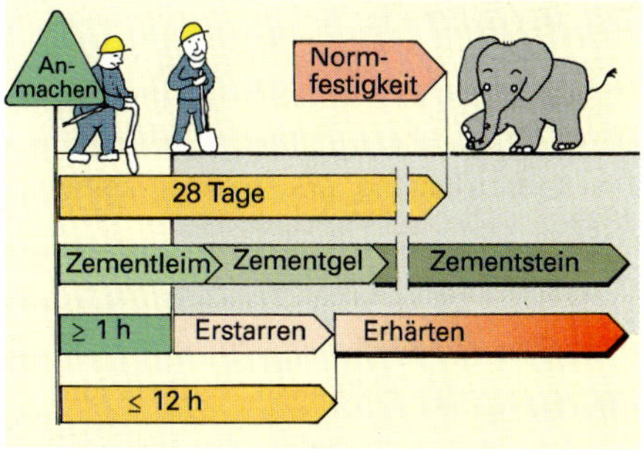

Erhärten der Normzemente

Normzemente nach DIN 1164-1	Kurzzeichen	Hauptbestandteile in %			
		Portlandzementklinker K	Hüttensand S	Natürliches Puzzolan P	Gebrannter Ölschiefer T
Portlandzement	CEM I	95–100	–	–	–
Portlandhüttenzement	CEM II/A-S	80–94	6–20	–	–
	CEM II/B-S	65–79	21–35	–	–
Portlandpuzzolanzement	CEM II/A-P	80 94	–	6–20	–
	CEM II/B-P	65–79	–	21–35	–
Portlandölschieferzement	CEM II/A-T	80–94	–	–	6–20
	CEM II/B-T	65–79	–	–	21–35
Hochofenzement	CEM III/A	35–64	36–65	–	–
	CEM III/B	20–34	66–80	–	–

Zusammensetzung der Normzemente

Festigkeitsklasse	Druckfestigkeit in N/mm²			
	Anfangsfestigkeit		Normfestigkeit	
	2 Tage	7 Tage	28 Tage	
32,5	–	≥ 16	≥ 32,5	≤ 52,5
32,5 R	≥ 10	–		
42,5	≥ 10	–	≥ 42,5	≤ 62,5
42,5 R	≥ 20	–		
52,5	≥ 20	–	≥ 52,5	–
52,5 R	≥ 30	–		

Druckfestigkeiten der Zemente

Festigkeitsklasse	Kennfarbe (Grundfarbe des Sackes)	Farbe des Aufdruckes
32,5	hellbraun	schwarz
32,5 R		rot
42,5	grün	schwarz
42,5 R		rot
52,5	rot	schwarz
52,5 R		weiß

Kennfarben für die Festigkeitsklassen

Die **Überwachung** (Güteüberwachung) der geforderten Zusammensetzung und Eigenschaften der Normzemente erfolgt durch die Hersteller (Eigenüberwachung) und durch anerkannte Prüfstellen (Fremdüberwachung). Die Durchführung der Überwachung und die Kennzeichnung überwachter Zemente richtet sich nach DIN 1164-2.

Folgende Eigenschaften der Zemente werden im Einzelnen geprüft:

Festigkeit, chemische Zusammensetzung, Erstarrungszeiten, Raumbeständigkeit, Mahlfeinheit, Hydratationswärme u. a.

Die einzelnen **Prüfverfahren für Zemente** sind nach DIN EN 196-1 bis 7 und 196-21 (Europäische Norm) konkret festgelegt.

Zur Prüfung der **Druckfestigkeit** werden Prismen aus erhärtetem Zementmörtel auf einer Prüfmaschine abgedrückt. Die Festigkeit ergibt sich als Mittelwert aus sechs Druckfestigkeitswerten.

Für **nicht genormte Zemente** gibt es keine vorgeschriebenen Mindestdruckfestigkeiten. Ihre Festigkeiten entsprechen jedoch häufig denen der Normzemente. Ihr Einsatz für bestimmte Bauteile ist von der amtlichen Zulassung abhängig.

Kennzeichnung eines Normzementes

Trasshochofenzement besteht aus Trass, Hüttensand und Portlandzementklinkern. Wegen seiner geringen Hydratationswärme ist dieser Zement für massige Bauteile besonders geeignet. Der geringe Kalkgehalt macht ihn widerstandsfähig gegen aggressive Wässer. Trasshochofenzement entspricht der Festigkeitsklasse 32,5 NW.

Suevit-Trasszement enthält 20...25% Suevit-Trass (bayerischer Trass aus dem Nördlinger Ries) und 75...80% PZ-Klinker.

Tonerdeschmelzzement (TSZ) wird aus Tonerde (Bauxit, Al_2O_3) und Kalkstein hergestellt. Er erreicht hohe Anfangsfestigkeiten bei starker Wärmeentwicklung. TSZ ist für Stahlbeton nicht zugelassen, weil der Rostschutz der Bewehrung nicht gewährleistet ist. TSZ wird vorwiegend im Feuerungsbau für feuerfesten Beton und Mörtel verwendet.

Verwendung von Weißzement
(siehe Seite 113)

Straßenbauzemente sind Zemente der Festigkeitsklassen 32,5 und 42,5, die über die DIN 1164 hinaus bestimmte Anforderungen erfüllen (begrenzte Mahlfeinheit, temperaturabhängige Erstarrung).

Wasser abstoßender Zement ist unempfindlich gegen Regen und Bodenfeuchtigkeit. Seine Zementkörnchen sind mit einem hydrophoben (Wasser abstoßenden) Stoff umgeben. Erst beim Mischen bzw. Verdichten reagiert dieser Zement mit Wasser. Wasser abstoßender (hydrophober) Zement wird hauptsächlich zur Bodenverfestigung verwendet. Er wird als 42,5 R geliefert (Bezeichnung „Pectacrete").

Bodenverfestigung mit hydrophobem Zement beim Bau einer Straße

Die Güteüberwachung der Normzemente erfolgt durch Hersteller und Prüfstellen. Geprüft werden Festigkeit, Zusammensetzung, Erstarrungszeiten, Raumbeständigkeit, Mahlfeinheit u. a.

Die Festigkeiten nicht genormter Zemente entsprechen häufig denen der Normzemente. Verwendung überwiegend für spezielle Aufgaben.

9.1.3 Gips

Baugipse nach DIN 1168 werden als Bindemittel für Putzmörtel, für Stuck- und Rabitzarbeiten sowie zur Herstellung von Gipsbauteilen verwendet.

Baugipse werden aus **Gipsstein** gewonnen, einem kristallwasserhaltigen Calciumsulfat, $CaSO_4 \cdot 2H_2O$, Calciumsulfat-Dihydrat genannt, weil jeweils zwei Moleküle H_2O chemisch gebunden sind.

Brennen des Gipssteines

Versuch: Gipsstein wird im Reagenzglas erhitzt.

Beobachtung: Wasserdampf entweicht.

Ergebnis: Wärme treibt Wasser aus Gipsstein aus.

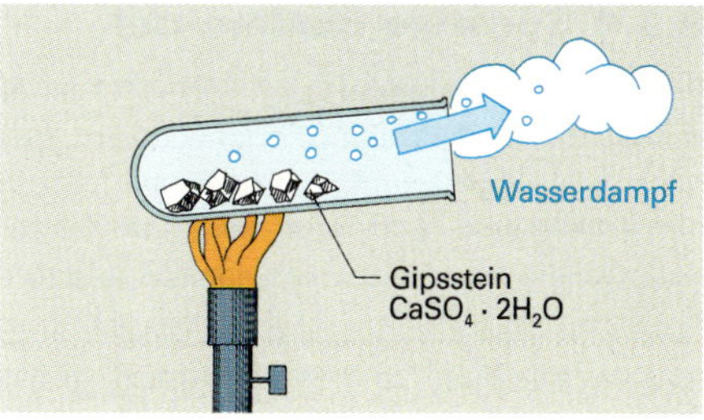

Brennen von Gipsstein

Bei der **Erzeugung von Stuckgips** wird der gemahlene Gipsstein bei Temperaturen bis zu 180 °C gebrannt. Dadurch werden 75% des Kristallwassers ausgetrieben. Stuckgips, $CaSO_4 \cdot 0{,}5H_2O$, wird auch Calciumsulfat-Halbhydrat genannt.

$$CaSO_4 \cdot 2H_2O \rightarrow CaSO_4 \cdot 0{,}5H_2O + 1{,}5H_2O$$

Versteifen und Erhärten von Stuckgips

Versuch: Ein Prüfring aus Messingblech, der mit Zeigern versehen ist, wird mit Gipsbrei gefüllt. Nach Versteifung des Gipses wird der Stecker von den Zeigern gezogen und der Abstand der Zeigerspitzen gemessen.

Beobachtung: Der Zeigerabstand vergrößert sich.

Ergebnis: Der Gips dehnt sich beim Versteifen aus.

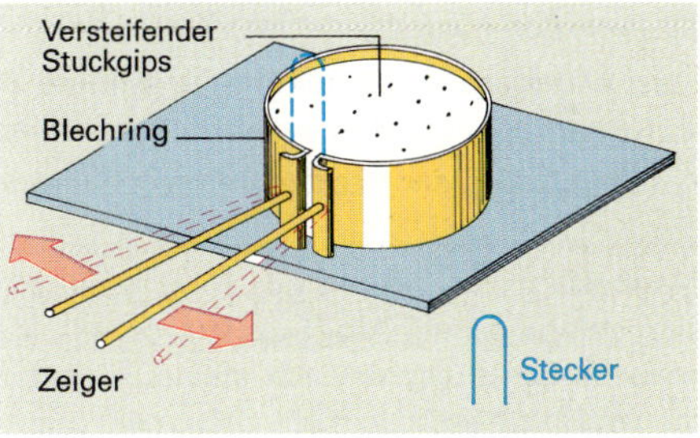

Ausdehnung von Stuckgips beim Erhärten

Stuckgips bindet beim **Erhärten** die Wassermenge, die beim Brennen ausgetrieben wurde, und bildet neue **Gipskristalle**.

$$CaSO_4 \cdot 0{,}5H_2O + 1{,}5H_2O \rightarrow CaSO_4 \cdot 2H_2O$$

Die ungeordnete Lage der rasch gebildeten Kristalle hat **1...2% Volumenzunahme** zur Folge. Die Versteifung des Gipsbreies wird durch Reste erhärteten Gipses beschleunigt (Impfkristalle).

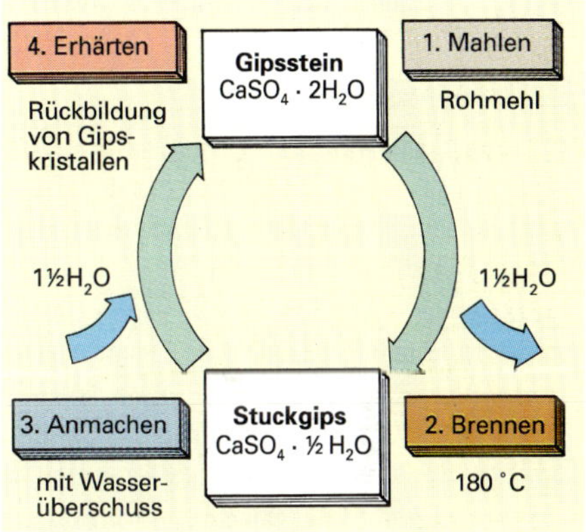

Kreislauf des Stuckgipses

Putzgips entsteht, wenn Gipsstein bis zu etwa 700 °C gebrannt und gemahlen wird. Putzgips enthält unterschiedlich stark entwässerte Stoffanteile (Hydratstufen), wie z.B. Halbhydrat und völlig entwässerten Gips (Anhydrit). Deshalb versteift Putzgips schneller als Stuckgips, bleibt aber länger plastisch und länger verarbeitbar.

Eigenschaften der Gipse

Gipse haften gut, auch auf glatten Flächen. Da Gipse nicht schwinden, können sie ohne Sandzusatz verarbeitet werden. Gipsputze nehmen bei vorübergehender höherer Luftfeuchte Wasser (Dampf) auf und geben es rasch wieder ab. Gipsputze und -platten wirken feuerhemmend (mind. 10 mm Dicke). Bei andauernder Durchfeuchtung werden Gipse gelöst, deshalb nicht im Freien und in dauerfeuchten Räumen verwenden! Gipse bieten keinen Rostschutz, deshalb **müssen** Stahlteile (Nägel, Drahtgewebe, Anker usw.) verzinkt oder anderweitig gegen Rost geschützt sein.

Gipsart	Anwendung
Stuckgips	Innenputze, Stuck-, Form-, Rabitzarbeiten, Gipsbauplatten
Putzgips	Innenputze (Gipsputz, Gipssandputz, Gipskalkputz), Rabitzarbeiten
Fertigputzgips	Putzgips mit Zusätzen und Füllstoffen für Innenputze
Maschinenputzgips	Innenputze unter Einsatz von Putzmaschinen
Haftputzgips	einlagige Putze
Ansetzgips	Ansetzen von Gipskartonplatten
Fugengips	Verbinden und Verspachteln von Gipsbauplatten

Baugipse und ihre Verwendung

Baugipse werden erzeugt, indem Gipsstein durch Brennen teilweise oder völlig entwässert wird. Gipse binden beim Erhärten das Wasser, das beim Brennen ausgetrieben wurde. Dabei nimmt ihr Volumen um 1...2% zu.

Anhydritbinder nach DIN 4208 besteht aus fein gemahlenem Anhydrit ($CaSO_4$ – „ohne Wasser“) mit bis zu 5% kristallisationsanregenden Stoffen. Er wird für Estriche und spezielle Putze verwendet.

9.1.4 Sonstige Bindemittel

Putz- und Mauerbinder nach DIN 4211 ist ein hydraulisches Bindemittel, das aus Portlandzementklinkern oder geeignetem Zement nach DIN 1164-1 und anorganischen Stoffen, z.B. Gesteinsmehl, hergestellt wird. Luftporen bildende Zusatzmittel werden zugegeben, um die Verarbeitbarkeit des Mörtels zu verbessern.

Putz- und Mauerbinder wird mit Wasser angemacht und ergibt sehr gut verarbeitbare und wirtschaftlich günstige Putz- und Mauermörtel.

Die Einteilung der Putz- und Mauerbinder erfolgt nach ihrer jeweiligen Druckfestigkeit in N/mm^2 nach 28 Tagen. Die Kurzbezeichnung für Putz- und Mauerbinder ist MC.

Putz- und Mauerbinder darf nur in saubere Transportbehälter gefüllt werden und muss stets vor Verunreinigungen geschützt werden.

Kennzeichnung der Säcke durch gelbe Grundfarbe und blauen Aufdruck.

Magnesiabinder besteht aus Magnesiumoxid, MgO, dem Magnesiumchloridlösung, $MgCl_2$ (rostfördernd), zugesetzt wird. Dadurch schnelle Erhärtung zu einer steinartig festen Masse. Als Füllstoffe dienen Holzmehl, Korkmehl, Steinmehl u.a.

Magnesiabinder wird zur Herstellung von Estrichen und Holzwolleleichtbauplatten verwendet. Steinholzestriche sind nicht wasserbeständig. Gelegentliche Feuchtigkeitseinwirkung schadet nicht.

Kurzzeichen	Luftporenbildner	28-Tage-Festigkeit in N/mm^2	
MC 5	mit	≥ 5	≤ 15
MC 12,5	mit	≥ 12,5	≤ 32,5
MC 12,5 X	ohne		

Putz- und Mauerbinderarten nach DiN 4211

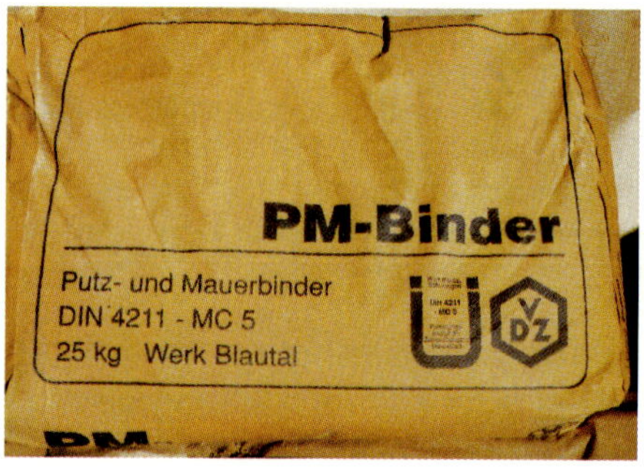

PM-Binder nach DIN 4211

Zusammenfassung

Wird Kalkstein bei 900 °C gebrannt, so wird das Kohlenstoffdioxid ausgetrieben und Calciumoxid (Branntkalk) erzeugt. Beim Löschen des Kalkes bindet Calciumoxid Wasser und Calciumhydroxid (Kalkhydrat) entsteht.

Luftkalkmörtel erhärten, indem sich Calciumhydroxid und Kohlensäure (aus CO_2 der Luft) zu Calciumcarbonat verbinden.

Hydraulische Kalke werden durch Brennen tonhaltigen Kalksteins oder Mischen hydraulischer Stoffe mit Calciumhydroxid erzeugt. Sie erstarren und erhärten unter Wasser.

Zementrohmehl aus Kalkstein und tonhaltigem Gestein wird im Drehrohrofen bei 1450 °C (Sintergrenze) zu Zementklinkern gebrannt. Die Zementklinker werden mit ca. 3% Gips (zur Erstarrungsregelung) zu Zement fein gemahlen.

Normzemente nach DIN 1164 sind Portlandzement, Portlandhüttenzement und Hochofenzement (mit Hüttensandzusatz), Portlandpuzzolanzement und Portlandölschieferzement.

Die Normzemente werden nach Festigkeitsklassen und besonderen Eigenschaften unterschieden und bezeichnet.

Mit zunehmendem Gehalt an Hüttensand verringern sich das Erhärtungstempo und die Wärmeentwicklung (Hydratationswärme) der Zemente; die Widerstandsfähigkeit gegen aggressive Wässer nimmt zu.

Durch Brennen von Gipsstein wird Kristallwasser ausgetrieben, Baugipse entstehen.

Baugipse erhärten unter geringer Volumenzunahme, wenn sie nach dem Anmachen die Wassermenge chemisch binden, die beim Brennen ausgetrieben wurde. Putzgips versteift rascher als Stuckgips, bleibt aber länger plastisch.

Die mit Putz- und Mauerbinder nach DIN 4211 hergestellten Putz- und Mauermörtel sind gut verarbeitbar und wirtschaftlich günstig.

Aufgaben:

1. *Woraus bestehen Kalkstein, gebrannter Kalk und gelöschter Kalk?*
2. *Warum erhärtet Luftkalk nicht unter Wasser?*
3. *Wo dürfen Luftkalke nicht verwendet werden?*
4. *Welche Tonmineralien sind im Rohstoff der hydraulischen Kalke enthalten?*
5. *Welche Zementeigenschaft reguliert man*
   a) durch den Gipszusatz,
   b) durch die Mahlfeinheit?
6. *Geben Sie Beispiele für die Verwendung*
   a) von Portlandzement,
   b) von Hochofenzement an.
7. *Was bedeuten die Bezeichnungen*
   a) R,
   b) NW und HS?
8. *Woraus bestehen Gipsstein, Stuckgips und Putzgips?*
9. *Nennen Sie Eigenschaften der Gipse.*
10. *Wie lassen sich besonders feuergefährdete Bauteile, z.B. Holzstützen, vorbeugend gegen Feuer schützen?*
11. *Zählen Sie die Baugipssorten mit einem Anwendungsbeispiel auf.*
12. *Worin bestehen die Vorteile der genormten Putz- und Mauerbinder?*

9.2 Zuschlag für Mörtel und Beton

9.2.1 Arten und Bezeichnung

Stoffe, wie Kies und Sand, die das feste und dauerhafte Gerüst der künstlichen Steine bilden, werden als **Zuschlag** bezeichnet. Er wird durch Bindemittel, das mit Wasser angemacht werden muss, verkittet.

Der Zuschlag bestimmt wesentlich die Eigenschaften des Mörtels und Betons, für verschiedene Zwecke wird deshalb verschiedener Zuschlag gewählt. Nach der Entstehung werden natürlicher und künstlicher Zuschlag, nach der Dichte Zuschlag für Schwerbeton, Normalbeton (und Mörtel) und Leichtbeton unterschieden.

Natürlicher Zuschlag

Natürlicher Zuschlag für Schwerbeton ist Schwerspat ($BaSO_4$).

Für Normalbeton und Mörtel wird als natürlicher Zuschlag Kies bzw. Sand verwendet. Die Benennung richtet sich nach der Korngröße. Außerdem wird gebrochenes und ungebrochenes Korn verschieden benannt.

Nach der Herkunft unterscheidet man noch Flusssand, Grubensand, Dünensand und Seesand.

Natürlicher Zuschlag für Leichtbeton und manche wärmedämmende Mörtel ist vor allem Naturbims.

Künstlicher Zuschlag

Künstlicher Zuschlag für Schwerbeton sind Eisenerz und Stahlschrott.

Für Normalbeton und Mörtel werden als künstlicher Zuschlag verschiedene Arten von Hochofenschlacke verwendet. Leichter künstlicher Zuschlag ist für die Herstellung von Leichtbeton von großer Bedeutung. Hierzu rechnen z.B. Blähton und Blähschiefer, geblähte Schmelzflüsse (z.B. Hüttenbims) und gebrannter Ton (z.B. Ziegelsplitt).

9.2.2 Anforderungen an Zuschlag

Je nach Verwendung muss der Zuschlag hinsichtlich Festigkeit, Widerstand gegen Frost, Kornform und Kornzusammensetzung besonderen Anforderungen genügen.

Die Eigenfestigkeit kann durch Ritzen mit einem Messer oder durch leichten Hammerschlag geprüft werden. Weiche, schiefrige und verwitterte Materialien sind ungeeignet.

Der Widerstand gegen Frost ist ungenügend, wenn ein auf das trockene Korn aufgesetzter Wassertropfen rasch aufgesaugt wird. Im Labor erfolgt die Prüfung durch Frost-Tauwechsel-Versuche.

Verunreinigungen durch Salze dürfen nicht enthalten sein.

Art	Verwendung		
	Leichtbeton	Normalbeton	Schwerbeton
Natürlicher Zuschlag	Naturbims	Sand, Kies, Splitt, Schotter	Schwerspat, Eisenerz
Künstlicher Zuschlag	Blähton, Blähschiefer, Hüttenbims, Ziegelsplitt	Hochofenschlacke	Stahlschrott

Zuschlagarten

Zuschlag mit Korngröße	Bezeichnung für	
	ungebrochenen Zuschlag	gebrochenen Zuschlag
0/4	Sand	Brechsand
4/32	Kies	Splitt
32/63	Grobkies	Schotter

Bezeichnungen für Zuschlag

Sandart	Eigenschaften
Flusssand, Seesand	rundkörnig und abgeschliffen, oft fehlt Feinkorn
Grubensand	weniger rundkörnig, stellenweise tonige Bestandteile
Dünensand	feinkörnig und einkörnig
Brechsand	scharfkantige Körner durch Zerkleinern von Natursteinen

Eigenschaften der Sande

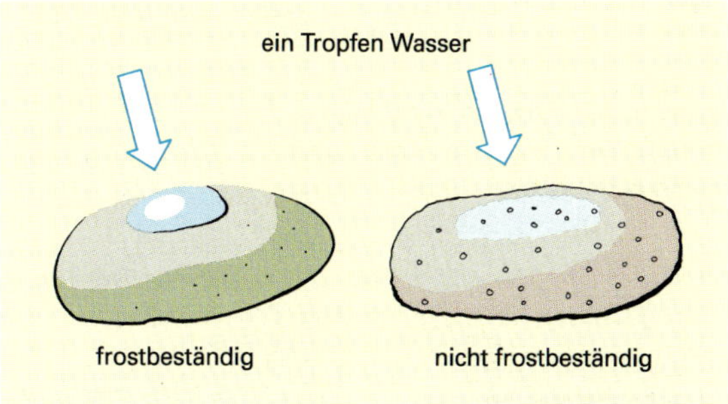

Prüfung der Frostbeständigkeit

Für Normalbeton und Mörtel ist natürlicher, für Leichtbeton ist künstlicher Zuschlag von großer Bedeutung. Gebrochener und ungebrochener Zuschlag werden verschieden bezeichnet.

Die **Kornform** ist ebenfalls von großer Bedeutung. Da der Zuschlag fester und billiger als das Bindemittel ist, soll möglichst viel Zuschlag und wenig Bindemittel enthalten sein. Dies wird durch gedrungene und rundliche Kornformen erreicht, plattige oder längliche Kornformen sind ungünstig.

Die **Kornzusammensetzung** wird durch Sieben bestimmt. Der Prüfsiebsatz für Betonzuschlag besteht aus Einzelsieben mit quadratischen Öffnungen und Maschenweiten von 0,25/0,5/1/2/4/8/16/31,5 und 63 mm. Die Korngrößen werden nach dem Sieb benannt, durch das sie zuletzt gefallen sind. Korngruppen werden nach den beiden Sieben bezeichnet, durch die alles bzw. kein Korn der Korngruppe durchfällt. So fällt z.B. alles Korn der Korngruppe 2/8 durch das 8-mm-Sieb und bleibt auf dem 2-mm-Sieb liegen.

Die Kornzusammensetzung des Zuschlags wird durch **Sieblinien** dargestellt. Dabei wird der Siebdurchgang in Massenprozenten gegen die Sieblochweite aufgetragen.

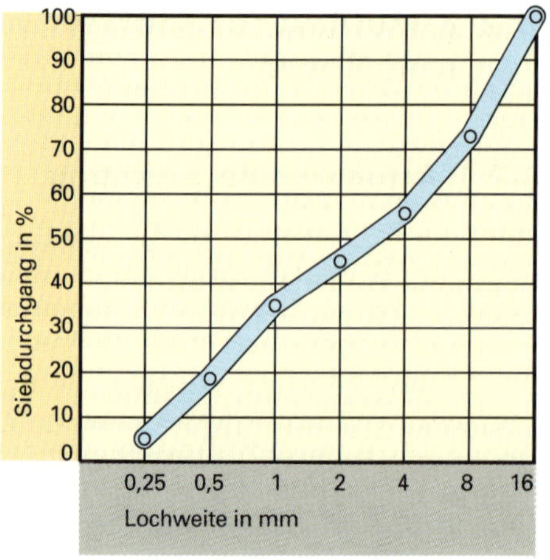

Sieblinie eines Korngemisches 0/16

Da der Zuschlag das feste und dauerhafte Gerüst des Betons (Mörtels) bilden soll, muss er ausreichende Eigenfestigkeit aufweisen und durch das Bindemittel fest verkittet werden. Diese feste Verbindung ist nicht möglich, wenn die Einzelkörner mit Ton verschmutzt sind. Auch Tonknollen sind schädlich, da sie Wasser aufnehmen und quellen. Der Zuschlag muss also frei von tonigen Bestandteilen sein.

Der **Gehalt an tonigen Bestandteilen** wird durch den Absetzversuch bestimmt.

Versuch: 500 g Zuschlag werden in einem Messzylinder von 1000 cm^3 Inhalt bis 750 cm^3 mit Wasser aufgefüllt und durchgeschüttelt.

Beobachtung: Beim Absetzen bildet sich oben eine Schicht feinster Bestandteile, deren Einzelkörner mit dem bloßen Auge nicht mehr erkennbar sind.

Ergebnis: Beim Abschlämmen setzen sich die tonigen Bestandteile in einer deutlich erkennbaren Schicht ab. Aus der Dicke dieser Schicht ist die Trockenmasse der abschlämmenden Bestandteile errechenbar (prozentualer Anteil der abschlämmenden Bestandteile = 0,12 × Volumen der tonigen Bestandteile in cm^3). Er darf bei den Korngruppen 0/1, 0/2 und 0/4 höchstens 4% betragen.

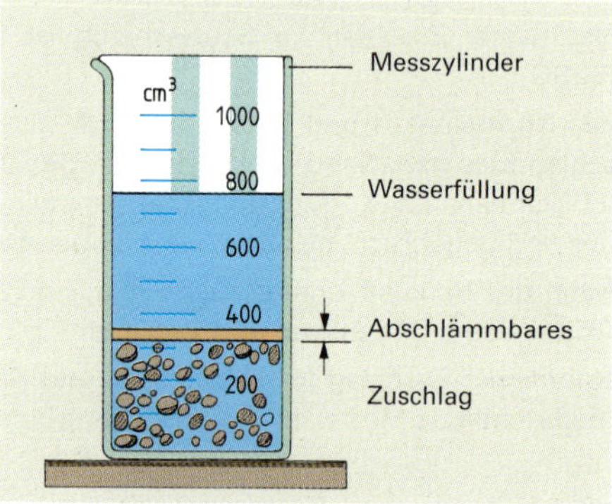

Nachweis von abschlämmbaren Bestandteilen durch den Absetzversuch

Organische Verunreinigungen können den Erhärtungsverlauf stören. Der Zuschlag muss deshalb auf **Stoffe organischen Ursprungs** geprüft werden.

Versuch: Je 130 cm^3 reiner und mit etwas Humus vermengter Sand werden in verschließbaren Gläsern bis 200 cm^3 mit 3%iger Natronlauge aufgefüllt und durchgeschüttelt.

Beobachtung: Am nächsten Tag hat sich die Flüssigkeit über der mit Humus verunreinigten Probe dunkelgelb bis braun gefärbt. Die Flüssigkeit über dem reinen Sand ist hell geblieben.

Ergebnis: Verunreinigungen durch organische Stoffe können mit 3%iger Natronlauge nachgewiesen werden. Maßgebend für die Beurteilung ist die Färbung der überstehenden Natronlauge nach 24 Stunden. Ist die Farbe tiefgelb, bräunlich oder rötlich, so ist Vorsicht geboten.

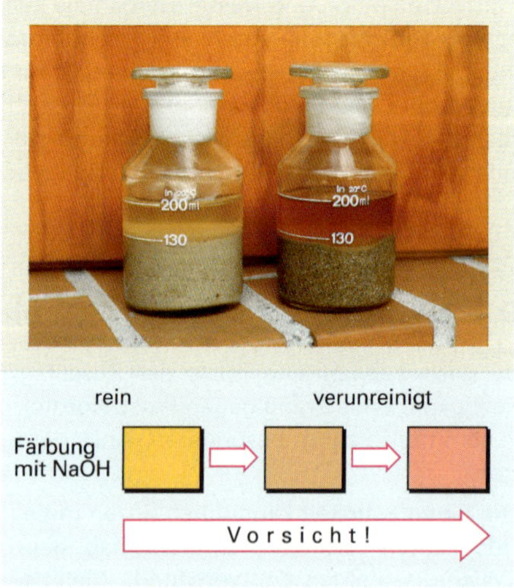

Nachweis organischer Stoffe mit Natronlauge

Zuschlag muss eine ausreichende Eigenfestigkeit aufweisen und frei von Ton, organischen Stoffen und gefährlichen Salzen sein.

9.3 Mörtel

9.3.1 Bestandteile des Mörtels

Der **Zuschlag** bildet das feste Gerüst des Mörtels. In allen Mörteln, die Kalk und/oder Zement enthalten, dient der Sand auch als Magerungsmittel, da diese Bindemittel für sich allein stark schwinden. Wenn der Bindemittelleim die Zuschlagkörner nur mit einer dünnen Schicht umgibt, schwinden die Mörtel nicht mehr als zulässig. Soll der Mörtel bei Verarbeitung von besonders wärmedämmenden Steinen oder für Dämmputz wärmedämmend wirken, wird Leichtzuschlag wie z. B. Blähglimmer, Blähperlite oder Polystyrolschaumperlen verwendet. Festigkeit und Verarbeitbarkeit dieser **Leichtmörtel** sind weniger gut als bei Normalmörtel. Die schlechtere Verarbeitbarkeit darf keinesfalls durch Sandzugabe ausgeglichen werden, da dadurch die Dämmwirkung verschlechtert wird. Der Zuschlag soll so abgestuft sein, dass die kleineren Körner die Hohlräume zwischen den großen füllen; dadurch wird Bindemittel gespart. Bei **Dünnbettmörtel** hat der Zuschlag ein Größtkorn von 1 mm. Bei Mörteln aus Luftkalk gibt der Sand die Porosität, die den notwendigen Luftzutritt ermöglicht (s. Abschn. 9.1.1).

Das **Bindemittel** muss den Zuschlag fest und dauerhaft verbinden. Zu viel Bindemittel führt bei Kalk und Zement zur Schwindrissbildung, zu wenig Bindemittel führt zum Absanden. Mischungen mit viel Bindemittel werden auch als „fett“, solche mit wenig Bindemittel als „mager“ bezeichnet.

Das **Anmachwasser** macht den Mörtel plastisch und verarbeitbar. Das Wasser muss frei von Stoffen sein, die den Erhärtungsverlauf stören oder zu Ausblühungen führen. Bei zu geringem Wasserzusatz werden die Zuschlagkörner nicht vollständig mit Bindemittelleim umhüllt, bei zu viel Wasser wird Bindemittel ausgeschwemmt. In beiden Fällen leiden Festigkeit und Frostbeständigkeit.

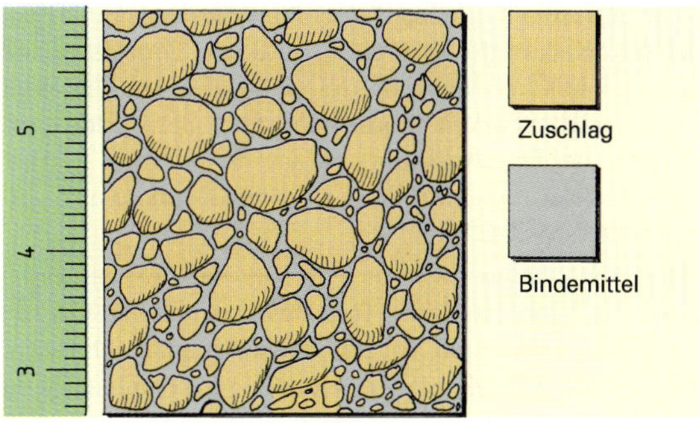

Aufbau des Mörtels (vergrößert)

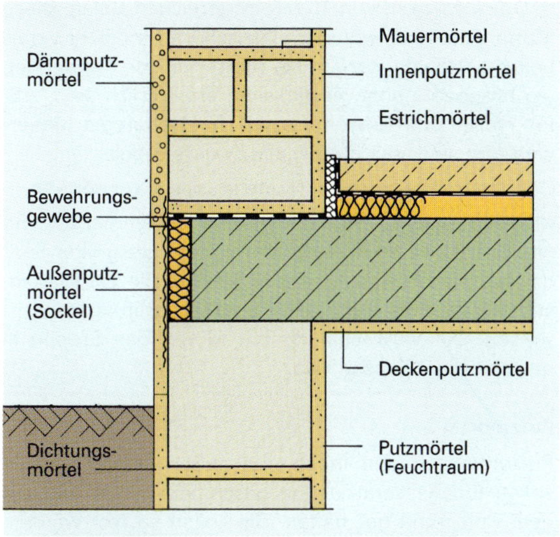

Mörtelanwendungen

Nur geprüfter Zuschlag, geeignete Bindemittel und sauberes Anmachwasser im richtigen Mischungsverhältnis ergeben einwandfreien Mörtel.

9.3.2 Mörtelgruppen

Nach der Verwendung werden die Mörtel in Mauer-, Putz- und Estrichmörtel eingeteilt, nach der Art des Bindemittels und der Zusammensetzung in Mörtelgruppen und Mörtelarten.

Mauermörtel

Mauermörtel sollen Unebenheiten an den vermauerten Steinen ausgleichen und diese fest verbinden, um eine gleichmäßige Kraftübertragung zu gewährleisten. Sie sollen aber auch elastisch sein, damit die Verbundwirkung bei Setzungen und Erschütterungen des Mauerwerks erhalten bleibt. Die Bindemittel für Mauermörtel sind Kalk und/oder Zement. In DIN 1053 werden fünf Mauermörtelgruppen unterschieden.

Mörtelgruppe I umfasst die Kalkmörtel. Eine besondere Festigkeit wird nicht gefordert. Diese Mörtel sind nur für Wände, die mindestens 24 cm dick sind, und für Gebäude mit höchstens zwei Geschossen zugelassen. Für Mauerwerk nach Eignungsprüfung, Gewölbe und Kellermauerwerk ist Mörtel der Mörtelgruppe I nicht zulässig.

Mörtelgruppe	Luftkalk	Hydraulischer Kalk (HL2)	Hydraulischer Kalk (HL5)	Zement	Sand
I	1				3
		1			3
			1		4,5
II	2			1	8
			1		3
IIa	1			1	6
			2	1	8
III/IIIa				1	4

Zusammensetzung der Mauermörtelgruppen
(Mischungsverhältnisse in Raumteilen)

Mörtelgruppe II umfasst Kalkzementmörtel und hydraulischen Kalkmörtel mit einer mittleren Druckfestigkeit von 2,5 MN/m². Diese Mörtel sind bei guter Elastizität und Verarbeitbarkeit hinreichend fest. Sie dürfen deshalb ohne Einschränkung verarbeitet werden. Mörtel der Mörtelgruppen II und II a sind die üblicherweise verwendeten Mörtel.

Mörtelgruppe II a umfasst ebenfalls Kalkzementmörtel, aber mit einer mittleren Druckfestigkeit von 5 MN/m². Um Verwechslungen auf der Baustelle auszuschließen, dürfen die Mörtelgruppen II und II a nicht gleichzeitig verwendet werden.

Mörtelgruppe III umfasst Zementmörtel, die eine mittlere Druckfestigkeit von 10 MN/m² erreichen sollen. Diese Mörtel sind aber weniger elastisch und schlecht verarbeitbar. Deshalb werden sie meist nur dort verwendet, wo besonders hohe Festigkeiten erforderlich sind, z.B. für Pfeiler und Gewölbe sowie für bewehrtes Mauerwerk. Sie sind aber für fast alle Zwecke zugelassen.

Dünnbettmörtel wird der Mörtelgruppe III zugeordnet.

Mörtelgruppe III a hat die gleiche Zusammensetzung wie Gruppe III, erreicht durch Auswahl geeigneter Sande aber eine Festigkeit von 20 MN/m². Die Zusammensetzung ist stets durch eine Eignungsprüfung nachzuweisen. Die Verwechslung mit Mörtel der Gruppe III muss ausgeschlossen sein.

Putzmörtel

Putzmörtel werden innen und außen verwendet. Sie sollen für die Verarbeitung geschmeidig sein und auf dem Putzgrund gut haften. Sie sollen so fest werden, dass sie den zu erwartenden Beanspruchungen standhalten; müssen aber andererseits elastisch bleiben, da sie Setzungen des Mauerwerks und Spannungen durch Temperaturunterschiede aushalten müssen, ohne zu reißen oder abzublättern. Außerdem sollen Putzmörtel für Wasserdampf durchlässig sein, da der in bewohnten Räumen durch Atmen, Kochen usw. entstehende Wasserdampf die Wände passieren soll. Außenputze müssen jedoch gleichzeitig gegenüber Regen dicht sein. Dämmmörtel bieten erhöhten Wärmeschutz.

Die Bindemittel für Putzmörtel sind ebenfalls Kalk und Zement und darüber hinaus speziell für Innenputzmörtel auch Gips und Anhydrit. In DIN 18550 sind fünf Putzmörtelgruppen (P I ... P V) festgelegt.

Zu diesen fünf Mörtelgruppen kommen noch zwei Beschichtungsstoff-Typen für kunstharzgebundene Putze. Es sind dies $P_{org\,1}$ für Außenputze und $P_{org\,2}$ für Innenputze. Sie sind in der Tabelle nicht aufgeführt, da sie nur werkmäßig hergestellt werden.

Estrichmörtel

Bei Estrichmörteln sind die Festigkeit und der Widerstand gegen Abnutzung entscheidend. Estrichmörtel sind deshalb meist Zementmörtel mit relativ hohem Bindemittelgehalt. Der Wasserzusatz muss dann gering gehalten werden, um Schwindrissbildung zu vermeiden. Außer Zementestrichen werden auch Anhydritestriche und Estriche aus Magnesiabinder hergestellt.

Mörtel-gruppe	Mittl. Druckfestigkeit in MN/m² nach 28 Tagen	Anwendung
I	Keine Festigkeitsanforderung	max. 2 Geschosse d ≥ 24 cm
II	≥ 2,5	alle Wanddicken
IIa	≥ 5,0	nicht gleichzeitig mit Mörtelgruppe II
III	≥ 10,0	Pfeiler, Gewölbe, bewehrtes Mauerwerk
IIIa	≥ 20,0	nur mit Eignungsprüfung

Festigkeitsanforderungen bei Mauermörtel und ihre Anwendung

Mörtel-gruppe	Art, Zusammensetzung	Eigenschaften, Verwendung
P I	Kalkmörtel	Gut verarbeitbar, atmungsfähig. Vorwiegend für Innenputze
P II	Kalkzementmörtel	Bei noch ausreichender Dehnfähigkeit fester als Gruppe I. Für Außenputze. Kann auch nur mit hydraulischem Kalk 5 oder PM-Binder hergestellt werden.
P III	Zementmörtel	Fest und beständig, aber wenig elastisch. Für Sockel- und Untergeschossaußenputze. Kann auch mit Zusatz von Kalkhydrat hergestellt werden.
P IV	Gipsmörtel	Rasch erhärtend und gut atmungsfähig. Auch mit Kalk- und Sandzusatz. Für Innenputze.
P V	Anhydritmörtel	und Anhydritkalkmörtel. Eigenschaften und Verwendung ähnlich wie Gruppe P IV.

Putzmörtelgruppen

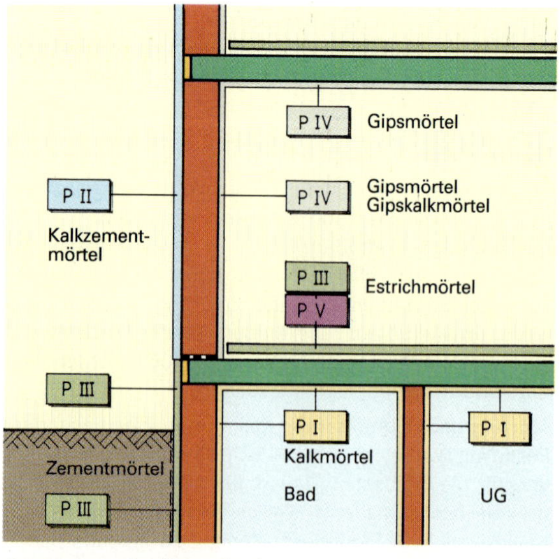

Anwendung der Putzmörtelgruppen

9.3.3 Mörtelbereitung

In den vorstehenden Tabellen sind die Mischungsverhältnisse der Mauer- und Putzmörtel in Raumteilen angegeben. Diese Angaben sind so gewählt, dass der Bindemittelgehalt ausreicht, um alle Sandkörner zu umhüllen und fest zu verbinden. Der Sandanteil kann in den angegebenen Grenzen verändert werden. Beim Mischen von Hand ist ein geringerer Sandanteil zu wählen, bei der wirksameren Maschinenmischung kann mehr Sand zugesetzt werden.

Beim Anmachen der trockenen Mörtelbestandteile mit Wasser tritt eine Volumenverminderung ein, da die Feinteile des Bindemittels und des Zuschlags in die Hohlräume zwischen den Zuschlagkörnern geschwemmt werden. Dies muss bei Berechnung der erforderlichen Zuschlag- und Bindemittelmengen berücksichtigt werden. Die Wassermenge muss so dosiert werden, dass der Mörtel gut verarbeitbar ist.

Die Volumenverminderung ist in erster Linie vom Hohlraumgehalt des Sandes abhängig. Dieser ist bei feuchtem Sand größer als bei trockenem. Bei baufeuchtem Sand (3% Wassergehalt) kann im Allgemeinen mit einem **Mörtelfaktor von 1,6** gerechnet werden, das heißt, für ein bestimmtes Mörtelvolumen wird das 1,6fache Volumen an Sand und Bindemittel benötigt. Bei trockenem Sand ist die **Mörtelausbeute** größer, hier kann von einem Mörtelfaktor von 1,4 ausgegangen werden.

Das Zumessen der Bestandteile nach Raumteilen muss mit geeigneten Messgefäßen erfolgen. Bei Mischmaschinen mit Aufgabekübel werden in diesem Messmarken angebracht, die die für einen Sack Bindemittel erforderliche Sandmenge angeben. Die Zugabe des Sandes mit der Schaufel ist zu ungenau, weil die Schaufelfüllung je nach Feuchtigkeitsgrad des Sandes sehr unterschiedlich ausfällt.

Die Mörtelbestandteile müssen sorgfältig vermischt werden, da der Bindemittelbrei möglichst alle Sandkörner dicht umhüllen soll. Dies wird durch eine gleichmäßige Färbung der Mischung angezeigt.

Nur bei sehr kleinen Mengen wird Mörtel von Hand gemischt. Zur portionsweisen Herstellung größerer Mörtelmengen werden **Trommelmischer**, **Tellermischer** oder **Trogmischer** eingesetzt. In Trommelmischern werden die Mörtelbestandteile in einer rotierenden Trommel durcheinander geworfen und vermischt. Trogmischer und Tellermischer enthalten rotierende Schaufeln und erreichen so eine besonders intensive Vermischung. Große Mengen, insbesondere von Putzmörtel, werden in **Stetigmischern** erzeugt, in denen ein rotierendes Mischwerk die Bestandteile fortlaufend mischt (s. Abschn. 9.5).

Die vorgeschriebenen Mischungsverhältnisse müssen gleichmäßig eingehalten und die Bestandteile sorgfältig vermischt werden.

Das Vorgehen beim Mischen ist abhängig von Art und Handelsform des Bindemittels.

Kalkmörtel werden heute in der Regel mit pulverförmigem gelöschtem Baukalk (Kalkhydrat) hergestellt. Bei trockenem Sand können Kalkpulver und Sand vermischt und dann erst mit Wasser versetzt werden. Bei feuchtem Sand bildet das trocken zugesetzte Bindemittel Klumpen. Hier empfiehlt sich deshalb, den Kalk zuerst mit Wasser anzumachen und dann den entstandenen Kalkteig mit dem Sand zu mischen.

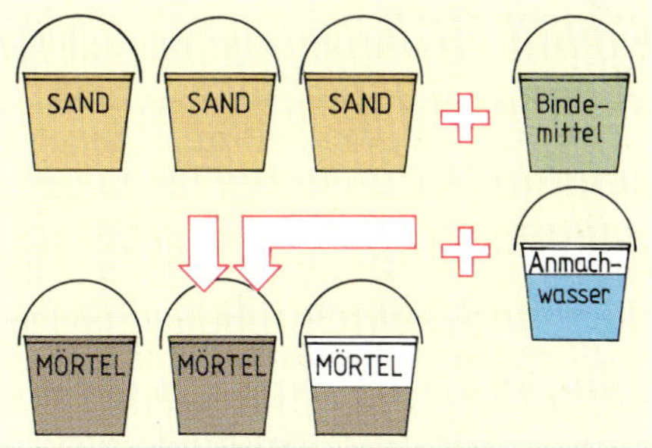

3 Eimer Sand + 1 Eimer Bindemittel
= 2½ Eimer Mörtel

Mörtelmenge

Schaufel mit trockenem Sand

Schaufel mit feuchtem Sand

Kipptrommelmischer

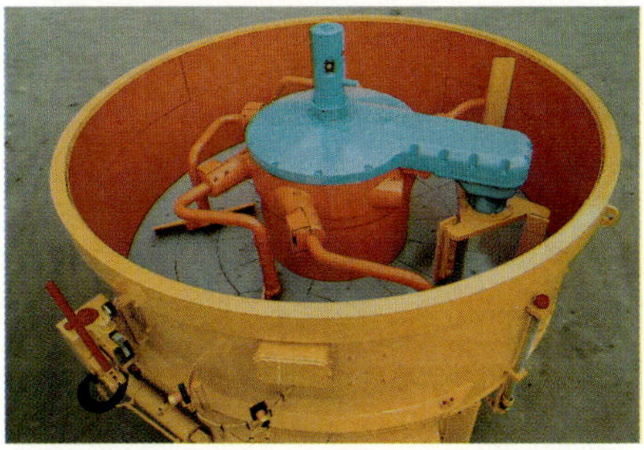

Tellermischer

Kalkzementmörtel wird wie Kalkmörtel hergestellt, die pulverförmigen Bindemittel werden vorher gemischt. Bei hydraulisch erhärtenden Mörteln ist zu beachten, dass diese Mörtel rasch erstarren. Bis zu diesem Zeitpunkt nicht verarbeiteter Mörtel wird unbrauchbar. **Zementmörtel** werden meist trocken gemischt und dann mit Wasser versetzt. **Gipsmörtel** werden hergestellt, indem in das genau abgemessene Anmachwasser der Gips eingestreut und nach kurzem Ziehenlassen verrührt wird. Gips und Anhydrit dürfen nur mit Weiß- und Dolomitkalk, **auf keinen Fall** dagegen **mit hydraulischen Bindemitteln** (Zement) verarbeitet werden. Dies würde zu Treiberscheinungen und Festigkeitsverlust führen.

Frische Mörtel sind Laugen oder Säuren (s. auch Abschn. 4.3). Sie können **Verätzungen** und **Hautkrankheiten** („Maurerkrätze") verursachen. Deshalb ist **Hautkontakt** möglichst zu **vermeiden**; bei Mörtelspritzarbeiten ist unbedingt eine **Schutzbrille** zu tragen!

Da sorgfältiges Mischen bei Baustellenmörtel vor allem bei kleineren Mengen oft unverhältnismäßigen Aufwand erfordert, werden heute überwiegend Werkmörtel verwendet. Werkmörtel werden als **Trockenmörtel**, **Vormörtel** und **Frischmörtel** geliefert.

Trockenmörtel sind trocken vorgemischte Mörtel. Sie werden in Säcken oder lose zur Aufbewahrung in Silos angeliefert. Trotz relativ hoher Kosten sind Trockenmörtel sehr beliebt. Es gibt sie in allen Mörtelgruppen. Da nur noch Wasser zugesetzt werden muss, gibt es beim Anmachen kaum Probleme. **Vormörtel** sind vorgemischt, müssen aber auf der Baustelle durch Zugabe von zusätzlichem Wasser und gegebenenfalls Bindemittel verarbeitbar gemacht werden. **Frischmörtel** wird in Werken besonders intensiv und gleichmäßig gemischt und verbrauchsfertig angemacht auf die Baustelle geliefert. Durch Zusatzmittel (Verzögerer) können sie bis zu 30 Stunden lang verarbeitet werden. Zu den Frischmörteln wird auch der **Mehrkammer-Silomörtel** gerechnet. Die Ausgangsstoffe sind in den getrennten Kammern eines werkmäßig gefüllten Silos enthalten und werden auf der Baustelle in dem vom Werk fest eingestellten Mischungsverhältnis mit der vorgegebenen Wassermenge hergestellt.

Die Reihenfolge, in der die Bestandteile beim Mischen zugegeben werden, ist von den verwendeten Bindemitteln abhängig.

Als Werkmörtel werden Trockenmörtel, Vormörtel und Frischmörtel geliefert.

Mörtelsilo für Trockenmörtel

Zusammenfassung

Zuschlag bildet das feste und dauerhafte Gerüst in Mörtel und Beton. Er muss genügend fest, frostsicher und frei von Ton, organischen Stoffen und gefährlichen Salzen sein.

Die Kornzusammensetzung wird durch Sieben ermittelt und in Form einer Sieblinie dargestellt.

Mörtel ist aus einem Gemisch von Zuschlag, Bindemittel und Anmachwasser entstandener künstlicher Stein.

Die Bestandteile müssen den Anforderungen genügen und im richtigen Verhältnis stehen.

Nach der Verwendung werden Mauer-, Putz- und Estrichmörtel unterschieden.

Die Mauermörtel werden nach Bindemittel und Druckfestigkeit in fünf Gruppen eingeteilt (I, II, II a, III und III a).

Bei den Putzmörteln werden nach Bindemittel und Zusammensetzung fünf Mörtelgruppen (P I ... P V) unterschieden.

Beim Herstellen von Mörtel müssen die vorgeschriebenen Mischungsverhältnisse gleichmäßig eingehalten, die Bestandteile in der richtigen Reihenfolge zugegeben und intensiv vermischt werden.

Beim Verarbeiten von Mörtel sind Schutzmaßnahmen erforderlich.

Aufgaben:

1. *Welche Anforderungen sind an Zuschlag für Mörtel und Beton zu stellen?*
2. *Wie können Verunreinigungen durch organische Stoffe im Zuschlag festgestellt werden?*
3. *Welche Aufgaben haben im Mörtel*
   a) der Zuschlag,
   b) das Bindemittel,
   c) das Anmachwasser?
4. *Warum werden Putzmörtel der Putzmörtelgruppen P IV und P V nur für Innenputze verwendet?*
5. *Warum muss der Sandanteil beim Mischen von Hand verringert werden?*
6. *Woran kann erkannt werden, ob der Mörtel ausreichend gemischt ist?*
7. *Welche Bindemittel dürfen nicht zusammen verarbeitet werden?*
8. *Welche Schutzmaßnahmen sind beim Verarbeiten von Mörtel zu ergreifen?*
9. *Unterscheiden Sie Trockenmörtel und Frischmörtel.*

9.4 Beton

9.4.1 Arten und Klassen

Begriffsbestimmung

Beton wird aus Zement, Wasser und verschiedenartigem Zuschlag hergestellt. Zur Veränderung bestimmter Eigenschaften können dem Beton Zusätze beigegeben werden. Der fertig gemischte und noch verarbeitbare Beton heißt **Frischbeton**. Durch das Erhärten geht Frischbeton in **Festbeton** über. Zement und Wasser bilden im Frischbeton den **Zementleim**. Das Gemisch aus Zement, Zuschlag bis 1 mm und Wasser wird **Feinmörtel** genannt. Der Zementleim erhärtet zu **Zementstein**, der den Zuschlag im Festbeton zu einem festen, künstlichen Stein verkittet.

Betonarten

Die Bezeichnung der Betonarten kann nach verschiedenen Gesichtspunkten vorgenommen werden.

DIN 1045 unterteilt den Beton nach der Trockenrohdichte in drei Betonarten: **Leichtbeton**, **Normalbeton**, **Schwerbeton**. Wenn keine Verwechslung mit Schwer- und Leichtbeton möglich ist, wird Normalbeton als „Beton" bezeichnet. Die Trockenrohdichte dieser drei Betonarten wird weitgehend von der Art des Zuschlags bestimmt.

Nach der Bewehrung wird Beton in **Stahlbeton** (schlaff bewehrter Beton, Spannbeton) und **unbewehrten Beton** unterteilt. Nach dem Ort der Herstellung werden **Baustellenbeton** und **Transportbeton** unterschieden. Nach dem Ort des Einbringens unterteilt man Beton in **Ortbeton** und **Betonfertigteile**, **Betonwaren**, **Betonwerkstein**.

Betonfertigkeitsklassen und Betongruppen

Die wichtigste Eigenschaft des Betons ist seine Druckfestigkeit. Um den unterschiedlichen Beanspruchungen, wie sie z.B. bei Fundamenten, Stützen, Wänden vorherrschen, gerecht zu werden, sind **verschiedene Druckfestigkeiten** erforderlich.

Nach der an 28 Tage alten Probekörpern ermittelten Druckfestigkeit wird Beton in **sieben Festigkeitsklassen** von B5...B55 eingeteilt. Die hinter dem Kurzzeichen B stehende Zahl gibt den Mindestwert in N/mm^2 für die Druckfestigkeit jedes Würfels an. Man bezeichnet sie als Nennfestigkeit. Neben der Nennfestigkeit unterscheidet man noch die Serienfestigkeit. Sie gibt den Mindestwert für die mittlere Druckfestigkeit jeder Würfelserie an.

Nach den Anforderungen an die Herstellung und Überwachung werden die Festigkeitsklassen in **zwei Betongruppen**, B I und B II, zusammengefasst. Sie unterscheiden sich in den Festigkeitsklassen, in den Bedingungen für die Zusammensetzung und die Herstellung, in den Anforderungen an das Personal und die Einrichtung der Baustelle und im Umfang der Güteprüfungen.

Zur Betongruppe B II gehört auch **hochfester Beton**. Er kann in den Betonfestigkeitsklassen B65...B115 hergestellt werden.

Beton ist ein künstlicher Stein, der aus Zement, Zuschlag und Wasser durch Erhärten des Zementleims entsteht. Betonarten werden nach Rohdichte, Erhärtungszustand, Herstellungsort, Einbringungsort und Festigkeit unterschieden.

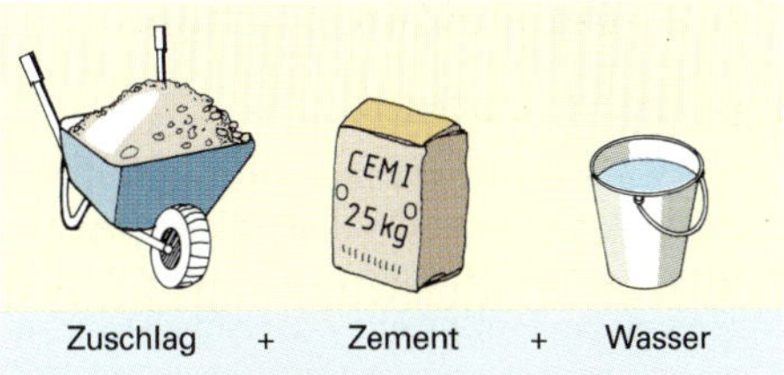

Zusammensetzung des Betons

Betonart	Rohdichte in kg/dm^3	Zuschlag
Leichtbeton	< 2,0	Blähton, Blähschiefer, Natur-, Hüttenbims, Ziegelsplitt
Normalbeton	2,0 ... 2,8 (Mittel 2,4)	Sand, Kies, Splitt, Hochofenschlacke
Schwerbeton	> 2,8	Schwerspat, Stahlsand, Stahlschrott

Betonarten nach Rohdichte

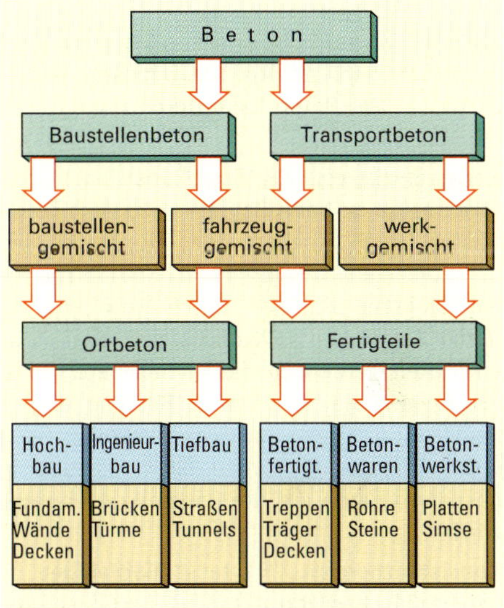

Betonarten, Herstellung und Anwendung

Beton-gruppe	Beton-festig-keits-klasse	Nenn-festigkeit in N/mm^2	Serien-festigkeit in N/mm^2	Anwendung
Beton B I	B 5	5	8	unbewehrter Beton
	B 10	10	15	
	B 15	15	20	für unbewehrten und bewehrten Beton
	B 25	25	30	
Beton B II	B 35	35	40	
	B 45	45	50	
	B 55	55	60	

Betonfestigkeitsklassen und ihre Anwendung

9.4.2 Betoneigenschaften

Eigenschaften des Frischbetons

Die wichtigste Frischbetoneigenschaft ist die **Verarbeitbarkeit**. Man versteht darunter das Verhalten des Frischbetons beim Befördern, Einbauen und Verdichten. Die Verarbeitbarkeit hängt in starkem Maße von der Betonsteife oder Konsistenz ab.

Versuch: Drei gleich große Proben Zuschlag gleicher Zusammensetzung werden nacheinander mit 1 Eimer, 1½ Eimer und 2 Eimern Zementleim zu Beton gemischt. Die Wasserzugabe wird beim Anmachen des Zementleims von Probe zu Probe erhöht.

Ergebnis: Man erhält einen steifen, einen plastischen und einen weichen Beton. Mit zunehmender Zementleimmenge wird der Frischbeton weicher.

Die Konsistenz des Frischbetons wird in erster Linie von der Zementleimmenge, d.h. vom Zement- und Wassergehalt einschließlich der Oberflächenfeuchte des Zuschlags, bestimmt. Es werden vier Konsistenz- oder Steifigkeitsbereiche unterschieden:

Konsistenzbereich KS erfasst **steifen** Beton. Der Frischbeton ist beim Schütten noch lose. Seine Oberfläche darf sich erst beim Verdichten schließen. Der Feinmörtel ist erdfeucht, krümelig. Der Beton wird durch kräftiges Rütteln oder Stampfen in dünnen Schüttlagen verdichtet.

Konsistenzbereich KP erfasst **plastischen** Beton. Der Frischbeton ist beim Schütten schollig, noch zusammenhängend. Der Feinmörtel ist weich. Der Beton kann durch Rütteln, Stochern oder Stampfen verdichtet werden.

Konsistenzbereich KR (Regelkonsistenz) erfasst **weichen** Beton. Der Frischbeton ist beim Schütten schwach fließend, der Feinmörtel ist flüssig. Durch Stochern oder Klopfen an die Schalung wird Beton der Konsistenz KR verdichtet. Betone mit Regelkonsistenz können aus steiferen Betonen durch Erhöhung der Zementleimmenge, durch Zugabe eines Verflüssigers oder Zugabe eines Fließmittels entwickelt werden. Die Regelkonsistenz soll den heutigen Einbaubedingungen, wie feingliedrige Bauteile, enge Bewehrung, hohe Einbauleistung, Einsparung von Personal, Rechnung tragen und die vollständige Verdichtung erleichtern. Außerdem soll sie verhindern, dass dem Beton auf der Baustelle nachträglich Wasser zugegeben wird.

Konsistenzbereich KF erfasst **fließfähigen** Beton, auch **Fließbeton** genannt. Er besitzt gutes Fließ- und Zusammenhaltevermögen. Seine Konsistenz wird durch Zumischen eines **Fließmittels** eingestellt. Der Beton kann durch Stochern verdichtet werden.

Auf der Baustelle sind Konsistenzprüfungen durchzuführen. Das Konsistenzmaß kann mit dem Verdichtungsversuch und dem Ausbreitversuch bestimmt werden.

Mit dem Ausbreitversuch kann die Konsistenz von plastischem, weichem und fließfähigem Beton bestimmt werden. Mit dem Verdichtungsversuch wird die Konsistenz von steifem, plastischem und weichem Beton, jedoch nicht von fließfähigem Beton ermittelt.

Die Konsistenz ist ein Kennwert für die Verformbarkeit und Verdichtbarkeit des Frischbetons. Konsistenz und Verdichtungsart müssen aufeinander abgestimmt sein.

Konsistenz KS – steifer Beton
Kein Ausbreitmaß festgelegt

Konsistenz KP – plastischer Beton
Ausbreitmaß 35...41 cm

Konsistenz KR – weicher Beton
Ausbreitmaß 42...48 cm

Konsistenz KF – fließfähiger Beton
Ausbreitmaß 49...60 cm

Eigenschaften des Festbetons

Druck- und Biegefestigkeit

Versuch: Zwei Betonprismen, von denen das eine auf einer unnachgiebigen Unterlage und das andere auf zwei Auflagern liegt, werden belastet.

Beobachtung: Das Betonprisma, das auf der Unterlage liegt, bricht nicht; das Betonprisma über den Auflagern bricht jedoch durch.

Ergebnis: Beton kann auf Druck beansprucht werden, besitzt also eine **hohe Druckfestigkeit.** Ein belasteter Betonbalken über zwei Auflagern bricht durch, weil Beton **nur geringe Zugspannungen** aufnehmen kann.

Die hohe Druckfestigkeit des Betons wird bei bestimmten Bauteilen, wie Fundamenten, Wänden, Stützen, ausgenützt.

Die Druckfestigkeit wird im Allgemeinen an 28 Tage alten Würfeln festgestellt. In der **Druckpresse** werden die Probewürfel so lange belastet, bis der Bruch eintritt. Die Prüfung wird an drei Würfeln durchgeführt. Die Festigkeitsanforderungen gelten als erfüllt, wenn die in DIN 1045 vorgeschriebene Nennfestigkeit und Serienfestigkeit erreicht werden.

Festbeton besitzt hohe Druckfestigkeit, aber nur geringe Biegezugfestigkeit.

Die Druckfestigkeit ist die wichtigste Betoneigenschaft; sie wird daher auch am häufigsten geprüft.

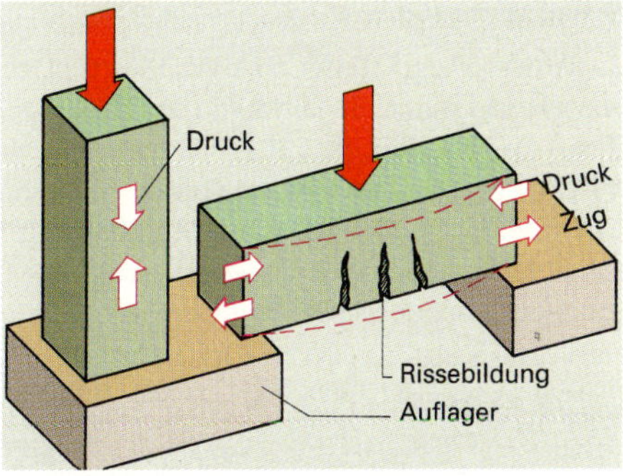

Beton ist druck-, aber nicht zugfest

Probewürfel in der Druckpresse

Wassersaugfähigkeit

Versuch: Betonprismen aus Normalbeton mit unterschiedlichem Gefügebau und unterschiedlichen Zementanteilen werden längere Zeit in Wasser gestellt.

Beobachtung: Das Wasser steigt in den Betonprismen verschieden hoch.

Ergebnis: Die Saugfähigkeit und damit die Wasseraufnahme der Betonprismen hängt von der Beschaffenheit des Zuschlags und der Dichtigkeit des Zementsteins ab. Beton mit abgeschlossenen, nicht zusammenhängenden Poren besitzt nur geringe Saugfähigkeit. Beton mit sehr feinen Poren im Korngefüge und im Zementstein zeigt eine große Wassersaugfähigkeit.

Wasserundurchlässigkeit, Frostbeständigkeit und Widerstandsfähigkeit gegen chemische Einwirkungen erfordern einen Beton geringer Kapillarität, sorgfältiger Zusammensetzung und guter Verdichtung. Beton mit porenreichem Zementstein ist weniger rostschützend, frostanfälliger, durchlässiger und weniger widerstandsfähig gegen aggressive Wässer.

Die Eigenschaften des Festbetons können durch Beigabe von bestimmten Zusätzen verbessert werden. Nach Art und Zugabemenge werden Betonzusatzmittel und Betonzusatzstoffe unterschieden.

Die Wassersaugfähigkeit des Festbetons ist umso größer, je mehr kapillare Poren im Betongefüge vorhanden sind. Für die Qualität des Betons ist ein dichtes Gefüge entscheidend.

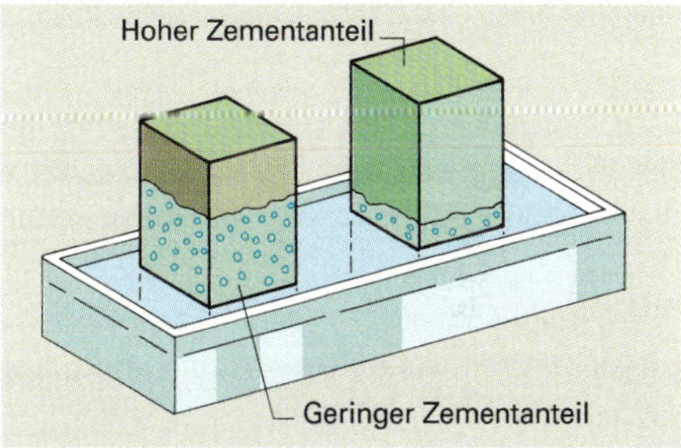

Saugfähigkeit von Beton

Wasserundurchlässiger Beton

Schalldämmung

Je schwerer und steifer eine Wand oder Decke sind, umso weniger werden sie durch Schallwellen in Schwingung versetzt. Die Masse des Bauteils ist für die Luftschalldämmung entscheidend. Sie ist daher mit Schwer- und Normalbeton einfacher zu erreichen als mit Leichtbeton. Dagegen ist bei allen Betonarten die Körper- bzw. Trittschalldämmung schlecht. Deshalb sind bei Decken zusätzliche trittschalldämmende Maßnahmen erforderlich (vgl. Abschnitt 8.8.3).

Die hohe Rohdichte ist für die gute Luftschalldämmung bei Bauteilen aus Schwer- und Normalbeton entscheidend.

Luft- und Trittschalldämmung bei Normalbeton

Wärmedämmung

Versuch: Ein (Normal-)Betonprisma und ein Leichtbetonprisma (Naturbimsbeton) werden je an einem Ende erwärmt. Die Temperatur wird an den entgegengesetzten Enden während des Erwärmens und danach in bestimmten Zeitabständen gemessen.

Beobachtung: Das Prisma aus Normalbeton zeigt eine höhere Temperatur. Nach dem Erwärmen sinkt die Temperatur bei Leichtbeton schneller ab.

Ergebnis: Normalbeton ist ein dichter Baustoff (hohe Rohdichte) und leitet die Wärme deshalb rasch weiter. Die geringe Wärmeleitung bei Leichtbeton, d.h. seine hohe Wärmedämmung, ist vor allem von der **Porenart** (abgeschlossene oder zusammenhängende Poren), der **Porenverteilung** (gleichmäßig oder einzeln) und der **Porengröße** im Korngefüge und zwischen den Körnern abhängig.

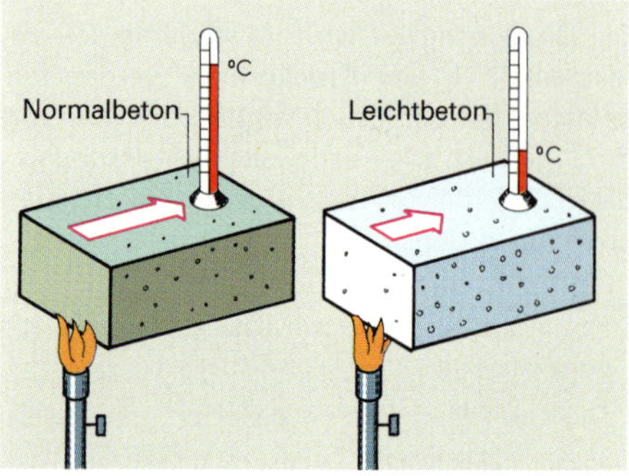

Wärmeleitung bei Normal- und Leichtbeton

Dem Normalbeton fehlt aufgrund seiner hohen Rohdichte die für den Wohnungsbau notwendige Wärmedämmfähigkeit. Seine hohe Dichte begünstigt jedoch die Wärmespeicherfähigkeit.

Leichtbeton besitzt aufgrund seiner kleineren Rohdichte eine geringere Wärmeleitfähigkeit und ungünstigere Wärmespeicherfähigkeit als Normalbeton.

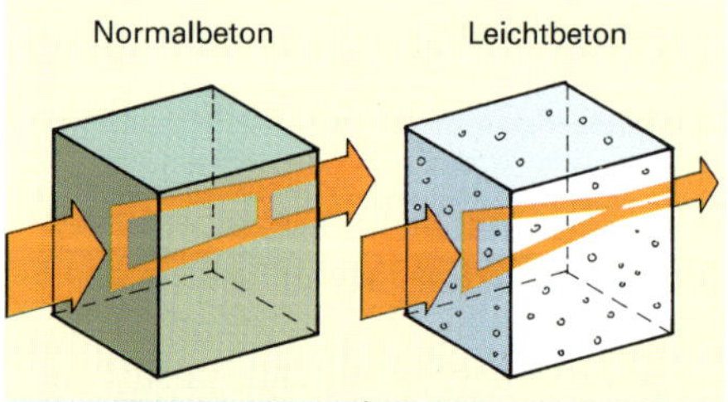

Normalbeton	Leichtbeton
$\varrho = 2400\ \text{kg/m}^3$	$\varrho = 1000\ \text{kg/m}^3$
$\lambda_B = 2{,}10\ \frac{W}{mK}$	$\lambda_{LB} = 0{,}38\ \frac{W}{mK}$

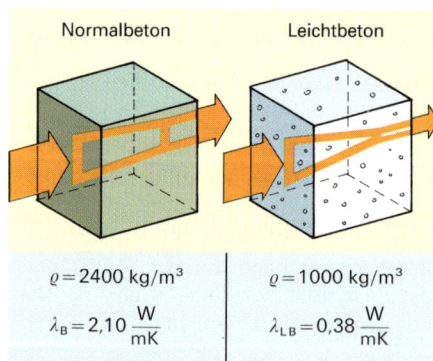

Wärmeleitfähigkeit bei Normal- und Leichtbeton

Einflüsse des Wasserzementwertes

Die Eigenschaften des Betons hängen bei guter Verdichtung fast ausschließlich von der Beschaffenheit des Zementleims bzw. Zementsteins ab. Von Bedeutung ist daher das Masseverhältnis des Wassergehaltes zum Zementgehalt. Dieses Verhältnis wird als **Wasserzement (*w*/*z*-Wert)** bezeichnet. Er ist eine Kenngröße für die Qualität des Zementleims, die als unbenannte Dezimalzahl angegeben wird (z.B. 0,4). Der Wasserzementwert $w/z = 0{,}4$ bedeutet, dass beim Mischen auf 1 kg Zement 0,4 l Wasser oder auf 100 kg Zement 40 l Wasser entfallen. Weniger Wasser ergibt kleinere, mehr Wasser größere *w*/*z*-Werte. Der Wassergehalt umfasst dabei das **Zugabewasser** oder Anmachwasser und die **Oberflächenfeuchte** des Zuschlags. Das Anmachwasser erleichtert den Mischvorgang, bestimmt maßgebend die Verarbeitungseigenschaften des Frischbetons und beeinflusst den Erhärtungsprozess. Da Zuschlag mit unterschiedlichem Feuchtigkeitsgehalt (Oberflächenfeuchte) angeliefert wird, muss bei Ermittlung des Zugabewassers die Wassermenge entsprechend korrigiert werden. Die Oberflächenfeuchte ist laufend zu kontrollieren.

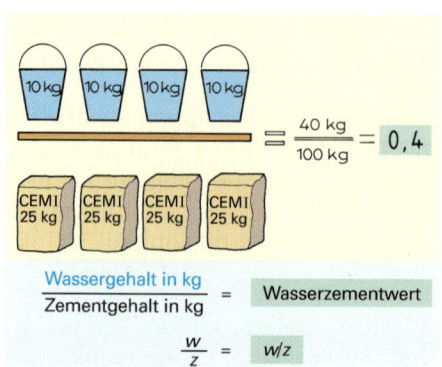

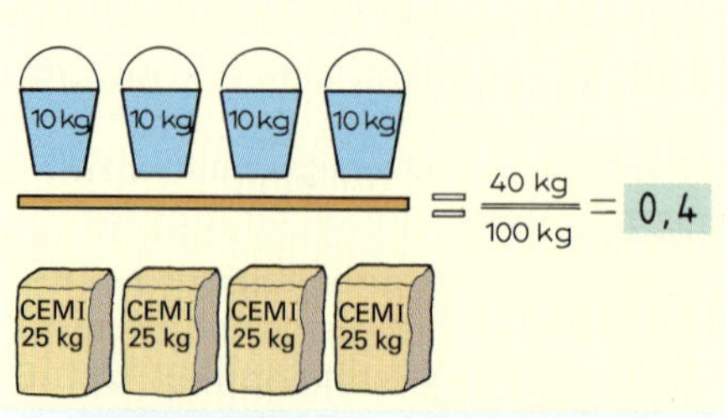

$$\frac{40\ \text{kg}}{100\ \text{kg}} = 0{,}4$$

$$\frac{\text{Wassergehalt in kg}}{\text{Zementgehalt in kg}} = \text{Wasserzementwert}$$

$$\frac{w}{z} = w/z$$

Wasserzementwert

Das Erhärten des Zements beruht auf der Bildung wasserhaltiger Verbindungen, in denen das Wasser chemisch umgewandelt und fest in das Zementsteingefüge eingebaut wird. Der Zement kann nicht beliebig viel Wasser binden; es sind nur etwa 40% seiner Masse, wobei 25% chemisch und 15% physikalisch gebunden werden. Dies entspricht einem *w/z*-Wert von 0,4; das bedeutet, dass 40 kg Wasser von 100 kg Zement gebunden werden.

Um den Frischbeton besser zu verarbeiten, ist ein etwas höherer *w/z*-Wert anzustreben. Das nicht gebundene Wasser, es wird **Überschusswasser** genannt, verdunstet im Verlaufe der Erhärtung und hinterlässt im Beton feine, oft zusammenhängende **Kapillaren**. Ein zu hoher *w/z*-Wert würde also die Eigenschaften des Zementsteins und damit die des erhärteten Betons verschlechtern.

So nimmt mit zunehmendem *w/z*-Wert die **Betonfestigkeit** ab. Der Beton wird porös, **saugt** daher mehr und schneller Wasser und wird dadurch wasserdurchlässiger. Außerdem trocknet er schneller aus und **schwindet** stärker; es entstehen große Spannungen und infolgedessen Risse.

Beton mit wasserreichem, dünnflüssigem Zementleim sondert Wasser ab (**„blutet"**), weil sich die Feststoffe absetzen. Der Frischbeton entmischt sich deshalb leichter; der Festbeton liefert absandende Oberflächen.

Bei **Stahlbeton** dürfen wegen des Korrosionsschutzes der Bewehrung bestimmte *w/z*-Werte nicht über- und bestimmte Zementgehalte nicht unterschritten werden.

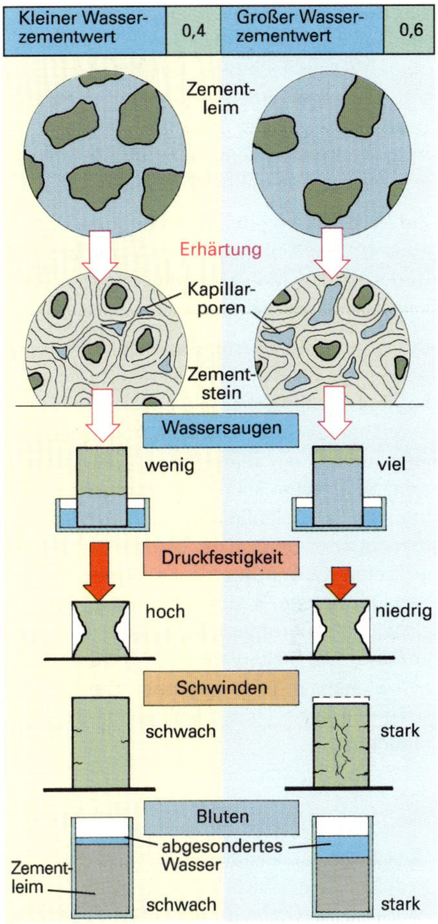

Einflüsse des Wasserzementwertes

Der Wasserzementwert hat Einfluss auf die Druckfestigkeit, die Wassersaugfähigkeit, das Schwinden und Bluten des Betons. Je kleiner der Wasserzementwert, desto bessere Betonqualität wird erreicht. Nachträgliche Wasserzugabe auf der Baustelle vermindert die Qualität des Betons.

Einflüsse des Zuschlags

Die **Kornform** hat Einfluss auf die erforderliche **Leimmenge** und auf die **Verarbeitbarkeit** des Betons. Bei gleichem Volumen hat ein plattiges oder längliches Korn eine größere Oberfläche als ein gedrungenes, rundes oder würfliges Korn; es braucht also mehr Leim. Beton mit runden, gedrungenen, glatten Körnern lässt sich besser verdichten als ein Beton mit länglichem Zuschlag.

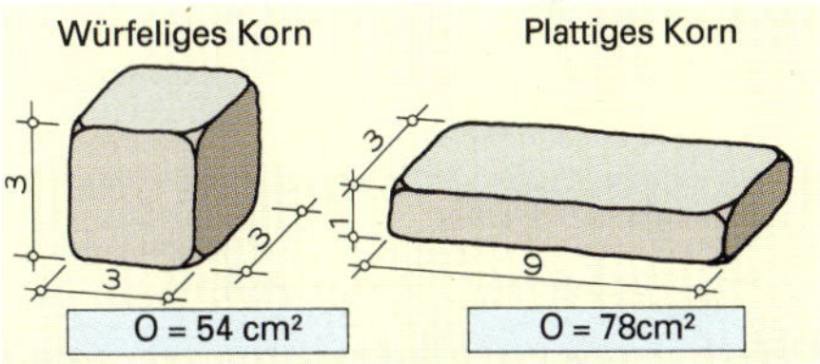

Kornoberfläche bei gleichem Volumen

Versuch: Ein Kreidestück 1×1×10 cm wird in vier gleiche Teile zerbrochen. Volumen und Oberfläche werden verglichen.

Ergebnis: Bei gleichem Volumen vergrößert sich die Oberfläche von 42 cm^2 auf 48 cm^2. Die Gesamtoberfläche eines Zuschlaggemisches und damit der Bedarf an Zementleim sind umso größer, je kleiner die Einzelkörner sind.

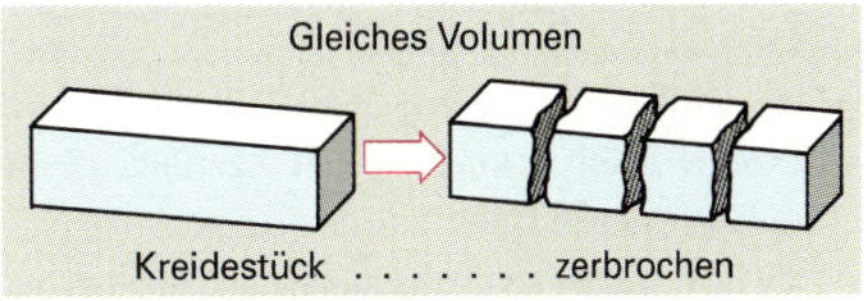

Vergrößerung der Oberfläche

Die **Oberflächenbeschaffenheit** der Körner kann die Betondruckfestigkeit beeinflussen. Bei rauer Oberfläche wird eine bessere **Verzahnung** zwischen Zementstein und Korn erreicht.

Für die Qualität des Betons ist vor allem die **Kornzusammensetzung** von besonderer Bedeutung. Ein Korngemisch aus möglichst gleich großen Körnern hat einen sehr großen Gehalt an Hohlräumen, die mit zusätzlichem Zementleim ausgefüllt werden müssen. Das bringt außer einem erhöhten Zementverbrauch ein erhöhtes Schwinden und eine geringere Druckfestigkeit des Betons mit sich. Deshalb wählt man ein Korngemisch, bei dem die Hohlräume statt mit Zementleim besser mit abgestuften kleinen Körnern ausgefüllt sind.

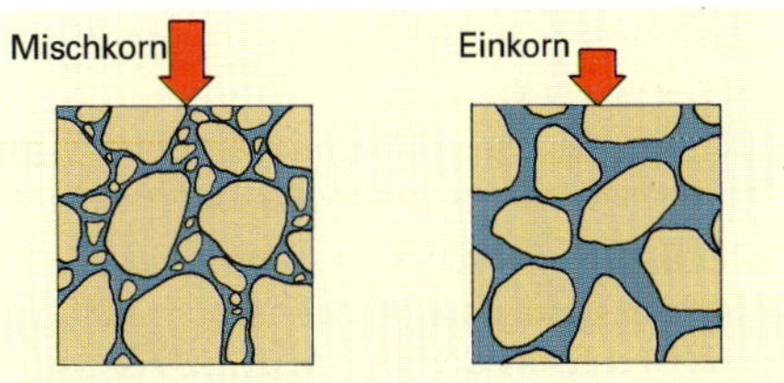

Kornzusammensetzung des Zuschlags

Der **Hohlraumgehalt** des Zuschlags kann geprüft werden. Dazu wird in einen mit gemischtkörnigem Zuschlag gefüllten Standzylinder so lange Wasser nachgegossen, bis es an der Zuschlagoberfläche austritt. Die zugeführte Wassermenge entspricht dem Hohlraumgehalt des Zuschlags. Der Hohlraumgehalt des Zuschlaggemisches soll möglichst gering sein. Dadurch erreicht man bei geringer Zementleimmenge eine höhere Druckfestigkeit.

Zur Verbesserung der Verarbeitbarkeit des Betons und zur Erzielung eines dichten Gefüges ist noch eine bestimmte Menge Mehlkorn erforderlich. Der **Mehlkorngehalt** setzt sich aus dem Zement und dem Feinstsand bzw. Feinstbrechsand zusammen.

Die richtige **Kornzusammmensetzung** wird nach DIN 1045 mithilfe genormter **Siebversuche** ermittelt und anhand von **Regelsieblinien** beurteilt. Jedes Schaubild erfasst drei Sieblinien, die mit A, B und C bezeichnet werden. Sieblinie A kennzeichnet ein grobes, B ein mittleres und C ein feines Korn. Die stetig zusammengesetzten Zuschlaggemische sollen im **günstigen** (zwischen A und B) bzw. brauchbaren Sieblinienbereich (zwischen B und C) liegen. Im brauchbaren Bereich ist jedoch der Zementleimbedarf wegen der größeren Gesamtoberfläche höher. Korngemische außerhalb der Sieblinie A und B sind **ungünstig**. Fehlen in einem Korngemisch einzelne Korngruppen, so bezeichnet man das Gemisch als **Ausfallkörnung**. Die Sieblinienbereiche werden durch die Ziffern ① bis ⑤ in den Sieblinien gekennzeichnet. Die Sieblinienbereiche ①, ② und ⑤ sind ungünstig, der Sieblinienbereich ③ ist günstig und ④ ist brauchbar.

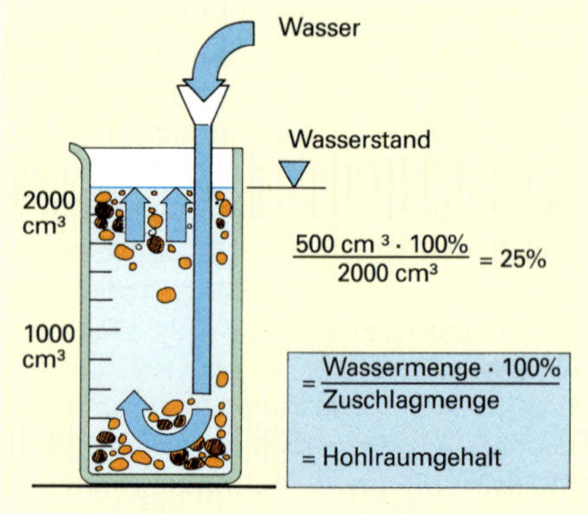

Hohlraumgehalt des Zuschlags

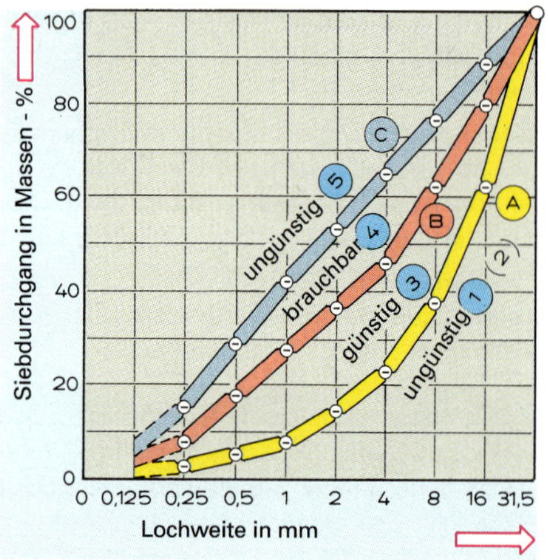

Sieblinienbereiche für Zuschlaggemische 0/32

Kornform, Kornoberfläche und Kornzusammensetzung beeinflussen die Qualität des Betons. Eine gute Kornzusammensetzung zeichnet sich durch geringe Hohlräumigkeit, kleine Gesamtoberfläche und gute Verdichtbarkeit aus.

Zusammenfassung

Beton besteht aus Zement, Zuschlag und Wasser.

Nach der Rohdichte unterscheidet man Schwer-, Normal- und Leichtbeton.

Nach der Druckfestigkeit wird Beton in sieben Festigkeitsklassen von B5 bis B55 eingeteilt.

Die Konsistenz ist ein Maß für die Verarbeitbarkeit des Frischbetons. Man unterscheidet steifen, plastischen, weichen und fließfähigen Beton.

Die wichtigste Betoneigenschaft ist die Druckfestigkeit. Sie muss durch Druckprüfungen nachgewiesen werden.

Wassersaugfähigkeit, Wasserdurchlässigkeit und Frostbeständigkeit hängen vor allem von der Beschaffenheit des Betongefüges ab.

Schwer- und Normalbeton besitzen infolge ihrer hohen Rohdichte geringe Wärmedämmung und gute Luftschalldämmung.

Die Betoneigenschaften werden besonders von der Zementfestigkeitsklasse, dem Wasserzementwert, der Kornform, der Kornoberfläche und der Kornzusammensetzung beeinflusst.

Aufgaben:

1. *Klären Sie folgende Begriffe:*
   a) Feinmörtel,
   b) Frischbeton,
   c) Festbeton,
   d) Schwerbeton.
2. *Welche Betongruppen und Festigkeitsklassen unterscheidet man?*
3. *Was bedeutet die Bezeichnung B35?*
4. *Welche Betonarten werden nach der Konsistenz unterschieden?*
5. *Wie wird der Wasserzementwert ausgedrückt?*
6. *Warum nimmt die Wassersaugfähigkeit des Betons bei hohem Wasserzementwert zu?*
7. *Welchen Einfluss hat die Kornzusammensetzung auf die Festigkeit des Betons?*
8. *Was versteht man unter Ausfallkörnung?*
9. *Durch welche Eigenschaften zeichnen sich gute Kornzusammensetzungen aus?*
10. *Wie kann der Hohlraumgehalt des Zuschlags geprüft werden?*

9.4.3 Herstellen des Betons

Rezeptbeton

Im folgenden Kapitel wird auf die Herstellung von Beton **B I ohne Eignungsprüfung** eingegangen. Dieser Beton kann nach den Bedingungen der DIN 1045 als **Rezeptbeton** hergestellt werden. Hierbei sind in Abhängigkeit von der Betonfestigkeitsklasse, dem Sieblinienbereich, der Konsistenz, der Zementfestigkeitsklassen und dem Größtkorn **Mindestzementgehalte** vorgeschrieben. Sie sind so hoch angesetzt, dass die vorgeschriebene Festigkeit erreicht wird und bei Stahlbeton der Korrosionsschutz der Bewehrung gewährleistet ist. Die Tafelwerte der DIN 1045 gelten für die Zementfestigkeitsklasse Z 35 und für ein 32-mm-Größtkorn. Bei anderen Zementfestigkeitsklassen und anderem Größtkorn müssen die Zementgehalte vergrößert bzw. verkleinert werden.

Bei Beton für Außenbauteile (≧ B 25) soll der Zementgehalt mindestens 300 kg/m³ verdichteten Betons betragen. Er darf auf 270 kg/m³ ermäßigt werden, wenn Zement der Festigkeitsklasse 42,5 oder 52,5 verwendet wird.

Festigkeitsklasse des Betons		Sieblinienbereich des Zuschlags	Mindestzementgehalt [kg] je m³ verdichteten Betons für Konsistenzbereich		
			KS	KP	KR
B 5	keine Korntrennung festgelegt	③	140	160	–
		④	160	180	–
B 10		③	190	210	230
		④	210	230	260
B 15	Korntrennung ≥ 2fach 0/4 u. > 4	③	240	270	300
		④	270	300	300
B 25		③	280	310	340
		④	310	340	380
B 25	für Außenbauteile	③	300	320	350
		④	320	350	380
			Stahlbeton		

Mindestzementgehalt für Beton B I bei Zuschlag mit einem Größtkorn von 32 mm und Zement der Festigkeitsklasse 32,5 nach DIN 1164

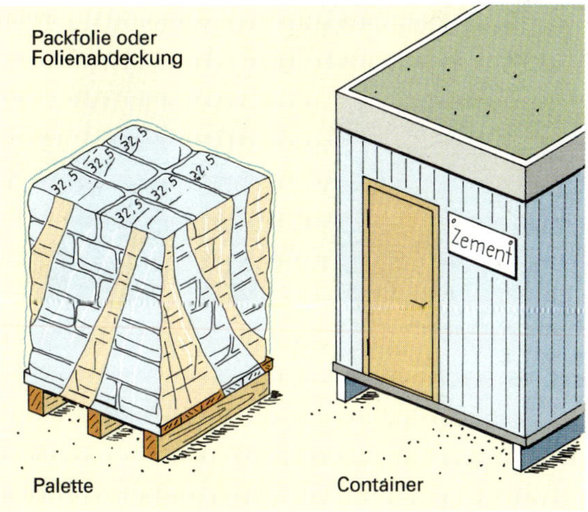

Lagerung von Sackzement

Bereitstellen der Bestandteile

Zement muss auf der Baustelle so gelagert werden, dass er vor Feuchtigkeit geschützt ist. Zement in Säcken kann in geschlossenen Containern oder folienverpackt auf Paletten aufbewahrt werden; lose angelieferter Zement wird in Silos gespeichert.

Betonzuschlag darf bei der Lagerung auf der Baustelle nicht durch andere Stoffe, wie Mutterboden und Laub, verunreinigt werden. Die Lagerfläche für Zuschlag wird deshalb zweckmäßigerweise als Bohlenbelag oder mit einer Magerbetonschicht ausgebildet. Getrennt angelieferte Korngruppen dürfen sich nicht vermischen. Dies wird durch Lagerung in Boxen erreicht.

Als **Zugabewasser** sind Regen- und Leitungswasser geeignet. Anderes Wasser muss auf seine Unschädlichkeit hin untersucht werden. Es darf keine Bestandteile enthalten, die das Erhärten des Betons, die Betoneigenschaften oder den Korrosionsschutz der Bewehrung beeinträchtigen könnten.

Abmessen der Bestandteile

Das Mengenverhältnis von Zement zu Zuschlag zu Wasser wird durch das **Mischungsverhältnis** angegeben. Es ist an der Mischstelle deutlich lesbar auf einer **Tafel** anzuschlagen. Nach DIN 1045 müssen die Bestandteile, also Zement, Zuschlag und Zugabewasser, mit einer Genauigkeit von drei Masseprozenten zugemessen werden.

Zement darf nur nach Masseteilen zugegeben werden. Zuschlag kann sowohl nach Masseteilen als auch nach Raumteilen zugemessen werden. Da sich der Einfluss der Eigenfeuchtigkeit stark auf das Raummaß auswirkt, sollte Zuschlag nur in Ausnahmefällen nach Raumteilen abgemessen werden.

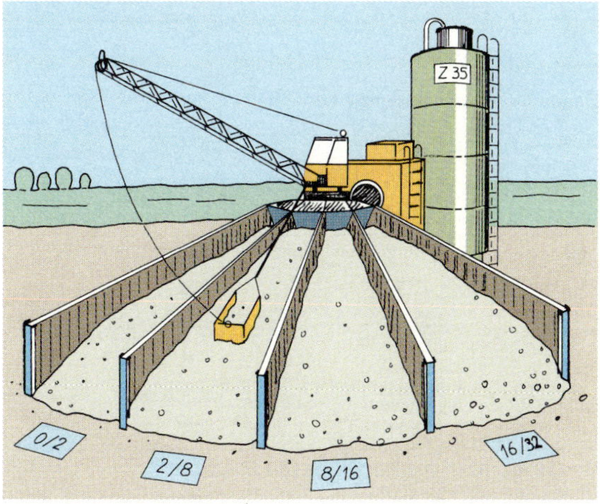

Boxen verhindern das Vermischen der einzelnen Korngruppen. Schrapperbetrieb

Mischen der Bestandteile

Durch das Mischen sollen Zementleim und Zuschlag gleichmäßig verteilt und alle Körner vollflächig mit Zementleim umhüllt werden. Ungenügendes Mischen kann im Beton **Kiesnester** mit vielen Hohlräumen hinterlassen, die die Druckfestigkeit des Betons mindern.

Baustellenbeton muss in ortsfesten Mischern mit guter Mischwirkung durchgearbeitet werden. Nach der Mischweise der Maschinen werden Freifall- und Zwangsmischer unterschieden. In **Freifallmischern**, auf der Baustelle werden Kipptrommel-, Umkehr- und Gleichlaufmischer eingesetzt, wird das Mischgut beim Drehen gehoben und durch freien Fall vermischt. Die Mischzeit beträgt mindestens 1 Minute. Trog- und Tellermischer sind **Zwangsmischer**, bei denen das Mischgut durch schnell umlaufende Rührwerkzeuge durchgearbeitet wird. Hier ist eine Mischzeit von mindestens ½ Minute erforderlich. Eine zu kurze Mischzeit wirkt sich ungünstig auf die Verarbeitung und die Betonfestigkeit aus.

Werkgemischter Transportbeton wird im Werk fertig gemischt und fahrzeuggemischter Transportbeton wird während der Fahrt oder nach Eintreffen auf der Baustelle im Mischfahrzeug gemischt.

Beton B I kann ohne Eignungsprüfung als Rezeptbeton hergestellt werden. Zement darf nur nach Masseteilen, Zuschlag sollte nur in Ausnahmefällen nach Raumteilen zugemessen werden. Die Betonbestandteile sollen durch Mischmaschinen unter Einhaltung ausreichender Mischzeiten gründlich durchgemischt werden.

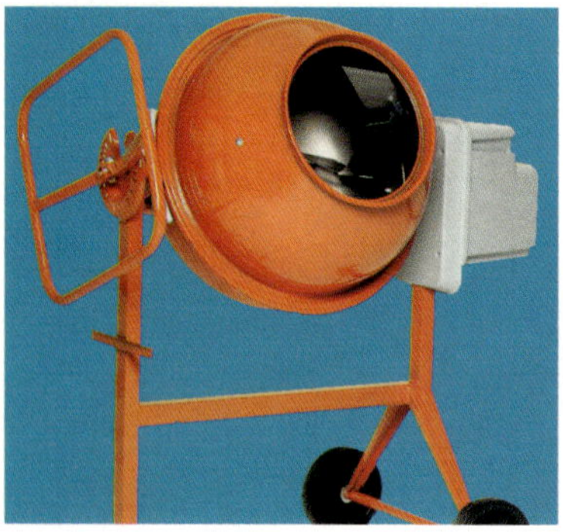

Kipptrommelmischer

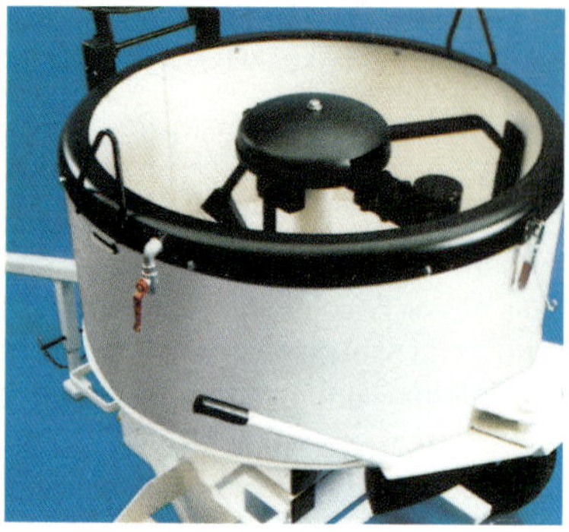

Zwangsmischer

Sieblinienbereich	Betonfestigkeitsklasse	Konsistenz	Baustoffbedarf in kg für einen m^3 verdichteten Beton		
			Zement	Zuschlag	Wasser
④ (brauchbar)	B 5	KS	160	2057	81
	B 10	KS	210	2011	83
	B 15	KP	300	1875	109
	B 15	KR	330	1793	133
	B 25	KP	340 (350)	1839	111
	B 25	KR	380 (380)	1747	135
③ (günstig)	B 5	KS	140	2107	79
	B 10	KS	190	2064	80
	B 15	KP	270	1938	104
	B 15	KR	300	1857	127
	B 25	KP	310 (320)	1902	106
	B 25	KR	340 (350)	1822	128

Baustoffbedarf für Rezeptbeton (Auszug)

Annahmen für die Tafelwerte: Kornrohdichte des Zuschlags 2,60 kg/dm^3; Oberflächenfeuchte des Zuschlags im Sieblinienbereich ③ = 3,5 %, im Bereich ④ = 4,5 %; Größtkorn des Zuschlaggemisches 32 mm, Zementfestigkeitsklasse 32,5; Klammerwerte gelten für Außenbauteile.

Verdichten

Der eingebrachte Frischbeton besitzt noch viele Hohlräume, die die Eigenschaften des Festbetons verschlechtern können. Deshalb ist es notwendig, den Beton zu verdichten, um die mit Luft gefüllten Hohlräume zu beseitigen und um ein möglichst geschlossenes Betongefüge zu erzielen.

Beton wird durch **Stampfen**, **Rütteln** und **Stochern** verdichtet.

Weicher Beton KR ist durch Stochern oder Klopfen an die Schalung zu verdichten. Mit Stocherlatten wird der Beton so durchgearbeitet, dass die in ihm enthaltene Luft nach oben entweichen kann. Wird weicher Beton gerüttelt, besteht Entmischungsgefahr.

Fließfähiger Beton KF (Fließbeton) kann ohne besondere Verdichtungsarbeit eingebaut werden.

Plastischer Beton KP, der in der Regel auf Baustellen verarbeitet wird, kann gerüttelt werden. **Steifer Beton KS** lässt sich durch Stampfen oder durch kräftiges Rütteln verdichten. Erfolgt die Verdichtung durch Stampfen mit Hand-, Pressluft- oder elektrischen Geräten, so ist der Frischbeton in weniger als 15 cm dicken Schichten einzubringen.

Beim Verdichten mit **Rüttlern** sinken die Betonbestandteile infolge der Schwingungen nach unten und lagern sich dicht aneinander. Eingesetzt werden je nach Form und Abmessung der Bauteile Innenrüttler, Außenrüttler, Rüttelbohlen und Rütteltische.

Innenrüttler (Tauchrüttler) werden zügig über die zu verdichtende Schüttlage hinaus 10 bis 20 cm tief in die zuletzt verdichtete Schicht eingetaucht. Der Beton ist im Allgemeinen so lange zu rütteln, bis keine Luftblasen mehr aufsteigen und die Oberfläche geschlossen ist. Die Rüttelflasche wird dann langsam in senkrechter Richtung aus dem Beton gezogen, die Eintauchöffnung muss sich dabei schließen. Der Abstand der Eintauchstellen wird so gewählt, dass sich die Wirkungslinien der Rüttelflaschen überschneiden. Im Bereich der Schalhaut sollte nicht gerüttelt werden, weil sich sonst Feinmörtel und Wasser an der Schalungsoberfläche anreichern; es entstehen dann absandende Oberflächen.

Schalungsrüttler (Außenrüttler) werden bei dünnen Wänden, Stützen und Platten eingesetzt. Auf der Außenseite befestigt, versetzen sie die Schalung in Schwingung. Auf eine stabile Schalungskonstruktion und auf dichte Schalungsfugen ist besonders zu achten.

Rüttelbohlen ersetzen bei steifem Beton die Stampfgeräte. Sie werden vorwiegend bei Fahrbahndecken eingesetzt.

Rütteltische werden meist stationär in Betonwerken zur Verdichtung von Betonfertigteilen benötigt.

Alle Rüttelgeräte müssen sorgfältig behandelt und gewartet werden. Die elektrischen Schutzeinrichtungen müssen stets in einwandfreiem Zustand sein. Innenrüttler dürfen nicht zu lange an der Luft laufen, sie werden sonst zu heiß. Nach Gebrauch sind die Rüttelgeräte sauber mit Wasser zu reinigen.

Ohne Verdichtung werden Festbetoneigenschaften, wie Druckfestigkeit, Wasserundurchlässigkeit und Korrosionsschutz, nicht erreicht. Die Verdichtungsart ist auf die Konsistenz abzustimmen.

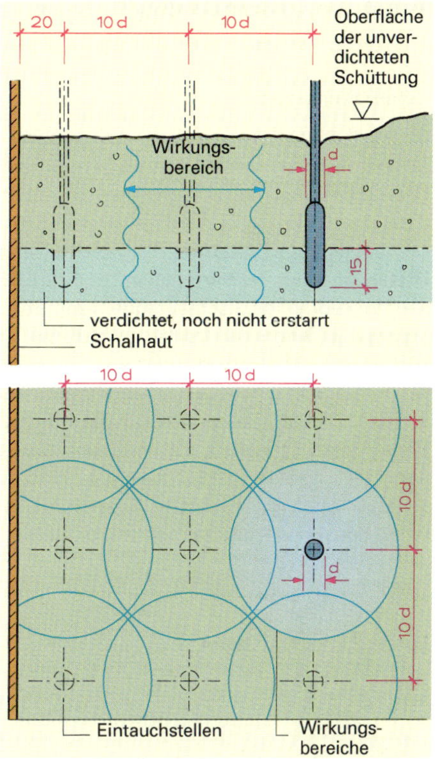

Die Wirkungsbereiche der Rüttelflasche müssen sich überschneiden

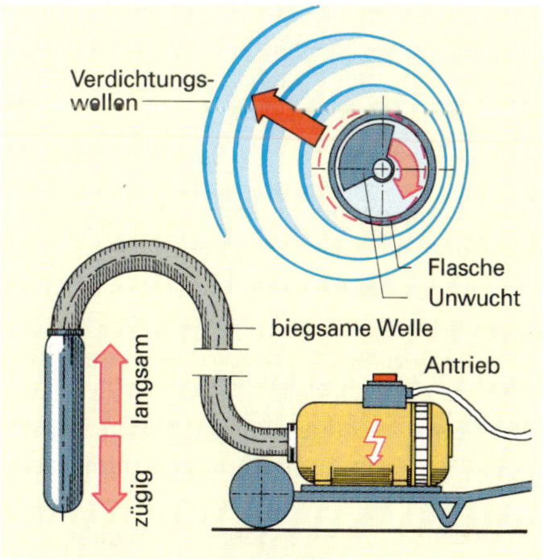

Innenrüttler, Wirkungsweise

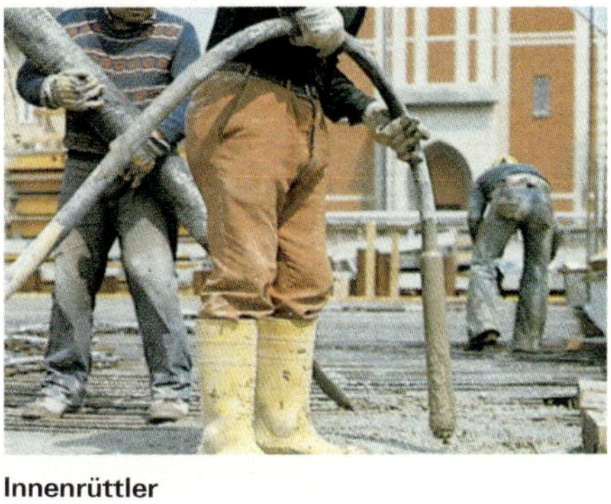

Innenrüttler

9.4.4 Verarbeiten des Betons

Verarbeitungszeit

Baustellenbeton sollte sofort nach dem Mischen, Transportbeton sofort nach der Anlieferung verarbeitet werden. Beton muss in die Schalung eingebracht und verdichtet sein, bevor er versteift. Das Versteifen des Zementleims wird **Erstarren**, die weitere Verfestigung **Erhärten** genannt. Witterungseinflüsse können den Versteifungsvorgang beschleunigen bzw. verzögern. Deshalb sollte Beton bei trockener, warmer Witterung innerhalb einer halben Stunde, bei nasser, kühler Witterung innerhalb einer Stunde eingebracht und verdichtet werden. Die Verarbeitungszeit kann durch Zusatz eines Erstarrungsverzögerers VZ verlängert werden. Dies ist aber nur dann angebracht, wenn größere Betonabschnitte ohne Arbeitsfugen ausgeführt werden oder wenn bei hohen Außentemperaturen betoniert wird.

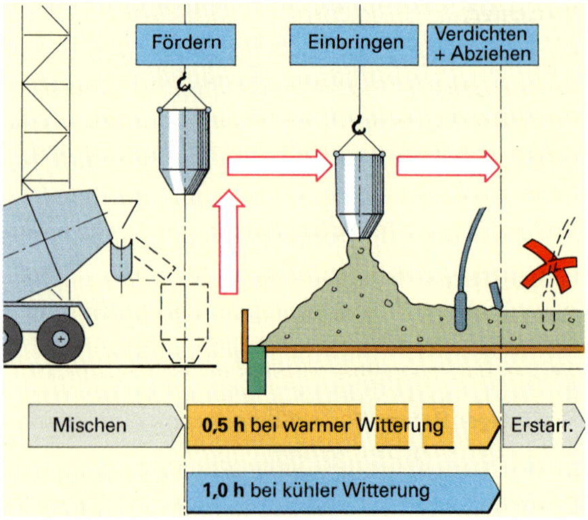

Verarbeitungszeit des Frischbetons

Fördern und Einbringen

Versuch: Ein Kies-Sand-Gemisch wird aus einer Höhe von ca. 50 cm und 100 cm auf eine Unterlage geschüttet.

Beobachtung: Bei 100 cm Fallhöhe rollen die groben Kieskörner an den Rand der Schüttung bzw. sie werden zu weit abgeworfen.

Ergebnis: Bei großer Fallhöhe lösen sich die groben Zuschlagkörner von den feinen, d.h., das Sand-Kies-Gemisch entmischt sich.

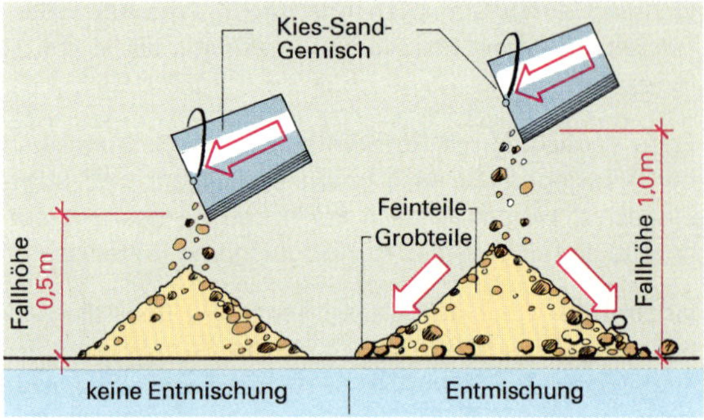

Einfluss der Fallhöhe

Beim Befördern und Einbringen aus großer Höhe in die Schalung kann sich Beton **entmischen**. Die Folgen sind Kiesnester. Deshalb sollte Beton nicht mehr als 1 m frei fallen. Besonders beim Abwurf von Förderbändern werden die groben Zuschlagkörner an der Abwurfstelle zu weit vorgeschleudert. Durch entsprechende Maßnahmen, wie richtige Bandgeschwindigkeit, Abstreifer, Prallblech, Schüttrohr, kann dies verhindert werden. Bei zu großen Fallhöhen sollte der Beton durch Rohre oder Schläuche zusammengehalten werden.

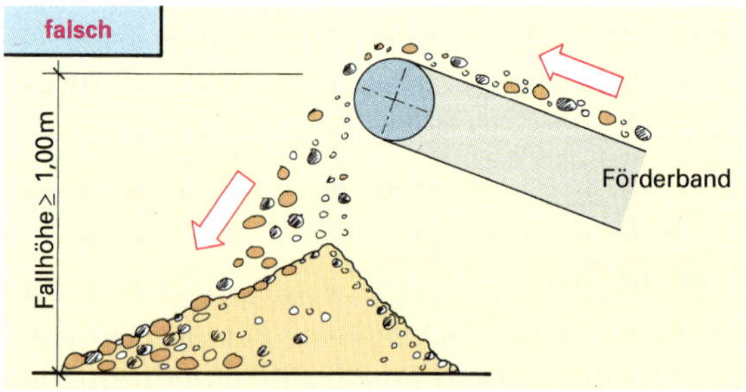

Entmischung: zu schneller Lauf des Förderbandes; zu große Fallhöhe = weit abgeworfenes Grobkorn

Beton ist mit Fördergeräten gleichmäßig zu verteilen. Hierfür sind Verdichtungsgeräte unzulässig, weil sich sonst der Beton entmischen könnte.

Der Beton wird schichtweise eingebracht. Die Dicke der Schüttlage richtet sich nach der Art der Verdichtungsgeräte; sie misst zwischen 30 cm und 50 cm.

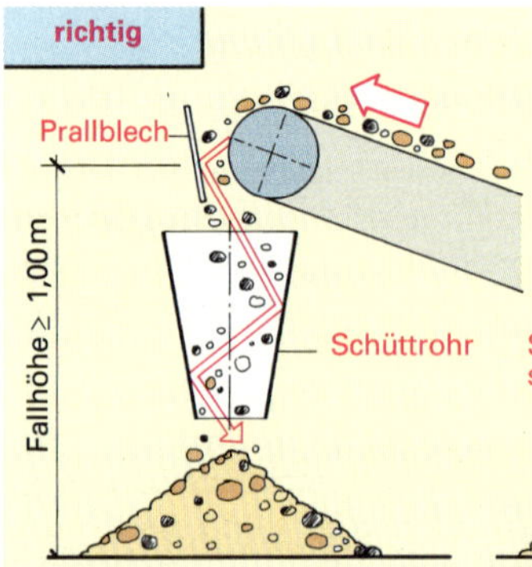

Keine Entmischung: Schüttrohr und Prallblech

Transportkübel mit Schüttschlauch

Beim Fördern und Einbringen darf sich der Frischbeton nicht entmischen. Fördergefäße müssen deshalb möglichst dicht über der Einbaustelle geöffnet werden.

9.4.5 Nachbehandeln des Betons

Der Beton muss im Anschluss an das Verdichten nachbehandelt werden. Darunter versteht man sämtliche Maßnahmen, die notwendig sind, damit der Festbeton seine volle Qualität erreicht.

Beton muss gegen **vorzeitiges Austrocknen** geschützt werden. Sonst kommt es durch zu schnellen Wasserentzug zu Erhärtungsstörungen, die geringere Festigkeit, absandende Oberflächen, Schwindrissbildung und verminderten Korrosionsschutz der Bewehrung nach sich ziehen können. Geschützt werden kann der Beton je nach Umgebungstemperatur durch Abdecken mit Folie, durch Aufbringen wasserhaltender Abdeckungen, durch häufiges Besprühen mit Wasser oder durch Aufsprühen eines Nachbehandlungsfilms.

Bei **extremen Temperaturen** und **Temperaturunterschieden** ist die Gefahr großer Spannungen und Verformung mit Rissebildung gegeben. Daher ist es bei direkter Sonneneinstrahlung zweckmäßig, den Beton mit Folie abzudecken, feuchtzuhalten, Holzschalungen zu nässen und Stahlschalungen vor Sonnenstrahlen zu schützen. Bei **Frostgefahr** muss der Beton mit wärmedämmenden Matten oder Platten umhüllt werden. Vorteilhaft ist auch, eine Schutzabdeckung auf Bohlen oder Bretter zu legen, damit zwischen Beton und Abdeckung eine wärmedämmende, feuchtigkeitsgesättigte Luftschicht entsteht.

Im Allgemeinen genügt eine Nachbehandlung von sieben Tagen.

Mangelhafte Nachbehandlung ist oft die Ursache für Rissbildungen, Absanden der Betonoberfläche und geringe Betondruckfestigkeiten.

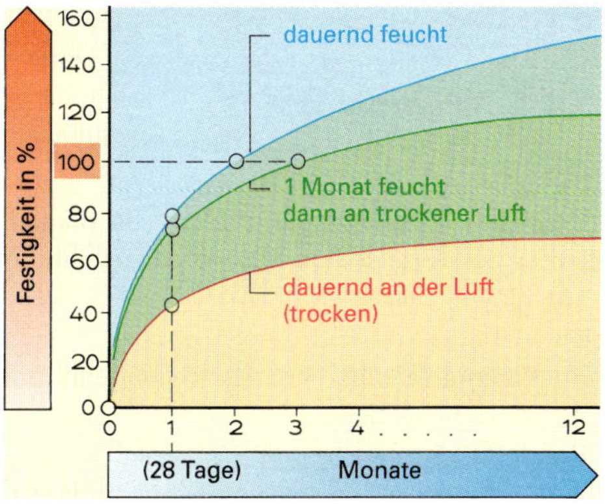

Einfluss der Feuchtelagerung auf die Festigkeitsentwicklung des Betons

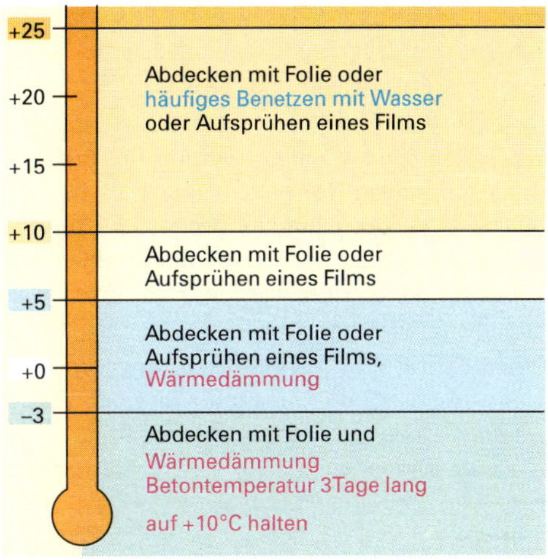

Nachbehandlungsmaßnahmen

Zusammenfassung

Beton B I ohne Eignungsprüfung kann nach den Bedingungen der DIN 1045 als Rezeptbeton hergestellt werden.

Die zielsichere Herstellung von Beton verlangt die Zugabe von Zement, Zuschlag und Wasser nach Masseteilen mit einer Genauigkeit von 3%.

Nur in Ausnahmefällen sollte Zuschlag nach Raumteilen zugemessen werden.

Beton muss so viel Zement enthalten, dass die geforderte Druckfestigkeit und bei Stahlbeton ausreichender Korrosionsschutz der Stahleinlagen erreicht werden.

Handmischung ist nur bei geringen Mengen Beton der Festigkeitsklasse B 5 und B 10 zulässig.

Frischbeton darf sich beim Fördern und Einbringen nicht entmischen.

Beton muss möglichst vollständig durch Rütteln, Stochern, Stampfen, Klopfen verdichtet werden. Die zu wählende Verdichtungsart richtet sich nach der Betonkonsistenz.

Beton ist bis zum ausreichenden Erhärten gegen starkes Abkühlen oder Erwärmen, Austrocknen, starken Regen, strömendes Wasser sowie gegen mechanische oder chemische Angriffe zu schützen.

Aufgaben:

1. *Warum muss auf der Baustelle gelagerter Zement vor Feuchtigkeit geschützt werden?*
2. *Welche Mindestzementmenge ist für die Herstellung eines unbewehrten Betons B I mit Eignungsprüfung einzuhalten?*
3. *Wonach richtet sich die Zugabewassermenge bei Beton B I und Beton B II?*
4. *Welche Mindestmischzeiten sind für die Betonbereitung vorgeschrieben?*
5. *Warum ist die Maschinenmischung der Handmischung vorzuziehen?*
6. *Welche Maßnahmen sind zu treffen, wenn Beton aus großer Höhe in die Schalung eingebracht wird?*
7. *Warum muss Frischbeton nach dem Einbringen verdichtet werden?*
8. *Wie lässt sich a) steifer, b) plastischer, c) weicher Beton verdichten? Welche Geräte werden jeweils eingesetzt?*
9. *Es wurde bei sonnig heißem Wetter betoniert. Welche Maßnahmen sind nach dem Betonieren zu ergreifen? Begründen Sie diese.*

9.5 Putze

9.5.1 Allgemeines

Begriffe

Putze sind auf Wände und Decken von Baukörpern aufgebrachte Mörtelbeläge. Die Aufgaben, die der Putz zu erfüllen hat, sind je nach dem Ort der Verwendung verschieden.

Die **Putzmörtel** und ihre Herstellung wurden in Abschnitt 9.3 behandelt.

Putze können einlagig und mehrlagig aufgebracht werden. Die äußere Lage eines mehrlagigen Putzes wird als **Oberputz**, die übrigen Lagen werden als **Unterputz** bezeichnet.

Nach der Art und Weise, wie der Frischmörtel verarbeitet und die Oberfläche behandelt wird, unterscheidet man die **Putzweisen**, z.B. Kratzputz, Reibeputz, Spritzputz, Waschputz usw.

Nach den Eigenschaften werden die **Putzarten** unterschieden; neben Normalputz (auch als Putz bezeichnet, wo keine Verwechslung möglich ist) Putze mit besonderen Eigenschaften, z.B. Putz mit erhöhter Wärmedämmung, wasserundurchlässiger Putz, Putz als feuerhemmende Verkleidung usw.

Nach dem Ort, an dem der Putz angebracht wird, werden Außenputz und Innenputz und beim Innenputz als weitere Unterscheidung Innenwandputz und Deckenputz unterschieden.

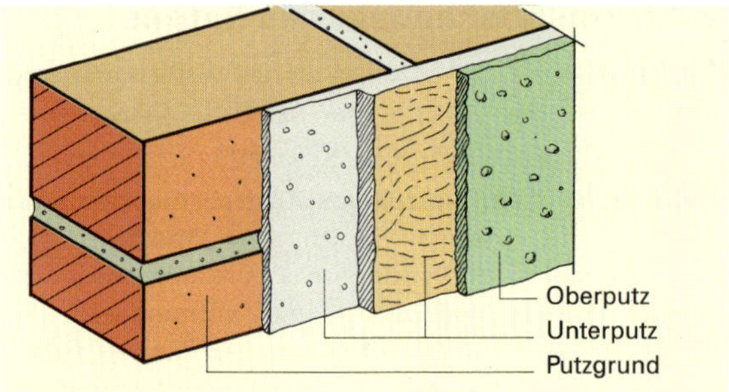

Aufbau eines mehrlagigen Putzes

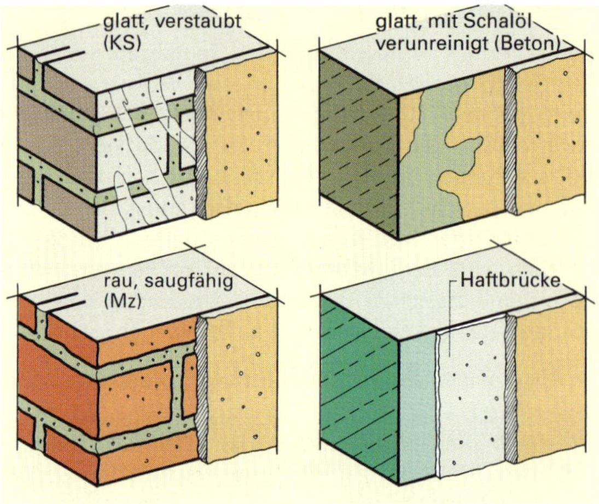

Putzhaftung auf verschiedenen Oberflächen

Putzgrund

Die notwendige gute Putzhaftung kann nur erreicht werden, wenn der **Putzgrund** sauber, saugfähig und rau ist. Staub- und Schmutzschichten lassen keine Haftung entstehen. Saugfähigkeit und raue Oberfläche führen dagegen zu einer Verzahnung zwischen Putz und Untergrund.

Guter Putzgrund sind z.B. Bimsbeton und Porenziegel.

Bei warmem Wetter sollte saugender Putzgrund vorgenässt werden, damit dem Putzmörtel das Wasser nicht zu rasch entzogen wird.

Bei schwach saugendem, glattem Putzgrund (z.B. Beton, Kalksandsteinmauerwerk) wird oft erst ein **Spritzbewurf** aus Zementmörtel oder eine Haftbrücke aufgebracht. Ein Spritzbewurf verbessert durch Oberflächenvergrößerung die Verbindung zwischen Baukörper und Putz und schaltet ungleichmäßigen Wasserentzug durch den Putzgrund aus.

Wo auch kein Spritzbewurf hält, z.B. auf Stahl- und Holzteilen, oder wo ein von der tragenden Konstruktion unabhängiger Putz hergestellt werden soll, werden **Putzträger**, wie z.B. Gitter aus verzinktem Draht mit einer feuchtigkeitsaufnehmenden Pappe oder Rippenstreckmetall, verwendet.

Ungeeigneter Putzgrund muss durch Spritzbewurf oder Putzträger verbessert werden.

Spritzbewurf

Rippenstreckmetall als Putzträger

9.5.2 Außenputz

Aufgaben

Viele der verwendeten Wandbausteine nehmen Feuchte auf. Dadurch wird die Wärmedämmung herabgesetzt und bei Frost werden die Steine zerstört.

Der Außenputz muss die Durchfeuchtung der Wand verhindern, um die Wärmedämmung zu erhalten und vor Frostschäden zu schützen. Dies setzt voraus, dass der Putz selbst witterungsbeständig ist und das Regenwasser abweist.

Andererseits muss der Putz für Wasserdampf durchlässig sein, sonst würde die beim Bewohnen entstehende Feuchte die Wand im Laufe der Zeit von innen durchnässen.

Der Außenputz ist einem ständigen Temperatur- und Feuchtewechsel ausgesetzt. Dadurch entstehen Spannungen im Oberputz, zwischen den Putzlagen und zwischen Putz und Mauerwerk. Der Außenputz muss haftfähig und elastisch sein, um diese Spannungen aufnehmen zu können.

Neben diesen technischen Zwecken dient der Putz auch der Verschönerung des Gebäudes.

Aufbringen des Außenputzes

Der Außenputz soll die Wände dauerhaft vor Durchfeuchtung schützen und das Gebäude verschönern.

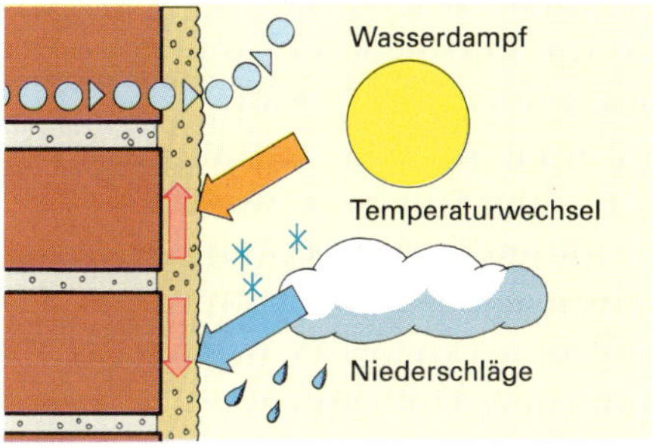

Beanspruchung des Außenputzes

Aufbau

Um die Wand sicher vor Durchfeuchtung zu schützen, darf der Außenputz nicht zu dünn sein. Ein dünner Putz könnte auch durch Temperatur- und Feuchteunterschiede bedingte Spannungen nicht ausgleichen, andererseits darf der Putz nicht zu dick und damit entsprechend schwer sein, da er sonst zu stark schwindet.

Für Außenputze wird deshalb eine **mittlere Dicke von 2 cm gewählt**.

Diese Putzdicke lässt sich in der Regel nicht durch eine Putzlage erreichen, da eine so dicke Mörtelschicht beim Auftragen abrutschen würde. Der Putz wird deshalb meist **zweilagig** aufgebracht. So ist es möglich, jede Putzlage ihren besonderen Aufgaben entsprechend herzustellen.

Der Unterputz und der Oberputz bilden ein Putzsystem, das die Schutzfunktion gemeinsam erfüllen muss; der Oberputz hat zudem gestalterische Aufgaben. Für den Unterputz als tragende Schicht des Außenputzes ist eine höhere Festigkeit erwünscht. Diese sollte möglichst nicht höher sein als die des Putzgrundes, da sonst durch unterschiedlichen Spannungsausgleich die Haftung zerstört wird.

Besteht besondere Gefahr von Rissbildungen, können Gewebematten als **Putzbewehrung** eingebracht werden.

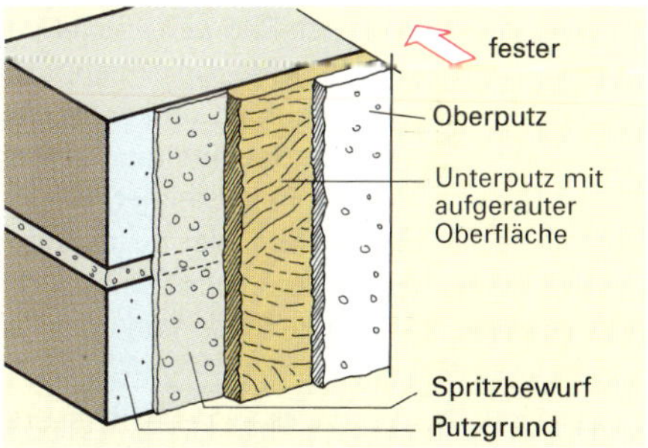

Außenputzaufbau (bei ungünstigem Putzgrund)

Der Außenputz soll im Mittel 2 cm dick sein; die Festigkeit der Putzlagen soll von innen nach außen abnehmen.

Aufbringen

Der Mörtel darf in einem Arbeitsgang nur so dick aufgetragen werden, dass er haften bleibt und nicht abrutscht. Dies ist im Allgemeinen gewährleistet, wenn die Schichtdicke den dreifachen Durchmesser des größten Sandkorns nicht überschreitet. Die Putzlagen sind gleichmäßig dick aufzutragen, größere Unebenheiten im Putzgrund sind durch eine Ausgleichsschicht zu beseitigen. Weitere Putzlagen dürfen nur nach ausreichender Erhärtung der unteren Lagen aufgebracht werden. Gegebenenfalls ist der Unterputz vorzunässen oder aufzurauen.

Aufgerauter Unterputz

Um eine gute Haftung zu erzielen, muss der Mörtel maschinell oder von Hand angeworfen werden. Durch das Anwerfen kommen die Mörtelteilchen in engen Kontakt zum Putzgrund, es wird Adhäsion (vgl. Abschn. 6.1.3) wirksam. Wird der Mörtel dagegen mit dem Brett aufgezogen, verbleiben hinter dem Putz oft luftgefüllte Hohlräume.

Außenputz darf nicht bei Schlagregen oder zu erwartendem Frost aufgebracht werden; auch auf gefrorenes Mauerwerk darf nicht geputzt werden. Bei starker Sonneneinstrahlung muss der Putz, z. B. durch Feuchthalten oder Anbringen von Sonnenblenden, vor zu rascher Austrocknung geschützt werden.

In Gegenden mit rauem Klima, wie z. B. dem Alpenvorland, wird in der Regel der Untergrund durch einen Zementmörtel-Spritzbewurf vorbehandelt, darauf folgen Unter- und Oberputz. Hier hat der Spritzbewurf außer seiner Funktion als Haftvermittler auch noch die Aufgabe, das Mauerwerk zusätzlich gegen Schlagregen zu schützen.

Bei so genannten Wärmedämmputzsystemen wird auf einen wärmedämmenden Unterputz mit expandiertem Polystyrol als Zuschlag ein Wasser abweisender Oberputz aufgebracht.

Die Oberflächenbehandlung des Oberputzes ist je nach Putzweise verschieden.

9.5.3 Innenputz

Aufgaben

Zum Innenputz werden Innenwandputz und Deckenputz gerechnet. In bewohnten Räumen entsteht einmal mehr und einmal weniger Feuchte. Der Innenputz soll bei hoher Feuchte diese aufnehmen und später wieder abgeben können, also die Luftfeuchte regulieren. Findet eine solche Regulierung nicht statt, bildet sich an der Wandoberfläche ein Feuchtefilm, der zu Schäden führt. Tapeten verbessern, Ölfarben und Spachtelmassen vernichten die feuchteregulierende Wirkung.

Innenputze dienen als Träger für Anstriche, Tapeten und andere Beläge. Sie müssen deshalb ausreichend fest sein, gut haften und eben sein. Unebenheiten verursachen später störende Schattenwirkungen.

Ebenso wie beim Außenputz verbessert das Aufbringen eines Innenputzes Schall- und Wärmedämmung einer Wand bzw. Decke.

Aufbau

Um genügend Feuchte speichern zu können, darf der Innenputz nicht zu dünn sein. Im Allgemeinen sollten Innenputze an Wand und Decke **im Mittel einlagig 1 cm und zweilagig 1...1,5 cm dick** sein.

Auch Innenputze werden fast ausschließlich maschinell aufgebracht. Wegen der geringeren Dicke werden sie fast immer einlagig ausgeführt.

Der Innenputz soll feuchteregulierend wirken und als Träger für Tapeten, Anstriche und Beläge dienen. Er soll im Mittel 1...1,5 cm dick sein.

Mörtelsilo mit Fördereinrichtung

Maschinelles Anwerfen von Putz

Nur angeworfener Putzmörtel haftet einwandfrei.

Aufbringen von Innenputz

Aufbringen

Das in Abschnitt 9.5.1 über den Putzgrund und in Abschnitt 9.5.2 über das Anwerfen des Putzmörtels Gesagte gilt grundsätzlich auch für Innenwand- und Deckenputze. Die beim Innenputz besonders wichtigen ebenen Putzflächen, z.B. in Bädern als Fliesenuntergrund, lassen sich leichter herstellen, wenn der Putz über vorher angebrachte **Putzleisten** abgezogen wird. Putzleisten aus Mörtel („Pariser Leisten") werden als senkrechte Mörtelstreifen in jeweils etwa 1,2 m Abstand ausgeführt. Es ist stets der für die ganze Fläche vorgesehene Mörtel zu verwenden. Statt Putzleisten aus Mörtel werden meist auswechselbare Putzleisten aus Metall oder Kunststoff verwendet. Entsprechend gestaltete Putzleisten dienen auch zur Begrenzung der Putzflächen und zur Herstellung von Kanten.

Als **Putzträger** dienen, soweit erforderlich, meist Rippenstreckmetall oder auch rechteckige Netze aus verzinktem Draht mit eingearbeiteter Pappe.

Massivdecken sollten vor dem Putzen sauber und frei von Schalöl sein. Meist empfiehlt sich zur Verbesserung der Haftung ein Putzmörtel besonderer Zusammensetzung, z.B. Haftputz oder Maschinengipsputz oder das Aufbringen einer organischen Haftbrücke (Kunstharzanstrich).

Ein ebener Putz lässt sich nur mit Putzleisten erreichen. Bei Massivdecken sollten besondere Maßnahmen zur Verbesserung der Haftung ergriffen werden.

Putzleiste

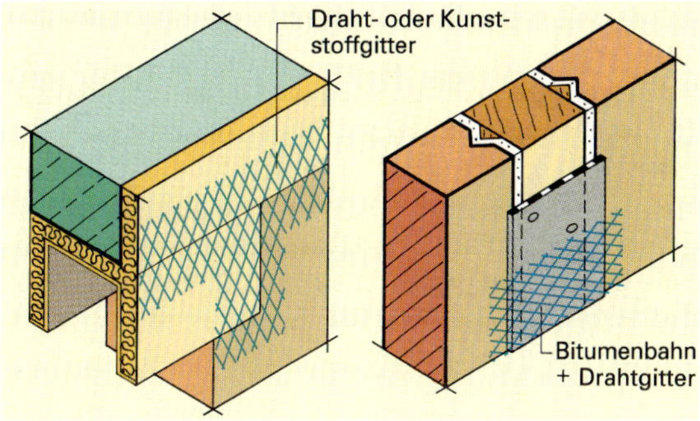

Putzträger: Rollladenkasten, Fachwerkwand

9.6 Estrich

9.6.1 Begriffe

Estriche sind wenige Zentimeter dicke Schichten, zu deren Herstellung als Bindemittel vorwiegend Zement oder Asphalt verwendet wird. Estriche dienen entweder unmittelbar als Gehfläche oder als Unterboden für einen Gehbelag. Nach DIN 18560 werden Verbundestriche, Estriche auf Trennschichten und Estriche auf Dämmschichten unterschieden.

Verbundestriche werden im festen Verbund mit dem Unterboden, z.B. der Rohdecke, hergestellt. Ihre Dicke beträgt je nach Estrichart 20...30 mm. Bei glatten, zu stark oder zu schwach saugenden Untergründen wird eine Grundierung als Haftbrücke aufgebracht.

Estriche auf Trennschichten werden durch Pappen oder Folien von allen angrenzenden Bauteilen getrennt. Ihre Dicke beträgt je nach Beanspruchung und Estrichart 20...40 mm.

Estriche auf Dämmschichten werden als **schwimmende** Estriche bezeichnet. Sie werden auf Trittschalldämmschichten aufgebracht. Die Estrichauflage muss selbsttragend sein. Ihre Dicke sollte mindestens 30...45 mm betragen. Die Dämmschicht wird mit einer Bitumenpappe oder Polyethylenfolie abgedeckt. Sie verhindern die Durchfeuchtung der Dämmschicht durch den frischen Estrichmörtel.

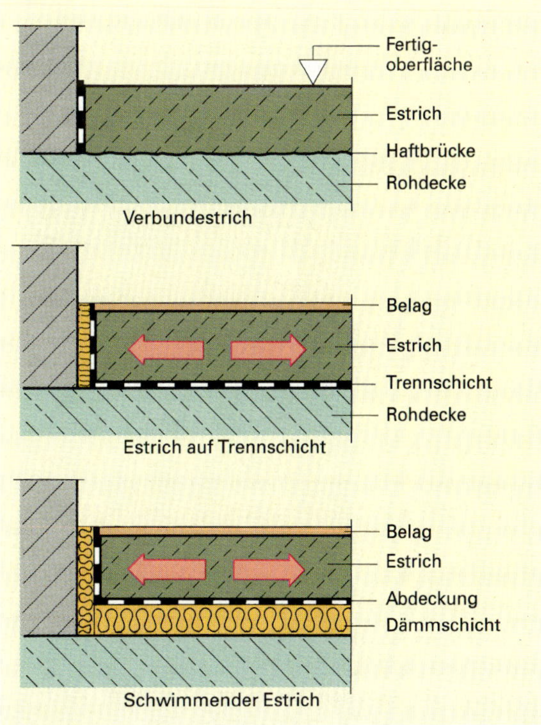

Estricharten

9.6.2 Aufbau des schwimmenden Estrichs

Massivdecken leiten wegen ihrer hohen Rohdichte den Körperschall, sie besitzen also keine ausreichende Trittschalldämmung (vgl. Seite 126). Sie müssen daher mit zusätzlichen Deckauflagen versehen werden. Ihre trittschalldämmende Wirkung wird im Wesentlichen durch das Abfedern des schallerzeugenden Stoßes erzielt. Dies wird am besten durch **schwimmende Deckauflagen** erreicht. Schwimmend bedeutet, dass die Auflage keine direkte Verbindung zur Decke und Wand hat.

Schwimmende Estriche bestehen aus einer lastenverteilenden Platte, die auf weich federnden Dämmschichten aus Faserdämmstoffen, Schaumkunststoffen oder Korkschrot liegt. Zur Vermeidung von **Schallbrücken** müssen an die Wände 10 mm dicke Dämmstreifen gestellt werden. Außerdem muss die Dämmschicht fugenlos verlegt werden. Sie erhält eine Abdeckung aus Ölpapier, Pappe oder Folie, die auch an der Wand hochgezogen wird.

Neben der Trittschalldämmung wird durch schwimmende Estriche auch die Wärmedämmung erheblich verbessert.

Am häufigsten werden Zementestriche aus **Estrichmörtel** (vgl. Abschnitt 9.3.2) und **Gussasphaltestriche** eingebaut. Gussasphalt besteht aus einem Gemisch aus Bitumen und Mineralstoffen. Die Estrichmasse wird heiß und dickflüssig eingebracht.

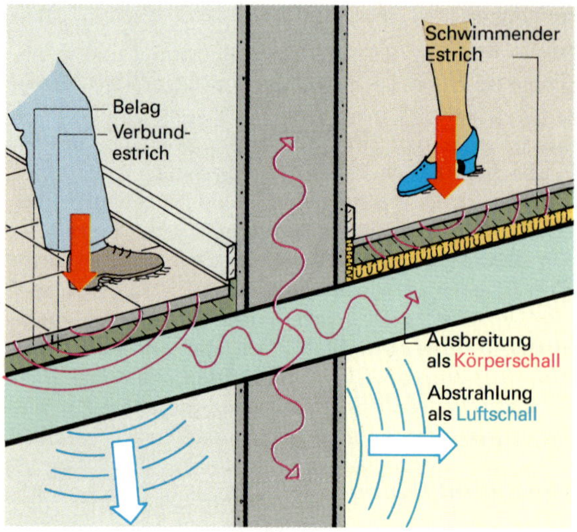

Trittschall in nicht gedämmter und gedämmter Decke

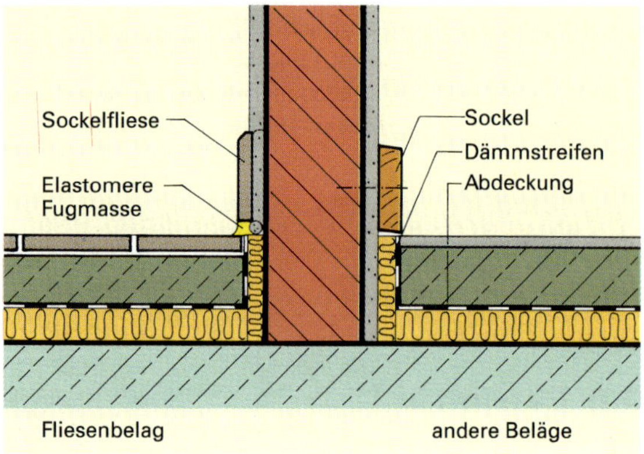

Wandanschluss bei schwimmendem Estrich

> Schwimmende Estriche liegen auf einer stoßabfedernden weichen Schicht. Die Dämmschicht muss so verlegt werden, dass weder in der Decke noch in der Wand Schallbrücken entstehen können.

Zusammenfassung

Putze sind Mörtelbeläge auf Wänden und Decken von Baukörpern, die ein- oder mehrlagig aufgebracht werden.

Gute Putzhaftung erfordert einen guten Putzgrund, gegebenenfalls muss er verbessert werden.

Außenputz dient dem Schutz der Wände und der Verschönerung des Gebäudes. Er soll in der Regel zweilagig und im Mittel 2 cm dick sein. Putzmörtel muss angeworfen werden.

Innenputz soll feuchtigkeitsregulierend wirken und eine glatte Oberfläche haben. Er soll im Mittel 1…1,5 cm dick sein.

Ebene Putzflächen lassen sich am besten mit Putzleisten erreichen.

Zur Dämmung des Trittschalls müssen Massivdecken mit geeigneten Deckenauflagen versehen werden. Sie bestehen aus einer federnden Dämmschicht und einer lastenverteilenden Platte.

Aufgaben:

1. *Erklären Sie die Begriffe*
   a) Putzweise, b) Putzart, c) Unterputz.
2. *Welche Anforderungen sind an den Putzgrund zu stellen?*
3. *Wie kann unzureichender Putzgrund verbessert werden?*
4. *Welche Aufgaben hat der Außenputz zu übernehmen?*
5. *Weshalb sollte der Außenputz zweilagig aufgebracht werden?*
6. *Weshalb empfiehlt es sich grundsätzlich, den Putzmörtel anzuwerfen bzw. anzuspritzen?*
7. *Wie sollten sich die Festigkeiten der einzelnen Putzlagen zueinander verhalten?*
8. *Welche Aufgaben hat der Innenputz zu übernehmen?*
9. *Welche mittlere Dicke ist anzustreben*
   a) beim Außenputz, b) beim Innenputz?
10. *a) Welche Aufgaben hat ein schwimmender Estrich?*
    b) Erklären Sie den Aufbau eines schwimmenden Estrichs.

10 Grundlagen der Schaltechnik

10.1 Aufgaben einer Schalung

Die Schalung besteht aus der **Schalhaut**, der **Unterkonstruktion** und der **Unterstützung** (Unterbau). Jedes Element hat bestimmte Aufgaben zu übernehmen, an jedes Element werden bestimmte Anforderungen gestellt.

Die **Schalhaut** gibt dem Frischbeton die beabsichtigte Form und bestimmt die Oberflächenbeschaffenheit des Festbetons. Die Schalung muss deshalb formbeständig und maßgenau hergestellt werden; die Schalungshaut muss so dicht sein, dass der Feinmörtel des Frischbetons beim Einbringen und Verdichten nicht durch die Schalhautfugen dringen kann.

Die **Unterkonstruktion** ist der eigentliche **Schalhautträger**; gleichzeitig steift er die Schalhaut auch aus, sichert sie gegen unzulässig hohe Verformungen, nimmt die anfallenden Kräfte auf und leitet sie in die Unterstützung (z. B. bei Deckenschalungen) bzw. Verspannung (z. B. bei Wandschalungen) weiter.

Die **Unterstützung** gewährleistet die Unverschiebbarkeit der Schalhaut und der Unterkonstruktion. Sie leitet alle anfallenden Kräfte von der Unterkonstruktion weiter zum tragfähigen Untergrund (Baugrund oder Bauwerkteile).

Element	Bauart/Aufgabe
Schalhaut	mehrschichtige Furnierplatte
Unterkonstruktion	umlaufender Stahlrahmen mit waagerechten Formrippen
Unterstützung	Steifen oder Streben zum Ausrichten und Sichern
Betoniergerüst	Laufgerüstkonsolen mit Seitenschutz

Elemente der Wandschalung

Versuch: Zwei unterschiedlich hohe Rundgefäße mit einzelnen Öffnungen über die ganze Höhe werden mit Wasser gefüllt.

Beobachtung: Das Wasser spritzt aus dem hohen Rundgefäß am weitesten heraus, wobei der Wasserstrahl der untersten Öffnung am weitesten reicht.

Ergebnis: Der seitliche Wasserdruck – auch hydrostatischer Druck genannt – nimmt von oben nach unten zu.

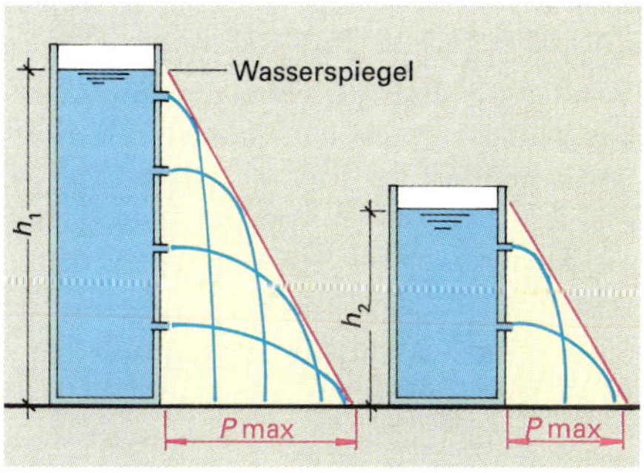

Wasserdruck nimmt nach unten zu

Auch der seitliche Schalungsdruck, den der Frischbeton ausübt, nimmt von der Betonoberkante zur Tiefe hin stetig zu. Der maximale Schalungsdruck (P_{max}) hängt von der Rohdichte des Frischbetons, der Betoniergeschwindigkeit (= Steiggeschwindigkeit des Frischbetons in m/h) und der Verdichtungsart ab.

Außer den Druckkräften, die durch den Frischbeton verursacht werden, muss die gesamte Schalungskonstruktion auch Erschütterungen und Lasten aufnehmen, die beim Betonieren entstehen. Erschütterungen können durch Rüttelschwingungen, plötzliche Veränderungen der Schüttgeschwindigkeit sowie durch ruckartige Bewegungen der Fördergeräte und durch die Arbeiter hervorgerufen werden.

Schalungen sind zeitweise auch **Windkräften** ausgesetzt. Als Windangriffsfläche gilt bei eng gestellten Stützen die Ansichtsfläche des Gerüstes.

Unterkonstruktion und Unterstützung müssen daher so tragfähig und standsicher ausgeführt werden, dass sie diese anfallenden Kräfte aufnehmen und sicher ableiten können.

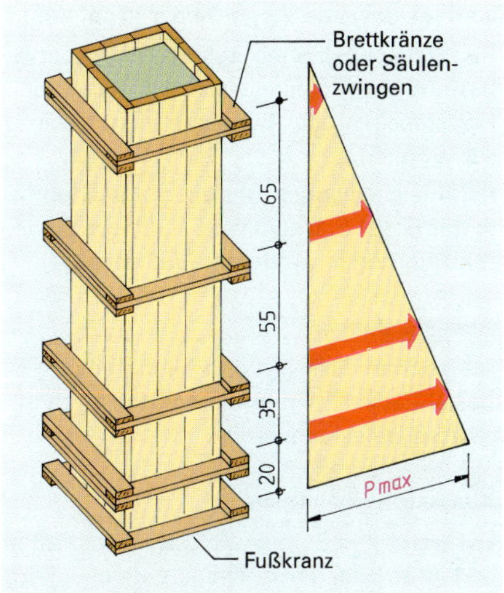

Betondruck nimmt nach unten zu: Säulenzwingen unten enger angeordnet

Die Schalhaut formt den Beton und bestimmt seine Oberfläche. Die Unterkonstruktion und die Unterstützung müssen alle lotrechten und waagerechten Kräfte sicher aufnehmen, ableiten und die Unverformbarkeit der Schalung garantieren.

10.2 Schalungselemente

10.2.1 Schalhaut

Die Betonoberfläche ist ein genaues Abbild der Schalhaut. Es werden hierfür Holz, Stahl und Kunststoff eingesetzt.

Holzschalungen

Holz lässt sich leicht und gut verarbeiten, es ist tragfähig und elastisch, kann mit einfachen Verbindungsmitteln montiert werden.

Brettschalungen werden aus losen Brettern stumpf oder in Form einer Spundung zusammengesetzt. Die Bretter können sägerau oder gehobelt sein. Werden Brettschalungen vor dem Betonieren gründlich vorgenässt, ist es vorteilhaft, wenn die rechte Brettseite (Kernseite) dem Beton zugewandt ist; wenn nämlich das Holz durch Einwirkung von Wasser aufquillt, so schließen sich die Fugen der Schalhaut auf der Betonseite.

Schalungsplatten sind vollflächige Schalungselemente mit Abmessungen von 100/50 cm bis 600/100 cm. Aufgrund ihres Aufbaues arbeiten sie weniger als Brettschalungen. Bei Schalungsplatten werden die Oberflächen mit Kunstharz vergütet. Dadurch werden Ausschalen und Reinigen erleichtert und eine längere Lebensdauer erzielt. Außerdem werden betontechnische Vorteile, wie glatte Betonfläche und dichtes Oberflächengefüge des Betons, erreicht.

Unterschieden werden Schalungsplatten aus Furniersperrholz (DIN 68792) und solche aus Stab- oder Stäbchensperrholz (DIN 68791). Gelegentlich kommen auch Spanplatten zum Einsatz.

Schalungsplatten aus Furniersperrholz (Kurzzeichen SFU) bestehen aus mindestens drei Furnierlagen, die kreuzweise miteinander koch- und wetterfest verleimt sind. Ihre Dicke misst mindestens 4 mm. Aus ihnen werden vorwiegend Vorsatzschalungen hergestellt, d.h., die Platten werden auf einer Sparschalung (auf Lücken liegende Bretter) befestigt.

So genannte **Multiplex-Schalungsplatten** bestehen aus 7 bis 15 kreuzweise verleimten Furnieren. Solche Platten mit über 22 mm Dicke werden selbsttragend eingesetzt.

Schalungsplatten aus Stabsperrholz (Kurzzeichen SST) sind dreischichtige Platten, bestehend aus einer Mittellage und beidseitig aufgeleimten Furnieren. Für die Mittellage werden Holzstäbe verwendet, die in der Regel 24 bis 30 cm breit sind.

Bei **Schalungsplatten aus Stäbchensperrholz** (Kurzzeichen SSTAE) besteht die Mittellage aus senkrecht zur Plattenebene stehenden Holzstäbchen oder Furnierstreifen, die in der Regel bis 8 mm dick sein können.

Rahmenschalungen bestehen aus Großflächen-Schalungsplatten – in der Regel Stabsperrholz –, die auf Stahl- oder Aluminiumrahmen mit Querriegeln aufgeschraubt werden.

Stahlschalungen

Sie können vielseitig und häufig eingesetzt werden. Die Schalhaut besteht aus 1...4 mm dicken Stahlblechen, die auf Holz- oder Stahlrahmen befestigt werden.

Kunststoffschalungen

Es werden z.B. aus Polystyrol-Hartschaum **Strukturschalungen**, sog. **Matrizen**, hergestellt, die dann auf Trägerschalungen genagelt oder geklebt werden und der Betonoberfläche eine besondere Struktur verleihen.

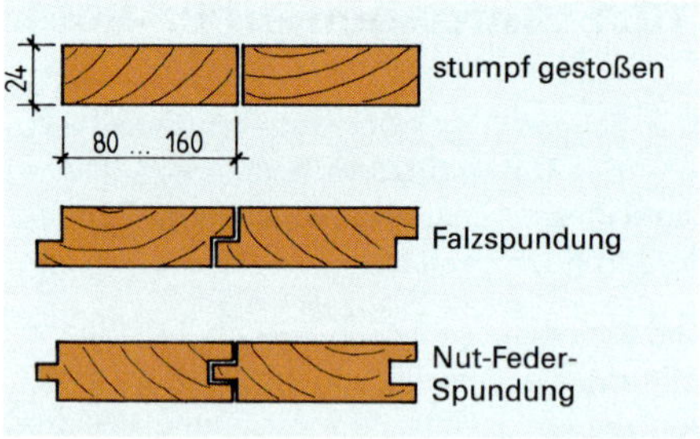

Brettschalungen

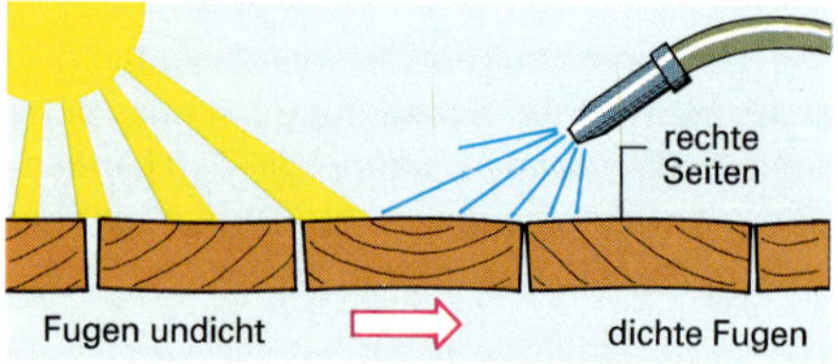

Trockene und feuchte Schalhaut

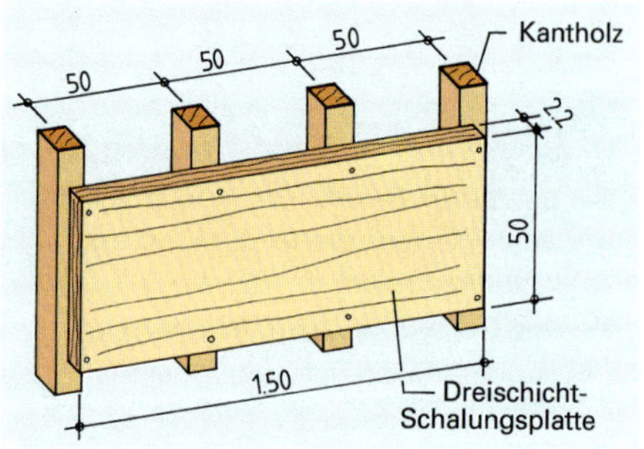

Schalhaut mit Unterkonstruktion (Wand)

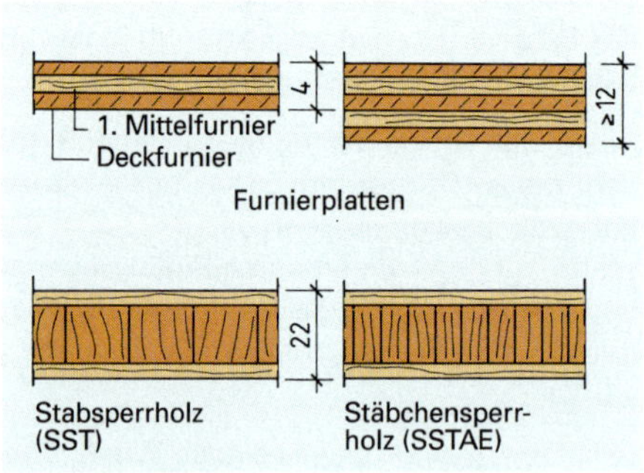

Schalungsplatten

Die Einsatzhäufigkeit von Holzschalungen ist begrenzt; sie hängt von der Holzart, der Oberflächenvergütung und der Behandlung ab. Stahlschalungen sind nur bei häufigem Einsatz wirtschaftlich. Kunststoffschalungen eignen sich zur Herstellung von Sichtbeton mit Oberflächenprofil.

10.2.2 Unterkonstruktion

Für die Unterkonstruktion können Kanthölzer und Schalungsträger eingesetzt werden.

Kanthölzer verwendet man für fast alle Schalungskonstruktionen. Ihre Tragfähigkeit hängt vom Querschnitt ab, wobei Hölzer in Hochkantstellung mehr tragen.

Schalungsträger benutzt man vorwiegend für Wand- und Deckenschalungen. Sie werden aus Holz gefertigt und als **Fachwerk-** und **Vollwandträger** ausgeführt. Zum Teil lassen sich einzelne Schalungsträger zu größeren Spannweiten zusammensetzen. Schalungsträger aus Holz sind handlich, nagelbar, sollten aber aus Gründen der Wirtschaftlichkeit nie abgeschnitten werden.

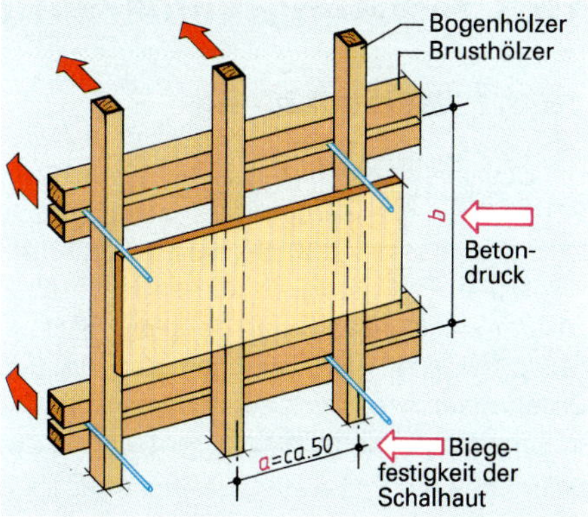

Unterkonstruktion für Wandschalung aus Kanthölzern

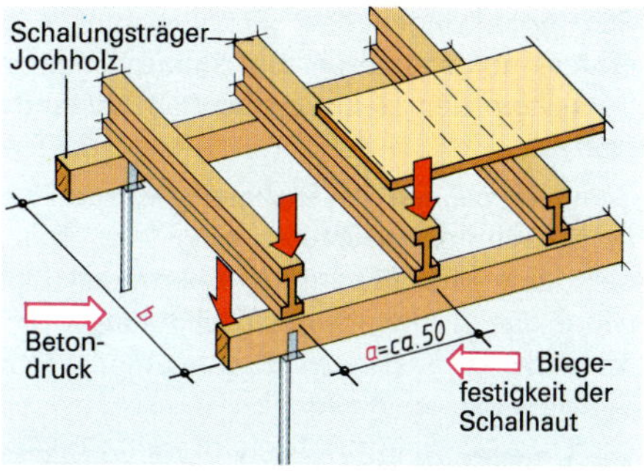

Unterkonstruktion für Deckenschalung aus Kanthölzern und Vollwand-Schalungsträgern

10.2.3 Unterstützung

Die Einzelbauteile der Unterstützung sind Stützen und Aussteifungen. Unterstützungen geringer Höhe, die aus vielen gleichartigen Stützen bestehen, z.B. Deckenschalungsstützen in Geschosshöhe, werden als **Abstützungen** bezeichnet. Unterstützungen großer Höhe, wie z.B. bei Brücken, heißen **Lehr-** und **Traggerüste**. Für Abstützungen werden Holz- und Stahlstützen verwendet.

Rundholz- und **Kantholzstützen** können einmal gestoßen werden. Wegen Knickgefahr darf der Stoß nicht ins mittlere Drittel der Stütze gelegt werden.

Stahlrohrstützen lassen sich mit ihrer Ausziehvorrichtung jeder gewünschten Länge anpassen. Für die Verbindung mit der Unterkonstruktion (Kanthölzer, Schalungsträger) können verschiedenartige Halteköpfe aufgesetzt werden.

Um eine ausreichende Lastübertragung auf den Untergrund zu gewährleisten, müssen Stützen eine sichere, unverrückbare Unterlage aus Kanthölzern oder Bohlen erhalten. Ein Abstützen auf lose Ziegel, Fässer, Eimer, Kisten ist gefährlich und deshalb verboten. Die Stützen sind auf Doppelkeile zu stellen. Sie gewährleisten nicht nur die sichere Lastübertragung, sondern später auch ein erschütterungsfreies Ausschalen. Mit Keilen lassen sich Holzstützen in ihre endgültige Höhenlage bringen.

Abstützungen müssen in Längs- und Querrichtung zur Aufnahme waagerechter Kräfte **ausgesteift** werden. Als waagerechte Kräfte sind außer der Windlast auch Schub aus Schrägstützen und Auflagekräfte von Hebezeugen zu beachten.

Jedes Stützenfeld kann als Viereckrahmen angesehen werden. Durch **Verschwertung** der Ecken entstehen unverschiebliche Dreiecke, die die Standsicherheit der Schalung gewährleisten und die anfallenden waagerechten Kräfte sicher aufnehmen und in den Untergrund ableiten. Die Verschwertungen sollen nahe am Kopf bzw. am Fuß der Stützen befestigt sein, damit sie möglichst wenig auf Biegung und Knickung beansprucht werden. Die Verbindung muss zug- und druckfest ausgeführt sein.

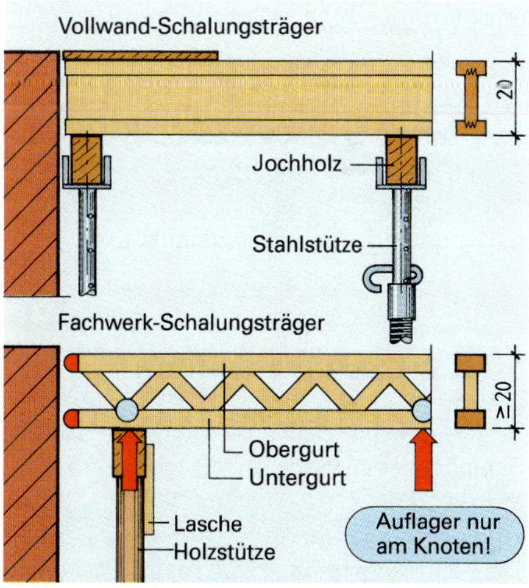

Stützen- und Schalungsträger

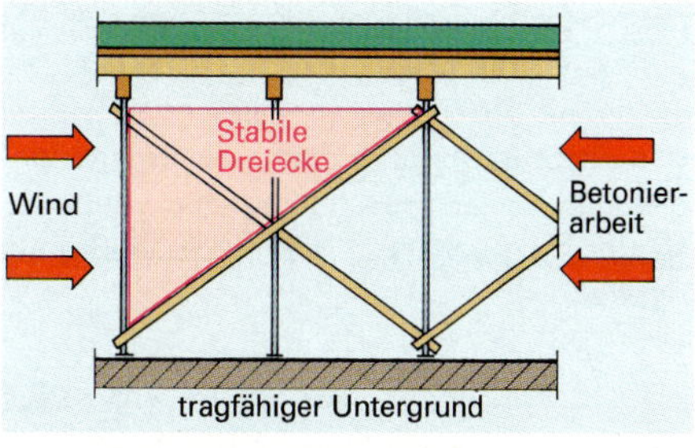

Aussteifung durch Verschwertung

Die Einzelteile der Unterkonstruktion sind Kanthölzer und Schalungsträger. Abstützungen müssen zur Aufnahme waagerechter Kräfte in Längs- und Querrichtung durch Dreieckverbände ausgesteift werden.

10.3 Schalungskonstruktionen

10.3.1 Sturzschalung

Die Schalhaut besteht aus zwei Seitenplatten und einer Bodenplatte. Sie werden meist aus sägerauen Brettern, 24 mm dick und 8...10 cm breit, ausgeführt. Die Bretter werden stumpf gestoßen und durch Laschen zu Platten zusammengenagelt. Die Bodenplatte ist so breit wie der Sturz, sie liegt also zwischen den Seitenplatten. Die Brettlaschen müssen beiderseits als Auflager für die Seitenplatten, mindestens 24 mm, überstehen.

Drängbretter sichern die Seitenplatten im unteren Bereich gegen Ausweichen. Im oberen Bereich, etwa in $^2/_3$ der Schalungshöhe, wird der auftretende Betondruck durch waagerecht verlaufende Gurthölzer mit Schalungszwingen oder Schalungsanker und Keilverschluss aufgenommen. Holzspreizen oder Abstandhalter sichern den gleich bleibenden Abstand der Seitenplatten.

Zum Verspannen der Schalung werden heute zunehmend **Schraubverschlüsse** eingesetzt. Die Kräfte werden durch eine Flügelmutter übertragen, die auf ein Gewinde des Ankerstabes aufgeschraubt wird. Solche Verschlüsse lassen sich leicht montieren und sind für hohe Schalungsdrücke geeignet.

Die Unterstützung erfolgt bei breiten Stahlbetonbalken durch Stützenpaare unter längs laufenden Kanthölzern (Joche) und quer liegenden Kopfhölzern. Die Stützen werden in Abständen von höchstens 1,00 m eingebaut. Zur Längsaussteifung können die Stützen eine diagonal verlaufende Verschwertung erhalten.

Die Schalhaut der Sturzschalung besteht aus Bodenplatte und zwei Seitenplatten. Alle anfallenden Kräfte werden über Kopfhölzer und Stützen in den Untergrund oder in die Decke geleitet.

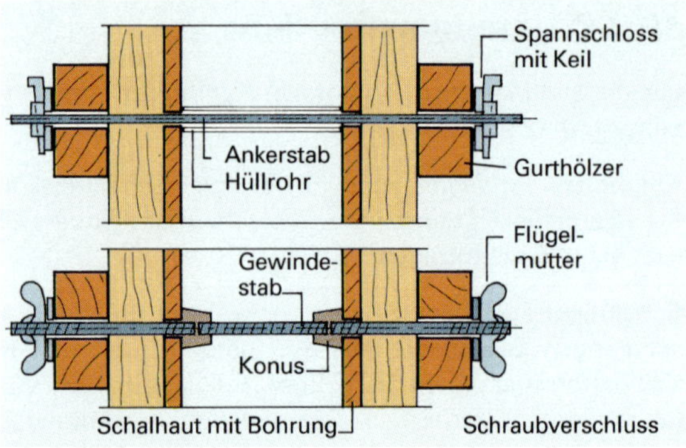

Verspannen der Schalung

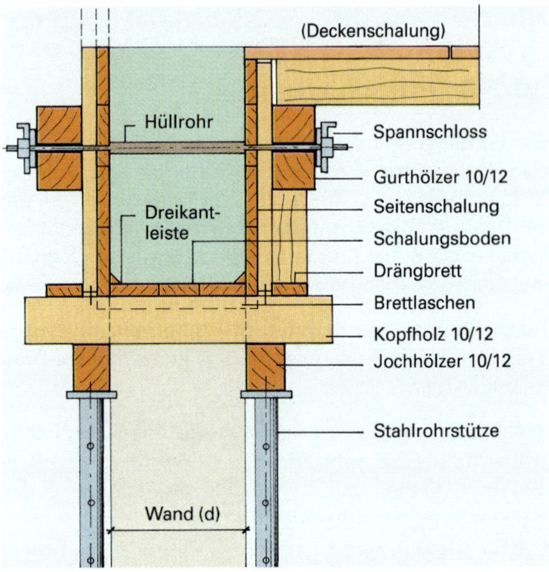

Sturzschalung mit doppelter Unterstützung

10.3.2 Deckenschalung

Heute übliche Deckenschalungen bestehen aus der Schalhaut, den Schalungsträgern und den Schalungsstützen. Für die Schalhaut werden Schalungsplatten eingesetzt. Passstücke stellt man aus Schalbrettern her. Die Schalungsträger sind meist Fachwerk- oder Vollwandträger aus Holz. Sie werden an beiden Seiten auf Gurt- oder Rahmenhölzer aufgelegt. Stahlrohrstützen nehmen die anfallenden Kräfte auf und übertragen sie auf den Untergrund. Der Stützenabstand sollte nicht größer als 1,20 m sein. In Längs- und Querrichtung werden die Stützen durch diagonal verlaufende Bretter ausgesteift. Die Randschalung am Auflager wird von Kanthölzern gehalten, die mit Spanndrähten verspannt werden.

Deckenschalungen bestehen aus großflächigen Schaltafeln, Schalungsträgern und Stahlrohrstützen.

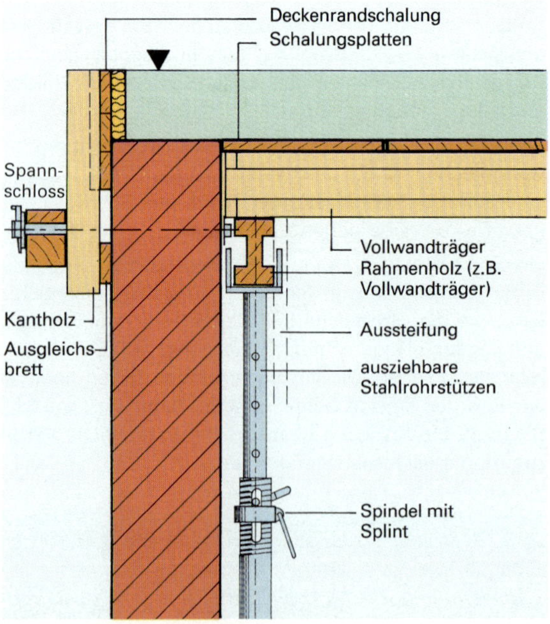

Deckenschalung mit Vollwandträgern

10.3.3 Wandschalung

Bei herkömmlichen Wandschalungen besteht die Schalhaut aus einzelnen Brettern oder Schalungsplatten. Sie wird gegen senkrecht stehende Bogenhölzer genagelt. Ihr Abstand misst 40...60 cm. Rechtwinklig zu den Bogenhölzern verlaufen die Gurthölzer, deren Abstand wegen des großen Betondrucks unten kleiner ist als oben. Durch Spannstähle in Verbindung mit Abstandhaltern oder durch Schalungsanker wird der gleich bleibende Abstand der Schalungswände gesichert. Am Boden geschieht das durch Anbringen von Drängbrettern oder Kanthölzern. Die Standfestigkeit der Wandschalung wird durch einseitige Abstützung mit zug- und druckfesten, in der Länge verstellbaren Richtstützen aus Stahl erreicht. Bei geringen Wandhöhen, wie sie beispielsweise bei **Fundamenten** vorkommen, genügt eine beidseitige Verschwertung. Abstützung oder Verschwertung muss an jedem vierten Bogenholz angebracht werden.

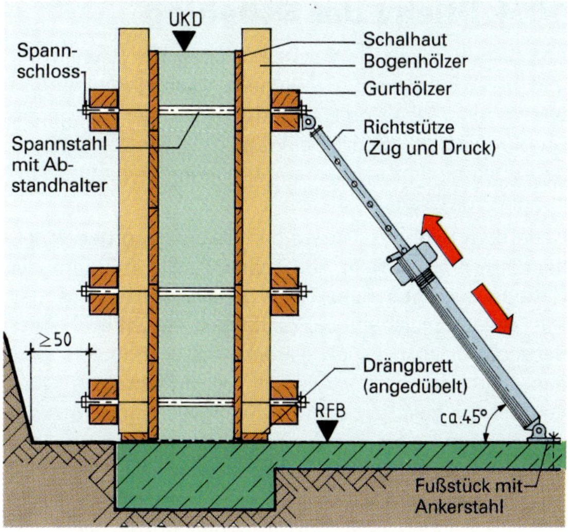

Wandschalung (Untergeschosswand)

Herkömmliche Wandschalungen bestehen aus Schalbrettern oder Schalungsplatten, senkrecht stehenden Bogenhölzern und waagerecht verlaufenden Gurthölzern.

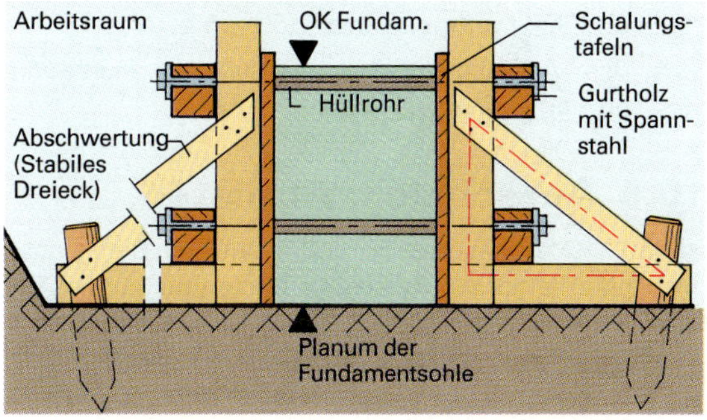

Fundamentschalung bei nicht standfestem Baugrund

10.3.4 Stützenschalung

Holzschalungen für Stützen werden häufig aus selbst gefertigten Schildern aufgebaut. Die Breite der inneren Schilder entspricht dem Stützenmaß, die der äußeren Schilder muss um das Maß der doppelten Schalhautdicke vergrößert werden. Die Schilder werden durch **Säulenzwingen** zusammengehalten; sie können auf oder unmittelbar über den Laschen sitzen. Auf richtigen Laschen- und Zwingenabstand ist zu achten; er ist im unteren Drittel der Stütze enger zu wählen, weil der vom Frischbeton verursachte Schalungsdruck hier am größten ist.

Bevor die Stützenschalung auf die Decke bzw. das Fundament gestellt wird, muss ihre Lage genau **eingemessen** und durch einen **Fußkranz** aus Laschen fest markiert werden. Der Fußkranz darf durch den Betondruck nicht belastet werden. Beim Einmessen des Fußkranzes ist die Dicke der Schalhaut zu berücksichtigen. Ist die Schalung aufgerichtet, muss sie mit Lot oder Wasserwaage **senkrecht** gestellt und in ihrer Lage gesichert werden. Dies geschieht mit **Schrägstützen** (Richtstützen), die fest auf der Betondecke bzw. auf dem Boden verankert sein müssen.

Bei Stützenschalungen aus Holz wird der Betondruck durch Säulenzwingen aufgenommen. Die Stützenschalung wird mit Spannketten und/oder Schrägstützen in ihrer Lage gesichert.

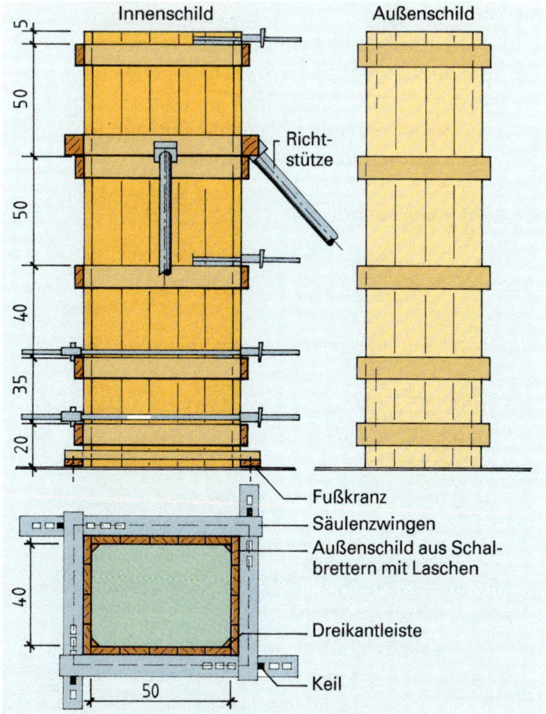

Stützenschalung aus Holz

10.4 Pflege der Schalung

Alle Schalflächen sind vor dem Einbau der Bewehrung und dem Betonieren zu säubern. Dies geschieht am besten mit Wasser oder Druckluft. An tiefer gelegenen Schalungsteilen, wie sie bei Wand- und Stützenschalungen vorkommen, werden zur besseren Reinigung Öffnungen vorgesehen.

Nach dem Säubern werden die Oberflächen der Schalhaut mit **Trennmitteln** vorbehandelt. Sie mindern die Haftung zwischen Beton und Schalhaut, so dass das Ausschalen erleichtert, die Haltbarkeit erhöht und glatte Betonoberflächen erzielt werden. Als Trennmittel werden säurefreie Fette verwendet, die entweder in Form von Schalöl gesprüht oder als Schalwachs mit Putzwolle, Schwamm oder Pinsel aufgerieben werden. Sie verschließen die Holzporen, so dass kein Zementleim eindringen kann und eine Verzahnung von Schalung und Beton verhindert wird. Bewehrungen dürfen nicht mit Schalungsmitteln verunreinigt werden, weil sonst die unerlässliche Verbundwirkung und Haftung zwischen Beton und Stahl verloren gehen.

Nach dem Ausschalen ist eine schonende Reinigung der Schalelemente unerlässlich.

10.5 Ausschalen, Abrüsten

Es darf erst ausgeschalt werden, wenn der Beton ausreichend erhärtet ist. Als **Ausschalfristen** gelten die Anhaltswerte nach DIN 1045. So kann beispielsweise die Schalung für Decken bei Verwendung eines Zements der Festigkeitsklasse 32,5 nach 8 Tagen und bei Verwendung eines Zements der Festigkeitsklassen 32,5 R oder 42,5 bereits nach 5 Tagen entfernt werden.

Um Durchbiegungen von ausgeschalten Bauteilen zu verhindern, müssen **Hilfsstützen**, sog. Notstützen, beim oder unmittelbar nach dem Ausschalen stehen bleiben. Die Schalung muss ohne Stoß und Erschütterungen entfernt werden können. Die Unterstützung darf niemals ruckweise weggeschlagen werden.

Zusammenfassung

Die Schalung setzt sich aus der Schalhaut, der Unterkonstruktion und der Unterstützung (Unterbau) zusammen.

Die Schalhaut gibt dem Beton die gewünschte Form und Oberflächenbeschaffenheit.

Die Unterkonstruktion steift die Schalhaut aus, übernimmt alle anfallenden Kräfte und leitet sie zum Unterbau weiter.

Der Unterbau sichert die Lage der Schalung und leitet die Kräfte zum tragfähigen Untergrund weiter. Schalungen müssen so konstruiert sein, dass sie leicht, gefahrlos, ohne Stöße und Erschütterungen wieder entfernt werden können.

Richtiges Vorbehandeln und Nachbehandeln der Schalung erhöhen ihre Einsatzhäufigkeit und sind für eine dichte und glatte Betonfläche unerlässlich.

Aufsprühen eines Trennmittels

Hilfsstützen

Aufgaben:

1. *Nennen Sie die Aufgaben der Schalung.*
2. *Welche Anforderungen werden an die Schalhaut gestellt?*
3. *Warum müssen die Stützen einer Deckenschalung nach beiden Richtungen ausgesteift werden?*
4. *Welche Vorzüge weisen kunstharzvergütete Schalungsplatten gegenüber Brettschalungen auf?*
5. *Unter welchen Umständen müssen die in DIN 1045 angegebenen Ausschalfristen verlängert werden?*
6. *Welche Vorschriften müssen bei gestoßenen Schalungsstützen beachtet werden?*
7. *Warum müssen Schalungsstützen auf Keile gestellt werden?*
8. *Warum bleiben bei und nach dem Ausschalen Notstützen stehen?*
9. *Aus welchen Gründen wird die Schalhaut mit Trennmitteln vorbehandelt?*
10. *Skizzieren Sie im M. 1:10 den Querschnitt einer Balkenschalung, wenn der Stahlbetonbalken die Abmessungen 30 × 45 cm hat.*

11 Grundlagen des Stahlbetons

11.1 Betonstähle

11.1.1 Betonstahlgüte

Die Gruppe der Betonstähle (Abkürzung BSt) gehört zu den Profilerzeugnissen des Stahles. Für ihre Verwendung im Stahlbetonbau ist die **Zugfestigkeit** ausschlaggebend. Die Festigkeitseigenschaften der Betonstähle werden durch Zugversuche ermittelt, die entsprechenden Kenngrößen in **Diagrammen** aufgezeichnet.

Betonstähle werden durch Zugkräfte gestreckt. Bei geringer Belastung verhält sich der Betonstahl **elastisch**, vergleichbar einer Feder, die sich bei Belastung dehnt und nach Entlastung ihre ursprüngliche Länge wieder einnimmt. Die Höchstspannung, bis zu der ein Betonstahl elastisch bleibt, wird als **Streckgrenze** bezeichnet. Wird Betonstahl über die Streckgrenze hinaus belastet, so wird er bleibend **(plastisch)** verformt. Stahlbetonteile werden so bemessen, dass der Betonstahl nicht über die Streckgrenze hinaus beansprucht wird. Betonstahl wird deshalb nach seiner Mindestzugspannung an der Streckgrenze und nach seiner Mindestzugfestigkeit jeweils in N/mm^2 in zwei Festigkeitsgruppen eingeteilt: Betonstahl III und IV. Betonstahl III hat eine Mindeststreckgrenze von 420 N/mm^2 und eine Mindestzugfestigkeit von 500 N/mm^2. Betonstahl IV besitzt eine Mindeststreckgrenze von 500 N/mm^2 und eine Mindestzugfestigkeit von 550 N/mm^2. Die Betonstähle sind nach den in DIN 488 angegebenen Verfahren **zum Schweißen geeignet**.

Betonstahl III ist in DIN 488 erfasst, wird aber zur Zeit von den Herstellerfirmen nicht angeboten.

Betonstahl wird nach seiner Mindestzugspannung an der Streckgrenze und nach seiner Mindestzugfestigkeit gekennzeichnet.

Nach DIN 488 wird Betonstahl unterteilt in **Betonstabstahl** (Kennzeichnung **S**), **Betonstahlmatte** (Kennzeichnung **M**) und **Bewehrungsdraht**.

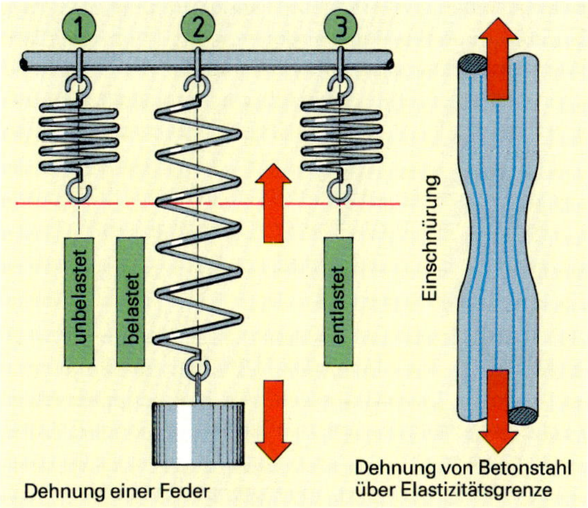

Elastische und bleibende Verformung

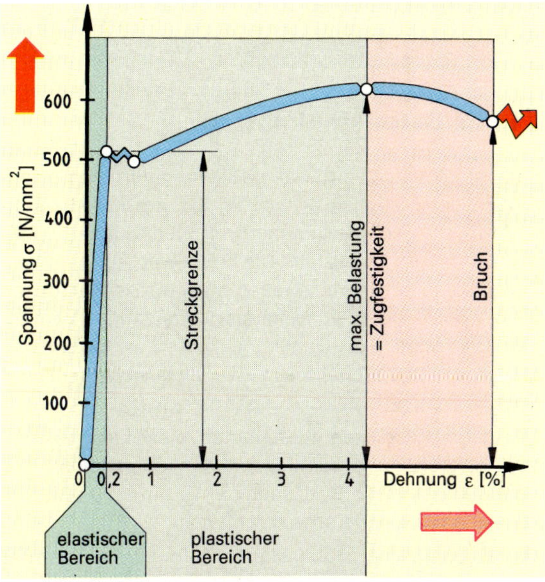

Spannung-Dehnung-Diagramm von Betonstahl IV S

11.1.2 Betonstabstahl

Betonstabstähle sind gerade Stäbe, die für die Einzelstabbewehrung geliefert werden. Für ihre Herstellung werden Stähle der Festigkeitsgruppen III und IV mit **gerippter** Oberfläche verwendet. Betonstabstähle werden wie folgt hergestellt:

- **warmgewalzt**, ohne Nachbehandlung; der Stahl besitzt seine Festigkeit aufgrund der chemischen Zusammensetzung;
- **warmgewalzt** und aus der Walzhitze **wärmebehandelt**;
- **kaltverformt** durch Verwinden oder Recken der warmgewalzten Ausgangserzeugnisse; der Stahl erhält aufgrund seiner Kaltverformung verbesserte Festigkeitseigenschaften.

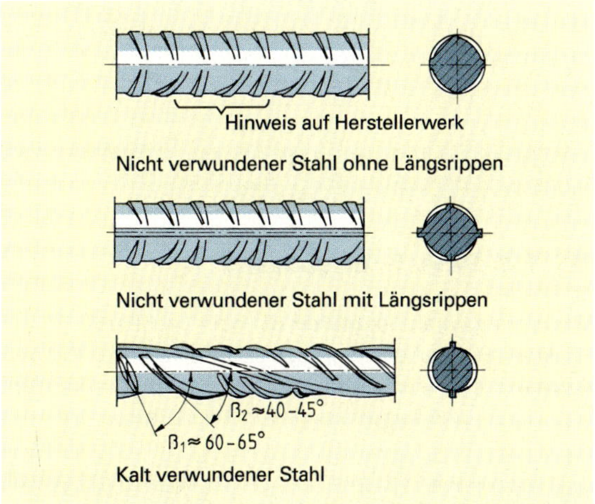

Betonstahl BSt 500 S

Betonstabstähle werden in Nenndurchmessern von 6...28 mm und in Regellängen von 12...15 m geliefert. Warmgewalzter, also nicht verwundener Betonstabstahl kann mit oder ohne Längsrippen hergestellt werden. Kalt verwundener Betonstabstahl muss Längsrippen aufweisen.

Die wichtigsten Eigenschaften sind in einem Kurznamen und/oder einem Kurzzeichen zusammengefasst.

Kurznamen: BSt 420 S und BSt 500 S

Kurzzeichen: III S und IV S

Beim Kurzzeichen gibt die Zahl die Mindeststreckgrenze in N/mm² an. Der Buchstabe „S" steht für Betonstabstahl. Da die Betonstabstähle nur mit gerippter Oberfläche hergestellt werden, entfällt eine besondere Oberflächenkennzeichnung. Betonstabstähle der Festigkeitsgruppe III werden in der Bundesrepublik nicht mehr hergestellt.

Betonstabstähle sind warmgewalzte und kaltverformte Stähle mit gerippter Oberfläche. Sie werden zur Zeit in der Betonstahlsorte BSt 500 S hergestellt.

Einbringen der Bewehrung

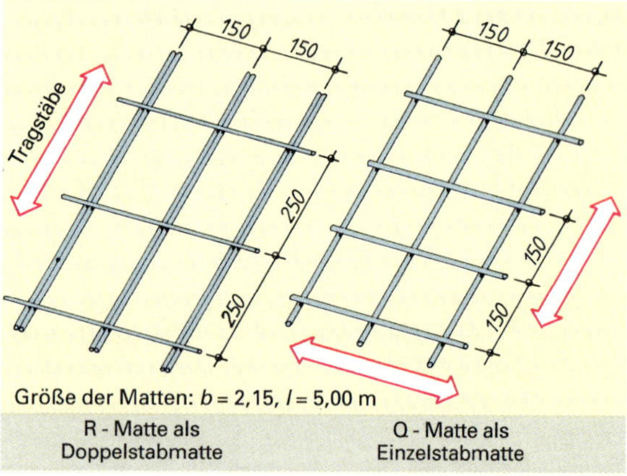

Beispiele für Lagermatten

11.1.3 Betonstahlmatten

Betonstahlmatten sind werkmäßig vorgefertigte Bewehrungen der Festigkeitsgruppe IV. Sie werden aus **kaltverformten**, **gerippten** Stäben mit Nenndurchmessern von 4...12 mm hergestellt. Die Stäbe werden als Längs- und Querstäbe durch Widerstandspunktschweißen an allen Kreuzungsstellen **scherfest** miteinander verbunden. Die Längs- bzw. Querstäbe sind entweder **Einfachstäbe** oder **Doppelstäbe** aus zwei dicht nebeneinander liegenden Stäben gleichen Durchmessers.

Die gebräuchlichsten Mattenarten sind **Lagermatten**. Die Kennzeichnung der Lagermatten erfolgt durch die Kennbuchstaben **Q**, **R**, **K** und **N** in Verbindung mit dem 100fachen Längsquerschnitt pro Meter.

Q – Quadratische Stababstände 150×150 mm (außer Q 513 mit 150×100 mm)

R – Rechteckige Stababstände 150×250 mm

K – Rechteckige Stababstände 100×250 mm

N – Für nichtstatische Zwecke; Stababstände 50×50 mm oder 75×75 mm

Kurzbezeichnung einer Lagermatte:
R – Matte mit rechteckigen Stababständen
443 – Stahlquerschnitt in Längsrichtung in mm²/m

Betonstahlmatten bestehen aus kaltverformten, gerippten Betonstählen der Sorte BSt 500 M.

11.1.4 Bewehrungsdraht

Bewehrungsdraht ist **glatter** (G) oder **profilierter** (P) Betonstahl der Festigkeitsgruppe IV. Er wird durch **Kaltverformung** hergestellt und als Draht in Ringen geliefert. Der Nenndurchmesser reicht von 4...12 mm.

Bewehrungsdraht wird in den Betonstahlsorten BSt 500 G und BSt 500 P hergestellt.

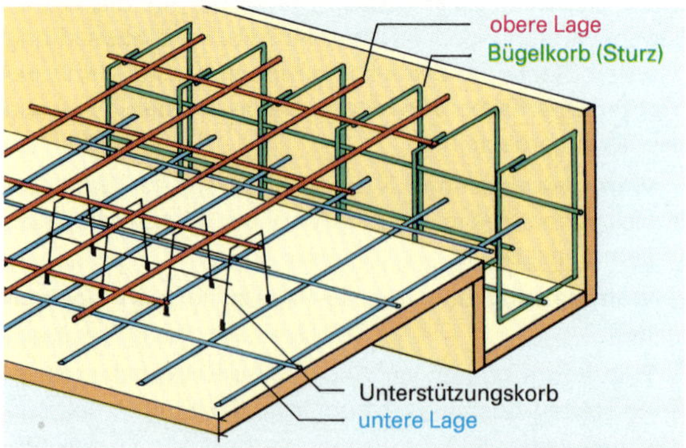

Anwendung von Betonstahlmatten (Decke mit Sturz)

11.2 Tragverhalten von Stahlbetonbalken

Versuch: Ein unbewehrter Betonbalken über zwei Auflagern (Stützweite ~60 cm) wird mittig belastet.

Beobachtung: Mit steigender Belastung entstehen an der Balkenunterseite Risse, die sich rasch bis zur Oberseite fortsetzen; der Balken bricht durch.

Ergebnis: Der Balken wird im oberen Bereich gedrückt, es entsteht Biegedruck; im unteren Bereich gezogen, es entsteht Biegezug.

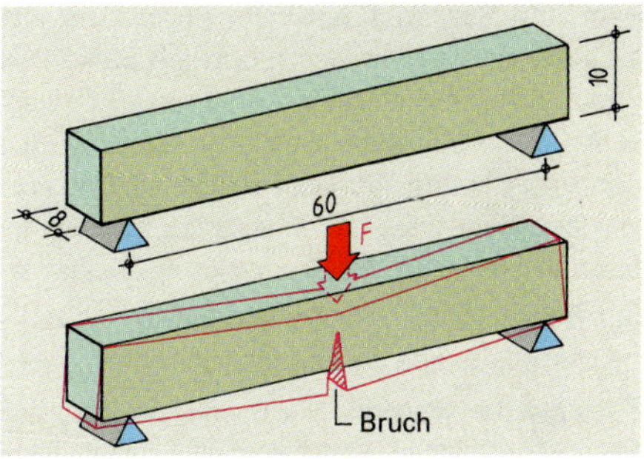

Unbewehrter Betonbalken über zwei Auflagern: Bruch unter der Last *F*

In der Zugzone, wo die Risse entstehen, wird der Balkenquerschnitt geschwächt, und bei zunehmender Belastung werden die Zugspannungen so groß, dass sie vom Beton nicht mehr aufgenommen werden können. Die im oberen Bereich des Balkens hervorgerufenen Druckspannungen werden dagegen vom Beton aufgenommen.

Versuch: Ein bewehrter Betonbalken über zwei Auflagern (Stützweite ~60 cm) wird mittig belastet. Die Bewehrung besteht aus zwei geraden Stäben; sie liegen im unteren Bereich des Balkens.

Beobachtung: Der Balken bricht nicht durch. Im Auflagerbereich entstehen schräg verlaufende Risse, die sich rasch über die ganze Balkenhöhe erstrecken. Am unteren Rand, besonders in Balkenmitte, sind feine, senkrecht verlaufende Risse zu erkennen.

Ergebnis: Die Stahleinlagen nehmen die im unteren Bereich des Balkens auftretenden Biegezugkräfte auf, die im oberen Bereich hervorgerufenen Druckspannungen nimmt der Beton auf. Dazwischen liegt die neutrale Faserschicht, die weder gedrückt noch gezogen, sondern nur gebogen wird. Die Beanspruchungen nehmen zur neutralen Faserschicht hin ab, sie sind dort null. Trotz der feinen Risse – sie werden wegen ihrer Feinheit auch **Haarrisse** genannt – kommt es nicht zum Bruch, weil die Stahleinlagen den Beton zusammenhalten.

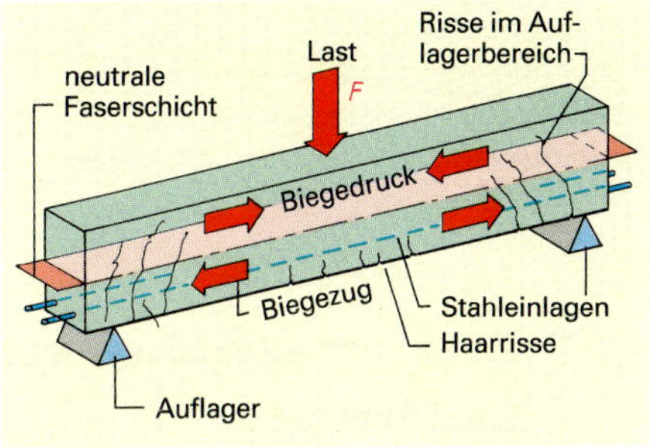

Stahlbetonbalken auf Biegung beansprucht: Stahleinlagen nehmen Zugkräfte auf

Da der Stahl die Biegekräfte aufnimmt, muss die Biegezugbewehrung stets in der Zugzone liegen. Würden die Stäbe in der neutralen Faserschicht liegen, so würde der Balken bei Belastung durchbrechen. Die Stahleinlagen werden hier nicht beansprucht, weil in der neutralen Faserschicht keine Zugspannungen auftreten.

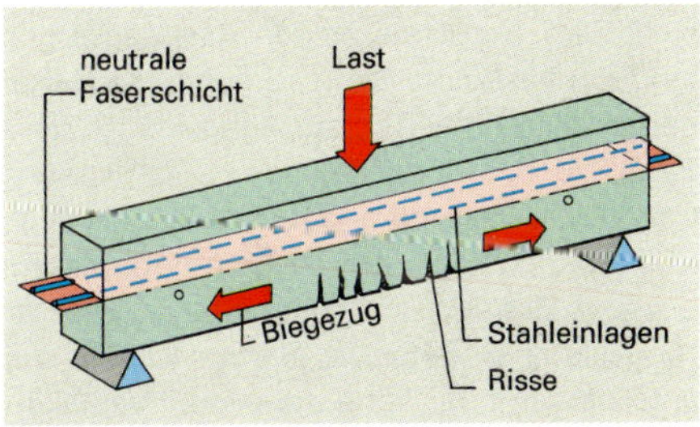

Stahleinlagen in der neutralen Faserschicht

Neben den Biegekräften wirken im Balken auch noch Längs- und Querschubkräfte. **Längsschubkräfte** sind eine Folge der Biegebeanspruchung; denn die Biegekräfte (äußere Belastung) rufen im Balken Verschiebungen hervor, wobei das Maß der Verschiebung von der Mitte (gleich null) zum Auflagerbereich hin zunimmt. **Querschubkräfte** – auch **Querkräfte** genannt, sie wirken quer zur Balkenachse – entstehen dadurch, dass Auflast und Auflagerkraft in entgegengesetzter Richtung wirken. Die Querkräfte wollen die Querschnittsflächen gegeneinander verschieben und können den Balken an den Auflagern – hier ist die Querkraft am größten – zum Abscheren bringen. Durch das Zusammenwirken der Längs- und Querschubkräfte entstehen im Beton, besonders im Auflagerbereich, schräg gerichtete Zugkräfte. Die durch sie hervorgerufenen Spannungen werden als **Schubspannungen** bezeichnet. Der Beton kann diese Schubspannungen infolge seiner geringen Schubfestigkeit nicht aufnehmen. Wenn eine entsprechende Stahlbewehrung fehlt, verursachen die Schubspannungen Risse im Auflagerbereich.

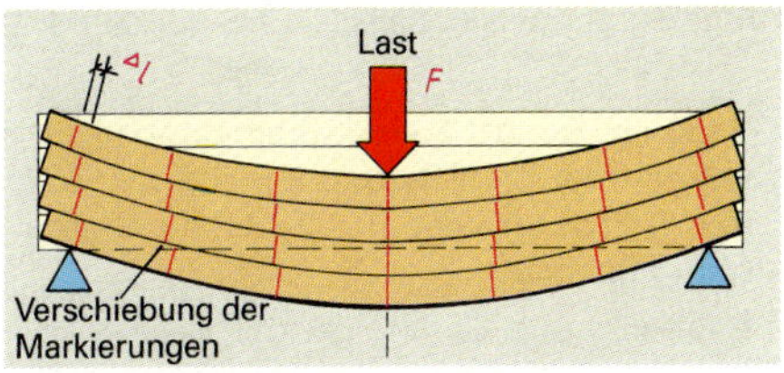

Längsschubspannungen sind im Auflagerbereich am größten

Zur Aufnahme der Schubspannungen müssen Stahlbetonbalken eine **Schubbewehrung** erhalten, deren größter Teil im Auflagerbereich zusammengefasst ist. Die Schubbewehrung besteht aus **Bü-**

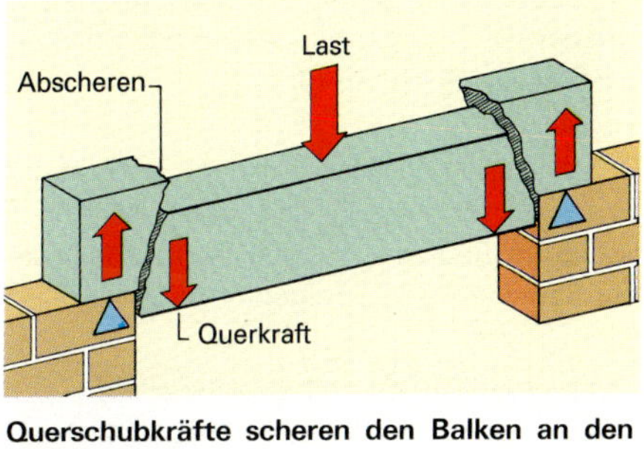

Querschubkräfte scheren den Balken an den Auflagern ab

geln und **Schrägstäben**. Die Bügel, die im Auflagerbereich enger angeordnet werden als im übrigen Balkenteil, umschließen die Zugbewehrung und werden im Beton der Druckzone des Balkens verankert. Die Schrägstäbe werden aus der Zugbewehrung im Allgemeinen unter einem Winkel von 45° zur Balkenlängsachse aufgebogen, so dass sie etwa senkrecht zur zu erwartenden Rissrichtung verlaufen und im Beton der Druckzone verankert werden können.

Zur Befestigung und Anordnung der Bügel werden in der Druckzone Montagestäbe eingebaut.

Einzelbügel werden heute fast ausschließlich durch gebogene Betonstahlmatten ersetzt (vgl. dazu Abbildung auf Seite 146 unten).

Beim belasteten Stahlbetonbalken treten Druck-, Zug- und Schubspannungen auf. Druckspannungen werden vom Beton, Zug- und Schubspannungen vom Stahl aufgenommen. Die Zugbewehrung muss stets in der Zugzone liegen. Zur Aufnahme der Schubspannungen in Stahlbetonbalken dienen Stahlbügel und Schrägstäbe.

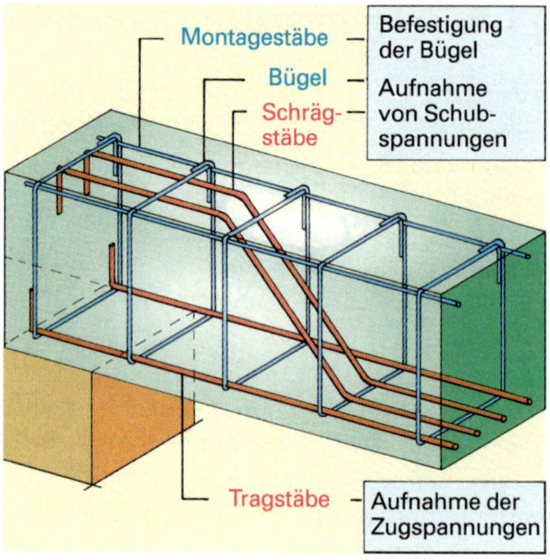

Bewehrung eines Stahlbetonbalkens

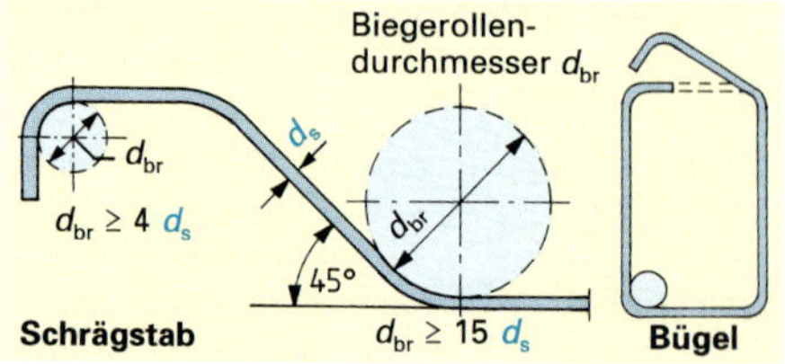

Schubbewehrung

11.3 Zusammenwirken von Stahl und Beton

11.3.1 Verbundwirkung

Stahlbeton ist ein **Verbundbaustoff**, der aus Stahl und Beton hergestellt wird. Zwischen beiden Ausgangsstoffen muss eine feste Verbindung bestehen. Sie wird durch die **Haftung** des Stahls im Beton hergestellt und beruht auf Adhäsion. Durch die Haftung kann so der Beton die in ihm auftretenden Zugspannungen auf den Stahl übertragen. Die Haftung hängt im Wesentlichen von der Gestaltung der Stahloberfläche ab. So besitzen gerippte und profilierte Stähle eine bessere Haftung als glatte Stähle. Die Verankerung der Bewehrungsstäbe im Beton ist für eine sichere Aufnahme der Kräfte ganz entscheidend. Sie kann durch eine Verankerung am Stabende erfolgen. Möglich sind gerade Stabenden, Haken, Winkelhaken und Schlaufen mit oder ohne angeschweißte Querstäbe. Die Verankerungslänge muss nach DIN 1045 genau berechnet werden.

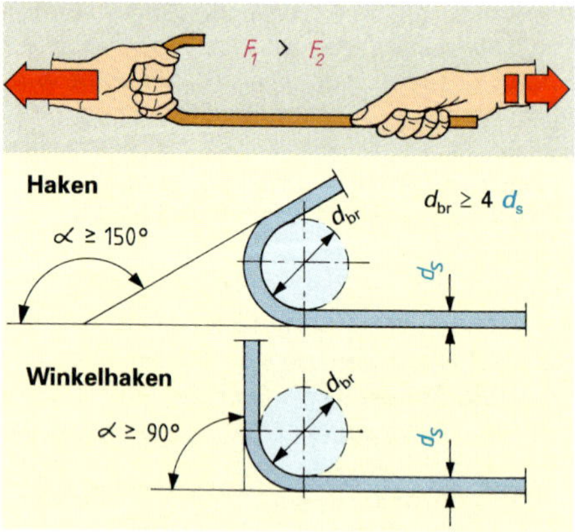

Verankerung der Stähle

Versuch: Es wird ein Stahlbetonbalken hergestellt. Die Stäbe werden vor dem Betonieren satt mit Schalöl eingerieben. Nach der Erhärtung wird der Stahlbetonbalken über zwei Auflagern mittig belastet.

Beobachtung: Bei steigender Belastung entstehen an der Balkenunterseite Risse. Betonteile platzen ab, die Stähle liegen frei; sie biegen sich durch.

Ergebnis: Der auf der Stahloberfläche haftende Schalölfilm verhindert den Verbund zwischen Stahl und Beton. Der Beton kann daher die Zugspannungen infolge unzureichender Haftung nicht auf den Stahl übertragen.

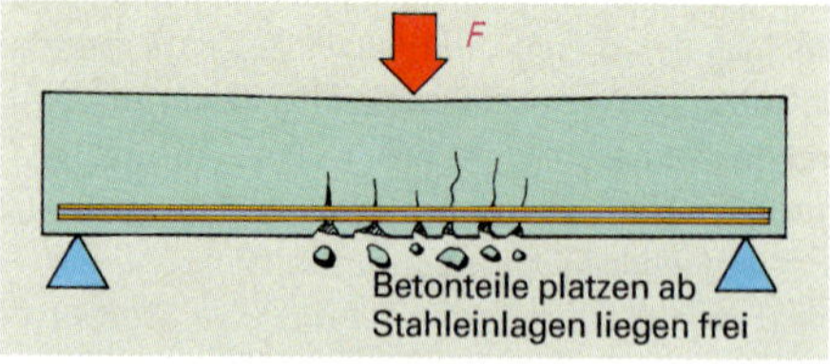

Unzureichende Haftung der Stähle

Der Verbund wird also nur dann erreicht, wenn die Stahloberfläche von Schmutz, Fett, Öl und losem Rost frei ist. Das Einsprühen der Schalungshaut mit Schalöl hat deshalb stets vor dem Einbringen der Bewehrung zu erfolgen.

Schmutz, Fett, Öl und loser Rost auf der Stahloberfläche verhindern eine ausreichende Haftung zwischen Stahl und Beton.

Aufgabe:

Wie groß ist der Mindestwert des Biegerollendurchmessers a) bei einem Haken mit Stabdurchmesser 18 mm, b) bei einem aufgebogenen Stahl mit 16 mm Durchmesser?

11.3.2 Betondeckung

Ein vorzeitiges Zerstören des Verbundes durch **Korrosion** der **Stähle** ist bei auftretenden Haarrissen in der Zugzone – man spricht hier von der gerissenen Zugzone – nicht zu befürchten, wenn die Rissbreite an der Bewehrung kleiner als 0,4 mm ist. Die im Beton eingebetteten Stähle werden bei ausreichender **Betondeckung** und genügendem Zementgehalt vor Rostbildung geschützt. Die vollständige Ummantelung der Stähle mit Zementleim ist ein wirksamer Schutz gegen Rost. Die alkalische Reaktion des Zementleims verhindert ein Weiterrosten des Bewehrungsstahls. Der Zement versetzt den Stahl in einen inaktiven Zustand, d.h., er verhält sich passiv gegenüber aggressiven Umwelteinflüssen.

Außerdem müssen die Bewehrungsstäbe zum Schutz gegen Brandeinwirkung ausreichend dick und dicht mit Beton ummantelt sein.

Für die Betondeckung der Stähle gibt es nach DIN 1045 **Mindestmaße**. Sie richten sich nach dem Durchmesser der Stahleinlagen, den Umwelteinflüssen, der Betonfestigkeitsklasse, der Fertigungsart (Ortbeton oder Fertigteile) und der Zuschlaggröße. Zur Sicherstellung der Mindestmaße sind der Ausführung die **Nennmaße** zugrunde zu legen. Die Nennmaße entsprechen den Verlegemaßen der Bewehrung. Sie setzen sich aus den Mindestmaßen und einem Vorhaltemaß zusammen, das in der Regel **1,0 cm** beträgt. Beispielsweise ist das Nennmaß der Betondeckung bei einem Unterzug in einem geschlossenen Raum, aus Beton B25 mit Stabstählen $d_s = 20$ mm hergestellt, mit 3 cm angegeben. Bei einem Unterzug gleicher Herstellung, der aber einem starken chemischen Angriff ausgesetzt ist, erhöht sich das Nennmaß auf 5 cm.

Auch bei parallel liegenden Stahleinlagen müssen wegen des Korrosionsschutzes durch genügende Betonumhüllung Mindestabstände eingehalten werden.

Durch ausreichend dicke und dichte Betondeckung werden die Stähle vor Korrosion geschützt.

Korrosion der Stahleinlagen

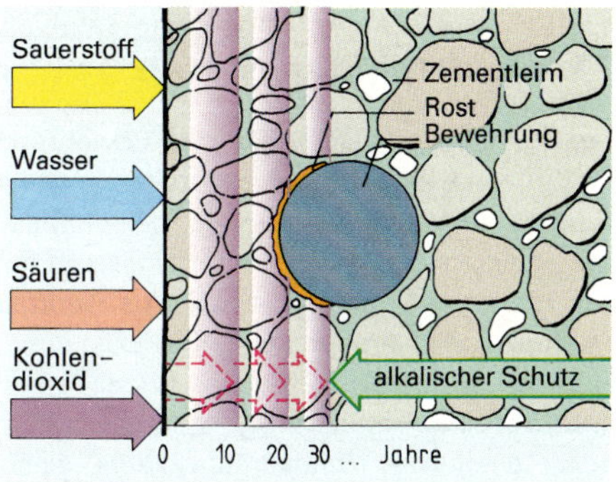

Mangelnder Schutz der Bewehrung bei ungenügender Betondeckung

Umwelt-bedingungen	Stab-durchmesser d_s (mm)	Beton-deckung Nennmaß (cm)
Bauteile in geschlossenen Räumen	bis 12	2,0
	14, 16	2,5
	20	3,0
	25	3,5
	28	4,0
Bauteile im Freien	bis 25	3,5
	28	4,0

Betondeckung bei B 25

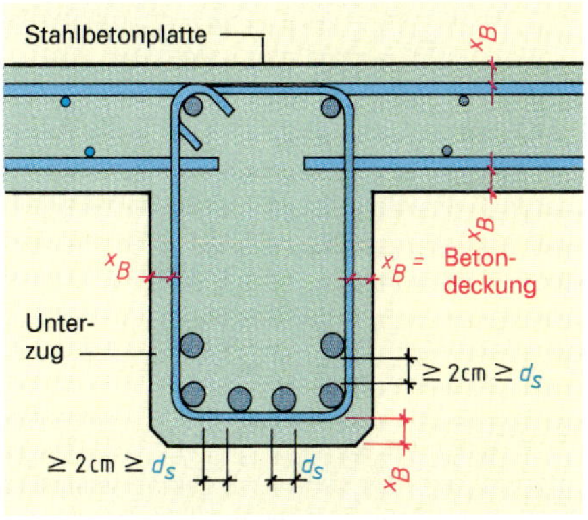

Betondeckung und Stababstände

11.3.3 Wärmeausdehnungskoeffizienten von Beton und Stahl

Der Verbund zwischen Beton und Stahl bleibt auch bei starken Temperaturschwankungen erhalten, weil die **Wärmeausdehnungskoeffizienten** (Temperaturdehnzahlen) beider Baustoffe annähernd gleich sind. Die Temperaturdehnzahl beträgt bei Stahl 0,012 mm/m K und bei Beton 0,010 mm/m K. Die Wärmeausdehnung bei Stahlbetonbauteilen soll an einem Beispiel veranschaulicht werden:

Eine Stahlbetonbrücke hat bei einer Temperatur von 20 °C eine Länge von 135 m. Bei dauernder Sonneneinstrahlung erwärmt sich die Brücke auf 45 °C. Es ergeben sich hierdurch folgende Längenzunahmen: bei Stahl 0,012 mm/m K · 135 m · 25 K=40,5 mm
bei Beton 0,010 mm/m K · 135 m · 25 K=33,8 mm

Diese geringe Abweichung in der Längsausdehnung beider Baustoffe führt nicht zur Zerstörung der Haftwirkung. Nach DIN 1045 darf für beide Baustoffe mit einer Temperaturdehnzahl von 0,01 mm/m · K gerechnet werden.

Die Verbundwirkung von Stahl und Beton bleibt auch bei Temperaturschwankungen erhalten.

11.4 Bewehrungsarbeiten

Die für die Durchführung der Bewehrungsarbeiten erforderlichen Angaben, wie Stahlsorte, Anzahl, Durchmesser, Schnittlänge, Biegelänge, Biegeform, Verlegeabstand und Lage der Bewehrungsstäbe, werden Bewehrungsplänen und Stahllisten entnommen.

Nach Bewehrungszeichnungen werden die Stähle zugeschnitten und gebogen. Dies geschieht heute fast ausschließlich auf besonderen Biegeplätzen, die mit den erforderlichen Schneide- und Biegemaschinen ausgestattet sind, so dass die Stähle fertig gebogen auf die Baustelle geliefert werden. Dort werden sie im Allgemeinen positionsweise gelagert.

11.4.1 Verbindungsarten

Die Stahleinlagen sind nach den Bewehrungszeichnungen zu verlegen und zu einem steifen, unverschieblichen Gerippe zu verbinden. Dies geschieht mit **Bindedraht**, der entsprechend den Stabdurchmessern in Dicken von 1,0; 1,2; 1,4 mm verwendet wird. Als Werkzeug dient die **Flechter-** oder **Armierzange**. Für das Verknüpfen von Tragstäben, Verteilerstäben und Bügeln gibt es verschiedene **Verbindungsarten**. Sie lassen sich jeweils mit ein- oder zweifacher Bindedrahtschlaufe ausführen. Die Drahtenden sind mit den Zangenschneiden straff anzuziehen, so dass eine feste Verbindung entsteht.

Neben dem Verknüpfen mit Bindedraht können auch Spannklammern in verschiedenen Größen eingesetzt werden.

11.4.2 Abstandhalter

Beim Verknüpfen und Verlegen der Bewehrung ist darauf zu achten, dass die Stäbe die richtige Lage erhalten. Es muss einmal die vorgeschriebene Betonüberdeckung eingehalten werden. Dies wird durch **Abstandhalter** aus Beton, Metall oder Kunststoff erreicht. Sie werden entweder zwischen die Schalung und die Bewehrung geschoben oder auf die Stäbe festgeklemmt. Die Entfernung der Abstandhalter liegt je nach Stabdurchmesser zwischen 50...100 cm. Zum anderen müssen die Stäbe so verlegt und ausgebunden werden, dass die in den Zeichnungen angegebenen Abstände untereinander eingehalten werden; deshalb müssen Tragstäbe, Verteilerstäbe und Bügel so fest miteinander verknüpft werden, dass sie sich beim Einbringen und Verdichten des Betons nicht verschieben können. Auch dürfen beim Betonieren die Stäbe nicht hochgezogen oder heruntergedrückt werden, weil sie sonst aus ihrer statisch erforderlichen Lage verrückt werden oder der erforderliche Korrosionsschutz nicht mehr gewährleistet ist.

> Die Stahleinlagen sind zu einem steifen Gerippe zu verbinden. Abstandhalter gewährleisten die vorgeschriebene Betondeckung.

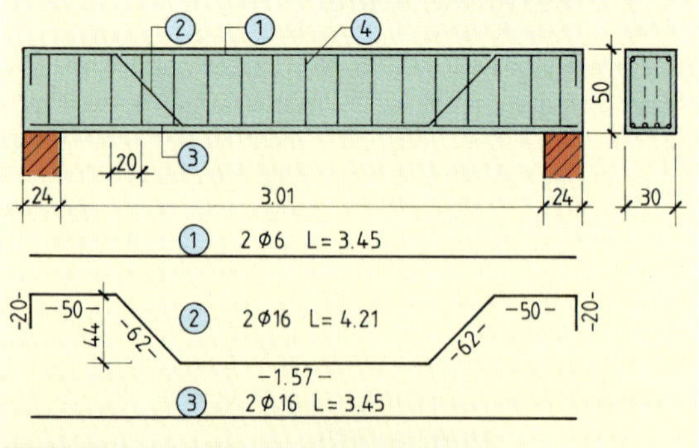

Stahlliste					
Pos.	Stück	Φ mm	Länge m	Gesamtlänge m Φ 6	Φ 16
1	2	6	3,45	6,90	
2	2	16	4,21		8,42
3	2	16	3,45		6,90
4	17	6	1,56	26,52	
Gesamtlänge m				33,42	15,32
Masse kg/m				0,222	1,58
Masse kg/Φ				7,42	24,21
Gesamtmasse kg				31,63	

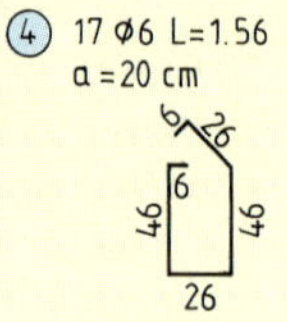

Bewehrungsplan mit Stahlauszug und Stahlliste

Verbindungsart	einfach	doppelt
Eckschlag Verbindung von Trag- und Verteilerstäben	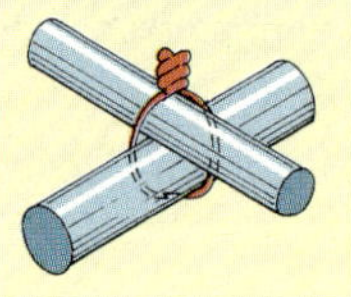	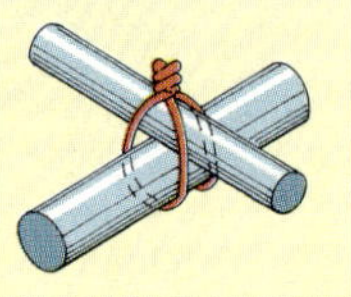
Kreuzschlag dicke Stäbe mit wenigen Verknüpfungspunkten	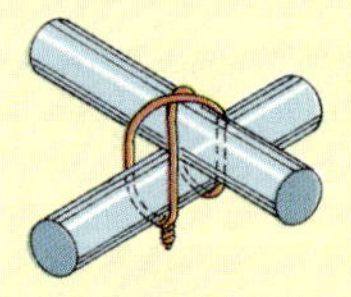	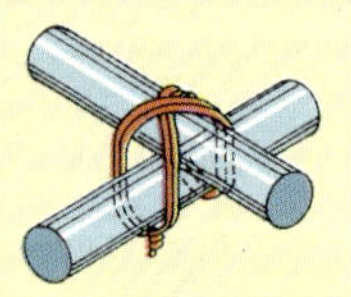
Nackenschlag Balken-, Stützenbewehrung an den Bügelecken	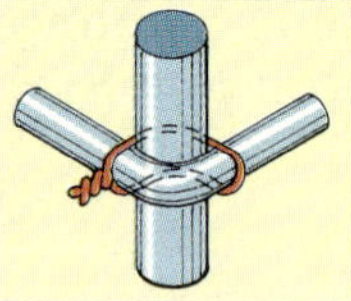	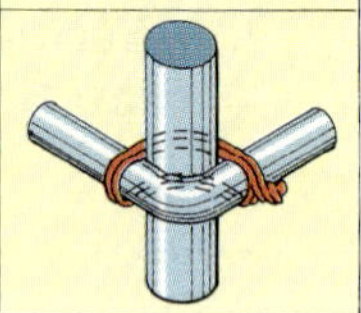

Verbindungsarten bei Betonstählen

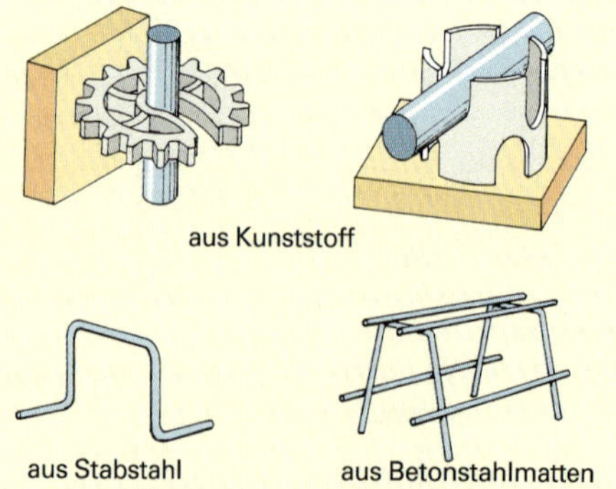

Abstandhalter

11.4.3 Lage der Bewehrung im Betonquerschnitt

Die Lage der Stähle ist auch bei solchen Stahlbetonbauteilen zu beachten, bei denen die Zugbewehrung **oben** liegt, weil dort die Zugspannungen auftreten. Das ist der Fall z.B. bei Kragträgern (Balkonplatten), Fundamentplatten und Platten oder Balken über mehreren Unterstützungen. Werden während des Betonierbetriebs die oben liegenden Stäbe heruntergedrückt, dann wird das nach der statischen Berechnung ermittelte Höhenmaß nicht mehr eingehalten. Die Tragfähigkeit wird dadurch stark verringert oder ganz infrage gestellt. Ist z.B. bei einer Balkonplatte die Lage der Bewehrung nur um 1 cm in der Höhe anders, als die statische Berechnung es vorsieht, so verringert sich die Tragfähigkeit der Balkonplatte um 10%, bei 2 cm können es schon 20% sein. Die obere Bewehrung muss also gegen Herunterdrücken und Durchhängen gestützt werden. Dazu werden Abstandhalter aus Metall verwendet. Sie müssen zwischen den Stäben der unteren Bewehrung auf der Schalung stehen. Die obere Bewehrung kann vor dem Betonieren oder erst während des Betoniervorgangs auf die Abstandhalter gelegt werden. Falsch ist es, die obere Bewehrung ohne Unterstützung in den Frischbeton hineinzudrücken.

Beim Einbringen und Verdichten des Betons dürfen sich die Stahleinlagen nicht verschieben. Obere Bewehrungen sind gegen Herunterdrücken zu sichern.

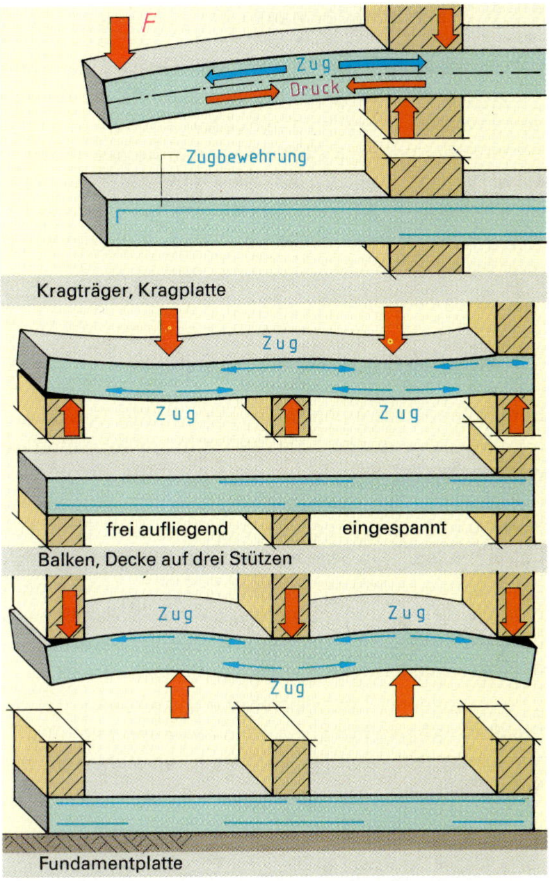

Lage der Zugbewehrung bei verschiedenen Bauteilen

11.5 Decken aus Stahlbeton

Der Baustoff Stahlbeton ermöglicht Deckenkonstruktionen mit geringer Bauhöhe und größeren Spannweiten. Die Massivdecken aus Stahlbeton können nach DIN 1045 drei Gruppen zugeordnet werden, den Platten-, Balken- und Plattenbalkendecken.

11.5.1 Plattendecken

Plattendecken werden rechtwinklig zu ihrer Ebene belastet. Sie können auf Wänden, d.h. linienförmig gelagert, oder auf Stützen, d.h. punktförmig gelagert, aufliegen.

Plattendecken können **einachsig** oder **zweiachsig** gespannt sein. Bei einachsig gespannten Decken werden die Lasten auf zwei einander in einer Richtung gegenüberliegenden Auflager abgeleitet und bei zweiachsig gespannten Decken über die Deckenränder abgetragen.

Die Dicke der Platte richtet sich nach der Belastung, dem Eigengewicht, der Spannweite und der Bewehrung. Außerdem müssen die Forderungen des Bautenschutzes (Schall-, Wärme-, Brandschutz) berücksichtigt werden.

Die Bewehrung besteht aus Betonstabstählen oder Betonstahlmatten und muss nach DIN 1045 ausgeführt werden.

Plattendecken können auch als **Fertigteil-Elementdecken** hergestellt werden. Diese Decken bestehen aus einer Fertigteilplatte und einer statisch mitwirkenden Ortbetonschicht.

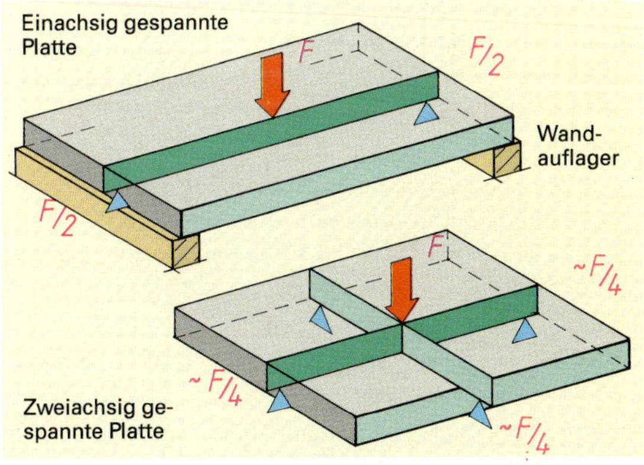

Stahlbetonplatten

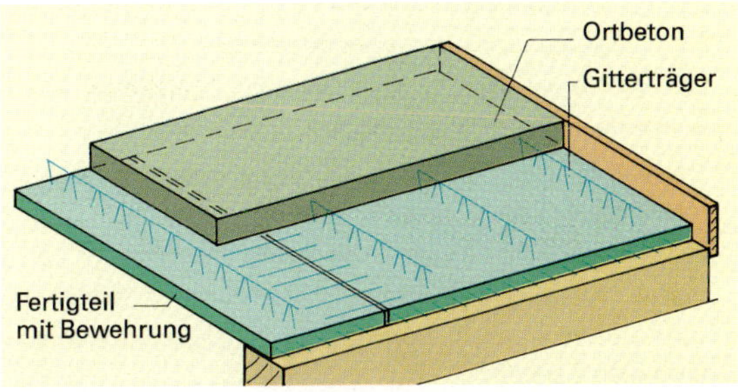

Fertigteil-Elementdecke (Stahlbetonplatte)

11.5.2 Balkendecken

Balkendecken bestehen aus einzelnen Balken, die überwiegend auf Biegung beansprucht werden. Die Balken, die beliebigen Querschnitt aufweisen, können direkt nebeneinander oder auf Abstand verlegt werden. Auf Abstand verlegt, werden die Zwischenräume mit **Zwischenbauteilen**, die in Längsrichtung nicht mittragen, ausgefacht. Sie bestehen aus Leichtbeton, Normalbeton oder gebranntem Ton.

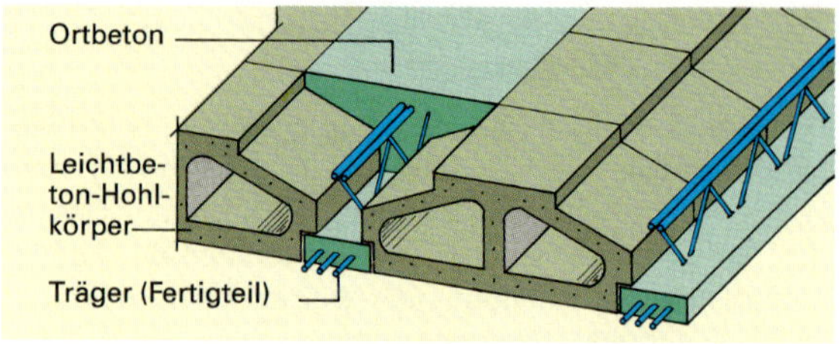

Balkendecke mit Zwischenbauteilen (Hohlkörper)

11.5.3 Plattenbalkendecken

Bei großen Deckenbelastungen oder großen Spannweiten, wie sie vor allem bei Industriebauten auftreten, werden Plattenbalkendecken eingebaut. Hier sind Stahlbetonbalken fest mit einer Deckenplatte verbunden. Platte und Balken bilden ein einheitliches Gefüge. Die Balken verlaufen in Spannrichtung und bieten der darüber liegenden Platte die Auflager. In Spannrichtung nehmen die Platte die Druckspannungen, die Balkenbewehrung die Zugspannungen auf. Die Betonmasse im Bereich der Zugzone ist auf ein Mindestmaß begrenzt.

Eine besondere Form der Plattenbalkendecke ist die **Stahlbetonrippendecke**. Sie kann ohne und mit Füllkörper hergestellt werden. Füllkörper vereinfachen die Schalarbeit.

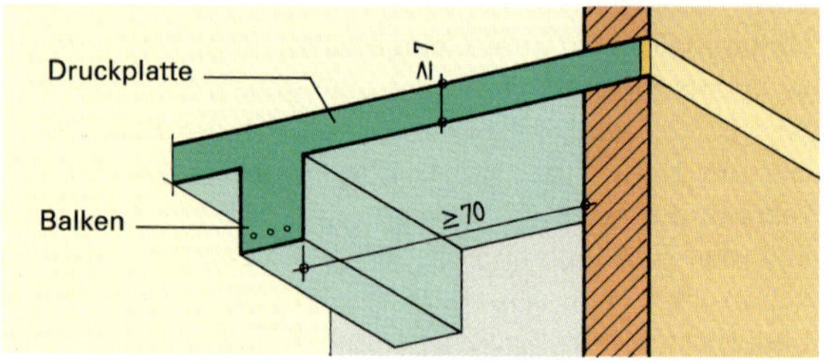

Plattenbalkendecke

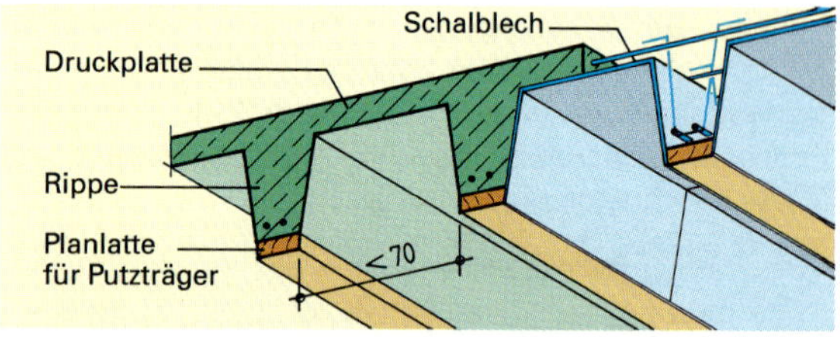

Stahlbetonrippendecke ohne Füllkörper

Zusammenfassung

Für Betonstabstahl werden die Gruppen III und IV, für Betonstahlmatten die Gruppe IV verwendet.

Die Oberfläche der Betonstähle kann glatt, gerippt oder profiliert sein. Die Oberflächengestaltung ist entscheidend für die Haftung des Stahls im Beton.

Im belasteten Stahlbetonbalken werden Druckspannungen durch den Beton aufgenommen. Die Zugspannungen erfordern eine Zugbewehrung in der Zugzone und die Schubspannungen werden durch Bügel und Schrägstäbe aufgenommen.

Stahlbeton ist ein Verbundbaustoff. Der Verbund beruht hauptsächlich auf ausreichender Haftung zwischen Beton und Stahloberfläche.

Beton und Stahl haben annähernd gleiche Wärmeausdehnungskoeffizienten.

Stahleinlagen werden bei ausreichend dicker und dichter Umhüllung mit Beton und bei genügendem Zementgehalt vor Korrosion geschützt.

Vor der Verwendung sind Bewehrungsstähle von Schmutz, Fett und losem Rost zu befreien.

Tragstäbe, Verteilerstäbe und Bügel müssen so fest miteinander verbunden werden, dass sie sich während des Betonierens nicht verschieben können.

Massivdecken aus Stahlbeton können drei Gruppen zugeordnet werden: den Platten-, Balken- und Plattenbalkendecken.

Aufgaben:

1. *Wodurch unterscheiden sich warmgewalzte Betonstähle von kaltverformten Betonstählen?*
2. *Beschreiben Sie die Betonstähle mit den Kurznamen „BSt 500 S" und „BSt 500 P".*
3. *Erklären Sie die Bezeichnungen „R-Matten" und „Q-Matten".*
4. *Begründen Sie, warum Beton nur geringe Zugfestigkeit besitzt.*
5. *Zeichnen Sie in den Schnitt eines Balkens die Druck-, Zug- und Schubkräfte ein.*
6. *Welche Aufgaben haben die Stahleinlagen in einem Stahlbetonbalken zu übernehmen?*
7. *Wovon hängt die Haftung zwischen Stahl und Beton im Wesentlichen ab?*
8. *Wodurch wird der Korrosionsschutz der im Beton eingebetteten Stähle gewährleistet?*
9. *Warum wird die Verbundwirkung auch bei großen Temperaturschwankungen nicht beeinträchtigt?*
10. *Warum müssen Bewehrungen genau in der vorgeschriebenen Lage eingebaut und gehalten werden?*
11. *Wonach richtet sich die Dicke einer Plattendecke in einem Wohngebäude?*
12. *Warum können Plattenbalkendecken für größere Spannweiten eingesetzt werden?*
13. *Welchen Vorteil haben Füllkörper bei Stahlbetonrippendecken?*

12 Holzbau

12.1 Holz als Roh- und Werkstoff

Holz zählt wegen seiner guten technischen Eigenschaften, wie z.B. seiner hohen Festigkeit und seiner leichten Bearbeitbarkeit, zu den ältesten Werkstoffen. Als **Baustoff** dient Holz zur Herstellung von Schalungen, Gerüsten und Dachstühlen. Als **Rohstoff** wird Holz für die Herstellung von Sperrholz, Holzspan- und Holzfaserplatten sowie für Holzwolle-Leichtbauplatten verwendet.

Holz als Baustoff

12.1.1 Wachstum des Holzes

Der Baum nimmt zu seinem Wachstum Nahrung aus dem Boden und aus der Luft auf. Aus dem Boden nimmt er mit seinem Wurzelwerk Wasser mit den darin gelösten Nährsalzen auf, aus der Luft nimmt er durch die Spaltöffnungen an der Unterseite der Blätter Kohlenstoffdioxid auf. „Erdwasser" und Kohlenstoffdioxid werden mithilfe der Sonnenenergie und des Blattgrüns (Chlorophyll) zu den Aufbaustoffen Traubenzucker und Stärke umgewandelt. Diesen Vorgang bezeichnet man als **Assimilation** oder, weil dieser Vorgang nur unter Sonnenlicht stattfinden kann, **Fotosynthese**. Der dabei frei werdende Sauerstoff wird über die Spaltöffnungen der Blätter wieder an die Luft abgegeben. Traubenzucker und Stärke bilden mit den Nährstoffen des Bodenwassers weitere organische Stoffe wie Cellulose, Lignin, Harze und Fette. Dazu nimmt der Baum den erforderlichen Sauerstoff auf, frei werdendes Kohlenstoffdioxid wird abgegeben. Die Aufbaustoffe werden in den Bastzellen zu den Wachstumszonen und in die Speicherzellen des Baumes geleitet. Das Wachstum vollzieht sich im Kambium (Dickenwachstum) und in den End- oder Triebknospen des Stammes, der Äste und Zweige (Längenwachstum).

Traubenzucker ist der Aufbaustoff für alle pflanzlichen Stoffe. Er ist Aufbaustoff für die Holzbestandteile Cellulose und Lignin.

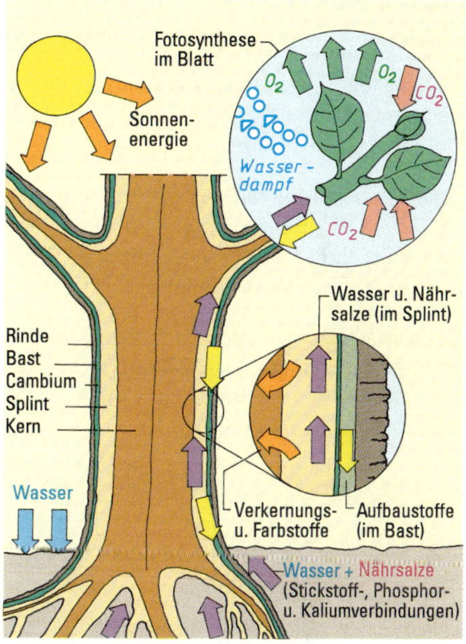

Nahrungshaushalt des Baumes

12.1.2 Chemischer Aufbau des Holzes

Versuch: Holzspäne unter Luftabschluss erhitzen (trockene Destillation), das Dampfgemisch abkühlen, das entweichende Gas entzünden.

Beobachtung: Im Kühlkolben bildet sich Niederschlag (Wasser, Holzessig, Holzteer), das entweichende Gas brennt, im Reagenzglas entsteht Holzkohle.

Ergebnis: Beim Erhitzen entweichen aus dem Holz Verbindungen, die sich mit dem Holzteer ablagern oder als Gas entweichen. In den Destillaten kommen die Elemente Kohlenstoff, Sauerstoff und Wasserstoff besonders vor.

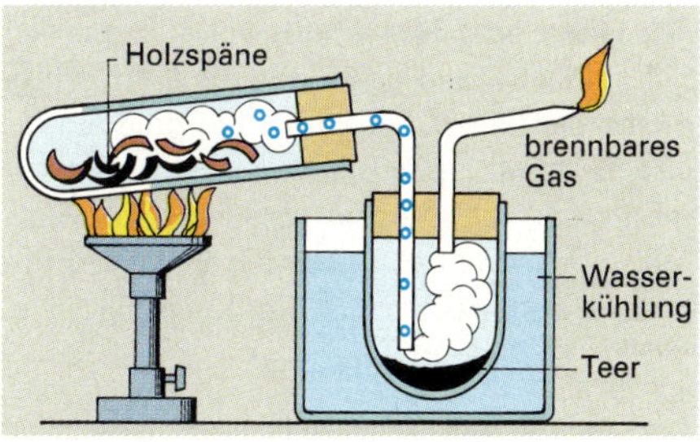

Zersetzung des Holzes durch Erhitzen
(Destillation)

Die Holzsubstanz besteht aus ca. 50% **Cellulose**, ca. 25–35% Hemicellulose und ca. 20–35% **Lignin**. Es sind Verbindungen aus Kohlenstoff, Wasserstoff und Sauerstoff. Zudem sind etwa 1% Stickstoff und Mineralien im Holz enthalten. Die Zellwand besteht vorwiegend aus Cellulose. Sie bedingt die Zugfestigkeit des Holzes. Das Lignin ist der so genannte **Holzstoff**. Es ist zwischen den Cellulosemolekülen eingelagert und verleiht dem Holz die Druckfestigkeit. Die Hemicellulose dient zur Verdichtung und Verkittung der Zellwände.

Die wasserfreie Holzsubstanz besteht aus etwa 50% Kohlenstoff, 43% Sauerstoff, 6% Wasserstoff und 1% Stickstoff und Mineralien.

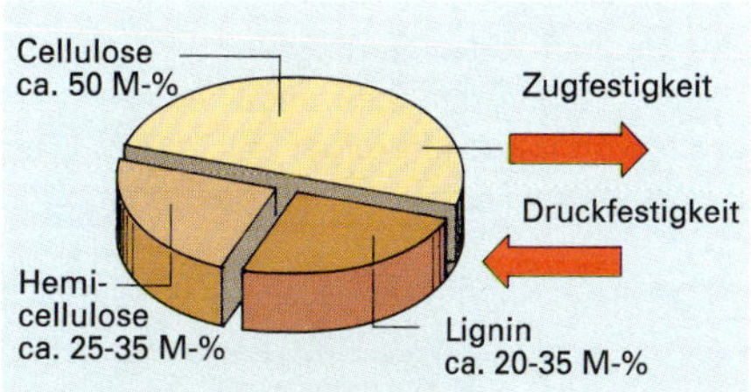

Hauptbestandteile des Holzes

12.1.3 Innerer (mikroskopischer) Aufbau des Holzes

Holz besteht aus einer Vielzahl von **Zellen**. Sie entstehen durch Teilung im Kambium (Dickenwachstumsschicht) und in den Zweigspitzen (Längenwachstumszone). Teilt sich eine Zelle nicht mehr, weil sie außerhalb der Wachstumszone liegt, beginnt sie sich um ein Vielfaches ihrer Länge zu strecken. Gleichzeitig lagert sich Lignin in das Cellulosegerüst der Zellwand ein. Die Zellwand verholzt; es ist eine **Holzzelle** entstanden. Entsprechend ihrer Aufgaben sind sie als Leitzellen, Stützzellen und Speicherzellen ausgebildet.

Leitzellen sind lang gestreckte, hintereinander gereihte Zellen, deren Wände an den Verbindungsstellen fehlen oder siebartig durchbrochen sind (Siebröhren). Sie bilden das Leitungssystem für das Wasser und die Aufbaustoffe im Baum.

Stützzellen sind lange, zugespitzte, dickwandige und ineinander verzahnte Zellen. Sie geben dem Holz die Festigkeit und bilden die Hauptmasse des Holzes.

Speicherzellen dienen der Speicherung von Aufbaustoffen in allen Holzteilen des Baumes. Sie sind dünnwandig und liegen zwischen den Stütz- und Leitzellen vereinzelt in Faserrichtung, hauptsächlich aber quer dazu (Markstrahlen).

Bei Nadelhölzern werden Leitungs- und Stützaufgabe von nur einer Zellart, einer **Mehrzweckzelle** (Tracheide), erfüllt. Sie bildet die Hauptmasse des Holzes. Die Saftleitung erfolgt durch ventilartige Poren, die so genannten Tüpfel.

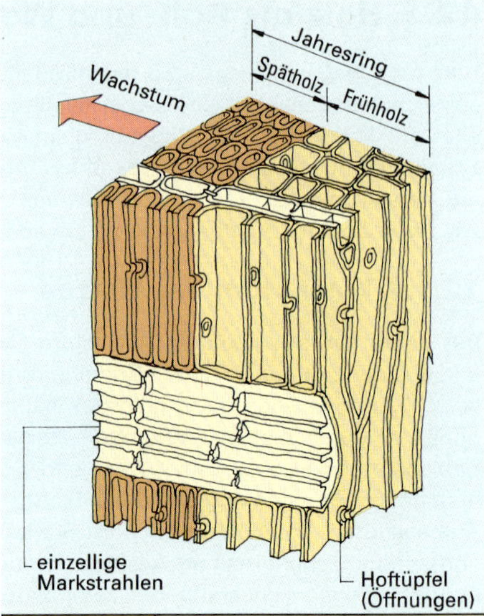

Frühholz	große, dünnwandige Zellen
Spätholz	kleine, dickwandige Zellen
Markstrahlen	einzellig; Aussteifung

Zellenaufbau des Nadelholzes (ein Jahresring der Kiefer, etwa 50fach vergrößert)

12.1.4 Äußerer (makroskopischer) Aufbau des Holzes

Darunter ist der Aufbau zu verstehen, der mit bloßem Auge oder durch Vergrößerung mit einer Lupe an Längs- und Querschnitten des Stammes zu erkennen ist.

Der **Quer- oder Hirnschnitt** verläuft quer zur Stammachse. Auf der Schnittfläche sind das Mark, die Jahresringe, Bast und Borke sowie die Markstrahlen zu sehen. Innerhalb eines Jahresringes ist das hellere **Frühholz** vom dunkleren **Spätholz** gut zu unterscheiden. Bei mehreren Holzarten ist dunkleres **Kernholz** von hellem **Splintholz** gut unterscheidbar. Durch die Einlagerung von Ölen, Harzen, Gerb- und Farbstoff u.a.m. ist Kernholz härter, dichter und widerstandsfähiger als Splintholz.

Der **Radial- oder Spiegelschnitt** geht längs durch die Mitte des Stammes. Die Jahresringe erscheinen als annähernd parallele Streifen. Hell und oft glänzend (Spiegel) sind die Markstrahlen besonders bei Eiche deutlich erkennbar.

Der **Sehnen- oder Fladerschnitt** ist ebenfalls ein Längsschnitt. Er verläuft neben der Stammitte und zeigt die Jahresringe in elliptischer oder parabelförmiger Zeichnung. Dadurch entsteht die für das Holz typische Fladerung bzw. Textur des Holzes.

Bei vielen Holzarten verkernen die innen liegenden Jahresringe und werden dunkler. Holz, das sich mit der Verkernung nicht verfärbt, wird als Reifholz bezeichnet.

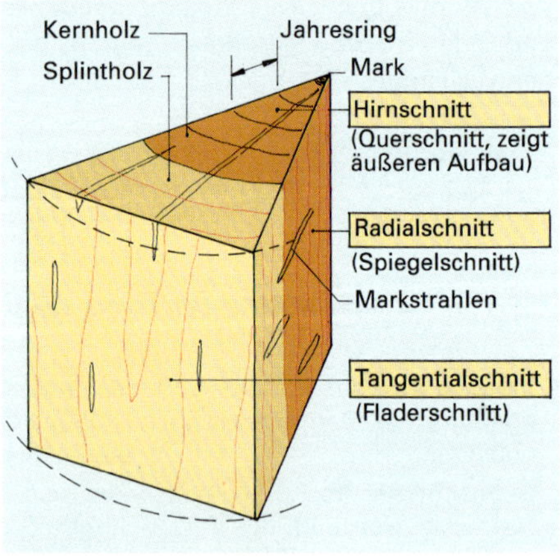

Schnittarten am Stamm

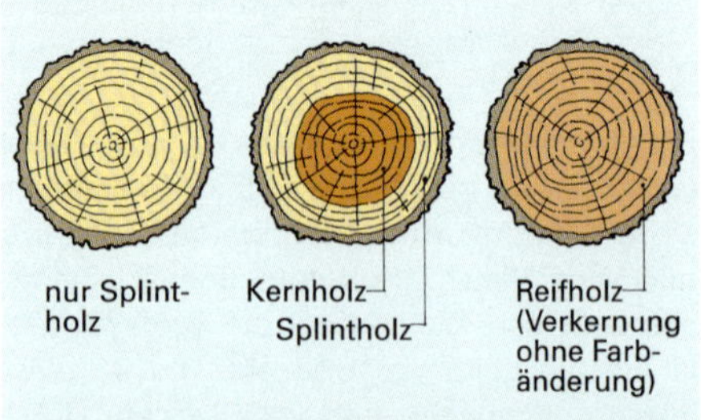

Splintholzbaum	Kernholzbaum	Reifholzbaum
Weißbuche Ahorn Birke	Kiefer Lärche Eiche	Fichte Tanne Rotbuche

Baumarten nach Splint- und Kernholzanteil

12.1.5 Wachstumsfehler

Unter Wachstumsfehler versteht man besondere Wuchsgegebenheiten des Baumes, besonders des Stammes, durch die der Nutzwert des Holzes in der Regel gemindert wird. Nachfolgend sind einige wichtige Wuchsfehler aufgeführt.

Fehlerhafte Schaftformen durch abholzigen oder krummen Wuchs machen die volle Ausnutzung des Stammes als Bauholz meist unmöglich. Als abholzig bezeichnet man Stämme, deren Durchmesser auf 1 m Länge um mehr als 1 cm abnehmen. Bei **Krummschäftigkeit** weicht der Stamm vom geraden Wuchs stark ab.

Beim **Drehwuchs** verlaufen die Holzfasern in ihrer Längsrichtung spiralförmig. Das Schnittholz drehwüchsiger Bäume wird immer windschief.

Beim **exzentrischen Wuchs** liegt das Mark außerhalb der Stammmitte. Dadurch entstehen auf einer Seite enge, auf der anderen Seite weite Jahresringe. Folge: ungleichmäßige Festigkeit, ungleiches Arbeiten des Holzes, meist rotholzig (nagelhart, spröde, schlecht bearbeitbar).

Äste wirken sich als Holzfehler aus, wenn sie mit dem Stammholz nicht mehr fest verbunden sind, z.B. abgestorbene Äste. Solche Äste lösen sich aus dem Schnittholz (Durchfalläste) und mindern, je nach Größe und Häufigkeit, die Festigkeit bzw. die Güte des Holzes.

Harzgallen liegen innerhalb eines Jahresringes. Es sind längliche, harzgefüllte Blasen. Sie laufen in beheizten Räumen aus und schlagen durch Lackanstriche. Große Harzgallen müssen aus Schnittholz entfernt werden. Harzgallen kommen in Nadelhözern (außer Tanne) vor.

Wachstumsfehler mindern die volle Ausnutzung der Stämme oder beeinträchtigen die Festigkeit und somit auch den Wert des Holzes.

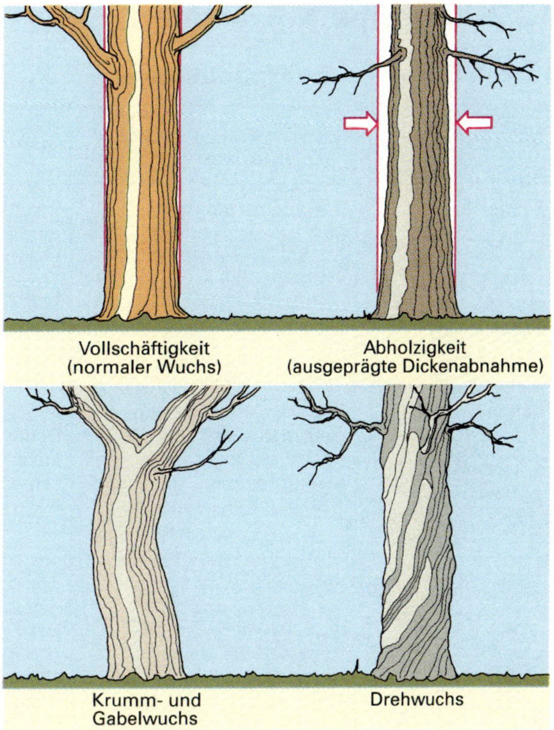

Abweichungen vom normalen Wachstum

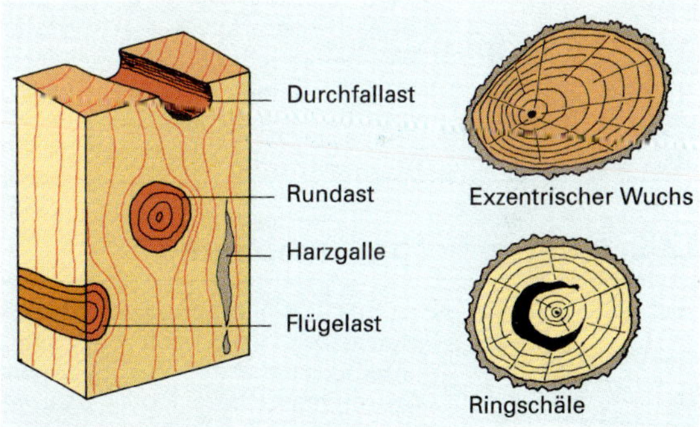

Äste und Holzfehler

Zusammenfassung

Unter **Fotosynthese** versteht man die Fähigkeit der Pflanzen, aus Kohlenstoffdioxid und Wasser unter Mitwirkung von Sonnenenergie und Blattgrün organische Stoffe wie Traubenzucker, Stärke u.a. aufzubauen.

Holz besteht im Wesentlichen aus Wasser, **Cellulose** und **Lignin.**

Das Holzgefüge baut sich aus **Leit-, Stütz-** und **Speicherzellen** auf.

Ein **Jahresring** setzt sich aus Früh- und Spätholz zusammen.

Als **Splintholz** werden die hellen und Wasser führenden Holzschichten des Stammes bezeichnet.

Kernholz besteht aus verkernten Holzzellen.

Reifholz ist verkerntes Holz und unterscheidet sich farblich von Splintholz nicht oder nur gering.

Aufgaben:

1. *Beschreiben Sie den Vorgang der Fotosynthese.*
2. *Nennen Sie die wichtigsten chemischen Verbindungen, aus denen Holz besteht.*
3. *Welche Zellarten unterscheidet man bei Laubholz?*
4. *Nennen Sie die Zellarten der Nadelhölzer und geben Sie deren Aufgaben an.*
5. *Erklären Sie die Bezeichnungen: Früh-, Spät-, Splint- und Kernholz.*
6. *Wodurch unterscheiden sich Kernholz-, Splintholz- und Reifholzbäume?*
7. *Was versteht man unter fein- und grobjährigem Holz?*
8. *Beschreiben Sie den äußeren Aufbau des Holzes.*

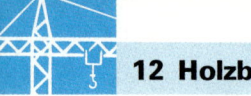

12.2 Wichtige Holzarten

12.2.1 Europäische Nadelbäume

Holzart	Besondere Kennzeichen des Holzes	Eigenschaften des Holzes	Verwendung
Fichte (Rottanne) 	rötlich weiß glänzend, deutliche Jahresringe, Harzkanäle, Harzgallen; Reifholzbaum	Rohdichte 470 kg/m³; weich bis mittelhart, gut zu bearbeiten, hohe Elastizität und Tragfähigkeit, im Trockenen dauerhaft, leicht entflammbar	als Bauholz für Betonschalungen, Gerüste, Dachstühle; Balken, Kanthölzer, Bretter, Bohlen und Latten; Bauteile im Gebäude
Tanne (Weißtanne) 	gelblich weiß, matt und nicht glänzend, keine Harzgänge, langfaserig; Reifholzbaum	Rohdichte 450 kg/m³; weicher als Fichtenholz, gut zu bearbeiten, hohe Elastizität, Tragfähigkeit und Biegsamkeit, im Trockenen dauerhaft, leicht entflammbar	wie Fichtenholz; Balken, Kanthölzer, Bohlen, Bretter, Latten, Bauteile im Gebäude
Kiefer (Föhre) 	Kern gelblich rot bis rotbraun, im Splint gelblich weiß, deutliche Jahresringe, sehr harzreich (Harzgeruch); Kernholzbaum	Rohdichte 520 kg/m³; härter und dichter als Fichtenholz, gut bearbeitbar, geringere Elastizität, große Tragfähigkeit, dauerhaft auch im Wechsel von nass und trocken; Bläuegefahr	wie Fichtenholz; ferner für Treppen, Außentüren, Fenster, Außenschalungen
Lärche 	braunroter Kern und hellgelber Splint, nachdunkelnd, enge und gleichmäßige Jahresringe, dünne Harzgänge, harzreich; Kernholzbaum	Rohdichte 590 kg/m³; härter, dichter und zäher als Kiefer, gut bearbeitbar, große Elastizität und Tragfähigkeit, sehr dauerhaft auch im Wechsel von nass und trocken	Fußböden, Treppen, Außentüren, Fenster, Wasserbau, Vertäfelungen, Innenausbau

12.2.2 Europäische Laubbäume

Eiche 	im Kern gelblich braun, im Splint gelblich weiß, nachdunkelnd, deutliche Jahresringe, ringporig, helle deutliche Markstrahlen, Gerbsäuregeruch; Kernholzbaum	Rohdichte 750 kg/m³; sehr hart und dicht, schwer zu bearbeiten, außerordentliche Tragfähigkeit, durch Gerbsäure widerstandsfähig gegen Fäulnis, witterungsbeständig, sehr dauerhaft auch im Wechsel von nass und trocken	vorzügliches Bauholz für feuchtbeanspruchte Bauteile, Treppen, Parkettfußböden, Außentüren, Schwellen, Wasserbau, Holzfachwerk
Rotbuche 	gelblich bis rötlich, sichtbare Jahresringe, breite Markstrahlen im Sehnenschnitt; Reifholzbaum	Rohdichte 720 kg/m³; mittelhart bis hart, leicht spaltbar, kurzfaserig, geringe Elastizität, hohe Tragfähigkeit, dauerhaft im Trockenen	Treppen, Parkettfußböden, Werkzeugtisch, Holzpflaster, Werkbänke, Möbelbau

12.2.3 Festigkeiten des Holzes

Scherfestigkeit

Die Scherfestigkeit ist bei Holz gering und in Faserrichtung geringer als quer zur Faser. Unregelmäßiger Faserverlauf bei Astansätzen und verwachsene Äste erhöhen die Scherfestigkeit. Bei kleinen Scherflächen ist die Gefahr des Abscherens groß. Bei Versatzungen, Verkeilungen und bei Bolzenverbindungen muss daher auf genügend Scherholzlänge (Vorholz) geachtet werden.

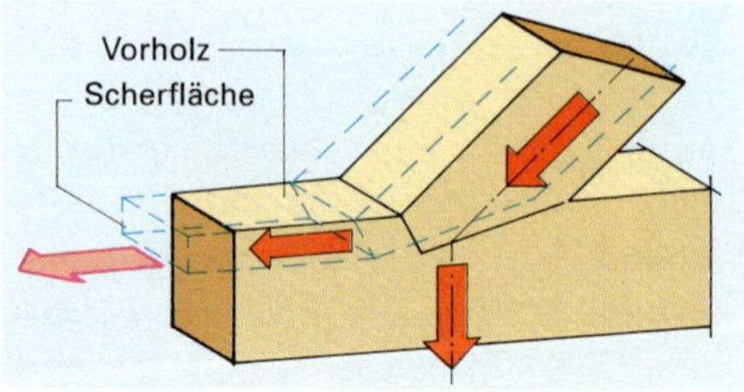

Scherfestigkeit des Holzes

Druckfestigkeit

Versuch: Holzproben aus Fichten- und Eichenholz mit einer Schraubzwinge in Faserrichtung und quer zur Faser pressen.

Beobachtung: Bei Druck quer zur Faserrichtung entstehen größere Zwingeneindrücke als bei Druck in Faserrichtung.

Ergebnis: Die Druckfestigkeit des Holzes ist vom Faserverlauf abhängig.

Die Holzstruktur kann vereinfacht als Röhrenbündel angesehen werden (Zellen=Röhren). In Faserrichtung gedrückt, wirken die Zellen wie Stützen. Wirkt der Druck quer, werden die Zellen wie Röhrenbündel leicht zusammengedrückt.

Hölzer mit hoher Rohdichte, wie z.B. Eiche und Buche, sind druckfester als Hölzer mit geringer Dichte. Druckbeanspruchte Holzbauteile sind z.B. Pfosten, Stützen, Sprieße und Schwellen bei Fachwerkwänden.

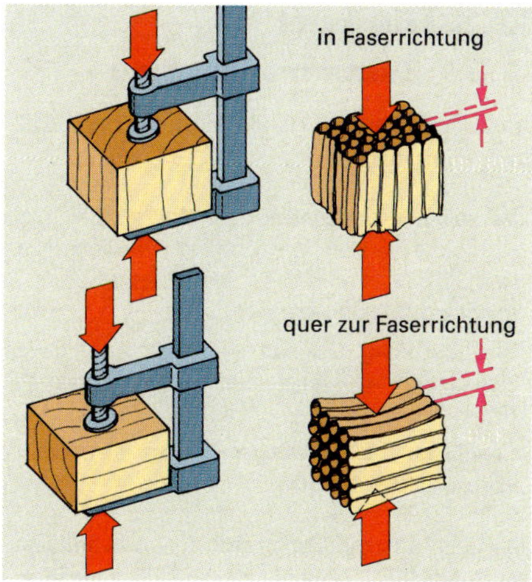

Druckfestigkeit des Holzes

Zugfestigkeit

Versuch: Ein Stück Sperrfurnier in Faserrichtung und quer zur Faser ziehen.

Beobachtung: Bei Beanspruchung in Längsrichtung zeigt das Furnierstück keine Formveränderung. Quer zur Faser gezogen, reißt es sofort.

Ergebnis: Die Zugfestigkeit ist in Faserrichtung sehr groß. Quer zur Faserrichtung kann Holz nicht auf Zug beansprucht werden.

Die Zugfestigkeit hängt von der in den Zellwänden befindlichen Cellulose ab. Die Cellulosefaser besitzt eine große Zugfestigkeit. Sie beträgt quer zur Faserrichtung weniger als 10% der Längsfestigkeit. Die Zugfestigkeit nimmt mit steigender Rohdichte zu. Holzfeuchte und Astigkeit mindern die Zugfestigkeit des Holzes. Zugbeanspruchte Holzbauteile sind z.B. Hängepfosten und Streckbalken beim Hängewerk.

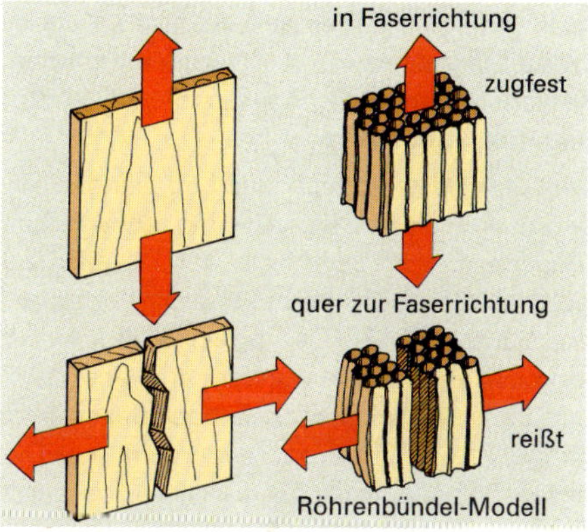

Zugfestigkeit des Holzes

Härte

Bezogen auf das Holz ist Härte der Widerstand, den das Holz z.B. den Werkzeugen bei der Holzbearbeitung entgegensetzt. Die Härte ist abhängig von der Holzart und von der Rohdichte. Hölzer mit großer Dichte sind härter als Hölzer mit geringer Dichte. Von den europäischen Holzarten sind vor allem Eiche und Buche sehr hart. Holzbauteile, die sehr stark mechanisch beansprucht werden (z.B. Treppenstufen, Fußbodenbeläge), müssen aus hartem Holz hergestellt werden. Die Härte des Holzes ist auch vom Feuchtigkeitsgehalt abhängig.

Härte	Holzart	Rohdichte in kg/dm³
Weiches Holz	Tanne Fichte Kiefer	0,45 0,47 0,52
Mittelhartes Holz	Lärche Birke Teak	0,59 0,60 0,75
Hartes und sehr hartes Holz	Rotbuche Eiche Weißbuche	0,72 0,75 0,82

Weiche und harte Holzarten und ihre Rohdichten (lufttrocken)

Zusammenfassung

Als Bauholz ist Fichten- und Tannenholz gut geeignet. Kiefern-, Lärchen- und Eichenholz ist für witterungsbeständige Konstruktionen besonders geeignet.

Weichere Holzarten sind Tanne, Fichte und Kiefer; harte Holzarten sind Rotbuche und Eiche.

Härte und Festigkeiten hängen im Wesentlichen von der Rohdichte des Holzes ab.

Holzfestigkeiten sind in Faserrichtung größer als quer zur Faserrichtung.

Aufgaben:

1. *a) Geben Sie je drei baubezogene Verwendungen an für Fichte, Kiefer, Rotbuche und Lärche.*
   b) Welche Eigenschaften sind dafür maßgebend?
2. *Warum sind die Druck- und Zugfestigkeit in Faserrichtung größer als quer zur Faserrichtung?*
3. *Von welchen Faktoren ist die Härte des Holzes abhängig?*

12.3 Die Luft

12.3.1 Zusammensetzung

Die Luft erscheint uns als einheitlicher Stoff. Dies ist jedoch nicht der Fall.

Versuch: Eine brennende Kerze, die mithilfe einer Korkscheibe auf dem Wasser schwimmt, wird mit einem Standzylinder so abgedeckt, dass keine Luft mehr eindringen kann.

Beobachtung: Die Kerze erlischt nach kurzer Zeit. Im Standzylinder steigt Wasser um etwa 1/5 der Lufthöhe.

Ergebnis: Bei der Verbrennung ist etwa 1/5 der Luft verbraucht worden.

Das Gas, das die Verbrennung unterhält, ist **Sauerstoff**. Die Restluft im Zylinder erstickt die Flamme; ihr wesentlicher Bestandteil ist **Stickstoff**. Die Luft enthält etwa 21% Sauerstoff und etwa 78% Stickstoff. Daneben sind noch geringe Mengen an Edelgasen, Kohlenstoffdioxid, Wasserdampf sowie Luftverunreinigungen, wie z.B. Kohlenstoffmonoxid, Schwefeldioxid, Stickoxide, Staub und Ruß, vorhanden.

Von den Bestandteilen der Luft hängen wichtige Vorgänge ab. So ist die Atmung ohne Sauerstoff nicht möglich. Die Fotosynthese der Pflanzen erfordert das Kohlenstoffdioxid. Verbrennungsvorgänge laufen nur mit Sauerstoff ab. Das Kohlenstoffdioxid der Luft ermöglicht den Erhärtungsvorgang des Luftkalkmörtels. Der Luftfeuchtigkeitsgehalt beeinflusst Trocknungsvorgänge von Holz, Beton, Mauerwerk u.a. Die Luftfeuchtigkeit ist bedeutsam für die Korrosion der Metalle und für das Wohlbefinden des Menschen.

Reine Luft ist ein Gemenge aus verschiedenen gasförmigen Stoffen. Wesentliche Bestandteile sind Sauerstoff und Stickstoff.

12.3.2 Luftverunreinigungen

Mit den Rauchgasen von Feuerungsanlagen und den Verbrennungsgasen der Kraftfahrzeuge gelangen Kohlenstoffdioxid, Schwefeldioxid und Stickoxide in die Luft. Sie verbinden sich mit dem Wasser der Luft zu Säuren: Kohlensäure, Schwefelsäure, Salpetersäure. Diese Säuren greifen Bauteile aus Sandstein, Beton und Stahl an und können diese im Laufe der Zeit zerstören. Sie verursachen Schäden an Fauna und Flora (Waldsterben). Auch für den Menschen können diese Luftverunreinigungen gesundheitsschädlich wirken.

Zusammenfassung

Reine Luft besteht aus verschiedenartigen Gasen.

Zu Luftverunreinigungen zählen Kohlenstoffmonoxid, Schwefeldioxid, Stickoxide, Staub und Ruß.

Die Schäden belasten Umwelt und Mensch.

Luft ist ein schlechter Wärmeleiter.

Mit Druckluft können Geräte betrieben werden.

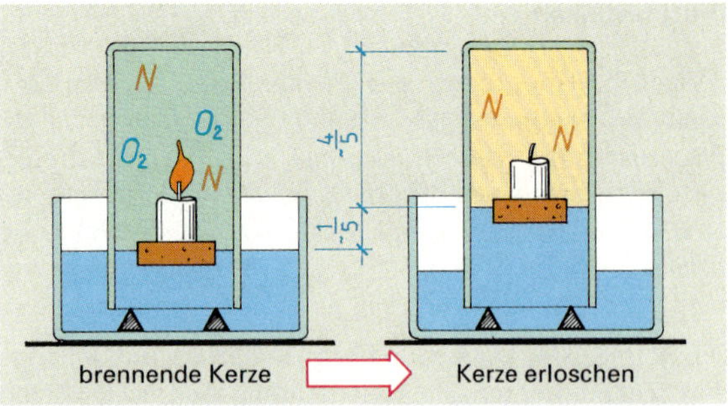

Nachweis der Luftsauerstoffmenge

Eigenschaften	Anwendung
Luft lässt sich verdichten (mit Kompressor)	Betreiben von Luftdruckgeräten (z. B. Presslufthammer)
Luft lässt sich bei niedriger Temperatur verflüssigen	Sauerstoffgewinnung
Luft ist ein schlechter Wärmeleiter (nur ruhende Luft)	Wärmedämmstoffe (Poren), Luftschicht im Isolierglas
Luft übt nach allen Seiten Druck aus	Saugpumpe, Stechheber

Technische Eigenschaften der Luft

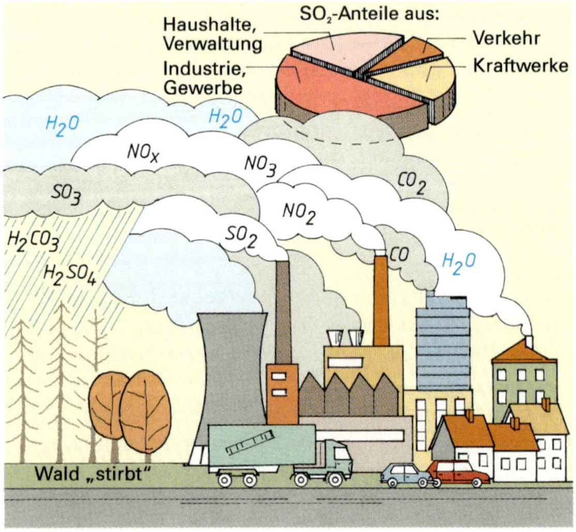

Säurebildung durch Schadstoffe und den Wasserdampf der Luft

Aufgaben:

1. *Geben Sie die Bestandteile der Luft in Prozenten angenähert an.*
2. *Nennen Sie die schädlichen Bestandteile der Luft und begründen Sie die Schädlichkeit.*
3. *Warum kann mit einer Pipette Flüssigkeit aus einem Behälter entnommen werden?*
4. *Welche Bestandteile der Luft sind an lebens- und bauwichtigen Vorgängen aktiv beteiligt?*

12.4 Oxidation – Reduktion

12.4.1 Die Oxidation

Versuch: Eine kleine Menge abgewogenes Magnesiumpulver erhitzen. Das Pulver danach wieder wiegen.

Beobachtung: Es verbrennt bei heller Flamme. Das entstandene weiße Pulver wiegt mehr als vorher.

Ergebnis: Das Magnesiumpulver hat sich bei der Verbrennung mit einem anderen Stoff verbunden, und zwar mit dem Sauerstoff der Luft. Dadurch entstand ein neuer Stoff, hier Magnesiumoxid.

Bei dem Vorgang des Versuches handelt es sich um eine Verbrennung. Zur Verbrennung ist Sauerstoff erforderlich (vgl. Versuch S. 158). Die Vereinigung eines Stoffes mit Sauerstoff wird allgemein als **Oxidation** bezeichnet. Die entstehende Sauerstoffverbindung nennt man **Oxid**.

Die Verbrennung ist der wichtigste Oxidationsvorgang. Bei der Verbrennung wird Energie in Form von Wärme frei. Bei der eigentlichen Verbrennung (Feuer) wird ein Teil des Energieinhaltes in Lichtenergie umgewandelt. Die Flamme entsteht, wenn die frei werdende Wärme die Entzündungstemperatur des Brennstoffes erreicht. Für den Verbrennungsvorgang sind also Sauerstoff, Brennstoff und eine bestimmte Entzündungstemperatur erforderlich.

Bei der Verbrennung von schwefelhaltigen Heizstoffen (z.B. Kohle, Heizöl) entstehen gasförmige Oxide, z.B. Kohlenstoffdioxid (CO_2) und Schwefeldioxid (SO_2). Mit dem Wasserdampf der Luft setzen sie sich zu Säuren um, z.B. zu Kohlensäure (H_2CO_3) und zu Schwefelsäure (H_2SO_4). Schwefelsäurehaltiger Regen wirkt auch in geringer Konzentration auf Baustoffe, Fauna und Flora schädlich (vgl. S. 158).

Die Vereinigung eines Stoffes mit Sauerstoff kann auch ohne Lichtwirkung vor sich gehen. Dies ist bei **langsamen Oxidationsvorgängen** der Fall. Die entstehende Wärmeenergie erreicht die Entzündungstemperatur der Verbrennung nicht. Beispiele für langsame Oxidationsvorgänge sind das Faulen von Holz, das Rosten von Eisen und Stahl und die Oxidation von NE-Metallen.

Oxidation ist allgemein die Vereinigung eines Stoffes mit Sauerstoff.

Verhinderung von schädlichen Oxidationsvorgängen

Holzteile schützt man z.B. durch Aufbringen von Feuerschutzmitteln (Schaumbildung bei Wärmeeinwirkung) und durch feuerhemmende Putzschichten. Bei Metallen überzieht man die Oberfläche mit einer Schutzschicht durch Anstreichen (z.B. mit Mennige), durch Überziehen mit einer sauerstoffunempfindlichen Metallschicht (z.B. Verzinken) oder durch Kunststoffbeschichtung. Im Stahlbeton sind die Stähle durch dichte Betonummantelung geschützt.

Dichte Schutzschichten verhindern den Sauerstoffzutritt und damit den Oxidationsvorgang.

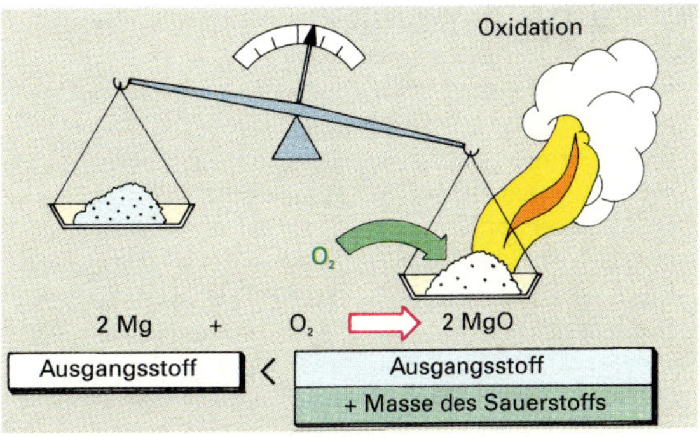

Massenzunahme durch Oxidation

	Element + Sauerstoff ⇨	Oxid
Nichtmetalloxide	$S + O_2 \rightarrow SO_2$	Schwefeldioxid
	$C + O_2 \rightarrow CO_2$	Kohlenstoffdioxid
	$2\,C + O_2 \rightarrow 2\,CO$	Kohlenstoffmonoxid
	$2\,H_2 + O_2 \rightarrow 2\,H_2O$	Wasser (Wasserstoffoxid)
Metalloxide	$2\,Mg + O_2 \rightarrow 2\,MgO$	Magnesiumoxid
	$4\,Fe + 3\,O_2 \rightarrow 2\,Fe_2O_3$	Eisen (III)-oxid
	$4\,Al + 3\,O_2 \rightarrow 2\,Al_2O_3$	Tonerde (Aluminiumoxid)
	$2\,Cu + O_2 \rightarrow 2\,CuO$	Kupferoxid

Oxidationsvorgänge in Form chemischer Gleichungen

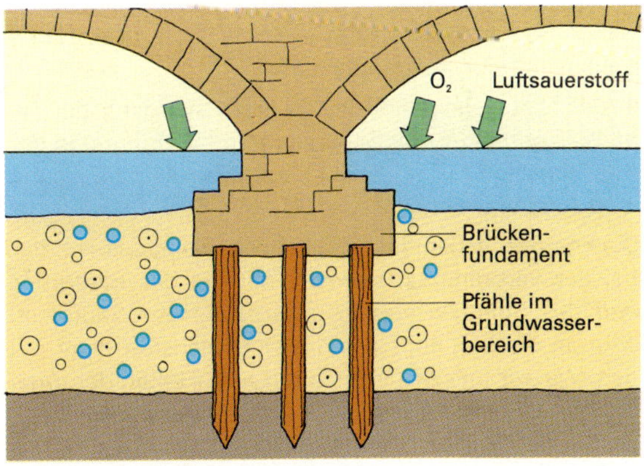

Unter Wasser stehende Holzpfähle sind Jahrhunderte beständig (Luftabschluss)

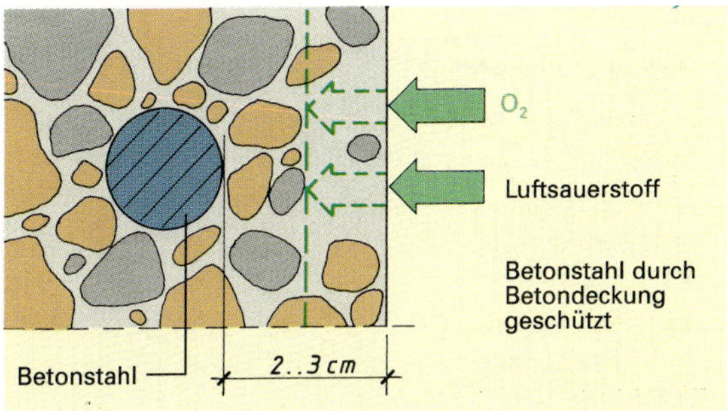

Dichter Beton lässt Stahl nicht rosten

12.4.2 Die Reduktion

Versuch: In einem Quarzrohr wird schwarzes Kupferoxid erhitzt und Wasserstoff darüber geleitet.

Beobachtung: Das schwarze Kupferoxid färbt sich rot; das angeschlossene U-Rohr beschlägt, es bilden sich Wassertropfen.

Ergebnis: Aus Kupferoxid und Wasserstoff entsteht Kupfer und Wasser. Der Wasserstoff entzieht dem Kupferoxid den Sauerstoff und verbindet sich mit ihm zu Wasser. Das Kupferoxid wird zu rotem, metallischem Kupfer reduziert. Für diesen chemischen Vorgang ist Energie erforderlich.

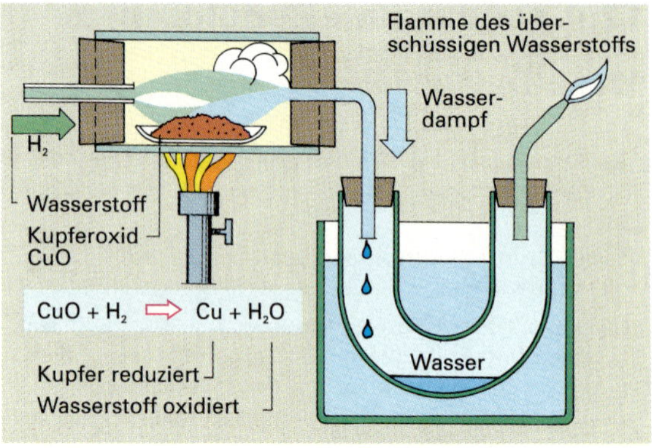

Reduktion des Kupferoxids mit Wasserstoff

Unter **Reduktion** versteht man im engeren Sinn den Entzug von Sauerstoff aus einem Oxid. Für den Reduktionsvorgang ist in der Regel Wärmeenergie erforderlich.

Außer Wärme sind meist noch **Reduktionsmittel** notwendig. Reduktionsmittel sind Stoffe, die sich leicht mit Sauerstoff verbinden, z.B. Wasserstoff und Kohlenstoff. Bei jeder Reduktion wird das Reduktionsmittel oxidiert. Es sind also zwei chemische Vorgänge eng miteinander gekoppelt – die Reduktion und die Oxidation. Solche Vorgänge werden als **Redoxvorgänge** bezeichnet.

Ein wichtiger Reduktionsvorgang ist die Gewinnung der Metalle aus den Erzen. In den Erzen sind die Metalle meist als schwer lösliche Oxide und Sulfide eingebettet. Oxidische Erze sind z.B. Roteisenstein (Fe_2O_3), Kupferglanz (Cu_2S) und Tonerde (Al_2O_3). Zur Gewinnung dieser Metalle wird das Verfahren der Reduktion angewandt. Hierbei wird Sauerstoff bei hohen Temperaturen an starke Reduktionsmittel, wie Kohlenstoff (Koks) und Kohlenstoffmonoxid, gebunden.

In der Natur entspricht der Oxidationsvorgang der Atmung (Aufnahme von Sauerstoff) und Verbrennung der Nahrungsstoffe ($C + O_2 \rightarrow CO_2$), dem Reduktionsvorgang entspricht die Fotosynthese ($CO_2 \rightarrow C + O_2$).

Die Pflanzen haben die Fähigkeit, das Kohlendioxid, das bei der Verbrennung entsteht, mithilfe des Blattgrüns und des Sonnenlichtes zu reduzieren. Der Sauerstoff wird an die Luft abgegeben. Der Kohlenstoff dient mit dem Wasser und den Nährsalzen zum Aufbau der organischen Verbindungen, wie Cellulose, Stärke, Eiweiß.

Atmung und Fotosynthese stehen in Wechselwirkung zueinander. Beide Vorgänge bewirken, dass die Zusammensetzung der Luft unverändert bleibt.

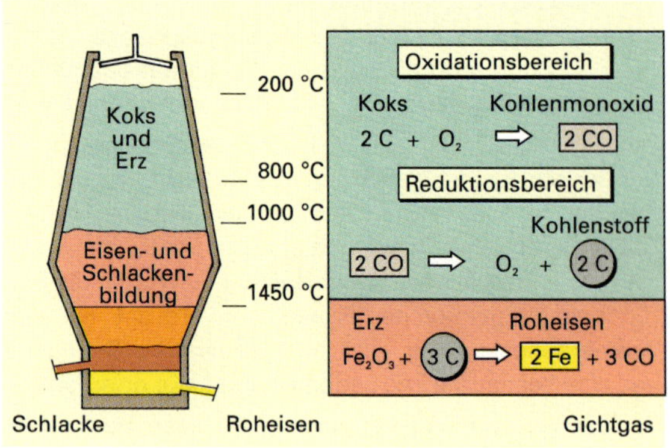

Reduktion im Hochofen

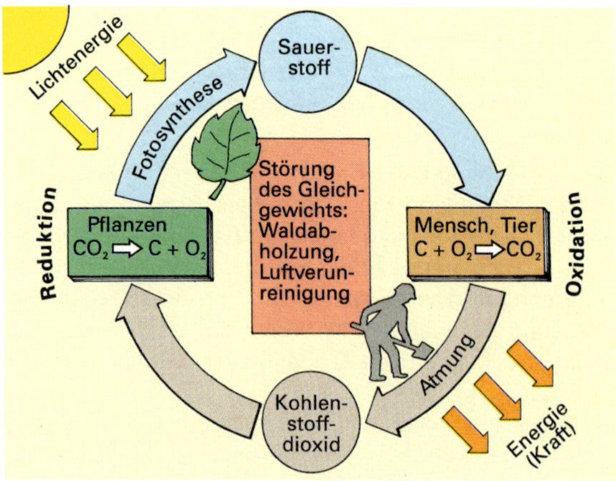

Wechselwirkung von Atmung und Fotosynthese

Zusammenfassung

Die **Oxidation** ist die Vereinigung eines Stoffes mit Sauerstoff; die Sauerstoffverbindung heißt **Oxid.**

Die **Reduktion** ist allgemein ein chemischer Vorgang, bei dem einem Oxid der Sauerstoff entzogen wird.

Der Reduktionsvorgang erfordert außer Wärme meist Reduktionsmittel, die den Oxiden den Sauerstoff entreißen.

Aufgaben:

1. *Erläutern Sie die Begriffe „Oxidation“ und „Oxid“.*
2. *Nennen Sie Beispiele für langsame Oxidationsvorgänge.*
3. *Wie unterscheidet sich die Oxidation von der Reduktion?*
4. *Warum ist mit der Reduktion von Metalloxiden eine Oxidation verbunden?*
5. *Durch welchen chemischen Vorgang entsteht CO_2?*

12.5 Schwind- und Quellverhalten des Holzes

12.5.1 Wassergehalt des Holzes

Das frisch geschlagene Holz enthält je nach Holzart, Standort des Baumes und Jahreszeit der Fällung bis zu 150 Massenprozent (M.-%) Wasser, bezogen auf die Darrmasse des Holzes (völlig trockenes Holz). Es befindet sich als freies Wasser in den Zellhohlräumen und als gebundenes Wasser in den Zellwänden. Das freie Wasser verdunstet bereits nach kurzer Zeit. Befindet sich im Holz nur noch gebundenes Wasser, ist ein **Fasersättigungspunkt** erreicht. Die Holzfeuchte beträgt am Fasersättigungspunkt etwa 30 M.-%. Bei weiterer Wasserabgabe schrumpfen die Zellen – das Holz verkleinert sein Volumen; es schwindet. Die **Schwindung** des Holzes ist beendet, wenn das Holz den Darrzustand erreicht hat (nur durch künstliche Trocknung).

12.5.2 Holzfeuchtegleichgewicht

Holz ist ein hygroskopischer Baustoff. Seine Holzzellwände können Wasser aus der umgebenden Luft aufnehmen, wenn zwischen dem Feuchtegehalt des Holzes und dem der umgebenden Luft ein Unterschied besteht. Das Holz nimmt so lange Feuchtigkeit auf, bis das Gleichgewicht zwischen Holzfeuchte und Luftfeuchte eingetreten ist. Dieser Zustand wird als **Holzfeuchtegleichgewicht** bezeichnet. Bei einer Temperatur von 15 °C und 70% relativer Luftfeuchte hat Holz einen Feuchtegehalt von etwa 15% seiner Darrmasse. Mit der Feuchtigkeitsaufnahme nimmt auch die Zellwanddicke wieder zu – das Holz quillt. Die **Quellung** des Holzes endet, wenn der Fasersättigungspunkt eingetreten ist.

12.5.3 Verformung von Holzquerschnitten infolge Schwindung

Die **Schwind- und Quellmaße** sind je nach Holzart, Dichte und Richtung im Holz unterschiedlich. Als grobe Richtwerte für das Schwinden und Quellen bei der Trocknung gelten vom Fasersättigungspunkt bis zur Darrmasse: in Richtung der Holzfaser 0,1%, in Richtung der Markstrahlen (radial) 5%, in Richtung der Jahresringe (tangential) 10%. Die unterschiedlichen Querschnittschwindmaße und die unterschiedlichen Feuchtigkeiten im Kernholz- und Splintholzbereich bewirken beim Trocknen der Hölzer Verzerrungen und Verwindungen. **Seitenbretter** wölben sich, und zwar wird die rechte Seite rund, die linke Seite hohl. **Kernbretter** verjüngen sich zum Rand hin und verkleinern sich. **Viertelhölzer** verformen sich rautenförmig. Außerdem kann es durch zu rasches und ungleichmäßiges Trocknen zu Rissbildungen kommen.

Schwinden, Quellen, Verziehen, Reißen und Werfen des Holzes werden in der Praxis unter **„Arbeiten des Holzes"** zusammengefasst.

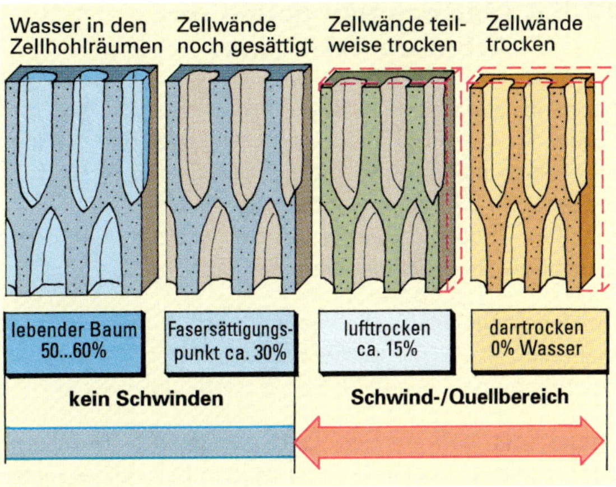

Wassergehalt des Holzes

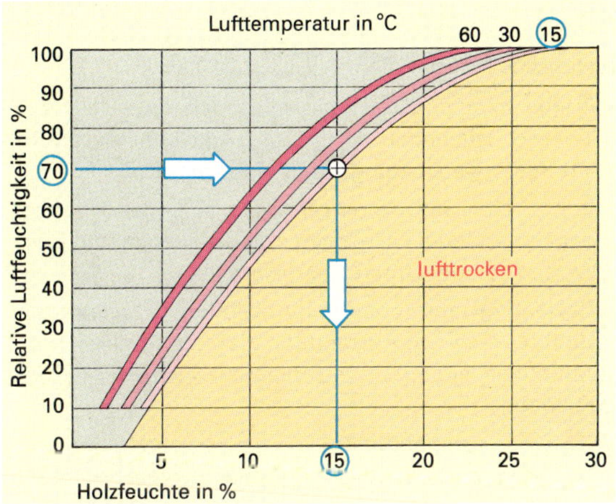

Feuchtegleichgewichtskurven für Holz bei verschiedenen Temperaturen (Ablesebeispiel)

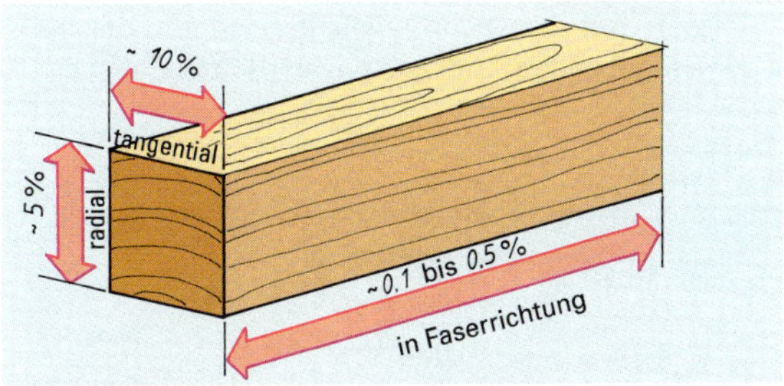

Durchschnittliche Schwindmaße des Holzes

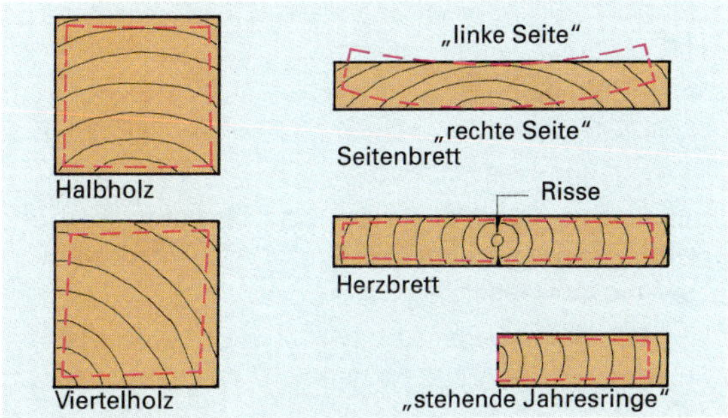

Querschnittsverformung infolge von Schwindung

12.5.4 Maßnahmen gegen das Arbeiten des Holzes

Nach der Verarbeitung des Holzes, insbesondere für Türen, Treppen, Vertäfelungen und Fußböden, sollen die Holzbauteile möglichst unverformt und rissefrei bleiben. Um dies zu erreichen, muss das Holz möglichst mit dem Feuchtegehalt verarbeitet werden, der dem Feuchtegleichgewicht am Verwendungsort entspricht:

Holzfeuchtegehalt für die Verwendung
im Freien: 15...20 M.-% (z.B. bei Wandverschalungen),
in Innenräumen: 6...10 M.-% (z.B. Möbelholz).

Wegen der auftretenden Luftfeuchtigkeitsschwankungen kann das Quellen und Schwinden des Holzes nicht vollständig verhindert werden. Dies muss beim Einbau von Brettern und Platten besonders berücksichtigt werden.

Technische Maßnahmen:

- Bretter so an der Unterlage befestigen, dass das Quellen und Schwinden der Bretter nicht behindert wird, z.B. Außenverkleidungen aus Holzbrettern.
- Bretter stets mit der linken Seite aufliegend befestigen. Im anderen Falle lösen sich die Brettkanten beim Werfen von der Unterkonstruktion ab.
- Bewegungsraum („Luft") für eventuelle Quellung der Bretter vorsehen. Anwendung z.B. bei Vertäfelungen, Außenverkleidungen und Rahmenkonstruktionen mit Füllung.
- Verleimte Bretterplatten können mit so genannten Gratleisten, die in der Platte quer zur Faserrichtung eingelassen sind, eben gehalten werden. Die Gratleisten dürfen nicht eingeleimt werden.
- Für große Flächen evtl. Sperrholz verwenden.
- Holzteile mit dem Feuchtegehalt einbauen, der dem der umgebenden Luft entspricht (Holzfeuchtegleichgewicht!).

Beim Einbau von Brettern ist eventuelles Quellen und Schwinden der Bretter zu berücksichtigen.

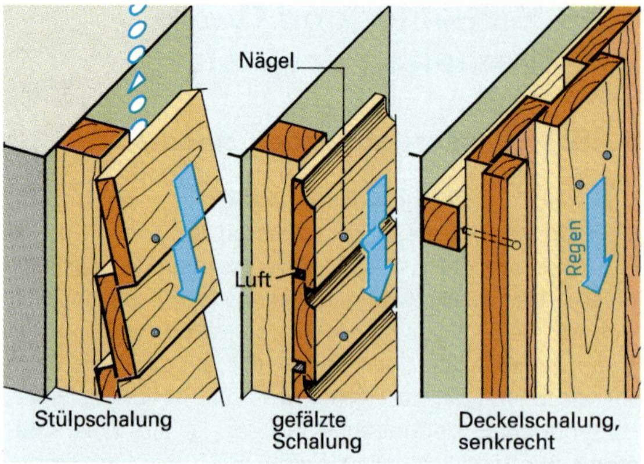

Wandschalungen: Keine Behinderung des „Arbeitens"

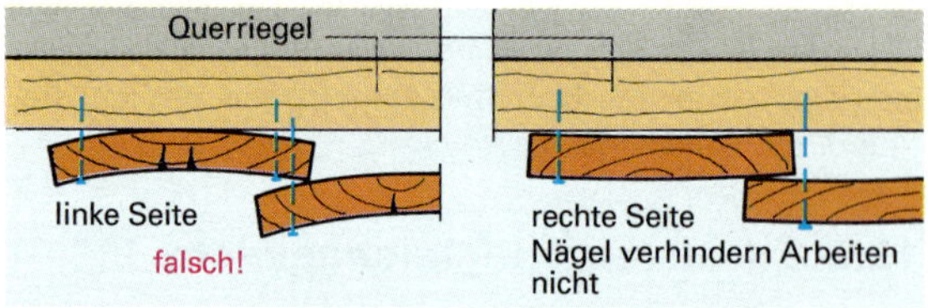

Brettseite und Nagelung auf Unterkonstruktion

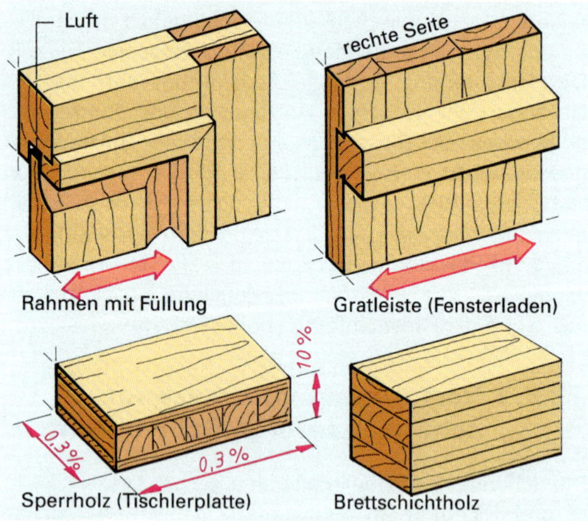

Maßnahmen zur Berücksichtigung des Arbeitens

Zusammenfassen

Holz ist hygroskopisch und passt seinen Feuchtegehalt der umgebenden Luft an.

Holz schwindet bzw. quillt, wenn sein Feuchtegehalt unterhalb des Fasersättigungspunktes abnimmt bzw. zunimmt.

Schwinden, Quellen, Werfen und Verziehen sowie Reißen werden in der Praxis unter „Arbeiten des Holzes" zusammengefasst.

Auf diese Eigenschaften des Holzes ist bei Holzkonstruktionen Rücksicht zu nehmen, wenn Holzschäden vermieden werden sollen.

Aufgaben:

1. *Was versteht man unter „Fasersättigungspunkt"?*
2. *Erklären Sie das Gesetz vom Feuchtegleichgewicht.*
3. *Auf wie viel Prozent Holzfeuchte muss Holz, das im Freien Verwendung finden soll, heruntergetrocknet werden?*
4. *Wie groß ist das Schwindmaß in den verschiedenen Holzschnittrichtungen?*
5. *Was versteht man unter dem „Arbeiten des Holzes"?*
6. *Begründen Sie die Verformung durch Schwinden bei a) einem Seitenbrett, b) einem Kernbrett, c) einem Viertelholz.*
7. *Warum sind Seitenbretter mit der linken Seite auf der Unterkonstruktion zu befestigen?*

12.6 Holztrocknung

12.6.1 Die natürliche Holztrocknung

Ein großer Teil des Schnittholzes wird auf natürlichem Wege, d.h. an der freien Luft, getrocknet. Diese **Freilufttrocknung** wird dementsprechend als natürliche Holztrocknung bezeichnet. Dabei gibt das Holz Feuchtigkeit durch Verdunsten an die umgebende Luft ab.

Mit der natürlichen Holztrocknung kann der Feuchtegehalt des Holzes auf 15...20 M.-% („lufttrocken") gesenkt werden.

Damit das Schnittholz rasch und gleichmäßig trocknen kann, muss es „luftig" gestapelt werden. Unbesäumte Bretter werden meist stammweise gestapelt, wobei mehrere Stämme übereinander und nebeneinander angeordnet werden – **Blockstapel**. Besäumte Bretter werden zu **Viereckstapeln** (Kastenstapeln) aufgeschichtet. Beim Stapeln ist darauf zu achten, dass die Stapelleisten innerhalb eines Stapels genau übereinander liegen und ihre Abstände nicht zu groß sind. Sonst kann es zu unangenehmen Brettverformungen kommen, wodurch die Bretter z.T. unbrauchbar werden. Bei der Stapelung im Freien muss der Stapel vor Regen und Sonneneinstrahlung geschützt sein. Es ist zweckmäßig, die Stapel möglichst quer zur Hauptwindrichtung anzuordnen. Damit von unten keine Feuchtigkeit an die Bretter gelangen kann, müssen Stapel vom Boden etwa 50...60 cm Abstand haben. Der Lagerplatz muss fest, eben, trocken und frei von Pflanzenwuchs sein.

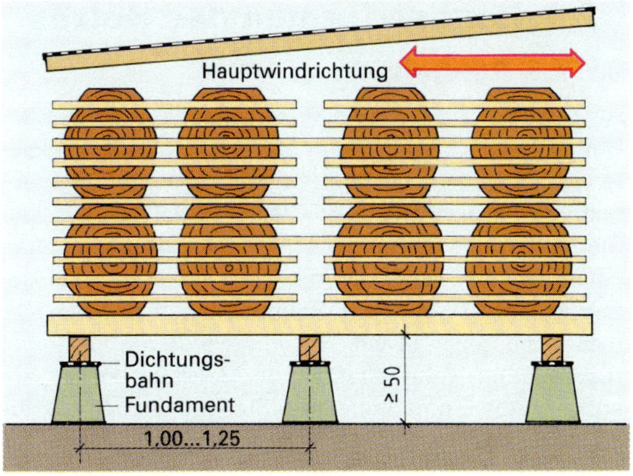

Blockstapel

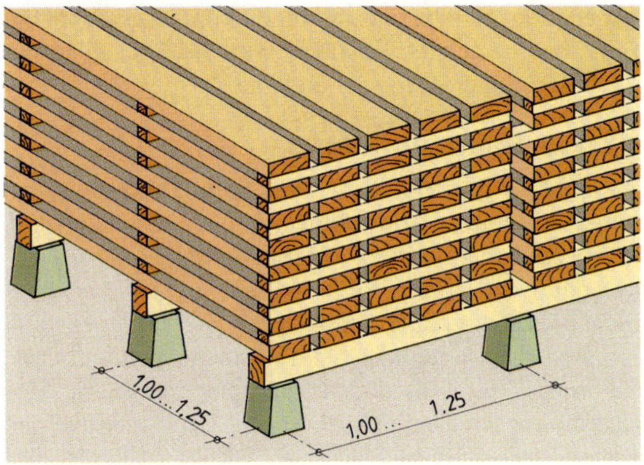

Viereckstapel (Kastenstapel)

12.6.2 Die künstliche Holztrocknung

Die künstliche oder technische Holztrocknung wird angewendet, wenn das Holz weniger als 15% Feuchtegehalt haben soll, z.B. Holz für geleimte Bauteile. Der Trocknungsvorgang geschieht in Trockenkammern.

Das Holz wird wie bei der natürlichen Trocknung luftig gestapelt. Mit einem Gebläse wird die Luft in der Kammer bewegt, dass sie durch den Stapel streicht und mit Wasserdampf angereichert die Kammer durch eine Abluftklappe verlässt. Gleichzeitig wird „trockene" Luft zugeführt. In der Kammer können Luftfeuchtigkeit, Temperatur und Luftbewegung so gesteuert werden, dass das Holz ohne Rissbildung trocknet.

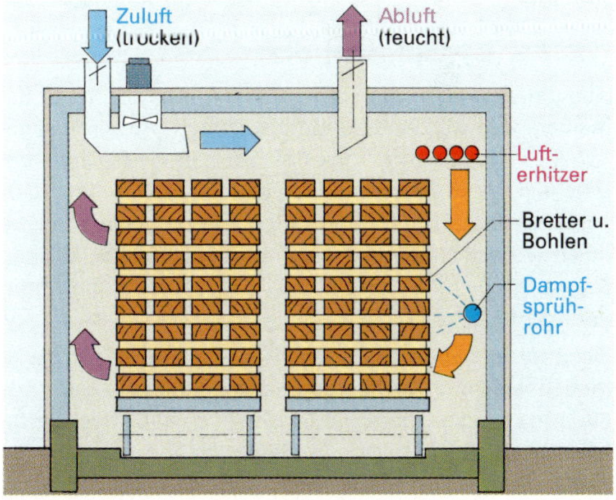

Holztrocknungsanlage (Schema)

Zusammenfassung

Holz wird auf natürliche und künstliche Weise getrocknet.

Die Holztrocknung beruht auf dem Gesetz vom Feuchtegleichgewicht.

Durch künstliche Holztrocknung kann jeder gewünschte Feuchtegehalt erzielt werden.

Aufgaben:

1. *Begründen Sie die Regeln, die bei der natürlichen Holztrocknung beachtet werden müssen.*
2. *Beschreiben Sie das Prinzip der künstlichen Holztrocknung.*
3. *Begründen Sie die Vorteile der künstlichen Trocknung gegenüber der natürlichen.*
4. *Wodurch werden Rissbildungen bei der Holztrocknung vermieden?*

12.7 Handelsformen des Holzes

12.7.1 Rohholz

Als Rohholz wird das gefällte, entwipfelte und entastete Holz bezeichnet, auch wenn es abgelängt oder gespalten ist. Es wird als Langholz und als Schichtholz gehandelt. Je nach Dicke wird beim Langholz zwischen Stammholz und Stangen unterschieden. **Stangen** haben einen Durchmesser (1 Meter vom stärkeren Ende gemessen) von 7 bis 14 cm, **Stämme** haben einen Durchmesser von über 14 cm. Stämme werden in der Regel zu Schnittholz verarbeitet, auf der Baustelle werden sie auch für Abstützungen benutzt. Stangen werden z. B. für Rüststangen, für Stützen von Schalungen sowie für Steifen und Pfähle verwendet.

Die Masse von Langholz wird in Festmeter (Fm) angegeben und mithilfe des Mittendurchmessers und der Holzlänge berechnet. Rundholz wird auf Baustellen nur noch in geringen Mengen verwendet.

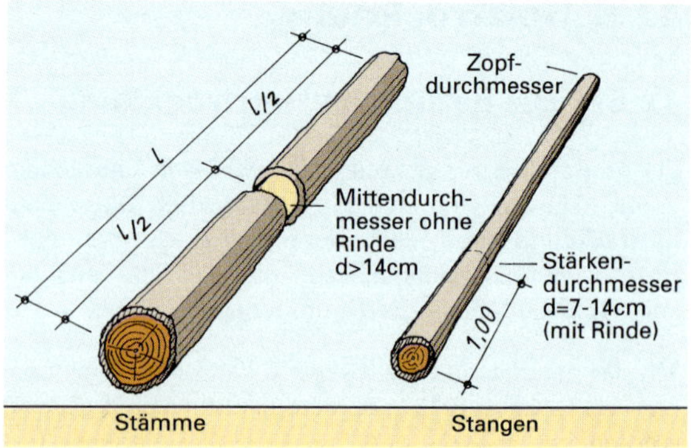

Rohholz

12.7.2 Baurundholz

Als Bauholz bezeichnet man alle beim Hoch- und Tiefbau sowie zur Brückenherstellung und ähnlichen Arbeiten verwendeten Hölzer. Als **Baurundholz** werden abgelängte, entrindete Hölzer bezeichnet, die entweder nicht geschnitten oder nur ein- bzw. zweiseitig geschnitten sind. Man unterscheidet entsprechend Rundhölzer, Halbrundhölzer, Rundhölzer einseitig besäumt und Rundhölzer zweiseitig besäumt. Auf Baustellen werden Rundhölzer hauptsächlich für vorübergehende Absprießungen, im Schalungsbau und im Gerüstbau verwendet.

Rundholz			
unbesäumt	einseitig besäumt	zweiseitig besäumt	Halbrundholz

Baurundholz

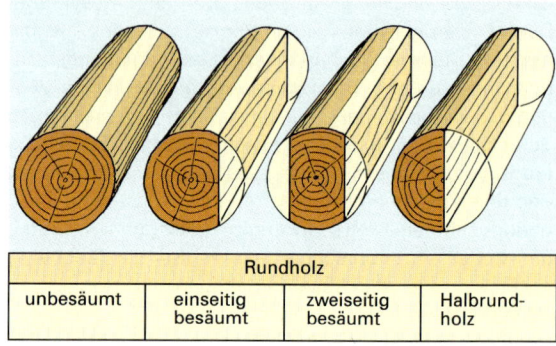

12.7.3 Bauschnittholz

Die gefällten Stämme kommen als Rundholz in das Sägewerk und werden hier eingeschnitten. Alles im Sägewerk eingeschnittene Rundholz wird als **Schnittholz** bezeichnet. Beim Einschnitt zu Bauholz werden nach DIN 4074 Kantholz, Bohle, Brett und Latte unterschieden. Je nach Ausnutzung des Stammquerschnittes können Ganz-, Halb- und Viertelhölzer (Kreuzholz) eingeschnitten werden.

Kanthölzer haben einen quadratischen oder rechteckigen Querschnitt, wobei die Querschnittsbreite mehr als 40 mm und die Querschnittshöhe höchstens das Dreifache der Breite beträgt. Für Balken gelten die gleichen Breiten-Höhen-Verhältnisse. Von **Balken** spricht man, wenn die größte Querschnittsseite über 20 cm beträgt.

Bohlen sind mehr als 40 mm dick.

Bretter sind bis zu 40 mm dick und mindestens 80 mm breit; die Mindestdicke beträgt 6 mm.

Latten, meist aus den Außenkanten des Stammes hergestellt, sind bis zu 40 mm dick und weniger als 80 mm breit. Abmessungen: 24/48 mm, 30/50 mm und 40/60 mm.

Bei **Nadelschnittholz** wird je nach Abmessungen zwischen Kantholz (einschließlich Balken und Kreuzholz), Bohle, Brett und Latte unterschieden.

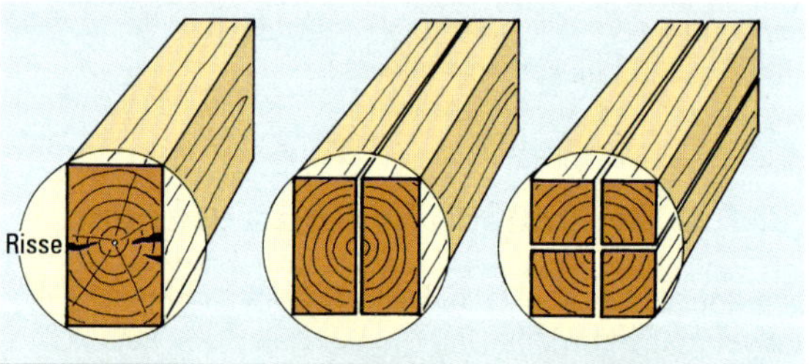

Ganzholz	Halbholz	Viertelholz oder Kreuzholz

Schnittholz

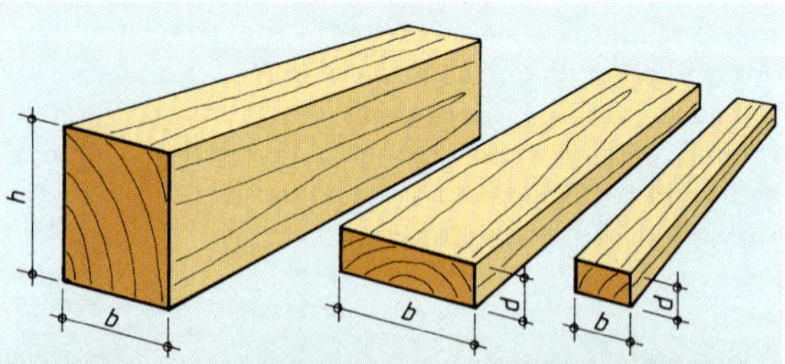

Kantholz (b≤h≤3 b und b>40 mm) (Balken: h>20 cm)	**Bohlen** (d>40 mm, b>3 d) **Bretter** (d≤40 mm, b≥80 mm)	**Latten** (d≤40 mm, b<80 mm)
z.B. 8/8 cm 10/16 cm 12/24 cm	z.B. 60/200 mm 24/120 mm 30/160 mm	z.B. 24/48 mm 30/50 mm 40/60 mm

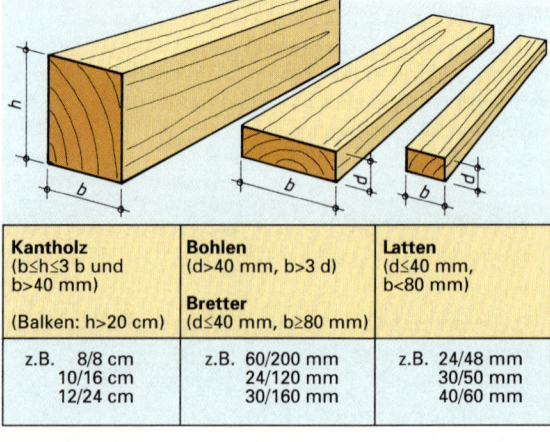

Bauschnittholz

Beim Einschnitt des Bauholzes wird aus wirtschaftlichen Gründen die optimale Nutzung des Stammes angestrebt. Dabei bleiben oft Baumkanten im Kantholz stehen, die je nach Verwendung des Kantholzes kaum nachteilig sind. Für besondere Konstruktionen, z.B. im Ingenieurholzbau, ist baumkantenfreies Holz erforderlich. Kantholz wird daher nach der Baumkantenbreite den Sortierklassen für Nadelschnittholz zugeordnet.

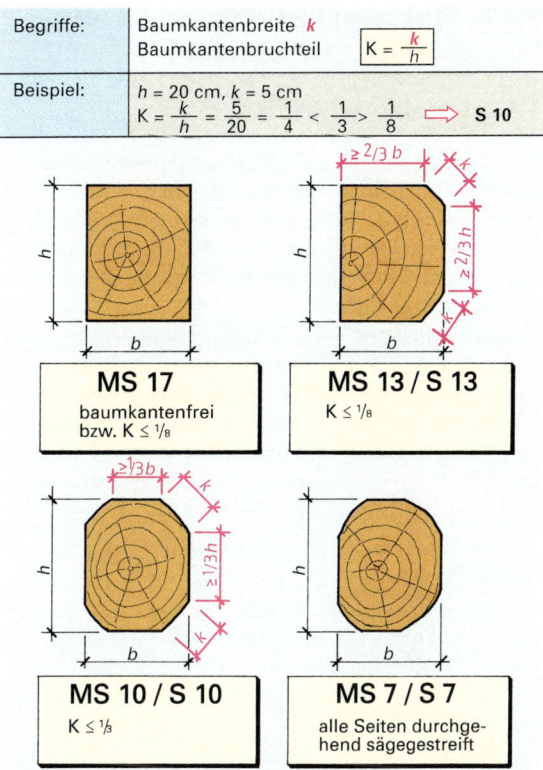

Begriffe:	Baumkantenbreite ***k*** Baumkantenbruchteil $K = \frac{k}{h}$
Beispiel:	h = 20 cm, k = 5 cm $K = \frac{k}{h} = \frac{5}{20} = \frac{1}{4} < \frac{1}{3} > \frac{1}{8}$ ⇨ **S 10**

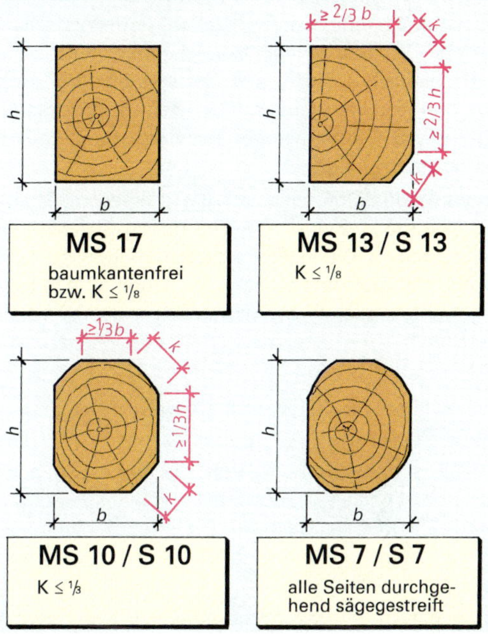

Sortiermerkmal: Baumkante

12.7.4 Sortierklassen für Nadelschnittholz

Bauschnittholz, insbesondere Kantholz einschließlich Balken und Kreuzholz, wird vielfach auf Tragfähigkeit beansprucht und oft hohen Anforderungen ausgesetzt. Deshalb muss bei der Auswahl des Bauholzes beachtet werden, in welchem Maße Baumkanten, Äste, Jahresringbreite und andere Merkmale die Tragfähigkeit beeinträchtigen. Damit man die Belastbarkeit der Bauteile berechnen kann, muss neben der Abmessung und der Form auch die Beschaffenheit des Bauholzes möglichst genau bekannt sein. **Bauschnittholz** (Nadelholz) wird daher nach der Tragfähigkeit eingeteilt bzw. sortiert. Bei der Sortierung wird von 11 Sortiermerkmalen ausgegangen. Dies sind im einzelnen Baumkanten, Äste, Jahresringbreite, Faserneigung, Risse, Verfärbungen, Druckholz, Insektenfraß, Mistelbefall, Krümmung und Markröhre.

Je nachdem, ob nach der visuellen Methode (Inaugenscheinnahme) oder nach der maschinellen Methode (mit Sortiermaschinen) sortiert wird, unterscheidet man drei bzw. vier **Sortierklassen**.

Die visuelle Prüfung unterscheidet 3 Sortierklassen: **S 7**, **S 10** und **S 13** (s. nebenstehende Tabelle).

Die maschinelle Sortierung (Kennzeichen **MS**) berücksichtigt eine vierte Klasse **MS 17** für Schnittholz mit besonders hoher Tragfähigkeit.

Bauschnittholz (Nadelholz) wird nach seiner Tragfähigkeit in **Sortierklassen** eingeteilt. Die Einteilung richtet sich nach verschiedenen Holzgütemerkmalen.

Benennung	**Sortierklassen**	
	visuelle Sortierung	**maschinelle Sortierung**
Schnittholz mit geringer Tragfähigkeit	**S 7**	**MS 7**
Schnittholz mit normaler Tragfähigkeit	**S 10**	**MS 10**
Schnittholz mit überdurchschnittlicher Tragfähigkeit	**S 13**	**MS 13**
Schnittholz mit besonders hoher Tragfähigkeit	–	**MS 17**

Sortierklassen nach visueller und maschineller Sortierung

Zusammenfassung

Unter **Baurundholz** versteht man alle Hölzer, die nicht oder nur einseitig oder zweiseitig geschnitten sind.

Bauschnittholz wird nach den Querschnittsabmessungen in Kanthölzer (einschließlich Balken und Kreuzholz), Bohlen, Bretter und Latten eingeteilt.

Nadelschnitthölzer werden nach ihrer Tragfähigkeit in Sortierklassen eingeteilt. Bei der Einteilung sind Holzgütemängel mit den Sortiermerkmalen im zulässigen Umfang angegeben.

Sortiermerkmale sind z.B. Baumkanten, Äste, Jahresringbreite, Faserverlauf und Holzkrümmung.

Aufgaben:

1. *Was versteht man unter a) Rohholz, b) Baurundholz, c) Bauschnittholz?*
2. *Erklären Sie: Ganzholz, Halbholz, Kreuzholz.*
3. *Nennen Sie je drei Querschnittsabmessungen für Kanthölzer, Bohlen, Bretter und Latten.*
4. *Geben Sie die Sortierklassen an: a) für visuelle Sortierung, b) für maschinelle Sortierung.*
5. *a) Geben Sie fünf Sortiermerkmale an.*
   b) Geben Sie an, inwiefern die angegebenen Merkmale die Tragfähigkeit des Bauholzes beeinträchtigen.

12.8 Holzwerkstoffe und Halbfertigerzeugnisse

12.8.1 Holzwerkstoffe

Als Holzwerkstoffe werden Platten und Formteile bezeichnet, die aus dünnen Holzschichten gleicher oder unterschiedlicher Dicke, aus Holzspänen oder Holzfasern hergestellt werden. Zu den Holzwerkstoffen gehören z. B. Furnierplatten, Tischlerplatten, Holzspan- und Holzfaserplatten.

Holzwerkstoffplatten sind im Allgemeinen maßhaltiger als Vollholzteile und eignen sich für großflächige Holzkonstruktionen. Die Vollholzeigenschaften, wie z. B. Härte und Festigkeit, sind erhalten, die Quell- und Schwindneigung ist jedoch wesentlich geringer als bei Vollholzbauteilen.

Furnierplatten bestehen aus kreuzweise aufeinander geleimten Furnieren.

Furniere sind dünne Holzblätter, die durch Sägen, Messern oder Schälen in einer Dicke von 0,55...8,00 mm hergestellt werden. Nach der Art ihrer Herstellung unterscheidet man entsprechend Sägefurniere, Messerfurniere und Schälfurniere.

Durch die kreuzweise Anordnung der Holzlagen wird das Schwinden und Quellen eingeschränkt, da die Lagen nur so viel schwinden und quellen können, wie Holz in Längsrichtung arbeitet. Das kreuzweise Verleimen nennt man **Absperren**. Furnierplatten und Tischlerplatten werden auch als **Sperrholz** bezeichnet. Die Mindeststückzahl von drei Lagen verhindert, dass sich die Platten werfen.

Tischlerplatten bestehen aus mindestens zwei Sperrfurnieren und einer Mittellage aus Holzleisten oder Schälfurnieren. Die Faserrichtung des Mittellagenholzes verläuft quer zur Faserrichtung der aufgeleimten Sperrfurniere. Je nach Art der Mittellage werden Stabplatten, Stäbchenplatten, Streifenplatten (Holzstäbchen sind nicht verleimt) und Lamellenplatten (verleimte Schälfurnierlamellen) unterschieden.

Spanplatten werden aus Holzspänen mit Kunstharz als Bindemittel unter Wärme- und Druckeinwirkung hergestellt.

Je nach Art der Herstellung werden **Flachpressplatten** (Druck senkrecht zur Plattenebene) und **Strangpressplatten** (Druck parallel zur Plattenebene) unterschieden. Strangpressplatten werden einschichtig, Flachpressplatten werden ein-, vorwiegend drei- oder fünfschichtig hergestellt. Bei mehrschichtigen Platten bestehen die Außenschichten aus feineren Spänen.

Spanplatten können pressblank, geschliffen, furniert oder mit Kunstharzen beschichtet werden. Je nach verwendeter Verleimart können Spanplatten nicht wetterbeständig oder begrenzt wetterbeständig sein.

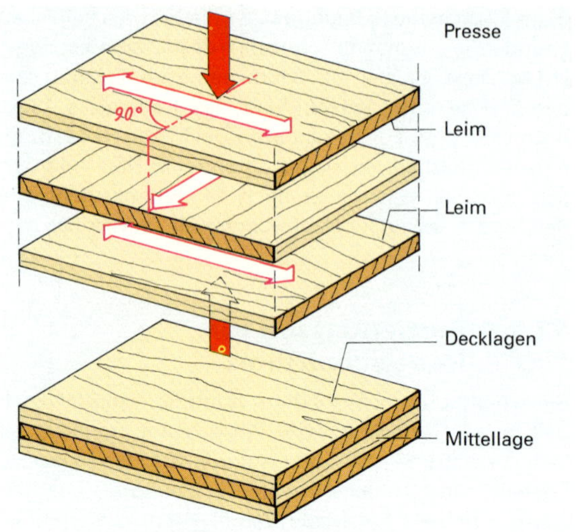

Aufbau einer Furnierplatte (dreilagig)

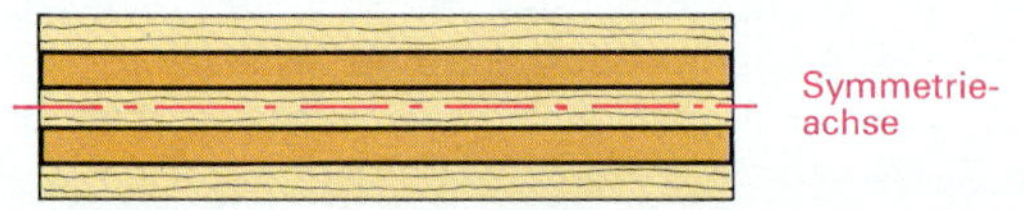

Fünflagige Furnierplatte

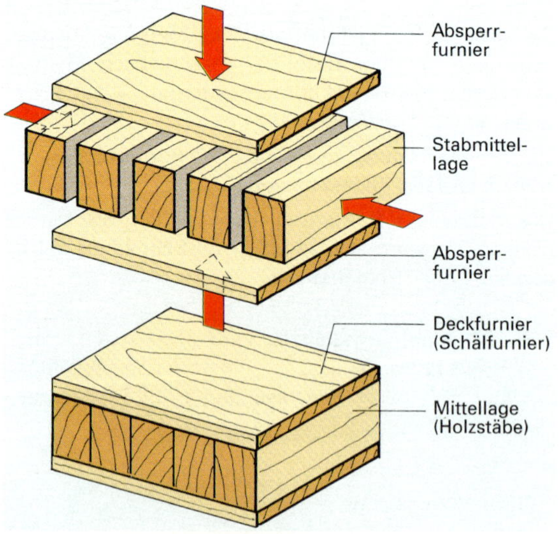

Aufbau einer Tischlerplatte (Sperrholz)

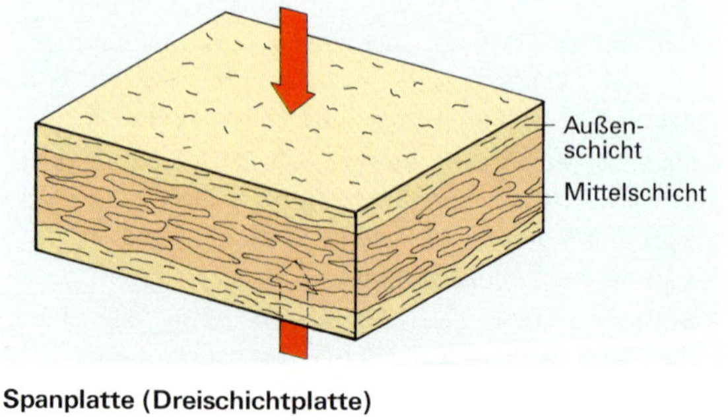

Spanplatte (Dreischichtplatte)

Holzfaserplatten werden aus Holzfasern mit und ohne Bindemittel und mit und ohne Füllstoff hergestellt. Sie erhalten ihren Zusammenhalt durch Verfilzung der Fasern und durch Kunstharze.

Poröse Holzfaserplatten werden bei der Herstellung nicht oder nur leicht gepresst. Sie lassen sich mit Holzbearbeitungswerkzeugen gut bearbeiten und können genagelt, geschraubt oder aufgeleimt werden. Wegen ihres porösen Gefüges werden sie als Dämmplatten zur Wärmedämmung, Schalldämmung und Schallschluckung verwendet.

Harte Holzfaserplatten sind gepresste Faserplatten, die nach ihrer Dichte in mittelharte, harte und extraharte Holzfaserplatten eingeteilt werden. Sie haben eine glatte Oberfläche und lassen sich mit Holzbearbeitungswerkzeugen gut bearbeiten sowie nageln, schrauben und leimen. Man verwendet sie im Innenausbau für Decken- und Wandverkleidungen.

Bitumen-Holzfaserplatten sind poröse Platten mit Bitumenzusatz. Durch die Bituminierung der Holzfasern sind die Platten feuchtigkeitsunempfindlich. Sie werden zur Schall- und Wärmedämmung bei Wänden und Böden verwendet.

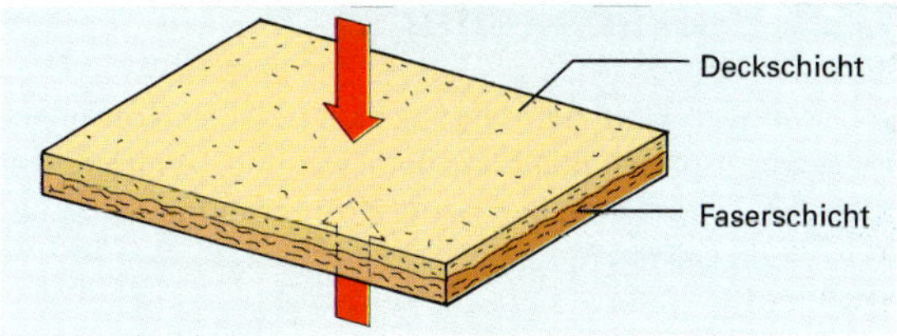

Holzfaserhartplatte

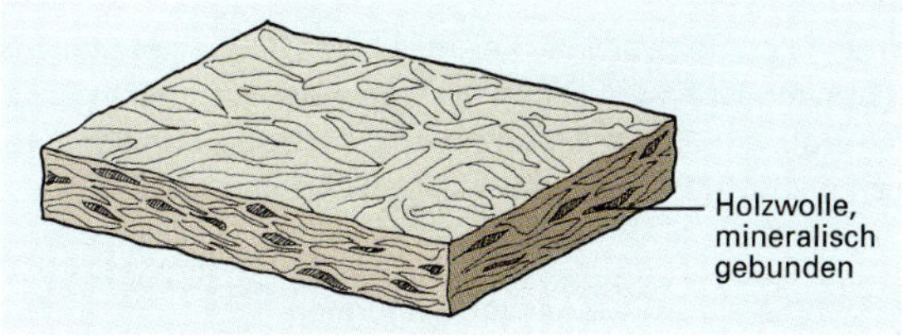

Holzwolle-Leichtbauplatte

12.8.2 Halbfertigerzeugnisse

Halbfertigerzeugnisse sind Hölzer, die für einen bestimmten Zweck vorgeformt sind. Sie sind bis auf die Oberflächenbehandlung einbaufertig.

Die Vorformung erlaubt die Herstellung großer Stückzahlen und damit eine gute Ausnutzung der für diese Zwecke erforderlichen Maschinen. Der Herstellungspreis wird dadurch häufig günstiger als bei Selbstherstellung.

Für Bauzwecke bedeutsame Halbfertigerzeugnisse sind z.B. Hobeldielen, Stab- und Fasebretter, Stülpschalungsbretter, gespundete Bretter, Fußleisten, Treppenpfosten und Balkonbretter.

Halbfertigerzeugnisse, auch **Halbfabrikate** genannt, sind profilierte Hölzer, die in ihren Abmessungen genormt sind.

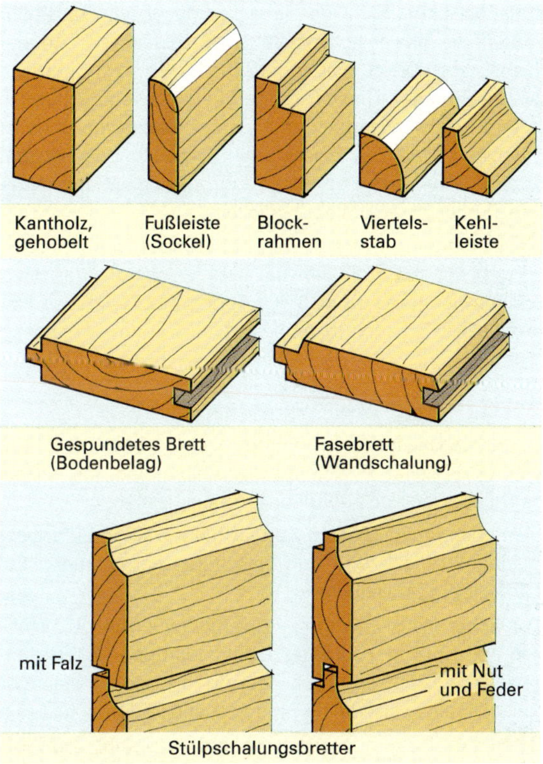

Halbfertigerzeugnisse

Zusammenfassung

Zu den **Holzwerkstoffen** gehören Sperrholz-, Holzspan- und Holzfaserplatten.

Baufurnierplatten bestehen aus mindestens drei kreuzweise verleimten Furnierlagen.

Holzspanplatten werden aus Spänen und Kunstharzbindemitteln hergestellt.

Holzfaserplatten werden nach der Dichte und Festigkeit in poröse und harte Holzfaserplatten eingeteilt. Poröse Holzfaserplatten werden als Dämmplatten verwendet.

Aufgaben:

1. *Was versteht man unter Holzwerkstoffen und Halbfabrikaten?*
2. *Welche technischen Vorteile bietet Sperrholz im Vergleich zu Vollholzteilen?*
3. *Warum bezeichnet man poröse Holzfaserplatten auch als Dämmplatten?*
4. *Aus welchen Gründen sind Halbfertigerzeugnisse am Markt?*
5. *Geben Sie Halbfertigerzeugnisse an, die für Bauarbeiten verwendet werden.*

12.9 Holzschädlinge

Der Werkstoff Holz hat den Nachteil, dass er von pflanzlichen und tierischen Holzschädlingen befallen und zerstört werden kann. Pflanzliche Holzschädlinge sind Pilze, wichtige tierische Holzschädlinge sind Insekten.

12.9.1 Pflanzliche Holzschädlinge

Pilze bzw. Schwämme verursachen Holzkrankheiten (Fäulen) und treten am lebenden Baum und am eingeschnittenen und verarbeiteten Holz auf. Sie entnehmen ihre Nahrung aus dem Holz und können die Holzfaser bis zum völligen Zerfall zerstören.

Holzschäden durch Pilzbefall

Allgemeine Entwicklungsbedingungen

Die Holzfäulepilze entwickeln sich aus den Pilzsporen (Keimen), die auf dem Holz und in den Rissen des Holzes vorhanden sind. Zunächst bildet sich ein Geflecht (Mycel) von unzähligen, dünnen Fäden, die das Holz verzweigt durchwachsen. An der Holzoberfläche wächst das Fadengeflecht zu strangartigen Gebilden aus (Mycel-Stränge). Diese Stränge überwachsen auch holzfreie Bauteile und wachsen sogar durch poröse Baustoffe hindurch. Zur Fortpflanzung bildet das Mycel Fruchtkörper. In ihnen werden als Keime unzählige winzige Sporen erzeugt, die von Wind, Wasser, Mensch und Tier leicht verschleppt werden.

Holzschädigung tritt auf, wenn die Sporen keimen können und das Pilzgeflecht das Holz zersetzt. Das Wachstum des Mycels beginnt bei Temperaturen über 3 °C. Angegriffen wird das Holz, wenn es mehr als 18% Feuchtigkeit besitzt.

Echter Hausschwamm, Fruchtkörper

Häufig vorkommende Pilze

Der **Echte Hausschwamm** greift hauptsächlich Nadel- und Laubholz an (außer Eiche). Er erzeugt Braunfäule, das Holz zerfällt in würfelige Stücke, die sich zu Pulver zerreiben lassen.

Man erkennt ihn an dem watteartigen, weißen Luftmycel, den weißgrauen Strängen und den fleischigen fladenartigen Fruchtkörpern mit weißem Zuwachsrand.

Der Echte Hausschwamm ist schnellwüchsig und lebt ausschließlich von Holz oder anderen celluloseartigen Materialien. Seine Mycelstränge wachsen durch Poren und Risse im Mauerwerk und Beton, so dass er sich leicht in umgebende Räume ausbreiten kann.

Echter Hausschwamm, Schadensbild

Befallenes Holz muss entfernt und verbrannt werden; das umgebende Mauerwerk muss gründlich gereinigt werden (evtl. mit Lötlampe, Imprägnierung und völlige Austrocknung).

Der **Kellerschwamm (Warzenschwamm)** befällt besonders nasses Nadel- und Laubholz und wächst bei hoher Feuchtigkeit (30–40%) sehr rasch. Er stirbt bei Austrocknung ab. Der Kellerschwamm erzeugt Braunfäule. Er entwickelt an der Holzoberfläche einen flach anliegenden, krustigen Fruchtkörper mit gelblichem Rand und hell- bis dunkelbraune halbkugelige Warzen (∅ ~ 5 mm). Das spärliche Oberflächenmycel ist gelblich und wird später braun und bildet zarte, beinahe spinnwebenartige Stränge.

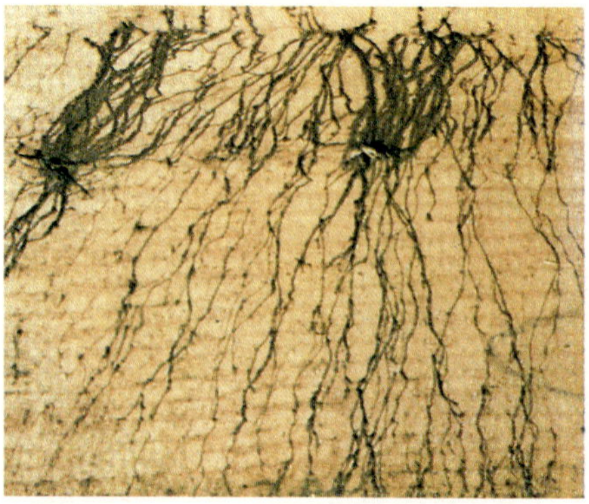

Kellerschwamm mit Oberflächenmycel

> Der Echte Hausschwamm ist der gefährlichste Pilz des verarbeiteten Holzes.

12.9.2 Tierische Holzschädlinge

Zu den tierischen Holzschädlingen gehören Insekten, wie z.B. Käfer, Falter, Holzwespen und Termiten. Sie befallen entweder den stehenden Baum (Baum- oder Forstschädlinge) oder gelagertes und verarbeitetes Holz (technische Holzschädlinge) und mindern durch Fraß den technischen Wert des Holzes oder zerstören es völlig. In der Entwicklung der holzzerstörenden Insekten vom Ei über Larve und Puppe bis zum fertigen Insekt sind es bei Käfern und Wespen die Larven und bei den Faltern die Raupen, die das Holz schädigen.

Als Schädlinge des verarbeiteten Holzes sind besonders der Hausbockkäfer sowie der Poch- und Klopfkäfer zu nennen.

Der **Hausbockkäfer**, auch als „großer Holzwurm“ bezeichnet, ist der gefährlichste dieser Holzschädlinge. Er befällt nur Nadelhölzer und kommt im Dachgebälk und in Holzbalkendecken vor. Die Larven fressen sich ausschließlich durch trockenes Nadelsplintholz und bleiben unterhalb der Holzoberfläche, so dass die Holzzerstörung häufig erst spät an den Fluglöchern der ausgeschlüpften Käfer entdeckt wird. Das Holz kann durch Larvenfraß während der Entwicklungszeit zum fertigen Insekt (3...8 Jahre) völlig zerstört werden. Erkennungszeichen für Hausbockbefall sind Nagegeräusche der Larven (wahrnehmbar mit Abhorchgerät) und die ovalen, meist ausgefransten Fluglöcher der Käfer.

Der **Klopfkäfer** befällt verarbeitetes Nadel- und Laubholz und zerstört durch Larvenfraß insbesondere Holz mit hohem Feuchtegehalt und niedriger Temperatur. Seine Larven (etwa 5 mm lang) sind vor allem in alten Möbeln, Holztreppen und Holzkunstwerken zu finden, selten im Dachgebälk. Die Entwicklungszeit der Larven beträgt 1...3 Jahre. Sie können in einem Möbelteil zu Hunderten auftreten und diesen schon nach wenigen Jahren stark zerstören. Erkennungszeichen für Klopfkäferbefall sind die Nagegeräusche der Larven, die siebartig verteilten Ausfluglöcher sowie die Bohrmehlhäufchen am Boden.

Bei den holzzerstörenden Insekten sind die eigentlichen Holzzerstörer deren Larven, die auf der Suche nach Nährstoffen Gänge in das Holz nagen.

Zusammenfassung

Holzkrankheiten (Fäulen) werden durch Pilze oder Schwämme hervorgerufen. Diese zerstören oder verfärben das Holz.

Der **Hausbockkäfer** ist der gefährlichste tierische Schädling des Bauholzes.

Aufgaben:

1. *Welche wesentlichen Voraussetzungen ermöglichen oder fördern das Wachstum der Pilze?*
2. *Warum ist der Echte Hausschwamm der gefährlichste Pilz am verarbeiteten Holz?*
3. *Woran erkennt man, ob Holz vom Hausbockkäfer oder vom Klopfkäfer befallen ist?*

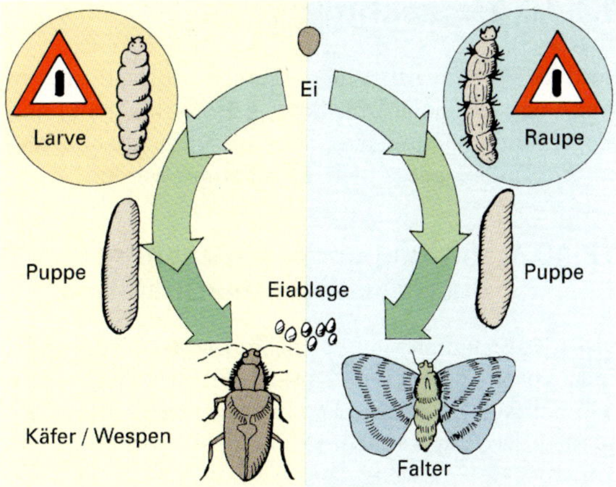

Entwicklungsstufen der holzzerstörenden Insekten

Hausbock: Käfer und Larve

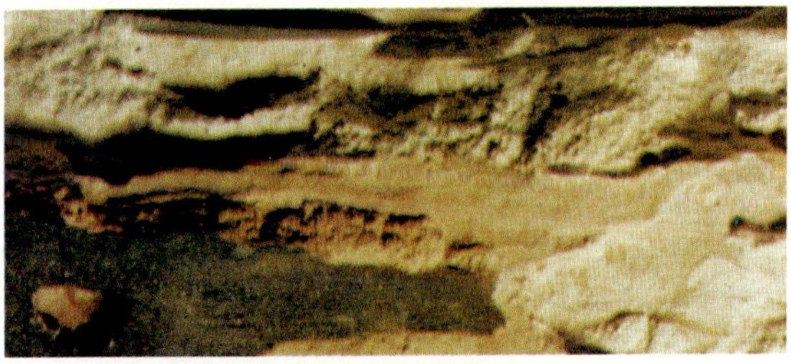

Holzzerstörung durch den Hausbock

Klopfkäfer mit Larve

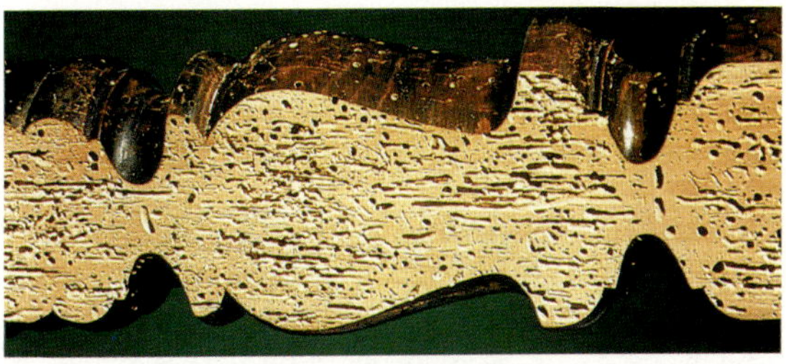

Holzzerstörung durch den Klopfkäfer

12.10 Holzschutz

Holzschädlinge verursachen jährlich Holzverluste im Werte von Millionen DM. Um die Holzschäden zu verhindern bzw. zu mindern, müssen vorbeugende und bekämpfende Maßnahmen durchgeführt werden.

12.10.1 Vorbeugender Holzschutz durch bauliche Maßnahmen

Diese Maßnahmen sind vor allem darauf ausgerichtet, Feuchtigkeit und Wasser von Holz fern zu halten und damit Holzfäulnis und Insektenbefall zu verhindern. Besonders wichtig ist aber auch, dass gesundes und trockenes Holz verwendet wird.

Vorbeugende bauliche Maßnahmen, die Feuchtigkeitswirkung auf Holzteile verhindern:

- Holz nicht in feuchtes Mauerwerk einbauen,
- Holzteile so einbauen, dass sie gegen auftretende Feuchtigkeit geschützt sind (z.B. Bitumenpappen als Dichtungsschichten unter Schwellen und Balkenköpfen),
- Balkenköpfe so einbauen, dass Stirnseite und Seitenflächen vom Mauerwerk einen Abstand von mind. 1 cm haben,
- außen liegende Holzteile vor Regen- und Spritzwasser schützen (z.B. durch ausreichend große Dachüberstände, Mindestabstand vom Boden 30 cm),
- gefährdete Holzteile mit chemischen Holzschutzmitteln behandeln.

12.10.2 Holzschutzmittel

Zum Schutz gegen pflanzliche und tierische Holzschädlinge werden die Holzteile mit wirksamen Holzschutzmitteln behandelt. Sie wirken als Berührungs-, Atmungs- und Fraßgifte. Im Bauwesen werden wasserlösliche und ölige Schutzmittel verwendet.

Ölige Schutzmittel eignen sich nur für lufttrockenes Holz. Sie sind wasserabweisend, wasserunlöslich, keimtötend und setzen den Flammpunkt des Holzes herab. Mit öligen Mitteln wird Oberflächen- und Randschutz erreicht.

Wasserlösliche Schutzmittel (Salze) haben den Vorteil, dass sie auch bei feuchtem und nassem Holz anwendbar sind. Sie ermöglichen Tiefenschutz und Feuerschutz, sind jedoch auslaugbar und greifen zum Teil Stahlteile an.

Grundsätzlich dürfen nur solche Holzschutzmittel verwendet werden, die Prüfzeichen und Prüfprädikat haben. Die Prüfprädikate geben die wichtigsten Eigenschaften der Holzschutzmittel in Kurzform an.

Holzschutzmittel sind Imprägnierungsmittel. Sie eignen sich als Schutz gegen pflanzliche und tierische Schädlinge. Die Prüfprädikate geben in Kurzform die wichtigsten Eigenschaften der Holzschutzmittel an.

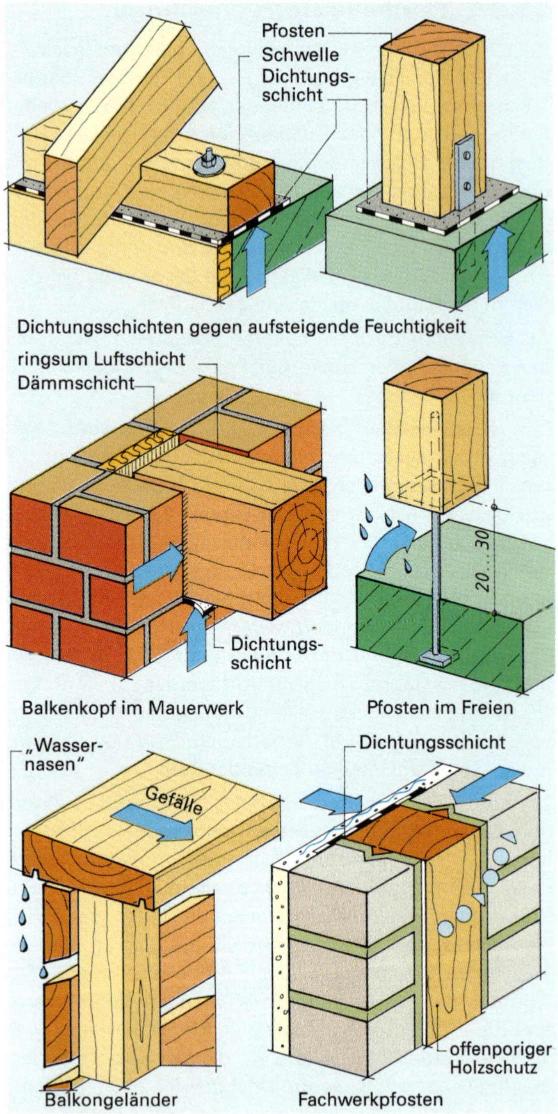

Vorbeugende Holzschutzmaßnahmen

Kurzzeichen	Bedeutung
P	gegen (P)ilze wirksam (Fäulnisschutz)
Iv (Iv)	gegen (I)nsekten (v)orbeugend wirksam nur bei Tiefschutz gegen (I)nsekten (v)orbeugend wirksam
Ib	gegen (I)nsekten (b)ekämpfend wirksam
E	geeignet auch für Holz, das (e)xtremer Beanspruchung ausgesetzt ist
S	auch zum (S)treichen, (S)pritzen oder Tauchen geeignet
W	geeignet auch für Holz, das der (W)itterung ausgesetzt ist

Kennzeichen der Holzschutzmittel

Die meisten Holzschutzmittel haben mehrere dieser Eigenschaften, z. B. P, Iv, S.

Holzschutzmittelverteilung

Die Schutzwirkung der Holzschutzmittel ist von der Eindringtiefe abhängig. Nach DIN 52175 unterscheidet man:

- **Oberflächenschutz**, es wird keine Eindringtiefe erwartet;
- **Randschutz**, mit einer Eindringtiefe in Millimetern;
- **Tiefschutz**, die Eindringtiefe beträgt mindestens 1 cm;
- **Teilschutz**, der Tiefschutz ist auf gefährdete Stellen beschränkt.

Beim **Vollschutz** müssen alle zugänglichen Teile des Holzes mit Holzschutzmittel durchdrungen sein. Stark verkerntes und verharztes Holz lässt sich nicht imprägnieren.

Einbringverfahren

Je nach Holzart, Holzfeuchte, Größe der Holzteile, geforderter Eindringtiefe und Verwendung können Holzschutzmittel im handwerklichen Verfahren durch Streichen, Spritzen, Tauchen und Tränken aufgebracht bzw. eingebracht werden. Daneben gibt es industrielle Verfahren, bei denen Tief- und Vollschutz durch Kesseldruckverfahren und Saftverdrängungsverfahren erreicht wird. Das Spritzen und Sprühen darf nur in stationären Anlagen durchgeführt werden.

Beim Streichen und Spritzen (Sprühen) wird meist ein Oberflächen- oder Randschutz erzielt. Das Holz muss dabei trocken oder halb trocken sein.

Unfallschutz

Holzschutzmittel sind für Menschen gesundheitsschädlich. Sie müssen als Gifte gekennzeichnet sein und sorgfältig verschlossen aufbewahrt werden. Beim Arbeiten mit Holzschutzmitteln ist Schutzkleidung zu tragen. Während des Arbeitens darf nicht geraucht und nicht gegessen werden. Nach der Arbeit sind Hände und Gesicht gründlich zu reinigen.

Beseitigung von Holzschutzmittelresten

Reste von Holzschutzmitteln, die nicht mehr verwendet werden, und Abfälle von behandelten (imprägnierten)

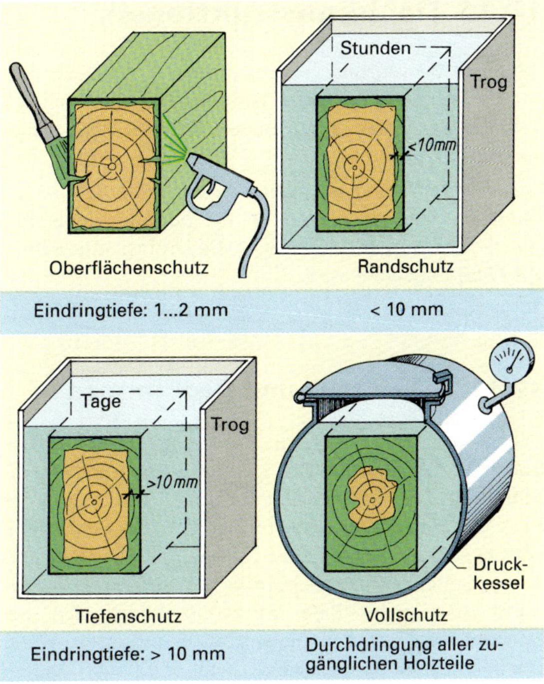

Holzschutzmittel: Verfahren und Eindringtiefe

Holzabfällen gelten als **Sonderabfall**. Bei der Abfallbeseitigung muss **Umweltschutz** beachtet werden. Grundsätzlich gilt:

- Reste von Holzschutzmitteln sind bei den örtlichen Sammelstellen oder bei autorisierten Entsorgungsunternehmen abzugeben. Sie dürfen nicht mit dem Hausmüll entsorgt werden.
- Die leeren Verpackungen sollen unbrauchbar gemacht werden. Geringe Mengen der Behältnisse sind zur örtlichen Müllsammlung zu bringen, größere Mengen sind bei den zuständigen Entsorgungsfirmen abzuliefern.
- Schutzmittelreste sind nach beendeter Arbeit so aufzubewahren, dass sie nicht in den Boden oder in das Oberflächenwasser gelangen können.
- Die Abfälle von behandelten Hölzern sind grundsätzlich von den konzessionierten Entsorgungsunternehmen zu entsorgen. Kleinere Mengen können in Deponien abgeliefert werden.

Zusammenfassung

Holz kann vorbeugend geschützt werden durch Auswahl geeigneter Hölzer, bauliche und konstruktive Maßnahmen und chemische Holzschutzmittel.

Im Bauwesen werden ölige und wasserlösliche Schutzmittel verwendet.

Die Prüfprädikate geben die wichtigsten Eigenschaften der Holzschutzmittel in Kurzform an.

Nach der Eindringtiefe der Holzschutzmittel wird zwischen Oberflächen-, Rand-, Tief- und Vollschutz unterschieden.

Beim Umgang mit Holzschutzmitteln müssen die Unfallschutzregeln beachtet werden.

Aufgaben:

1. *Was versteht man unter vorbeugendem Holzschutz?*
2. *Beschreiben Sie das fachgerechte Einmauern eines Balkenkopfes und begründen Sie die vorgeschlagene Konstruktion.*
3. *Auf welche Weise wirken Holzschutzmittel auf Holzschädlinge?*
4. *Begründen Sie die aufgeführten Unfallschutzregeln beim Umgang mit Holzschutzmitteln.*
5. *Begründen Sie die angegebenen Abfallbeseitigungsmaßnahmen!*

12.11 Dachkonstruktionen

Die obere Begrenzung bei Gebäuden ist das Dach. Neben der raumbegrenzenden Aufgabe hat das Dach die Aufgabe, das Gebäude vor Regen, Schnee, Wind, Kälte und Hitze zu schützen.

Der Dachvorsprung ist nicht nur bei hohem Sonnenstand ein Schattenspender für die darunter liegenden Fenster, sondern er schützt auch die Umfassungswände vor Witterungseinflüssen.

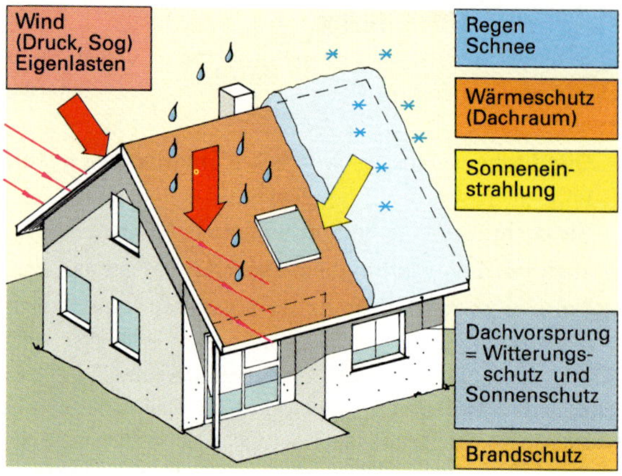

Aufgaben des Daches

12.11.1 Dachteile und Dachformen

Dächer bestehen aus einer Tragkonstruktion und der Dachhaut (Dachfläche). Den unteren waagerechten Abschluss der Dachfläche bildet die Traufe, den oberen der First. Der First ist, außer beim Pultdach, die Schnittlinie von zwei Dachflächen. Das Gleiche gilt für Grat und Kehle. Grate, Verfallgrate oder Kehlen stoßen im Anfallpunkt zusammen. Eine Verfallung bildet sich bei Dächern über zusammengesetzten Grundrissen, wenn die Dachteile unterschiedliche Dachhöhe haben. Die Linie, die vom unteren zum oberen First führt, ist der Verfallgrat. Pultdächer und Satteldächer werden seitlich am Giebel vom Ortgang begrenzt.

Das **Pultdach** hat nur eine Dachfläche. Es kommt bei Anbauten an eine bestehende Gebäudewand vor.

Das **Satteldach** ist die häufigste, zweckmäßigste und wegen guter Ausbaumöglichkeit wohl auch die wirtschaftlichste Dachform. Die Giebelwände gehen bis zu den Dachflächen.

Das **Walmdach** entsteht aus dem Satteldach, wenn man an den Giebelseiten ebenfalls Dachflächen (Walme) anordnet. Das Walmdach besitzt auf allen Seiten eine Traufe.

Das **Krüppelwalmdach** ist eine Verbindung von Satteldach und Walmdach. Seine Walmflächen haben eine geringere Höhe als die angrenzenden Hauptdachflächen.

Das **Mansarddach** zeigt gebrochene Dachflächen. Die unteren Dachflächen sind steiler als die oberen.

Das **Zeltdach** ist ein Walmdach über einem quadratischen oder rechteckigen Grundriss. Die Gratlinien laufen in einem Punkt zusammen.

Das **Turmdach** ist ein Zeltdach, bei dem die Dachhöhe wesentlich größer ist als die Trauflänge. Der Grundriss kann auch vieleckig sein.

Das **Säge-** oder **Sheddach** besteht aus aneinander gereihten Satteldächern. Es kommt bei Fabrikbauten vor.

Alle Dächer, die mehr als 40° Neigung haben, sind **Steildächer**. Bis zu einer Neigung von 5° werden die Dächer als **Flachdächer** bezeichnet.

Größe und Form eines Daches bestimmen wesentlich das Bild eines Gebäudes.

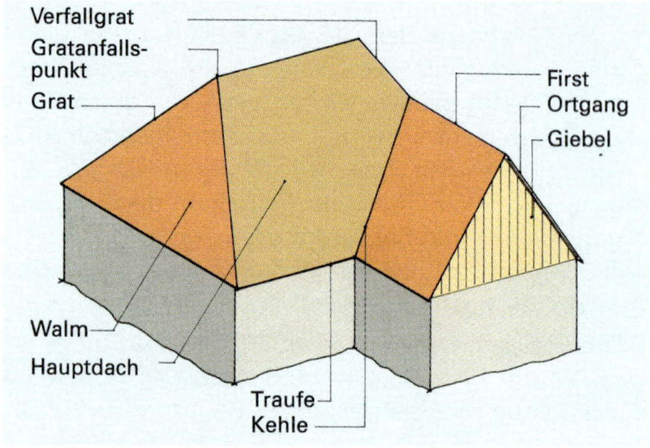

Dachteile, Bezeichnungen

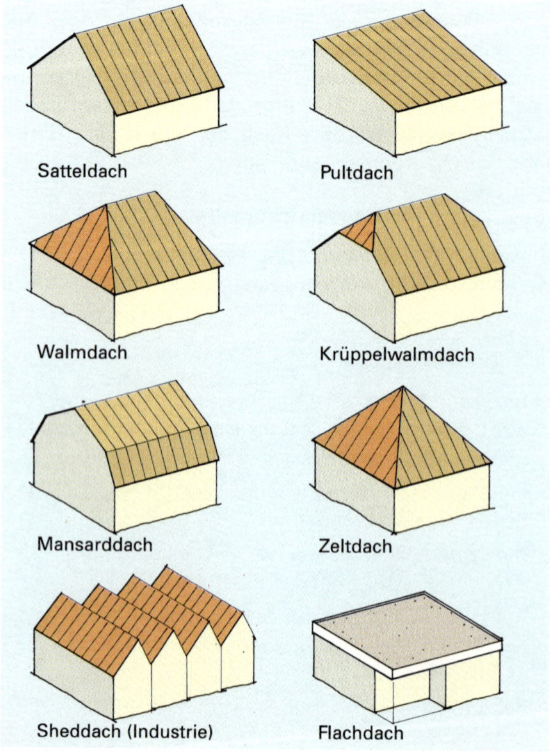

Dachformen

12.11.2 Pfettendachkonstruktion

Das Dach besteht aus einem Dachgerüst, den Deckunterlagen (z.B. Dachlattung) und den Dachdeckstoffen (z.B. Dachziegel). Das Dachgerüst bildet die Tragkonstruktion und steift das Dach gegen Windkräfte aus. Eine häufig angewendete Tragwerkskonstruktion ist das **Pfettendach**.

Der Pfettendachstuhl

Zu Pfettendächern gehört immer ein unterstützender Dachstuhl. Dieser besteht aus Pfosten (Stiele) und den mit diesen verbundenen Pfetten und Bügen (Kopfbänder). Eine Pfette und die angeschlossenen Pfosten und Büge bilden eine Stuhlwand (Pfettenstrang). Je nach Zahl der Stuhlwände werden Pfettendächer mit einfachem oder mehrfachem Stuhl unterschieden.

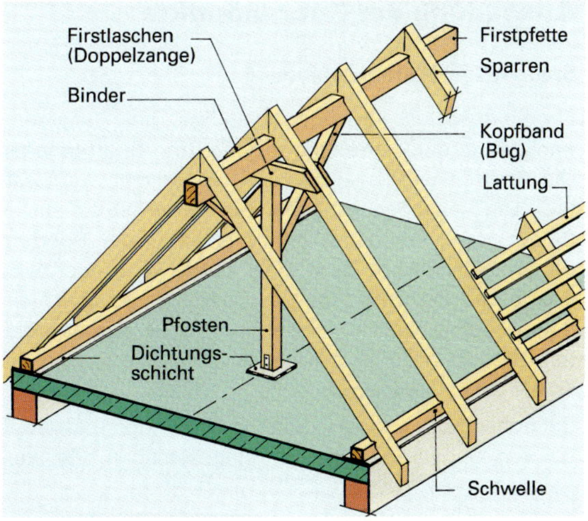

Pfettendach mit einfach stehendem Stuhl

Aussteifung gegen Windkräfte

Versuch: Ein mit Flügelschrauben fest verschraubter rechteckiger Rahmen wird a) ohne Verstrebung, b) mit einer Verstrebung auf Verschiebung beansprucht.

Ergebnis: Der nicht verstrebte Rahmen lässt sich verhältnismäßig leicht verschieben; der Rahmen mit Strebe ist unverschieblich (stabil). Diese wird auf Druck oder Zug beansprucht.

Aussteifungen gegen schiebende Kräfte werden mit Hilfe von stabilen Dreieckskonstruktionen erreicht.

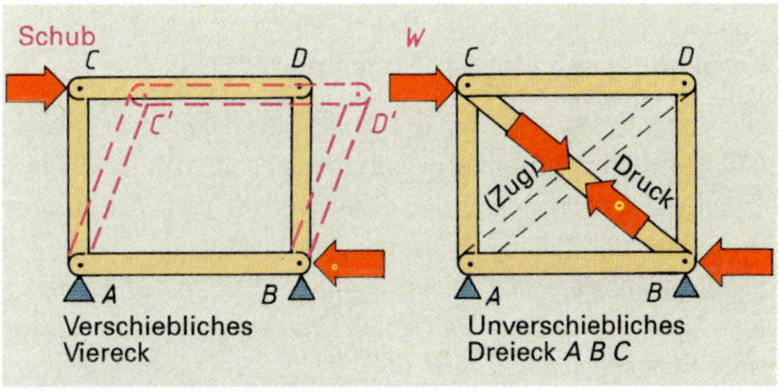

Aussteifung durch Streben

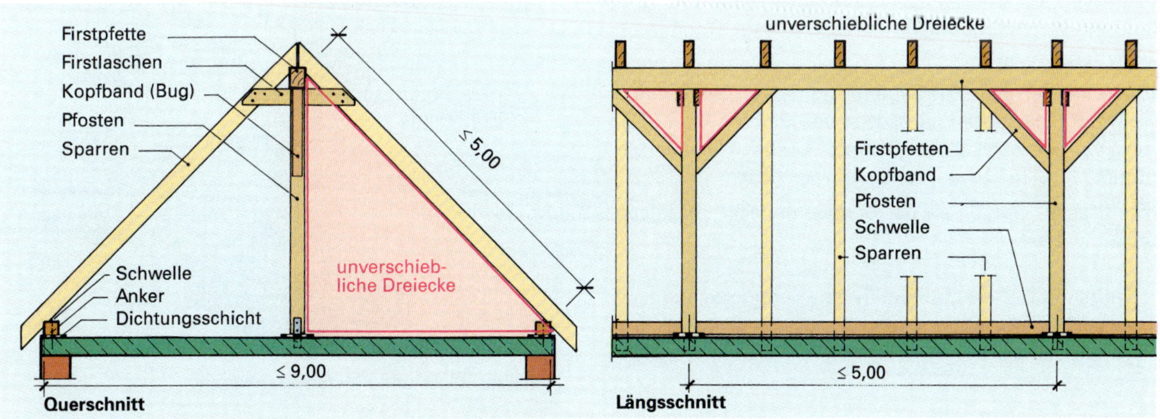

Einfach stehender Pfettendachstuhl (Binderkonstruktion)

Queraussteifung

Im Pfettendachstuhl bilden Pfosten (Stiele) mit Doppelzangen (Firstzangen) und Sparrenpaar einen Binder (s. Abb. oben). Die Sparren sind dabei mit der Pfette und die Schwelle sowie der Pfosten sind mit der Decke fest verbunden. Dadurch entsteht zwischen Pfosten, zugehörigem Sparrenpaar, Zangen und Decke ein unverschiebliches Dreieck. Diese **Binderkonstruktion** übernimmt die Queraussteifung des Pfettendaches. Der Abstand der **Binder** untereinander beträgt höchstens 5 m.

Längenaussteifung

Die Längsaussteifung des Pfettendaches übernehmen die unter 45° angeordneten **Kopfbänder** (Büge). Sie bilden mit dem Bundpfosten und der Pfette ein unverschiebliches Dreieck. Windrispen können daher oft entfallen. An den Giebelwänden wird die Längsaussteifung auch durch Kopfbänder oder besser durch Streben verstärkt. Bei der Strebenkonstruktion werden die Pfosten bei Windkraftwirkung nicht belastet.

Ausbildung der Knotenpunkte

Sparren- und Pfettenverbindung

Für die Anschlüsse der Sparren an First- und Fußpfetten genügen in der Regel Sparrenkerve und Sparrennagel. Die Sparren werden aufgekervt (aufgeklaut, aufgesattelt) und von oben genagelt. Die Kerve ist so auszuführen, dass genügend Obholz (etwa 3/4 der Sparrenhöhe) stehen bleibt. Statt einer Kerve kann auch eine Knagge an die Unterseite des Sparrens genagelt werden. Dadurch bleibt der volle Sparrenquerschnitt erhalten. Dies ist besonders wichtig, wenn Sparren an der Traufe weit auskragen.

Bei hohen Sparrenquerschnitten werden die Sparrennägel von beiden Seiten schräg eingeschlagen oder vorgebohrt.

Am First können Sparren zusätzlich mit Laschen oder Zangen verbunden werden.

Verbindung von Pfosten, Bügen und Pfetten

Die Fußpfette wird mit der Stahlbetondecke verankert (Abstand der Verankerungen etwa 2,00 m). Mit einer Dichtungsbahn unter der Pfette wird das Aufsteigen von Feuchtigkeit verhindert. Die Firstpfette wird von Pfosten in Abständen von 4,00...4,50 m unterstützt. Bei herkömmlicher Bauweise werden Pfosten, Büge und Pfetten mit Zapfen- und Versatzverbindungen aneinander angeschlossen. Da die Querschnitte der Pfosten und Pfetten durch Zapfenlöcher geschwächt werden, wird auf die Zapfenverbindungen meist verzichtet und die Verbindung mit Laschen oder Nagelblechen geschaffen.

Büge werden z.B. mit Zapfen und Bolzen angeschlossen, oder sie stoßen an Pfetten und Pfosten stumpf an und werden mit Laschen angeschlossen (Nagelverbindung).

Die Pfosten werden an der Stahlbetondecke mit Flachankern befestigt.

Tragende Dachhölzer sind in den Knotenpunkten so zu verbinden, dass unnötige Querschnittsminderung vermieden wird.

Zusammenfassung

Beim Pfettendach sind Sparren auf Pfetten aufgelegt. Sie werden wie schräg liegende Balken beansprucht.

Der Dachstuhl besteht aus Pfosten und den mit diesen verbundenen Bügen und Pfetten.

Die Queraussteifung des Daches wird durch die miteinander verbundenen Pfosten, Sparren und Decke bewirkt.

Die Längsaussteifung wird durch Büge und Streben gesichert.

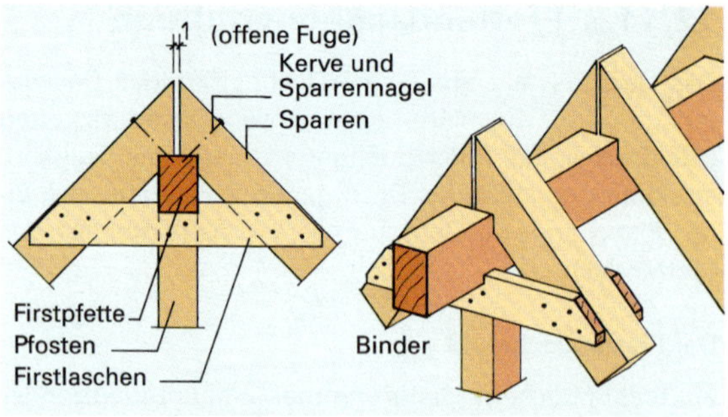

Firstknoten am Binder

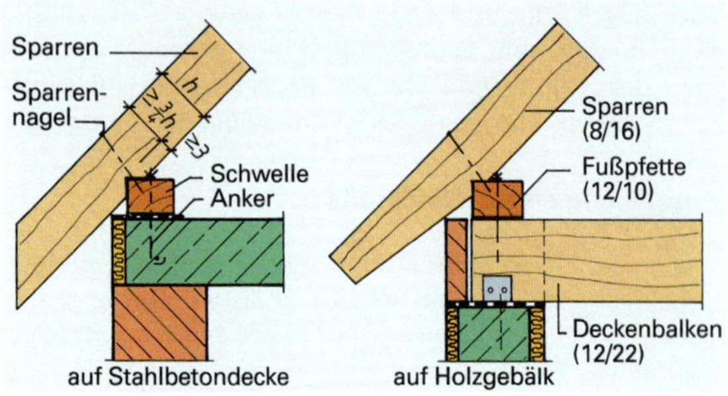

Sparrenfuß (Traufpunkt)

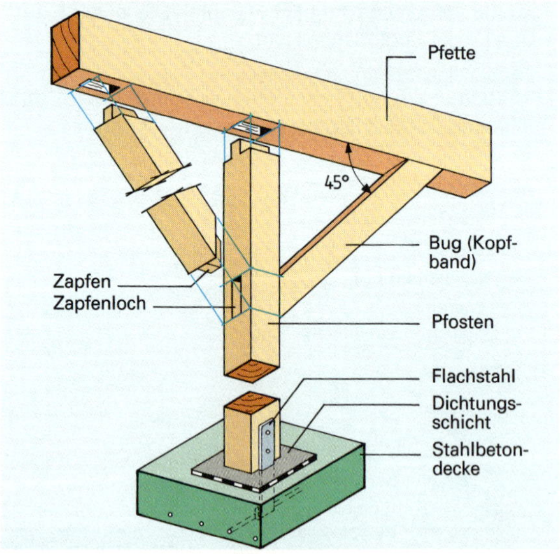

Buganschluss und Pfostenverankerung

Aufgaben:

1. *Nennen Sie die herkömmlichen Dachformen und beschreiben Sie diese näher.*
2. *Beschreiben Sie*
   a) das Pfettendach mit einfach stehendem Stuhl,
   b) das Pfettendach mit zweifach stehendem Stuhl.
3. *Durch welche Dachkonstruktionen wird Quer- und Längsaussteifung bewirkt?*
4. *Beschreiben Sie eine herkömmliche Ausbildung des First-, Sparrenfuß-, Bug- und Pfostenschlusses beim Pfettendach (skizzieren Sie die Lösungen).*

12.11.3 Sparrendachkonstruktion

Beim Sparrendach bilden die einzelnen Sparrenpaare mit dem dazugehörenden Holzbalken bzw. mit dem dazugehörigen Teil der Massivdecke ein unverschiebliches Dreieck. Da die Sparren die Dachlast auf die Auflager übertragen, treten an den Sparrenfußpunkten neben den Vertikalkräften auch Horizontalkräfte auf. Diese sind umso kleiner, je steiler die Sparren stehen. Die Dachneigung sollte daher 35° nicht unterschreiten.

Die **Queraussteifung** wird beim Sparrendach durch die unverschieblichen Dreiecke aus Sparrenpaar und Holzbalken bzw. der darunter liegenden Decke bewirkt. Zur **Längsaussteifung** des Sparrendaches werden Windrispen unter das Sparrenfeld diagonal angebracht. Statt Windrispen können auch Windrispenbänder (verzinkte Stahlbänder mit Bohrungen) zur Längsaussteifung verwendet werden.

Bauliche Durchbildung

Die Sparrenpaare werden am First am einfachsten durch eine Senkelschmiege und beiderseits angenagelte Laschen verbunden. Die Sparrenpaare können auch mit einem Scherzapfen oder einem einfachen Blatt verbunden werden. Diese Verbindungen müssen jedoch zusätzlich mit einem Schraubenbolzen gesichert werden.

Wichtig: Der Firstpunkt muss so ausgebildet werden, dass Belastungen von einem Sparren auf den anderen übertragen werden können.

Die Ausbildung am Sparrenfuß hängt von der darunter liegenden Deckenart ab. Bei **Sparrendächern über Holzbalkendecken** muss der Sparren mit einem Versatz an den Deckenbalken angeschlossen werden. Für **Sparrendächer über Stahlbetondecken** wird an der Traufe ein Stahlbetonwiderlager erstellt. Der Sparrenfuß wird dann über eine Schwelle an das Stahlbetonwiderlager angeschlossen.

Sparrendächer sind bei Gebäudebreiten bis zu 8 m eine sehr wirtschaftliche Dachkonstruktion. Die Sparrenlänge sollte bei den gebräuchlichen Sparrenquerschnitten 4,50 m nicht überschreiten. Sind längere Sparren erforderlich, ist die Konstruktion des Kehlbalkendaches vorzusehen. Das Kehlbalkendach ist die Weiterentwicklung des Sparrendaches.

Zusammenfassung

Bei Sparrendächern bilden die einzelnen Sparrenpaare mit den Holzbalken der Dachbalkenlage bzw. der darunter liegenden Decke ein unverschiebliches Dreieck.

Beim Sparrendach werden die Belastungen über die Sparren abgeleitet. An den Fußpunkten entstehen Vertikal- und Horizontalkräfte.

Die Längsaussteifung wird mithilfe von Windrispen oder Windrispenbändern erzielt. Diese werden an den Sparren diagonal befestigt.

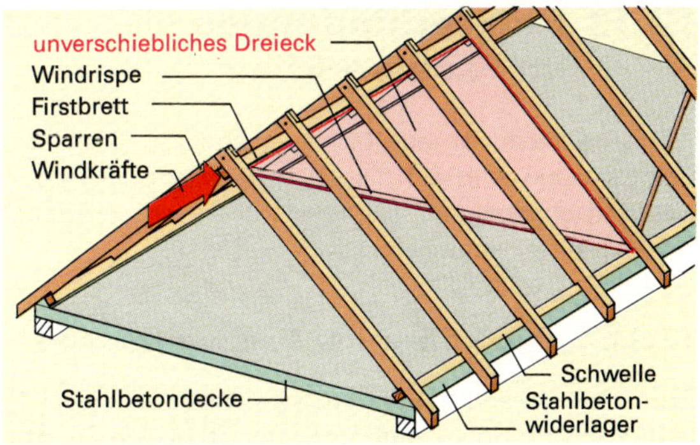

Sparrendach, System

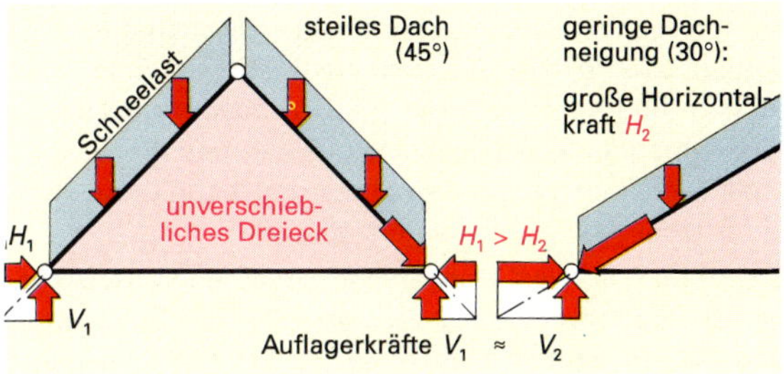

Tragverhalten beim Sparrendach

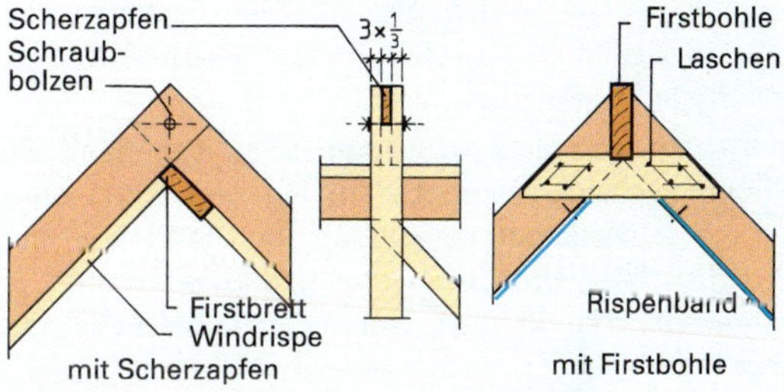

Sparrenverbindungen am First

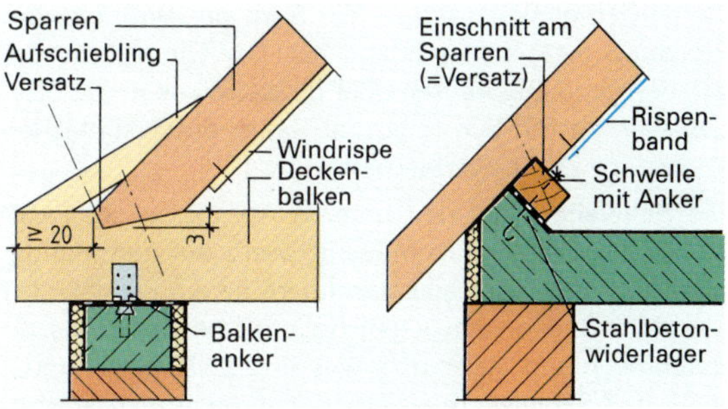

Ausbildungen am Sparrenfuß (Traufpunkt)

Aufgaben:

1. *Beschreiben Sie die Konstruktion des Sparrendaches.*
2. *Welche Kräfte hat das Widerlager am Sparrenfuß aufzunehmen?*
3. *Wie wird beim Sparrendach a) die Queraussteifung, b) die Längsaussteifung ausgeführt?*
4. *Beschreiben Sie zwei Möglichkeiten der Sparrenverbindung am First.*

12.12 Holzverbindungen im Fachwerkbau

Holzfachwerkbau ist eine Montagebauweise. Die Holzfachwerkwand wird auf dem Zimmerplatz oder in der Werkstatt abgebunden; die Teile werden anschließend auf der Baustelle montiert.

12.12.1 Die Hölzer der Fachwerkwand

Die Fachwerkwand besteht aus zwei Gruppen von Hölzern: tragende Hölzer und aussteifende Hölzer. Zu den tragenden Hölzern gehören die Pfosten, das Rähm (Wandpfette) und die Schwelle. Diese Hölzer nehmen die senkrechten Lasten auf und leiten diese in das Fundament ab. Zu den aussteifenden Hölzern zählen die Streben und die Riegel. Die Streben dienen zur Längsaussteifung der Fachwerkwand; sie nehmen die waagerecht wirkenden Lasten (Wind) auf und leiten diese über die Schwelle in das Fundament ab.

Das **Rähm** ist das waagerecht verlaufende Holz; es grenzt die Fachwerkwand oben ab. Über das Rähm werden Decken- und Dachlasten in die Pfosten abgeleitet. Da das Rähm hauptsächlich auf Biegung beansprucht wird, muss es rechteckigen Querschnitt haben und hochkant verlegt werden. Bei längeren Fachwerkwänden wird das Rähm gestoßen, wobei der Stoß über einem Pfosten liegen muss.

Die **Pfosten** sind die senkrechten Hölzer der Wand. Sie nehmen die senkrechten Lasten auf und leiten diese über die Schwelle auf das Fundament. Die Pfosten sind auf Druck beanspruchte Bauteile. Ihr Querschnitt ist quadratisch. Die Pfosten werden mit Schwelle und Rähm mittels Zapfen verbunden.

Die **Streben** werden in den Endfeldern der Fachwerkwand angeordnet. Sie sind schräg stehende Hölzer und werden so eingebaut, dass die Stirn der Streben vom Pfosten 8 bis 12 cm Abstand hat. Der Querschnitt der Streben kann quadratisch oder rechteckig sein. Die Streben werden mit Schwelle und Rähm durch einfachen Versatz mit Zapfen verbunden.

Die **Schwelle** bildet den unteren Abschluss der Fachwerkwand. Sie liegt als Mauerschwelle auf dem Fundament auf und muss hier besonders gegen Feuchtigkeit aus dem Boden und gegen Regen- und Spritzwasserdurchfeuchtung geschützt werden. Zwischen Fundament und Schwelle muss eine Dichtungsschicht aus Bitumenpappe angebracht werden. Die Schwelle ist wegen des Spritzwassers mindestens 30 cm über dem Boden einzubauen. Damit Regenwasser abtropfen kann, lässt man die Schwelle über die Außenkante des Fundaments etwa 2 cm überstehen.

Die **Riegel** sind waagerecht angebrachte Hölzer zwischen den Pfosten. Je nach Aufgabe der Hölzer werden Fachriegel, Sturzriegel und Brüstungsriegel unterschieden. Fachriegel geben den Ausfachungen Halt, Sturz- und Brüstungsriegel begrenzen Tür- und Fensteröffnungen. Die Riegel werden mit Zapfen oder mithilfe von Balkenschuhen mit den Pfosten verbunden.

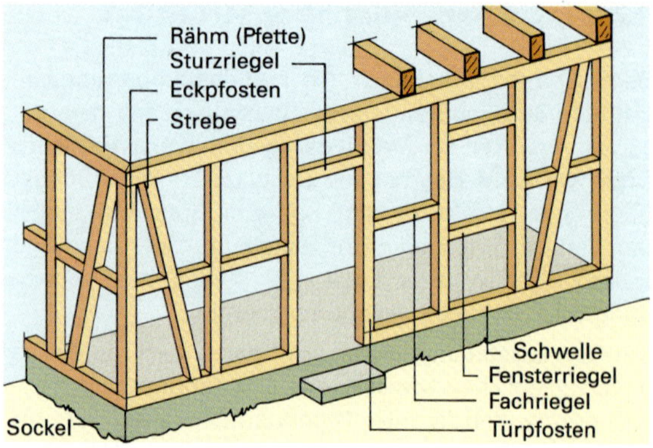

Hölzer der Fachwerkwand

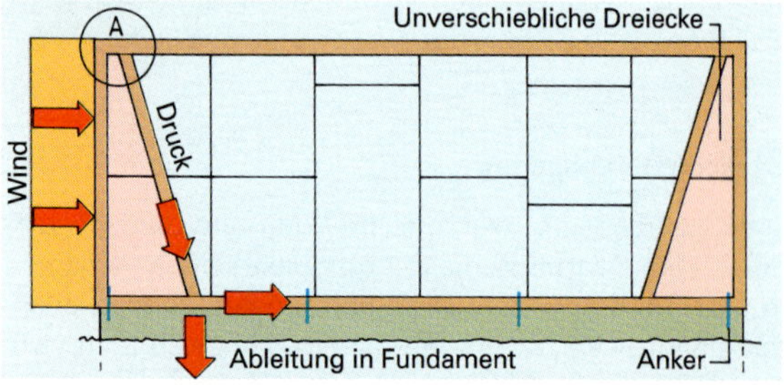

Ableitung der Windkräfte durch die Streben

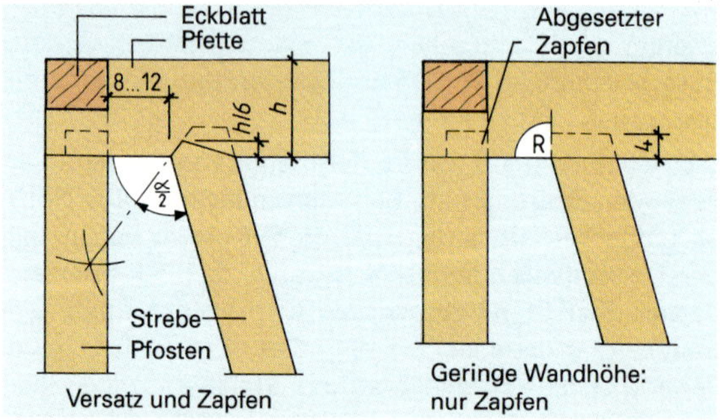

Strebenanschluss (Punkt A)

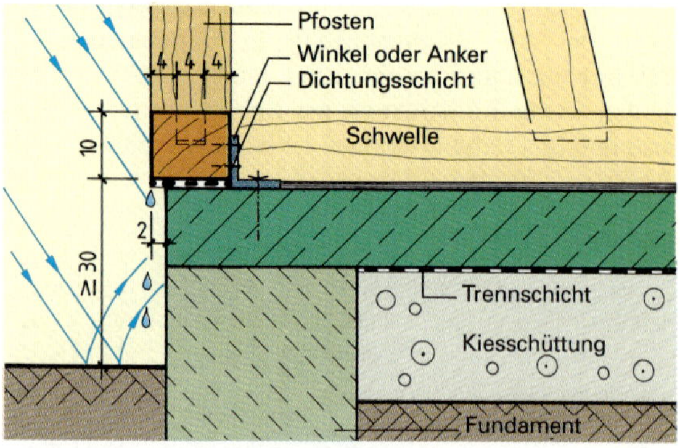

Fundament und Schwellenanordnung

Die Fachwerkwand besteht aus tragenden und aussteifenden Hölzern. Die Hölzer bilden das tragende Gerippe. Die Ausfachungen sind Füllungen und dienen dem Witterungsschutz.

12.12.2 Holzverbindungen

Zapfenverbindungen

Zapfen sichern die gegenseitige Lage der Hölzer. Die Verzapfung wird angewendet, wenn z.B. Pfosten mit Pfetten oder Schwellen, Büge mit Pfosten und Pfetten oder Wechsel mit Deckenbalken verbunden werden.

Der **einfache Zapfen**, wie er z.B. beim Anschluss eines Pfostens an der Pfette ausgeführt wird, ist etwa 4...5 cm lang und 1/3 der Holzbreite stark. Das Zapfenloch wird etwas tiefer ausgearbeitet, damit die Druckkraft sicher über die abgesetzten Flächen des Zapfens übertragen werden kann. Beim Anschluss eines Pfostens am Ende einer Schwelle wird der Zapfen abgesetzt (abgesetzter Zapfen).

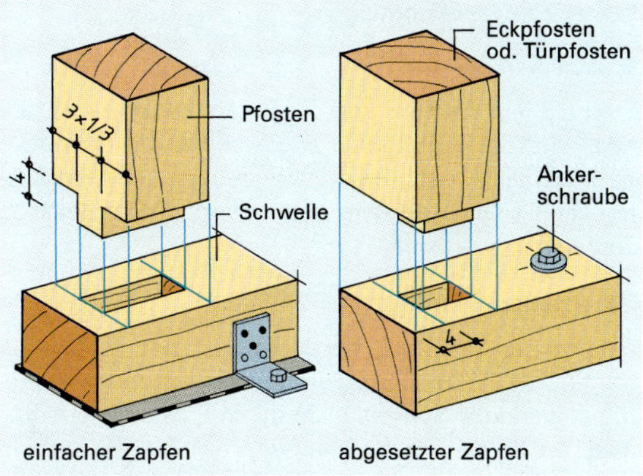

Zapfen

Überblattungen

Überblattungen werden angewendet, wenn Bauhölzer, in einer Ebene liegend, in der Länge oder über Eck verbunden werden sollen. Bei Überblattung werden die Hölzer so ausgeschnitten, dass sie bei gleicher Stärke oben und unten bündig sind. Sie kommen vor z.B. bei Stößen von Schwellen, bei unterstützten Balken und bei Eckausbildung von Mauerschwellen und Pfetten. Überblattungen übertragen Druckkräfte. Für die Aufnahme geringer Zugkräfte müssen zusätzliche Verbindungsmittel (z.B. Nägel) angeordnet werden.

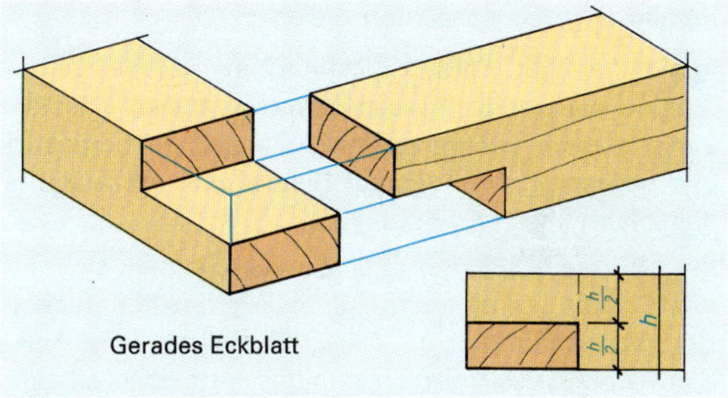

Eckverbindung, Überblattung

Der Versatz

Die Versatzung wird angewendet, wenn zwei Hölzer schräg aufeinander treffen, z.B. beim Anschluss von Bügen oder Streben an Pfetten oder Schwellen. Nach der Zahl und Lage der Passflächen unterscheidet man einfachen **Stirnversatz**, **doppelten Versatz** und **Rück- oder Fersenversatz**. Bevorzugt ausgeführt wird der einfache Stirnversatz. Die Belastbarkeit des Versatzes hängt weitgehend von der Versatztiefe und der Vorholzlänge ab. Mit der Strebe oder dem Bug wird Druckkraft übertragen und das Vorholz auf Abscheren beansprucht. Zu kurzes Vorholz wird durch die Schubkraft abgeschert. Die Druckkraft wird am günstigsten übertragen, wenn die Stirnfläche des Versatzes in der Winkelhalbierenden des stumpfen Außenwinkels verläuft.

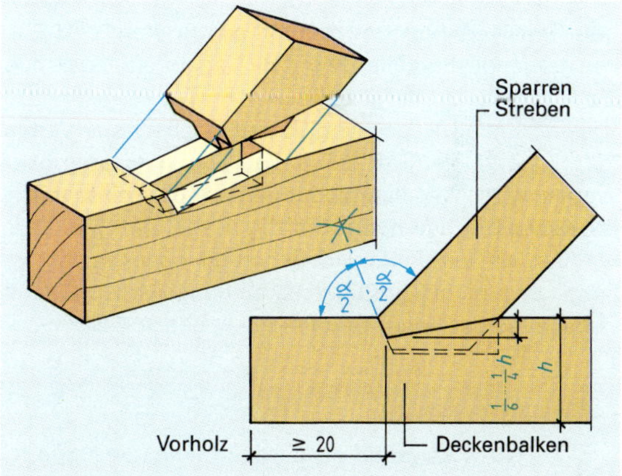

Strebenzapfen mit Versatz

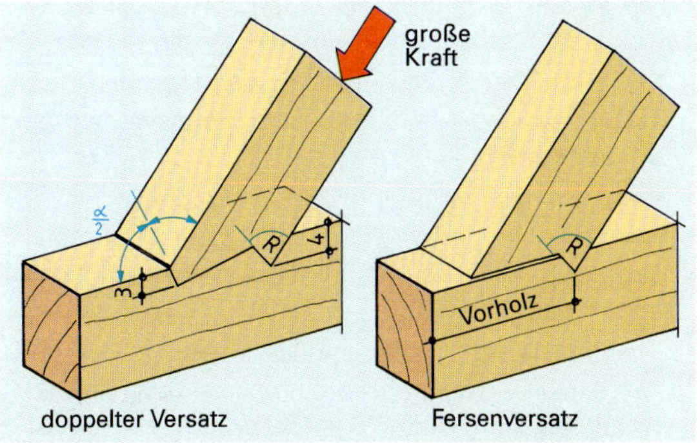

Versätze für besondere Zwecke

> Bei druckbeanspruchten Zapfenverbindungen wird der Druck über die abgesetzten Flächen des Zapfens übertragen.
>
> Die Überblattung ist die Verbindung für Hölzer in einer Ebene.

Weiter Zapfenverbindungen

Brustzapfen

Sind z.B. ein Wechsel und ein Deckenbalken zu verbinden, wird der Brustzapfen angewendet. Mit dem etwa 2 cm starken Ansatz (Brust) über dem eigentlichen Zapfen kann er eine größere Last tragen als der einfache Zapfen.

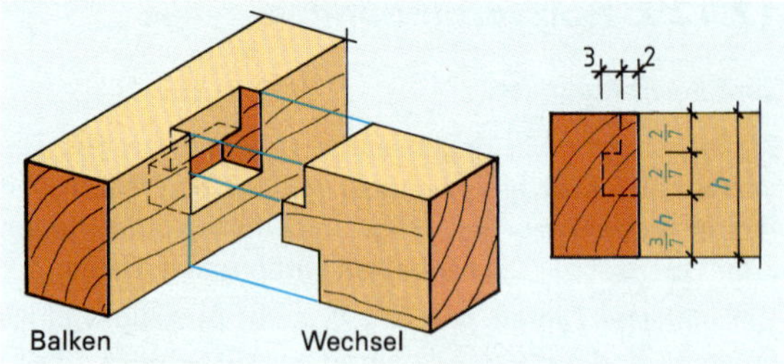

Gerader Brustzapfen

Scherzapfen

Scherzapfen finden z.B. bei der Eckverbindung von Pfetten und der Verbindung von Sparren am First Anwendung, wenn die Sparren nicht durch Pfosten unterstützt sind. An dem einen Sparren wird der Zapfen, an dem anderen der Schlitz (Schere) ausgearbeitet. Die Verbindung wird mit Schraubenbolzen gesichert.

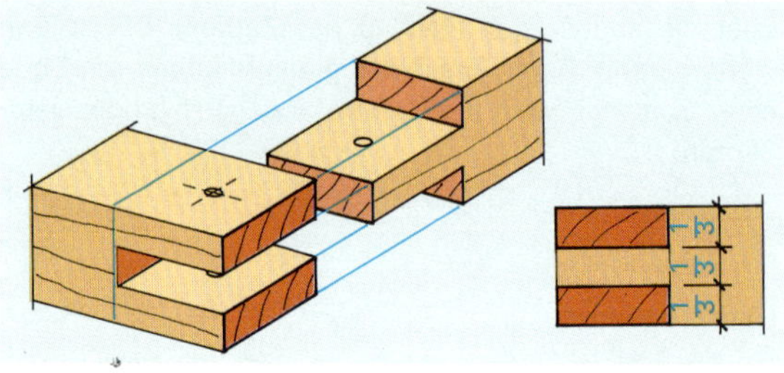

Scherzapfen

Verbindungen mit Blechformteilen

Immer häufiger werden Blechformteile für Holzverbindungen verwendet. Diese werden aus mindestens 2 mm dicken feuerverzinkten Stahlblechen hergestellt und besitzen Bohrungen zur Befestigung mit Ankernägeln, Schrauben und Bolzen.

Blechformteile sind rasch einzubauen, eignen sich aufgrund ihrer Formgebung für viele Holzverbindungen. Bei Verwendung von Blechformteilen wird eine Schwächung des Holzquerschnittes vermieden. Die Verbindungen sind druck- und zugfest und unverschieblich.

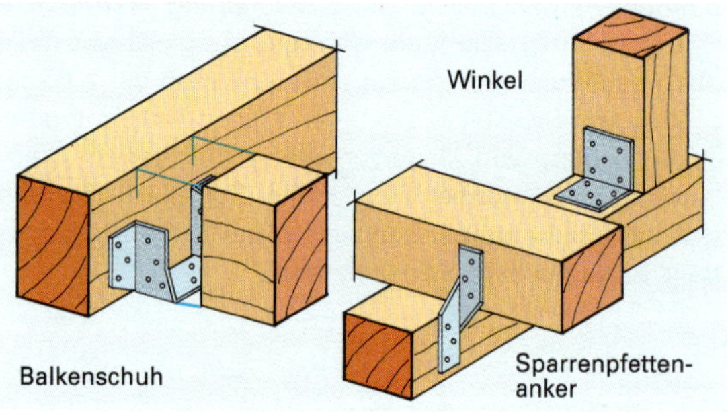

Verbindungen mit Blechformteilen

Nagelverbindungen

Mit Nagelverbindungen können aus Brettern und Bohlen tragende Bauteile, wie z.B. Nagelbrettbinder oder Fachwerkbinder, hergestellt werden. Die Nagelung mit vielen dünnen Nägeln ergibt eine flächenhafte Verbindung, wobei die Kraft durch die Nägel punktartig übertragen wird. Nagelverbindungen werden **einschnittig**, **zweischnittig** und **mehrschnittig** ausgeführt. Die Nägel werden an der Fuge auf Scherung beansprucht. Bei zwei- und mehrschnittiger Verbindung wird die Beanspruchung der Nägel auf mehrere Fugen verteilt.

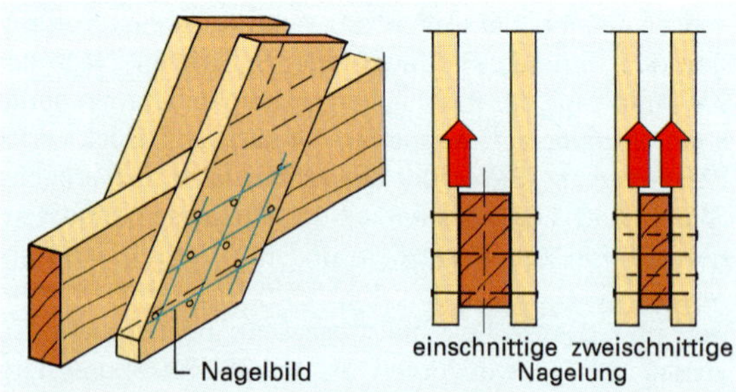

Nagelverbindung

Zusammenfassung

Eine Fachwerkwand besteht aus tragenden Hölzern (Pfosten, Schwelle, Rähm) und aussteifenden Hölzern (Streben, Riegel).

Die Streben werden in den Endfeldern angebracht, wobei die Strebenfüße zueinander zeigen müssen.

Mauerschwellen müssen gegen aufsteigende Feuchtigkeit sowie gegen Spritz- und Regenwasser geschützt werden.

Bei Zapfenverbindungen sind die Zapfenlöcher etwas tiefer auszuarbeiten, dass der Zapfen mit seinen abgesetzten Flächen auftretende Druckkraft sicher übertragen kann.

Die Stirn eines Versatzes muss immer in Richtung der Winkelhalbierenden des Winkels verlaufen, der von den beiden Hölzern gebildet wird.

Aufgaben:

1. *Bezeichnen Sie die einzelnen Hölzer einer Fachwerkwand und beschreiben Sie deren Aufgaben.*
2. *Welche Querschnittsformen sollen Pfosten, Rähme, Schwellen, Streben und Riegel haben? Begründen Sie Ihre Angaben.*
3. *Auf welche Weise werden Schwellen gegen Feuchtigkeit und Spritzwasser geschützt?*
4. *Beschreiben Sie die richtige Ausführung eines einfachen Zapfens und eines Brustzapfens.*
5. *Beschreiben Sie a) einfachen Stirnversatz, b) doppelten Versatz, c) Rück- und Fersenversatz.*

12.13 Die Holzbalkendecke

12.13.1 Bezeichnung der Balken

Die Balken sind die tragenden Teile einer Holzbalkendecke. Der Verband aller Balken wird als **Balkenlage** bezeichnet.

Je nach Lage in den Geschossen werden verschiedene Holzbalkenlagen unterschieden. Die **Geschossbalkenlage** trennt zwei Geschosse voneinander. Die **Kehlbalkenlage** ist die Balkenlage in Pfetten- und Kehlbalkendächern. Die **Dachbalkenlage** schließt das Gebäude nach oben ab. Dachbalkenlagen kommen bei Flachdächern vor. Innerhalb der Balkenlage werden die Balken nach Anordnung und Zweck bezeichnet. Balken, die nahe an den aufgehenden Wänden liegen, sind **Streichbalken**. Der Abstand zwischen Balken und Wand soll mindestens 2 cm betragen. **Giebelbalken** sind Streichbalken, die an den Giebelwänden angeordnet sind. **Wandbalken** liegen auf massiven Zwischenwänden, die unterhalb des Gebälks enden. **Zwischenbalken** sind Balken, die zwischen Streichbalken und Giebelbalken oder Wandbalken verlegt werden. Der Balkenabstand untereinander beträgt in der Regel 80 cm (Bundmaß). Zwischenbalken sollen möglichst durchlaufende Balken sein. Sie werden dann auch als **Ganzbalken** bezeichnet. **Wechselbalken** dienen als Auflager für Füllhölzer und Stichbalken. **Füllhölzer** werden dort eingebaut, wo aus konstruktiven Gründen Balken nicht als Auflager für Fußbodenbretter oder Deckenverschalung dienen können (z.B. bei Schornsteinen). **Stichbalken** sind meist kurze Hölzer, die quer zur Balkenlage eingebaut werden und mit einem Ende auf einer Mauer oder einem Rähm aufliegen.

Bei Holzbalkendecken sind die Balken die tragenden Teile. Den Verband aller Balken bezeichnet man als Balkenlage.

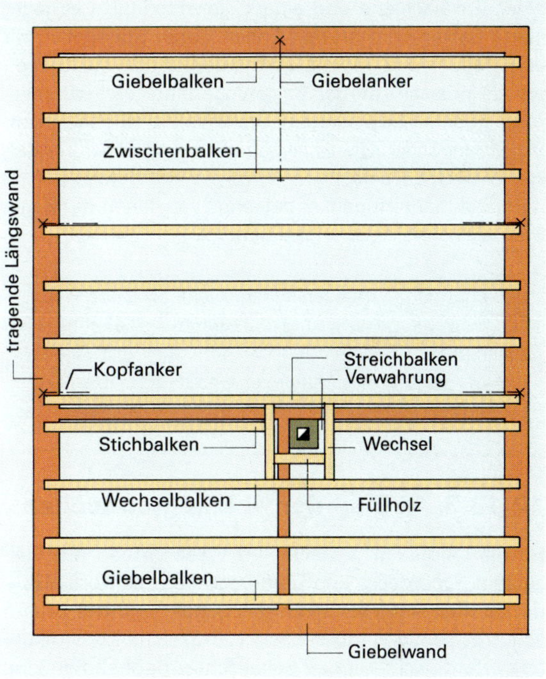

Balkenlage (Draufsicht)

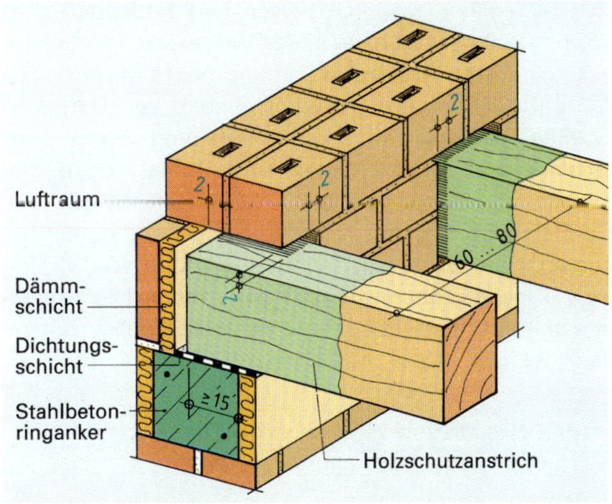

Balkenkopf im Mauerwerk

12.13.2 Balkenauflager und Balkenverankerung

Die Balken müssen auf dem Mauerwerk waagerecht und eben gelagert werden und sollen mindestens 15 cm lang aufliegen. Die Auflagerlänge ist von der Belastung und Balkenbreite abhängig. Holzbalken sind am Auflager trocken zu vermauern und gegen aufsteigende Feuchtigkeit und Pilzbefall zu schützen. Der Balkenkopf ist daher allseitig mit einem Holzschutzmittel zu streichen. Unter dem Balken ist eine Bitumenpappe anzubringen. Balkenseiten und Stirnfläche dürfen nicht mit dem Mauerwerk in Berührung kommen. Zwischen Balken und Mauerwerk muss in der Regel ein Abstand von 2 bis 3 cm vorgesehen werden.

In Wohngebäuden können Holzbalkendecken zur Aussteifung der Außenwände herangezogen werden. Dazu werden die Ganzbalken benutzt. Die Verankerung im Mauerwerk wird mit Stahlankern (Kopfankern, Kopfschlaudern) durchgeführt. Der Stahlanker besteht aus

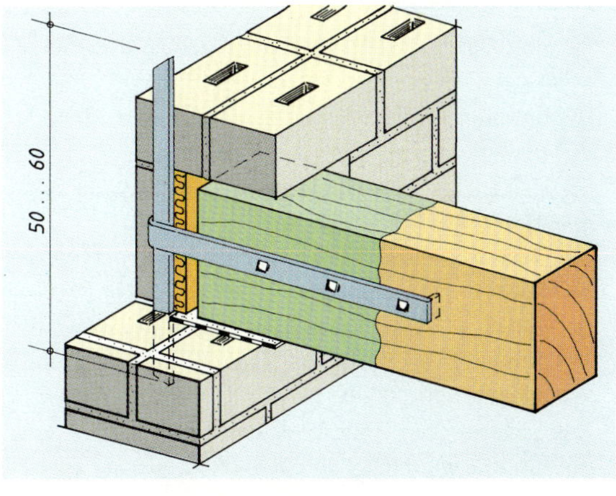

Verankerung der Umfassungswand

einer Ankerschiene und einem Ankersplint. Etwa jeder vierte Balken wird an den Enden durch Stahlanker mit dem Mauerwerk zugfest verbunden. Auch die Giebelwände müssen mit der Balkenlage eine feste Verankerung haben. Dazu werden Giebelanker (Giebelschlaudern) verwendet. Die Ankerschienen sind über drei Balken hinweg zu befestigen. Wird die Balkenlage auf einem Stahlbetonringanker befestigt, werden in der Regel Stahlwinkel als Ankerwinkel benutzt.

Balkenauflager müssen waagerecht und eben sein. Der Balkenkopf ist gegen aufsteigende Feuchtigkeit zu schützen. Balkenlagen werden mit dem Außenmauerwerk durch Stahlanker und Giebelanker verbunden.

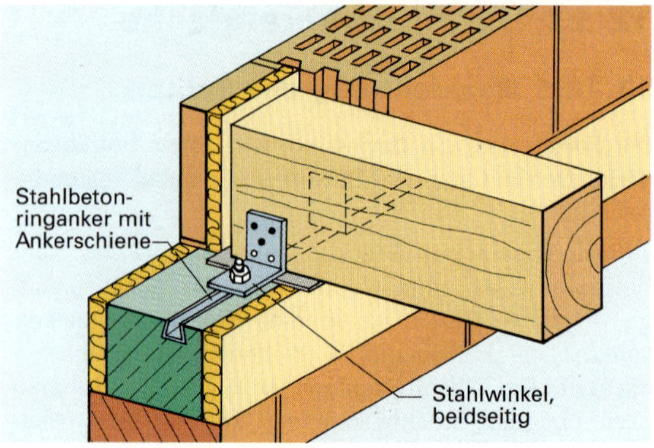

Kopfanker auf Ringbalken

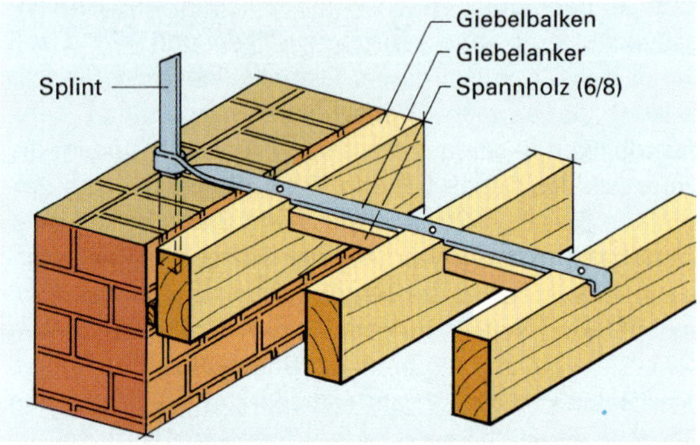

Verankerung des Giebelmauerwerks ohne Ringanker (nur bei kleinen Gebäuden)

12.13.3 Aufbau der Holzbalkendecken

Holzbalkendecken bestehen im Wesentlichen aus Balkenlage, Oberdecke und Unterdecke. Da die Holzbalkendecken den Anforderungen des Schall- und des Brandschutzes genügen müssen, sind zusätzliche Konstruktionen erforderlich. Mit den Schallschutzmaßnahmen sind Trittschall und Luftschall zu berücksichtigen. Trittschalldämmung wird in der Regel durch Dämmstreifen (z. B. aus Mineralfilz) zwischen Balken und Bodenbelag erreicht. Durch das Abhängen der Unterdecke kann ebenfalls eine gute Trittschalldämmung erzielt werden. Die Luftschalldämmung wird durch Einbau von schweren Stoffen verbessert, z. B. Einschub von Sand oder Schlacke auf Zwischenboden und Einbau von Betonplatten zwischen Spanplatten, Dämmschicht und Bodenbelag. Brandschutz wird durch abgehängte oder untergenagelte Decke aus feuerhemmenden Werkstoffen (z. B. Gipsbauplatten) erzielt. Holzbalkendecken können mit glatter Untersicht oder mit sichtbaren Balken ausgeführt werden.

Holzbalkendecken müssen den Schall- und Brandschutzanforderungen gerecht werden.

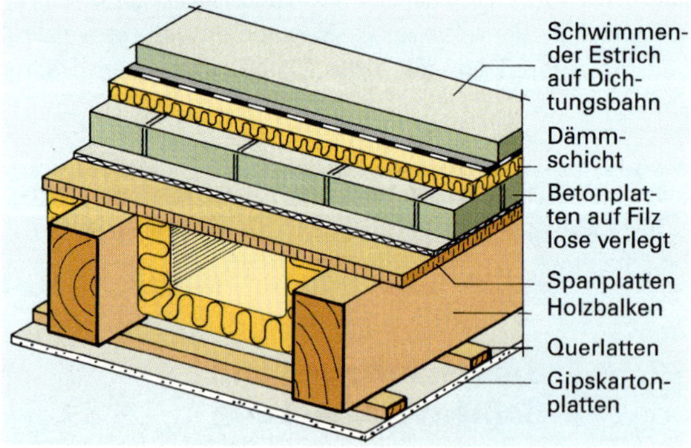

Aufbau einer Holzbalkendecke (Beispiel mit ebener Untersicht)

Zusammenfassung

Bei Holzbalkendecken sind die Balken die tragenden Teile.

Die Balkenlagen werden nach ihrer Lage im Gebäude benannt.

Die Balken der Balkenlage werden nach Lage und Zweck bezeichnet.

Die Balkenköpfe sind im Mauerwerk vor Feuchtigkeit zu schützen.

Die Balkenlage wird bei kleinen Gebäuden mit dem Außenmauerwerk noch mittels Ankerschienen und Giebelanker verbunden.

Holzbalkendecken müssen den Schall- und den Brandschutzanforderungen genügen.

Aufgaben:

1. *Nach welchen Gesichtspunkten werden Balkenlagen und Balken bezeichnet?*
2. *Nennen Sie die einzelnen Balken der Balkenlage und beschreiben Sie diese näher.*
3. *Aus welchem Grund müssen die Balkenlage und das Außenmauerwerk verbunden sein?*
4. *Beschreiben Sie das fachgerechte Vermauern eines Balkenkopfes.*
5. *Beschreiben Sie Luftschall- und Trittschallmaßnahmen beim Aufbau von Holzbalkendecken.*
6. *Durch welche Maßnahmen kann Brandschutz erzielt werden?*

12.14 Holzverbindungsmittel

12.14.1 Drahtstifte

Arten und Bezeichnung

Das einfachste Verbindungsmittel für Holzverbindungen ist der Nagel. Nach der Norm werden Nägel als **Drahtstifte** bezeichnet. Nach der Art der Nagelkopfform unterscheidet man Drahtstifte mit geriffeltem Senkkopf (Form B), glattem Flachkopf (Form A) und Stauchkopf. Für die Herstellung von Schalungen, Holzrahmen für Aussparungen und Nagelbinder werden Drahtstifte mit Senkkopf verwendet.

Dicken und Längen der Drahtstifte sind genormt. Die Bezeichnung für Drahtstifte enthält Nagelart, Dicke und Länge, wobei die Dicke in Zehntelmillimeter und die Länge in Millimeter angegeben ist.

Die Wahl des Nagels richtet sich nach der Dicke des zu befestigenden Brettes. Die Nagellänge soll etwa der dreifachen Brettdicke entsprechen (z.B. Brettdicke 24 mm, Nagellänge 70 mm).

Festigkeit der Nagelverbindung

Der Nagel haftet im Hartholz besser als im Weichholz. In Hirnholzteilen haftet der Nagel nur gering. Um in Hirnholz eine bessere Haftung zu erzielen, muss man den Nagel schräg einschlagen.

Die Festigkeit der Nagelverbindung hängt von der Reibungskraft zwischen Holz und Nagel ab. Diese hängt wiederum ab von der Dicke des Nagels, der Dichte des Holzes und von der Lage des Nagels zur Holzfaserrichtung. Das Holz darf durch die Nagelung nicht spalten bzw. reißen. Die Nägel müssen daher stets genügend weit vom Rand des Werkstückes eingeschlagen werden.

Das Spalten des Holzes kann auch verhindert werden, indem man die Nagelspitze mit dem Hammer etwas abstumpft (staucht). Die abgestumpfte Nagelspitze reißt die Holzfasern beim Eindringen entzwei und mindert dadurch die Spaltwirkung.

Bezeichnung des Nagels	Dicke in mm	Länge in mm	Mindestholzdicke in mm
22 × 50	2,2	50	20 ... 24
25 × 60	2,5	60	20 ... 24
28 × 65	2,8	65	20 ... 24
31 × 65	3,1	65	20 ... 24
31 × 70	3,1	70	20 ... 24
31 × 80	3,1	80	20 ... 24
34 × 90	3,4	90	22 ... 24
38 × 100	3,8	100	24
42 × 110	4,2	110	26
46 × 130	4,6	130	30
55 × 140	5,5	140	40
55 × 160	5,5	160	40
60 × 180	6,0	180	50
76 × 230	7,6	230	70
88 × 260	8,8	260	90

Drahtstifte mit Senkkopf (Form B) für den Holznagel- und Schalungsbau

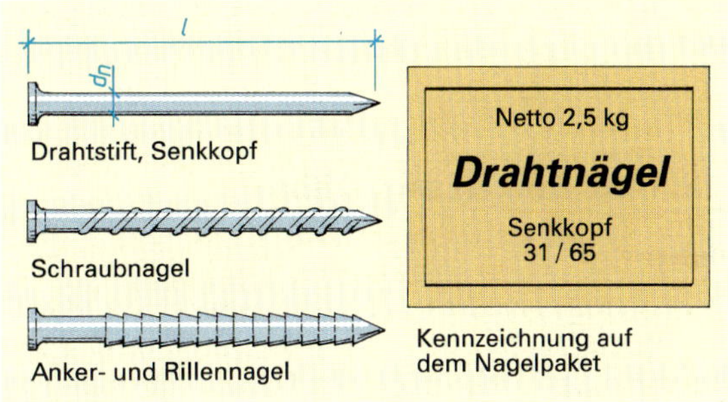

Nagelarten

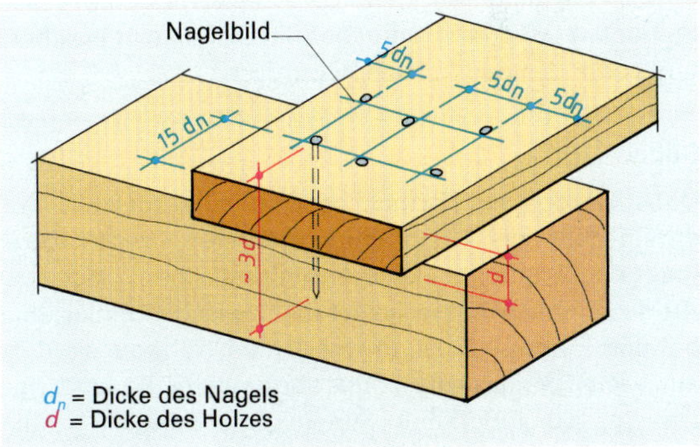

Nagelanordnung und Nagellänge

12.14.2 Schrauben

Arten und Bezeichnungen

Holzschrauben sind Verbindungsmittel für Holzteile bzw. Holzwerkstoffe sowie Befestigungsmittel für Beschläge. Die Teile einer Holzschraube sind der Kopf mit einfachem Schlitz oder Kreuzschlitz, der Schaft und das Gewinde. Nach der Art der Kopfform unterscheidet man **Senk-Holzschrauben** (Flachkopfschraube – Flako), **Halbrund-Holzschrauben** (Rundkopfschraube – Ruko), **Linsensenk-Holzschrauben** (Linsenkopfschrauben – Liko) und Sechskant-Holzschrauben.

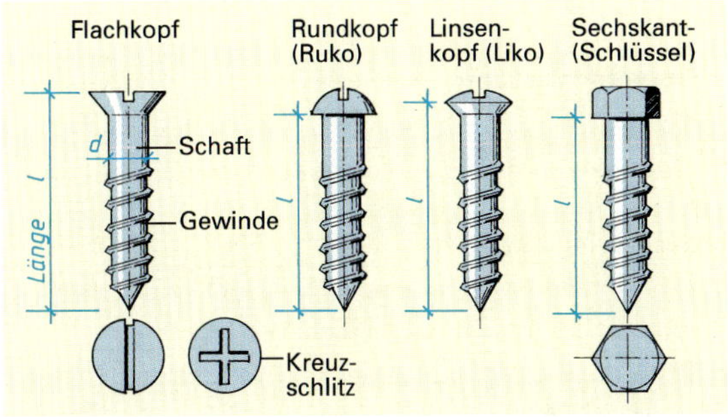

Holzschrauben

Auf den Paketen und technischen Zeichnungen werden Dicke, Länge und Schraubenform nach DIN angegeben. Die Angabe der Dicke entspricht dem Durchmesser des Schaftes unterhalb des Schraubenkopfes.

Festigkeit der Schraubenverbindung

Die Haltekraft der Schrauben ist wesentlich größer als die der Nägel. Der Grund dafür liegt darin, dass die Schrauben ein Gewinde haben, das sich in das Holz einschneidet. Die Gewindelinie entspricht einer schiefen Ebene, die um einen Zylinder gewunden ist. Wollte man die Schraube herausziehen, müssten alle Holzfasern, in denen das Gewinde Halt findet, zerstört werden.

Schrauben dürfen nie mit dem Hammer eingeschlagen werden, weil dadurch die Holzfaser zerstört wird. Eingeschlagene Holzschrauben haben eine geringere Haltekraft als ein Nagel. Lediglich ein leichter Hammerschlag zum Ansetzen der Schraube ist angebracht. Die Schraube wird anschließend mit einem passenden Schraubendreher eingedreht. Dickere Schrauben vorbohren!

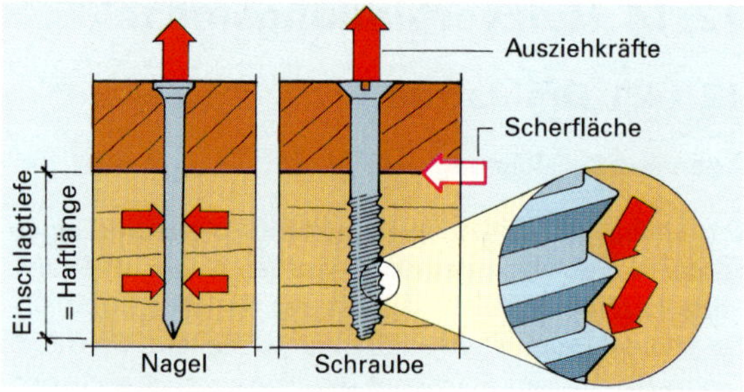

Haftung von Nagel und Schraube

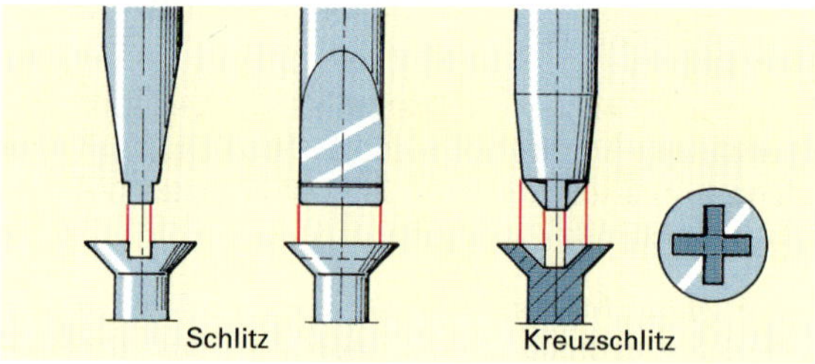

Richtige Dicke und Breite des Schraubendrehers

12.14.3 Bolzen und Dübel

Bolzen

Bolzen sind zylindrische Verbindungsmittel aus Metall. Sie werden in zwei Arten eingeteilt: Schraubenbolzen und Stabdübel (Stahlstifte). Mit Schraubenbolzen werden die Hölzer fest miteinander verbunden. Die Bolzen sind so anzuziehen, dass die Unterlagsscheiben etwas in das Holz eingedrückt werden (bis etwa 1 mm). Die Stabdübel werden in vorgebohrte Löcher eingetrieben und verbinden dadurch die Hölzer fest.

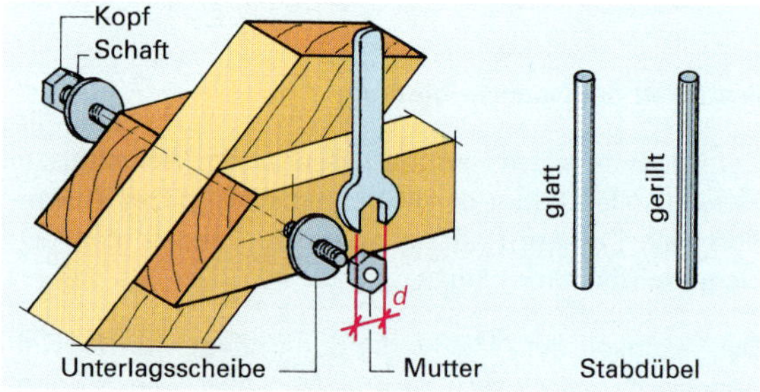

Schraubenbolzen und Stabdübel

Dübel

Dübel werden aus Hartholz oder Metall hergestellt. Sie ermöglichen die Übertragung größerer Druck-, Zug- und Schubkräfte auf kleine Anschlussflächen. Nach der Art des Einbaus unterscheidet man zwischen Einlassdübel und Einpressdübel. Im modernen Holzbau werden aus Metall hergestellte „Dübel besonderer Bauart" bevorzugt, z.B. Ringdübel, Stufendübel, Doppelkegeldübel. Mit ihnen werden Ingenieurholzbauverbindungen gesichert.

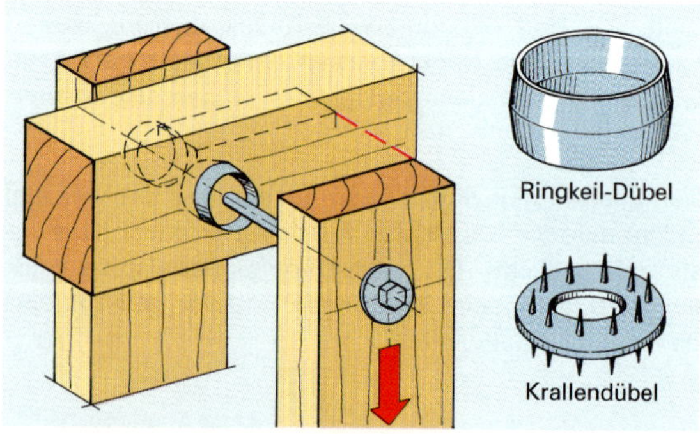

Schraubverbindung mit Dübeln

Zusammenfassung

Die Haftfestigkeit der Nägel und der Holzschrauben hängt ab von der zu verbindenden Holzart, der Lage des Nagels zur Holzfaserrichtung und von der Dicke der Verbindungsmittel.

In den Lieferbezeichnungen für Nägel und Schrauben werden Art, Dicke und Länge angegeben.

Schraubenbolzen und Dübel sind Verbindungsmittel für tragende Holzbauteile.

Aufgaben:

1. *Welche Drahtstifte sind zu bestellen: Stift B31 × 65 DIN 1151?*
2. *Durch welche Maßnahmen kann man verhindern, dass das Holz beim Nageln einreißt?*
3. *Erklären Sie die Abkürzungen Flako, Ruko, Liko.*
4. *Warum soll der Schraubendreher möglichst genau in den Schraubenschlitz passen?*
5. *Unterscheiden Sie zwischen Schraubenbolzen, Stabdübel und Dübel.*

12.15 Klebstoffe und Leime

Die abgebildete Tragkonstruktion zeigt eine Leimholzkonstruktion mit „Leimbindern". Diese sind aus Brettern verleimte Träger mit hoher Tragkraft. Die Verleimung ist fester als das Holz. Im Holzbau ist die **Verleimung** bzw. **Verklebung** eine wichtige Verbindungsmöglichkeit, um Hölzer in der Breite und Dicke zu verbinden.

Leimholzkonstruktion (Leimbinder)

12.15.1 Begriffe

Klebstoffe sind flüssige oder feste nichtmetallische Stoffe, die in der Lage sind, Werkstoffe aller Art durch Adhäsion und Kohäsion zu verbinden, ohne dass sich das Gefüge wesentlich ändert. **Klebstoff** ist somit der Oberbegriff und schließt andere gebräuchliche Begriffe für Klebstoffarten ein, wie z.B. Leim, Kleister, Dispersionsklebstoff.

Als **Leime** werden Klebstoffe bezeichnet, die aus tierischen, pflanzlichen oder synthetischen Grundstoffen bestehen und Wasser als Lösungsmittel enthalten. Die **Verklebung** von Holzteilen wird als **Verleimung** bezeichnet, weil sie in der Regel mit wasserlöslichen Klebstoffen erfolgt. Nachfolgend wird vorrangig der Begriff „Leim" verwendet.

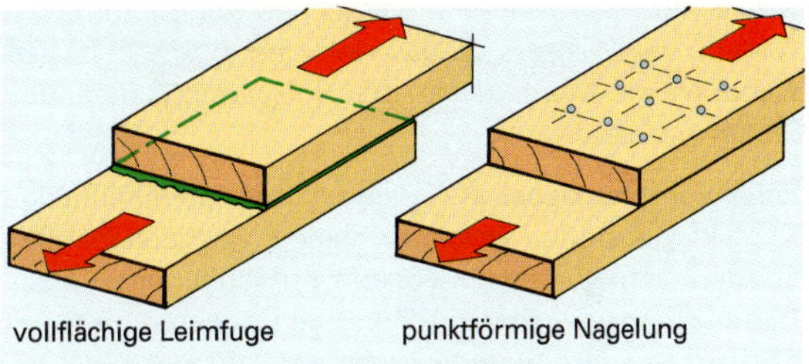

Beanspruchbarkeit von Holzverbindungen

12.15.2 Bindekräfte in der Leimfuge

Die Leimstofffuge soll nach dem Erhärten des Klebstoffes fester sein als die Festigkeit des zu verleimenden Holzes. Beim Versuch, die Leimstofffuge zu spalten, müsste die Bruchstelle im Holz verlaufen. Die Festigkeit der Leimfuge wird durch Adhäsion und Kohäsion bewirkt.

Adhäsionskräfte entstehen in der Grenzschicht der Leimfuge, wenn es zwischen Holz und Leim zu einer innigen Berührung kommt. Kohäsionskräfte entstehen innerhalb des Klebstoffes. Ausreichende Kohäsion wird erst erreicht, wenn der flüssige oder plastische Klebstoff vollständig erhärtet ist.

Um eine gute Verklebung zu erreichen, müssen die Klebeflächen eben, passgenau und frei von Staub und Öl sein. Der flüssig oder plastisch aufgetragene Leim verdrängt die allen Körpern anhaftende Luftschicht und gleicht geringe Unebenheiten aus. Staubteilchen und Öl beeinträchtigen die Benetzungsfähigkeit des Klebstoffes.

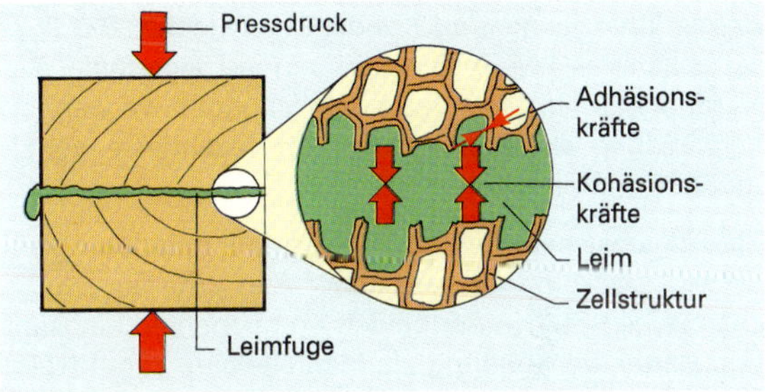

Kräfte in der Leimfuge

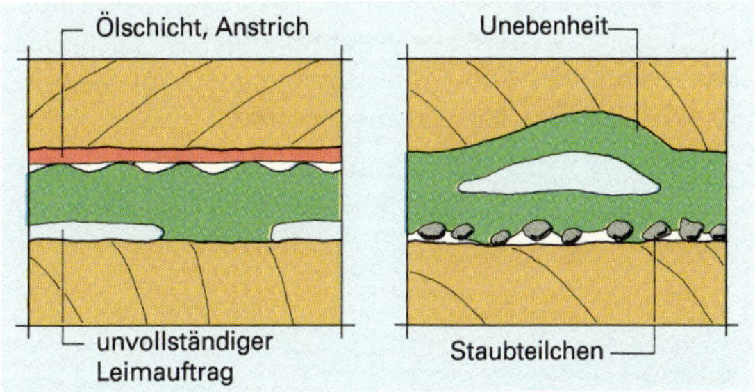

Beeinträchtigung der Beanspruchbarkeit der Leimfuge

> Die Festigkeit einer Leimfuge beruht auf dem Zusammenwirken von Adhäsionskräften zwischen dem Leim und den zu verbindenden Teilen und Kohäsionskräften innerhalb des Leimes selbst.

12.15.3 Leime aus natürlichen Grundstoffen

Natürliche Klebstoffe werden aus Glutin, Blutalbumin, Casein und Stärke hergestellt. Sie werden heute kaum noch verwendet, da sie nicht witterungs- und feuchtebeständig und zum Teil umständlich zu verarbeiten sind.

Grundstoff	Leimarten
tierisch	Glutinleim (Haut, Knochen, Leder)
	Blutalbuminleim (Blut)
	Caseinleim (Milcheiweiß)
pflanzlich	Stärkeleim
	Dextrinleim

Natürliche Leime

12.15.4 Klebstoffe aus synthetischen Stoffen

Diese Klebstoffe werden auch als Kunstharzkleber bezeichnet, weil sie Kunstharze als Bindemittel enthalten. Die Klebstoffe bzw. Leime werden nach dem jeweils enthaltenen Harz benannt. Für Bauzwecke werden Harnstoffharz-, Resorcinharz- und Polyvinylharzklebstoffe verwendet.

Polyvinylacetatleime (PVAC) sind wasserhaltige Leime. Das in Wasser nicht lösbare Kunstharz Polyvinylacetat ist in Wasser in sehr kleinen Teilchen fein verteilt (Dispersion). Ein häufig verwendeter PVAC-Klebstoff ist der **Dispersionsleim**. Wegen seiner milchig weißen Farbe wird er auch als Weißleim bezeichnet. Er erhärtet durch Abgabe des Wassers an das Holz und an die Luft. Verwendung als Montageleim für Holzverbindungen und Plattenwerkstoffe.

Polychloroprenklebstoffe sind lösungsmittelhaltige Kontakt-Klebstoffe. Der auf beiden zu verklebenden Flächen aufgetragene Klebstoff verfestigt sofort nach Berührung beider Klebeflächen. Die Flächen dürfen erst zusammengefügt werden, wenn das Lösungsmittel abgedunstet ist (Ablüftezeit). Verwendung als Kontaktkleber z.B. zum Aufkleben von Folien und Kunststoffen.

Harnstoffharzleime sind Kondensationsleime. Die flüssig gelieferten Leime sind nur begrenzt lagerfähig. Sie werden nur für feuchtfeste Verklebungen verwendet. Verwendung als Montageleim, für feuchtfeste Verleimungen, für Holzteile unter Dach.

Epoxidharzklebstoffe sind lösungsmittelfreie, duroplastische Zweikomponentenkleber. Sie erhärten durch chemische Reaktion der beiden Komponenten Klebstoff und Härter. Verwendung als Montageleim, zum Kleben von Keramik, Glas und Metall.

Resorcinharzleime entstehen durch Polykondensation von Resorcin und Formaldehyd. Bei Zusatz von Härter ergeben sich wetterfeste Verleimungen, die auch wasserfest sind. Verwendung als Montageleim für Bauteile, die der Nässe und Hitze ausgesetzt sind.

Da die Lösungsmitteldämpfe gesundheitsschädlich sind, muss in geschlossenen Räumen für Entlüftung gesorgt werden.

Klebstoffart	Eigenschaften				
	temperat.-beständig	wasser-beständig	witterungs-beständig	werkzeug-abnutzend	gesundh.-schädlich
Polyvinyl-acetat-Leim (PVAC-Leim)	⊖	⊖	⊙	⊙	⊖
Poly-chloropren-klebstoff	⊖	⊖	⊙	⊖	⊕
Harnstoff-harzleim	⊙	⊙	⊙	⊕	⊙
Epoxid-harzkleber	⊕	⊕	⊕	⊕	⊙
Melamin-harzleim	⊕	⊕	⊕	⊕	⊙
Resorcin-harzleim	⊕	⊕	⊕	⊕	⊙
Bedeutung der Zeichen	⊕ ja	⊙ gering	⊖ nein		

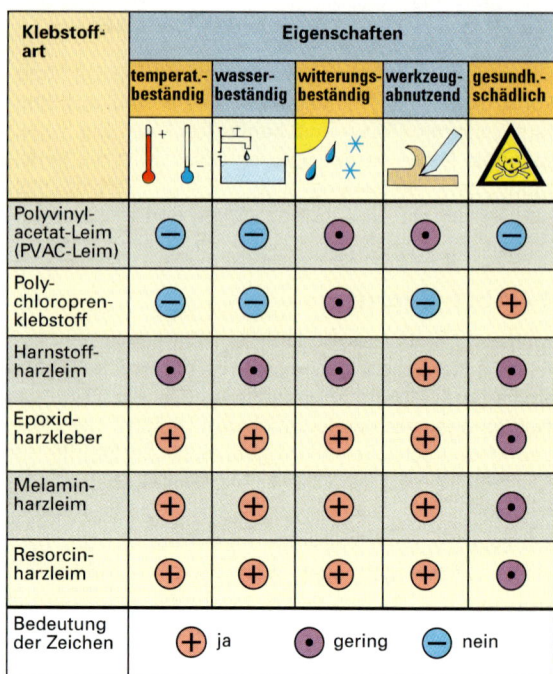

Bauwichtige Kunstharzklebstoffe

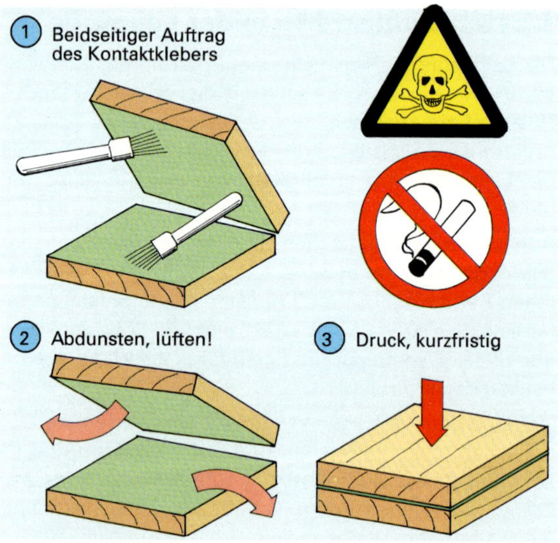

Kontaktverklebung

Zusammenfassung

Klebstoffe sind nichtmetallische Werkstoffe, mit denen passende Teile durch Adhäsion (Flächenhaftung) und Kohäsion (innere Festigkeit) miteinander verbunden werden.

Synthetische Klebstoffe werden nach dem jeweils enthaltenen Kunstharz benannt.

Dispersionsleime sind in Wasser fein verteilte Klebstoffe.

Zweikomponentenklebstoffe erhärten durch chemische Reaktion von Klebstoff und Härter.

Aufgaben:

1. *Aufgrund welcher Eigenschaft werden Klebstoffe als Leime bezeichnet?*
2. *Welche Kräfte bewirken die Festigkeit der Verleimung?*
3. *Warum müssen die zu verklebenden Flächen passgenau und frei von Öl und Staubteilchen sein?*
4. *Welche der in der Tabelle angegebenen Klebstoffe eignen sich für Verleimung von Holzteilen, die dem Wetter ausgesetzt sind?*
5. *Was versteht man unter Zweikomponentenkleber und Kontaktkleber?*

13 Baumetalle

13.1 Eisen und Stahl

13.1.1 Roheisengewinnung

Rohstoffe

Eisen kommt in der Natur in Verbindungen mit Sauerstoff und anderen Elementen vor. Man nennt diese Verbindungen **Eisenerze**. Sie enthalten noch verschiedene Mineralien, wie Kalkspat, Quarz, Silicate, und andere Elemente, wie Phosphor, Schwefel, Kohlenstoff, Silicium und Mangan. Sie haben entscheidenden Einfluss auf die Qualität der Eisenwerkstoffe.

Die wichtigsten Eisenerze sind Magneteisenstein (Fe_3O_4), Roteisenstein (Fe_2O_3), Brauneisenstein ($2 Fe_2O_3 \cdot 3 H_2O$) und Spateisenstein ($FeCO_3$).

Eisenerze sind chemische Verbindungen des Eisens mit Sauerstoff und anderen Elementen.

Erzart	Zusammensetzung	Farbe	Eisengehalt (%)	Vorkommen
Roteisenstein	Fe_2O_3	braunrot	30 ... 50	Lahn, Sieg, Nordamerika, Russland
Magneteisenstein	Fe_3O_4	stahlgrau	60 ... 70	Schweden, Norwegen, Russland
Brauneisenstein	$2 Fe_2O_3 \cdot 3 H_2O$	braun	20 ... 45	Lahn, Salzgitter, Thüringen, Lothringen
Spateisenstein	$FeCO_3$	graubraun	30 ... 45	Siegerland, Steiermark, Ungarn

Wichtige Eisenerze

Verhüttung

Um aus Eisenerz technisch wertvolles Eisen zu erhalten, werden die Erze im Hochofen **„verhüttet"**, d. h., den Eisenerzen wird der Sauerstoff entzogen. Notwendig für diesen Reduktionsvorgang sind Wärme und Reduktionsmittel. Für den Hochofenprozess verwendet man aufbereitete Eisenerze, d. h., durch Zerkleinern und Aussortieren werden erdige Verunreinigungen beseitigt, durch Sintern werden Feuchtigkeit, Kohlendioxid und Schwefel entfernt.

In den Hochofen werden abwechselnd **Koks**, **Eisenerze** und **Zuschläge** eingebracht. Koks liefert als Heizstoff die für die Reduktion notwendige **Wärme** und gibt das **Reduktionsmittel** (Kohlenstoff und Kohlenmonoxid) ab. Zur Verbrennung des Kokses muss von unten her vorgewärmte Luft („Wind" 1000 °C) durch den Hochofen geblasen werden. Die Zuschläge bestehen zum größten Teil aus Kalkstein. Er hat die Aufgabe, die noch vorhandenen Verunreinigungen der Eisenerze und die Brennstoffasche in eine leicht schmelzbare Schlacke zu überführen. Die **Reduktion** der oxidischen Eisenerze erfolgt stufenweise bei einer Temperatur von 400...900 °C. Das so gewonnene Eisen muss noch mehr erhitzt werden; bei etwa 1000 °C nimmt es **Kohlenstoff** auf (Kohlung), bei etwa 1200 °C schmilzt es. Das flüssige Roheisen sammelt sich im unteren Teil des Hochofens. Die **Hochofenschlacke** schwimmt wegen ihrer geringen Rohdichte über dem Roheisen.

Die Ausgangsstoffe für die Roheisengewinnung sind Eisenerze, Koks und Zuschläge. Im Hochofen laufen chemische und physikalische Vorgänge ab.

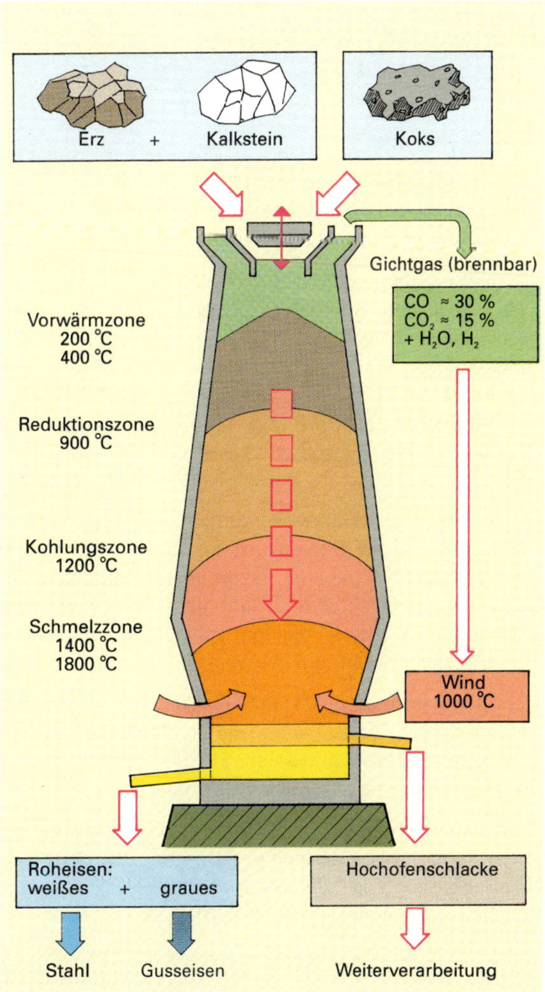

Gewinnung von Roheisen

13.1.2 Erzeugnisse des Hochofens

Roheisen

Roheisen enthält neben 3,5...5% Kohlenstoff noch Beimengungen von Phosphor, Schwefel, Mangan und Silicium. Je nach Beschickung und Temperatur im Hochofen kann graues oder weißes Roheisen erzeugt werden.

Graues Roheisen entsteht bei höheren Temperaturen und ist siliciumhaltig. Beim Erstarren kristallisiert der Kohlenstoff als Grafit aus. Aus grauem Roheisen wird **Grauguss** hergestellt. Er besitzt eine hohe Druckfestigkeit, geringe Rostneigung, ist spröde und lässt sich nicht schmieden. Aus Grauguss werden Bestandteile für die Haustechnik, wie Entwässerungsrohre, Badewannen, Waschbecken, Bodeneinläufe, Sinkkästen und Schachtabdeckungen gefertigt.

Weißes Roheisen entsteht bei niedrig gehaltener Temperatur und ist manganhaltig. Es wird zu Stahl weiterverarbeitet, außerdem ist es der Rohstoff für **Temperguss**. Temperguss ist zäh und in geringem Maße dehnbar. Im Bauwesen werden daraus Beschlagteile, Rohrverbindungsstücke und Kupplungen für Rohrgerüste hergestellt.

> Aus grauem Roheisen wird Gusseisen erschmolzen, das in der Haustechnik Anwendung findet. Weißes Roheisen wird zu Stahl und Temperguss weiterverarbeitet.

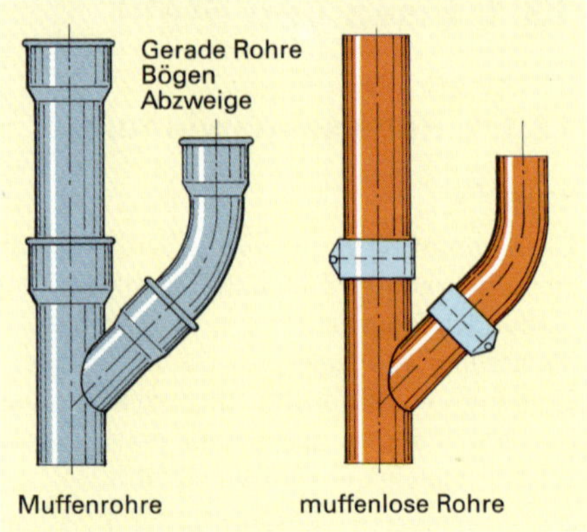

Gussrohre für die Installation

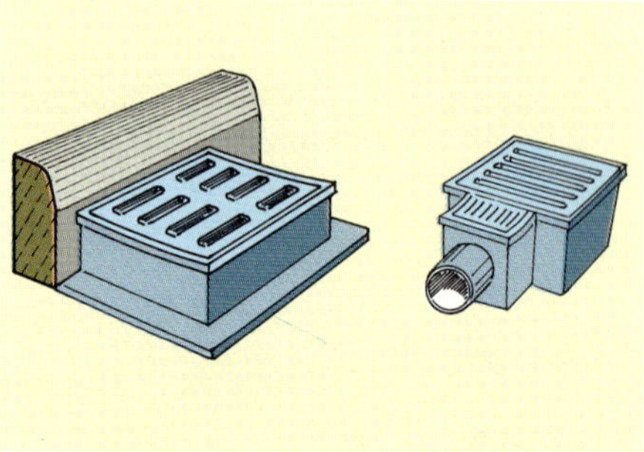
Schachtabdeckung und Bodeneinlauf

Kupplungen für Stahlrohrgerüste

Hochofenschlacke

Die im Hochofen entstehende Schlacke besteht zum größten Teil aus Calcium-Aluminiumsilicaten. Im Bauwesen wird die Schlacke in verschiedenen Formen verarbeitet und verwendet.

Die heiße Schlacke wird durch plötzliches Abkühlen mit Wasser, Luft oder Dampf granuliert, d.h. zu feinem, glasigem **Hüttensand** (Schlackensand) gekörnt. Wegen ihrer hohen hydraulischen Erhärtungsfähigkeit wird gekörnte kalkreiche Schlacke zur Herstellung von Portlandhüttenzement CEM II/A-S, CEM II/B-S und Hochofenzement CEM III/A, CEM III/B (DIN 1164-1) verwendet. Außerdem dient sie als Zuschlag für Hütten-Vollsteine HSV und Hütten-Lochsteine HSL (DIN 398).

Durch Einblasen von Wasserdampf wird flüssige Schlacke aufgebläht, geschäumt. Sie erstarrt zu grobporiger **Schaumschlacke**, auch Hüttenbims genannt. Gebrochene Schaumschlacke wird als Zuschlag für Leichtbeton (Hüttenbimsbeton) verwendet. Hüttenbimsbeton ist zur Herstellung von Leichtbetonsteinen (Voll- und Hohlblocksteine) sehr gut geeignet.

Beim Verblasen der flüssigen Schlacke mit Dampf und Pressluft entstehen dünne, lange Fäden, die zu **Schlackenwolle** (Hüttenwolle DIN 18165) verarbeitet werden. Sie dient als Dämmstoff zur Verbesserung der Wärme- und Schalldämmung.

Wenn geschmolzene Hochofenschlacke langsam erstarrt, erhält man sehr harte, kristalline Schlacke **(Stückschlacke)**, die als Straßenbaumaterial für Straßendecken, Frostschutz- und Tragschichten verwendet wird (DIN 4301).

> Aus Hochofenschlacke werden wichtige Baustoffe gewonnen: Hüttensand, Hüttenbims, Hüttenwolle und Stückschlacke.

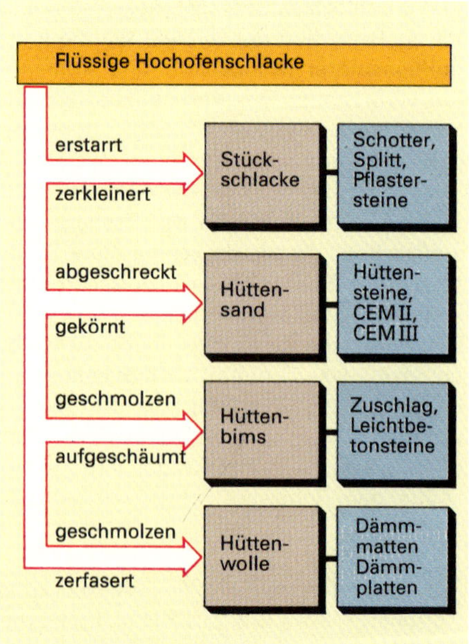

Aus Hochofenschlacke gewonnene Baustoffe

13.1.3 Stahlgewinnung

Gusseisen und Stahl

Versuch: Werkstücke aus Gusseisen und Stahl werden angefeilt, die Späne zwischen den Fingern zerrieben. Die Werkstücke spannt man in einen Schraubstock und schlägt mit dem Hammer dagegen.

Beobachtung: Die Gusseisenspäne sind dunkel und schwärzen die Finger. Die Stahlspäne sind hell glänzend und färben nur wenig. Gusseisen bricht spröde ab; das Stahlstück ist zunächst elastisch, lässt sich aber durch kräftiges Schlagen biegen.

Ergebnis: Gusseisen ist spröde, Stahl ist zäh und biegsam.

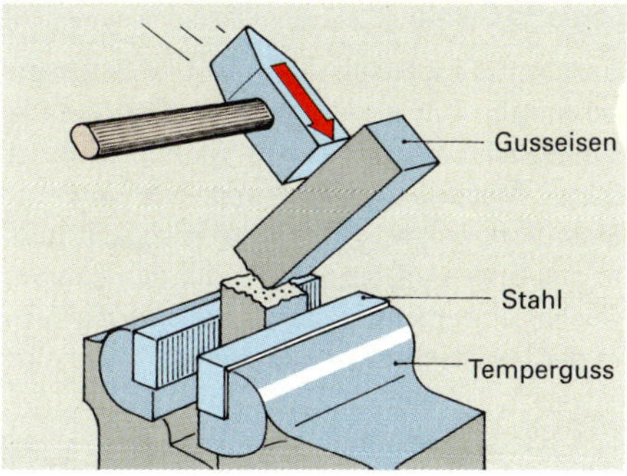

Gusseisen bricht spröde

Die Eigenschaften von Gusseisen und Stahl werden vor allem durch den Kohlenstoffgehalt bestimmt. Der hohe Kohlenstoffgehalt macht Gusseisen hart, spröde und nicht verformbar. Infolge des eingeschlossenen Grafits hält es zwar Druck-, aber fast keine Zugbeanspruchung aus. Stähle, kohlenstoffarme Eisenwerkstoffe, sind dagegen zäh, dehnbar und gut verformbar. Sie besitzen eine hohe Zugfestigkeit.

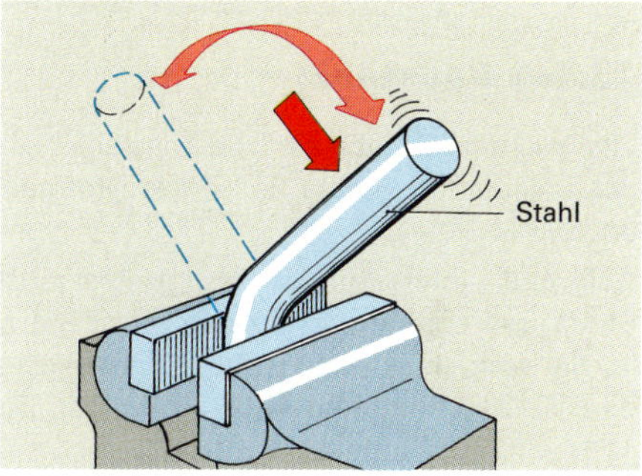

Stahl ist zäh und biegbar

Versuch: Ein Sägeblatt oder eine Rasierklinge wird erwärmt und dann umgebogen und anschließend in kaltes Wasser getaucht („abgeschreckt").

Beobachtung: Die Klinge lässt sich zunächst umbiegen. Nach dem Abschrecken in kaltem Wasser bricht sie.

Ergebnis: Die Stahlklinge verliert durch Erwärmen ihre Elastizität, durch plötzliches Abschrecken wird sie spröde und hart. Wird die Stahlklinge wieder erwärmt, so nehmen die Sprödigkeit ab und die Elastizität zu.

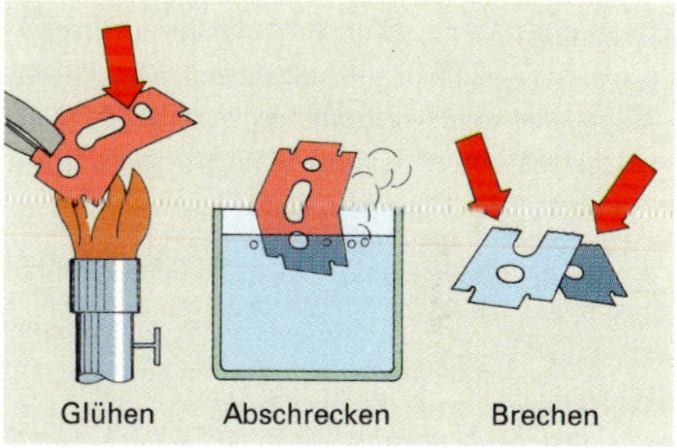

Rasierklinge wird abgeschreckt und bricht

Die Versuche zeigen, dass sich die Eigenschaften des Stahls, wie Festigkeit, Härte, Dehnbarkeit, Elastizität, Verformbarkeit, durch **Wärmebehandlung** beeinflussen lassen. Die Eigenschaftsänderungen beruhen auf Umwandlungen im Kristallgefüge des Stahls. Sie können durch schnelles, aber auch durch langsames Ändern der Temperaturen herbeigeführt werden.

Die Eignung für Warmverformung und der Gehalt an Kohlenstoff sind für die Bezeichnung von Stahl entscheidend.

Verfahren zur Stahlgewinnung

Zur Herstellung von Stahl muss weißes Roheisen gereinigt werden, indem der Kohlenstoffgehalt herabgesetzt wird und unerwünschte Beimengungen zum größten Teil entfernt werden. Dies geschieht durch das **Frischen**, einen Verbrennungsvorgang, bei dem Sauerstoff in die Roheisenschmelze geblasen wird, um so die Verunreinigungen herauszubrennen.

Beim **Sauerstoffblasverfahren** (LD-Verfahren) wird reiner Sauerstoff auf das flüssige Roheisen geblasen. Beim **Herdschmelzfrischen** (Siemens-Martin-Verfahren und Elektroverfahren) wird außer Sauerstoff zusätzliche Wärme benötigt.

Als Stahl bezeichnet man Eisenwerkstoffe, die sich für Warmverformung eignen und unter 1,9% Kohlenstoff enthalten (Euronorm). Bei der Stahlgewinnung wird weißes Roheisen durch Verbrennen unerwünschter Beimengungen gereinigt.

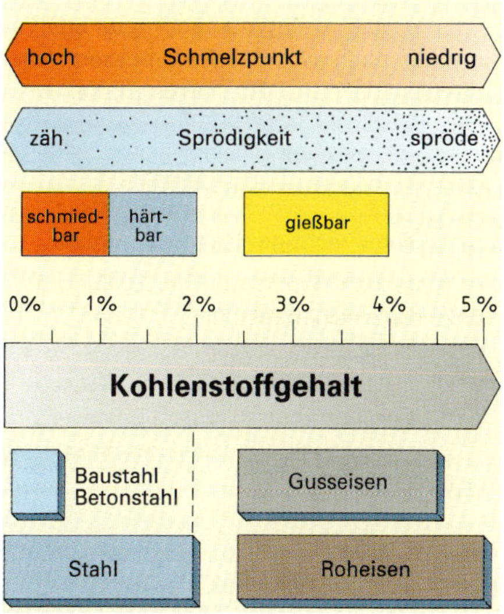

Einfluss des Kohlenstoffgehalts

Legierte Stähle

Bestimmte Eigenschaften des Stahls lassen sich durch Zusammenschmelzen mit anderen wertvollen Metallen, so genannten **Legierungszusätzen**, verbessern. Man bezeichnet die Schmelze verschiedener Metalle als **Legierung**. So werden z.B. durch Silicium die Elastizität, durch Mangan die Festigkeit und durch Wolfram die Härte des Stahls erhöht. Stähle mit den Legierungszusätzen Nickel und Chrom sind **nicht rostend**. Sie werden für Fassadenverkleidungen, in der Haustechnik und im Innenausbau eingesetzt.

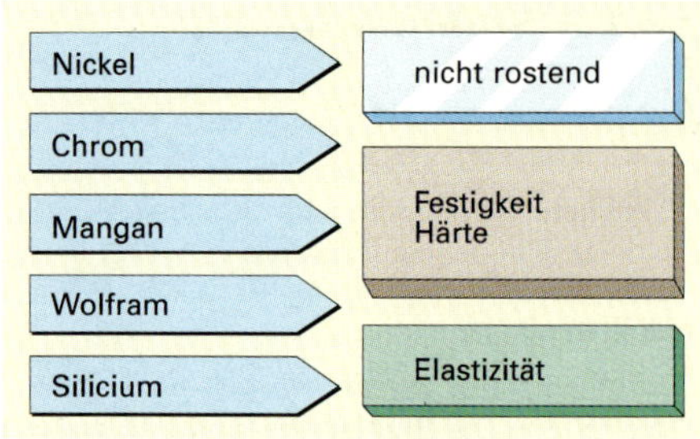

Legierungszusätze beeinflussen die Eigenschaften des Stahls (Beispiele)

> Durch Legierungszusätze lassen sich bestimmte Eigenschaften der Stähle verändern.

13.1.4 Baustähle

Eine wichtige Gruppe sind die Baustähle. Sie bilden den Hauptanteil der unlegierten Stähle. Ihr Kohlenstoffgehalt liegt zwischen 0,05 und 0,6%.

Aufgrund ihrer guten Festigkeitseigenschaften (Zugfestigkeit, Streckgrenze, Dehnung) spielen sie im Bauwesen eine wichtige Rolle. Sie werden im Brückenbau, Hochhausbau (Skelettbau), Hallenbau, Tiefbau und Wasserbau verwendet. Betonstahl (vgl. Abschnitt 11.1) wird aus Baustahl hergestellt.

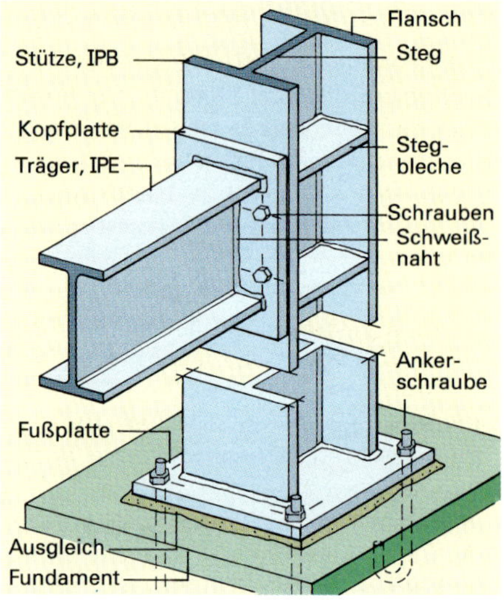

Stahlskelettbau

Stahlsorten

Die Baustähle werden entsprechend ihrer Zugfestigkeit in Stahlsorten (S235, S275, S355) eingeteilt. Die Zahlen nach dem Buchstaben „S" geben die Mindeststreckgrenze in N/mm^2 an. Die Stahlsorten werden in verschiedene Gütegruppen eingeteilt. Der Unterschied in den einzelnen Gütegruppen liegt bei gleichen Festigkeitseigenschaften in der chemischen Zusammensetzung, in der Verarbeitbarkeit und in der Schweißeignung.

Handelsformen

Die Formgebung des Stahls erfolgt durch Gießen, Schmieden, Pressen, Ziehen und Walzen. Der durch Walzen geformte Stahl wird als gewalzter Flussstahl, kurz **Walzstahl**, bezeichnet. Durch das Walzen wird der Stahl kräftig durchgeknetet und verdichtet und damit seine Beschaffenheit wesentlich verbessert. Nach der Querschnittsform unterscheidet man **Flacherzeugnisse**, wie Stahlbleche, Breitflachstahl, Bandstahl, und **Profilerzeugnisse**, wie Formstahl, Stabstahl, Walzdraht, Rohre und Hohlprofile.

Handelsformen	Querschnittsformen
Stahlbleche Feinblech S<3,0 Mittelblech S=3-4,5 Grobblech S>4,5 Trapezblech	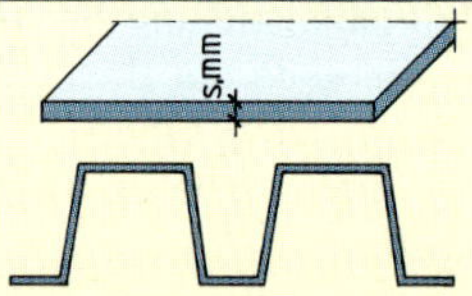
Formstahl Schmaler I-Träger Breiter I-Träger U-Stahl T-Stahl Winkelstahl Z-Stahl	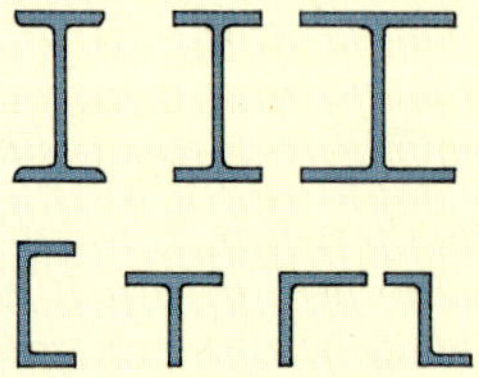
Hohlprofile Rohre	
Spundwand-profile Kanaldielen	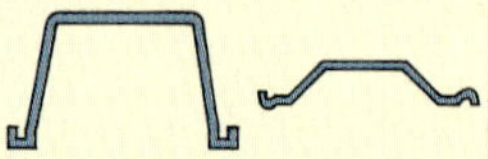
Stabstahl	
Walzdraht	

Handelsformen von Baustahl

Kurzzeichen wichtiger Profilerzeugnisse

Zur einfachen Darstellung der Stahlerzeugnisse sind nach DIN EN 10025 **Kurzzeichen** festgelegt worden. Bei Profilträgern ist der Buchstabe „**P**" das Kurzzeichen für Träger mit **parallelen Flanschflächen**; der Buchstabe „**B**" steht für **Breitflanschträger** und der Buchstabe „**E**" für **Europaträger**. Irrtümlicherweise wird in der Praxis der durch „P" gekennzeichnete Parallelflanschträger oft als „Peiner"-Träger bezeichnet.

> Baustahl wird nach der Zugfestigkeit in Stahlsorten eingeteilt. Nach der Querschnittsform werden Flachstähle und Profilstähle unterschieden.

13.2 Nichteisenmetalle

Die Nichteisenmetalle, kurz NE-Metalle genannt, unterteilt man nach ihrer Dichte in **Leicht-** und **Schwermetalle**.

13.2.1 Aluminium, DIN 1712

Eigenschaften

Aluminium ist sehr weich, dehnbar und gut bearbeitbar. Seine Dichte beträgt etwa ein Drittel der von Stahl; bei Tragwerken ist daher die Masseneinsparung gegenüber Stahl beachtlich. Die Festigkeit des Aluminiums ist gering. An der Luft überzieht sich Aluminium mit einer dünnen, aber dichten, fest haftenden **Oxidschicht**, die das darunter liegende Metall dauerhaft schützt. Durch elektrolytische Oxidation kann die Oxidschicht verstärkt werden. Man nennt dieses Verfahren **Eloxalverfahren** (**el**ektrolytisch **ox**idiertes **Al**uminium). Die Eloxalschicht ist besonders hart und sehr witterungsbeständig. Sie ist farblos, durchsichtig und kann für dekorative Zwecke eingefärbt werden.

Für die Verwendung von Aluminium im Bauwesen ist von Bedeutung, dass das Metall von Säuren und Laugen zerstört wird. Deshalb muss Aluminium vor frischem, alkalisch reagierendem Kalk- und Zementmörtel geschützt werden. Hierfür sind Sperrmaßnahmen zu treffen und Aluminiumteile mit einem Abziehlack zu schützen. Eine Zerstörung kann auch durch elektrochemische Vorgänge erfolgen (vgl. Abschnitt 13.3.2). Aluminium darf daher mit anderen Metallen nicht in Berührung kommen. Als Verbindungsmittel (Schrauben, Niete) kommen deshalb verzinkte Teile und rostfreier Stahl infrage.

Aluminiumlegierungen, DIN 1725

Durch bestimmte Legierungszusätze, wie Kupfer, Zink, Mangan, Silicium und Magnesium, lassen sich die Eigenschaften des Aluminiums verändern. So bewirken die beiden letzteren eine höhere Festigkeit und bessere Korrosionsbeständigkeit. Für das Bauwesen wichtige Aluminiumlegierungen sind:

AlMn: höhere Festigkeit, gute Witterungsbeständigkeit;

AlMg 1, 2, 3: mit 1, 2, 3% Mg-Gehalt; hohe Festigkeit und Härte, gut verformbar, gute chemische Beständigkeit;

AlMgSi 0,5; **0,8**: mit 0,5 und 0,8% Si-Gehalt; mittlere Festigkeit, hohe Witterungsbeständigkeit; verwendet für **Bauprofile**.

Verwendung

Hohe Witterungsbeständigkeit, gute Bearbeitbarkeit und nicht zuletzt die geringe Dichte haben Aluminium einen großen Anwendungsbereich am Bau erschlossen. Dacheindeckungen, Dachrinnen, Wandverkleidungen, Sonnenschutzlamellen, Fassadenprofile, Türen, Fenster, Beschläge aller Art, Feuchtigkeitsabdichtungen und Dampfsperrschichten werden aus Aluminium hergestellt. Die hohe Zugfestigkeit einiger Aluminiumlegierungen nutzt man bei Brücken, Dachbindern und Rohrgerüsten aus. In neuester Zeit werden im Schalungsbau für Wand- und Deckenschalung vermehrt kranunabhängige Alu-Tafeln eingesetzt.

Aluminium ist infolge der Oxidschicht sehr witterungsbeständig. Es darf jedoch nicht mit frischem Kalk- und Zementmörtel in Berührung kommen.

Nichteisenmetalle

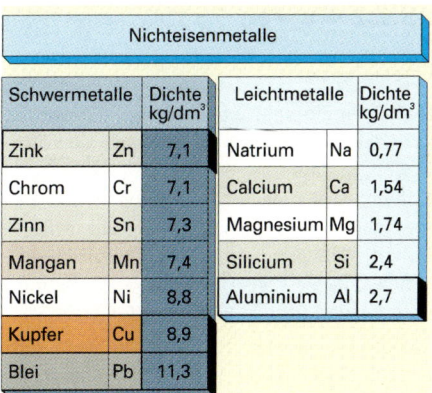

Schwermetalle		Dichte kg/dm³	Leichtmetalle		Dichte kg/dm³
Zink	Zn	7,1	Natrium	Na	0,77
Chrom	Cr	7,1	Calcium	Ca	1,54
Zinn	Sn	7,3	Magnesium	Mg	1,74
Mangan	Mn	7,4	Silicium	Si	2,4
Nickel	Ni	8,8	Aluminium	Al	2,7
Kupfer	Cu	8,9			
Blei	Pb	11,3			

Einteilung der NE-Metalle

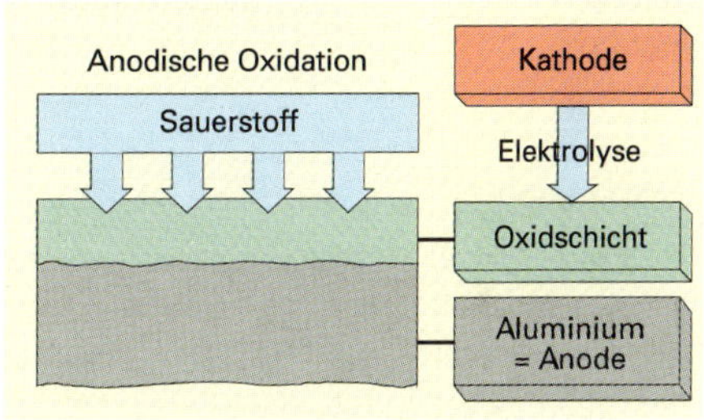

Eloxalschicht verbindet sich mit Aluminium

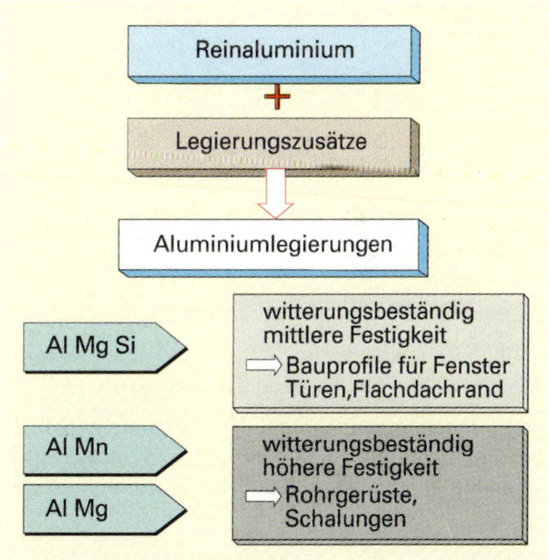

Aluminiumlegierungen und ihre Anwendung

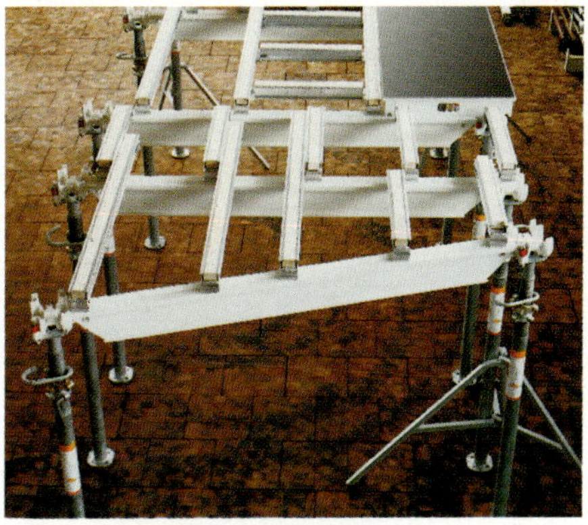

Deckenschalung aus Alu-Trägern

13.2.2 Kupfer, DIN 1708

Eigenschaften

Kupfer ist ein sehr weiches, dehnbares Metall, das sich gut verformen lässt. Es besitzt eine Festigkeit von mindestens 220 N/mm². Kupfer ist ein guter Leiter für elektrischen Strom und Wärme. Kupfer weist eine rot glänzende Farbe auf. Bei langem Lagern an trockener Luft bildet sich eine braunrote **Oxidschicht**. An feuchter Luft, bei Einwirkung von Kohlenstoffdioxid, entsteht allmählich eine grüne Schicht. Diese Schicht, auch **Patina** genannt, schützt dauerhaft das darunter liegende Kupfer.

Essigsäure bildet mit Kupfer den sehr **giftigen Grünspan** (Kupferacetat). Speisen, die bei der Zersetzung Essigsäure bilden, dürfen deshalb nie längere Zeit mit Kupfer in Berührung sein.

Gegenüber frischem **Kalk-** und **Zementmörtel** ist Kupfer sehr **beständig**. In Gegenwart von Sauerstoff wird Kupfer von Säuren angegriffen.

Kupferoxid + Wasser + Kohlenstoffdioxid ⟶ Patina

$2\,CuO + H_2O + CO_2 \longrightarrow CuCO_3 \cdot Cu(OH)_2$

An feuchter Luft bildet sich auf Kupfer eine Schutzschicht (barocke Turmhaube)

Verwendung

Die hohe Korrosionsbeständigkeit und die leichte Bearbeitbarkeit von Kupfer nutzt man am Bau aus. Kupferbleche werden für Dacheindeckungen, Außenwandverkleidungen und zur Herstellung von Regenrohren und Dachrinnen verwendet. Kupferfolien zwischen Bitumendeckschichten dienen zur Feuchtigkeitsabdichtung von Bauwerken. Kupferrohre verwendet man für Wasserleitungen, Heizungsleitungen aller Art, Ölleitungen und wegen des geringen Widerstandes insbesondere für elektrische Leitungen.

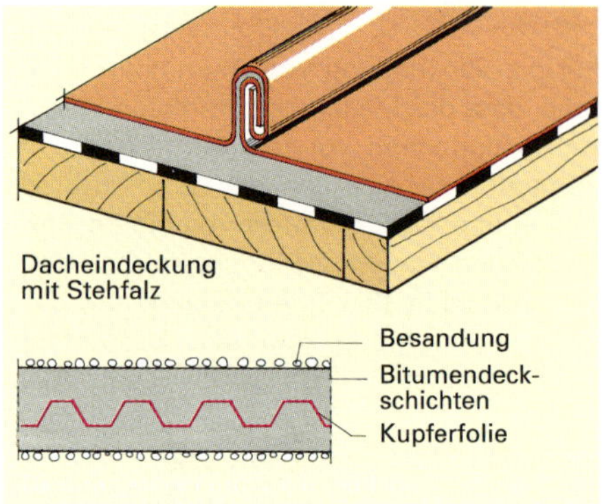

Dichtungsbahn mit Kupfereinlage

Kupferlegierungen, DIN 1718

Durch Legierungszusätze werden hauptsächlich Festigkeit und Gießbarkeit verbessert.

Kupfer-Zinklegierungen (Messing) mit mindestens 50% Kupfer dienen zur Herstellung von Gas- und Wasserarmaturen, Beschlagteilen und Schrauben. **Kupfer-Zinklegierungen** (Rotguss) mit überwiegendem Kupfergehalt besitzen gute Korrosionsbeständigkeit und Verschleißfestigkeit; sie dienen zur Herstellung von Gas-, Wasserarmaturen und Beschlagteilen.

> Aufgrund seiner hohen Korrosionsbeständigkeit und leichten Bearbeitbarkeit ist Kupfer ein bevorzugter Baustoff.

Kupfer am Bau

13.2.3 Zink

Eigenschaften

Bei Raumtemperatur ist Zink hart und spröde. Mit steigender Temperatur wird es geschmeidig, zwischen 100 und 150 °C lässt es sich am besten verformen. Bei Erwärmung dehnt sich Zink sehr stark aus. Es hat von allen Baumetallen die größte **Wärmeausdehnung** (Temperaturdehnzahl). Diese Erscheinung muss bei der Montage von Zinkteilen beachtet werden.

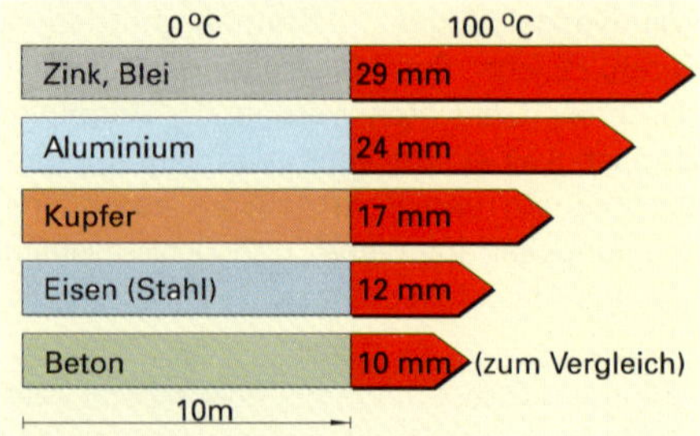

Wärmeausdehnung bei 10 m Länge und 100 K Temperaturunterschied

Versuch: Ein blankes Zinkblech wird jeweils mit einem Tropfen Wasser, Salzwasser, Kalklauge und verdünnter Salzsäure beträufelt.

Beobachtung: Nach einem Tag sind unterschiedliche Veränderungen auf dem Zinkblech festzustellen.

Ergebnis: Zink ist gegenüber Wasser beständig. Säuren und Laugen greifen Zink an.

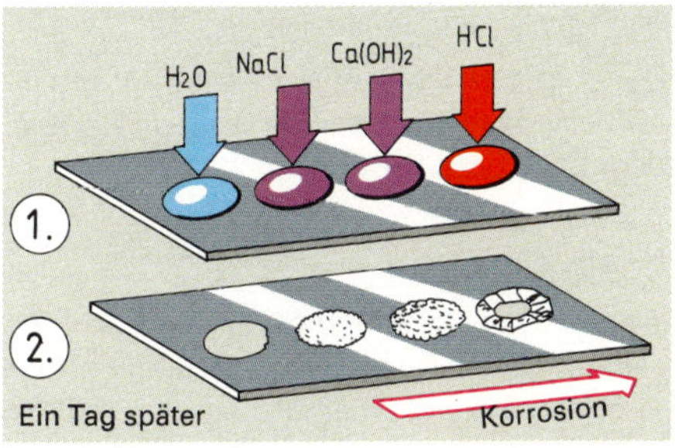

Korrosion von Zinkblech

Das äußere Merkmal von Zink ist die glänzende bläulich weiße Farbe. An **trockener Luft oxidiert** Zink zu Zinkoxid. An **feuchter Luft**, bei Anwesenheit von Kohlenstoffdioxid, überzieht es sich mit einer dichten, fest haftenden und wasserunlöslichen Schicht von Zinkhydroxidcarbonat, $ZnCO_3 \cdot Zn(OH)_2$. Diese Schicht schützt das darunter liegende Metall gegen weitere Veränderung.

Salzsäure greift Zink an. Es entsteht Zinkchlorid und Wasserstoff. Die wässrige Lösung des Zinkchlorids wird als **Lötwasser** zur Reinigung von Lötstellen benutzt. Wie Aluminium und Blei ist auch Zink empfindlich gegenüber Laugen. So wird das Metall durch das im frischen Kalk- und Zementmörtel enthaltene Calciumhydroxid, $Ca(OH)_2$ (Kalklauge), angegriffen. Auch gegenüber Gips, solange er feucht ist, ist Zink wenig beständig. Durch elektrochemische Vorgänge wird Zink zerstört.

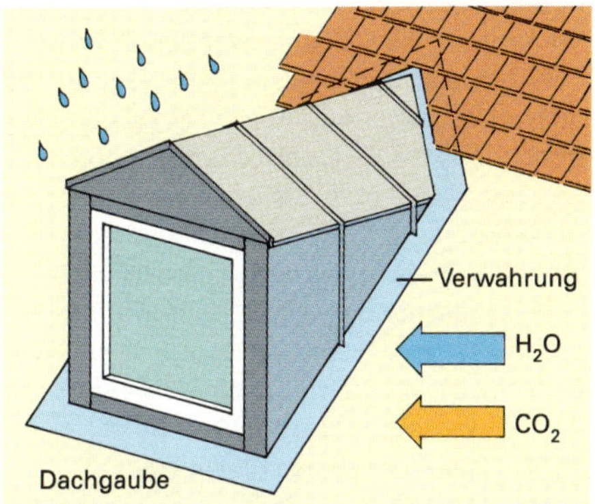

$$2\,ZnO + H_2O + CO_2 \longrightarrow ZnCO_3 \cdot Zn(OH)_2$$

An der Luft bildet sich auf Zinkdeckungen eine Schutzschicht

Zinklegierungen

Mit geringen Mengen von Titan und Kupfer legiertes Zink erhöht die Festigkeit und verringert die Wärmedehnung. Diese Zinklegierung wird als **Titanzink** bezeichnet.

Verwendung

Zinkblech wird für Abdeckungen an Dachfenstern und Kaminen, für Giebelanschlüsse und zur Herstellung von Dachrinnen und Regenrohren verwendet. Zink wird infolge seiner Witterungsbeständigkeit zur Herstellung **verzinkter Stahlteile** gebraucht. In Form von Pulver (Zinkstaub) wird Zink als Rostschutzpigment für Grundanstriche viel verwendet.

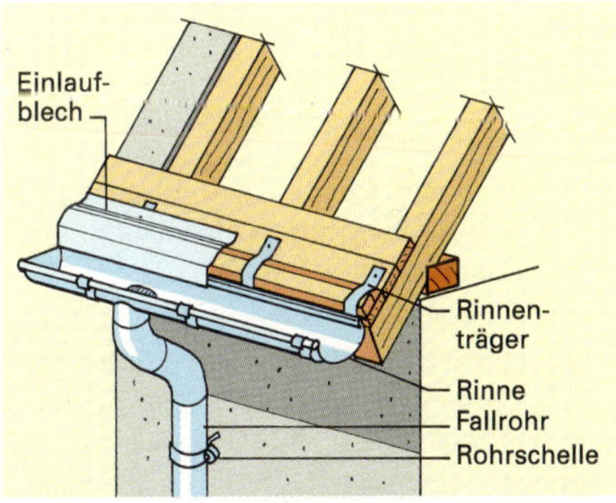

Verzinktes Stahlrohr oder Titanzink für Dachrinnen und Regenrohre

Gegenüber Säuren und Laugen ist Zink nicht beständig. Frischer Kalk- und Zementmörtel greifen Zink an.

13.2.4 Blei

Eigenschaften

Wegen seiner Weichheit und Dehnbarkeit ist Blei sehr **geschmeidig** und **biegsam**, besitzt aber nur geringe Festigkeit, Härte und Elastizität. Blei ist das **schwerste** und **dichteste** aller Gebrauchsmetalle. Blei zeigt an der Oberfläche eine bläulich gelbe Farbe. Seine Schnittfläche ist silberweiß, stark glänzend. Sie erhält jedoch langsam einen stumpfen, blaugrauen Überzug.

Blei wird von Schwefel- und Salzsäure nicht angegriffen, von Laugen jedoch zerstört. Wegen ihres Gehaltes an Calciumhydroxid (Kalklauge) greifen frischer Kalk- und Zementmörtel Blei an.

Blei und Bleiverbindungen sind **giftig**. Gelangen diese Gifte in den Körper, so kann es zu einer schleichenden Bleivergiftung kommen. Nach jeder Arbeit mit Blei müssen unbedingt die Hände gewaschen werden.

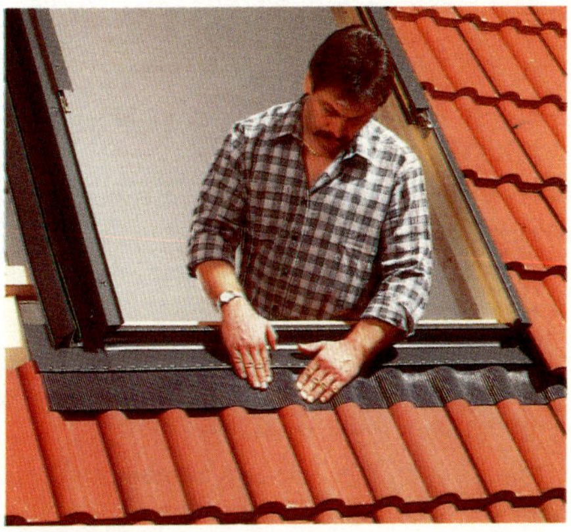

Blei am Bau

Bleilegierungen

Durch Zusatz von Antimon erhält man eine harte, zerreißfeste Bleilegierung. Sie wird als **Hartblei** oder Dachdeckerblei bezeichnet.

Verwendung

Wegen seiner chemischen Beständigkeit einerseits und seiner Geschmeidigkeit und leichten Formgebung andererseits verwendet man Blei am Bau. **Bleibleche** werden für Fassadenbekleidungen, Dacheindeckungen und Verwahrungen eingesetzt. Auch als Schutzhaut für viele Bauteile wie Gesimse, Mauerabdeckungen, Attiken und Vorsprünge wird Blei verwendet. Die einzelnen Bleibleche werden durch Wulste, Falze, Stufen, Querstöße mit oder ohne Hafte (vgl. Abschnitt 13.4.3) miteinander verbunden. Diese Verbindungsarten erfüllen die Forderungen des Wetterschutzes und lassen temperaturbedingte Bewegungen zu. Für die Bleibearbeitung kommen sowohl das **Treiben** als auch das **Schweißen** infrage. Treiben ist die handwerkliche Verformung des Bleis. Dies geschieht mit Handwerkzeugen aus Hartholz. Das Bleischweißen erfolgt nach dem Schmelzschweißverfahren. Es wird kein anderes Metall benötigt, da der Schweißdraht auch aus Blei besteht.

Stiftskirche (Dom) in Bad Gandersheim
Türme und Mitteldach bleigedeckt

Blei oxidiert an der Luft. Es bildet sich eine dünne schützende Schicht von Bleioxid. Frischer Kalk- und Zementmörtel greifen Blei an. Blei und Bleiverbindungen sind giftig.

Zusammenfassung

Im Hochofen werden die Eisenerze stufenweise durch Kohlenstoff und Kohlenstoffmonoxid zu Roheisen reduziert.

Die Unterschiede in den Eigenschaften von Roheisen und Stahl sind vor allem auf den Kohlenstoffgehalt zurückzuführen. Der Kohlenstoffgehalt des Stahls liegt unter 1,9%.

Durch Wärmebehandlung lassen sich die Eigenschaften des Stahls ändern.

Baustähle sind im Allgemeinen unlegierte Massenstähle. Nach ihrer Zugfestigkeit werden sie in Stahlsorten eingeteilt und nach ihrer Schweißeignung in drei Gütegruppen geliefert.

Die im Bauwesen wichtigen Stahlbauprofile erhalten durch Walzen ihre Form.

Hohe Witterungsbeständigkeit und gute Bearbeitbarkeit haben den Metallen Aluminium, Kupfer, Blei und Zink einen großen Anwendungsbereich am Bau erschlossen.

Die Witterungsbeständigkeit wird bei Aluminium und Blei durch Oxidschichten, bei Kupfer und Zink durch Carbonatschichten erreicht.

Aluminium, Blei und Zink werden von frischem Kalk- und Zementmörtel angegriffen.

Aufgaben:

1. *Nennen Sie wichtige Eisenerze und ihre chemische Bezeichnung.*
2. *Welche Aufgaben haben a) der Koks, b) die Zuschläge im Hochofen?*
3. *Welcher Unterschied besteht zwischen grauem und weißem Roheisen?*
4. *Nennen Sie Verwendungsmöglichkeiten für Grauguss am Bau.*
5. *Welche Baustoffe werden aus Hochofenschlacke hergestellt?*
6. *Welche Eigenschaften besitzen a) Roheisen, b) Stahl?*
7. *Worauf sind diese unterschiedlichen Eigenschaften zurückzuführen?*
8. *Wie wird Stahl nach dem LD-Verfahren gewonnen?*
9. *Erklären Sie folgende Kurzzeichen: S235, L 80 × 10 × 60 Lg, T 80 × 2600, IB 120, IPE 240 × 4600, IPB 400 × 2000.*
10. *Wo werden Aluminiumlegierungen mit hoher Festigkeit am Bau verwendet?*
11. *Wie verhalten sich Aluminium, Kupfer, Blei und Zink gegenüber a) Sauerstoff, b) Säuren, c) frischem Kalk- und Zementmörtel?*
12. *Begründen Sie, warum Kupferdächer Jahrhunderte hindurch wetterbeständig sind.*
13. *Nennen Sie die wichtigsten Eigenschaften von Blei.*
14. *Um wie viel mm dehnt sich ein 8 m langes Zinkband aus, wenn der Temperaturunterschied 30 K beträgt?*

13.3 Korrosion

Fast alle Metalle, die am Bau verwendet werden, zeigen nach einiger Zeit eine **veränderte Oberfläche**. Die Metalle sind am Bauwerk verschiedenen Einflüssen ausgesetzt. So wirkt die **atmosphärische Luft** auf die Metalle ein. Sie enthält Wasserdampf, Sauerstoff, Verbrennungsgase, wie Kohlendioxid und Schwefeldioxid, sowie verdünnte Säuren und Laugen.

Auch **Wasser** gelangt durch Bodenfeuchtigkeit, Regen und Schwitzwasserbildung an die Metalle. Außerdem können **Frischmörtel** und **Frischbeton** die Oberfläche bestimmter NE-Metalle angreifen (vgl. Abschnitt 13.2). Oft werden die Metalle von der Oberfläche aus fortschreitend zerstört.

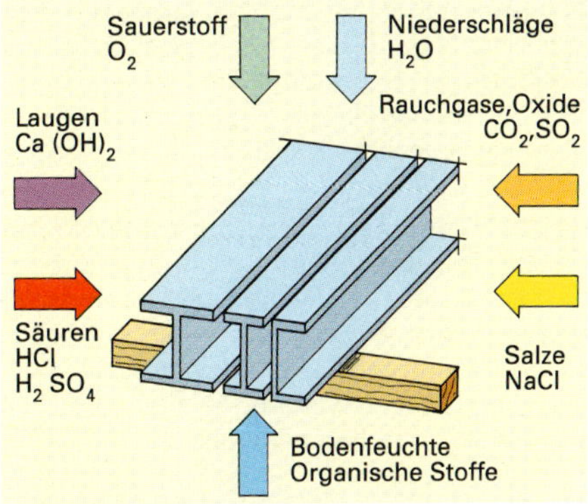

Verschiedene chemische Einflüsse

Die Zerstörung der Metalle nennt man Korrosion.

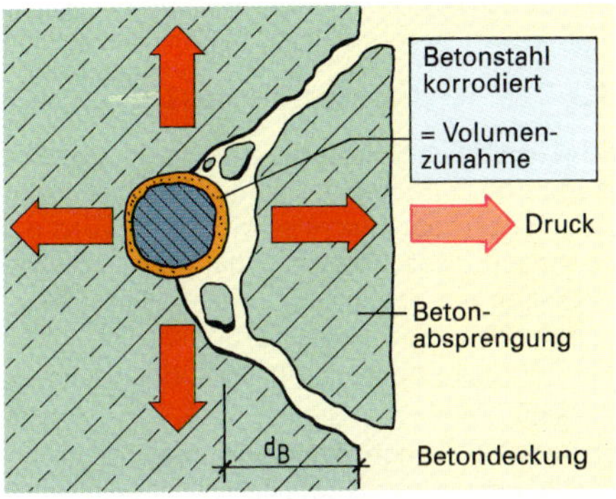

Betonabsprengung durch Rost

13.3.1 Chemische Korrosion

Im Freien gelegener Stahl ist je nach Dauer der Lagerung angerostet oder weitgehend zerstört. Rost entsteht bei Berührung des Stahls mit Sauerstoff und Wasser. Da der Rost porös ist, schreitet die Zerstörung des Stahls in die Tiefe fort. Rostende Stähle vergrößern durch ihre Korrosionsprodukte das Volumen. Deshalb kann bei rostenden Betonstählen der durch das größere Volumen ausgeübte Druck so groß werden, dass die Betonüberdeckung abgesprengt wird. Säurehaltiges Wasser, Basen und Salze sind korrosionsfördernde Stoffe, die die Rostbildung beschleunigen.

Andere Metalle, wie Aluminium, Kupfer, Zink und Blei, überziehen sich an der Luft mit einer **Oxidschicht**, die so dicht ist, dass sie Schutz vor weiterer Zerstörung bietet (vgl. Abschnitt 13.2).

Die chemische Korrosion kommt durch unmittelbare Einwirkung von Sauerstoff, Wasser, Säuren, Basen, Salzen zustande.

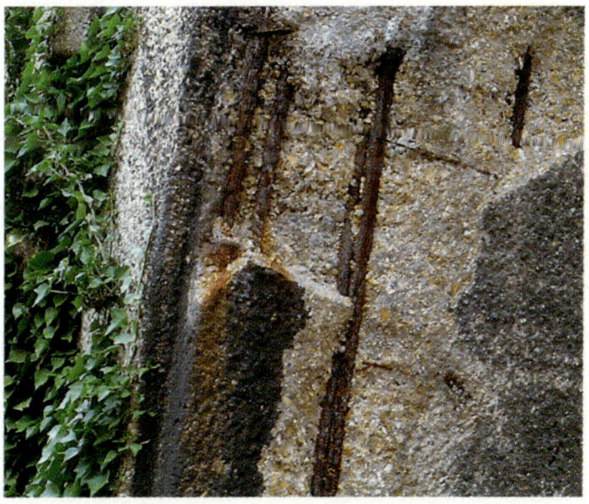

Chemische Korrosion bei Betonstahl

13.3.2 Elektrochemische Korrosion

Die elektrochemische Korrosion kommt am häufigsten vor. Sie entsteht zwischen zwei verschiedenen Metallen, wenn eine elektrisch leitende Flüssigkeit, ein so genannter **Elektrolyt**, vorhanden ist. Als Elektrolyte können Luftfeuchtigkeit, Säuren, Laugen und Salzlösungen wirken. Hierbei zeigen Metalle das Bestreben, in Lösung überzugehen. Sie besitzen Ionen, die z.B. säurehaltiges Wasser elektrisch leitfähig machen. Es fließt Strom, der die Zerstörung eines Metalls zur Folge hat. Nach diesem Prinzip arbeiten auch elektrische Batterien. Hier fließt zwischen zwei verschiedenen Metallen, die in eine leitfähige Flüssigkeit getaucht werden, ein elektrischer Strom, dessen Spannung ein Maß für die Zerstörung des jeweiligen Metalls ist. Ein solches System bezeichnet man als **galvanisches Element**.

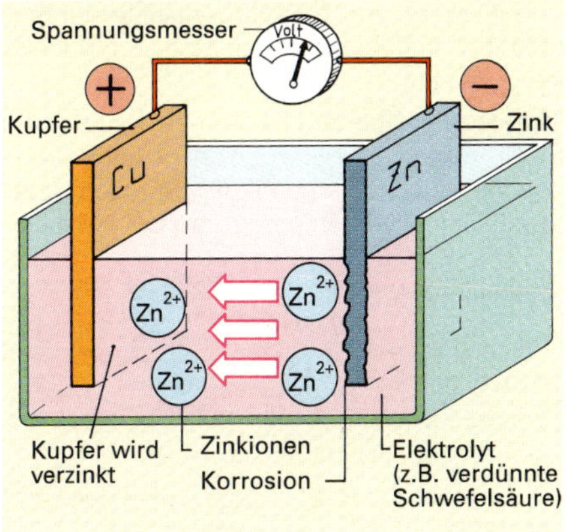

Galvanisches Element

Chemiker haben anhand von Versuchen die Spannungen der einzelnen Metalle gemessen. Als Basiselement wurde der Wasserstoff gewählt. An der **Spannungsreihe** lässt sich aus dem Abstand der Metalle untereinander die Spannungsgröße zwischen den einzelnen Metallen ablesen. Je größer der Abstand ist, desto größer ist die Korrosionsgefahr.

Häufig kommt es am Bau zur **Kontaktkorrosion**, weil verschiedene Metalle in unmittelbare Berührung miteinander gebracht werden. Dies ist u.a. der Fall, wenn eine Messingschiene mit Stahlschrauben befestigt wird, ein Zinkrohr durch Kupferschellen gehalten oder an ein Aluminiumfenster ein Kupferblech als Abdeckung der Fensterbank angebracht werden. In allen drei Fällen kommt es zur Zerstörung des **unedleren** Metalls.

Metalle mit einer positiven Ladung lösen sich in Elektrolyten kaum oder gar nicht auf. Je negativer die Ladung eines Metalls ist, umso schneller wird es zerstört.

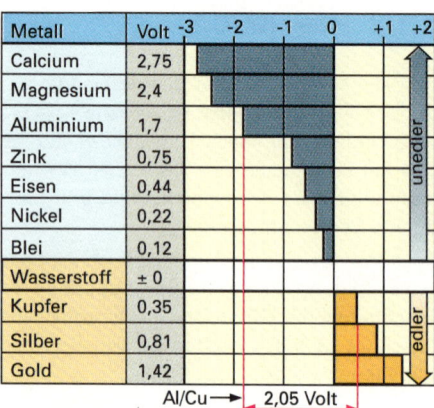

Metall	Volt
Calcium	2,75
Magnesium	2,4
Aluminium	1,7
Zink	0,75
Eisen	0,44
Nickel	0,22
Blei	0,12
Wasserstoff	± 0
Kupfer	0,35
Silber	0,81
Gold	1,42

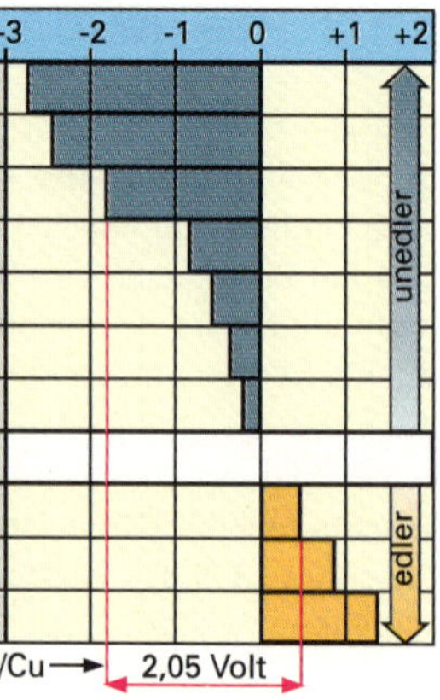

Elektrochemische Spannungsreihe

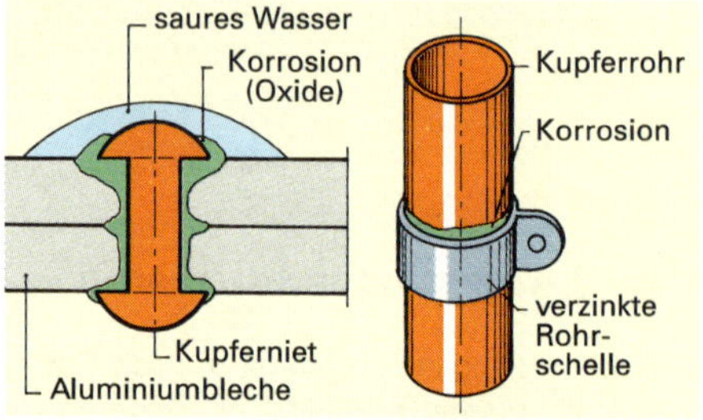

Verbindung verschiedener Metalle

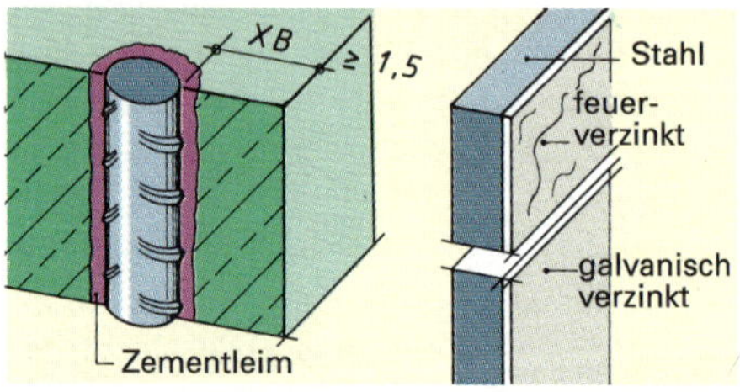

Korrosionsschutz

Feuerverzinktes Spannschloss für Systemschalung

13.3.3 Korrosionsschutz

Konstruktiven Schutz erreicht man durch richtige Wahl des Baustoffs und seine fachgerechte Verarbeitung, durch Fernhalten korrosionsfördernder Stoffe sowie durch Vermeidung elektrochemischer Korrosion. Dies geschieht dadurch, dass bei der Konstruktion von Bauteilen die Berührung verschiedener Metalle unter Feuchtigkeitszutritt verhindert wird. Grundsätzlich dürfen Metalle, die in der Spannungsreihe weit auseinander liegen, nicht zusammengebaut werden.

Neben dem konstruktiven Schutz können Metalle durch nichtmetallische und durch metallische Überzüge vor Korrosion geschützt werden. Für **nichtmetallische Überzüge** werden Öle, Fette, Ölfarben, Öllacke, Kunstharzlacke, Kunststoffbeschichtungen, Zementschlämme, Bitumen und Asphalt verwendet. So ist z.B. die Ummantelung des Betonstahls mit Zementleim ein wirksamer Schutz gegen Rosten. Die alkalische Reaktion des Zements verhindert ein Weiterrosten des Stahls; der Stahl wird dabei in einen inaktiven Zustand versetzt.

Vor der Ausführung von **Anstrichen** auf Metallen muss der Untergrund sorgfältig vorbereitet werden. Rostschichten können durch verschiedene Verfahren beseitigt werden. Durch Einsatz von Schleifmaschinen kann der Rost entfernt werden. Beim Flammstrahlen springt die Rostschicht ab. Beim Sandstrahlen werden Sand- oder Stahlkörner auf die Oberfläche geschleudert und der Rost abgeschlagen. Bei der chemischen Entrostung wird der Rost so gelockert, dass er sich leicht abschaben lässt.

Für Anstriche werden **Rostschutzpigmente** verwendet. Infrage kommen Bleimennige, Zinkstaub und Zinkchromat. Sie verringern das Rosten von Eisen und Stahl, da sie den Zutritt von Sauerstoff und Wasser zur Metalloberfläche durch ihre dichten Schichten (120 µm) behindern und zusätzlich auf elektrochemische Weise wirken.

Metallische Überzüge kommen hauptsächlich für Werkstücke aus Stahl infrage. Sie werden in geschmolzenem Zustand durch Tauchen (z.B. Feuerverzinken), Spritzen (z.B. Spritzverzinken) oder durch Galvanisieren aufgebracht.

Zusammenfassung

Im „galvanischen Element" fließt ein elektrischer Strom; dabei wird das unedlere Metall zerstört.

Entsteht Korrosion, wenn die Metalle direkten Kontakt haben, so nennt man dies „Kontaktkorrosion".

Bei metallischen Überzügen sollte der Überzug nach Möglichkeit aus einem unedleren Metall als das zu schützende Metall sein.

Aufgaben:

1. *Erläutern Sie den Begriff „Korrosion".*
2. *Was versteht man unter elektrochemischer Korrosion?*
3. *In welche zwei große Gruppen teilt man die Metalle der Spannungsreihe ein?*
4. *Warum soll das zu schützende Metall edler sein als das Schutzmetall?*

13.4 Metallverbindungen

13.4.1 Nietverbindungen

Fachgerecht ausgeführte Nietverbindungen können hohe Zugkräfte aufnehmen. Die Verbindung wird dabei auf Abscherung beansprucht.

Der Niet besteht aus Schaft-, Setz- und Schließkopf. Nach der Kopfform werden **Halbrundnieten** mit kleinem und großem Kopf und **Senknieten** mit Flach- und Linsenkopf unterschieden. Beim **Blindnietverfahren** werden Hohlniete mit Dorn verwendet. Niete bis 8 mm Durchmesser werden **kalt-**, über 8 mm Durchmesser **warmgeschlagen**. Warmgeschlagene Niete schrumpfen beim Erkalten in Quer- und Längsrichtung. Es entsteht eine Klemmkraft, die beide Teile so zusammenpresst, dass sie sich bei Belastung nicht verschieben.

Die Nietlöcher in den zu verbindenden Werkstücken können gebohrt oder gelocht werden. Das Nietloch muss so groß sein, dass sich der Niet leicht eindrücken lässt. Zuerst werden mit dem Nietenzieher die Teile zusammengedrückt und der Niet angezogen. Danach wird der Nietschaft mit dem Niethammer gestaucht und durch schräg gerichtete Schläge zum Schließkopf vorgeformt. Mit dem Kopfmacher wird der Schließkopf fertig geformt.

Blindniete sind besonders für Blechverbindungen geeignet. Hierbei werden der Nietdorn durch den Hohlniet gezogen, der Schaft geweitet und der Schließkopf geformt. Der überstehende Dorn wird an der eingekerbten Sollbruchstelle abgebrochen.

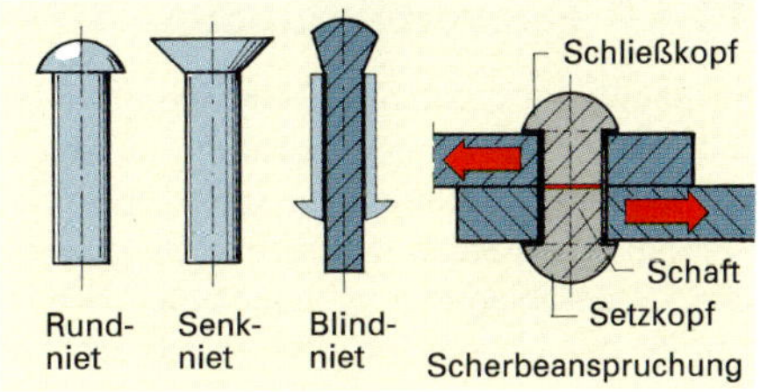

Nietformen und Bezeichnungen

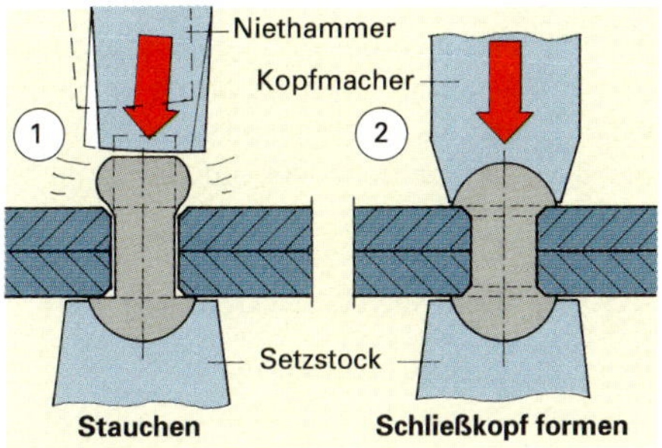

Nietvorgang

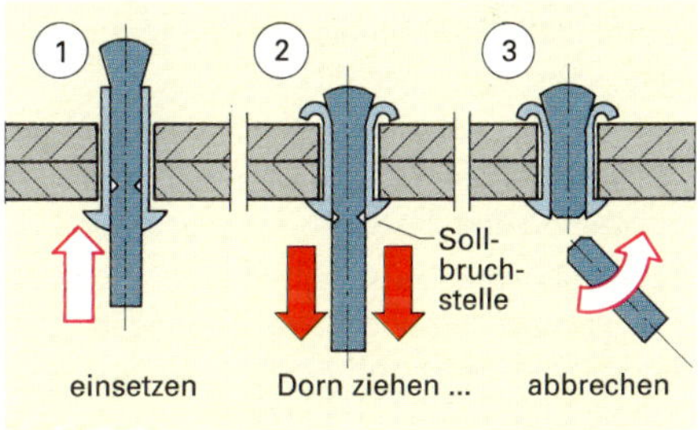

Verbindung von Blechen mit Blindniet

13.4.2 Schraubverbindungen

Schrauben dienen zum Befestigen und zum Bewegen von Bauteilen. Sie können sowohl auf Zug und Druck als auch auf Abscheren beansprucht werden. Verschraubungen sind kraftschlüssige Verbindungen, bei denen die Teile durch Reibungskräfte zusammengehalten werden.

Handelsübliche Schrauben lassen sich auf folgende Grundformen zurückführen:

a) **Kopfschraube mit Mutter** bei Durchgangslöchern, wenn die Verbindung öfter gelöst werden muss;

b) **Kopfschraube ohne Mutter** für Verbindungen, die nicht oft gelöst werden und bei denen eine der Werkstückoberflächen glatt sein muss;

c) **Flachrundschraube** für Metall-Holzverbindungen, wobei ein Vierkantansatz das Mitdrehen verhindert;

d) **Blechschraube** zum Einschrauben in Stahl- und Aluminiumbleche von 0,4…4 mm Dicke; die Schrauben schneiden das Gegengewinde in die passend gelochten Bleche selbst.

Unterlegscheiben vergrößern die Auflagerfläche und schützen die Oberfläche der Werkstücke.

Viele Schraubverbindungen müssen zusätzlich gegen Lockerung **gesichert** sein. Dies geschieht beispielsweise durch federnde Zahnscheiben, Gegenmuttern, Sicherungsbleche und Splinte.

Verschraubungen sind kraftschlüssige Verbindungen, die mit Muttern oder durch ein in das Werkstück geschnittenes Innengewinde hergestellt werden.

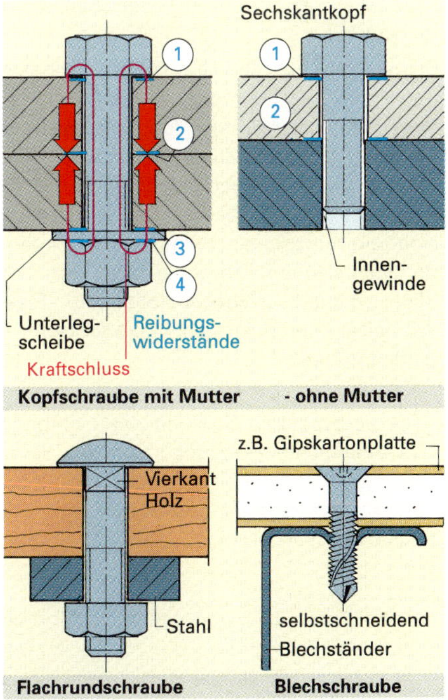

Kraftschlüssige Schraubverbindungen

13.4.3 Falzverbindungen

Im Bauwesen werden Außenwände und Dächer häufig mit Blechen aus Kupfer, Zink und Aluminium abgedeckt. Die **Blechverbindungen** für diese und andere Bauteile werden durch **Falze** hergestellt. Dabei werden die Bleche umgeschlagen und ineinander gehakt. Nach der Anzahl der Umschläge gibt es einfache und doppelte Falze. Nach der Lage werden Liege- und Stehfalze unterschieden.

Die Bleche werden mit der Deckunterlage so verbunden, dass sie sich bei Temperaturschwankungen bewegen können. Dies wird durch so genannte **Hafte** gewährleistet. Es sind abgewinkelte Blechstreifen, deren 4 bis 5 cm langer Schenkel auf der Unterlage befestigt wird.

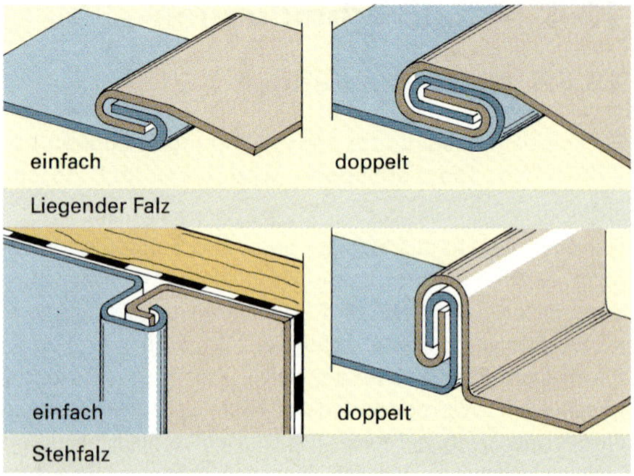

Blechfalzverbindungen

13.4.4 Schweißverbindungen

Beim Schweißen werden die zu verbindenden Metalle an ihren Stoßstellen bis zum Schmelzfluss erwärmt. Die Stücke verschmelzen dann mit oder ohne Zufügung von **Zusatzwerkstoffen**. Da die Schmelzpunkte der einzelnen Metalle stark voneinander abweichen, können nur gleichartige Metalle miteinander verschweißt werden.

Auf der Baustelle werden in der Regel zwei Schmelzschweißverfahren angewendet, das Gasschmelzschweißen und das elektrische Lichtbogenschweißen.

Beim **Gasschmelzschweißen** wird die notwendige Wärme mit Acetylen und Sauerstoff erzeugt (vgl. Abschnitt 3.3.3). Die Sauerstoff-Acetylenflamme erreicht in der Schweißzone eine Temperatur von etwa 3200 °C. Acetylen und Sauerstoff werden Gasflaschen entnommen. Acetylenflaschen sind **gelb**, Sauerstoffflaschen sind **blau** gekennzeichnet. Die Gasflaschen sind sorgfältig zu behandeln.

Beim **Lichtbogenschweißen** liefert ein elektrischer Lichtbogen die zum Schmelzfluss nötige Wärme. Der Lichtbogen entsteht zwischen den Polen eines Stromkreises. Ein Pol wird an den Zusatzwerkstoff (Elektrode), der andere an das Werkstück gelegt. Wird das Werkstück bei eingeschaltetem Strom mit der Elektrode berührt, entsteht ein Kurzschluss. Beim Zurücknehmen der Elektrode bildet sich ein Lichtbogen mit einer Temperatur von 3500...4200 °C. Schweißstelle und Elektrodenspitze schmelzen, der Elektrodenwerkstoff tropft in das flüssige Schmelzbad.

Die ultravioletten Strahlen des Lichtbogens führen zu Bindehautentzündungen und zu Verbrennungen der Haut. Deshalb sind Augen, Gesicht und Hals mit einem Schutzschild und Hände mit Stulpenhandschuhen zu schützen.

Beim Gasschmelzschweißen erzeugt eine Sauerstoff-Acetylenflamme die Schmelzwärme. Beim Lichtbogenschweißen liefert ein elektrischer Lichtbogen die nötige Wärme.

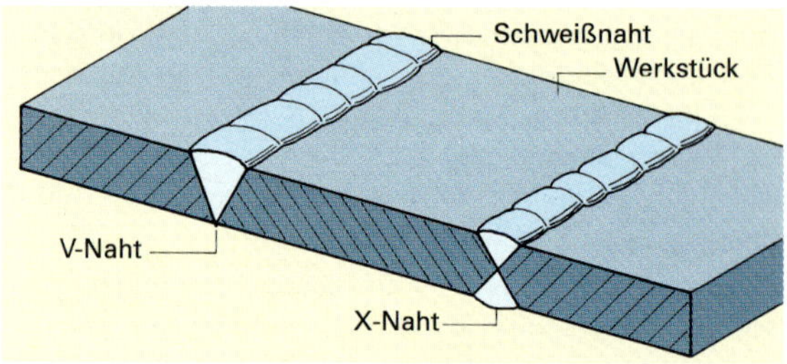

Schweißverbindungen

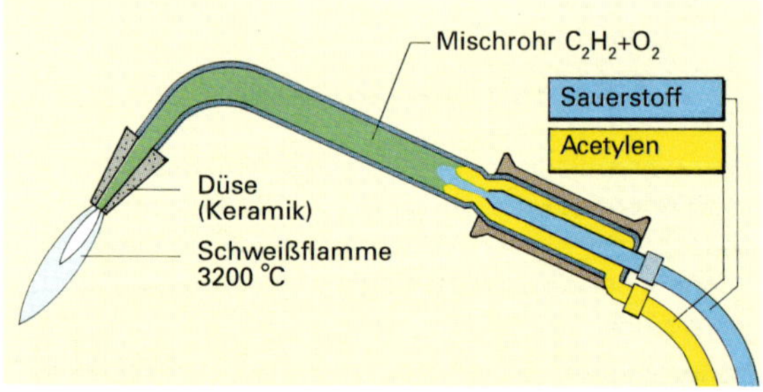

Schweißbrenner

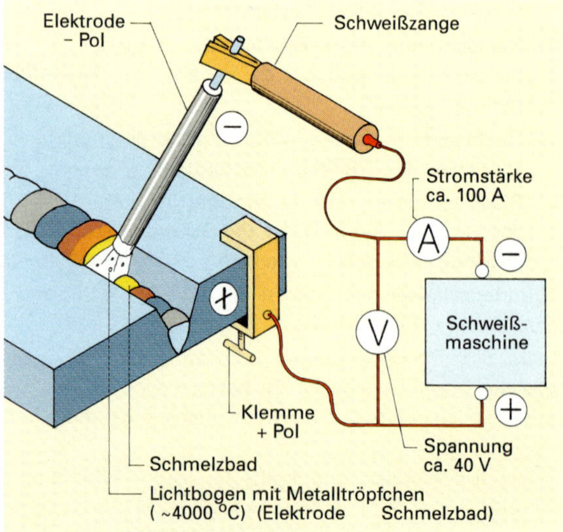

Elektrisches Lichtbogenschweißen

13.4.5 Lötverbindungen

Durch Löten wird eine Verbindung gleicher oder verschiedener Metalle mithilfe eines geschmolzenen Zusatzmetalles hergestellt. Das Zusatzmetall bezeichnet man als **Lot**. Die Werkstücke werden an der Verbindungsstelle so lange erwärmt, bis sie die Temperatur des Lotes haben. Das Lot wird durch Berühren mit dem Werkstück zum Schmelzen gebracht. Nach der Temperatur wird die Weichlötung von der höher beanspruchten Hartlötung unterschieden. Beim **Weichlöten** werden beispielsweise Lötkolben aus Kupfer benutzt, die im offenen Feuer oder mit elektrischem Strom erwärmt werden. Der Schmelzpunkt der Lote liegt unter 450 °C. Das am meisten verwendete Weichlot ist **Lötzinn**, eine Zinn-Blei-Legierung. Auf der Baustelle werden hauptsächlich Kupferrohre und Walzbleiverbindungen weichgelötet. Zum **Hartlöten** werden Hartlotbrenner und Schweißbrenner eingesetzt. Vorwiegend Schwermetalle und Aluminiumwerkstoffe werden hartgelötet. Der Schmelzpunkt der Hartlote liegt über 450 °C. Es werden unter anderem Messinglote und silberhaltige Hartlote verwendet.

Bei einer guten Lötung dringt das geschmolzene Lot geringfügig in die Metalloberflächen ein und legiert. Das ist dann der Fall, wenn Werkstücke und Lot die erforderliche Temperatur haben und die Fuge zwischen den Werkstücken (= **Lötspalt**) möglichst klein ist, damit das flüssige Lot infolge Kapillarwirkung gut eindringen kann.

Die Flächen der zu verbindenden Metalle dürfen nicht verunreinigt sein. Besonders Fette und Oxidschichten verhindern den Kontakt des Lotes mit den Metallflächen. **Flussmittel** sollen die Oxidschichten zerstören und eine erneute Oxidation während des Lötvorgangs verhindern. Flussmittel kommen als Pasten, Pulver oder Flüssigkeiten in den Handel. Das gebräuchlichste Flussmittel ist **Lötwasser**. Nach dem Löten müssen Flussmittelrückstände entfernt werden, da diese sonst die Metalle zerstören.

Beim Löten sollen Lot und Werkstoff legieren. Flussmittel müssen Oxidschichten beseitigen und ihre erneute Bildung verhindern.

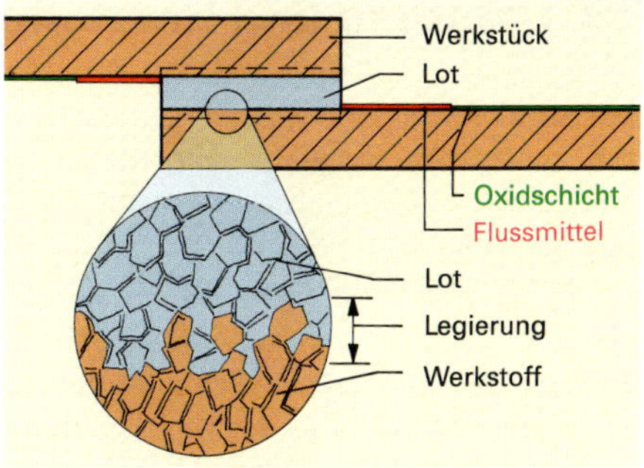

Lötung und Legierungsbildung

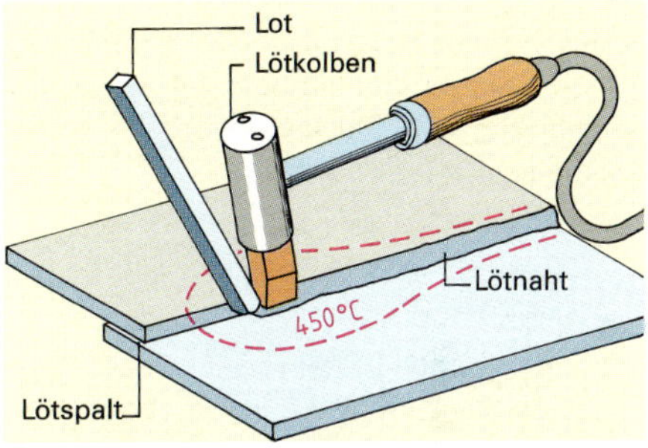

Arbeiten mit dem Elektrolötkolben

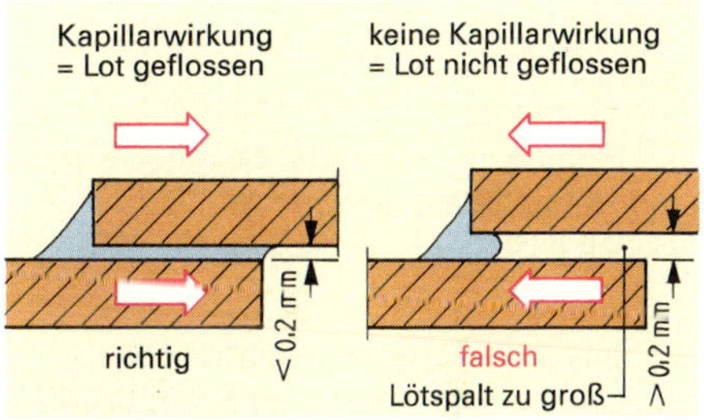

Einfluss des Lötspalts

Zusammenfassung

Bei der Kaltnietung kommt es durch Stauchen des Nietschaftes zu einer kraftschlüssigen Verbindung.

Verschraubungen sind kraftschlüssige Verbindungen, bei denen die Werkstücke durch Reibungskräfte zusammengehalten werden.

Falzverbindungen werden bei Blechverkleidungen von Wänden und Dächern, bei der Herstellung von Dachrinnen und Regenrohren angewendet.

Beim Gasschmelzschweißen wird zur Erzeugung der Schmelzwärme ein Gasgemisch aus Acetylen und Sauerstoff entzündet.

Beim elektrischen Lichtbogenschweißen sind die Elektroden Stromleiter und Zusatzwerkstoff zugleich.

Vom Lichtbogen gehen ultraviolette Strahlen aus. Sie haben chemische Wirkungen und führen zu Bindehautverbrennungen.

Weichlote haben Löttemperaturen unter 450 °C, Hartlote über 450 °C. Hartlötungen zeichnen sich durch höhere Festigkeit aus.

Bei einer guten Lötung ist der Lötspalt klein, so dass das flüssige Lot in die Fuge eindringen und mit dem Werkstoff legieren kann.

Aufgaben:

1. *Welche Nietformen und Nietverfahren gibt es?*
2. *Mit welchen Schrauben werden a) Metallteile, b) Holzteile verbunden?*
3. *Welche Aufgaben haben bei Schraubverbindungen Unterlegscheiben?*
4. *Wie werden Acetylen- und Sauerstoffflaschen gekennzeichnet?*
5. *Wie entsteht der Lichtbogen beim elektrischen Lichtbogenschweißen?*
6. *Welche Aufgaben haben beim Löten Flussmittel?*
7. *Warum müssen Flussmittelreste beseitigt werden?*
8. *Die Armaturen einer Sauerstoffflasche wurden mit Fett eingerieben. Als plötzlich Sauerstoff entströmte, kam es zu einer folgenschweren Explosion. Wie ist dieser Unfall zu erklären? Welche Unfallverhütungsregel kann daraus abgeleitet werden?*

14 Kunststoffe

14.1 Aufbau und Herstellung

Der Name Kunststoffe weist darauf hin, dass es sich um künstlich hergestellte Stoffe handelt. Künstlich hergestellt werden aber auch die meisten Nichtkunststoffe, wie zum Beispiel Stahl oder Zement. Das wesentliche Merkmal, in dem sich Kunststoffe von allen übrigen Stoffen unterscheiden, ist ihr **Aufbau**.

Kleinster Teil von herkömmlichen Stoffen ist bei Elementen das Atom, bei Verbindungen das Molekül. Diese Moleküle bestehen in der Regel aus wenigen Atomen (z.B. Fe_2O_3, NaCl, H_2O, C_2H_4).

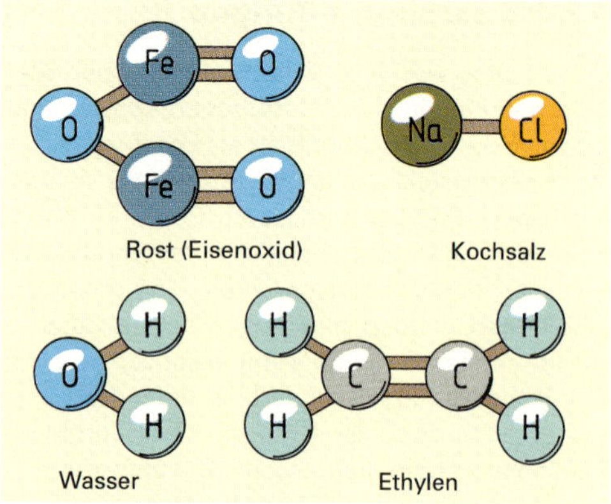

Nichtkunststoff-Moleküle

Kunststoffmoleküle bestehen dagegen stets aus einer sehr großen Anzahl von Atomen (oft tausenden!), die fadenförmig angeordnet sind. Solche Moleküle nennt man Riesen- oder Makromoleküle.

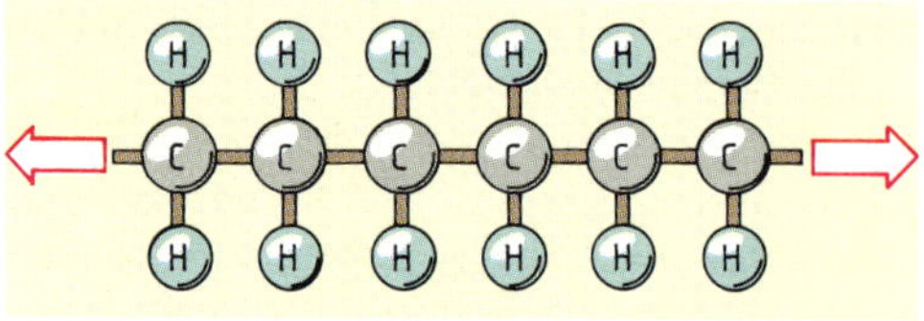

Kunststoffmolekül Polyethylen

> Die Kunststoffe bestehen aus Riesen- oder Makromolekülen. Kunststoffe sind also makromolekulare Verbindungen (Polymere).

Das Problem bei der Kunststofferzeugung besteht demnach in der Bildung von Makromolekülen. So lag es ursprünglich nahe, von Naturstoffen auszugehen, die bereits aus sehr großen Molekülen bestehen, und diese großen Moleküle nur abzuwandeln.

So entstanden z.B. Celluloid und Kunsthorn. Derartige Verfahren genügten aber nicht für die großtechnische Herstellung.

Die heutige Massenproduktion von Kunststoffen geht im Wesentlichen von den Rohstoffen Erdöl, Erdgas und Kohle aus. Aus deren relativ kleinen Molekülen werden durch chemische Verknüpfung Makromoleküle hergestellt.

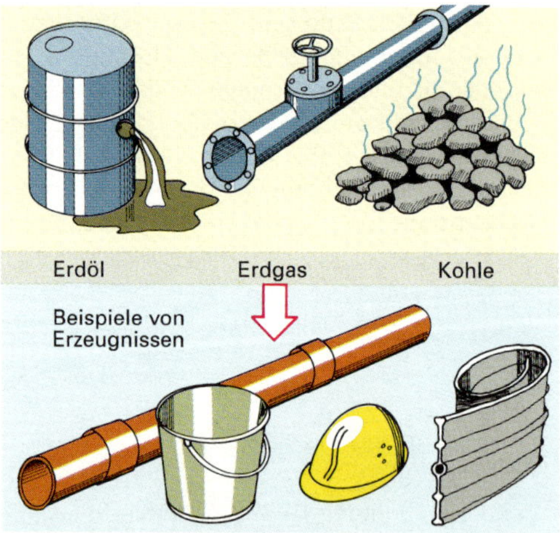

Ausgangsstoffe der Kunststofferzeugung

Dies soll am Beispiel der Herstellung des Kunststoffes Polyethylen gezeigt werden. Ausgangsstoff ist das bei der Erdölaufbereitung anfallende Gas Ethylen (C_2H_4). Durch Druck, Hitze und Chemikalien werden die zwischen den Kohlenstoffatomen bestehenden, nicht sehr stabilen Doppelbindungen aufgespalten. Die an jedem Molekül frei werdenden Bindungen werden durch Zusammenschluss der Moleküle wieder besetzt. So entsteht aus vielen Molekülen ein Makromolekül, z.B. aus vielen Molekülen des Gases Ethylen entsteht ein Makromolekül des Kunststoffes Polyethylen.

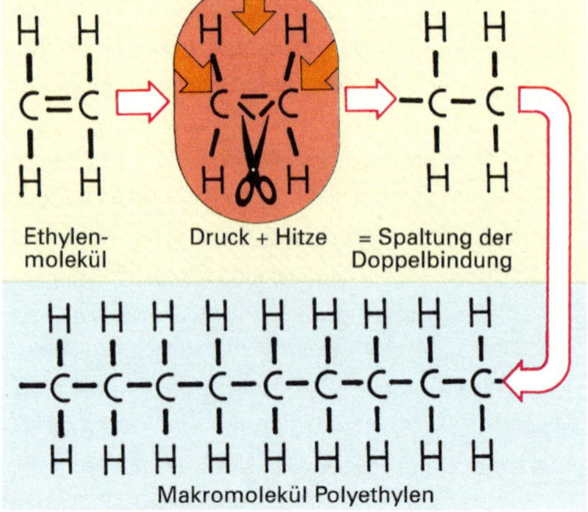

Erzeugung von Makromolekülen

> Die Makromoleküle der Kunststoffe werden großtechnisch durch chemische Verknüpfung der Moleküle von Kohlenstoffverbindungen erzeugt. Als Bindeglied dient meist das Kohlenstoffatom.

14.2 Eigenschaften

14.2.1 Allgemeine Eigenschaften

Kennzeichnend für die Kunststoffe ist ihre **Vielfältigkeit**. Dabei sind nicht nur die Eigenschaften verschiedener Kunststoffe verschieden; auch die Eigenschaften eines Kunststoffes können vielfältig abgewandelt werden. Dennoch gibt es eine Reihe von Eigenschaften, die allen oder wenigstens vielen Kunststoffen gemeinsam sind. Diese Eigenschaften können je nach Gebrauch vorteilhaft oder nachteilig sein.

Nebenstehend sind allgemeine Eigenschaften der Kunststoffe zusammengestellt, die sich aus der Sicht des Bauwesens meist vorteilhaft bzw. meist nachteilig auswirken. Die gute Beständigkeit vieler Kunststoffe, die als Baustoff erwünscht ist, wirkt sich bei Kunststoffabfällen negativ aus. Schwer verrottbare Abfälle belasten die Umwelt. Kunststoffabfälle sind deshalb getrennt von anderen Abfällen zu sammeln und der Wiederverwertung zuzuführen. Aus wieder aufbereiteten Kunststoffen werden z.B. Entwässerungsrinnen, Sinkkästen und Parkbänke hergestellt. Da möglicherweise vorhandene Gefahren äußerlich nicht erkennbar sind, werden besondere **Gefahrenzeichen** verwendet.

Trotz der Vielfalt der Kunststoffe gibt es allgemeine Eigenschaften, die bei der Verwendung zu berücksichtigen sind.

14.2.2 Einteilung

Um einen Überblick über die Vielzahl der heute auf dem Markt befindlichen Kunststoffe zu bekommen, muss man eine Einteilung treffen. Eine solche Einteilung der Kunststoffe kann nach verschiedenen Gesichtspunkten erfolgen.

Die Benennung der Kunststoffe richtet sich nach der **chemischen Zusammensetzung**; z.B. Celluloid, Polyvinylchlorid, Polystyrol, Polyethylen usw.

Weiterhin werden die Kunststoffe nach der **Verwendung** eingeteilt, z.B. in Faserstoffe (Perlon, Nylon), Schaumstoffe (Moltopren), Lackrohstoffe (Polyester) und andere.

Der für die Verarbeitung und damit für den Praktiker wichtigste Gesichtspunkt ist das physikalische Verhalten. Nach dem physikalischen Verhalten unterscheidet man **Thermoplaste**, **Duroplaste** und **Elastomere**.

14.2.3 Thermoplaste

Versuch: Erhitzt man PVC vorsichtig über der Flamme, so wird es plastisch und schmilzt schließlich. Beim Abkühlen wird es wieder fest.

Der Versuch kann auch mit anderen Kunststoffen, wie z.B. Polystyrol, durchgeführt werden.

Ergebnis: Manche Kunststoffe werden bei Erwärmung erst plastisch und dann flüssig. Diese Kunststoffe heißen Thermoplaste.

⊕ Vorteile
Geringe Dichte bei guter Festigkeit
Chemisch beständig und wartungsfrei
Gut und schnell verarbeitbar
Für viele Aufgaben anpassungsfähig
Wärmedämmend und elektrisch isolierend

Allgemeine Eigenschaften der Kunststoffe

⊖ Nachteile
Nicht für tragende Teile geeignet
Oft brennbar
Temperaturempfindlich
Abfälle sind umweltbelastend
Oft ungenügende Langzeiterfahrung

Allgemeine Eigenschaften der Kunststoffe

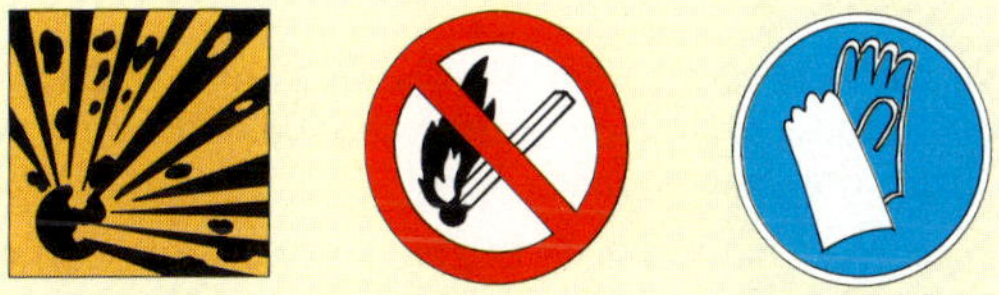

Kennzeichnung von Gefahren

Thermoplaste	Duroplaste	Elastomere
Polyvinylchlorid Polystyrol Polyethylen Polyisobutylen Polymethyl-methacrylat	Polyester Epoxidharz Melaminharz	Polyurethan-schaum Polyurethan-kautschuk Siliconkautschuk

Zuordnung wichtiger Kunststoffe zu den Kunststoffgruppen

Nach dem physikalischen Verhalten werden die Kunststoffe in Thermoplaste, Duroplaste und Elastomere eingeteilt.

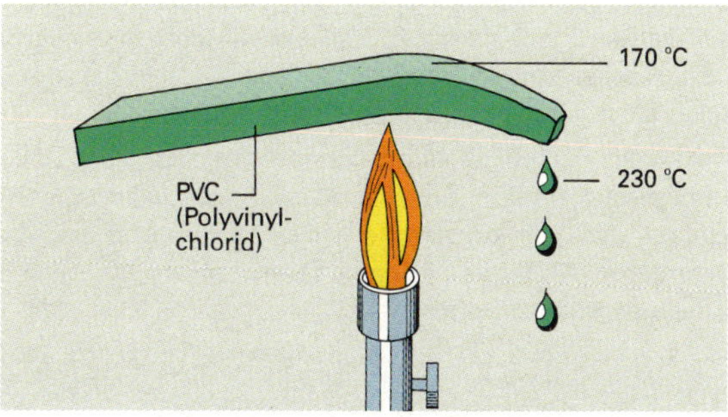

Verhalten von Thermoplasten bei Erwärmung

Die Temperaturabhängigkeit der Thermoplaste liegt in ihrem Aufbau begründet. Bei den Thermoplasten befinden sich die Fadenmoleküle in einer ungeordneten Verknäuelung. Die einzelnen Molekülfäden sind dabei untereinander nicht verknüpft. Dadurch haben sie beim Erwärmen verhältnismäßig große Bewegungsfreiheit – der Kunststoff wird weich und flüssig. Aus dem gleichen Grunde sind Thermoplaste in bestimmten Lösungsmitteln löslich.

Durch „Recken" kann man die Fadenmoleküle parallel ausrichten: So entstehen Chemiefasern mit hoher Zugfestigkeit, wie Perlon und Nylon.

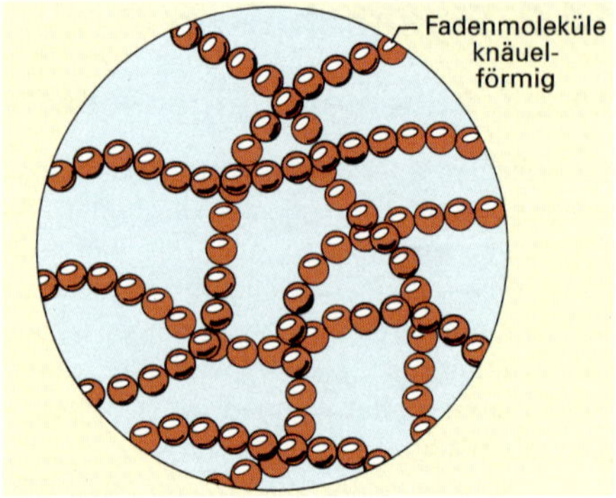

Molekülstruktur der Thermoplaste

Versuch: Hält man ein Stück PVC direkt in die offene Flamme, so wird es erst weich und verbrennt dann.

Ergebnis: Bei zu starker Erhitzung werden die Thermoplaste zersetzt.

Thermoplaste durchlaufen mit steigender Temperatur mehrere Zustandsformen:

Bei niedriger Temperatur sind sie hart; mit steigender Temperatur werden sie erst elastischer, dann plastisch und schließlich flüssig. Bei noch höheren Temperaturen werden sie zerstört.

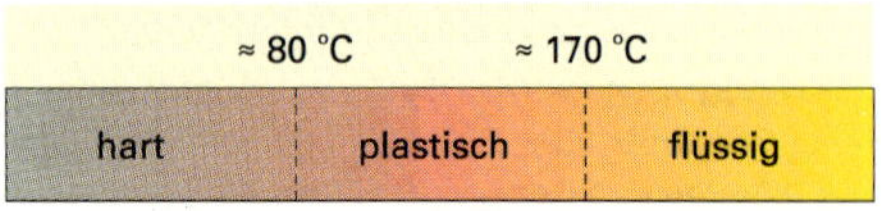

Zustandsbereiche von PVC

Dieses Verhalten ist für die Verarbeitung ausschlaggebend.

Versuch: Erwärmt man die Enden zweier PVC-Rohre auf einer Heizplatte und drückt sie dann gegeneinander, so haften die beiden Rohre aneinander.

Ergebnis: Thermoplaste lassen sich durch Erwärmen der Nahtstellen bis zum plastischen Bereich schweißen.

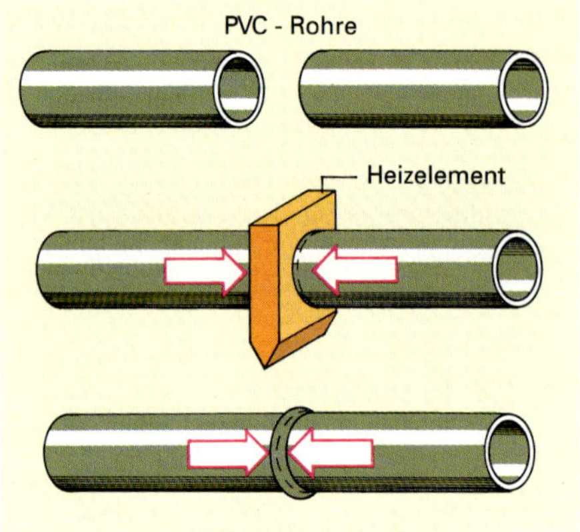

Schweißen von Thermoplasten

Im Bauwesen werden so z. B. Handläufe und Dichtungsbahnen verschweißt. Erwärmt man ganze Werkstücke bis zum elastischen Bereich, so sind sie beliebig verformbar. Diese Verformung geht bei abermaliger Erwärmung oft wieder zurück: Die Thermoplaste zeigen bei nicht zu starker Erhitzung eine **Rückstellkraft**.

Versuch: Polystyrolschaumstückchen mit „Pattex" bestreichen.

Beobachtung: Polystyrolschaum wird zerstört.

Ergebnis: Nicht jeder Kunststoff kann mit jedem Kunststoffkleber verarbeitet werden. Zusammensetzung und Verarbeitungsart des verwendeten Klebers müssen auf die zu verbindenden Stoffe abgestimmt sein.

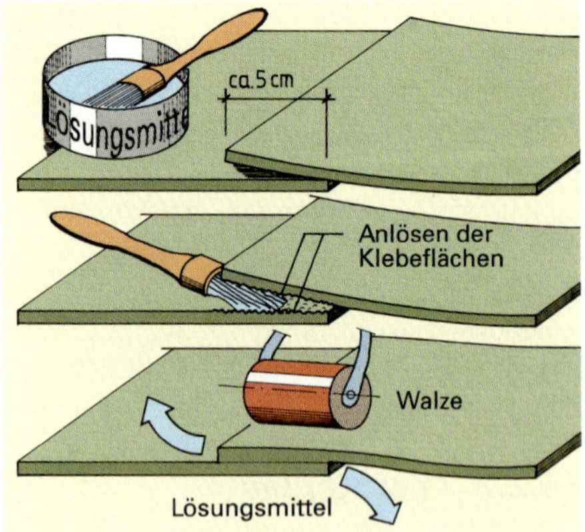

Klebevorgang bei Verwendung von Lösungsmitteln (Thermoplaste)

Thermoplastische Kunststoffe sind in Lösungsmitteln löslich und können deshalb nach Behandlung der zu verbindenden Flächen mit Lösungsmitteln (z. B. Benzol, THF) verbunden werden. Die Verbindung wird fest, wenn das Lösungsmittel verdunstet ist. Ein solches Lösungsmittel-Klebeverfahren ist z. B. das so genannte **„Quellschweißen"**, mit dem z. B. PVC-Dichtungsbahnen verbunden werden. Hierbei werden die sich überlappenden Folien mit Lösungsmittel eingestrichen und zusammengedrückt.

Im festen (kalten) Zustand können Thermoplaste gebohrt, gesägt und gefräst werden. Bei schnell laufenden Werkzeugen besteht die Gefahr, dass die Kunststoffe weich werden und das Werkzeug verschmieren. Außerdem können Thermoplaste natürlich in flüssigem Zustand gegossen werden.

Vorsicht !
Lösungsmittel sind meist feuergefährlich und geben gesundheitsschädliche Dämpfe ab. Lüften!

Thermoplaste sind warm verformbar, schweißbar, lösbar und können gebohrt, gesägt und gefräst werden.

14.2.4 Duroplaste

Versuch: Wird Melaminharz erhitzt, so färbt es sich dunkel und zersetzt sich schließlich, ohne vorher zu erweichen.

Derselbe Versuch lässt sich mit anderen Kunststoffen, wie Polyester und Epoxid, durchführen.

Ergebnis: Manche Kunststoffe erweichen beim Erwärmen nicht. Sie heißen deshalb Duroplaste (durus = hart).

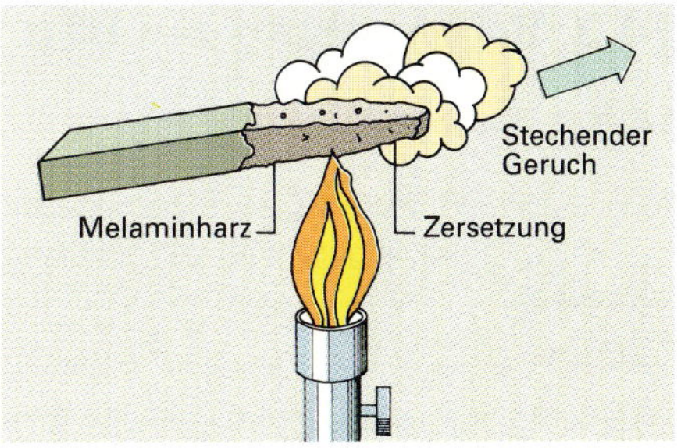

Verhalten von Duroplasten bei Erwärmung

Dieses Verhalten ist ebenfalls durch die Molekülstruktur bedingt. Bei den Duroplasten sind die fadenförmigen Makromoleküle untereinander vernetzt. Dadurch ist ihre Bewegungsfreiheit auch bei Erwärmung stark eingeschränkt: Sie bleiben bis zur Zersetzung fest.

Dementsprechend können Duroplaste nach der Herstellung nicht mehr warm verformt und nicht geschweißt werden. Durch die feste Verknüpfung der Molekülfäden sind die Duroplaste auch unlöslich.

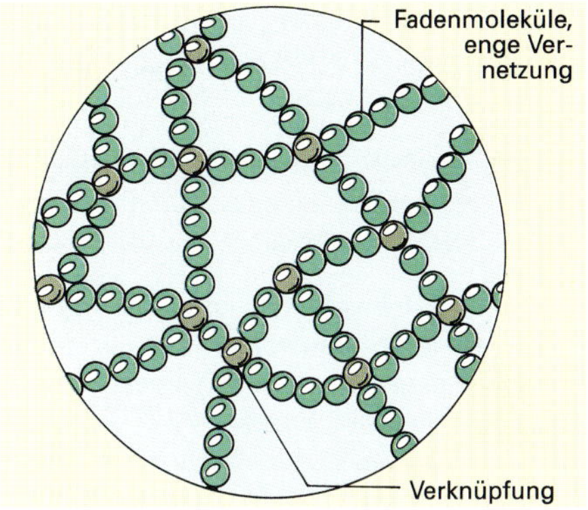

Molekülstruktur der Duroplaste

Lösungsmittelkleben ist deshalb nicht möglich. Duroplaste werden aber auch oft geklebt. Hierzu werden **Kleblacke** verwendet. Dies sind in Lösungsmitteln gelöste Kunststoffe, die auf die Klebestellen aufgestrichen werden und bei Verdunsten des Lösungsmittels aushärten.

Vorsicht! Lösungsmittel geben oft gesundheitsschädliche Dämpfe ab und sind feuergefährlich. Lüften!

Der Kunststoff des Klebers sollte auf den zu klebenden Kunststoff abgestimmt sein.

Reaktions-Kleblacke, die im Allgemeinen kein Lösungsmittel enthalten, sondern denen bei der Verarbeitung ein Härter zugesetzt wird, ergeben besonders belastbare Verbindungen.

Zum Verkleben von Kunststoffen mit porösen Stoffen (z.B. Holz) eignen sich **Latexkleber**. Hier ist der Kunststoff (oft Polyvinylacetat) in Wasser dispergiert; der Kleber erhärtet, wenn das Wasser verdunstet.

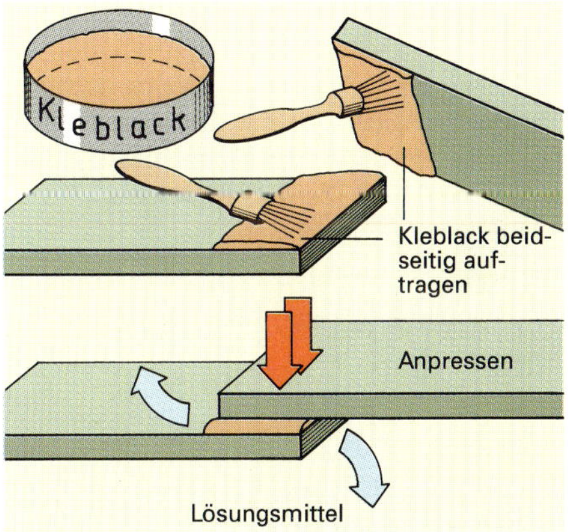

Klebevorgang bei Verwendung von Kleblacken

Werden Duroplaste mit schnell laufenden Werkzeugen gebohrt, gesägt oder gefräst, so besteht wegen der schlechten Wärmeableitung die Gefahr, dass die Werkzeuge ausglühen. Die entstehenden Stäube sollten nicht eingeatmet werden.

Duroplaste können nur gesägt, gebohrt, gefräst und geklebt werden. Sie sind nicht schweißbar und nicht löslich.

14.2.5 Elastomere

Neben Thermoplasten und Duroplasten gewinnen unter den Kunststoffen in zunehmendem Maße Werkstoffe an Bedeutung, die auch bei normaler Temperatur gummielastisch sind. Aufgrund dieser Eigenschaft werden solche Kunststoffe als **Elastomere** bezeichnet.

Die meisten Elastomere entsprechen in ihrem Aufbau und damit im Verhalten bei Erwärmung Duroplasten. Sie haben jedoch zwischen den vernetzten Makromolekülen eine so große Maschenweite, dass sie auch bei Zimmertemperatur elastisch sind. Der Grad der Elastizität ist bei der Herstellung einstellbar.

Es gibt aber auch **thermoplastische Elastomere**, das sind Elastomere mit thermoplastischen Eigenschaften.

Elastomere sind Kunststoffe, die durch ihre Struktur auch bei normalen Temperaturen elastisch sind.

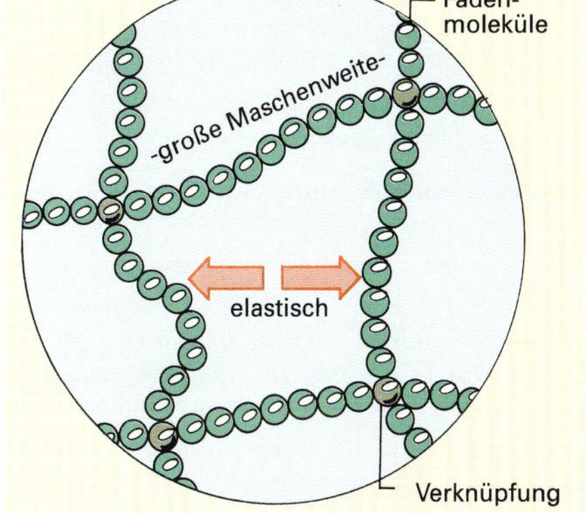

Molekülstruktur der Elastomere

14.3 Verwendung am Bau

14.3.1 Thermoplaste

Polyvinylchlorid (PVC) ist der meistbenutzte Kunststoff mit einem Produktionsanteil von nahezu 50% aller Kunststoffe.

PVC ist durch einfache Versuche leicht zu erkennen: Berührt man PVC mit einem glühenden Kupferdraht, so steigen nach Salzsäure riechende Dämpfe auf. Hält man den Kupferdraht anschließend in die Flamme, so wird diese deutlich grün gefärbt.

Beim Abbrennen ist PVC am stechenden Geruch zu erkennen. **Vorsicht!** Dämpfe nicht einatmen!

Schlagzähes PVC wird als PVC-I und hochschlagzähes als PVC-HI gekennzeichnet. Durch Zusätze wird auch weiches **PVC-P** hergestellt.

Weichmacherfreies **PVC-U** ist bei normalen Temperaturen gegen die am Bau vorkommenden Säuren und Laugen sowie gegen Benzin und Öl beständig. Da es bis etwa 75 °C hart bleibt, ersetzt PVC-U vielfach Metalle und wird im Bauwesen für Dachrinnen, Abwasserrohre, Dränrohre, Rollladenprofile, Fensterrahmen und vieles andere verwendet.

Handelsnamen: Hostalit, Vestolit, Vinoflex, Dynadur, Gabodur, Trovidur.

PVC-P ist durch Zusatz von „Weichmachern" gummiartig. Es lässt sich gut mit Lösungsmitteln kleben und warmgasschweißen. Im Gegensatz zu normalem PVC wird PVC-P von Benzin angegriffen. PVC-P wird für Wand- und Bodenbeläge, Handläufe, Treppenkanten, Fugenbänder, Dichtungsbahnen und Schläuche benutzt.

Handelsnamen: Acella, Alkor, Mipolam, Pegulan, Skai, Vinoflex.

Polyethylen (PE) hat eine Dichte von nur 0,92...0,95 kg/dm^3, es schwimmt also auf dem Wasser. Chemisch ist es, außer gegen Benzin und Öle, außerordentlich beständig. Polyethylen gibt es mit hoher Dichte (PE-HD) und geringer Dichte (PE-LD), doch ist diese Unterscheidung für die Baupraxis von geringer Bedeutung. Aus Polyethylen werden Schutzhelme, Rohre, Verpackungs- und Schutzfolien sowie Behälter aller Art (Chemikalienflaschen, Eimer, Wannen) hergestellt.

Handelsnamen: Hostalen, Lupolen, Supralen, Verstolen.

Polypropylen (PP) hat eine Dichte von nur 0,91 kg/m^3. Es ist ähnlich beständig wie PE, aber deutlich härter. So lässt es sich zum Unterschied von PE mit dem Fingernagel nicht ritzen. PP wird für Rohre, Folien, Seile und Behälter verwendet.

Handelsnamen: Hostalen PP, Novolen, Luparen.

Abwasserrohre aus PVC-U

Bodenbelag, Treppenkanten und Handlauf aus PVC-P

Schutzhelme aus Polyethylen

Polystyrol (PS) wird aus Ethylen und Benzol hergestellt und ist meist glasklar und spröde. Es brennt mit rußender Flamme und ist daran leicht zu erkennen.

Im Bauwesen ist es vor allem als Polystyrolschaum („Styropor") mit ca. 98% Luftgehalt und einer Dichte von ca. 0,02 kg/dm^3 von Bedeutung. Aufgeschäumtes Polystyrol wird für Wärme- und Schalldämmung, Schalkörper für Aussparungen, Formteile für Außenwände, die anschließend mit Beton gefüllt werden, Polystyrolschaum-Estrich, Polystyrolschaum-Beton und Polystyrolschaum-Mauerziegel („Poroton-Ziegel") gebraucht.

Handelsnamen für geschäumtes Polystyrol (PS-E): Styropor, Styrodur, Frigolit, Recozell.

Wärmedämmung mit Polystyrolschaum

14.3.2 Duroplaste

Ungesättigte Polyester (UP) sind als „Gießharz" für kratzfeste Beschichtungen und Imprägnierungen im Gebrauch. Wesentlich größere Bedeutung haben im Bauwesen die Glasfaserpolyester (GUP), die zur großen Gruppe der Glasfaserkunststoffe (GFK) gehören. Durch Einlagerung von Glasfasern in Polyester wird dabei ein sehr widerstandsfähiges und festes Verbundmaterial gewonnen. Glasfaserpolyester wird für lichtdurchlässige Wellplatten, Balkonverkleidungen, Lichtkuppeln, Schutzhelme, Möbel und Boote verwendet.

Handelsnamen für Glasfaserpolyester-Artikel: Tronex, Scobalit, Lamilux, Markolit, Filon, Polydet.

Epoxid (EP) ist den ungesättigten Polyestern ähnlich. Aus Epoxid werden hochwertige Kleber für Beton, Stahl und Holz hergestellt. **Hautkontakt** mit Epoxidharz **muss vermieden werden**, Lösungsmitteldämpfe dürfen nicht eingeatmet werden!

Mit Glasfasereinlage ergeben sich Werkstoffe für höchste Beanspruchungen. Diese sind einstweilen aber noch sehr teuer.

Handelsnamen: Araldit, Lekutherm, Trolon.

Formteile aus Polystyrolschaum für Gebäudeaußenwände

14.3.3 Elastomere

Polyurethanschaum ist porig, leicht, elastisch und meist gelblich gefärbt. Die Härte kann, ähnlich wie bei PVC und PE, den Erfordernissen angepasst werden. Im Bauwesen finden vorwiegend Hartschäume Verwendung. Hauptanwendungsgebiet sind Wärme- und Schalldämmung, daneben wird Polyurethanschaum beim Versetzen von Fenstern und Türzargen eingesetzt. Noch fester eingestellte Schäume dienen als Baulager.

Polyurethanschaum ist feuergefährlich und sollte stets durch Putz oder Ähnliches geschützt werden.

Handelsnamen: Neopren, Moltopren, Vulkollan, Herathan, Eurothane, Puren, Thermotekt.

Einschäumen von Fenster- und Türzargen mit Polyurethanschaum

Polysulfidkautschuk ist außerordentlich elastisch und gleichzeitig völlig wasserdicht und gegen Chemikalien beständig. Er wird deshalb für die dauerelastische Dichtung von Baufugen verwendet. Dichtungsmassen auf Polysulfidbasis gibt es als Ein- und Zweikomponentenmassen, die bei der Verarbeitung zu einer elastischen Masse vernetzen.

Handelsnamen: Thiokol, Thiogutt, Elribon, Terostat z.T.

Siliconkautschuk ist dem Polysulfidkautschuk ähnlich, wird aber nur als Einkomponentenmasse geliefert. Die Reaktion verläuft schneller als bei Polysulfidkautschuk, Siliconmaterialien können aber nicht überstrichen werden und sind nicht so alterungsbeständig. Siliconkautschuk wird außer für Bewegungsfugen auch häufig zur Abdichtung von Sanitärfugen verwendet.

Handelsnamen: Wacker-Siliconkautschuk, Silopren, Silastene, Silastomer, Terostat z.T.

Fugendichtung mit dauerelastischer Masse

Zusammenfassung

Kunststoffe sind makromolekulare Verbindungen.

Kunststoffe sind im Allgemeinen leicht, gut verarbeitbar, anpassungsfähig, wärmedämmend und relativ preiswert. Andererseits sind sie oft wärmeempfindlich, brennbar und für tragende Teile nicht geeignet.

Nach den physikalischen Eigenschaften werden drei Gruppen von Kunststoffen unterschieden: Thermoplaste, Duroplaste und Elastomere.

Thermoplaste bestehen aus unvernetzten Fadenmolekülen und sind deshalb warm verformbar, schweißbar und schmelzbar.

Duroplaste bestehen aus vernetzten Molekülen und erweichen deshalb nicht, wenn sie erwärmt werden; sie sind also nicht spanlos bearbeitbar.

Elastomere sind meist aufgeschäumte Duroplaste mit großer Maschenweite, die auch bei normaler Temperatur elastisch sind.

Thermoplaste können auf der Baustelle warm verformt und geschweißt werden. Lösliche Kunststoffe werden durch „Quellschweißen“, nichtlösliche meist mit Klebelacken geklebt.

Kunststoffe sind durch ihre vielfältigen Eigenschaften für viele Zwecke des Bauwesens hervorragend geeignet. Entscheidend für den erfolgreichen Einsatz sind die richtige Auswahl des jeweils geeigneten Kunststoffs und die materialgerechte Verarbeitung.

Aufgaben:

1. *Worin unterscheiden sich Kunststoffe von herkömmlichen Stoffen?*
2. *Aus welchen Rohstoffen werden Kunststoffe hergestellt?*
3. *Nennen Sie allgemeine*
   a) Vorteile,
   b) Nachteile,
   der Kunststoffe.
4. *Nach welchen Gesichtspunkten können die Kunststoffe eingeteilt werden?*
5. *Worin unterscheiden sich Thermoplaste und Duroplaste?*
6. *Worauf ist die Elastizität der Elastomere zurückzuführen?*
7. *Welches sind die wichtigsten*
   a) Thermoplaste,
   b) Duroplaste,
   c) Elastomere?
8. *Wie können*
   a) Thermoplaste,
   b) Duroplaste
   verklebt werden?
9. *Nennen Sie typische Verwendungsbeispiele für*
   a) PVC,
   b) Polyethylen,
   c) Polystyrolschaum,
   d) Glasfaserpolyester,
   e) Polyurethanschaum.

15 Bitumen und Steinkohlenteerpech

Bitumen, Zubereitungen aus Bitumen und Zubereitungen aus Steinkohlenteer-Spezialpech werden im Bauwesen für mannigfache Zwecke eingesetzt.

Erdölraffinerie

15.1 Bitumen

15.1.1 Herstellung und Arten

Bitumen ist ein Erdölprodukt. Das Erdöl wird auf etwa 350 °C erhitzt, dabei verdampfen die meisten Bestandteile. Diese leicht flüchtigen Bestandteile werden unter Normdruck und unter Vakuum abdestilliert. Der bei dieser Destillation zurückbleibende schwer flüchtige Rest wird als **Destillationsbitumen** bezeichnet.

Destillationsbitumen werden im Wesentlichen als **Straßenbaubitumen** verwendet. Daneben werden sie aber auch als Kleb- und Tränkmassen für Pappen, als Abdichtungsstoff im Wasserbau und als Korrosionsschutzmittel für Metalle usw. verwendet.

Da die jeweilige Härte die wichtigste Eigenschaft ist, wird sie durch Versuch festgestellt und zur Kennzeichnung der Bitumen herangezogen. Hierzu wird bei 25 °C eine genormte, mit 100 g belastete Prüfnadel in das Bitumen eingedrückt. Gemessen wird die Eindringtiefe in Zehntelmillimeter nach 5 Sekunden. Diese Eindringtiefe wird in der Bezeichnung des Bitumens nach dem Buchstaben **B** für **Bitumen** angegeben. So bedeutet z.B. die Bezeichnung B 25, dass bei diesem Bitumen die Prüfnadel um 2,5 mm in 5 Sekunden eingedrungen ist. Es sind die fünf Bitumensorten

B 25, B 45, B 65, B 80 und **B 200**

genormt. Hierbei bedeuten also höhere Zahlen weicheres und niedrigere Zahlen härteres Bitumen.

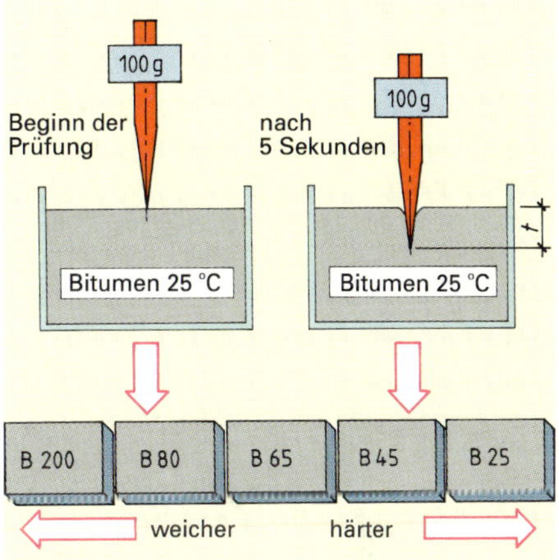

Bitumensorten (Straßenbaubitumen) und Eindringtiefe

Für besondere Verwendungen können so genannte Industriebitumen mit abgewandelten Eigenschaften hergestellt werden:

Durch Einblasen von Luft in heißes Destillationsbitumen entsteht härteres und weniger wärme- und kälteempfindliches **Oxidationsbitumen**. Es wird für Abdichtungen verwendet.

Durch einen erweiterten Blasprozess bzw. durch erhöhtes Vakuum kann **Hartbitumen** bzw. **Hochvakuumbitumen** hergestellt werden. Beide Arten sind besonders hart, aber auch spröde.

Alle bisher angesprochenen Bitumenarten müssen bei etwa 150...200 °C verarbeitet werden. Um diese hohen Verarbeitungstemperaturen herabzusetzen, können Bitumen mit anderen Stoffen zu **bitumenhaltigen Bindemitteln** verarbeitet werden.

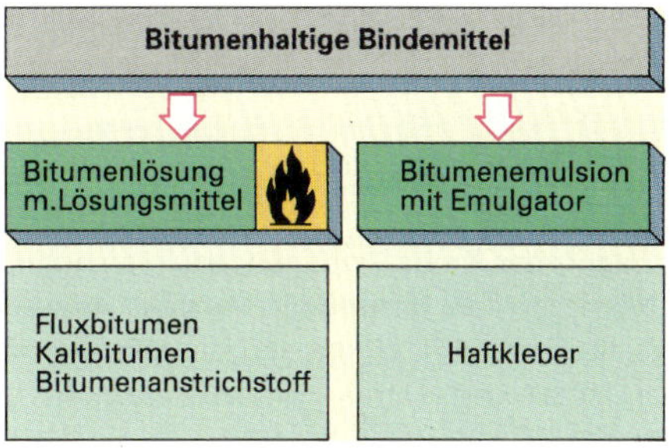

Zubereitungen aus Bitumen

Bitumenlösungen werden durch Mischen von Bitumen und Lösungsmitteln hergestellt. Bei Verwendung von schwer flüchtigen Lösungsmitteln entstehen warm verarbeitbare **Fluxbitumen (FB)**, bei leicht flüchtigen kalt verarbeitbare **Kaltbitumen (KB)** bzw. **Bitumenanstrichstoffe**.

Bitumenemulsionen werden hergestellt, indem Bitumen mit Wasser und einer Substanz (Emulgator) vermischt wird, welche die Oberfläche der Bitumentröpfchen überzieht. Bei Berührung mit der Gesteinsoberfläche wird dieser Überzug zerstört, das Bitumen bleibt am Gestein haften und das Wasser verdunstet. Emulsionen werden insbesondere als **Haftkleber (HK)** im Straßenbau verwendet. Bitumen-Kunststoff-Emulsionen werden als Beschichtungs- und Spachtelmassen für Bauwerksabdichtungen verwendet.

Bitumen wird durch Destillation von Erdöl hergestellt. Je nach Verfahren entstehen destilliertes Bitumen, Oxidationsbitumen, Hartbitumen oder Hochvakuumbitumen. Bitumenhaltige Bindemittel, wie Bitumenlösung und Bitumenemulsion, können auch bei geringen Temperaturen verarbeitet werden.

15.1.2 Eigenschaften

Die wichtigste Eigenschaft des Bitumens ist sein thermoplastisches Verhalten. Bei tiefen Temperaturen ist Bitumen halbfest bis hart und verhält sich überwiegend elastisch. Bei zunehmender Temperatur wird Bitumen erst plastisch und bei 150...200 °C flüssig. Im flüssigen Zustand benetzt Bitumen andere Stoffe gut und haftet dann beim Erkalten an diesen Stoffen.

Wichtigste Eigenschaften des Bitumens sind sein thermoplastisches Verhalten, seine gute Haftfähigkeit und seine Wasserundurchlässigkeit.

Chemisch ist Bitumen gegen Säuren und Laugen weitgehend beständig, aber von anderen Erdölfraktionen, wie Benzin, Öl usw., und auch von manchen organischen Lösungsmitteln, wie z. B. Benzol, wird Bitumen gelöst. Deshalb sollten Tankstellen im Zapfbereich nicht asphaltiert werden.

Eine weitere wichtige Eigenschaft des Bitumens ist seine Wasserundurchlässigkeit.

15.2 Steinkohlenteerpech

15.2.1 Herstellung und Arten

Zubereitungen auf der Grundlage von Steinkohlenteerpech finden wegen der zurückgegangenen Kohleförderung, aber auch wegen der enthaltenen **Krebs erzeugenden Bestandteile** nur noch wenig Verwendung. Einziges Produkt von einiger Bedeutung ist **Pechbitumen**, eine Mischung aus überwiegend Straßenbaubitumen mit Straßenpech, die als Bindemittel im Straßenbau verwendet wird. **Straßenpech** ist eine Lösung von Steinkohlenteer-Spezialpech in Lösungsmitteln. Steinkohlenteer-Spezialpech wird durch besondere Verfahren aus Steinkohlenteer gewonnen, der bei der Verkokung von Steinkohle anfällt.

Straßenpeche werden mit dem Kennbuchstaben T und durch die Angabe der Mindest- und Höchstauslaufzeit aus dem Straßenpech-Ausflussgerät benannt. T 40/70 bezeichnet also ein Straßenpech, bei dem in mindestens 40 und höchstens 70 Sekunden 50 cm^3 aus dem genormten Straßenpech-Ausflussgerät ausfließen. Straßenpeche werden in vier Sorten eingeteilt:

T 40/70, T 80/125, T 140/240 und T 250/500

Bei größer werdender Zahl handelt es sich also um härtere Straßenpeche.

Kaltpechlösungen, Pechemulsionen und Pechsuspensionen sind auch im Bereich des Bautenschutzes nur noch von geringerer Bedeutung.

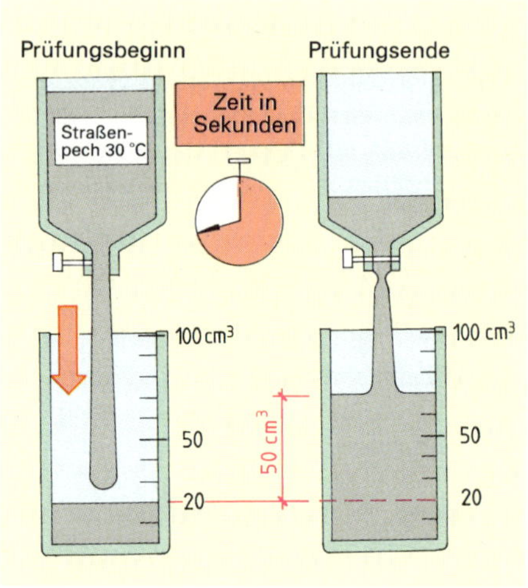

Bestimmung der Ausflusszeit (Straßenpech-Ausflussgerät)

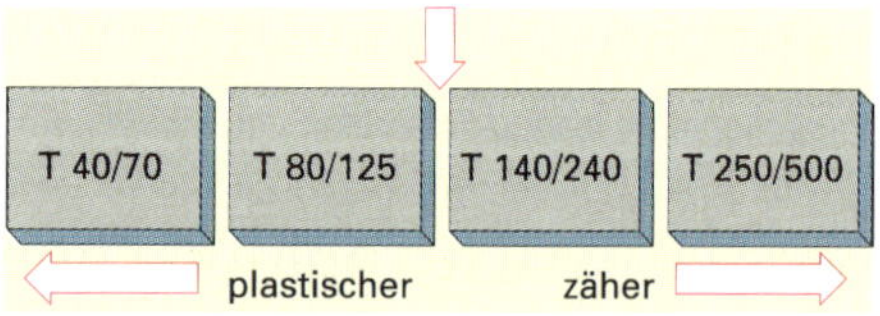

Straßenpechsorten

15.2.2 Eigenschaften

Wegen der Krebs erzeugenden Bestandteile ist beim Umgang mit Teerprodukten **besondere Vorsicht** geboten. Teerprodukte dürfen nicht übermäßig erhitzt und die entstehenden Dämpfe nicht eingeatmet werden. Durch Schutzhandschuhe und entsprechende Kleidung ist jeder Hautkontakt zu vermeiden. Verschmutzte Kleidung muss auf der Baustelle verbleiben und regelmäßig gewaschen werden.

Wie Bitumen ist auch Steinkohlenteerpech thermoplastisch. Die Erweichungstemperatur ist bei Steinkohlenteerpech wesentlich niedriger. Steinkohlenteerpech ist ebenfalls wasserundurchlässig und auch chemisch recht beständig. Benetzungs- und Haftvermögen sind ähnlich gut wie bei Bitumen.

Steinkohlenteerpech unterscheidet sich von Bitumen auch dadurch, dass es gegen Fäulnis, Insekten und Pilze schützt. Steinkohlenteerpech ist aus gesundheitlichen Gründen und auch wegen des intensiven Geruchs im Inneren von Räumen nicht zu empfehlen.

Die Bedeutung von Produkten auf der Basis von Steinkohlenteerpech ist, auch wegen der von ihnen ausgehenden Gesundheitsgefährdung, stark zurückgegangen.

Vorsicht! Teerprodukte enthalten Krebs erzeugende Stoffe. Hautkontakt und Einatmen der Dämpfe vermeiden!

Steinkohlenteerpech ist ebenfalls thermoplastisch und gut haftfähig. Im Gegensatz zu Bitumen schützt Steinkohlenteerpech gegen Fäulnis, Insekten- und Pilzbefall.

15.3 Anwendung

15.3.1 Asphalt

Die mengenmäßig wichtigste Anwendung des Bitumens ist die Herstellung von Asphalt. Asphalt ist ein Gemisch von Destillationsbitumen (Straßenbaubitumen) mit Mineralstoffen.

Asphalt wird im **Straßenbau** für Trag-, Binder- und Deckschichten verwendet (vgl. Abschn. 16.3). Zur Herstellung von Asphalt werden die Zuschläge vordosiert und dann erhitzt, da sie beim Zusammentreffen mit dem heißen Bindemittel völlig trocken sein müssen. Nach dem Trocknen werden die Zuschläge nochmals abgesiebt, gewogen und gemischt. Anschließend wird der Zuschlag in die Mischtrommel aufgegeben und das durch Erhitzen verflüssigte Bindemittel wird zugegeben. Das fertige Mischgut wird auf Lkw verladen, es darf beim Transport zur Baustelle nicht zu sehr auskühlen. Asphalt kann als gieß- und strichfähiger **Gussasphalt** oder als **Asphaltbeton** hergestellt werden. Gussasphalt lässt sich leicht ebnen und muss nicht verdichtet werden. Asphaltbeton wird mit Walzen verdichtet und geglättet.

Asphalt hat sich bei unterschiedlichsten Beanspruchungen als wirtschaftlicher Belag für Verkehrsflächen bewährt.

Aufgrund der Dichtheit und Beständigkeit findet Asphalt auch häufig im **Wasserbau** Anwendung. Als Beispiele seien die Abdichtung von Kanälen und Staubecken sowie die Andeckung von Seedeichen genannt.

Gussasphalt wird auch für **Asphaltbodenbeläge** und **Asphaltestriche** verwendet. Gussasphaltböden sind fugenlos, fußwarm und können sofort nach Abkühlung benutzt und weiterverarbeitet werden.

Einbau von Asphaltbeton

Einbringen einer Asphaltdichtung im Wasserbau

Asphalt wird vor allem im Straßenbau, aber auch im Wasserbau und für Bodenbeläge verarbeitet.

15.3.2 Dach- und Dichtungsbahnen

Nackte Bitumenbahnen werden durch Tränken von Rohfilzpappe mit Bitumen gewonnen. Nach der Quadratmetermasse der verwendeten Rohfilzpappe (in g) werden sie als **R 500 N** bezeichnet (R = Rohfilz; 500 g/m^2; N = nackt).

Sie dienen der Feuchtigkeitsabdichtung und werden an Ort und Stelle mit Bitumen verklebt. Die nackte Pappe dient dabei nur als Träger der Abdichtung. Die eigentliche Abdichtung wird durch das Bitumen bewirkt.

Dachbahnen werden wie die nackten Bahnen getränkt, jedoch zusätzlich beidseitig mit Bitumendeckmasse beschichtet. Als Einlage wird außer Rohfilzpappe auch Glasvlies verwendet.

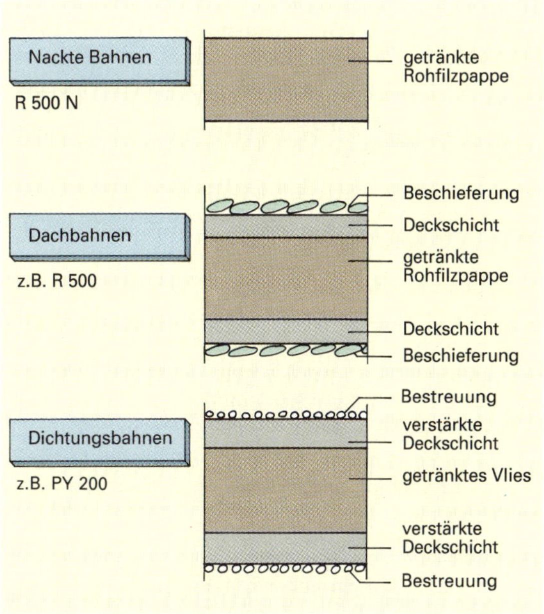

Dach- und Dichtungsbahnen

Dachbahnen mit Rohfilzeinlage werden wie nackte Bahnen, nur ohne den Zusatz **N** bezeichnet (z.B. R 500). Dachbahnen mit **V**lieseinlage werden mit **V** und einer Zahl bezeichnet, die die Masse der Tränkung angibt (z.B. V 13 entspricht 1300 g Tränkung/m²).

Dachdichtungsbahnen (DD) zeichnen sich durch dickere beidseitige Beschichtung und Absandung bzw. Beschieferung aus. Die mittlere Dicke beträgt mindestens 3,5 mm. Die Einlage ist meist Jutegewebe (J), Glasgewebe (G) oder Polyestervlies (PV).

Schweißbahnen (S) sind noch dicker, etwa 4...5 mm. Der Name rührt daher, dass diese Bahnen durch Erhitzen mit Propangasbrennern vollflächig mit der Unterlage verklebt werden.

Dachdichtungsbahnen und Schweißbahnen werden auch unter Verwendung von Polymerbitumen hergestellt. Polymerbitumen ist durch Zugabe von thermoplastischen Elastomeren (PYE) bzw. Thermoplasten (PYP) abgewandeltes Bitumen.

Dach- und Dichtungsbahnen auf Bitumenbasis spielen im Bauwesen für Abdichtungen eine wichtige Rolle.

15.3.3 Anstriche

Bitumen und Steinkohlenteerpech werden aufgrund ihrer abdichtenden Wirkung oft auch als Grundbestandteil für Schutzanstriche verwendet. Mit derartigen Schutzanstrichen werden im Boden befindliche Bauteile, wie z.B. Untergeschossaußenwände, versehen.

Anstriche auf Steinkohlenteerpechbasis werden meist nur verwendet, wenn auch gegen Pilzbefall und Fäulnis geschützt werden soll.

Der Anstrich wird meist in mehreren Schichten aufgebracht, danach werden **Voranstrichmittel** und **Deckaufstrichmittel** unterschieden. Nach der Art des Aufbringens werden noch **Spachtelmassen** unterschieden.

Voranstrichmittel sind Bitumenlösungen oder Bitumenemulsionen. Sie werden kalt verarbeitet und durch Streichen, Rollen oder Spritzen aufgebracht. Sie müssen vollständig durchgetrocknet sein, bevor die nächste Schicht aufgebracht wird.

Deckaufstrichmittel gibt es für Heiß- und Kaltverarbeitung. Heiß zu verarbeitende Deckaufstrichmittel sind Bitumen mit bis zu 50% mineralischen Füllstoffen (Gesteinsmehlen). Sie werden bei Temperaturen von 180...210 °C durch Streichen aufgebracht. Kalt zu verarbeitende Deckaufstrichmittel sind Bitumenlösungen und Bitumenemulsionen mit bis zu 40% mineralischen Füllstoffen. Sie werden durch Streichen, Rollen oder Spritzen aufgebracht.

Spachtelmassen entsprechen heiß bzw. kalt zu verarbeitenden Deckaufstrichmitteln mit höherem Füllstoffanteil. Sie werden mit Kelle, Spachtel oder Schieber verarbeitet.

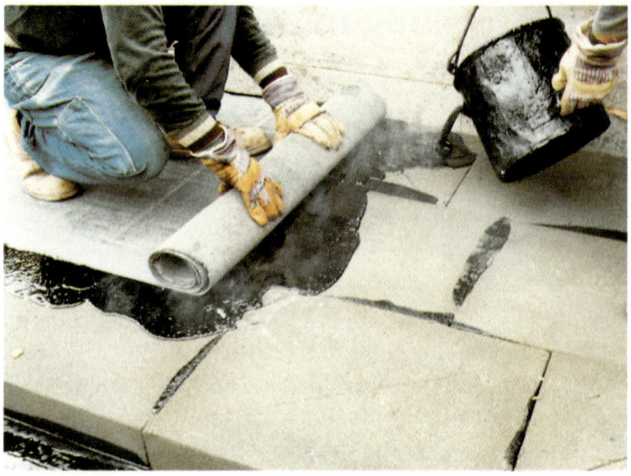

Verlegen von Dachdichtungsbahnen (Gießverfahren)

Verlegen von Schweißbahnen

Aufbringen bituminöser Spachtelmasse

Durch die abdichtende Wirkung, die gute Haftfähigkeit und die leichte Verflüssigung eignen sich Bitumen und Steinkohlenteerpech besonders auch für Bautenschutzanstriche.

15.3.4 Unfallverhütung

Die meisten Stoffe auf Bitumenbasis müssen zur Verarbeitung erhitzt werden. Dies ist mit besonderen Unfallgefahren verbunden:

- Die Verarbeitungstemperaturen liegen häufig über 100 °C. Verbrennungen durch solche Stoffe sind daher schlimmer als Verbrühungen mit heißem Wasser. Sie führen häufig zu Verbrennungen dritten Grades.
- Werden solche Stoffe überhitzt, so entsteht erhöhte Brandgefahr und sogar die Gefahr der **Selbstentzündung**. Deshalb stets nur so weit erhitzen, wie es der Verwendungszweck erfordert. Jede Übertreibung bringt Gefahren!
- Wasser, das mit heißem Bitumen in Verbindung gerät, verdampft schlagartig. Dies führt zu gefährlichem Spritzen. **Heißes Bitumen und Wasser sind Feinde!**
- Stets geeignete **Schutzkleidung** tragen!

In warm oder kalt zu verarbeitenden Stoffen auf Bitumen- oder Steinkohlenteerpechbasis können Lösungsmittel enthalten sein. Diese sind oft extrem **feuergefährlich** und beim Einatmen **gesundheitsschädlich**!

So können die Folgen aussehen!
Ein Arbeiter hatte mit offener Flamme am Auslasshahn eines Bitumenschmelzofens gearbeitet.

Bei der Verarbeitung von Stoffen auf Bitumenbasis ist die Gefahr von Unfällen wegen der oft hohen Temperaturen und wegen der Verwendung von gesundheitsschädlichen und feuergefährlichen Lösungsmitteln besonders groß!

Zusammenfassung

Bitumen wird durch Destillation von Erdöl hergestellt.

Wichtigste Eigenschaften des Bitumens sind sein thermoplastisches Verhalten und seine gute Haftfähigkeit.

Steinkohlenteerpech wird bei der Destillation von Steinkohle gewonnen. Es wird nicht als solches, sondern in Form von Zubereitungen, wie z.B. Straßenpech, verwendet.

Steinkohlenteerpech ist ebenfalls thermoplastisch und gut haftfähig. Im Gegensatz zu Bitumen schützt Steinkohlenteerpech vor Fäulnis, Insekten- und Pilzbefall.

Vorsicht! Teerprodukte enthalten Krebs erzeugende Stoffe. Hautkontakt und Einatmen der Dämpfe vermeiden!

Durch die verschiedenen Arten und Zubereitungen gibt es für die verschiedenen Zwecke als Bindemittel und Abdichtungsstoffe angepasste Bitumen.

Wichtige Anwendungen für Bitumen sind die Herstellung von Straßenbaustoffen, Dach- und Dichtungsbahnen und Bauschutzanstrichen. Asphalt wird auch im Wasserbau und für Estriche verwendet.

Der Umgang mit Stoffen auf Bitumen- oder Steinkohlenteerpechbasis ist in erheblichem Maße unfallträchtig. **Beim Verarbeiten von Stoffen auf Bitumen- oder Steinkohlenteerpechbasis ist deshalb größte Sorgfalt erforderlich.**

Aufgaben:

1. *Welche Arten von Bitumen können nach der Herstellung unterschieden werden?*
2. *Nennen Sie Verwendungsbeispiele für*
   a) Destillationsbitumen,
   b) Oxidationsbitumen,
   c) Bitumenemulsion.
3. *Welche Eigenschaften machen Bitumen zu einem wichtigen Baustoff?*
4. *Erklären Sie die Bezeichnung*
   a) B 25,
   b) B 200,
   c) T 140/240.
5. *Worin unterscheiden sich Bitumen und Steinkohlenteerpech?*
6. *Nennen Sie typische Verwendungsbeispiele für Stoffe auf Bitumenbasis im Bauwesen.*
7. *Welche besonderen Gefahren sind beim Umgang mit Stoffen auf Bitumen- oder Steinkohlenteerpechbasis unbedingt zu beachten?*
8. *Nennen Sie jeweils Beispiele, wo Sie für Abdichtungen Stoffe auf Bitumenbasis bzw. Kunststoffdichtungsbahnen verwenden würden. Begründen Sie jeweils.*
9. *Weshalb wird Bitumen als Straßenbaubindemittel dem Steinkohlenteerpech vorgezogen?*
10. *Beschreiben Sie, wie Untergeschossaußenwände gegen Feuchtigkeit geschützt werden.*

16 Straßenbau

16.1 Anforderungen

Um den heutigen Massenverkehr bewältigen zu können, müssen Straßen einige Anforderungen erfüllen.

- Straßen müssen ausreichend **tragfähig** sein, sie dürfen sich unter der Belastung durch den Straßenverkehr nicht verformen.
- Straßen müssen oberflächlich eben sein, damit auch bei hohen Geschwindigkeiten eine ausreichende Haftung zwischen Fahrzeug und Straße möglich ist.
- Das auf Straßen anfallende Wasser muss sicher abgeleitet werden, um das gefährliche Aquaplaning nach Möglichkeit zu vermeiden.
- Straßen müssen frostbeständig sein; nicht frostbeständige Straßen werden im Frühjahr zerstört.

Zerstörung einer nicht frostbeständigen Straße

Straßen müssen tragfähig, eben, entwässert und frostbeständig sein.

16.2 Erdarbeiten

Die **Linienführung** der Straße richtet sich in erster Linie nach dem Gelände. Die Straße soll dem Gelände so angepasst werden, dass kein starkes Gefälle entsteht und sich Bodenauftrag und -abtrag etwa ausgleichen.

Außerdem sind Gesichtspunkte des Landschaftsschutzes zu berücksichtigen.

Im Erd- und Straßenbau wird die bearbeitete Oberfläche des Untergrundes bzw. Unterbaues als **Planum** bezeichnet (Plan=eben). Das Planum soll keine Unebenheiten aufweisen und ein Quergefälle haben, damit das Oberflächenwasser abfließen kann. Die Ebenheit wird durch Abschieben mit Planierraupe oder Grader (Straßenhobel) erreicht.

Grader (Straßenhobel)

Böden enthalten in natürlicher Lagerungsdichte Porenräume, die bei Belastung zu einem Nachgeben des Bodens führen können. Um spätere Bauschäden auszuschließen, muss deshalb in vielen Fällen der Anteil an Porenräumen vor Belastung des Baugrundes durch **Verdichtung** verringert werden. Dies erhöht die Tragfähigkeit und nimmt mögliche Setzungen zumindest zum Teil vorweg.

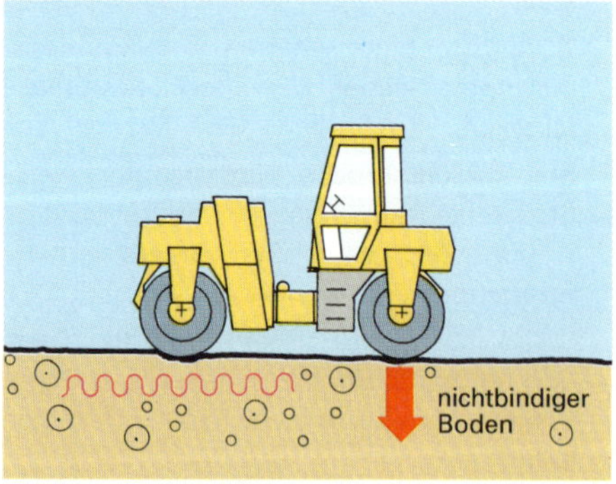

Tandem-Vibrationswalze

Verdichtungsverfahren (Stampfen, Kneten, Rütteln) und Verdichtungsgerät sind von der anstehenden Bodenart und dem Umfang der Arbeiten abhängig.

Nichtbindige Böden lassen sich am besten durch **Vibration** verdichten. Für kleine Flächen (Arbeitsräume, Gräben) gibt es handgeführte Vibrationsplatten, größere Flächen werden mit Vibrationswalzen verdichtet.

Bindiger Boden muss gestampft oder geknetet werden. Bei kleinen Flächen kann dies mit Stampfern erfolgen, bei größeren Flächen mit statischen oder Vibrationswalzen. Beide können mit Glatt- oder Stampffußbandage ausgestattet sein.

Walzenzug (mit Stampffußbandage)

Gummiradwalzen mit Einzelradaufhängung kneten den Boden besonders wirkungsvoll, da sich die Räder den Geländeunebenheiten anpassen.

Alle Verdichtungsgeräte haben nur eine begrenzte Tiefenwirkung, es muss deshalb stets **lagenweise verdichtet** werden. Die zulässige Schichtdicke richtet sich nach dem verwendeten Verdichtungsgerät.

Verdichtet wird stets **von außen nach innen**; die bereits verdichteten äußeren Schichten verhindern, dass der Boden beim Verdichten ausweicht.

Die Verdichtung muss an allen Stellen **gleichmäßig** erfolgen.

Der Boden muss einen für die Verdichtung **günstigen Wassergehalt** haben. Bei ungünstigem Wassergehalt kann die erreichte Verdichtung vielfach auch mit geeignetem Verdichtungsgerät nicht erreicht werden. Dies gilt vor allem für bindige Böden.

Das Planum ist so herzustellen, dass der anstehende Boden nicht mehr durchnässt wird. Setzungen des Baugrundes können durch sorgfältige Verdichtung mit geeigneten Geräten vermieden werden.

16.3 Aufbau einer Straße

Die **Tragfähigkeit** einer Straße hängt von **Untergrund**, **Unterbau** und **Oberbau** der Straße ab.

Unter **Untergrund** wird der gewachsene Boden verstanden, der im oberen Bereich gegebenenfalls durch Verdichten oder Einbringen von Bindemitteln verbessert wird.

Unter **Unterbau** wird die künstliche Aufschüttung von Böden zu Dämmen verstanden. Auch hier wird gegebenenfalls der Boden oberflächlich verbessert.

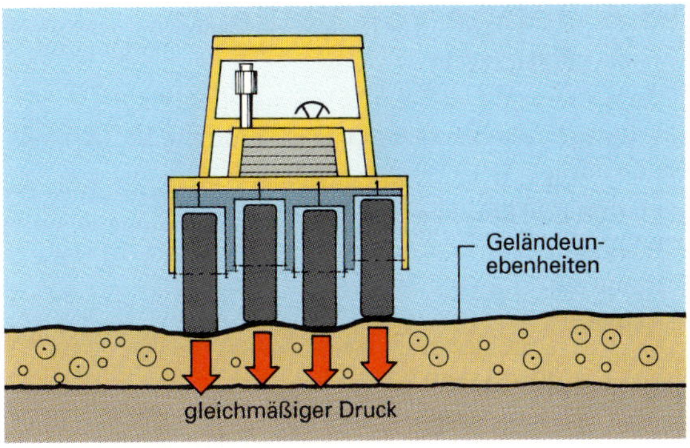

Gummiradwalze (Prinzip)

Der **Oberbau** besteht aus meist mehreren **Tragschichten** und der **Decke**. Die Tragschichten verteilen die Lasten so auf den Untergrund bzw. Unterbau, dass keine Schäden eintreten.

Die **Decke** bildet den **ebenen** und möglichst **verschleißfesten** Belag der Straße. Die Straßenoberfläche muss ein Quergefälle aufweisen, damit das anfallende Wasser in die Entwässerung eintritt.

Die **Entwässerung** erfolgt innerorts meist durch Einläufe in den Straßenkanal (Abschn. 7.2.2). Bei außerörtlichen Straßen wird das Oberflächenwasser in **Entwässerungsmulden** abgeleitet, das Sickerwasser wird durch **Dränung** abgezogen.

Die Frostbeständigkeit wird in der Regel durch Einbau einer kapillarbrechenden **Frostschutzschicht** aus nichtbindigem Material (vgl. Abschn. 6.1.4) erreicht.

Der Aufbau einer Straße gewährleistet Tragfähigkeit, Ebenheit, Entwässerung und Frostsicherheit.

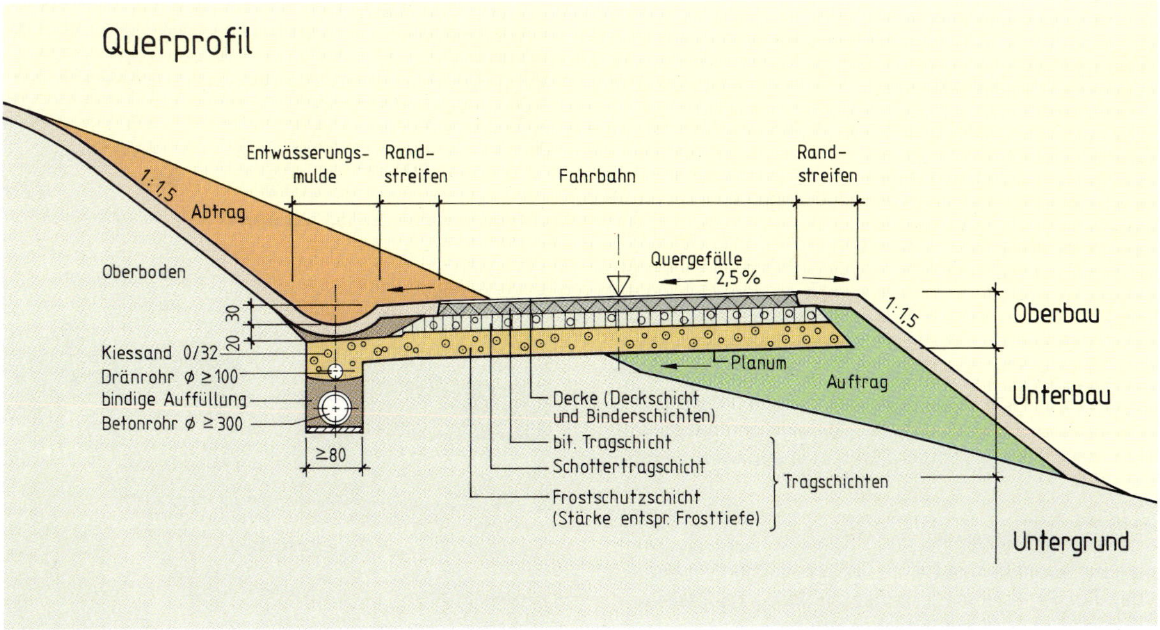

Aufbau einer Straße

16.4 Beläge von Verkehrsflächen

Als Beläge von Verkehrsflächen kommen im Wesentlichen infrage

- **Platten und Betonverbundsteine**,
- **Pflaster**,
- **Beton**,
- **Asphalt**.

Platten und Betonverbundsteine

Platten werden vor allem auf Gehwegen verlegt, Betonverbundsteine finden ihr Hauptanwendungsgebiet auf Flächen für langsamen oder ruhenden Fahrzeugverkehr, wie z. B. auf Parkplätzen, in Garageneinfahrten usw.

Sowohl Platten als auch Betonverbundsteine werden im Sandbett verlegt. Das Sandbett wird eingebracht, eben und im richtigen Gefälle abgezogen und verdichtet. Dann werden die Platten bzw. Betonverbundsteine an der Schnur ausgerichtet verlegt und mit Wasserwaage oder Richtscheit auf Ebenheit geprüft. Der Belag wird anschließend mit Vibrationsplatten verdichtet, und in die Fugen wird Sand eingekehrt bzw. eingeschwemmt.

Pflaster

Pflasterungen, mit denen früher ganze Straßen hergestellt wurden, werden heute nur noch für kleinere Arbeiten, z. B. bei Gehwegen, Fußgängerzonen usw., verwendet. Pflasterbeläge sind dekorativ und gut standfest, in der Herstellung aber durch den hohen Arbeitsaufwand auch recht teuer. Jeder einzelne Stein wird ausgerichtet und mit Hand versetzt.

Um der zunehmenden Versiegelung unserer Umwelt entgegenzuwirken, werden versickerungsfähige Pflasterbeläge angelegt. Dies kann durch aufgeweitete oder begrünte Fugen, durch Pflaster mit Sickeröffnungen oder durch poröses Betonpflaster erreicht werden.

Beton

Außer für Hofflächen kommt Beton als Verkehrsflächenbelag vor allem bei stark beanspruchten Straßen, wie z. B. Autobahnen, in Betracht. Trotz der hohen Kosten, die hierfür entstehen, sind Betonfahrbahnen wirtschaftlich, da sie eine sehr hohe Lebensdauer haben. Außerdem sind die helleren Betonstraßen aus Verkehrssicherheitsgründen günstiger als dunkle Asphaltstraßen.

Asphalt

Asphalt (siehe Abschn. 15.3.1) ist der meistverwendete Belag für Straßen. Asphaltstraßen sind vergleichsweise rasch und billig herzustellen, unterliegen aber einem höheren Verschleiß als Betonfahrbahnen und haben vor allem bei erhöhten Temperaturen eine geringere Standfestigkeit.

Platten, Verbundsteine und Pflaster werden als Belag für wenig beanspruchte Verkehrsflächen verwendet. Für Fahrbahnen kommen als Belag hauptsächlich Asphalt- und Betondecken infrage.

Betonverbundsteine

Pflaster

Betondecke einer Bundesautobahn

Asphaltstraße

16.5 Begrenzung von Verkehrsflächen

Soweit eine Begrenzung von Verkehrsflächen erforderlich ist, kommen in erster Linie Bordsteine, Rasenbordsteine („Rabatten") und Betonrandstreifen infrage.

Bordsteine dienen meist der Abgrenzung zwischen Fahrbahnen und Gehweg. Bordsteine werden in Naturstein (Granit) oder Beton hergestellt. Von der Form her werden **Hochbordsteine**, die über das Gelände hinausstehen, und **Tiefbordsteine** unterschieden. Nach der Kantenausbildung werden außerdem **Rundbordsteine** und **Flachbordsteine** unterschieden. Bordsteine werden in frischen Unterbeton versetzt und nach Flucht und Höhe mit Schnur bzw. durch Tafeln ausgerichtet. Sie werden vor der Herstellung der eigentlichen Verkehrsflächen versetzt und dienen dann bei Herstellung dieser Verkehrsflächen als Begrenzung.

Rasenbordsteine dienen der Begrenzung von wenig belasteten Verkehrsflächen, wie z.B. Fuß- und Radfahrwegen. Sie haben einen kleinen Querschnitt und werden ähnlich wie Bordsteine in Unterbeton versetzt. Da diese Steine im Gegensatz zu den Bordsteinen nicht genormt sind, sind die verschiedensten Formate und Bezeichnungen (z.B. Rabatten, Einfassungssteine, Rasenkantensteine) gebräuchlich.

Bei Straßen mit starker Verkehrsbelastung, wie z.B. Autobahnen, werden mitunter seitlich **Betonrandstreifen** aus Ortbeton angebracht, um ein seitliches Abdrücken der Fahrbahnflächen zu vermeiden.

Verkehrsflächen werden innerorts meist durch Bordsteine oder Rasenbordsteine, bei außerörtlichen Straßen auch durch Betonrandstreifen begrenzt.

Querschnitt, Einbau	Größen
Hochbordstein (Form H) 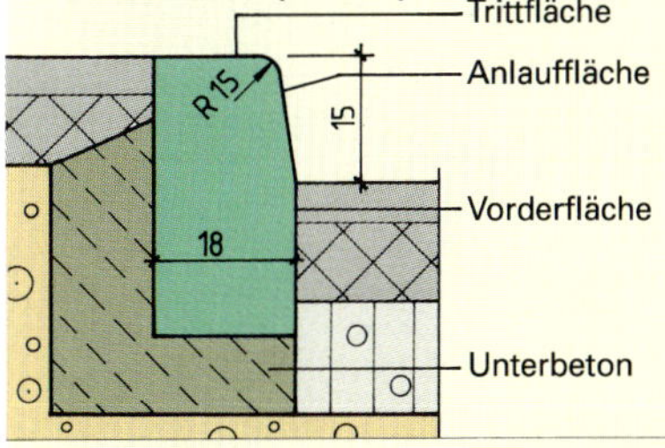	18 x 30 18 x 25 15 x 30 15 x 25
Rundbordstein (Form R) 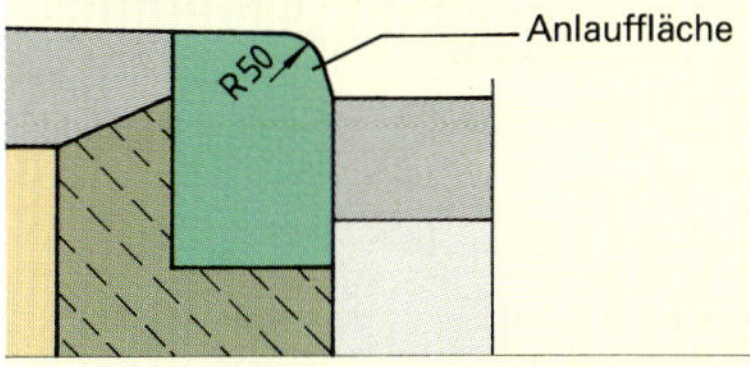	18 x 22 15 x 22
Tiefbordstein (Form T) 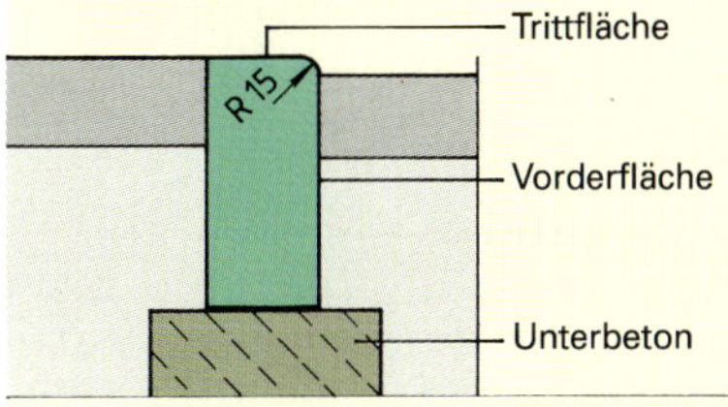	10 x 30 10 x 25 8 x 25 8 x 20
Flachbordstein (Form F) 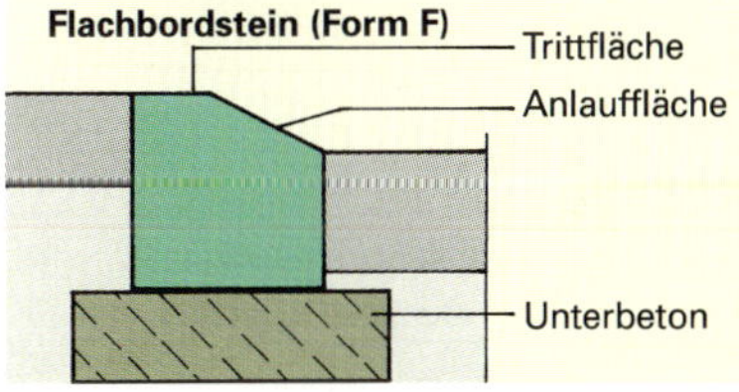	20 x 20

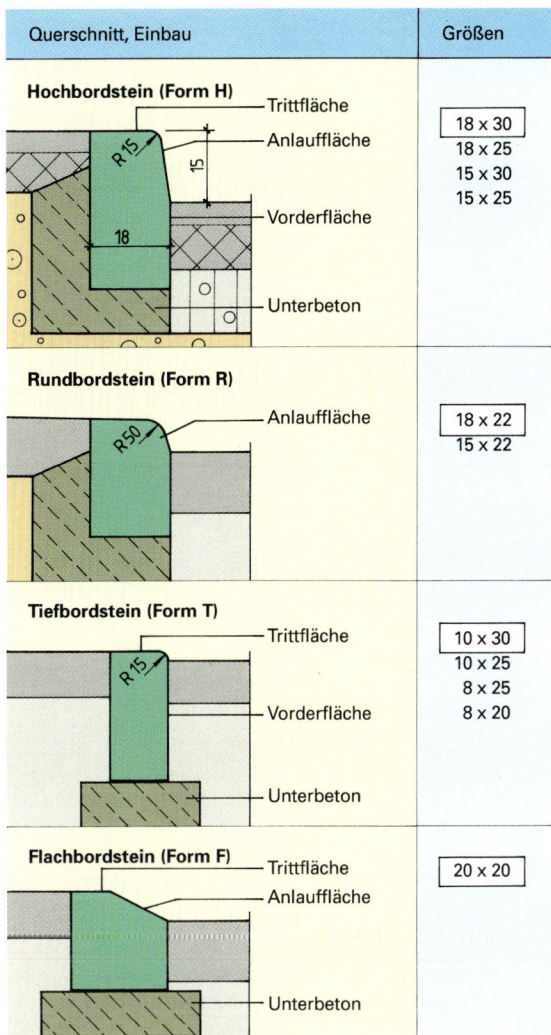

Bordsteine nach DIN 483

Zusammenfassung

Straßen sind wichtig für die wirtschaftliche und persönliche Entfaltung. Sie müssen tragfähig, eben, entwässert und frostbeständig sein.

Das Planum ist eben und mit Gefälle herzustellen.

Setzungen des Baugrundes können durch sorgfältige Verdichtung mit geeigneten Geräten vermieden werden.

Der Aufbau einer Straße muss Tragfähigkeit, Ebenheit, Entwässerung und Frostsicherheit gewährleisten.

Betonverbundsteine und Pflaster werden als Belag für wenig beanspruchte Verkehrsflächen verwendet. Für Fahrbahnen kommen als Belag hauptsächlich Asphalt- und Betondecken infrage.

Verkehrsflächen werden innerorts meist durch Bordsteine oder Rasenbordsteine, bei außerörtlichen Straßen auch durch Betonrandstreifen begrenzt.

Aufgaben:

1. *Welche Anforderungen sind an Straßen zu stellen?*
2. *Welche Geräte werden zur Herstellung eines Erdplanums benötigt?*
3. *Weshalb muss der Boden lagenweise verdichtet werden?*
4. *Erklären Sie die Begriffe Untergrund, Unterbau und Oberbau.*
5. *Wie werden a) innerörtliche, b) außerörtliche Straßen entwässert?*
6. *Wie wird die Frostbeständigkeit von Straßen erreicht?*
7. *Welche Beläge kommen für die Verkehrsflächen einer Fußgängerzone infrage?*
8. *Beschreiben Sie das Verlegen von Betonverbundsteinen.*
9. *Vergleichen Sie die Vorteile von Beton- und Asphaltstraßen.*
10. *Beschreiben Sie das Versetzen von Bordsteinen.*

TECHNISCHE MATHEMATIK

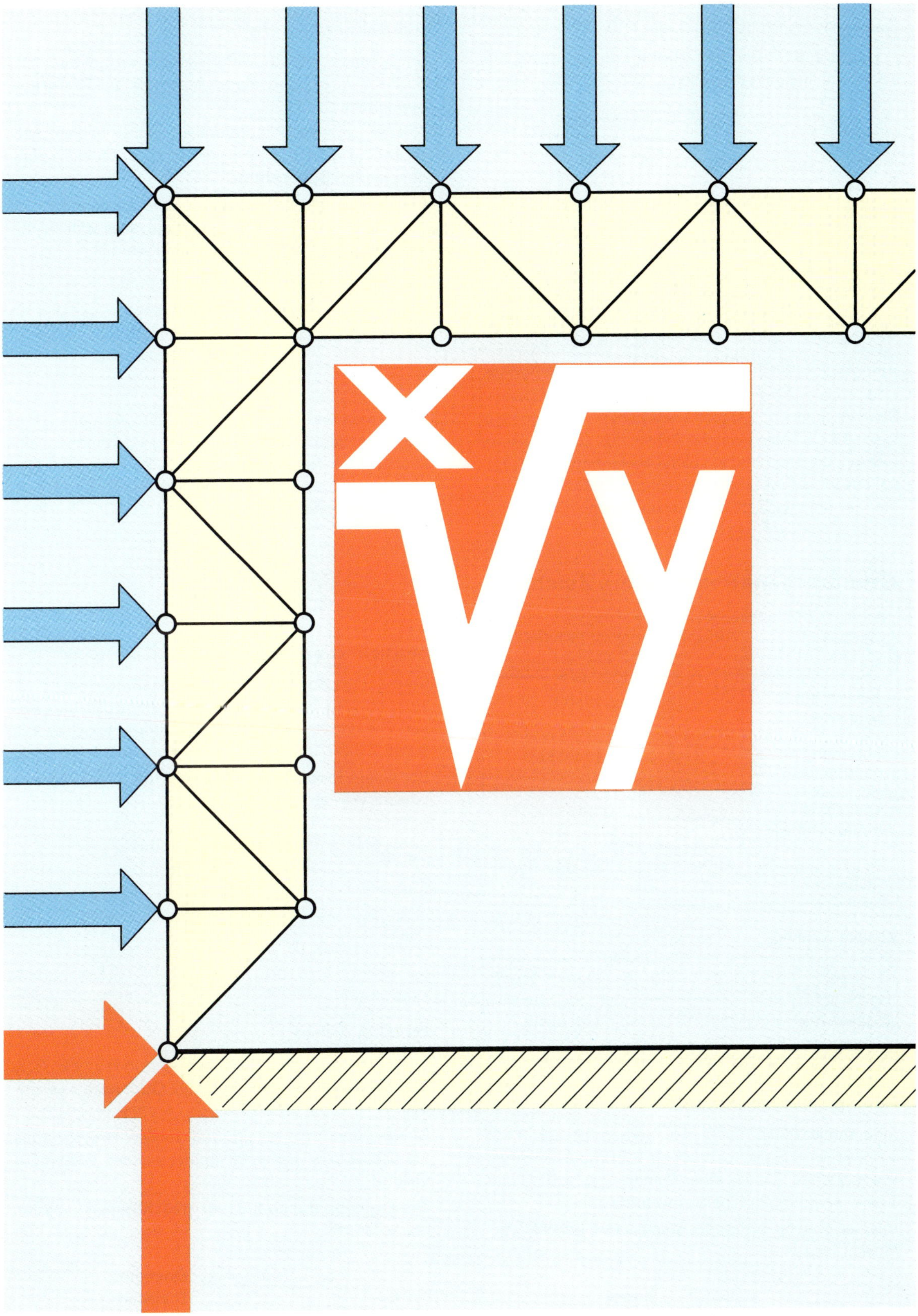

1 Grundrechenarten

Das Zahlensystem

−1, 0, 1, 2, 3, ... sind **natürliche Zahlen**, man kann sie am Zahlenstrahl darstellen:

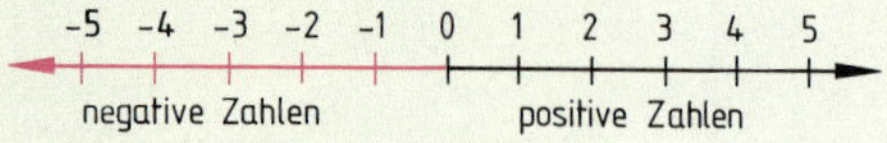

$\frac{2}{3}, \frac{1}{8}, \frac{5}{6}, \ldots$ sind **rationale Zahlen** (Brüche), sie entstehen bei der Teilung eines oder mehrerer Ganzer.

$\frac{2}{3}$ 2 ↗ Zähler, 3 ↘ Nenner	Der Zähler gibt die Anzahl der geteilten Ganzen an, der Nenner gibt an, in wie viele Teile geteilt worden ist.

a, b, c, x, y, ... sind allgemeine Zahlen (Variablen). Beim Rechnen mit allgemeinen Zahlen muss jeweils vereinbart werden, welche Zahlen für sie eingesetzt werden dürfen. Ist eine solche Vereinbarung erfolgt, so darf für ein und dieselbe allgemeine Zahl auch immer nur dieselbe Zahl eingesetzt werden.

Grundrechenarten und ihre Zeichen

Rechenart	Beispiel	mathematisches Zeichen
Zusammenzählen (addieren)	$3+2=5$	+ (plus)
Abziehen (subtrahieren)	$3-2=1$	− (minus)
Malnehmen (multiplizieren)	$3 \cdot 2=6$	· (mal)
Teilen (dividieren)	$6:3=2$	: (dividiert durch)

Weitere Zeichen:

Beispiel	$5>3$	$3<5$	$5=5$	1 Liter ≙ 1 dm^3
Bedeutung	größer als	kleiner als	gleich	entspricht

Addition (zusammenzählen)

Sind Zahlen durch Pluszeichen verbunden, z.B. $3+2$, $a+b$, so wird dieser Ausdruck als **Summe** bezeichnet. Die einzelnen Glieder einer Summe (hier z.B. 2 und 3 bzw. *a* und *b*) sind die **Summanden**.

In einer Summe dürfen die Summanden beliebig vertauscht werden.

$\boldsymbol{a+b}$	$a+b$	Summe
	a, b	Summanden

Subtraktion (abziehen)

Sind Zahlen durch Minuszeichen verbunden, z.B. $3-2$, $a-b$, so wird dieser Ausdruck als **Differenz** bezeichnet.

Glieder, von denen subtrahiert wird, heißen **Minuend**, (hier z.B. 3, *a*). Glieder, die subtrahiert werden, heißen **Subtrahend**.

Die Glieder dürfen beliebig vertauscht werden. Es muss aber dabei beachtet werden, dass Zahlen mit dem richtigen Vorzeichen versehen werden.

	$a-b$	Differenz
$\boldsymbol{a-b}$	a	Minuend
	b	Subtrahend

Additionen und Subtraktionen sind in Aufgaben, wie sie in der beruflichen Praxis häufig vorkommen, vermischt. Hier werden zuerst die Teilsumme der Plusglieder gebildet und dann die Teilsumme der Minusglieder subtrahiert.

Multiplikation (malnehmen)

Sind Zahlen durch Malzeichen verbunden, z.B. $3 \cdot 2$, $a \cdot b$, so wird dieser Ausdruck als **Produkt** bezeichnet. Die einzelnen Glieder eines Produktes (hier z.B. 3 und 2 bzw. *a* und *b*) sind die **Faktoren**.

Bei einem Produkt dürfen die Faktoren beliebig vertauscht werden.

$\boldsymbol{a \cdot b}$	$a \cdot b$	Produkt
	a, b	Faktoren

Division (teilen)

Sind Zahlen durch Teilzeichen verbunden, z.B. $3:2$, $a:b$, so wird dieser Ausdruck als **Quotient** bezeichnet.

Glieder, durch die geteilt wird, heißen **Divisor** (hier z.B. 2 bzw. *b*), Glieder, die geteilt werden, heißen **Dividend** (hier z.B. 3 bzw. *a*).

Die Division durch 0 ist ausgeschlossen! (0 kann nie Teiler sein.)

	$a:b$	Quotient
$\boldsymbol{a:b}$	a	Dividend
	b	Divisor

Bei der Multiplikation und Division sind folgende Regeln zu beachten:

Produktenregeln

plus mal plus ergibt plus
$(+)\cdot(+)\rightarrow(+)$
plus mal minus ergibt minus
$(+)\cdot(-)\rightarrow(-)$
minus mal plus ergibt minus
$(-)\cdot(+)\rightarrow(-)$
minus mal minus ergibt plus
$(-)\cdot(-)\rightarrow(+)$

Quotientenregeln

plus durch plus ergibt plus
$(+):(+)\rightarrow(+)$
plus durch minus ergibt minus
$(+):(-)\rightarrow(-)$
minus durch plus ergibt minus
$(-):(+)\rightarrow(-)$
minus durch minus ergibt plus
$(-):(-)\rightarrow(+)$

Sind in einem Rechenvorgang mehrere Grundrechenarten vermischt, so gilt:

Punktrechnung (· und :) geht vor Strichrechnung (+ und −), Klammerrechnung ( ) geht vor Punktrechnung (· und :).

Anwendung:

Punktrechnung vor Strichrechnung

$3+2\cdot5\ +6:3-1\ =14$

$3+10\ +2-1\ =14$

Klammerrechnung vor Punktrechnung

$(3+2)\cdot5\ +6:(3-1)=28$

$5\cdot5\ +6:2\ =28$

$25\ +\ 3\ =28$

Beispiele:

Grundrechenart	Rechenbeispiele	Zu beachten
Addition	5+3+1+7=16 1+17+22+19+425+18+2=504 1,25+2,03+10,12+100,50+1803,02=1916,92 1122,3+14032,1+153,7+0,9=15309,0	Die Glieder können vertauscht werden.
Subtraktion	12−4−6=2 83−1−5−19−38=20 10,30−2,75−3,18−13,50=−9,13 1,573−763,589−16,001=−778,017	Die Glieder können vertauscht werden. Vorzeichen beachten!
Multiplikation	2·4·3=24 3·2·8·4·1=192 3,03·15,25·122,00·−3,10·2,15=−37572,70 −3,5·9,8·17,3·−4,1=2432,8	Produktenregeln
Division	18:6=3 24:2:1:3:2=2 −228,66:12,36=−18,50 18,3:−4,1:2,7:0,3:−2,1=2,6	Quotientenregeln, Division durch 0 ist ausgeschlossen.
Kettenrechnungen	4·2+6−2=12 −3,00+18,12·2,36−12,20:3,21=35,96 (2,1+1,8−3,0)·6,3:1,4+5,7=9,7 1238,00−3,56·(3,74−7,05·3,60)−4,22=1310,81	Punktrechnung vor Strichrechnung, Klammerrechnung vor Punktrechnung

1.1 Bilden Sie die Summen aus folgenden Gliedern:

a)	b)	c)
0,0038	15328,2	18,743
7,1973	76891,3	0,026
0,1253	810,9	135,009
18,0214	17,5	8,576

1.2 Berechnen Sie die Länge des Gebäudes.

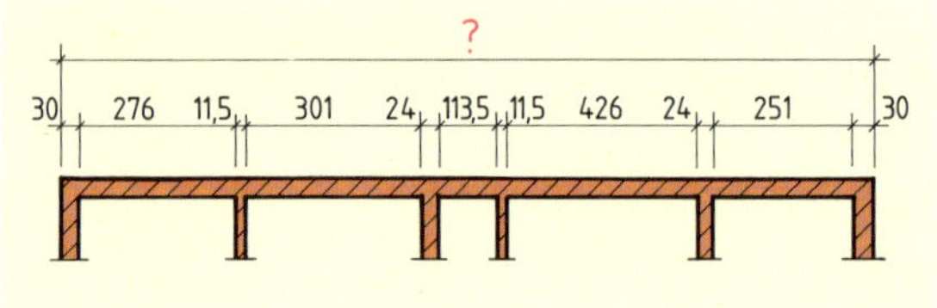

1.3 Berechnen Sie den Bruttolohn eines Maurers, der sich aus folgenden Anteilen zusammensetzt:

Grundlohn für Arbeitsstunden	2800,–
Urlaubsgeld	280,–
Sonderzulagen	125,–

1.4 Ermitteln Sie die Baukosten eines Einfamilienwohnhauses nach folgenden Angaben:

Reine Baukosten	480000,–
Baunebenkosten	50500,–
Kosten der Außenanlagen	66300,–

1.5 Vervollständigen Sie die Holzliste eines Zimmermanns.

Anzahl	Bezeichnung	Querschnitt cm/cm	Einzellänge m	Gesamtlänge m	Volumen m^3
30	Sparren	8/16	5,35	160,50	2,054
2	Schwellen	10/12	9,30	18,60	0,223
2	Pfetten	12/22	9,30	18,60	0,491
1	Pfette	8/18	9,30	9,30	0,134
6	Pfosten	12/12	2,80	16,80	0,242
12	Kopfbänder	10/10	1,80	21,60	0,216
			Gesamt	?	?

1.6 Auf einem Kostenvoranschlag für ein Wohnhaus sind verschiedene Ziffern nicht mehr lesbar. Da die Summe richtig ist, können die fehlenden Ziffern errechnet werden.

Kostenvoranschlag zum Neubau eines Wohnhauses:

1. Grundstückskosten	285300,– DM
2. Erschließungskosten	47900,– DM
3. Reine Baukosten	*95000,– DM
4. Kosten der Außenanlagen . . .	43000,– DM
5. Baunebenkosten	63500,– DM
6. Kosten der besonderen Betriebseinrichtungen	176**,– DM
Gesamt	1252300,– DM

1.7 Bei einem Festpunktnivellement vom Nordbahnhof zur Berufsschule werden von Punkt zu Punkt folgende Höhenunterschiede festgestellt:

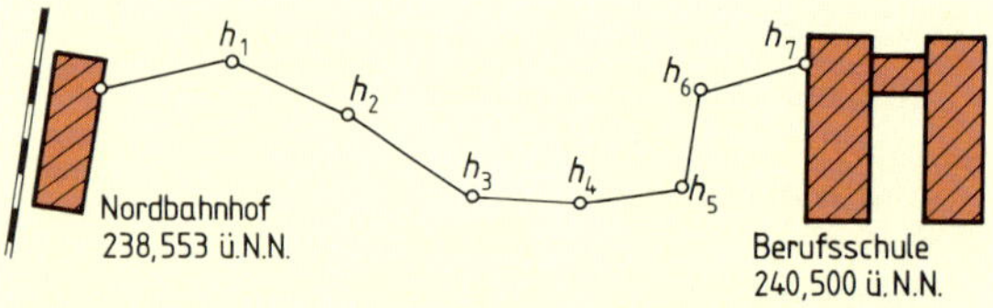

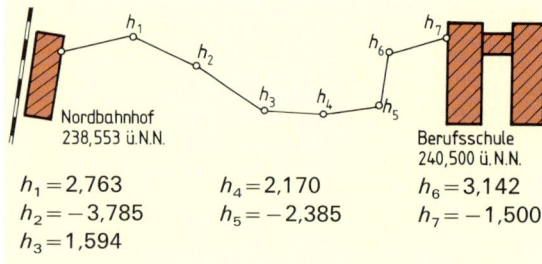

$h_1 = 2,763$ $h_4 = 2,170$ $h_6 = 3,142$
$h_2 = -3,785$ $h_5 = -2,385$ $h_7 = -1,500$
$h_3 = 1,594$

Berechnen Sie:

- den Höhenunterschied zwischen Nordbahnhof und Schule,
- den Höhenunterschied, der sich aus dem Messergebnis ergibt,
- den Messfehler.

1.8 Berechnen Sie die fehlenden Maße.

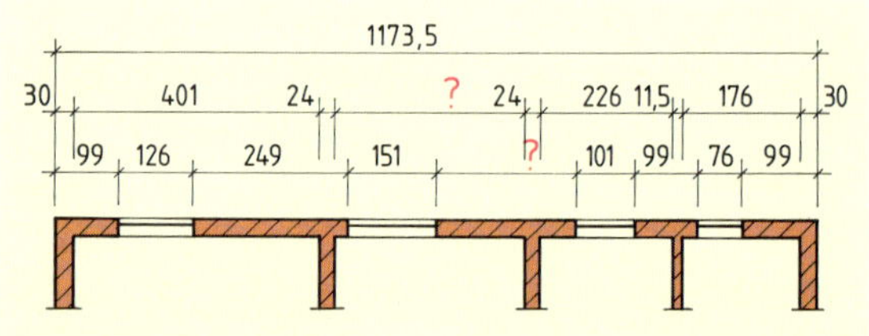

1.9 Ermitteln Sie die Baukosten unter Berücksichtigung der Eigenleistungen.

Gewerk	Kosten	Eigenleistung
Erdarbeiten	10350,–	——
Maurerarbeiten	108674,–	——
Beton- und Stahlbetonarbeiten	72449,–	——
Putzarbeiten	36224,–	——
Zimmererarbeiten	36224,–	——
Dachdeckerarbeiten	12937,–	2500,–
Klempnerarbeiten	10350,–	——
Schreinerarbeiten	20700,–	6800,–
Schlosserarbeiten	5175,–	——
Fliesen- und Plattenarbeiten	10350,–	5350,–
Fußboden einschl. Estricharbeiten	25874,–	4200,–
Glaserarbeiten	36224,–	——
Sanitäre Installationen und Einrichtung	20700,–	——
Heizung	49162,–	——
Elektroinstallation und Einrichtung	20700,–	——
Malerarbeiten	10350,–	5000,–
Ausstattung von Küchen	31050,–	——

1.10 Ein Ingenieurbüro bestellt bei einem Schreibwarenhändler folgende Artikel:

Anzahl	Artikel	Preis pro Stück
5	Rollen Zeichenpapier	42,54 DM
25	Schreibblöcke	3,84 DM
10	Rollen Lichtpauspapier	12,14 DM
3	Tuscheschreiber	18,36 DM

Berechnen Sie die Einzelbeträge und den Rechnungsendbetrag.

1.11 Bilden Sie die Produkte.

a) $0{,}321 \cdot 17{,}385 \cdot 2{,}008 \cdot 167{,}589 \cdot 0{,}023 = ?$

b) $1183{,}41 \cdot 283{,}72 \cdot 0{,}08 \cdot 87{,}93 \cdot 0{,}27 = ?$

c) $0{,}071 \cdot 13475{,}384 \cdot 18{,}002 \cdot 6{,}248 \cdot 0{,}333 = ?$

1.12 Eine Prämie von 187,35 DM soll unter 5 Kolonnenmitgliedern gleich aufgeteilt werden. Wie viel erhält das einzelne Kolonnenmitglied?

1.13 Bilden Sie die Quotienten.

a) $0{,}387 : 2{,}713 : 0{,}057 = ?$

b) $173800 : 1835 : 173 : 0{,}373 = ?$

c) $15346{,}53 : 0{,}02 : 73{,}75 = ?$

1.14 Berechnen Sie den Monatslohn (brutto) eines Maurers nach folgenden Angaben:

1. Woche 42 Stunden, 2. Woche 46 Stunden,
3. Woche 41 Stunden, 4. Woche 36 Stunden,
Prämie 87,50 DM, Stundenlohn 14,83 DM,
Überstundenzuschlag (auf 9 Stunden der oben aufgeführten Stunden) 3,84 DM.

1.15 Vervollständigen Sie die für einen Maurer aufgestellte Lohnabrechnung.

Stunden	Lohnart	Stundenlohn (DM)	Bruttobetrag (DM)
125	Arbeitsstunden	18,97	?
40	Urlaub	18,97	?
	Urlaubsgeld		400,—
6	Sonntagszuschlag	9,54	?
5	Überstundenzuschlag	4,35	?
14	Erschwerniszuschlag	1,89	?
		Gesamter Bruttobetrag	?

a) Wie hoch ist der Bruttolohn des Maurers?

b) Wie hoch ist der Nettolohn, wenn die Abzüge 1024,15 DM betragen?

1.16 Ein Bauunternehmer hat sich eine Baumaschine zum Preis von 90000,– DM gekauft.

Die Baumaschine hat eine Nutzungsdauer von 5 Jahren, d.h., der Unternehmer kann auf eine Dauer von 5 Jahren jährlich 18000,– DM abschreiben.

a) Wie lange behält der Bauunternehmer die Maschine, wenn er sie bei einem Restwert von 27000,– DM verkaufen will?

b) Zeichnen Sie die jährliche Abschreibung in ein Achsenkreuz, indem Sie auf der waagerechten Achse die Nutzungsdauer und auf der senkrechten Achse die DM-Beträge abtragen.

1.17 Für das Verlegen von Estrichen in einem Einfamilienhaus sind folgende Teilflächen der einzelnen Räume ermittelt worden:

Raum Nr.	Länge (m)	Breite (m)
1	2,89	4,76
2	3,18	3,77
3	4,96	6,44
4	1,26	2,01
5	2,45	3,18
6	4,15	4,01
7	1,38	1,99
8	2,78	1,89
9	3,18	2,60

Ermitteln Sie die Flächen der einzelnen Räume und die gesamte Estrichfläche.

1.18 Das Blatt eines Leistungsverzeichnisses wurde beschädigt, so dass verschiedene Zahlen nicht mehr lesbar sind. Ermitteln Sie die nicht lesbaren Zahlen und kontrollieren Sie die Gesamtsumme.

Auszug aus dem Leistungsverzeichnis Erdarbeiten.

	Menge (m^3)	Einzelpreis (DM)	Gesamtpreis (DM)
Fundamente ausheben	45	**,**	2925,–
Kanalgräben ausheben	210	43,–	****,**
Arbeitsräume verfüllen	***	22,–	2552,–
Boden einebnen	5,5	28,–	***,**
			14661,–

1.19 Bei der Prüfung einer Handwerkerrechnung wurde festgestellt, dass die gelieferten und berechneten Mengen übereinstimmen, dass jedoch bei der Ausrechnung etliche Fehler gemacht wurden.

Position	Anzahl	Stückpreis (DM)	Gesamtpreis (DM)
1	2	426,50	853,–
2	1	233,80	233,80
3	4	987,–	3353,–
4	3	378,50	1135,50
5	1	215,–	215,–
6	3	765,55	1478,10
7	14	83,80	1073,20
			9855,15

Kontrollieren Sie die Rechnungssumme.

1.20 Ermitteln Sie die Massen getrennt nach den unterschiedlichen Durchmessern sowie die Gesamtmasse.

Position	Stück	Ø (mm)	Schnittlänge (m)	Gesamte Länge (m)
1	14	12	2,36	33,04
2	6	22	5,18	31,08
3	45	8	1,22	54,90
4	6	18	3,12	18,72
5	28	6	0,97	27,16
Gesamtmenge				

Ø (mm)	Einh.-Masse (kg/m)	Länge (m)	Masse (kg)
6	0,222	27,16	?
8	0,395	54,90	?
12	0,888	33,04	?
18	1,998	18,72	?
22	2,984	31,08	?
Gesamtmasse			?

1.21 Vervollständigen Sie die Stahlliste nach dem obigen Vorbild.

Position	Stück	Ø (mm)	Schnittlänge (m)
1	12	14	3,55
2	6	12	5,36
3	55	8	1,25
4	4	22	5,12
5	22	8	0,89
6	12	10	2,00
7	8	18	2,98
8	45	6	1,06
9	6	12	2,85

Masse ∅ 10 mm: 0,617 kg/m; ∅ 14: 1,208 kg/m.

1.22 Vervollständigen Sie die Mattenliste.

Position	Stück	Matte	Länge (m)	Breite (m)	Fläche (m^2)
1	5	Q131	5,00	2,15	?
2	6	R188	5,00	2,15	?
3	4	R377	5,00	2,15	?
4	2	Q513	6,00	2,15	?
5	1	R221	5,00	2,15	?

1.23 Gesamtmengen

Matte	Fläche (m^2)	Masse (kg/m^2)	Gesamte Masse (kg)
Q131	?	2,09	?
Q513	?	6,79	?
R188	?	1,95	?
R221	?	2,01	?
R377	?	3,30	?
			?

1.24 Die im Grundriss dargestellte Garage hat eine Höhe (ohne Decke) von 2,25 m. Die Wände werden in Leichtbeton-Hohlblocksteinen (16 DF) gemauert. Für einen m^3 Mauerwerk werden 33 Steine und 85 Liter Mörtel benötigt.

Für 85 Liter Mörtel sind 120 Liter Sand und 40 kg Zement erforderlich.

Auf die Baustelle geliefert wurden:
270 Hohlblocksteine, 1 m^3 Sand, 5 Säcke Zement (1 Sack = 25 kg).

Reicht die gelieferte Menge aus?
Welches und wie viel Material muss nachbestellt werden?

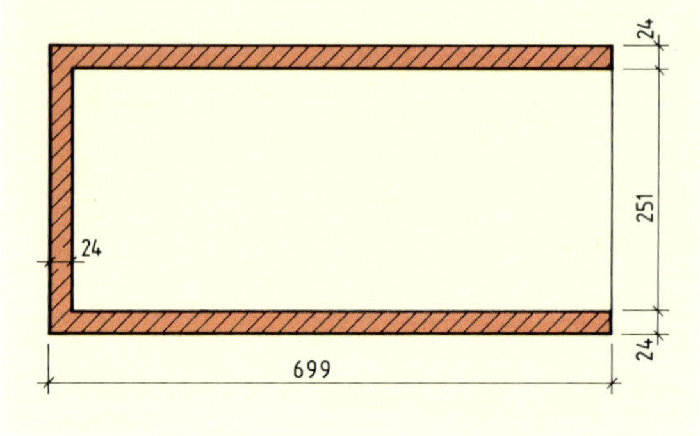

1.25 Die Fundamente für eine Doppelgarage (siehe Zeichnung) haben eine Tiefe von 80 cm. Der Maurerpolier bestellt 5 m^3 Beton. Prüfen Sie, ob der Beton ausreicht. Welche Menge muss nachbestellt werden?

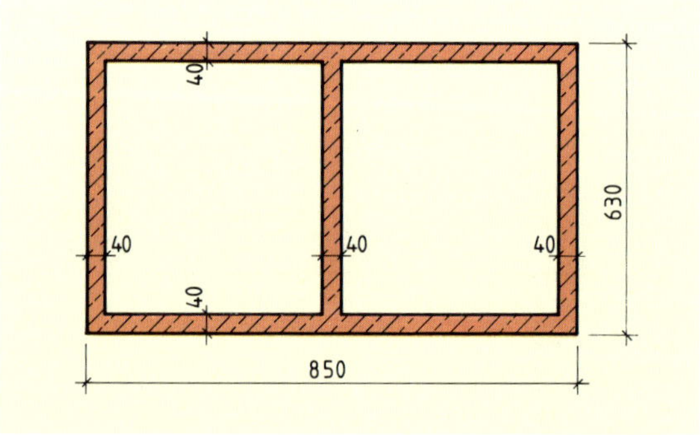

1.26 Bei einer Bedarfsberechnung von Baustoffen wurde dem Polier die Ausrechnung beschädigt. Setzen Sie in die Ausrechnung die beschädigten Ziffern ein.

1,26	2,135 · 2,*5	3706 : ** = 2*8
2,*5	*270	34
*,84	10675	30
−3,38	106*5	17
15,9*	5,4*425	136
19,86		136
		000

2 Tabellenrechnen

Mit **Zahlentafeln** können verschiedene Rechenoperationen, wie quadrieren, Quadratwurzel ziehen, Kreisdurchmesser, -umfang und -fläche berechnen, durchgeführt werden. Die Zahlentafel am Schluss des Buches führt in der Eingangsspalte (mit n und d bezeichnet) ganze Zahlen von 1 bis 1000 auf. Für sie kann der Stellenwert (Kommastelle) der Rechenergebnisse direkt aus der Zahlentafel entnommen werden. Für alle anderen Zahlen, insbesondere Dezimalzahlen, muss der Stellenwert durch **überschlägige Rechnung** oder durch **Kommaverschiebung** bestimmt werden.

Gebrauch der Zahlentafel

Quadratzahlen und Quadratwurzelwerte

Für die Zahlen 1 ... 1000 der Spalte n können die Quadrate in der Spalte n^2 abgelesen werden.

Beispiel: 213^2

$n=d$	n^2
213	45369

Auch für Zahlen mit größerem Stellenwert (z.B. 2130; 21300) und für Dezimalzahlen (z.B. 21,3; 2,13; 0,213) sind die Ergebnisse ablesbar.

Beispiel: $0{,}213^2$

Der Stellenwert der Quadratzahl wird durch Kommaverschiebung ermittelt.

$n = 213 \rightarrow n^2 = 45369$
$n = 0{,}213 \rightarrow n^2 = 0{,}045369$

3 Stellen — $3 \cdot 2 = 6$ Stellen

Beispiel: 2130^2

$n = 213 \rightarrow n^2 = 45369$
$n = 2130 \rightarrow n^2 = 4536900$

×10 — ×100

Ist eine Zahl in Spalte n nicht zu finden, so muss der Zwischenwert ermittelt werden.

Beispiel: $656{,}4^2$

$n=d$	n^2
656 →	430336
657 →	431649

Tafeldifferenz = 1313

$$\frac{10}{10} \mathrel{\hat{=}} 1313; \quad \frac{4}{10} \mathrel{\hat{=}} \frac{1313 \cdot 4}{10} = 525{,}2$$

$n^2 = 430336 + 525{,}2 = 430861{,}2$

Diese Verfahrensweise nennt man auch

Interpolation

Für die Zahlen 1...1000 der Spalte n können die Wurzelwerte in Spalte $\sqrt{n}$ abgelesen werden. Das gilt auch für Zahlen, die gegenüber denen in der Spalte n um eine **gerade** Stellenzahl vergrößert (z.B. 352→35200→3520000) oder verkleinert (z.B. 352→3,52→0,0352) sind. Das Komma wird unter dem Wurzelzeichen um jeweils zwei Stellen so weit nach rechts bzw. links verschoben, bis sich eine Zahl ergibt, die in Spalte n vorhanden ist (z.B. $\sqrt{4{,}53} \rightarrow \sqrt{453}$; $\sqrt{0{,}0453} \rightarrow \sqrt{453}$; $\sqrt{4530000} \rightarrow \sqrt{453}$).

Beispiel: $\sqrt{8300}$

$n=d$	n^2	$\sqrt{n}$
83	→	9,1104

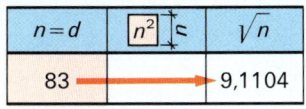

$\sqrt{83} = 9{,}1104$
$\sqrt{8300} = 91{,}104$

2 Stellen — 1 Stelle

Kreisumfänge und Kreisflächen

Für die Zahlen 1 ... 1000 der Spalte d können die dazugehörigen Kreisumfänge in Spalte $U = d \cdot \pi$ und die dazugehörigen Kreisflächen in Spalte $A = \frac{d^2 \cdot \pi}{4}$ abgelesen werden.

Beispiel: $d = 51{,}3$ cm, $U = ?$

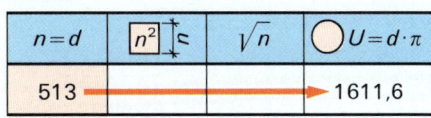

$n=d$	n^2	$\sqrt{n}$	$U=d \cdot \pi$
513	→	→	1611,6

$d = 513 \text{ cm} \rightarrow U = 1611{,}6 \text{ cm}$
$d = 51{,}3 \text{ cm} \rightarrow U = 161{,}16 \text{ cm}$

1 Stelle — 1 Stelle

Beispiel: $d = 51{,}3$ cm, $A = ?$

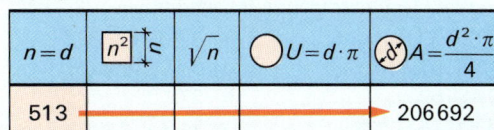

$n=d$	n^2	$\sqrt{n}$	$U=d \cdot \pi$	$A=\frac{d^2 \cdot \pi}{4}$
513	→	→	→	206692

$d = 513 \text{ cm} \rightarrow A = 206692 \text{ cm}^2$
$d = 51{,}3 \text{ cm} \rightarrow A = 2066{,}92 \text{ cm}^2$

1 Stelle — 2 Stellen

Zwischenwerte können für die Quadratwurzel, den Kreisumfang und die Kreisfläche genauso wie bei den Quadratzahlen interpoliert werden.

2.1 Bestimmen Sie mit der Tabelle die Quadrate.

a) $2{,}13^2$	**e)** $0{,}56^2$	**i)** $99{,}9^2$
b) $19{,}2^2$	**f)** $1{,}04^2$	**j)** 1120^2
c) $45{,}3^2$	**g)** $0{,}0045^2$	**k)** 30500^2
d) $0{,}0678^2$	**h)** $20{,}9^2$	**l)** 7050^2

2.2 Ermitteln Sie den Flächeninhalt von Quadraten mit Seitenlängen von:

a) 6 m;	**e)** 15,3 km;	**i)** 14,78 m;
b) 32 cm;	**f)** 22,5 m;	**j)** 3,98 cm;
c) 92 dm;	**g)** 3,8 cm;	**k)** 19,57 km;
d) 17 mm;	**h)** 167,9 mm;	**l)** 7,957 cm.

2.3 Bestimmen Sie mit der Tabelle die Quadratwurzelwerte.

a) $\sqrt{13}$	**e)** $\sqrt{91{,}8}$	**i)** $\sqrt{2250}$
b) $\sqrt{20{,}5}$	**f)** $\sqrt{101}$	**j)** $\sqrt{98500}$
c) $\sqrt{414}$	**g)** $\sqrt{1{,}78}$	**k)** $\sqrt{0{,}563}$
d) $\sqrt{608}$	**h)** $\sqrt{5{,}07}$	**l)** $\sqrt{0{,}00654}$

2.4 Ermitteln Sie die Seitenlängen der Quadrate mit Flächeninhalten von:

a) 196 m^2;	**e)** 44,89 m^2;	**i)** 1,37641 cm^2;
b) 576 cm^2;	**f)** 292,41 dm^2;	**j)** 0,40401 m^2;
c) 1849 mm^2;	**g)** 136,89 mm^2;	**k)** 32,6041 mm^2;
d) 841 m^2;	**h)** 388,09 m^2;	**l)** 0,0144 dm^2.

2.5 Suchen Sie folgende Zahlen in Spalte n^2 auf und lesen Sie die Wurzelwerte in Spalte n ab. Angenäherte Werte reichen aus.

a) 21920	**e)** 2315,68	**i)** 533,78
b) 9958,5	**f)** 1012,03	**j)** 2419,36
c) 75,68	**g)** 6,835	**k)** 84,38
d) 443,6	**h)** 10,82	**l)** 2,736

2.6 Ermitteln Sie die Durchmesser der Betonstähle, wenn ihre Flächen folgende Inhalte haben:

a) 3,80133 cm^2;	**f)** 0,502655 cm^2;
b) 1,13097 cm^2;	**g)** 0,19635 cm^2;
c) 6,15752 cm^2;	**h)** 2,01062 cm^2;
d) 0,282743 cm^2;	**i)** 4,52389 cm^2.
e) 2,54469 cm^2;	

2.7 Bestimmen Sie mit der Tabelle Kreisumfang und Kreisfläche, wenn der Durchmesser 0,52 m; 1,07 m; 915 mm; 27,5 cm; 3,19 m; 15,4 dm; 1,42 m; 4350 mm; 37,5 cm; 0,175 m; 0,097 m; 2,43 dm; 1735 mm beträgt.

2.8 Ermitteln Sie die Querschnittsflächen der Betonstähle mit folgenden Durchmessern:

a) 12 mm;	**d)** 6 mm;	**g)** 14 mm;
b) 22 mm;	**e)** 16 mm;	**h)** 8 mm;
c) 18 mm;	**f)** 28 mm;	**i)** 10 mm.

2.9 Bestimmen Sie mit der Tabelle den Querschnitt und den Umfang eines Rundholzes, wenn sein mittlerer Durchmesser 26,5 cm; 12 cm; 0,36 m; 72,5 cm; 4,8 dm; 32,5 cm; 0,95 dm; 58 cm; 6,4 dm; 1,05 m beträgt.

2.10 Bestimmen Sie die Inhalte der Querschnittsflächen von Kanthölzern mit quadratischen Querschnitten, wenn die Seitenabmessungen 12 cm, 16 cm, 18 cm, 6 cm, 22 cm, 14 cm und 8 cm betragen.

2.11 Bestimmen Sie nach der Tabelle die angenäherten Durchmesser für folgende Kreisflächen:

a) 859,43 mm^2;	**e)** 4788,5 cm^2;	**i)** 123,67 dm^2;
b) 2941,66 mm^2;	**f)** 7683,15 cm^2;	**j)** 1,56 m^2;
c) 203522 mm^2;	**g)** 11,35 dm^2;	**k)** 1,025 m^2;
d) 226,47 cm^2;	**h)** 75,34 dm^2;	**l)** 0,89 m^2.

2.12 Ermitteln Sie die Umfänge der Betonstähle mit folgenden Durchmessern:

a) 8 mm;	**d)** 24 mm;	**g)** 16 mm;
b) 6 mm;	**e)** 18 mm;	**h)** 22 mm;
c) 5 mm;	**f)** 10 mm;	**i)** 28 mm.

2.13 Bestimmen Sie mit der Tabelle den Durchmesser eines Betonstabstahles in mm, wenn die Querschnittsfläche 0,283 cm^2; 0,785 cm^2; 1,54 cm^2; 2,54 cm^2; 3,14 cm^2; 4,91 cm^2; 6,16 cm^2 beträgt.

2.14 Welchen Flächeninhalt haben die Rundhölzer mit Durchmessern von:

a) 12 cm;	**d)** 16 cm;	**g)** 22,8 cm;
b) 20 cm;	**e)** 17,5 cm;	**h)** 14,8 cm;
c) 8 cm;	**f)** 16,5 cm;	**i)** 24,5 cm.

2.15 Bestimmen Sie nach der Tabelle die angenäherten Durchmesser für folgende Kreisumfänge:

a) 3565 mm;	**e)** 116,27 cm;	**i)** 0,98 dm;
b) 1254 mm;	**f)** 284,5 cm;	**j)** 14,64 m;
c) 10950 mm;	**g)** 108,6 dm;	**k)** 1,36 m;
d) 273 cm;	**h)** 46,75 dm;	**l)** 0,58 m.

3 Rechnen mit Taschenrechnern

Durch elektronische Schaltungen wurde es möglich, Rechner im Taschenformat zu entwickeln. Diese Rechner erweisen sich als präzise Hilfsmittel, mit denen die Mehrzahl der rechnerischen Probleme gelöst werden kann.

Es ist wichtig zu wissen, dass elektronische Rechner nicht denken können; sie gehorchen lediglich den Rechenbefehlen, die ihnen durch Tastendruck eingegeben werden. Jedes rechnerische Problem muss deshalb vom Schüler richtig erfasst werden und der Rechenvorgang muss bekannt sein. Erst dann kann der elektronische Rechner ein brauchbares Hilfsmittel sein.

Bei der Vielzahl der sich auf dem Markt befindenden Taschenrechner ist es sehr schwer, eine allgemein gültige Bedienungsanweisung zu geben. Dieses Kapitel beschränkt sich deshalb auf einfache Taschenrechner, bei denen der Rechenvorgang (unter Beachtung der „Punkt-vor-Strich-Regel") so eingetastet werden kann, wie er in der Aufgabenstellung gegeben ist.

Rechneraufbau

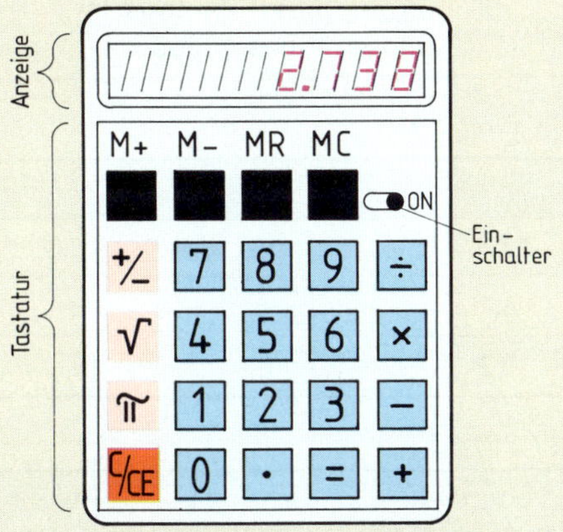

Taschenrechner haben eine Anzeige, auf der die eingetasteten Zahlen und die Rechenergebnisse erscheinen.

Unter der Anzeige ist die Tastatur angeordnet. Sie besteht aus zehn Eingabetasten [0] ... [9], der Kommataste [·], der Korrektur- und Löschtaste [C/CE] oder [C] und [CE], der Ergebnistaste [=] und den Tasten für die Grundrechenarten ([+] Additionstaste, [–] Subtraktionstaste, [×] Multiplikationstaste und [÷] Divisionstaste).

Diese Tastatur entspricht der Grundausstattung und muss bei Rechnern für den Schulgebrauch mindestens vorhanden sein.

Rechner mit erweiterter Ausstattung haben Speicher, Quadratwurzelautomatik, Vorzeichenwechseltaste und Pi (π)-Taste.

Grundausstattung

[0] ... [9] **Eingabetasten** zur ziffernweisen Eingabe von Zahlen.

[·] **Kommataste** zur Eingabe des Kommas bei Dezimalzahlen.

[CE] **Korrekturtaste.** Durch Drücken dieser Taste wird die zuletzt eingetastete Zahl gelöscht; damit kann eine falsche Eingabe korrigiert werden.

[C] **Löschtaste.** Durch Drücken dieser Taste werden sowohl die vorher eingetastete Zahl als auch das Rechenergebnis im Rechenregister gelöscht. Bei Rechnern mit Speicher bleibt der Speicherinhalt erhalten.

Manche Rechner haben eine [C/CE]-Taste. Bei einmaligem Drücken entspricht ihre Funktion der [CE]-Taste, bei zweimaligem Drücken der Funktion der [C]-Taste.

[+] **Additionstaste.** Sie weist den Rechner an, die angezeigte Zahl bzw. die sich im Rechenregister befindende Zahl zu der anschließend eingegebenen Zahl zu addieren.

[–] **Subtraktionstaste.** Sie weist den Rechner an, von der angezeigten Zahl bzw. von der sich im Rechenregister befindenden Zahl die anschließend eingegebene Zahl zu subtrahieren.

[×] **Multiplikationstaste.** Sie weist den Rechner an, die angezeigte Zahl bzw. die sich im Rechenregister befindende Zahl mit der anschließend eingegebenen Zahl zu multiplizieren.

[÷] **Divisionstaste.** Sie weist den Rechner an, die angezeigte Zahl bzw. die sich im Rechenregister befindende Zahl durch die anschließend eingegebene Zahl zu dividieren.

[=] **Ergebnistaste.** Durch Drücken dieser Taste wird das Ergebnis, das sich im Rechenregister befindet, angezeigt. Alle früher eingegebenen Zahlen und Rechenvorgänge sind damit abgeschlossen.

Erweiterte Ausstattung

[M+] [M–] **Speichertasten.** Mit diesen Tasten wird die angezeigte Zahl zum bisherigen Speicherinhalt addiert (M+) oder subtrahiert (M–). Verschiedene Taschenrechner besitzen nur eine Speicheradditionstaste (M+). Soll bei diesen Rechnern eine angezeigte (positive) Zahl vom Speicherinhalt abgezogen werden, so ist vorher die Vorzeichenwechseltaste zu drücken.

[RM] oder [MR] **Speicherabruftaste.** Durch Drücken dieser Taste wird der Speicherinhalt in die Anzeige gerufen und kann für weitere Rechengänge verwendet werden.

[CM] oder [MC] **Speicherlöschtaste.** Durch Drücken dieser Taste wird der Speicherinhalt gelöscht.

[+/–] **Vorzeichenwechseltaste.** Durch Drücken dieser Taste wird das Vorzeichen der angezeigten Zahl (Eingabe oder Rechenergebnis) vertauscht.

[√] **Quadratwurzeltaste.** Durch Drücken dieser Taste wird die Quadratwurzel der angezeigten Zahl (Eingabe oder Rechenergebnis) gezogen.

[π] **Pi-Taste.** durch Drücken dieser Taste erscheint in der Anzeige die Zahl π und steht für weitere Rechengänge zur Verfügung.

Beispiele zu Additionen und Subtraktionen

5,273 + 1,058 + 0,072 = ?

Eingabe	Taste	Anzeige
5,273	+	5,273
1,058	+	6,331
0,072	=	6,403

738,35 − 12,98 − 0,32 = ?

Eingabe	Taste	Anzeige
738,35	−	738,35
12,98	−	725,37
0,32	=	725,05

Beispiele zu Multiplikationen und Divisionen

1123,07 · 0,03 · 7,54 = ?

Eingabe	Taste	Anzeige
1123,07	×	1123,07
0,03	×	33,6921
7,54	=	254,03843

Bei Multiplikationen von **Zahlen mit unterschiedlichen Vorzeichen** muss bei Rechnern mit Vorzeichenwechseltaste nach der Eingabe der negativen Zahl die Vorzeichenwechseltaste gedrückt werden. Nur dann erscheint das Ergebnis mit richtigem Vorzeichen.

Bei Rechnern ohne Vorzeichenwechseltaste werden alle Faktoren des Produktes „vorzeichenlos" (also positiv) eingegeben, und für die Lösung gelten dann die Regeln:

plus × **plus** = **plus**
plus × **minus** = **minus**
minus × **plus** = **minus**
minus × **minus** = **plus**

7,5 · (−3) · 2 = ?

Eingabe	Taste	Anzeige
7,5	×	7,5
3	+/−	−3
	×	−22,5
2	=	−45

Ist eine positive Zahl durch eine oder mehrere positive Zahlen zu dividieren, so wird die Aufgabe in der Reihenfolge, in der sie gelesen wird, in den Rechner eingetastet. Bei der Division von Zahlen mit unterschiedlichen Vorzeichen ist wie bei der Multiplikation vorzugehen; d.h., bei Rechnern mit Vorzeichenwechseltaste muss nach der Eingabe der negativen Zahl die Vorzeichenwechseltaste gedrückt werden, bei Rechnern ohne Vorzeichenwechseltaste gelten die Regeln:

plus : **plus** = **plus**
plus : **minus** = **minus**
minus : **plus** = **minus**
minus : **minus** = **plus**

12,3 : 4,1 : 0,2 = ?

Eingabe	Taste	Anzeige
12,3	÷	12,3
4,1	÷	3
0,2	=	15

5 : 4 : (−25) = ?

Eingabe	Taste	Anzeige
5	÷	5
4	÷	1,25
25	+/−	−25
	=	−0,05

Beispiele zu Kettenrechnungen

Kettenrechnungen, die Punkt- und Strichrechnungen beinhalten, dürfen in den meisten Fällen nicht in der Reihenfolge, in der sie geschrieben sind, in den Rechner eingetastet werden.

Für die meisten Taschenrechner bedeutet das Drücken der Additions-, Subtraktions-, Multiplikations- und Divisionstaste die Anweisung, den angezeigten Wert bzw. den sich im Rechenregister befindenden Wert innerhalb der Kettenrechnung mit dem anschließend eingegebenen Wert zu addieren, zu subtrahieren, zu multiplizieren oder zu dividieren. Solche Anweisungen würden dann zu falschen Ergebnissen führen, da hier die „Punkt-vor-Strich-Regel" nicht beachtet worden wäre.

Anmerkung:

Manche „wissenschaftliche" Rechner besitzen eine Schaltung, die ermöglicht, eine „Punkt-vor-Strich"-Rechnung automatisch durchzuführen.

$5{,}3 + 2 \cdot 7 = ?$

Würde man diese Aufgabe in der Reihenfolge, in der sie gelesen wird, in den Rechner eintasten, käme man zu einem falschen Ergebnis. Die Rechnung muss deshalb so umgestellt werden, dass die Punktrechnung vor der Strichrechnung erfolgt.

$2 \cdot 7 + 5{,}3 = ?$

Eingabe	Taste	Anzeige
2	×	2
7	+	14
5,3	=	19,3

Manche Kettenrechnungen sind nur mithilfe eines Speichers in einem Rechengang zu lösen. Bei Taschenrechnern ohne Speicher müssen solche Kettenrechnungen in mehrere Rechengänge zerlegt werden.

$15 \cdot 4{,}8 + 3 : 8 = ?$

(Rechner ohne Speicher)

Die Kettenrechnung wird in zwei Rechenvorgänge zerlegt:

$15 \cdot 4{,}8 = 72$

$3 : 8 + 72 = ?$

1. Rechengang:

Eingabe	Taste	Anzeige
15	×	15
4,8	=	72

2. Rechengang:

3	÷	3
8	+	0,375
72	=	72,375

(Rechner mit Speicher)

15	×	15
4,8	=	72
	M+	
3	÷	3
8	+	0,375
	MR	72
	=	72,375

Kettenrechnungen für Rechner mit Quadratwurzeltaste:

$\sqrt{(3{,}3 + 17{,}4) \cdot 135{,}8} = ?$

Eingabe	Taste	Anzeige
3,3	+	3,3
17,4	×	20,7
135,8	=	2811,06
	√	<u>53,01943</u>

$12{,}7 + \sqrt{17{,}3} \cdot 9{,}1 = ?$

Der Rechengang muss umgestellt werden.

$\sqrt{17{,}3} \cdot 9{,}1 + 12{,}7 = ?$

Eingabe	Taste	Anzeige
17,3	√	4,159…
	×	
9,1	+	37,849…
12,7	=	<u>50,549</u>…

Bei Rechnern mit Pi-Taste π kann die Zahl Pi durch Tastendruck abgerufen werden. Anstatt die Zahl 3,14159 in den Rechner einzutasten, wird die Pi-Taste gedrückt.

$71{,}398 \cdot \pi = ?$

Eingabe	Taste	Anzeige
71,398	×	71,398
	π	3,141…
	=	<u>224,303</u>…

Berechnen Sie die Fläche eines Kreises mit dem Radius $r = 7{,}32$ m.

$A = \pi \cdot r \cdot r$

$A = \pi \cdot 7{,}32\ \text{m} \cdot 7{,}32\ \text{m}$

Eingabe	Taste	Anzeige
	π	3,141…
	×	
7,32	×	22,996…
7,32	=	<u>168,334</u>…

Ergebnis: Der Kreis hat eine Fläche von <u>168,334</u> m^2.

3.1 Bilden Sie die Summen aus folgenden Gliedern:

a)	b)	c)
0,0038	15328,2	18,743
7,1973	76891,3	0,026
0,1253	810,9	135,009
18,0214	17,5	8,576

3.2 Berechnen Sie die Länge des Gebäudes.

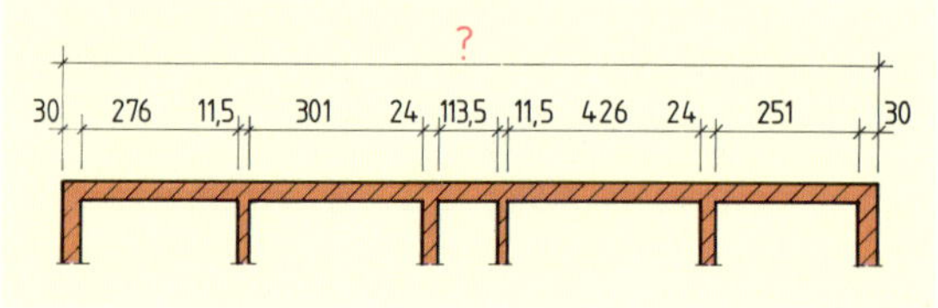

3.3 Berechnen Sie die fehlenden Maße.

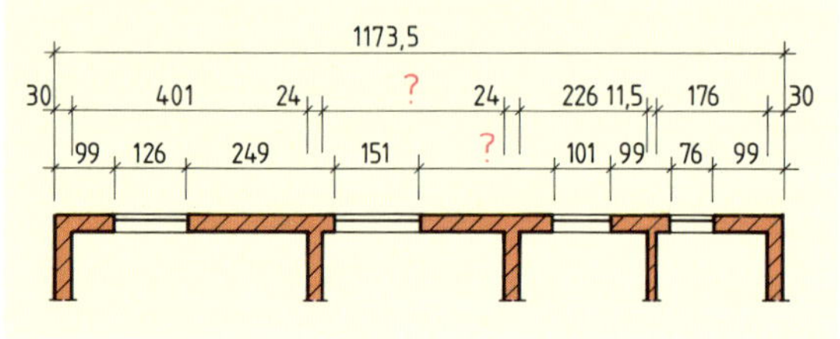

3.4 Bilden Sie die Produkte.

a) $0{,}321 \cdot 17{,}385 \cdot 2{,}008 \cdot 167{,}589 \cdot 0{,}023 = ?$
b) $1183{,}41 \cdot 283{,}72 \cdot 0{,}08 \cdot 87{,}93 \cdot 0{,}27 = ?$
c) $0{,}071 \cdot 13475{,}384 \cdot 18{,}002 \cdot 6{,}248 \cdot 0{,}333 = ?$

3.5 Eine Prämie von 187,35 DM soll unter 5 Kolonnenmitgliedern gleich aufgeteilt werden. Wie viel erhält das einzelne Kolonnenmitglied?

3.6 Bilden Sie die Quotienten.

a) $0{,}387 : 2{,}713 : 0{,}057 = ?$
b) $173800 : 1835 : 173 : 0{,}373 = ?$
c) $15346{,}53 : 0{,}02 : 73{,}75 = ?$

3.7 Für 1 m³ Mauerwerk werden 32 Hohlblocksteine benötigt. Wie viele Hohlblocksteine sind für 127,38 m³ Mauerwerk erforderlich? (Der Verhau bleibt unberücksichtigt.)

3.8 Lösen Sie folgende Kettenrechnungen:

a) $3 + 8 \cdot 12 + 3 = ?$
b) $17{,}3 \cdot 8{,}5 + 17{,}8 : 3 = ?$
c) $135{,}4 : 3 + 2 \cdot 14{,}3 + 0{,}45 \cdot 16 = ?$
d) $(3{,}4 + 7{,}6) \cdot 4{,}9 - 3 = ?$
e) $\dfrac{3{,}1 + 4{,}7 + 17{,}5 \cdot 12{,}3}{1{,}5 - 2{,}7 + 18{,}3} = ?$
f) $\dfrac{3{,}713 \cdot 0{,}432 \cdot (4{,}867 - 2{,}128)}{0{,}796 + 13{,}387} = ?$

3.9 Berechnen Sie die Fläche der Fassade.

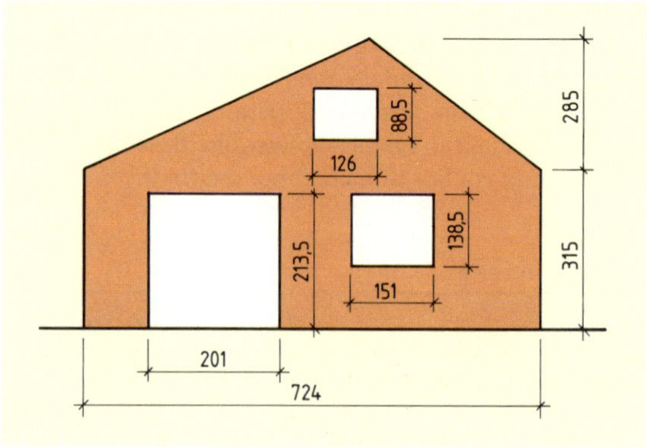

3.10 Berechnen Sie den Monatslohn (brutto) eines Maurers nach folgenden Angaben:

1. Woche 42 Stunden, 2. Woche 46 Stunden,
3. Woche 41 Stunden, 4. Woche 34 Stunden,
Prämie 87,50 DM, Stundenlohn 14,83 DM.

Überstundenzuschlag (auf 9 Stunden der oben aufgeführten Stunden) 3,84 DM.

3.11 Berechnen Sie die Seitenlängen der Quadrate. Fläche $A = 173$ m², 12,5 m², 0,35 m², 1385,3 cm²

3.12 Berechnen Sie die Quadratwurzeln.

a) $\sqrt{0{,}876 + 54{,}067}$; **b)** $\sqrt{7{,}1 + 3{,}4 - 5{,}2}$;
c) $\sqrt{17{,}2 \cdot 3{,}4 \cdot 22{,}3}$; **d)** $\sqrt{153 + 286 \cdot 374 + 78}$

3.13 Berechnen Sie die Kreisflächen.

$$\left(A = \pi \cdot r^2 \text{ oder } A = \frac{\pi}{4} \cdot d^2\right)$$

a) $r = 12{,}34$ m; **b)** $r = 7{,}213$ cm; **c)** $d = 68{,}43$ cm;
d) $d = 275{,}42$ m; **e)** $d = 13{,}84$ mm

3.14 Ein Ingenieurbüro bestellt bei einem Schreibwarenhändler folgende Artikel:

Anzahl	Artikel	Preis pro Stück
5	Rollen Zeichenpapier	42,54 DM
25	Schreibblöcke	3,84 DM
10	Rollen Lichtpauspapier	12,14 DM
3	Tuscheschreiber	18,36 DM

Berechnen Sie die Einzelbeträge und den Rechnungsendbetrag.

3.15 4800 m³ Aushub müssen beim Bau eines Geschäftshauses abtransportiert werden. Die Leistung des Baggers beträgt 45 m³/h. Ein Lkw fasst 5 m³.

a) Wie viele Lkws können vom Bagger in einer Stunde beladen werden?
b) Wie lange darf die Ladezeit sein, damit der Bagger ausgelastet ist?
c) Wie viele Lkws müssen vorgesehen werden, wenn ein Lkw 40 Minuten benötigt, bis er zum Wiederladen bereit ist?

4 Gleichungen

Es werden vier Arten von Gleichungen unterschieden:

- **Zahlengleichung**
- **Größengleichung**
- **Bestimmungsgleichung**
- **Formel**

Die Anwendung der Grundrechenarten bei Zahlen führt zur **Zahlengleichung.**

Zahlengleichung: $2 \cdot 3 = 6$

Die Anwendung der Grundrechenarten bei **Größen** führt zur **Größengleichung.**
Unter einer Größe versteht man das Produkt aus Zahlenwert und Einheit (z.B. 3 m, 5 kN, 15 m^3).

Größengleichung: $2\ \text{kN} \cdot 3\ \text{m} = 6\ \text{kNm}$

Treten bei einer Gleichung unbekannte Größen auf, die durch Berechnung bestimmt werden sollen, so wird sie als **Bestimmungsgleichung** bezeichnet.

Bestimmungsgleichung: $x \cdot a = b$

Die unbekannte Größe ist x.

Gibt eine Gleichung physikalische bzw. technische Zusammenhänge an, die für alle eingesetzten Zahlen gelten, so bezeichnet man sie als **Formel.**

Formel: $A = b \cdot l$

Gleichungen werden umgeformt, indem auf beiden Seiten des Gleichheitszeichens gleiche Rechenvorgänge mit gleichen Zahlen durchgeführt werden. Diesen Vorgang kann man mit den Veränderungen bei einer **Waage** vergleichen:

Eine Gleichung entspricht einer Waage im Gleichgewicht. Wird auf der linken Seite der Waage eine Veränderung herbeigeführt, so muss auf der rechten Seite dasselbe getan werden, um den Gleichgewichtszustand aufrechtzuerhalten.

Gleichungen werden umgeformt, indem auf beiden Seiten gleiche Rechenvorgänge mit gleichen Zahlen durchgeführt werden.

Beispiel:

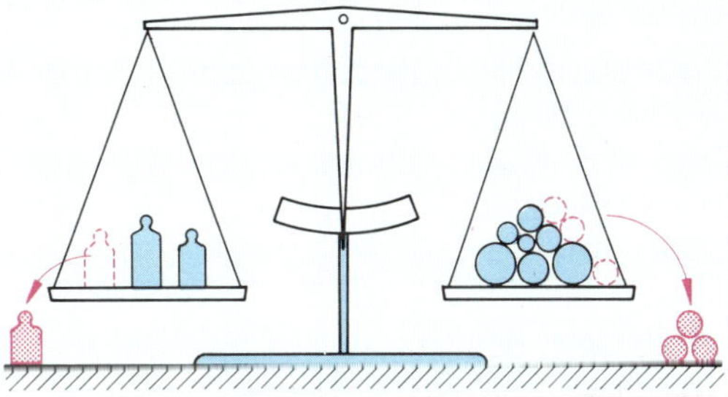

$$5 + 7 - 3 = 12 - 3$$

$$\frac{3x}{3} = \frac{18}{3}$$

$$\frac{x \cdot a}{a} = \frac{b \cdot a}{c}$$

Zusammenstellung Gleichungsarten:

Zahlengleichung	$6+2=8$	$12-4=8$	$4 \cdot 2=8$	$\frac{16}{2}=8$
Größengleichung	$6\ \text{m}+2\ \text{m}=8\ \text{m}$	$12\ \text{m}-4\ \text{m}=8\ \text{m}$	$4\ \text{m} \cdot 2\ \text{m}=8\ \text{m}^2$	$\frac{16\ \text{m}^2}{2\ \text{m}}=8\ \text{m}$
Bestimmungsgleichung	$x+a=b$	$x-a=b$	$a\,x=b$	$\frac{x}{a}=b$
Formel	$U=2a+2b$	$c-b=a$	$A=l \cdot b$	$v=\frac{s}{t}$

Gleichungen können auch zeichnerisch dargestellt werden. Die Zahlenwerte der Gleichung werden in ein rechtwinkliges Achsenkreuz eingetragen.

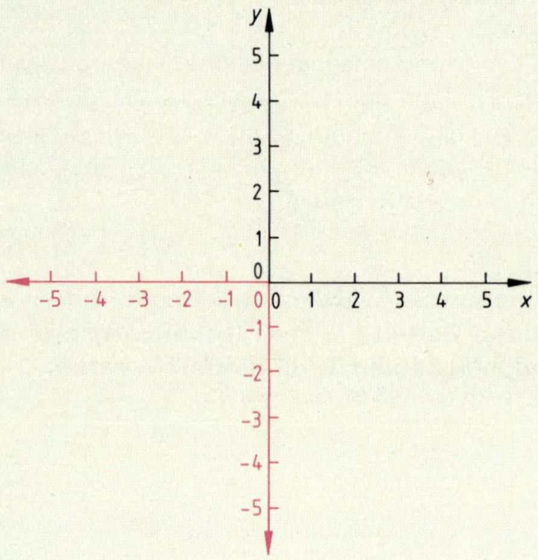

Achsenkreuz

Die waagerechte Zahlengerade heißt x-Achse oder Abszissenachse.

Die senkrechte Zahlengerade heißt y-Achse oder Ordinatenachse.

1. Beispiel:

Die Gleichung $y = 3x$ ist zeichnerisch zu lösen.

Lösung:

Wertetabelle

x	0	1	2	3	4	5	6	7	8
y	0	3	6	9	12	15	18	21	24

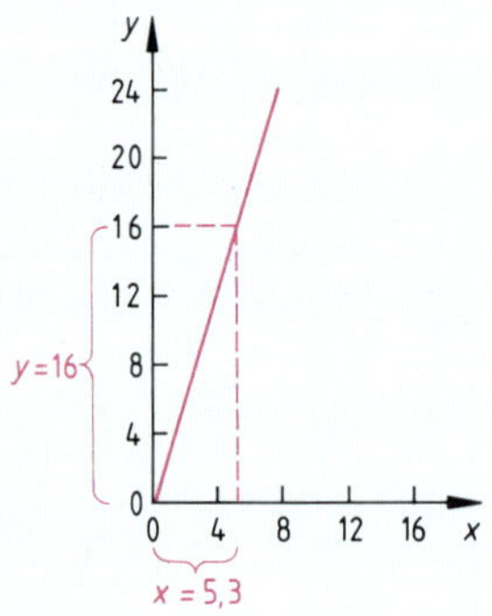

Aus der zeichnerischen Darstellung können auch x- und y-Werte abgelesen werden, die nicht in der Wertetabelle enthalten sind.

2. Beispiel:

Für 1 m³ Mauerwerk (24 cm dick, 2 DF) werden 200 l Mörtel benötigt. Stellen Sie die Gleichung $x = 200 \cdot y$ zeichnerisch dar.

Lösung:

Wertetabelle

Mauerwerk in m³ x	1	2	3	4
Mörtelbedarf in l y	200	400	600	800

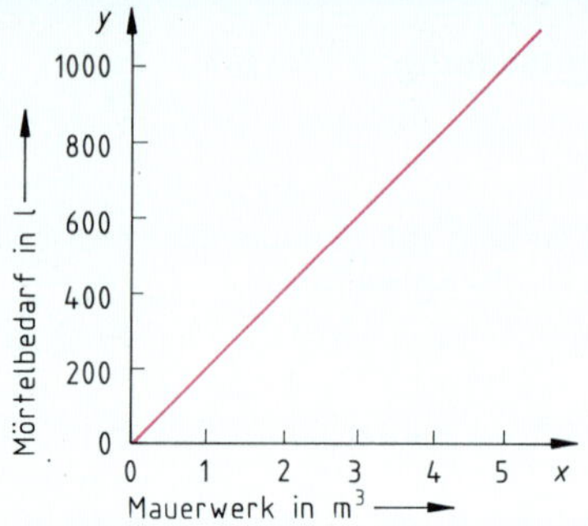

Auf dem Achsenkreuz kann nun für verschiedene Mauerwerksvolumen die erforderliche Mörtelmenge abgelesen werden.

3. Beispiel:

Zeichnen Sie in ein rechtwinkliges Achsenkreuz mehrere Punkte $P(x/y)$, für welche $y = 2x - 3$ ist.

Lösung:

Wertetabelle

x	−2	−1	0	1	2	3	4	5
y	−7	−5	−3	−1	1	3	5	7

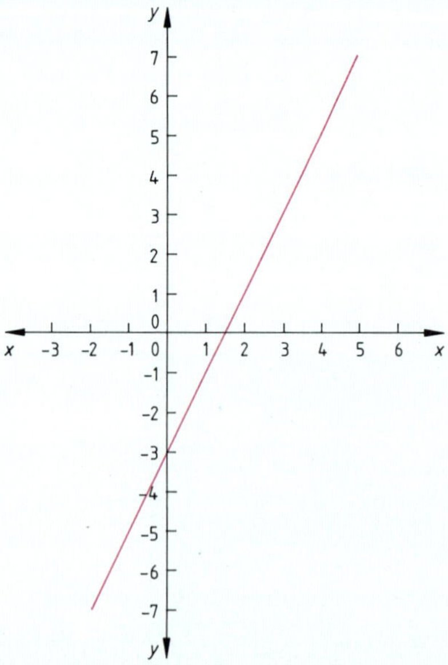

Auf dem Achsenkreuz kann nun für weitere x-Werte der dazugehörige y-Wert abgelesen werden.

4.1 Setzen Sie in die Gleichungen die fehlenden Zahlen ein.

a) $2+3-1+8\cdot 2-\boxed{?}=4-2+16$

b) $8+16-3\cdot\frac{1}{2}+0{,}5=\boxed{?}+3$

c) $\frac{1}{8}\cdot(15+9-2\cdot 8)+16=\boxed{?}-(25-2\cdot 9)$

d) $\dfrac{(3+4-5)\cdot\frac{1}{2}}{\boxed{?}}=\dfrac{15\cdot(8-7{,}5-0{,}3)}{2}$

e) $\dfrac{4\cdot 8\cdot 2-4}{2+\boxed{?}}=6$

f) $\dfrac{\left(\frac{1}{8}+\frac{3}{4}+\frac{\boxed{?}}{16}\right)\cdot 16}{(30+8-26)\cdot\frac{1}{2}}=\dfrac{17\cdot\frac{1}{2}+11{,}5}{\frac{1}{8}\cdot 320}$

4.2 Setzen Sie in die Gleichungen die fehlenden Zahlen und Einheiten ein.

a) $3\text{ m}+4{,}5\text{ m}-\boxed{?}=1{,}5\text{ m}$

b) $17\text{ kg}-223\text{ kg}+18\text{ kg}=12\text{ kg}+3{,}5\text{ kg}-\boxed{?}$

c) $\dfrac{1{,}9\text{ kN}\cdot 14\text{ m}}{\boxed{?}}=3{,}8\text{ kN}$

d) $\dfrac{324\text{ W}}{6\text{ s}}+\dfrac{\boxed{?}}{18\text{ s}}=\dfrac{1197\text{ W}}{19\text{ s}}$

e) $\dfrac{135\text{ m}\cdot 214\text{ m}}{107\text{ m}}\cdot 13=\dfrac{14040\text{ m}^2}{\boxed{?}}$

f) $\dfrac{17\text{ l}+32\text{ dm}^3-7\text{ l}}{\boxed{?}}=0{,}001$

4.3 Bestimmen Sie x.

a) $3+1-6+x=8-2+15$

b) $2\cdot 3\cdot 16=2\cdot 4\cdot x$

c) $2\cdot 3+4\cdot x+1=123\cdot 2-15$

d) $x+3\cdot 2-3\cdot x=14-2\cdot 3$

e) $3x-5+8-3=4x+2+3x$

f) $\dfrac{3x+2-4}{3+1}=4x+1$

g) $\dfrac{3(2x-1)}{8}=\dfrac{4x}{8}$

h) $(3x+4)\,\pi=12\,\pi$

4.4 Vereinfachen Sie die Gleichungen.

a) $3a+4b-2a=5b-4a+8b$

b) $18{,}3x-15{,}8x=37{,}5$

c) $15x+13y-14y=18y-19x+183$

d) $17{,}3x-14z+19-3y=153+8{,}4z-13y$

e) $\dfrac{5b\cdot 13}{b}+8a=15+9a-6b$

f) $\dfrac{c\cdot a+b\cdot c}{a+b}=4a-3c+8b$

g) $\dfrac{ax+bx}{x}=5a+3b-x$ **h)** $\dfrac{3x+2y+z}{15}=\dfrac{-2z+3y}{15}$

4.5 Stellen Sie die Formeln so um, dass A jeweils alleine auf der linken Seite steht.

a) $l=\dfrac{A}{b}$; **b)** $b=\dfrac{A}{l}$; **c)** $a=\dfrac{A}{a}$

d) $b=\dfrac{2A}{l}$; **e)** $h=\dfrac{2\cdot A}{a+b}$; **f)** $\pi=\dfrac{A}{r^2}$

4.6 Stellen Sie die Formeln so um, dass V jeweils alleine auf der linken Seite steht.

a) $A=\dfrac{V}{h}$; **b)** $a\cdot h=\dfrac{V}{a}$; **c)** $3=\dfrac{h\cdot A}{V}$

d) $\pi=\dfrac{3}{4}\cdot\dfrac{V}{r^2}$; **e)** $\dfrac{h\cdot\pi}{3}=\dfrac{V}{2\cdot r^2}$

4.7 Stellen Sie die Formeln so um, dass jede Größe alleine auf der linken Seite steht.

a) $\sigma=\dfrac{E}{A}$; **b)** $\sigma=\dfrac{M}{W}$; **c)** $A=\dfrac{a+b}{2}\cdot h$

d) $A=\dfrac{\pi}{4}\cdot d^2$; **e)** $a^2+b^2=c^2$; **f)** $U=R\cdot I$

4.8 Stellen Sie jeweils eine Formel für den Umfang auf.

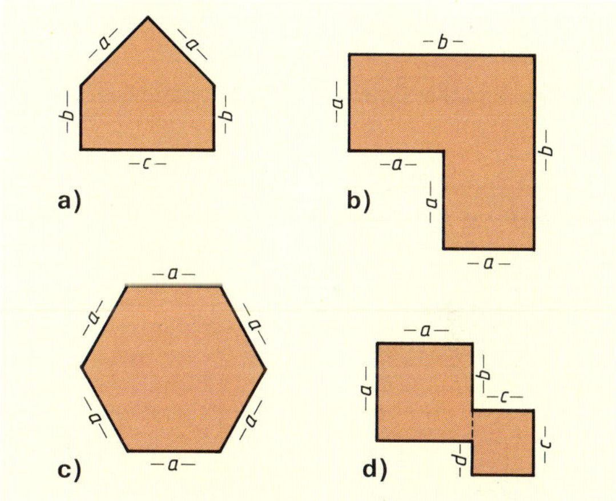

4.9 Stellen Sie eine Formel für die Fläche auf.

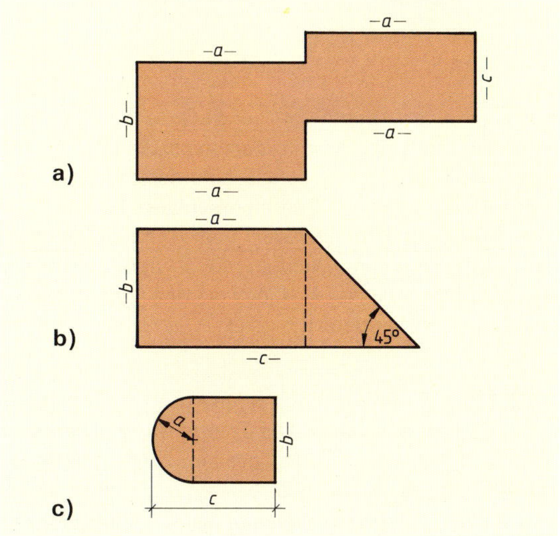

4.10 Die Summe aus 513 und 812 ist doppelt so groß wie das Produkt aus 15 mit einer unbekannten Zahl. Welchen Wert hat die unbekannte Zahl?

4.11 Die Baukosten eines Einfamilienwohnhauses betragen 700000,– DM. Sie sind halb so hoch wie die eines Zweifamilienhauses mit einer Doppelgarage. Wie hoch sind die Baukosten des Zweifamilienhauses, wenn die Doppelgarage 45000,– DM kostet?

4.12 Ein Einfamilienwohnhaus ist 15-mal so teuer wie eine Doppelgarage. Beide zusammen kosten 640000,– DM. Wie viel kostet das Einfamilienwohnhaus und wie viel die Doppelgarage.

4.13 Auf einer Großbaustelle sind 168 Arbeiter beschäftigt. Davon sind 3-mal so viel Hilfsarbeiter wie Facharbeiter.

Wie viele Hilfsarbeiter und wie viele Facharbeiter arbeiten auf der Baustelle?

4.14 Ein rechteckiges Baugrundstück hat einen Umfang von 960 m. Die eine Seite ist doppelt so lang wie die andere.

Wie lang sind die Seiten des Baugrundstückes?

4.15 Ein rechteckiges Baugrundstück mit einer Fläche von 720 m^2 und einer Seitenlänge von 20 m soll in ein gleich großes trapezförmiges (siehe Skizze) Grundstück umgetauscht werden. Die Seiten des trapezförmigen Grundstückes betragen 18 m und 14 m.

Ermitteln Sie die Höhe des Trapezes.

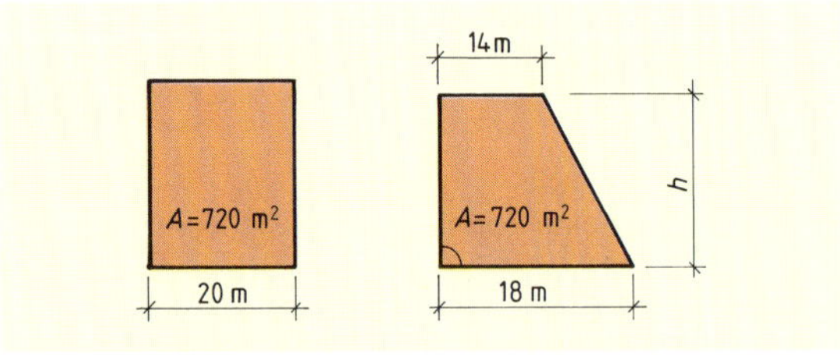

4.16 Für einen Stahlbeton-Fenstersturz ist eine Bewehrung von 4 Stäben mit Durchmessern von 12 mm vorgesehen. Auf der Baustelle befindet sich aber nur Betonstahl mit einem Durchmesser von 10 mm. Wie viele Stäbe mit Durchmessern von 10 mm müssen in den Sturz eingelegt werden, damit mindestens die Querschnittsfläche von 4 Stäben mit den Durchmessern von 12 mm vorhanden ist?

4.17 Eine Wohnhaustreppe wurde mit 14 Steigungen zu je 19,5 cm entworfen. Die Treppe ist dem Bauherrn jedoch zu steil, er wünscht deshalb zwei Steigungen mehr.

Wie viel cm beträgt eine Steigung bei der neuen Treppe?

4.18 Die Seiten eines rechteckigen Grundstückes verhalten sich wie 1:2, d.h., die Länge ist doppelt so groß wie die Breite. Das Grundstück hat eine Fläche von 8 Ar.

Welche Abmessungen haben die Seiten?

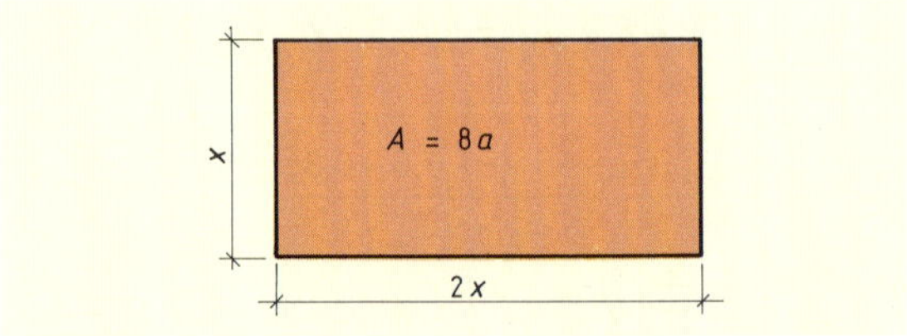

4.19 Ein pyramidenförmiges Turmdach mit quadratischer Grundfläche hat ein Volumen von 98 m^3. Die Höhe des Daches beträgt 6 m. Wie groß ist die Seitenlänge des Turmes?

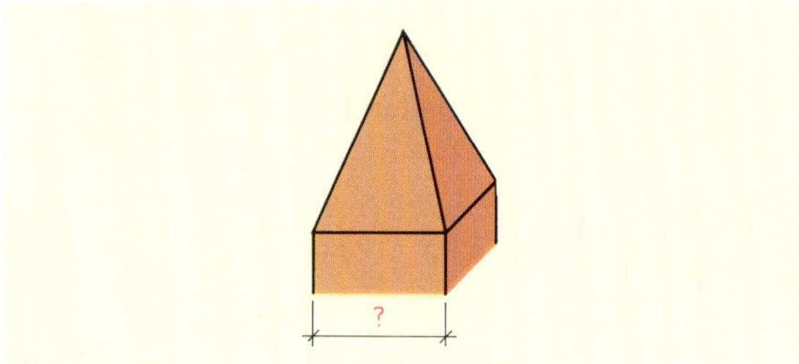

4.20 Ein unregelmäßiges Viereck hat einen Umfang von 50,5 m. Die Seiten verhalten sich wie

$1:\frac{4}{5}:\frac{2}{3}:\frac{9}{10}$.

Wie lang sind die einzelnen Seiten?

4.21 Eine Spiralfeder dehnt sich bei Belastung. Eine Versuchsreihe ergibt folgende Wertetabelle:

Belastende Kraft F in N	0	1	2	3	4	5	6
Dehnung in cm	0	0,5	1	1,5	2	2,5	3

a) Wie heißt die Gleichung?

b) Tragen Sie die Punkte in ein Achsenkreuz ein.

c) Welche Belastung ruft eine Dehnung von 1,75 cm hervor?

4.22 Lösen Sie folgende Gleichungen zeichnerisch:
a) $y=1{,}5x$; **b)** $y=7x$; **c)** $y=8{,}3x$; **d)** $U=4a$

4.23 Der Selbstkostenpreis einer Betonwand mit 1 m^2 Fläche bei d cm Dicke kann näherungsweise nach folgender Formel berechnet werden:

$$\text{Kosten } K = 120\text{ DM} + \frac{2\text{ DM}}{\text{cm}} \cdot d\text{ cm}$$

Stellen Sie die Gleichung zeichnerisch dar.

4.24 Stellen Sie folgende Gleichungen zeichnerisch dar:
a) $y=3x-5$; **b)** $y=1{,}5x+5$; **c)** $y=8x-1{,}5$

5 Dreisatzrechnen

Dreisatz mit geradem Verhältnis

Ein gerades Verhältnis ist gegeben, wenn beide veränderlichen Größen zu- oder abnehmen.

je mehr . . . . desto mehr
oder
je weniger . . . . desto weniger

Zum Beispiel:

doppelte Menge . . . . doppelter Preis
oder
halbe Menge . . . . halber Preis

Beispiel:

Ein Bagger hebt in 8 Stunden 400 m^3 Boden aus. Wie viele Stunden braucht er für 4500 m^3?

Die Lösung erfolgt in drei Schritten:

Im **1. Satz** wird das bekannte Verhältnis ausgedrückt.

400 m^3 werden in 8 Stunden ausgehoben.

Im **2. Satz** wird das bekannte Verhältnis auf eine Einheit bezogen.

1 m^3 wird in $\frac{8}{400}$ Stunden ausgehoben.

Im **3. Satz** wird auf das gesuchte Verhältnis geschlossen.

4500 m^3 werden in $\frac{8 \cdot 4500}{400}$ Stunden ausgehoben.

Damit kann die gesuchte Größe berechnet werden.

$\frac{8\ h \cdot 4500\ m^3}{400\ m^3} = \underline{90\ h}$

Zeichnerische Darstellung:

Wertetabelle

Aushub in m^3	100	200	300	400	500	600
Arbeitszeit in h	2	4	6	8	10	12

Die Zuordnung der Zahlenpaare wird im Achsenkreuz dargestellt. Verbindet man die Punkte, so entsteht bei einem geraden Verhältnis immer eine **Gerade**.

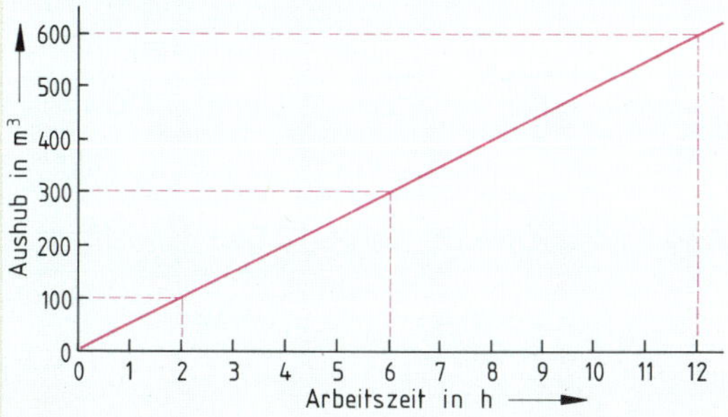

Dreisatz mit umgekehrtem Verhältnis

Ein umgekehrtes Verhältnis liegt vor, wenn die eine veränderliche Größe zunimmt und die andere dabei abnimmt.

je mehr . . . . desto weniger
oder
je weniger . . . . desto mehr

Zum Beispiel:

doppelte Arbeiterzahl . . . . . halbe Arbeitszeit
oder
halbe Arbeiterzahl . . . . . . doppelte Arbeitszeit

Der Lösungsweg und die Schreibweise des Dreisatzes entsprechen dem Dreisatz mit geradem Verhältnis.

Beispiel:

3 Estrichleger benötigen für den Einbau von Estrichen in ein Einfamilienhaus 18 Stunden. Wie lange benötigen dazu 2 Estrichleger bei gleichem Arbeitstempo?

1. Satz 3 Estrichleger benötigen 18 Stunden

2. Satz 1 Estrichleger benötigt 18 · 3 Stunden

3. Satz 2 Estrichleger benötigen $\frac{18 \cdot 3 \text{ Stunden}}{2}$

$\frac{18 \cdot 3}{2}$ Stunden = $\underline{27 \text{ Stunden}}$.

Ergebnis: 2 Estrichleger benötigen 27 Stunden.

Zeichnerische Darstellung:

Wertetabelle

Anzahl der Estrichleger	1	2	3	4	5	6
Arbeitsstunden	54	27	18	13,5	10,8	9

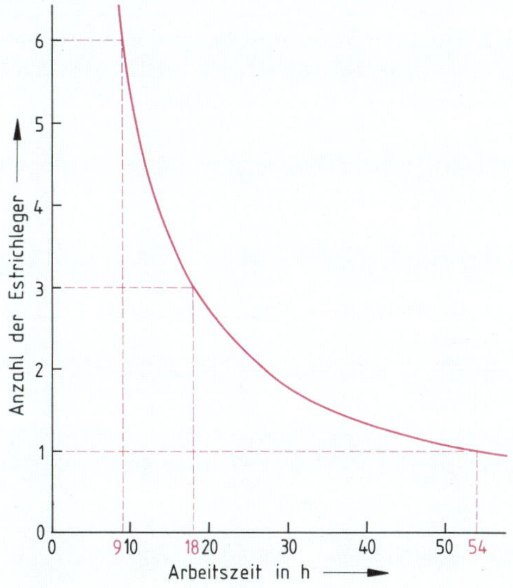

Zusammengesetzter Dreisatz

Beim einfachen Dreisatz wird aus drei bekannten Größen eine vierte Größe berechnet.

Beim zusammengesetzten Dreisatz sind mehr als drei Größen bekannt, und es muss schrittweise in einfachen Dreisätzen die gesuchte Größe ermittelt werden.

Die bei den einfachen Dreisätzen errechneten Größen werden Bedingungen für die folgenden Dreisätze.

Erst wenn alle Bedingungsgrößen verändert worden sind, ist der zusammengesetzte Dreisatz gelöst.

Beispiel:

4 Einschaler schalen eine Decke mit einer Fläche von 128 m^2 bei einer täglichen Arbeitszeit von 8 Stunden in 2 Tagen

Wie viele Tage benötigen 3 Einschaler, wenn sie bei einer täglichen Arbeitszeit von 10 Stunden eine Decke mit einer Fläche von 240 m^2 einschalen?

Lösung:

Der zusammengesetzte Dreisatz wird in **drei** einfache Dreisätze zerlegt.

Im **1. Satz** werden die Arbeitstage von 3 Einschalern bei einer täglichen Arbeitszeit von 8 Stunden für eine Decke von 128 m^2 berechnet.

Die Zahl der Einschaler wird verändert, die tägliche Arbeitszeit und die Fläche der Decke bleiben unverändert.

Im **2. Satz** werden die Arbeitstage von 3 Einschalern bei einer täglichen Arbeitszeit von 10 Stunden für eine Decke von 128 m^2 berechnet.

Die tägliche Arbeitszeit wird verändert, die Fläche der Decke bleibt unverändert.

Im **3. Satz** werden die Arbeitstage von 3 Einschalern bei einer täglichen Arbeitszeit von 10 Stunden für eine Decke von 240 m^2 berechnet.

Die Fläche der Decke wird verändert.

1. Schritt (1. Dreisatz)

4 Einschaler schalen bei täglich 8 Stunden 128 m^2 in 2 Tagen

1 Einschaler schalt bei täglich 8 Stunden 128 m^2 in $2 \cdot 4$ Tagen

3 Einschaler schalen bei täglich 8 Stunden 128 m^2 in $\frac{2 \cdot 4}{3}$ Tagen

1. Teilergebnis: $\frac{2 \cdot 4}{3}$ Tage $= 2{,}67$ Tage

2. Schritt (2. Dreisatz)

Bei täglich 8 Stunden schalen 3 Einschaler 128 m^2 in 2,67 Tagen

bei täglich 1 Stunde schalen 3 Einschaler 128 m^2 in $2{,}67 \cdot 8$ Tagen

bei täglich 10 Stunden schalen 3 Einschaler 128 m^2 in $\frac{2{,}67 \cdot 8}{10}$ Tagen

2. Teilergebnis: $\frac{2{,}67 \cdot 8}{10}$ Tage $= 2{,}13$ Tage

3. Schritt (3. Dreisatz)

128 m^2 schalen bei täglich 10 Stunden 3 Einschaler in 2,13 Tagen

1 m^2 schalen bei täglich 10 Stunden 3 Einschaler in $\frac{2{,}13}{128}$ Tagen

240 m^2 schalen bei täglich 10 Stunden 3 Einschaler in $\frac{2{,}13 \cdot 240}{128}$ Tagen

Ergebnis: $\frac{2{,}13 \cdot 240}{128}$ Tage $= \underline{4 \text{ Tage}}$

3 Einschaler benötigen bei einer täglichen Arbeitszeit von 10 Stunden für eine Deckenschalung mit einer Fläche von 240 m^2 4 Tage.

Diese 3 Schritte zusammengefasst dargestellt:

4 Einschaler schalen bei täglich 8 Stunden 128 m^2 in 2 Tagen

1 Einschaler schalt bei täglich 8 Stunden 128 m^2 in $2 \cdot 4$ Tagen

1 Einschaler schalt bei täglich 1 Stunde 128 m^2 in $2 \cdot 4 \cdot 8$ Tagen

1 Einschaler schalt bei täglich 1 Stunde 1 m^2 in $\frac{2 \cdot 4 \cdot 8}{128}$ Tagen

1 Einschaler schalt bei täglich 10 Stunden 1 m^2 in $\frac{2 \cdot 4 \cdot 8}{10 \cdot 128}$ Tagen

1 Einschaler schalt bei täglich 10 Stunden 240 m^2 in $2 \cdot 4 \cdot 8 \cdot \frac{240}{10 \cdot 128}$ Tagen

3 Einschaler schalen bei täglich 10 Stunden 240 m^2 in $\frac{2 \cdot 4 \cdot 8 \cdot 240}{10 \cdot 128 \cdot 3}$ Tagen

Ergebnis: $\frac{2 \cdot 4 \cdot 8 \cdot 240}{10 \cdot 128 \cdot 3}$ Tage $= \underline{4 \text{ Tage}}$

5.1 35 Säcke Zement kosten 448,– DM. Wie viel DM kosten 25 Säcke?

5.2 14 m^3 Beton B 15 kosten frei Baustelle 1820,– DM. Wie viel kosten 12 m^3?

5.3 Auf eine Baustelle werden 7900 Mauerziegel geliefert. Sie kosten einschließlich Fracht 8320,– DM. Für die Fracht werden 225,– DM berechnet.

Wie viel kosten 7000 Mauerziegel, wenn sie zu denselben Frachtkosten auf die gleiche Baustelle geliefert werden?

5.4 Für den 7,5-stündigen Einsatz eines Baggers wurden 835,– DM berechnet.

Wie viel DM wären für einen 6-stündigen Baggereinsatz berechnet worden?

5.5 Zur Herstellung von 2,7 m^3 Mauerwerk wurden 548 l Mörtel benötigt.

Wie viel m^3 Mörtel werden für 9,8 m^3 Mauerwerk benötigt?

5.6 Die Baukosten eines Einfamilienwohnhauses betragen 750000,– DM. Das Haus hat eine Wohnfläche von 175 m^2.

Wie viel würde ein Einfamilienhaus mit einer Wohnfläche von 155 m^2 kosten? (Voraussetzung: gleicher Wohnflächenpreis!)

5.7 Zur Herstellung von 200 m^2 Estrich benötigt eine drei Mann starke Gruppe 13 Stunden.

Wie lange benötigt diese Gruppe zum Einbau von 150 m^2, 250 m^2, 350 m^2 und 400 m^2?

Stellen Sie das Verhältnis zeichnerisch dar.

5.8 Ein Zimmermann muss für 15,3 m^3 Nadelschnittholz (Tanne/Fichte) 8415,– DM bezahlen.

Wie viel DM muss der Zimmermann für 19 m^3 Kiefernholz bezahlen, wenn der m^3 um 37,– DM teurer als Tannenholz ist?

5.9 Zur Dämmung einer Dachfläche von 160 m^2 wurden Dämmplatten mit einer Dicke von 8 cm zu einem Preis von 3840,– DM eingebaut. Dämmplatten mit einer Dicke von 12 cm würden 4,50 DM/m^2 mehr kosten.

Wie teuer kommt die Dämmung einer Dachfläche mit 145 m^2 Fläche bei einer Dämmplattendicke von 8 cm und von 12 cm?

5.10 Auf eine Baustelle werden 82 m^3 Transportbeton zum Preis von 12300,– DM geliefert. Das Betonwerk liegt in einer Entfernung von 7 km von der Baustelle. Die Frachtkosten betragen je m^3 Transportbeton 1,30 DM pro km Entfernung.

Wie hoch sind die Kosten für 54 m^3 Transportbeton bei einer 12 km entfernten Baustelle?

5.11 Zum Aushub eines 7 m langen Rohrgrabens benötigen 3 Arbeiter 3 Tage zu 8 Stunden.

Wie lange benötigen für den Aushub 4 Arbeiter?

5.12 Auf einer Baustelle fallen wegen Krankheit 2 von 5 Arbeitern aus. Die Arbeitszeit beträgt im Normalfall 8 Stunden pro Tag. Um wie viele Stunden muss die tägliche Arbeitszeit erhöht werden, damit die Fertigstellung des Gebäudes nicht in Verzug kommt?

5.13 Ein Bauunternehmer sieht für Schalarbeiten eine Einschalerkolonne von 6 Mann vor, die in 4 Tagen fertig sein sollten. Es kommen aber nur 4 Mann zum Einsatz. Um wie viele Tage verzögert sich der Fertigstellungstermin?

5.14 Zum Bewehren von 240 m^2 Stahlbetondecke benötigen 4 Betonbauer 3 Arbeitstage mit je 8 Stunden Arbeitszeit.

a) Wie lange benötigen 2, 3, 5, 6 und 7 Betonbauer?

b) Stellen Sie das Verhältnis zeichnerisch dar.

5.15 Eine Kolonne von 6 Arbeitern erstellt ein Einfamilienhaus bei einer täglichen Arbeitszeit von 8 Stunden in 90 Arbeitstagen.

Wie lange benötigen 5 Arbeiter für dasselbe Einfamilienhaus bei einer täglichen Arbeitszeit von 9 Stunden?

5.16 Eine 4 Mann starke Zimmererkolonne bindet 5,5 m^3 Bauholz in 3 Tagen bei einer täglichen Arbeitszeit von 8 Stunden ab.

Wie viel m^3 Bauholz binden 6 Zimmerer in 2 Tagen bei einer täglichen Arbeitszeit von 10 Stunden ab?

5.17 Eine Betonmischmaschine mit einem Trommelinhalt von 500 Litern benötigt für eine Mischung 1 Minute, 12 Sekunden. Sie wird durch eine neue Anlage ersetzt, die eine Stundenleistung von 50 m^3 hat.

Wie lange benötigt die neue Maschine für eine Mischung, wenn die Trommel einen Inhalt von 750 l hat?

5.18 Zur Herstellung von 280 Betonfertigteilen benötigt ein Fertigteilwerk mit 13 Arbeitern einen Monat (18 Arbeitstage) bei einer täglichen Arbeitszeit von 8 Stunden. Im Monat Juni haben an 12 Tagen 3 Arbeiter Urlaub.

Um wie viele Stunden muss die tägliche Arbeitszeit im ganzen Monat Juni erhöht werden, damit 280 Fertigteile wie in jedem Monat hergestellt werden können?

5.19 Ein Bagger benötigt für den Aushub einer 300 m^3 großen Baugrube 5 Tage. Der Bagger ist nicht ausgelastet, weil nur ein Lkw zu Verfügung steht.

Wie lange würde der Aushub für eine 250 m^3 große Baugrube dauern, wenn zwei Lkw im Einsatz wären?

Anmerkung: Die Lkw haben die gleiche Nutzlast und legen die gleiche Strecke zurück.

6 Prozentrechnen

Den hundertsten Teil eines Wertes nennt man auch ein **Prozent** (%).

Sollen z.B. mehrere Werte miteinander verglichen werden, so kann man als Vergleichszahl **100** verwenden, auf welche die Vergleichswerte bezogen werden.

2 % Skonto von 500,– DM sind 10,– DM

500,– DM ist der **Grundwert (*G*)**, er entspricht dem Ganzen, also 100 %.

10,– DM ist der **Prozentwert (*P*)**, er entspricht einem Teil des Grundwertes.

2 % ist der **Prozentsatz (*p* %)**, er gibt an, wie viel Hundertstel (Prozent) des Grundwertes der Prozentwert entspricht.

Berechnung des Grundwertes

Prozentwert und Prozentsatz sind gegeben.

$$\text{Grundwert } G = \frac{\text{Prozentwert } P \cdot 100\,\%}{\text{Prozentsatz } p\,\%}$$

Berechnung des Prozentwertes

Grundwert und Prozentsatz sind gegeben.

$$\text{Prozentwert } P = \frac{\text{Grundwert } G \cdot \text{Prozentsatz } p\,\%}{100\,\%}$$

Berechnung des Prozentsatzes

Grundwert und Prozentwert sind gegeben.

$$\text{Prozentsatz } p\,\% = \frac{\text{Prozentwert } P \cdot 100\,\%}{\text{Grundwert } G}$$

In der Praxis sind Aufgabenstellungen häufig, bei denen nicht der Grundwert selbst, sondern ein **vermehrter** oder **verminderter Grundwert** gegeben ist. Es muss dann der Grundwert berechnet werden.

Beispiele:

1. Der Bauunternehmer erhält 185000,– DM für den Rohbau eines Einfamilienhauses. Wie hoch sind die Baukosten, wenn der Rohbau 40 % der Baukosten entspricht?

Gesuchte Baukosten = Grundwert *G*

Rohbaukosten = Prozentwert *P*

40 % = Prozentsatz *p* %

$$G = \frac{P \cdot 100\,\%}{p\,\%}$$

$$G = \frac{185000,\text{– DM} \cdot 100\,\%}{40\,\%}$$

$$G = \underline{462500,\text{– DM}}$$

Die Baukosten betragen <u>462500,– DM</u>.

3. Wie viel % Preisnachlass gewährt ein Handwerker, wenn er für einen Auftrag statt der berechneten Summe von 12840,– DM nur 12198,– DM bezahlt haben will?

12840,– DM
= Grundwert *G*

(12840,– DM – 12198,– DM)
= Prozentwert *P*

Preisnachlass in %
= Prozentsatz *p* %

$$p\,\% = \frac{P \cdot 100\,\%}{G}$$

$$p\,\% = \frac{(12840,\text{– DM} - 12198,\text{– DM}) \cdot 100\,\%}{12840,\text{– DM}}$$

Prozentsatz = <u>5 %</u>

Der Handwerker gewährt einen Preisnachlass von <u>5 %</u>.

2. Das Volumen einer Baugrube beträgt 2500 m^3. Die Bodenauflockerung beim Aushub beträgt 15 %. Wie groß ist das aufgelockerte Bodenvolumen?

Anmerkung: Beim Aushub von Böden entsteht eine Auflockerung. Diese Auflockerung wird als Prozentsatz angegeben und liegt je nach Bodenart zwischen ca. 5 % und 20 %.

Volumen der Baugrube = Grundwert *G*

Volumen der Bodenauflockerung = Prozentwert *P*

Auflockerung in % = Prozentsatz *p* %

$$P = \frac{G \cdot p\,\%}{100\,\%} = \frac{2500\ m^3 \cdot 15\,\%}{100\,\%} = 375\ m^3$$

Aufgelockertes Bodenvolumen = Volumen der Baugrube + Volumen der Bodenauflockerung

Aufgelockertes Volumen = 2500 m^3 + 375 m^3
= <u>2875 m^3</u>

4. Ein Bauunternehmer muss an ein Betonwerk für eine Lieferung Transportbeton 5431,50 DM bezahlen, da die Preise um 6,5 % angehoben wurden. Wie viel hätte er vor dieser Verteuerung bezahlen müssen?

Rechnungsbetrag = erhöhter Grundwert (entspricht 100 % + 6,5 %)

Verteuerung = Prozentwert *P*

Verteuerung in % = Prozentwert *p* %

$$P = \frac{\text{erhöhter Grundwert} \cdot p\,\%}{100\,\% + p\,\%}$$

$$\text{Verteuerung} = \frac{5431{,}50\ \text{DM} \cdot 6{,}5\,\%}{100\,\% + 6{,}5\,\%} = 331{,}50\ \text{DM}$$

Alter Preis = Neuer Preis – Verteuerung

Alter Preis = <u>5100,00 DM</u>

6.1 Berechnen Sie das aufgelockerte Bodenvolumen für folgende Baugrubenvolumen und Auflockerungen:

	Volumen der Baugrube	Auflockerung
a)	1800 m^3	7 %
b)	2900 m^3	18 %
c)	500 m^3	12 %
d)	1700 m^3	9 %

6.2 Ein Baustoffhändler gewährt bei Bezahlung innerhalb eines Monats nach Rechnungserhalt 2 % Skonto.

Berechnen Sie die zu überweisenden Rechnungsbeträge nach Abzug von 2 % Skonto.

Rechnungsbeträge: 25764,80 DM
12763,60 DM
93519,– DM
4915,40 DM
108946,– DM
184,50 DM

6.3 Das Monatsgehalt eines Bauzeichners beträgt 4250,– DM. Die Abzüge belaufen sich auf insgesamt 32,8 %. Wie hoch ist das Nettogehalt des Bauzeichners?

6.4 Der Stundenlohn eines Maurers soll um 4,8 % angehoben werden. Wie hoch ist der neue Lohn, wenn der alte (vor Anhebung) 18,30 DM betrug?

6.5 Berechnen Sie die Baukosten des Einfamilienhauses für jede Kostenstelle, wenn die reinen Baukosten sich auf 630000,– DM beliefen.

Gewerk	%
Erdarbeiten	2
Maurerarbeiten	21
Beton- und Stahlbetonarbeiten	14
Putzarbeiten	7
Zimmererarbeiten	7
Dachdeckerarbeiten	2,5
Klempnerarbeiten	2
Schreinerarbeiten	4
Schlosserarbeiten	1
Fliesen- und Plattenarbeiten	2
Fußböden einschließlich Estricharbeiten	5
Glaserarbeiten	7
Sanitäre Installation und Einrichtung	4
Heizung	9,5
Elektroinstallation und Einrichtung	4
Malerarbeiten	2
Ausstattung von Küchen	6
Reine Baukosten	100

6.6 Ein Zimmermann kauft eine Kreissäge und erhält einen Rabatt. Wie viel % Rabatt werden ihm gegeben, wenn er statt des Verkaufspreises von 2500,– DM nur 2425,– DM bezahlt?

6.7 Ein Maurermeister kauft Sand um 25 DM/t ein. Welchen Materialpreis setzt er in seine Kalkulation ein, wenn er 18 % Gewinn dazurechnet?

6.8 Ein Architektenhonorar beträgt 8,3 % der Baukosten. Wie groß ist das Honorar eines Architekten bei einem Zweifamilienhaus mit Baukosten von 750000,– DM?

6.9 Die Dachfläche eines Hauses beträgt 215 m^2. Wie viele Bretter mit der Abmessung 0,12 m/3,60 m sind für eine Dachschalung erforderlich, wenn mit 12 % Verschnitt gerechnet werden muss?

6.10 Auf einer Baustelle sollen 65,63 m^2 Bretterschalung hergestellt werden. Es wurden 72 m^2 Bretter geliefert.

Wie viele Bretter müssen nachgeliefert werden, wenn mit 10 % Verschnitt zu rechnen ist?

6.11 Mit einem Bagger können in einer Stunde 80 m^3 Boden gelöst und geladen werden.

Zu wie viel Prozent ist der Bagger ausgenutzt, wenn er an einem 8-Stunden-Tag 480 m^3 Boden gelöst und geladen hat?

6.12 Um wie viel Prozent sind die Baukosten eines Mehrfamilienhauses gestiegen, wenn statt 1067500,– DM die Baukosten 1376000,– DM betragen?

6.13 Ein Betonbauer erhält einen Nettolohn von 2653,– DM. Die Abzüge betragen 32 % seines Bruttolohnes. Berechnen Sie den Bruttolohn des Betonbauers.

6.14 Für den Kauf eines Autos muss ein Arbeiter einen Bankkredit von 18000,– DM aufnehmen. Der Zinssatz (= Prozentsatz) beträgt pro Jahr 10,25 %.

Wie viel Zinsen muss der Arbeiter pro Jahr an die Bank bezahlen?

6.15 Nach einer 6,5%igen Lohnerhöhung steigen die Stundenlöhne um folgende Beträge:

Stundenlohn eines Vorarbeiters	um 1,30 DM;
Stundenlohn eines Maurers	um 1,17 DM;
Stundenlohn eines Hilfsarbeiters	um 1,04 DM;
Stundenlohn eines Auszubildenden	um 0,39 DM.

Wie hoch waren die Stundenlöhne vor der Lohnerhöhung und wie hoch sind die Stundenlöhne nach der Lohnerhöhung?

6.16 Nach Fertigstellung eines Garagenneubaus stellt der Bauherr fest, dass die Rechnung höhere Endpreise aufweist als das Angebot.

Der Bauunternehmer kann aber nachweisen, dass die Mehrbeträge alleine durch Mengenüberschreitungen entstanden sind und dass er zu gleichen Einheitspreisen wie im Angebot abgerechnet hat.

	Angebot in DM	**Rechnung** in DM
5,6 m^3 Erdaushub	226,–	385,–
6,5 m^3 Fundamentboden	1050,–	1300,–
3 m^3 Stahlbeton	700,–	720,–
8,5 m^3 Mauerwerk	2250,–	2550,–

Um wie viel Prozent haben sich die einzelnen Mengen geändert?

6.17 Ein Betonbauer erhält einen Stundenlohn von 18,95 DM. Wie hoch ist sein Bruttomonatslohn, wenn er zu seinen 192 Arbeitsstunden noch folgende Zuschläge erhält:

für 8 Stunden Nachtzuschlag von 11 %;

für 16 Stunden Sonntagszuschlag von 50 %;

für 32 Stunden Überstundenzuschlag von 25 %;

für 18 Stunden Erschwerniszuschlag von 6 %?

6.18 Ermitteln Sie die Rechnungsbeträge ohne Mehrwertsteuer (15 %).

Rohbau 296970,– DM
Ausbau 570114,– DM
Außenanlagen 63384,– DM

6.19 Wie hoch ist der Bruttolohn eines Zimmerers, wenn ihm nach Abzug von 18 % Sozialversicherungen und 20 % Lohnsteuer 2356,– DM ausbezahlt werden?

6.20 Die Fundamente eines Wohnhauses haben ein Volumen von 14 m^3. Wie viel Beton muss angeliefert werden, wenn für die Verdichtung mit 6 % gerechnet werden muss?

6.21 Ein Bauunternehmer erhält von seinem Baustoffhändler einen Rabatt von 3,5 %. Wie hoch war der ursprüngliche Rechnungsbetrag, wenn 14764,50 DM vom Bauunternehmer bezahlt werden?

6.22 Ein Badezimmer hat eine Wandfläche von 23,97 m^2, die vollständig gefliest ist. Der Fliesenleger arbeitete mit einem Verschnitt von 6 % der angelieferten Fliesen. Wie viele Fliesen mussten angeliefert werden?

6.23 Ein ehemaliger Betonbauer erhält eine Altersrente von 71 % seines früheren Monatslohnes.

Wie hoch war sein früherer Monatslohn, wenn seine monatliche Rente 2733,50 DM beträgt?

6.24 Ein Bauunternehmer stellt für einen Rohbau eine Rechnung über 267018,– DM. Der Architekt prüft die Rechnung und findet sie zu hoch, da der Unternehmer in seinem Angebot niedrigere Preise hatte. Grund für die höheren Preise waren eine Lohnerhöhung und der Mehrverbrauch von Baumaterialien.

Wie hoch wäre die Rechnung vor der Lohnerhöhung ($\hat{=}$ 3 % Preiserhöhung) gewesen, wenn infolge des höheren Materialverbrauchs die Preise um 12 % gestiegen sind?

Wie viel müsste der Bauherr heute bezahlen, wenn entsprechend des Mehrverbrauchs (12 %) kleiner gebaut worden wäre?

6.25 Ein Baustoffhändler verkauft Baustoffe an einen Stammkunden für 188000,– DM. Der Stammkunde erhält einen Rabatt. Hätte der Baustoffhändler 1,5 % weniger Rabatt eingeräumt, so wäre der zu zahlende Betrag um 3000,– DM höher gewesen.

Wie hoch war der ursprüngliche Preis?

Wie viel Prozent beträgt der eingeräumte Rabatt?

6.26 Ein Bauunternehmer kauft Betonfertigteile ein und verkauft sie an einen Bauherrn um 35700,– DM.

Ermitteln Sie den Einkaufspreis des Unternehmers, wenn er einen Gewinn von 18 % und einen Gemeinkostenanteil von 120 % hinzurechnet.

6.27 Ein Zimmerermeister bezahlt für einen Bankkredit von 40000,– DM jährlich 12,25 % Zinsen. Um welchen Betrag ändert sich die jährliche Zinsbelastung, wenn der Zimmerermeister 22500,– DM seines Kredites getilgt hat, jedoch die Bank ihre Zinsen um 0,75 % anhebt?

6.28 Für 24 cm dickes Mauerwerk in Hohlblocksteinen muss je m^3 mit 5 Stunden Arbeitszeit gerechnet werden; für 24 cm dickes Mauerwerk in Normalformat (NF) muss je m^3 mit 8 Stunden Arbeitszeit gerechnet werden.

Um wie viel Prozent ist der Lohnanteil von Hohlblockmauerwerk gegenüber Mauerwerk in NF geringer?

6.29 Ein Baustoffhändler verkauft zwei Artikel zusammen um 35,– DM billiger als im normalen Angebot. Die Artikel würden einzeln 105,– DM und 70,– DM kosten.

Wie groß sind die Rabatte, wenn der Rabatt für den ersten Artikel doppelt so groß wie für den zweiten Artikel ist?

7 Schaubilder und Diagramme

In der Bautechnik begegnet uns eine Vielzahl von Schaubildern und Diagrammen. Sie haben die Aufgabe, verschiedene Dinge miteinander zu vergleichen, anschaulich darzustellen und Zusammenhänge verständlich zu machen. Die häufig verwendeten grafischen Darstellungen sind Säulendiagramme, Kreisdiagramme und Kurven.

1. Säulendiagramme

Bei dieser Darstellung werden Zahlenwerte durch gleich breite Säulen entweder in Form schmaler **Flächenstreifen** oder als **Schrägbilder** einfacher Prismen und Zylinder veranschaulicht. Die Säulen können mit oder ohne Achsenkreuz waagerecht oder senkrecht abgebildet werden. Die Säulenlänge wird maßstäblich gezeichnet; z. B.: 100 kg entsprechen einer Länge von 1 cm; die Schreibweise für den Maßstab lautet: $\frac{100\text{ kg}}{1\text{ cm}}$. Die Säulen können nebeneinander oder auch übereinander gezeichnet werden.

2. Kreisdiagramme

Diese Darstellung ist dann vorteilhaft, wenn eine bestimmte Menge in ihren prozentual angegebenen Bestandteilen dargestellt werden soll.

Man wählt einen Vollkreis und teilt ihn nach der Beziehung 100 % ≙ 360° anteilmäßig auf. Hierzu werden für die angegebenen Prozentsätze die dazugehörenden Kreisausschnittswinkel errechnet.

$$\sphericalangle \alpha = \frac{360° \cdot p\%}{100\,\%}$$

3. Kurvendiagramme

Diese Darstellung wird angewandt, wenn eine Größe in ihrem Wert von einer anderen Größe abhängt. Zugrunde liegt ein Achsenkreuz, auch **Koordinatensystem** genannt. Es wird durch eine senkrechte und eine waagerechte Achse gebildet; der Schnittpunkt beider Achsen heißt Nullpunkt. Auf den Achsen werden nach frei gewähltem Maßstab die umgerechneten Größen als Längen vom Nullpunkt aus abgetragen.

In der Bautechnik sind solche Darstellungen und ihre Deutung wichtig. Bei der Prüfung von Betonstählen werden Spannung-Dehnung-Diagramme angefertigt. Die richtige Zusammensetzung des Zuschlags für Beton wird an Normsieblinien überprüft.

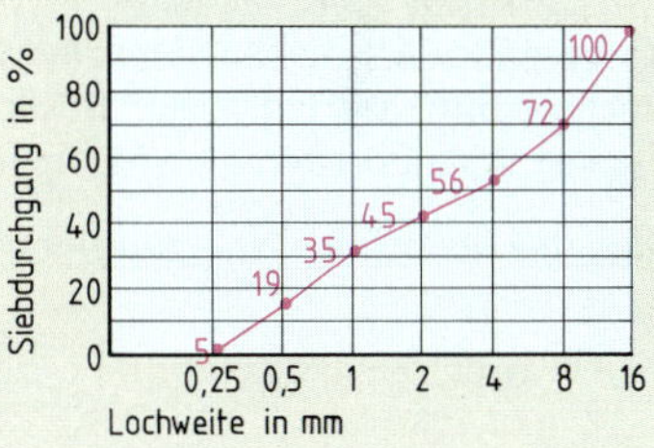

Beispiel:

Für einen Mörtel der Mörtelgruppe II a soll die Zusammensetzung durch Säulendiagramme dargestellt werden. Das Mischungsverhältnis in Raumteilen besteht nach DIN 1053 aus einem Teil Kalkhydrat, einem Teil Zement und sechs Teilen Sand.

Lösung: Die Mörtelzusammensetzung kann als Flächenstreifen und als Schrägbild im Maßstab 1 Teil/0,5 cm gezeichnet werden. Die Flächenstreifen und Schrägbilder können nebeneinander oder übereinander dargestellt werden.

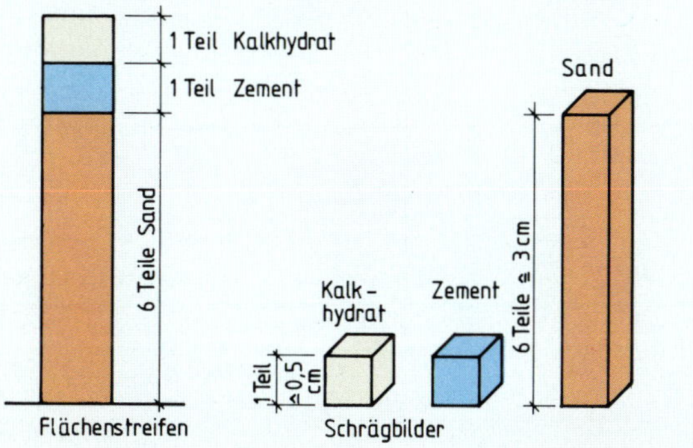

Beispiel:

Die Mörtelgruppe II a (1 : 1 : 6) soll durch ein Kreisdiagramm dargestellt werden.

Lösung: Es wird ein beliebiger Kreis gezeichnet. Es werden 8 Teile zugrunde gelegt, wobei ein Teil einem Winkel von 45° (360° : 8) entspricht.

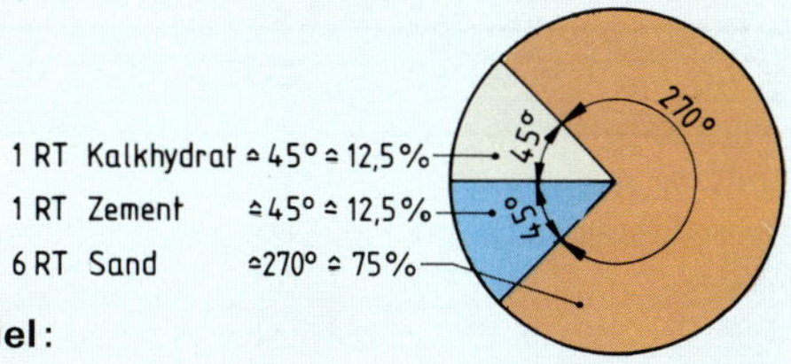

Beispiel:

Das Kurvendiagramm „Verdichtungsgrad und Festigkeit" ist zu erklären.

Lösung: Bei geringer Verdichtung, wenn also viele Poren zurückbleiben, ist die Betonfestigkeit sehr gering. Bei vollständiger Verdichtung, das ist dann der Fall, wenn der Beton ein geschlossenes Gefüge zeigt, wird eine hohe Betonfestigkeit erzielt.

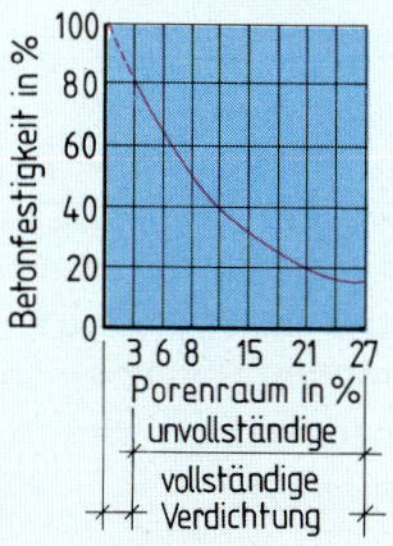

7.1 Veranschaulichen Sie durch ein Flächenstreifenschaubild folgende in Dezibel (A) angegebene Lautstärken:

Taschenuhrticken	10	Motorrad	80
Flüstern	20	Presslufthammer	110
Normalsprache	40	Flugzeuge	120
Straßenlärm	60	Schmerzschwelle	130

7.2 Stellen Sie durch ein Flächenstreifenschaubild die Wärmeleitfähigkeit (λ) folgender Stoffe dar:

Stoffe	**Wärmeleitfähigkeit** in $\frac{W}{mK}$
Granit	3,49
Normalbeton	2,03
Holz, Fichte trocken	0,14
Glas	0,81
Wasser	0,58

7.3 Das dargestellte Flächenstreifenschaubild zeigt die Zusammensetzung der Erdkruste. Bestimmen Sie den prozentualen Anteil der einzelnen Elemente, wenn der Zeichnung der Maßstab $\frac{100\,\%}{7{,}0\text{ cm}}$ zugrunde liegt.

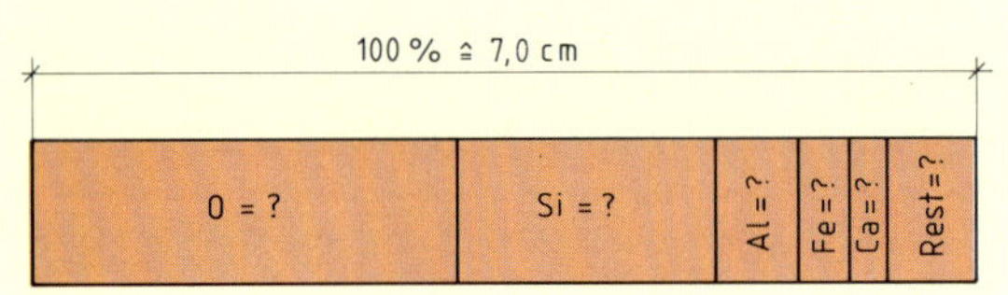

Zusammensetzung der Erdkruste

7.4 Veranschaulichen Sie durch ein geeignetes Diagramm die Schallgeschwindigkeit in verschiedenen Stoffen.

Stoff	**Geschwindigkeit** in m/s
Luft	333
Wasserdampf	410
Wasser	1450
Blei	1300
Eichenholz	3350
Eisen	4900
Glas	5100

7.5 Das Kreisdiagramm zeigt die wichtigsten Rohstoffe, aus denen Glas hergestellt wird. Bestimmen Sie überschlägig die Prozentsätze der einzelnen Rohstoffe.

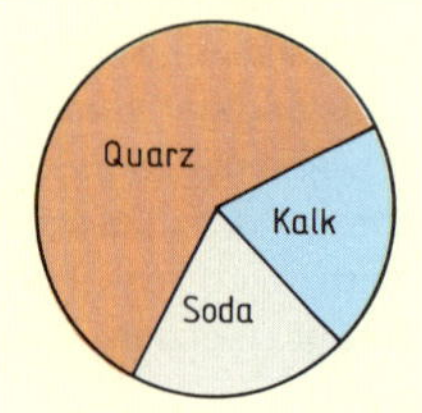

7.6 Vergleichen Sie einen Kalkmörtel und einen Zementmörtel miteinander. Zeichnen Sie hierfür je ein Säulendiagramm.

7.7 Zeichnen Sie das Kreisdiagramm für eine Zinnbronze-Legierung, die aus 7 % Zinn, 5 % Zink und 88 % Kupfer besteht.

7.8 Veranschaulichen Sie durch ein Kreisdiagramm die Zusammensetzung von 1 m³ Rezeptbeton B 25: Zement 330 kg, Zuschlag 1740 kg, Wasser 180 kg.

7.9 Bei einem Versuch wurde eine Schraubenfeder mit verschiedenen Wägestücken belastet. Die Versuchsergebnisse wurden in eine Tabelle eingetragen.

Kraft *F* (Wägestücke)	0,5 N	1,0 N	1,5 N	2,0 N
Verlängerung der Feder	2,5 cm	5 cm	7,5 cm	10 cm

Stellen Sie die Versuchsergebnisse in einem Diagramm dar und erklären Sie den Zusammenhang zwischen Kraft und Verlängerung der Feder.

7.10 Beim Bau eines Wohnhauses wird der Aushub zunächst auf einen 1,4 km entfernten Auffüllplatz gefahren; für Hin- und Rückweg braucht der Lkw 10 Minuten. Wie lange ist er unterwegs, wenn er auf einmal zu einer 3,5 km entfernten Auffüllstelle fahren muss? Lösen Sie die Aufgabe zunächst zeichnerisch mit einem Diagramm und dann zur Kontrolle rechnerisch.

7.11 Erklären Sie das abgebildete Spannung-Dehnung-Diagramm eines Betonstahls.

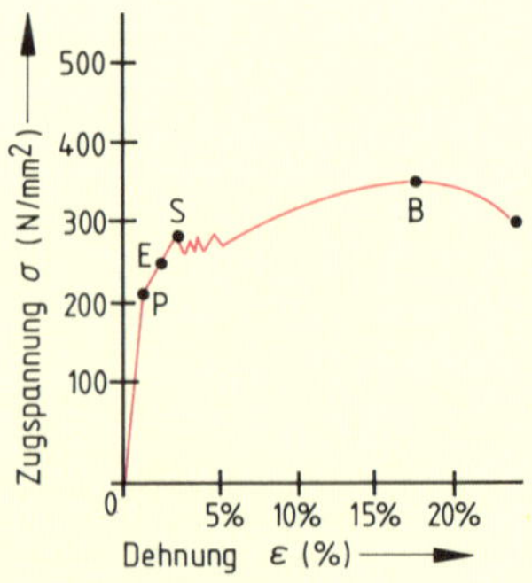

Spannung-Dehnung-Diagramm

8 Längen

Bauwerke werden mit bestimmten Abmessungen geplant, diese Maße müssen dann auf der Baustelle eingehalten werden. Bautätigkeit setzt also den ständigen Umgang mit Längenmessungen und Längenmaßen voraus.

Die international gültige Einheit (SI-Einheit) für die Länge ist das **Meter (m).** Je nach Größenbereich kann es aber zweckmäßig sein, Vielfache oder Teile dieser Einheit anzuwenden, um einfachere Zahlenwerte oder größere Anschaulichkeit zu erreichen.

Für den Bereich des Bauwesens genügen **Kilometer (km), Dezimeter (dm), Zentimeter (cm)** und **Millimeter (mm).**

Beim Rechnen mit Größen in verschiedenen Längeneinheiten muss jeweils in eine Einheit umgerechnet werden.

Für die Umrechnung gilt die **Umrechnungszahl 10.** Eine Größe wird in die nächstgrößere Einheit umgerechnet, indem sie durch 10 dividiert wird. Eine Größe wird in die nächstkleinere Einheit umgerechnet, indem sie mit 10 multipliziert wird.

Vorsicht bei der Umrechnung von oder in Kilometer, 1 Kilometer entspricht 1000 Meter. Die dazwischen liegenden Einheiten (Dekameter, Hektometer) werden nicht verwendet.

$$1\ \text{km} = 1000\ \text{m}$$
$$1\ \text{dm} = \frac{1}{10}\ \text{m} = 10\ \text{cm}$$
$$1\ \text{cm} = \frac{1}{100}\ \text{m} = \frac{1}{10}\ \text{dm} = 10\ \text{mm}$$
$$1\ \text{mm} = \frac{1}{1000}\ \text{m} = \frac{1}{100}\ \text{dm} = \frac{1}{10}\ \text{cm}$$

Mit Längenmaßen in der gleichen Einheit können die üblichen Rechenoperationen durchgeführt werden.

Außer geradlinigen Längen kommen im Bauwesen auch krummlinige Längen, meist in Form von Kreisen oder Kreisteilen, vor.

Beim Kreis stehen **Umfang** (U) und **Durchmesser** (d) in einem bestimmten Verhältnis zueinander. Wird die Länge des Umfanges eines Kreises durch den dazugehörigen Durchmesser geteilt, so ergibt sich immer die Zahl 3,141 .. $\left(\frac{U}{d} = 3{,}141\right)$. Sie wird als **Kreiszahl** bezeichnet und mit dem griechischen Buchstaben π (pi) angegeben.

Für den **Kreisumfang** (U) gilt also die Formel:

$$U = d \cdot \pi$$

Liegt nur ein Teil eines Kreises vor, wird aus dem Umfang ein **Kreisbogen** b ausgeschnitten.

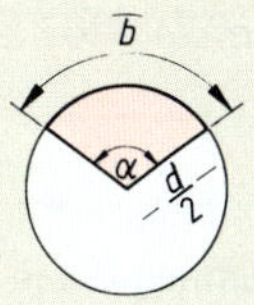

Der Bogen (b) des Kreisausschnittes verhält sich zum Umfang (U) des Vollkreises wie der Mittelpunktswinkel (α) des Kreisausschnittes zum Vollwinkel des Vollkreises, also $\frac{b}{U} = \frac{\alpha}{360°}$.

Die Gleichung nach b aufgelöst lautet dann:

$$b = \frac{U \cdot \alpha}{360°}$$

Anstelle von U kann auch $d \cdot \pi$ gesetzt werden.

Die **Länge des Kreisbogens** (b), der zum Mittelpunktswinkel α gehört, ist also:

$$b = \frac{d \cdot \pi \cdot \alpha}{360°}$$

Beispiel:

Die dargestellte Verkehrsinsel soll mit Bordsteinen eingefasst werden. Wie viel Meter Bordsteine sind insgesamt erforderlich?

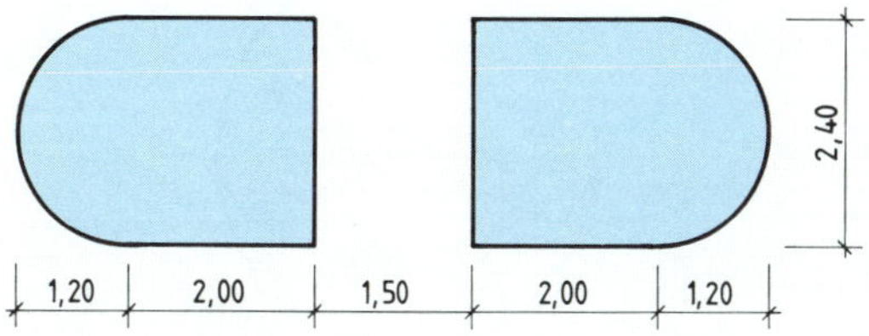

Lösung:

Geradlinige Stücke:

$$4 \cdot 2{,}00\ \text{m} + 2 \cdot 2{,}40\ \text{m} = 12{,}80\ \text{m}$$

2 Halbkreise: $\frac{2 \cdot d \cdot \pi}{2} = 2{,}40\ \text{m} \cdot 3{,}14 = \underline{7{,}54\ \text{m}}$

Insgesamt: $\underline{20{,}34\ \text{m}}$

8.1. Aus der unten stehenden Liste sind die Einheiten der Länge anzugeben.

a	km	mm²	d	dm³	h	m³
dm²	hl	t	m²	kg	mm	W
l	Mp	dm	cm	ha	mm³	ml
km²	N	cm²	dl	cm³	min	s

8.2 Berechnen Sie in m:

a) 27 dm − 3200 cm + 0,5 km + 7200 mm

b) 12,01 m + 0,001 km + 500 dm − 1002 mm

c) 502 cm + 1,0202 km + 7870 mm − 0,52 dm

8.3 Berechnen Sie in km:

a) 5000 dm + 28730 m + 9900 cm − 2,7 km

b) 22950 cm + 5900 dm − 250 m + 14,002 km

c) 0,01 km + 12 m − 1012 cm + 17 dm

8.4 Berechnen Sie in der günstigsten Einheit:

a) 27,24 m + 1750 mm + 13,298 km − 1111,11 m

b) 2720 mm + 57,5 cm − 2,5 dm + 2,005 m

c) 22,995 km + 25800 m − 1,005 km + 10 m

8.5 Berechnen Sie für den dargestellten Grundriss die fehlenden Maße *a*, *b* und *c*.

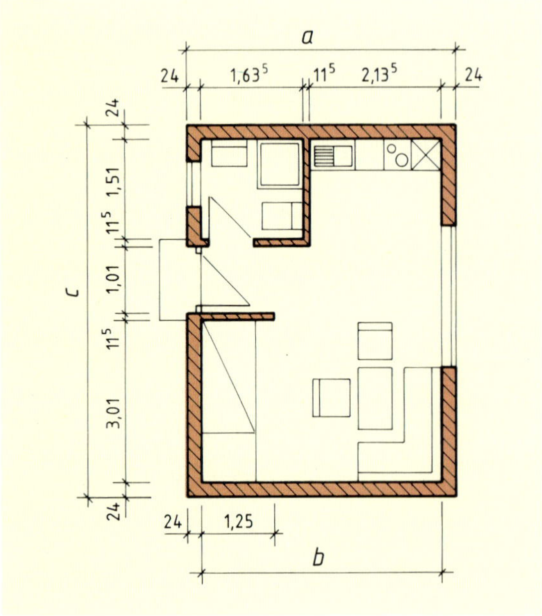

8.6 Berechnen Sie für den dargestellten Grundriss die fehlenden Maße *a*, *b*, *c* und *d*.

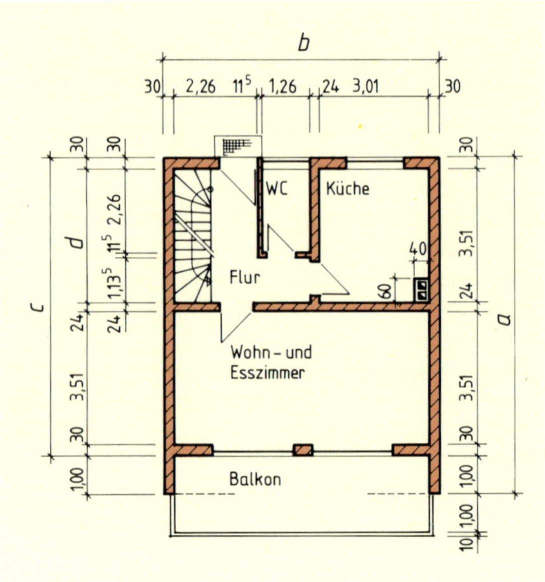

8.7 Zur Berechnung des Kreisumfangs und des Durchmessers sind jeweils drei Formeln aufgeführt. Geben Sie jeweils die richtige Formel an.

Umfang	Durchmesser
$U = \frac{A}{d^2}$	$d = \sqrt{A}$
$U = \frac{d+d}{2}$	$d = \sqrt{\frac{4 \cdot A}{\pi}}$
$U = d \cdot \pi$	$d = \sqrt{\frac{A}{0{,}785}}$

8.8 Die Erde hat einen Durchmesser von 12730 km. Wie groß ist der Erdumfang am Äquator?

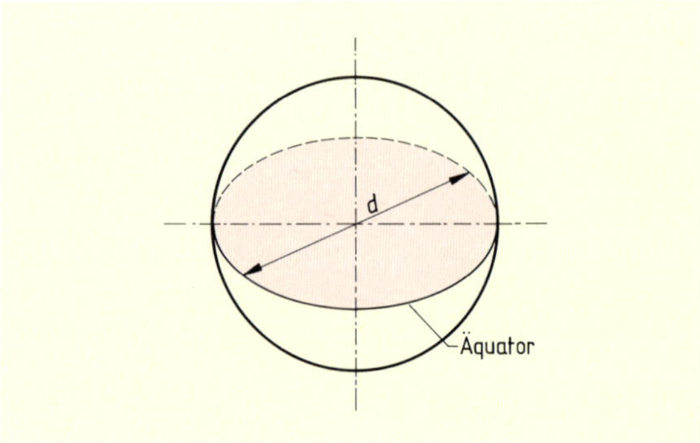

8.9 Wie ändert sich der Umfang eines Kreises, wenn man den Durchmesser verdoppelt, verdreifacht, vervierfacht …?

8.10 Bei einem Rad misst der Durchmesser 85 cm. Wie viele Umdrehungen macht das Rad auf einer Strecke von 2,6 km?

8.11 Ein Eichenholz hat am Stammende den Umfang $U_1 = 1{,}85$ m (2,12 m) und am Zopfende den Umfang $U_2 = 1{,}46$ m (1,75 m). Berechnen Sie den mittleren Durchmesser (d_m).

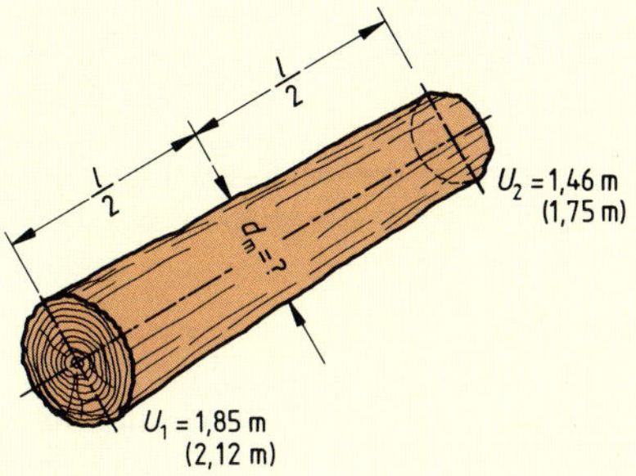

8.12 Berechnen Sie die Gesamtlänge des abgebildeten Sägeblattes. Maße sind in mm angegeben.

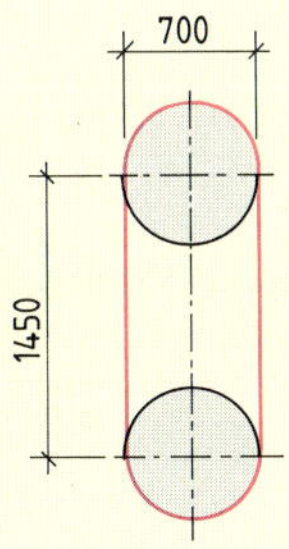

8.13 Für die im M 1 : 250 skizzierte Gehwegkrümmung ist der Bedarf an Randsteinen in Meter überschlägig zu berechnen. Die erforderlichen Maße sind der Zeichnung zu entnehmen.

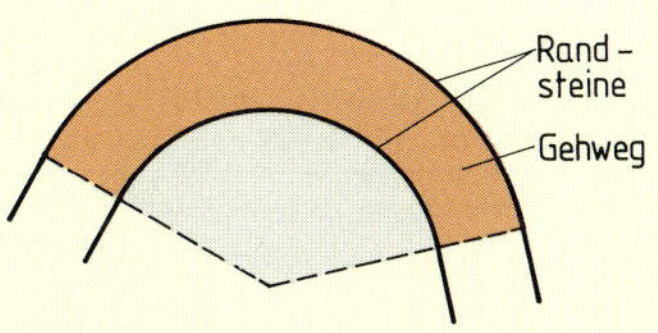

Gehwegkrümmung M 1 : 250

8.14 Der Mittelpunktswinkel eines Kreisausschnittes ist 90°. Stellen Sie die Formel für die Berechnung des Bogens (b) auf.

8.15 Berechnen Sie die Bogenlänge für einen Kreisausschnitt mit einem Radius von 1,12 m und einem Mittelpunktswinkel von 68° (105°, 120°).

8.16 Berechnen Sie für den im Grundriss dargestellten Raum den Bedarf an Sockelleisten.

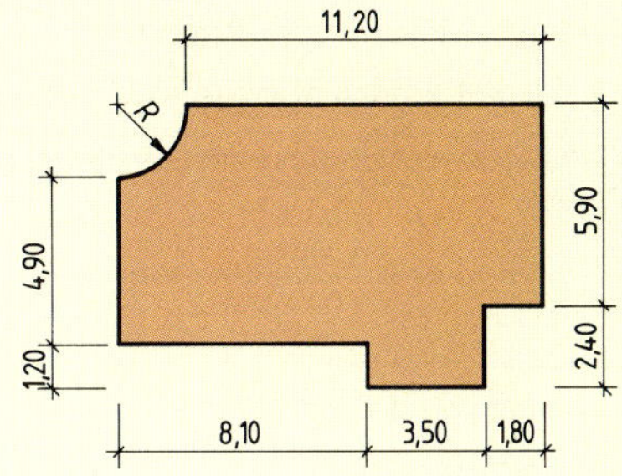

8.17 Der im Grundriss dargestellte Raum soll ringsum 1,65 m hoch mit Fliesen belegt werden. Wie viel m² Fliesen werden benötigt? (Wandöffnungen bleiben unberücksichtigt.)

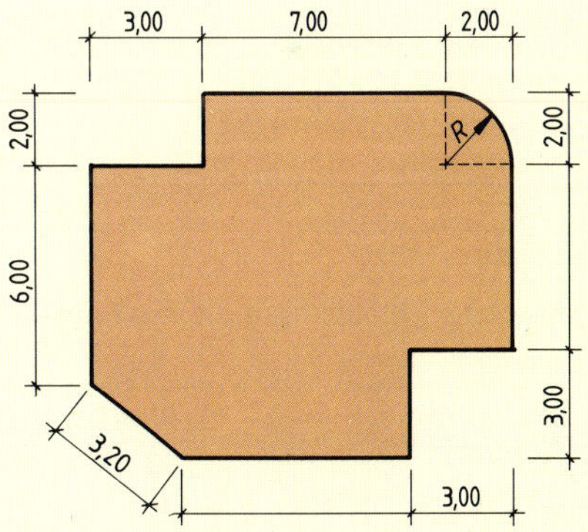

8.18 Berechnen Sie für die im M 1 : 1 000 skizzierte Verkehrsinsel den Bedarf an Randsteinen in Meter. Die erforderlichen Maße sind der Zeichnung zu entnehmen.

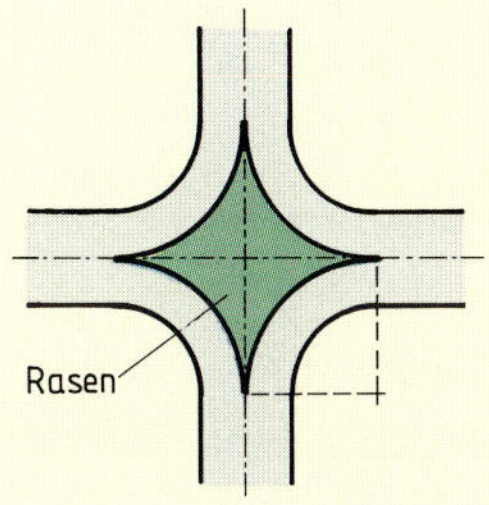

9 Maßstäbe

Da Bauwerke und Bauteile in der Regel nicht in natürlicher Größe dargestellt werden können, müssen sie in Zeichnungen verkleinert werden. Da dabei die Proportionen erhalten bleiben sollen, wird die Verkleinerung in einem bestimmten Verhältnis ausgeführt. Dieses wird als Maßstab auf der Zeichnung angegeben.

Unter dem **Maßstab 1 :** *n* versteht man das Verhältnis, in dem eine Strecke vergrößert oder verkleinert dargestellt wird. Die Zahl *n* wird als **Verhältniszahl** bezeichnet.

1 bedeutet dabei die **Länge in der Zeichnung,**

n bedeutet dabei die **wirkliche Länge** und gibt an, welches Vielfache bzw. welcher Teil der Zeichnungslänge der wirklichen Länge entspricht.

Bei $n>1$ handelt es sich also um eine Verkleinerung,

bei $n=1$ handelt es sich um eine Darstellung in natürlicher Größe,

bei $n<1$ handelt es sich um eine Vergrößerung.

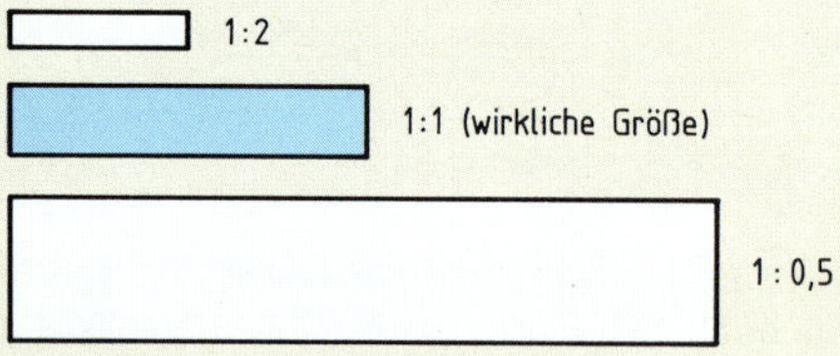

Im Bauwesen muss für verschiedene Zwecke verschieden stark verkleinert werden.

Beim Zeichnen müssen wirkliche Maße in Zeichenmaße umgerechnet werden; für Ausführung und Abrechnung müssen Zeichenmaße in wirkliche Maße umgerechnet werden. Da beide Male ein Verhältnis und eine dritte Größe gegeben sind, lassen sich die Aufgaben mit dem Dreisatz lösen. Dieser wird dadurch vereinfacht, dass Zeichenmaßstäbe immer im Verhältnis 1 : ... angegeben werden.

Für die Umrechnung wirklicher Maße in Zeichenmaße ergibt sich:

$$\text{Zeichnungslänge} = \frac{\text{wirkliche Länge}}{\text{Verhältniszahl } n}$$

Ist ausnahmsweise der Maßstab nicht bekannt, so kann bei bekannter Zeichnungslänge und bekannter wahrer Länge der Maßstab errechnet werden:

$$\text{Verhältniszahl } n = \frac{\text{wirkliche Länge}}{\text{Zeichnungslänge}}$$

Für die Umrechnung von Zeichenmaßen in wirkliche Maße ergibt sich:

$$\text{Wirkliche Länge} = \text{Zeichnungslänge} \cdot \text{Verhältniszahl } n$$

Beispiele:

1. In welchen Maßen ist ein Einzelfundament 1,20 m/1,20 m im Fundamentplan 1 : 50 darzustellen?

Lösung: $\text{Zeichnungslänge} = \frac{1{,}20 \text{ m}}{50} = 0{,}024 \text{ m} = \underline{2{,}4 \text{ cm}}$

2. Auf einer Zeichnung ist kein Maßstab angegeben. Durch Messen wird festgestellt, dass eine 10,50 m lange Gebäudeseite in der Zeichnung 5,25 cm lang dargestellt ist. Um welchen Maßstab handelt es sich?

Lösung: $\text{Verhältniszahl } n = \frac{1\,050 \text{ cm}}{5{,}25 \text{ cm}} = \underline{200}$ (Maßstab 1 : 200)

3. In einem Lageplan 1 : 500 ist ein Gebäude mit den Maßen 2,8 cm/3,2 cm dargestellt. Welche Abmessungen hat das Gebäude?

Lösung: $\text{Wirkliche Länge} = 3{,}2 \text{ cm} \cdot 500 = 1\,600 \text{ cm} = \underline{16{,}00 \text{ m}}$

$\text{Wirkliche Breite} = 2{,}8 \text{ cm} \cdot 500 = 1\,400 \text{ cm} = \underline{14{,}00 \text{ m}}$

9.1 Erklären Sie den Begriff „Maßstab".

9.2 Welche der angegebenen Maßstäbe sind Vergrößerungen?

1:15 1:1 1:0,4 1:2 $1:\frac{1}{2}$

9.3 In einem Lageplan 1:500 soll das dargestellte geplante Gebäude eingetragen werden. Ermitteln Sie die Zeichnungsmaße.

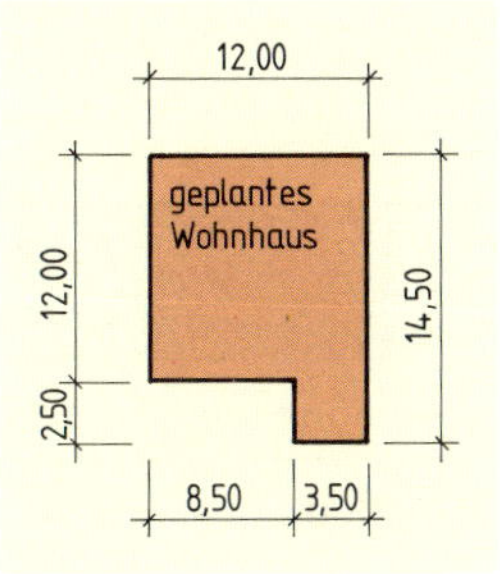

9.4 Welche Zeichnungsmaße ergeben sich für die angegebenen Längen bei den verschiedenen Maßstäben?

Längen	1:1000	1:500	1:200	1:100	1:50	1:20
12,24 m	?	?	?	?	?	?
1,26 m	...	?	?	?	?	?
14,49 m	?	?	?	?	?	?
36,5 cm	...	...	?	?	?	?

9.5 In einem Plan 1:50 wurde eine Bemaßung vergessen. Das Zeichnungsmaß ist 7,2 cm. Ermitteln Sie die wirkliche Länge.

9.6 Das im Lageplan 1:500 dargestellte Grundstück soll eingezäunt werden. Wie viel Meter Zaun werden benötigt?

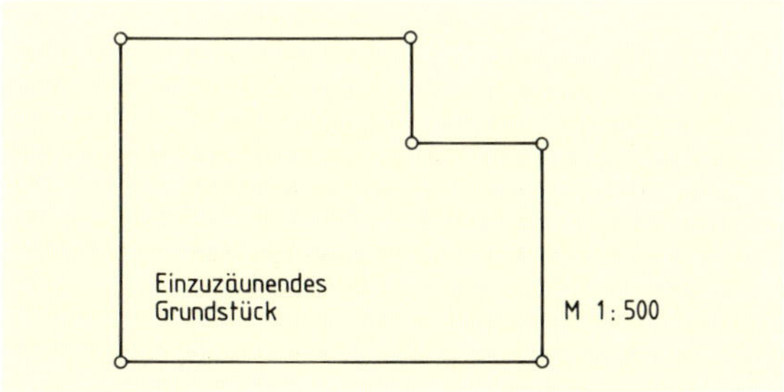

9.7 Ermitteln Sie aus dem dargestellten Plan die wirklichen Längen *a...d*.

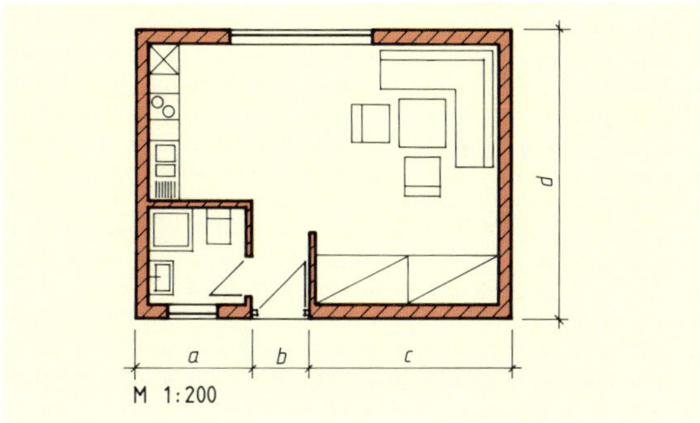

9.8 a) In welchem Maßstab ist der dargestellte Lageplan ausgedruckt?

b) Ermitteln Sie die fehlenden Maße *x* und *y*.

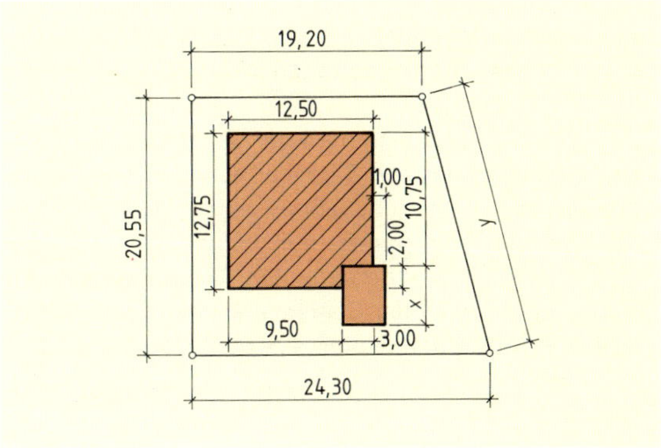

9.9 Rechnen Sie die gegebenen Zeichnungsmaße in die übrigen Maßstäbe um.

1:1000	1:500	1:200	1:100	1:50	1:20
...	...	?	2,4 mm	?	?
?	6 cm	?	?	...	...
12,5 mm	?	?	?	...	...

9.10 Der dargestellte Plan soll im Maßstab 1:50 gezeichnet werden. Rechnen Sie die Maße *a...g* um. (Die fehlenden Maße sind zu messen und/oder zu errechnen.)

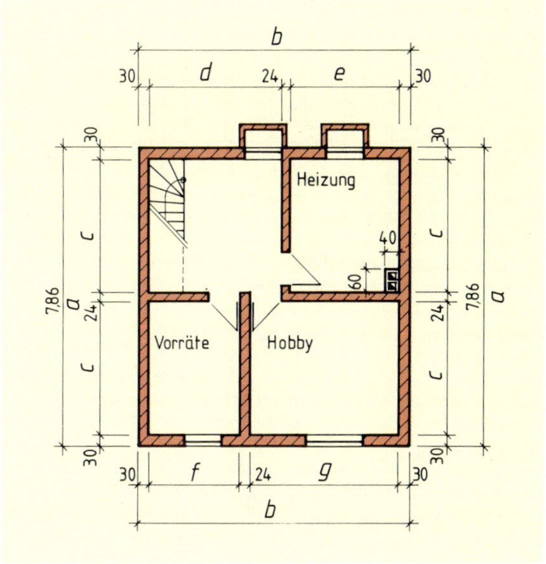

10 Mauerlängen, Mauerhöhen

Um einen möglichst kleinen Verhau von Mauersteinen zu haben, wurden für die Maßordnung im Hochbau die Abmessungen der Mauersteine zugrunde gelegt. Für die Mauerlängenberechnung ist von der kleinsten Längenabmessung der Steine auszugehen (= Steinbreite 11,5 cm). Da Mauersteine immer mit Fugen vermauert werden, soll das kleinste Rohbaurichtmaß (RR) für Mauerlängen 11,5 cm + 1,0 cm = 12,5 cm betragen. Dieses Maß wird als Achtelmeter (am) bezeichnet (1 am ≙ 100 cm : 8 = 12,5 cm) und dient als Grundgröße für die Berechnung der Mauerlängen. Die Mauerhöhen betragen jeweils ein Vielfaches der kleinsten Steinhöhe plus der dazugehörigen Fuge.

Da sich das Rohbaurichtmaß aus Ziegelmaß plus Fuge ergibt, sind gemauerte Bauteile nicht für jede Situation in den Rohbaurichtmaßen herzustellen. Die wirklichen Maße, die das Bauteil haben soll, sind die **Nennmaße**. Sie werden aus den Rohbaurichtmaßen errechnet. Je nach der Begrenzung der Mauer unterscheidet man folgende drei Fälle von Mauerlängen:

Das Anbaumaß

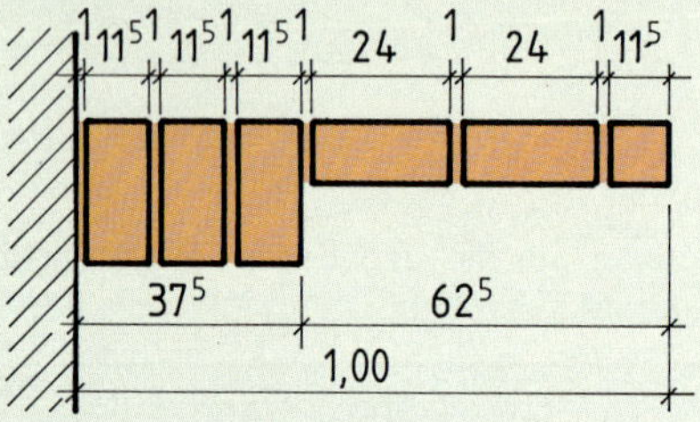

Mauerlänge = Anzahl am · 12,5 cm
Nennmaß = Rohbaurichtmaß

Das Außenmaß (Pfeilermaß)

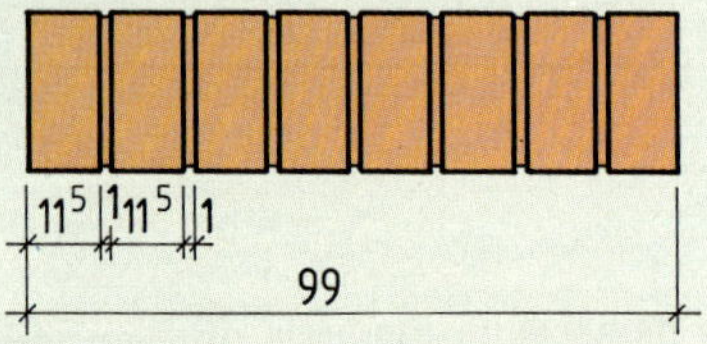

Mauerlänge = Anzahl am · 12,5 cm − 1 cm Fuge
Nennmaß = Rohbaurichtmaß − 1 cm Fuge

Das Innenmaß (Öffnungsmaß)

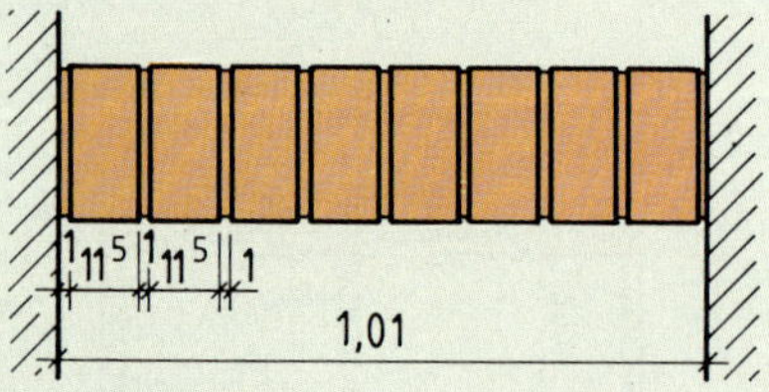

Mauerlänge = Anzahl am · 12,5 cm + 1 cm Fuge
Nennmaß = Rohbaurichtmaß + 1 cm Fuge

Die Anzahl der Mauersteine pro Schicht eines Mauerwerks lässt sich berechnen, wenn die Abmessungen der Mauer und das Steinformat bekannt sind.

Anzahl der Mauersteine pro Schicht = Rohbaurichtmaß der Mauerlänge (in m) · Anzahl der Mauersteine pro Meter

Höhenmaße des Mauerwerks nach der Maßordnung

	Großformate	2 DF 3 DF	NF	DF
Steinhöhe (cm)	23,8	11,3	7,1	5,2
Lagerfuge (cm)	1,2	1,2	1,23	1,05
Schichthöhe (cm)	25	12,5	8,33	6,25
Schichtenzahl je m Mauerhöhe	4	8	12	16
Schichtenzahl je 25 cm Höhe	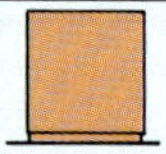	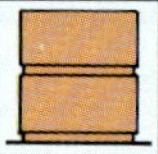	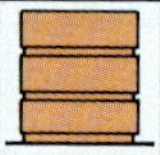	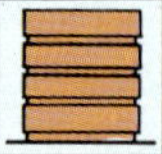

Anzahl der Schichten = Mauerhöhe (in m) · Schichten pro Meter

Mauerhöhe = Schichtenzahl · Schichthöhe

Beispiel:

Für die dargestellte Wand aus 2DF-Steinen sind die Längen $l_1 \dots l_4$, die Höhe h und die Schichtenzahl n für die Fensterhöhe zu berechnen.

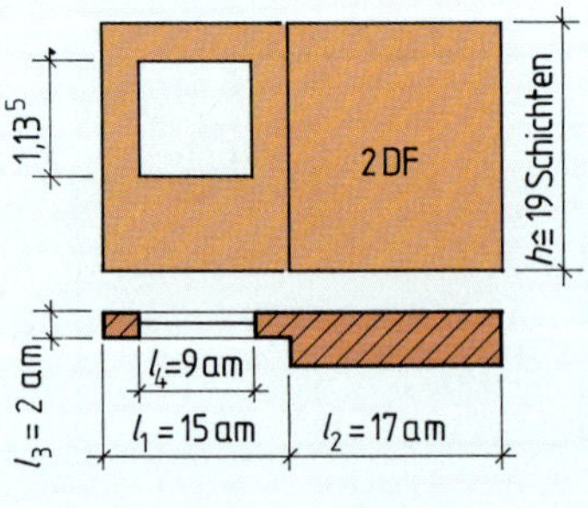

Lösung:

Anbaumaß
$l_1 = 15 \cdot 12{,}5\ \text{cm} = 187{,}5\ \text{cm} = \underline{1{,}875\ \text{m}}$

Außenmaß
$l_2 = 17 \cdot 12{,}5\ \text{cm} - 1\ \text{cm} = 211{,}5\ \text{cm} = \underline{2{,}115\ \text{m}}$

Außenmaß
$l_3 = 2 \cdot 12{,}5\ \text{cm} - 1\ \text{cm} = 24\ \text{cm} = \underline{0{,}24\ \text{m}}$

Innenmaß
$l_4 = 9 \cdot 12{,}5\ \text{cm} + 1\ \text{cm} = 113{,}5\ \text{cm} = \underline{1{,}135\ \text{m}}$

Höhenmaß
$h = 19 \cdot 12{,}5\ \text{cm} = 237{,}5\ \text{cm} = \underline{2{,}375\ \text{m}}$

Schichtenzahl
$n = (1{,}135\ \text{m} - 0{,}01\ \text{m}) \cdot 8\ \text{Schichten/m} = \underline{9\ \text{Schichten}}$

10.1 Welche der folgenden Nennmaße sind

a) Anbaumaße, **b)** Außenmaße, **c)** Innenmaße?

37,5 cm; 11,5 cm; 9,99 m; 1,865 m; 3,25 m; 25 cm; 13,01 m; 1,625 m; 88,5 cm; 1,49 m; 2,51 m; 22,365 m

10.2 Berechnen Sie für das dargestellte Mauerwerk **a)** die Rohbaurichtmaße, **b)** die Nennmaße.

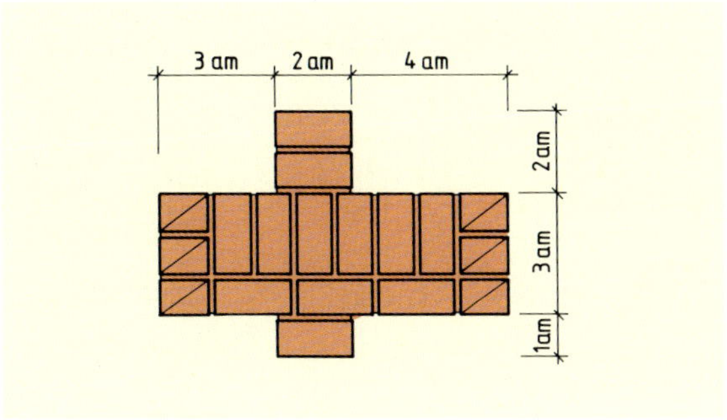

10.3 Ein Gebäude mit Rechteckgrundriss hat die Abmessungen (Rohbaurichtmaße) 11,125 m/8,00 m. Wie groß sind die Nennmaße des Gebäudes?

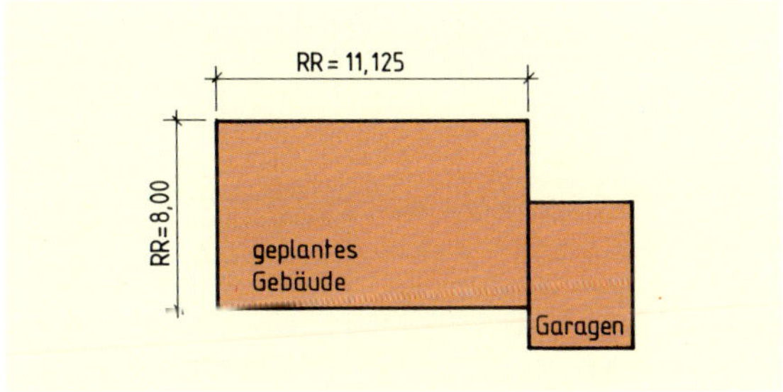

10.4 a) Welche der Maße am dargestellten Grundriss entsprechen nicht der „Maßordnung im Hochbau"?

b) Versehen Sie den Grundriss mit Nennmaßen.

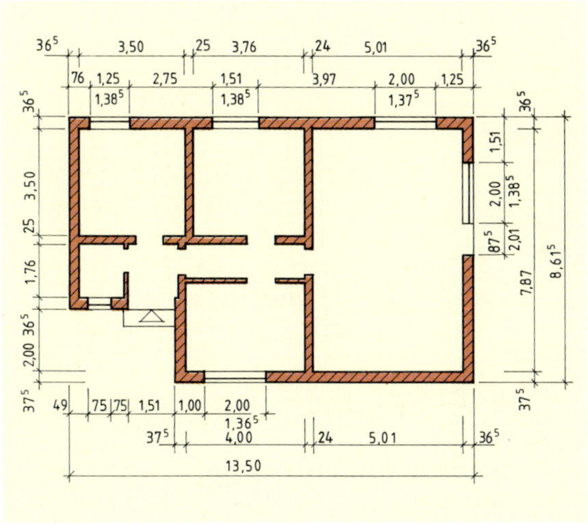

10.5 Wie viele Mauerziegel erfordert eine 2 am dicke und 32 am lange Mauer pro Schicht?

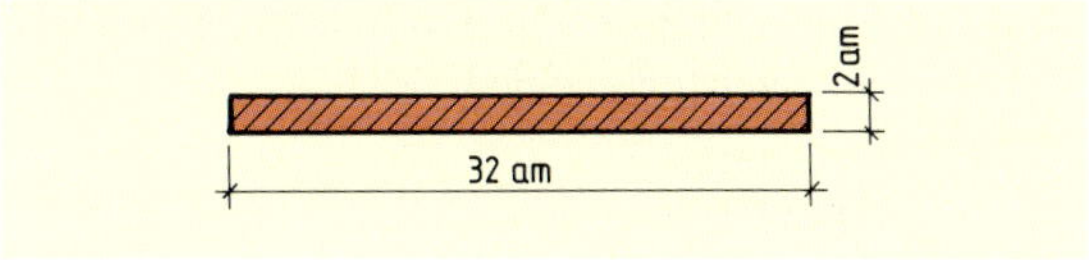

10.6 Berechnen Sie die Anzahl der Hochlochziegel (2 DF und 3 DF) pro Schicht für die dargestellte Situation.

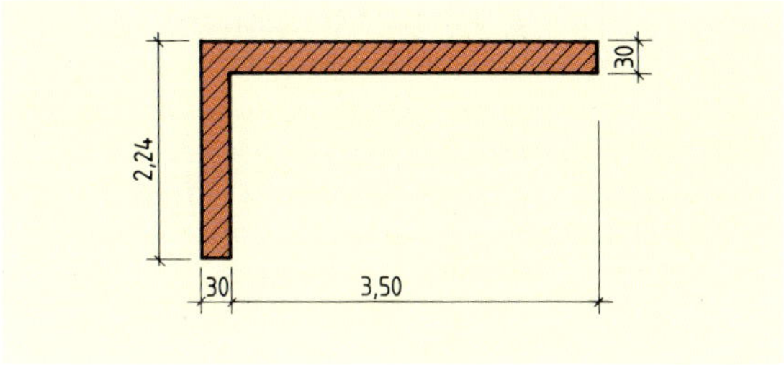

10.7 Wie viele Hochlochziegel (2 DF) werden für eine Schicht des Mauerwerks der dargestellten Doppelgarage benötigt?

Berechnen Sie die Anzahl der Hohlblocksteine pro Schicht, wenn die Umfassungswände damit gemauert werden (Zweikammerstein 24/49/23,8).

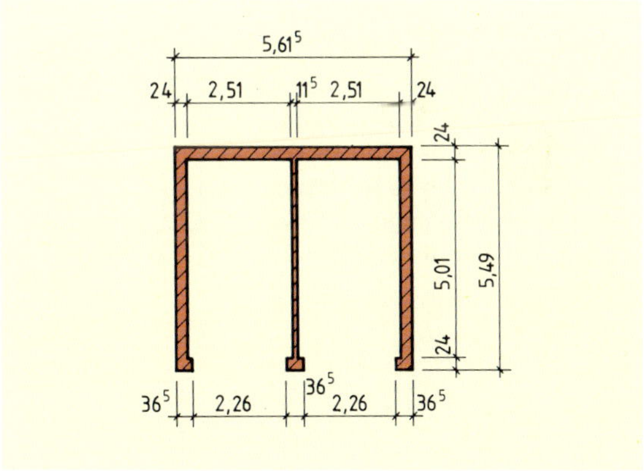

10.8 Wie viele Schichten hat eine Wand mit einer Höhe von 2,75 m (3,25 m), wenn sie mit Mauerziegeln **a)** Dünnformat; **b)** Normalformat; **c)** 2 Dünnformat gemauert wird?

10.9 Berechnen Sie die Anzahl der Schichten für eine Fensterbrüstung mit einer Höhe von 87,5 cm (62,5 cm) für Mauerwerk aus HLz 2 DF.

10.10 Das Mauerwerk einer Garage hat eine Höhe von 2,375 m. Berechnen Sie die Anzahl der Schichten.

a) Mauerwerk aus großformatigen Steinen 24/49/23,8,

b) Mauerwerk aus HLz 2 DF

11 Flächen

Eine Fläche wird von Linien begrenzt. Sie hat zwei Dimensionen, die **Länge** l und die **Breite** b. Sie stehen bei allen Flächen **rechtwinklig** zueinander. In der Praxis müssen bei Flächen (Wände, Decken, Böden, Fenster, Türen) oft der **Flächeninhalt** A, der **Flächenumfang** U und **Längen** innerhalb der Flächen, wie Diagonalen und Höhen, berechnet werden.

Flächeneinheiten

Flächenmaße entstehen durch Multiplikation von zwei Längenmaßen. Die gesetzliche Einheit für die Fläche ist der **Quadratmeter (m²)**. Kleinere Einheiten sind Quadratdezimeter (dm²), Quadratzentimeter (cm²) und Quadratmillimeter (mm²). Weitere Einheiten, die aber nur für Flur- und Grundstücke verwendet werden, sind **Ar (a)** und **Hektar (ha)**.

Für die Umrechnung gilt die **Umrechnungszahl 100**. Eine Flächeneinheit wird in die nächstgrößere umgerechnet, indem man sie durch 100 dividiert. Eine Flächeneinheit wird in die nächstkleinere umgerechnet, indem man sie mit 100 multipliziert.

$$1\ \text{km}^2 = 100\ \text{ha} = 10000\ \text{a} = 1000000\ \text{m}^2$$
$$1\ \text{ha} = 100\ \text{a} = 10000\ \text{m}^2$$
$$1\ \text{a} = 100\ \text{m}^2$$
$$1\ \text{dm}^2 = \frac{1}{100}\ \text{m}^2$$
$$1\ \text{cm}^2 = \frac{1}{100}\ \text{dm}^2 = \frac{1}{10000}\ \text{m}^2$$
$$1\ \text{mm}^2 = \frac{1}{100}\ \text{cm}^2 = \frac{1}{10000}\ \text{dm}^2 = \frac{1}{1000000}\ \text{m}^2$$

Beispiel:

Für ein Grundstück wurden die Teilflächen mit folgenden Inhalten ermittelt:

$A_1 = 413\ \text{m}^2$, $A_2 = 9{,}95\ \text{a}$, $A_3 = 0{,}055\ \text{ha}$, $A_4 = 1\,020\ \text{m}^2$.

Wie viel m² bzw. a hat die gesamte Grundstücksfläche?

Lösung:

Grundstücksfläche in m²:

$A = 413\ \text{m}^2 + 995\ \text{m}^2 + 550\ \text{m}^2 + 1\,020\ \text{m}^2 = \underline{2\,978\ \text{m}^2}$

Grundstücksfläche in a:

$A = 4{,}13\ \text{a} + 9{,}95\ \text{a} + 5{,}50\ \text{a} + 10{,}20\ \text{a} = \underline{29{,}78\ \text{a}}$

Quadrat:

Beim **Quadrat** sind die Seiten gleich lang und stehen rechtwinklig zueinander. Die Diagonalen sind gleich lang, stehen senkrecht aufeinander und halbieren sich und die Eckwinkel.

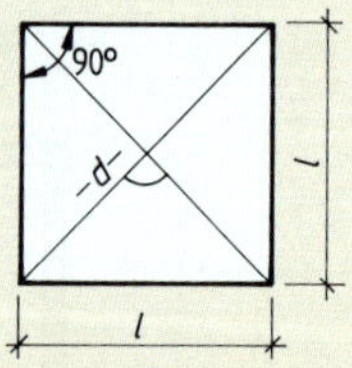

$$A = l \cdot l = l^2$$
$$U = l + l + l + l = 4 \cdot l$$
$$l = \sqrt{A}; \quad l = \frac{U}{4}$$
$$d = 1{,}414 \cdot l$$

Rechteck

Beim **Rechteck** sind die Seiten paarweise gleich lang, verlaufen parallel und stehen rechtwinklig zueinander. Die Diagonalen sind gleich lang und halbieren sich.

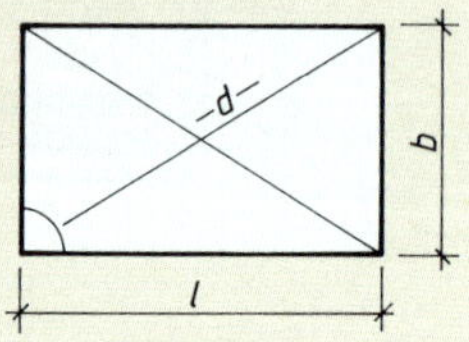

$$A = l \cdot b$$
$$U = 2l + 2b = 2(l + b)$$
$$l = \frac{A}{b}; \quad b = \frac{A}{l}; \quad l = \frac{U}{2} - b;$$
$$b = \frac{U}{2} - l$$

Beispiel:

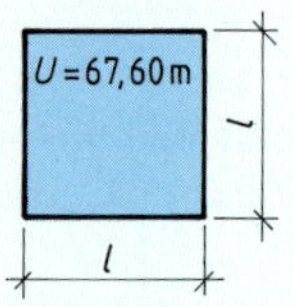

Ein Quadrat hat einen Umfang von 67,60 m. Wie groß ist der Flächeninhalt?

Lösung:

$l = \frac{U}{4} = \frac{67{,}60\ \text{m}}{4} = \underline{16{,}90\ \text{m}}$

$A = l \cdot l = 16{,}90\ \text{m} \cdot 16{,}90\ \text{m} = \underline{285{,}61\ \text{m}^2}$

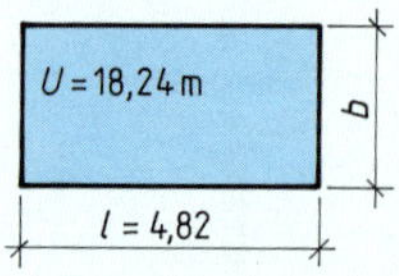

Bei einer Wand sind die Länge $l = 4{,}82$ m und der Umfang $U = 18{,}24$ m gegeben. Wie viel m misst die Breite b und wie groß ist der Flächeninhalt?

Lösung:

$b = \frac{U}{2} - l = \frac{18{,}24\ \text{m}}{2} - 4{,}82\ \text{m} = \underline{4{,}30\ \text{m}}$

$A = l \cdot b = 4{,}82\ \text{m} \cdot 4{,}30\ \text{m} = \underline{20{,}73\ \text{m}^2}$

11.1 Ermitteln Sie für das dargestellte Grundstück den Flächeninhalt in ha und a.

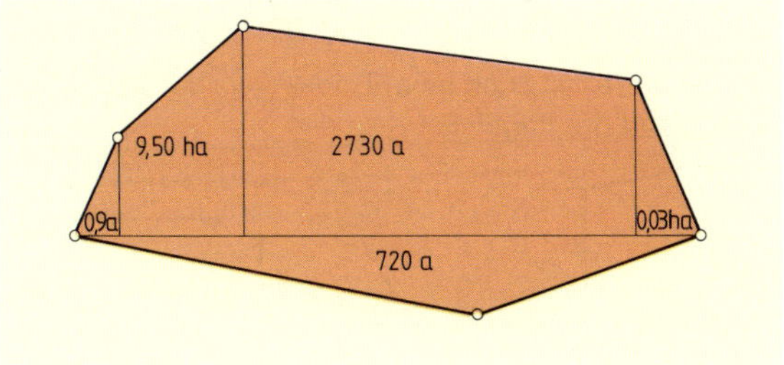

11.2 Berechnen Sie in m^2:

a) $4{,}4\ m^2 + 8{,}05\ m^2 + 980\ cm^2 + 0{,}05\ m^2$

b) $22{,}5\ a + 7{,}05\ ha + 0{,}33\ ha - 1500\ m^2$

c) $0{,}03\ a + 1{,}002\ ha - 0{,}005\ ha + 22\ m^2$

11.3 Berechnen Sie in a:

a) $7500\ m^2 + 27\,280\ m^2 - 0{,}5\ ha + 220\ m^2$

b) $2{,}25\ ha - 572{,}6\ m^2 + 13\ a$

c) $5\ m^2 + 75\,000\ m^2 - 0{,}0006\ ha + 1000{,}1\ m^2$

11.4 Geben Sie die Grundstücksgröße in a (ha) an.

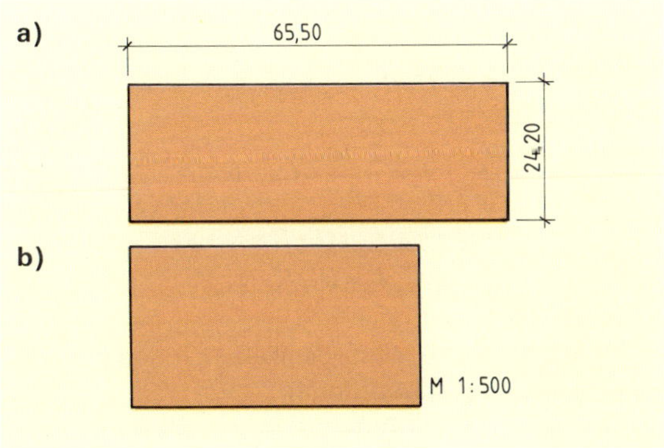

11.5 Der Flächeninhalt eines Quadrates ist $82{,}95\ m^2$ ($40{,}65\ dm^2$). Wie lang ist eine Seite?

11.6 Eine quadratische Parkplatzfläche mit $243{,}45\ m^2$ ist zu klein geworden. Wie groß ist die Seitenlänge eines neuen Parkplatzes, wenn seine Fläche doppelt so groß wird?

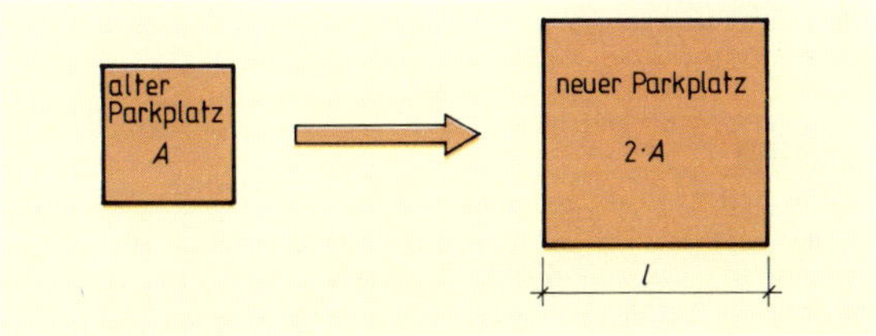

11.7 Ein Grundstück ist 35,50 m lang und 18 m breit. Wie breit wird ein Grundstück, das den gleichen Flächeninhalt hat und dessen Länge 40,50 m beträgt?

11.8 Eine Stahlbetonstütze hat einen quadratischen Querschnitt. Berechnen Sie die Querschnittsfläche in cm^2 und die Länge eines Stahlbügels, wenn für jeden Haken das Zehnfache des Stahldurchmessers zugerechnet wird.

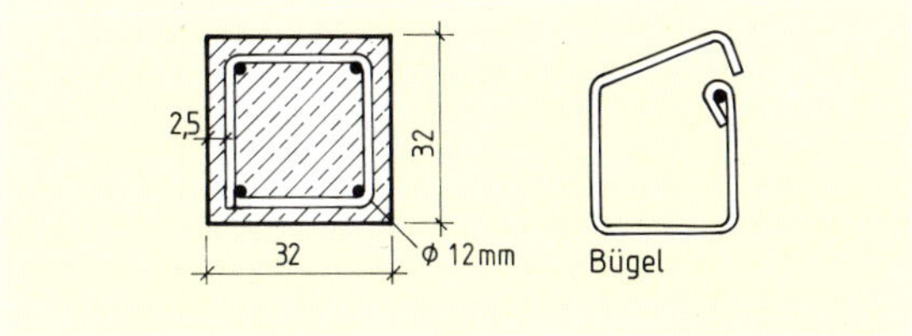

11.9 Von einer rechteckigen Fläche sind das Seitenverhältnis $l:b = 5:4$ und die Summe der Länge und Breite $l + b = 10{,}00$ m bekannt. Berechnen Sie den Umfang und den Flächeninhalt des Rechtecks.

11.10 Für das Einschalen einer Decke mit rechteckigem Grundriss werden folgende Schalelemente geliefert: 1,0 × 2,5; 1,0 × 3,5; 1,0 × 3,0; 1,0 × 2,0; 1,0 × 1,0; 1,0 × 1,5; 1,0 × 2,5; 1,5 × 2,0; 1,5 × 2,5

Teilen Sie die Schalelemente auf die Deckenfläche mit $A = 3{,}5$ m × 6,5 m so auf, dass alle Elemente die Fläche voll überdecken, ohne zu überlappen und ohne überzustehen. Zeichnen Sie im M. 1 : 50.

11.11 Ein Weg ist 25,50 m lang und 4,50 m breit. Er wird mit Betonplatten 50 × 50 cm ausgelegt. Ermitteln Sie den Bedarf an Platten (Stückzahl) bei 5 % Verhau.

11.12 Für den dargestellten Raum sind der Bedarf an Bodenfliesen 15/15 (10/10) in m^2 und Stück und der Bedarf an Sockelfliesen 15/15 (30/5) in Meter und Stück überschlägig zu berechnen. Für Verlust und Verhau werden 5 % angenommen.

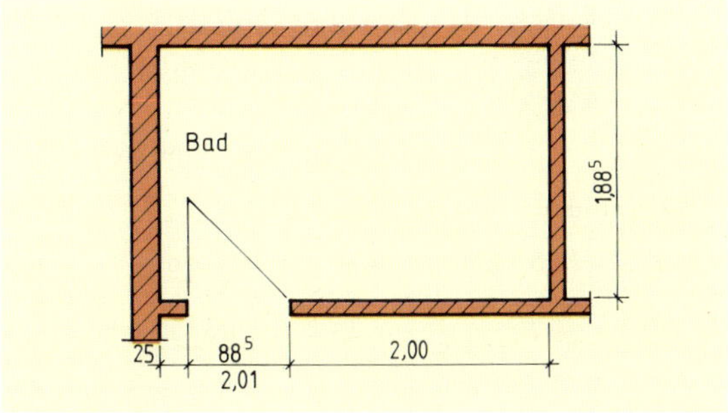

Parallelogramm

Beim **Parallelogramm,** auch **Rhomboid** genannt, sind die Gegenseiten gleich lang und verlaufen parallel; die einander gegenüberliegenden Winkel sind gleich groß. Die Diagonalen sind ungleich und halbieren sich.

Die **Breite** (***b***) ist bei Parallelogrammen stets der senkrechte Abstand der Parallelen.

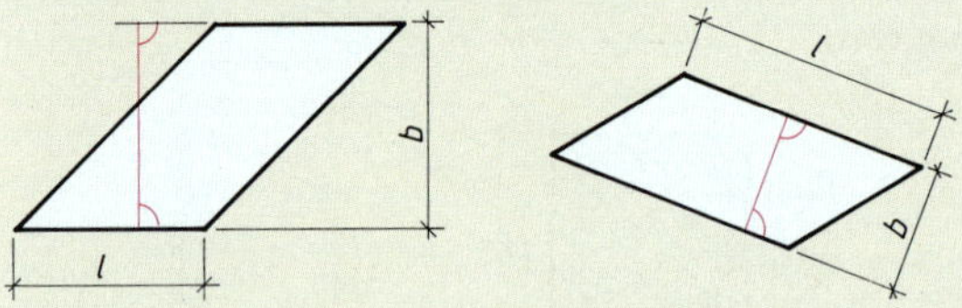

Die Flächen 1 und 2 sind deckungsgleich. Wird die Fläche 1 abgetrennt und mit der Fläche 2 zur Deckung gebracht, entsteht ein Rechteck mit der Länge l und der Breite b.

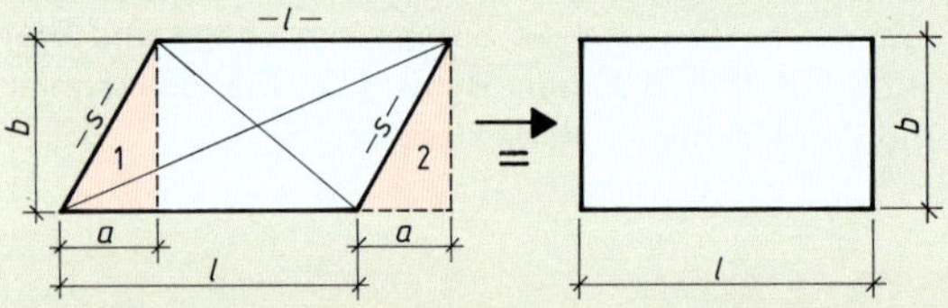

$$A = l \cdot b$$
$$U = 2l + 2s = 2(l+s)$$
$$l = \frac{A}{b}; \quad b = \frac{A}{l}; \quad l = \frac{U}{2} - s; \quad s = \frac{U}{2} - l$$

Eine Sonderform des Parallelogramms ist die **Raute,** auch **Rhombus** genannt. Alle vier Seiten sind gleich lang. Die Diagonalen stehen senkrecht aufeinander.

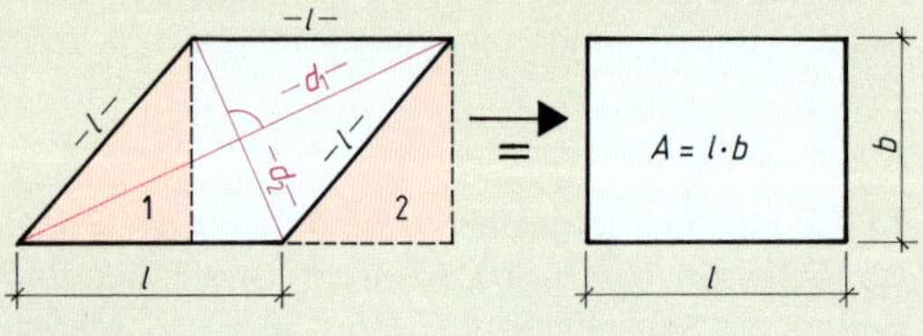

Trapez

Beim **Trapez** verlaufen nur zwei Seiten parallel; sie sind verschieden lang.

Die Breite (b) ist auch beim Trapez stets der senkrechte Abstand der Parallelen l_1 und l_2.

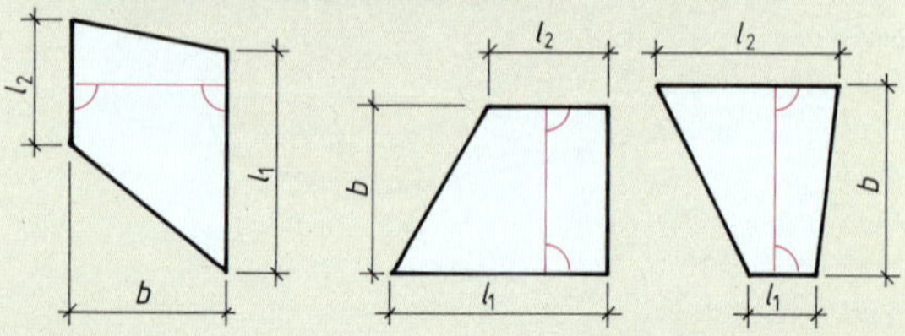

Die Flächen 1 und 2, 3 und 4 sind deckungsgleich. Werden die Flächen 2 und 3 abgetrennt und mit den Flächen 1 und 4 zur Deckung gebracht, entsteht ein Rechteck mit der **Mittellinie** l_m (= Mittelparallele von l_1 und l_2) und der Breite b.

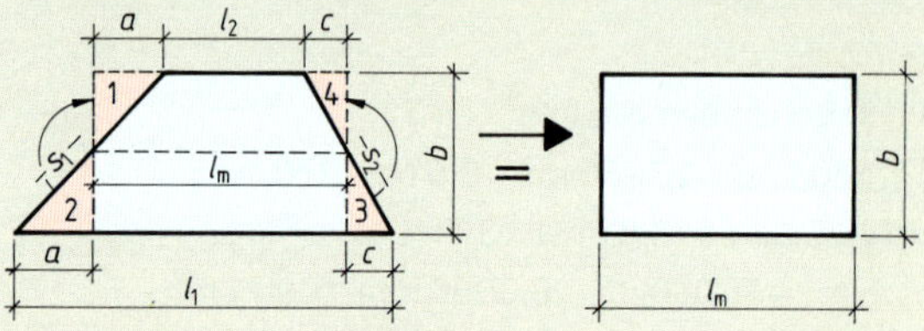

$$l_m = \frac{l_1 + l_2}{2}$$
$$A = \frac{l_1 + l_2}{2} \cdot b = l_m \cdot b$$
$$U = l_1 + l_2 + s_1 + s_2$$
$$l_1 = \frac{2 \cdot A}{b} - l_2; \quad l_2 = \frac{2 \cdot A}{b} - l_1; \quad b = \frac{2 \cdot A}{l_1 + l_2}$$
$$s_1 = U - l_1 - l_2 - s_2; \quad s_2 = U - l_1 - l_2 - s_1$$
$$l_1 = U - l_2 - s_1 - s_2; \quad l_2 = U - l_1 - s_1 - s_2$$

Trapeze mit gleicher Mittelparallele (l_m) und gleicher Breite (b) sind **flächengleich.**

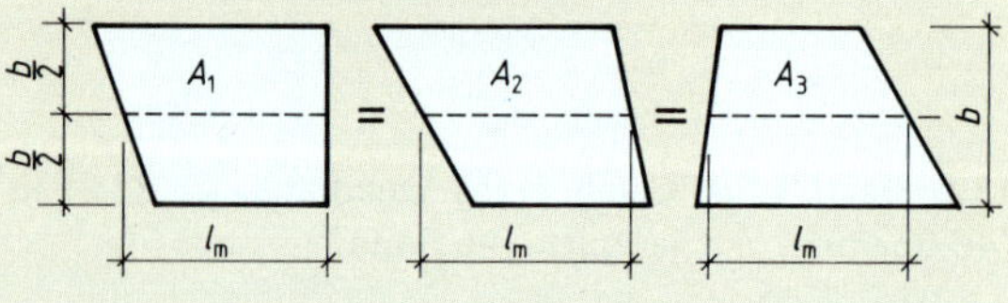

Beispiel:

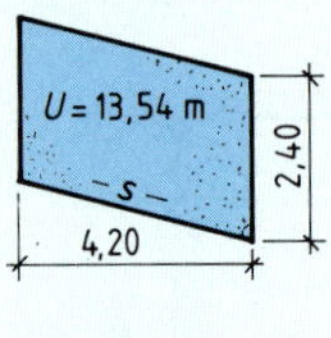

Die dargestellte Treppenhauswand wird verputzt.

a) Wie viel m² misst die Putzfläche?

b) Wie groß wird die Seite s?

Lösung:

a) $A = l \cdot b = 2{,}40 \text{ m} \cdot 4{,}20 \text{ m} = \underline{10{,}08 \text{ m}^2}$

b) $s = \frac{U}{2} - l = \frac{13{,}54 \text{ m}}{2} - 2{,}40 \text{ m} = \underline{4{,}37 \text{ m}}$

Beispiel:

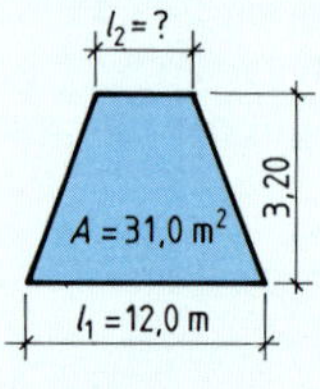

Der dargestellte Damm hat eine Querschnittsfläche von 31 m². Wie groß wird die Kronenbreite l_2?

Lösung:

$$l_2 = \frac{2 \cdot A}{b} - l_1 = \frac{2 \cdot 31{,}0 \text{ m}^2}{3{,}20 \text{ m}} - 12{,}00 \text{ m} = \underline{7{,}375 \text{ m}}$$

11.13 Bezeichnen Sie die auf dem Stadtplanausschnitt dargestellten Flächenformen und fassen Sie gleiche Flächenformen in Gruppen zusammen.

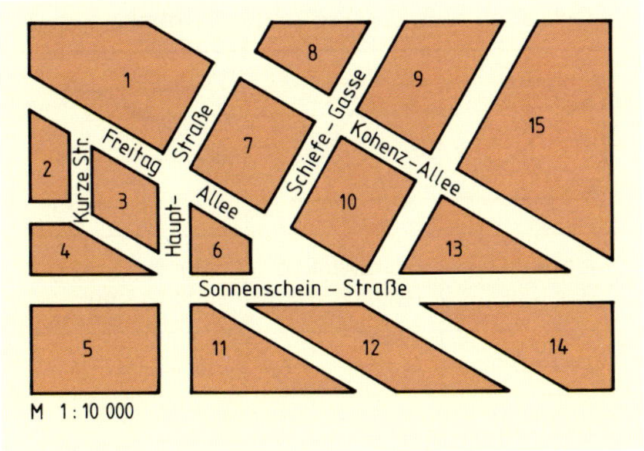

11.14 Berechnen Sie für die dargestellte Treppenhauswand die Putzfläche in m² und die Länge der Schrägen *s*.

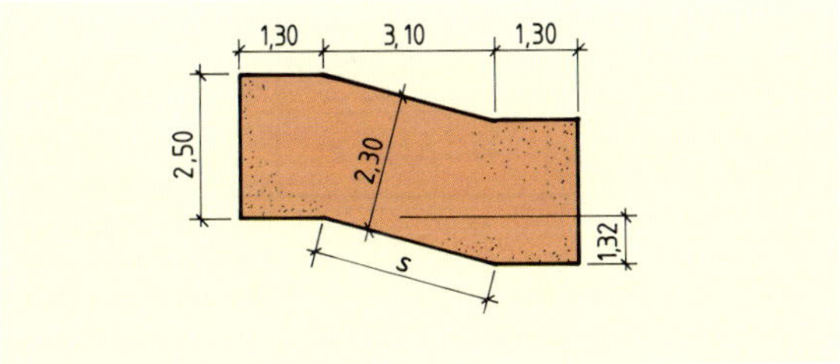

11.15 Ein Grundstück hat die Form eines Rhombus; sein Umfang beträgt 278 m, seine Breite 64 m. Berechnen Sie die Grundstücksfläche in Ar.

11.16 Das im M 1 : 1000 dargestellte Grundstück soll überbaut werden. Wie viel m² dürfen bebaut werden, wenn die bebaute Fläche 24 % der Grundstücksfläche betragen soll? Die erforderlichen Maße sind der Zeichnung zu entnehmen.

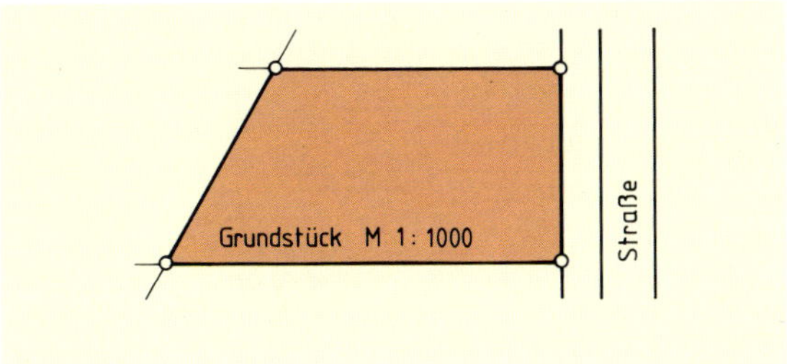

11.17 Bei einem rautenförmigen Grundstück messen die Diagonalen $d_1 = 36{,}80$ m und $d_2 = 42{,}74$ m. Berechnen Sie

a) die Grundstücksfläche in Ar,

b) den Umfang des Grundstücks.

11.18 Eine Garage hat die in der Zeichnung dargestellte Seitenansicht. Geben Sie die Formel für den Flächeninhalt an.

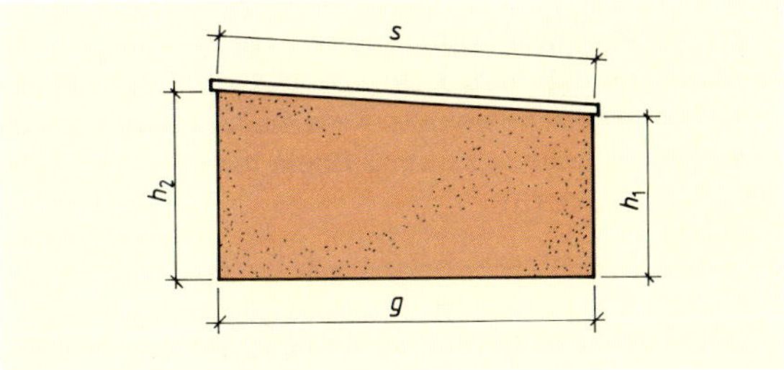

11.19 In einer Dachzimmerwohnung wird eine trapezförmige Seitenwand mit gespundeten Profilbrettern verschalt. Die Seitenwand hat eine untere Länge von 4,65 m, eine obere Länge von 3,40 m und eine Höhe von 2,45 m. Für Verschnitt und Spundung werden 26 % zugeschlagen. Berechnen Sie

a) den Bedarf an Profilbrettern in m²,

b) den Bedarf an Profilbrettern in m bei 8 cm Deckbreite und waagerechter Anordnung.

11.20 Berechnen Sie die Seite l_1 eines trapezförmigen Dammquerschnittes, dessen Flächeninhalt 45,20 m² groß ist; die Seite l_2 misst 12,00 m und der senkrechte Abstand der Parallelen beträgt 6,40 m.

11.21 Das im M 1 : 500 dargestellte Grundstück soll eingezäunt werden. Wie viel Ar hat das Grundstück und wie viel Meter Maschendraht werden für die Einzäunung benötigt? Die erforderliche Maße sind der Zeichnung zu entnehmen.

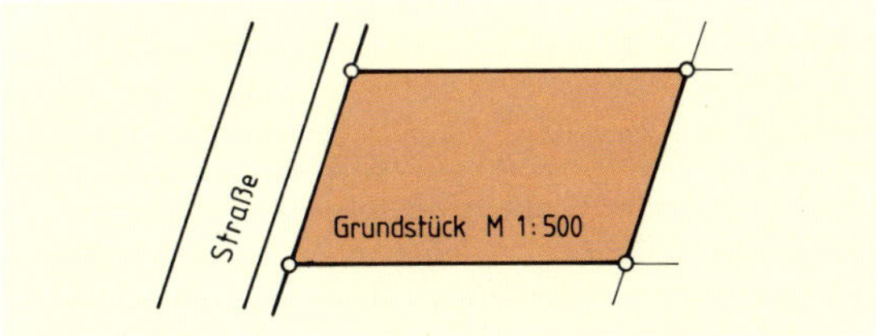

11.22 Durch das Grundstück soll ein Weg angelegt werden. Wie viel Prozent der Grundstücksfläche werden dafür benötigt? Die erforderlichen Maße sind der Zeichnung (M 1 : 500) zu entnehmen.

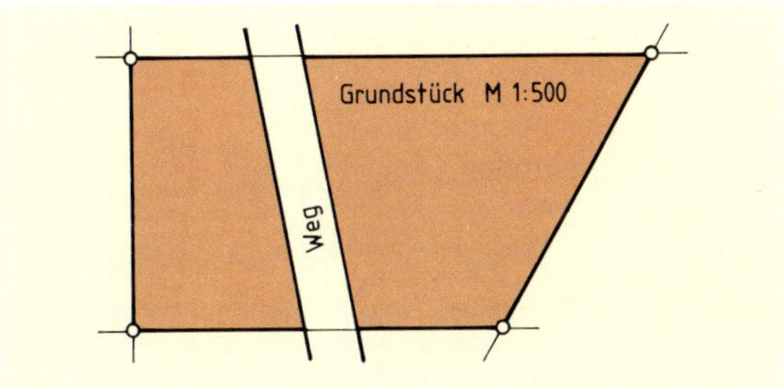

Dreiecke

Bei der diagonalen Teilung eines Quadrats, Rechtecks, Parallelogramms oder einer Raute entstehen jeweils zwei **deckungsgleiche Dreiecke.** Der Flächeninhalt (A) eines Dreiecks ist somit gleich der Hälfte des Flächeninhalts eines Quadrats, Rechtecks, Parallelogramms oder einer Raute mit gleicher Länge (l) und Breite (b).

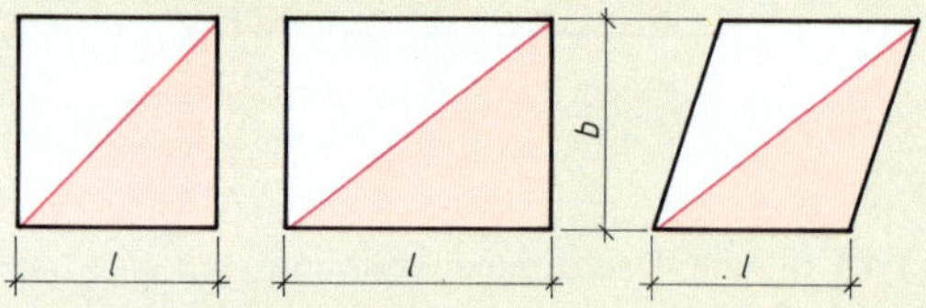

Als **Länge** (l) kann jede der drei Dreiecksseiten bezeichnet werden. Die jeweils dazugehörige **Breite** (b) ist der senkrechte Abstand der Länge (l) von der gegenüberliegenden Ecke.

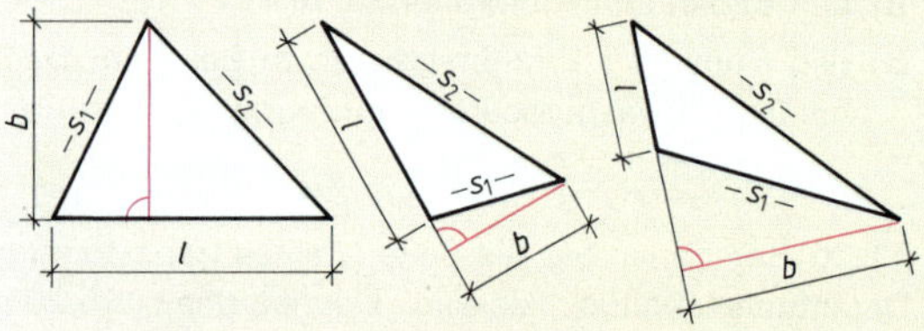

$$A = \frac{l \cdot b}{2}$$

$$l = \frac{2 \cdot A}{b}; \quad b = \frac{2 \cdot A}{l}$$

$$l = U - s_1 - s_2; \quad s_1 = U - l - s_2;$$
$$s_2 = U - l - s_1$$

Die Dreiecksarten werden unterschieden nach der Größe der Winkel und nach der Größe der Seiten.

Dreiecksarten nach der **Größe der Winkel**:

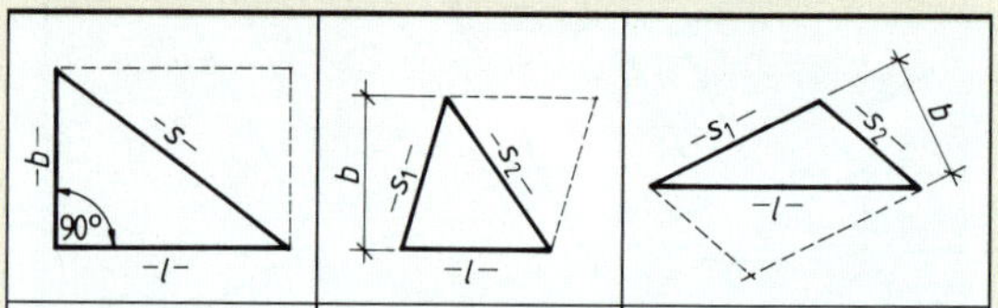

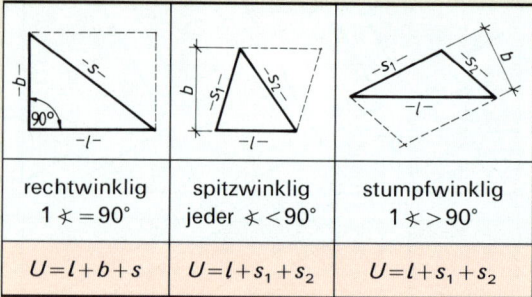

rechtwinklig	spitzwinklig	stumpfwinklig
1 ∢ = 90°	jeder ∢ < 90°	1 ∢ > 90°
$U = l + b + s$	$U = l + s_1 + s_2$	$U = l + s_1 + s_2$

Dreiecksarten nach der **Größe der Seiten**:

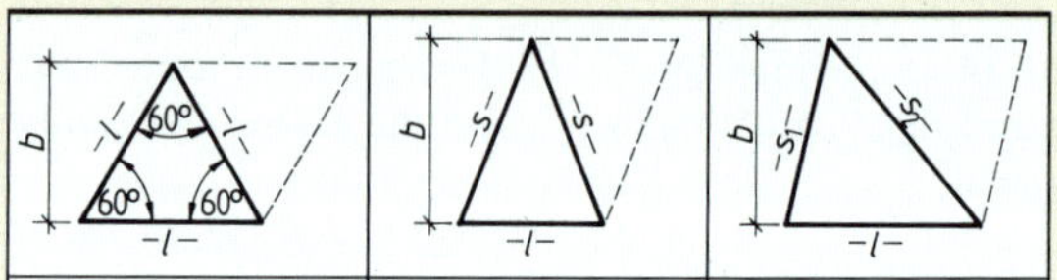

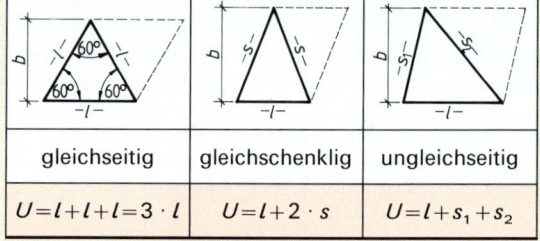

gleichseitig	gleichschenklig	ungleichseitig
$U = l + l + l = 3 \cdot l$	$U = l + 2 \cdot s$	$U = l + s_1 + s_2$

Beispiele:

1. Bei einem Giebel sind folgende Größen gegeben: $b = 6{,}20$ m; $l = 10{,}20$ m. Wie groß ist der Flächeninhalt?

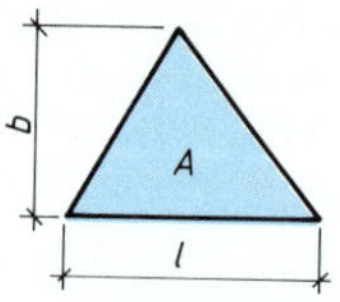

2. Die Fläche einer Verkehrsinsel beträgt 44,20 m², ihre Breite 6,40 m. Wie viel m misst die Länge?

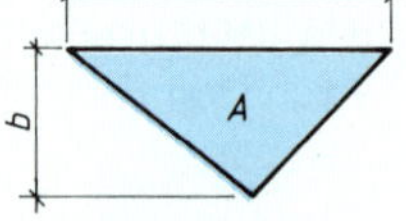

3. Bei einem Grundstück sind folgende Größen bekannt: $U = 231{,}6$ dm; $s_2 = 11{,}35$ m; $l = 654$ cm. Wie viel m misst die Seite s_1?

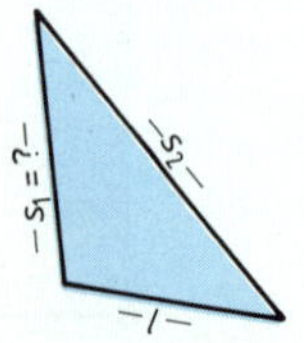

Lösungen:

$$A = \frac{l \cdot b}{2} = \frac{6{,}20\ \text{m} \cdot 10{,}20\ \text{m}}{2} = \underline{31{,}62\ \text{m}^2}$$

$$l = \frac{2 \cdot A}{b} = \frac{2 \cdot 44{,}20\ \text{m}^2}{6{,}40\ \text{m}} = \underline{13{,}81\ \text{m}}$$

$$s_1 = U - l - s_2 = 23{,}16\ \text{m} - 6{,}54\ \text{m} - 11{,}35\ \text{m}$$
$$= 23{,}16\ \text{m} - (6{,}54\ \text{m} + 11{,}35\ \text{m}) = \underline{5{,}27\ \text{m}}$$

11.23 Bezeichnen Sie die dargestellten Dreiecke nach ihren Winkeln und nach ihren Seiten.

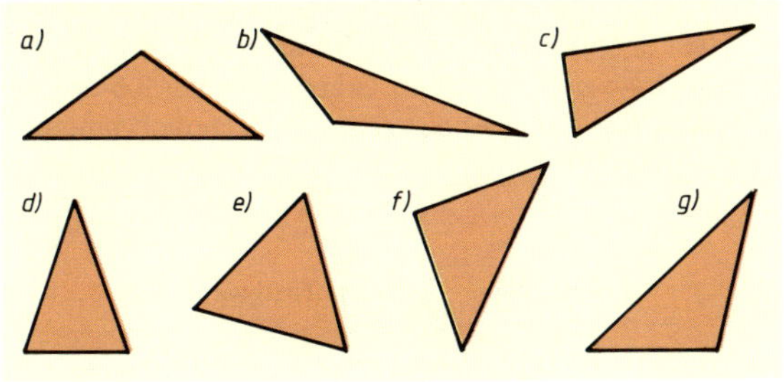

11.24 Bezeichnen Sie die durch die Dachbinder dargestellten Dreiecke nach ihren Winkeln und nach ihren Seiten. Fassen Sie gleiche Dreiecke zusammen.

Dachbinder M 1 : 250

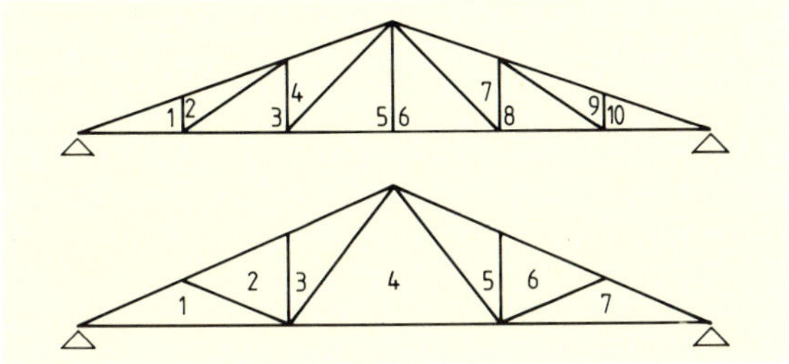

11.25 Eine Werkhalle hat die dargestellte Giebelform. Bezeichnen Sie die Dreiecksart nach ihren Winkeln und nach ihren Seiten und geben Sie die allgemeine Formel für den Flächeninhalt an.

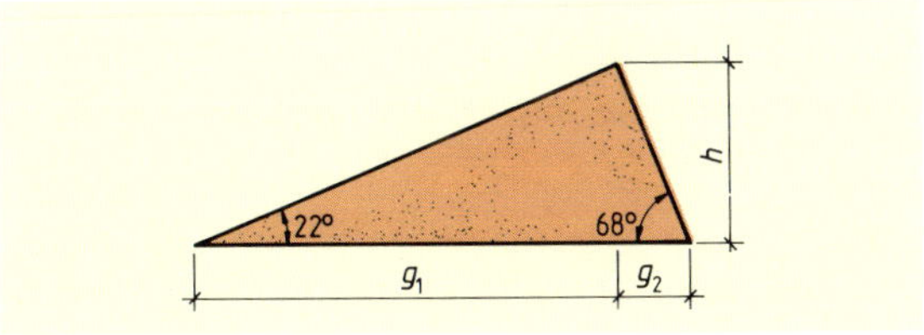

11.26 Für die dargestellten Dreiecke sind die Länge (l) bzw. die Breite (b) eingezeichnet. Ermitteln Sie zeichnerisch jeweils die dazugehörige Breite (b) bzw. Länge (l).

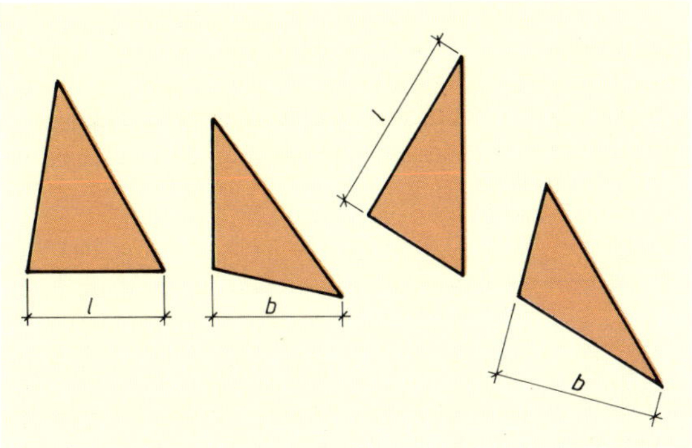

11.27 Für die dargestellten Dreiecke sind zur Berechnung der gesuchten Größen jeweils vier Formeln aufgeführt. Geben Sie die richtigen Formeln an.

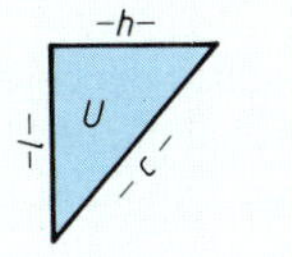 Gesucht: c	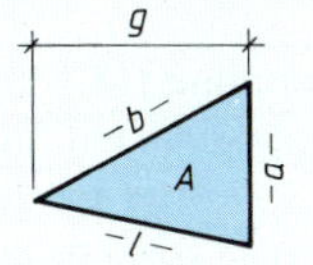 Gesucht: g	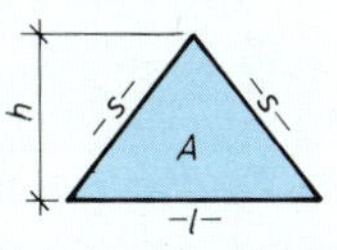 Gesucht: A
1. $c=\frac{U-l}{2}$	1. $g=a+b-l$	1. $A=\frac{s^2}{2}$
2. $c=\frac{h \cdot l}{2}$	2. $g=\frac{A}{a+l}$	2. $A=\frac{h \cdot s}{2}$
3. $c=U-l-h$	3. $g=\frac{2 \cdot A}{l}$	3. $A=\frac{l \cdot h}{2}$
4. $c=U-(l-h)$	4. $g=\frac{2 \cdot A}{a}$	4. $A=\frac{s \cdot l}{2}$

11.28 Berechnen Sie bei folgenden Dreiecken die fehlenden Größen:

	Länge (l) in m	**Breite (b)** in m	**Fläche (A)** in m²
a)	1,87	?	9,24
b)	?	0,58	1,08
c)	0,26	?	0,43
d)	5,26	3,85	?
e)	?	5,68	22,34

11.29 Die Seiten eines gleichschenkligen Dreiecks sind mit $l=4{,}50$ m und $s=5{,}80$ m gegeben. Berechnen Sie den Umfang und den Flächeninhalt des Dreiecks.

11.30 Bei einem Satteldach messen die Sparrenlänge 8,74 m (6,75 m) und die Firsthöhe 4,95 m (3,50 m). Berechnen Sie die Fläche.

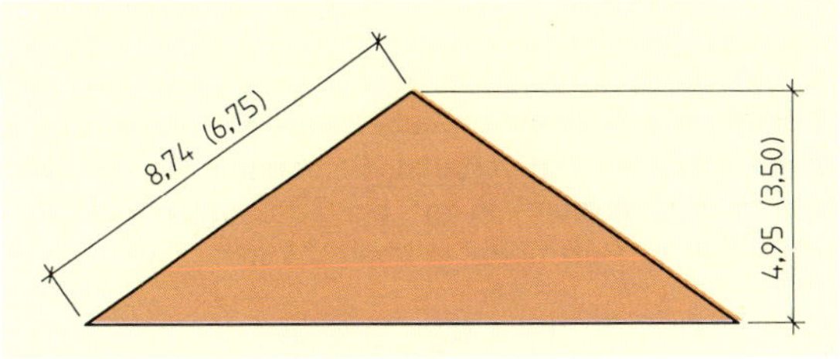

11.31 Der Giebel eines Satteldaches hat die Form eines rechtwinklig-gleichschenkligen Dreiecks. Die Sparrenlänge misst 6,50 m. Berechnen Sie die Firsthöhe des Daches und den Flächeninhalt des Giebels.

11.32 Ein Satteldach hat eine Dachneigung von 60°. Die Firsthöhe beträgt 6,20 m. Berechnen Sie die Sparrenlänge und die Giebelfläche des Daches.

11.33 Nach der Zeichnung (M 1 : 50) sollen die beiden Wangen einer Schleppgaube mit Stülpschalung verkleidet werden. Der m^2-Preis für die fertige Schalung beträgt 64,50 DM. Wie viel DM kostet die Verschalung?

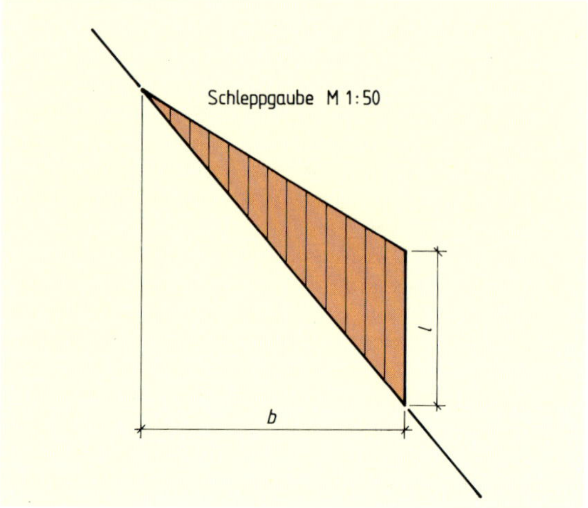

11.34 Bei einem Pultdach verhält sich das Grundmaß zur Firsthöhe wie 1 : 0,466. Berechnen Sie zu einem Grundmaß von 8,24 m die Sparrenlänge des Pultdaches und den Flächeninhalt des Giebels.

11.35 Eine Stahlbetonstütze hat die Querschnittsform eines regelmäßigen Sechsecks; eine Seite misst 23 cm. Berechnen Sie den Umfang und die Querschnittsfläche der Stahlbetonstütze.

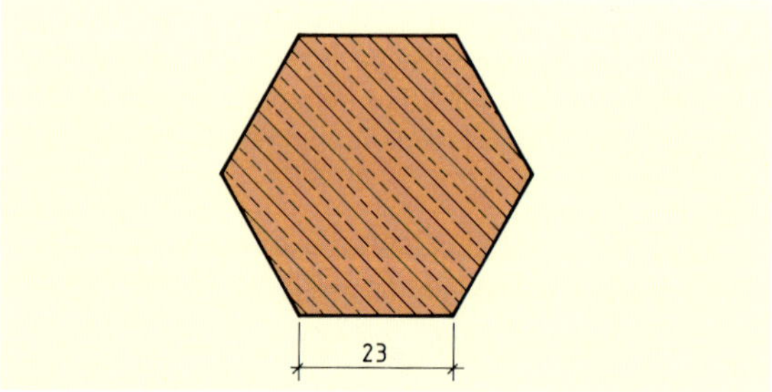

11.36 Der dargestellte Giebel eines Doppelhauses wurde verschalt und verputzt. Berechnen Sie den Bedarf an Schalbrettern in m^2 bei 25 % Verschnitt und den Bedarf an Putzmörtel in l bei 22 l/m^2.

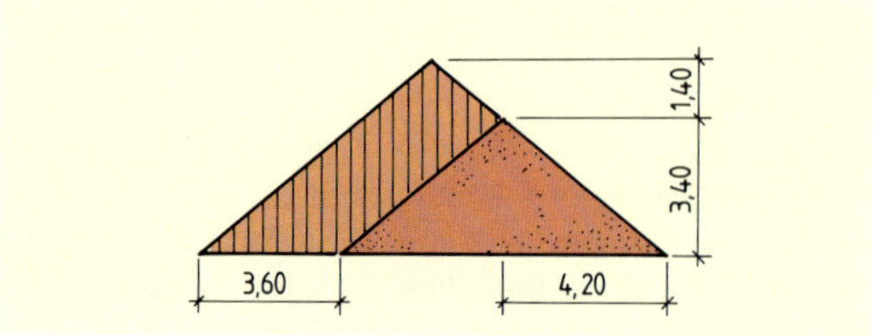

11.37 In der Abbildung (Isometrie) ist die Walmfläche eines Walmdaches dargestellt. Alle Dachneigungen betragen 45°. Ermitteln Sie für die Walmfläche den Bedarf an Flachdachpfannen bei 14,5 Stück/m^2 und für die beiden Grate den Bedarf an Gratziegeln bei 2,5 Stück/m. Für Verlust und Verhau werden 6 % angenommen.

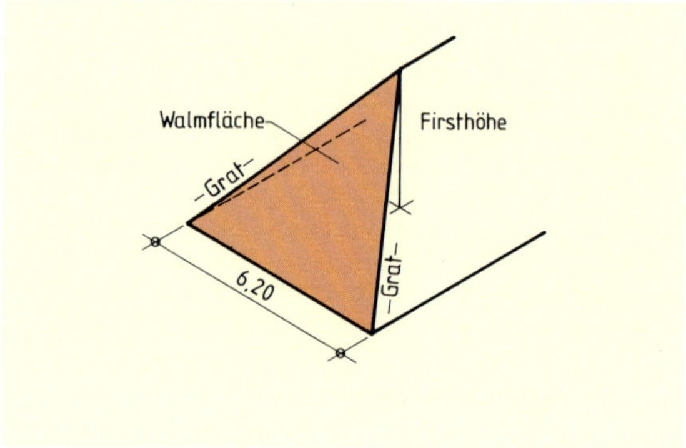

11.38 Ein Grundstück ist quadratisch ($l=322$ m) und wird von einer 12 m breiten Straße diagonal durchschnitten. Wie viel m^2 hat jedes der flächengleichen Restgrundstücke?

11.39 Ein Marktplatz wird mit Kleinpflastern belegt. Dabei stehen drei quadratische Flächen ($A=a^2=506{,}25\ m^2$) so zueinander, dass sie ein gleichseitiges Dreieck einschließen.

a) Stellen Sie für die Dreiecksfläche eine allgemeine Formel mit a auf.

b) Berechnen Sie die Fläche des gleichseitigen Dreiecks.

11.40 Für den Bau einer Straße ist das Querprofil eines Geländeanschnitts gegeben (Skizze). Berechnen Sie für eine Länge $l=100$ m den Aushub, wenn sich das Querprofil auf dieser Länge nicht ändert.

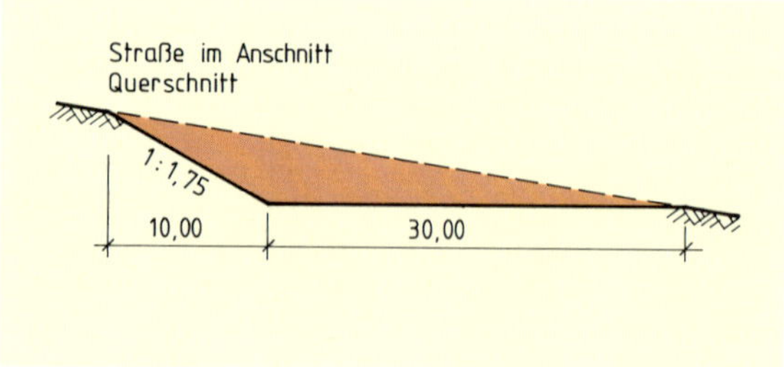

11.41 Die Diagonale eines rechteckigen Grundstücks ist 240 m lang. Berechnen Sie die Fläche des Grundstücks, wenn das Seitenverhältnis $b:l=1:2$ ist.

Kreis und Kreisteile

In die Formeln für den Flächeninhalt und den Umfang wird im Allgemeinen der **Durchmesser** und nicht der Radius eingesetzt, weil in der Praxis meistens der Durchmesser angegeben wird, z. B. Durchmesser eines Rundholzes, eines Betonstabstahles, einer Stahlbetonstütze usw.

Um die **Fläche** eines Kreises zu ermitteln, wird der Kreis in sehr viele Kreisausschnitte zerlegt, die zu einer rechteckähnlichen Figur zusammengesetzt werden. Wird die Anzahl der Kreisausschnitte vergrößert, so geht die Figur immer mehr in ein Rechteck über, dessen Seiten der halbe Durchmesser $\left(\frac{d}{2}\right)$ und der halbe Kreisumfang $\left(\frac{d \cdot \pi}{2}\right)$ sind.

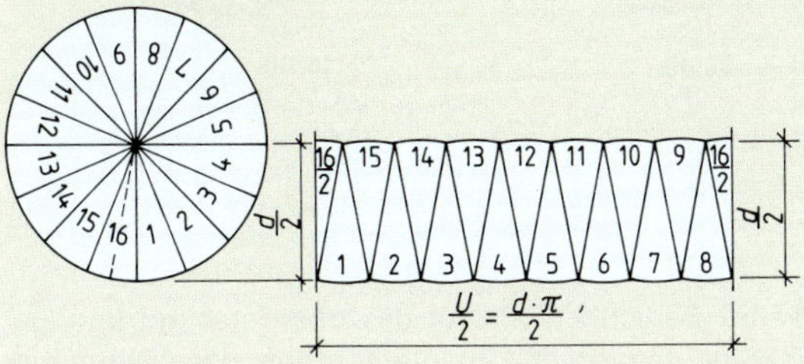

$$A = \frac{d^2 \cdot \pi}{4} \quad \text{oder} \quad A = 0{,}785 \cdot d \cdot d$$

$$d = \sqrt{\frac{4 \cdot A}{\pi}} \quad \text{oder} \quad d = \sqrt{\frac{A}{0{,}785}}$$

Die Fläche eines **Kreisringes** ist die Differenz der Flächeninhalte zwischen großem und kleinem Kreis.

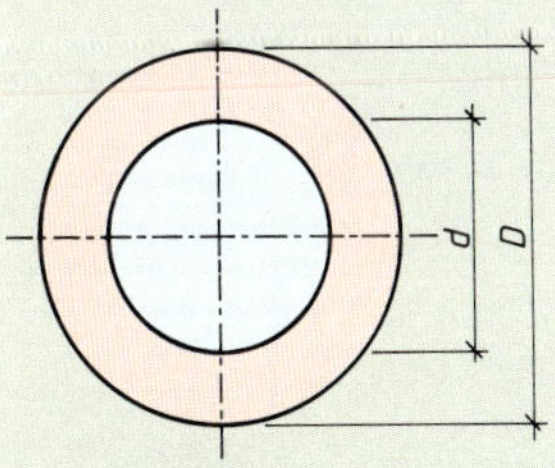

$$A = (D^2 - d^2) \cdot \frac{\pi}{4}$$

oder

$$A = (D^2 - d^2) \cdot 0{,}785$$

Der **Kreisausschnitt** ist die Fläche, die von zwei **Radien** (r) und dem zugehörigen **Kreisbogen** (b) begrenzt wird. Der Winkel, der von zwei Radien gebildet wird, heißt **Mittelpunktswinkel** (α).

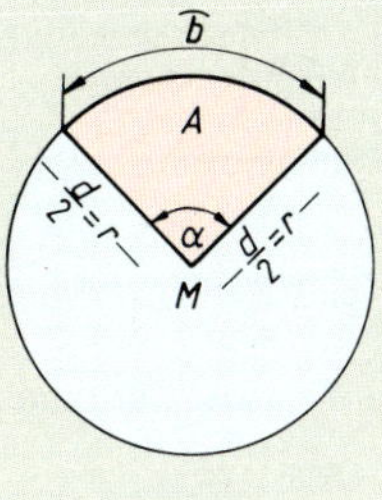

$$b = \frac{d \cdot \pi \cdot \alpha}{360°} \quad \Big| \cdot \frac{d}{4}$$

$$\frac{b \cdot d}{4} = \frac{d^2 \cdot \pi \cdot \alpha}{4 \cdot 360°} = A \quad \text{oder}$$

$$b = \frac{\pi \cdot r \cdot \alpha}{180°} \quad \Big| \cdot \frac{r}{2}$$

$$\frac{b \cdot r}{2} = \frac{\pi \cdot r^2 \cdot \alpha}{360°} = A$$

Der **Kreisabschnitt** ist die Fläche, die von der Sehne (s) und dem zugehörigen Kreisbogen (b) begrenzt ist. Der Kreisbogen wird auch **Segment-** oder **Flachbogen** genannt. Die Höhe des Bogens wird als **Stichhöhe** (h), die Länge der dazugehörigen Sehne als **Spannweite** (s) bezeichnet.

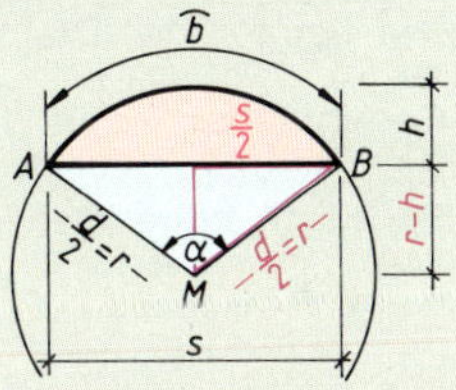

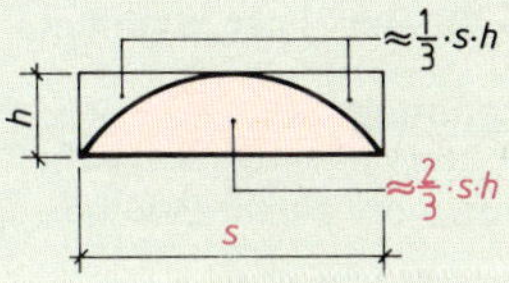

Kreisabschnitt = Kreisausschnitt − Dreieck ABM

$$A \approx \frac{2}{3} \cdot s \cdot h \quad \text{(Näherungsformel)}$$

$$r = \frac{h}{2} + \frac{s^2}{8h}$$

Beispiel:

Der Umfang eines Eichenstammes misst 168 cm.

a) Wie groß ist die Querschnittsfläche in m²?

b) Wie groß ist der Splintholzanteil in cm²?

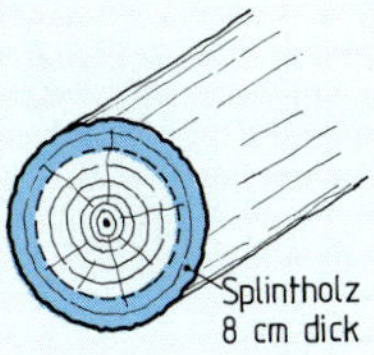

Lösung:

a) $d = \frac{U}{\pi} = \frac{1{,}68\ \text{m}}{3{,}14} = 0{,}535\ \text{m}$

$A = 0{,}785 \cdot d^2 = 0{,}785 \cdot (0{,}535\ \text{m})^2 = \underline{0{,}225\ \text{m}^2}$

b) $A = (D^2 - d^2) \cdot 0{,}785$

$= [(53{,}5\ \text{cm})^2 - (37{,}5\ \text{cm})^2] \cdot 0{,}785$

$= \underline{1143\ \text{cm}^2}$

Beispiel:

In einem Kreisausschnitt messen der Radius 1,40 m und der Mittelpunktswinkel 74°. Wie groß ist der Flächeninhalt in m²

a) des Kreisausschnittes,

b) des Kreisabschnittes (näherungsweise)?

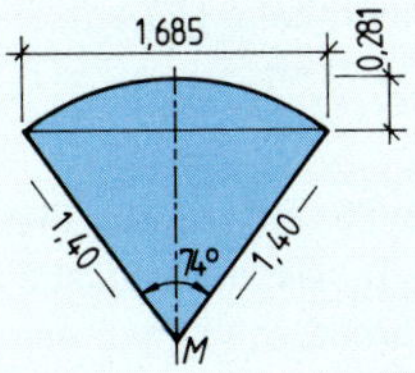

Lösung:

a) $A = \frac{d^2 \cdot \pi \cdot \alpha}{4 \cdot 360°} = \frac{(2{,}80\ \text{m})^2 \cdot 3{,}14 \cdot 74°}{4 \cdot 360°} = 1{,}27\ \text{m}^2$

b) $A \approx \frac{2}{3} \cdot s \cdot h = \frac{2}{3} \cdot 1{,}685\ \text{m} \cdot 0{,}281\ \text{m} = 0{,}32\ \text{m}^2$

11.42 Zur Berechnung der Kreisfläche, des Kreisumfangs und des Durchmessers sind jeweils drei Formeln aufgeführt. Geben Sie die richtigen Formeln an.

Kreisfläche	Umfang	Durchmesser
$A=\frac{d^2\cdot\pi}{4}$	$U=\frac{A}{d^2}$	$d=\sqrt{A}$
$A=\frac{U\cdot 0{,}785}{d}$	$U=\frac{d+d}{2}$	$d=\sqrt{\frac{4\cdot A}{\pi}}$
$A=0{,}785\cdot d^2$	$U=d\cdot\pi$	$d=\sqrt{\frac{A}{0{,}785}}$

11.43 Wie groß ist der Umfang eines Kreises, der eine Fläche von 0,98 m² hat?

11.44 Ein Rundstahl wird mit einer Gewichtskraft (G) von 86 kN belastet. Wie groß muss der Durchmesser des Rundstahls sein, wenn 1 cm² 16 kN aufnehmen kann?

11.45 Bei einer Stahlbetonstütze beträgt die Druckspannung 300 $\frac{N}{cm^2}$. Welche Gesamtauflast kann die Stütze bei einem Durchmesser $d=50$ cm aufnehmen?

11.46 Nach der statischen Berechnung sind für eine Stahlbetonstütze 6 Stähle mit ∅14 mm erforderlich. Wie viele Stähle mit ∅12 mm können als Ersatzbewehrung gewählt werden?

11.47 Der Mittelpunktswinkel eines Kreisausschnittes ist 90°. Stellen Sie die Formel für die Berechnung des Flächeninhalts (A) auf.

11.48 Ein kreisrunder Platz hat einen Durchmesser von 48 m. In seiner Mitte ist eine Verkehrsinsel von 10,50 m Durchmesser. Berechnen Sie die Verkehrsfläche des Platzes und den Bedarf an Pflastersteinen in m² und an Randsteinen in m für die Verkehrsinsel.

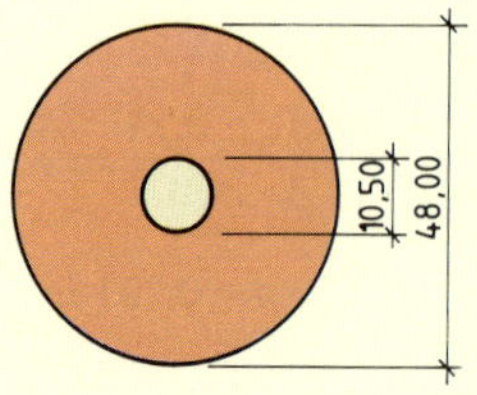

11.49 Für das im Grundriss dargestellte Planschbecken sind zu berechnen:

a) der Bedarf an Kleinmosaik in m² zum Belegen der Bodenfläche bei 3 % Verhau,

b) die Fläche des Beckenrandes in cm².

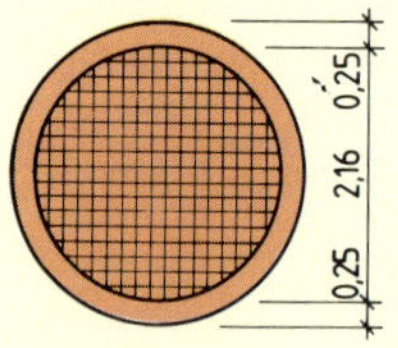

11.49

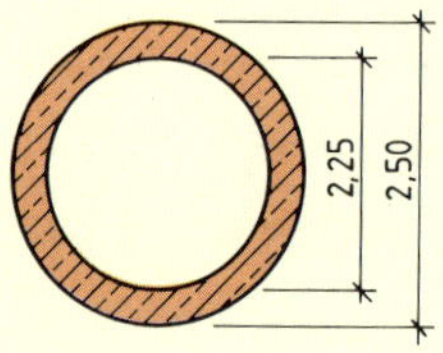

11.50

11.50 Berechnen Sie für das oben stehend im Querschnitt dargestellte Stahlbetonrohr den Betonquerschnitt in cm² und den äußeren und inneren Umfang in Meter.

11.51 Zur Einrüstung von acht gleichen Flachbogen werden je zwei Lehrbogen gebraucht. Berechnen Sie

a) den Holzbedarf bei 35 % Verschnitt nach der Näherungsformel,

b) den Radius nach der Formel $r=\frac{h}{2}+\frac{s^2}{8\cdot h}$. Konstruieren Sie den Flachbogen im M 1 : 25.

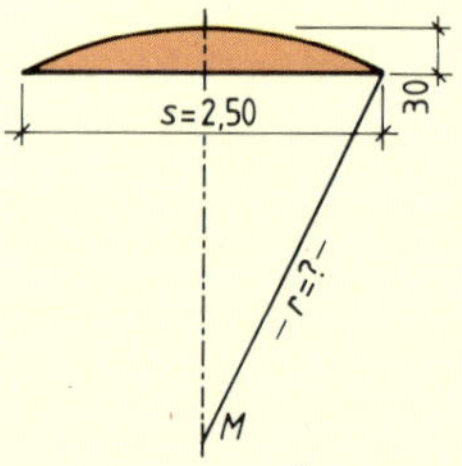

11.51

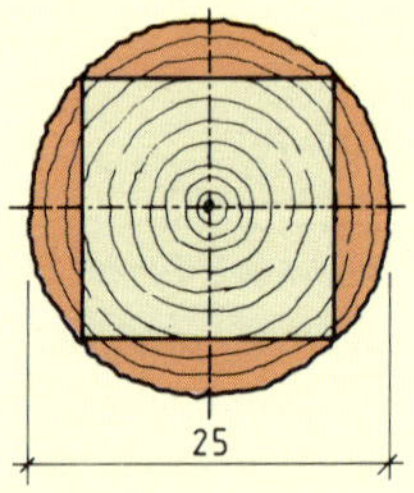

11.52

11.52 Aus zwölf gleichen Rundhölzern werden quadratische Kanthölzer geschnitten. Berechnen Sie den Verschnitt/Abfall in cm² exakt und nach der Näherungsformel und drücken Sie die Abweichung der Ergebnisse in Prozent aus.

Zusammengesetzte Flächen

Zusammengesetzte Flächen sind aus zwei oder mehreren für sich berechenbaren Teilflächen zusammengesetzt.

In der Praxis muss bei solchen Flächen – Wände, Fassaden, Grundrisse, Dächer, Querschnitte, Grundstücke usw. – häufig der **Flächeninhalt** berechnet werden.

Zusammengesetzte Flächen werden auf geeignete Weise in Teilflächen zerlegt. Die Berechnung des Flächeninhalts erfolgt dann jeweils durch Berechnung der Flächeninhalte der Teilflächen nach den bekannten Verfahren.

Gesamtfläche = Summe der Teilflächen

$$A = A_1 + A_2 + A_3 + A_4 \ldots$$

Um den Flächeninhalt eines **unregelmäßigen Vielecks** zu bestimmen, gibt es zwei Möglichkeiten.

1. Grafische Flächenberechnung: Aus einem Plan werden die für die Berechnung erforderlichen Maße abgegriffen. Das Vieleck wird durch geeignete Diagonalen in Dreiecke zerlegt. Dabei sollen nach Möglichkeit Doppeldreiecke entstehen, die eine gemeinsame Grundlinie haben. Um nicht jedes Teildreieck durch „zwei" dividieren zu müssen, wird statt A mit $2A$ gerechnet. Am Schluss wird die Summe aller Flächen durch „zwei" dividiert.

$$2A = l_1 \cdot b_1 + l_1 \cdot b_2 + l_3 \cdot b_3 + l_3 \cdot b_4 \quad \text{oder}$$

$$2A = (b_1 + b_2) \cdot l_1 + (b_3 + b_4) \cdot l_3$$

$$A = \frac{(b_1 + b_2) \cdot l_1 + (b_3 + b_4) \cdot l_3}{2}$$

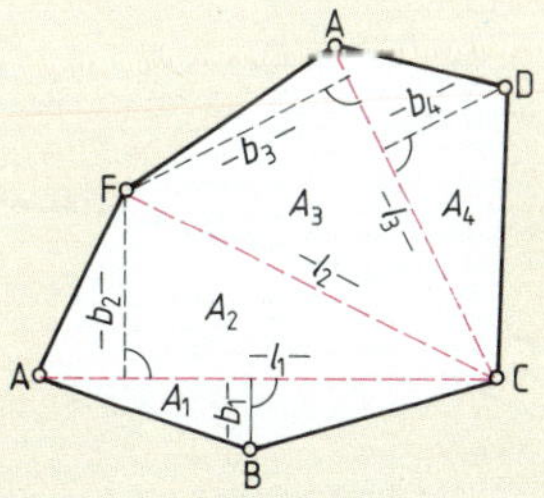

2. Trapezverfahren: Es wird eine geeignete Aufnahmelinie gewählt. Sie ist eine durch Fluchtstäbe gekennzeichnete Messungslinie, die zweckmäßigerweise **innerhalb** des Vielecks durch zwei Eckpunkte verläuft. Von allen übrigen Eckpunkten des Vielecks werden Lote auf die Aufnahmelinie gefällt. Sie zerlegen das Vieleck in **rechtwinkelige Dreiecke** und in **Trapeze.**

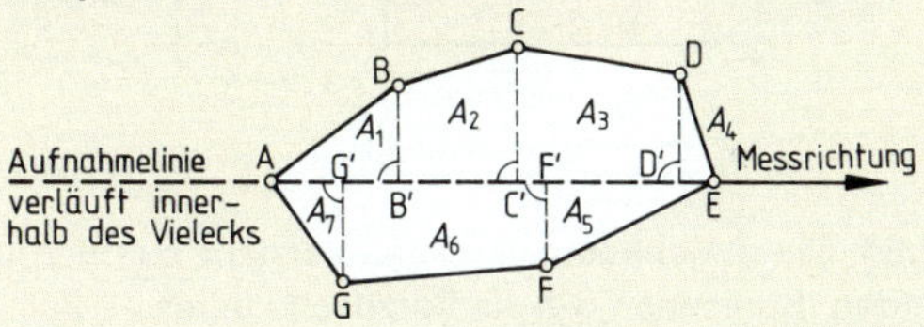

Bei Vermessungen unzugänglicher Grundstücke können geeignete Aufnahmelinien auch **außerhalb** der Vielecke verlaufen. In einem solchen Falle wird das Vieleck entsprechend der Lage der Lote in einzelne, berechenbare Teilflächen zerlegt. Es wird nur mit Trapezen gerechnet, und zwar immer bis zur Aufnahmelinie.

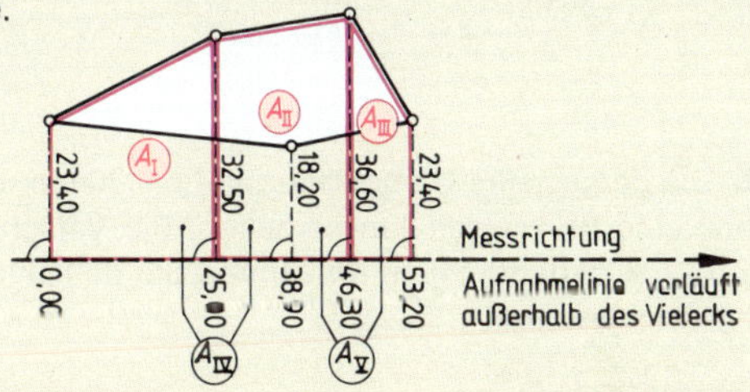

$$A = A_{I} + A_{II} + A_{III} - A_{IV} - A_{V}$$

Bei beiden Verfahren wird jede Ecke durch die zugehörige Lotlänge (Ordinate) und durch die Entfernung des Lotfußpunktes von einem Anfangspunkt der Aufnahmelinie (Abszisse) festgelegt.

Beispiel:

Die dargestellte Dachwand erhält eine Holzverkleidung. Wie groß ist die zu verkleidende Fläche?

Lösung:

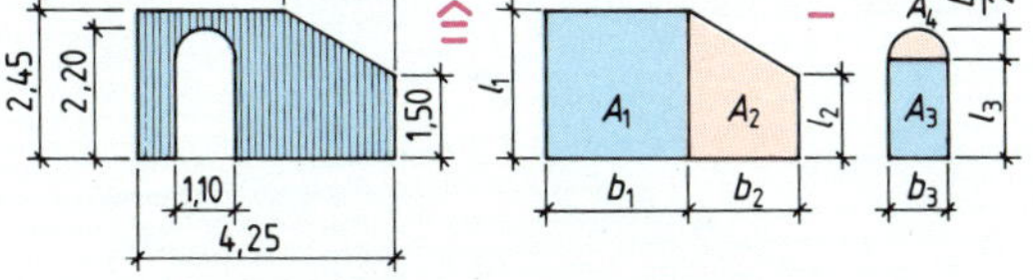

$$A = 2{,}45\text{ m} \cdot 2{,}45\text{ m} + \frac{2{,}45\text{ m} + 1{,}50\text{ m}}{2} \cdot 1{,}80\text{ m}$$

$$-\left(1{,}10\text{ m} \cdot 1{,}65\text{ m} + \frac{\pi \cdot (1{,}10\text{ m})^2}{8}\right)$$

$$A = 6{,}00\text{ m}^2 + 3{,}56\text{ m}^2 - (1{,}81\text{ m}^2 + 0{,}48\text{ m}^2) = \underline{7{,}27\text{ m}^2}$$

Beispiel:

Für das oben dargestellte Grundstück ist der Flächeninhalt in m² zu ermitteln.

Lösung:

$$2A = A_{I} + A_{II} + A_{III} - A_{IV} - A_{V}$$

$$\begin{aligned} 2A = {} & (23{,}40\text{ m} + 32{,}50\text{ m}) \cdot 25{,}00\text{ m} \\ & + (32{,}50\text{ m} + 36{,}60\text{ m}) \cdot 21{,}30\text{ m} \\ & + (36{,}60\text{ m} + 23{,}40\text{ m}) \cdot 6{,}90\text{ m} \\ & - (23{,}40\text{ m} + 18{,}20\text{ m}) \cdot 38{,}90\text{ m} \\ & - (18{,}20\text{ m} + 23{,}40\text{ m}) \cdot 14{,}30\text{ m} \end{aligned}$$

$$\begin{aligned} 2A = {} & 1\,397{,}5\text{ m}^2 + 1\,471{,}83\text{ m}^2 \\ & + 414\text{ m}^2 - 1\,618{,}24\text{ m}^2 - 594{,}88\text{ m}^2 \end{aligned}$$

$$2A = 1\,070{,}21\text{ m}^2$$

$$A = \underline{535{,}105\text{ m}^2}$$

11.53 Die Seitenansicht eines Wohnhauses hat die angegebenen Maße. Berechnen Sie die gesamte Putzfläche im m^2 und geben Sie an, wie viel Prozent der gesamten Putzfläche die beiden Fenster betragen.

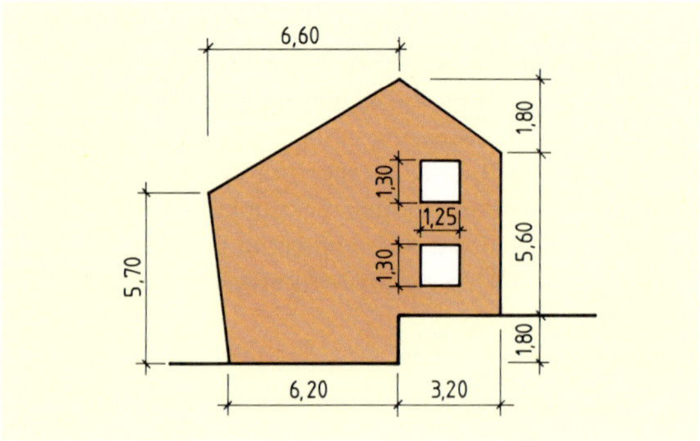

11.54 Die abgebildete Deckenuntersicht soll verputzt werden. Berechnen Sie die Putzfläche in m^2.

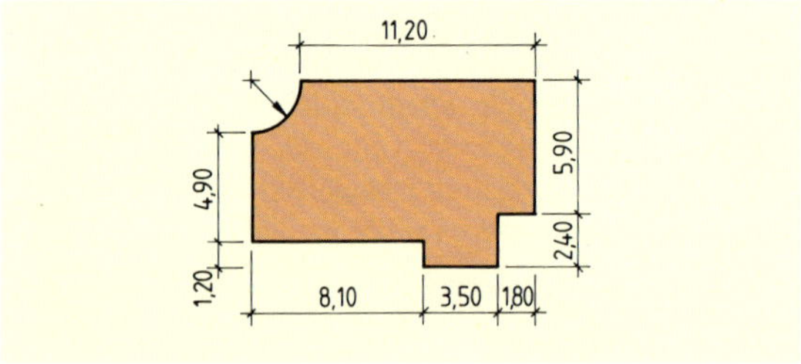

11.55 Die dargestellte Giebelfläche soll bis 30 cm über Gelände eine Holzverschalung erhalten. Für Verschnitt werden 25 % angenommen. Berechnen Sie den Bedarf an Schalbrettern in m^2.

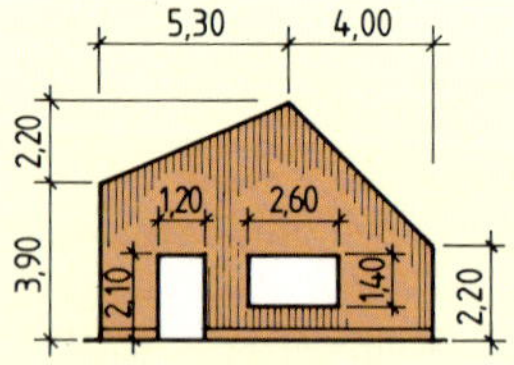

11.55

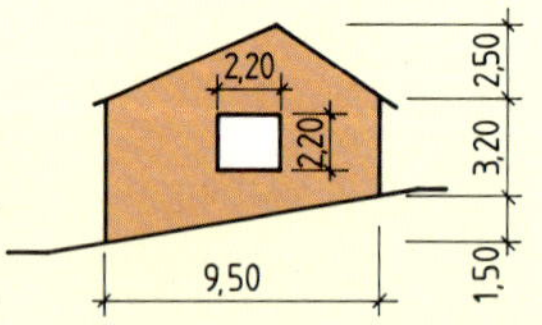

11.56

11.56 Die oben stehend dargestellte Giebelwand eines Hauses wird mit Klinkern verblendet. Berechnen Sie die Verblendfläche in m^2.

11.57 Berechnen Sie die Querschnittsfläche des abgebildeten Stahlbeton-Fertigbalkens.

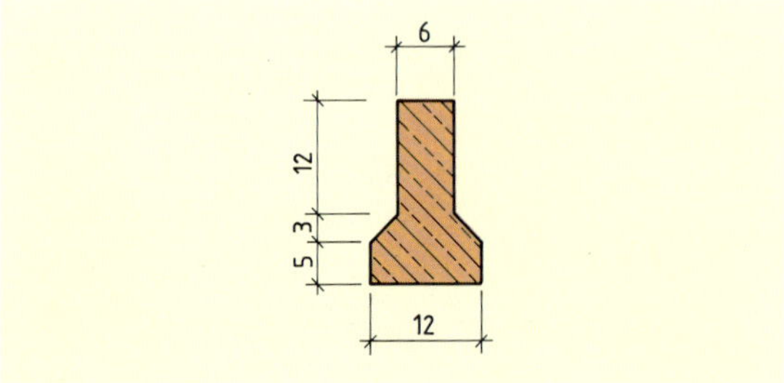

11.58 Für das im M 1 : 750 dargestellte bebaute Grundstück sind überschlägig zu berechnen:

a) die Grundstücksgröße in a,

b) die bebaute Fläche in m^2,

c) die Bebauung in Prozent.

Die Maße sind der Zeichnung zu entnehmen.

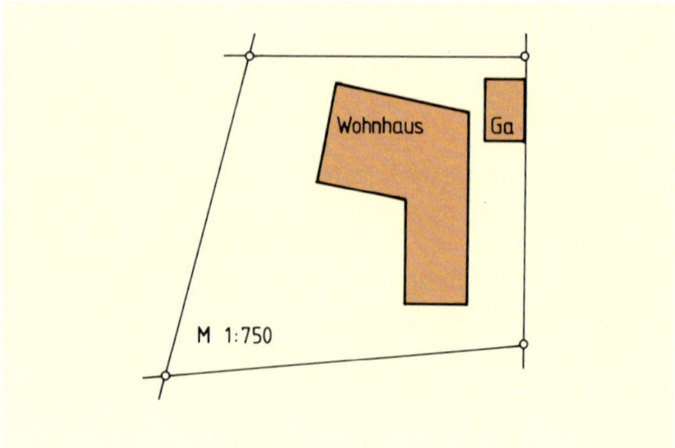

11.59 Durch ebenes Ackergelände soll eine Straße gebaut werden, wofür ein 60 m breiter Streifen benötigt wird (Skizze). Der Radius in der Straßenachse beträgt $R = 1\,000$ m. Der für die Berechnung maßgebliche Mittelpunktswinkel des Achsenradius ist $\alpha = 30°$. Wie viel m^2 Ackerland bleiben dem Landwirt auf beiden Seiten der Straße?

Verwenden Sie für die Flächenberechnung die Näherungsformel auf Seite 253. (Bei $\alpha = 30°$ gelten folgende Werte: $h = 0{,}0341 \cdot R$; $s = 0{,}518 \cdot R$.)

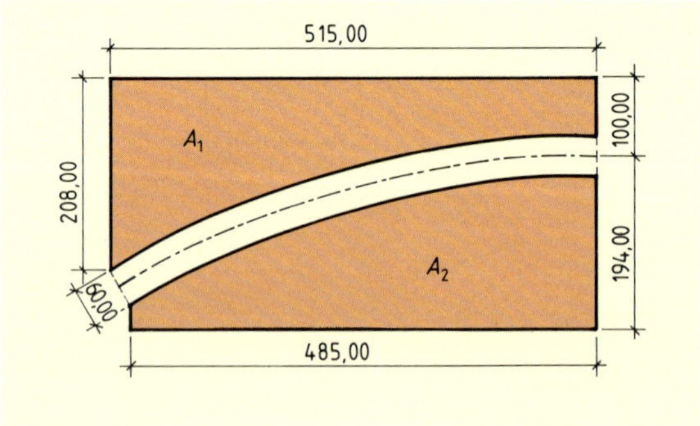

11.60 Für das dargestellte Vieleck ABCDE ist die Grundstücksfläche in a zu berechnen.

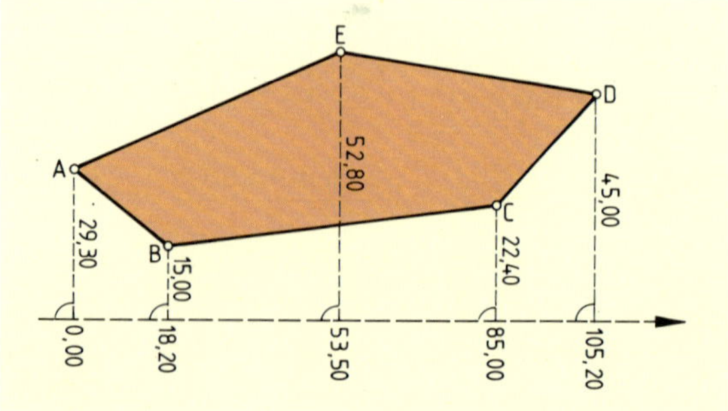

12 Körper

Raumeinheiten

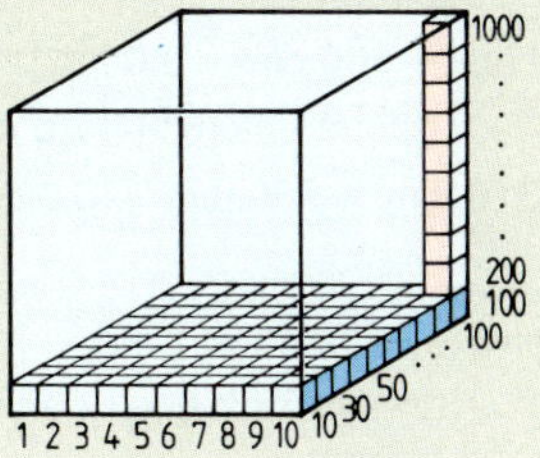

Raummaße entstehen durch Multiplikation eines Flächenmaßes mit einem Längenmaß. Die gesetzliche Einheit für den Rauminhalt ist der **Kubikmeter (m^3).** Daneben sind noch dezimale Teile dieser Einheit, wie Kubikdezimeter dm^3, Kubikzentimeter cm^3 und Kubikmillimeter mm^3, gebräuchlich.

Für die Umrechnung gilt die Umrechnungszahl 1 000. Eine Raumeinheit wird in die nächstkleinere bzw. nächstgrößere umgerechnet, indem man sie mit 1 000 multipliziert bzw. durch 1 000 dividiert.

Für Gefäße werden auch **Hohlmaße** verwendet. Grundeinheit für die Hohlmaße ist der **Liter (l).**

$$1\ dm^3 = \frac{1}{1000}\ m^3$$

$$1\ cm^3 = \frac{1}{1000}\ dm^3 = \frac{1}{1000000}\ m^3$$

$$1\ mm^3 = \frac{1}{1000}\ cm^3 = \frac{1}{1000000}\ dm^3 = \frac{1}{1000000000}\ m^3$$

$$1\ l \mathrel{\hat{=}} 1\ dm^3$$

$$1\ hl = 100\ l$$

Prismen und Zylinder

Prismen und Zylinder sind Körper, bei denen Grund- und Deckfläche gleich groß und parallel sind. Die Körperkanten bzw. Mantellinien verlaufen parallel. Die Körperhöhe (h_k) ist der senkrechte Abstand zwischen Grund- und Deckfläche. Die Mantelfläche entspricht der Abwicklungsfläche und die Oberfläche ist gleich der Summe aller Flächen, die prismatische und zylindrische Körper begrenzen.

Bei **Prismen** können Grund- und Deckfläche verschiedene, geradlinig begrenzte geometrische Formen haben. Ist die Grundfläche ein Quadrat oder ein Rechteck, so spricht man von einem **Quader.** Wird ein Prisma von sechs gleich großen Quadraten begrenzt, so spricht man von einem **Würfel.**

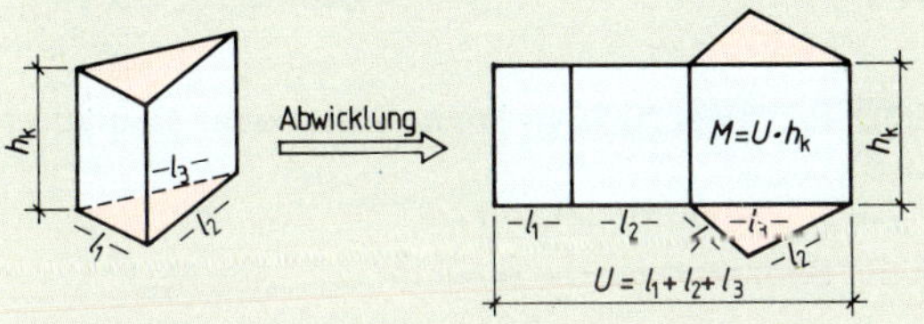

Rauminhalt = Grundfläche · Körperhöhe

$$V = A \cdot h_k$$

Mantel = Umfang · Körperhöhe

$$M = U \cdot h_k$$

Oberfläche = 2 · Grundfläche + Mantel

$$O = 2 \cdot A + U \cdot h_k$$

Bei **Kreiszylindern** sind Grund- und Deckfläche gleich große Kreise.

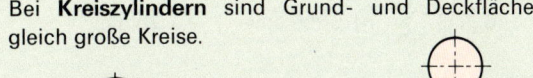

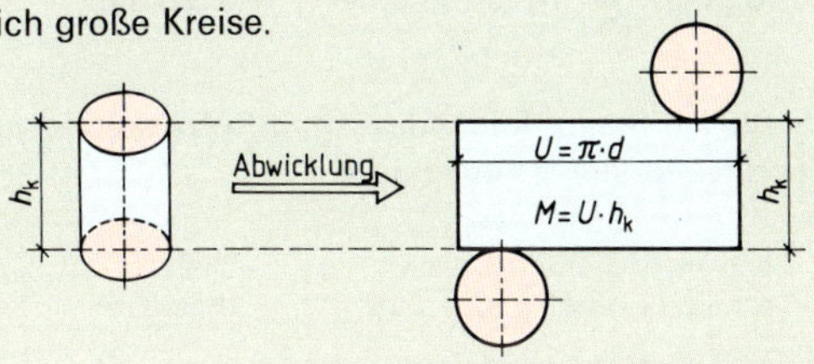

$$V = \frac{\pi \cdot d^2}{4} \cdot h_k \text{ oder}$$

$$V = d \cdot d \cdot 0{,}785 \cdot h_k$$

Mantel = Kreisumfang · Körperhöhe

$$M = \pi \cdot d \cdot h_k$$

Oberfläche = 2 · Grundfläche + Mantel

$$O = 2 \cdot A + M \quad \text{oder}$$

$$O = \frac{\pi \cdot d^2}{2} \pi \cdot d \cdot h_k \quad \text{oder}$$

$$O = \pi \cdot d \cdot \left(\frac{d}{2} + h_k\right)$$

Beispiel:

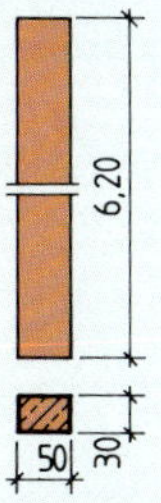

Für ein Gebäude sind 12 Stahlbetonstützen herzustellen. Die Schalung ist mit Betonplan auszukleiden. Zu ermitteln sind der Bedarf an Festbeton in m^3 und die Schalfläche in m^2.

Lösung:

$A = 0{,}50\ m \cdot 0{,}30\ m = 0{,}150\ m^2$

$V = 0{,}15\ m^2 \cdot 6{,}20\ m \cdot 12 = 11{,}60\ m^3$

$M = (2 \cdot 0{,}50\ m + 2 \cdot 0{,}30\ m) \cdot 6{,}20\ m \cdot 12 = \underline{119{,}04\ m^2}$

Beispiel:

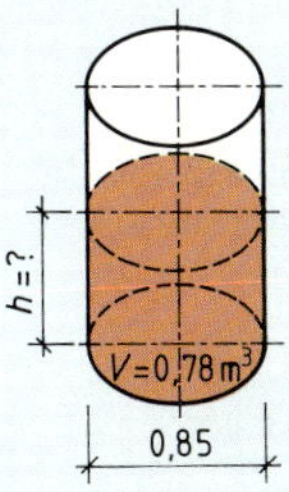

Wie hoch muss das dargestellte Gefäß gefüllt werden, wenn es 780 l Wasser enthalten soll?

Lösung:

$$h_k = \frac{V}{d \cdot d \cdot 0{,}785} = \frac{0{,}780\ m^3}{0{,}85\ m \cdot 0{,}85\ m \cdot 0{,}785} = \underline{1{,}375\ m}$$

12.1 Berechnen Sie in dm^3:

a) $27\ m^3 + 0{,}6\ dm^3 - 600\ cm^3 + 0{,}04\ m^3$

b) $17000\ mm^3 + 0{,}09\ m^3 - 4\ cm^3 + 17{,}5\ dm^3$

c) $502\ cm^3 + 0{,}012\ m^3 + 990\ mm^3 - 0{,}001\ dm^3$

12.2 Berechnen Sie in m^3:

a) $97000\ mm^3 - 5500\ cm^3 + 7{,}9\ m^3 + 29{,}9\ dm^3$

b) $504\ dm^3 + 0{,}024\ m^3 + 197\ cm^3 - 89{,}5\ cm^3$

c) $12005\ mm^3 + 220\ cm^3 - 0{,}02\ dm^3 + 1{,}001\ m^3$

12.3 Rechnen Sie um in m^3:

a) 50 hl **b)** 1700 l **c)** 90 dl
d) 2900 dl **e)** 0,001 hl **f)** 0,5 l
g) 57500 ml **h)** 35000 hl **i)** 20 ml

12.4 Rechnen Sie um in l:

a) $77000\ mm^3$ **b)** $106000\ m^3$ **c)** $0{,}035\ dm^3$
d) $22{,}9\ m^3$ **e)** $0{,}001\ m^3$ **f)** $0{,}990\ cm^3$
g) $170\ dm^3$ **h)** $5000\ cm^3$ **i)** $25\ mm^3$

12.5 Stellen Sie für folgende Schnittholzwaren jeweils die Formel für den Rauminhalt auf:

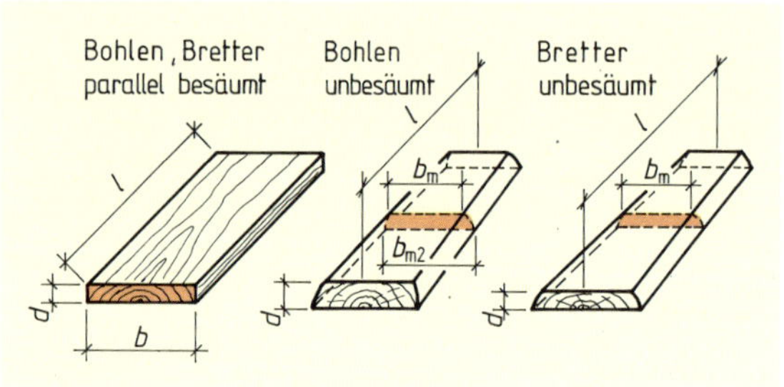

12.6 Berechnen Sie den Rauminhalt folgender Körper:

a) Mauerziegel NF,
b) Mauerziegel 3 DF,
c) Kantholz 12/14 cm; 4,50 m lang,
d) Balken 20/24 cm; 6,50 m lang,
e) Rundholz mittlerer Durchmesser 65 cm; 5,50 m lang.

12.7 Der im Grundriss skizzierte Mauerteil ist mit Steinen 2 DF 3 m hoch gemauert. Er wird allseitig mit Kalkzementmörtel 2 cm dick verputzt. Ermitteln Sie den Bedarf an Steinen bei 275 Stück/m^3, an Mauermörtel bei 207 l/m^3 und den Bedarf an Kalkzementmörtel bei 22 l/m^2.

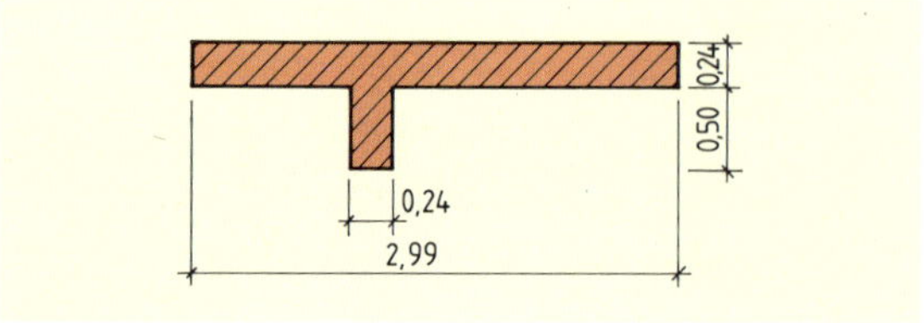

12.8 Für den im Querschnitt dargestellten Leitungsgraben von 32,50 m Länge ist der Bodenaushub in m^3 zu berechnen.

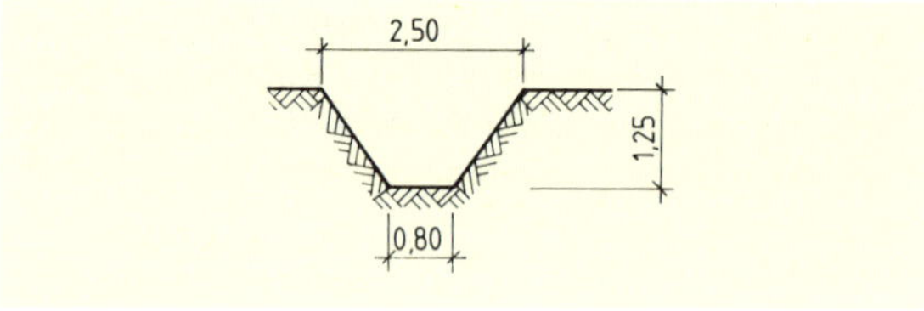

12.9 Berechnen Sie für die dargestellte Baugrube am Hang:

a) den Bodenaushub in m^3,
b) Die Bodenabfuhr in m^3 bei 25 % Zuschlag für Auflockerung,
c) die Zahl der benötigten Lkw-Fahrten, wenn ein Lkw 3 m^3 Erde laden kann,
d) das Gefälle des Geländes in Prozent.

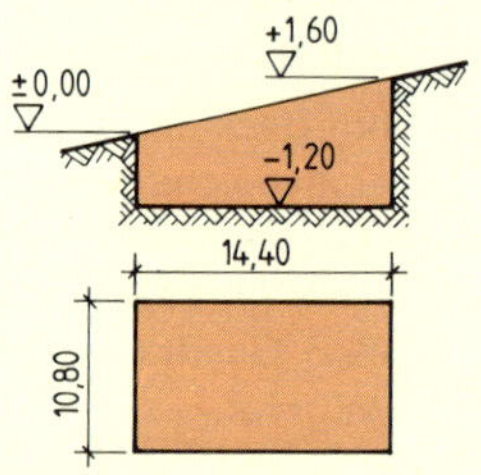

12.9

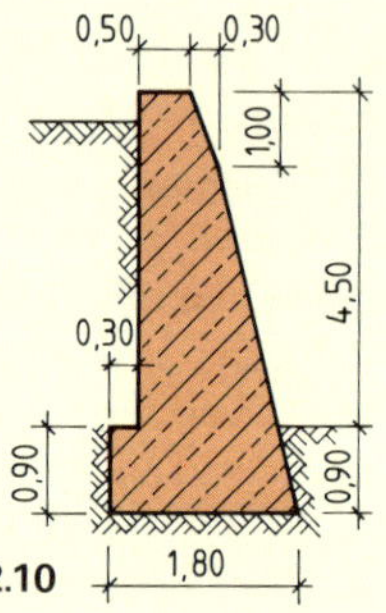

12.10

12.10 Für eine 70,20 m lange Stützmauer sind zu ermitteln:

a) die Querschnittfläche in m^2,
b) der Bedarf an Festbeton in m^3.

12.11 Ermitteln Sie nach der angegebenen Holzliste den Bedarf an Bauholz in m^3 und an Holzschutzmittel in g bei einer Auftragsmenge von 200 g/m^2.

Nr.	Bezeichnung	St	b	h	l
1	Sparren	12	8	14	4,72
2	Firstpfette	1	12	16	7,80
3	Schwellen	2	10	12	7,56
4	Pfosten	2	12	12	2,20

12.12 Berechnen Sie für das ungleich geneigte Satteldach, dessen Länge 12,50 m misst, den Dachraum in m^3.

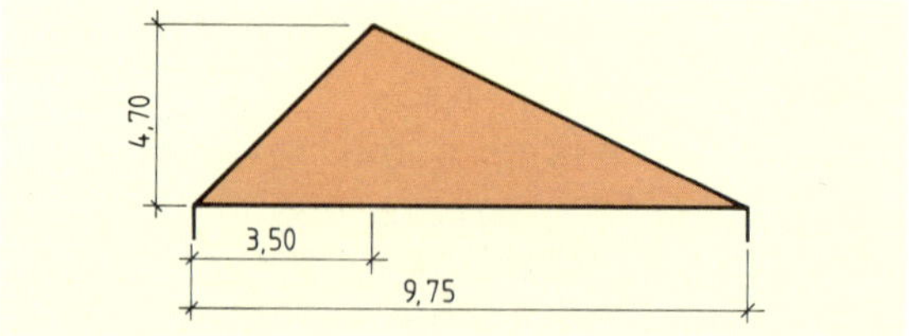

12.13 Zur Berechnung des Rauminhaltes, der Mantelfläche und der Oberfläche eines Kreiszylinders sind jeweils vier Formeln aufgeführt. Geben Sie die richtigen Formeln an.

Rauminhalt	Mantelfläche	Oberfläche
$V=\frac{d^2\cdot 0{,}785}{3}$	$A_M=U\cdot h_k$	$A_O=\frac{d^2}{2}+A_M$
$V=d\cdot d\cdot h_k$	$A_M=d\cdot h_k$	$A_O=A+U\cdot h_k$
$V=A\cdot h_k$	$A_M=\pi\cdot d\cdot h_k$	$A_O=\pi\cdot d\cdot\left(h_k+\frac{d}{2}\right)$
$V=d\cdot d\cdot 0{,}785\cdot h_k$	$A_M=2\cdot r\cdot\pi\cdot h_k$	$A_O=2\cdot A+U\cdot h_k$

12.14 Stellen Sie für den abgebildeten Stamm die Formel für den Rauminhalt auf.

Anmerkung: Der Durchmesser wird in Stammmitte an entrindeter Seite gemessen.

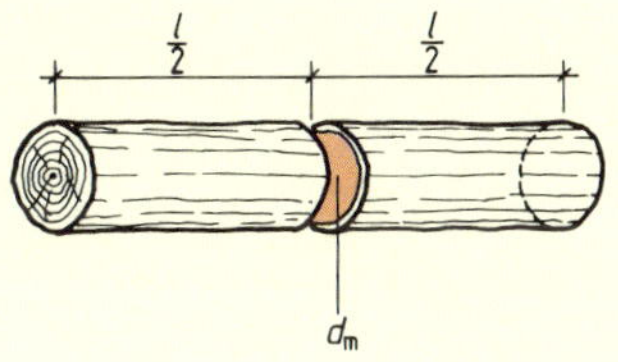

12.15 Bei einem Eichenstamm messen der mittlere Umfang 1,50 m (1,80 m) und die Länge 6,20 m (5,70 m). Berechnen Sie den Rauminhalt.

12.16 Bei einem Kreiszylinder sind von den fünf Größen d, h_k, V, A_M, A_O folgende gegeben:

a) h_k = 45 cm, A_M = 0,35 m²,

b) d = 55 mm, A_O = 380 cm²,

c) A_M = 240 cm², V = 420 cm³.

Berechnen Sie jeweils die drei fehlenden Größen.

12.17 Bei einer Stahlbetonstütze messen der Durchmesser 45 cm und die Stützhöhe 4,20 m. Zeichnen Sie Querschnitt, Längsschnitt und Abwicklung im M 1:20 und bemaßen Sie die Skizzen.

12.18 Bei einem Stahlbetonsilo messen der äußere Durchmesser 4,60 m, die Wand 30 cm und die Höhe des Silos 6,50 m. Ermitteln Sie den Bedarf an Festbeton in m³ und berechnen Sie die Schalfläche außen und innen in m². Zeichnen Sie den Längsschnitt des Stahlbetonsilos im M 1:100 und bemaßen Sie die Skizze.

12.19 Eine Regentonne hat einen Innendurchmesser d = 60 cm. Wie hoch stehen 150 l Wasser in der Tonne?

12.20 Zur Herstellung von Stahlbetonstützen mit kreisförmigem Querschnitt und einer Höhe von 6,50 m wird die Schalung mit 4 mm dicken Furnierplatten ausgekleidet. Zur Verfügung stehen 99,80 m² solcher Platten. Wie viele Stützen lassen sich damit einschalen, wenn der Durchmesser jeder Stütze 45 cm misst?

12.21 Die dargestellte Stahlbetonstütze soll mit Spaltriemchen 24/5,25 cm verkleidet werden. Ermitteln Sie

a) die zu verkleidende Fläche in m²,

b) den Bedarf an Spaltriemchen (Stückzahl) bei 8 % Verschnitt.

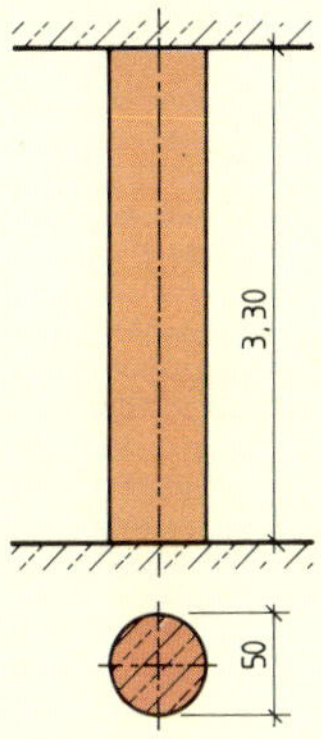

12.22 Der Durchlass unter einem Autobahndamm hat die Form eines halben Hohlzylinders (Skizze). Er soll neu gestrichen werden, wobei 1 Liter Farbe für 4 m² Fläche ausreicht. Wie viel Liter Farbe werden benötigt?

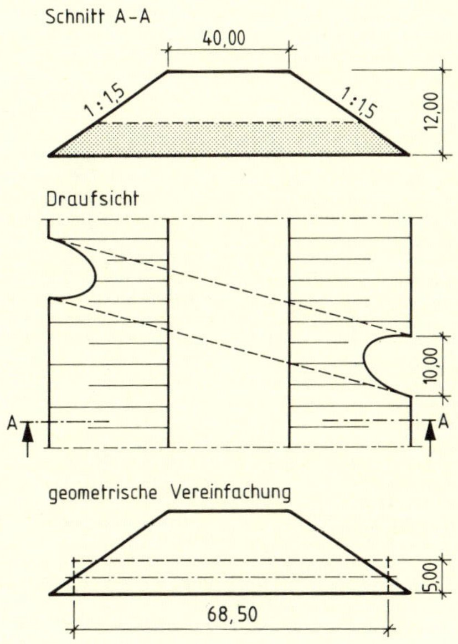

Spitze Körper: Pyramide und Kegel

Zu den spitzen Körpern gehören **Pyramide** und **Kegel.** Sie haben im Gegensatz zu Prismen und Zylindern statt einer Deckfläche eine Spitze. Alle Körperkanten bzw. Mantellinien laufen in der Spitze zusammen. Liegt die Spitze senkrecht über dem Schwerpunkt der Grundfläche, so spricht man von geraden, andernfalls von schiefen Pyramiden und Kegeln. Die Körperhöhe h_k ist immer der senkrechte Abstand zwischen Spitze und Grundfläche. Das Volumen spitzer Körper ist nur $^1/_3$ so groß wie das Volumen von Prismen und Zylindern gleicher Grundfläche und Körperhöhe.

Bei **Pyramiden** kann die Grundfläche ein Dreieck, Viereck oder Vieleck sein. Der **Mantel** wird aus der Summe der Seitenflächen gebildet. Die Seitenflächen haben bei allen Pyramiden Dreiecksform. Bei einem Quadrat, einem gleichseitigen Dreieck und einem regelmäßigen Vieleck als Grundfläche sind die Seitendreiecke gleich groß.

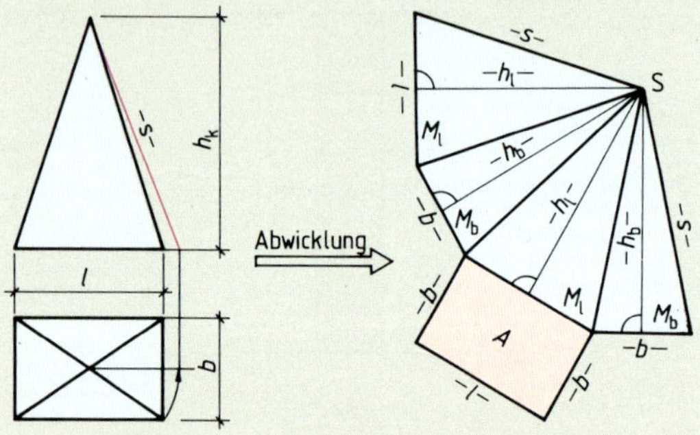

$$\text{Rauminhalt} = \frac{\text{Grundfläche} \cdot \text{Körperhöhe}}{3}$$

$$V = \frac{A \cdot h_k}{3}$$

Mantel = Summe der Dreiecksflächen

Oberfläche = Grundfläche + Mantelfläche

Die Seitenkanten s und die Höhen der Seitendreiecke h_L und h_b können nach dem Lehrsatz des Pythagoras berechnet werden.

Beim **Kegel** ist die Grundfläche ein **Kreis;** sie kann auch ein Teil des Kreises (Halbkreis, Viertelkreis oder Kreisausschnitt mit beliebigem Mittelpunktswinkel) sein. Der **Mantel** zeigt in der Abwicklung einen Kreisausschnitt. Seine Bogenlänge ist gleich dem Umfang der Grundfläche, sein Radius ist gleich der Mantellinie s. Die Mantellinie kann nach dem Lehrsatz des Pythagoras berechnet werden (vgl. Kapitel 16).

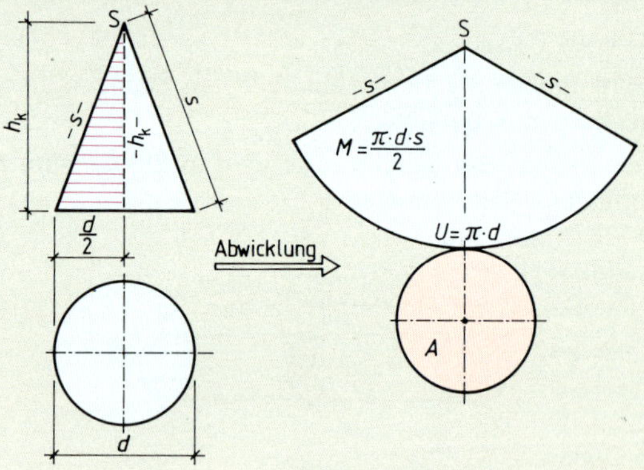

$$V = \frac{\pi \cdot d^2 \cdot h_k}{4 \cdot 3} \quad \text{oder} \quad V = \frac{d \cdot d \cdot 0{,}785 \cdot h_k}{3}$$

$$M = \frac{\pi \cdot d \cdot s}{2}$$

$$s = \sqrt{(h_k)^2 + \left(\frac{d}{2}\right)^2}$$

$$O = \frac{\pi \cdot d}{2}\left(\frac{d}{2} + s\right)$$

Beispiel:

Ein Zeltdach ist 6,50 m hoch, die Grundfläche hat die Abmessungen 8,60 m × 12,20 m. Zu berechnen sind der Rauminhalt und die Dachfläche.

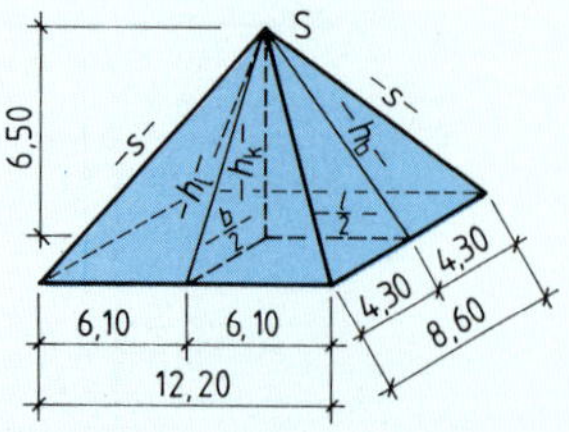

Lösung:

$$V = \frac{L \cdot b \cdot h_k}{3} = \frac{12{,}20\text{ m} \cdot 8{,}60\text{ m} \cdot 6{,}50\text{ m}}{3} = \underline{227{,}327\text{ m}^3}$$

$$h_L = \sqrt{(6{,}50\text{ m})^2 + (4{,}30\text{ m})^2} = \sqrt{60{,}74\text{ m}^2} = 7{,}79\text{ m}$$

$$h_b = \sqrt{(6{,}50\text{ m})^2 + (6{,}10\text{ m})^2} = \sqrt{79{,}46\text{ m}^2} = 8{,}91\text{ m}$$

$$M = 12{,}20\text{ m} \cdot 7{,}79\text{ m} + 8{,}60\text{ m} \cdot 8{,}91\text{ m} = \underline{171{,}66\text{ m}^2}$$

Beispiel:

Ein kegelförmiger Sandhaufen hat am Boden einen Umfang von 14,60 m. Die Böschungslänge misst 2,60 m. Wie viel m³ Sand sind vorhanden?

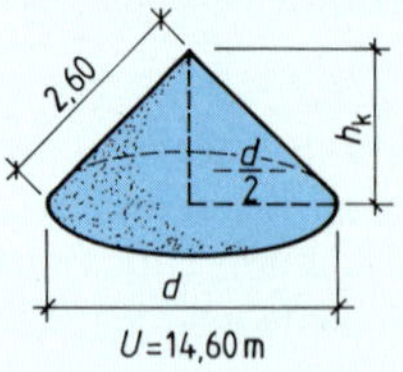

Lösung:

$$d = \frac{U}{\pi} = \frac{14{,}60\text{ m}}{3{,}14} = \underline{4{,}65\text{ m}}$$

$$h_k = \sqrt{s^2 - \left(\frac{d}{2}\right)^2} = \sqrt{(2{,}60\text{ m})^2 - \left(\frac{4{,}65\text{ m}}{2}\right)^2}$$

$$= \sqrt{1{,}35\text{ m}^2} = \underline{1{,}16\text{ m}}$$

$$V = \frac{\pi \cdot d^2 \cdot h_k}{4 \cdot 3} = \frac{3{,}14 \cdot (4{,}65\text{ m})^2 \cdot 1{,}16\text{ m}}{12} = \underline{6{,}563\text{ m}^3}$$

12.23 Dem dargestellten Turmdach sind folgende Begriffe zuzuordnen: Dachhöhe, Gratsparrenlänge s, Sparrenlängen h_l und h_b, Trauflängen l und b, Grundfläche A, Dachflächen A_l und A_b.

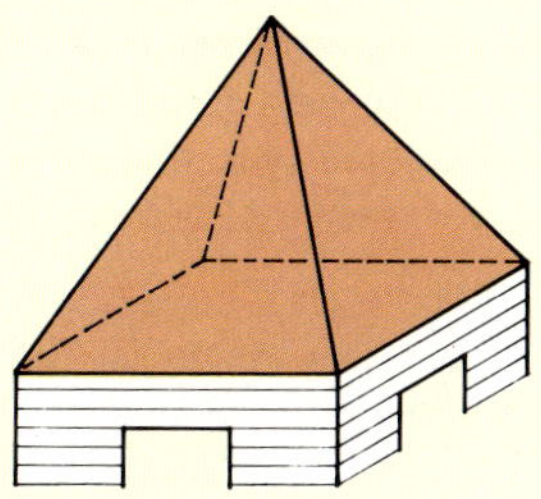

12.24 Die Cheopspyramide in Ägypten (ca. 2500 Jahre v. Chr.) hat einen Rauminhalt von 2899200 m³ und eine quadratische Grundfläche von 230 m × 230 m. Berechnen Sie die Höhe der Pyramide, die Mantelfläche und die Länge der Seitenkante.

12.25 Ein Kirchturm mit regelmäßigem sechseckigem Grundriss erhält ein pyramidenförmiges Dach. Eine Seite des regelmäßigen Sechsecks misst 3,50 m; das Dach soll 6,20 m hoch werden. Zu berechnen sind die für die Ausführung erforderlichen Größen

a) Sparrenlänge, **c)** Dachfläche,
b) Gratsparrenlänge, **d)** Dachraum.

Zeichnen Sie das Turmdach in der Draufsicht und in der Ansicht und die Abwicklung der Mantelfläche im M 1:100.

12.26 Für das im M 1:200 dargestellte Turmdach sind die Gratsparrenlänge, die Dachfläche und der Dachraum überschlägig zu berechnen.

Die erforderlichen Maße sind den Skizzen zu entnehmen.

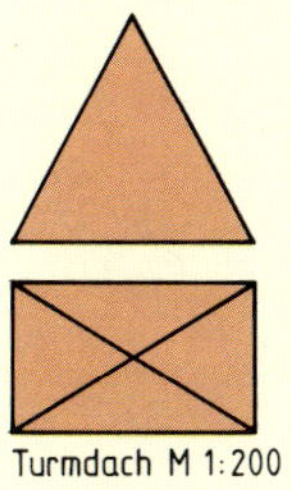

12.26

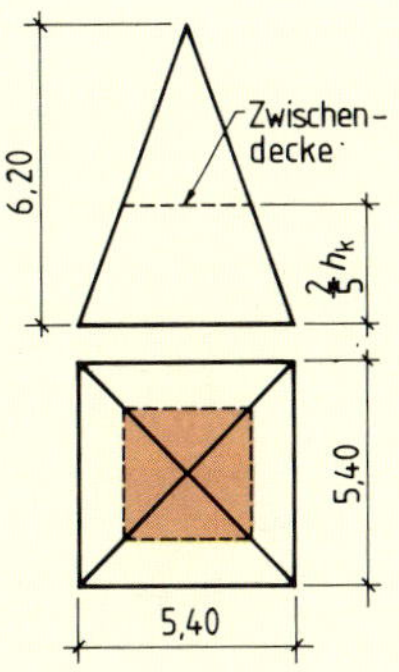

12.27

12.27 Ein Turmdach mit quadratischer Grundfläche hat die oben angegebenen Abmessungen. Wie groß ist der Flächeninhalt einer Zwischendecke, die in $\frac{2}{5} \cdot h_k$ parallel zur Grundfläche eingezogen wird?

12.28 Bei einem Kegel sind von den sechs Größen d, h_k, s, V, A_M, A_O folgende gegeben:

a) $d = 15$ cm, $V = 2{,}4$ l,

b) $s = 6{,}8$ dm, $A_M = 76$ dm²,

c) $d = 3{,}2$ m, $A_O = 32{,}5$ m².

Berechnen Sie jeweils die vier fehlenden Größen.

12.29 Bei einem kegelförmigen Trichter misst der Durchmesser 25 cm. Wie groß muss seine Höhe sein, damit er 2 Liter fassen kann?

12.30 Ein Sandberg hat Kegelform und bedeckt bei einer Höhe von 2,20 m eine Kreisfläche, deren Durchmesser 5,60 m misst. Wie viel m³ Sand sind vorhanden?

12.31 Ein Kieshaufen in einer Lagerbox beansprucht den in der Zeichnung dargestellten Raum. Berechnen Sie die lagernde Kiesmenge in m³.

12.31

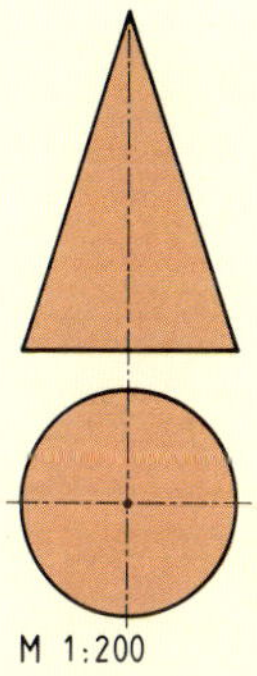

12.32

12.32 Für das oben stehend im M 1:200 dargestellte Turmdach sind die Dachfläche und der Dachraum überschlägig zu berechnen. Die erforderlichen Maße sind den Skizzen zu entnehmen.

12.33 Aus einem Zinkblech, das die Form eines Kreisausschnittes mit dem Mittelpunktswinkel $\alpha = 120°$ und dem Halbmesser $r = 60$ cm hat, soll ein Kegel hergestellt werden. Berechnen Sie den Rauminhalt und die Körperhöhe des Kegels.

12.34 Für den Bau eines kegelförmigen Turmdaches sind die Dachneigung mit 60° und die Dachhöhe mit 3,60 m vorgeschrieben. Berechnen Sie die Sparrenlänge, die Dachfläche und den Dachraum. Zeichnen Sie das Turmdach in der Draufsicht und im Querschnitt im M 1:100.

Stumpfe Körper: Pyramiden- und Kegelstumpf

Baukörper und Bauteile haben oft die Form stumpfer Körper. Ihr Rauminhalt kann **angenähert** und **exakt** ausgerechnet werden. In der Praxis reicht meist ein angenähertes Ergebnis. Hierzu werden Pyramiden- bzw. Kegelstümpfe näherungsweise in Prismen bzw. Zylinder überführt. Ihre Grundfläche ist gleich der Querschnittsfläche in halber Höhe des Pyramiden- bzw. Kegelstumpfes. Die **Querschnittsfläche** A_m wird bei Pyramidenstümpfen aus den mittleren Seitenlängen und bei Kegelstümpfen über den mittleren Durchmesser d_m ermittelt. Die Längen der Seitenkanten bzw. der Mantellinien können nach dem Lehrsatz des Pythagoras (vgl. Kapitel 16) berechnet werden. Als Körperhöhe wird der senkrechte Abstand zwischen Grund- und Deckfläche gemessen.

Pyramidenstümpfe haben als Grund- und Deckfläche verschiedene, geradlinig begrenzte geometrische Formen. Grund- und Deckfläche haben jeweils die gleiche Form, sind aber verschieden groß. Der Mantel wird aus der Summe der Seitenflächen gebildet. Sie haben stets die Form von Trapezen. Je nach der geometrischen Form der Grund- und Deckfläche können die Trapeze gleich oder verschieden groß sein.

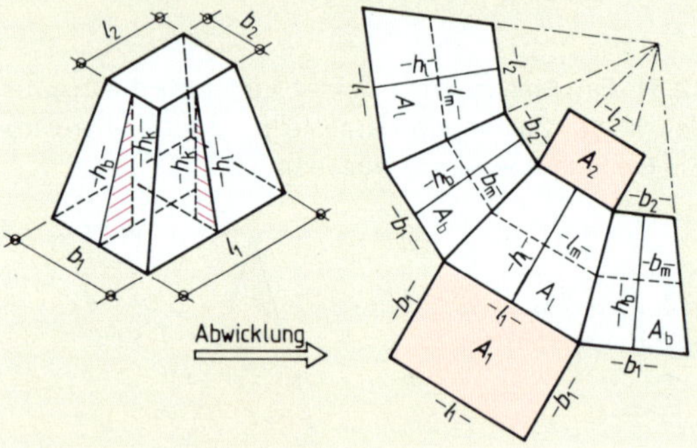

$$V \approx A_m \cdot h_k = \frac{l_1 + l_2}{2} \cdot \frac{b_1 + b_2}{2} \cdot h_k = l_m \cdot b_m \cdot h_k$$

$$\mathbf{V = \frac{h_k}{6}\,(A_1 + A_2 + 4 \cdot A_m)}$$

$$V = \frac{h_k}{3}\,(A_1 + A_2 + \sqrt{A_1 \cdot A_2})$$

Näherungsformel für die Massenermittlung bei Erdarbeiten.

$$V \approx \frac{A_1 + A_2}{2} \cdot h$$

Mantel = Summe der Trapezflächen

$$A_O = A_M + A_1 + A_2$$

Kegelstümpfe haben als Grund- und Deckfläche Kreise oder Kreisteile. Der Mantel ist Teil eines Kreisringes, dessen Bögen dem Umfang der Grundfläche und dem Umfang der Deckfläche entsprechen. Der Abstand der beiden Kreisbögen ist gleich der Mantellinie s. Werden die Kreisbögen gestreckt, so entsteht ein Trapez, dessen Breite gleich der Mantellinie s ist.

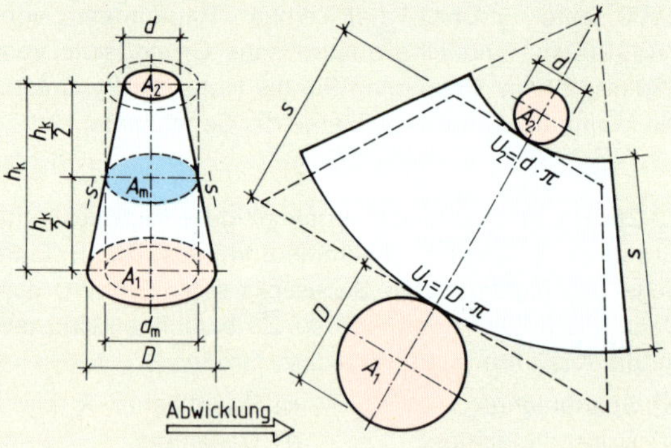

$$V \approx A_m \cdot h_k = \frac{\pi \cdot (d_m)^2}{4} \cdot h_k$$

$$\mathbf{V = \frac{h_k}{6}\,(A_1 + A_2 + 4 \cdot A_m)}$$

$$V = \frac{\pi \cdot h_k}{12}\,(D^2 + d^2 + D \cdot d)$$

$$A_M = \frac{\pi \cdot s}{2}\,(D + d) = \pi \cdot s \cdot d_m$$

$$s = \sqrt{(h_k)^2 + \left(\frac{D - d}{2}\right)^2}$$

$$A_O = A_M + A_1 + A_2$$

Beispiel:

Für ein Bauwerk müssen 14 Stützenfundamente nach den angegebenen Maßen erstellt werden. Wie viel m² Schalung sind herzustellen und wie viel m³ Festbeton sind überschlägig einzubringen?

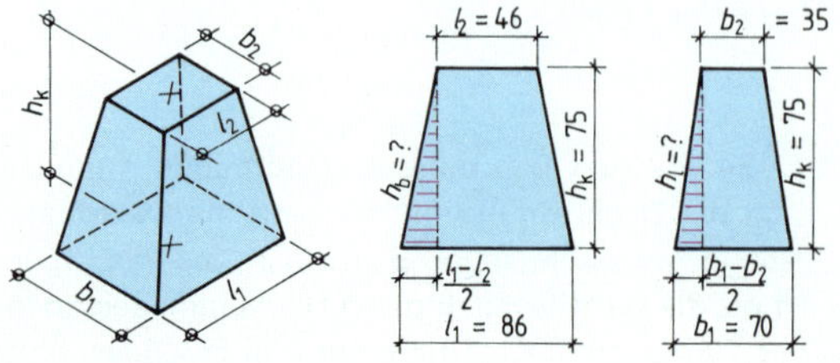

Lösung:

$h_b = \sqrt{(0{,}75\text{ m})^2 + (0{,}20\text{ m})^2} = \underline{0{,}776\text{ m}}$

$h_l = \sqrt{(0{,}75\text{ m})^2 + (0{,}175\text{ m})^2} = \underline{0{,}770\text{ m}}$

$$A_M = \left(2 \cdot \frac{0{,}86\text{ m} + 0{,}46\text{ m}}{2} \cdot 0{,}77\text{ m} + 2 \cdot \frac{0{,}70\text{ m} + 0{,}35\text{ m}}{2} \cdot 0{,}776\text{ m}\right) \cdot 14$$

$A_M = (1{,}016\text{ m}^2 + 0{,}815\text{ m}^2) \cdot 14$
$= \underline{25{,}634\text{ m}^2\text{ Schalfläche}}$

$$A_m = \frac{0{,}86\text{ m} + 0{,}46\text{ m}}{2} \cdot \frac{0{,}70\text{ m} + 0{,}35\text{ m}}{2} = \underline{0{,}346\text{ m}^2}$$

$V \approx 0{,}346\text{ m}^2 \cdot 0{,}75\text{ m} \cdot 14 \approx \underline{3{,}633\text{ m}^3\text{ Festbeton}}$

12.35 Ein Betonsockel hat die Form eines Pyramidenstumpfes; die in den Zeichnungen angegebenen Maße sind Fertigmaße. Die Seitenflächen und die Deckfläche sollen mit Steingutfliesen verkleidet werden; der Mörtelaufzug beträgt 2,5 cm. Zu berechnen sind

a) der Bedarf an Festbeton in m³ für den Sockel,

b) der Bedarf an Steingutfliesen 15/15 in m² und Stück bei 30 % Verhau,

c) der Mörtelbedarf in m³.

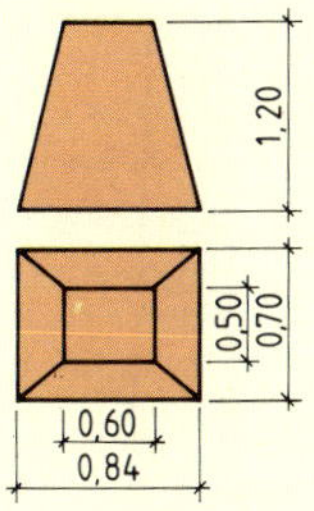

12.35

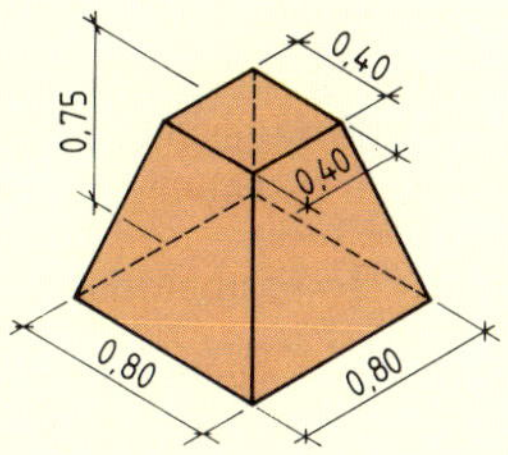

12.36

12.36 Für die Herstellung von 24 Einzelfundamenten wurden 8,20 m³ Frischbeton angefordert. Die Fundamente haben die oben stehend in der Isometrie dargestellte Form von Pyramidenstümpfen.

Prüfen Sie nach, ob die angelieferte Frischbetonmenge ausreicht, wenn sie um 25 % verdichtet wird.

12.37 Für das im Querschnitt und in der Draufsicht dargestellte Wasserbecken sind zu berechnen:

a) die Wassermenge in Liter, wenn das Becken drei viertel gefüllt sein soll,

b) die Sperranstrichfläche in m².

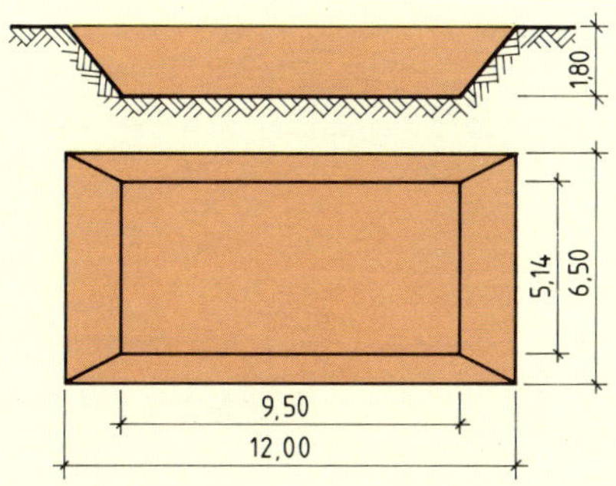

12.38 Ein Zementsilo hat die Form eines Pyramidenstumpfes mit quadratischer Grund- und Deckfläche; die Quadratseiten messen 3,20 m bzw. 1,10 m. Welche Höhe hat das Zementsilo, wenn der Rauminhalt 24,20 m³ beträgt?

12.39 Für eine Fabrikhalle sind 16 gleich große Stützenfundamente herzustellen. Draufsicht, Vorderansicht und Seitenansicht sind im M 1 : 25 dargestellt. Berechnen Sie überschlägig

a) den Bedarf an Festbeton in m³,

b) die Schalfläche eines Fundamentes in m².

Die erforderlichen Maße sind den Zeichnungen zu entnehmen.

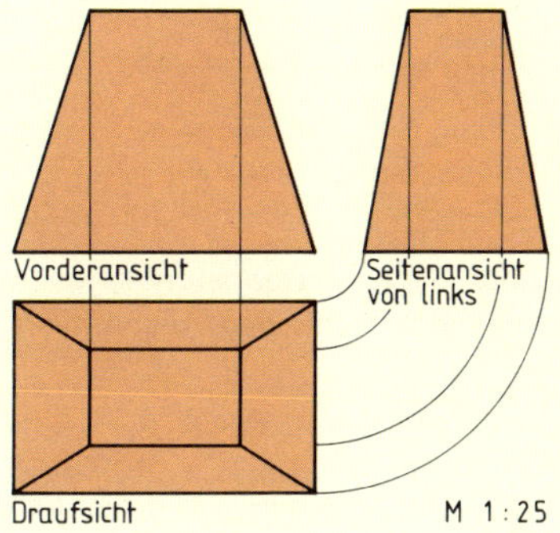

12.40 Ein Mansarddach wird mit Kupferblech eingedeckt. Wie viel m² Kupferblech werden verarbeitet, wenn für Fälzen und Überlappung 5 % Zuschlag gerechnet werden soll?

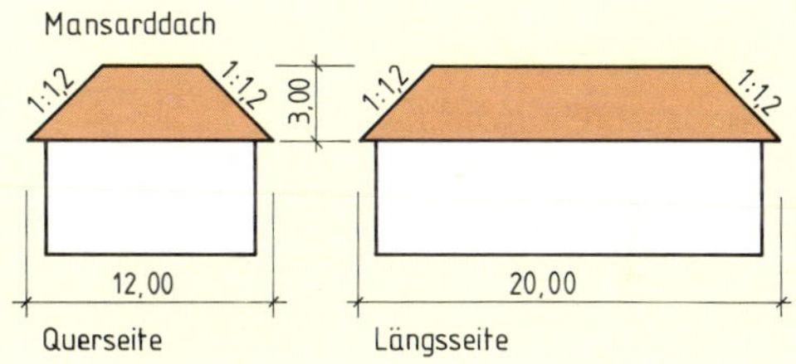

12.41 In ein Turmdach mit quadratischer Grundfläche wird eine Zwischendecke eingezogen. Der darunter liegende Dachraum soll an allen vier Dachwänden eine Verkleidung aus nordischer Fichte erhalten. Der Dachraum hat zwei Fensteröffnungen von 0,80 m × 1,20 m. Berechnen Sie den Dachraum in m³ und die Rohmenge an gespundeten Holzriemen in m² bei 25 % Verschnittzuschlag.

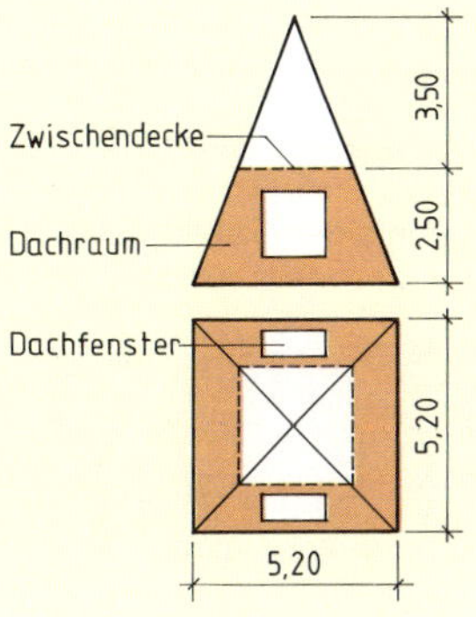

12.42 Ein Eimer hat die in der Zeichnung angegebenen Maße. Wie viel Liter Wasser kann der Eimer aufnehmen, wenn er bis 3 cm vom oberen Rand gefüllt wird?

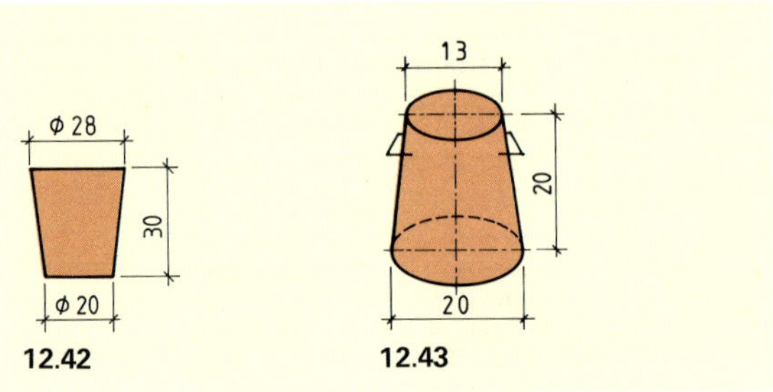

12.42 12.43

12.43 Berechnen Sie die Frischbetonmenge in dm^3, die der abgebildete Trichter für den Ausbreitversuch aufnehmen kann.

12.44 Ein Betonkübel hat die Form eines Kegelstumpfes. Gegeben sind $D = 60$ cm, $d = 28$ cm und $A_M = 220\ dm^2$. Wie viel cm misst die Höhe des Betonkübels und wie groß ist der Rauminhalt in m^3?

12.45 Die Baugrube für eine Kläranlage ist im Querschnitt und in der Draufsicht dargestellt. Zu berechnen sind

a) der Bodenaushub in m^3,

b) die Bodenabfuhr in m^3 bei 30 % Zuschlag für Auflockerung,

c) die Zahl der benötigten Lkw-Fahrten, wenn ein Lkw 3 m^3 Erde laden kann,

d) das Böschungsgefälle in Prozent.

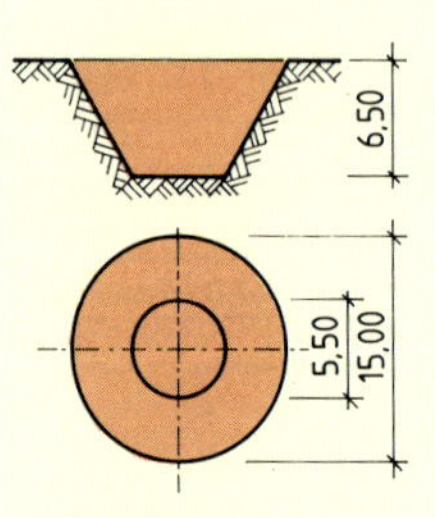

12.46 Der Stamm eines Mammutbaumes hat die Form eines lang gestreckten Kegelstumpfes. Seine Länge misst 85 m, die Umfänge an den Enden sind $U_1 = 22$ m und $U_2 = 2{,}50$ m.

a) Wie viel m^3 hat der Stamm, wenn nach der Näherungsformel und nach einer exakten Formel gerechnet wird?

b) Wie schwer ist der Stamm, wenn die Dichte mit $\varrho = 500\ \frac{kg}{m^3}$ angegeben wird? (Für den Rauminhalt wird das Ergebnis der exakten Formel eingesetzt.)

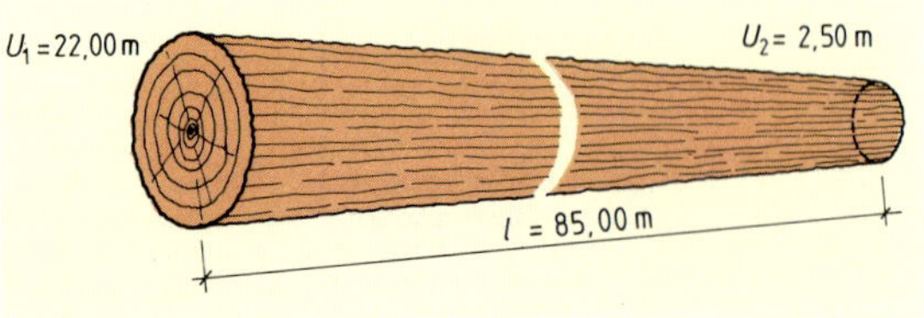

12.47 Ein Bohrprobeloch von 3,50 m Tiefe hat die Form eines Kegelstumpfes. Der Durchmesser misst oben 2,60 m und unten 1,80 m. Berechnen Sie den Rauminhalt der Ausschachtung in m^3 und die Auflockerung des Bodenaushubs in Prozent, wenn die weggeführte Erde 17,00 m^3 betrug.

12.48 Eine Stahlbetonstütze hat die Form eines Kegelstumpfes. Sie soll mit Spaltriemchen verkleidet werden. Ansicht und Draufsicht sind im M 1:100 dargestellt. Es sind überschlägig zu berechnen:

a) der Bedarf an Festbeton in m^3,

b) der Bedarf an Frischbeton in m^3 bei einer Verdichtung um 25 %,

c) die Schalfläche in m^2,

d) der Bedarf an Spaltriemchen 24/5,25 in m^2 und Stück bei 8 % Verhau.
Die erforderlichen Maße sind den Zeichnungen zu entnehmen.

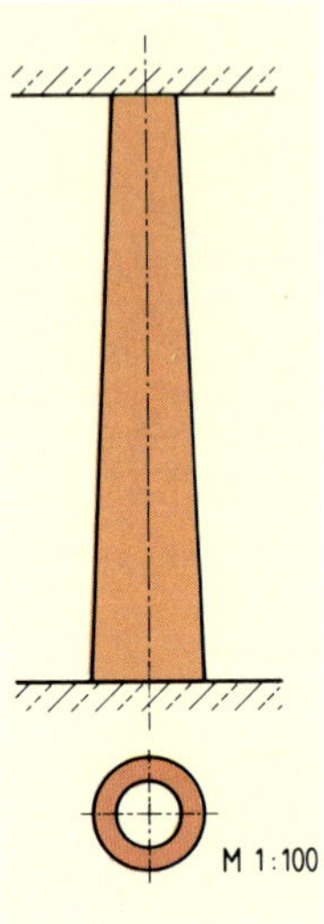

12.49 Wie viel m^3 Beton werden für die Schale der Tribüne eines Kricket-Stadions benötigt, wenn die Podeste rechnerisch durch die Mantelflächen von Kegelstümpfen begrenzt werden sollen (Skizze)? Verwenden Sie für die Lösung die Formel:

$$V = \frac{\pi \cdot h_k}{12}\,(D^2 + d^2 + D \cdot d)$$

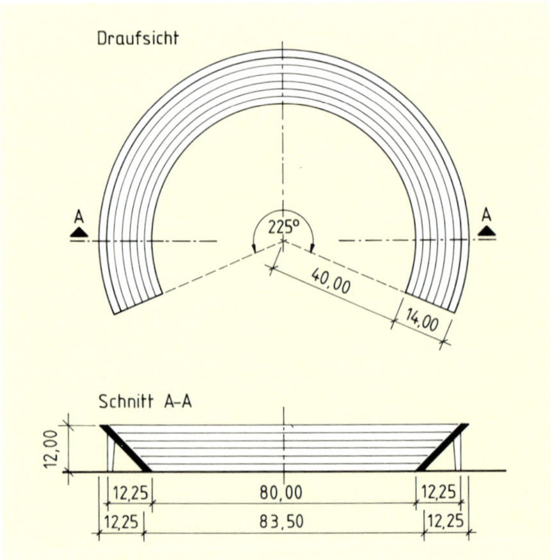

Zusammengesetzte Körper

Im Bauwesen muss häufig (z. B. beim Aufmaß von Bauteilen oder bei der Berechnung des umbauten Raumes) der Rauminhalt zusammengesetzter Körper bestimmt werden. Dazu muss zuerst festgestellt werden, aus welchen einfach zu berechnenden Teilkörpern der Gesamtkörper besteht.

Die Berechnung des Rauminhalts erfolgt jeweils durch Berechnung der Rauminhalte der Teilkörper nach den bekannten Verfahren.

Gesamtrauminhalt = Summe der Teilrauminhalte

$$V = V_1 + V_2 + V_3 \ldots$$

Das Gebäude besteht aus einem Quader (blau), zwei halben Pyramiden (rot) und einem Prisma mit dreieckiger Grundfläche (hellblau).

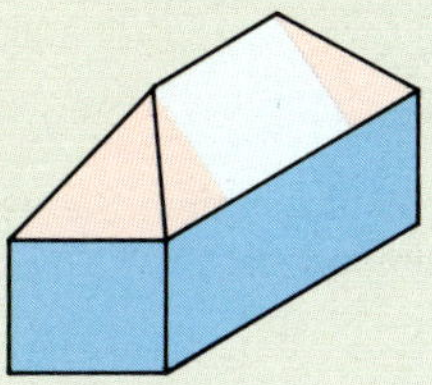

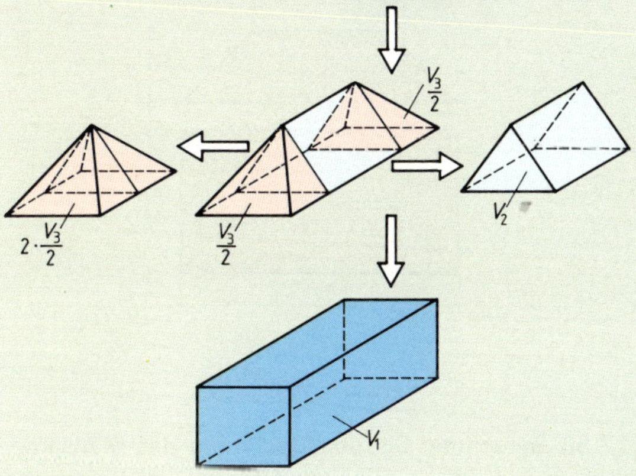

$V = V_1 +$	$V_2 +$	V_3
Quader	Prisma	Pyramide

Das Bauwerk besteht aus zwei Quadern (blau), einem Prisma mit dreieckiger Grundfläche (rot) und einer Pyramide (hellblau). Grundkörper und Dach des Kirchenschiffes könnten auch als Prisma mit zusammengesetzter Grundfläche gemeinsam berechnet werden.

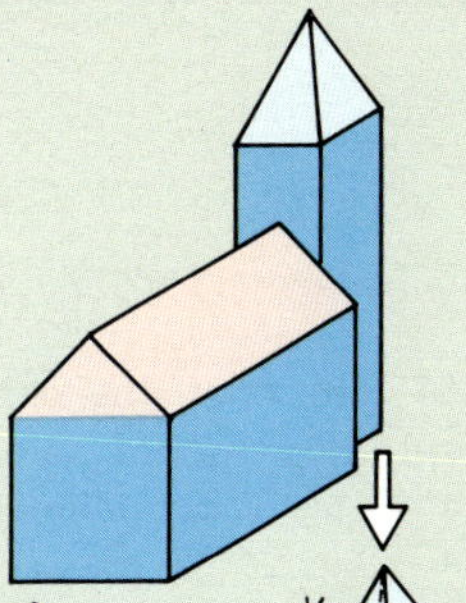

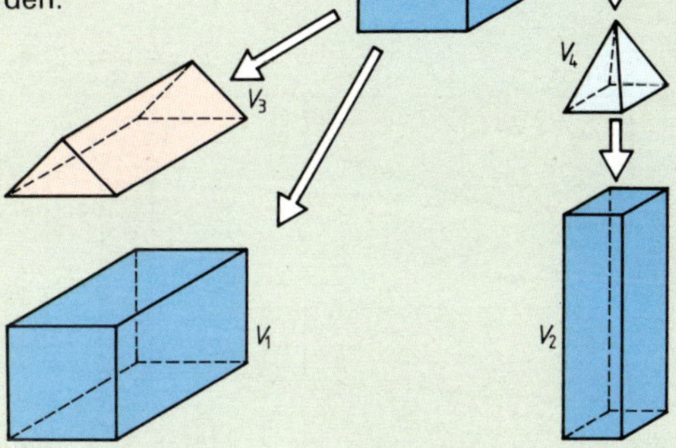

$V = V_1 +$	$V_2 +$	$V_3 +$	V_4
Quader	Quader	Prisma	Pyramide

Beispiel:

Ein Zementsilo hat folgende Abmessungen:

$d_1 = 1{,}80$ m

$d_2 = 0{,}30$ m

$h_1 = 4{,}00$ m

$h_2 = 1{,}60$ m

Zu berechnen ist das Fassungsvermögen des Zementsilos in m³.

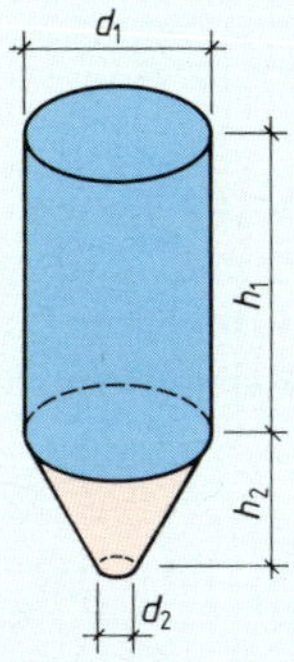

Lösung:

Die Teilkörper sind ein Zylinder (blau) und ein Kegelstumpf (rot). Der Rauminhalt des Gesamtkörpers (V_G) entspricht also der Summe der Rauminhalte des Zylinders (V_Z) und des Kegelstumpfes (V_K).

$$V_G = V_Z + V_K$$

V_Z und V_K werden nach den bekannten Verfahren berechnet:

$$V_Z = d_1 \cdot d_1 \cdot 0{,}785 \cdot h_1$$
$$= 1{,}80\text{ m} \cdot 1{,}80\text{ m} \cdot 0{,}785 \cdot 4{,}00\text{ m}$$
$$= \underline{10{,}174\text{ m}^3}$$

$$V_K = \frac{d_1 \cdot d_1 \cdot 0{,}785 + d_2 \cdot d_2 \cdot 0{,}785}{2} \cdot h_2$$
$$= \frac{1{,}80\text{m} \cdot 1{,}80\text{m} \cdot 0{,}785 + 0{,}30\text{m} \cdot 0{,}30\text{m} \cdot 0{,}785}{2}$$
$$\cdot 1{,}60 = \underline{2{,}091\text{ m}^3}$$

Somit ergibt sich der Rauminhalt des Gesamtkörpers

$$V_G = V_Z + V_K$$
$$= 10{,}174\text{ m}^3 + 2{,}091\text{ m}^3$$
$$= \underline{12{,}265\text{ m}^3}$$

12.50 Ermitteln Sie den Festbetonbedarf in m³ für das dargestellte Einzelfundament.

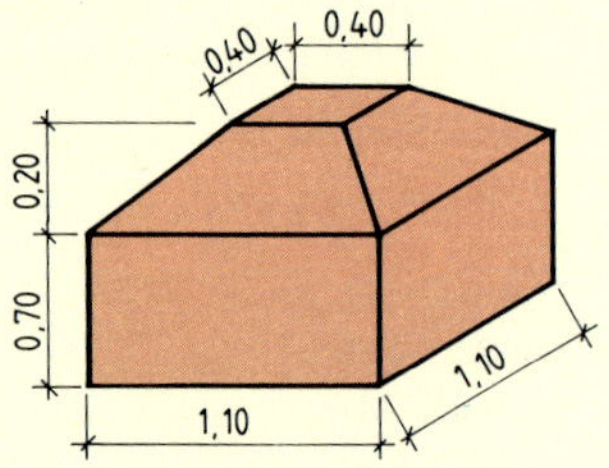

12.51 Berechnen Sie das Fassungsvermögen des in Grund- und Aufriss dargestellten Schwimmbeckens, wenn es bis 30 cm unter den Rand gefüllt wird.

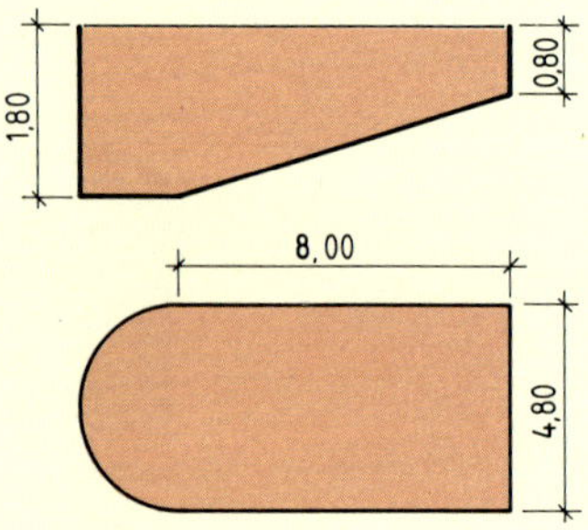

12.51

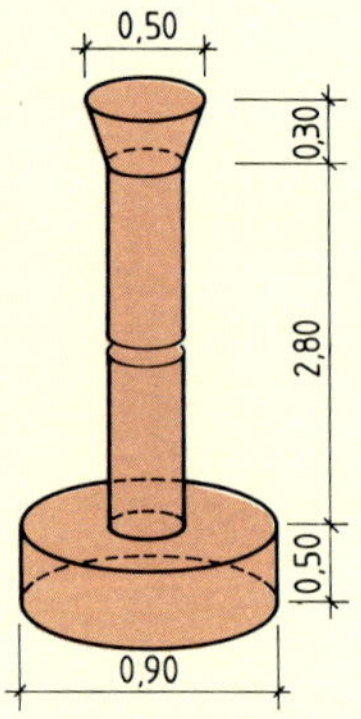

12.52

12.52

a) Ermitteln Sie den Festbetonbedarf für die oben dargestellte Stahlbetonsäule einschließlich Fundament (Stützendurchmesser 30 cm).

b) Berechnen Sie für den Stützenschaft und die Stützenkopfverstärkung die Schalfläche in m².

12.53 Für eine Bushaltestelle soll eine pilzförmige Unterstellmöglichkeit mit den angegebenen Maßen erstellt werden. Berechnen Sie

a) den Bedarf an Stahlbeton für Säule und Platte,

b) den Bedarf an Ausgleichsbeton zur Herstellung des Dachgefälles.

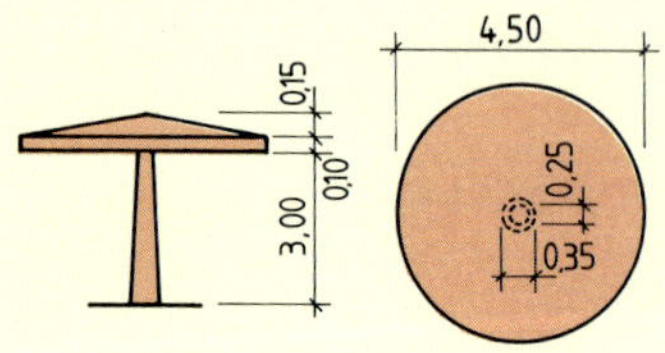

12.54 Wie viele m³ Kies fasst der abgebildete Schrapperkübel bei einer Füllung von 70 %?

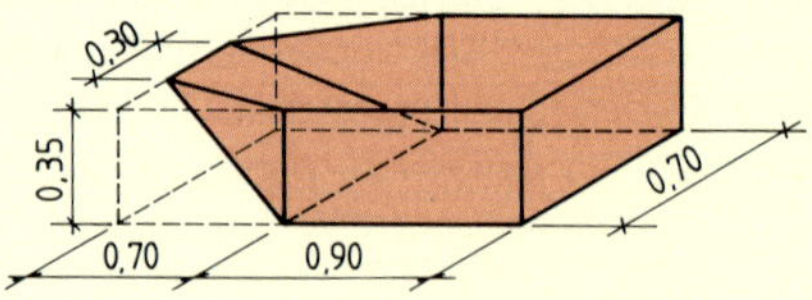

12.55 Berechnen Sie den Dachraum des dargestellten Walmdaches.

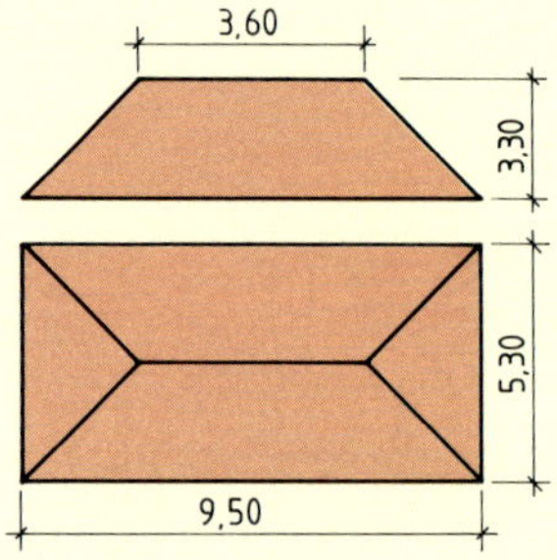

12.56 Berechnen Sie den Dachraum des Mansardendaches.

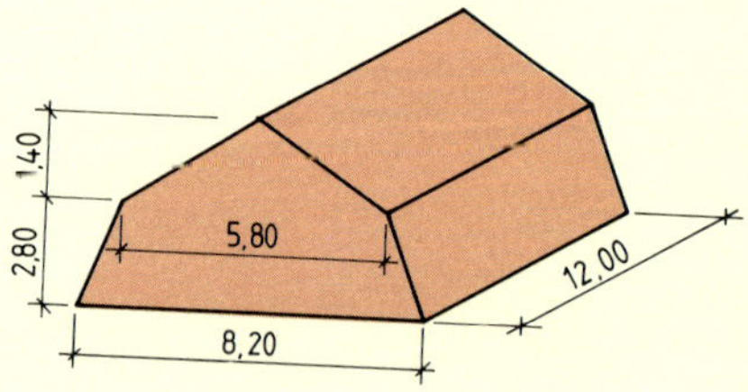

12.57 Berechnen Sie den umbauten Raum des in Grund- und Aufriss dargestellten Gebäudes. Der nicht ausgebaute Dachraum wird dabei wegen der geringeren Herstellkosten nur mit einem Drittel berücksichtigt.

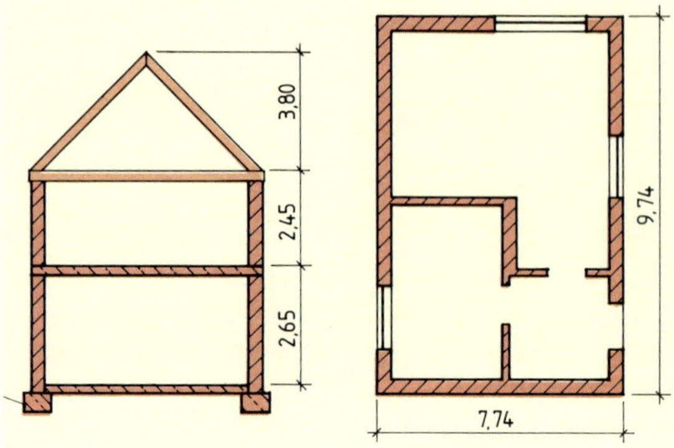

13 Baustoffbedarf

Wenn Bauwerke erstellt werden sollen, muss der erforderliche Baustoffbedarf bekannt sein. Zu viel oder zu wenig Baustoffe auf der Baustelle hemmen den Bauablauf. Bauwerke können nur dann wirtschaftlich erstellt werden, wenn die erforderlichen Baustoffmengen vorher berechnet und rechtzeitig auf die Baustelle geliefert werden.

Für diese häufig wiederkehrenden Berechnungen werden bei den gebräuchlichsten Baustoffen Tabellen verwendet, die die Ermittlung des Baustoffbedarfs erheblich vereinfachen.

Baustoffbedarf für Mauerwerk

Der Baustoffbedarf (Mörtel und Mauerziegel bzw. Mauersteine) für Mauerwerk wird mithilfe der entsprechenden Tabellen im Tabellenanhang berechnet.

Die Tabellen geben den Mörtelbedarf und den Mauerziegel- bzw. Mauersteinbedarf pro Quadratmeter und pro Kubikmeter eines bestimmten Mauerwerks an. Mauerwerk bis 11,5 cm Dicke wird nur in der Fläche (in m²) berechnet. Mauerwerk über 11,5 cm bis einschließlich 36,5 cm Dicke wird entweder in Quadratmeter oder Kubikmeter, dickeres Mauerwerk nur in Kubikmeter berechnet.

Der Werkstoffbedarf für Mauerwerk wird berechnet, indem die Fläche A bzw. das Volumen V des Mauerwerks mit dem dazugehörigen Tabellenwert multipliziert wird.

Mauerziegel- bzw. Mauersteinbedarf = Fläche A · Mauerziegel- bzw. Mauersteinbedarf pro Quadratmeter

Mauerziegel- bzw. Mauersteinbedarf = Volumen V · Mauerziegel- bzw. Mauersteinbedarf pro Kubikmeter

Mörtelbedarf = Fläche A · Mörtelbedarf pro Quadratmeter

Mörtelbedarf = Volumen V · Mörtelbedarf pro Kubikmeter

Beispiele:

1. Berechnen Sie den Bedarf an Hochlochziegeln (2 DF) und den Mörtelbedarf für eine 11,5 cm dicke Wand mit einer Länge von 3,365 m und einer Höhe von 2,625 m.

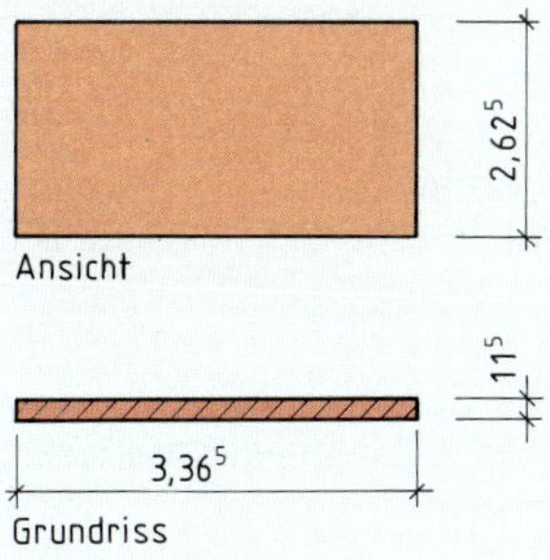

Lösung:

Nach Tabelle

werden 33 $\frac{\text{Hochlochziegel}}{\text{m}^2}$ und 20 $\frac{\text{l Mörtel}}{\text{m}^2}$ benötigt.

Fläche $A = l \cdot b$ $= 3{,}365\text{ m} \cdot 2{,}625\text{ m} = 8{,}83\text{ m}^2$

Anzahl der HLz $= 8{,}83\text{ m}^2 \cdot 33 \frac{\text{HLz}}{\text{m}^2} = \underline{292\text{ HLz}}$

Mörtelbedarf $= 8{,}83\text{ m}^2 \cdot 20 \frac{\text{l}}{\text{m}^2} = \underline{177\text{ l Mörtel}}$

2. Berechnen Sie den Bedarf an Mauerziegeln (NF) und den Mörtelbedarf für den dargestellten Mauerpfeiler.

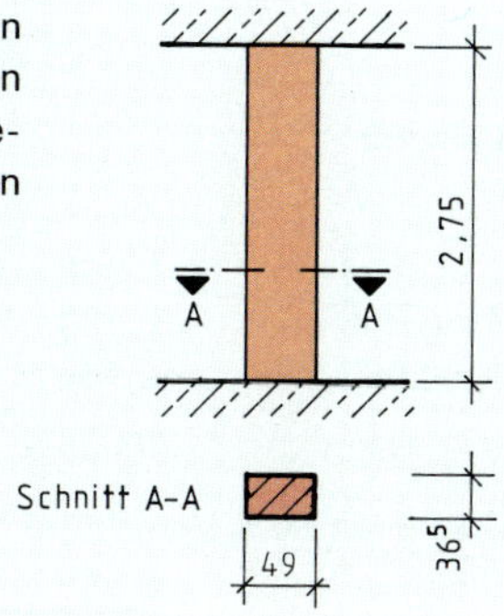

Lösung:

Nach Tabelle werden für 36,5 cm dickes Mauerwerk

405 $\frac{\text{Mauerziegel}}{\text{m}^3}$ und 278 $\frac{\text{l Mörtel}}{\text{m}^3}$ benötigt.

$V = l \cdot b \cdot h$ $= 0{,}49\text{ m} \cdot 0{,}365\text{ m} \cdot 2{,}75\text{ m} \approx 0{,}5\text{ m}^3$

Anzahl der Mz $= 0{,}5\text{ m}^3 \cdot 405 \frac{\text{Mz}}{\text{m}^3} = \underline{203\text{ Mauerziegel}}$

Mörtelbedarf $= 0{,}5\text{ m}^3 \cdot 278 \frac{\text{l}}{\text{m}^3} = \underline{139\text{ l Mörtel}}$

Baustoffbedarf für Fliesen- und Plattenbeläge

Der Bedarf an Fliesen und Platten wird mithilfe der Tabelle im Tabellenanhang berechnet. In der Tabelle ist der Verlust für einfache Verlegemuster enthalten. Bei komplizierten Verlegemuster kann darüber hinaus ein Zuschlag von 2...5 % für Bruch und Verhau erforderlich werden.

Die Tabelle gibt den Materialbedarf in Stück pro m² an. Der Fliesen- bzw. Plattenbedarf wird ermittelt, indem die zu belegende Fläche *A* mit dem Materialbedarf in Stück/m² multipliziert wird.

Fliesenbedarf = Fläche *A* · Fliesenbedarf pro Quadratmeter

Werden die Fliesen im Mörtelbett versetzt, so muss auch der Mörtelbedarf ermittelt werden. Hierfür werden keine Tabellen benötigt, da die Ermittlung sehr einfach ist. Bedeckt man eine Fläche von 1 m² 1 mm hoch mit Mörtel, so macht dies 10 dm × 10 dm × 0,01 dm = 1 dm³ Mörtel aus. Für eine 1 mm hohe Schicht Mörtel auf 1 m² wird demnach 1 dm³ = 1 l Mörtel benötigt.

Der Mörtelbedarf lässt sich also sehr einfach ermitteln, indem man pro m² und pro mm Dicke des Mörtelbettes 1 l Mörtel veranschlagt.

Mörtelbedarf = Fläche *A* · Dicke des Mörtelbettes in mm

Beispiele:

1. Eine Terrasse 2,50 m/3,00 m soll mit Steinzeugfliesen 30 × 30 belegt werden. Wie viele Fliesen sind zu bestellen?

Lösung:

Fläche $A = 2{,}50\ \text{m} \cdot 3{,}00\ \text{m} = 7{,}50\ \text{m}^2$

Fliesenbedarf je m² nach Tabelle = 11 Stück/m²

Fliesenbedarf insgesamt

$= 7{,}5\ \text{m}^2 \cdot 11\ \text{Stück/m}^2 = \underline{83\ \text{Stück Fliesen}}$

2. Der Belag der Terrasse aus Beispiel 1 soll in ein Mörtelbett von 2,5 cm Dicke verlegt werden. Wie groß ist der Mörtelbedarf?

Lösung:

$7{,}50\ \text{m}^2 \times 25\ \frac{\text{l}}{\text{m}^2} = \underline{187{,}5\ \text{l Mörtel}}$

Bedarf an Bauschnittholz

Bretter und Bohlen werden nach Flächenmaß (m²) geliefert und berechnet, aber als Einzelbretter verarbeitet. Kanthölzer und Balken werden nach Raummaß (m³) geliefert und verrechnet, aber ebenfalls als Einzelhölzer verarbeitet. Bei der Bedarfsermittlung muss deshalb häufig die Fläche von Brettern und Bohlen bzw. das Volumen von Kanthölzern und Balken bestimmt werden. Hierzu dienen die Tabellen im Tabellenanhang.

Fläche der Bretter
= Stückzahl · Fläche des einzelnen Brettes

Volumen der Balken
= Stückzahl · Volumen eines Balkens

Beispiel:

Für eine Fachwerkwand werden folgende Kanthölzer 14 cm/16 cm benötigt:

2 Stück 6,00 m
4 Stück 2,50 m
2 Stück 3,00 m

Wie viel m³ Holz sind zu bestellen, wenn mit 10 % Verschnitt gerechnet wird?

Lösung:

Volumen der Kanthölzer nach Tabelle:

2 × 0,134 m³	= 0,268 m³
4 × 0,056 m³	= 0,224 m³
2 × 0,067 m³	= 0,134 m³
Insgesamt	0,626 m³

Zuzüglich 10 % Verschnitt

$0{,}626\ \text{m}^3 \times 1{,}1 = \underline{0{,}689\ \text{m}^3}$

13.1 Wie viel l Mörtel und wie viele Mauerziegel (NF) erfordern 1,80 m², 0,70 m², 32,50 m² und 238 m² Mauerwerk mit einer Dicke von 11,5 cm?

13.2 Berechnen Sie den Werkstoffbedarf (Anzahl der Hochlochziegel 2 DF und 3 DF und Mörtelbedarf) für die dargestellte Situation.

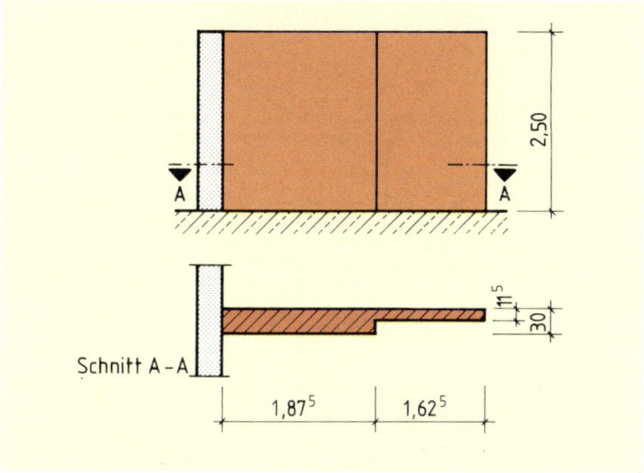

13.3 Berechnen Sie den Ziegel- und Mörtelbedarf für 3,90 m³, 17,20 m³, 0,75 m³, 28,70 m³ und 294 m³ Mauerwerk aus HLz 2 DF mit einer Dicke von 36,5 cm.

13.4 Berechnen Sie den Werkstoffbedarf (Hohlblocksteine 24/49/23,8, Leichtbeton-Vollsteine 2 DF und Mörtel) für die dargestellte Doppelgarage. Die Höhe des Mauerwerks beträgt 2,375 m.

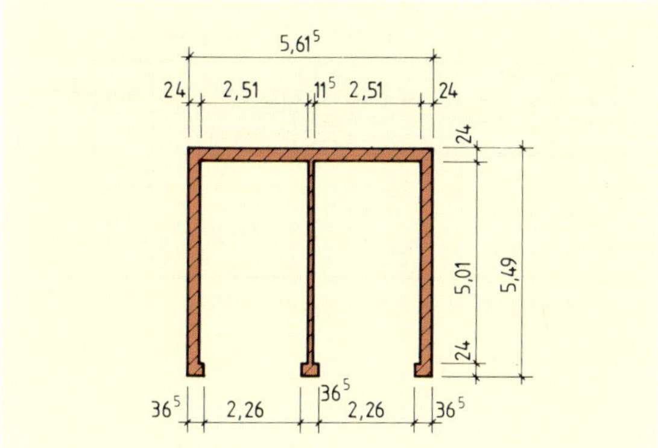

13.5 Für 24 cm dickes Mauerwerk werden 2500 HLz 2 DF vermauert. Wie viel m² hat das Mauerwerk?

13.6 Für die Umfassungswände eines Wohnhauses wurden 1620 Hohlblocksteine 30/49/23,8 benötigt. Wie viel m³ hat das Mauerwerk? Wie viel l Mörtel wurden verarbeitet?

13.7 Das dargestellte Gartenhaus soll aus Hohlblocksteinen 24/49/23,8 gemauert werden.

Ermitteln Sie die Anzahl der benötigten Hohlblocksteine und den Mörtelbedarf.

(Der Sturz ist in Stahlbeton mit dem Querschnitt 24 cm/24 cm ausgeführt. Die Auflager betragen 24 cm.)

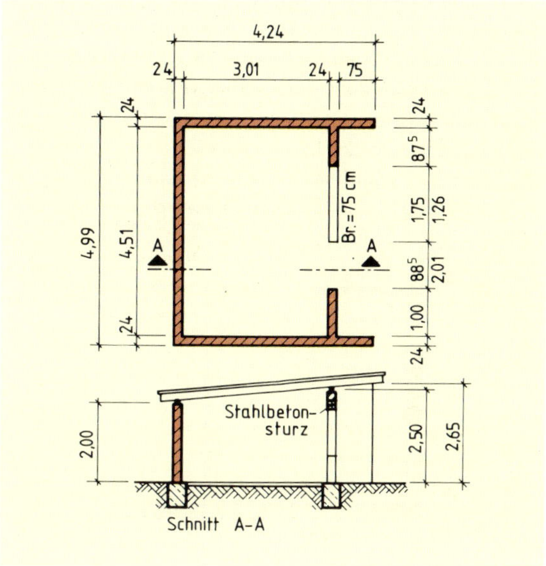

13.8 Das Gartenhaus aus obiger Aufgabe soll aus Hochlochziegeln 2 DF gemauert werden.

Berechnen Sie die Anzahl der Hochlochziegel und den Mörtelbedarf.

13.9 Dargestellte Giebelwand (30 cm dick) soll aus Hochlochziegeln hergestellt werden.

a) Berechnen Sie die Anzahl der HLz 2 DF und 3 DF.

b) Berechnen Sie den Mörtelbedarf.

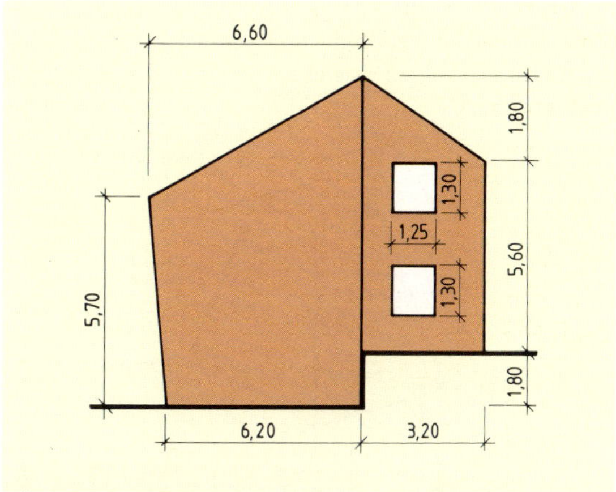

13.10 Eine Terrasse 4,50 × 2,80 m soll mit Steinzeugfliesen 20 × 40 in 2 cm dickem Mörtelbett belegt werden.

a) Wie viele Fliesen (Stück) sind zu bestellen?
b) Wie viel Mörtel wird benötigt?

13.11 Der dargestellte Nassraum soll einen Bodenbelag aus Steinzeugfliesen 10 × 20 und einen 1 m hohen Wandbelag aus Steingutfliesen 15 × 15 erhalten. Die Leibungen bleiben unberücksichtigt, Fugenbreite 2 mm.

a) Wie viele Bodenfliesen (m^2) sind zu bestellen? Wie viel Stück sind das?
b) Wie viele Wandfliesen (Stück) sind erforderlich, wenn mit 5 % Verlust gerechnet wird?

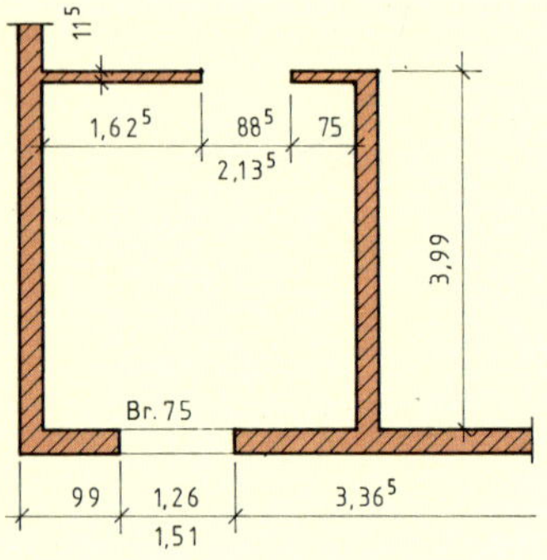

13.12 Die dargestellte Giebelwand soll bis zur Höhe des Dachtraufes mit Steinzeugfliesen 15 × 30 in 2,5 cm dickem Mörtelbett belegt werden.

a) Wie viele Fliesen (Stück) sind erforderlich?
b) Wie viel Mörtel ist erforderlich?

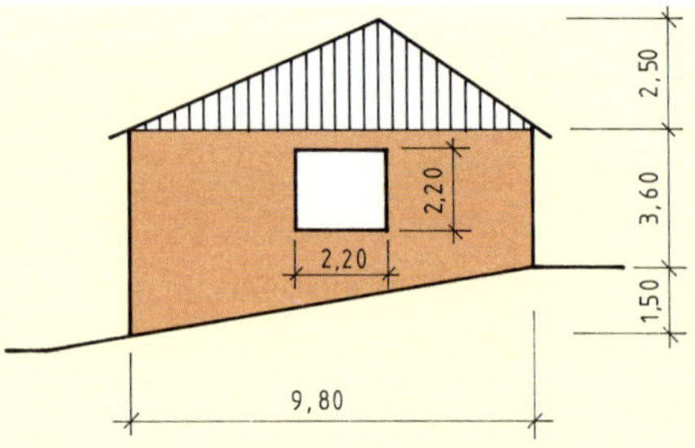

13.13 10 Stück der dargestellten Sockel sollen mit Steinzeugfliesen 20 × 20 belegt werden. Wie viele Fliesen (Stück) sind zu bestellen, wenn mit 8 % Verlust gerechnet wird?

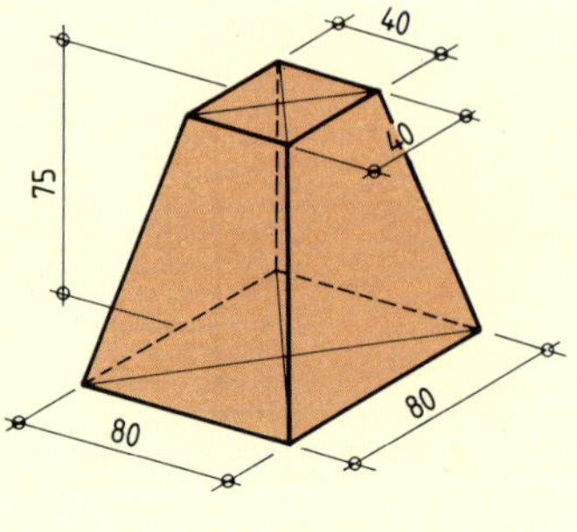

13.14 Wie viele 4,50 m lange und 18 cm breite Bretter müssen für die dargestellte Dachschalung bestellt werden, wenn mit 8 % Verschnitt zu rechnen ist?

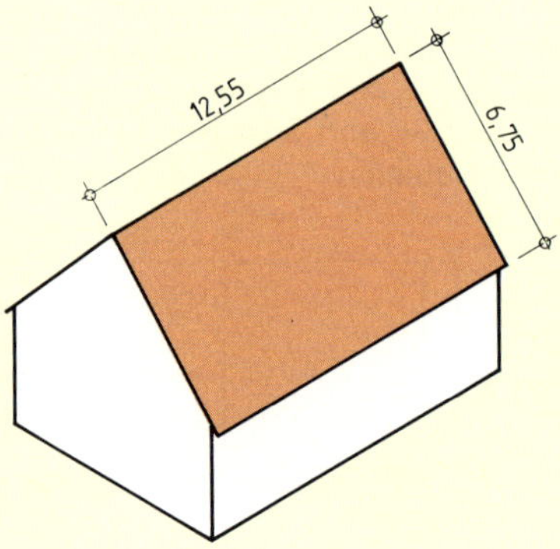

13.15 Auf einer Baustelle sind noch folgende Bretter vorhanden:

Anzahl (Stück)	**Breite** (cm)	**Länge** (m)
8	17,5	3,25
12	17,5	3,75
20	20	3,50
4	24	4,00

Welche Fläche kann mit diesen Brettern verschalt werden, wenn mit 15 % Verschnitt gerechnet wird?

13.16 Es wurden folgende Hölzer geliefert:

Anzahl (Stück)	**Querschnitt** (cm/cm)	**Länge** (m)
2	12/16	5,00
5	8/12	2,50
8	14/14	4,50

Wie viel Holz (m^3) muss verrechnet werden?

13.17 Für den Abbund einer Fachwerkwand wurde ein Holzbedarf (ohne Verschnitt) von 0,400 m^3 ermittelt. Verbraucht wurden:

Anzahl (Stück)	**Querschnitt** (cm/cm)	**Länge** (m)
2	12/14	5,50
6	8/10	4,00
2	10/10	4,00

Ermitteln Sie den Verschnittsatz.

14 Mörtelmischungen

Ist der Mörtelbedarf ermittelt, so müssen (soweit nicht Fertigmörtel verwendet wird) die hierfür erforderlichen Mengen an Bindemittel und Zuschlag berechnet werden.

Bei Mörtelmischungen wird fast ausschließlich das Volumen der Bestandteile ermittelt, da die Mischungsverhältnisse in Raumteilen angegeben werden und die Bestandteile auch nach Volumen zugemessen werden sollen. Bei Umrechnung auf die Masse ist durch die entsprechende Dichte (s. Tabellenanhang) zu dividieren.

Beim Anmachen der trockenen Mörtelbestandteile mit Wasser tritt eine Volumenverminderung ein, da die Feinteile des Zuschlags und das Bindemittel in die Hohlräume zwischen den gröberen Zuschlagkörnern geschwemmt werden.

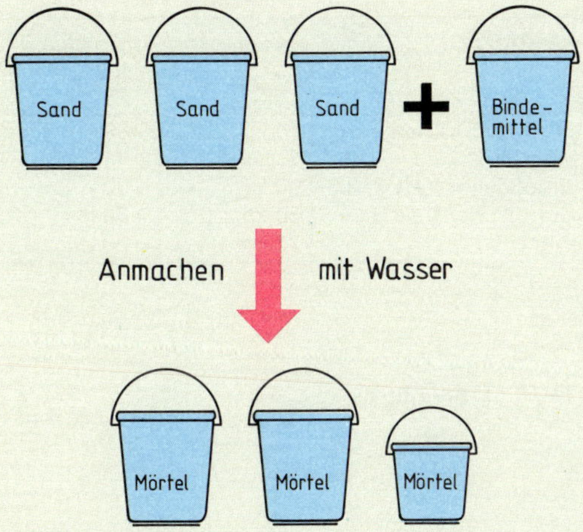

3 Eimer Sand und 1 Eimer Bindemittel ergeben statt 4 Eimer nur etwa $2^1/_2$ Eimer Mörtel.

Dies muss bei Berechnung der erforderlichen Zuschlag- und Bindemittelmengen berücksichtigt werden.

Die Volumenverminderung ist in erster Linie vom Hohlraumgehalt des Sandes abhängig. Dieser ist bei feuchtem Sand größer als bei trockenem. Bei baufeuchtem Sand (3 % Wassergehalt) kann im Allgemeinen mit einem **Mörtelfaktor von 1,6** gerechnet werden, das heißt, für ein bestimmtes Mörtelvolumen wird das 1,6fache Volumen an Sand und Bindemittel benötigt. Bei trockenem Sand ist die Mörtelausbeute größer, hier kann von einem Mörtelfaktor von 1,4 ausgegangen werden.

$$\text{Volumen der Ausgangsstoffe} = \text{Mörtelvolumen} \times 1{,}6$$

Der prozentuale Anteil des Volumens des hergestellten Mörtels am Volumen der Ausgangsstoffe wird als **Mörtelausbeute** bezeichnet.

Die Mörtelausbeute kann mit dem Mörtelfaktor oder aus dem Volumen der Ausgangsstoffe und dem Mörtelvolumen berechnet werden. Einem Mörtelfaktor von 1,6 entspricht somit eine Mörtelausbeute von 62,5 %, einem Mörtelfaktor von 1,4 eine Mörtelausbeute von 71,4 %.

$$\text{Mörtelausbeute} = \frac{100\,\%}{\text{Mörtelfaktor}}$$

$$\text{Mörtelausbeute} = \frac{\text{Volumen des Mörtels} \cdot 100\,\%}{\text{Volumen der Ausgangsstoffe}}$$

Beispiele:

1. Für 27 m^2 Mauerwerk (Wanddicke 11,5 cm; Vollsteine NF) werden 729 l Mörtel benötigt. Welches Volumen nehmen die erforderlichen Ausgangsstoffe ein?

Lösung:

Volumen der Ausgangsstoffe: $729\,l \times 1{,}6 = \underline{1\,166{,}4\,l}$

2. Aus 500 l Sand und 6 Sack Zement ($= 6 \times 20\,l$) wurden 400 l Zementmörtel hergestellt. Berechnen Sie die Mörtelausbeute und den Mörtelfaktor.

Lösung:

$$\text{Mörtelausbeute} = \frac{400\,l \times 100\,\%}{500\,l + 120\,l} = \underline{64{,}5\,\%}$$

$$\text{Mörtelfaktor} = \frac{500\,l + 120\,l}{400\,l} = \underline{1{,}55}$$

14 Mörtelmischungen

Um den Zuschlag- und Bindemittelbedarf ermitteln zu können, muss das **Mischungsverhältnis (MV)** bekannt sein. Mischungsverhältnisse werden in Raumteilen (RT) angegeben.

Die Mischungsverhältnisse für Mauermörtel sind im Tabellenanhang wiedergegeben.

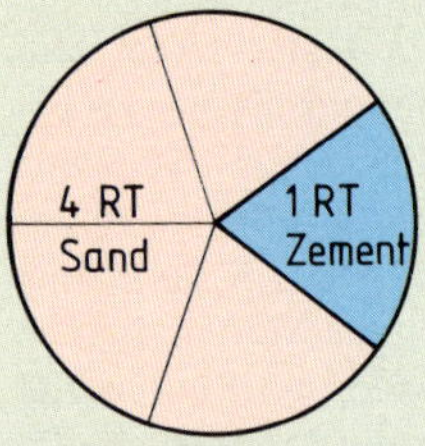

Zusammensetzung von Zementmörtel 1:4

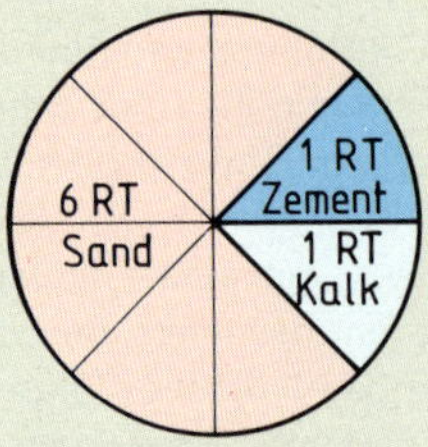

Zusammensetzung von Kalkzementmörtel 1:1:6

Um das Volumen der einzelnen Bestandteile ermitteln zu können, muss zuerst das Volumen eines Raumteils, bezogen auf die jeweilige Mörtelmenge, ermittelt werden. Das Volumen eines Raumteils wird ermittelt, indem das Volumen aller Ausgangsstoffe durch die Summe der im Mischungsverhältnis angegebenen Raumteile dividiert wird.

(Die Summe der Raumteile ist z.B. bei den oben dargestellten Mischungsverhältnissen 5 bzw. 8.)

$$\text{Volumen eines Raumteils} = \frac{\text{Volumen der Ausgangsstoffe}}{\text{Summe der Raumteile}}$$

Dann wird das Volumen eines Raumteils mit der im Mischungsverhältnis für den jeweiligen Bestandteil angegebenen Verhältniszahl multipliziert und so das Volumen jedes Bestandteils ermittelt.

Volumen des Bestandteils = Volumen eines Raumteils × Verhältniszahl des Bestandteils

Da bei kleinerem Bedarf die Bindemittel meist im Sack geliefert werden, ist es in solchen Fällen üblich, den Bindemittelbedarf in Säcken anzugeben.

Bindemittel	Masse / Sack	Volumen / Sack
Weiß- bzw. Dolomitkalk (Hydrat)	40 kg	≈ 80 l
Hydraulischer Kalk 2; 3,5	50 kg	≈ 60 l
Hydraulischer Kalk 5	50 kg	≈ 50 l
Zement	25 kg	≈ 20 l

Beispiele:

1. Wie viel Sand und Zement werden für 700 l Zementmörtel, MV 1:4, benötigt?

Lösung:

Volumen der Ausgangsstoffe: 700 l · 1,6 = 1120 l

Summe der Raumteile: 1 RT Zement + 4 RT Sand = 5 RT

$$\text{Volumen eines Raumteils: } \frac{\text{Volumen der Ausgangsstoffe}}{\text{Summe der Raumteile}} = \frac{1120\ \text{l}}{5} = 224\ \text{l}$$

Zementbedarf: 1 RT Zement = 1 · 224 l = <u>224 l</u>

Sandbedarf: 4 RT Sand = 4 · 224 l = <u>896 l</u>

2. Wie viel Sand, Zement und Kalkhydrat werden für 200 l Kalkzementmörtel, MV 1:1:6, benötigt?

Lösung:

Volumen der Ausgangsstoffe: 200 l · 1,6 = 320 l

Summe der RT: 1 RT + 1 RT + 6 RT = 8 RT

$$\text{Volumen eines RT: } \frac{320\ \text{l}}{8} = 40\ \text{l}$$

Kalkbedarf: 1 · 40 l = <u>40 l</u>

Zementbedarf: 1 · 40 l = <u>40 l</u>

Sandbedarf: 6 · 40 l = <u>240 l</u>

3. Für 2,5 m^3 Kalkzementmörtel, MV 1:1:6, sind jeweils 500 l Kalkhydrat und Zement erforderlich. Wie vielen Säcken Kalkhydrat bzw. Zement entspricht dies?

Lösung:

$$\text{Kalkhydrat: } \frac{500\ \text{l}}{80\ \text{l/Sack}} = 6{,}25\ \text{Säcke} \approx \underline{7\ \text{Säcke}} \qquad \text{Zement: } \frac{500\ \text{l}}{20\ \text{l/Sack}} = \underline{25\ \text{Säcke}}$$

14.1 Welches Volumen nehmen die Ausgangsstoffe (baufeuchter Sand und Bindemittel) für 260 l (0,750 m^3) Mörtel ein?

14.2 Welche Menge an Ausgangsstoffen wird benötigt, um den für 56 m^2 Mauerwerk (Wanddicke 11,5 cm; HLz 2 DF) erforderlichen Mörtel herzustellen?

(**Anmerkung:** Wenn kein bestimmter Mörtelfaktor angegeben ist, ist jeweils ein Mörtelfaktor von 1,6 anzunehmen.)

14.3 650 l Sand und 160 l Zement ergaben 583 l Zementmörtel. Ermitteln Sie die Mörtelausbeute in % und den Mörtelfaktor.

14.4 In einem Versuch zur Ermittlung des Mörtelfaktors wird beim Anmachen des Mörtels eine Volumenverminderung um 35 % festgestellt. Welchem Mörtelfaktor entspricht dies?

14.5 Wie viel Mörtel kann aus 120 l Sand und 2 Säcken Zement ($\varrho = 1{,}2$ kg/dm^3) hergestellt werden?

14.6 Ergänzen Sie die Tabelle.

Aufgabe	a)	b)	c)	d)
Volumen der Ausgangsstoffe	780 l	540 l	?	950 l
Mörtelvolumen	500 l	?	200 l	?
Mörtelfaktor	?	1,4	?	?
Mörtelausbeute	?	?	65 %	65 %

14.7 Ermitteln Sie Sandbedarf (baufeucht) und Bindemittelbedarf für

a) 250 l Zementmörtel 1 : 4,

b) 1,5 m^3 Kalkzementmörtel 1 : 1 : 6,

c) 900 l Kalkzementmörtel 2 : 1 : 8,

d) 0,5 m^3 Kalkmörtel 1 : 3,5.

14.8 Wie vielen Säcken entsprechen

a) 200 l Zement,

b) 3,5 m^3 Zement,

c) 750 l hydraulischer Kalk 2,

d) 390 l hydraulischer Kalk 5?

14.9 Ermitteln Sie den Stoffbedarf für 256 m^2 (980 m^2) eines 3 cm dicken Zementestriches mit MV 1 : 3.

14.10 Wie viel Mörtel, Sand (in m^3) und Zement (in Säcken) werden bei einem Mischungsverhältnis von 1 : 4 für 47 m^3 Mauerwerk (Wanddicke 24 cm; HLz 3 DF) benötigt?

14.11 Berechnen Sie Sand- und Bindemittelbedarf für

a) 246 m^2 Mauerwerk, 11,5 cm dick, KSL 2 DF, Kalkzementmörtel 1 : 1 : 6,

b) 26 m^3 Mauerwerk, 24 cm dick, KSL 3 DF, Zementmörtel 1 : 4,

c) 40 m^3 Mauerwerk, 24 cm dick, HLz 2 DF, Kalkzementmörtel 2 : 1 : 8.

14.12 Die dargestellte Fläche soll mit einem Zementestrich (MV 1 : 3,5) in einer Stärke von 3 cm versehen werden. Ermitteln Sie den Bedarf an Sand (trocken) und Zement.

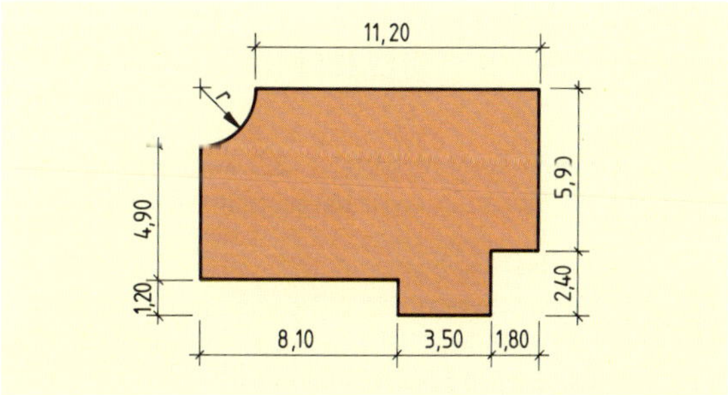

14.13 Auf die dargestellte Fassade soll ein 1,5 cm starker Oberputz aus Kalkzementmörtel 2 : 1 : 10 aufgebracht werden. Ermitteln Sie den Bedarf an hydraulischem Kalk 2 (in Säcken), Zement (in Säcken) und Sand (in m^3).

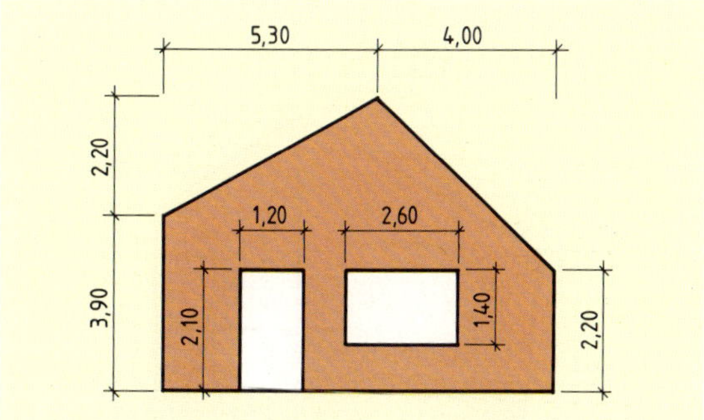

14.14 Wie viel Zementmörtel, MV 1 : 4, kann aus 17 Säcken Zement hergestellt werden?

14.15 Für welche Mörtelmenge MV 1 : 3,5 reicht der dargestellte Sandhaufen (baufeucht)?

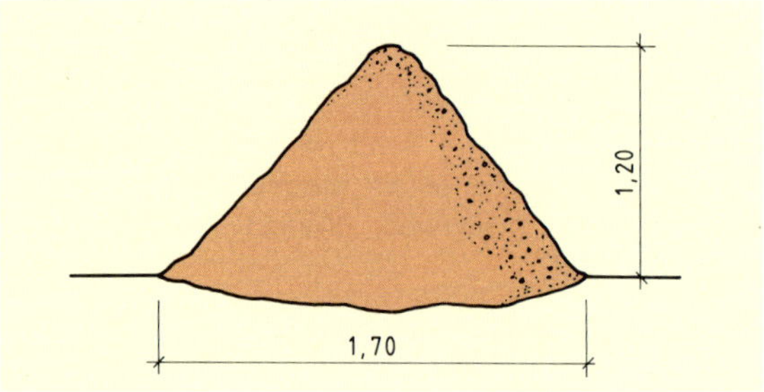

14.16 Wie viel Zement muss einer Sandfüllung (feucht) des dargestellten Schrapperkübels zugefügt werden, wenn Zementmörtel 1 : 3 hergestellt werden soll?

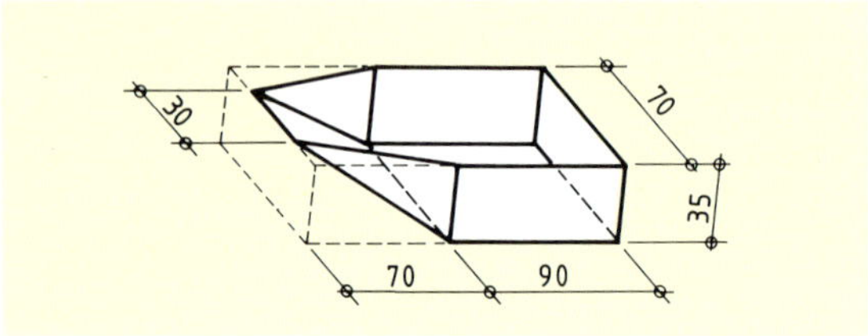

14.17 Wie viel Kalkzementmörtel 2 : 1 : 8 kann mit 5 Sack Kalkhydrat hergestellt werden?

14.18 Wie viel Zementmörtel 1 : 3,5 kann aus 0,75 m^3 Sand und 6 Säcken Zement hergestellt werden?

14.19 236 l Kalkhydrat, 236 l Zement und 1,4 m^3 Sand ergeben 1,2 m^3 Mörtel. Um welchen Mörtel handelt es sich und wie groß ist der Mörtelfaktor?

14.20 Auf einer Baustelle sind 2 m^3 Sand, 1 Sack Kalkhydrat und 2 Säcke Zement vorrätig. Was muss nachbestellt werden, wenn die dargestellte Fassade einen 1 cm starken Oberputz aus Kalkzementmörtel 2 : 1 : 11 erhalten soll?

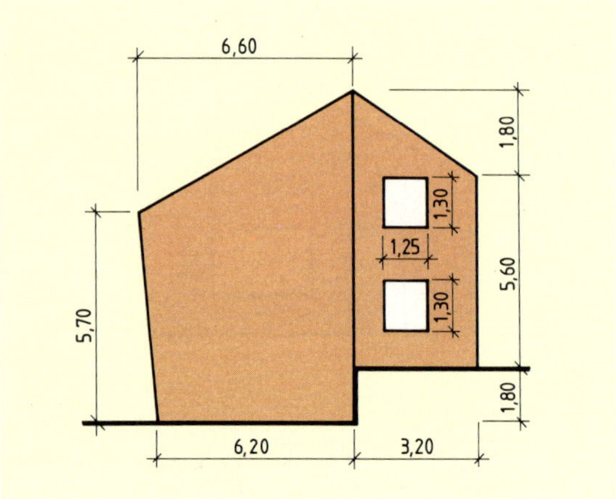

14.21 Reichen 800 Säcke Zement, wenn folgende Mauerwerksarbeiten auszuführen sind:

1. 620 m^2 Mauerwerk, Wanddicke 11,5 cm, HLz 2 DF, Kalkzementmörtel 1 : 1 : 6,
2. 480 m^3 Mauerwerk, Wanddicke 24 cm, KSL 3 DF, Zementmörtel 1 : 3,
3. 540 m^3 Mauerwerk, Wanddicke 24 cm, Hbl 24 × 49 × 23,8, Kalkzementmörtel 2 : 1 : 8?

14.22 Die Fassade aus Aufgabe 14.20 soll einen 2 cm dicken Außenputz (Kalkzementmörtel 2 : 1 : 8) erhalten. Auf der Baustelle sind 3,5 m^3 Sand, 6 Säcke Zement und 4 Säcke hydraulischer Kalk (HL 2) gelagert.

a) Welche Werkstoffmengen müssen nachbestellt werden?

b) Welche Werkstoffmengen sind nach ausgeführter Arbeit übrig?

14.23 Die Giebelwand aus Aufgabe 14.13 wird aus Hbl 30 × 49 × 23,8 und Kalkzementmörtel 2 : 1 : 8 gemauert. Außen erhält die Fassade einen 2 cm dicken Putz aus Kalkzementmörtel 2 : 1 : 10.

Auf der Baustelle sind 2,5 m^3 Sand, 14 Säcke hydraulischer Kalk 2 und 18 Säcke Zement gelagert.

Welche Baustoffmengen müssen zur Herstellung des Mauer- und Putzmörtels nachbestellt werden?

14.24 Wie viel Zementmörtel kann aus folgenden Werkstoffmengen hergestellt werden?

Aufgabe	a)	b)	c)	d)
Mischungsverhältnis	1:3	1:3,5	1:4	1:4,5
Sand	2 m^3	1,8 m^3	0,5 m^3	9,4 m^3
Zement	1 Sack	10 Säcke	160 l	1,9 m^3

14.25 Wie viel Kalkzementmörtel kann aus folgenden Werkstoffmengen hergestellt werden?

Aufgabe	a)	b)	c)
Mischungsverhältnis	2:1:8	2:1:10	3:1:10
Hydraulischer Kalk 2	1 Sack	140 l	2 Säcke
Zement	2 Säcke	90 l	10 Säcke
Sand	1 m^3	5 m^3	0,7 m^3

Sieblinien

Die **Kornzusammensetzung** des Zuschlags ist für die Betonqualität von ausschlaggebender Bedeutung. Da der Zuschlag fester und gleichzeitig billiger als der Zementstein ist, soll das Zuschlaggemisch möglichst wenig Hohlräume enthalten und möglichst geringe Oberfläche haben.

Die Kornzusammensetzung wird durch Sieben mit einem **genormten Prüfsiebsatz** bestimmt. Der Rückstand auf den einzelnen Sieben wird, beginnend mit dem gröbsten Sieb, gewogen. Beim jeweils nächsten Sieb wird der Rückstand dem Rückstand auf den gröberen Sieben zugewogen. Es wird also angegeben, wie viel auf dem einzelnen Sieb vom gesamten Siebgut zurückbleiben würde. Diese Gesamtrückstände werden prozentual auf die Gesamtmasse des Siebguts bezogen. Die **Siebdurchgänge** ergeben sich jeweils als Differenz zu 100 %.

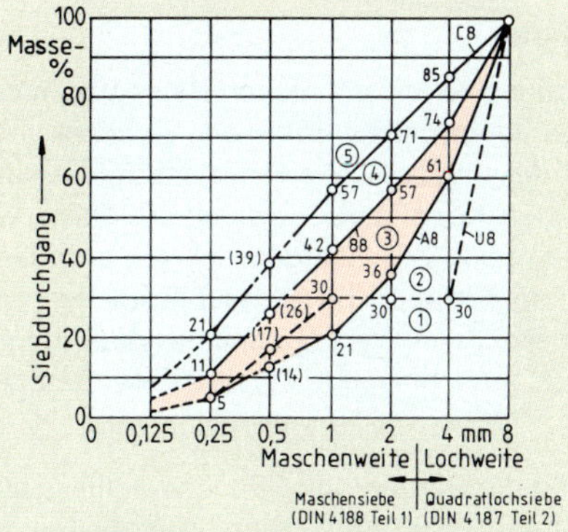

Sieblinien für Zuschlag 0/8

Beispiel:

Bei 5000 g Siebgut ergaben sich die dargestellten Rückstände in g. Rückstände und Siebdurchgänge in % sind zu ermitteln.

Lösung:

Sieb (mm)	0,125	0,25	0,5	1	2	4	8	16	32
Rückstand (g)	4862	4798	4443	4102	3709	3313	2461	1443	0
Rückstand (%)	97,2	96	88,9	82	74,2	66,3	49,2	28,9	–
Durchgang (%)	2,8	4	11,1	18	25,8	33,7	50,0	71,1	100

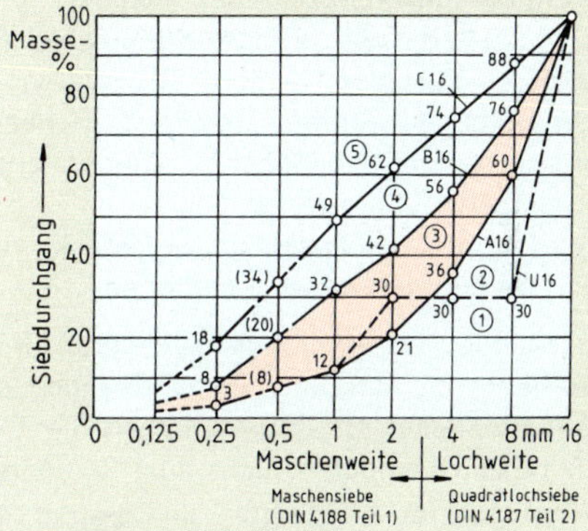

Sieblinien für Zuschlag 0/16

Die grafische Darstellung der Siebdurchgänge ergibt die **Sieblinie**. Die Sieböffnungen werden waagerecht in logarithmischem Maßstab, der Siebdurchgang in % senkrecht in unverzerrtem Maßstab aufgetragen.

DIN 1045 gibt **Grenzsieblinien** vor, die die Beurteilung von Korngemischen mit Größtkorn 8, 16, 32 und 63 mm ermöglichen. Die untere (grobe) Sieblinie wird mit **A**, die mittlere mit **B** und die obere (feine) mit **C** bezeichnet. Sie grenzen mit stetigem Verlauf einen „günstigen" Bereich ③ und einen „noch brauchbaren" Bereich ④ ab. Der Bereich ② gilt für **Ausfallkörnungen**. Sie liegen dann vor, wenn in dem Zuschlaggemisch eine oder mehrere Korngruppen fehlen. Diese Sieblinie verläuft daher **unstetig**; sie wird mit **U** bezeichnet. Alle anderen Sieblinien verlaufen **stetig**. Ungünstig sind Zuschlaggemische, deren Sieblinien in die Bereiche ① und ⑤ fallen.

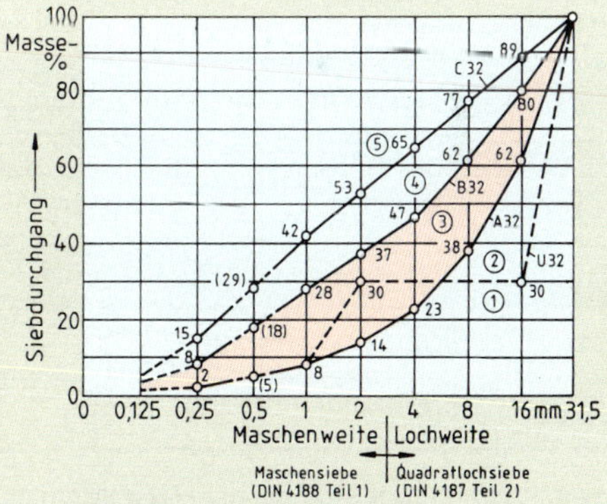

Sieblinien für Zuschlag 0/32

Beispiel:

Welchem Sieblinienbereich entspricht das Ergebnis des obigen Siebversuchs?

Lösung:

Alle Siebdurchgänge liegen im „günstigen" Bereich ③.

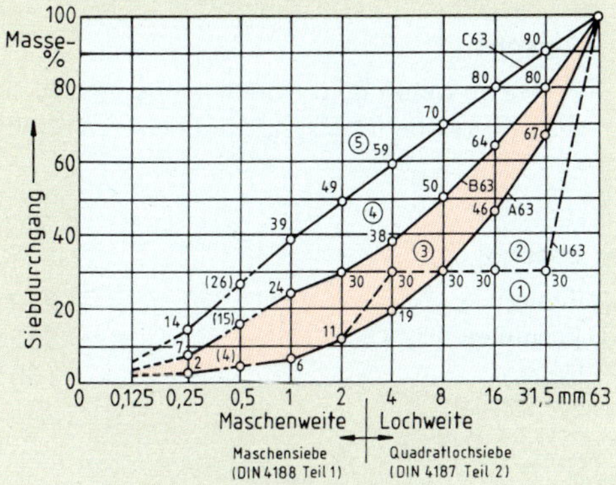

Sieblinien für Zuschlag 0/63

Rezeptbeton

Zur Ermittlung der erforderlichen Betonzusammensetzung sind außer der Kenntnis der Sieblinie noch die Vorgabe der angestrebten **Druckfestigkeit** und der angestrebten **Konsistenz** erforderlich. Dann können für das jeweilige Zuschlaggemisch die erforderlichen **Mengen an Zement und Wasser** festgelegt werden. Das Verhältnis von Wasser:Zement **(Wasserzementwert)** ist ausschlaggebend für viele Betoneigenschaften.

Für Beton der Betongruppe B I sind Anhaltswerte für die richtige Zusammensetzung in **Tabellen** zusammengestellt. Beton der Betongruppe B I wird deshalb auch als **Rezeptbeton** bezeichnet, wenn er ohne Eignungsprüfung hergestellt wird. Aus den Tabellen kann der Bedarf an Zuschlag, Zement und Wasser je m³ Beton entnommen werden. Dabei ist zu beachten, dass es sich bei der angegebenen Wassermenge um den Gesamtbedarf handelt. Ein Teil davon wird durch die **Eigenfeuchte** des Zuschlags abgedeckt, nur der Rest wird als **Zugabewasser** zugegeben.

Nebenstehende Tabelle gibt Anhaltswerte für Beton mit Größtkorn 32 mm und Zementfestigkeitsklasse 32,5. Bei geringerem Größtkorn reichen die Zementmengen unter Umständen nicht aus. Die **Mindestzementgehalte** für Stahlbeton sind berücksichtigt. Für Außenbauteile aus Stahlbeton müssen die nachfolgend aufgeführten Mindestzementgehalte zusätzlich beachtet werden.

Festigkeitsklasse des Betons	Sieblinienbereich des Betonzuschlags	Mindestzementgehalt in kg je m³ verdichteten Betons für Konsistenzbereich		
		KS	KP	KR
B 25 für Außenbauteile	③	300	320	350
	④	320	350	380

Die ermittelten Werte sind bei der Herstellung zu überprüfen.

Betonfestigkeitsklasse	Sieblinienbereich	Baustoffbedarf		
		Zement kg/m³	Zuschlag kg/m³	Wasser kg/m³
B 5	③ ④	140 160	2150 2075	130 150
B 10	③ ④	190 210	2105 2035	130 150
B 15	③ ④	240 270	2060 1980	130 150
B 25	③ ④	280 310	2025 1950	130 150

Konsistenz KS

B 10	③ ④	210 230	2005 1925	160 185
B 15	③ ④	270 300	1955 1865	160 185
B 25	③ ④	310 340	1920 1830	160 185

Konsistenz KP

B 10	③ ④	230 260	1950 1860	175 200
B 15	③ ④	300 330	1890 1800	175 200
B 25	③ ④	340 380	1855 1755	175 200

Konsistenz KR

▭ nur für unbewehrten Beton.

Zusammensetzung von B I (Anhaltswerte)

Beispiel:

Für einen Beton B 15 (Sieblinienbereich ③; Konsistenz KP) ist der Materialbedarf je m³ zu ermitteln.

Lösung:

Zement **270 kg/m³**
Zuschlag **1955 kg/m³**
Wasser **160 kg/m³**

Beispiel:

Wie viel Zement, Zuschlag und Wasser werden zur Herstellung von 35 m³ Stahlbeton B 25 (Sieblinienbereich ④; Konsistenz KR) benötigt? Darf dieser Beton für Außenteile verwendet werden?

Lösung:

Materialbedarf je m³ nach Tabelle:

Zement $380\ kg/m^3 \cdot 35\ m^3 = \mathbf{13{,}300\ t}$
Zuschlag $1755\ kg/m^3 \cdot 35\ m^3 = \mathbf{61{,}425\ t}$
Wasser $200\ kg/m^3 \cdot 35\ m^3 = \mathbf{7000\ l}$

Der Mindestzementgehalt für Stahlbeton für Außenteile ist mit 380 kg/m³ erreicht.

Sieblinien

15.1 Zwei Zuschlaggemische liegen im Sieblinienbereich ③ und ④. Welches der beiden Zuschlaggemische enthält mehr grobes Korn?

15.2 Was bedeutet es, wenn eine Sieblinie in einem bestimmten Bereich waagerecht verläuft?

15.3 Berechnen Sie nach den Siebrückständen in g die Rückstände und Siebdurchgänge in %. Die Siebeinwaage betrug 5000 g.

Sieb (mm)	0,25	0,5	1	2	4	8	16	32
Rückstand (g)	4817	4220	3606	3059	2351	1353	0	0

15.4 Berechnen Sie nach den Siebrückständen in g die Rückstände und Siebdurchgänge in %. Die Siebeinwaage betrug 5000 g.

Sieb (mm)	0,25	0,5	1	2	4	8	16	32
Rückstand (g)	4439	3811	3249	2761	2223	1522	703	0

15.5 Berechnen Sie nach den Siebrückständen in g die Rückstände und Siebdurchgänge in %. Die Siebeinwaage betrug 5000 g.

Sieb (mm)	0,25	0,5	1	2	4	8	16	32
Rückstand (g)	4810	4666	4467	4151	3701	3049	1809	0

15.6 Ein Auszubildender hat die Rückstände auf jedem Sieb für sich gewogen. Berechnen Sie danach die Rückstände und Siebdurchgänge in %. Die Siebeinwaage betrug 6 kg.

Sieb (mm)	0,25	0,5	1	2	4	8	16	32
Rückstand (g)	754	674	586	645	842	982	844	0

15.7 Welches Größtkorn haben die Sieblinien aus
a) Aufgabe 15.3,
b) Aufgabe 15.4,
c) Aufgabe 15.5?

15.8 In welchem Sieblinienbereich verlaufen die Sieblinien aus
a) Aufgabe 15.3,
b) Aufgabe 15.4,
c) Aufgabe 15.5?

15.9 Zeichnen Sie die Sieblinie aus Aufgabe 15.5 in ein Diagramm entsprechend den Abbildungen auf der ersten Seite dieses Kapitels ein.

Rezeptbeton

15.10 In welchem Fall dürfen die Tabellenwerte nicht angewendet werden?

15.11 Veranschlagen Sie den Bedarf an Zement, Zuschlag und Wasser nach Tabelle für
a) B 10, Sieblinienbereich ③, KP,
b) B 15, Sieblinienbereich ④, KP,
c) B 5, Sieblinienbereich ③, KS.

15.12 Wie viel Zugabewasser ist bei den Betonen aus Aufgabe 15.11 jeweils erforderlich, wenn die Eigenfeuchte des Zuschlags 3,5 % beträgt?

15.13 Veranschlagen Sie den Bedarf an Zement, Zuschlag und Wasser nach Tabelle für
a) B 5, Sieblinienbereich ④, KS,
b) B 15, Sieblinienbereich ③, KP,
c) B 25, Sieblinienbereich ③, KR.

15.14 Welche Betone aus Aufgabe 15.13 dürfen zu Stahlbeton für Außenbauteile verwendet werden?

15.15 Um wie viele Liter muss die Wasserzugabe bei B 15 bei Sieblinienbereich ④ gegenüber Sieblinienbereich ③ erhöht werden?

15.16 Das dargestellte Fundament soll in B 15 (Sieblinienbereich ③; Konsistenz KR) hergestellt werden. Die Fundamenttiefe beträgt 0,60 m.

Wie viel Zement und Zuschlag sind zu bestellen?

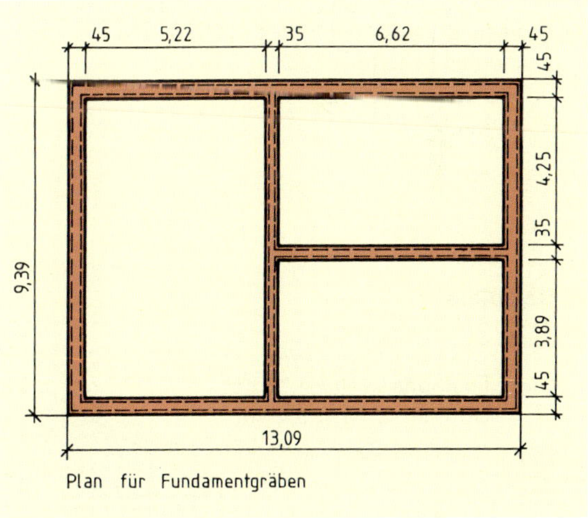

Plan für Fundamentgräben

15.17 Zehn der dargestellten Einzelfundamente sollen in B 25 (Sieblinienbereich ③; Konsistenz KP) hergestellt werden.

Wie viel Zement und Zuschlag sind zu bestellen?

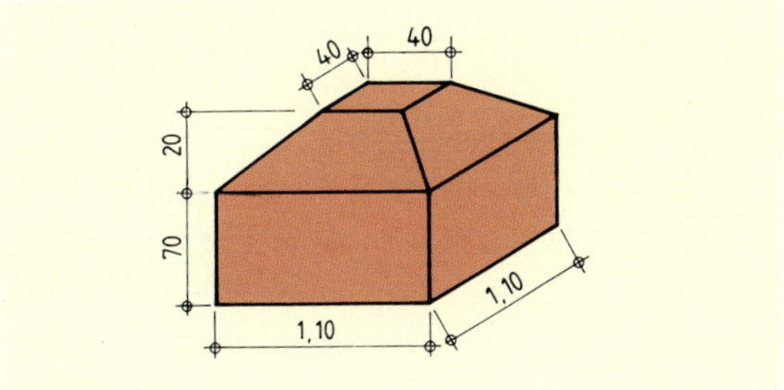

16 Lehrsatz des Pythagoras

Der Lehrsatz wurde vor ca. 2500 Jahren von dem griechischen Gelehrten Pythagoras mathematisch formuliert und deshalb nach ihm benannt. Die dem Lehrsatz zugrunde liegende Erkenntnis machten sich aber schon viel früher die Bauleute zunutze, indem sie rechte Winkel mittels Dreiecken mit einem Seitenverhältnis von 3:4:5 absteckten (s. Aufgabe 16.1).

Der Lehrsatz des Pythagoras bezieht sich ausschließlich auf **rechtwinklige Dreiecke.** Die längste Seite in einem rechtwinkligen Dreieck liegt dem rechten Winkel gegenüber. Sie wird **Hypotenuse** genannt und meist mit *c* bezeichnet. Die beiden anderen Seiten werden **Katheten** genannt und meist mit *a* und *b* bezeichnet.

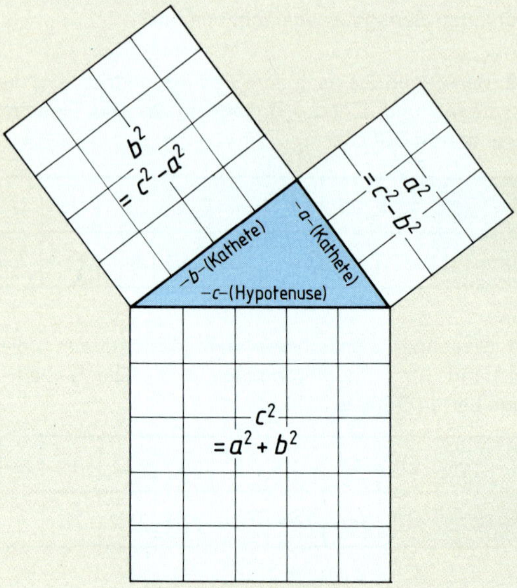

Überprüfen Sie die in der Zeichnung mathematisch ausgedrückten Behauptungen ($c^2 = a^2 + b^2$ usw.) durch Auszählen der Quadrate.

Verallgemeinert sind diese Erkenntnisse im Lehrsatz des Pythagoras angegeben:

> Im rechtwinkligen Dreieck ist das Quadrat über der Hypotenuse gleich der Summe der Quadrate über den Katheten.
> $$c^2 = a^2 + b^2$$

Durch Umstellen der Formel und Wurzelziehen kann mithilfe des Lehrsatzes jeweils eine Seite eines rechtwinkligen Dreiecks berechnet werden, wenn die beiden anderen bekannt sind.

1. $c = \sqrt{a^2 + b^2}$

2. $b = \sqrt{c^2 - a^2}$

3. $a = \sqrt{c^2 - b^2}$

Beispiele:

Zu 1.

Geg.: Firsthöhe $h = 4{,}10$ m
Grundmaß $g = 6{,}40$ m
Ges.: Dachschräge *s*

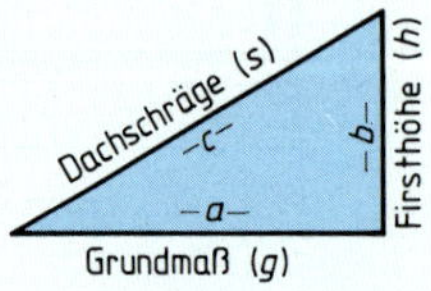

Lösung:

$s = \sqrt{h^2 + g^2} = \sqrt{(4{,}10\text{ m})^2 + (6{,}40\text{ m})^2}$
$= \sqrt{16{,}81\text{ m}^2 + 40{,}96\text{ m}^2} = \sqrt{57{,}77\text{ m}^2}$
$\approx \underline{7{,}60\text{ m}}$

Zu 2.

Geg.: Firsthöhe $h = 5{,}00$ m
Dachschräge $s = 9{,}80$ m
Ges.: Grundmaß *g*

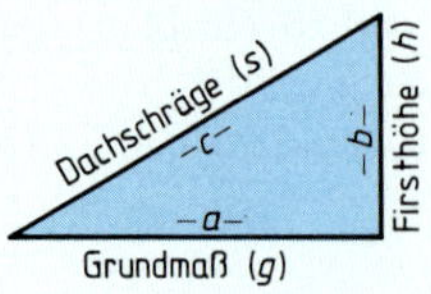

Lösung:

$g = \sqrt{s^2 - h^2} = \sqrt{(9{,}80\text{ m})^2 - (5{,}00\text{ m})^2}$
$= \sqrt{96{,}04\text{ m}^2 - 25{,}00\text{ m}^2} = \sqrt{71{,}04\text{ m}^2}$
$\approx \underline{8{,}43\text{ m}}$

Zu 3.

Geg.: Dachschräge $s = 8{,}80$ m
Grundmaß $g = 4{,}90$ m
Ges.: Firsthöhe *h*

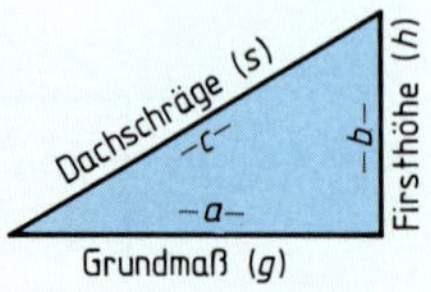

Lösung:

$h = \sqrt{s^2 - g^2} = \sqrt{(8{,}80\text{ m})^2 - (4{,}90\text{ m})^2}$
$= \sqrt{77{,}44\text{ m}^2 - 24{,}01\text{ m}^2} = \sqrt{53{,}43\text{ m}^2}$
$\approx \underline{7{,}31\text{ m}}$

16.1 Schon von alters her steckten die Bauleute rechte Winkel ab, indem sie Dreiecke mit den Seitenlängen 3, 4 und 5 absteckten. Dies geschieht am einfachsten mit einer Knotenschnur.

Ermitteln Sie rechnerisch und zeichnerisch weitere Zahlengruppen, mit denen dies ebenfalls möglich ist.

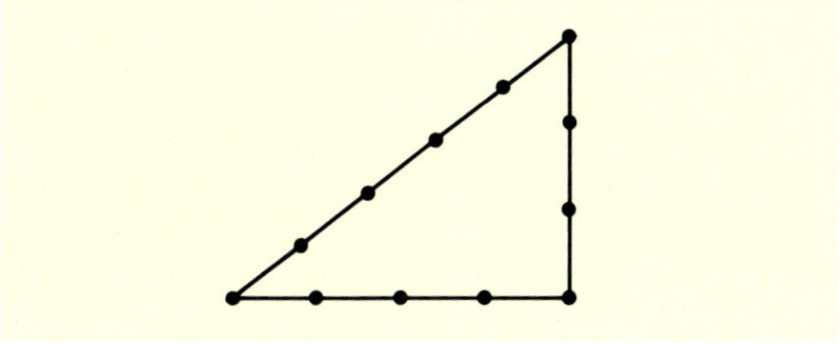

16.2 Beim Vermessen einer rechteckigen Fläche kann als Kontrollmaß die Diagonale *d* gemessen werden. Wie lang muss die Diagonale *d* bei Seitenlängen von $l=22{,}10$ m (18,70 m) und $b=11{,}50$ m (13,40 m) sein?

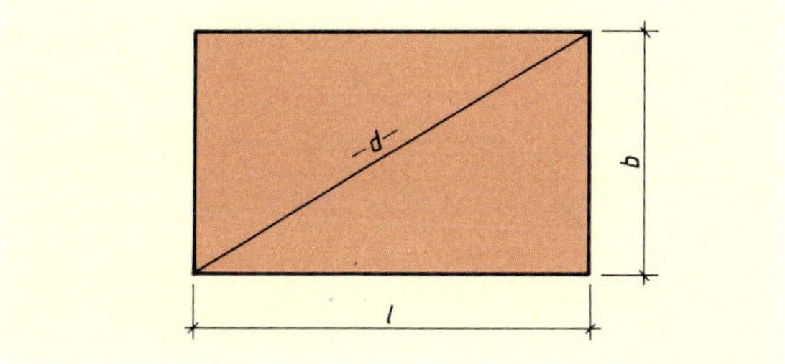

16.3 Bei Vermessung einer rechteckigen Fläche sind die beiden Längsseiten (l) nicht zugänglich. Die Breite ist $b=15{,}30$ m (12,20 m), die Diagonale $d=33{,}20$ m (28,30 m). Berechnen Sie die Länge l.

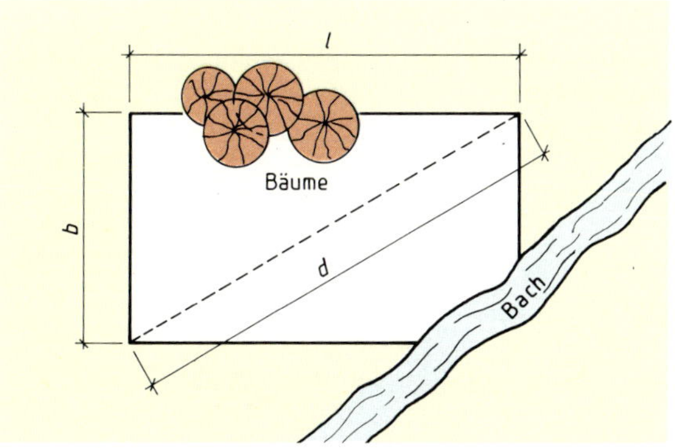

16.4 Bei einem Satteldach sind die Firsthöhe $h=3{,}50$ m (4,20 m) und die Gebäudebreite $b=10{,}80$ m (12,40 m) gegeben. Berechnen Sie die Sparrenlänge l.

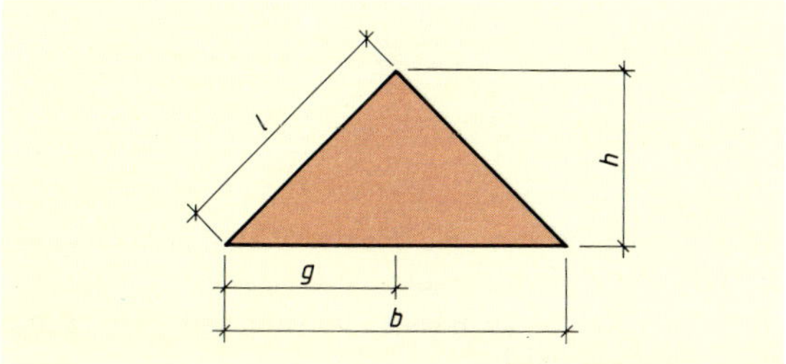

16.5 Bei einem Satteldach sind die Sparrenlänge $l=7{,}20$ m (6,40 m) und das Grundmaß $g=4{,}80$ m (4,40 m) gegeben. Berechnen Sie die Firsthöhe h.

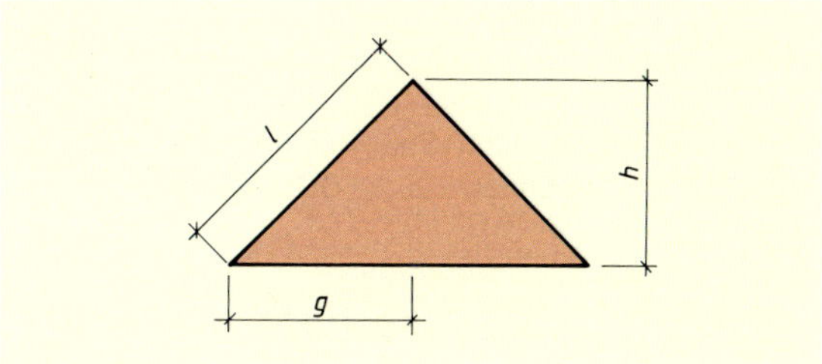

16.6 Bei einer Shedhalle sind die Spannweite $b=8{,}50$ m (7,50 m), das größere Grundmaß $g=5{,}40$ m (4,80 m) und die Firsthöhe $h=4{,}30$ m (3,90 m) gegeben. Berechnen Sie die Sparrenlängen l_1 und l_2.

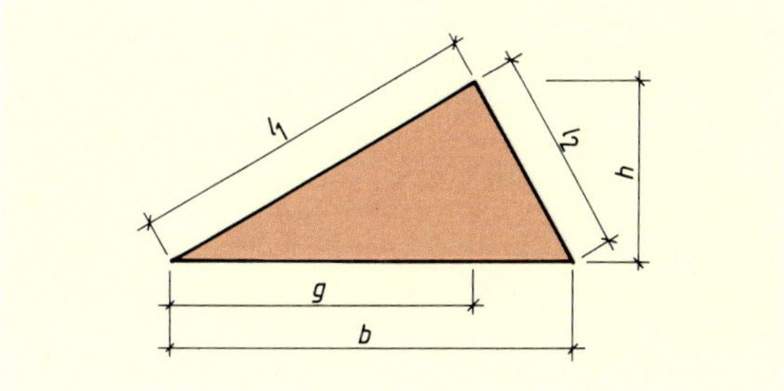

16.7 Das dargestellte Grundstück soll mit Maschendraht eingezäunt werden. Berechnen Sie den Bedarf an Maschendraht in Metern.

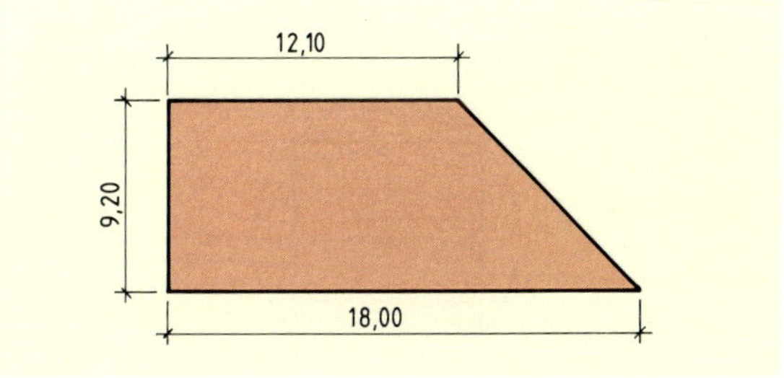

16.8 Der im Grundriss dargestellte Raum soll einen umlaufenden Sockel aus Spaltriemchen erhalten. Berechnen Sie den Bedarf an Spaltriemchen in Metern, wenn mit 5 % Verhau gerechnet werden muss.

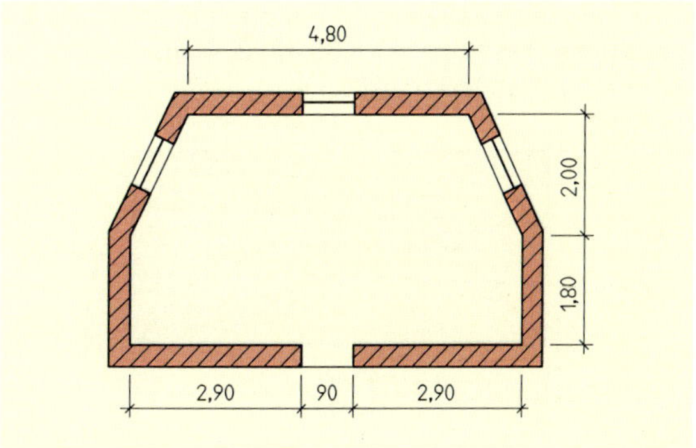

16.9 Ein Viereck hat vier gleich lange Seiten von je 1,85 m (2,83 m). Eine Diagonale ist 2,62 m (5,30 m) lang. Um was für Flächen handelt es sich?

16.10 Die dargestellten Stahleinlagen sind unter 45° aufgebogen. Berechnen Sie die Schnittlängen.

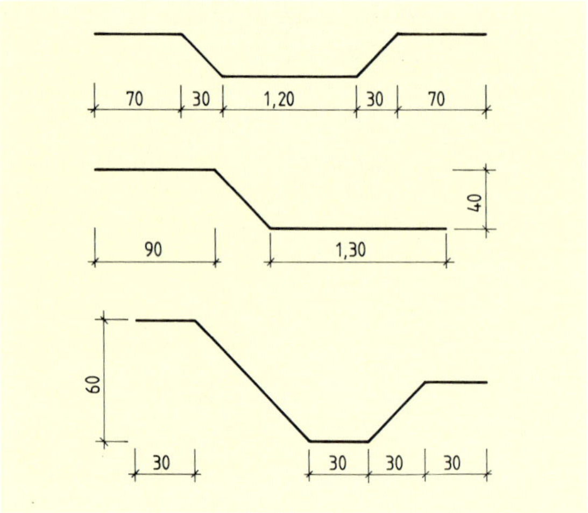

16.11 Ein Rundstamm hat einen kleinsten Durchmesser *d* von 35 cm. Es soll der größtmögliche scharfkantige Balken mit quadratischem Querschnitt daraus geschnitten werden. Berechnen Sie die Kantenlänge *a* des Balkens.

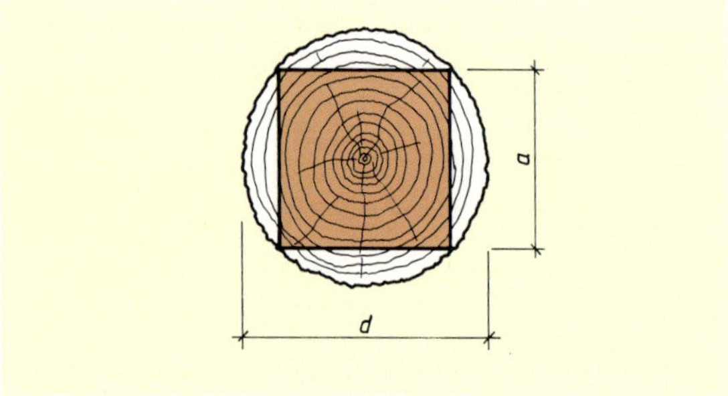

16.12 Bei einem Walmdach mit gleicher Dachneigung beträgt die Firsthöhe $h = 4{,}30$ m (3,70 m). Berechnen Sie die Dacheindeckungsfläche.

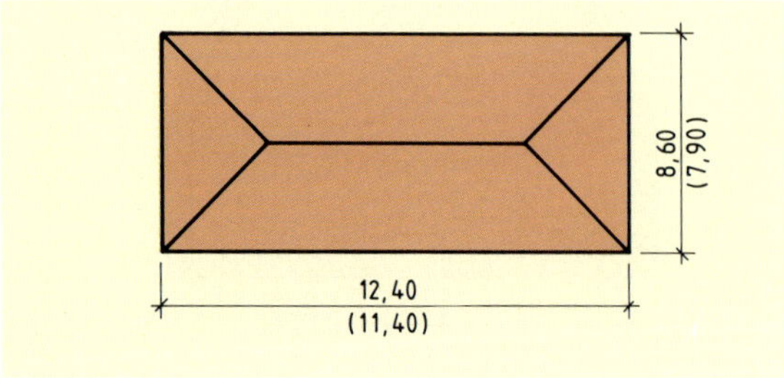

16.13 Berechnen Sie die Gebäudehöhe *h*, wenn der First in der Gebäudemitte liegt.

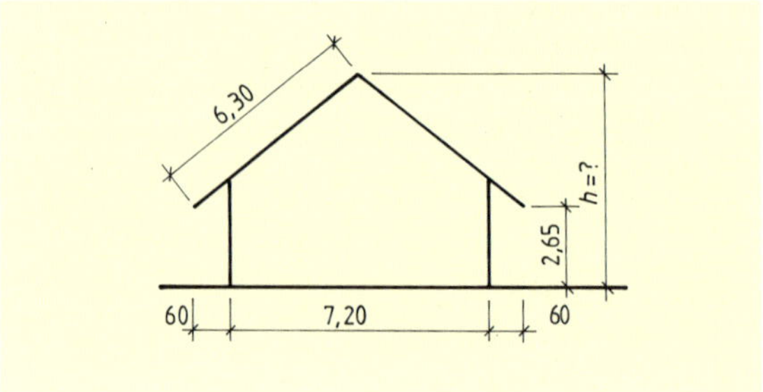

16.14 Welches Volumen hat ein 840 m langes Teilstück des dargestellten Dammes?

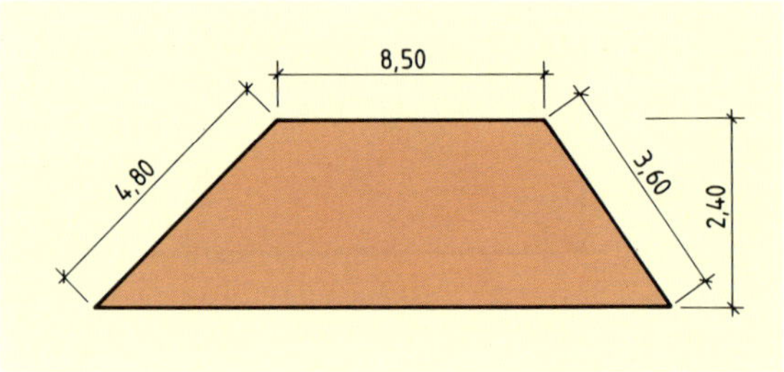

16.15 Berechnen Sie den Flächeninhalt des in den dargestellten Viertelkreis eingezeichneten Rechteckes.

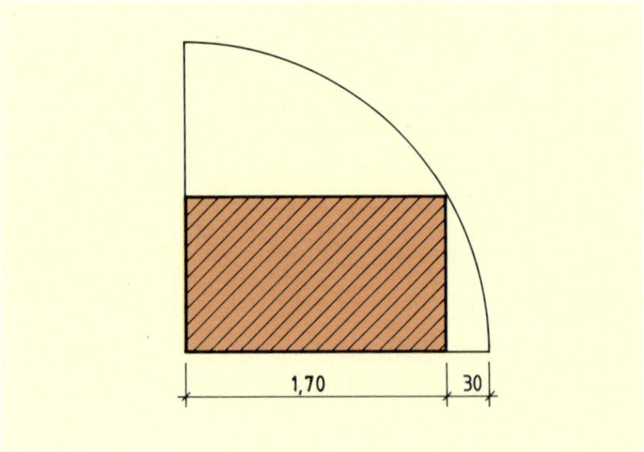

16.16 Wie groß kann die in einen Viertelkreis mit einem Radius von 2,00 m eingetragene Fläche (s. obige Darstellung) durch paralleles Verschieben der Seiten höchstens werden?

17 Steigung, Gefälle, Neigung

Im Bauwesen haben sich mehrere Begriffe eingebürgert, die angeben, dass eine Strecke oder Fläche weder horizontal noch vertikal ist, sondern mit der Horizontalen einen Winkel zwischen 0° und 90° bildet. Der Zimmermann spricht von der Neigung des Daches; eine Straße kann in Längsrichtung eine Steigung aufweisen; und überall, wo es um den Abfluss von Wasser geht (Entwässerung, Fußboden, Straße in Querrichtung), ist der Begriff Gefälle üblich.

Die Steigung (das Gefälle, die Neigung) einer Strecke oder Fläche kann angegeben werden, indem man den **Winkel** (α) angibt, den die Strecke oder die Fläche mit der Horizontalen bilden. Diese Angabe ist im Bauwesen jedoch kaum üblich, da es verhältnismäßig schwierig ist, beliebige Winkel genau anzuschlagen. Für die Praxis geeigneter ist die Angabe durch **Verhältnisse** oder **Prozentsätze.**

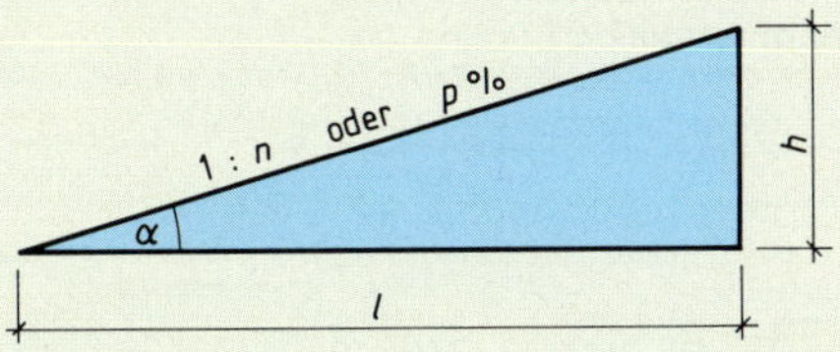

Das **Verhältnis** $1:n$ gibt das Verhältnis zwischen Höhe (h) und Länge (l) an. Die erste Zahl entspricht also der Höhe, die zweite der Länge. Die Höhe wird gleich 1 gesetzt und die Länge als **Verhältniszahl** (n) darauf bezogen. Hat z.B. eine Entwässerungsleitung ein Gefälle von 1:50, so heißt dies, dass die Leitung auf 50 m Länge um 1 m fällt. Eine Böschung mit einer Neigung von 1:2 überwindet auf 2 m einen Höhenunterschied von 1 m.

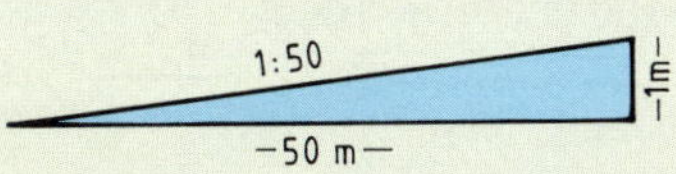

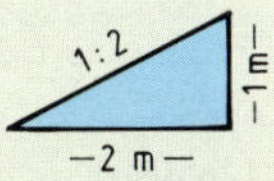

Bei Angabe derartiger Verhältnisse können Neigungen auf dem Bau (z.B. mit Lattendreiecken) leicht angeschlagen werden.

Bei sehr flach geneigten Strecken würde die Zahl im Nenner groß. Solche Steigungen werden deshalb häufiger durch einen **Prozentsatz** angegeben. Diese Prozentsätze geben die Höhe (h) in Prozenten der Länge (l) an, das heißt, es wird angegeben, um wie viele m (cm) die Strecke auf 100 m (100 cm) steigt. Hat z.B. eine Straße eine Steigung von 3,5 %, so heißt dies, dass sie auf 100 m um 3,5 m ansteigt. Eine Entwässerungsleitung mit einem Gefälle von 1,5 % fällt auf 1 m um 1,5 cm.

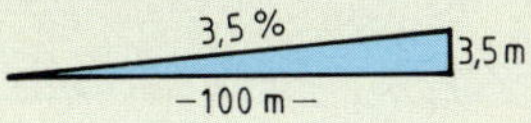

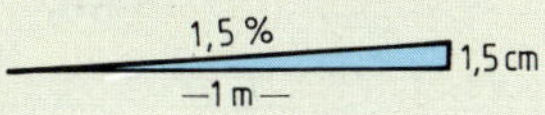

Verhältnisse und Prozentsätze können durch Prozentrechnung wechselseitig umgerechnet werden:

$$p\% = \frac{1}{n} \cdot 100\,\% \qquad n = \frac{1}{p\%} \cdot 100\,\%$$

Ein Winkel von 45° entspricht dem Verhältnis 1 : 1 und dem Prozentsatz 100 %.

Grundsätzlich sind drei Berechnungsfälle möglich: Es können entweder die Höhe oder die Steigung oder – in der Praxis seltener – die Länge gesucht werden. Das Rechenverfahren ist davon abhängig, ob die Steigung durch Verhältnis oder Prozentsatz angegeben ist.

Bei Angabe des **Verhältnisses** wird einfachheitshalber stets nur mit der **Verhältniszahl** (n) gerechnet.

Verhältniszahl gesucht:

1. $$\text{Verhältniszahl } (n) = \frac{\text{Länge } (l)}{\text{Höhe } (h)}$$

Steigungsverhältnis $= 1:n$

Höhe gesucht:

2. $$\text{Höhe } (h) = \frac{\text{Länge } (l)}{\text{Verhältniszahl } (n)}$$

Länge gesucht:

3. $$\text{Länge } (l) = \text{Verhältniszahl } (n) \cdot \text{Höhe } (h)$$

Bei Angabe der Steigung durch einen **Prozentsatz** (p) werden dieselben Aufgaben durch Prozentrechnung gelöst.

Prozentsatz gesucht:

1. $$\text{Prozentsatz } (p) = \frac{\text{Höhe } (h) \cdot 100}{\text{Länge } (l)}$$

Höhe gesucht:

2. $$\text{Höhe } (h) = \frac{\text{Prozentsatz } (p) \cdot \text{Länge } (l)}{100}$$

Länge gesucht:

3. $$\text{Länge } (l) = \frac{\text{Höhe } (h) \cdot 100}{\text{Prozentsatz } (p)}$$

Beispiele:

Rechnen mit Verhältnissen

1. Für die dargestellte Böschung ist die Neigung als Verhältnis zu ermitteln. Die Breite des Böschungsfußes *l* beträgt 4,80 m, die Höhe *h* beträgt 1,20 m.

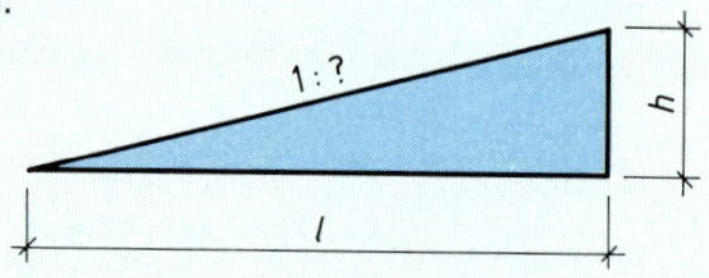

Lösung:

Verhältniszahl $n = \frac{l}{h} = \frac{4{,}80\ \text{m}}{1{,}20\ \text{m}} = \underline{4}$

Steigungsverhältnis $= 1 : n = \underline{1 : 4}$

2. Für die dargestellte Böschung ist die Höhe *h* zu ermitteln. Das Neigungsverhältnis beträgt 1 : 2,5, der Böschungsfuß *l* ist 17,5 m breit.

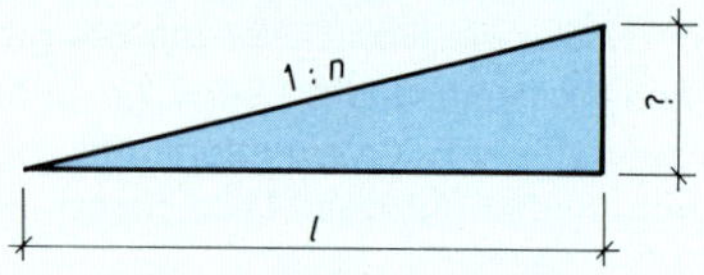

Lösung:

Höhe $h = \frac{l}{n} = \frac{17{,}5\ \text{m}}{2{,}5} = \underline{7\ \text{m}}$

(Verhältniszahl 2,5)

3. Für das dargestellte Pultdach ist das Grundmaß *l* zu ermitteln. Das Neigungsverhältnis beträgt 1 : 50, die Höhe *h* beträgt 1,20 m.

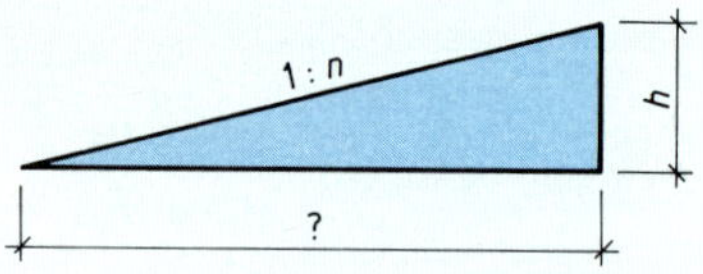

Lösung:

Länge $l = n \cdot h = 50 \cdot 1{,}20\ \text{m} = \underline{60\ \text{m}}$

(Verhältniszahl 50)

Rechnen mit Prozentsätzen

1. Eine Straße fällt auf 1,5 km um 70 m. Geben Sie das Gefälle in Prozent an.

Lösung:

Prozentsatz $p = \frac{h \cdot 100\ \%}{l} = \frac{70\ \text{m} \cdot 100\ \%}{1\,500\ \text{m}} = \underline{4{,}7\ \%}$

2. Ein 75 m langer Kanal soll mit einem Gefälle von 1% verlegt werden. Wie groß ist der Höhenunterschied zwischen Anfang und Ende?

Lösung:

Höhe $h = \frac{p \cdot l}{100\ \%} = \frac{1\ \% \cdot 75\ \text{m}}{100\ \%} = \underline{0{,}75\ \text{m}}$

3. Eine Straße soll mit einem Gefälle von 5 % einen Höhenunterschied von 320 m überbrücken. Wie lang wird die Straße?

Lösung:

Länge $l = \frac{h \cdot 100\ \%}{p} = \frac{320\ \text{m} \cdot 100\ \%}{5\ \%} = \underline{6{,}4\ \text{km}}$

Umrechnung von Verhältnissen und Prozentsätzen

1. Ein Steigungsverhältnis von 1 : 25 soll in % ausgedrückt werden.

Lösung:

Prozentwert $p = \frac{1}{25} \cdot 100\ \% = \underline{4\ \%}$

2. Ein Kanal soll mit einem Gefälle von 1,5 % verlegt werden. Welchem Verhältnis entspricht das?

Lösung:

Verhältniszahl $n = \frac{1}{1{,}5\ \%} \cdot 100\ \% = 66{,}7$

Verhältnis $\approx \underline{1 : 67}$

17.1 Ordnen Sie den Skizzen die Begriffe Neigung, Steigung und Gefälle zu.

a)

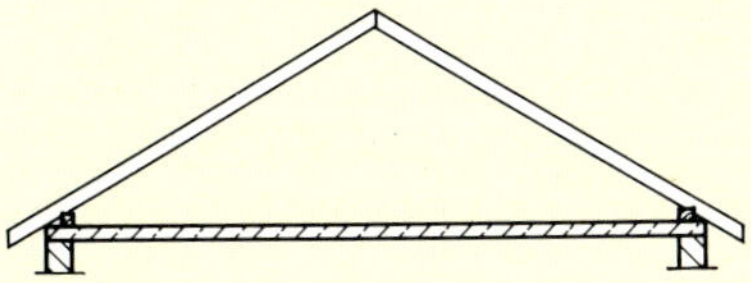

Satteldach

b)

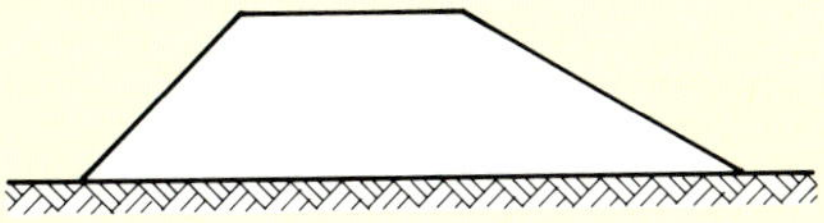

Erddamm

c)

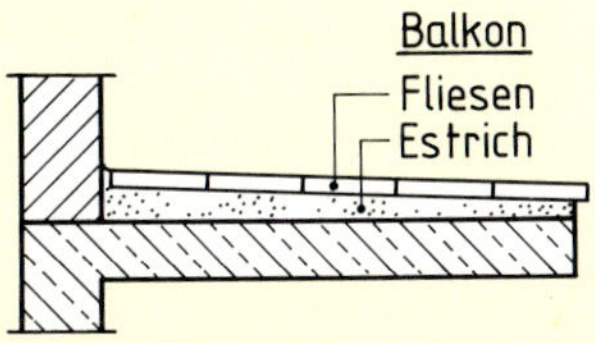

Fliesenbelag

d)

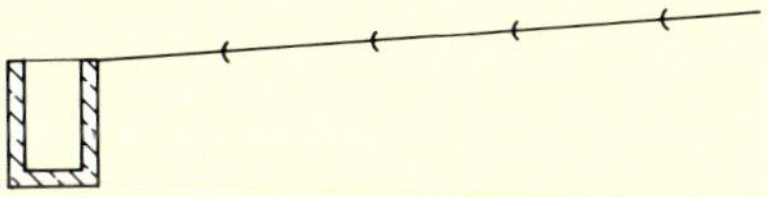

Entwässerungsleitung

e)

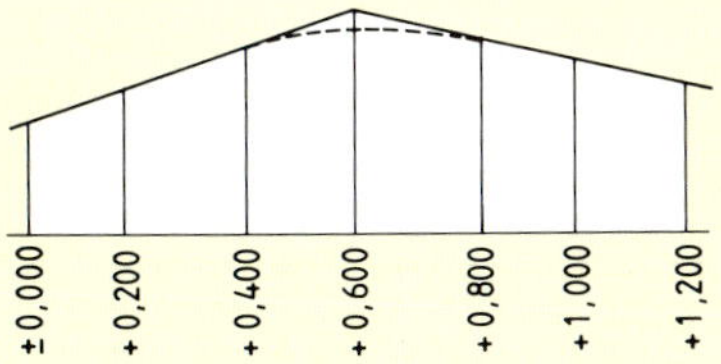

Längsprofil einer Straße

17.2 Aus den Skizzen a und b der oben stehenden Abbildungen sind die Neigungsverhältnisse zu ermitteln. Die benötigten Maße sind aus den Skizzen zu entnehmen.

17.3 Aus den Skizzen a und b der oben stehenden Abbildungen sind die Gefälle in Prozent ungefähr zu ermitteln. Die benötigten Maße sind aus den Skizzen zu entnehmen.

17.4 Eine Entwässerungsleitung aus Steinzeugrohren soll mit einem Gefälle von 1 : 75 (1 : 80) verlegt werden.

a) Drücken Sie das Gefälle in Prozent aus.

b) Um wie viel m fällt die Leitung auf 100 m Länge?

17.5 Ein Nassboden soll ein Gefälle von 2 % (3 %) erhalten.

a) Um wie viel cm fällt der Boden auf 1 m Länge?

b) Drücken Sie das Gefälle als Verhältnis aus.

17.6 Ermitteln Sie aus den Skizzen, welche Neigungsverhältnisse Böschungswinkeln von 30°, 45°, 60° und 80° entsprechen.

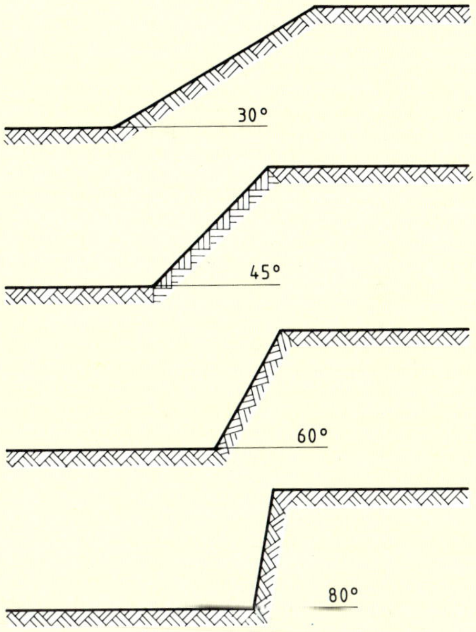

17.7 Eine Straße steigt auf 1 km um 87 m. Drücken Sie die Steigung durch Verhältnis und Prozentsatz aus.

17.8 Eine Straße soll auf eine Entfernung von 17 km einen Höhenunterschied von 1100 m überwinden. Welche durchschnittliche Steigung ergibt sich?

17.9 Wie lang würde die Straße in obiger Aufgabe mindestens, wenn entlang der gesamten Trasse eine Steigung von 4 % nicht überschritten werden soll?

17.10 Eine Entwässerungsleitung aus Steinzeugrohren soll mit einem Gefälle von 1 : 50 (1 : 40) verlegt werden.

a) Berechnen Sie den Höhenunterschied auf eine Rohrlänge von $l = 8{,}50$ m (13,75 m).

b) Drücken Sie das Gefälle in Prozent aus.

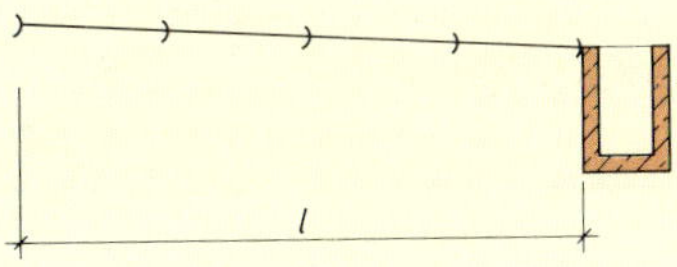

17.11 Bei einem Pultdach sind die Höhe $h = 3{,}50$ m (4,20 m) und das Grundmaß $l = 5{,}20$ m (6,50 m) gegeben. Berechnen Sie das Neigungsverhältnis.

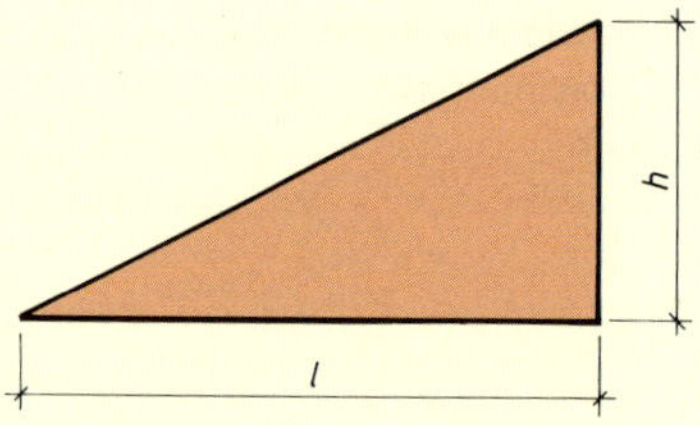

17.12 Eine Terrasse soll einen Plattenbelag mit einem Gefälle von 1,5 % erhalten. Berechnen Sie bei einer Länge von $l = 2{,}50$ m (3,20 m) den Höhenunterschied h.

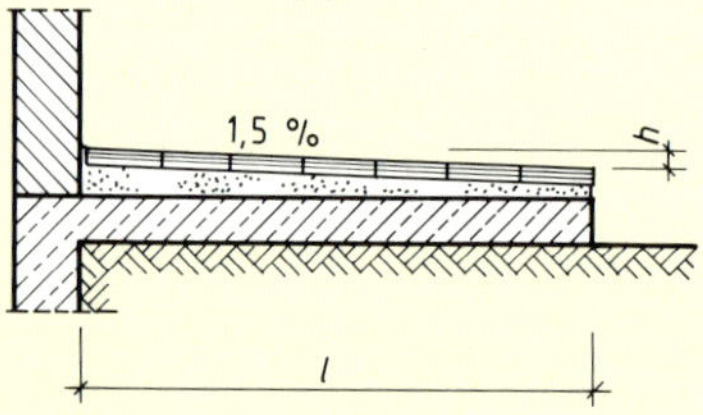

17.13 Das Längsgefälle der im Längsschnitt dargestellten Garagenzufahrt beträgt auf 5,00 m Länge 6,00 %, danach auf 3,60 m Länge 9,50 %. Die Garagenzufahrt soll so umgebaut werden, dass ein durchgehend gleich bleibendes Längsgefälle entsteht.
Berechnen Sie

a) den Höhenunterschied h,
b) das Gefälle der umgebauten Einfahrt.

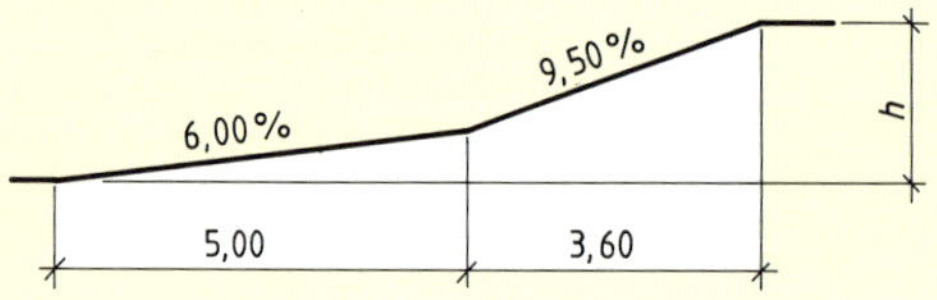

17.14 Der Damm soll $h = 1{,}70$ m (2,50 m) hoch und in der Krone $b = 3{,}50$ m (4,20 m) breit sein. Berechnen Sie die Breite g des Dammfußes.

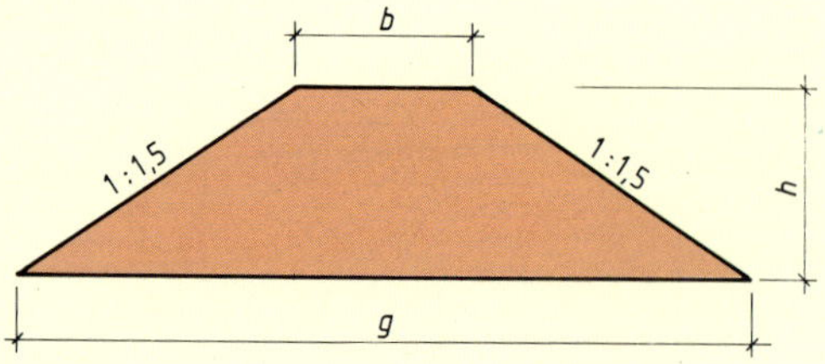

17.15 Eine Entwässerungsleitung fällt auf 17,20 m (11,50 m) um 31 cm (15 cm). Wurde das vorgeschriebene Mindestgefälle von 1,5 % eingehalten?

17.16 In eine Waschküche soll ein Estrich eingebracht werden. Das kleinste Gefälle des Estrichs soll 1,5 % betragen.

a) Berechnen Sie den Höhenunterschied des Estrichs an Bodeneinlauf und Wand.

b) Berechnen Sie das Gefälle in den Feldern I, II und IV in %.

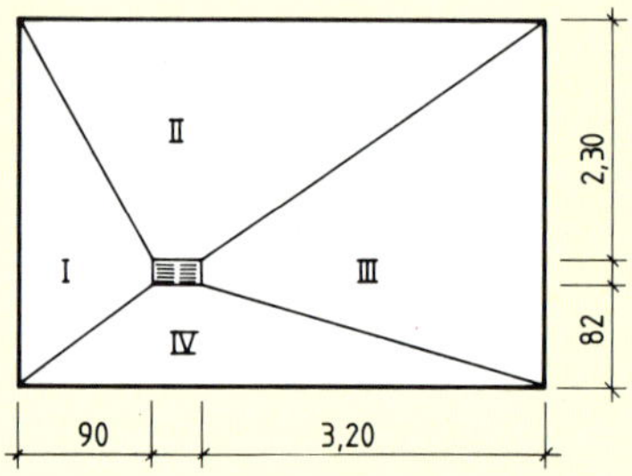

17.17 Für den dargestellten Gefälleboden sind die Gefälle in den Richtungen a, b, c, d und e zu berechnen.

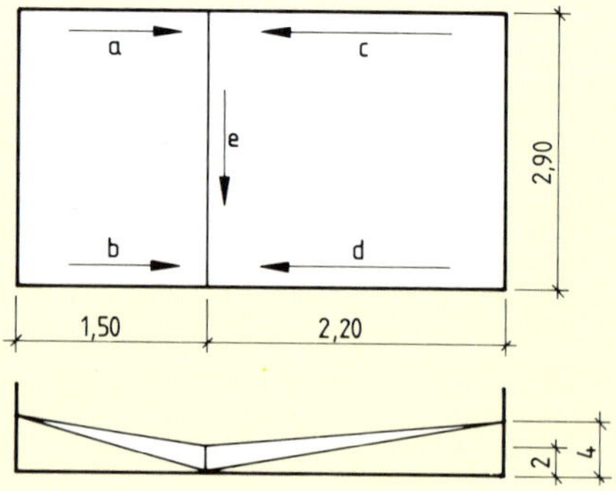

17.18 Ergänzen Sie die Tabelle.

Aufgabe	a)	b)	c)	d)
Verhältnis	1 : 80	?	?	1 : 2
Prozentsatz	?	2,5 %	?	?
Länge	120 m	?	6 m	3 m
Höhe	?	107 m	0,3 m	?

18 Masse und Dichte

Masse und Dichte spielen im Bauwesen eine große und vielfältige Rolle. Die Masse der Bauteile ist Grundlage für die Ermittlung der auftretenden Lasten, außerdem werden viele Baustoffe nach Masse bestellt. Die Dichte ist maßgebend für so wichtige Eigenschaften wie Wärme- und Schalldämmung, außerdem wird sie oft zur Ermittlung der Masse benötigt.

Jeder Körper enthält eine genau bestimmbare Materiemenge (bestimmte Anzahl Atome, Moleküle) und hat deshalb eine bestimmte **Masse**.

Die Masse ist eine vom jeweiligen Ort unabhängige Eigenschaft eines Körpers. Sie kann durch Vergleich mit Körpern bekannter Masse ermittelt werden.

Die SI-Einheit der Masse ist das **Kilogramm (kg)**. Als weitere gesetzliche Einheiten sind im Bauwesen noch die **Tonne (t)** und das **Gramm (g)** gebräuchlich.

Umgerechnet wird mit der **Umrechnungszahl 1 000**.

1 000 g = 1 kg

1 000 kg = 1 t

Die **Dichte** (*ϱ*) eines Stoffes ist der Quotient aus der **Masse** (*m*) und dem **Volumen** (*V*).

$$\text{Dichte } (\varrho) = \frac{\text{Masse } (m)}{\text{Volumen } (V)}$$

Die Dichte ist, da sie von der Masse abgeleitet ist, eine vom Ort unabhängige Stoffeigenschaft.

Die SI-Einheit der Dichte ist **Kilogramm durch Kubikmeter** ($\mathbf{kg/m^3}$). Weitere Einheiten sind $\mathbf{g/cm^3}$, $\mathbf{kg/dm^3}$ und $\mathbf{t/m^3}$.

$$1\ \text{kg/dm}^3 = 1\,000\ \text{kg/m}^3\ (\mathrel{\hat{=}} 1\ \text{g/cm}^3 \mathrel{\hat{=}} 1\ \text{t/m}^3)$$

Anmerkung: Ist ein Stoff porös, faserig oder körnig, enthält er also Hohlräume (Poren) oder Zwischenräume, so sind von der Dichte noch die **Rohdichte** und die **Schüttdichte** zu unterscheiden.

Rohdichte ist die Dichte von Stoffen einschließlich ihrer Hohlräume.

Schüttdichte ist die Dichte von lose aufgeschütteten Stoffen einschließlich Hohlräume und Zwischenräume.

Roh- bzw. Schüttdichten der wichtigsten Baustoffe sind in der entsprechenden Tabelle im Tabellenanhang enthalten.

Der Zusammenhang zwischen Masse, Dichte und Volumen ermöglicht nicht nur Dichteberechnungen, sondern bei bekannter Dichte auch in der Praxis oftmals wichtigere Berechnungen von Masse oder Volumen. Durch Umstellen ergibt sich:

1. $$\text{Dichte } (\varrho) = \frac{\text{Masse } (m)}{\text{Volumen } (V)}$$

2. $$\text{Masse } (m) = \text{Dichte } (\varrho) \cdot \text{Volumen } (V)$$

3. $$\text{Volumen } (V) = \frac{\text{Masse } (m)}{\text{Dichte } (\varrho)}$$

Beispiele:

1. Ein Betonprobewürfel hat eine Masse von $m = 18{,}0$ kg. Welche Rohdichte hat der Beton?

Lösung:

Volumen $V = 2{,}0\ \text{dm} \cdot 2{,}0\ \text{dm} \cdot 2{,}0\ \text{dm} = 8{,}0\ \text{dm}^3$

Dichte $\varrho = \frac{m}{V} = \frac{18{,}0\ \text{kg}}{8{,}0\ \text{dm}} = \underline{2{,}250\ \text{kg/dm}^3}$

2. Welche Masse hat ein Vollziegel NF ($\varrho = 1{,}8\ \text{kg/dm}^3$)?

Lösung:

Volumen $V = 2{,}4\ \text{dm} \cdot 1{,}15\ \text{dm} \cdot 0{,}71\ \text{dm} = 1{,}960\ \text{dm}^3$

Masse $m = \varrho \cdot V = 1{,}8\ \text{kg/dm}^3 \cdot 1{,}96\ \text{dm}^3 = \underline{3{,}528\ \text{kg}}$

3. Wie viel m^3 Kies ($\varrho = 1{,}8\ \text{t/m}^3$) kann ein Lkw mit einer Tragkraft von 5,5 t transportieren?

Lösung:

Volumen $V = \frac{m}{\varrho} = \frac{5{,}5\ \text{t}}{1{,}8\ \text{t/m}^3} = \underline{3{,}056\ \text{m}^3}$

18.1 Welche der in der Tabelle zusammengestellten Einheiten sind zulässige

a) Einheiten der Masse,

b) Einheiten der Dichte?

h	g/cm³	s	kg/m³	mm
g	kp/dm³	kN	Mp/m³	N/m
kp	N	t	km	p
kg/dm³	J	p/cm³	Mp	kg
m	daN	t/m³	N/m³	N/dm³

18.2 Berechnen Sie in kg:

a) 2 t + 2270 g + 354 kg + 5,321 t

b) 17000 g + 2504,3 kg + 0,056 t + 500 g

c) 52 kg + 0,04 kg + 0,99 t + 3500 g

18.3 Berechnen Sie in t:

a) 2705 kg + 1,705 t − 250000 g + 920 kg

b) 2,005 t + 10035,4 kg + 1002 t − 5,4 kg

c) 10000 g − 22 kg + 756,5 kg + 7,05 t

18.4 Rechnen Sie um in kg/dm³:

a) 5,7 g/cm³ **b)** 98 t/m³ **c)** 1200 kg/m³

d) 0,005 t/m³ **e)** 0,50 g/cm³ **f)** 101,01 kg/m³

18.5 Rechnen Sie um in kg/m³:

a) 5,2 kg/dm³ **d)** 0,00045 t/m³

b) 7,5 t/m³ **e)** 5,02 g/cm³

c) 12 g/cm³ **f)** 0,02 kg/dm³

18.6 Ein Leichtbetonwürfel mit einer Kantenlänge von 20 cm wiegt 12,8 kg (11,9 kg). Berechnen Sie die Betonrohdichte.

18.7 Ein Hochlochziegel (Kalksandlochstein) 2 DF wiegt 3,7 kg (4,4 kg). Berechnen Sie die Steinrohdichte (Maße in mm).

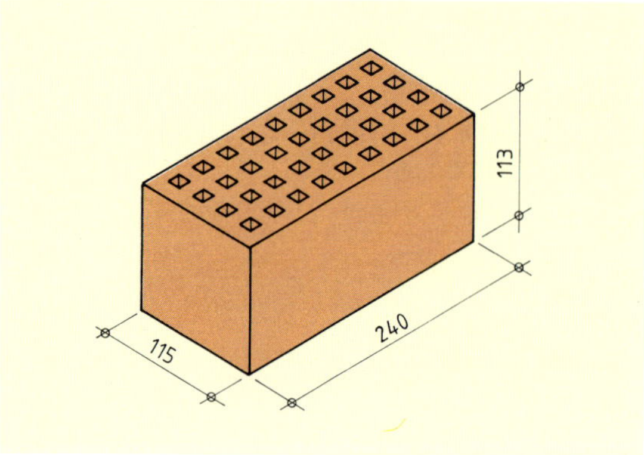

18.8 Aus 20 l Polystyrol ($\varrho = 1{,}05$ kg/dm³) wird 1 m³ (1,2 m³) Polystyrolschaum („Styropor") aufgeschäumt. Welche Rohdichte hat der entstandene Polystyrolschaum?

18.9 Wie viel kg wiegt ein Hochbauklinker NF? (s. Tabelle im Tabellenanhang.)

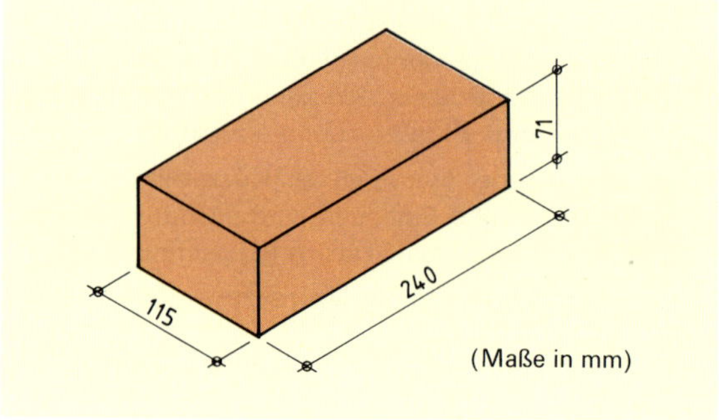

18.10 Welche Masse hat ein Betonrohr von 1 m Länge bei den angegebenen Durchmessern?

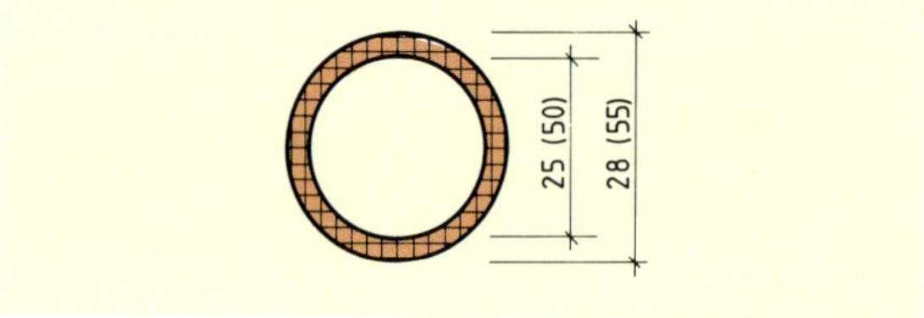

18.11 Welche Masse hat ein Stahlträger IPE 360 von 1 m Länge? (Höhe 360 mm, Breite 170 mm.)

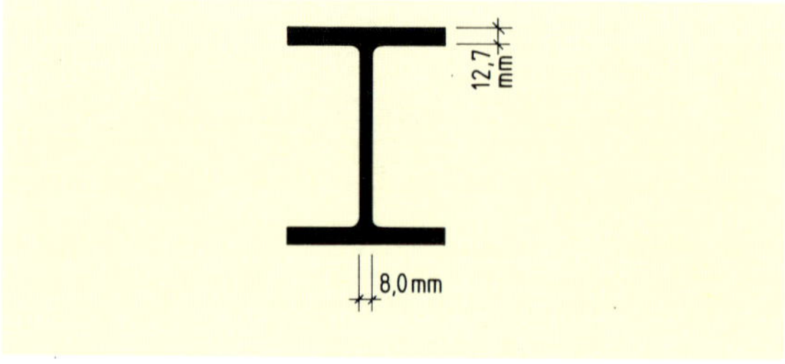

18.12 Wie viel kg wiegt 1 m glatter Betonstabstahl der Stärke

a) 6 mm, **b)** 8 mm, **c)** 10 mm, **d)** 24 mm?

18.13 Ein Krankübel hat ein Fassungsvermögen von 220 l. Wie viel kg wiegt eine Füllung Kalkzementmörtel (Sand)?

18.14 4 m lange Fichtenbretter 180 mm/24 mm sollen mit einem 3,5-Tonnen-Lkw befördert werden. Wie viele Bretter kann der Lkw jeweils laden?

18.15 Wie viele Stahlbetonbalken des angegebenen Querschnitts und einer Länge von 5,50 m kann ein Lkw, der mit 5 t beladen werden kann, aufnehmen?

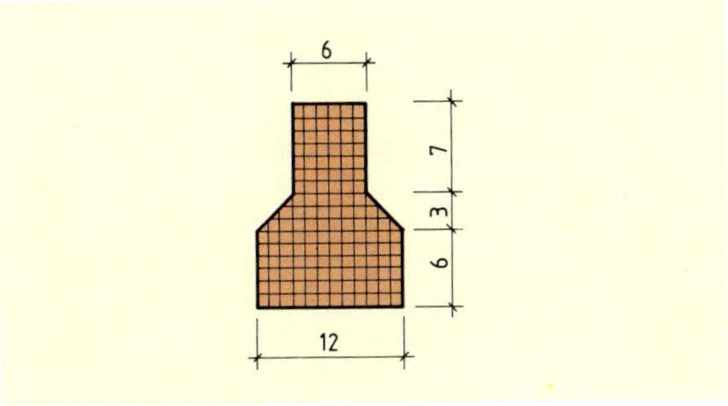

18.16 Ein Balken 20 cm/24 cm (16 cm/20 cm) aus Fichtenholz ist 6,50 m (5,80 m) lang. Wie viel kg wiegt er?

18.17 Wie viel m³ Sand (Kies) kann ein 7-t-Lkw laden?

18.18 1 t Schotter ($\varrho = 1{,}7\ t/m^3$) kostet 28,– DM (31,80 DM). Was kostet 1 m³?

18.19 Auf einer Straßenbaustelle sollen täglich 9000 m² Frostschutzschicht (Kiessand) in einer Dicke von 30 cm eingebaut werden. Wie viele 15-t-Lkw werden benötigt, wenn die tägliche Arbeitszeit 9 Std. und die Fahrzeit pro Fuhre 0,75 Std. beträgt?

18.20 Ein Betonformstein wiegt 47,5 kg. Wie viel m³ Festbeton werden zur Herstellung einer Tagesproduktion von 800 Steinen benötigt?

18.21 Wie viel wiegt eine Kiesfüllung (70 %) des dargestellten Schrapperkübels?

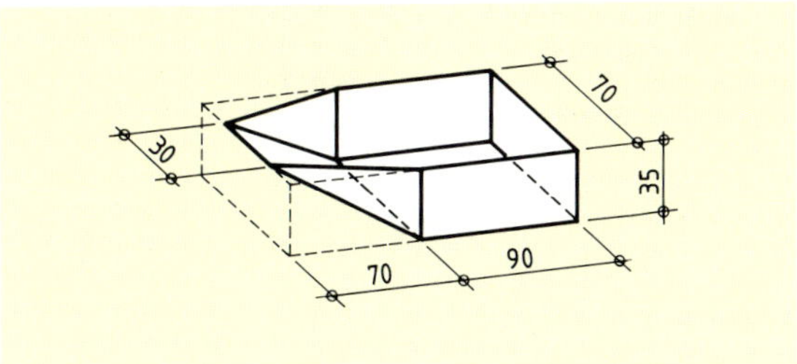

18.22 Ein Messgerät wiegt leer 376 g, gefüllt mit Wasser 1 380 g und gefüllt mit Mörtel 2,384 kg.

a) Welches Volumen hat das Messgefäß?

b) Welche Dichte hat der Mörtel?

c) Um welche Mörtelart handelt es sich?

18.23 Welche Masse hat die dargestellte Stahlbetonstütze insgesamt, wenn das Fundament nicht bewehrt ist?

(Stützendurchmesser 30 cm)

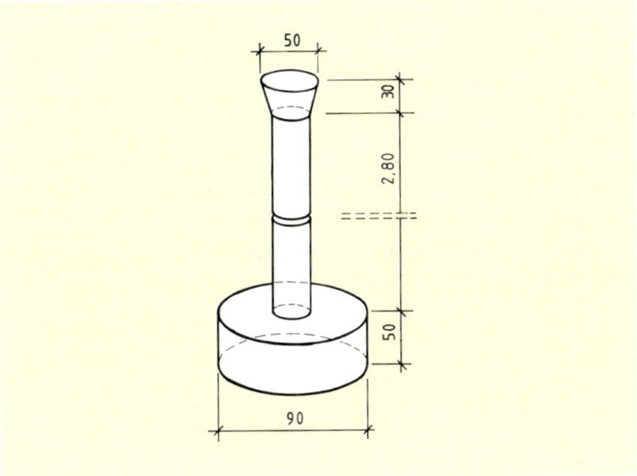

18.24 Ein Muldenkipper hat eine Tragfähigkeit von 15 t. Wie hoch darf die 4,00 m lange und 2,20 m breite Mulde mit Sand gefüllt werden?

18.25 Zur Bestimmung der Dichte wird ein 378 g schweres Stück Steinzeug in einen runden Messzylinder mit einem Innendurchmesser von 7,5 cm getaucht. Der Wasserspiegel steigt um 4,3 cm. Welche Dichte hat das Steinzeug?

18.26 Zehn Stahlbetonstützen ($h = 3{,}50$ m) sollen mit Natursteinplatten (Kalkstein, dicht) verkleidet werden.

a) Wie viel m² Natursteinplatten müssen geliefert werden, wenn die Lagerfugen nicht berücksichtigt werden?

b) Wie viel m³ Zementmörtel werden benötigt, wenn die Stoß- und Lagerfugen nicht mitgerechnet werden?

c) Wie groß ist die Masse einer verkleideten Stahlbetonstütze?

Die entsprechenden Rohdichten entnehmen Sie der Tabelle im Tabellenanhang.

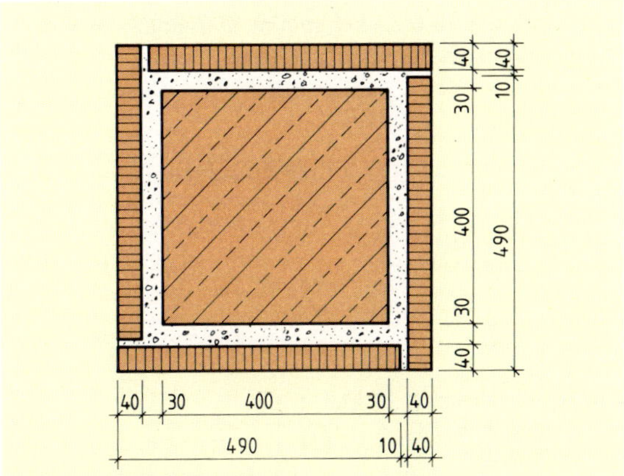

(alle Maße in mm)

19 Kräfte

Jede auf einen Körper wirkende **Kraft** (≙ Aktionskraft) ruft eine **Gegenkraft** (≙ Reaktionskraft) hervor. Sind Kraft und Gegenkraft gleich groß, so herrscht **Gleichgewicht.** Die an einem Bauwerk auftretenden Kräfte und Gegenkräfte müssen sich das Gleichgewicht halten, d.h., das Bauwerk muss stehen, es muss in Ruhe bleiben.

Einheiten der Kraft

Die Kraft, mit der ein Körper zum Erdmittelpunkt hingezogen wird, heißt **Gewichtskraft.** Ihre gesetzliche Einheit ist **Newton N.** Gebräuchliche Vielfache von Newton sind **Kilonewton kN** und **Meganewton MN.** Nach Vorschlag des Fachnormenausschusses Bau soll Kilonewton verwendet werden, jedoch bei Zahlenwerten unter 0,1 sind Newton und über 1000 Meganewton einzusetzen.

1 N = 0,001 kN = 0,000001 MN
1 kN = 1 000 N = 0,001 MN
1 MN = 1 000 000 N = 1 000 kN

Die Masse von Bauteilen und Baustoffen kann in Gewichtskräfte F_G umgerechnet werden. Die Umrechnung erfolgt, indem die Masse m in kg mit dem Faktor 10 multipliziert wird. Der neue Wert erhält die Einheit Newton. Der Faktor 10 ergibt sich aus der Fallbeschleunigung; sie beträgt aufgerundet 10 m/s².

$$\text{Gewichtskraft in N} = \text{Masse in kg} \cdot \text{Fallbeschleunigung in } \frac{\text{m}}{\text{s}^2}$$

$$F\,[\text{N}] = m\,[\text{kg}] \cdot g \left[\frac{\text{m}}{\text{s}^2}\right]$$

$$\text{N} \mathrel{\hat{=}} \text{kg} \cdot \frac{\text{m}}{\text{s}^2}$$

Beispiel:

Die dargestellte Blockstufe wird aus Stahlbeton mit einer Rohdichte von 2400 kg/m³ gefertigt. Ihre Länge misst 1,10 m. Es ist die Gewichtskraft in kN einer Stufe zu ermitteln.

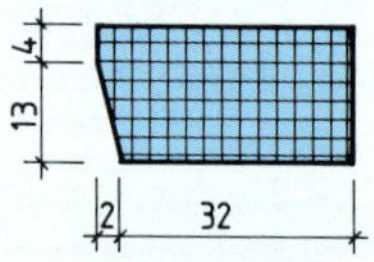

Lösung:

$$A = 4\text{ cm} \cdot 34\text{ cm} + \frac{32\text{ cm} + 34\text{ cm}}{2} \cdot 13\text{ cm}$$

$$= 565\text{ cm}^2 \approx 0{,}057\text{ m}^2$$

$$V = A \cdot h = 0{,}057\text{ m}^2 \cdot 1{,}10\text{ m} = 0{,}063\text{ m}^3$$

$$m = V \cdot \varrho = 0{,}063\text{ m}^3 \cdot 2400\text{ kg/m}^3 = 150{,}5\text{ kg}$$

$$F_G = 150{,}5\text{ kg} \cdot 10 = 1\,505\text{ N} = \underline{1{,}505\text{ kN}}$$

Darstellung der Kräfte

Kräfte können zeichnerisch als Strecken dargestellt werden. Hierzu muss ein geeigneter Kräftemaßstab M_F gewählt werden, z.B. eine Strecke von 1 cm Länge soll eine Kraft von 0,1 kN darstellen. Die abgekürzte Schreibweise lautet $\frac{0{,}1\text{ kN}}{1\text{ cm}}$. Die Lage einer Kraft wird durch die Wirkungslinie w bestimmt. Die Kraftrichtung wird durch einen Pfeil gekennzeichnet. Eine Kraft kann mit ihrem Angriffspunkt auf ihrer Wirkungslinie beliebig verschoben werden.

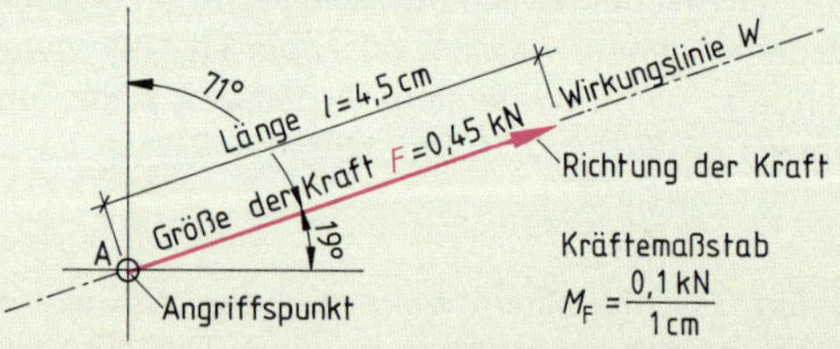

$$M_F = \frac{F}{l}; \quad l = \frac{F}{M_F}; \quad F = l \cdot M_F$$

Beispiel:

Eine Kraft $F = 0{,}35$ kN soll im Kräftemaßstab $\frac{0{,}1\text{ kN}}{1\text{ cm}}$ zeichnerisch dargestellt werden.

Lösung:

Es wird die Länge l für die Kraft F ermittelt.

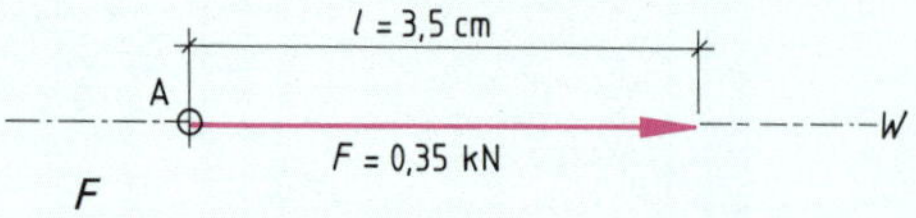

$$l = \frac{F}{M_F}$$

$$l = \frac{0{,}35\text{ kN}}{\frac{0{,}1\text{ kN}}{1\text{ cm}}} = \frac{0{,}35\text{ kN} \cdot 1\text{ cm}}{0{,}1\text{ kN}} = \underline{3{,}5\text{ cm}}$$

Beispiel:

Ein Kraftpfeil hat die Länge $l = 6{,}4$ cm. Er ist im Kräftemaßstab $\frac{5{,}0\text{ kN}}{1\text{ cm}}$ gezeichnet. Wie groß ist die Kraft F in kN?

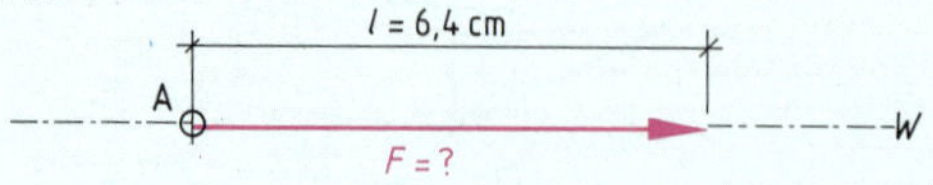

Lösung:

Die Größe für F ergibt sich aus der Formel

$$F = l \cdot M_F$$

$$F = 6{,}4\text{ cm} \cdot \frac{5{,}0\text{ kN}}{1\text{ cm}}$$

$$F = \underline{32\text{ kN}}$$

Auf Bauteile wirken oft mehrere Einzelkräfte. Man nennt sie auch **Teilkräfte** oder **Komponenten** (F_1, F_2, F_3...). Für die Bemessung von Bauteilen ist oft die **Gesamtkraft**, auch **Resultierende** F_R genannt, zu ermitteln. Sie hat die gleiche Wirkung wie ihre Teilkräfte, sie kann also F_1, F_2 ... ersetzen. Entscheidend hierbei ist, ob die Teilkräfte die gleichen oder verschiedene Wirkungslinien haben. Es kommt auch häufig vor, dass eine Kraft in zwei unter einem Winkel wirkende Einzelkräfte zerlegt werden muss.

Kräftezusammensetzung

Wirken mehrere Kräfte in verschiedenen Wirkungslinien auf ein Bauteil, so kann die Gesamtkraft in Größe und Richtung mithilfe eines **Parallelogramms** zeichnerisch ermittelt werden. Die Teilkräfte F_1 und F_2 stellen die Seiten, die Resultierende F_R die Diagonale des Parallelogramms dar. Die Pfeilrichtung der Resultierenden weist immer vom Angriffspunkt weg. Die Resultierende kann auch mit der Hälfte des Parallelogramms, also mit einem **Kräftedreieck,** zeichnerisch ermittelt werden. Die Teilkräfte werden in Größe und Richtung aneinander gezeichnet. Die Verbindung zwischen Anfangs- und Endpunkt der Teilkräfte ergibt die Gesamtkraft.

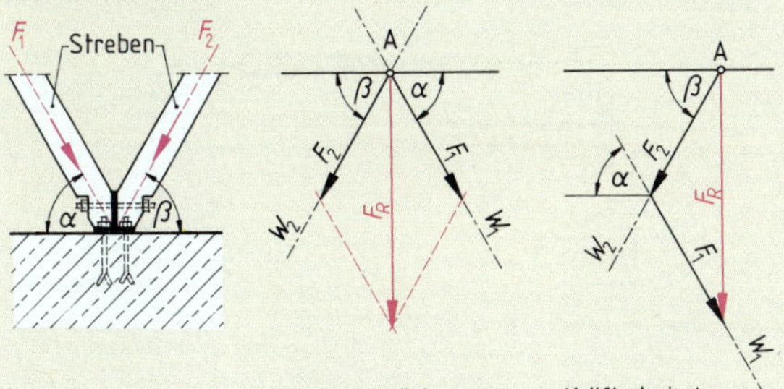

Lageplan   Kräfteparallelogramm   Kräftedreieck

Kräftezerlegung

Eine Kraft **zerlegen** heißt, Teilkräfte finden, die der gegebenen in ihrer Wirkung gleich sind, sie also ersetzen können. Diese Aufgabe kann mit dem **Kräfteparallelogramm** gelöst werden. Die Diagonale des Parallelogramms stellt die gegebene Kraft dar; die Seiten ergeben die Teilkräfte, die nach Größe und Lage bestimmt werden können, wenn ihre Wirkungslinien bekannt sind.

Eine Kraft kann auch mit dem **Kräftedreieck** in ihre Teilkräfte zerlegt werden.

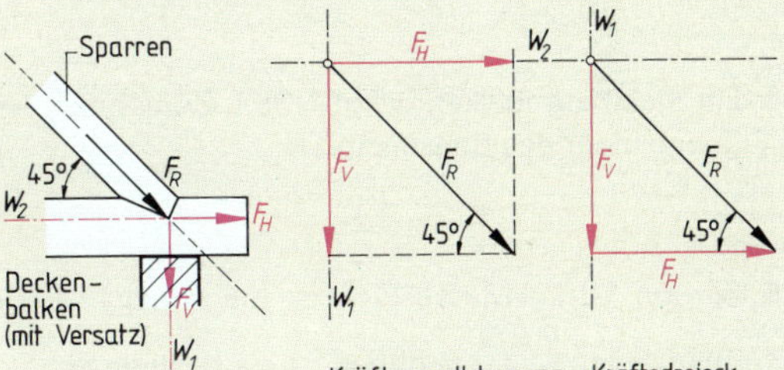

Kräfteparallelogramm   Kräftedreieck

Beispiel:

Ein Pfosten hat den Druck zweier Streben aufzunehmen. Die Resultierende ist mit dem Kräfteparallelogramm zeichnerisch zu bestimmen.

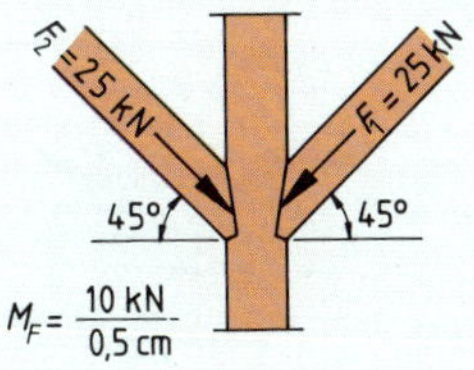

Lösung:

1. Teilkräfte auf den Linien w_1 und w_2 maßstäblich vom Angriffspunkt A aus abtragen.
2. Parallelen zu w_1 und w_2 durch die Spitze von F_1 und F_2 ergeben den Punkt P.
3. Die Verbindung zwischen Punkt A und Punkt P ist die Resultierende.

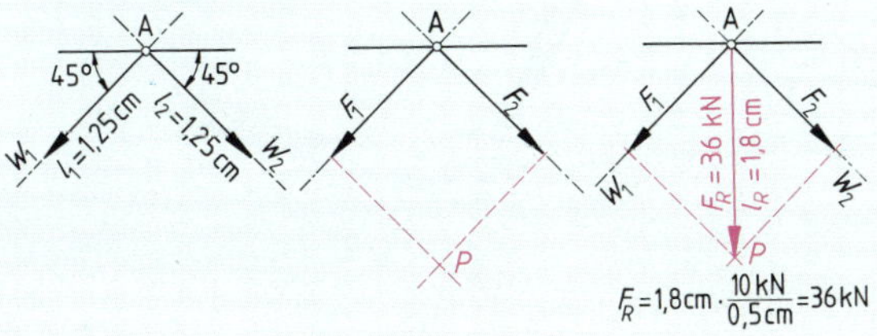

Beispiel:

Ein Körper mit 0,3 kN Gewichtskraft hängt an zwei schrägen Seilen. Die Spannkräfte in den Seilen und die Gewichtskraft halten sich das Gleichgewicht. Die Seilkräfte sind zeichnerisch zu bestimmen.

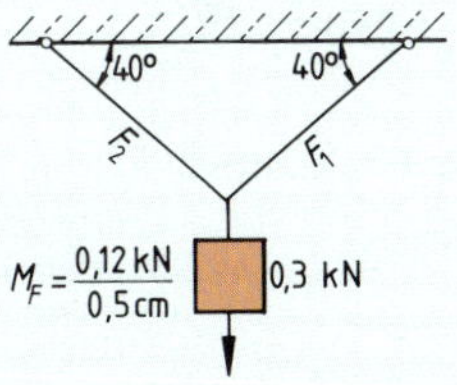

Lösung:

1. Gesamtkraft in Richtung und Größe festlegen.
2. Wirkungslinien w_1, w_2 der Teilkräfte antragen.
3. Parallelen zu w_1, w_2 durch die Spitze der Gesamtkraft zeichnen. Sie begrenzen das Parallelogramm, dessen Seiten die Teilkräfte darstellen.

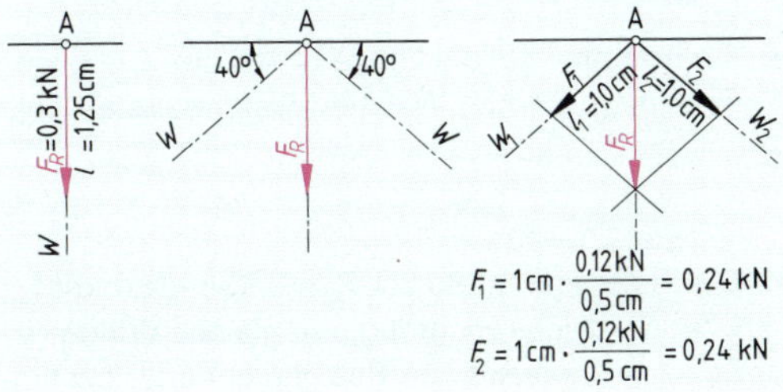

19.1 Berechnen Sie in N:

a) 1,200 kN + 0,5 MN + 900 N − 1300 N

b) 1,38 MN + 0,98 kN − 0,0067 MN + 4500 N

19.2 Berechnen Sie in kN:

a) 0,034 MN + 45000 N − 0,37 kN + 0,0007 MN

b) 1,23 MN + 720000 N − 0,0009 MN + 3,45 kN

19.3 Berechnen Sie in MN:

a) 362 kN − 0,34 MN + 6720000 N − 115 kN

b) 4,6 MN + 900 kN − 4500 kN + 1230 kN

19.4 Auf einer Baustelle werden 0,8 m³ Festbeton verarbeitet. Berechnen Sie das Eigengewicht des Betons in MN, wenn seine Rohdichte 2400 kg/m³ beträgt.

19.5 Ein Stahlbetonbalken wiegt 1,35 t. Berechnen Sie das Eigengewicht des Balkens in kN.

19.6 Für ein 10-kg-Massestück ist die Gewichtskraft im Kräftemaßstab $\frac{2{,}5\ \text{N}}{1\ \text{mm}}$ zeichnerisch zu bestimmen.

19.7 Wie groß muss eine Kraft $F = 3{,}2$ kN im Kräftemaßstab $\frac{50\ \text{N}}{1\ \text{mm}}$ gezeichnet werden?

19.8 Ein Kraftpfeil hat bei einem Kräftemaßstab $\frac{2{,}50\ \text{N}}{1\ \text{mm}}$ die Länge $l = 5{,}6$ cm. Wie groß ist die Kraft F in kN?

19.9 Eine Kraft ist im Kräftemaßstab $\frac{2{,}5\ \text{kN}}{1\ \text{cm}}$ dargestellt. Ihre Größe ist in kN zu bestimmen. Die Länge l ist der Zeichnung zu entnehmen.

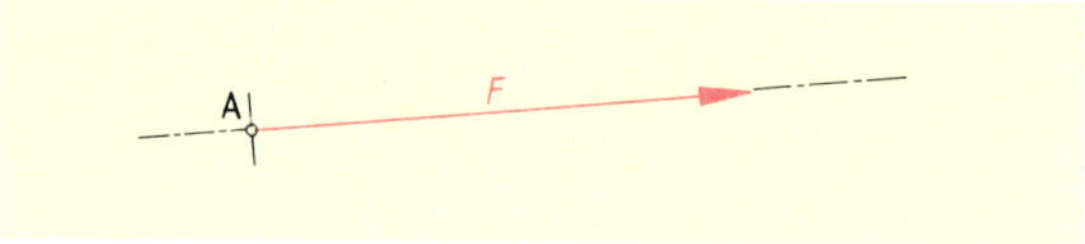

19.10 Ein Kraftpfeil hat die Länge $l = 4{,}5$ cm. Die Größe der Kraft beträgt 5,4 kN. Welcher Kräftemaßstab liegt vor?

19.11 Die Kräfte $F_1 = 0{,}285$ kN, $F_2 = 0{,}536$ kN und $F_3 = 0{,}36$ kN haben gleiche Richtung und gleiche Wirkungslinien. Es ist zeichnerisch die Resultierende zu bestimmen. Ein geeigneter Kräftemaßstab ist zu wählen.

19.12 Ein Kraftmesser zeigt 18 N an. Es ist ein Massestück mit 600 g angehängt und es wirkt noch eine Handkraft F. Die Handkraft ist rechnerisch und zeichnerisch zu ermitteln. Der Kräftemaßstab ist frei zu wählen.

19.13 An einem Seil wird mit $F_1 = 0{,}12$ kN und $F_2 = 0{,}36$ kN gezogen. Mit welcher Kraft F muss eine dritte Person ziehen, damit das Seil in Ruhe bleibt? Die Kraft F ist zeichnerisch zu bestimmen.

19.14 An einem Kraftmesser ziehen drei Gewichtskräfte in der abgebildeten Anordnung. Es soll Gleichgewicht herrschen.

a) Wie groß muss F_3 sein? Zeichnerische Lösung im Kräftemaßstab $\frac{0{,}5\ \text{kN}}{1\ \text{cm}}$.

b) Welche Kraft wird vom Kraftmesser angezeigt?

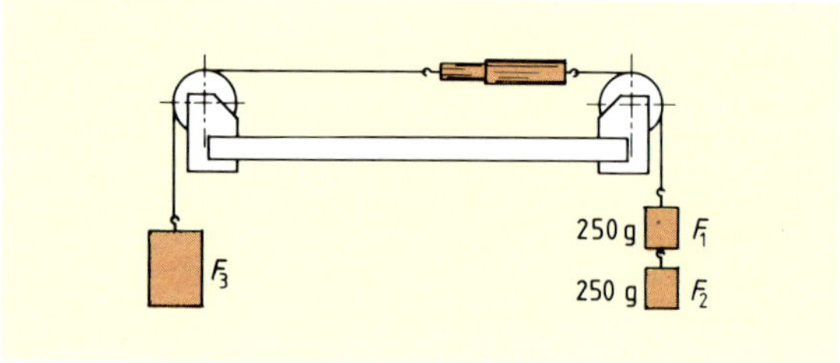

19.15 Es sind jeweils Größe und Richtung mit dem Kraftdreieck zu bestimmen. Ein geeigneter Kräftemaßstab ist zu wählen.

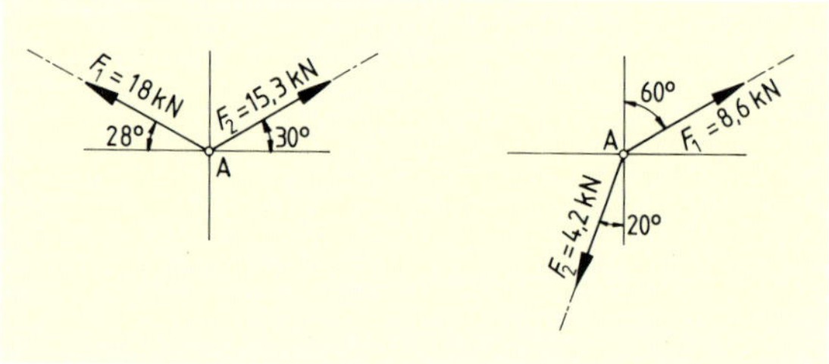

19.16 Ein 1-kg-Massestück wird durch die Kräfte zweier Kraftmesser gehalten. Die Kraftmesser nehmen zur Senkrechten Winkel von 25° und 70° ein. Bestimmen Sie zeichnerisch die Kräfte, die die Kraftmesser anzeigen.

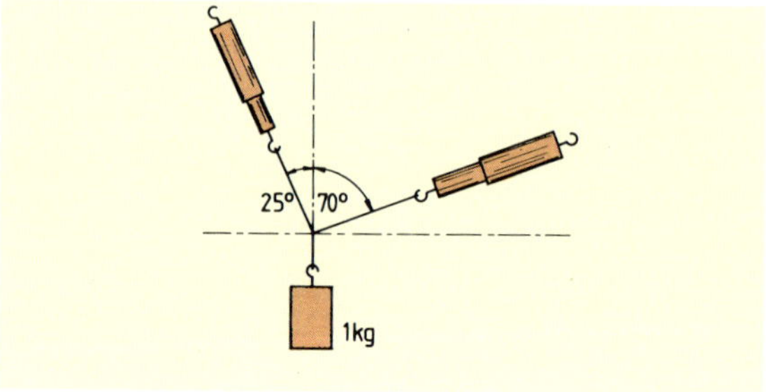

19.17 Ein Pfeiler hat die Kräfte aus zwei Streben aufzunehmen. Welchen Druck üben die beiden Streben gemeinsam auf den Pfeiler aus? Die Resultierende ist nach frei gewähltem Kräftemaßstab zeichnerisch zu bestimmen.

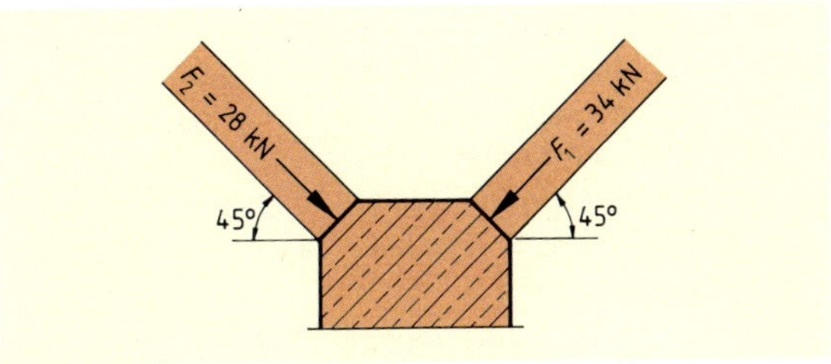

19.18 Ein Fundament wird durch eine Stütze und eine Strebe belastet. Die resultierende Druckkraft auf das Fundament ist nach Größe und Richtung zu ermitteln. Ein geeigneter Kräftemaßstab ist frei zu wählen.

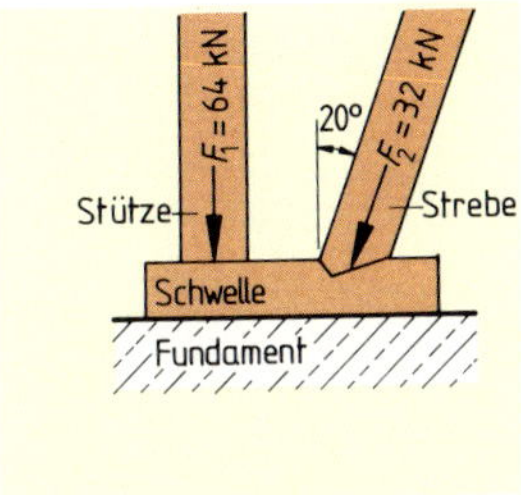

19.19 Ein Pfosten hat den Druck zweier Streben aufzunehmen. Die Gesamtdruckkraft (Resultierende) auf den Pfosten ist zeichnerisch im Kräftemaßstab $\frac{5{,}0\text{ kN}}{1\text{ cm}}$ zu bestimmen.

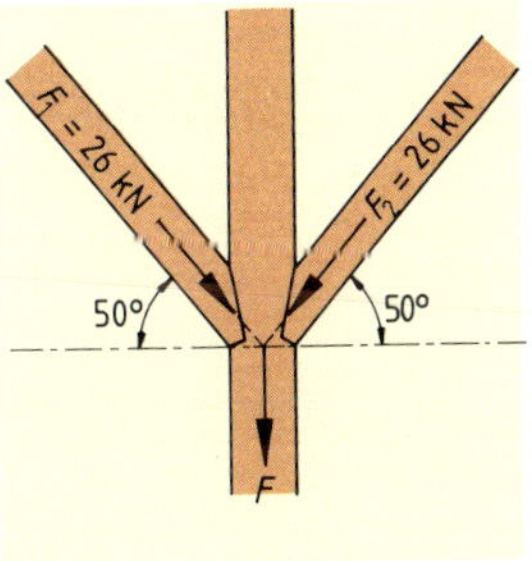

19.20 Auf eine 10 m lange, frei stehende Schutzmauer aus Beton (Rohdichte 2300 kg/m³) drückt der Wind mit einer Kraft von 0,5 kN/m². Es ist zeichnerisch nachzuprüfen, ob die Resultierende aus Gewichtskraft und Wind durch die Bodenfuge geht, d. h., ob die Schutzmauer standsicher ist. Die Gewichtskraft wirkt im Lastschwerpunkt der Schutzmauer. Die über die Schutzmauer gleichmäßig verteilte Windkraft wird als horizontale Einzellast in halber Mauerhöhe angenommen.

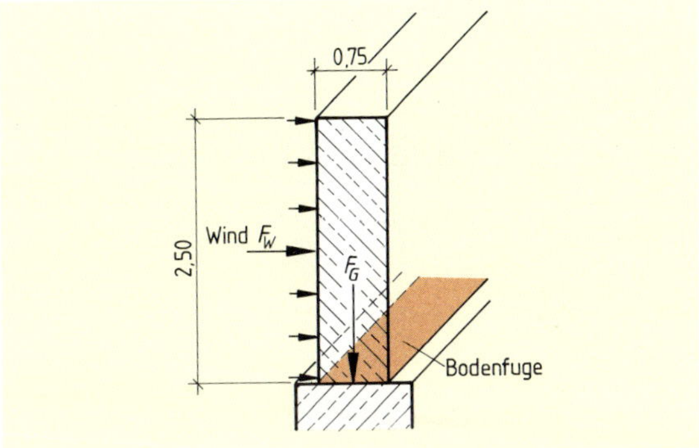

19.21 An einer Außenwand ist ein Vordach angebracht. Die Seilkraft S_1 der Aufhängung und die Strebenkraft S_2 in der Wandverankerung sind zeichnerisch zu bestimmen.

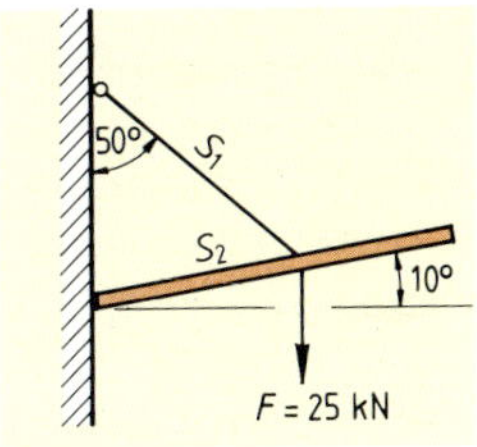

19.22 Über eine Straße spannt ein Seil, in dessen Mitte eine Lampe mit einer Gewichtskraft von 0,25 kN befestigt ist. Das Seil hängt 1 m durch.

a) Wie groß sind die Seilkräfte S_1 und S_2? Zeichnerische Lösung im Kräftemaßstab.

b) Wie groß würden die Seilkräfte, wenn es keine Durchhängung gäbe?

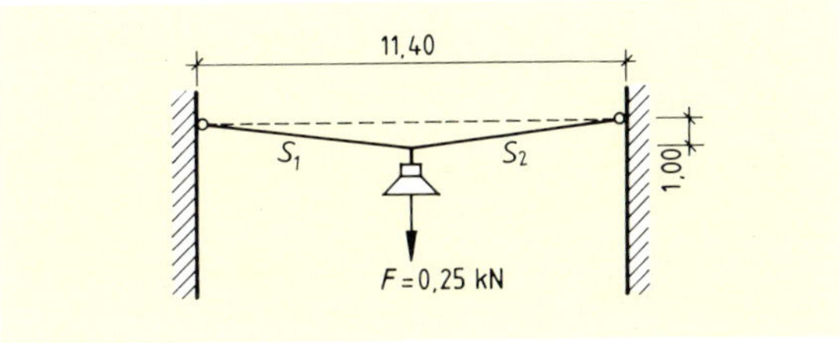

19.23 Ein Sparren überträgt auf einen Deckenbalken eine Kraft $F = 36$ kN. Es sind zeichnerisch im Kräftemaßstab $\frac{10\text{ kN}}{1\text{ cm}}$ die Horizontalkraft F_H und die Vertikalkraft F_V zu bestimmen.

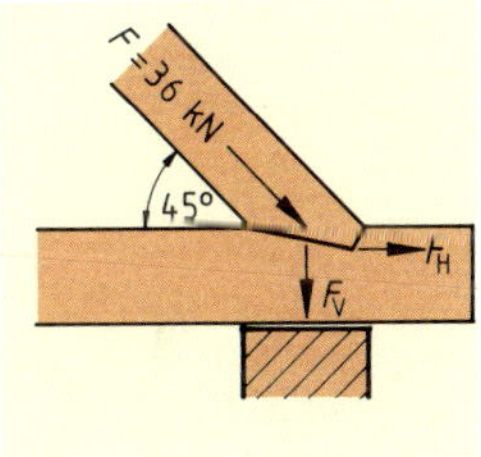

19.24 Die Säule eines Hängewerks überträgt auf die Streben eine Kraft $F = 90$ kN. Wie groß werden die Strebenkräfte S_1 und S_2? Zeichnerische Lösung im Kräftemaßstab $\frac{10\text{ kN}}{1\text{ cm}}$.

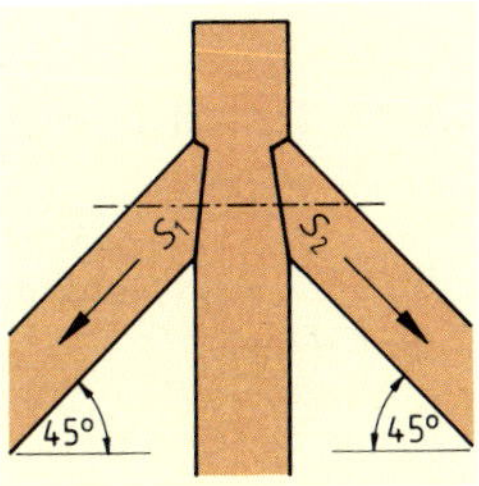

19.25 Der dargestellte Kranausleger wird im Punkt P mit einer Kraft $F = 60$ kN belastet. Es ist zeichnerisch und rechnerisch die Größe der in den Punkten A und B wirksamen Kräfte zu bestimmen. Zeichnung nach frei gewähltem Kräftemaßstab.

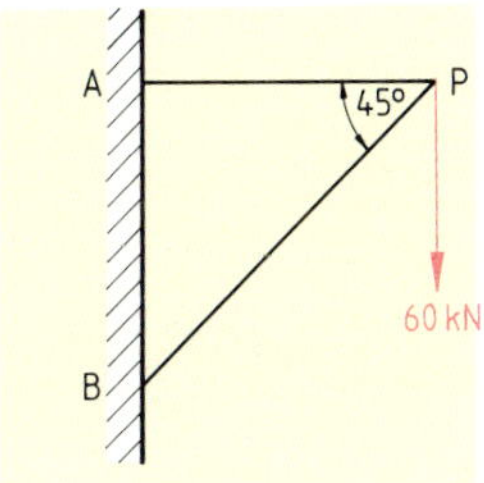

20 Hebel

Wirkt auf einen festen Körper eine Kraft, so kann eine Drehwirkung hervorgerufen werden. Wird z.B. ein Holzbalken an einem Ende hochgehoben, so entsteht eine Drehung um das andere Balkenende.

Der Balken kann in diesem Fall als **Hebel** bezeichnet werden, wobei die Balkenlänge der Hebellänge entspricht. Der **Drehpunkt** befindet sich an dem Balkenende, das am Boden verbleibt.

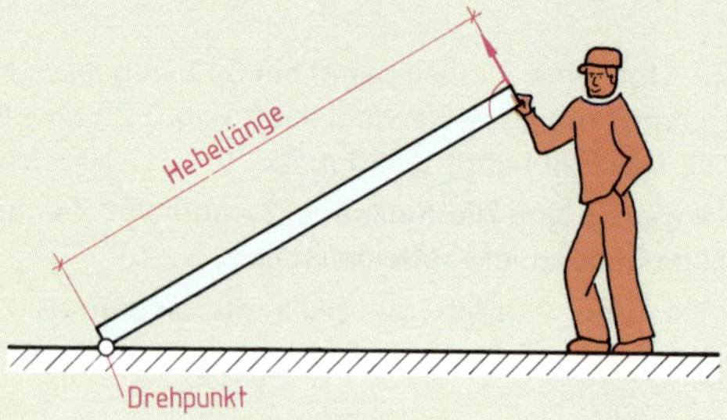

Das Produkt aus der Hebellänge und der **rechtwinklig** dazu angreifenden Kraft wird als **Drehmoment** (kurz: Moment) bezeichnet.

Moment (kN m) = Kraft (kN) · Hebellänge (m)

Greift eine Kraft schräg an einem Hebel an, so entspricht die Hebellänge nicht der wahren Länge a des Hebels, sondern dem senkrechten Abstand l der Kraftrichtung vom Drehpunkt.

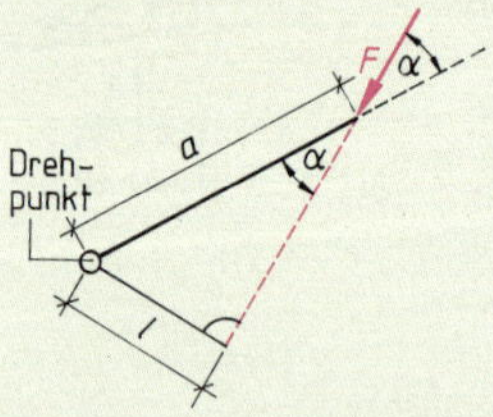

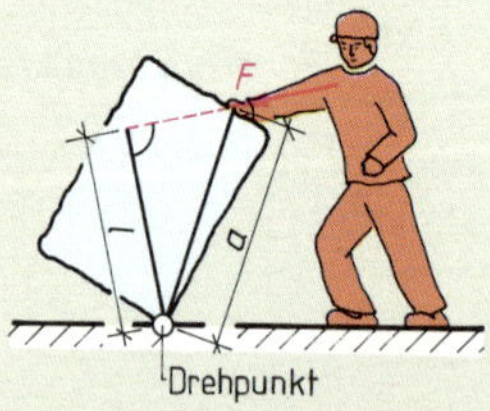

In der Technik wird der Hebel sehr häufig als Hilfsmittel verwendet.

Beispiel eines **einseitigen** Hebels

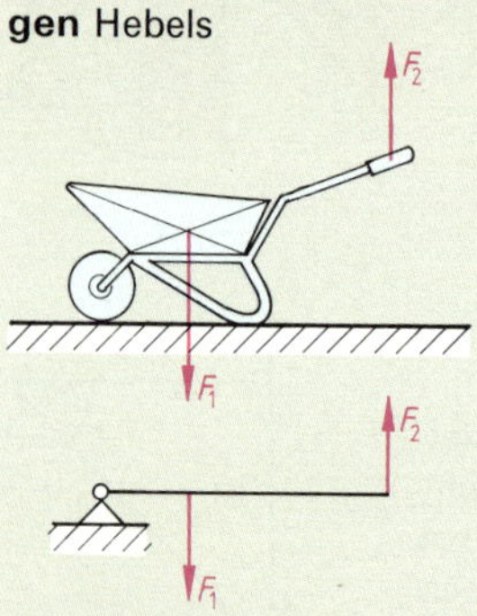

Schubkarren

Beispiel eines **zweiseitigen** Hebels

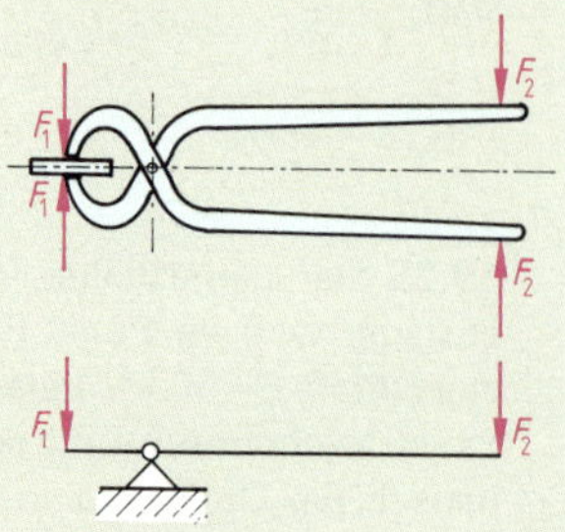

Beißzange

Befindet sich der Hebel im Gleichgewicht, so ist die Summe aller Momente um einen Drehpunkt gleich null ($\Sigma M = 0$).

Die Gleichgewichtsbedingung $\Sigma M = 0$ wird auch als **Hebelgesetz** bezeichnet.

Dafür muss aber eine Vorzeichenregelung getroffen werden; die rechtsdrehenden (im Uhrzeigersinn drehenden) Momente müssen umgekehrtes Vorzeichen wie die linksdrehenden (gegen den Uhrzeigersinn drehenden) Momente erhalten, da sie entgegengesetzt wirken.

Sollen zum Beispiel die rechtsdrehenden Momente positives (+) Vorzeichen erhalten, so müssen die linksdrehenden Momente mit negativem (−) Vorzeichen in die Gleichung eingesetzt werden.

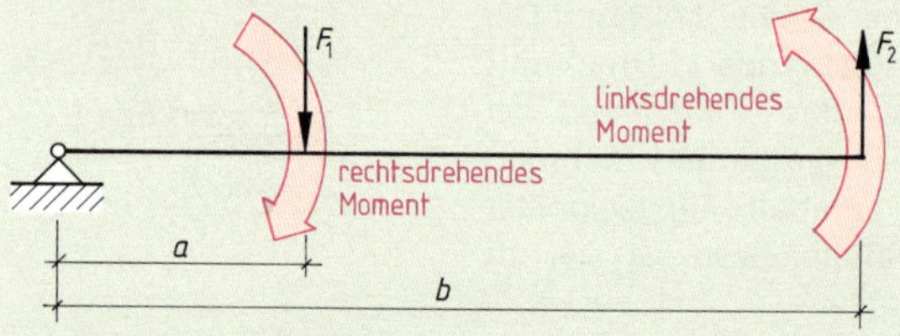

rechtsdrehendes Moment = $F_1 \cdot a$

linksdrehendes Moment = $F_2 \cdot b$

$$\Sigma M = 0; \quad F_1 \cdot a - F_2 \cdot b = 0$$

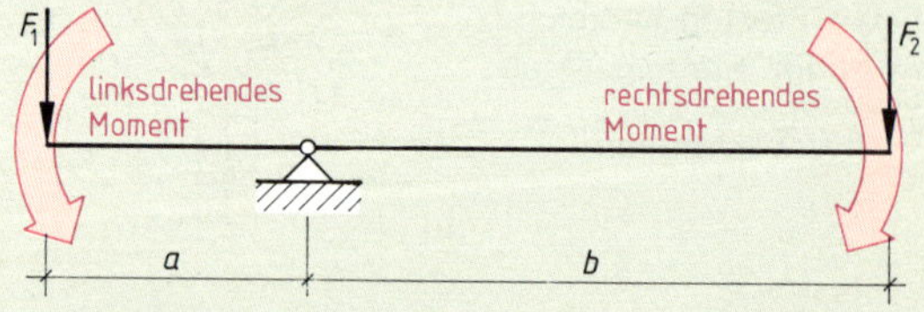

rechtsdrehendes Moment = $F_2 \cdot b$

linksdrehendes Moment = $F_1 \cdot a$

$$\Sigma M = 0; \quad F_2 \cdot b - F_1 \cdot a = 0$$

Beispiele:

1. Berechnen Sie die Befestigungskraft F_1 am dargestellten Auslegergerüst.

Lösung:

$\Sigma M = 0$

$F_2 \cdot l_2 - F_1 \cdot l_1 = 0$

$F_1 = \dfrac{F_2 \cdot l_2}{l_1}$

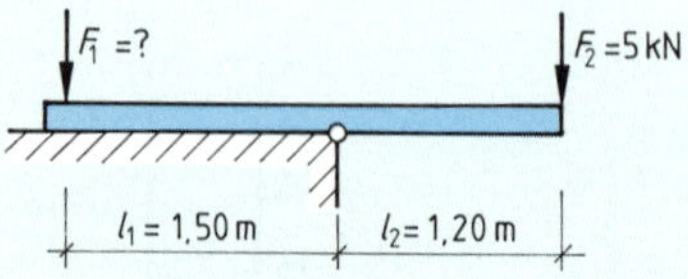

$F_1 = \dfrac{5\ \text{kN} \cdot 1{,}20\ \text{m}}{1{,}50\ \text{m}}$

$F_1 = \underline{4\ \text{kN}}$

2. Welche Kraft F ist erforderlich, um den dargestellten Hebel im Gleichgewicht zu halten?

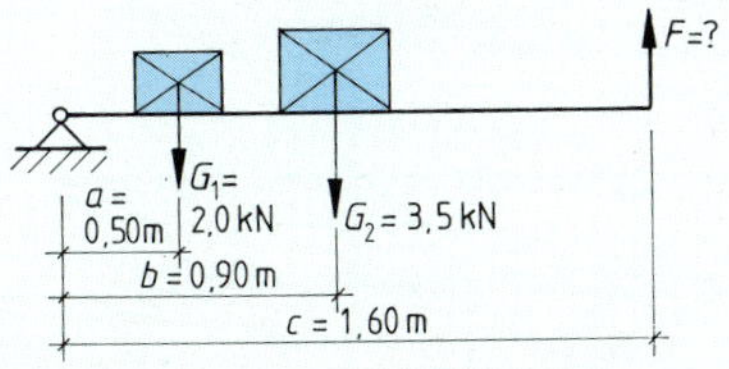

Lösung:

$\Sigma M = 0; \quad G_1 \cdot a + G_2 \cdot b - F \cdot c = 0$

$$F = \frac{G_1 \cdot a + G_2 \cdot b}{c}$$

$$F = \frac{2{,}0\ \text{kN} \cdot 0{,}50\ \text{m} + 3{,}5\ \text{kN} \cdot 0{,}90\ \text{m}}{1{,}6\ \text{m}}$$

$$F = \frac{4{,}15\ \text{kN m}}{1{,}6\ \text{m}} = \underline{2{,}59\ \text{kN}}$$

Auflagerkräfte

Sollen bei einem Träger auf zwei Stützen die Auflagerkräfte berechnet werden, so betrachtet man den Träger als Hebel, wobei eines der beiden Auflager als Drehpunkt angenommen wird.

Nach der Gleichgewichtsbedingung $\Sigma M = 0$ muss die Summe der Momente aus den auf den Träger wirkenden Kräften und ihren dazugehörigen Hebellängen sowie dem Moment aus der Auflagerkraft und der Stützweite gleich null sein.

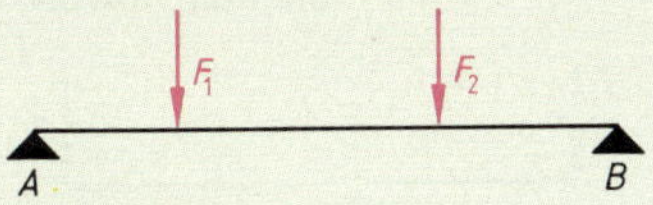

Wird der Drehpunkt in A angenommen, so kann mit der Gleichgewichtsbedingung $\Sigma M = 0$ die Auflagerkraft B berechnet werden.

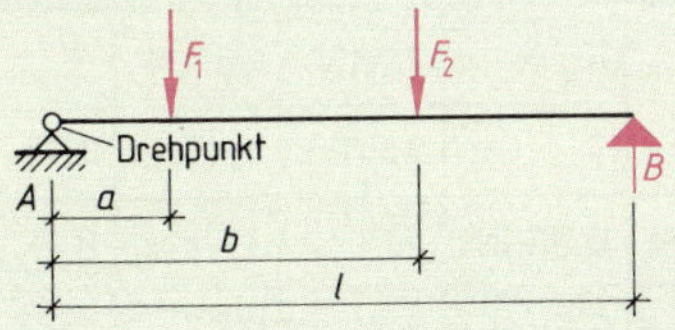

$\Sigma M_{(A)} = 0; \quad F_1 \cdot a + F_2 \cdot b - B \cdot l = 0 \qquad B = \dfrac{F_1 \cdot a + F_2 \cdot b}{l}$

Die Auflagerkraft A kann berechnet werden, indem man den Drehpunkt in B annimmt.

Wird eine Auflagerkraft mit der Gleichgewichtsbedingung $\Sigma M = 0$ ermittelt, so kann die zweite Auflagerkraft mit der Gleichgewichtsbedingung $\Sigma V = 0$ errechnet werden.

Auch hier muss eine Vorzeichenregelung getroffen werden; die von oben nach unten wirkenden Kräfte müssen umgekehrtes Vorzeichen erhalten wie die von unten nach oben wirkenden Kräfte.

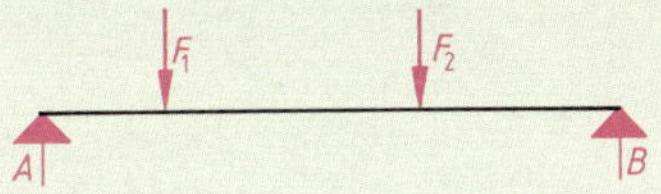

$\Sigma V = 0; \quad F_1 + F_2 - A - B = 0$

$A = F_1 + F_2 - B$

$B = F_1 + F_2 - A$

Die Kräfte A und B sind die Auflagerreaktionen, also jene Kräfte, die den Auflagerkräften (Aktionen) an den Auflagern gleich groß entgegenwirken.

Beispiel:

Berechnen Sie die Auflagerkräfte A und B.

$F_1 = 2{,}0$ kN
$F_2 = 3{,}0$ kN
$F_3 = 4{,}0$ kN
$a = 0{,}50$ m
$b = 0{,}90$ m
$c = 1{,}50$ m
$l = 2{,}10$ m

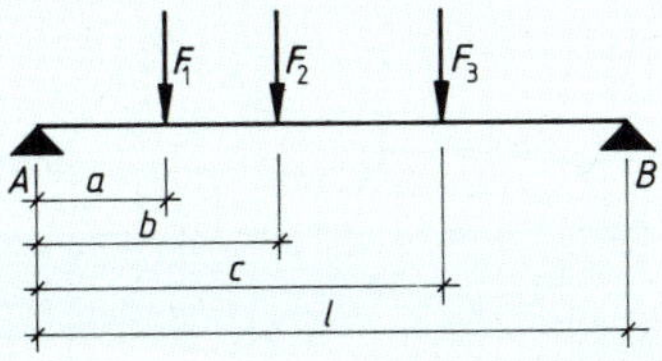

Lösung:

Drehpunkt in A:

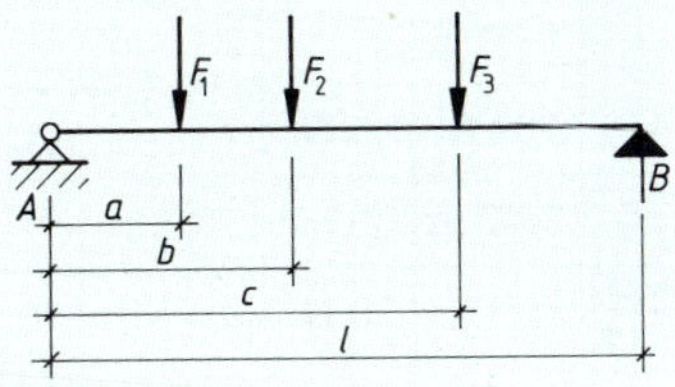

$\Sigma M_{(A)} = 0; \quad F_1 \cdot a + F_2 \cdot b + F_3 \cdot c - B \cdot l = 0$

$$B = \frac{F_1 \cdot a + F_2 \cdot b + F_3 \cdot c}{l}$$

$$B = \frac{2{,}0\ \text{kN} \cdot 0{,}50\ \text{m} + 3{,}0\ \text{kN} \cdot 0{,}90\ \text{m} + 4{,}0\ \text{kN} \cdot 1{,}50\ \text{m}}{2{,}10\ \text{m}}$$

$$B = \frac{1{,}00\ \text{kN m} + 2{,}70\ \text{kN m} + 6{,}00\ \text{kN m}}{2{,}10\ \text{m}} = \frac{9{,}70\ \text{kN m}}{2{,}10\ \text{m}}$$

$B = \underline{4{,}62\ \text{kN}}$

$\Sigma V = 0; \quad F_1 + F_2 + F_3 - A - B = 0$

$A = F_1 + F_2 + F_3 - B$

$A = 2{,}0\ \text{kN} + 3{,}0\ \text{kN} + 4{,}0\ \text{kN} - 4{,}62\ \text{kN}$

$A = \underline{4{,}38\ \text{kN}}$

20.1 Eine Schraubenmutter wird mit einem 30 cm langen Gabelschlüssel angezogen. Am Schlüsselende wirkt eine Kraft von 0,38 kN. Wie groß ist das Drehmoment?

20.2 Berechnen Sie die fehlenden Größen.

	a)	b)	c)	d)	e)
Hebellänge	20 cm	?	2,75 m	1,95 m	?
Kraft	15 N	12,3 kN	?	39 kN	2,70 N
Moment	?	95 kN m	178 kN m	?	5,9 N m

20.3 Berechnen Sie das Moment am Auflager (= Drehpunkt) folgender Stahlkonstruktionen:

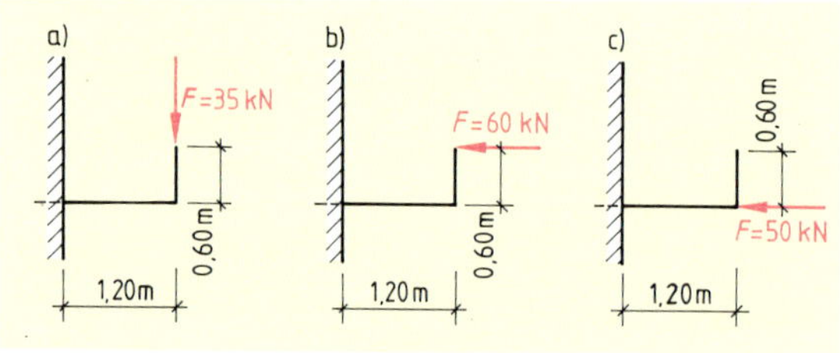

20.4 Die Kurbel einer Seilwinde hat eine Länge von 35 cm. Um die Winde zu betätigen, ist ein Moment von 0,105 kN m erforderlich.

Berechnen Sie die notwendige Kraft, wenn die Kraftrichtung rechtwinklig zur Kurbel verläuft.

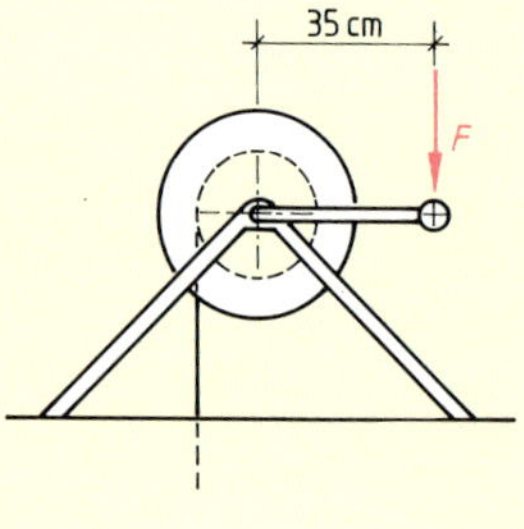

20.5 Welche Kraft muss am Nageleisen wirken, wenn der Nagel einen Ausziehwiderstand von 0,70 kN besitzt?

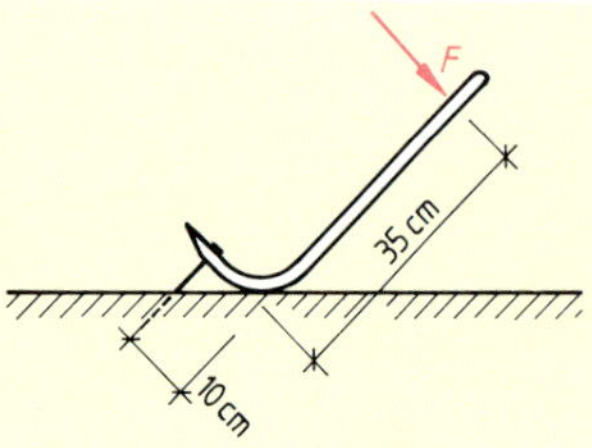

20.6 Berechnen Sie die Kraft F_2, die erforderlich ist, den Schubkarren anzuheben.

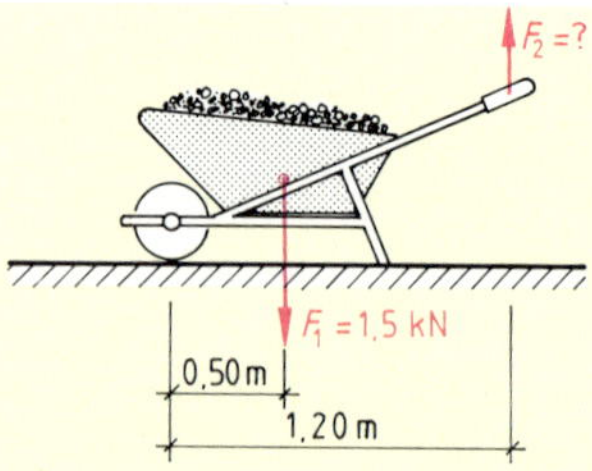

20.7 Um mit der dargestellten Beißzange einen Stahldraht durchzuzwicken, muss an der Zangenschneide eine Kraft von 1,5 kN wirken. Welche Kraft muss an den Griffen wirken?

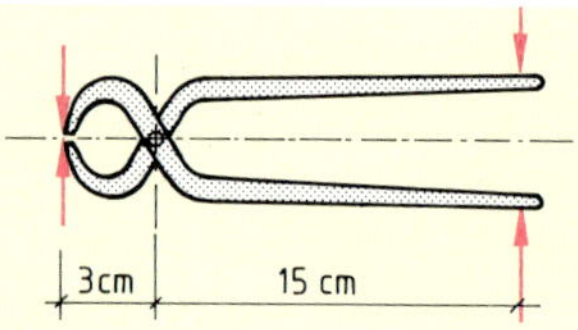

20.8 Berechnen Sie die fehlenden Größen.

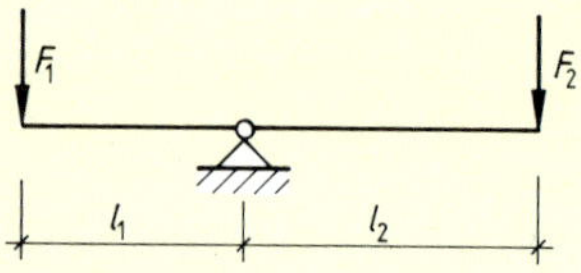

	a)	b)	c)	d)	e)	f)
F_1	?	55 N	7 MN	36 kN	?	130 kN
l_1	1,20 m	?	3,50 m	1,45 m	45 cm	?
F_2	3,4 kN	0,35 kN	?	19 kN	8 N	210 kN
l_2	1,90 m	57 cm	2,10 m	?	21 cm	1,90 m

20.9 Berechnen Sie die fehlenden Größen.

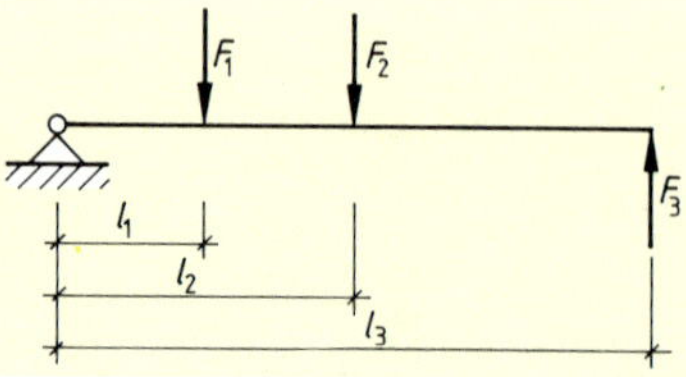

	a)	b)	c)	d)	e)	f)
F_1	?	10 N	1,8 MN	120 kN	8 N	0,7 MN
l_1	1,20 m	?	2,15 m	60 cm	20 cm	1,35 m
F_2	75 kN	35 N	?	60 kN	14 N	1,70 kN
l_2	1,40 m	35 cm	3,40 m	?	25 cm	180 cm
F_3	85 kN	20 N	2,4 MN	70 kN	?	0,4 MN
l_3	1,90 m	75 cm	4,15 m	1,80 m	35 cm	?

20.10 Berechnen Sie die Befestigungskraft F_1 am dargestellten Auslegergerüst.

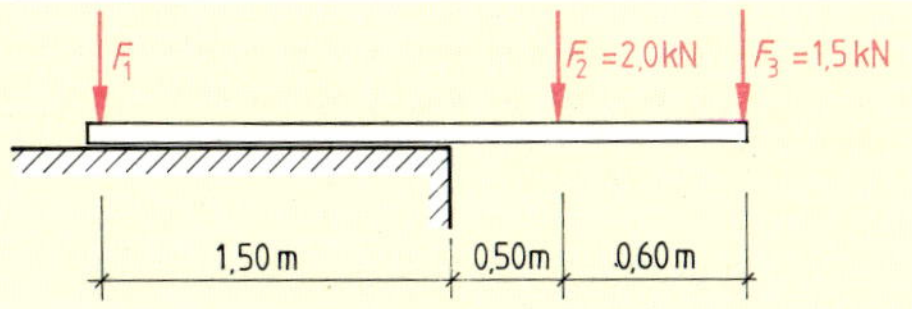

20.11 Mit einer Seilwinde soll eine Last von 1,75 kN gehoben werden. Die Seiltrommel hat einen Halbmesser von 14 cm, die Kurbel hat eine Länge von 43 cm.

Berechnen Sie die Kraft, die an der Kurbel angesetzt werden muss.

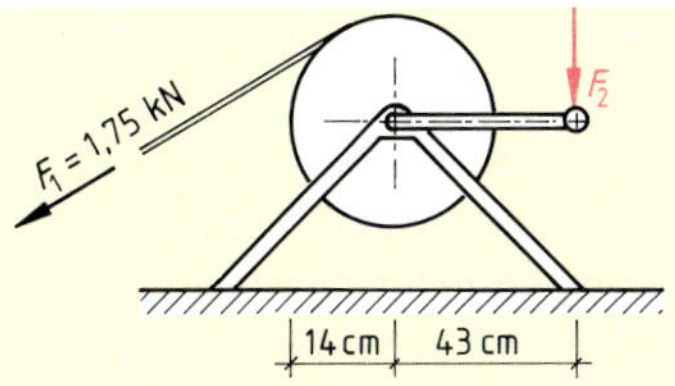

20.12 Für den dargestellten Träger sollen die Auflagerkräfte berechnet werden.

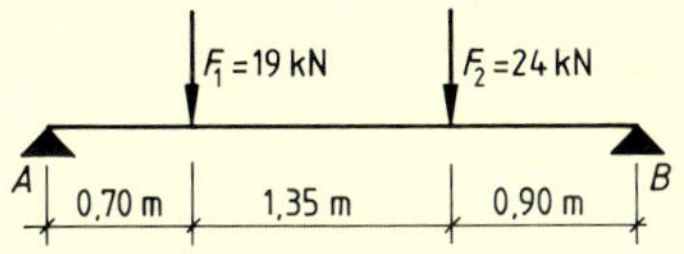

20.13 Berechnen Sie die Länge *a*.

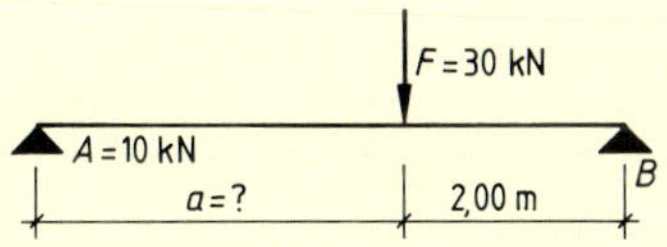

20.14 Berechnen Sie die Auflagerkräfte bei *A* und *B*.

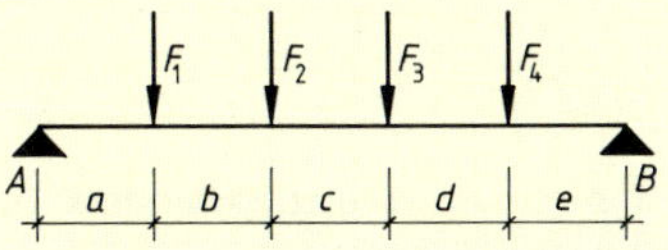

	a)	b)	c)	d)	e)
F_1	10 kN	2 kN	50 kN	5 N	1,5 MN
F_2	2 kN	1 kN	80 kN	9 N	5,5 MN
F_3	17 kN	6 kN	90 kN	3 N	7,9 MN
F_4	56 kN	6 kN	67 kN	3 N	6,1 MN
a	1 m	2,5 m	2 m	20 cm	5,7 m
b	0,7 m	1 m	1,5 m	15 cm	2,0 m
c	1,4 m	2,0 m	1,8 m	80 cm	2,8 m
d	2,2 m	3,7 m	2,9 m	1 m	4,3 m
e	1,1 m	2,5 m	5,7 m	70 cm	2,5 m

20.15 Berechnen Sie die Auflagerkräfte.

a)

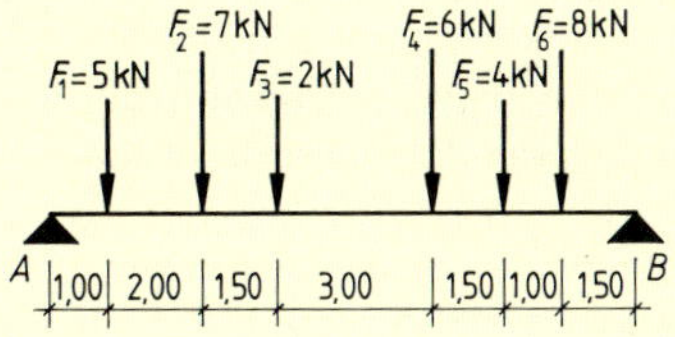

b)

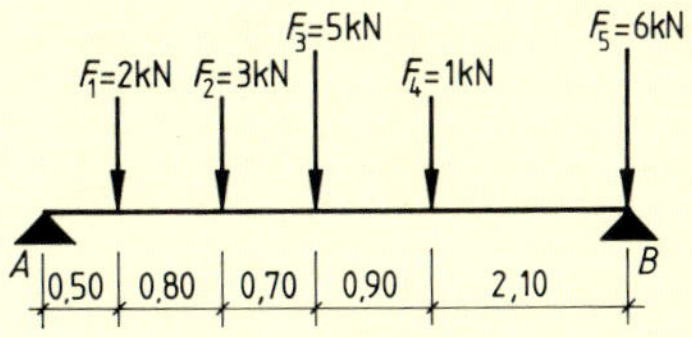

c)

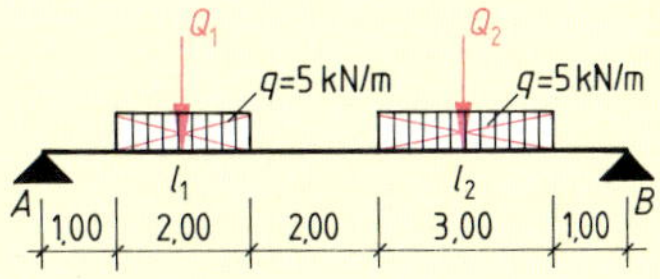

Hilfestellung: $Q_1 = q \cdot l_1$
$Q_2 = q \cdot l_2$

d)

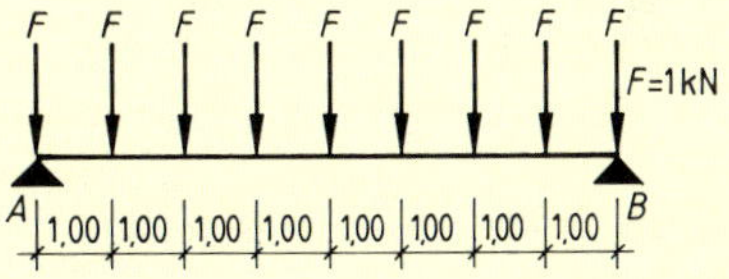

e)

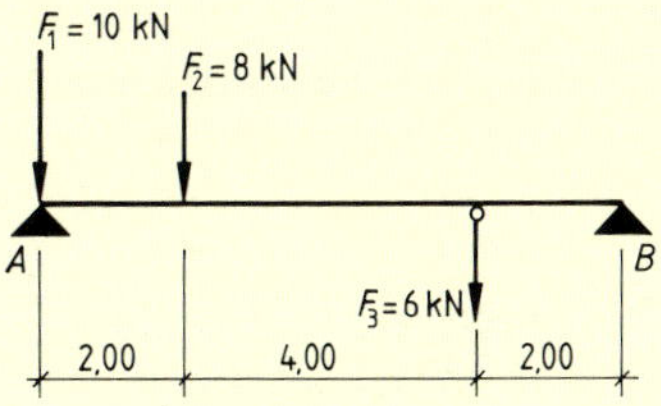

f)

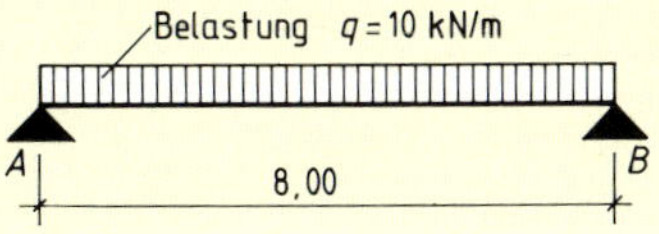

21 Spannungen

Auf alle Bauwerke wirken Lasten ein. Die Bauteilabmessungen müssen so gewählt werden, dass sie allen Belastungen standhalten. Das Festlegen der Bauteilabmessungen ist Aufgabe des Baustatikers. Der Facharbeiter muss aber auch Grundkenntnisse von der Vorgehensweise für das Festlegen der Bauteilabmessungen besitzen. Dazu sind eine Einsicht in die Zusammenhänge von Kraft, Fläche und Spannung sowie die Kenntnis der Gesetzmäßigkeit zur Berechnung von Zug- und Druckspannungen erforderlich.

Wirkt auf ein Bauteil eine äußere Kraft und herrscht Gleichgewicht, so tritt in diesem Bauteil eine **Spannung** auf.

Die Spannung ist der innere Widerstand des Bauteils gegen die äußere Kraft, bezogen auf die beanspruchte Querschnittsfläche.

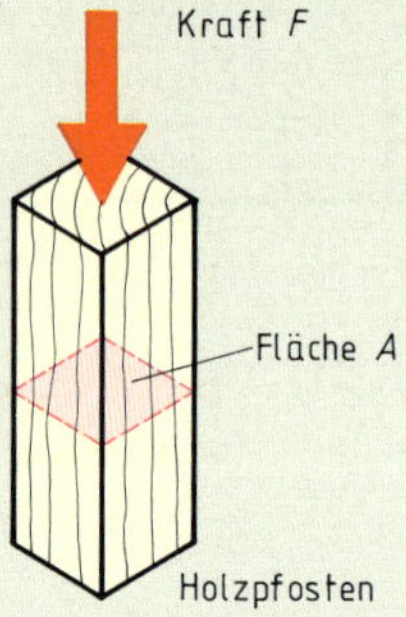

$$\text{Spannung } \sigma = \frac{\text{Kraft } F}{\text{Fläche } A}$$

Die Einheit der Spannung ist $\frac{1\ \text{MN}}{1\ \text{m}^2} \left(\widehat{=} \frac{1\ \text{N}}{1\ \text{mm}^2} \right)$.

Spannungen werden mit kleinen griechischen Buchstaben bezeichnet, z.B. σ (Sigma), τ (Tau), β (Beta) usw.

DIN-Normen legen die **zulässigen Spannungen** für Baustoffe fest, z.B. sind in DIN 1052 „Holzbauwerke,..." die zulässigen Spannungen für Bauholz oder in DIN 1053 „Mauerwerk,..." die zulässigen Spannungen für Mauerwerke festgelegt.

Die vorgeschriebenen zulässigen Spannungen dürfen an einem Bauwerk in keinem Falle überschritten werden, d.h., die errechnete **vorhandene Spannung** muss immer kleiner als die zulässige Spannung oder gleich der zulässigen Spannung sein.

vorhandene Spannung ≦ zulässige Spannung

Je nachdem wie ein Bauteil oder ein Baustoff durch eine Kraft beansprucht wird, kann zwischen **Druck-** und **Zugspannungen** unterschieden werden.

Zugspannung entsteht, wenn ein Bauteil oder ein Baustoff durch eine **Zugkraft** beansprucht wird.

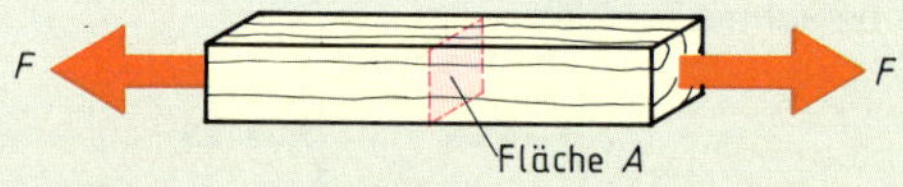

Druckspannung entsteht, wenn ein Bauteil oder ein Baustoff durch eine **Druckkraft** beansprucht wird.

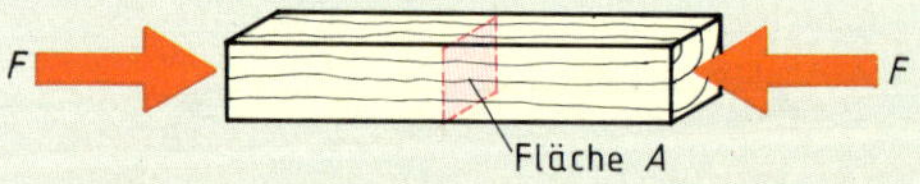

Die vorhandene Spannung wird als Quotient aus Kraft F und Fläche A ermittelt.

Beispiele:

1. Auf eine Betonstütze mit den Querschnittsabmessungen 25 cm/25 cm wirkt eine Druckkraft $F =$ 75,00 kN.

Berechnen Sie die vorhandene Spannung.

Lösung:

$$\text{Spannung } \sigma = \frac{\text{Kraft } F}{\text{Fläche } A}$$

$$\text{Kraft } F = 75{,}00\ \text{kN} = 0{,}075\ \text{MN}$$

$$\text{Fläche } A = 0{,}25\ \text{m} \cdot 0{,}25\ \text{m} = 0{,}0625\ \text{m}^2$$

$$\text{Spannung } \sigma = \frac{0{,}075\ \text{MN}}{0{,}0625\ \text{m}^2} = 1{,}2\ \frac{\text{MN}}{\text{m}^2}$$

2. Der Zugstab eines Nagelbrettbinders hat den Querschnitt 2,4 cm/10 cm.

Im Zugstab wirkt eine Kraft $F = 10{,}00$ kN.

Ist der Stab ausreichend dimensioniert, wenn die zulässige Spannung $8{,}5\ \frac{\text{MN}}{\text{m}^2} \left(= 8{,}5\ \frac{\text{N}}{\text{mm}^2} \right)$ beträgt?

Lösung:

$$\text{Spannung } \sigma = \frac{\text{Kraft } F}{\text{Fläche } A}$$

$$\text{Kraft } F = 10{,}00\ \text{kN} = 0{,}010\ \text{MN}$$

$$\text{Fläche } A = 2{,}4\ \text{cm} \cdot 10\ \text{cm} = 24\ \text{cm}^2 = 0{,}0024\ \text{m}^2$$

$$\text{Spannung } \sigma = \frac{0{,}010\ \text{MN}}{0{,}0024\ \text{m}^2} = 4{,}17\ \frac{\text{MN}}{\text{m}^2}$$

Ergebnis: vorh. $\sigma = 4{,}17\ \frac{\text{MN}}{\text{m}^2} <$ zul. $\sigma = 8{,}5\ \frac{\text{MN}}{\text{m}^2}$

21.1 Berechnen Sie die fehlenden Größen.

	Kraft F	Fläche A	Spannung
a)	1,38 kN	?	$0{,}2\,\frac{\text{MN}}{\text{m}^2}$
b)	240 N	0,43 cm^2	?
c)	?	210 cm^2	$12\,\frac{\text{N}}{\text{mm}^2}$
d)	0,385 MN	5953 mm^2	?
e)	?	144 cm^2	$8{,}5\,\frac{\text{MN}}{\text{m}^2}$

21.2 Wie groß ist die Zugspannung in einem Kantholz mit den Querschnittsabmessungen 6 cm/18 cm (8 cm/16 cm), wenn eine Zugkraft von 0,30 MN angreift?

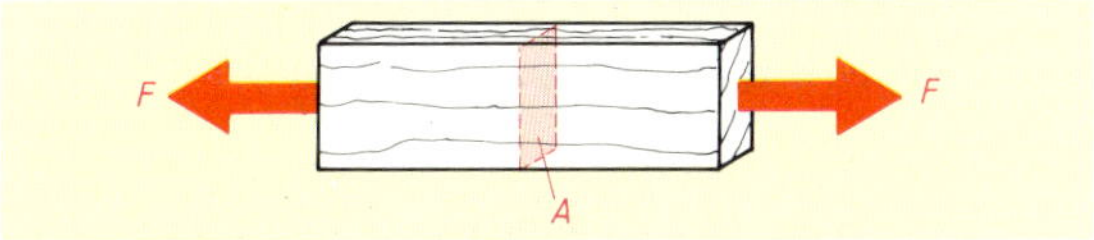

21.3 In einem Stahlrundstab ⌀ 22 mm wirkt eine Zugkraft $F = 2{,}7$ kN.

Berechnen Sie die vorhandene Zugspannung.

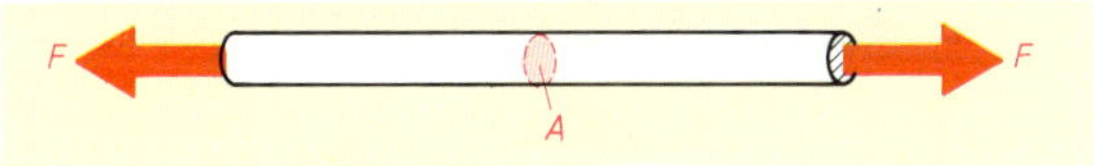

21.4 Ein Fundament mit einer Breite von 60 cm wird mit 45 kN/m (einschließlich Eigenlast) belastet.

Wie groß ist die Spannung an der Fundamentsohle?

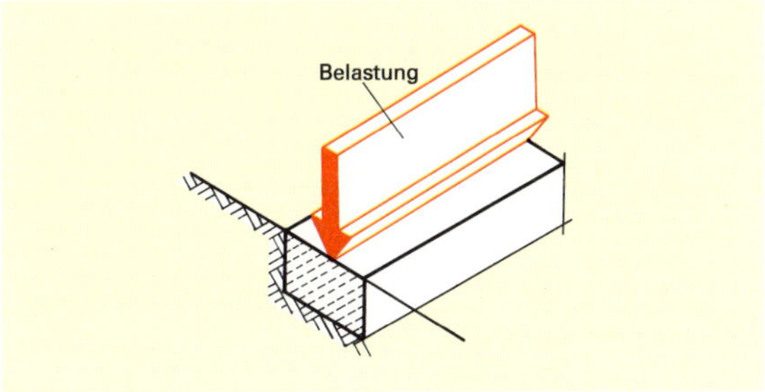

21.5 Ein Stahl-Profilträger I PB 240 hat eine Querschnittsfläche von 106 cm^2.

a) Wie groß ist die vorhandene Druckspannung, wenn eine Kraft $F = 200$ kN auf ihn einwirkt?

b) Wie groß ist die Druckspannung unter der Fußplatte?

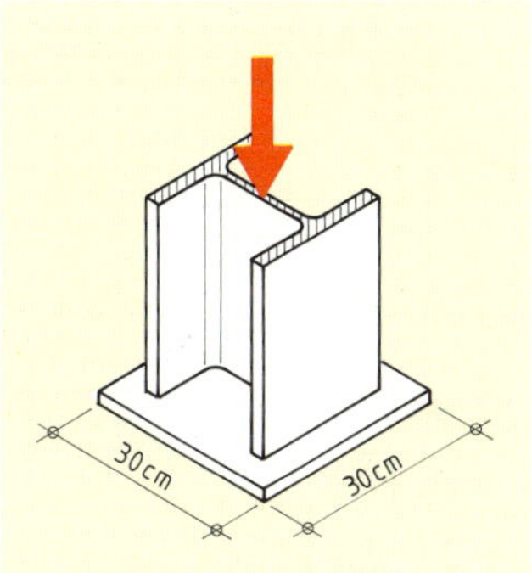

21.6 Die Hängesäule eines Hängewerkes wird durch eine Zugkraft $F = 80$ kN beansprucht.

Welchen quadratischen Querschnitt muss die Hängesäule mindestens haben, wenn die zulässige Spannung des Holzes $8{,}5\,\frac{\text{MN}}{\text{m}^2}$ beträgt?

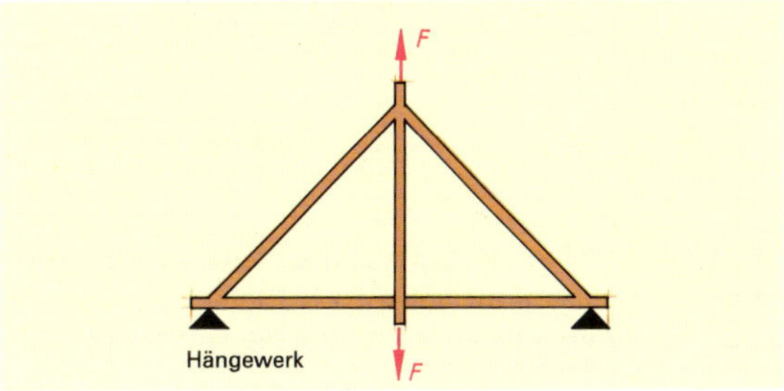

21.7 Ein Stahlbetonsturz liegt auf 24 cm dickem Mauerwerk auf und hat eine Auflagerkraft von 32 kN.

Wie tief muss das Auflager sein, wenn die zulässige Spannung des Mauerwerks $0{,}7\,\frac{\text{MN}}{\text{m}^2}$ beträgt?

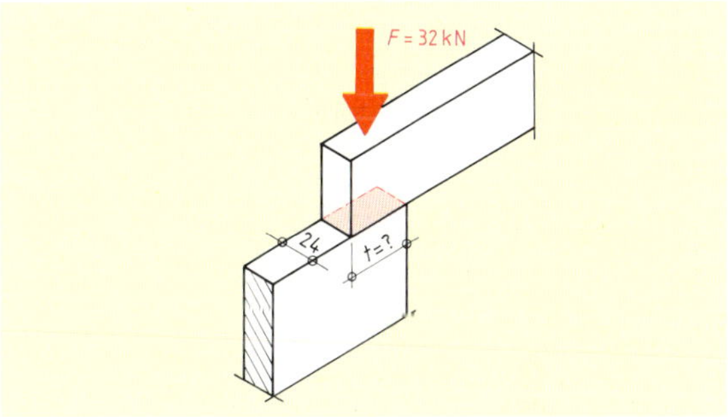

21.8 Eine Stahlbetonstütze wird mit 150 kN belastet. Sie soll ein quadratisches Fundament erhalten. Der Baugrund besitzt eine zulässige Spannung von $0{,}25\,\frac{\text{MN}}{\text{m}^2}$.

Welche Seitenabmessung muss das Stützenfundament erhalten?

Die Eigenlast des Fundamentes ist mit 9,5 kN zu berücksichtigen.

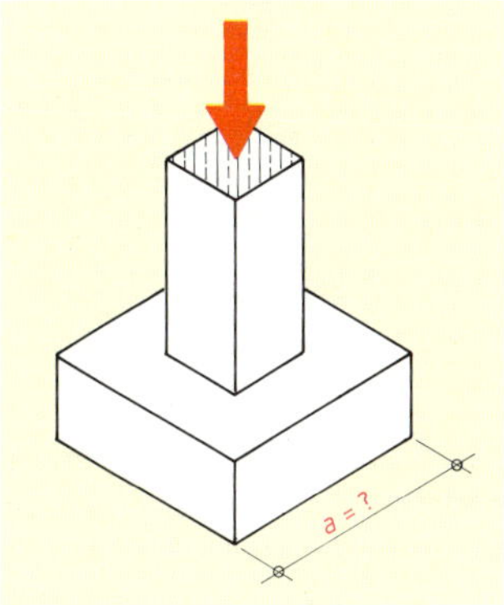

21.9 Wie groß darf die Belastung (einschließlich Eigenlast) pro Meter eines Streifenfundamentes sein, wenn der Baugrund eine zulässige Spannung von $1{,}8\,\frac{\text{MN}}{\text{m}^2}$ besitzt?

Das Streifenfundament hat eine Breite von 60 cm (80 cm).

21.10 Die Auflagerkraft eines 24 cm breiten Stahlbetonsturzes beträgt 25 kN. Das darunter liegende Mauerwerk besteht aus Hbl 2, Mörtelgruppe II. Berechnen Sie die erforderliche Auflagerlänge *l*.

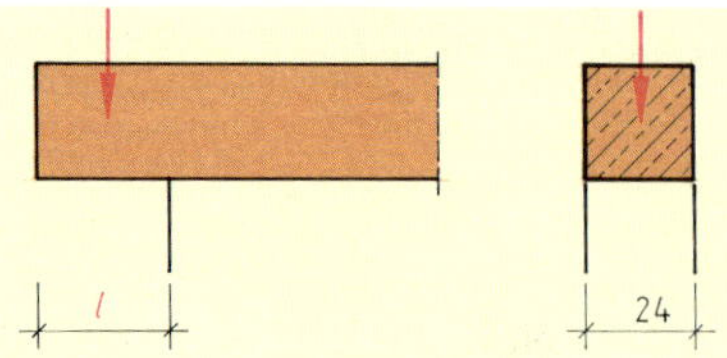

21.11 Ein Stahlbetonunterzug überträgt auf eine Stahlbetonstütze eine Kraft von 35 kN. Berechnen Sie die größte Spannung in der Stütze und die auftretende Bodenpressung.

Die Eigenlast der Stütze und des Fundaments ist zu berücksichtigen.

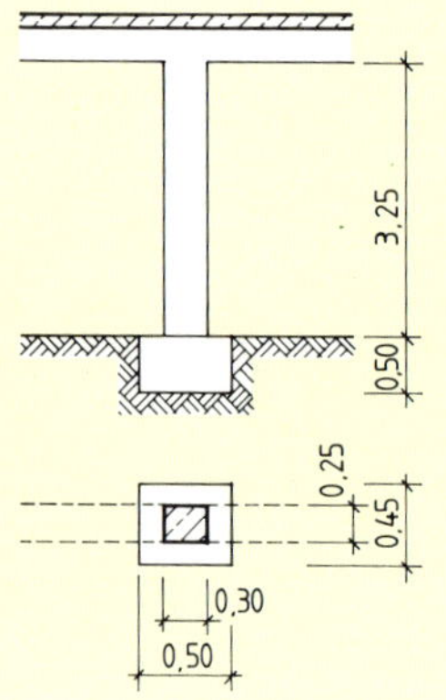

21.12 Ein Betonprüfwürfel (20 cm/20 cm/20 cm) wird bei der Druckprüfung mit einer Kraft $F = 1{,}40$ MN zerstört.

Berechnen Sie die Festigkeit des Betons.

21.13 Eine sehr kurze Stahlstütze (I PB 160, $A = 54{,}3\ \text{cm}^2$) soll mit 750 kN belastet werden. Hat die Stütze einen ausreichenden Querschnitt, wenn die zulässige Spannung $140\ \frac{\text{N}}{\text{mm}^2}$ beträgt?

21.14 Berechnen Sie die erforderliche Länge *l* der dargestellten Hakenblattverbindung aus Nadelholz, Güteklasse II. Die Zugkraft *F* beträgt 36 kN.

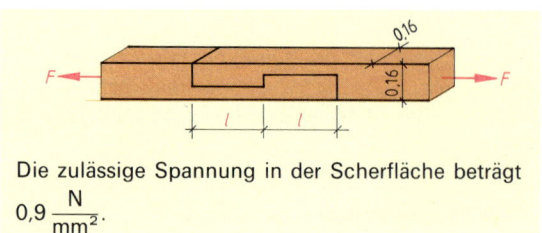

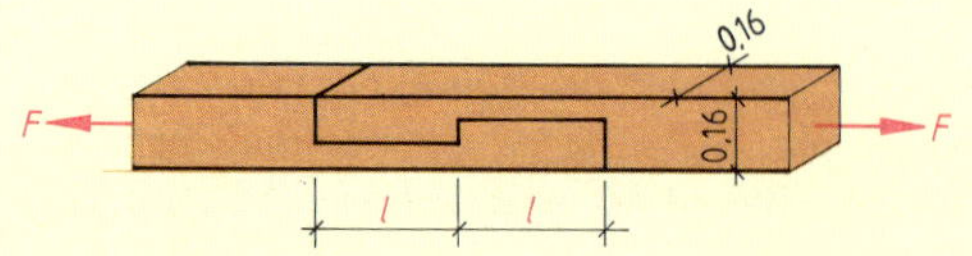

Die zulässige Spannung in der Scherfläche beträgt $0{,}9\ \frac{\text{N}}{\text{mm}^2}$.

21.15 Berechnen Sie die erforderliche Vorholzlänge für die dargestellte Versatzung aus Nadelholz, Güteklasse II.

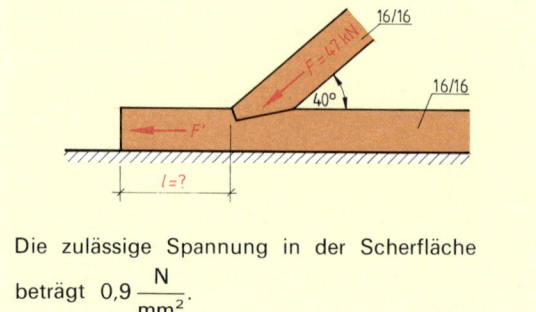

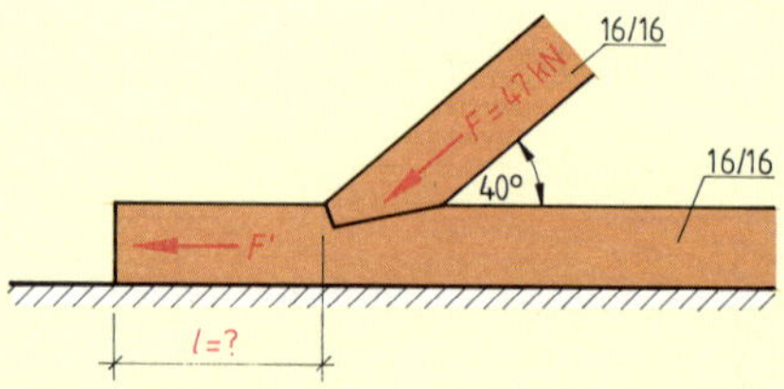

Die zulässige Spannung in der Scherfläche beträgt $0{,}9\ \frac{\text{N}}{\text{mm}^2}$.

21.16 Ein Holzbalken wird durch die Kräfte F_1 und F_2 belastet. Der Balken hat eine Auflagerbreite von 14 cm. Wie groß müssen die beiden Auflagertiefen mindestens sein, wenn eine zulässige Spannung von $0{,}7\ \frac{\text{MN}}{\text{m}^2}$ nicht überschritten werden darf? (Die Eigenlast des Holzbalkens darf vernachlässigt werden.)

a)

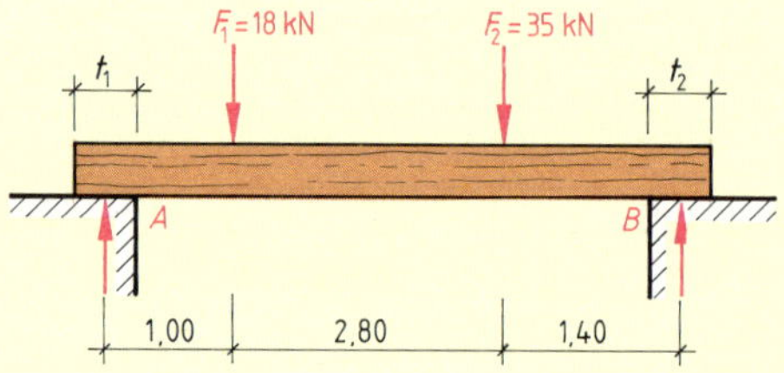

b)

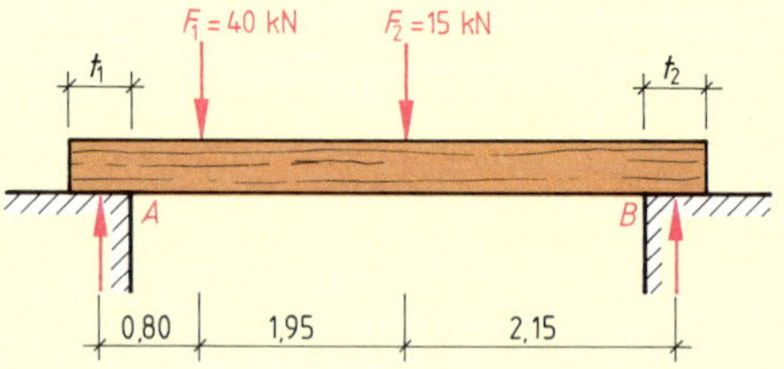

21.17 Berechnen Sie am dargestellten Stahlbetonsturz

a) die Auflagerkräfte *A* und *B*,

b) die vorhandene Spannung an den Auflagern.

c) Welches Mauerwerk muss für die Auflagerbereiche gewählt werden?

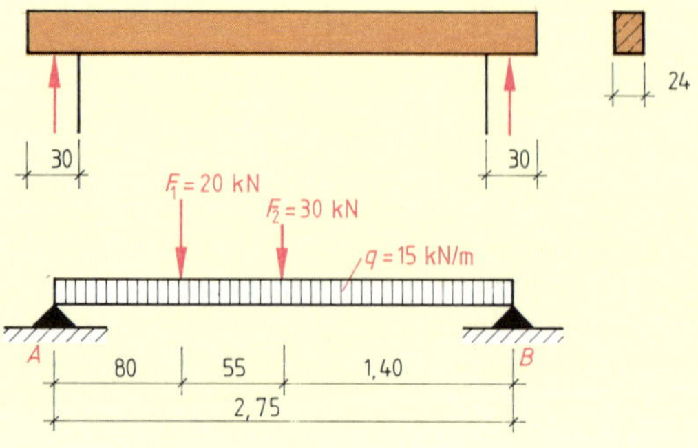

22 Wärmeausdehnung

Bauteile verändern bei Temperaturänderungen ihre Form und ihr Volumen. Wird dies bei der Konstruktion eines Bauwerkes nicht beachtet, kann es zu Bauschäden kommen. Deshalb muss der Facharbeiter die Fähigkeit besitzen, Ausdehnungen von Baukörpern infolge Temperaturänderung zu berechnen.

Feste Körper vergrößern ihr Volumen beim Erwärmen. Bei Bauteilen, die starken Temperaturschwankungen ausgesetzt sind (z.B. Dachdecken, Fassadenelemente usw.), sind diese Volumenänderungen zu beachten und entsprechende bauliche Maßnahmen zu treffen (z.B. Dehnfugen, Gleitlager usw.).

Im Bauwesen ist vor allem die Längenausdehnung der Bauteile zu beachten.

Ausschlaggebend für die Längenänderung Δl der Bauteile sind

- **die Temperaturdifferenz $\Delta\vartheta$,**
- **die Länge des Bauteils** bei einer bestimmten Temperatur und
- **die Temperaturdehnzahl** α des Baustoffes, aus dem das Bauteil besteht.

Die Temperaturdehnzahl α gibt an, um wie viel mm sich 1 m eines festen Baustoffes bei einer Temperaturdifferenz von 1 Kelvin ausdehnt oder zusammenzieht.

Temperaturdehnzahlen von Baustoffen

Baustoff	Temperaturdehnzahl α in $\frac{mm}{m \cdot K}$
Mauerwerk	0,006 ... 0,01
Stahlbeton	0,01
Baustahl	0,01
Aluminium	0,024

(Weitere Temperaturdehnzahlen siehe Tabellenanhang)

Die Längenänderung eines Bauteils wird in der Praxis als Produkt aus der Temperaturdehnzahl des Baustoffes in $\frac{mm}{m\,K}$, der Länge des Bauteils in m und der Temperaturdifferenz in K berechnet. Die Längenänderung hat dann die Einheit mm.

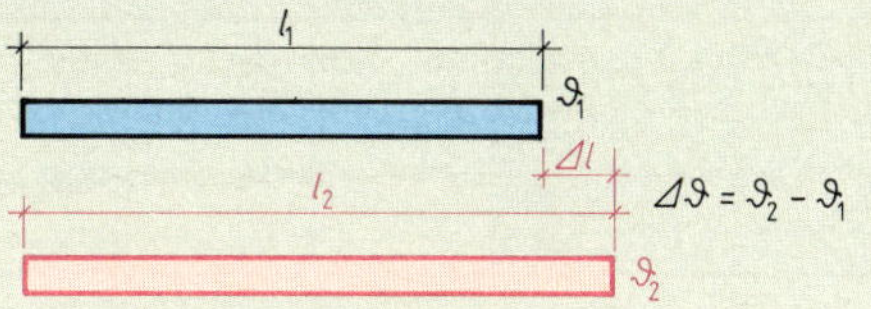

$$\Delta l = \alpha \cdot l_1 \cdot \Delta\vartheta$$

Beispiel:

Berechnen Sie die Längenänderung einer 8,00 m langen Stahlbetonplatte, die im Sommer einer Temperatur ϑ_2 von 45 °C und im Winter einer Temperatur ϑ_1 von −20 °C ausgesetzt ist.

Lösung:

Temperaturdehnzahl α für Beton $= 0{,}01\ \frac{mm}{mK}$

Temperaturdifferenz $\Delta\vartheta = \vartheta_2 - \vartheta_1 = 45\ K + 20\ K = 65\ K$

Längenänderung $\Delta l = \alpha \cdot l_1 \cdot \Delta\vartheta$

$$\Delta l = 0{,}01\ \frac{mm}{mK} \cdot 8{,}00\ m \cdot 65\ K$$

$$\Delta l = \underline{5{,}2\ mm}$$

Aufgaben:

22.1 Berechnen Sie die Längenänderung eines 6,25 m langen Stahlbetonbalkens bei einer Temperaturdifferenz von 85 K.

22.2 Der 300 m hohe stählerne Eiffelturm in Paris ist Temperaturdifferenzen von 70 Kelvin ausgesetzt. Wie groß ist seine Längenänderung?

22.3 Eine Fahrbahnplatte (Stahlbeton) ist im Winter Temperaturen von −25 °C und im Sommer Temperaturen von 45 °C ausgesetzt. Die Platte hat eine Länge von 4,75 m. Wie groß ist ihre Längenänderung?

22.4 Ein Heizungsrohr hat bei 20 °C eine Länge von 12,55 m. Welche Länge hat das Rohr, wenn Wasser mit einer Temperatur von 65 °C darin fließt?

22.5 Ein Hochhaus erhält eine vorgehängte Fassade aus Aluminium. Die einzelnen Platten haben eine Höhe von 3,35 m. Im Winter werden Temperaturen von −20 °C und im Sommer Temperaturen von 50 °C an der Fassade gemessen. Welche Breite müssen die Horizontalfugen mindestens haben?

22.6 Ein rundes Stahlbetonsilo hat einen mittleren Durchmesser von 21,60 m bei einer Temperatur von −25 °C. Wie groß ist der mittlere Durchmesser bei einer sommerlichen Temperatur von 45 °C?

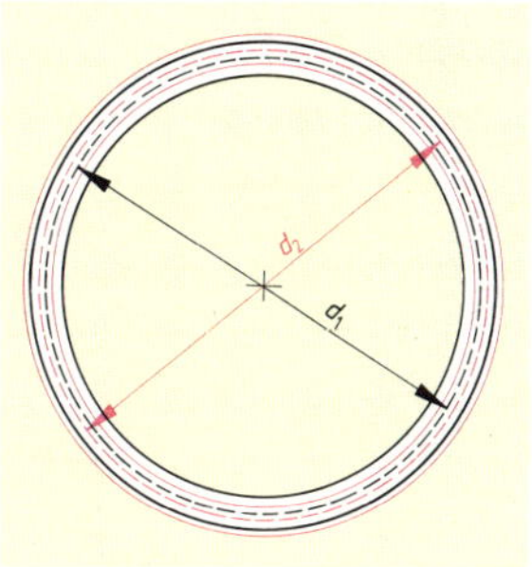

BAUSTOFFBEDARF

Werkstoffbedarf für 1 m² Mauerwerk (Mörtel in l) *

Steinformat (Länge/Breite/Höhe)	Wanddicke									
	5,2 bzw. 7,1 cm		11,5 cm		17,5 cm		24 cm		30 cm	
	Steine	Mörtel	Steine	Mörtel	Steine	Mörtel	Steine	Mörtel	Steine	Mörtel
NF; 24 × 11,5 × 7,1	33	13	50	27	–	–	100	65	–	–
DF; 24 × 11,5 × 5,2	33	11	66	29	–	–	132	70	–	–
2 DF; 24 × 11,5 × 11,3	–	–	33	20	–	–	66	50	33 + }	} 58
3 DF; 24 × 17,5 × 11,3	–	–	–	–	33	29	–	–	33 }	

Werkstoffbedarf für 1 m³ Mauerwerk (Mörtel in l) *

Steinformat (Länge/Breite/Höhe) cm	Wanddicke											
	17,5 cm		24 cm		30 cm		36,5 cm		49 cm		**Mittelwert**	
	Steine	Mörtel	Steine	Mörtel	Steine	Mörtel	Steine	Mörtel	Steine	Mörtel	Steine	Mörtel
NF; 24 × 11,5 × 7,1	–	–	412	265	–	–	405	278	404	285	**405**	**276**
DF; 24 × 11,5 × 5,2	–	–	550	288	–	–	540	302	538	305	**542**	**300**
2 DF; 24 × 11,5 × 11,3	–	–	275	207	110 + }	–	272	220	270	226	**272**	**217**
3 DF; 24 × 17,5 × 11,3	190	164	186	178	110 }	195	–	–	–	–	–	–

Werkstoffbedarf für Mauerwerk aus großformatigen Steinen (Mörtel in l) *

Steinart	Steinformat (Breite/Länge/Höhe) cm	Wanddicke cm	je m²		je m³	
			Steine	Mörtel	Steine	Mörtel
Hochlochziegel	5 DF; 30 × 24 × 11,3	24	26	38	111	156
	6 DF; 36,5 × 24 × 11,3	24	22	26	92	151
	5 DF; 30 × 24 × 11,3	30	33	50	110	167
	6 DF; 36,5 × 24 × 11,5	36,5	33	61	91	168
Steine aus dampfgehärtetem Gas- oder Schaumbeton	61,5 × 24 × 11,5	11,5	6,4	8,3	56	72
	49 × 24 × 17,5	17,5	8	13,7	45,5	78
	49 × 24 × 24	24	8	17,7	33,5	78
	49 × 24 × 30	30	8	23,4	27	78
Hohlblocksteine aus Leichtbeton	17,5 × 16,5 × 23,8	17,5	11	17	62	97
	17,5 × 49 × 23,8	17,5	8	15	46	85
	24 × 36,5 × 23,8	24	11	24	44	97
	24 × 49 × 23,8	24	8	21	33	85
	30 × 36,5 × 23,8	30	11	29	36	97
	30 × 49 × 23,8	30	8	26	27	85
	36,5 × 24 × 23,8	36,5	16	38	44	103

* Bei den Mauerziegeln bzw. Mauersteinen ist ein Zuschlag für Bruch und Verlust enthalten. Beim Mörtel ist ein Zuschlag für Verlust und Verdichtung enthalten.

Fliesen- und Plattenbedarf für 1 m^2

Werkmaße in mm		**Fugenbreite** mm	**Materialbedarf*** Stück/m^2
Breite	**Länge**		
75	150	2	86
		3	84
100	100	2	97
100	150	3	64
100	200	3	48
108	108	2	83
108	216	3	42
150	150	2	44
		3	43
150	200	2	33
150	300	3	22
		4	22
200	200	2	25
200	300	4	17
200	400	5	13
250	250	4	16
300	300	4	11
300	400	5	9
400	400	5	7

* Je nach Verlegemuster kann ein Zuschlag von 2...5 % für Bruch und Verhau erforderlich werden.

Mörtelbettdicken (DIN 18352)

Belag	**Dicke** mm
Bodenbeläge	20
Bodenbeläge auf Trennschicht	
– innen	30
– außen	50
Bodenbeläge auf Dämmschicht	
– innen	45
– außen	50
Wandbekleidungen	15

Mörtelbedarf für Belagsarbeiten

Die erforderliche Mörtelmenge richtet sich nach der zu putzenden Fläche und der Dicke des Putzes.

Je m^2 Fläche und je mm Putzdicke wird 1 l Mörtel (feste Mörtelmenge) benötigt.

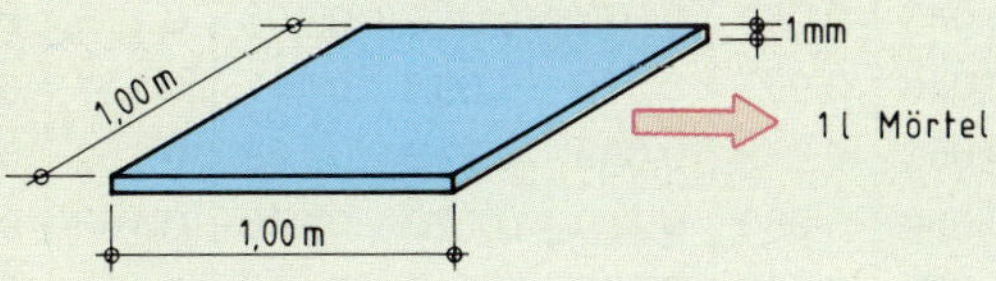

Flächen von Brettern und Bohlen in m²

Länge in m	**Breite** in cm														
	10	12	12,5	14	15	16	17,5	18	20	22	24	25	26	28	30
1,50	0,15	0,18	0,19	0,21	0,23	0,24	0,26	0,27	0,30	0,33	0,36	0,38	0,39	0,42	0,45
2,00	0,20	0,24	0,25	0,28	0,30	0,32	0,35	0,36	0,40	0,44	0,48	0,50	0,52	0,56	0,60
2,50	0,25	0,30	0,31	0,35	0,38	0,40	0,44	0,45	0,50	0,55	0,60	0,63	0,65	0,70	0,75
3,00	0,30	0,36	0,38	0,42	0,45	0,48	0,53	0,54	0,60	0,66	0,72	0,75	0,78	0,84	0,90
3,25	0,33	0,39	0,41	0,46	0,49	0,52	0,57	0,59	0,65	0,72	0,78	0,81	0,85	0,91	0,98
3,50	0,35	0,42	0,44	0,49	0,53	0,56	0,61	0,63	0,70	0,77	0,84	0,88	0,91	0,98	1,05
3,75	0,38	0,45	0,47	0,53	0,56	0,60	0,66	0,68	0,75	0,83	0,90	0,94	0,98	1,05	1,13
4,00	0,40	0,48	0,50	0,56	0,60	0,64	0,70	0,72	0,80	0,88	0,96	1,00	1,04	1,12	1,20
4,25	0,43	0,51	0,53	0,60	0,64	0,68	0,74	0,76	0,85	0,94	1,02	1,06	1,11	1,19	1,28
4,50	0,45	0,54	0,56	0,63	0,68	0,72	0,79	0,81	0,90	0,99	1,08	1,13	1,17	1,26	1,35
5,00	0,50	0,60	0,63	0,70	0,75	0,80	0,88	0,90	1,00	1,10	1,20	1,25	1,30	1,40	1,50
5,50	0,55	0,66	0,69	0,77	0,83	0,88	0,96	0,99	1,10	1,21	1,32	1,38	1,43	1,54	1,65
6,00	0,60	0,72	0,75	0,84	0,90	0,96	1,05	1,08	1,20	1,32	1,44	1,50	1,56	1,68	1,80
6,50	0,65	0,78	0,81	0,91	0,98	1,04	1,14	1,17	1,30	1,43	1,56	1,63	1,69	1,82	1,95

Volumen von Kanthölzern und Balken in m³

Querschnitt in cm/cm	**Länge** in m											
	1,00	1,50	2,00	2,50	3,00	3,50	4,00	4,50	5,00	5,50	6,00	6,50
6/6	0,004	0,005	0,007	0,009	0,010	0,012	0,014	0,016	0,018	0,019	0,021	0,023
6/8	0,004	0,007	0,009	0,012	0,014	0,016	0,019	0,021	0,024	0,026	0,028	0,031
6/12	0,007	0,010	0,014	0,018	0,021	0,025	0,028	0,032	0,036	0,039	0,043	0,046
8/8	0,006	0,009	0,012	0,015	0,019	0,022	0,025	0,028	0,031	0,035	0,038	0,041
8/10	0,007	0,012	0,015	0,020	0,024	0,027	0,031	0,036	0,040	0,044	0,048	0,051
8/12	0,009	0,014	0,019	0,024	0,028	0,033	0,038	0,043	0,048	0,052	0,057	0,062
8/16	0,012	0,019	0,025	0,031	0,038	0,044	0,051	0,057	0,063	0,070	0,076	0,083
10/10	0,010	0,015	0,020	0,025	0,030	0,035	0,040	0,045	0,050	0,055	0,060	0,065
12/12	0,014	0,021	0,028	0,036	0,043	0,050	0,057	0,064	0,072	0,079	0,086	0,093
12/14	0,016	0,025	0,033	0,042	0,050	0,058	0,067	0,075	0,084	0,094	0,100	0,109
12/16	0,019	0,028	0,038	0,048	0,057	0,067	0,076	0,086	0,096	0,105	0,115	0,124
14/14	0,019	0,029	0,039	0,049	0,058	0,068	0,078	0,088	0,098	0,107	0,117	0,127
14/16	0,022	0,033	0,044	0,056	0,067	0,078	0,089	0,100	0,112	0,123	0,134	0,145
16/16	0,025	0,038	0,051	0,063	0,076	0,089	0,102	0,115	0,127	0,140	0,153	0,166
16/18	0,028	0,043	0,057	0,072	0,086	0,100	0,115	0,129	0,144	0,158	0,172	0,187
10/20	0,020	0,030	0,040	0,050	0,060	0,070	0,080	0,090	0,100	0,110	0,120	0,130
10/22	0,022	0,033	0,044	0,055	0,066	0,077	0,088	0,095	0,110	0,120	0,132	0,142
12/20	0,024	0,036	0,048	0,060	0,072	0,084	0,096	0,107	0,120	0,132	0,144	0,155
12/24	0,028	0,043	0,057	0,072	0,086	0,100	0,115	0,129	0,144	0,158	0,172	0,187
16/20	0,031	0,048	0,063	0,080	0,096	0,111	0,127	0,144	0,160	0,176	0,192	0,207
18/22	0,039	0,059	0,079	0,099	0,118	0,138	0,158	0,178	0,198	0,217	0,237	0,257
20/20	0,040	0,060	0,080	0,100	0,120	0,140	0,160	0,180	0,200	0,220	0,240	0,260
20/24	0,048	0,072	0,096	0,120	0,144	0,168	0,192	0,215	0,240	0,264	0,288	0,311

Abmessungen der Bauhölzer (nach DIN 4070)

Kanthölzer	Querschnitt	cm	6/10	6/12	6/14	8/8	8/10	8/12	8/14	8/16	8/18	10/10	10/12
		cm²	60	72	84	64	80	96	112	128	144	100	120
	Querschnitt	cm	10/14	10/16	10/18	12/12	12/14	12/16	14/14	14/16	14/18	16/16	18/18
		cm²	140	160	180	144	168	192	196	224	152	256	324
Balken	Querschnitt	cm	8/20	10/20	12/20	10/22	12/24	12/26	14/20	16/20			
		cm²	160	200	240	220	288	312	280	320			
	Querschnitt	cm	16/22	16/24	18/22	18/24	20/20	20/24	20/26				
		cm²	352	384	396	432	400	480	520				
Dachlatten	Querschnitt	mm	24/48	30/50	40/60	**Doppellatten**	50/80		Längenstufung innerhalb eines Meters				
		cm²	11,5	15	24		40		0,0	0,25	0,50	0,75	1,00 m

Vorzugsgrößen (kleinformatige Steine) in cm

Bezeichnung	Länge *l*	Breite *b*	Höhe *h*
Dünnformat DF	24,0	11,5	5,2
Normalformat NF	24,0	11,5	7,1
$1\frac{1}{2}$ Normalformat = 2 DF	24,0	11,5	11,3
$2\frac{1}{4}$ Normalformat = 3 DF	24,0	17,5	11,3

Vorzugsgrößen (Hohlblocksteine) in cm

Bezeichnung	Länge *l*	Breite *b*	Höhe *h*
30a	24,0	30,0	23,8
30b	24,0	30,0	17,5
24a	36,5	24,0	23,8
24b	36,5	24,0	17,5

Mörtelzusammensetzung, Mischungsverhältnisse in Raumteilen

Mörtelgruppe	Luftkalk		Hydraulischer Kalk (HL 2)	Hydraulischer Kalk (HL 5), Putz- und Mauerbinder (MC 5)	Zement	Sand[1] aus natürlichem Gestein
	Kalkteig	Kalkhydrat				
I	1	–	–	–	–	4
	–	1	–	–	–	3
	–	–	1	–	–	3
	–	–	–	1	–	4,5
II	1,5	–	–	–	1	8
	–	2	–	–	1	8
	–	–	2	–	1	8
	–	–	–	1	–	3
IIa	–	1	–	–	1	6
	–	–	–	2	1	8
III	–	–	–	–	1	4
IIIa[2]	–	–	–	–	1	4

[1] Die Werte des Sandanteils beziehen sich auf den lagerfeuchten Zustand.
[2] Die größere Festigkeit soll vorzugsweise durch Auswahl geeigneter Sande erreicht werden

Roh- bzw. Schüttdichten einiger Baustoffe

Baustoff	Rohdichte (R) Schüttdichte (S) in kg/m³		Baustoff	Rohdichte (R) Schüttdichte (S) in kg/m³	
Bodenarten (erdfeucht)			**Hölzer** (lufttrocken)		
Sand	1800	S	Eiche	750	R
Kiessand, ungleichkörnig	1900	S	Pappel	450	R
Kies, sandfrei	1700	S	Kiefer	520	R
Ton	2000	S	Fichte	480	R
Lehm, Mergel	2150	S	Tanne	450	R
			Lärche	600	R
Natursteine					
Granit	2800	R	**Metalle**		
Basalt	3000	R	Stahl	7850	R
Kalkstein, dicht	2800	R	Aluminium	2700	R
Sandstein	2600	R	Kupfer	8900	R
Gneis	3000	R	Blei	11400	R
Zement					
Zement, locker geschüttet	1200	S	**Kunststoffe**		
Zement in Säcken	1600	S	PVC-U (Polyvinylchlorid)	1380	R
Mörtel			PE-HD (Polyethylen)	950	R
Kalkmörtel	1800	S	PS (Polystyrol)	1050	R
Kalkzementmörtel	2000	S			
Zementmörtel	2100	S	**Dämmstoffe**		
Beton			Polystyrolschaum	20	R
Normalbeton	2300	R	Polyurethan-Hartschaum	30	R
Stahlbeton	2500	R	Faserdämmstoffe	30...200	R
Mauerwerk aus			**Plattenförmige Werkstoffe**		
Hochbauklinker	2000	R	Faserzementplatten	1800	R
Vollziegel	1800	R	Holzspanplatten	800	R
Kalksandvollstein	1800	R	Gipskartonplatten	900	R
Lochziegel (ϱ=1,2 kg/dm³) [1]	1400	R			
Hohlblocksteine aus Leichtbeton (ϱ=1,2) [1]	1200	R	**Belagstoffe**		
Porenbeton (ϱ=0,6) [1]	800	R	Linoleum	1200	R
Sandstein	2600	R	Dachpappe	1100	R
Kalkstein, dicht	2800	R			

[1] Bei Angabe der Steinrohdichte ist die Verwendung der Einheit kg/dm³ üblich.

Temperaturdehnzahlen von Baustoffen

Baustoff	Temperaturdehnzahl in $\frac{mm}{m\,K}$	Baustoff	Temperaturdehnzahl in $\frac{mm}{m\,K}$
Mauerwerk aus porigen Ziegeln, Kalkmörtel, unbewehrter Beton aus Blähton, Basalt, Kalkstein, Marmor, Travertin, Schamotte	0,006	Kupfer	0,017
		Messing, Bronze	0,018
		Glasfaserverstärkte Polyesterplatten	0,02
Mauerwerk aus Kalksteinen, aus Vormauerziegeln, Kalkzementmörtel, Beton aus Kalksteinsplitt, Konstruktionsleichtbeton, Bimsbeton, Wandfliesen, Bodenplatten, Bauglas, Granit	0,008	Aluminium	0,024
		Zink, Blei	0,029
		Asphaltplatten, harte Asphaltbeläge	0,03
Mauerwerk aus Hochbauklinkern, Zementmörtel, Beton aus Kiessand und Granitsplitt, Faserzementplatten, Baustahl, Grauguss	0,01	Polyvinylchlorid, Acrylglas, Polystyrol	0,08

FORMELN

Prozentrechnen

Grundwert (G)	Prozentwert (P)	Prozentsatz (p)
$G=\frac{P\cdot 100\,\%}{p\,\%}$	$P=\frac{G\cdot p\,\%}{100\,\%}$	$p=\frac{100\,\%\cdot P}{G}$

Pythagoras

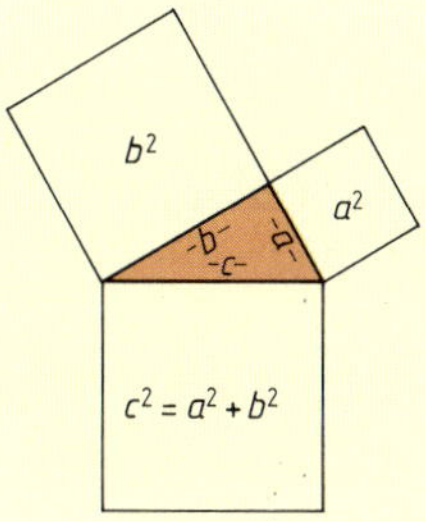

$$c^2=a^2+b^2$$
$$c=\sqrt{a^2+b^2}$$
$$a=\sqrt{c^2-b^2}$$
$$b=\sqrt{c^2-a^2}$$

Diagonale im Quadrat

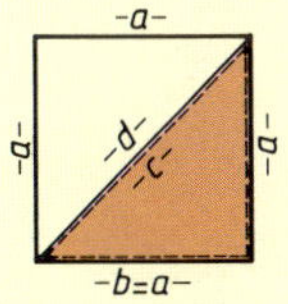

$$d=a\cdot\sqrt{2}$$
$$d=1{,}414\cdot a$$
$$a=\frac{d}{\sqrt{2}}$$
$$a=\frac{d}{1{,}414}$$

Steigung, Neigung, Gefälle

Verhältniszahl (n)		Prozentsatz (p)
$n=\frac{l}{h}$	$1:n=\frac{1}{n}\cdot 100\,\%$	$p=\frac{h\cdot 100}{l}$
$h=\frac{l}{n}$	Höhe (h)	$h=\frac{p\cdot l}{100}$
$l=n\cdot h$	Länge (l)	$l=\frac{h\cdot 100}{p}$

Vierecke

Quadrat

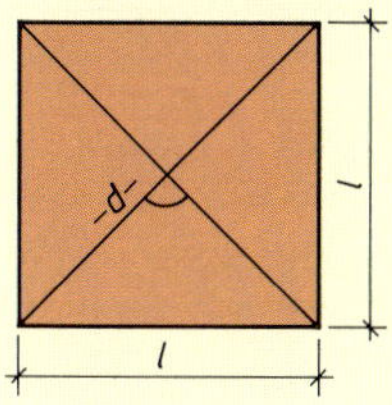

$$A=l^2$$
$$U=4\cdot l$$
$$l=\sqrt{A}$$
$$d=1{,}414\cdot l$$

Rechteck

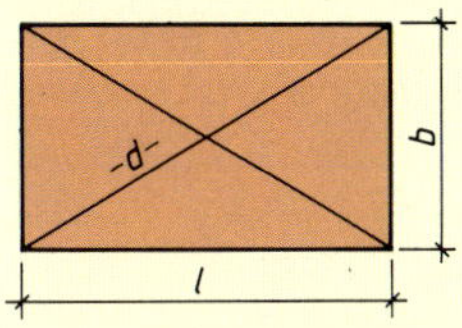

$$A=l\cdot b$$
$$U=2\,(l+b)$$
$$l=\frac{A}{b}$$
$$b=\frac{A}{l}$$

Parallelogramm

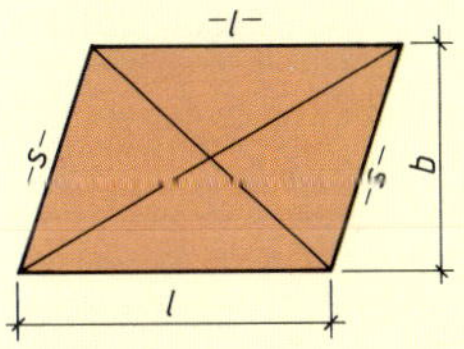

$$A=l\cdot b$$
$$U=2\,(l+s)$$

Raute

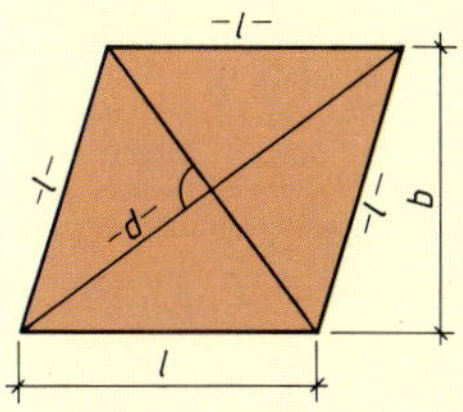

$$A=l\cdot b$$
$$U=4\cdot l$$

Trapez

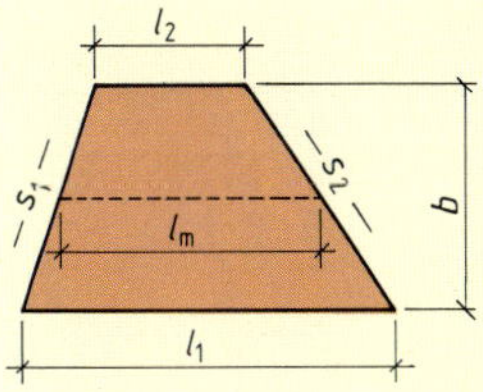

$$A=\frac{l_1+l_2}{2}\cdot b$$
$$U=l_1+l_2+s_1+s_2$$
$$l_m=\frac{l_1+l_2}{2}$$

Dreiecke

rechtwinklig

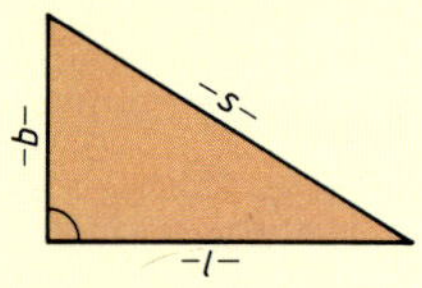

$$A = \frac{l \cdot b}{2}$$
$$U = l + b + s$$

spitzwinklig

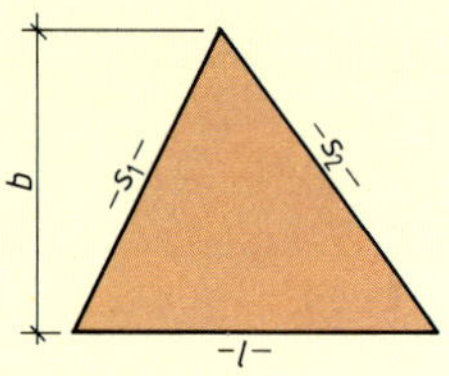

$$A = \frac{l \cdot b}{2}$$
$$U = l + s_1 + s_2$$

stumpfwinklig

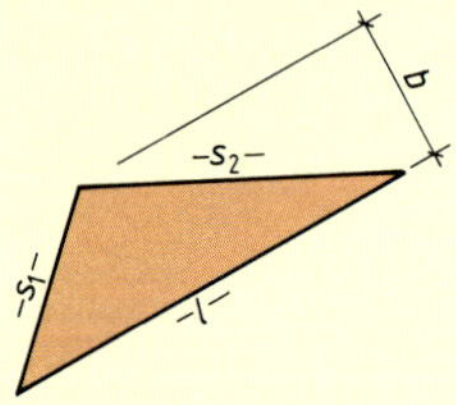

$$A = \frac{l \cdot b}{2}$$
$$U = l + s_1 + s_2$$

gleichseitig

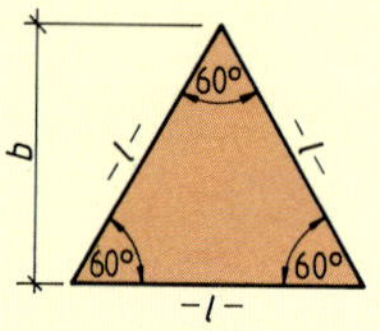

$$A = \frac{l \cdot b}{2}$$
$$U = 3 \cdot l$$
$$b = \frac{l \cdot \sqrt{3}}{2}$$

gleichschenklig

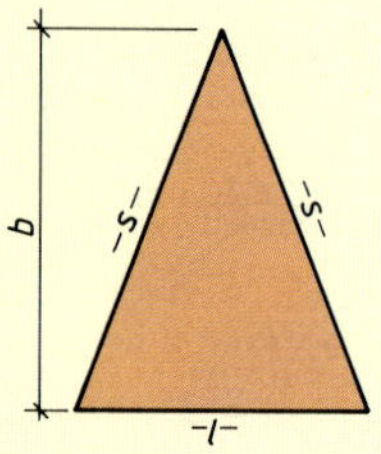

$$A = \frac{l \cdot b}{2}$$
$$U = l + 2s$$

Kreis und Ellipse

Kreis

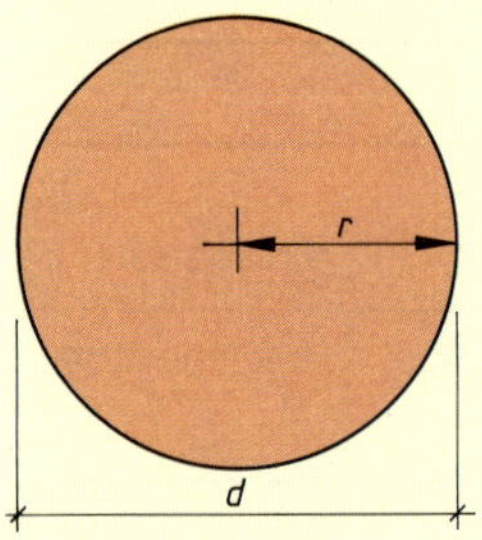

$$A = \frac{d^2 \cdot \pi}{4}$$
$$A = 0{,}785 \cdot d^2$$
$$U = d \cdot \pi$$
$$U = 3{,}1415 \cdot d$$

Kreisausschnitt

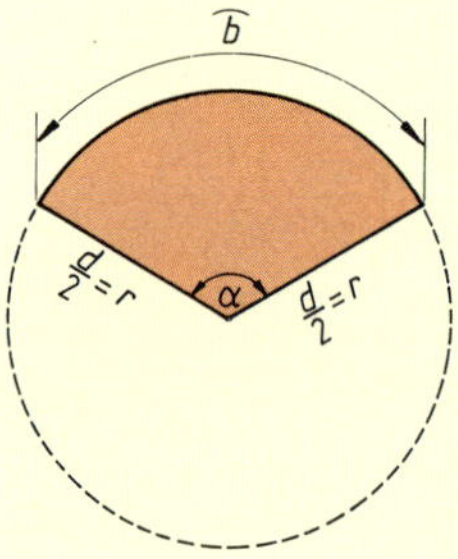

$$A = \frac{d^2 \cdot \pi \cdot \alpha°}{4 \cdot 360°}$$
$$b = \frac{d \cdot \pi \cdot \alpha°}{360°}$$
$$A = \frac{b \cdot r}{2}$$

Kreisabschnitt

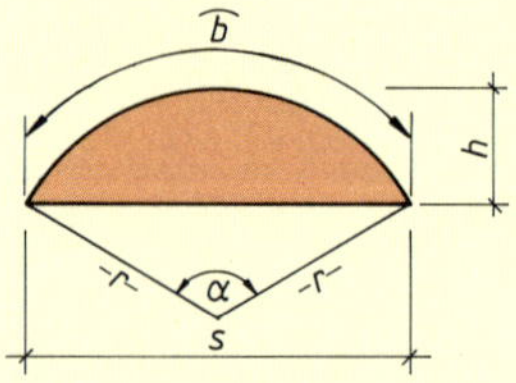

$$A \approx \tfrac{2}{3} \cdot s \cdot h$$
$$b = \frac{d \cdot \pi \cdot \alpha°}{360°}$$
$$r = \frac{h}{2} + \frac{s^2}{8h}$$

Ellipse

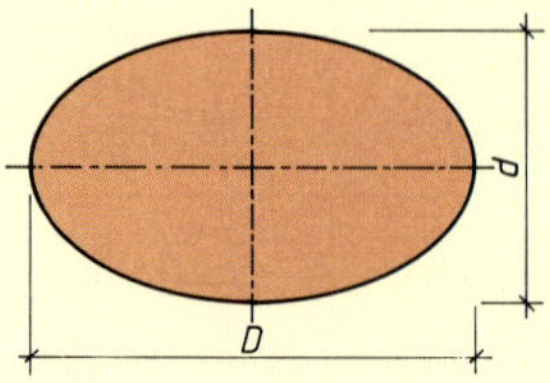

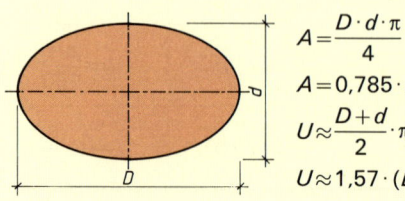

$$A = \frac{D \cdot d \cdot \pi}{4}$$
$$A = 0{,}785 \cdot d \cdot D$$
$$U \approx \frac{D + d}{2} \cdot \pi$$
$$U \approx 1{,}57 \cdot (D + d)$$

Prismen und Zylinder

Quader

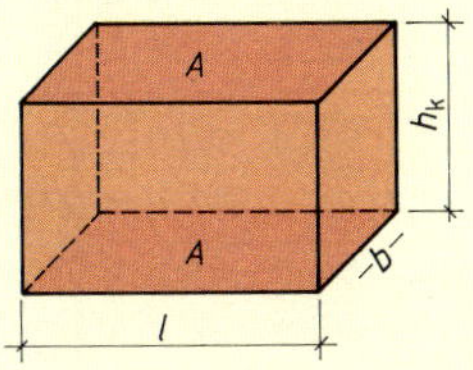

$$V = A \cdot h_k$$
$$V = l \cdot b \cdot h_k$$
$$A_M = U \cdot h_k$$
$$A_M = 2 \cdot (l + b) \cdot h_k$$
$$A_O = 2 \cdot A + A_M$$
$$A_O = 2\,l \cdot b + 2(l + b) \cdot h_k$$

Würfel

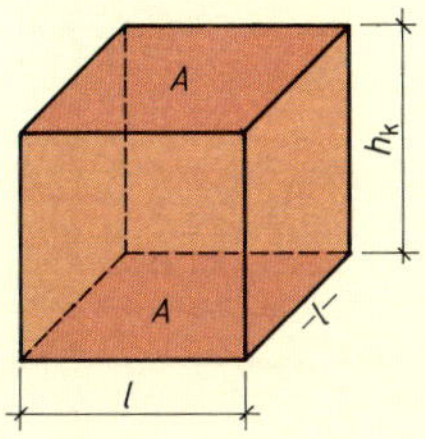

$$V = l^3$$
$$A_M = 4 \cdot l^2$$
$$A_O = 6 \cdot l^2$$

Prisma

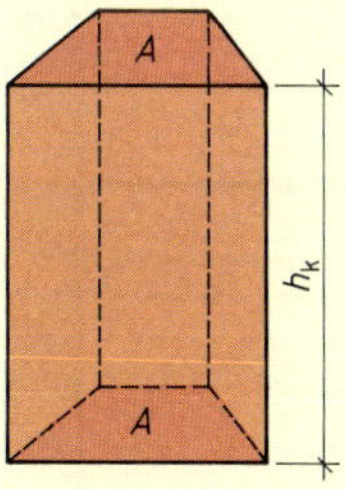

$$V = A \cdot h_k$$
$$A_M = U \cdot h_k$$
$$A_O = 2 \cdot A + U \cdot h_k$$

Zylinder

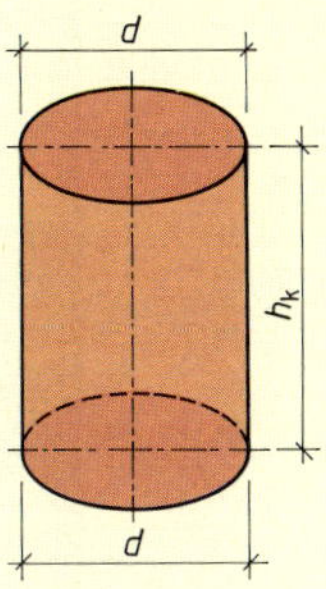

$$V = \frac{\pi \cdot d^2}{4} \cdot h_k$$
$$A_M = \pi \cdot d \cdot h_k$$
$$A_O = \pi \cdot d \left(\frac{d}{2} + h_k\right)$$

Spitze Körper

Pyramide

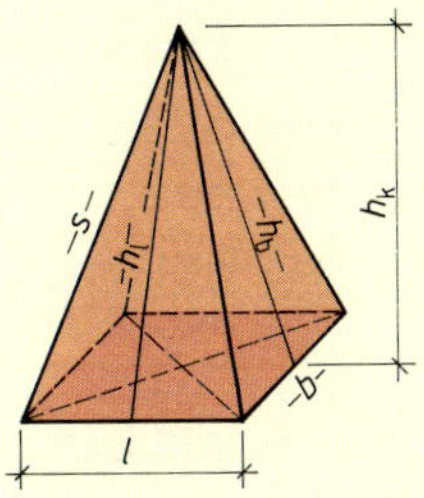

$$V = \frac{A \cdot h_k}{3}$$

A_M = Summe der Dreiecksflächen

$$A_O = A + A_M$$
$$h_b = \sqrt{(h_k)^2 + \left(\frac{l}{2}\right)^2}$$
$$h_l = \sqrt{(h_k)^2 + \left(\frac{b}{2}\right)^2}$$
$$s = \sqrt{(h_l)^2 + \left(\frac{l}{2}\right)^2}$$
$$s = \sqrt{(h_b)^2 + \left(\frac{b}{2}\right)^2}$$

Kegel

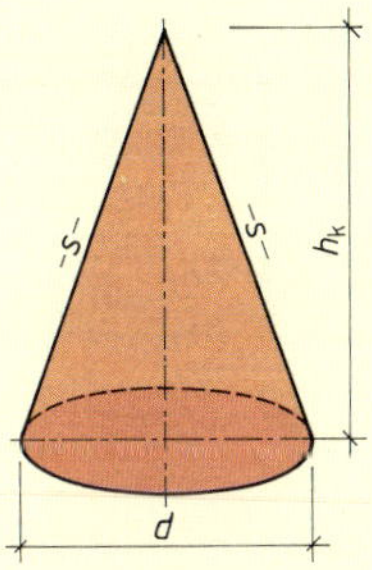

$$V = \frac{\pi \cdot d^2 \cdot h_k}{12}$$
$$A_M = \frac{\pi \cdot d \cdot s}{2}$$
$$A_O = \frac{\pi \cdot d}{2} \cdot \left(\frac{d}{2} + s\right)$$
$$s = \sqrt{(h_k)^2 + \left(\frac{d}{2}\right)^2}$$

Pyramidenstumpf

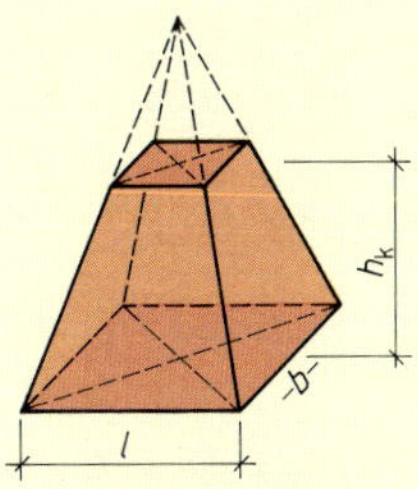

$$V = \frac{h_k}{6}\,(A_1 + A_2 + 4 \cdot A_m)$$
$$V = \frac{h_k}{3}\,(A_1 + A_2 + \sqrt{A_1 \cdot A_2})$$

A_M = Summe der Trapezflächen

$$A_O = A_M + A_1 + A_2$$

Kegelstumpf

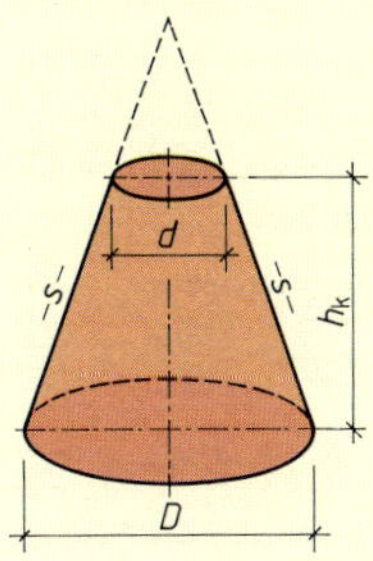

$$V = \frac{h_k}{6}\,(A_1 + A_2 + 4 \cdot A_m)$$
$$V = \frac{\pi \cdot h_k}{12}\,(D^2 + d^2 + D \cdot d)$$
$$A_M = \frac{\pi \cdot s}{2}\,(D + d)$$
$$A_O = A_M + A_1 + A_2$$
$$s = \sqrt{(h_k)^2 + \left(\frac{D - d}{2}\right)^2}$$

Tafel der Potenzen, Wurzeln, Umfänge, Kreisquerschnitte

n=d	n^2	$\sqrt{n}$	$U=d\cdot\pi$	$A=\frac{d^2\cdot\pi}{4}$	n=d	n^2	$\sqrt{n}$	$U=d\cdot\pi$	$A=\frac{d^2\cdot\pi}{4}$	n=d	n^2	$\sqrt{n}$	$U=d\cdot\pi$	$A=\frac{d^2\cdot\pi}{4}$	n=d	n^2	$\sqrt{n}$	$U=d\cdot\pi$	$A=\frac{d^2\cdot\pi}{4}$	n=d	n^2	$\sqrt{n}$	$U=d\cdot\pi$	$A=\frac{d^2\cdot\pi}{4}$
1	1	1,0000	3,142	0,7854	51	2601	7,1414	160,22	2042,82	101	10201	10,0499	317,30	8011,85	151	22801	12,2882	474,38	17907,9	201	40401	14,1774	631,46	31730,9
2	4	1,4142	6,283	3,1416	52	2704	7,2111	163,36	2123,72	102	10404	10,0995	320,44	8171,28	152	23104	12,3288	477,52	18145,8	202	40804	14,2127	634,60	32047,4
3	9	1,7321	9,425	7,0686	53	2809	7,2801	166,50	2206,18	103	10609	10,1489	323,58	8332,29	153	23409	12,3693	480,66	18385,4	203	41209	14,2478	637,74	32365,5
4	16	2,0000	12,566	12,5664	54	2916	7,3485	169,65	2290,22	104	10816	10,1980	326,73	8494,87	154	23716	12,4097	483,81	18626,5	204	41616	14,2829	640,88	32685,1
5	25	2,2361	15,708	19,6350	55	3025	7,4162	172,79	2375,83	105	11025	10,2470	329,87	8659,01	155	24025	12,4499	486,95	18869,2	205	42025	14,3178	644,03	33006,4
6	36	2,4495	18,850	28,2743	56	3136	7,4833	175,93	2463,01	106	11236	10,2956	333,01	8824,73	156	24336	12,4900	490,09	19113,4	206	42436	14,3527	647,17	33329,2
7	49	2,6458	21,991	38,4845	57	3249	7,5498	179,07	2551,76	107	11449	10,3441	336,15	8992,02	157	24649	12,5300	493,23	19359,3	207	42849	14,3875	650,31	33653,5
8	64	2,8284	25,133	50,2655	58	3364	7,6158	182,21	2642,08	108	11664	10,3923	339,29	9160,88	158	24964	12,5698	496,37	19606,7	208	43264	14,4222	653,45	33979,5
9	81	3,0000	28,274	63,6173	59	3481	7,6811	185,35	2733,97	109	11881	10,4403	342,43	9331,32	159	25281	12,6095	499,51	19855,7	209	43681	14,4568	656,59	34307,0
10	100	3,1623	31,416	78,5398	60	3600	7,7460	188,50	2827,43	110	12100	10,4881	345,58	9503,32	160	25600	12,6491	502,65	20106,2	210	44100	14,4914	659,73	34636,1
11	121	3,3166	34,558	95,0332	61	3721	7,8102	191,64	2922,47	111	12321	10,5357	348,72	9676,89	161	25921	12,6886	505,80	20358,3	211	44521	14,5258	662,88	34966,7
12	144	3,4641	37,699	113,097	62	3844	7,8740	194,78	3019,07	112	12544	10,5830	351,86	9852,03	162	26244	12,7279	508,94	20612,0	212	44944	14,5602	666,02	35298,9
13	169	3,6056	40,841	132,732	63	3969	7,9373	197,92	3117,25	113	12769	10,6301	355,00	10028,7	163	26569	12,7671	512,08	20867,2	213	45369	14,5945	669,16	35632,7
14	196	3,7417	43,982	153,938	64	4096	8,0000	201,06	3216,99	114	12996	10,6771	358,14	10207,0	164	26896	12,8062	515,22	21124,1	214	45796	14,6287	672,30	35968,1
15	225	3,8730	47,124	176,715	65	4225	8,0623	204,20	3318,31	115	13225	10,7238	361,28	10386,9	165	27225	12,8452	518,36	21382,5	215	46225	14,6629	675,44	36305,0
16	256	4,0000	50,265	201,062	66	4356	8,1240	207,35	3421,19	116	13456	10,7703	364,42	10568,3	166	27556	12,8841	521,50	21642,4	216	46656	14,6969	678,58	36643,5
17	289	4,1231	53,407	226,980	67	4489	8,1854	210,49	3525,65	117	13689	10,8167	367,57	10751,3	167	27889	12,9228	524,65	21904,0	217	47089	14,7309	681,73	36983,6
18	324	4,2426	56,549	254,469	68	4624	8,2462	213,63	3631,68	118	13924	10,8628	370,71	10935,9	168	28224	12,9615	527,79	22167,1	218	47524	14,7648	684,87	37325,3
19	361	4,3589	59,690	283,529	69	4761	8,3066	216,77	3739,28	119	14161	10,9087	373,85	11122,0	169	28561	13,0000	530,93	22431,8	219	47961	14,7986	688,01	37668,5
20	400	4,4721	62,832	314,159	70	4900	8,3666	219,91	3848,45	120	14400	10,9545	376,99	11309,7	170	28900	13,0384	534,07	22698,0	220	48400	14,8324	691,15	38013,3
21	441	4,5826	65,973	346,361	71	5041	8,4261	223,05	3959,19	121	14641	11,0000	380,13	11499,0	171	29241	13,0767	537,21	22965,8	221	48841	14,8661	694,29	38359,6
22	484	4,6904	69,115	380,133	72	5184	8,4853	226,19	4071,50	122	14884	11,0454	383,27	11689,9	172	29584	13,1149	540,35	23235,2	222	49284	14,8997	697,43	38707,6
23	529	4,7958	72,257	415,476	73	5329	8,5440	229,34	4185,39	123	15129	11,0905	386,42	11882,3	173	29929	13,1529	543,50	23506,2	223	49729	14,9332	700,58	39057,1
24	576	4,8990	75,398	452,389	74	5476	8,6023	232,48	4300,84	124	15376	11,1355	389,56	12076,3	174	30276	13,1909	546,64	23778,7	224	50176	14,9666	703,72	39408,1
25	625	5,0000	78,540	490,874	75	5625	8,6603	235,62	4417,86	125	15625	11,1803	392,70	12271,8	175	30625	13,2288	549,78	24052,8	225	50625	15,0000	706,86	39760,8
26	676	5,0990	81,681	530,929	76	5776	8,7178	238,76	4536,36	126	15876	11,2250	395,84	12469,0	176	30976	13,2665	552,92	24328,5	226	51076	15,0333	710,00	40115,0
27	729	5,1962	84,823	572,555	77	5929	8,7750	241,90	4656,63	127	16129	11,2694	398,98	12667,7	177	31329	13,3041	556,06	24605,7	227	51529	15,0665	713,14	40470,8
28	784	5,2915	87,965	615,752	78	6084	8,8318	245,04	4778,46	128	16384	11,3137	402,12	12868,0	178	31684	13,3417	559,20	24884,6	228	51984	15,0997	716,28	40828,1
29	841	5,3852	91,106	660,520	79	6241	8,8882	248,19	4901,67	129	16641	11,3578	405,27	13069,8	179	32041	13,3791	562,35	25164,9	229	52441	15,1327	719,42	41187,1
30	900	5,4772	94,248	706,858	80	6400	8,9443	251,33	5026,55	130	16900	11,4018	408,41	13273,2	180	32400	13,4164	565,49	25446,9	230	52900	15,1658	722,57	41547,6
31	961	5,5678	97,389	754,768	81	6561	9,0000	254,47	5153,00	131	17161	11,4455	411,55	13478,2	181	32761	13,4536	568,63	25730,4	231	53361	15,1987	725,71	41909,6
32	1024	5,6569	100,53	804,248	82	6724	9,0554	257,61	5281,02	132	17424	11,4891	414,69	13684,8	182	33124	13,4907	571,77	26015,5	232	53824	15,2315	728,85	42273,3
33	1089	5,7446	103,67	855,299	83	6889	9,1104	260,75	5410,61	133	17689	11,5326	417,83	13892,9	183	33489	13,5277	574,91	26302,2	233	54289	15,2643	731,99	42638,5
34	1156	5,8310	106,81	907,920	84	7056	9,1652	263,89	5541,77	134	17956	11,5758	420,97	14102,6	184	33856	13,5647	578,05	26590,4	234	54756	15,2971	735,13	43005,3
35	1225	5,9161	109,96	962,113	85	7225	9,2195	267,04	5674,50	135	18225	11,6190	424,12	14313,9	185	34225	13,6015	581,19	26880,3	235	55225	15,3297	738,27	43373,6
36	1296	6,0000	113,10	1017,88	86	7396	9,2736	270,18	5808,80	136	18496	11,6619	427,26	14526,7	186	34596	13,6382	584,34	27171,6	236	55696	15,3623	741,42	43743,5
37	1369	6,0828	116,24	1075,21	87	7569	9,3274	273,32	5944,68	137	18769	11,7047	430,40	14741,1	187	34969	13,6748	587,48	27464,6	237	56169	15,3948	744,56	44115,0
38	1444	6,1644	119,38	1134,11	88	7744	9,3808	276,46	6082,12	138	19044	11,7473	433,54	14957,1	188	35344	13,7113	590,62	27759,1	238	56644	15,4272	747,70	44488,1
39	1521	6,2450	122,52	1194,59	89	7921	9,4340	279,60	6221,14	139	19321	11,7898	436,68	15174,7	189	35721	13,7477	593,76	28055,2	239	57121	15,4596	750,84	44862,7
40	1600	6,3246	125,66	1256,64	90	8100	9,4868	282,74	6361,73	140	19600	11,8322	439,82	15393,8	190	36100	13,7840	596,90	28352,9	240	57600	15,4919	753,98	45238,9
41	1681	6,4031	128,81	1320,25	91	8281	9,5394	285,88	6503,88	141	19881	11,8743	442,96	15614,5	191	36481	13,8203	600,04	28652,1	241	58081	15,5242	757,12	45616,7
42	1764	6,4807	131,95	1385,44	92	8464	9,5917	289,03	6647,61	142	20164	11,9164	446,11	15836,8	192	36864	13,8564	603,19	28952,9	242	58564	15,5563	760,27	45996,1
43	1849	6,5574	135,09	1452,20	93	8649	9,6437	292,17	6792,91	143	20449	11,9583	449,25	16060,6	193	37249	13,8924	606,33	29255,3	243	59049	15,5885	763,41	46377,0
44	1936	6,6332	138,23	1520,53	94	8836	9,6954	295,31	6939,78	144	20736	12,0000	452,39	16286,0	194	37636	13,9284	609,47	29559,2	244	59536	15,6205	766,55	46759,5
45	2025	6,7082	141,37	1590,43	95	9025	9,7468	298,45	7088,22	145	21025	12,0416	455,53	16513,0	195	38025	13,9642	612,61	29864,8	245	60025	15,6525	769,69	47143,5
46	2116	6,7823	144,51	1661,90	96	9216	9,7980	301,59	7238,23	146	21316	12,0830	458,67	16741,5	196	38416	14,0000	615,75	30171,9	246	60516	15,6844	772,83	47529,2
47	2209	6,8557	147,65	1734,94	97	9409	9,8489	304,73	7389,81	147	21609	12,1244	461,81	16971,7	197	38809	14,0357	618,89	30480,5	247	61009	15,7162	775,97	47916,4
48	2304	6,9282	150,80	1809,56	98	9604	9,8995	307,88	7542,96	148	21904	12,1655	464,96	17203,4	198	39204	14,0712	622,04	30790,7	248	61504	15,7480	779,11	48305,1
49	2401	7,0000	153,94	1885,74	99	9801	9,9499	311,02	7697,69	149	22201	12,2066	468,10	17436,6	199	39601	14,1067	625,18	31102,6	249	62001	15,7797	782,26	48695,5
50	2500	7,0711	157,08	1963,50	100	10000	10,0000	314,16	7853,98	150	22500	12,2474	471,24	17671,5	200	40000	14,1421	628,32	31415,9	250	62500	15,8114	785,40	49087,4

Tafel der Potenzen, Wurzeln, Umfänge, Kreisquerschnitte

n=d	n^2	$\sqrt{n}$	$U=d\cdot\pi$	$A=\frac{d^2\cdot\pi}{4}$	n=d	n^2	$\sqrt{n}$	$U=d\cdot\pi$	$A=\frac{d^2\cdot\pi}{4}$	n=d	n^2	$\sqrt{n}$	$U=d\cdot\pi$	$A=\frac{d^2\cdot\pi}{4}$	n=d	n^2	$\sqrt{n}$	$U=d\cdot\pi$	$A=\frac{d^2\cdot\pi}{4}$	n=d	n^2	$\sqrt{n}$	$U=d\cdot\pi$	$A=\frac{d^2\cdot\pi}{4}$
251	63001	15,8430	788,54	49480,9	301	90601	17,3494	945,62	71157,9	351	123201	18,7350	1102,7	96761,8	401	160801	20,0250	1259,8	126293	451	203401	21,2368	1416,9	159751
252	63504	15,8745	791,68	49875,9	302	91204	17,3781	948,76	71631,5	352	123904	18,7617	1105,8	97314,0	402	161604	20,0499	1262,9	126923	452	204304	21,2603	1420,0	160460
253	64009	15,9060	794,82	50272,6	303	91809	17,4069	951,90	72106,6	353	124609	18,7883	1109,0	97867,7	403	162409	20,0749	1266,1	127556	453	205209	21,2838	1423,1	161171
254	64516	15,9374	797,96	50670,7	304	92416	17,4356	955,04	72583,4	354	125316	18,8149	1112,1	98423,0	404	163216	20,0998	1269,2	128190	454	206116	21,3073	1426,3	161883
255	65025	15,9687	801,11	51070,5	305	93025	17,4642	958,19	73061,7	355	126025	18,8414	1115,3	98979,8	405	164025	20,1246	1272,3	128825	455	207025	21,3307	1429,4	162597
256	65536	16,0000	804,25	51471,9	306	93636	17,4929	961,33	73541,5	356	126736	18,8680	1118,4	99538,2	406	164836	20,1494	1275,5	129462	456	207936	21,3542	1432,6	163313
257	66049	16,0312	807,39	51874,8	307	94249	17,5214	964,47	74023,0	357	127449	18,8944	1121,5	100098	407	165649	20,1742	1278,6	130100	457	208849	21,3776	1435,7	164030
258	66564	16,0624	810,53	52279,2	308	94864	17,5499	967,61	74506,0	358	128164	18,9209	1124,7	100660	408	166464	20,1990	1281,8	130741	458	209764	21,4009	1438,8	164748
259	67081	16,0935	813,67	52685,3	309	95481	17,5784	970,75	74990,6	359	128881	18,9473	1127,8	101223	409	167281	20,2237	1284,9	131382	459	210681	21,4243	1442,0	165468
260	67600	16,1245	816,81	53092,9	310	96100	17,6068	973,89	75476,8	360	129600	18,9737	1131,0	101788	410	168100	20,2485	1288,1	132025	460	211600	21,4476	1445,1	166190
261	68121	16,1555	819,96	53502,1	311	96721	17,6352	977,04	75964,5	361	130321	19,0000	1134,1	102354	411	168921	20,2731	1291,2	132670	461	212521	21,4709	1448,3	166914
262	68644	16,1864	823,10	53912,9	312	97344	17,6635	980,18	76453,8	362	131044	19,0263	1137,3	102922	412	169744	20,2978	1294,3	133317	462	213444	21,4942	1451,4	167639
263	69169	16,2173	826,24	54325,2	313	97969	17,6918	983,32	76944,7	363	131769	19,0526	1140,4	103491	413	170569	20,3224	1297,5	133965	463	214369	21,5174	1454,6	168365
264	69696	16,2481	829,38	54739,1	314	98596	17,7200	986,46	77437,1	364	132496	19,0788	1143,5	104062	414	171396	20,3470	1300,6	134614	464	215296	21,5407	1457,7	169093
265	70225	16,2788	832,52	55154,6	315	99225	17,7482	989,60	77931,1	365	133225	19,1050	1146,7	104635	415	172225	20,3715	1303,8	135265	465	216225	21,5639	1460,8	169823
266	70756	16,3095	835,66	55571,6	316	99856	17,7764	992,74	78426,7	366	133956	19,1311	1149,8	105209	416	173056	20,3961	1306,9	135918	466	217156	21,5870	1464,0	170554
267	71289	16,3401	838,81	55990,2	317	100489	17,8045	995,88	78923,9	367	134689	19,1572	1153,0	105785	417	173889	20,4206	1310,0	136572	467	218089	21,6102	1467,1	171287
268	71824	16,3707	841,95	56410,4	318	101124	17,8326	999,03	79422,6	368	135424	19,1833	1156,1	106362	418	174724	20,4450	1313,2	137228	468	219024	21,6333	1470,3	172021
269	72361	16,4012	845,09	56832,2	319	101761	17,8606	1002,2	79922,9	369	136161	19,2094	1159,2	106941	419	175561	20,4695	1316,3	137885	469	219961	21,6564	1473,4	172757
270	72900	16,4317	848,23	57255,5	320	102400	17,8885	1005,3	80424,8	370	136900	19,2354	1162,4	107521	420	176400	20,4939	1319,5	138544	470	220900	21,6795	1476,5	173494
271	73441	16,4621	851,37	57680,4	321	103041	17,9165	1008,5	80928,2	371	137641	19,2614	1165,5	108103	421	177241	20,5183	1322,6	139205	471	221841	21,7025	1479,7	174234
272	73984	16,4924	854,51	58106,9	322	103684	17,9444	1011,6	81433,2	372	138384	19,2873	1168,7	108687	422	178084	20,5426	1325,8	139867	472	222784	21,7256	1482,8	174974
273	74529	16,5227	857,65	58534,9	323	104329	17,9722	1014,7	81939,8	373	139129	19,3132	1171,8	109272	423	178929	20,5670	1328,9	140531	473	223729	21,7486	1486,0	175716
274	75076	16,5529	860,80	58964,6	324	104976	18,0000	1017,9	82448,0	374	139876	19,3391	1175,0	109858	424	179776	20,5913	1332,0	141196	474	224676	21,7715	1489,1	176460
275	75625	16,5831	863,94	59395,7	325	105625	18,0278	1021,0	82957,7	375	140625	19,3649	1178,1	110447	425	180625	20,6155	1335,2	141863	475	225625	21,7945	1492,3	177205
276	76176	16,6132	867,08	59828,5	326	106276	18,0555	1024,2	83469,0	376	141376	19,3907	1181,2	111036	426	181476	20,6398	1338,3	142531	476	226576	21,8174	1495,4	177952
277	76729	16,6433	870,22	60262,8	327	106929	18,0831	1027,3	83981,8	377	142129	19,4165	1184,4	111628	427	182329	20,6640	1341,5	143201	477	227529	21,8403	1498,5	178701
278	77284	16,6733	873,36	60698,7	328	107584	18,1108	1030,4	84496,3	378	142884	19,4422	1187,5	112221	428	183184	20,6882	1344,6	143872	478	228484	21,8632	1501,7	179451
279	77841	16,7033	876,50	61136,2	329	108241	18,1384	1033,6	85012,3	379	143641	19,4679	1190,7	112815	429	184041	20,7123	1347,7	144545	479	229441	21,8861	1504,8	180203
280	78400	16,7332	879,65	61575,2	330	108900	18,1659	1036,7	85529,9	380	144400	19,4936	1193,8	113411	430	184900	20,7364	1350,9	145220	480	230400	21,9089	1508,0	180956
281	78961	16,7631	882,79	62015,8	331	109561	18,1934	1039,9	86049,0	381	145161	19,5192	1196,9	114009	431	185761	20,7605	1354,0	145896	481	231361	21,9317	1511,1	181711
282	79524	16,7929	885,93	62458,0	332	110224	18,2209	1043,0	86569,7	382	145924	19,5448	1200,1	114608	432	186624	20,7846	1357,2	146574	482	232324	21,9545	1514,2	182467
283	80089	16,8226	889,07	62901,8	333	110889	18,2483	1046,2	87092,0	383	146689	19,5704	1203,2	115209	433	187489	20,8087	1360,3	147254	483	233289	21,9773	1517,4	183225
284	80656	16,8523	892,21	63347,1	334	111556	18,2757	1049,3	87615,9	384	147456	19,5959	1206,4	115812	434	188356	20,8327	1363,5	147934	484	234256	22,0000	1520,5	183984
285	81225	16,8819	895,35	63794,0	335	112225	18,3030	1052,4	88141,3	385	148225	19,6214	1209,5	116416	435	189225	20,8567	1366,6	148617	485	235225	22,0227	1523,7	184745
286	81796	16,9115	898,50	64242,4	336	112896	18,3303	1055,6	88668,3	386	148996	19,6469	1212,7	117021	436	190096	20,8806	1369,7	149301	486	236196	22,0454	1526,8	185508
287	82369	16,9411	901,64	64692,5	337	113569	18,3576	1058,7	89196,9	387	149769	19,6723	1215,8	117628	437	190969	20,9045	1372,9	149987	487	237169	22,0681	1530,0	186272
288	82944	16,9706	904,78	65144,1	338	114244	18,3848	1061,9	89727,0	388	150544	19,6977	1218,9	118237	438	191844	20,9284	1376,0	150674	488	238144	22,0907	1533,1	187038
289	83521	17,0000	907,92	65597,2	339	114921	18,4120	1065,0	90258,7	389	151321	19,7231	1222,1	118847	439	192721	20,9523	1379,2	151363	489	239121	22,1133	1536,2	187805
290	84100	17,0294	911,06	66052,0	340	115600	18,4391	1068,1	90792,0	390	152100	19,7484	1225,2	119459	440	193600	20,9762	1382,3	152053	490	240100	22,1359	1539,4	188574
291	84681	17,0587	914,20	66508,3	341	116281	18,4662	1071,3	91326,9	391	152881	19,7737	1228,4	120072	441	194481	21,0000	1385,4	152745	491	241081	22,1585	1542,5	189345
292	85264	17,0880	917,35	66966,2	342	116964	18,4932	1074,4	91863,3	392	153664	19,7990	1231,5	120687	442	195364	21,0238	1388,6	153439	492	242064	22,1811	1545,7	190117
293	85849	17,1172	920,49	67425,6	343	117649	18,5203	1077,6	92401,3	393	154449	19,8242	1234,6	121304	443	196249	21,0476	1391,7	154134	493	243049	22,2036	1548,8	190890
294	86436	17,1464	923,63	67886,7	344	118336	18,5472	1080,7	92940,9	394	155236	19,8494	1237,8	121922	444	197136	21,0713	1394,9	154830	494	244036	22,2261	1551,9	191665
295	87025	17,1756	926,77	68349,3	345	119025	18,5742	1083,8	93482,0	395	156025	19,8746	1240,9	122542	445	198025	21,0950	1398,0	155528	495	245025	22,2486	1555,1	192442
296	87616	17,2047	929,91	68813,4	346	119716	18,6011	1087,0	94024,7	396	156816	19,8997	1244,1	123163	446	198916	21,1187	1401,2	156228	496	246016	22,2711	1558,2	193221
297	88209	17,2337	933,05	69279,2	347	120409	18,6279	1090,1	94569,0	397	157609	19,9249	1247,2	123786	447	199809	21,1424	1404,3	156930	497	247009	22,2935	1561,4	194000
298	88804	17,2627	936,19	69746,5	348	121104	18,6548	1093,3	95114,9	398	158404	19,9499	1250,4	124410	448	200704	21,1660	1407,4	157633	498	248004	22,3159	1564,5	194782
299	89401	17,2916	939,34	70215,4	349	121801	18,6815	1096,4	95662,3	399	159201	19,9750	1253,5	125036	449	201601	21,1896	1410,6	158337	499	249001	22,3383	1567,7	195565
300	90000	17,3205	942,48	70685,8	350	122500	18,7083	1099,6	96211,3	400	160000	20,0000	1256,6	125664	450	202500	21,2132	1413,7	159043	500	250000	22,3607	1570,8	196350

Tafel der Potenzen, Wurzeln, Umfänge, Kreisquerschnitte

n=d	n^2	$\sqrt{n}$	$U=d\cdot\pi$	$A=\frac{d^2\cdot\pi}{4}$
501	251001	22,3830	1573,9	197136
502	252004	22,4054	1577,1	197923
503	253009	22,4277	1580,2	198713
504	254016	22,4499	1583,4	199504
505	255025	22,4722	1586,5	200296
506	256036	22,4944	1589,6	201090
507	257049	22,5167	1592,8	201886
508	258064	22,5389	1595,9	202683
509	259081	22,5610	1599,1	203482
510	260100	22,5832	1602,2	204282
511	261121	22,6053	1605,4	205084
512	262144	22,6274	1608,5	205887
513	263169	22,6495	1611,6	206692
514	264196	22,6716	1614,8	207499
515	265225	22,6936	1617,9	208307
516	266256	22,7156	1621,1	209117
517	267289	22,7376	1624,2	209928
518	268324	22,7596	1627,3	210741
519	269361	22,7816	1630,5	211556
520	270400	22,8035	1633,6	212372
521	271441	22,8254	1636,8	213189
522	272484	22,8473	1639,9	214008
523	273529	22,8692	1643,1	214829
524	274576	22,8910	1646,2	215651
525	275625	22,9129	1649,3	216475
526	276676	22,9347	1652,5	217301
527	277729	22,9565	1655,6	218128
528	278784	22,9783	1658,8	218956
529	279841	23,0000	1661,9	219787
530	280900	23,0217	1665,0	220618
531	281961	23,0434	1668,2	221452
532	283024	23,0651	1671,3	222287
533	284089	23,0868	1674,5	223123
534	285156	23,1084	1677,6	223961
535	286225	23,1301	1680,8	224801
536	287296	23,1517	1683,9	225642
537	288369	23,1733	1687,0	226484
538	289444	23,1948	1690,2	227329
539	290521	23,2164	1693,3	228175
540	291600	23,2379	1696,5	229022
541	292681	23,2594	1699,6	229871
542	293764	23,2809	1702,7	230722
543	294849	23,3024	1705,9	231574
544	295936	23,3238	1709,0	232428
545	297025	23,3452	1712,2	233283
546	298116	23,3666	1715,3	234140
547	299209	23,3880	1718,5	234998
548	300304	23,4094	1721,6	235858
549	301401	23,4307	1724,7	236720
550	302500	23,4521	1727,9	237583

n=d	n^2	$\sqrt{n}$	$U=d\cdot\pi$	$A=\frac{d^2\cdot\pi}{4}$
551	303601	23,4734	1731,0	238448
552	304704	23,4947	1734,2	239314
553	305809	23,5160	1737,3	240182
554	306916	23,5372	1740,4	241051
555	308025	23,5584	1743,6	241922
556	309136	23,5797	1746,7	242795
557	310249	23,6008	1749,9	243669
558	311364	23,6220	1753,0	244545
559	312481	23,6432	1756,2	245422
560	313600	23,6643	1759,3	246301
561	314721	23,6854	1762,4	247181
562	315844	23,7065	1765,6	248063
563	316969	23,7276	1768,7	248947
564	318096	23,7487	1771,9	249832
565	319225	23,7697	1775,0	250719
566	320356	23,7908	1778,1	251607
567	321489	23,8118	1781,3	252497
568	322624	23,8328	1784,4	253388
569	323761	23,8537	1787,6	254281
570	324900	23,8747	1790,7	255176
571	326041	23,8956	1793,8	256072
572	327184	23,9165	1797,0	256970
573	328329	23,9374	1800,1	257869
574	329476	23,9583	1803,3	258770
575	330625	23,9792	1806,4	259672
576	331776	24,0000	1809,6	260576
577	332929	24,0208	1812,7	261482
578	334084	24,0416	1815,8	262389
579	335241	24,0624	1819,0	263298
580	336400	24,0832	1822,1	264208
581	337561	24,1039	1825,3	265120
582	338724	24,1247	1828,4	266033
583	339889	24,1454	1831,6	266948
584	341056	24,1661	1834,7	267865
585	342225	24,1868	1837,8	268783
586	343396	24,2074	1841,0	269703
587	344569	24,2281	1844,1	270624
588	345744	24,2487	1847,3	271547
589	346921	24,2693	1850,4	272471
590	348100	24,2899	1853,5	273397
591	349281	24,3105	1856,7	274325
592	350464	24,3311	1859,8	275254
593	351649	24,3516	1863,0	276184
594	352836	24,3721	1866,1	277117
595	354025	24,3926	1869,2	278051
596	355216	24,4131	1872,4	278986
597	356409	24,4336	1875,5	279923
598	357604	24,4540	1878,7	280862
599	358801	24,4745	1881,8	281802
600	360000	24,4949	1885,0	282743

n=d	n^2	$\sqrt{n}$	$U=d\cdot\pi$	$A=\frac{d^2\cdot\pi}{4}$
601	361201	24,5153	1888,1	283687
602	362404	24,5357	1891,2	284631
603	363609	24,5561	1894,4	285578
604	364816	24,5764	1897,5	286526
605	366025	24,5967	1900,7	287475
606	367236	24,6171	1903,8	288426
607	368449	24,6374	1906,9	289379
608	369664	24,6577	1910,1	290333
609	370881	24,6779	1913,2	291289
610	372100	24,6982	1916,4	292247
611	373321	24,7184	1919,5	293206
612	374544	24,7386	1922,7	294166
613	375769	24,7588	1925,8	295128
614	376996	24,7790	1928,9	296092
615	378225	24,7992	1932,1	297057
616	379456	24,8193	1935,2	298024
617	380689	24,8395	1938,4	298992
618	381924	24,8596	1941,5	299962
619	383161	24,8797	1944,6	300934
620	384400	24,8998	1947,8	301907
621	385641	24,9199	1950,9	302882
622	386884	24,9399	1954,1	303858
623	388129	24,9600	1957,2	304836
624	389376	24,9800	1960,4	305815
625	390625	25,0000	1963,5	306796
626	391876	25,0200	1966,6	307779
627	393129	25,0400	1969,8	308763
628	394384	25,0599	1972,9	309748
629	395641	25,0799	1976,1	310736
630	396900	25,0998	1979,2	311725
631	398161	25,1197	1982,3	312715
632	399424	25,1396	1985,5	313707
633	400689	25,1595	1988,6	314700
634	401956	25,1794	1991,8	315696
635	403225	25,1992	1994,9	316692
636	404496	25,2190	1998,1	317690
637	405769	25,2389	2001,2	318690
638	407044	25,2587	2004,3	319692
639	408321	25,2784	2007,5	320695
640	409600	25,2982	2010,6	321699
641	410881	25,3180	2013,8	322705
642	412164	25,3377	2016,9	323713
643	413449	25,3574	2020,0	324722
644	414736	25,3772	2023,2	325733
645	416025	25,3969	2026,3	326745
646	417316	25,4165	2029,5	327759
647	418609	25,4362	2032,6	328775
648	419904	25,4558	2035,8	329792
649	421201	25,4755	2038,9	330810
650	422500	25,4951	2042,0	331831

n=d	n^2	$\sqrt{n}$	$U=d\cdot\pi$	$A=\frac{d^2\cdot\pi}{4}$
651	423801	25,5147	2045,2	332853
652	425104	25,5343	2048,3	333876
653	426409	25,5539	2051,5	334901
654	427716	25,5734	2054,6	335927
655	429025	25,5930	2057,7	336955
656	430336	25,6125	2060,9	337985
657	431649	25,6320	2064,0	339016
658	432964	25,6515	2067,2	340049
659	434281	25,6710	2070,3	341083
660	435600	25,6905	2073,5	342119
661	436921	25,7099	2076,6	343157
662	438244	25,7294	2079,7	344196
663	439569	25,7488	2082,9	345237
664	440896	25,7682	2086,0	346279
665	442225	25,7876	2089,2	347323
666	443556	25,8070	2092,3	348368
667	444889	25,8263	2095,4	349415
668	446224	25,8457	2098,6	350464
669	447561	25,8650	2101,7	351514
670	448900	25,8844	2104,9	352565
671	450241	25,9037	2108,0	353618
672	451584	25,9230	2111,2	354673
673	452929	25,9422	2114,3	355730
674	454276	25,9615	2117,4	356788
675	455625	25,9808	2120,6	357847
676	456976	26,0000	2123,7	358908
677	458329	26,0192	2126,9	359971
678	459684	26,0384	2130,0	361035
679	461041	26,0576	2133,1	362101
680	462400	26,0768	2136,3	363168
681	463761	26,0960	2139,4	364237
682	465124	26,1151	2142,6	365308
683	466489	26,1343	2145,7	366380
684	467856	26,1534	2148,8	367453
685	469225	26,1725	2152,0	368528
686	470596	26,1916	2155,1	369605
687	471969	26,2107	2158,3	370684
688	473344	26,2298	2161,4	371764
689	474721	26,2488	2164,6	372845
690	476100	26,2679	2167,7	373928
691	477481	26,2869	2170,8	375013
692	478864	26,3059	2174,0	376099
693	480249	26,3249	2177,1	377187
694	481636	26,3439	2180,3	378276
695	483025	26,3629	2183,4	379367
696	484416	26,3818	2186,5	380459
697	485809	26,4008	2189,7	381553
698	487204	26,4197	2192,8	382649
699	488601	26,4386	2196,0	383746
700	490000	26,4575	2199,1	384845

n=d	n^2	$\sqrt{n}$	$U=d\cdot\pi$	$A=\frac{d^2\cdot\pi}{4}$
701	491401	26,4764	2202,3	385945
702	492804	26,4953	2205,4	387047
703	494209	26,5141	2208,5	388151
704	495616	26,5330	2211,7	389256
705	497025	26,5518	2214,8	390363
706	498436	26,5707	2218,0	391471
707	499849	26,5895	2221,1	392580
708	501264	26,6083	2224,2	393692
709	502681	26,6271	2227,4	394805
710	504100	26,6458	2230,5	395919
711	505521	26,6646	2233,7	397035
712	506944	26,6833	2236,8	398153
713	508369	26,7021	2240,0	399272
714	509796	26,7208	2243,1	400393
715	511225	26,7395	2246,2	401515
716	512656	26,7582	2249,4	402639
717	514089	26,7769	2252,5	403765
718	515524	26,7955	2255,7	404892
719	516961	26,8142	2258,8	406020
720	518400	26,8328	2261,9	407150
721	519841	26,8514	2265,1	408282
722	521284	26,8701	2268,2	409415
723	522729	26,8887	2271,4	410550
724	524176	26,9072	2274,5	411687
725	525625	26,9258	2277,7	412825
726	527076	26,9444	2280,8	413965
727	528529	26,9629	2283,9	415106
728	529984	26,9815	2287,1	416248
729	531441	27,0000	2290,2	417393
730	532900	27,0185	2293,4	418539
731	534361	27,0370	2296,5	419686
732	535824	27,0555	2299,6	420835
733	537289	27,0740	2302,8	421986
734	538756	27,0924	2305,9	423138
735	540225	27,1109	2309,1	424293
736	541696	27,1293	2312,2	425447
737	543169	27,1477	2315,4	426604
738	544644	27,1662	2318,5	427762
739	546121	27,1846	2321,6	428922
740	547600	27,2029	2324,8	430084
741	549081	27,2213	2327,9	431247
742	550564	27,2397	2331,1	432412
743	552049	27,2580	2334,2	433578
744	553536	27,2764	2337,3	434746
745	555025	27,2947	2340,5	435916
746	556516	27,3130	2343,6	437087
747	558009	27,3313	2346,8	438259
748	559504	27,3496	2349,9	439433
749	561001	27,3679	2353,1	440609
750	562500	27,3861	2356,2	441786

Tafel der Potenzen, Wurzeln, Umfänge, Kreisquerschnitte

n = d	n^2	$\sqrt{n}$	$U = d \cdot \pi$	$A = \frac{d^2 \cdot \pi}{4}$
751	564001	27,4044	2359,3	442965
752	565504	27,4226	2362,5	444146
753	567009	27,4408	2365,6	445328
754	568516	27,4591	2368,8	446511
755	570025	27,4773	2371,9	447697
756	571536	27,4955	2375,0	448883
757	573049	27,5136	2378,2	450072
758	574564	27,5318	2381,3	451262
759	576081	27,5500	2384,5	452453
760	577600	27,5681	2387,6	453646
761	579121	27,5862	2390,8	454841
762	580644	27,6043	2393,9	456037
763	582169	27,6225	2397,0	457234
764	583696	27,6405	2400,2	458434
765	585225	27,6586	2403,3	459635
766	586756	27,6767	2406,5	460837
767	588289	27,6948	2409,6	462041
768	589824	27,7128	2412,7	463247
769	591361	27,7308	2415,9	464454
770	592900	27,7489	2419,0	465663
771	594441	27,7669	2422,2	466873
772	595984	27,7849	2425,3	468085
773	597529	27,8029	2428,5	469298
774	599076	27,8209	2431,6	470513
775	600625	27,8388	2434,7	471730
776	602176	27,8568	2437,9	472948
777	603729	27,8747	2441,0	474168
778	605284	27,8927	2444,2	475389
779	606841	27,9106	2447,3	476612
780	608400	27,9285	2450,4	477836
781	609961	27,9464	2453,6	479062
782	611524	27,9643	2456,7	480290
783	613089	27,9821	2459,9	481519
784	614656	28,0000	2463,0	482750
785	616225	28,0179	2466,2	483982
786	617796	28,0357	2469,3	485216
787	619369	28,0535	2472,4	486451
788	620944	28,0713	2475,6	487688
789	622521	28,0891	2478,7	488927
790	624100	28,1069	2481,9	490167
791	625681	28,1247	2485,0	491409
792	627264	28,1425	2488,1	492652
793	628849	28,1603	2491,3	493897
794	630436	28,1780	2494,4	495143
795	632025	28,1957	2497,6	496391
796	633616	28,2135	2500,7	497641
797	635209	28,2312	2503,8	498892
798	636804	28,2489	2507,0	500145
799	638401	28,2666	2510,1	501399
800	640000	28,2843	2513,3	502655

n = d	n^2	$\sqrt{n}$	$U = d \cdot \pi$	$A = \frac{d^2 \cdot \pi}{4}$
801	641601	28,3019	2516,4	503912
802	643204	28,3196	2519,6	505171
803	644809	28,3373	2522,7	506432
804	646416	28,3549	2525,8	507694
805	648025	28,3725	2529,0	508958
806	649636	28,3901	2532,1	510223
807	651249	28,4077	2535,3	511490
808	652864	28,4253	2538,4	512758
809	654481	28,4429	2541,5	514028
810	656100	28,4605	2544,7	515300
811	657721	28,4781	2547,8	516573
812	659344	28,4956	2551,0	517848
813	660969	28,5132	2554,1	519124
814	662596	28,5307	2557,3	520402
815	664225	28,5482	2560,4	521681
816	665856	28,5657	2563,5	522962
817	667489	28,5832	2566,7	524245
818	669124	28,6007	2569,8	525529
819	670761	28,6182	2573,0	526814
820	672400	28,6356	2576,1	528102
821	674041	28,6531	2579,2	529391
822	675684	28,6705	2582,4	530681
823	677329	28,6880	2585,5	531973
824	678976	28,7054	2588,7	533267
825	680625	28,7228	2591,8	534562
826	682276	28,7402	2595,0	535858
827	683929	28,7576	2598,1	537157
828	685584	28,7750	2601,2	538456
829	687241	28,7924	2604,4	539758
830	688900	28,8097	2607,5	541061
831	690561	28,8271	2610,7	542365
832	692224	28,8444	2613,8	543671
833	693889	28,8617	2616,9	544979
834	695556	28,8791	2620,1	546288
835	697225	28,8964	2623,2	547599
836	698896	28,9137	2626,4	548912
837	700569	28,9310	2629,5	550226
838	702244	28,9482	2632,7	551541
839	703921	28,9655	2635,8	552858
840	705600	28,9828	2638,9	554177
841	707281	29,0000	2642,1	555497
842	708964	29,0172	2645,2	556819
843	710649	29,0345	2648,4	558142
844	712336	29,0517	2651,5	559467
845	714025	29,0689	2654,6	560794
846	715716	29,0861	2657,8	562122
847	717409	29,1033	2660,9	563452
848	719104	29,1204	2664,1	564783
849	720801	29,1376	2667,2	566116
850	722500	29,1548	2670,4	567450

n = d	n^2	$\sqrt{n}$	$U = d \cdot \pi$	$A = \frac{d^2 \cdot \pi}{4}$
851	724201	29,1719	2673,5	568786
852	725904	29,1890	2676,6	570124
853	727609	29,2062	2679,8	571463
854	729316	29,2233	2682,9	572803
855	731025	29,2404	2686,1	574146
856	732736	29,2575	2689,2	575490
857	734449	29,2746	2692,3	576835
858	736164	29,2916	2695,5	578182
859	737881	29,3087	2698,6	579530
860	739600	29,3258	2701,8	580880
861	741321	29,3428	2704,9	582232
862	743044	29,3598	2708,1	583585
863	744769	29,3769	2711,2	584940
864	746496	29,3939	2714,3	586297
865	748225	29,4109	2717,5	587655
866	749956	29,4279	2720,6	589014
867	751689	29,4449	2723,8	590375
868	753424	29,4618	2726,9	591738
869	755161	29,4788	2730,0	593102
870	756900	29,4958	2733,2	594468
871	758641	29,5127	2736,3	595835
872	760384	29,5296	2739,5	597204
873	762129	29,5466	2742,6	598575
874	763876	29,5635	2745,8	599947
875	765625	29,5804	2748,9	601320
876	767376	29,5973	2752,0	602696
877	769129	29,6142	2755,2	604073
878	770884	29,6311	2758,3	605451
879	772641	29,6479	2761,5	606831
880	774400	29,6648	2764,6	608212
881	776161	29,6816	2767,7	609595
882	777924	29,6985	2770,9	610980
883	779689	29,7153	2774,0	612366
884	781456	29,7321	2777,2	613754
885	783225	29,7489	2780,3	615143
886	784996	29,7658	2783,5	616534
887	786769	29,7825	2786,6	617927
888	788544	29,7993	2789,7	619321
889	790321	29,8161	2792,9	620717
890	792100	29,8329	2796,0	622114
891	793881	29,8496	2799,2	623513
892	795664	29,8664	2802,3	624913
893	797449	29,8831	2805,4	626315
894	799236	29,8998	2808,6	627718
895	801025	29,9166	2811,7	629124
896	802816	29,9333	2814,9	630530
897	804609	29,9500	2818,0	631938
898	806404	29,9666	2821,2	633348
899	808201	29,9833	2824,3	634760
900	810000	30,0000	2827,4	636173

n = d	n^2	$\sqrt{n}$	$U = d \cdot \pi$	$A = \frac{d^2 \cdot \pi}{4}$
901	811801	30,0167	2830,6	637587
902	813604	30,0333	2833,7	639003
903	815409	30,0500	2836,9	640421
904	817216	30,0666	2840,0	641840
905	819025	30,0832	2843,1	643261
906	820836	30,0998	2846,3	644683
907	822649	30,1164	2849,4	646107
908	824464	30,1330	2852,6	647533
909	826281	30,1496	2855,7	648960
910	828100	30,1662	2858,8	650388
911	829921	30,1828	2862,0	651818
912	831744	30,1993	2865,1	653250
913	833569	30,2159	2868,3	654684
914	835396	30,2324	2871,4	656118
915	837225	30,2490	2874,6	657555
916	839056	30,2655	2877,7	658993
917	840889	30,2820	2880,8	660433
918	842724	30,2985	2884,0	661874
919	844561	30,3150	2887,1	663317
920	846400	30,3315	2890,3	664761
921	848241	30,3480	2893,4	666207
922	850084	30,3645	2896,5	667654
923	851929	30,3809	2899,7	669103
924	853776	30,3974	2902,8	670554
925	855625	30,4138	2906,0	672006
926	857476	30,4302	2909,1	673460
927	859329	30,4467	2912,3	674915
928	861184	30,4631	2915,4	676372
929	863041	30,4795	2918,5	677831
930	864900	30,4959	2921,7	679291
931	866761	30,5123	2924,8	680752
932	868624	30,5287	2928,0	682216
933	870489	30,5450	2931,1	683680
934	872356	30,5614	2934,2	685147
935	874225	30,5778	2937,4	686615
936	876096	30,5941	2940,5	688084
937	877969	30,6105	2943,7	689555
938	879844	30,6268	2946,8	691028
939	881721	30,6431	2950,0	692502
940	883600	30,6594	2953,1	693978
941	885481	30,6757	2956,2	695455
942	887364	30,6920	2959,4	696934
943	889249	30,7083	2962,5	698415
944	891136	30,7246	2965,7	699897
945	893025	30,7409	2968,8	701380
946	894916	30,7571	2971,9	702865
947	896809	30,7734	2975,1	704352
948	898704	30,7896	2978,2	705840
949	900601	30,8058	2981,4	707330
950	902500	30,8221	2984,5	708822

n = d	n^2	$\sqrt{n}$	$U = d \cdot \pi$	$A = \frac{d^2 \cdot \pi}{4}$
951	904401	30,8383	2987,7	710315
952	906304	30,8545	2990,8	711809
953	908209	30,8707	2993,9	713306
954	910116	30,8869	2997,1	714803
955	912025	30,9031	3000,2	716303
956	913936	30,9192	3003,4	717804
957	915849	30,9354	3006,5	719306
958	917764	30,9516	3009,6	720810
959	919681	30,9677	3012,8	722316
960	921600	30,9839	3015,9	723823
961	923521	31,0000	3019,1	725332
962	925444	31,0161	3022,2	726842
963	927369	31,0322	3025,4	728354
964	929296	31,0483	3028,5	729867
965	931225	31,0644	3031,6	731382
966	933156	31,0805	3034,8	732899
967	935089	31,0966	3037,9	734417
968	937024	31,1127	3041,1	735937
969	938961	31,1288	3044,2	737458
970	940900	31,1448	3047,3	738981
971	942841	31,1609	3050,5	740506
972	944784	31,1769	3053,6	742032
973	946729	31,1929	3056,8	743559
974	948676	31,2090	3059,9	745088
975	950625	31,2250	3063,1	746619
976	952576	31,2410	3066,2	748151
977	954529	31,2570	3069,3	749685
978	956484	31,2730	3072,5	751221
979	958441	31,2890	3075,6	752758
980	960400	31,3050	3078,8	754296
981	962361	31,3209	3081,9	755837
982	964324	31,3369	3085,0	757378
983	966289	31,3528	3088,2	758922
984	968256	31,3688	3091,3	760466
985	970225	31,3847	3094,5	762013
986	972196	31,4006	3097,6	763561
987	974169	31,4166	3100,8	765111
988	976144	31,4325	3103,9	766662
989	978121	31,4484	3107,0	768214
990	980100	31,4643	3110,2	769769
991	982081	31,4802	3113,3	771325
992	984064	31,4960	3116,5	772882
993	986049	31,5119	3119,6	774441
994	988036	31,5278	3122,7	776002
995	990025	31,5436	3125,9	777564
996	992016	31,5595	3129,0	779128
997	994009	31,5753	3132,2	780693
998	996004	31,5911	3135,3	782260
999	998001	31,6070	3138,5	783828
1000	1000000	31,6228	3141,6	785398

TECHNISCHES ZEICHNEN

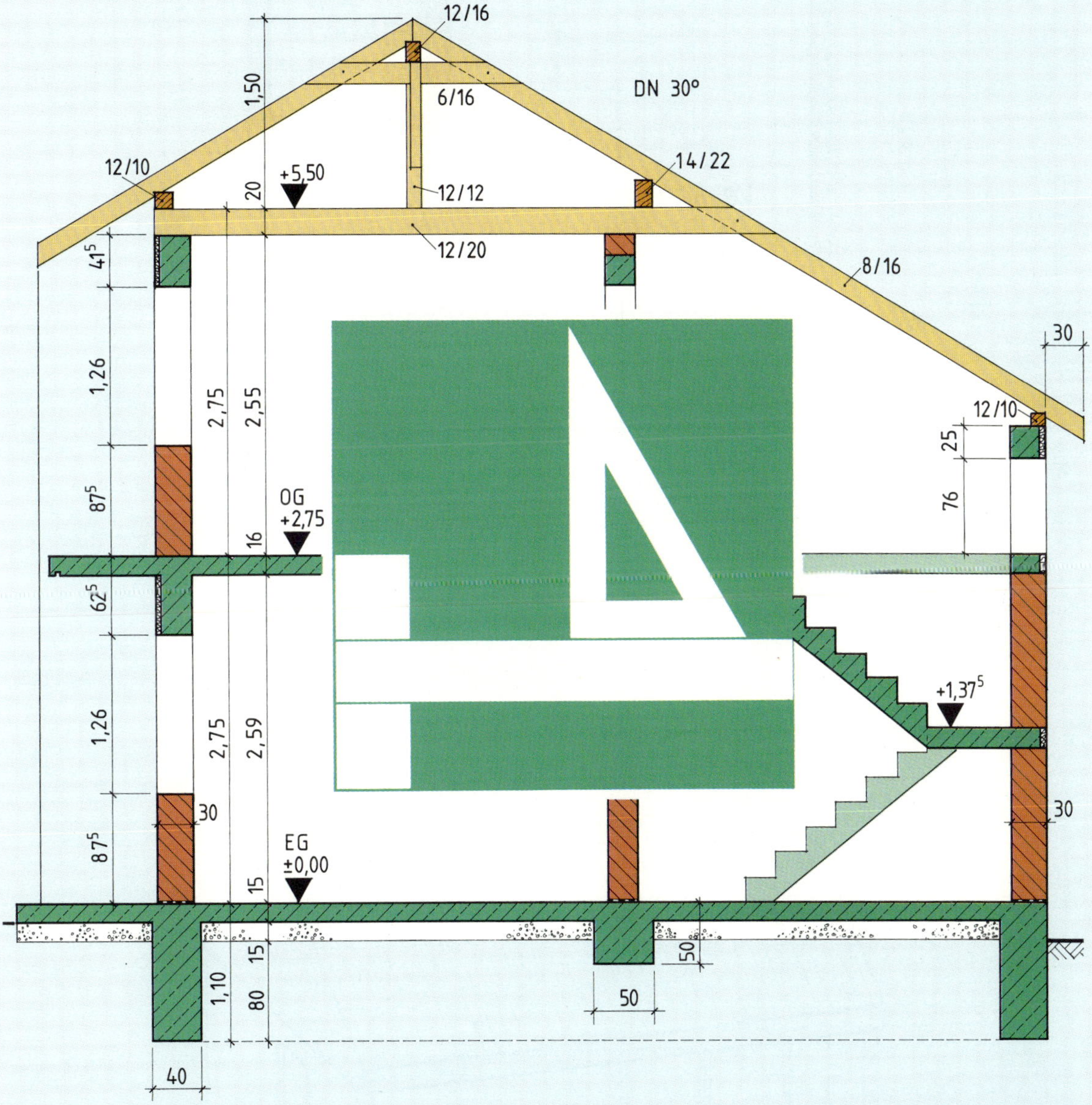

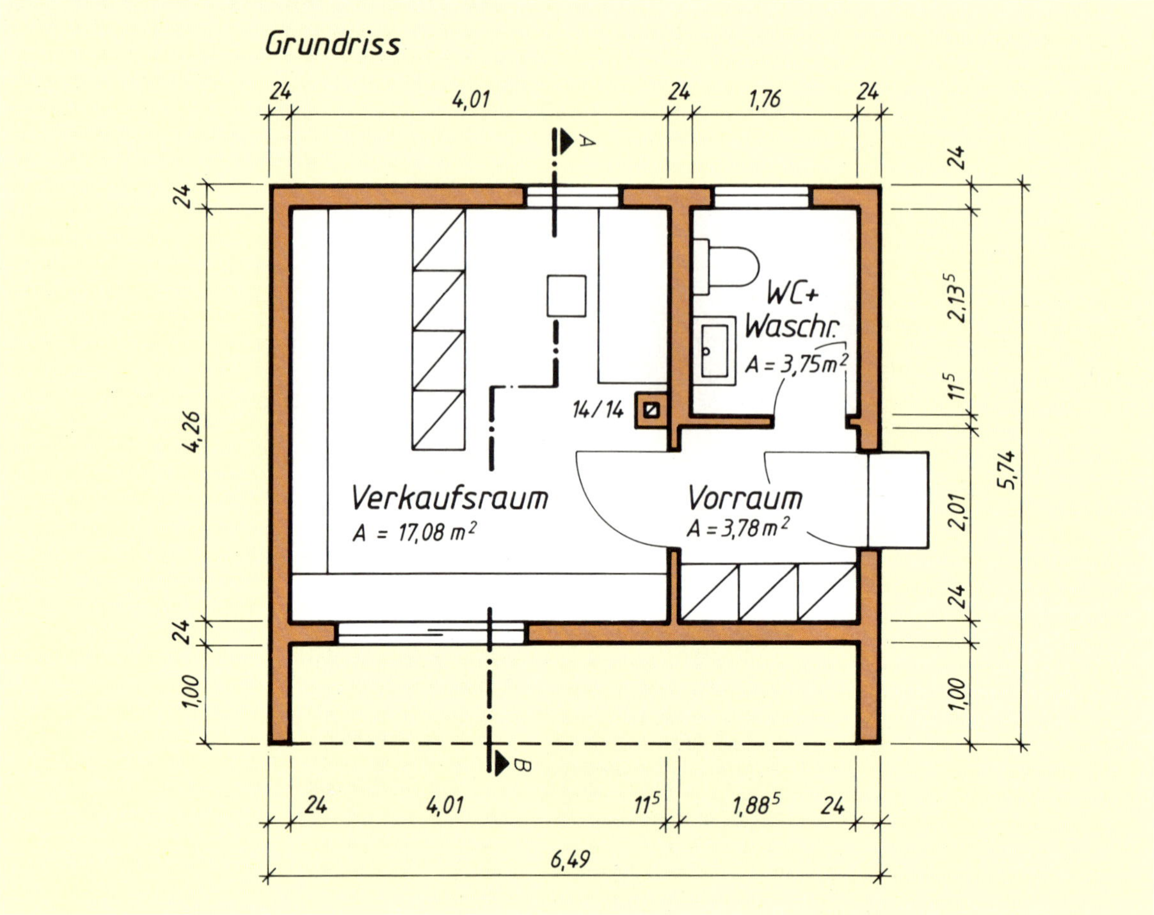

Kiosk, Grundriss

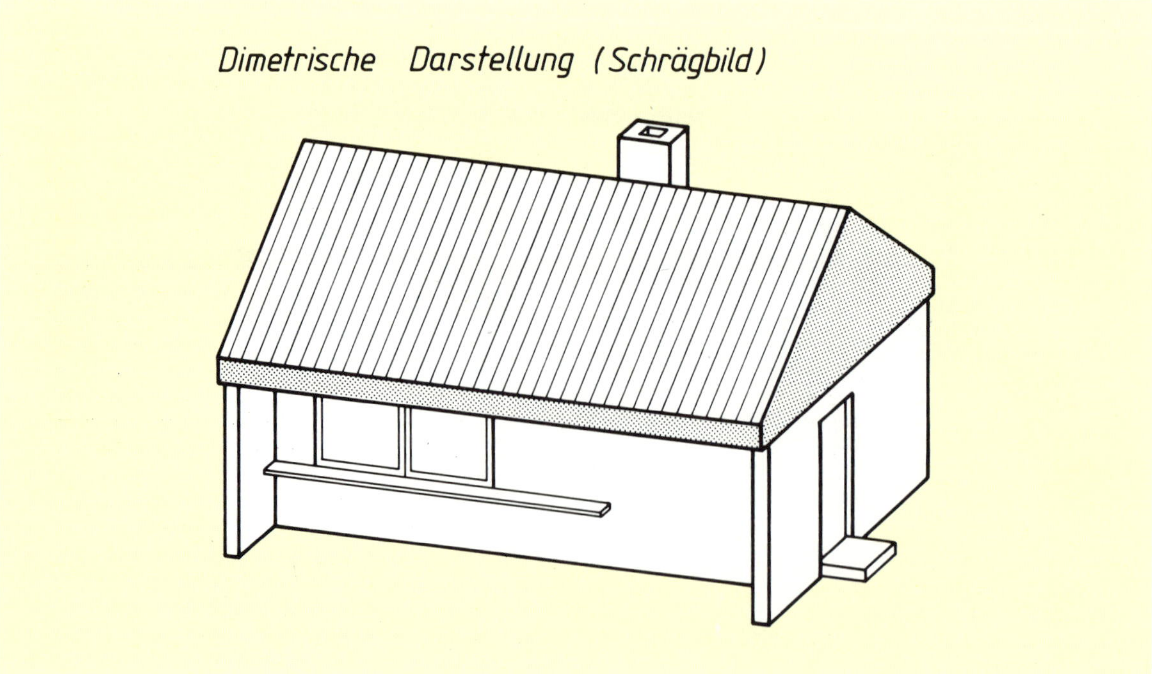

Kiosk, Dimetrie

Musterblatt für Schülerzeichnungen

Hinweise:
Alle **Übungen** sind für Zeichenblätter des Formats **A 4** bestimmt. Sie erhalten einen **Blattrand** von **5 mm** und einen Heftrand von **20 mm**. Das **Schriftfeld** der Arbeitsblätter ist auf das Mindestmaß von **20 mm** angelegt. Die eingekreisten **roten Maße** für die Blatteinteilung sind von Blattrand bzw. Schriftfeldrand aus zu messen. Sie sind in **cm** angegeben.

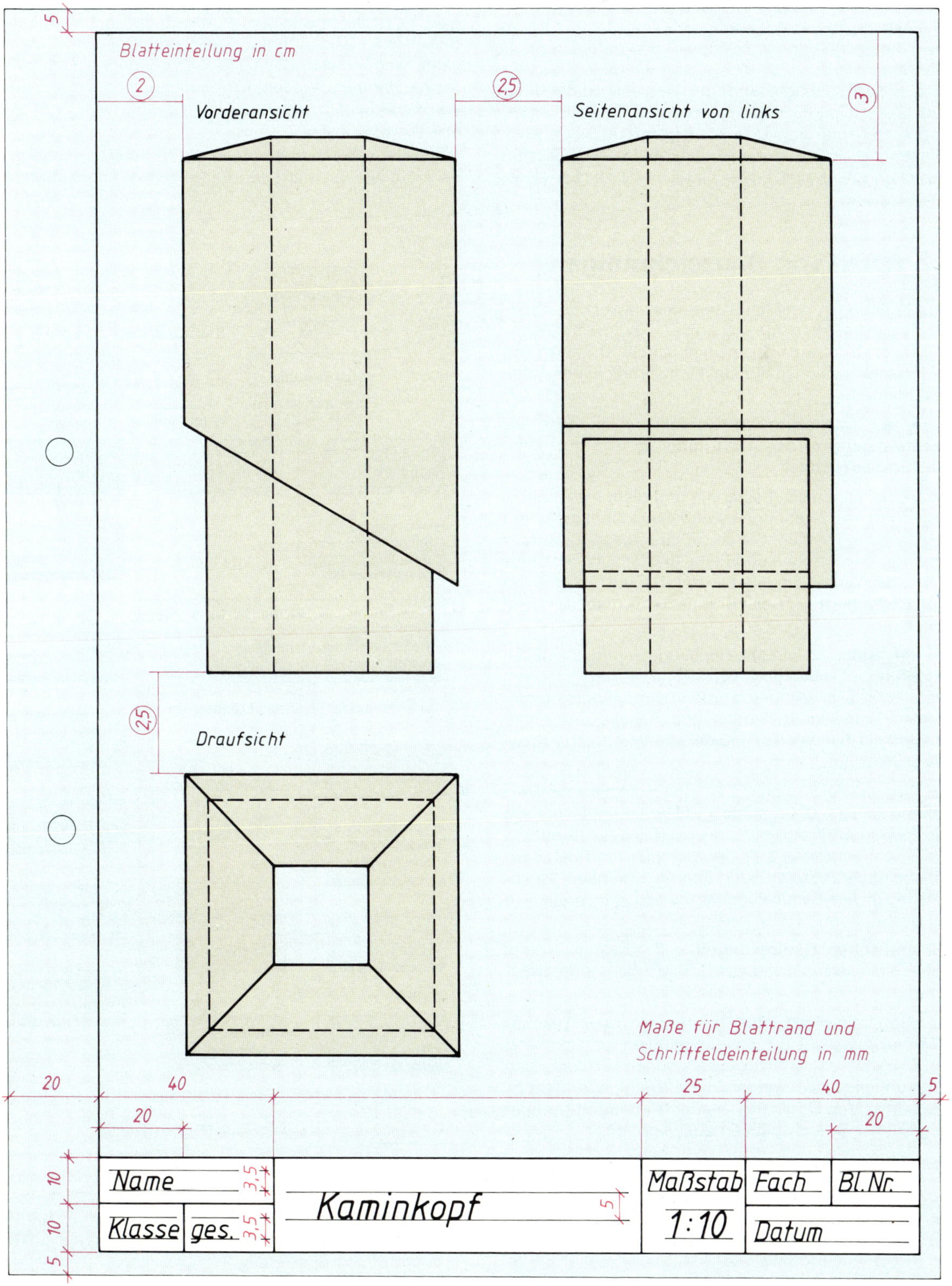

1 Einführung in das Bauzeichnen

1.1 Aufgabe und Zweck der Bauzeichnung

Bei der Planung von Bauwerken werden Bauzeichnungen angefertigt, bei der Herstellung von Bauwerken werden Bauzeichnungen umgesetzt.

Bauzeichnungen sind technische Zeichnungen von Bauwerken oder Bauteilen, wobei die zeichnerischen Darstellungen und Angaben nach einheitlichen Regeln bzw. nach DIN-Normen erfolgen. Sie enthalten die für die Beschreibung und Herstellung wichtigen Angaben und müssen **sachlich, eindeutig** und **verständlich** sein. Die Bauzeichnung hat somit die Aufgabe, als Informations- und Verständigungsmittel all denen zu dienen, die als Planer, Konstrukteure, Behörde, Ausführende und Bauherren an der Erstellung eines Bauwerkes beteiligt sind.

Für die ausführenden Bauhandwerker, wie z. B. Maurer, Beton- und Stahlbetonbauer, Zimmerer, Dachdecker, Stuckateure und Fliesenleger, sind Bauzeichnungen als Ausführungszeichnungen von besonderer Bedeutung. Diese Zeichnungen sind für sie Arbeitsanweisungen. Es ist daher erforderlich, dass jeder Fachmann die technischen Zeichnungen seines Arbeitsgebietes lesen kann. Weiter muss er einfachere Zeichnungen auch anfertigen können. Voraussetzung hierfür sind Kenntnisse von Grundregeln des Bauzeichnens, die in DIN-Normen festgelegt sind.

Die technischen Zeichnungen der Architekten und Ingenieure werden meist von Bauzeichnern angefertigt.

1.2 Arten von Bauzeichnungen

Bauzeichnungen werden nach dem Zweck in Entwurfs-, Ausführungs-, Sonder-, Abrechnungs- und Bestandszeichnungen eingeteilt. Diese Art von Zeichnungen sind im Kapitel 6 ausführlich behandelt und erläutert.

Nach der Darstellungsart werden Zeichnungen als Skizze, Zeichnung, Plan oder grafische Darstellung bezeichnet.

Die **Skizze** wird meist freihändig und nicht maßstäblich ausgeführt und zeigt nur eine ungefähre Abbildung von Körpern oder Flächen. Sie ist oft Grundlage für auszuführende Zeichnungen und Pläne und ist auch ein gutes Mittel zur Verständigung bei der Bauausführung. So sagt z. B. eine gute Ausführungsskizze mehr als viele Worte.

Die **Zeichnung** ist die mit Zeichengeräten maßstäblich ausgeführte Darstellung von Körpern und Flächen. Technische Zeichnungen werden nach in Zeichnungsnormen festgelegten Formen und Regeln ausgeführt, so dass sie für den Fachmann eindeutig lesbar bzw. umsetzbar sind.

Der **Plan** als Zeichnungsart ist eine zeichnerische Darstellung, in der z. B. Gebäude und Einrichtungen in Lage und Zuordnung festgelegt sind. Im Bauwesen sind solche Zeichnungsarten z. B. der Lageplan und der Baustelleneinrichtungsplan. Der Begriff „Bauplan" ist jedoch auch ein Sammelbegriff für alle nur möglichen Bauzeichnungen.

Bei **grafischen Darstellungen,** z. B. Diagramme und Ablaufpläne, werden veränderliche Größen veranschaulicht.

Die Bezeichnungen **Blei-Zeichnung** und **Tusche-Zeichnung** weisen auf das verwendete Zeichenmittel hin. Originale sind erstmals entstandene Zeichnungen (Urzeichnung); sie werden mit Bleistift oder Tusche ausgeführt. Von Originalen werden **Vervielfältigungen** hergestellt, z. B. **Lichtpausen** oder **Kopien.**

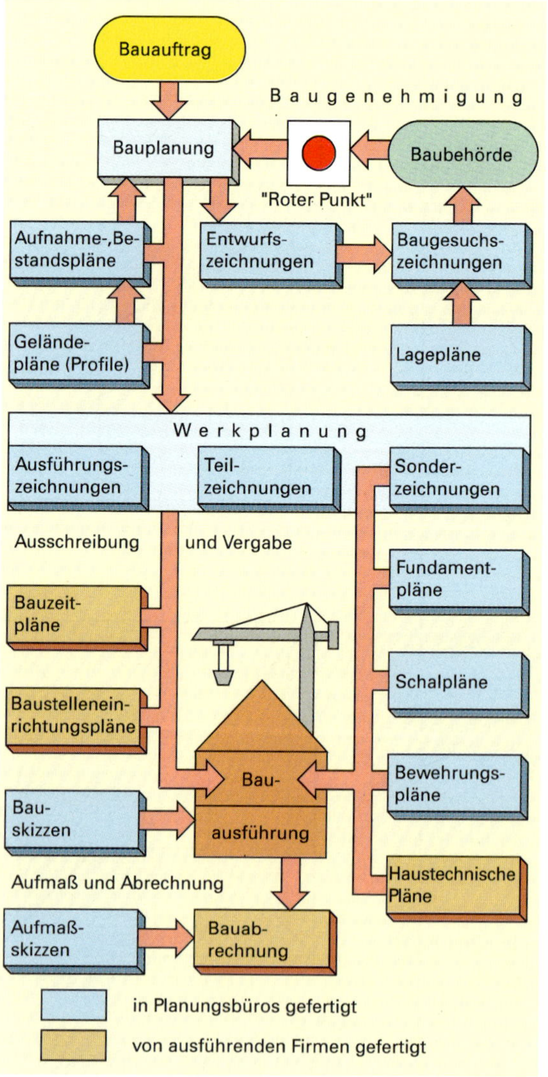

Bauzeichnungen vom Bauauftrag bis zur Bauabrechnung

Als Bauzeichnungen versteht man alle zeichnerischen Darstellungen der Planung, Herstellung und Aufnahme von Bauwerken.

Die Bauzeichnung ist ein unentbehrliches Verständigungsmittel für die technische Planung und Ausführung von Bauwerken.

1.3 Zeichnungsnormen

Die fachliche Verständigung durch die Bauzeichnung ist nur möglich, wenn die Bedeutung der zeichnerischen Darstellungen für alle am Bau Beteiligten einheitlich und unmissverständlich festgelegt ist. Das richtige Lesen und Anfertigen von Bauzeichnungen setzt Kenntnisse der Zeichnungsregeln bzw. Zeichnungsnormen voraus.

Lernziele:

- Notwendigkeit des normgerechten Zeichnens begründen.
- Wichtige Normen für den Bereich Bau kennen.

1.3.1 Zweck der Normung

„Norm" bedeutet so viel wie Vorschrift, Regel oder Richtschnur. Normung führt zur Vereinheitlichung durch Regeln und Vorschriften. So sind z. B. genormte Werkstoffe in Bestimmung, Formen und Abmessungen vereinheitlicht. In den Zeichnungsnormen sind die Darstellungsregeln einheitlich festgelegt. Durch Normung von Werkstoffen und Teilen werden Kosten der Lagerhaltung und Fertigung gesenkt und der Austausch von Teilen ermöglicht. Die technischen (genormten) Zeichnungen sind bevorzugtes Verständigungsmittel innerhalb einer Berufsgruppe und im gesamten Bereich der Technik.

Die Normen der Bundesrepublik Deutschland werden vom **DIN** (**D**eutsches **I**nstitut für **N**ormung e.V.) in Berlin herausgegeben. Diese **DIN-Normen** werden in Normenausschüssen für das jeweilige Fachgebiet erarbeitet. So werden z. B. im Normenausschuss Bauwesen **Fachnormen** für das Bauwesen und im Normenausschuss Zeichnungswesen **Fachgrundnormen** für alle Bereiche des technischen Zeichnens erstellt. Die Zeichnungsgrundnormen berücksichtigen auch Normen der Weltnormenorganisation **ISO** (Internationale Normungsorganisation).

1.3.2 Wichtige Zeichnungsnormen für Bauzeichnungen

Bei der Ausführung technischer Zeichnungen sind immer mehrere Normen zu berücksichtigen. Bei Bauzeichnungen sind dies neben mehreren Zeichnungsgrundnormen noch ergänzende Fachnormen aus den Bereichen Bautechnik und Holztechnik. Nachfolgend sind Beispiele von Zeichnungsgrundnormen und ergänzende Fachnormen aufgeführt. Die angegebenen Seitenzahlen weisen auf Beispiele in diesem Buch hin.

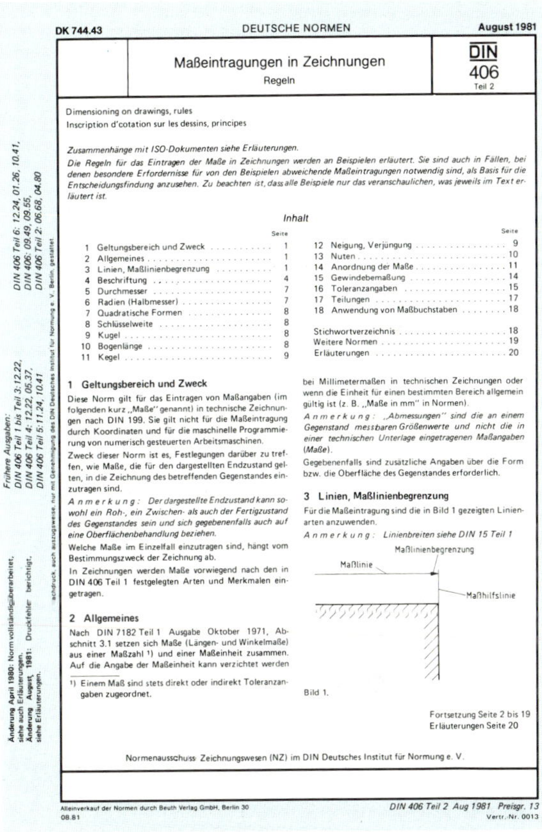

DK 744.43 DEUTSCHE NORMEN August 1981

Maßeintragungen in Zeichnungen
Regeln

DIN 406 Teil 2

Dimensioning on drawings, rules
Inscription d'cotation sur les dessins, principes

Zusammenhänge mit ISO-Dokumenten siehe Erläuterungen.
Die Regeln für das Eintragen der Maße in Zeichnungen werden an Beispielen erläutert. Sie sind auch in Fällen, bei denen besondere Erfordernisse für von den Beispielen abweichende Maßeintragungen notwendig sind, als Basis für die Entscheidungsfindung anzusehen. Zu beachten ist, dass alle Beispiele nur das veranschaulichen, was jeweils im Text erläutert ist.

Inhalt

		Seite			Seite
1	Geltungsbereich und Zweck	1	12	Neigung, Verjüngung	9
2	Allgemeines	1	13	Nuten	10
3	Linien, Maßlinienbegrenzung	1	14	Anordnung der Maße	11
4	Beschriftung	4	15	Gewindebemaßung	14
5	Durchmesser	7	16	Toleranzangaben	15
6	Radien (Halbmesser)	7	17	Teilungen	17
7	Quadratische Formen	8	18	Anwendung von Maßbuchstaben	18
8	Schlüsselweite	8		Stichwortverzeichnis	18
9	Kugel	8		Weitere Normen	19
10	Bogenlänge	8		Erläuterungen	20
11	Kegel	9			

1 Geltungsbereich und Zweck

Diese Norm gilt für das Eintragen von Maßangaben (im folgenden kurz „Maße" genannt) in technische Zeichnungen nach DIN 199. Sie gilt nicht für die Maßeintragung durch Koordinaten und für die maschinelle Programmierung von numerisch gesteuerten Arbeitsmaschinen.

Zweck dieser Norm ist es, Festlegungen darüber zu treffen, wie Maße, die für den dargestellten Endzustand gelten, in die Zeichnung des betreffenden Gegenstandes einzutragen sind.

Anmerkung: Der dargestellte Endzustand kann sowohl ein Roh-, ein Zwischen- als auch der Fertigzustand des Gegenstandes sein und sich gegebenenfalls auch auf eine Oberflächenbehandlung beziehen.

Welche Maße im Einzelfall einzutragen sind, hängt vom Bestimmungszweck der Zeichnung ab.

In Zeichnungen werden Maße vorwiegend nach den in DIN 406 Teil 1 festgelegten Arten und Merkmalen eingetragen.

2 Allgemeines

Nach DIN 7182 Teil 1 Ausgabe Oktober 1971, Abschnitt 3.1 setzen sich Maße (Längen- und Winkelmaße) aus einer Maßzahl [1]) und einer Maßeinheit zusammen. Auf die Angabe der Maßeinheit kann verzichtet werden bei Millimetermaßen in technischen Zeichnungen oder wenn die Einheit für einen bestimmten Bereich allgemein gültig ist (z. B. „Maße in mm" in Normen).

Anmerkung: „Abmessungen" sind die an einem Gegenstand messbaren Größenwerte und nicht die in einer technischen Unterlage eingetragenen Maßangaben (Maße).

Gegebenenfalls sind zusätzliche Angaben über die Form bzw. die Oberfläche des Gegenstandes erforderlich.

3 Linien, Maßlinienbegrenzung

Für die Maßeintragung sind die in Bild 1 gezeigten Linienarten anzuwenden.

Anmerkung: Linienbreiten siehe DIN 15 Teil 1

Maßlinienbegrenzung
Maßlinie
Maßhilfslinie

Bild 1.

1) Einem Maß sind stets direkt oder indirekt Toleranzangaben zugeordnet.

Fortsetzung Seite 2 bis 19
Erläuterungen Seite 20

Normenausschuss Zeichnungswesen (NZ) im DIN Deutsches Institut für Normung e. V.

Frühere Ausgaben:
DIN 406 Teil 1 bis Teil 3: 12.22, DIN 406 Teil 4: 12.22, 05.37, DIN 406 Teil 5: 11.24, 10.41, DIN 406 Teil 6: 12.24, 01.26, 10.41, DIN 406: 09.49, 09.55, DIN 406 Teil 2: 06.68, 04.80

Änderung April 1980: Norm vollständig überarbeitet, siehe auch Erläuterungen.
Änderung August 1981: Druckfehler berichtigt, siehe Erläuterungen.

Nachdruck, auch auszugsweise, nur mit Genehmigung des DIN Deutsches Institut für Normung e. V., Berlin, gestattet

Alleinverkauf der Normen durch Beuth Verlag GmbH, Berlin 30
08.81

DIN 406 Teil 2 Aug 1981 Preisgr. 13
Vertr.-Nr. 0013

Beispiel eines DIN-Normblattes

Beispiele für Zeichnungsgrundnormen	
DIN 5	Axonometrische Projektion (347)
DIN 6	Ansichten, Schnitte, Darstellung (350 ff.)
DIN 15	Linienarten, Linienbreiten (320)
DIN 16	Schräge Normschrift (322)
DIN 199	Techn. Zeichnungen, Benennung (316, 369)
DIN 406	Maßeintragung in Zeichnungen (317)
DIN 476	Papierformate (319)
DIN 823	Blattgrößen, Maßstäbe (319)
DIN 6771	Schriftfelder für Zeichnungen/Stücklisten
DIN 6776	Beschriftung, Schriftzeichen (322 ff.)
DIN 1986	Grundstücksentwässerung, Sinnbilder (372)

Beispiele für Fachnormen	
DIIN 919	Zeichnungen für Holzverarbeitung
DIN 1034	Zeichnungen für Metallbau
DIN 1356	**Bauzeichnungen** (369 ff.)
DIN 4172	Maßordnung im Hochbau
DIN 4174	Geschosshöhen und Treppensteigungen

Die **DIN 1356** gilt für alle Bauzeichnungen, die dem Entwurf, der Bauvorlage, der Herstellung und der Aufnahme von Bauwerken dienen.

1.4 Zeichengeräte und ihr Gebrauch

Zur Erstellung einwandfreier Bauzeichnungen sind geeignete und fehlerfreie Zeichengeräte notwendig. Zudem muss auf die richtige Handhabung der Geräte geachtet werden.

Lernziele:

- Zeichengeräte zweckmäßig auswählen und gebrauchen.
- Richtige Handhabung der Zeichengeräte beschreiben.

Die nachfolgend dargestellten **Zeichengeräte** gehören zur **Grundausstattung**.

Zeichenplatte mit Zeichenschiene A4, A3

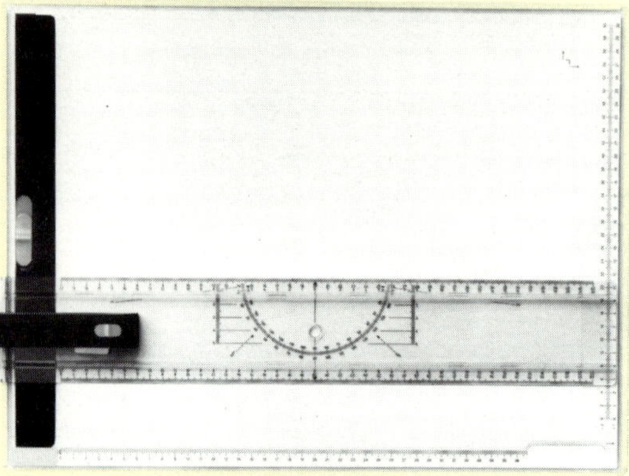

Zeichendreiecke

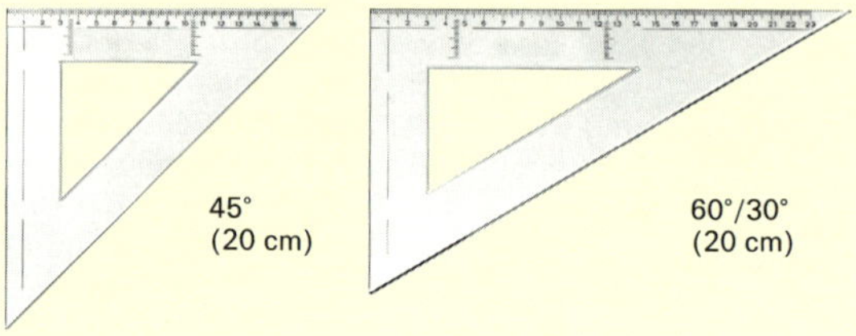

Zeichenmaßstab (30 cm lang)

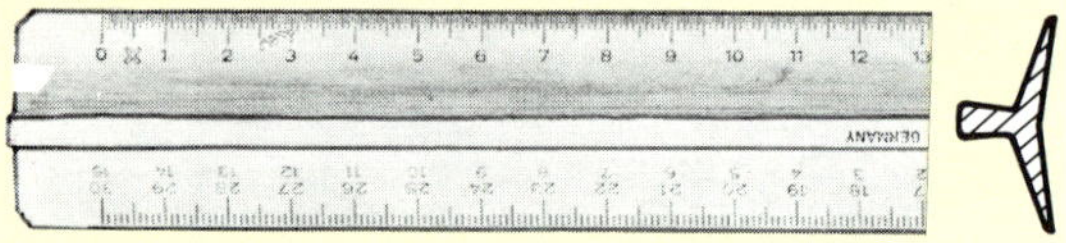

Zeichenmaßstab mit Griffleiste

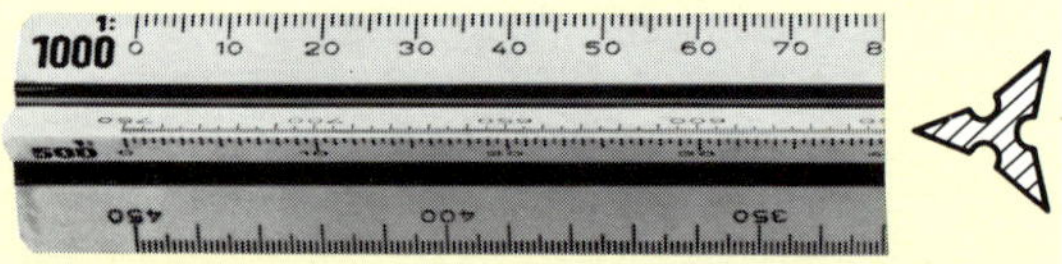

Dreikant-Reduktionsmaßstab
(günstig mit Teilung: 1:2/1:5/1:10/1:20/1:50/1:100)

Winkelmesser / Geodreieck

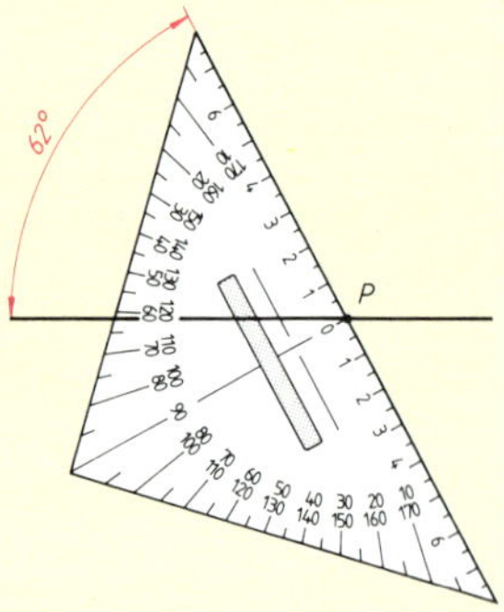

Zeichenstifte

Bleistift

Minenklemmstift

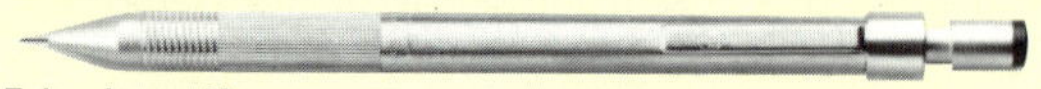

Feinminenstift

Härtegrade
- zum Vorzeichnen **H** oder **2H**,
- zum Auszeichnen **HB**, **F** oder **B**.

Gabelzirkel

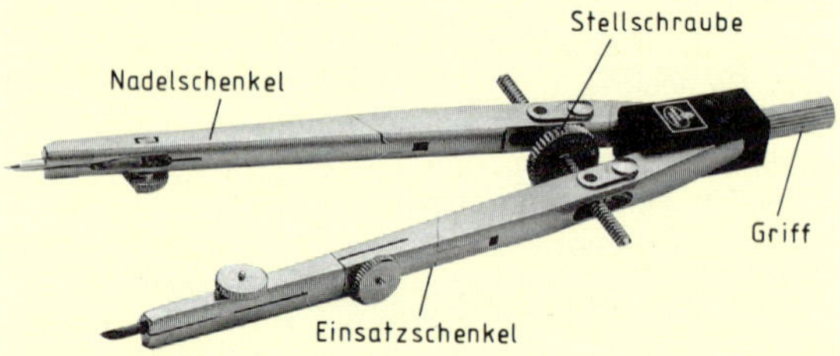

Anforderungen: genaues Zeichnen kleiner Kreise

Spitzgerät

für 2-mm-Minen

Radiergummi

weich, groß genug, Radieren ohne Radierspuren

Einwandfreie Zeichengeräte sind eine wichtige Voraussetzung für genaues Zeichnen.

1.5 Zeichenblätter

Bauzeichnungen werden in der Regel auf Zeichenkarton oder auf lichtdurchlässigem Klarpapier angefertigt. Zeichnungen auf Klarpapier dienen zur Herstellung von Lichtpausen. Diese Zeichnungen werden meist gerollt aufbewahrt. Zeichnungen auf Karton und Lichtpausen werden vorwiegend gefaltet und in Ordnern gelagert.

Lernziele:
- DIN-Formate für Bauzeichnungen angeben.
- Ähnlichkeit der genormten Blattgrößen aufzeigen.
- Zeichnungen normgerecht falten.

1.5.1 Auswahl des Zeichenpapiers

Zeichenpapiere (Zeichnungsträger) werden in Rollen oder Bogen geliefert. Größere Bogen sind in der Regel unbeschnitten nach den Formaten der A-Reihe erhältlich. Bei der Auswahl des Zeichenpapiers ist auf Dicke und Oberflächenbeschaffenheit zu achten. Die Papierdicke hängt vom Papiergewicht ab und wird nach Gewichtsstufen g/m^2 gekennzeichnet. Angeraute Oberflächen eignen sich besser für Bleistiftzeichnungen, glatte eignen sich für das Zeichnen mit Tusche.

Zeichenkartons sollen radierfest sein, Klarpapier für die Anfertigung von Lichtpausen soll möglichst reißfest sein.

Format	beschnitten	unbeschnitten	Zeichenfläche
DIN A0	841 × 1189	880 × 1230	831 × 1179
DIN A1	594 × 841	625 × 880	584 × 831
DIN A2	420 × 594	450 × 625	410 × 584
DIN A3	297 × 420	330 × 450	287 × 410
DIN A4	210 × 297	240 × 330	200 × 287
DIN A5	148 × 210	165 × 240	138 × 200
DIN A6	105 × 148	120 × 165	95 × 138

Format der DIN-Reihe (A-Reihe) in mm

1.5.2 Formate und Blattgrößen

Die Formate der Zeichenblätter sind genormt und werden nach DIN 476 mit den Bezeichnungen der A-Reihe angegeben. Ausgangsformat ist DIN A0 mit den Seitenlängen 841 × 1189 mm und der Fläche A = 1 m^2.

Wird dieses Format quer zur Längsseite halbiert, so entsteht das kleinere Format A1, durch weiteres Halbieren entstehen die Formate A2, A3, A4 usw. – die **A-Reihe**. Bei jedem dieser Rechteckformate verhalten sich die Seiten wie $1 : \sqrt{2}$. Dadurch ergibt sich auch ein Flächenverhältnis von 1 : 2, d. h., zwei benachbarte Formate ergeben sich durch Halbieren bzw. durch Verdoppeln.

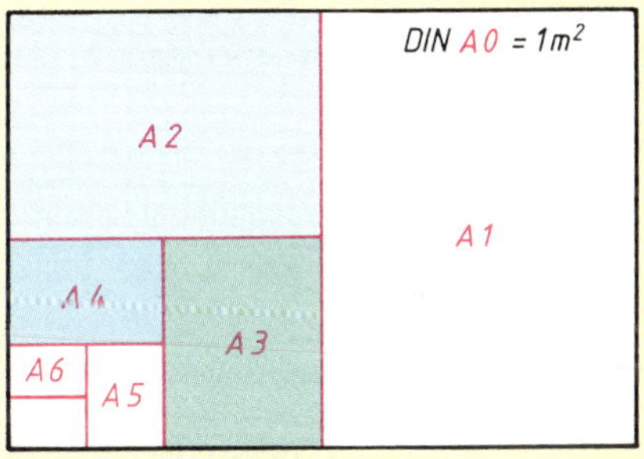

Halbierung der Formate

Formate nach DIN 476 (A-Reihe)

1.5.3 Faltung auf A4

Das **Falten** größerer Zeichenblätter auf das Format A4 wird vorgenommen, um sie in Ordner einheften zu können. Dabei ist zu beachten, dass der Heftrand frei bleibt, die Größe 210 × 297 mm erreicht wird, das Schriftfeld obenauf liegt und die Zeichnung entfaltet werden kann, ohne dass sie aus dem Ordner entnommen werden muss. Um das Falten zu erleichtern, werden auf den Blatträndern Faltmarken angebracht, nach denen die Faltung vorgenommen werden kann.

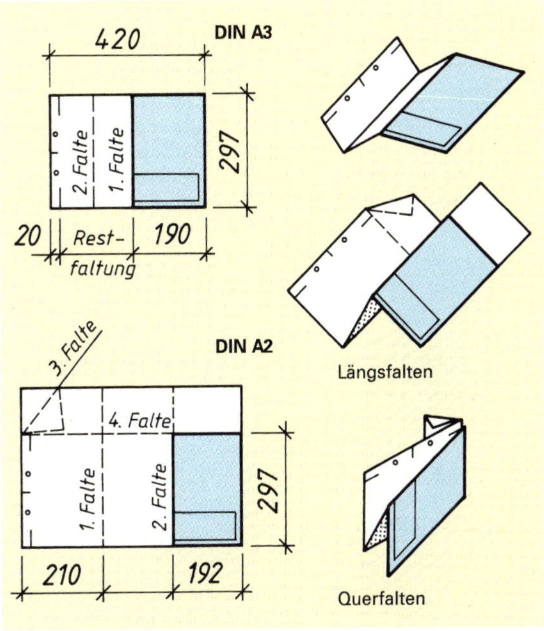

Faltung auf DIN A4 für Ordner (Faltanleitung, Maße in mm)

1.5.4 Schriftfeld für Zeichnungen

Jede Bauzeichnung erhält ein Schriftfeld, aus dem im Wesentlichen folgende Angaben zu ersehen sind: Bezeichnung des Bauwerks, Inhalt der Zeichnung, Maßstab, Name des für die Zeichnung Verantwortlichen, Datum der Anfertigung, Name des Verfassers, Zeichnungsnummer. In der Schule kann ein vereinfachtes Schriftfeld verwendet werden. Ein solches Schriftfeld, das besonders auf die Blattgröße A4 abgestimmt ist, wird mit der Schülerzeichnung (Musterblatt) auf Seite 315 dargestellt.

Das Schriftfeld wird bei Bauzeichnungen grundsätzlich unten rechts angeordnet, so dass es nach Faltung der Zeichnung auf A4 obenauf liegt und sichtbar bleibt.

1.6 Linienarten und Linienbreiten (DIN 1356)

In technischen Zeichnungen werden Linien verschiedener Art und Breite verwendet, um das Erkennen der dargestellten Teile zu erleichtern.

Nach der Linienart wird zwischen **Volllinie, Strichlinie, Strichpunktlinie** und **Punktlinie** unterschieden. Je nach ihrer Bedeutung werden die Linien in verschiedenen Breiten gezeichnet. Die nachfolgende Tabelle zeigt die Zuordnung der Linienbreiten zu Linienarten und Anwendungsbereichen nach DIN 1356.

Lernziele:
- Linienarten nach DIN 1356 benennen und beschreiben.
- Linienarten den Anwendungsbereichen zuordnen.
- Linien für Bauzeichnungen entsprechend den Anwendungsbereichen mit Bleistift in richtiger Breite zeichnen.

Linienarten		Wichtigste Anwendungen	Liniengruppen Zuordnung zu Maßstab			
			≤ 1 : 100		≥ 1 : 50	
			I	II	III	IV
Volllinie						
————	breit	Begrenzung von Schnittflächen	0,5	**0,5**	**1,0**	1,0
————	mittelbreit	Sichtbare Kanten, Begrenzung von Schnittflächen kleiner oder schmaler Bauteile	0,25	**0,35**	**0,5**	0,7
————	schmal	Maßlinien, Maßhilfslinien, Hinweislinien, Lauflinien, Begrenzung von Ausschnittdarstellungen	0,18	**0,25**	**0,35**	0,5
Strichlinie						
– – – – – –	mittelbreit	Verdeckte Kanten, verdeckte Umrisse von Bauteilen	0,25	**0,35**	**0,5**	0,7
Strichpunktlinie						
—·—·—·—	breit	Lage der Schnittebenen	0,5	**0,5**	**1,0**	1,0
—·—·—·—	schmal	Darstellung von Achsen	0,18	**0,25**	**0,35**	0,5
Punktlinie						
....	mittelbreit	Bauteile vor bzw. über der Schnittebene	0,25	**0,35**	**0,5**	0,7

Linienarten und Anwendungsbereiche (Linienbreiten in mm)

Innerhalb einer technischen Zeichnung werden nur die Linien einer Liniengruppe verwendet. In der **Liniengruppe** sind die Linienbreiten der einzelnen Linienarten so abgestuft festgelegt, daß der Unterschied zwischen breiten, mittelbreiten und schmalen Linien in der Zeichnung deutlich sichtbar wird. Für technische Zeichnungen sind die Liniengruppen II und III bevorzugt zu verwenden.

Die angegebenen Linienbreiten können jedoch nur mit Tuschegeräten genau gezeichnet werden. Bei Bleistiftzeichnungen werden die breiten Linien mit weichem Stift (z.B. HB) und schmale Linien mit hartem Stift (z.B. 2H) näherungsweise gut erreicht.

Beim Zeichnen der Linienarten ist zu beachten:
- Die gewählte Linienbreite muss eingehalten werden;
- Volllinien dürfen an den Ecken nicht überstehen;
- bei Strichlinien sollen die Striche etwa gleich lang sein und etwa gleiche Abstände voneinander haben;

die Strichlinien werden ganz an die Körperkanten herangezogen;
- aneinander stoßende Strichlinien bilden immer volle Ecken;
- Strichpunktlinien beginnen und enden stets mit einem Strich; diese schneiden die jeweiligen Außenkanten.

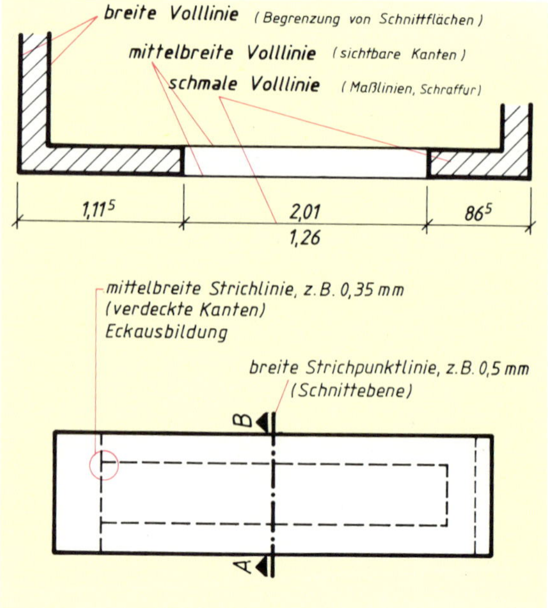

Linienarten: Anwendungsbereiche

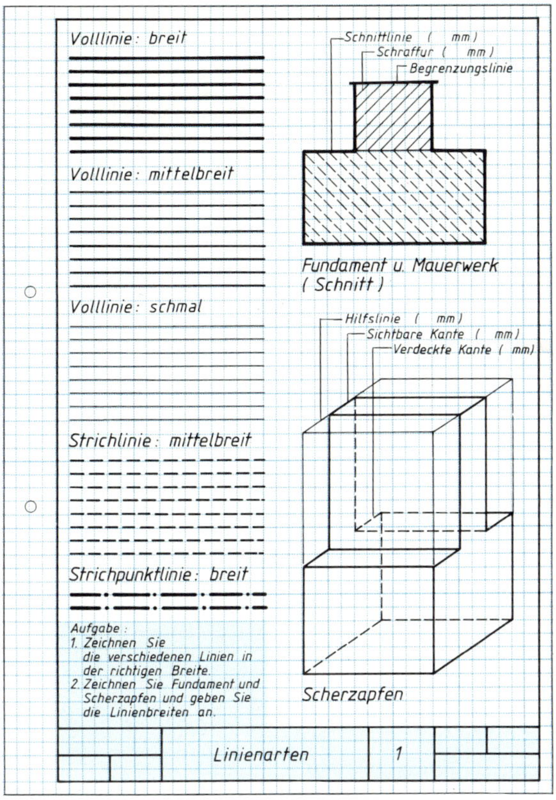
Volllinie: breit
Volllinie: mittelbreit
Volllinie: schmal
Strichlinie: mittelbreit
Strichpunktlinie: breit
Schnittlinie (mm)
Schraffur (mm)
Begrenzungslinie
Fundament u. Mauerwerk (Schnitt)
Hilfslinie (mm)
Sichtbare Kante (mm)
Verdeckte Kante (mm)
Scherzapfen
Aufgabe:
1. Zeichnen Sie die verschiedenen Linien in der richtigen Breite.
2. Zeichnen Sie Fundament und Scherzapfen und geben Sie die Linienbreiten an.
Linienarten
1

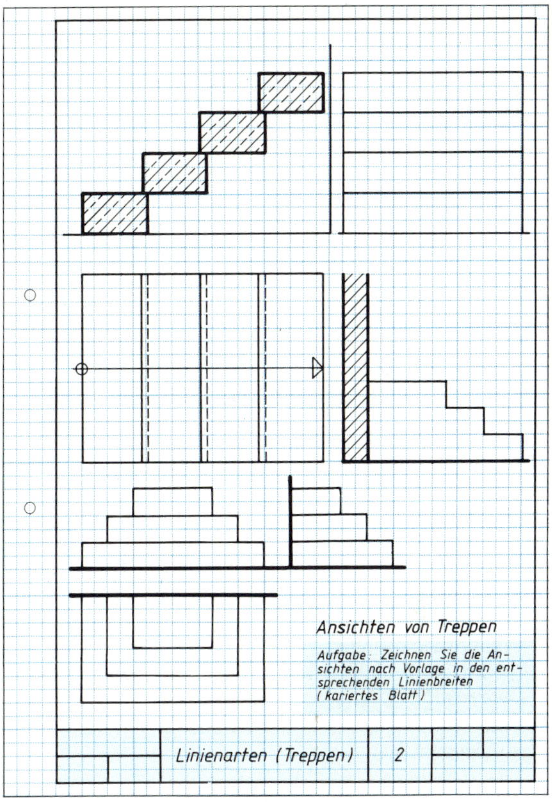
Ansichten von Treppen
Aufgabe: Zeichnen Sie die Ansichten nach Vorlage in den entsprechenden Linienbreiten (kariertes Blatt)
Linienarten (Treppen)
2

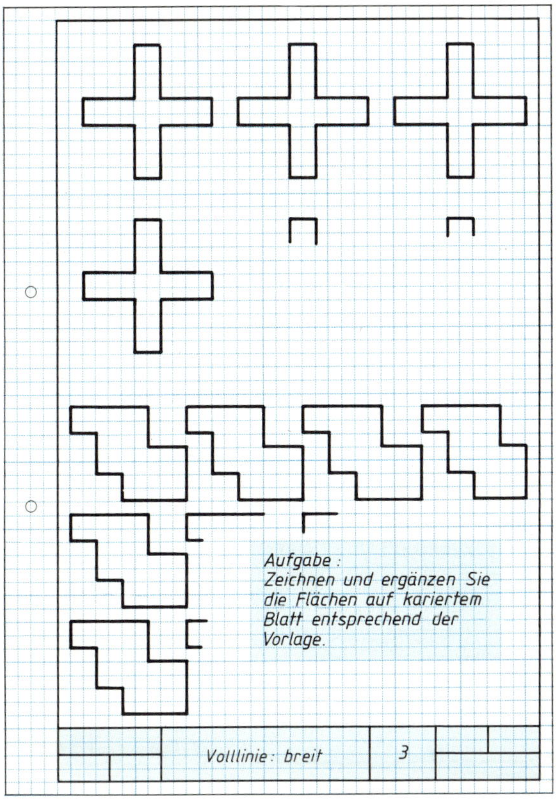
Aufgabe:
Zeichnen und ergänzen Sie die Flächen auf kariertem Blatt entsprechend der Vorlage.
Volllinie: breit
3

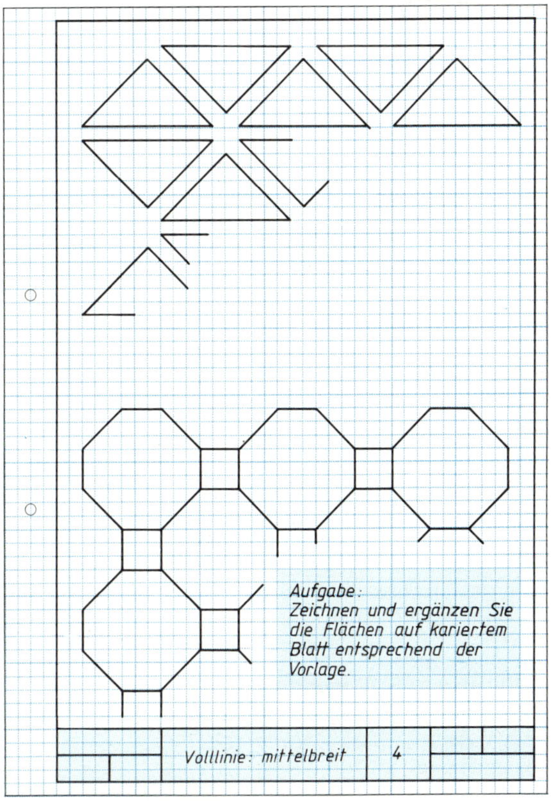
Aufgabe:
Zeichnen und ergänzen Sie die Flächen auf kariertem Blatt entsprechend der Vorlage.
Volllinie: mittelbreit
4

1.7 Beschriften von Zeichnungen

Eine technische Zeichnung wird erst durch die ausreichende und gut angeordnete Beschriftung vollständig. Die wesentlichen Anforderungen an die Beschriftung sind Lesbarkeit, Einheitlichkeit und Eignung für die Mikroverfilmung und sonstige Reproduktionsverfahren. Diese Anforderungen werden von der Normschrift nach DIN 6776 erfüllt.

Lernziele:

- Normschrift als wesentlichen Bestandteil technischer Zeichnungen erkennen.
- Buchstaben und Ziffern in Form, Größe und Linienbreite nach DIN 6776 zeichnen.
- Zeichnungen normgerecht beschriften.

1.7.1 Schriftzeichen nach DIN 6776

Die **DIN 6776** ist die deutsche Fassung der internationalen Norm 3098 und wird als **ISO-Norm** bezeichnet (ISO ≙ International Organization for Standardization). Sie ist 1976 vom Deutschen Institut für Normung e.V. herausgegeben worden. Die bisherige DIN 16 für schräge und DIN 17 für senkrechte Normschrift gelten noch für eine Übergangszeit. Die neue Normschrift ist sowohl freihändig als auch mit Schablone gut zu schreiben. Sie erfüllt die Anforderung guter Lesbarkeit, zeigt ein einheitliches Schriftbild und eignet sich für die Mikroverfilmung.

Mit der Norm sind Form, Größe und Linienbreiten der Schriftzeichen festgelegt.

Für die Schriften sind folgende Nenngrößen (= Höhe der Großbuchstaben) vorgeschrieben: 2,5 mm, 3,5 mm, 5 mm, 7 mm, 10 mm, 14 mm und 20 mm.

Die Schrifthöhe „*h*" soll mindestens 2,5 mm betragen. Bei Verwendung von Groß- und Kleinbuchstaben soll die Schrifthöhe nicht kleiner als 3,5 mm sein.

Die Höhe der Großbuchstaben ist zugleich Bemessungsgrundlage für alle Maße der Schrift. Nach dem Verhältnis der Linienbreite „*d*" und der Höhe „*h*" der Großbuchstaben werden zwei Schriftformen unterschieden:

Schriftform A: ⇒ $d = h/14$
Schriftform B: ⇒ $d = h/10$

Die Schriftform B ist wegen ihrer breiteren Linien ausdrucksstärker und wird in der Praxis für Bauzeichnungen bevorzugt. Sie sollte daher auch in der Schule bevorzugt geübt werden.

Die Schriften dürfen senkrecht (vertikal) oder unter einem Winkel von 15° nach rechts geneigt (kursiv) ausgeführt werden.

Zu beachten ist bei dieser Normschrift, dass die Linienbreite bei Groß- und Kleinbuchstaben gleich ist und die Ober- und Unterlängen verhältnismäßig klein sind. Auffallend ist auch, dass sich die Linien der Schriftzeichen fast rechtwinklig treffen oder sich annähernd rechtwinklig schneiden.

Schriftform B: Maßverhältnisse
Höhe der Großbuchstaben 10/10*h*
Höhe der Kleinbuchstaben 7/10*h*
Linienbreite 1/10*h*

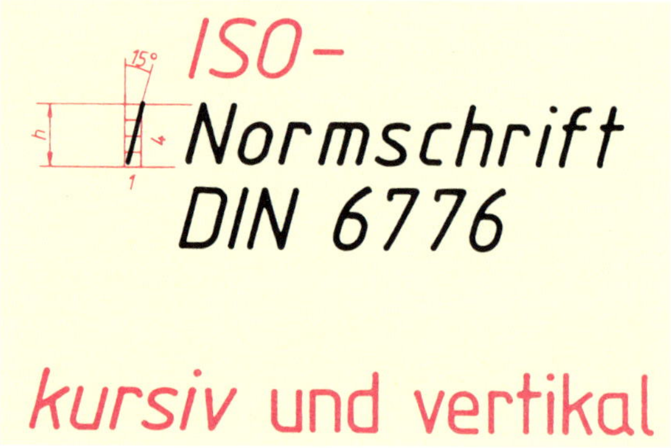

Normschrift nach DIN 6776

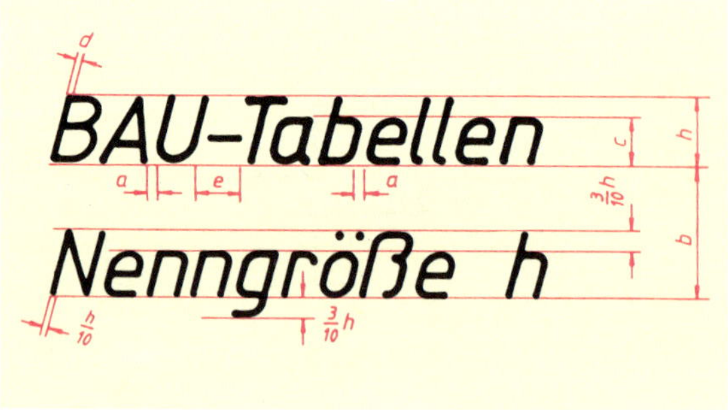

Hilfslinien, Schriftabmessungen, Schriftform B

Größen und Abstände		Schriftform	
		B (mittel)	A (eng)
		Verhältnis	Verhältnis
Höhe der Großbuchstaben	***h***	**10/10 *h***	**14/14 *h***
Höhe der Kleinbuchstaben (ohne Ober- und Unterlänge)	***c***	7/10 *h*	10/14 *h*
Mindestabstand zwischen Schriftzeichen	***a***	2/10 *h*	2/14 *h*
Mindestabstand zwischen Grundlinien	***b***	14/10 *h*	20/14 *h*
Mindestabstand zwischen Wörtern	***e***	6/10 *h*	6/14 *h*
Linienbreite	***d***	**1/10 *h***	**1/14 *h***

Normschrift: Maßverhältnisse

Die folgenden **Schriftmuster** zeigen die **Schriftformen B und A** je kursiv und senkrecht.

Schriftform B – kursiv (Mittelschrift)

ABCDEFGHIJKLMN
OPQRSTUVWXYZ
aabcdefghijklmno [1]
pqrstuvwxyz
ÄÖÜääöüß±
12345677890 [1]

75°

Schriftform B – vertikal (Mittelschrift)

ABCDEFGHIJKLMN
OPQRSTUVWXYZ
aabcdefghijklmno
pqrstuvwxyz
ÄÖÜääöüß± [1]
12345677890 [1]

Schriftform A – kursiv (Engschrift)

ABCDEFGHIJKLMNO
PQRSTUVWXYZ
aabcdefghijklmnop [1]
qrstuvwxyz
12345677890 [1]

75°

Schriftform A – vertikal (Engschrift)

ABCDEFGHIJKLMNOP
QRSTUVWXYZ
aabcdefghijklmnopq [1]
rstuvwxyz
12345677890 [1]

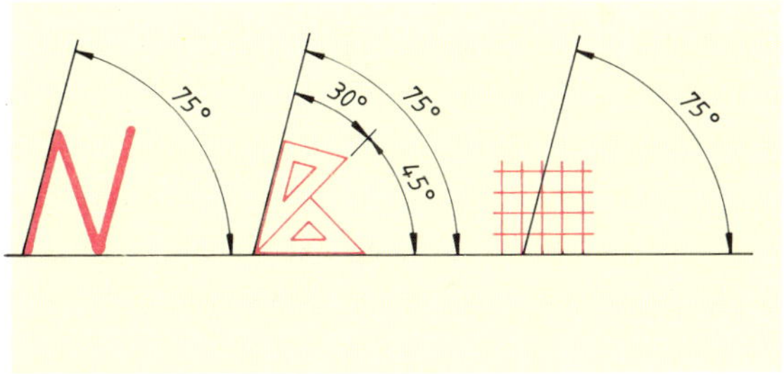

Schriftneigung bei kursiver Schrift

Hinweis zu Fußnote 1:

In Deutschland sind die Zeichen a und 7 zu bevorzugen.

1.7.2 Schriftübungen

Zur **Einübung der Normschrift** werden DIN A4-Blätter mit vorgezeichneten Hilfslinien und mit Karoraster verwendet. Dabei sollen die Schriftzeichen in verschiedenen Nenngrößen geübt werden. Auf karierten Blättern werden die Schriftgrößen 5 mm und 7 mm geübt, indem die Karobreite für die Höhe der Großbuchstaben bzw. für die Höhe der Kleinbuchstaben festgelegt wird. Mit diesen Übungen wird das Auge für das vorgeschriebene Größenverhältnis von Groß- und Kleinbuchstaben geschult. Mit dem Schreiben von Wörtern und Texten werden die richtigen Abstände zwischen den Schriftzeichen und den Wörtern geübt.

Während der Übung sind Verkrampfungen der Schreibhand zu vermeiden. Schütteln Sie die Hand von Zeit zu Zeit aus und waschen Sie die Hände zwischendurch. Sie erreichen dadurch die Entspannung leichter.

Die Normschrift wird gezeichnet.

Da die Normschrift in Größe, Form und Linienbreite genau vorgeschrieben ist und Abweichungen Fehler sind, müssen die Teile der Schriftzeichen sorgfältig und genau ausgeführt werden.

Die Normschrift ist verhältnismäßig leicht zu „schreiben", wenn man sie in mehreren Arbeitsschritten ausführt. Anfänger sollten wie folgt verfahren:

1. Buchstabenbreite mittels Punkten oder Hilfslinien festlegen (Buchstabenfeld).
2. Unterteilung des Buchstabenfeldes (1/2 oder 1/4 der Breite) für Buchstaben wie z.B. M, m, W, w, V, v mittels Punkten.
3. Verbindung der festgelegten Punkte, wobei die Linienführung in einer zweckmäßigen Reihenfolge ausgeführt werden soll (s.u.).

Ist genügend Übung vorhanden, kann man auf die Punkte verzichten.

Beim Schreiben von Wörtern ist darauf zu achten, dass die Flächen zwischen den Buchstaben etwa gleich groß sind.

Als Schreibgeräte eignen sich mittelharte Bleistifte (leicht angeschrieben), Tuschefüller und Filzstifte. In Bauklassen wird vorwiegend mit Bleistift gearbeitet.

Die Schriftzeichen sollen sich deutlich voneinander abheben. Die Abstände zwischen den Zeichen sollen mindestens die doppelte Linienbreite betragen.

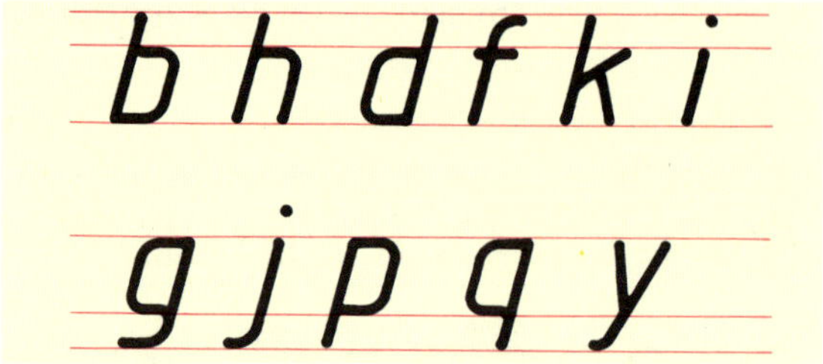

Schriftzeichen in vorgezeichneten Zeilen

Hilfslinien für Freihand-Schreiben

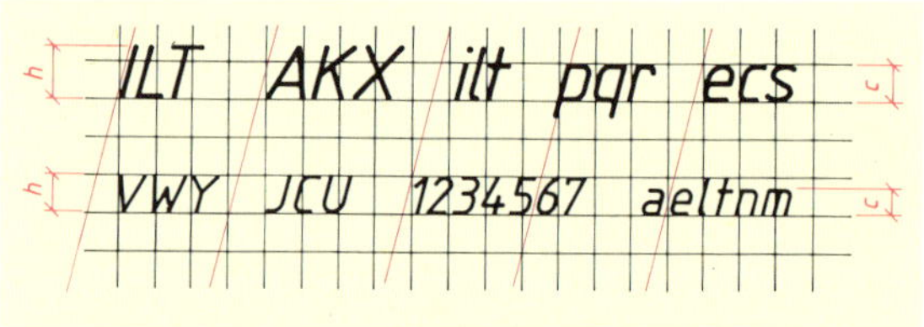

Schreibübung auf kariertem Papier

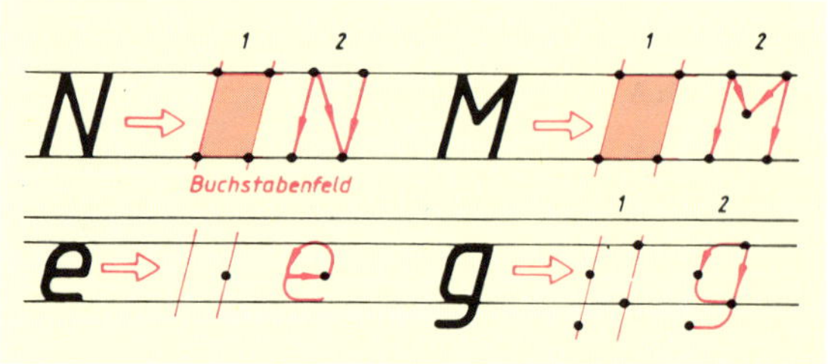

Schriftzeichen, Arbeitsschritte

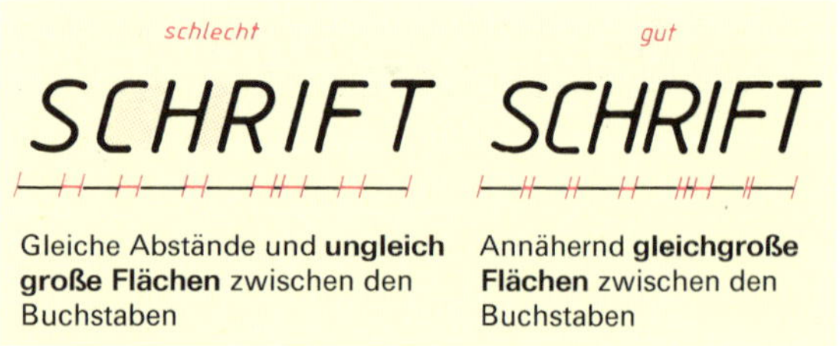

Buchstabenabstand und Schriftbild

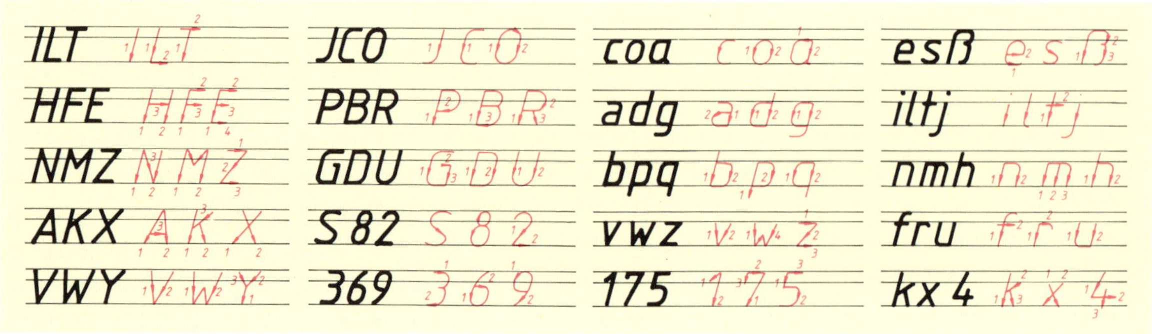

Reihenfolge der Linienführung beim Zeichnen von Buchstaben und Ziffern

Aufgabe: Üben Sie die Normschrift entsprechend den vorgegebenen Buchstaben- und Ziffernfolgen in der Schriftform B kursiv und senkrecht

a) auf vorbereiteten Blättern mit vorgezeichneten Zeilen, Hilfslinien, Buchstaben und Ziffern,

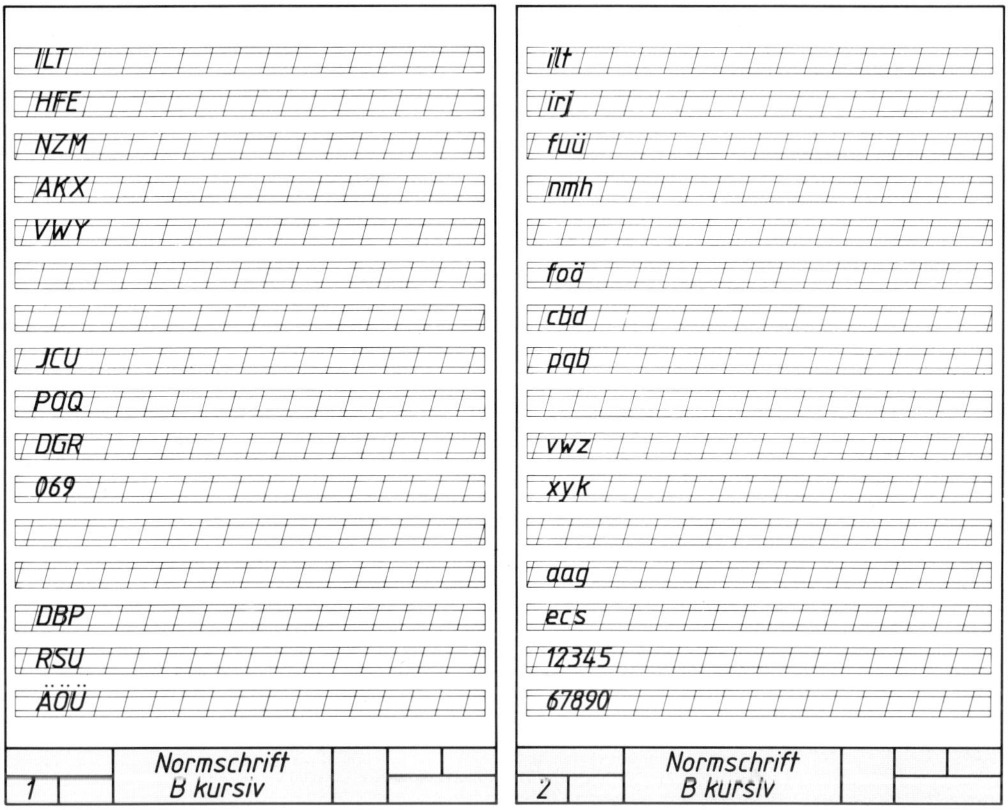

b) auf kariertem Papier, indem Sie Ober- und Unterlängen angenähert bestimmen

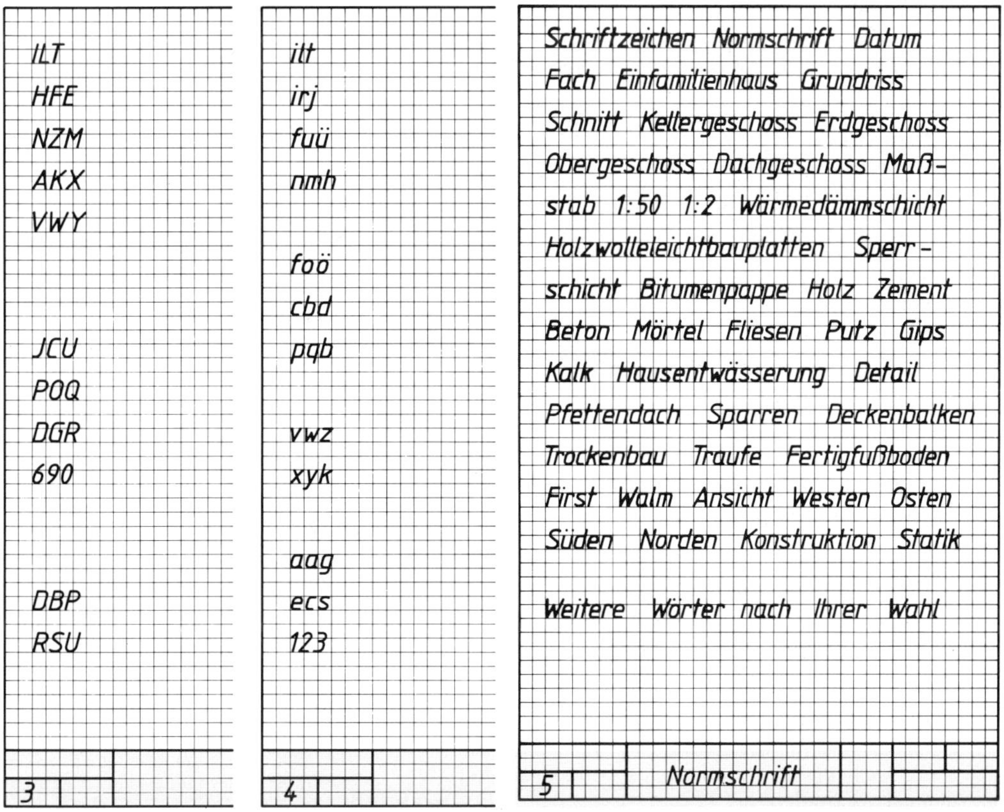

ILT
HFE
NZM
AKX
VWY
JCU
POQ
DGR
690
DBP
RSU
3
ilt
irj
fuü
nmh
foö
cbd
pqb
vwz
xyk
aag
ecs
123
4
Schriftzeichen Normschrift Datum
Fach Einfamilienhaus Grundriss
Schnitt Kellergeschoss Erdgeschoss
Obergeschoss Dachgeschoss Maß-
stab 1:50 1:2 Wärmedämmschicht
Holzwolleleichtbauplatten Sperr-
schicht Bitumenpappe Holz Zement
Beton Mörtel Fliesen Putz Gips
Kalk Hausentwässerung Detail
Pfettendach Sparren Deckenbalken
Trockenbau Traufe Fertigfußboden
First Walm Ansicht Westen Osten
Süden Norden Konstruktion Statik
Weitere Wörter nach Ihrer Wahl
5
Normschrift

1.8 Maßstäbe in Zeichnungen (nach DIN 823)

Um ein übersichtliches Bild von Bauteilen zu erhalten, werden diese in Zeichnungen meist verkleinert dargestellt. Die Form der Bauteile wird dabei nicht verändert, da die Zeichnung maßstäblich ausgeführt wird.

Lernziele:
- Den Begriff Maßstab erklären.
- Zeichnungen nach gegebenem Maßstab ausführen können.

1.8.1 Maßstäbe

Als Maßstab wird das Größenverhältnis zwischen der Darstellung eines Gegenstandes und seiner wirklichen Größe angegeben. Nur selten werden Bauteile in wirklicher Größe dargestellt, meist werden sie verkleinert gezeichnet. Manchmal werden aber auch Einzelheiten vergrößert dargestellt, z. B. um besser bemaßen zu können oder um die Einzelheiten zu verdeutlichen.

Unter dem **Maßstab 1 : *n*** versteht man das Verhältnis, in dem eine Strecke vergrößert oder verkleinert dargestellt ist. Die Zahl **n** wird als **Verhältniszahl** bezeichnet. **1** bedeutet dabei die **Länge in der Zeichnung**, **n** bedeutet dabei die **wirkliche Länge** und gibt an, welches Vielfache bzw. welcher Teil der Zeichnungslänge der wirklichen Länge entspricht.

Zeichnungslängen werden mit folgender Formel berechnet:

$$\text{Zeichnungslänge} = \frac{\text{wirkliche Länge}}{\text{Verhältniszahl n}}$$

Beispiele für Maßstäbe (**M**):

M 1:100 → Zeichnungslänge = 1/100 der wirklichen Länge (Komma um 2 Stellen nach links)

M 1:10 → Zeichnungslänge = 1/10 der wirklichen Länge (Komma um 1 Stelle nach links)

M 1:5 → Zeichnungslänge = 1/5 der wirklichen Länge (z. B. 1 cm auf der Zeichnung sind 5 cm in Wirklichkeit)

M 1:1 → Zeichnungslänge entspricht der wirklichen Länge

M 2:1 → Vergrößerung! 2 cm auf der Zeichnung entsprechen 1 cm in der Wirklichkeit

Je größer die Verhältniszahl wird, umso kleiner wird die zeichnerische Darstellung.

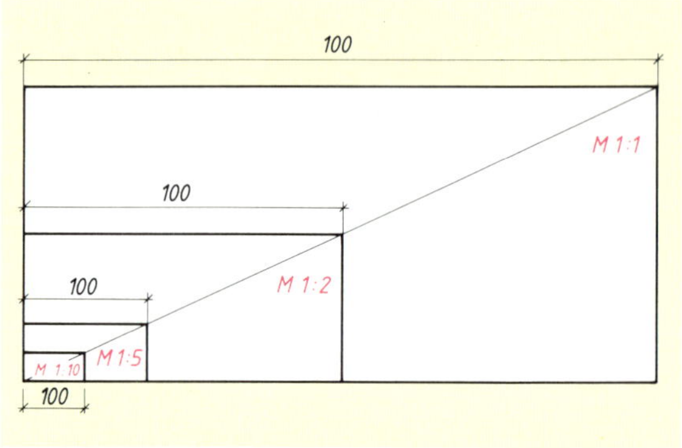

Maßstäblich gezeichnete Flächen

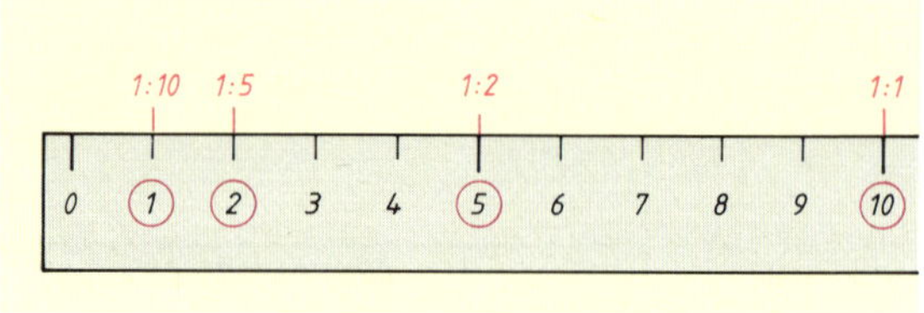

Ablesen der maßstäblichen Verkleinerung auf einem Zeichenmaßstab

Maßstäbe	Anwendungsbereich
1:500; 1:1000	Lagepläne
1:200; 1:500	Vorentwurfspläne
1:100	Entwurfspläne
1:100	Eingabepläne
1:50	Ausführungszeichnungen
1:1; 1:5; 1:10; 1:20; 1:25	Teilzeichnungen

Maßstäbe im Bauwesen

1.8.2 Umrechnen von Maßstäben

Zum maßstäblichen Zeichnen wird entweder der Reduktionsmaßstab verwendet oder es muss die Zeichnungslänge berechnet werden. Bei der Berechnung der Zeichnungslänge wird die wirkliche Länge des Bauteils durch die Verhältniszahl geteilt.

$$\text{Zeichnungslänge} = \frac{\text{wirkliche Länge}}{\text{Verhältniszahl}}$$

$$3{,}75\text{ m im M }1:20 \quad \rightarrow \quad \frac{3{,}75\text{ m}}{20} = 0{,}185\text{ m}$$

Da die Verhältniszahlen der angewendeten Maßstäbe ein Vielfaches oder ein ganzer Bruchteil von 100 (bzw. 10) sind, kann die Zeichnungslänge verhältnismäßig leicht errechnet werden.

Vereinfachung zum Kopfrechnen:

1. Zeichnungslänge in M 1:100 feststellen,
2. feststellen, um wie viel größer (oder kleiner) im angegebenen Maßstab zu zeichnen ist,
3. Zeichnungslänge in M 1:100 mit dem gefundenen Faktor multiplizieren (oder durch gefundene Teiler teilen).

Beispiel: Die Länge von 3,75 m soll in den Maßstäben M 1:50, M 1:20, M 1:200 angegeben werden.

1. **M 1:100** Zeichnungslänge = 3,75 cm
2. **M 1:50** Zeichnungslänge = **2** × 3,75 cm = 7,5 cm
   M 1:20 Zeichnungslänge = **5** × 3,75 cm = 18,75 cm
   M 1:200 Zeichnungslänge = 3,75 cm : **2** = 1,87 cm

1.9 Bemaßen von Zeichnungen (DIN 406 und DIN 1356)

Die in Ausführungszeichnungen dargestellten Bauteile müssen so bemaßt sein, dass alle für die Ausführung notwendigen Maße eindeutig abgelesen werden können. Für die Bemaßung von Zeichnungen sind daher Ausführungsregeln vorgeschrieben.

Lernziele:
- Bemaßungsregeln nach DIN 406 und DIN 1356 kennen.
- Bemaßung fehlerfrei lesen.
- Zeichnungen normgerecht bemaßen.

1.9.1 Maßlinien, Maßhilfslinien, Hinweislinien

Zur Bemaßung der Zeichnung werden Maßzahlen, Maßlinien, Maßlinienbegrenzungen, Maßhilfslinien und gegebenenfalls Hinweislinien angewendet.

Maßlinien verlaufen parallel zur Meßstrecke und sollen von der Körperkante einen Abstand von etwa **10 mm** und untereinander einen Abstand von mindestens **7 mm** haben. In Schülerzeichnungen soll der Abstand der Maßlinien vom gezeichneten Bauprojekt 15 mm und untereinander stets 10 mm betragen. Maßlinien gehen etwas über die Maßhilfslinien hinaus (3 bis 5 mm).

Maßhilfslinien sind zur Bemaßung erforderlich, wenn Maße nicht zwischen den Begrenzungslinien der Flächen eingetragen werden. Sie stehen im Regelfall rechtwinklig zur Maßlinie und gehen etwas darüber hinaus (2 bis 3 mm). Von den zugehörigen Körperkanten sind die Maßhilfslinien stets abzusetzen.

Hinweislinien (Bezugslinien) werden angewendet, wenn für Maßzahlen und Beschriftung zwischen den Maßhilfslinien kein Platz vorhanden ist.

Hinweislinien sind möglichst rechtwinklig anzuordnen und dürfen nur einmal abgewinkelt werden. Das schräge Herausziehen wird empfohlen, wenn es zur Deutlichkeit der Zeichnung erforderlich ist.

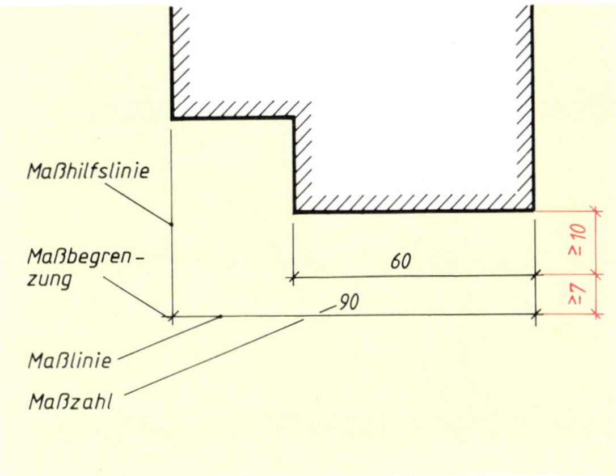

Maßlinien, Maßbegrenzung, Maßzahlen

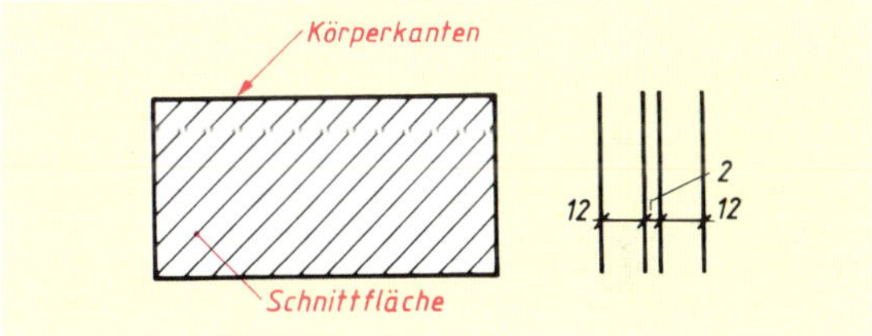

Hinweislinien (Bezugslinien)

1.9.2 Maßlinienbegrenzung

Maßlinienbegrenzungen sind Kennzeichen an Maßlinien. Sie begrenzen die Strecke, für die die Maßzahl gilt.

Zur Maßlinienbegrenzung können Maßpfeile, Schrägstriche, Punkte oder Kreise verwendet werden.

Schrägstriche werden als Maßlinienbegrenzungszeichen vorwiegend in Bauzeichnungen angewendet. Sie verlaufen immer unter einem Winkel von 45° von links unten nach rechts oben bezogen auf die Schreibrichtung der zugehörigen Maßzahl. Die Länge des Schrägstriches nach DIN 406 beträgt etwa *6 d* der breiten Volllinie (etwa 4 mm). Die Mitte des Schrägstriches durchläuft den Schnittpunkt von Maßlinie und Maßhilfslinie oder Körperkante.

Der **Maßpfeil** wird in Bauzeichnungen angewendet, wenn z. B. Kreisbögen, Durchmesser und Winkel zu bemaßen sind.

Punkte und **Kreise** sind im Allgemeinen bei Platzmangel vorzusehen oder wenn Schrägstriche als Begrenzungszeichen nicht zweckmäßig sind, z. B. bei der Bemaßung von Schrägbildern (s. S. 328).

Die Punkte und Kreise haben einen Durchmesser von etwa $^1/_4$ der Höhe der Maßzahl.

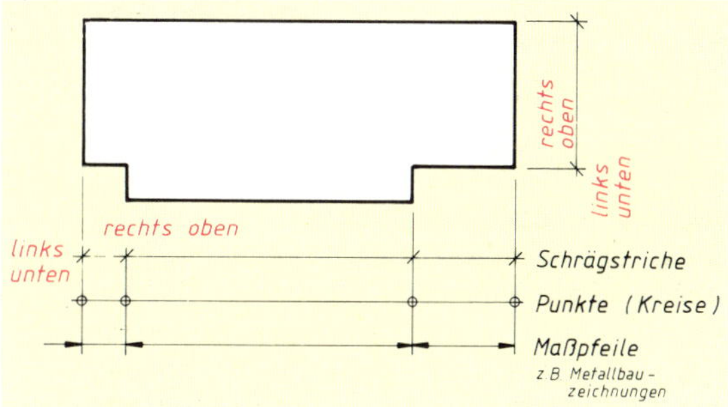

Maßlinienbegrenzungen

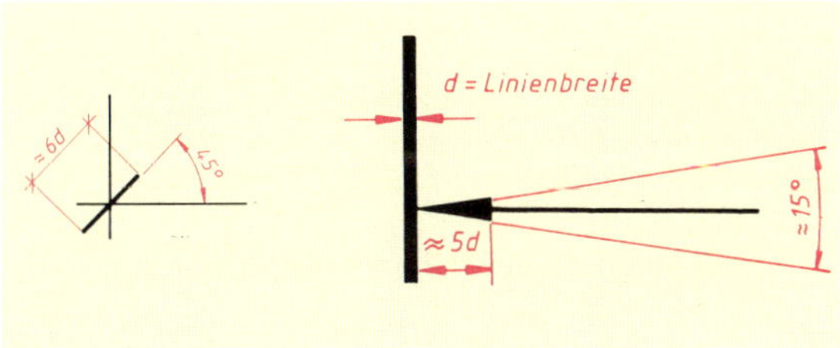

Schrägstrich in Bauzeichnungen

Maßpfeil 15°

1.9.3 Maßzahlen und Maßeinheiten

Maßzahlen müssen deutlich lesbar und in ihrer Größe der Zeichnungsart angepasst sein. Die Mindesthöhe beträgt 2,5 mm, in Ausführungszeichnungen sollen die Ziffern mindestens **3,5 mm** groß sein. In technischen Zeichnungen werden alle Maße in **mm** ohne Angabe einer Einheit eingetragen. Wegen der Größe der Bauwerke ist es in Bauzeichnungen üblich, die Maße in Meter und Zentimeter anzugeben.

Maßeintragung bei Anwendung verschiedener Maßeinheiten:

Maßeinheit Bemaßung in	**Maßeintragung** Maße unter 1 m z.B.			Maße über 1 m z.B.
cm	8	49	63,5	188,5
m und **cm**	**8**	**49**	**63^5**	**$1{,}88^5$**
mm	80	490	635	1885

Die angewendete Maßeinheit ist in Verbindung mit dem Maßstab zweckmäßigerweise anzugeben.
Beispiele: **M 1:50-m, cm**; M 1:10-cm

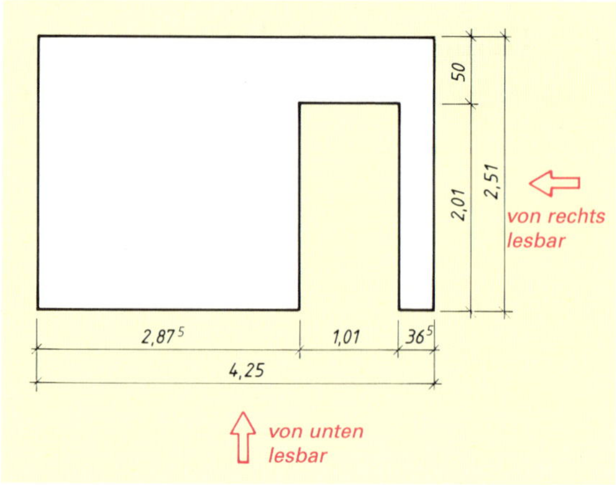

Maßeintragung, Einheiten: m, cm
(Bemaßung in m und cm)

1.9.4 Maßanordnung, Maßeintragung

Die Maßzahlen müssen so eingetragen sein, dass sie **von unten** oder **von rechts** gelesen werden können, wenn man die Zeichnung in Leserichtung hält. Die Zahlen werden über die Maßlinie geschrieben und dürfen diese nicht berühren. Sie dürfen auch nicht von anderen Linien getrennt oder gekreuzt werden.

Verlaufen Maßlinien schräg, z. B. bei der **Bemaßung von Schrägbildern**, müssen die Maßzahlen ebenfalls so eingetragen werden, dass sie nach Lage der Maßlinien von unten oder von rechts gelesen werden können. Ist der Platz für die Maßzahl zu eng, z. B. bei der Bemaßung von Belag- und Wanddicken, dann ist die Maßzahl möglichst rechts darüber einzutragen.

Zur Vereinfachung können **Rechteckquerschnitte** (z. B. von Balken und Kanthölzern) durch Angabe ihrer Seitenlängen in Bruchform bemaßt werden, z. B. 12/16 (Breite zu Höhe).

Das **Quadratzeichen** wird verwendet, wenn die quadratische Form mit der Bemaßung der Ansicht nicht erkennbar ist, z. B. □40.

Runde Querschnitte erhalten vor der Maßzahl das Durchmesserzeichen ∅, z. B. ∅30.

Radien sind vor der Maßzahl mit dem Großbuchstaben **R** zu kennzeichnen, z. B. R 1,25. Die zugehörigen Maßlinien erhalten die in der Zeichnung angewendete Maßlinienbegrenzung (Schrägstrich, Kreis oder Punkt) oder einen Maßpfeil am Kreisbogen.

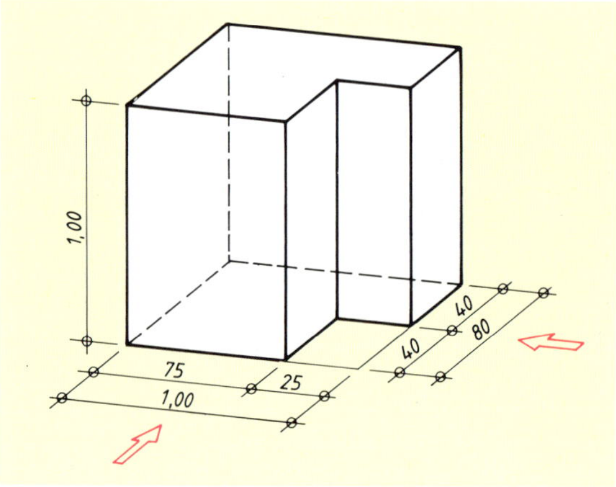

Bemaßen von Schrägbildern
(Maßlinienbegrenzung mit Kreisen oder Punkten)

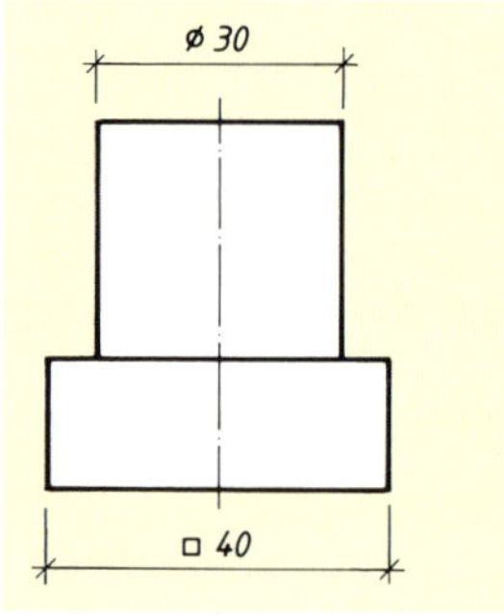

Maßzahlen mit Symbolen

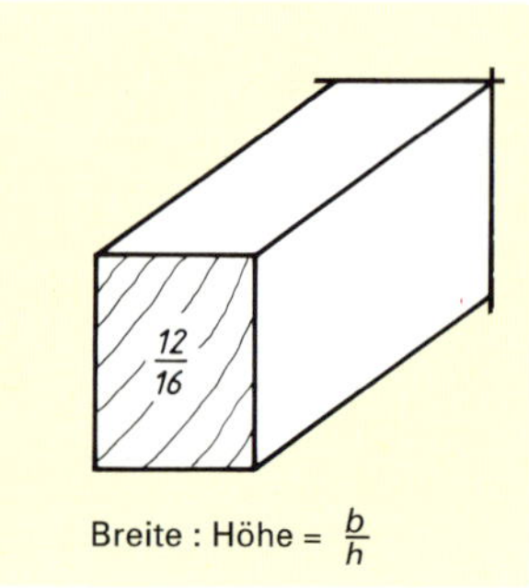

Rechteckquerschnitt als Bruch (z. B. Kantholz)

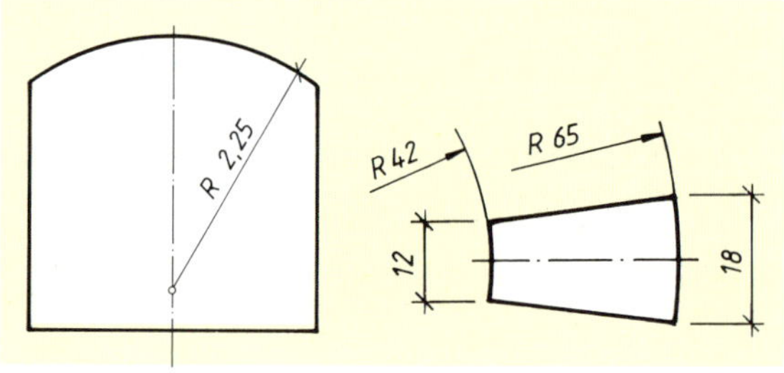

Kennzeichnung von Radien mit R (für Radius) vor der Maßzahl

Maßzahlen:
- von unten oder von rechts lesbar,
- stets über der Maßlinie,
- ohne Maßeinheit.

Maßanordnung:
- in der Regel rechts und unter der Zeichnung.

Die Kenntnis der Bemaßungsregeln ermöglicht das fehlerfreie Lesen der Bemaßung in Bauzeichnungen.

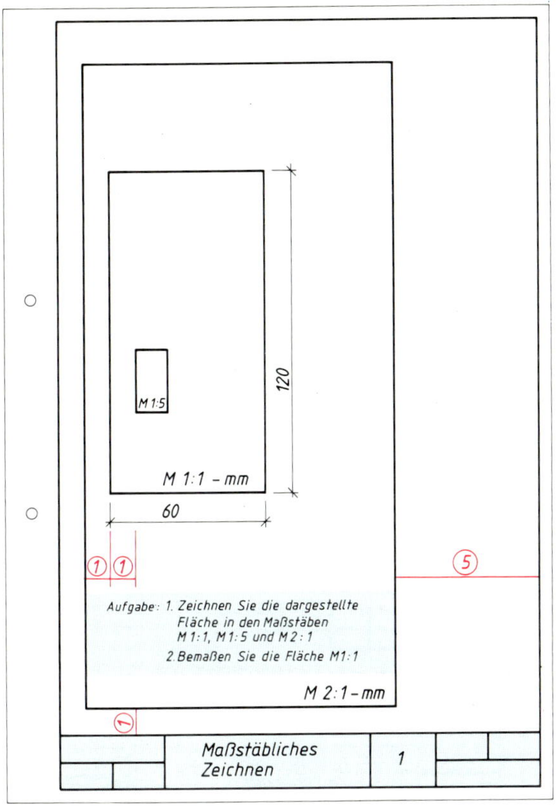
M 1:5
120
M 1:1 - mm
60
1 1
5
1
Aufgabe: 1. Zeichnen Sie die dargestellte Fläche in den Maßstäben M 1:1, M 1:5 und M 2:1
2. Bemaßen Sie die Fläche M1:1
M 2:1 - mm
Maßstäbliches Zeichnen
1

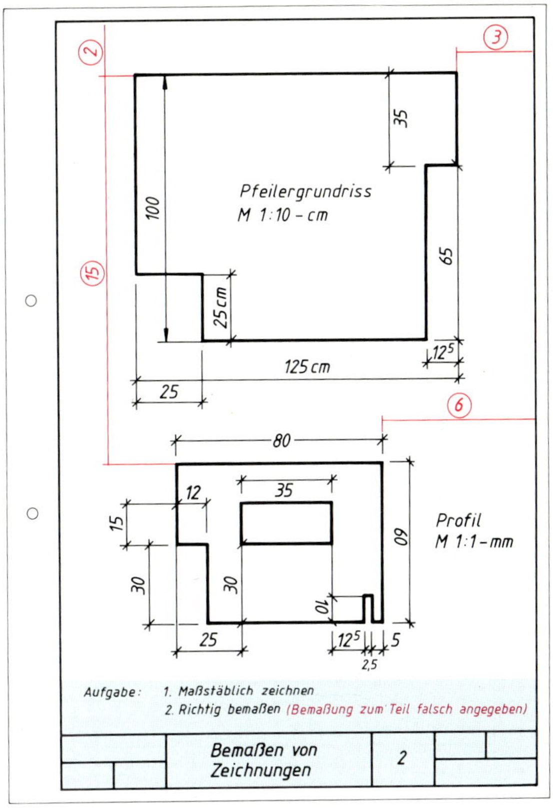
2
3
35
Pfeilergrundriss
M 1:10 - cm
100
65
15
25 cm
12⁵
125 cm
25
6
80
12
35
15
60
Profil
M 1:1 - mm
30
30
10
25
12⁵
5
2,5
Aufgabe: 1. Maßstäblich zeichnen
2. Richtig bemaßen (Bemaßung zum Teil falsch angegeben)
Bemaßen von Zeichnungen
2

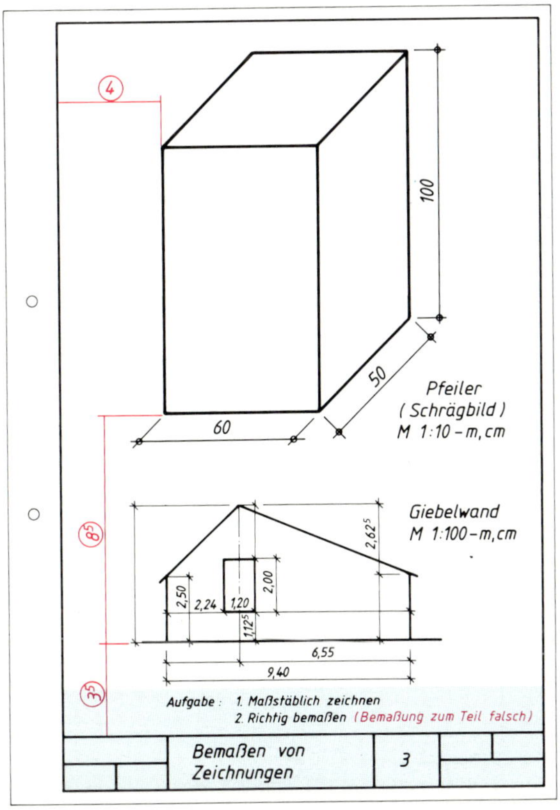
4
100
50
60
Pfeiler
(Schrägbild)
M 1:10 - m, cm
8⁵
Giebelwand
M 1:100 - m, cm
2,62⁵
2,50
2,24
1,20
2,00
1,12⁵
6,55
9,40
3⁵
Aufgabe: 1. Maßstäblich zeichnen
2. Richtig bemaßen (Bemaßung zum Teil falsch)
Bemaßen von Zeichnungen
3

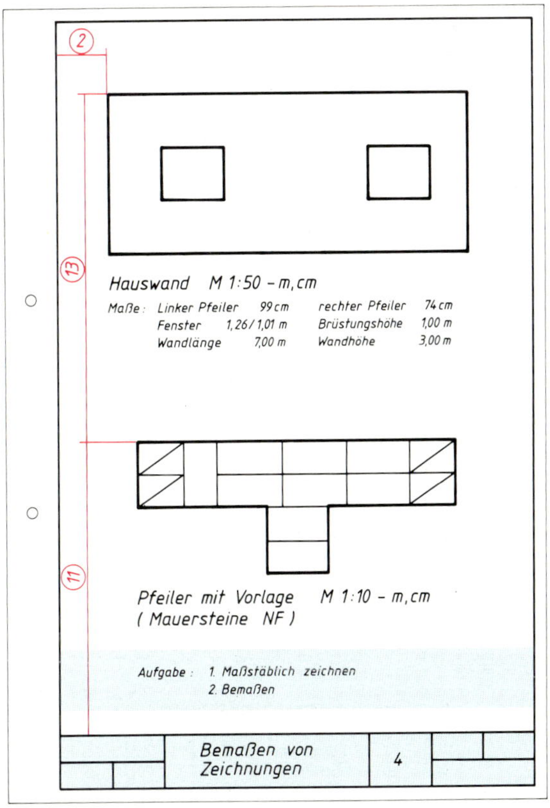
2
13
Hauswand M 1:50 - m, cm
Maße: Linker Pfeiler 99 cm
Fenster 1,26/1,01 m
Wandlänge 7,00 m
rechter Pfeiler 74 cm
Brüstungshöhe 1,00 m
Wandhöhe 3,00 m
11
Pfeiler mit Vorlage M 1:10 - m, cm
(Mauersteine NF)
Aufgabe: 1. Maßstäblich zeichnen
2. Bemaßen
Bemaßen von Zeichnungen
4

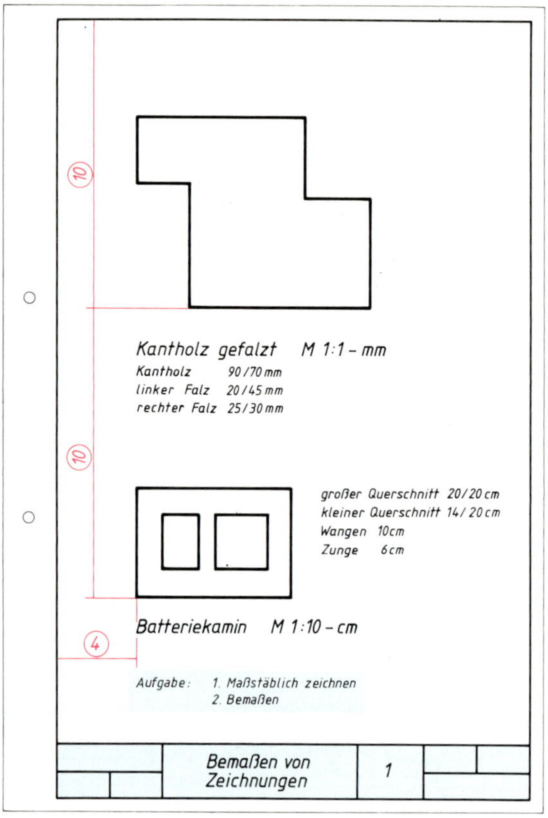
10
10
4
Kantholz gefalzt M 1:1 – mm
Kantholz 90/70 mm
linker Falz 20/45 mm
rechter Falz 25/30 mm
großer Querschnitt 20/20 cm
kleiner Querschnitt 14/20 cm
Wangen 10 cm
Zunge 6 cm
Batteriekamin M 1:10 – cm
Aufgabe: 1. Maßstäblich zeichnen
2. Bemaßen
Bemaßen von Zeichnungen
1

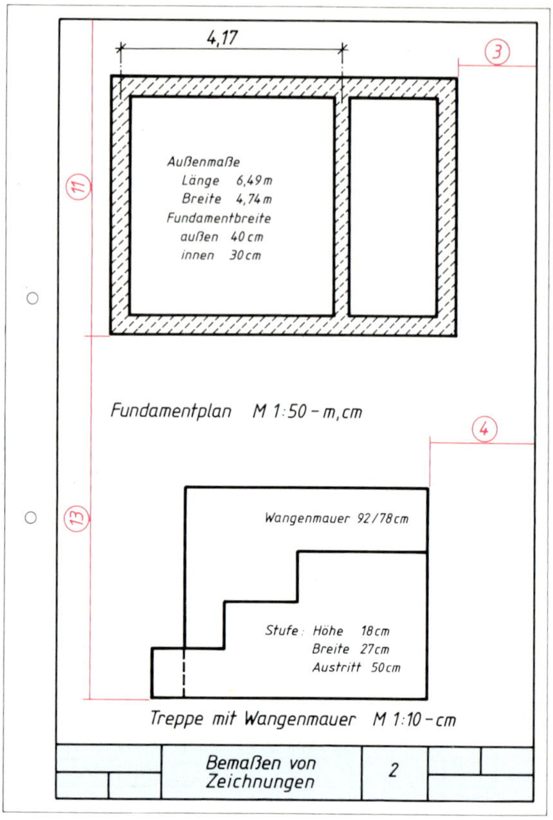
4,17
3
11
Außenmaße
Länge 6,49 m
Breite 4,74 m
Fundamentbreite
außen 40 cm
innen 30 cm
Fundamentplan M 1:50 – m, cm
4
13
Wangenmauer 92/78 cm
Stufe: Höhe 18 cm
Breite 27 cm
Austritt 50 cm
Treppe mit Wangenmauer M 1:10 – cm
Bemaßen von Zeichnungen
2

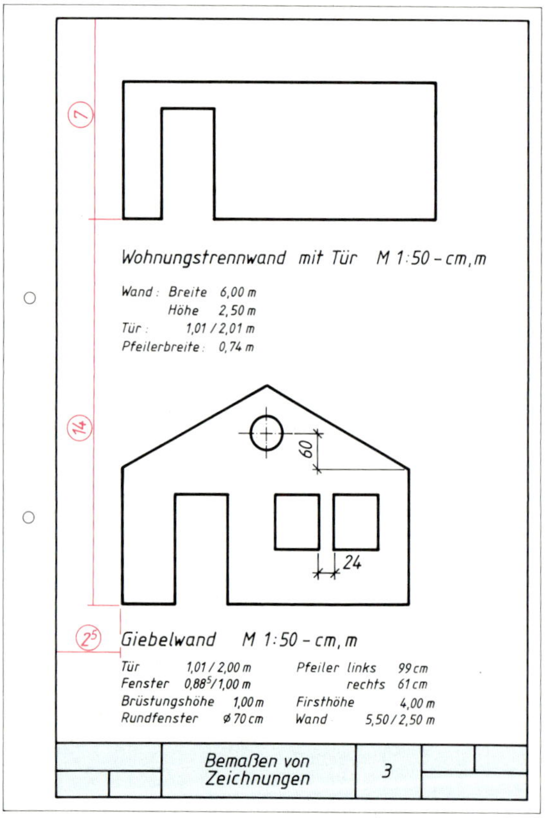
7
Wohnungstrennwand mit Tür M 1:50 – cm, m
Wand: Breite 6,00 m
Höhe 2,50 m
Tür: 1,01 / 2,01 m
Pfeilerbreite: 0,74 m
14
60
24
2⁵
Giebelwand M 1:50 – cm, m
Tür 1,01 / 2,00 m
Fenster 0,88⁵/1,00 m
Brüstungshöhe 1,00 m
Rundfenster ⌀ 70 cm
Pfeiler links 99 cm
rechts 61 cm
Firsthöhe 4,00 m
Wand 5,50 / 2,50 m
Bemaßen von Zeichnungen
3

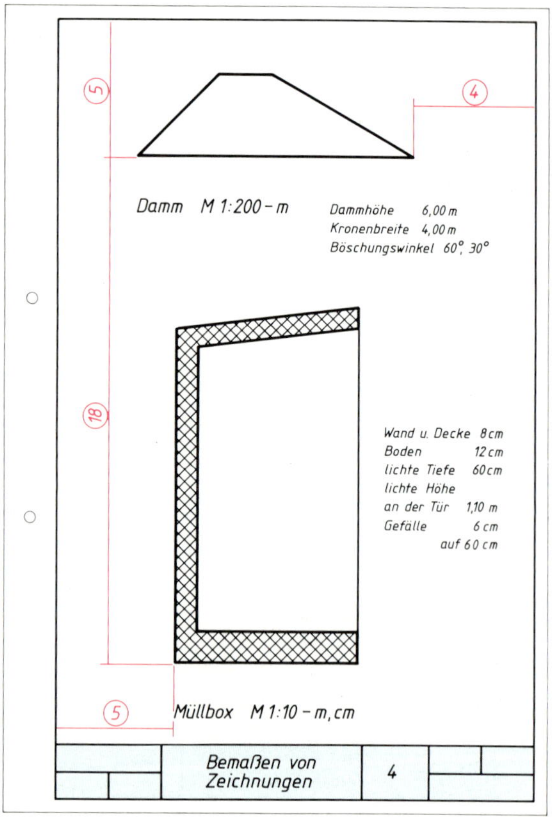
5
4
Damm M 1:200 – m
Dammhöhe 6,00 m
Kronenbreite 4,00 m
Böschungswinkel 60°, 30°
18
Wand u. Decke 8 cm
Boden 12 cm
lichte Tiefe 60 cm
lichte Höhe
an der Tür 1,10 m
Gefälle 6 cm
auf 60 cm
5
Müllbox M 1:10 – m, cm
Bemaßen von Zeichnungen
4

2 Grundkonstruktionen

2.1 Geometrische Grundkonstruktionen

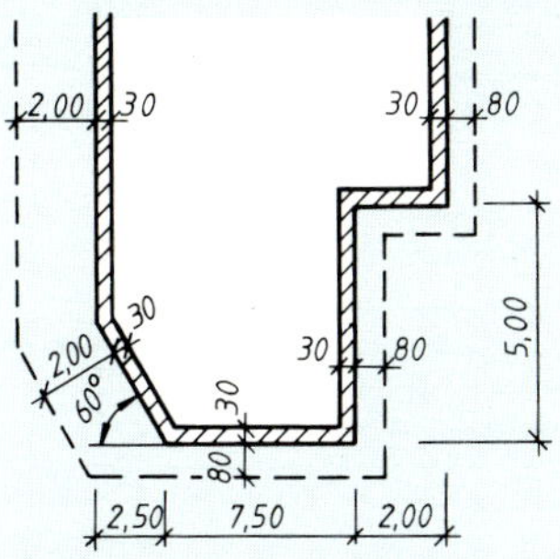

Grundriss (Lagerhaus)

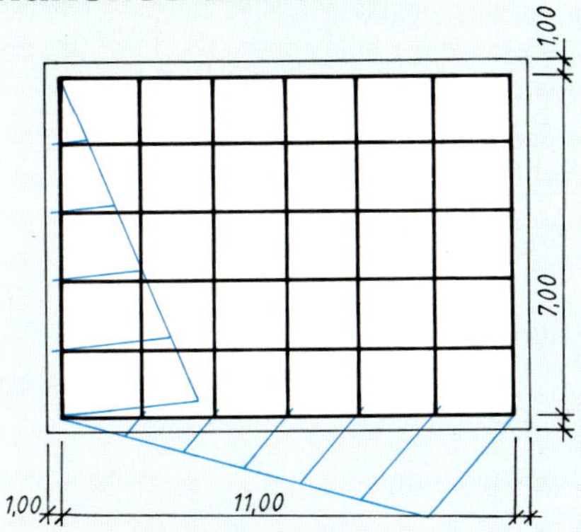

Kassettendecke

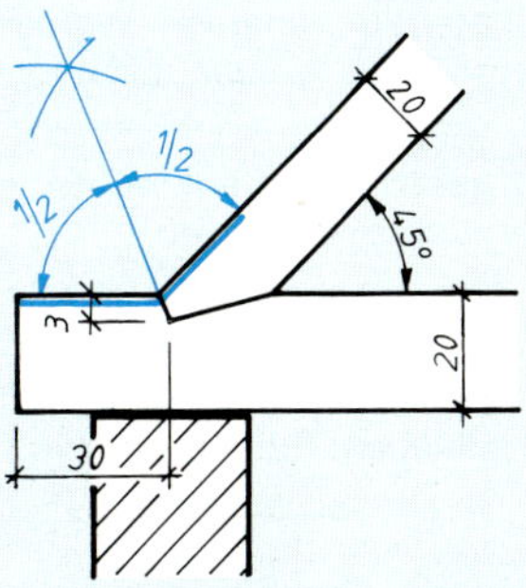

Fußpunkt am Sparrendach (Stirnversatz)

Bei der Ausführung von technischen Zeichnungen werden geometrische Grundkonstruktionen angewendet. Darunter versteht man die Konstruktion von Parallelen, rechten Winkeln, das Teilen von Strecken, Kreisbögen und Winkeln und das Übertragen von Winkeln. Die oben dargestellten Beispiele technischer Zeichnungen zeigen die Anwendung solcher Konstruktionen.

Lernziele:

Mit Zirkel und Lineal

- Parallelen konstruieren,
- Strecken in gleiche Teile teilen,
- Senkrechte im Endpunkt einer Strecke errichten,
- Winkel halbieren,
- Winkel übertragen.

2.1.1 Parallele Geraden

Gerade Linien verlaufen parallel, wenn sie stets den gleichen Abstand haben. Abstand ist die rechtwinklig gemessene Entfernung.

Parallelen kann man auch an den Winkeln erkennen, die sie mit einer schneidenden Geraden bilden (z. B. Stufenwinkel).

Beim Zeichnen von Parallelen auf dem Reißbrett mit Reißschiene und Zeichendreiecken wird diese Erkenntnis angewendet. Reißschiene und Führungskante bilden an jeder Stelle den gleichen Winkel (Stufenwinkel). Dies ist auch der Fall, wenn das Zeichendreieck an der Reißschiene (Führungskante) bewegt wird. Die Führungskanten müssen aber stets gerade sein (warum?).

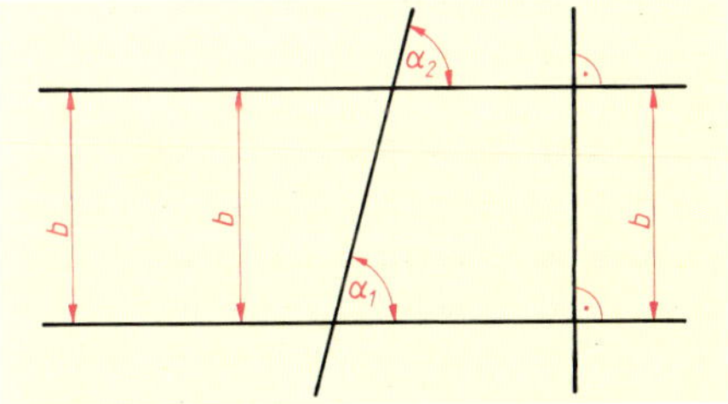

Winkel an Parallelen (α_1 und α_2 = Stufenwinkel)

Zeichnen von Parallelen durch Parallelverschieben des Zeichendreiecks:

1. Dreieck mit einem Schenkel an die gegebene Gerade anlegen.
2. An den anderen Schenkel des Dreiecks eine Reißschiene oder ein zweites Dreieck als Führungskante anlegen.
3. Das Dreieck an der Führungskante in die gewünschte Lage verschieben und die Parallele zeichnen.

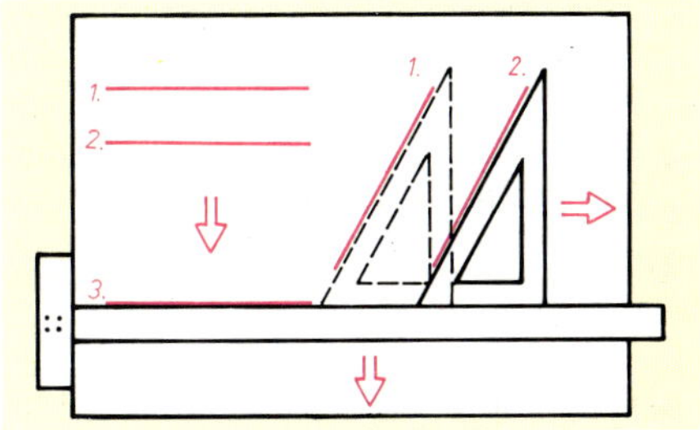

Parallelverschiebung mit Schiene u. Zeichendreieck

Aufgabe: Zu einer Geraden g durch einen Punkt P ist die Parallele zu konstruieren.

1. Auf der Geraden g Punkt A beliebig festlegen.
2. Kreisbogen um A mit $r = \overline{AP}$ zeichnen; Schnittpunkt B.
3. Kreisbögen mit gleichem Radius um B und P schlagen; Schnittpunkt in C.
4. Gerade durch P und C ziehen. Sie ist die Parallele zu g.

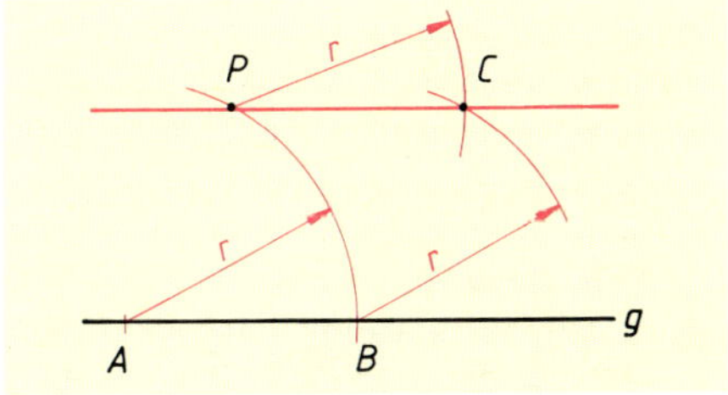

Parallelenkonstruktion mit Zirkel und Lineal

2.1.2 Senkrechte und Lote

Senkrechte und Lote sind Geraden, die zu einer Geraden unter 90° verlaufen. Werden Senkrechte oder Lote konstruiert, so werden damit rechte Winkel konstruiert.

Aufgabe: Eine Senkrechte ist im Punkt D einer Geraden zu errichten.

1. Kreis um Punkt D mit beliebigem Radius zeichnen; Schnittpunkte A und B.
2. Kreisbögen mit gleichem Radius um A und B schlagen; Schnittpunkt in C.
3. Gerade von D durch C ziehen = Senkrechte in D.

Aufgabe: Eine Senkrechte ist im Endpunkt einer Strecke zu errichten.

1. Kreis um Endpunkt B mit beliebigem Radius zeichnen; Schnittpunkt C.
2. Auf dem Kreisbogen von C aus zweimal Kreisbogen mit $r = BC$ abtragen; Schnittpunkte D und E.
3. Kreisbögen um D und E mit beliebigem Radius zeichnen; Schnittpunkt in F.
4. Gerade von B durch F ziehen = Senkrechte in B.

Aufgabe: Ein Lot ist von einem Punkt D aus auf eine Gerade zu fällen.

1. Kreisbogen um D zeichnen; Schnittpunkte mit der Geraden in A und B.
2. Kreisbögen um A und B mit beliebigem Radius zeichnen; Schnittpunkt in C.
3. Gerade durch D und C ziehen = Lot auf Gerade g.

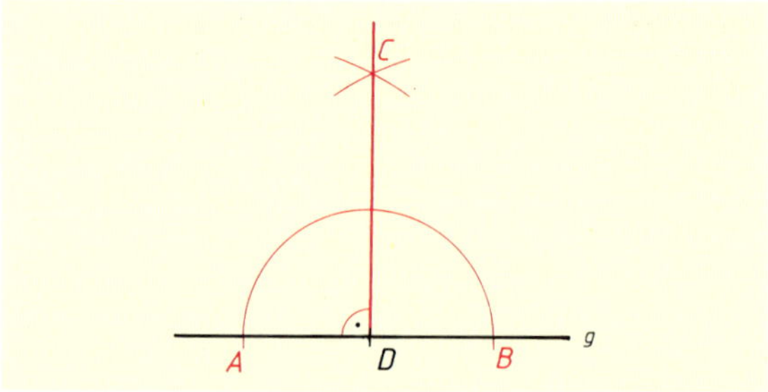

Senkrechte in einem Punkt

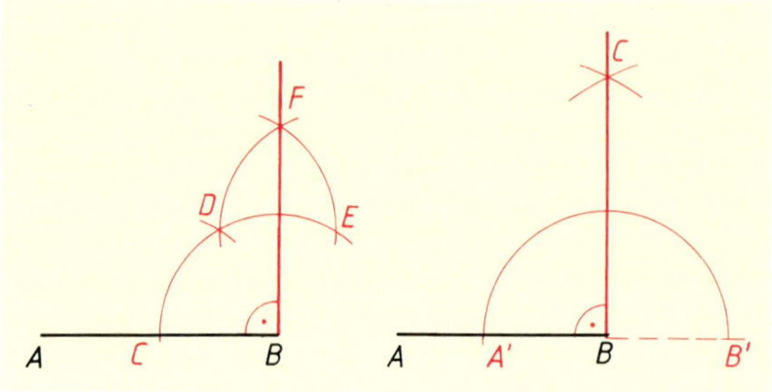

Senkrechte im Endpunkt einer Strecke

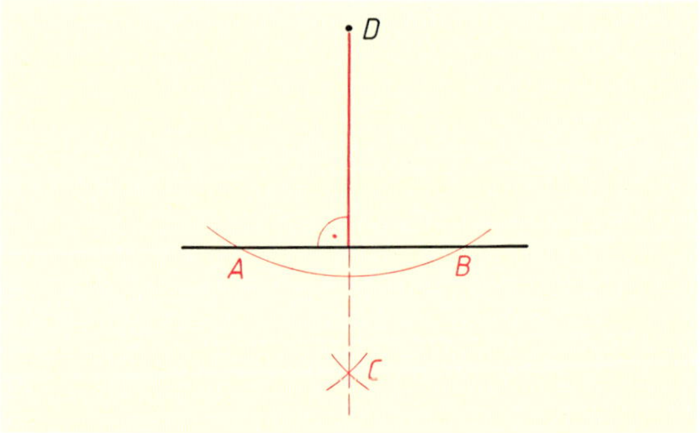

Lot fällen

2.1.3 Streckenteilung

Strecken sind begrenzte Geraden; sie werden mit ihren Endpunkten bezeichnet, z. B. **Strecke AB**. Die geradlinigen Begrenzungen von Flächen und Körpern sind Strecken. Teilungen von Strecken werden mit Zirkel und Lineal durchgeführt.

Aufgabe: Eine Strecke ist zu halbieren (vierteln).

1. Kreisbogen um Streckenendpunkte A und B zeichnen $\left(r > \frac{AB}{2}\right)$; Schnittpunkte in C und D.
2. Gerade durch C und D ziehen; Schnittpunkt in M. Der Punkt M halbiert die Strecke AB.

Die Gerade durch C und D ist **Mittelsenkrechte** der Strecke AB.

Aufgabe: Eine Strecke ist in mehrere gleiche Teile zu teilen (hier sieben Teile).

1. Von Punkt A unter einem Winkel von etwa 30° zur Strecke eine Hilfsgerade ziehen.
2. Auf dieser von A aus mit dem Zirkel so viele beliebig große, aber gleiche Teilstrecken abtragen, wie Teilungen verlangt sind (Teilpunkte 1′, 2′ … C).
3. Letzten Teilpunkt C mit Endpunkt B der Strecke AB verbinden.
4. Parallelen zu BC durch die Teilpunkte der Hilfsgeraden ziehen. Deren Schnittpunkte mit der Strecke AB sind die gesuchten Teilungspunkte.

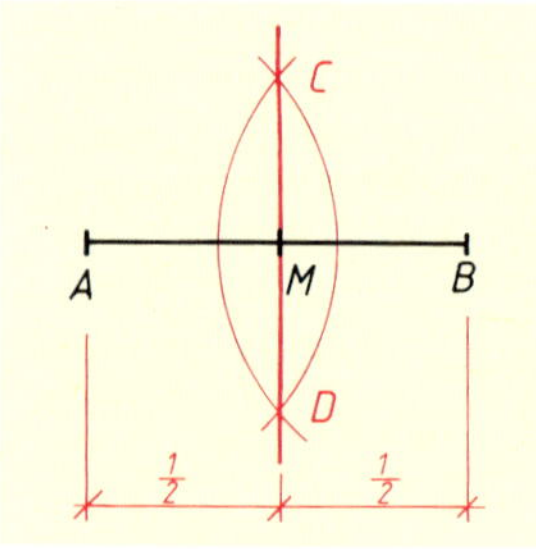

Strecke halbieren

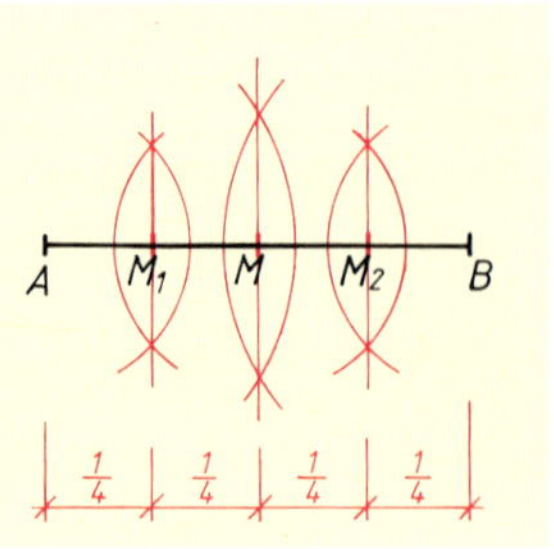

Strecke vierteln

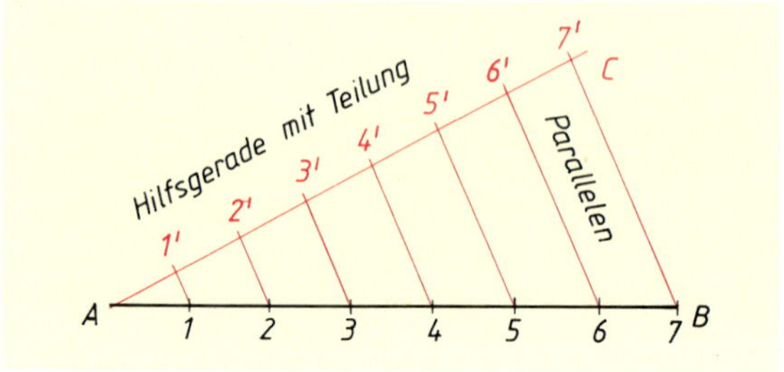

Streckenteilung (7 Teile)

2.1.4 Winkelteilung

Winkel entstehen, wenn sich zwei Geraden schneiden. Diese Geraden bilden die Schenkel des Winkels; ihr Schnittpunkt ist der Scheitelpunkt.

Ein Winkel entsteht auch, wenn einer von zwei aufeinander liegenden Strahlen um einen Punkt, den Scheitelpunkt, gedreht wird. Der Strahl erfährt eine Richtungsänderung. Je größer der Richtungsunterschied ist, umso größer ist der Winkel.

Da jeder Punkt des sich drehenden Strahls auf einem Kreisbogen wandert, werden die Winkel mit Kreisbögen gemessen. Bei einer vollen Umdrehung entsteht ein Vollkreis. Sein Umfang wird in 360 (oder 400) gleiche Teile geteilt. Der 360ste Teil ist ein **Grad** (1°), der 400ste Teil ist ein **Gon** (1 gon).

Winkel zwischen 0° und 90° heißen **spitze** (1), zwischen 90° und 180° **stumpfe** (3), über 180° **überstumpfe** Winkel (5). 90° ergeben einen **rechten Winkel** (2), 180° einen **gestreckten** Winkel (4), 360° einen **Vollwinkel** (6).

Weitere Winkelarten:

Scheitelwinkel werden von denselben Geraden gebildet, sie sind einander gleich.

Nebenwinkel haben einen gemeinsamen Schenkel, sie ergänzen sich zu 180°.

Wechselwinkel und **Stufenwinkel** entstehen, wenn parallele Geraden von einer dritten geschnitten werden, sie sind gleich groß.

Gegenwinkel sind die in einem Parallelogramm diagonal gegenüberliegenden Winkel; sie sind gleich groß.

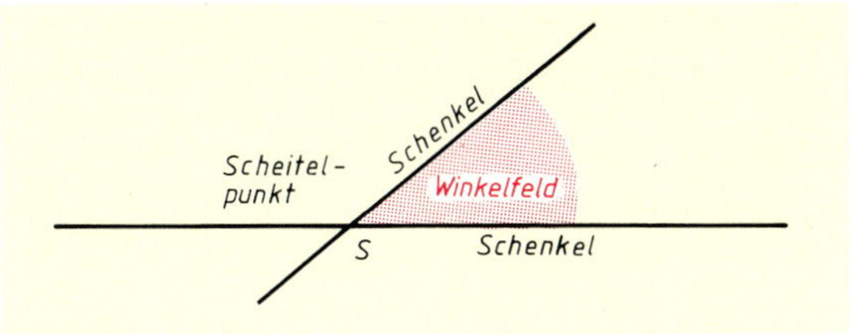

Winkel

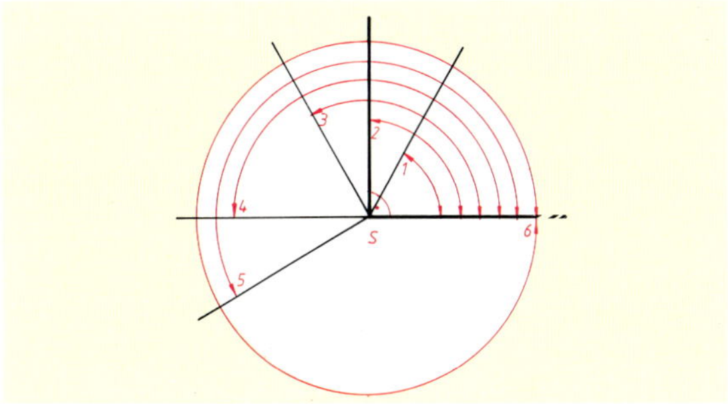

Winkelarten

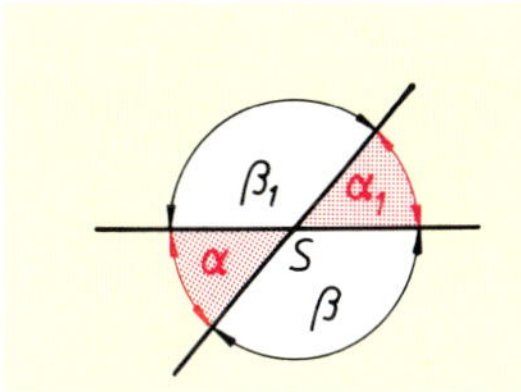

Scheitelwinkel $\alpha = \alpha_1$; $\beta = \beta_1$

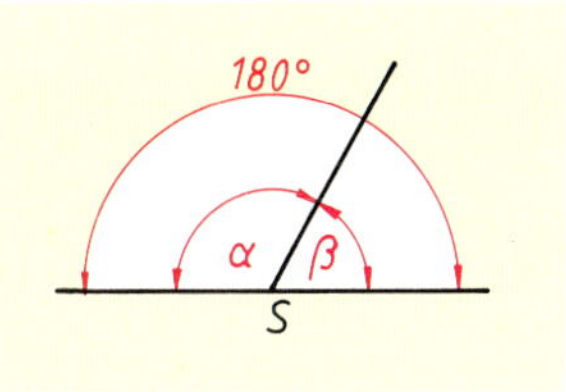

Nebenwinkel $\alpha + \beta = 180°$

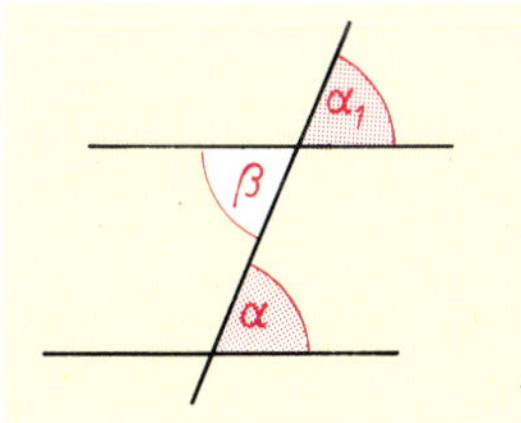

Stufenwinkel (α, α_1)
und Wechselwinkel (α, β)

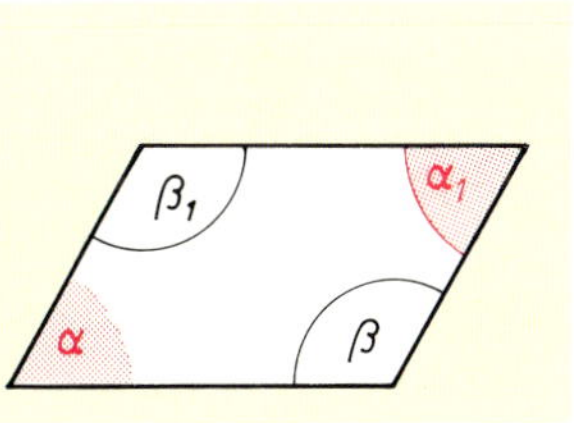

Gegenwinkel $(\alpha, \alpha_1 ; \beta, \beta_1)$

Aufgabe: Ein Winkel ist zu halbieren.

1. Kreisbogen um Scheitelpunkt S mit beliebigem Radius zeichnen; Schnittpunkte A und B.
2. Kreisbögen um A und B mit gleichem Radius; Schnittpunkt in C.
3. Von S durch C Gerade ziehen = Winkelhalbierende.

Aufgabe: Ein 90°-Winkel ist zu dritteln.

1. Kreisbogen um Scheitelpunkt mit beliebigem Radius; Schnittpunkte A und B.
2. Um A und B Kreis mit gleichem Radius schlagen; Schnittpunkte C und D.
3. Geraden von S durch C und D ziehen = Winkeldrittelung.

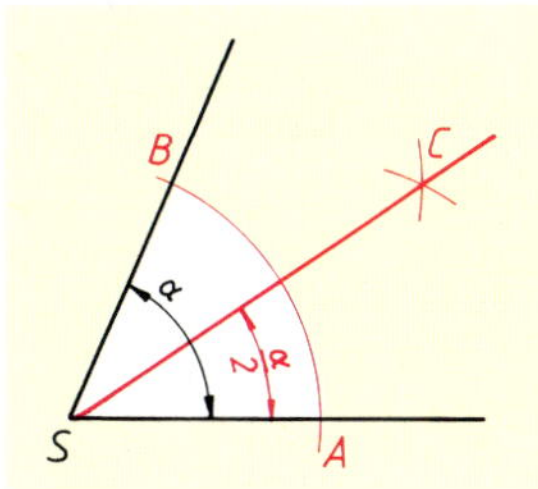

Winkel halbieren

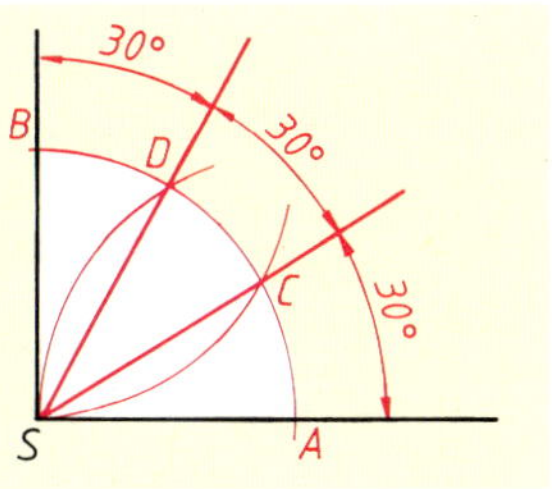

90°-Winkel dritteln

Aufgabe: Ein Winkel ist zu übertragen

(hier: Winkel α an Gerade g in Punkt P antragen).

1. Kreisbögen mit beliebigem r um Scheitelpunkt S und Punkt P zeichnen; Schnittpunkte A, B und C.
2. Kreis um C mit r_1 = AB schlagen; Schnittpunkt in D.
3. Gerade von P durch D ziehen. ∢ASB = ∢CPD.

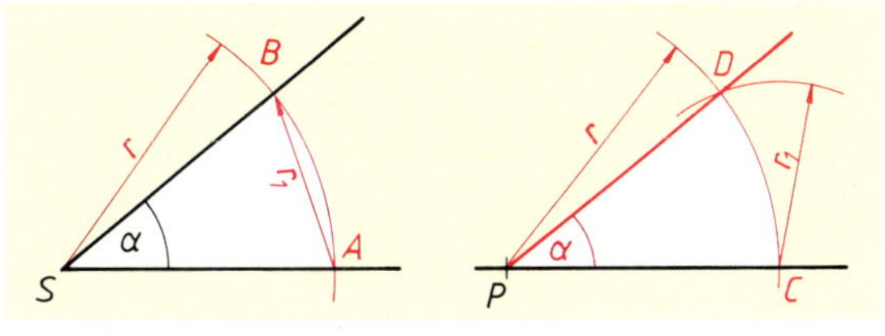

Winkelübertragung

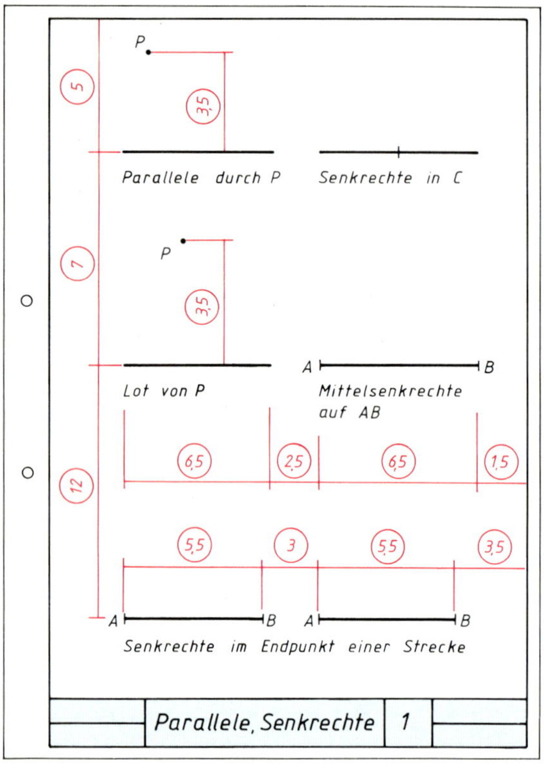
P
Parallele durch P
Senkrechte in C
P
Lot von P
A B
Mittelsenkrechte auf AB
A B A B
Senkrechte im Endpunkt einer Strecke
Parallele, Senkrechte
1

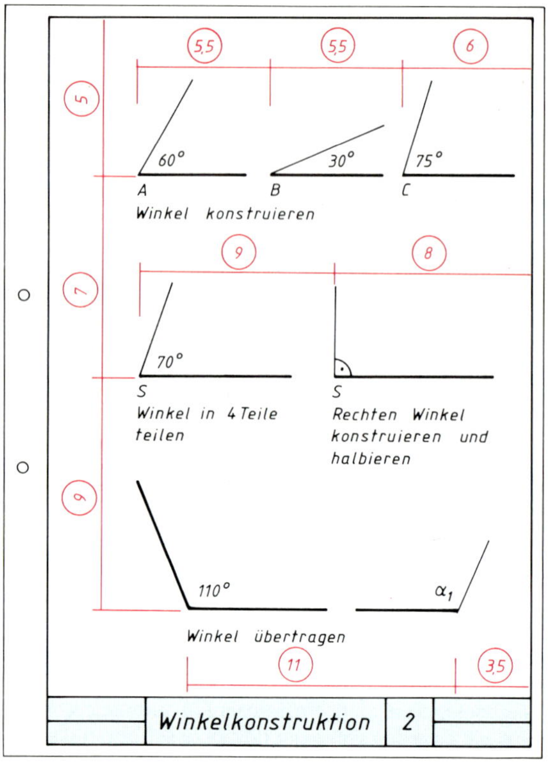
60°
30°
75°
A B C
Winkel konstruieren
70°
S S
Winkel in 4 Teile teilen
Rechten Winkel konstruieren und halbieren
110°
α_1
Winkel übertragen
Winkelkonstruktion
2

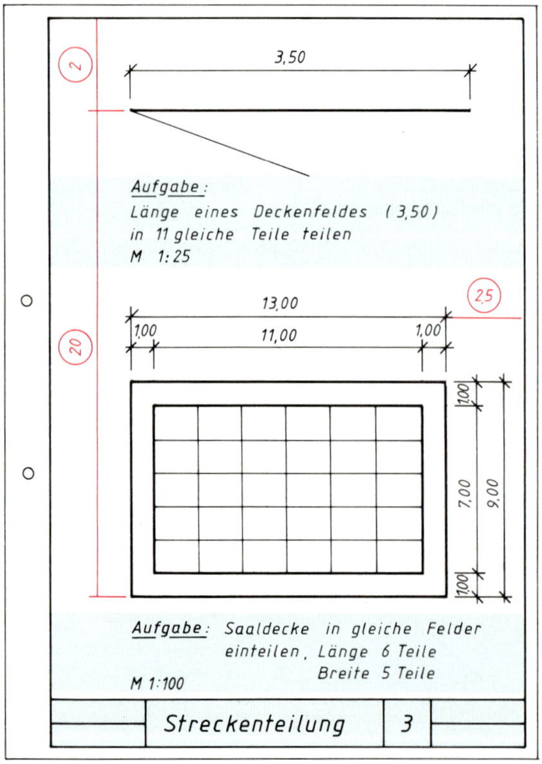
3,50
Aufgabe:
Länge eines Deckenfeldes (3,50) in 11 gleiche Teile teilen
M 1:25
13,00
1,00
11,00
1,00
7,00
9,00
Aufgabe: Saaldecke in gleiche Felder einteilen, Länge 6 Teile
Breite 5 Teile
M 1:100
Streckenteilung
3

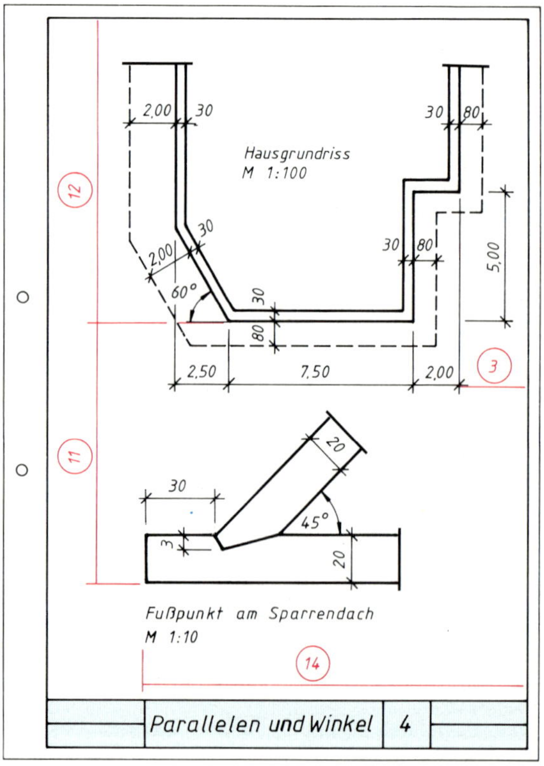
Hausgrundriss
M 1:100
2,00
30
80
60°
5,00
2,50
7,50
2,00
20
45°
Fußpunkt am Sparrendach
M 1:10
Parallelen und Winkel
4

2.2 Dreieckkonstruktionen

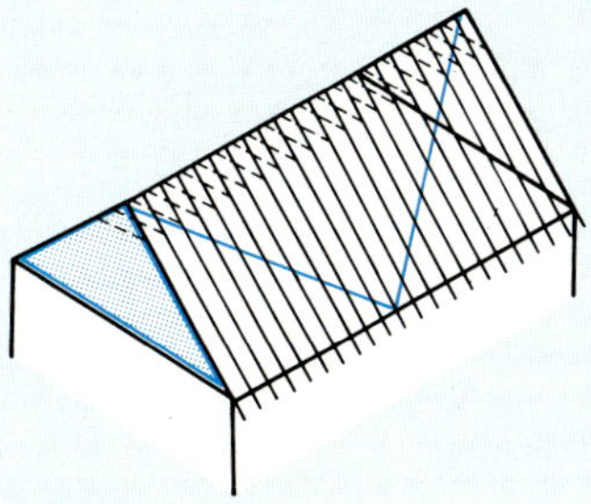

Satteldach

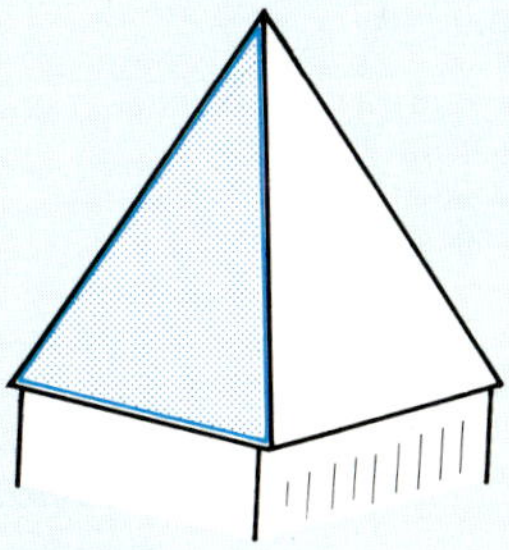

Zeltdach

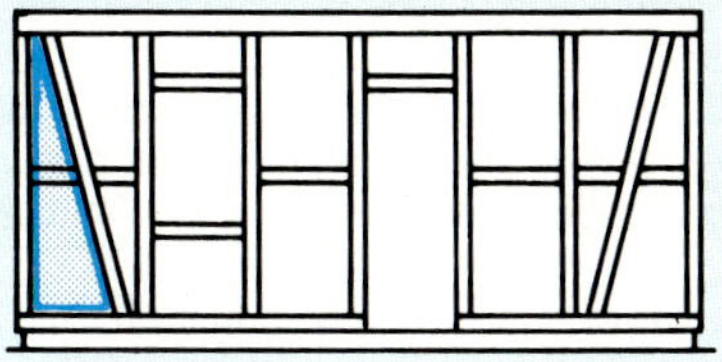

Fachwerkwand

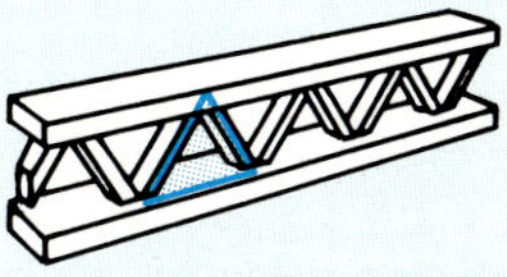

Fachwerkbinder (Dreiecksbinder)

Dreiecke kommen in Baukonstruktionen häufig vor, z.B. bei Dachkonstruktionen, Fachwerkwänden, Fachwerkbindern, im Treppenbau und bei Verstrebungen. Das Dreieck ist, statisch betrachtet, eine stabile Figur, d.h., es ist nicht verschieblich. Bei den aufgeführten Konstruktionen wird diese Erkenntnis angewandt. Die konstruktiven Gesetzmäßigkeiten werden nachfolgend behandelt.

Lernziele:

- Dreiecke nach Seiten und Winkeln benennen.
- Umkreis, Inkreis und Schwerpunkt von Dreiecken konstruieren.
- Einfache Dreieckkonstruktionen mit Zirkel und Lineal ausführen.

2.2.1 Arten von Dreiecken

Dreiecke werden nach Seiten und Winkeln bezeichnet.

a) Nach den Seiten:

gleichseitiges Dreieck
– alle Seiten sind gleich lang,

ungleichseitiges Dreieck
– alle Seiten sind verschieden lang,

gleichschenkliges Dreieck
– zwei Seiten sind gleich lang.

b) Nach den Winkeln:

rechtwinkliges Dreieck
– ein Winkel beträgt 90°,

spitzwinkliges Dreieck
– alle Winkel sind kleiner als 90°,

stumpfwinkliges Dreieck
– ein Winkel ist größer als 90°.

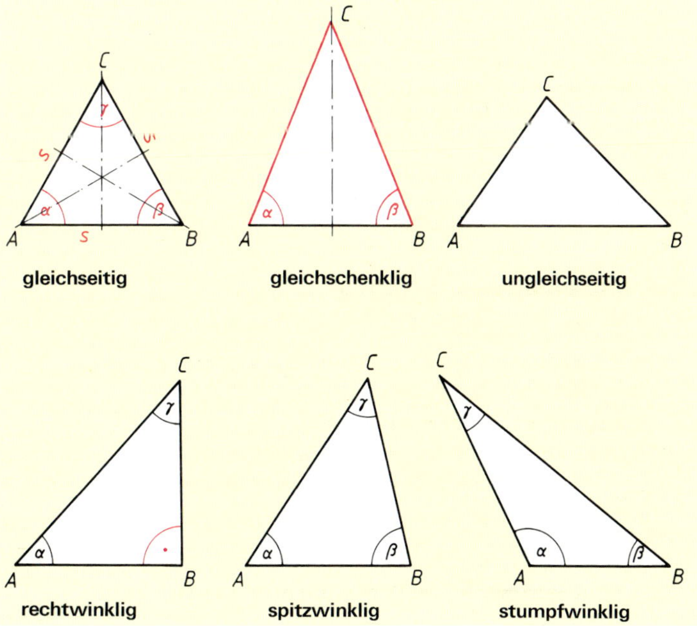

Arten von Dreiecken

2.2.2 Gesetzmäßigkeiten im Dreieck

Winkel im Dreieck:

Die Summe der Innenwinkel beträgt 180°.
$\alpha + \beta + \gamma = 180°$

Beweis: Zieht man durch einen Dreieckspunkt die Parallele zur gegenüberliegenden Seite und verlängert die beiden anderen Dreieckseiten, dann bilden sich die Innenwinkel α, β und γ bei diesem Punkt als Stufen- und Scheitelwinkel α_1, β_1 und γ_1 ab.

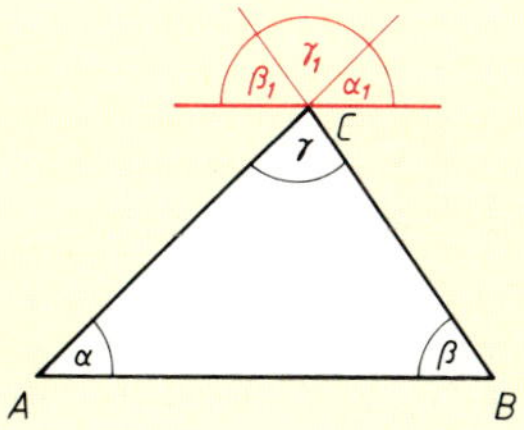

$\alpha = \alpha_1$, $\beta = \beta_1$ } Stufenwinkel
$\gamma = \gamma_1$ Scheitelwinkel

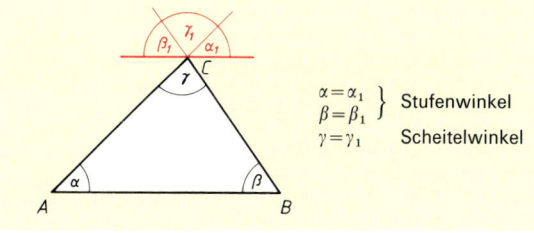

Winkelsumme im Dreieck

Zu jedem Dreieck kann man einen Umkreis und einen Inkreis konstruieren.

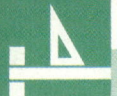

Den **Mittelpunkt des Umkreises** findet man, indem man die Mittelsenkrechten der Dreieckseiten konstruiert; ihr Schnittpunkt ist der Umkreismittelpunkt M.

Die Mittelsenkrechten eines Dreiecks schneiden sich in einem Punkt, dem Umkreismittelpunkt M.

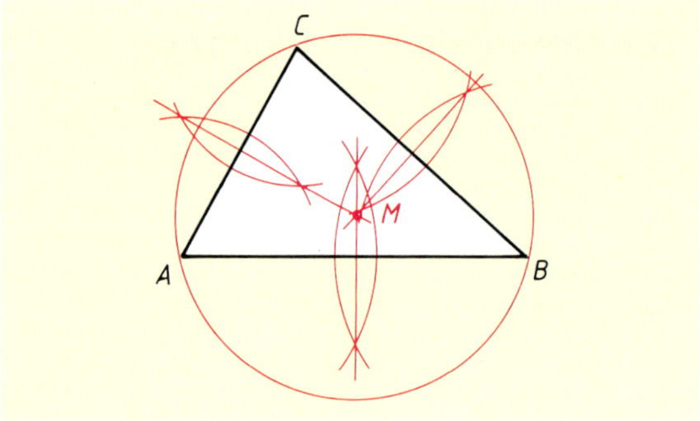

Mittelsenkrechte und Umkreis

Der **Inkreismittelpunkt** liegt im Schnittpunkt der Winkelhalbierenden. Diese schneiden sich ebenfalls in einem Punkt, dem Inkreismittelpunkt 0.

Die Dreieckseiten sind im Umkreis Sehnen und am Inkreis Tangenten.

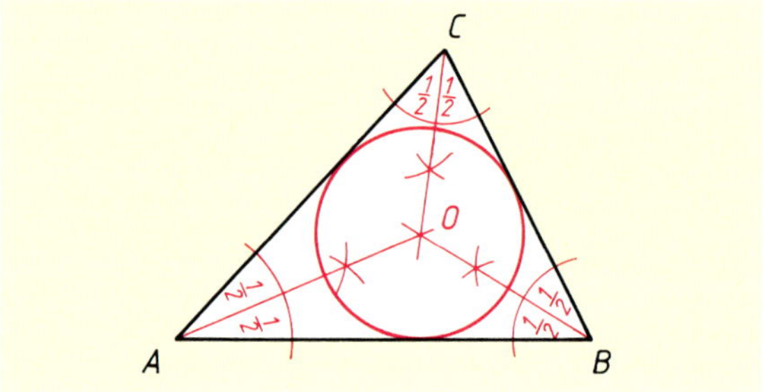

Winkelhalbierende und Inkreis

Der **Schwerpunkt** eines Dreiecks liegt im Schnittpunkt der Seitenhalbierenden. Sie sind die Geraden von den Eckpunkten zu den Seitenmitten.

Die Seitenhalbierenden eines Dreiecks schneiden sich in einem Punkt, dem Schwerpunkt S.

Versuch: Schneiden Sie ein Dreieck aus Zeichenkarton aus, konstruieren Sie den Schwerpunkt und legen Sie das Dreieck in S auf die Zirkelspitze.

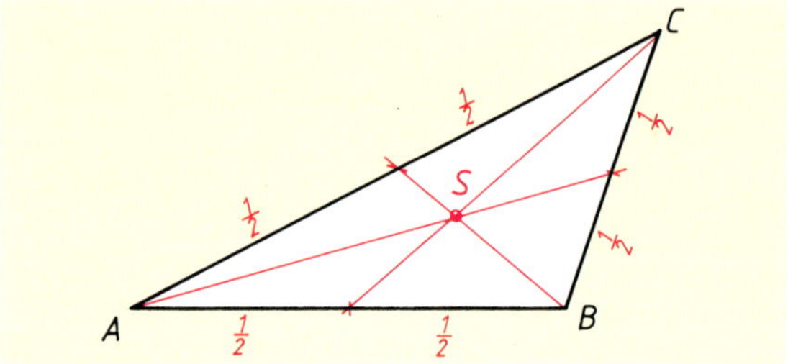

Schwerpunkt im Dreieck

2.2.3 Dreieckkonstruktionen

Zur Konstruktion von Dreiecken müssen drei Größen bekannt sein, z. B.:

- 3 Seiten oder
- 1 Seite und 2 anliegende Winkel oder
- 2 Seiten und der eingeschlossene Winkel oder
- 2 Seiten und der Winkel, welcher der größeren gegenüberliegt.

(Kongruenzsätze)

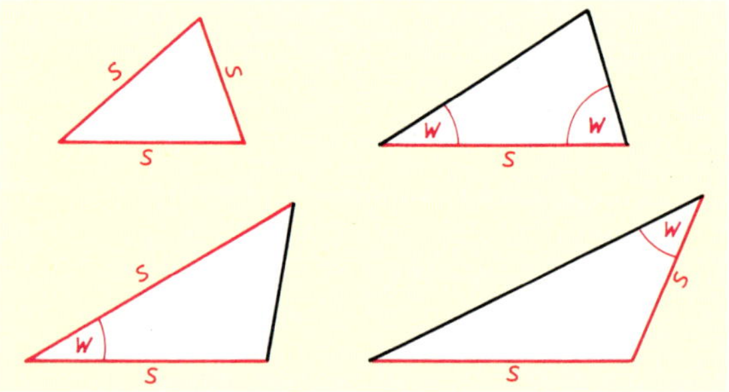

Bedingungen für Dreieckkonstruktionen

Aufgaben: Konstruktion von Dreiecken nach folgenden Angaben:

a) Gegeben: *a = 3,00 m*
b = 4,00 m
c = 5,00 m
M 1:100

b) Gegeben: *Dachneigung = 35°*
Dachbreite l = 13,00 m
M 1:200

c) Gegeben: *Dachhöhe h = 7,00 m*
Breite l = 11,00 m
M 1:200

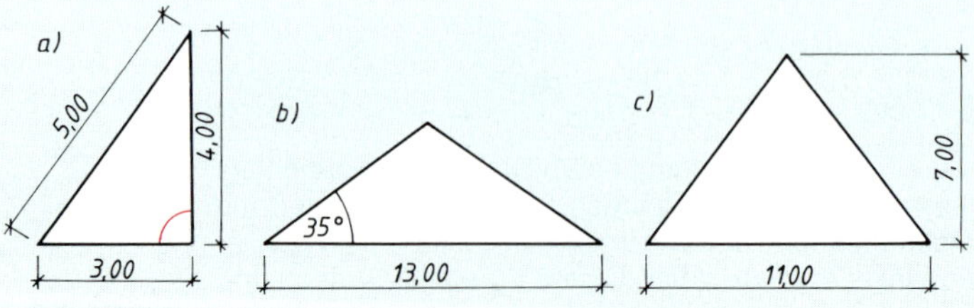

2.3 Vierecke

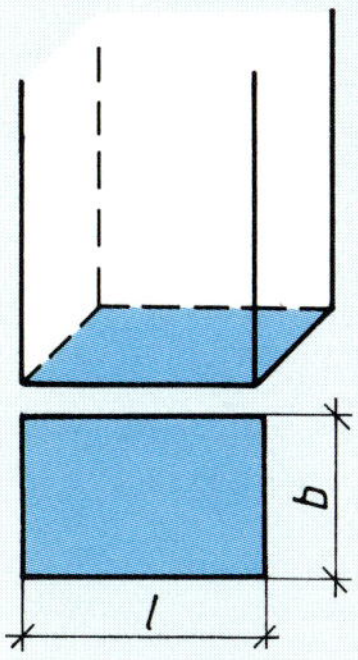

Pfeilergrundriss

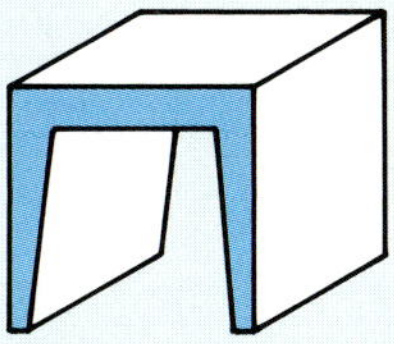

Gartenstein

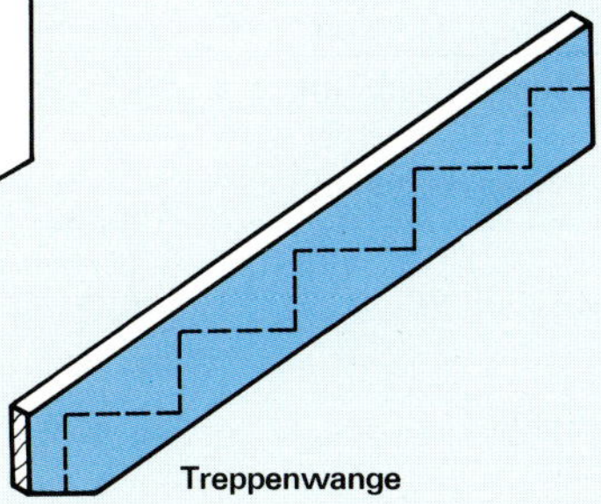

Treppenwange

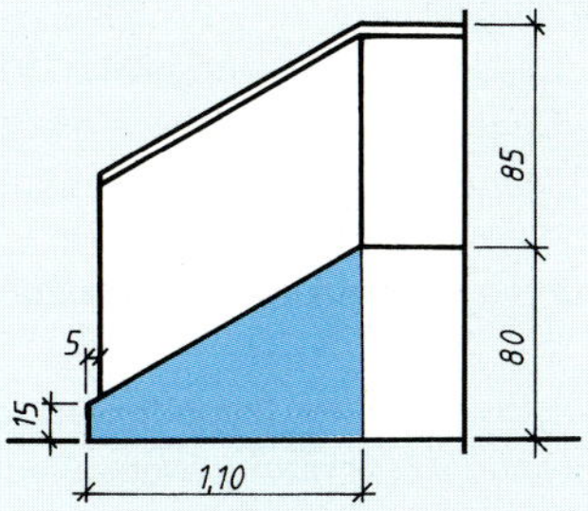

Eingangstreppe – Ansicht
(Wangenmauer und Geländer)

Alle Bauwerke und Bauteile werden in Zeichnungen als Flächen dargestellt. Meist sind es Vierecke. Diese lassen sich einteilen in:

Vierecke mit zwei parallelen Seitenpaaren,

Vierecke mit einem parallelen Seitenpaar und unregelmäßige Vierecke.

Parallelogramme mit rechten Winkeln sind **Quadrate** und **Rechtecke.**

Vierecke lassen sich bei genügenden Angaben auf einfache Weise genau zeichnen.

Lernziele:

- Konstruktive Gesetzmäßigkeiten von Parallelogramm und Trapez angeben.
- Einfache Konstruktionen von Quadrat, Rechteck, Parallelogramm und Trapez ausführen.

2.3.1 Quadrat

Konstruktive Merkmale: Vier gleich lange Seiten, vier rechte Winkel, die Diagonalen sind gleich lang.

Für die Konstruktion eines Quadrates genügt die Angabe der Seitenlänge.

Aufgabe: Ein Quadrat ist zu konstruieren. Die Seitenlänge ist gegeben.

Lösung ①:

1. Seitenlänge *s* zeichnen (Strecke AB).
2. In den Endpunkten A und B jeweils Senkrechte errichten und darauf die Seitenlänge *s* einmessen (Punkte C und D).
3. Die Punkte C und D verbinden.

Das Viereck ABCD ist das gesuchte Quadrat. Das Quadrat kann auch nach der Lösung ② gezeichnet werden. Beschreiben Sie diese Konstruktion.

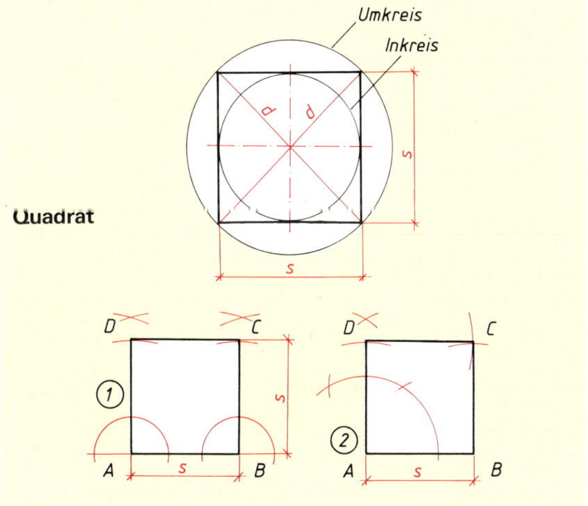

Konstruktion von Quadraten

2.3.2 Rechteck

Konstruktive Merkmale: Gegenüberliegende Seiten sind gleich lang, vier rechte Winkel, die Diagonalen sind gleich lang. Für die Konstruktion eines Rechteckes genügen zwei Angaben.

Aufgabe: Ein Rechteck ist zu konstruieren. Gegeben sind ① Seitenlängen *l* und *b*, ② Seitenlänge *l* und Diagonale *d*.

Lösung zu ②:

1. Seitenlänge *l* zeichnen (Strecke AB).
2. Im Punkt A die Senkrechte errichten.
3. Kreis um B mit $r = d$; Schnittpunkt D.
4. Parallele durch Punkt D zeichnen und die Seitenlänge *l* einmessen; Punkt C.
5. Punkte B und C verbinden.

Das Viereck ABCD ist das gesuchte Rechteck. Beschreiben Sie die Konstruktion der Aufgabe ①.

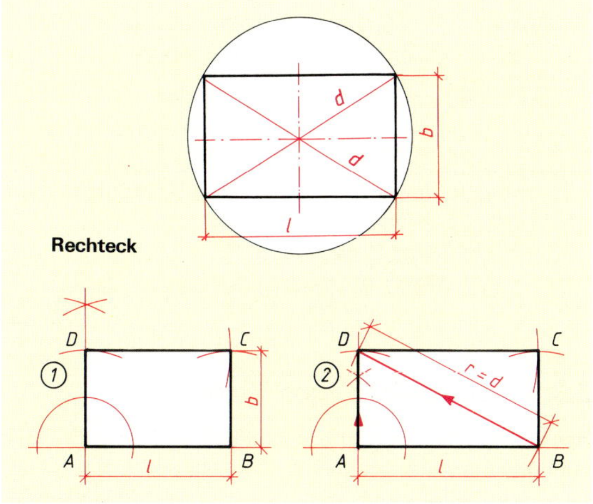

Rechteckkonstruktionen

2.3.3 Parallelogramm

Merkmale:
- Parallele Seiten sind gleich lang,
- Gegenwinkel sind gleich groß,
- Diagonalen halbieren sich und schneiden sich im Schwerpunkt S.

Für die Konstruktion müssen drei Größen gegeben sein.

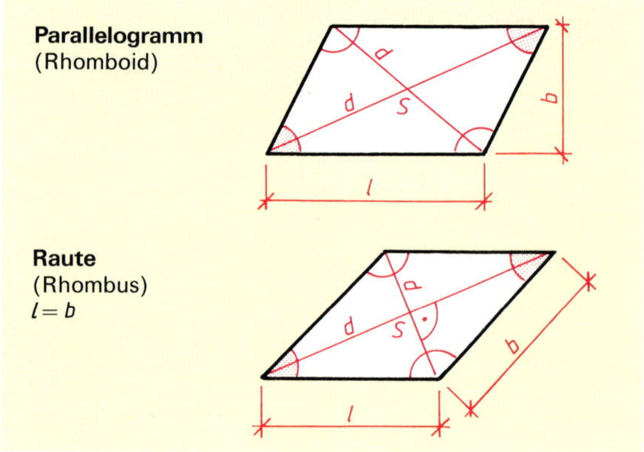

Parallelogramme

Aufgabe: Eine Treppenwange ist zu zeichnen (ohne Anschnitt für Wangenauflager).

Gegeben: Grundrisslänge g, Wangenbreite b, Steigungswinkel α.

1. Grundrisslänge zeichnen und in den Endpunkten Senkrechte errichten.
2. Gerade mit Winkel α antragen.
3. Parallele zur schrägen Geraden im Abstand b zeichnen.

Das gezeichnete Parallelogramm ist die Treppenwange.

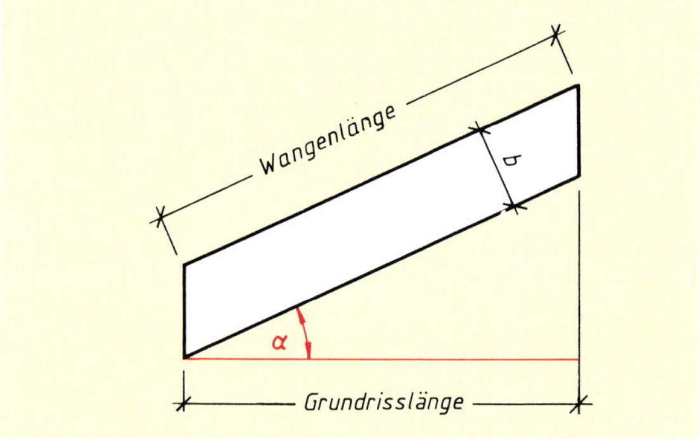

Treppenwange

2.3.4 Trapez

Merkmale:
- zwei parallele Seiten,
- Symmetrieachse beim gleichschenkligen Trapez.

Für die Konstruktion sind vier Angaben nötig.

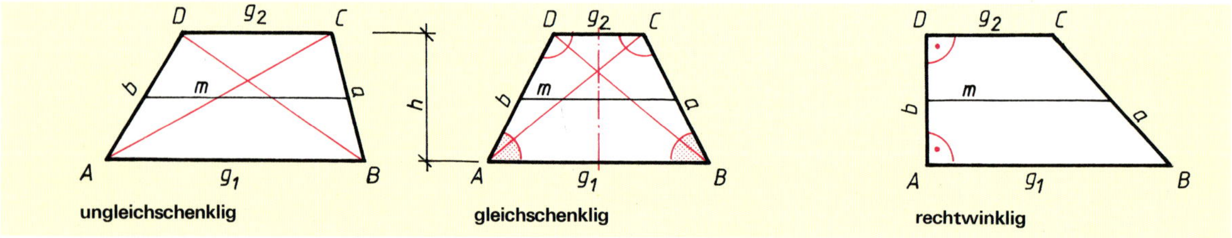

Trapezformen

Aufgabe: Die Giebelwand eines Dachraumes ist zu zeichnen.

Gegeben: Fußbodenkante g_1, Deckenkante g_2, Raumhöhe h, rechter Winkel α

1. Grundlinie g_1 (Strecke AB) zeichnen.
2. Im Endpunkt B eine Senkrechte errichten und die Höhe h einmessen (Punkt C).
3. Parallele durch C zeichnen und Deckenkantenlänge g_2 (Strecke CD) abtragen.
4. Punkte A und D verbinden.

Das Trapez ABCD ist die gesuchte Giebelwand.

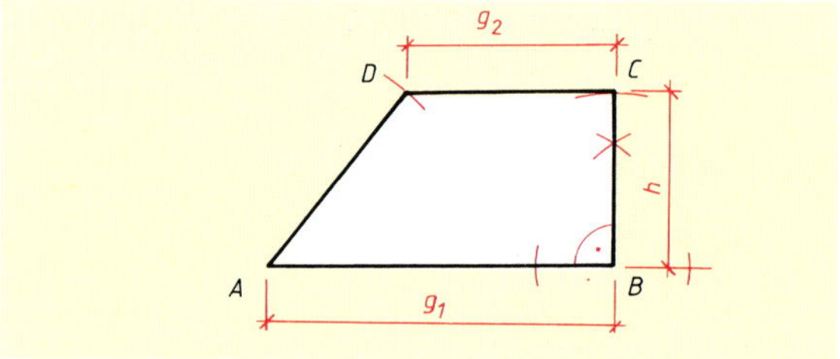

Giebelwand

2.3.5 Unregelmäßiges Viereck

Bei diesen Flächen gibt es keine konstruktiven Gesetzmäßigkeiten zwischen Seiten, Winkeln und Diagonalen. Für die Konstruktion sind mindestens fünf Angaben erforderlich.

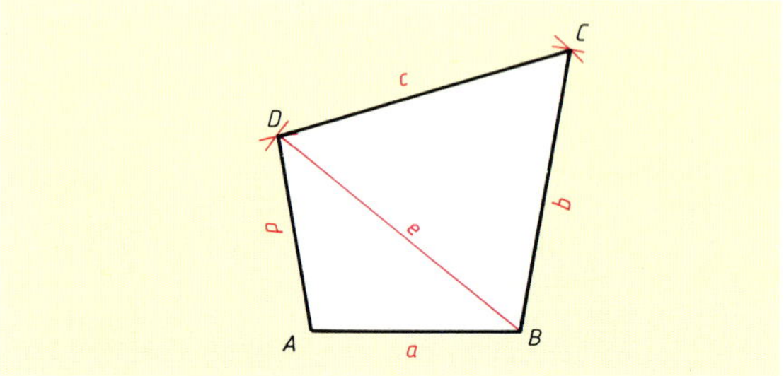

Unregelmäßiges Viereck

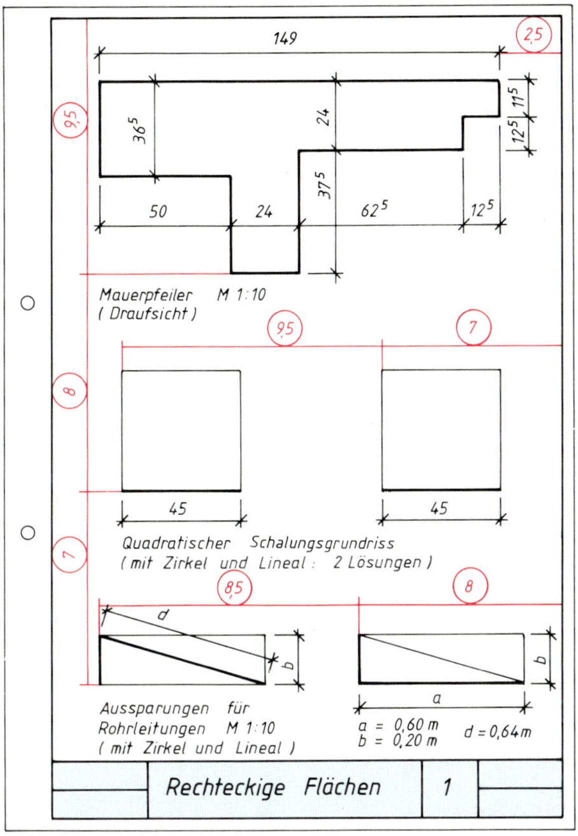
149
2,5
9,5
36⁵
24
11⁵
12⁵
50
24
37⁵
62⁵
12⁵
Mauerpfeiler M 1:10
(Draufsicht)
9,5
7
8
45
45
Quadratischer Schalungsgrundriss
(mit Zirkel und Lineal : 2 Lösungen)
7
8,5
8
d
b
b
a
Aussparungen für
Rohrleitungen M 1:10
(mit Zirkel und Lineal)
a = 0,60 m
b = 0,20 m
d = 0,64 m
Rechteckige Flächen
1

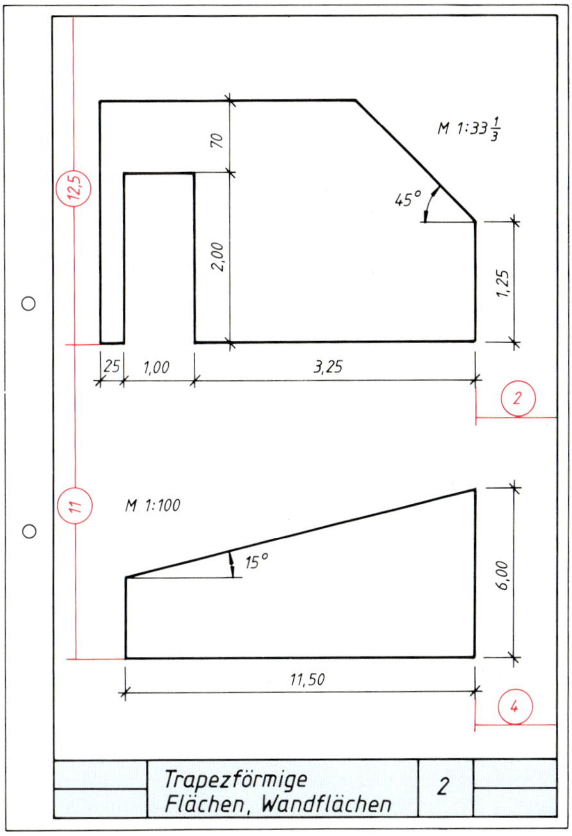
M 1:33 1/3
70
12,5
45°
2,00
1,25
25
1,00
3,25
2
11
M 1:100
15°
6,00
11,50
4
Trapezförmige
Flächen, Wandflächen
2

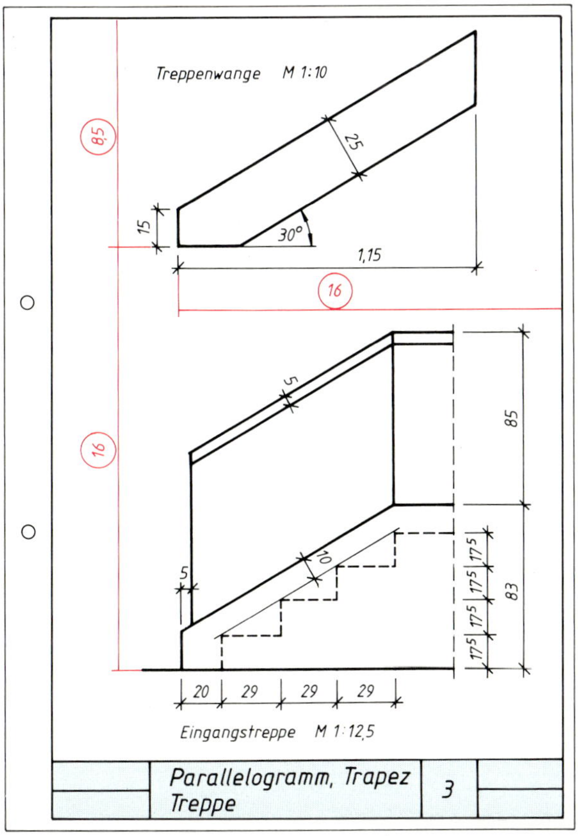
Treppenwange M 1:10
8,5
25
15
30°
1,15
16
5
85
16
10
5
17⁵
17⁵
17⁵
17⁵
83
20
29
29
29
Eingangstreppe M 1:12,5
Parallelogramm, Trapez
Treppe
3

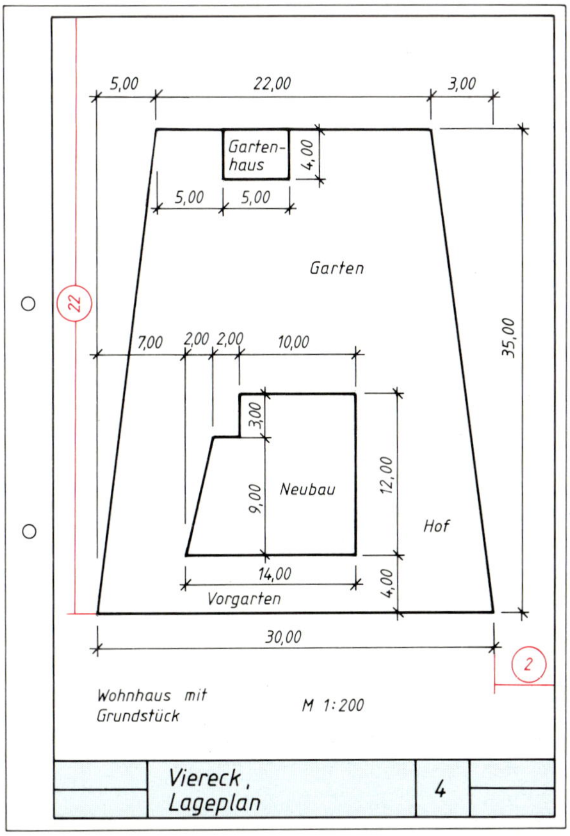
5,00
22,00
3,00
Garten-
haus
4,00
5,00
5,00
Garten
22
7,00
2,00
2,00
10,00
35,00
3,00
9,00
Neubau
12,00
Hof
14,00
4,00
Vorgarten
30,00
2
Wohnhaus mit
Grundstück
M 1:200
Viereck,
Lageplan
4

2.4 Vieleckkonstruktionen

1

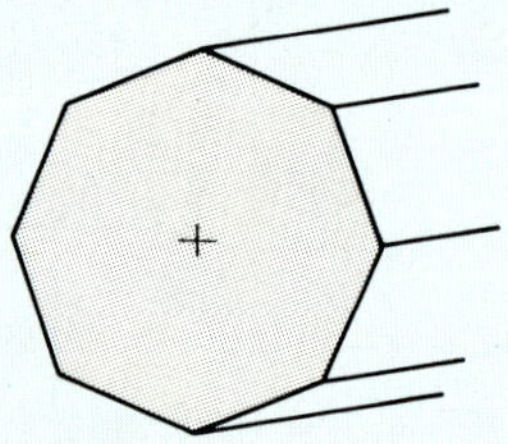

Profilstab

2

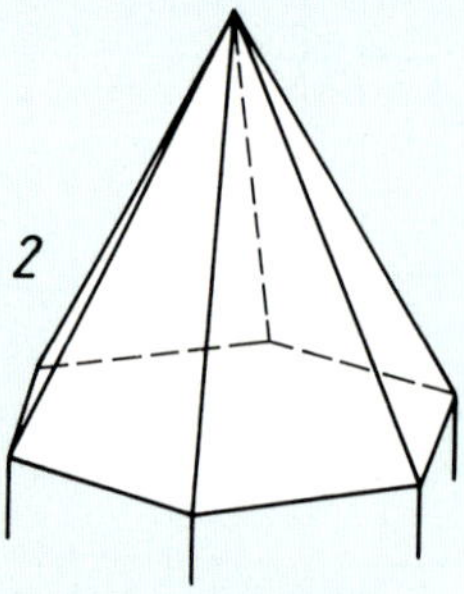

Turmdach mit sechseckiger Grundfläche

3

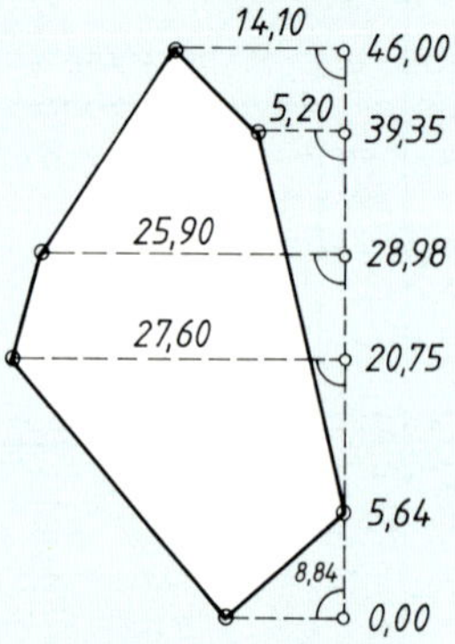

Unregelmäßiges Vieleck
(Grundstückaufnahme)

Vieleckige Flächen kommen z. B. als Profile bei Stäben und Stählen (1), als Grundrissfläche bei Turmdächern (2) und als Grundstücksflächen (3) vor.

Als **Vielecke** werden Flächen mit mehr als vier Ecken bezeichnet. Man unterscheidet regelmäßige und unregelmäßige Vielecke. Die Konstruktion regelmäßiger Vielecke wird als Hilfskonstruktion angewandt, z. B., wenn Kreislinien in gleiche Teile zu teilen sind.

Lernziele:

- Regelmäßige Fünf-, Sechs-, Acht-, Zehn- und Zwölfecke mit Lineal und Zirkel konstruieren.
- Kreislinie mit Zirkel und Lineal in beliebig viele gleiche Teile teilen.
- Unregelmäßige Vielecke zeichnen.

2.4.1 Regelmäßige Vielecke

Bei regelmäßigen Vielecken sind alle Seiten und Winkel gleich groß. Sie haben einen Um- und einen Inkreis.

Aufgabe: In einem jeweils gegebenen Kreis sind ein Sechseck und ein Zwölfeck zu zeichnen.

Sechseck

1. Kreis um M und Mittelachsen zeichnen; Schnittpunkte A, D.
2. Kreisbögen mit gleichem Radius *r* um A und D zeichnen; Schnittpunkte B, C, E, F. Punkte A, B, C, D, E, F sind Sechseckpunkte.

Eine Sechseckseite entspricht dem Halbmesser des Umkreises.

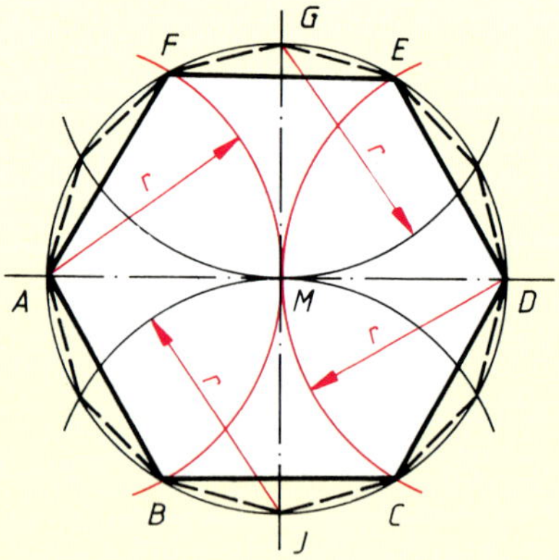

Sechseck und Zwölfeck

Zwölfeck

Bei der Konstruktion eines Zwölfecks werden Kreisbögen mit dem Halbmesser *r* um die Achsenschnittpunkte A, D, G, J gezeichnet. Die Schnittpunkte mit der Kreislinie sind Zwölfeckpunkte, die zusammen mit den Punkten A, D, G, J das Zwölfeck ergeben.

Aufgabe: Ein Achteck ist zu konstruieren.

a) In gegebenem Umkreis

1. Kreis mit *r* um M und Mittelachsen zeichnen; Schnittpunkte A, B, C, D (Quadrat).
2. Mittellote von AC und BC konstruieren (Linien unter 45° zu den Mittelachsen); Schnittpunkte mit Kreislinie in E, F, G, H.
   Punkte A, B, C, D, E, F, G, H sind Achteckpunkte.

b) Nach gegebener Seite

1. Achteckseite zeichnen (hier FD).
2. Von F und D aus 45°-Winkel anwenden.

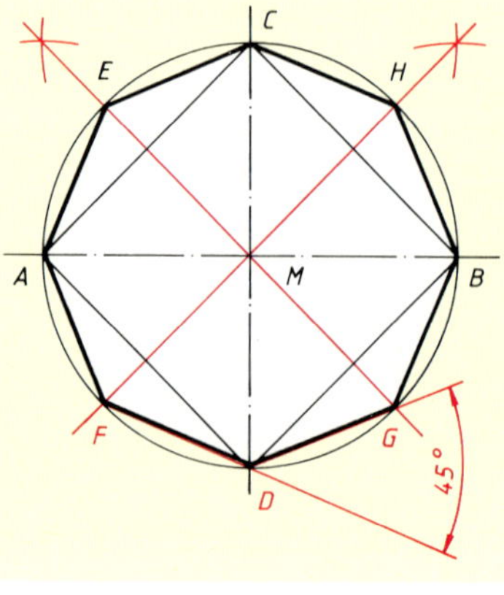

Achteck

2.4.2 Unregelmäßige Vielecke

Bei unregelmäßigen Vielecken gibt es keine Gesetzmäßigkeiten zwischen Seiten, Winkeln und Diagonalen. Zum Zeichnen solcher Flächen wird eine Bezugslinie (Messlinie) festgelegt. Sie dient zum Einmessen der Vieleck-Lotfußpunkte, von denen aus die Vieleckpunkte rechtwinklig zur Bezugslinie eingemessen werden.

Aufgabe: Ein im Gelände mittels einer Handskizze aufgenommenes Grundstück ist zu zeichnen.

1. Messlinie zeichnen und Nullpunkt festlegen.
2. Entfernung der Lotfußpunkte vom Nullpunkt aus auf der Bezugslinie einmessen.
3. Lage der Vieleckpunkte von den Lotfußpunkten aus rechtwinklig einmessen.
4. Vieleckpunkte verbinden und Maßzahlen einschreiben.

Die Maßzahlen für die Entfernungen der Lotfußpunkte werden rechtwinklig zur Messlinie und vom Nullpunkt aus lesbar eingeschrieben; die Maßzahlen für die Abstände der Eckpunkte von der Messlinie werden mittig auf den Loten, vom Nullpunkt aus lesbar angegeben.

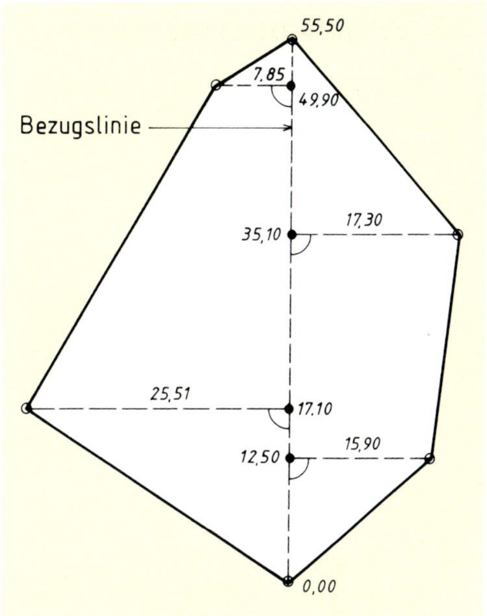

Unregelmäßiges Vieleck (Grundstückaufnahme)

Aufgaben:
1. Zeichnen Sie die regelmäßigen Vielecke; gegeben ist jeweils der Umkreis. (Fünfeck: Eingekreiste Ziffern weisen auf Konstruktionsfolge hin.)
2. Zeichnen Sie das unregelmäßige Vieleck; Maße wie Abbildung 3 auf Seite 340.

Übung

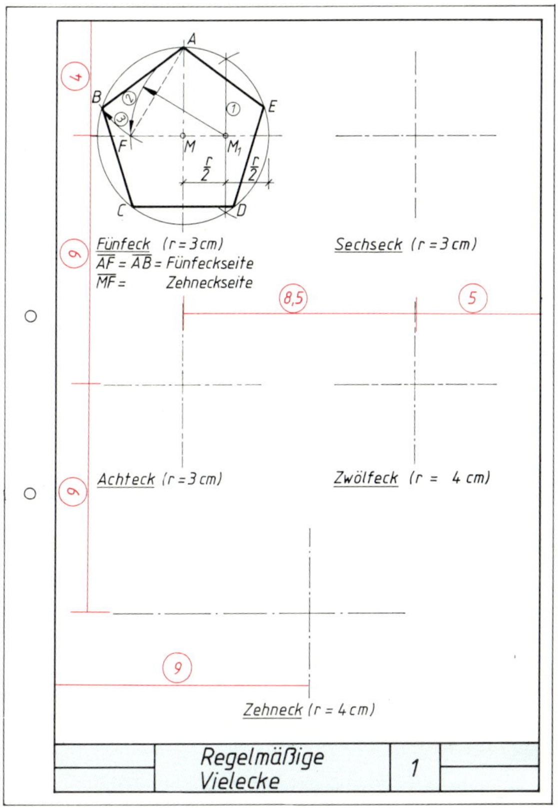

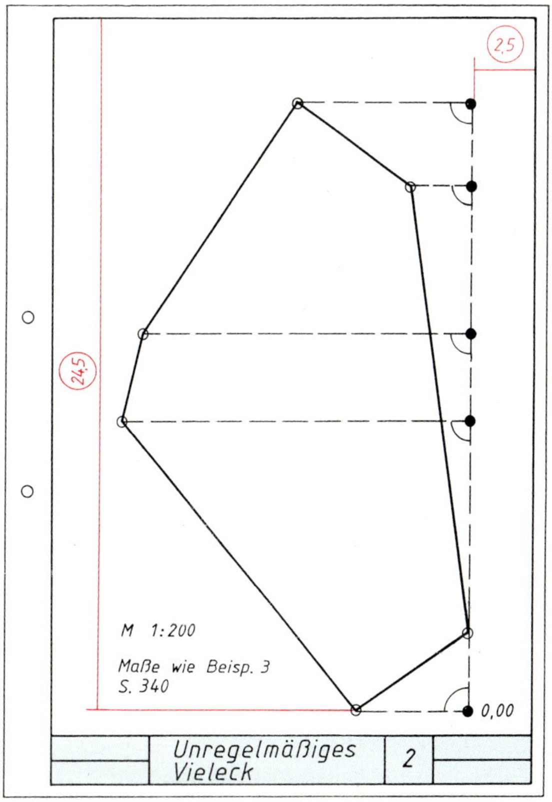

2.5 Bogenkonstruktionen und Anschlüsse

1
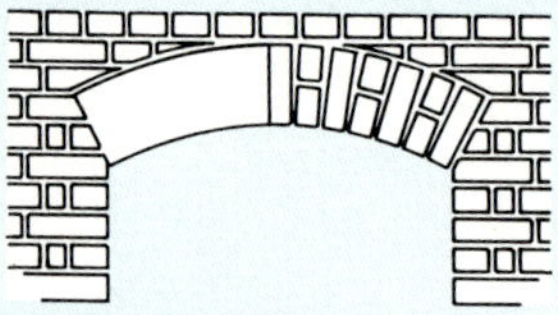
Segmentbogen

2
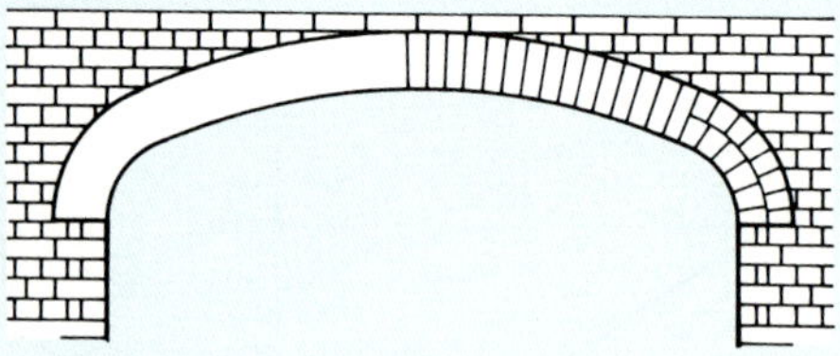
Korbbogen

3
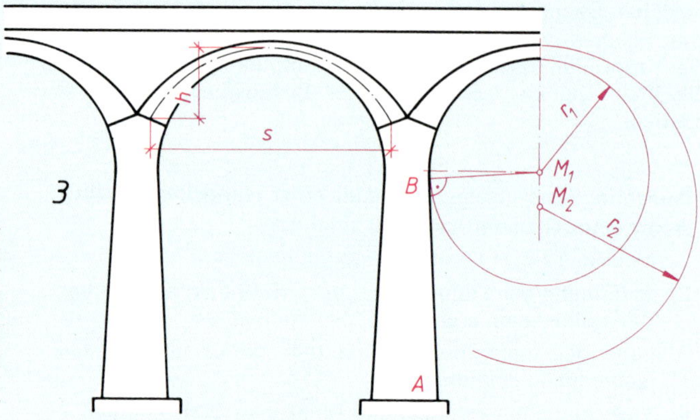

Talbrücke (Bogen mit Tangentenanschlüssen)

Werden Wandöffnungen mit Bögen überdeckt, so sind diese Bögen meist kreisförmig oder elliptisch. Diese Bogenformen kommen auch bei Straßenkrümmungen und Kanalrohrquerschnitten vor. Mit der zeichnerischen Konstruktion der Bögen und Anschlüsse werden die Gesetzmäßigkeiten des Kreises bzw. der Ellipse angewendet.

Lernziele:
- Konstruktive Gesetzmäßigkeiten des Kreises und der Ellipse angeben.
- Kreisbögen, Kreisanschlüsse und elliptische Bögen nach Angabe der lichten Weite und der Bogenhöhe zeichnen.
- Tangenten an einen Kreis konstruieren.

2.5.1 Bezeichnungen am Kreis

Der Kreis ist der geometrische Ort für alle Punkte, die von einem Punkt, dem Kreismittelpunkt, die gleiche Entfernung haben.

Konstruktiv wichtig sind beim Kreis Durchmesser (d), Sehne (s), Bogenlänge (b), Tangente (t), Mittelpunktswinkel (α) und Umfangswinkel (β). Die von zwei Halbmessern (r) und dem zugehörigen Bogen eingeschlossene Fläche ist der Kreisausschnitt (Sektor), eine Sehne teilt den Kreis in Kreisabschnitte (Segmente).

Der Mittelpunktswinkel ist doppelt so groß wie der zugehörige Umfangswinkel ($\alpha = 2\,\beta$). Im Halbkreis beträgt der Mittelpunktswinkel 180°, die zugehörigen Umfangswinkel betragen jeweils 90°.

Alle Umfangswinkel im Halbkreis sind rechte Winkel.

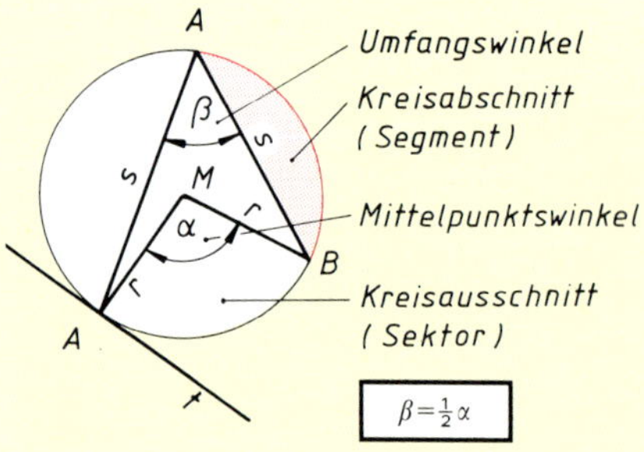

Kreisteile

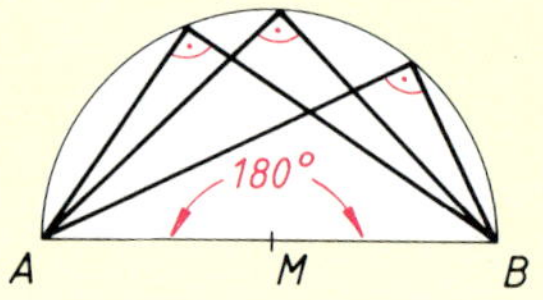

Winkel im Halbkreis

2.5.2 Bestimmen des Mittelpunktes eines Kreises

Für die Konstruktion von Kreisbögen genügen die Angaben von Bogenweite (Sehne) und Bogenhöhe. Die Lage des Kreismittelpunktes kann damit konstruiert werden.

Aufgabe: Der Mittelpunkt eines Kreises ist zu bestimmen.
1. Zwei nicht parallele Sehnen AB und CD zeichnen.
2. Auf beiden Sehnen Mittelsenkrechte errichten; der Schnittpunkt ist der gesuchte Kreismittelpunkt M.

Auch die Mittelsenkrechte der Sehne EF geht durch den Mittelpunkt des Kreises.

Die Mittelsenkrechten der Sehnen schneiden sich in einem Punkt, dem Kreismittelpunkt M.

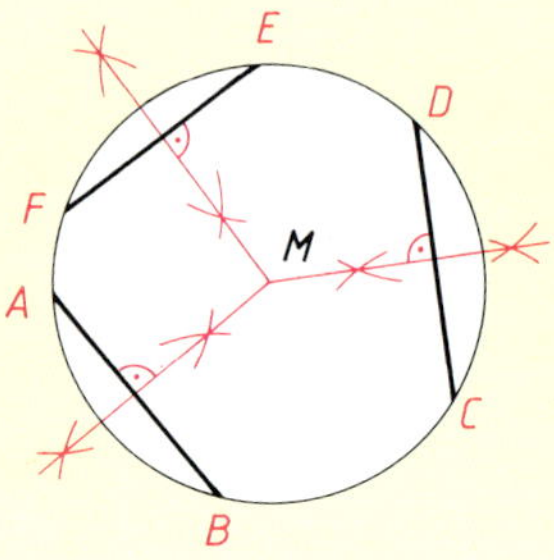

Bestimmung des Kreismittelpunktes

Aufgabe: Ein Segmentbogen ist zu konstruieren.

Gegeben sind die Sehne s und die Bogenhöhe h.

1. Sehne AB und Mittelachse zeichnen,
2. Bogenhöhe *h* festlegen; Punkt C,
3. Mittelsenkrechte der Verbindungslinie AC (oder BC) errichten; Schnittpunkt in M. Der Punkt M ist der gesuchte Kreismittelpunkt.
4. Kreis mit Radius *r* = MC um M zeichnen. Der Kreisbogen zwischen den Kämpferpunkten A und B ist der gesuchte Segmentbogen.

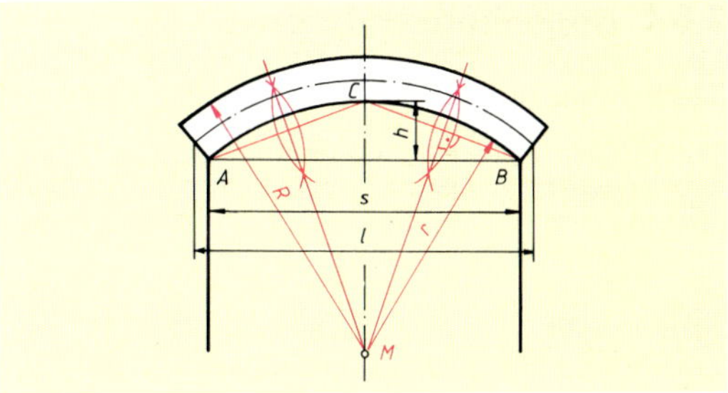

Segmentbogen

Vom Mittelpunkt M aus können weitere zur Konstruktion gehörende Segmentbögen gezeichnet werden, z.B. der obere Segmentbogen des Bauteils mit Radius *r*. Alle Steinfugen verlaufen in Richtung zum Kreismittelpunkt („auf Kuf"). Die Bogenhöhe „*h*" wird auch als „Stich" angegeben. Der Stich eines Bogens ist das Verhältnis der Bogenhöhe zur Sehne und soll 1/12 bis 1/6 betragen.

2.5.3 Kreisanschlüsse

Tangentenkonstruktionen

Bei der mit den Anwendungsbeispielen dargestellten Talbrücke schließen die Pfeilerkanten an das kreisförmige Gewölbe ohne Knick an. Die Pfeilerkanten sind Tangenten des Kreisbogens.

Eine Tangente ist eine Gerade, die mit dem Kreis nur einen Berührungspunkt hat.

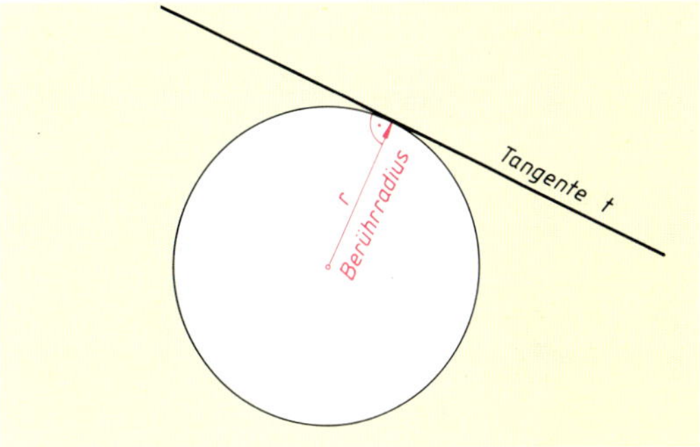

Tangente und Radius

Eine Tangente steht senkrecht auf dem Halbmesser.

Aufgabe: Tangente an einen Kreis von einem Punkt außerhalb des Kreises zeichnen.

1. Punkt P mit Kreismittelpunkt M verbinden.
2. Über PM Halbkreis zeichnen; Schnittpunkt mit Kreis in A und B.
3. Gerade von P durch A und B ziehen. Die Geraden von P durch A und von P durch B sind Tangenten.

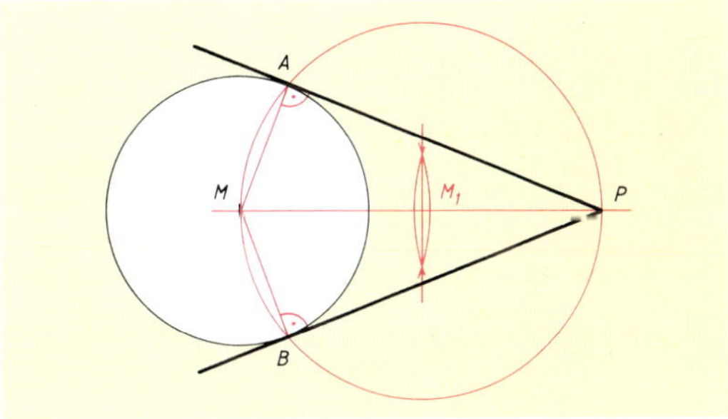

Tangenten von einem Punkt an einen Kreis

Bogenanschlüsse (Ausrundungen)

Aufgaben: Bogenanschlüsse bei gegebenen Radien konstruieren.

a) Bei rechten Winkeln, Berührungspunkte gegeben

1. Winkelschenkel bis Scheitelpunkt S verlängern.
2. Von S aus die Berührungspunkte B abtragen.
3. Kreisbögen um Punkte B mit *r*; Schnittpunkt = Anschlusskreismittelpunkt M.

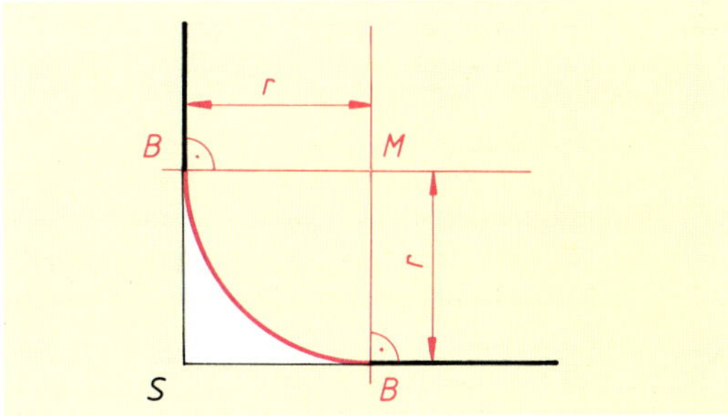

Anschluss an rechten Winkel

b) Bei spitzen oder stumpfen Winkeln

1. Parallelen zu beiden Schenkeln im Abstand *r* zeichnen; Schnittpunkt in M.
2. Kreis um M; Berührpunkte B sind die Lotfußpunkte von M auf die Schenkel,

oder

1. Parallele zu einem Schenkel im Abstand *r* zeichnen.
2. Winkelhalbierende konstruieren; Schnittpunkt mit Parallele im Kreismittelpunkt M.
3. Lote von M auf Winkelschenkel ergeben die Berührungspunkte B.

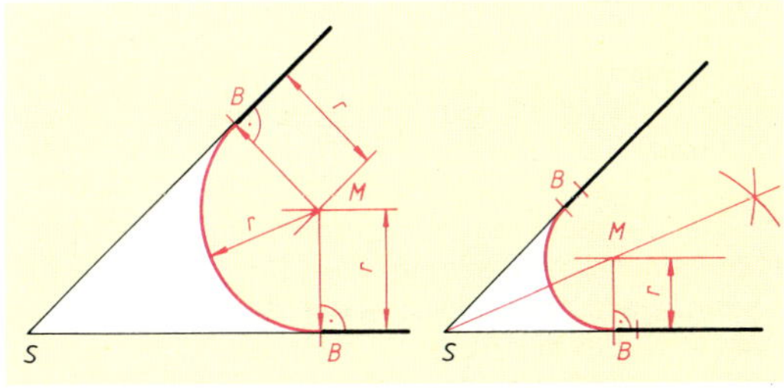

Kreisanschluss an einen Winkel, Radius gegeben

2.5.4 Bogenkonstruktionen

Der Korbbogen

Der unten dargestellte Korbbogen setzt sich aus mehreren Kreisbögen so zusammen, dass diese ohne Knick ineinander übergehen; sie berühren sich nur.

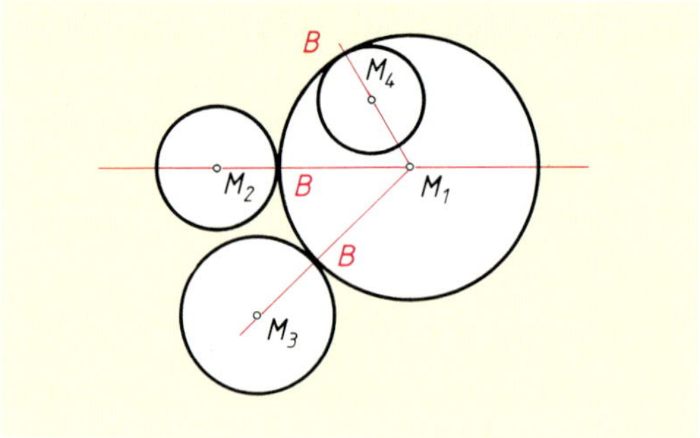

Berührungspunkte bei Kreisanschlüssen (Kreis an Kreis)

Der Berührungspunkt zweier Kreise liegt auf der Geraden, die durch die Kreismittelpunkte geht.

Aufgabe: Korbbogen mit drei Einsatzpunkten konstruieren.

1. Große Bogenachse AB und Mittelachse zeichnen; Achsenschnittpunkt M.
2. Bogenhöhe festlegen. Scheitelpunkt C.
3. Kreis um M mit $r = MC$; Schnittpunkt D.
4. A und C verbinden.
5. Kreis um C mit $r = AD = e$; Schnittpunkt auf AC in E.
6. Auf AE Mittelsenkrechte errichten; Schnittpunkte mit Achsen in M_1 und M_2.
7. Kreis um M mit $r = MM_2$; Schnittpunkt M_3.

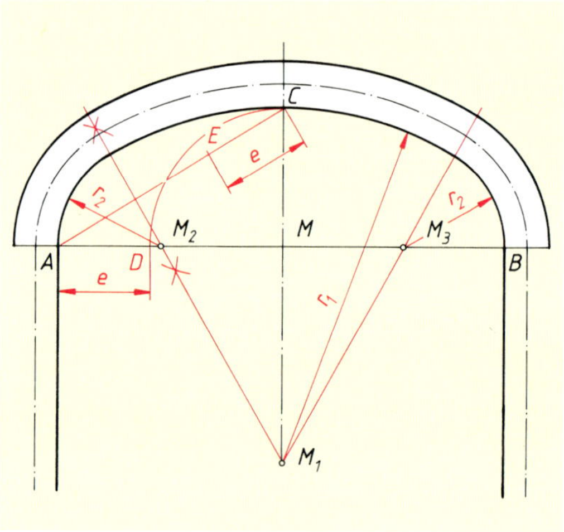

Korbbogen mit drei Einsatzpunkten

M_1, M_2 und M_3 sind Kreismittelpunkte der Bögen, aus denen sich der Korbbogen zusammensetzt. Die Geraden von M_1 durch M_2 und M_3 begrenzen das innere Bogenstück. Die Steinfugen in den Bogenabschnitten verlaufen jeweils in Richtung der zugehörigen Mittelpunkte.

Der Korbbogen setzt sich aus Kreisbögen zusammen, die sich berühren.

Der elliptische Bogen

Eine Ellipse entsteht, wenn ein Zylinder oder ein Kegel schräg geschnitten wird. Sie ist stetig gekrümmt.

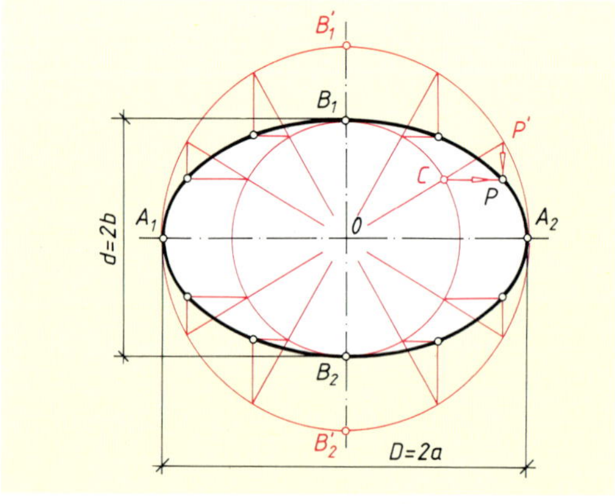

Ellipse als Kreisflächenprojektion
d: Inkreis, *D*: Umkreis

Aufgabe: Elliptischer Bogen nach Vergatterung

1. Bogenweite $l = AB$ und Bogenhöhe h $(= S)$ festlegen.
2. Auf der Verlängerung von AB die Strecke CD mit der Länge 2 h festlegen und darüber einen Halbkreis zeichnen.
3. Strecke CD unterteilen (hier Teilungspunkte 1...9) und durch jeden Teilungspunkt eine Senkrechte zeichnen; Schnittpunkte mit der Halbkreislinie (hier 1'....9').
4. Bogenweite AB im gleichen Verhältnis unterteilen und durch die Teilungspunkte ebenfalls Senkrechte zeichnen.
5. Von den Halbkreispunkten (hier 1'...9') waagerechte Linien bis zur entsprechenden Senkrechten auf AB zeichnen; Schnittpunkte sind Bogenpunkte der gesuchten Ellipse (hier $P_1 \ldots P_9$).
6. Bogenpunkte miteinander und mit A und B bogenförmig verbinden.

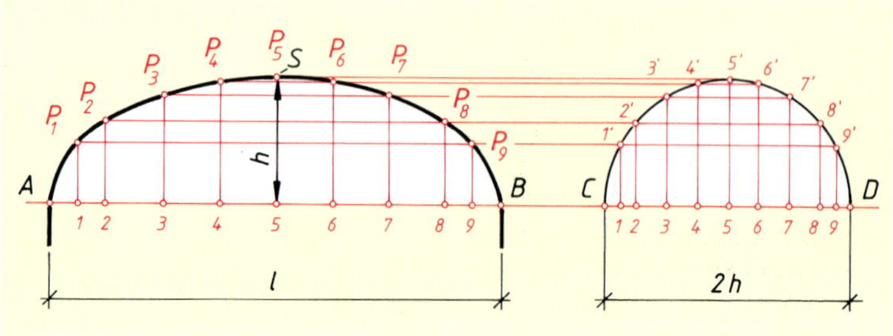

Elliptischer Bogen nach Vergatterung

Unter Vergatterung versteht man die zeichnerische Streckung bzw. Pressung eines Halbkreises (oder Kreises), wobei die Höhen der Bogenpunkte gleich bleiben.

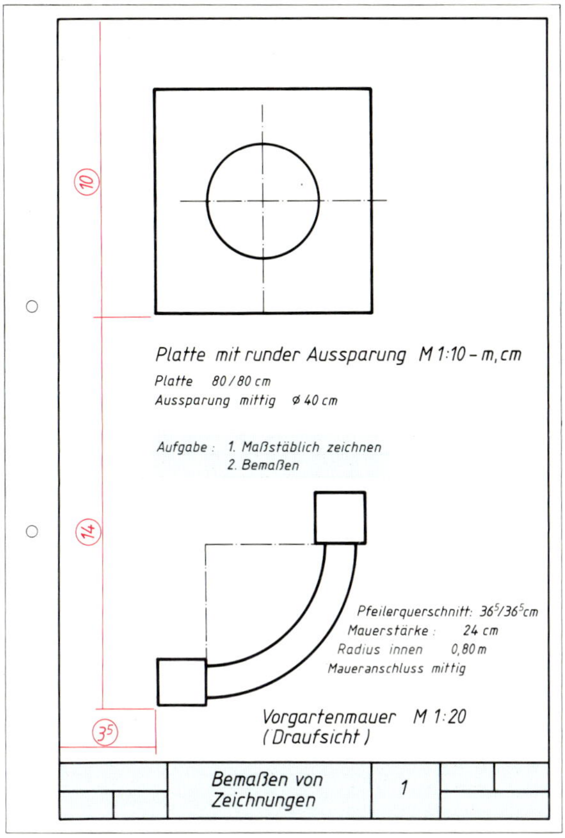
Platte mit runder Aussparung M 1:10 – m, cm
Platte 80/80 cm
Aussparung mittig ⌀ 40 cm
Aufgabe: 1. Maßstäblich zeichnen
2. Bemaßen
Pfeilerquerschnitt: 36⁵/36⁵ cm
Mauerstärke: 24 cm
Radius innen 0,80 m
Maueranschluss mittig
Vorgartenmauer M 1:20
(Draufsicht)
10
14
3⁵
Bemaßen von Zeichnungen
1

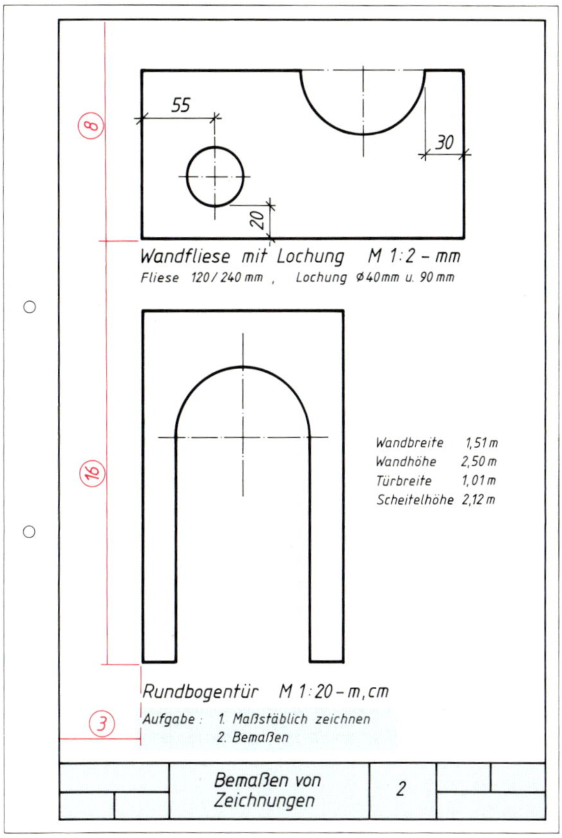
55
30
20
Wandfliese mit Lochung M 1:2 – mm
Fliese 120/240 mm, Lochung ⌀ 40 mm u. 90 mm
Wandbreite 1,51 m
Wandhöhe 2,50 m
Türbreite 1,01 m
Scheitelhöhe 2,12 m
Rundbogentür M 1:20 – m, cm
Aufgabe: 1. Maßstäblich zeichnen
2. Bemaßen
8
16
3
Bemaßen von Zeichnungen
2

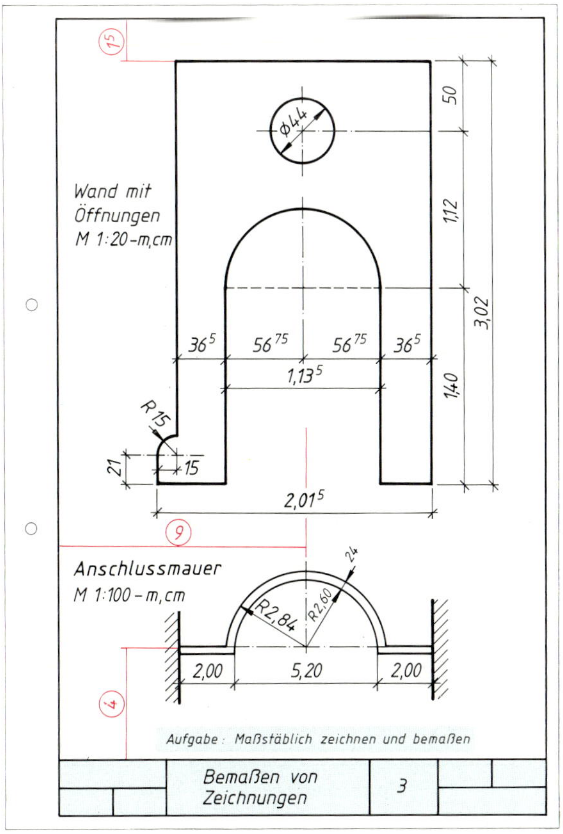
Wand mit Öffnungen
M 1:20 – m, cm
⌀ 44
50
1,12
3,02
1,40
36⁵
56⁷⁵
56⁷⁵
36⁵
1,13⁵
R 15
21
15
2,01⁵
Anschlussmauer
M 1:100 – m, cm
24
R 2,84
R 2,60
2,00
5,20
2,00
Aufgabe: Maßstäblich zeichnen und bemaßen
15
9
4
Bemaßen von Zeichnungen
3

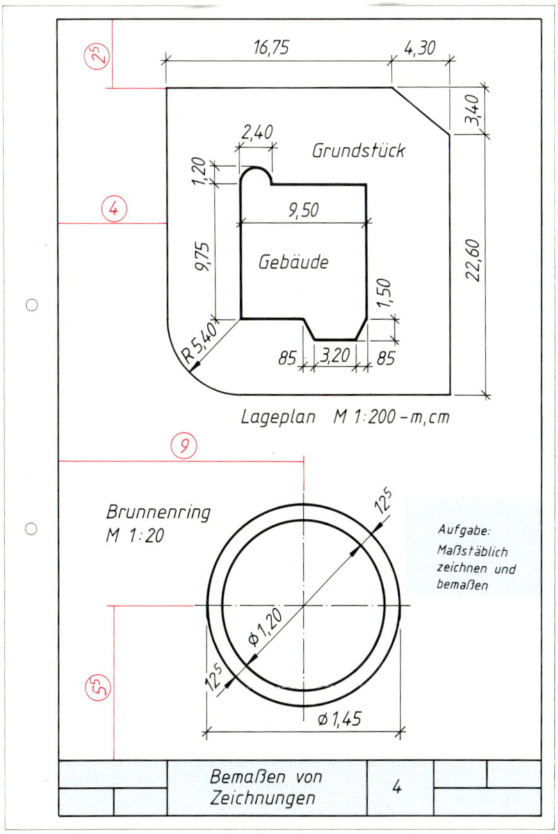
16,75
4,30
3,40
2,40
Grundstück
1,20
9,50
9,75
Gebäude
22,60
1,50
R 5,40
85
3,20
85
Lageplan M 1:200 – m, cm
Brunnenring
M 1:20
12⁵
⌀ 1,20
12⁵
⌀ 1,45
Aufgabe:
Maßstäblich zeichnen und bemaßen
2⁵
4
9
5⁵
Bemaßen von Zeichnungen
4

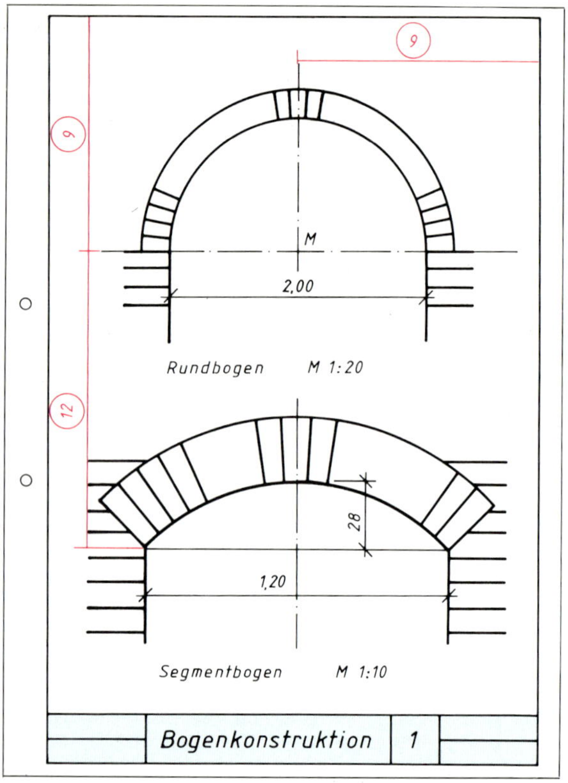
9
9
12
M
2,00
Rundbogen M 1:20
28
1,20
Segmentbogen M 1:10
Bogenkonstruktion 1

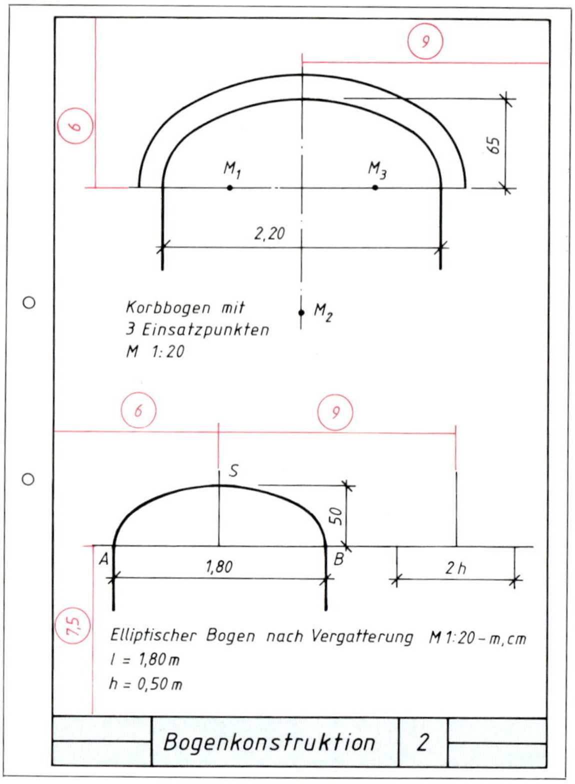
9
6
65
M_1
M_3
2,20
Korbbogen mit
3 Einsatzpunkten
M 1:20
M_2
6
9
S
50
A
1,80
B
2 h
7,5
Elliptischer Bogen nach Vergatterung M 1:20 – m, cm
l = 1,80 m
h = 0,50 m
Bogenkonstruktion 2

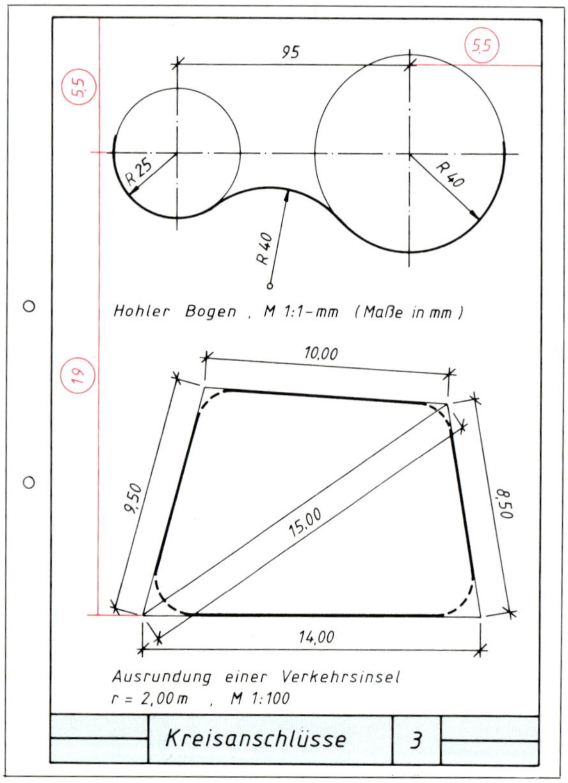
95
5,5
5,5
R 25
R 40
R 40
Hohler Bogen . M 1:1 – mm (Maße in mm)
19
10,00
9,50
8,50
15,00
14,00
Ausrundung einer Verkehrsinsel
r = 2,00 m , M 1:100
Kreisanschlüsse 3

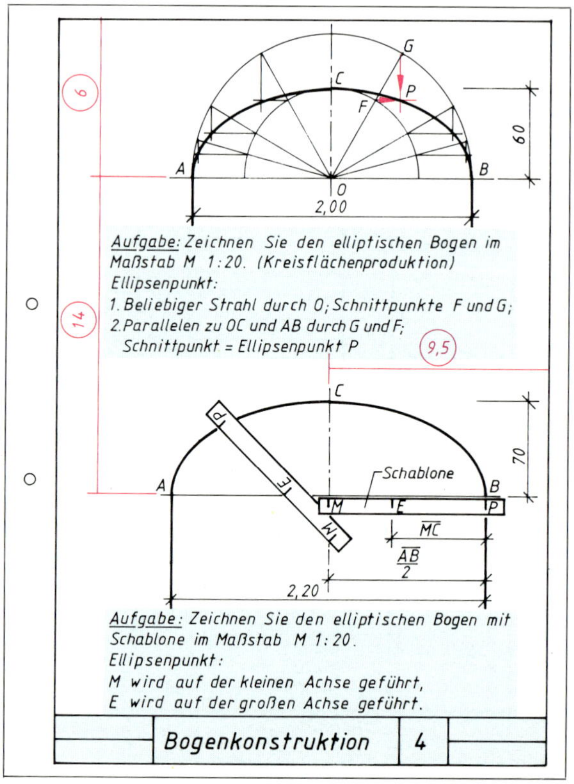
G
C
P
F
6
60
A
B
O
2,00
Aufgabe: Zeichnen Sie den elliptischen Bogen im Maßstab M 1:20. (Kreisflächenproduktion)
Ellipsenpunkt:
1. Beliebiger Strahl durch O; Schnittpunkte F und G;
2. Parallelen zu OC und AB durch G und F;
Schnittpunkt = Ellipsenpunkt P
14
9,5
C
P
E
M
Schablone
A
B
M
E
P
70
MC
AB/2
2,20
Aufgabe: Zeichnen Sie den elliptischen Bogen mit Schablone im Maßstab M 1:20.
Ellipsenpunkt:
M wird auf der kleinen Achse geführt,
E wird auf der großen Achse geführt.
Bogenkonstruktion 4

3 Projektionszeichnen

3.1 Schräge Parallelprojektion

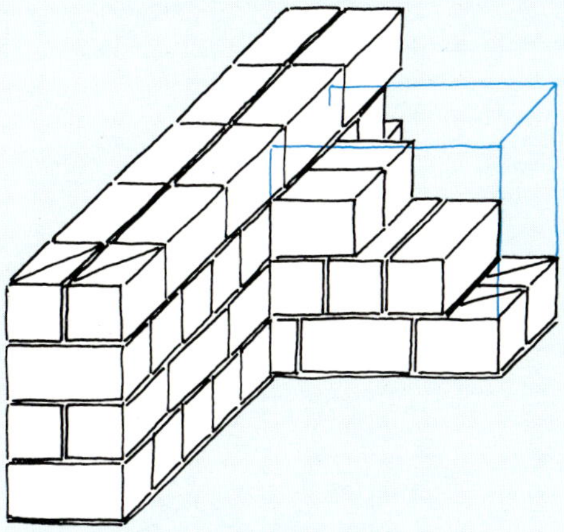

Mauerwerksanschluss (Kavalierprojektion)

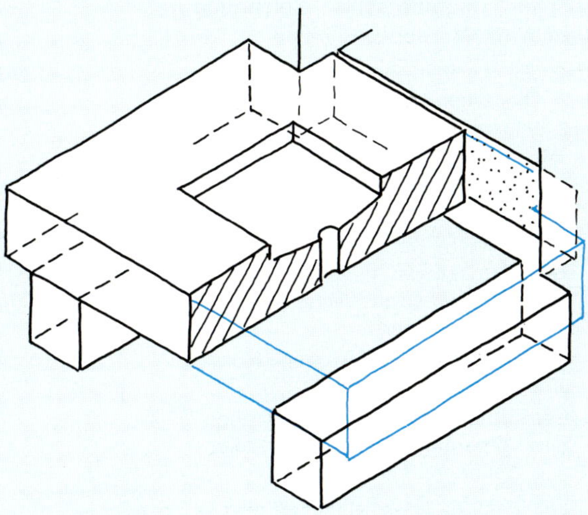

Eingangspodest auf Konsolen (Isometrie)

Die Form zusammengesetzter Bauteile ist aus den Ansichts- und Schnittzeichnungen oft schwierig zu erkennen. Deshalb ist die Anfertigung von Schrägbildern (Raumbildern) zu empfehlen. Dabei sind die einzelnen Teile und deren Zusammenhang besser zu sehen.

Leitfragen:

1. Welche Arten von Schrägbildern finden Verwendung?
2. In welchem Verhältnis werden die Körperkanten verkürzt?
3. Wie zeichnet man Schrägbilder?

3.1.1 Schrägbildarten

Nach DIN 5 sind zwei Schrägbildarten genormt:

Die isometrische Projektion – Isometrie (Isometrie = gleiches Maß, unverkürzte Kanten). Die Höhen werden senkrecht gezeichnet, Längen und Breiten im Winkel von 30° zur Waagerechten. Alle Kanten werden unverkürzt dargestellt.

Die dimetrische Projektion – Dimetrie (Dimetrie = zwei Maße, z.T. verkürzte Kanten). Höhen und Längen werden im Maßstab 1:1, die Breiten im Maßstab 0,5:1 aufgetragen. Die unverkürzte Länge des Körpers wird im Winkel von 7°, die verkürzte Breite im Winkel von 42° zur Waagerechten rechts steigend gezeichnet.

Die **Kavalierprojektion** ist nicht genormt. Dabei wird von der unveränderten Vorderansicht ausgegangen und die Breiten werden unter 45°, i.d.R. rechts steigend, gezeichnet. Die Verkürzung der Breite wird erreicht, wenn man auf kariertem Papier für 1 cm Breite eine Karo-Diagonale verwendet.

Die Breiten der Schrägbilder können auch links steigend angeordnet werden, wenn die Darstellung dadurch deutlicher wird.

Für Freihandskizzen eignen sich auch andere, nicht genormte Darstellungen unter Zuhilfenahme der Karoecken.

Schrägbilder erhöhen die Anschaulichkeit von Körpern. Im Bauwesen werden sie häufig skizzenhaft gezeichnet. Verdeckte Kanten, die nicht zur Verbesserung der Anschaulichkeit beitragen, können vernachlässigt werden.

Lernziel:

Prismatische Körper in den genormten und für Skizzen geeigneten Schrägbildarten darstellen.

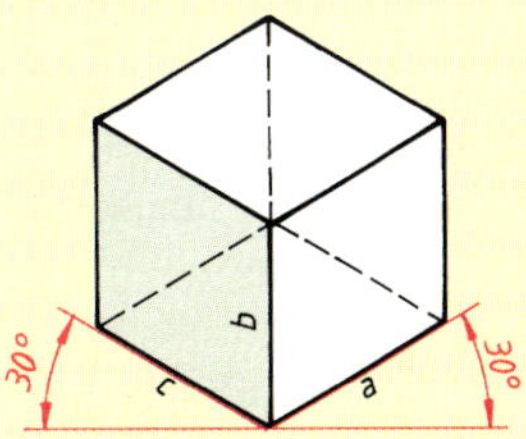

Isometrie a:b:c = 1:1:1

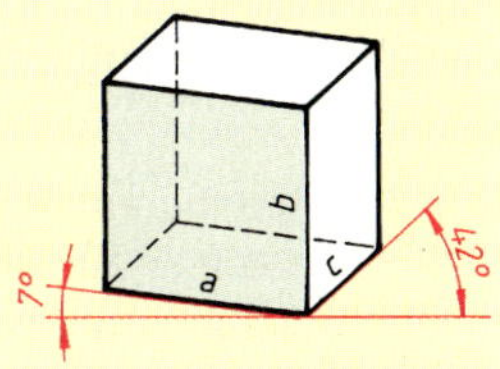

Dimetrie a:b:c = 1:1:0,5

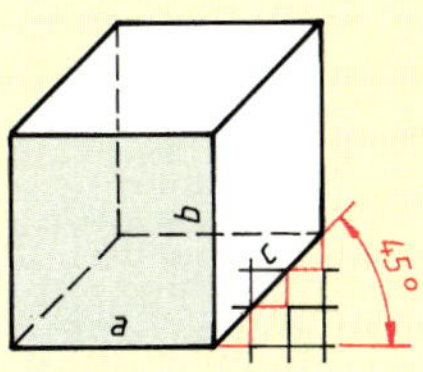

Kavalierprojektion a:b:c = 1:1:0,7

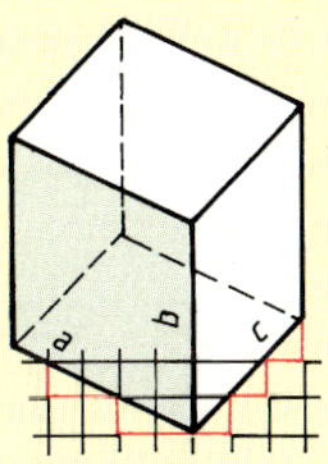

Nicht genormtes Schrägbild a:b:c = 1:1:0,7

3.1.2 Die Konstruktion von Schrägbildern

Beispiel: isometrische Zeichnung eines Winkelkörpers

Zuerst ist die Platzeinteilung vorzunehmen. Die Lage der vordersten Kanten wird festgelegt (Ausgangspunkt P); dabei ist besonders auf den größeren Höhenbedarf des Schrägbildes zu achten.

1. Achsenrichtungen antragen (hier: 30° für Isometrie).
2. Gesamtmaße der Länge und Breite antragen und Grundfläche zeichnen, Teilmaße festlegen.
3. Grundfläche ergänzen und Höhen errichten.
4. Gesamthöhe antragen, gegebenenfalls Körperumriss (Hüllkörper) zeichnen, Teilhöhen festlegen.
5. Waagerechte Deckflächen parallel zu den Grundkanten ergänzen.
6. Sichtbare Kanten ausziehen, nichtsichtbare Kanten soweit zweckmäßig darstellen. Dünne Hilfslinien können belassen werden.

Bemaßung von Schrägbildern: Statt der üblichen Schrägstriche sind Kreise oder Punkte als Maßbegrenzung zweckmäßiger (vgl. S. 328, Abschnitt 1.9.4 und Aufgaben S. 349).

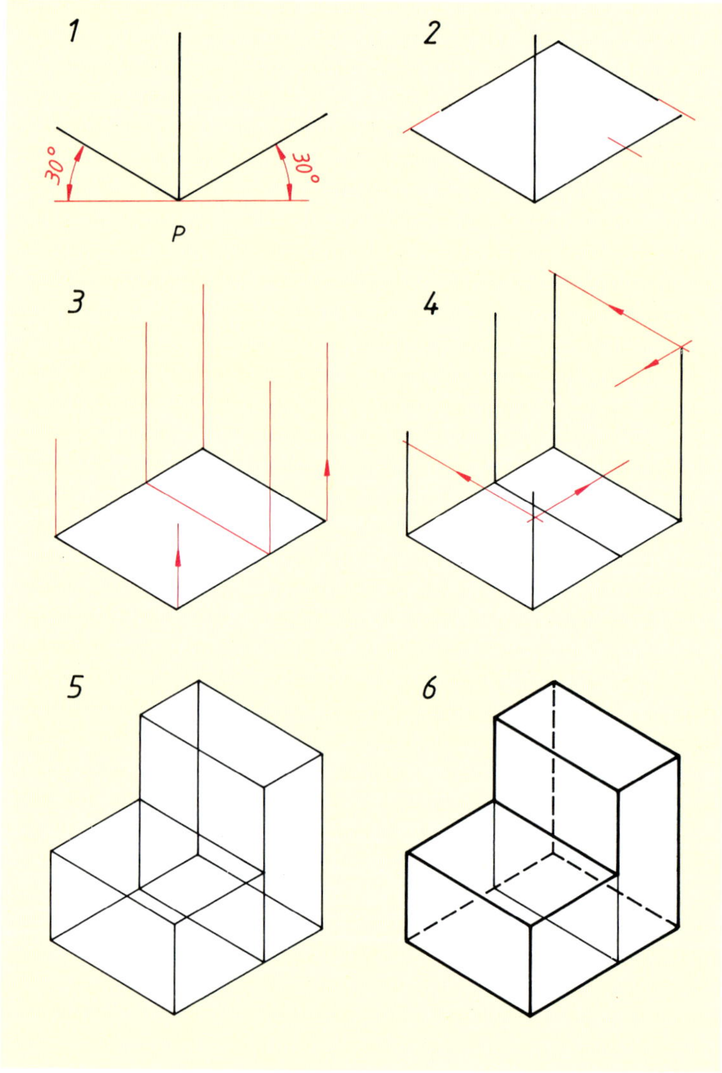

Darstellung der Konstruktion in Schritten

Aufgaben:

Zeichnen Sie beliebige Körper aus 2 Quadern der Größe 8 × 4 × 2 cm als Isometrie, Dimetrie oder Kavalierprojektion.

Zur Anschauung können Sie Zündholz- oder andere kleine Schachteln verwenden.

Im Beispiel sind eine **Mauerecke** (Isometrie) und eine **Pfeilervorlage** (Kavalierprojektion) dargestellt.

Zeichnen Sie die Musterbeispiele jeweils in einer anderen Schrägbildart.

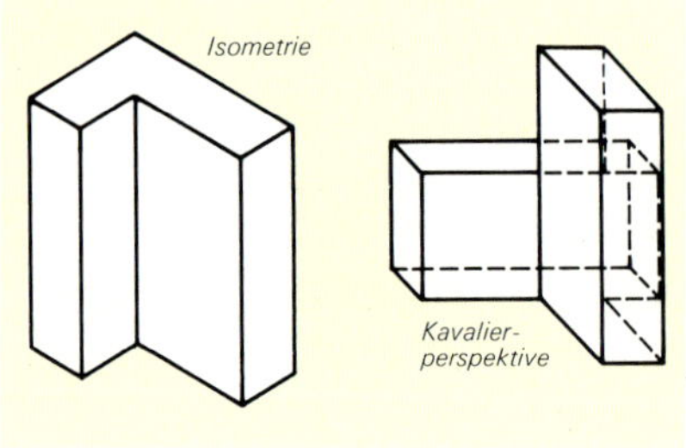

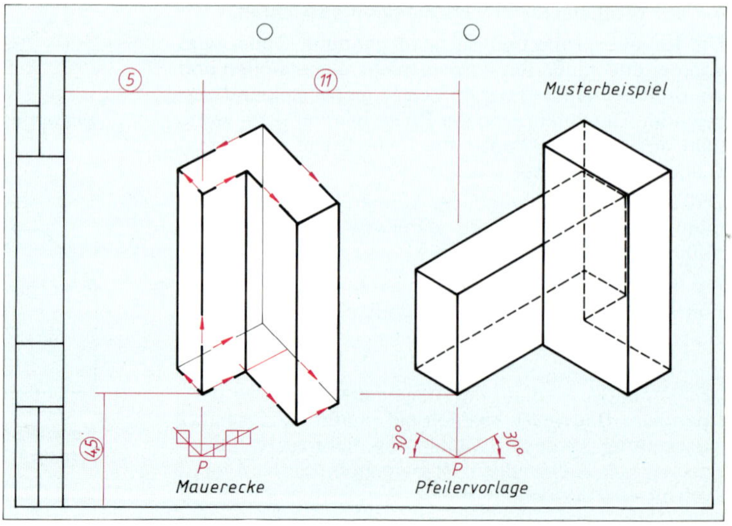

Aufgaben:

Zeichnen Sie die dargestellten Körper 1–6 als **Schrägbilder** nach der nebenstehend abgebildeten Musterlösung. Messen Sie die vordere linke Körperecke jeweils nach dieser Lösung ein. Bemaßen Sie.

1. **Scherblatt** M 1:2 – cm: Isometrie zeichnen.
2. **Formstein für Schornstein** M 1:10 – m, cm. Zeichnen Sie eine Isometrie.
3. **Lichtschacht-Fertigteil** M 1:10 – m, cm. Zeichnen Sie eine Dimetrie.
4. **Gefälztes Kantholz mit Zapfen** M 1:2 – cm. Zeichnen Sie eine Isometrie.
5. **Haus mit Satteldach** M 1:100 – m. Zeichnen Sie eine Isometrie (ohne oder mit Kaminkopf).
6. **Bewehrungskorb für Sturz** M 1:10 – m, cm. Zeichnen Sie eine Isometrie.

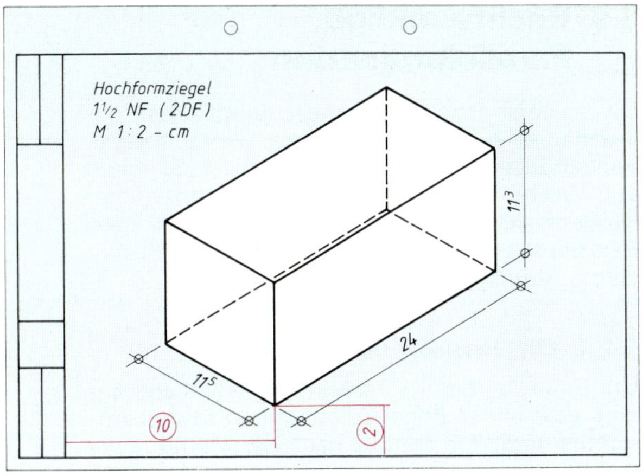

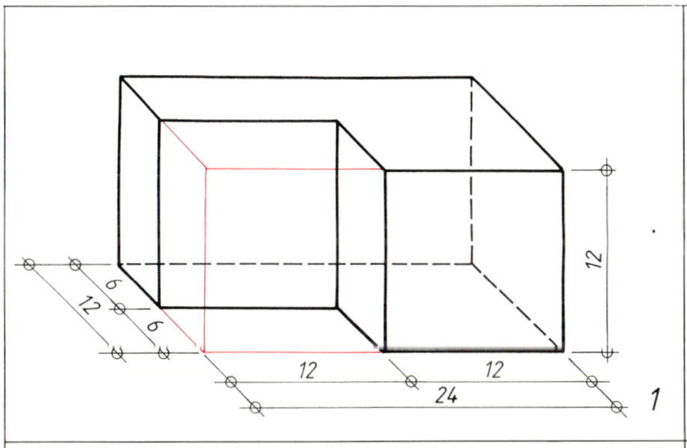

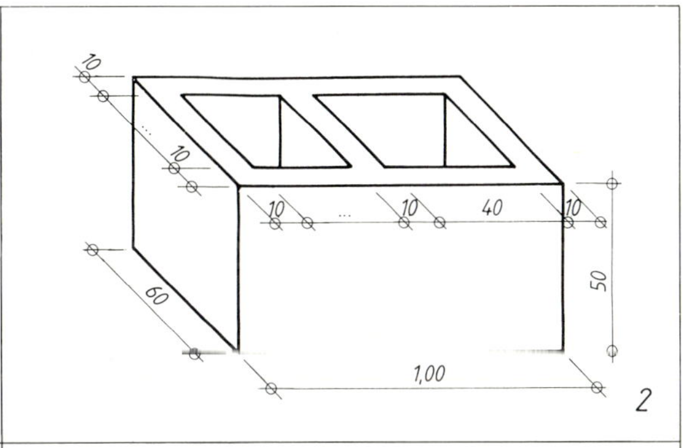

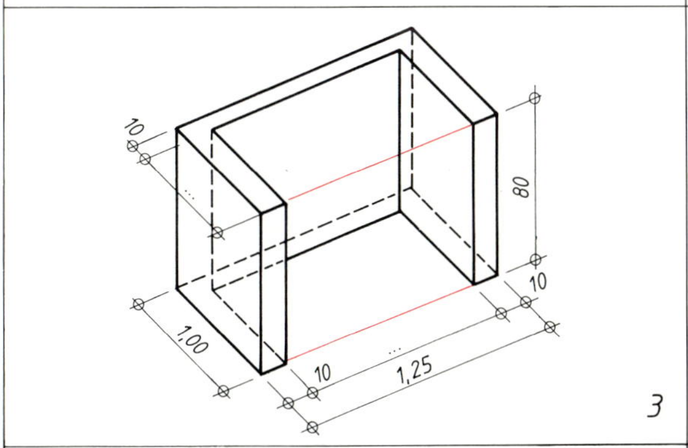

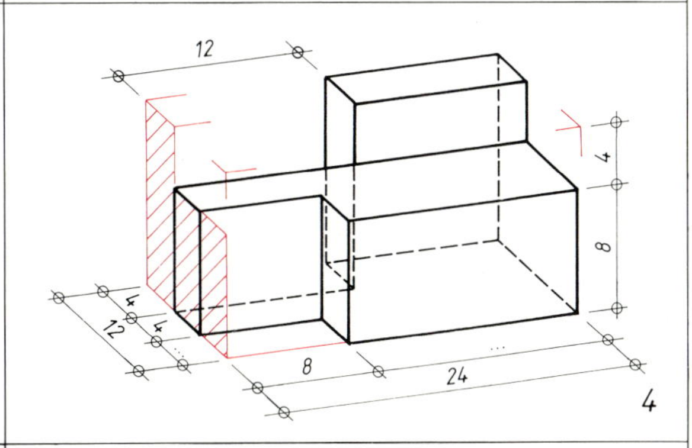

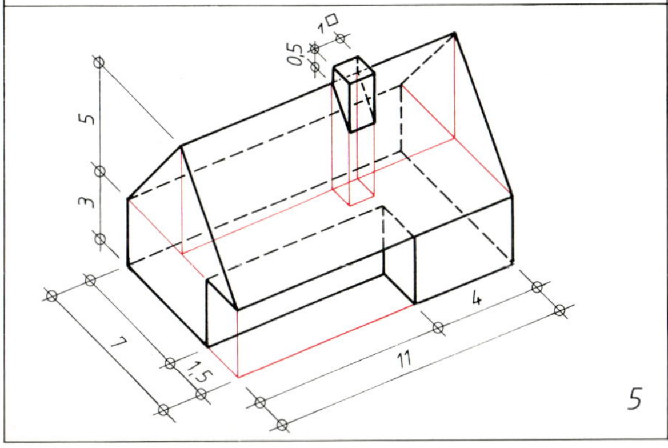

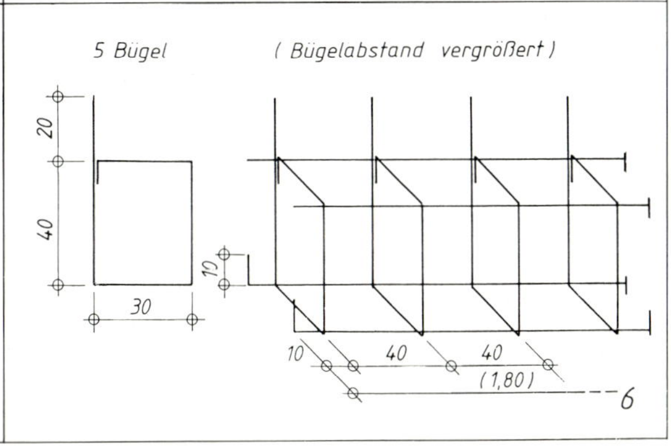

3.2 Rechtwinklige Parallelprojektion

Die schräge Parallelprojektion bringt zwar ein anschauliches Bild eines Körpers, die technische Verwendbarkeit ist jedoch begrenzt: Strecken und Winkel werden größtenteils nicht in wahrer Größe wiedergegeben. Bei der rechtwinkligen Parallelprojektion werden für prismatische Körper wahre Abbildungen erreicht.

3.2.1 Die Projektionsebenen

Um Bauteile oder Werkstücke herstellen zu können, sind in der Regel Zeichnungen in drei Ansichten nötig. Sie werden nach der Methode der rechtwinkligen Parallelprojektion gezeichnet. Dazu denkt man sich den darzustellenden Körper frei schwebend in eine **„Raumecke"** aus drei Projektionsebenen so gestellt, dass seine Flächen parallel zu diesen Ebenen sind. Treffen nun parallele Projektionsstrahlen senkrecht auf die Ebenen, so erzeugen sie ein wahres Bild der jeweiligen Ansichtsfläche.

Die Projektion von vorn ergibt die **Vorderansicht,** von oben die **Draufsicht** und von der Seite die **Seitenansicht.**

3.2.2 Anordnung der Ansichten

Klappt man die drei Projektionsflächen in eine Ebene, so liegen die Draufsicht unter der Vorderansicht, die Seitenansicht neben der Vorderansicht. Die Verbindungslinien gleicher Punkte in benachbarten Ansichten nennt man **Projektionslinien**. Komplizierte Baukörper erfordern oft mehr als drei Ansichten. Die Anordnung der Ansichten ist in DIN 6 genormt.

Die Vorderansicht ist genau über der Draufsicht angeordnet. Beide Projektionen zeigen die gleiche Länge. Die Seitenansicht von rechts wird links, die Seitenansicht von links wird rechts von der Vorderansicht gezeichnet. In Seitenansichten und Draufsicht erscheint die gleiche Breite. Vorderansicht und Seitenansichten haben die gleiche Höhe.

Beim Zeichnen einfacher Körper auf Karopapier wird auf die Verwendung von Zirkel und Projektionsachsen verzichtet. Die Abstände zwischen den Ansichten werden nach Gesichtspunkten der Blatteinteilung gewählt (z.B. 2 cm). Die Breiten der Draufsicht werden mithilfe der Karozahl oder mit dem Maßstab in die Seitenansichten übertragen.

Aufgabe:

Zeichnen Sie den in der Isometrie dargestellten Winkelstein (Betonfertigteil) nach der gegebenen Blatteinteilung in vier Ansichten.

Beginnen Sie bei der Blatteinteilung immer mit der unteren Kante der Vorderansicht ⓐ und messen Sie dann die linke Kante von Draufsicht bzw. Vorderansicht ein ⓑ.

Lernziel:

Ansichten prismatischer Körper normgerecht in rechtwinkliger Parallelprojektion darstellen.

Übereinstimmende Ecken und Kanten in den Ansichten bezeichnen.

Modelle nach Ansichten fertigen.

Ansichten nach Schrägbildern zeichnen.

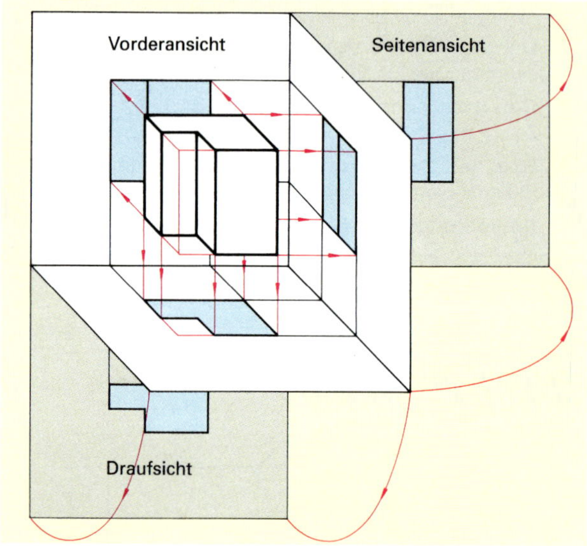

Projektionsebenen

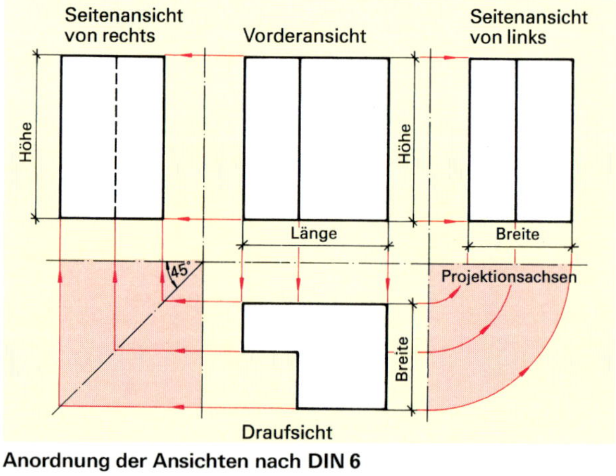

Anordnung der Ansichten nach DIN 6

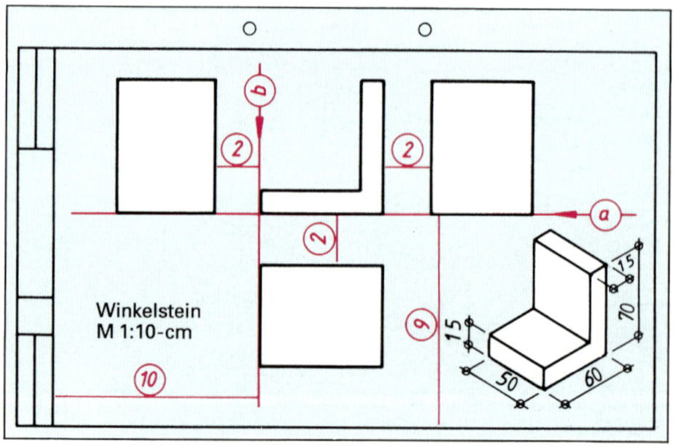

3.2.3 Modelle nach Ansichten bauen

Aufgaben:

Verwenden Sie zuerst **zwei**, dann **drei Quader** mit dem Kantenverhältnis 4:2:1 (Streichholzschachteln, Pappkartons, Holzklötze), und fertigen Sie die Modelle der gegebenen Ansichten.

Bezeichnen Sie die Ecken der Quader mit Nummern und tragen Sie diese an den entsprechenden Ecken der Zeichnung ein.

Anschließend können Sie auch den **umgekehrten Weg** gehen: Bauen Sie zuerst ein Modell nach Wunsch und zeichnen Sie danach die Ansichten.

Zusätzlich können Sie jeweils eine **Isometrie** zeichnen.

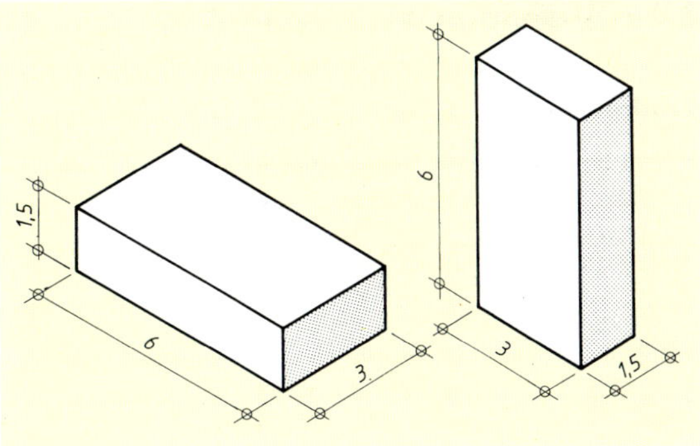

Modellkörper

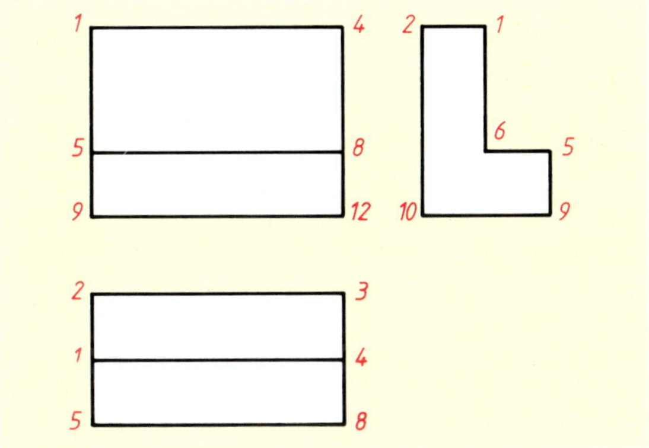

Beispiel (Streifenfundament)

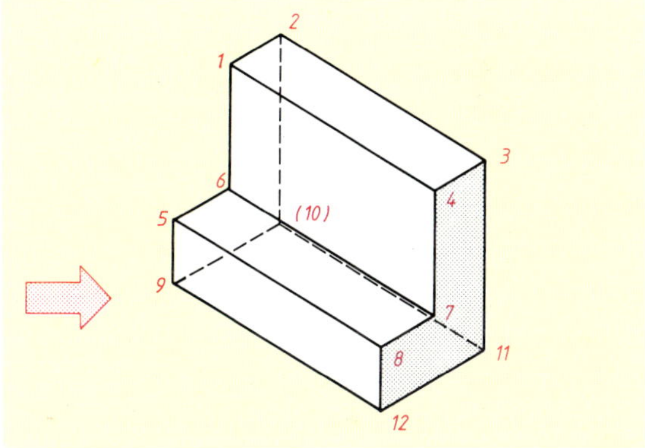

Modell nach Ansichten

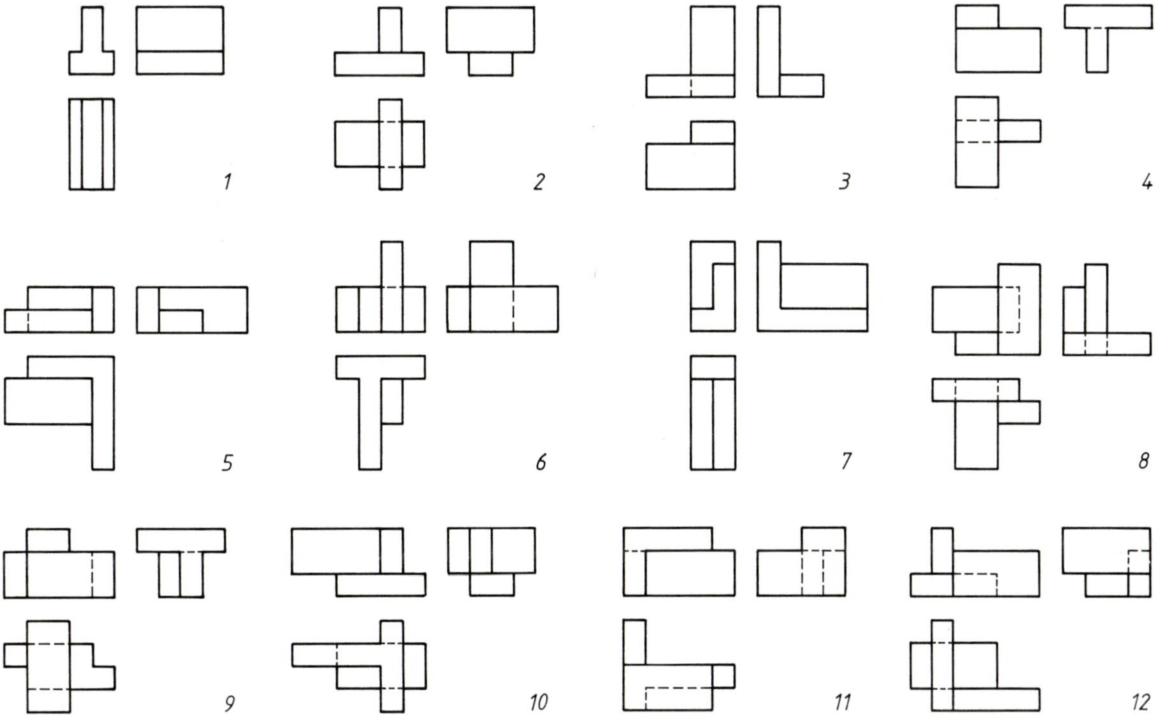

3.2.4 Ansichten nach Schrägbild

Aufgaben:

Zeichnen Sie die dargestellten Körper 1–10 in vier Ansichten und dazu ein Schrägbild als Kavalierperspektive (vgl. nebenstehende Musterlösung).

Sämtliche Körper sind von Prismen der Größe 5 × 4 × 7 cm umhüllt. Die Maße der Aussparungen und Ausklinkungen sind nach den gegebenen Schrägbildern selbst zu wählen. Es ist vorteilhaft, zuerst den **Hüllkörper** mit Hilfslinien darzustellen und danach die Aussparungen einzuzeichnen. (Auch beim Schrägbild geht man so vor.)

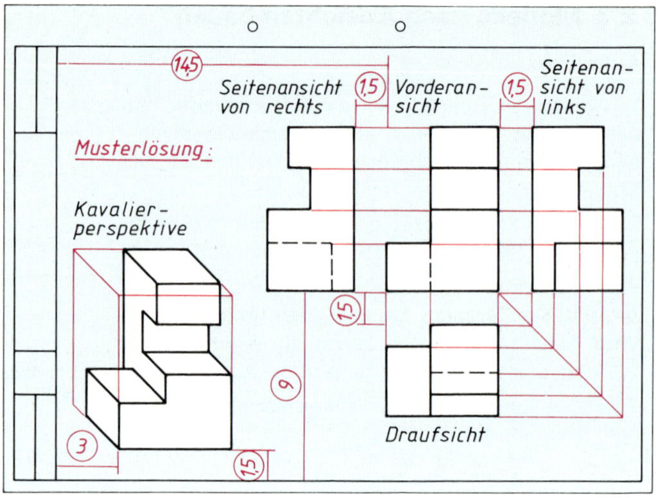

1. Gebäudegruppe
2. Fertigteil mit Aussparung
3. Waagerechter Schlitz
4. Stütze mit Binderauflager
5. Holzverbindungen: Schlitz
6. ... Zapfen
7. ... Zapfen mit Gehrung
8. ... Schlitz mit Gehrung
9. Wasserspeier für Flachdach
10. Lüftungsstein mit Öffnungen

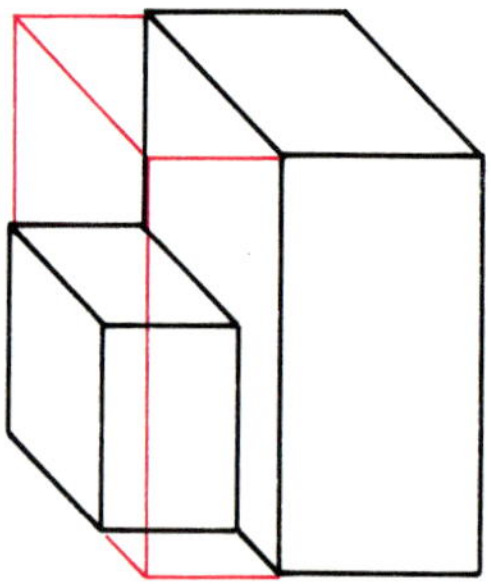

1

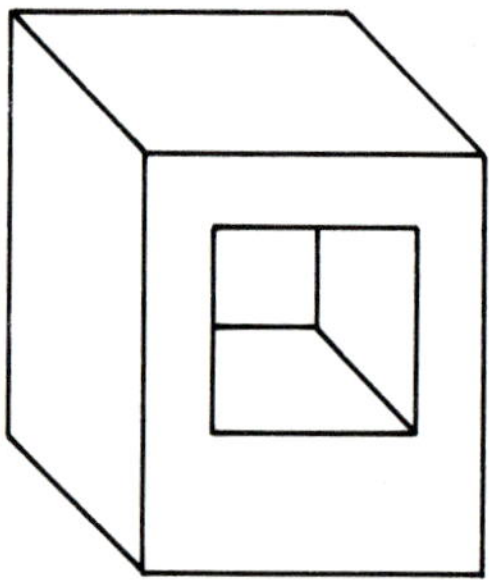

2

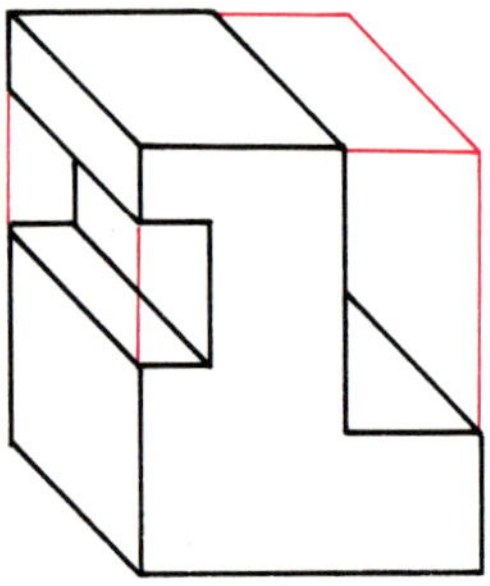

3

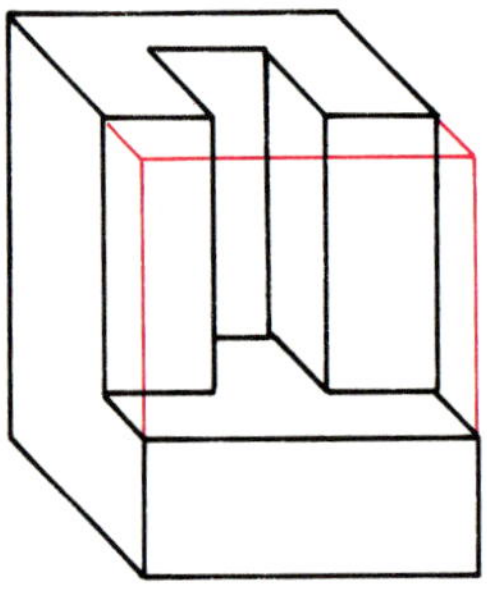

4

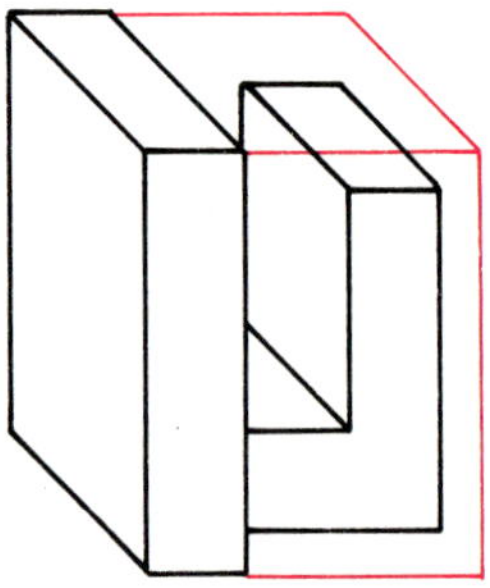

5

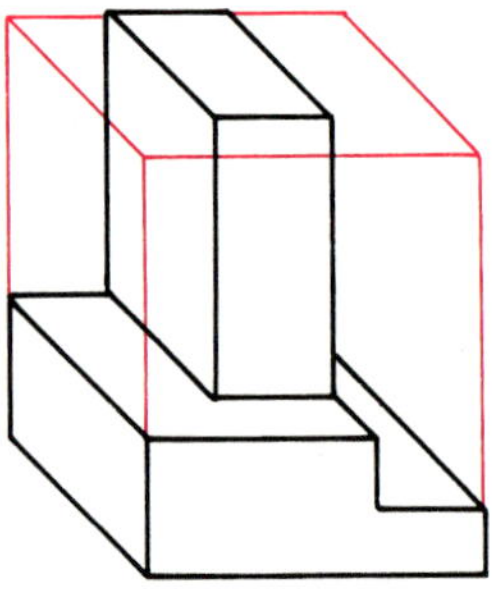

6

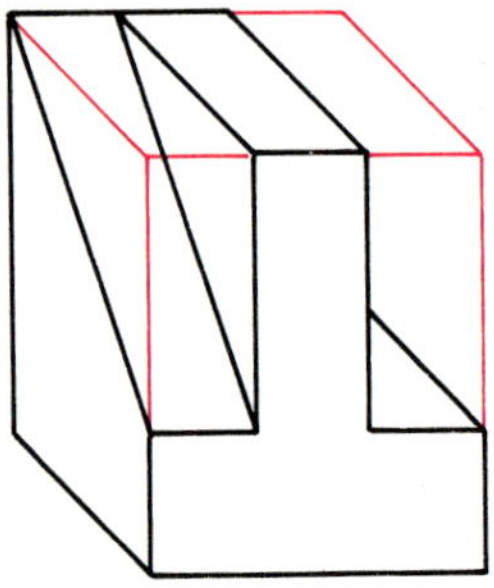

7

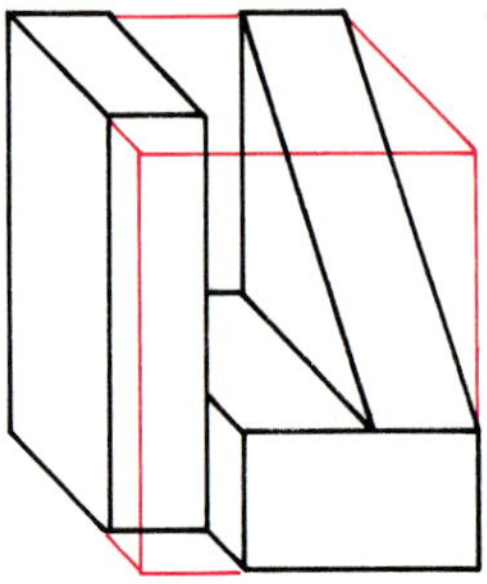

8

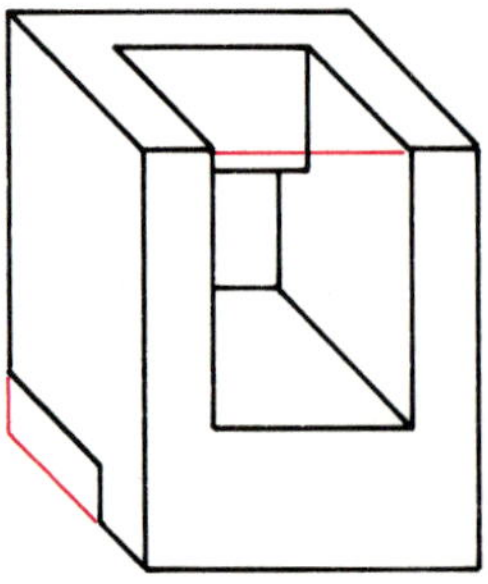

9

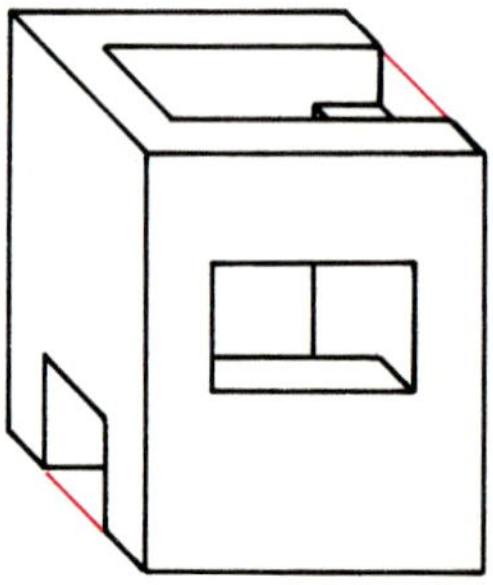

10

3.2.5 Bemaßung von Bauteilen
(vgl. 1.9)

Grundsätze:

Zunächst sollen die Ansichten so gewählt und dargestellt werden, dass der Körper möglichst klar und eindeutig erkennbar ist. Der Maßeintrag richtet sich nach dem Herstellungsablauf des Baukörpers; Maße sollen nur an schon bestehende Bauteile bzw. Kanten „angebunden" werden. Nur ungenau herzustellende Kanten oder Flächen, z. B. Fundamentsohlen, dürfen nicht als Ausgangskanten verwendet werden („fertigungsgerecht" bemaßen).

Im Bauwesen sind „Kettenmaße" üblich. Dabei werden auch Teilmaße eingetragen, die zwar errechnet werden können, aber der Kontrolle dienen. Die Summe der Teilmaße muss mit dem Gesamtmaß übereinstimmen (nachprüfen!).

Damit die Zeichnung übersichtlich bleibt, ist die Zahl der Maße auf das Nötigste zu beschränken; gleiche Maße sollen in den einzelnen Ansichten nicht mehrfach erscheinen.

Die Draufsicht zeigt alle Maße der waagerechten Ausdehnungen (Längen, Breiten, Tiefen). Die Ansichten und Schnitte enthalten hauptsächlich Höhenmaße.

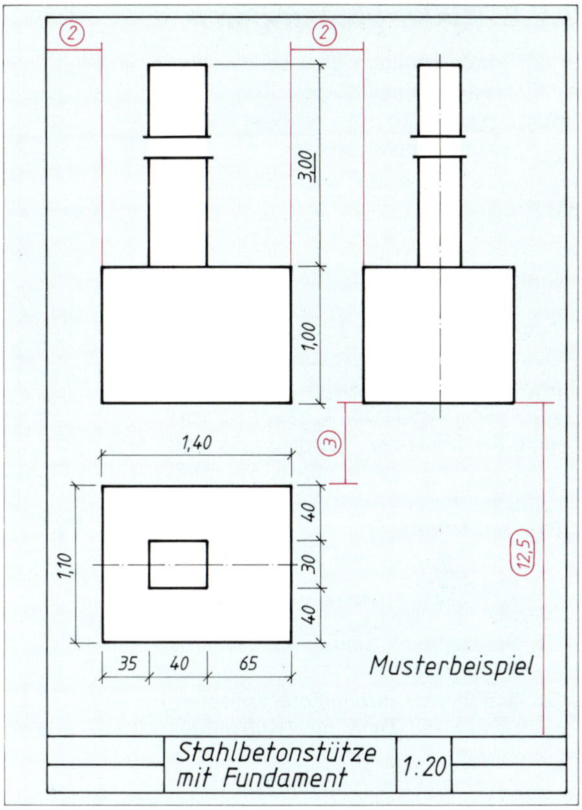

Im **Musterbeispiel** ist die Platzeinteilung für die folgenden Übungsaufgaben gegeben.

Die hier erscheinende Stütze ist unmaßstäblich (verkürzt) dargestellt; zu diesem Zweck wird die Maßzahl unterstrichen (3,00).

Aufgaben:

Zeichnen Sie jeweils drei Ansichten nach der im Musterbeispiel gegebenen Platzeinteilung und bemaßen Sie diese.

1. **Wandschlitz und Deckendurchbruch** M 1:10 – m, cm.
2. **Wandelement** mit Fenster (Betonfertigteil) M 1:20 – m, cm.
3. **Schwalbenschwanz** mit Bohrung M 1:2 – cm, mm.
4. **Köcherfundament** M 1:20 – m, cm, (Köcherfundamente dienen zur Aufnahme von Fertigteilstützen).
5. Messen Sie den Flur Ihrer Wohnung auf, stellen Sie die Grundfläche (Grundriss) und zwei Wandflächen mit Türen in der entsprechenden Projektion dar und bemaßen Sie.

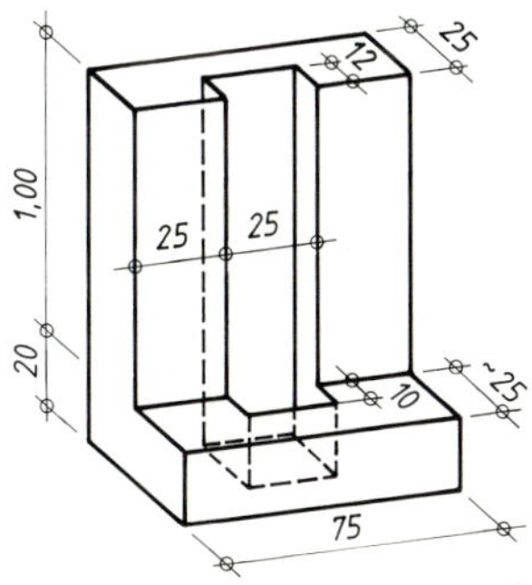

1

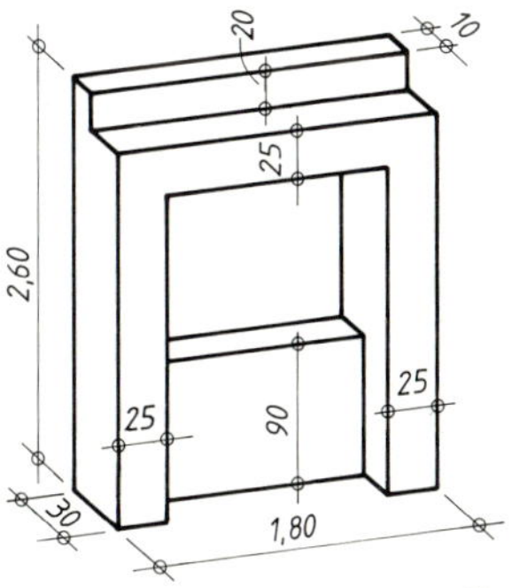

2

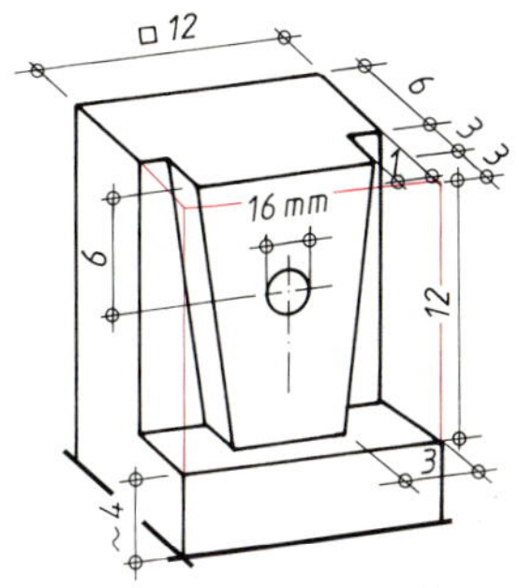

3

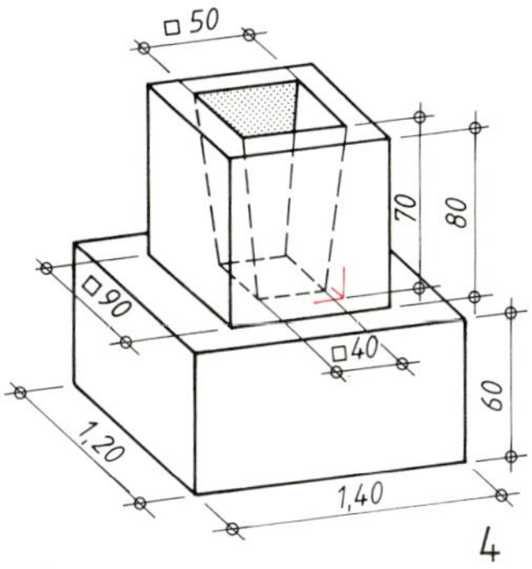

4

3.2.6 Rissergänzungen

In der Praxis genügen oft zwei Ansichten zur Darstellung eines Körpers. Um Unklarheiten zu vermeiden, sind teilweise drei oder vier Ansichten empfehlenswert.

Hier sollen Körper aus zwei Ansichten ergänzt werden.

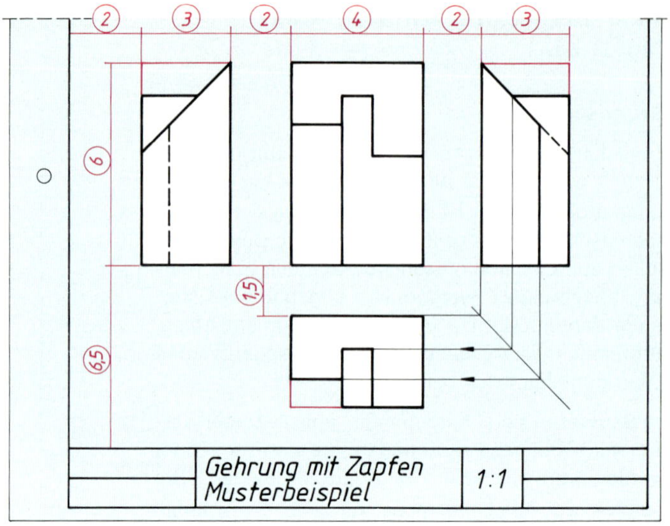

Aufgaben:

Zeichnen Sie zu den folgenden Aufgaben 1–10 je vier Ansichten gemäß der Musterlösung. Sämtliche Körper sind von Prismen der Größe 4 × 3 × 6 cm umhüllt. Die Maße der Aussparungen sind selbst zu wählen. Zeichnen Sie zwei Aufgaben auf ein Blatt A4 Hochformat (vgl. Musterlösung).

1. Mauerecke
2. Mauervorlage
3. Senkrechter und waagerechter Wandschlitz
4. Stahlbetonstütze mit drei Konsolen
5. Schlitz mit Gehrung (Holzverbindung)
6. Zapfen mit Gehrung und Falz
7. Lüftungsstein mit Anschlüssen
8. I-förmige Stütze (Holzbau)
9. I-förmiger Stahlbetonbinder, Auflager
10. Schwelle auf Gehrung mit Zapfenloch

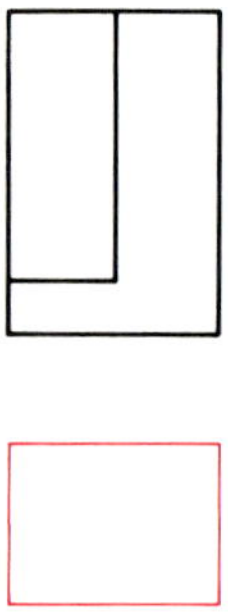
1

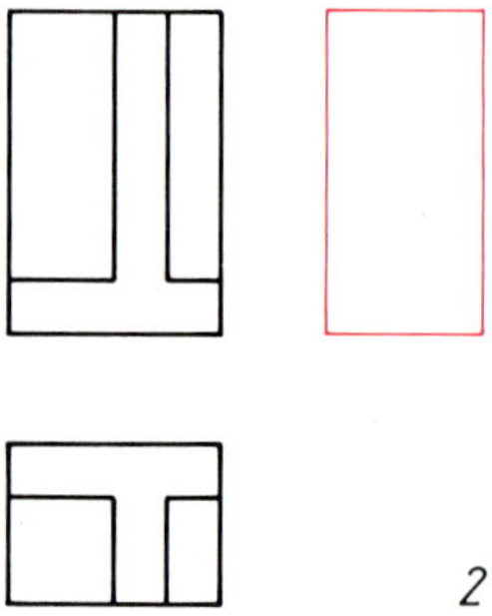
2

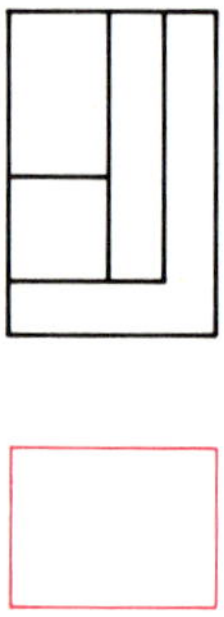
3

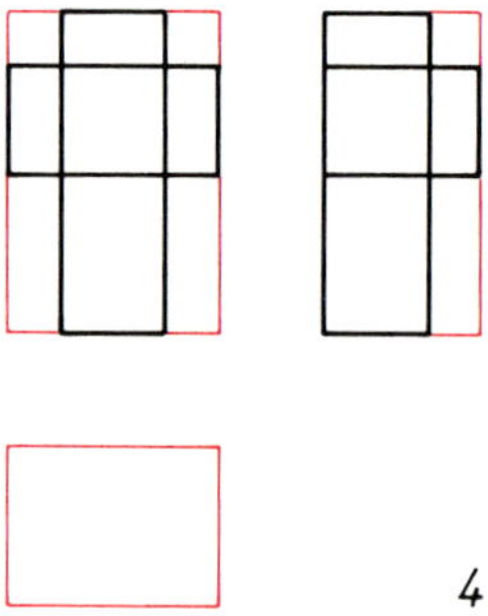
4

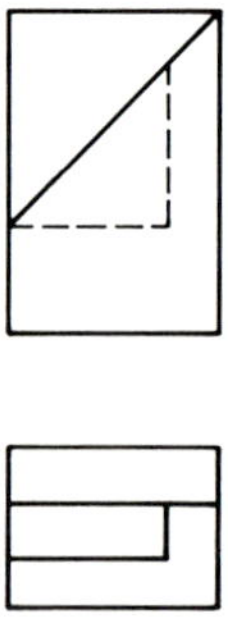
5

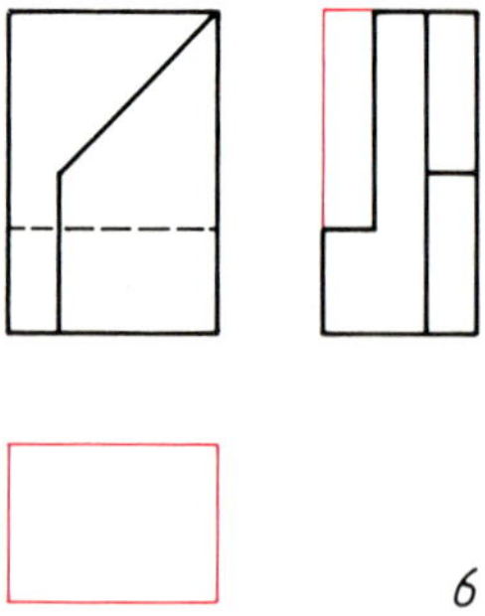
6

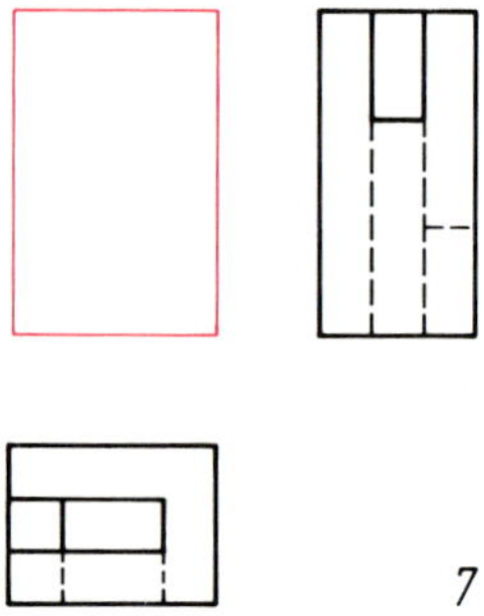
7

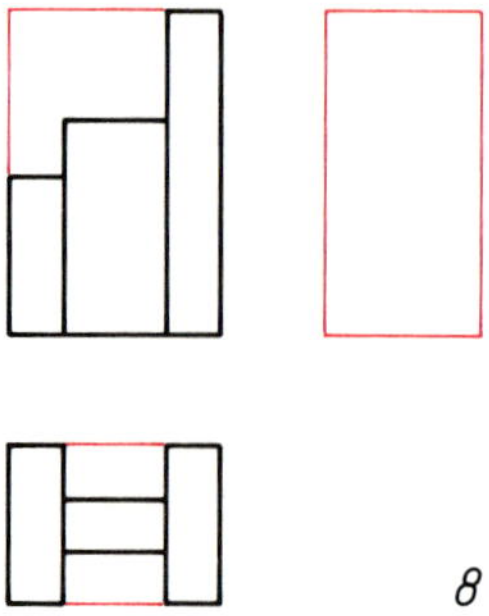
8

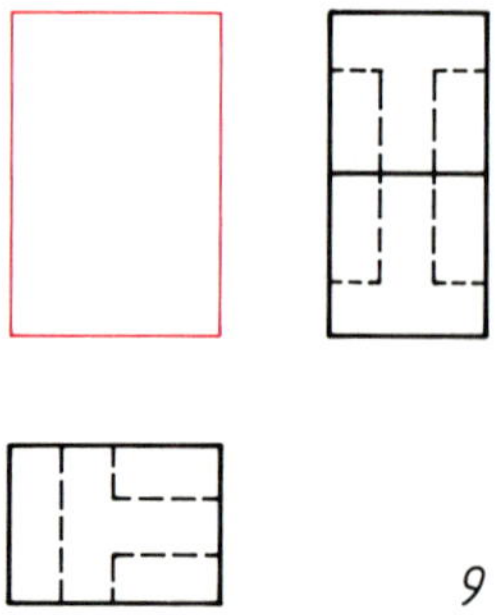
9

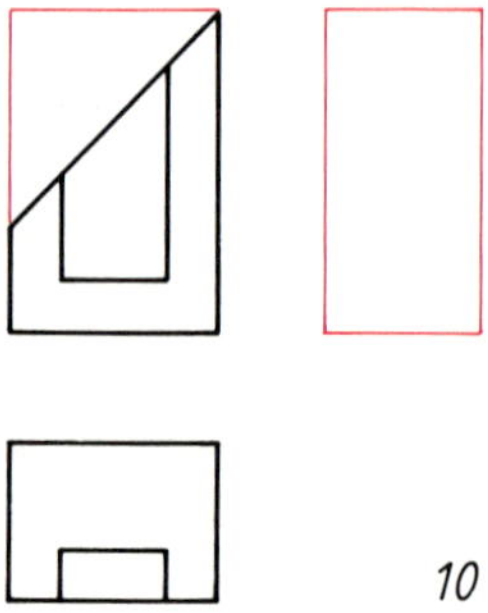
10

3.3 Schnitte

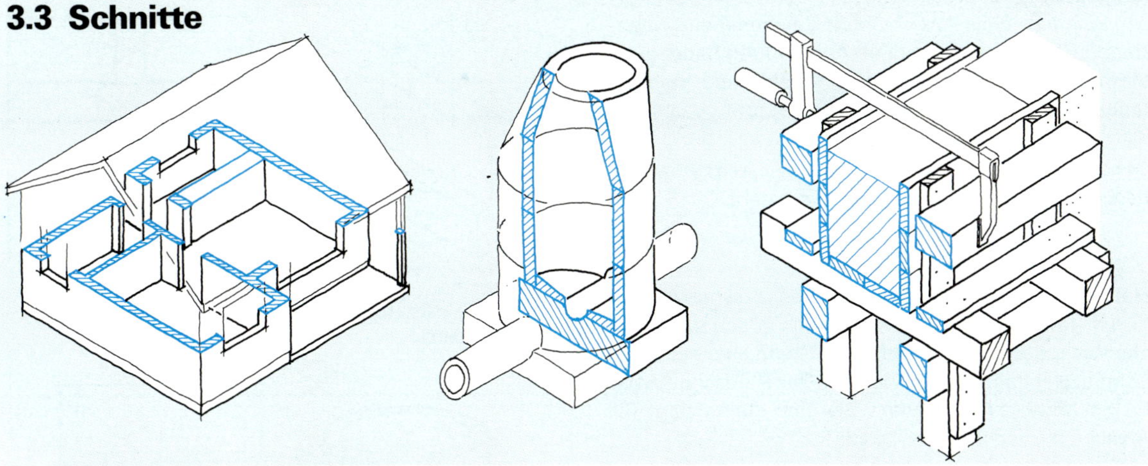

Bauwerke bestehen aus vielerlei Bauteilen, deren Zusammenhang oft von „außen“ nicht genügend zu erkennen ist. Dazu denkt man sich die Bauteile aufgeschnitten, damit Profile, Aussparungen oder verdeckte Kanten sichtbar werden.

Leitfragen:

1. Wie stellt man sich Schnitte vor?
2. Welche Arten von Schnitten gibt es?
3. Wie werden Schnitte dargestellt?
4. Wie wird die Lage von Schnittebenen dargestellt?
5. Welche Teile werden nicht geschnitten?

Lernziel:

Prinzip des Körperschnittes erklären.

Senkrechte und waagerechte Schnitte an Bauteilen normgerecht darstellen.

Besonderheiten der Schnittführung und deren technische Bedeutung erklären und zeichnen.

3.3.1 Was versteht man unter Schnitten?

Man stellt sich vor, der Baukörper sei mit einer Säge auseinander geschnitten und der die Schnittfläche verdeckende Teil sei weggenommen. Es zeigt sich die Schnittfläche.

Die Ansicht der Schnittfläche eines Baukörpers wird als Schnitt bezeichnet.

Statt eines Sägeschnitts denken wir uns die Bauteile durch Schnittebenen geteilt.

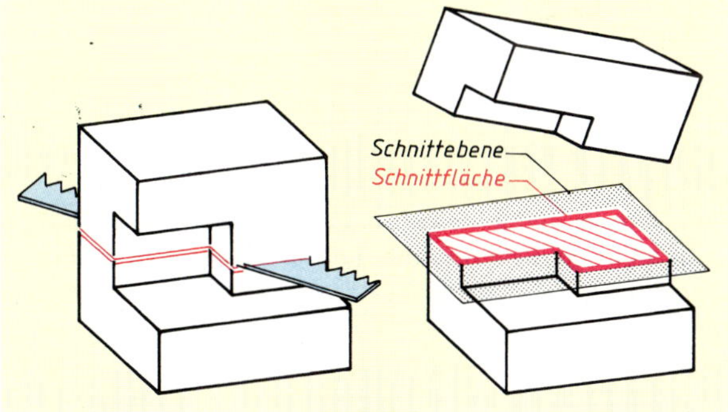

Schnittführung

3.3.2 Schnittarten nach DIN 6

Es wird zwischen Vollschnitt, Halbschnitt und Teilschnitt unterschieden.

Vollschnitte sind je nach Schnittführung waagerechte oder senkrechte Schnitte.

Waagerechte Schnitte (WS)

Der Grundrissplan zeigt die Draufsicht der waagerecht geschnittenen Bauteile (Wände, Pfeiler usw.).

Senkrechte Schnitte (SS)

Sie werden bei Bauwerken **„Schnitte“** genannt. Man unterscheidet den Querschnitt und den Längsschnitt.

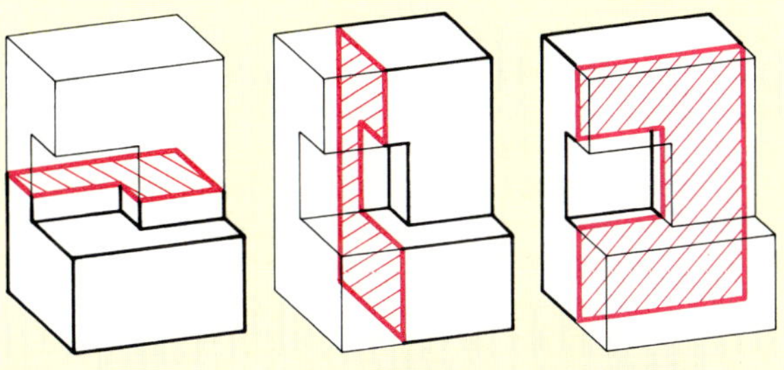

Waagerechter Schnitt Grundriss

Senkrechte Schnitte Querschnitt Längsschnitt

Eingeklappte Querschnitte. Die Schnittflächen werden innerhalb einer Ansicht in die Zeichenebene eingeklappt und dort eingezeichnet. Anwendung findet diese Methode hauptsächlich in Holz-, Stahl- und Stahlbetonbauzeichnungen, um Querschnittsprofile darzustellen.

Schräg liegende Bauteile werden immer so geschnitten, dass die wahre Querschnittsfläche entsteht.

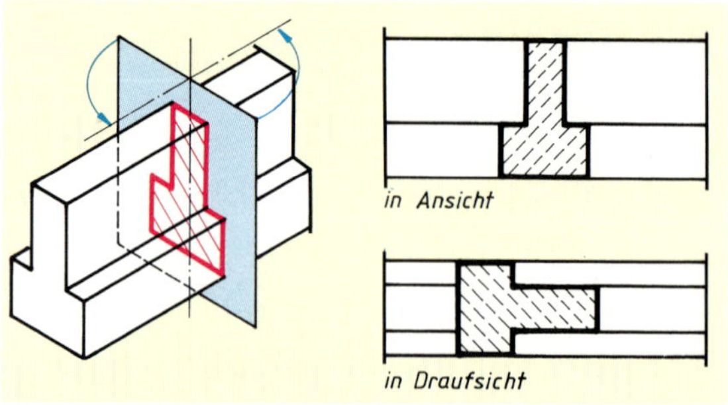

Eingeklappte Schnittebenen (Fundament)

Halbschnitte werden verwendet, wenn symmetrische Körper sowohl in der Ansicht als auch in der Schnittfläche Wichtiges zeigen sollen. Damit kann eine getrennte Schnittzeichnung erspart werden. Der Halbschnitt wird bis zur Mittelachse geführt: Die eine Hälfte zeigt die Ansicht, die andere den Schnitt.

Schnitte werden in Form von Vollschnitten als waagerechte, senkrechte oder eingeklappte Schnitte geführt. Halbschnitt und Teilschnitt zeigen Körper teilweise im Schnitt. Schnittflächen sind immer „wahre Größen".

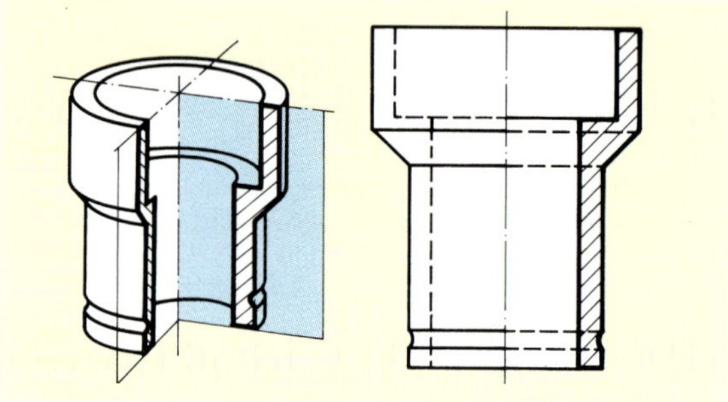

Halbschnitt

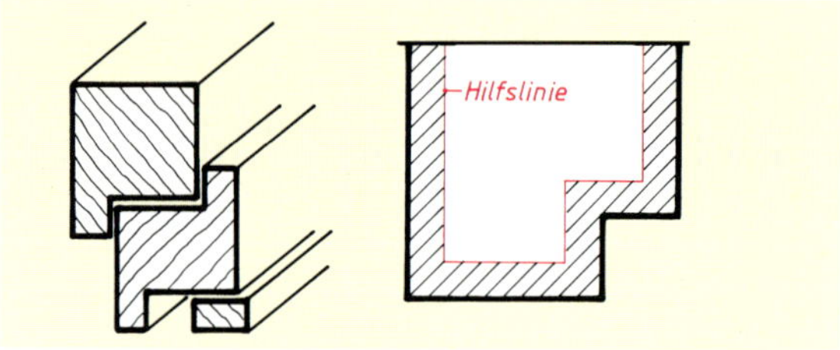

Schraffur von Schnittflächen

3.3.3 Zeichenregeln für Schnitte

Schnittflächen werden besonders hervorgehoben. Die Begrenzung der Schnittflächen erfolgt mit breiten Volllinien (0,5; 1,0; abhängig vom Maßstab). Die Flächen werden unter 45° zu den Hauptbegrenzungskanten mit schmalen Volllinien in gleichen Abständen schraffiert. Die Abstände richten sich nach dem Maßstab und der Größe der Schnittfläche; bei großen Flächen kann die Schraffur auf die Randzone beschränkt werden. Aneinander stoßende Teile werden in verschiedenen Richtungen schraffiert.

Bei konstruktiven Schnitten werden Schraffuren den Baustoffen entsprechend angewendet (vgl. Tabelle S. 372). In den grundlegenden Abschnitten 3 bis 5 werden diese noch nicht berücksichtigt.

Der **Verlauf von Schnittebenen** wird durch breite Strichpunktlinien (0,5; 1,0; abhängig vom Maßstab) dargestellt. Die Projektionsrichtung wird mit Pfeilen am Ende der Strichpunktlinie angezeigt. Großbuchstaben am Ende der Schnittlinie benennen den Schnitt. Der Verlauf von senkrechten Schnitten wird in der Regel in der Draufsicht, der von waagerechten Schnitten in der Ansicht eingezeichnet. Die Schnittzeichnung zeigt außer der Schnittfläche auch noch die verbleibenden sichtbaren Kanten. Nicht sichtbare Kanten werden innerhalb der Schnittfläche nur gezeichnet, wenn sie zum Verständnis der Zeichnung nötig sind.

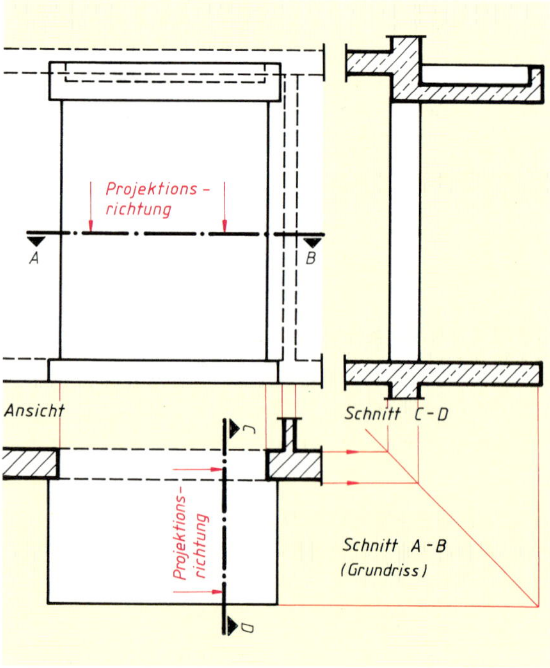

Darstellung von Schnitten (Hauseingang)

Aufgaben:

Zeichnen Sie die gegebenen Körper 1 bis 9 als Schnittdarstellungen in vier Projektionen. Wählen Sie Größe und Platzeinteilung wie in der Musterlösung, Hüllkörper 8 × 6 × 8 cm. Teilmaße sind nach den Rasterangaben selbst zu wählen.

Die Schnittebenen können Sie entsprechend den grau angedeuteten Flächen festlegen.

1. Schlitz (Holzverbindung)
2. Mauerecke mit Fenster
3. Haustür mit Stufe und Decken
4. Kontrollschacht
5. Wasserspeier (Betonfertigteil)
6. Stütze mit Unterzügen und Decke
7. Winkelstützmauer mit Strebe
8. Holzskelettbauweise, Knotenpunkt
9. Schalung für eine Betonwand

** = schwierige Aufgabe („Sternchenaufgabe")*

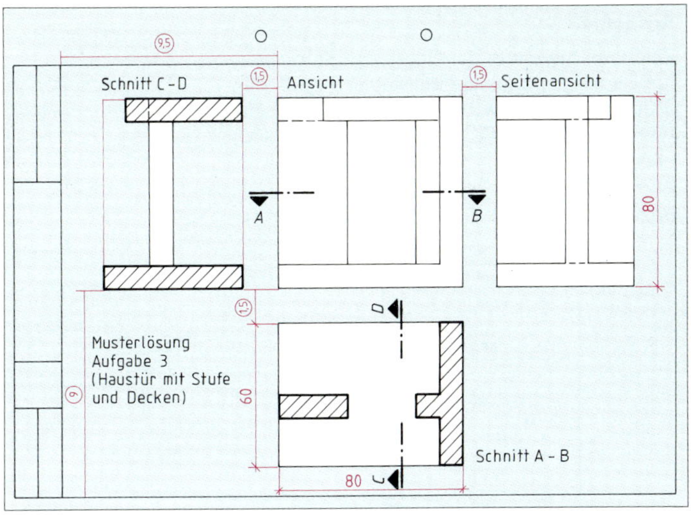

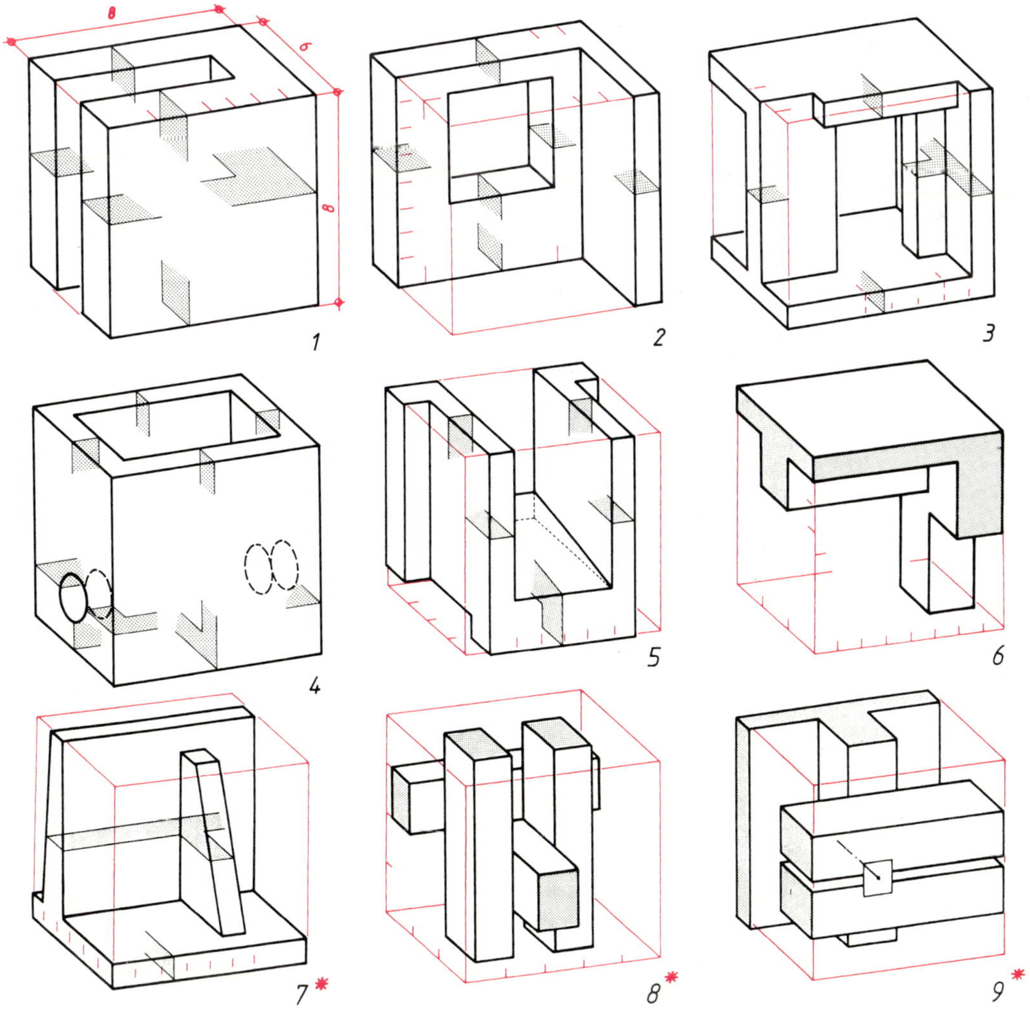

Aufgaben:

Zeichnen Sie die in der Draufsicht dargestellten Baukörper nach der im Muster gegebenen Blatteinteilung. Die Höhenangaben (Höhenkoten) sind von der Grundrissebene aus zu messen (cm).

Alle Hüllkörper 8 × 7 × 6 cm.

Bezeichnen Sie die Schnitte (A–B, C–D ...).

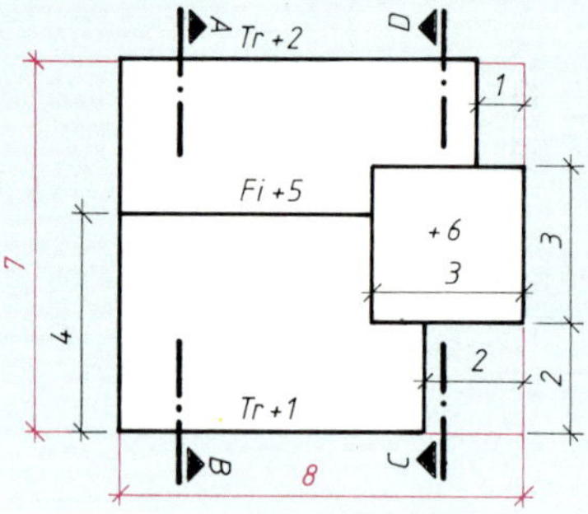

Satteldach mit Kaminkopf

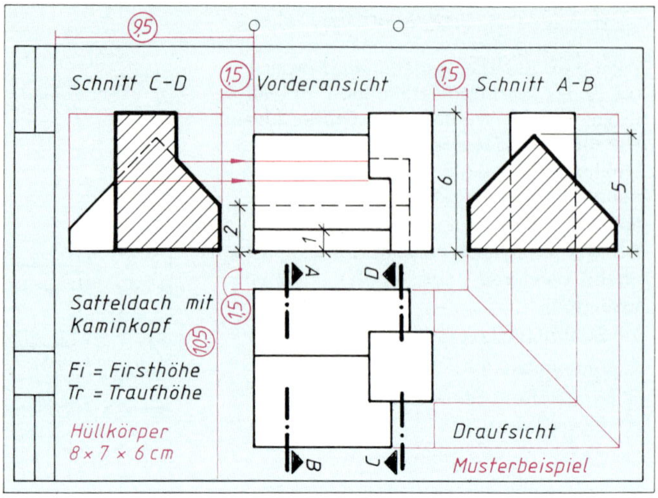

1. **Verwaltungsgebäude** (Flachdächer) Schnitte A–B, C–D; Schnitt E–F statt Vorderansicht
2. **Wohnhaus mit Satteldach** Schnitte wie im Musterbeispiel
3. **Gebäudegruppe** (Flachdächer)
4. **Wohnhaus** mit Satteldach, Pultdach und Terrasse, Kaminkopf
5. **Stahlbetontreppe** mit Wangenmauern Treppensteigungen 0,75 cm, Dicke der Laufplatte 0,5 cm

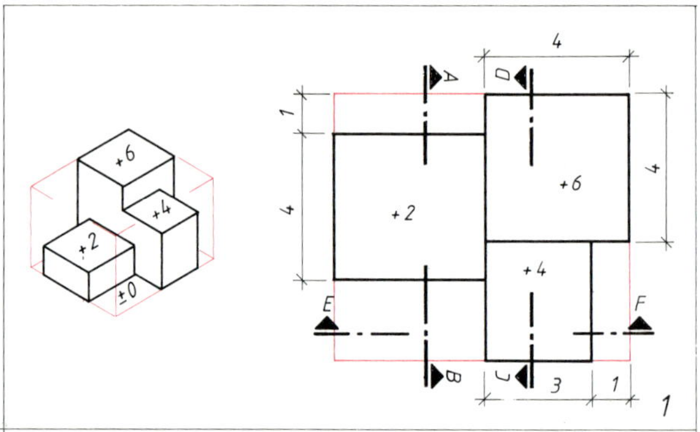

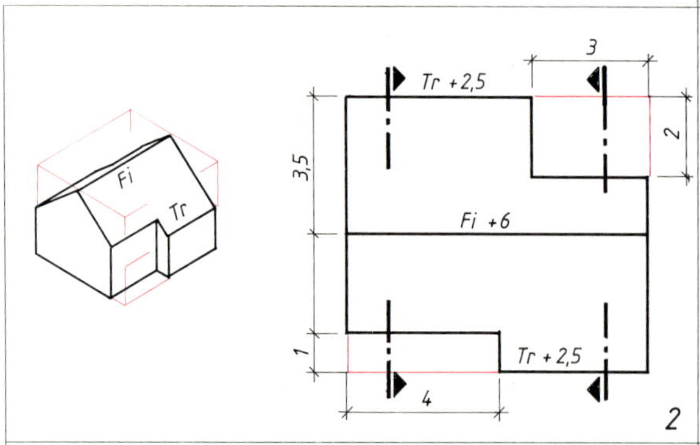

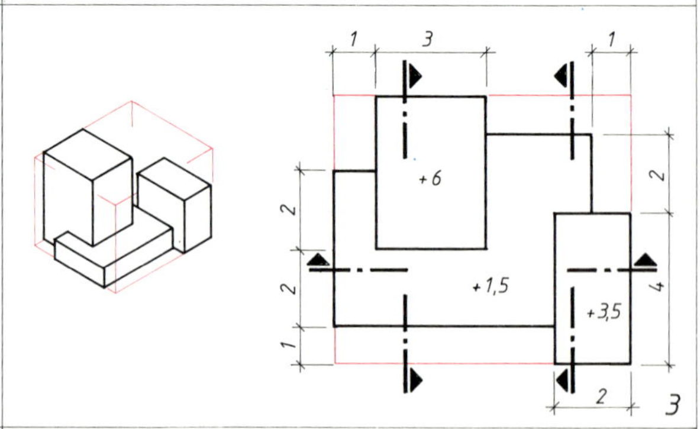

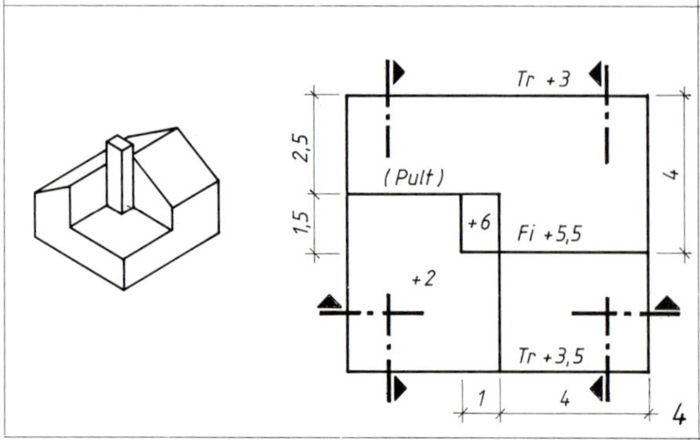

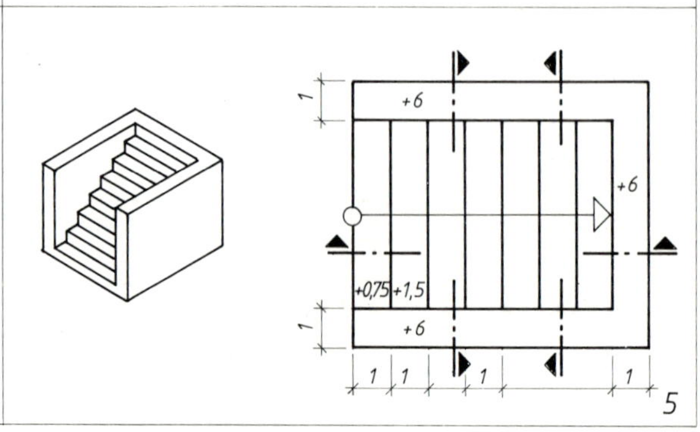

3.3.4 Ausführungszeichnungen für Gebäude

Ausführungszeichnungen für Gebäude und Räume sind Schnittzeichnungen. Die Ansichten werden durch Schnitte ersetzt.

Sind mehrere Schnitte nötig, so werden sie wie die Ansichten angeordnet. Dabei werden im senkrechten Schnitt waagerechte Schnittebenen, im Grundriss senkrechte Schnittführungen angegeben.

Der Schnitt C–D zeigt einen Schnitt mit versetzter Schnittebene.

Aufgaben:

1. **Betonschalung für Fenster**, M 1:10–cm. Brettschalung 2,5 cm dick, Laschen 2,5/8 cm. Zeichnen Sie außer der gegebenen Ansicht die Schnitte A–B und C–D. Bemaßen Sie.
2. **Lichtschacht,** M 1:20 – m, cm. Zeichnen Sie außer dem gegebenen Schnitt A–B (Grundriss) die senkrechten Schnitte C–D und E–F. Bemaßen Sie die Schnitte.
3. **Schornsteinkopf** als Fertigteil aus Leichtbeton mit Putzöffnung M 1:10 – m, cm. Zeichnen Sie die gegebene Ansicht und die Schnitte A–B, C–D und E–F. Bemaßen Sie.

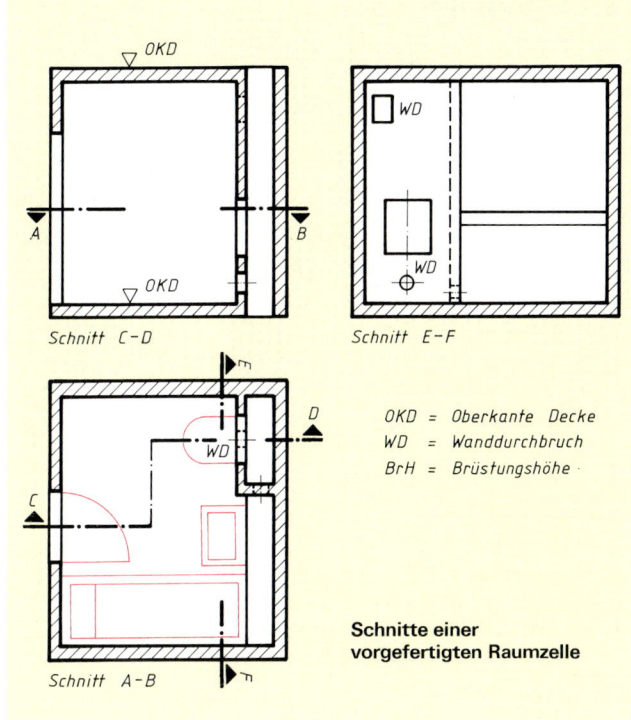

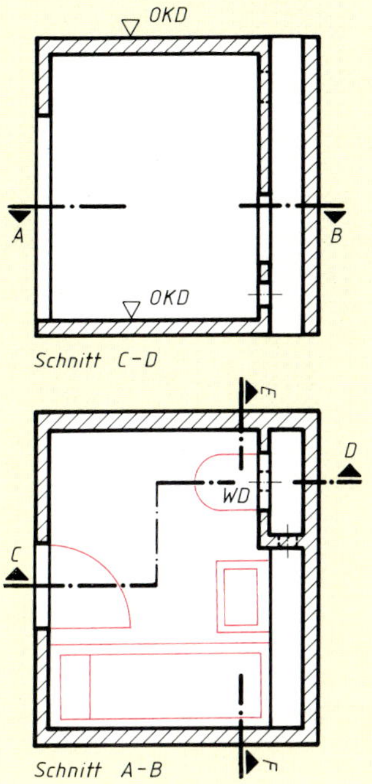

Schnitte einer vorgefertigten Raumzelle

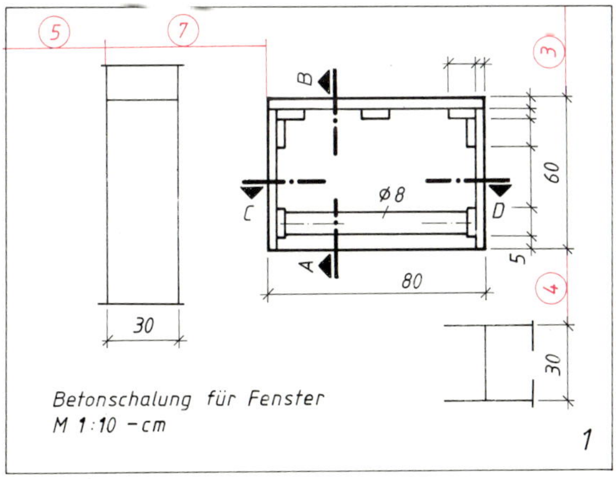

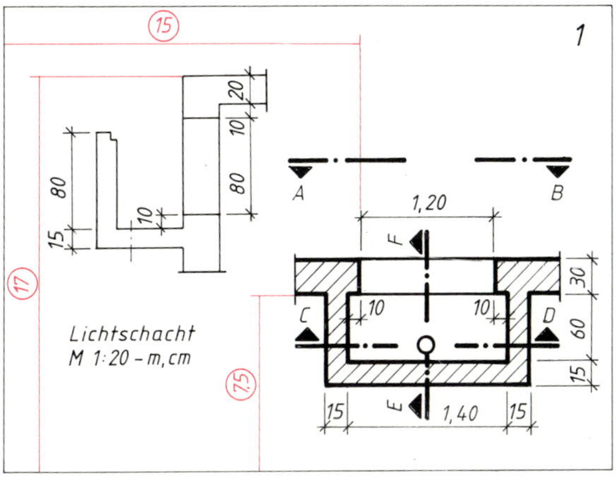

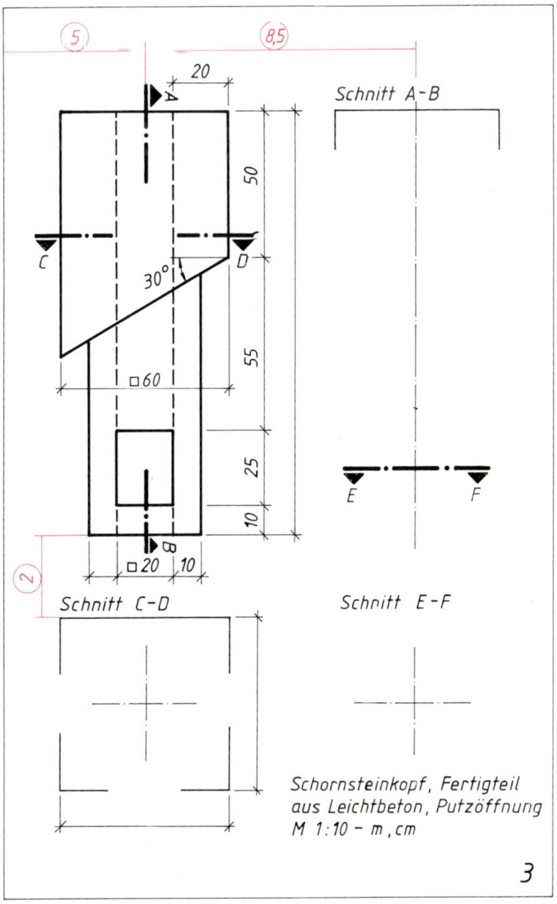

4 Wahre Größen

4.1 Abwicklungen

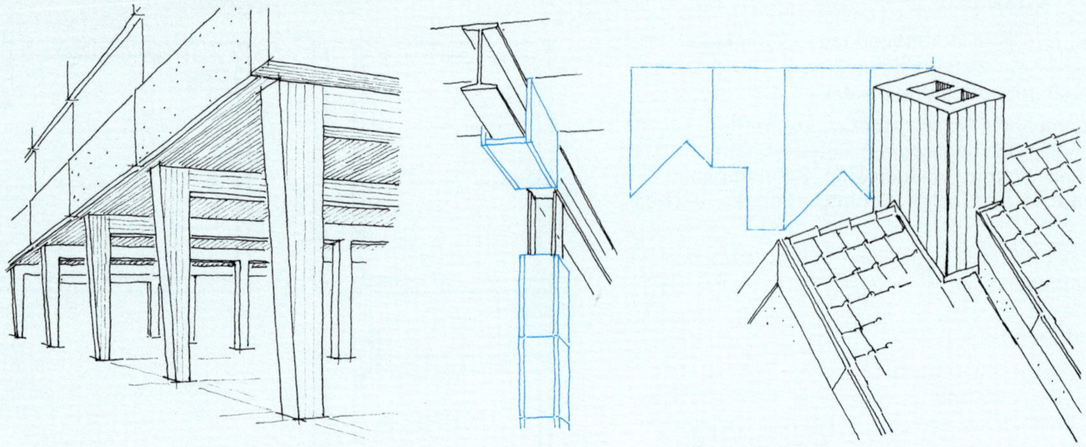

Zur Herstellung von Betonschalungen, Blechzuschnitten, Böschungsbefestigungen, Trockenputz- und Dachdeckungsarbeiten sind „Abwicklungen" von Baukörpern erforderlich. Abwicklungsflächen sind „wahre Flächen".
Beim Aufzeichnen von Zuschnitten ist auf geringen Werkstoffverbrauch und rationelles Fertigen zu achten.

Leitfragen:

1. Was versteht man unter Abwicklungen?
2. Wie konstruiert man Abwicklungen prismatischer Körper?

Lernziel:

Abwicklungen prismatischer Körper konstruieren, den Zusammenhang der Flächen dieser Körper begründen.

4.1.1 Abwicklung prismatischer Körper

Bei Abwicklungen werden die Flächen eines Körpers so aneinander gereiht (abgewickelt), dass sie in **einer** Ebene (Ansichtsebene oder Draufsichtsebene) berührend nebeneinander liegen. Sämtliche Flächen werden dabei in „wahrer Größe" dargestellt: Kanten erscheinen in richtiger Länge und Winkel in richtiger Größe. Die zusammenhängend dargestellten Flächen werden auch als „Mantel" bezeichnet.

Zeichnerische Konstruktion

Das nebenstehende Schrägbild zeigt, wie die senkrechten Prismenflächen (Vorder-, Seiten- und Rückfläche) nebeneinander angeordnet werden. Grund- und Deckfläche schließen sich an die Vorderfläche an. Die Länge (l) und Breite (b) werden der Draufsicht, die Höhe (h) wird der Ansicht entnommen.

Beachten Sie: Die Abwicklung darf nicht mit der üblichen Projektionsdarstellung nach DIN 5 verwechselt werden!

Die Abwicklung ist die zeichnerische Darstellung der zusammenhängenden Flächen eines Körpers **in einer Ebene.** Sämtliche Flächen erscheinen in **wahrer Größe.** Längen und Flächen werden in wahrer Größe abgebildet, wenn sie parallel zur Bildebene liegen.

Aufgabe:

Fertigen Sie aus Zeichenkarton das Modell eines Prismas von 5 × 3 × 8 cm Kantenlänge, indem Sie zuerst die Abwicklung zeichnen und dann ausschneiden.

Wegen des Zusammenklebens gibt man ca. 5 mm breite Klebefälze zu und ritzt sämtliche Biegekanten mit einem Messerrücken vorsichtig ein.

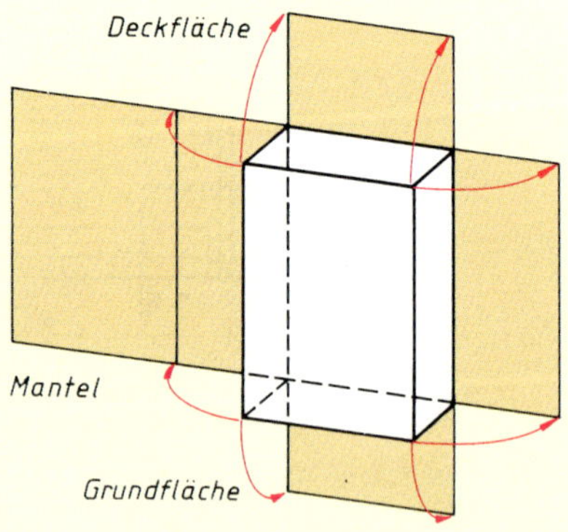

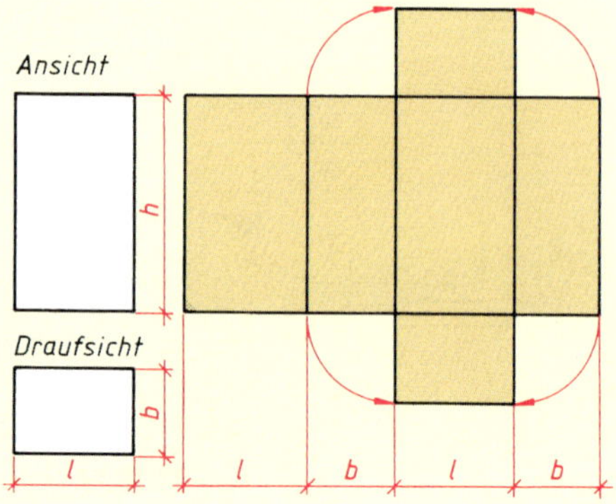

Abwicklung eines Prismas

Aufgaben:

Zeichnen Sie die dargestellten Körper 1–8 in drei Ansichten und die Abwicklung nach der Musterlösung. Sämtliche Körper sind von Prismen der Größe 5,0 × 3,5 × 5,5 cm umhüllt. Teilmaße sind, sofern sie nicht angegeben sind, selbst zu wählen.

Musterbeispiel:
Prisma mit zwei Abschrägungen

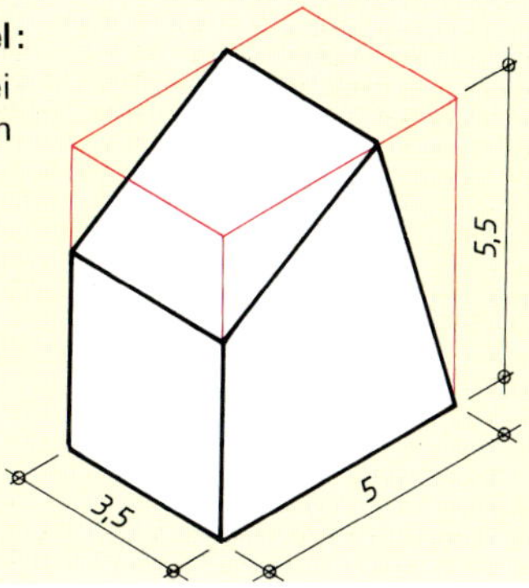

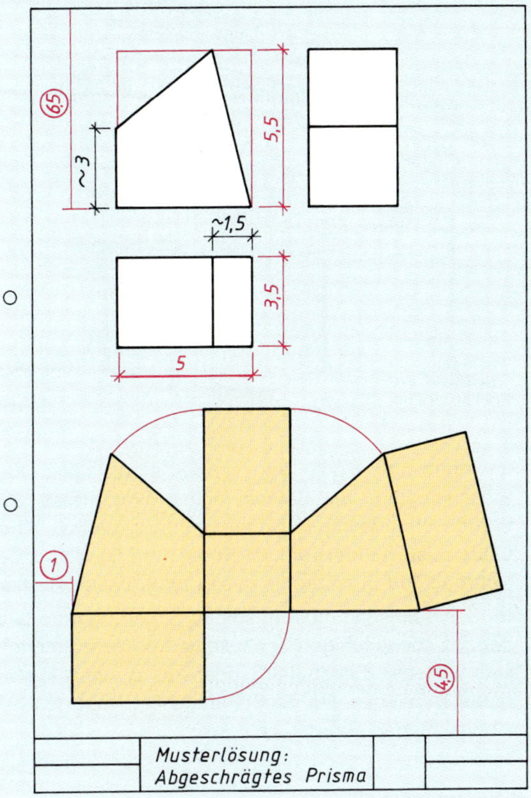

1. Mauerpfeiler
2. Mauerecke
3. Pultdach 30°
4. Satteldach 45°
5. Fundament, Betonfertigteil
6. Kaminkopf auf Satteldach 45°
7. Dreikantprisma, abgeschrägt
8. Quader, abgeschrägt (Diagonale benützen!)

* = *schwierige Aufgabe („Sternchenaufgabe“)*

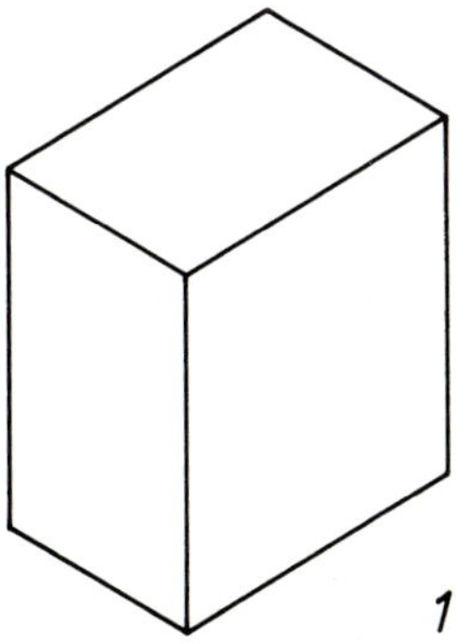
1

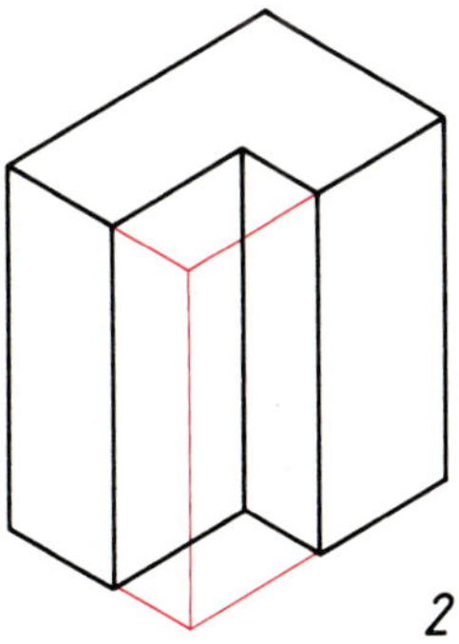
2

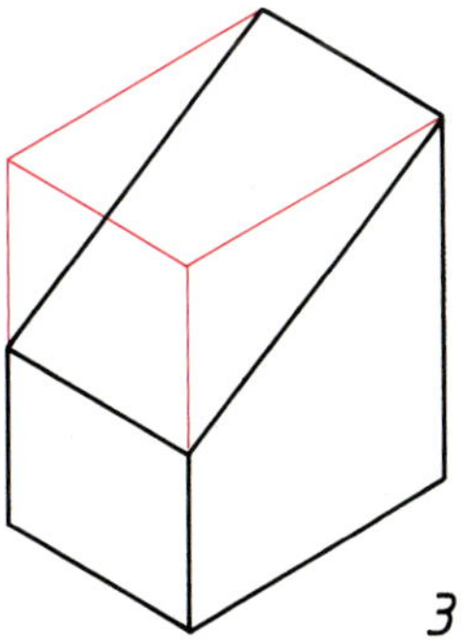
3

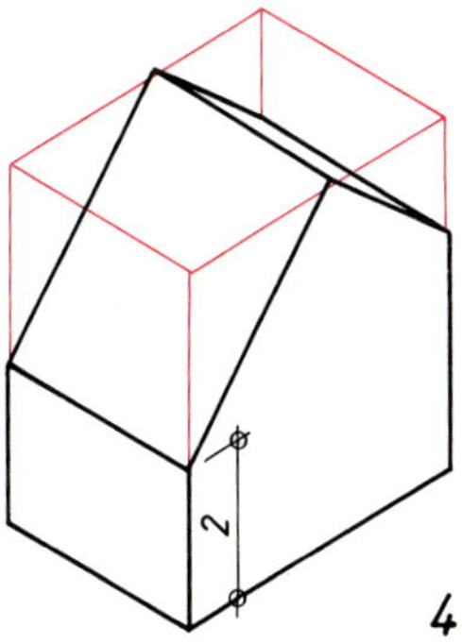

4

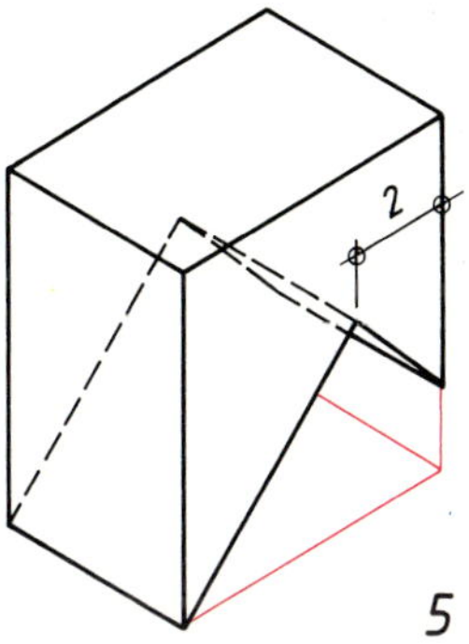

5

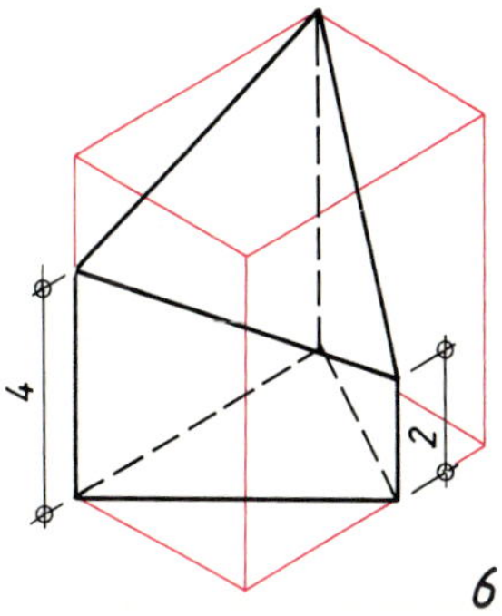

6

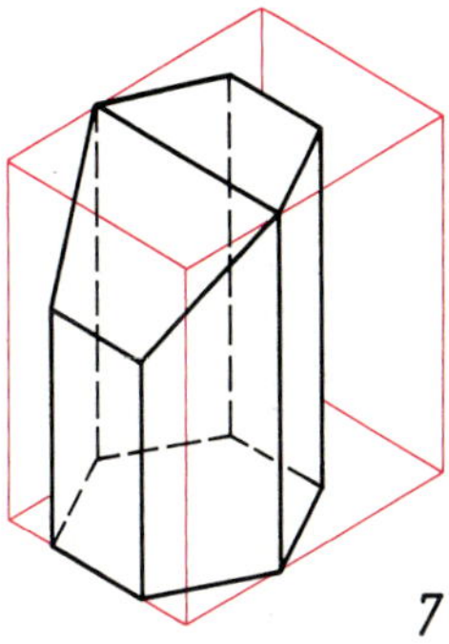
7*

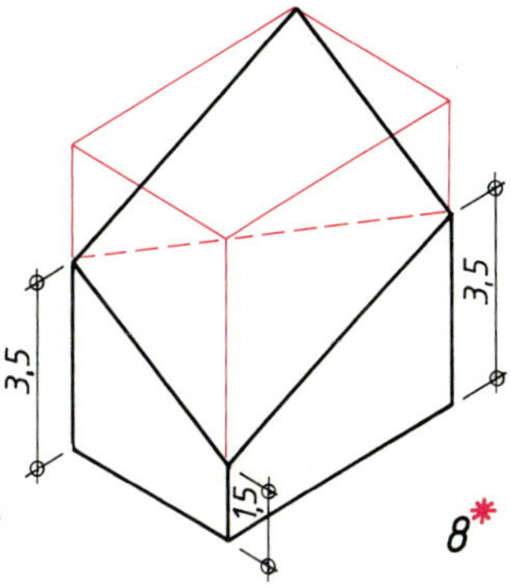

8*

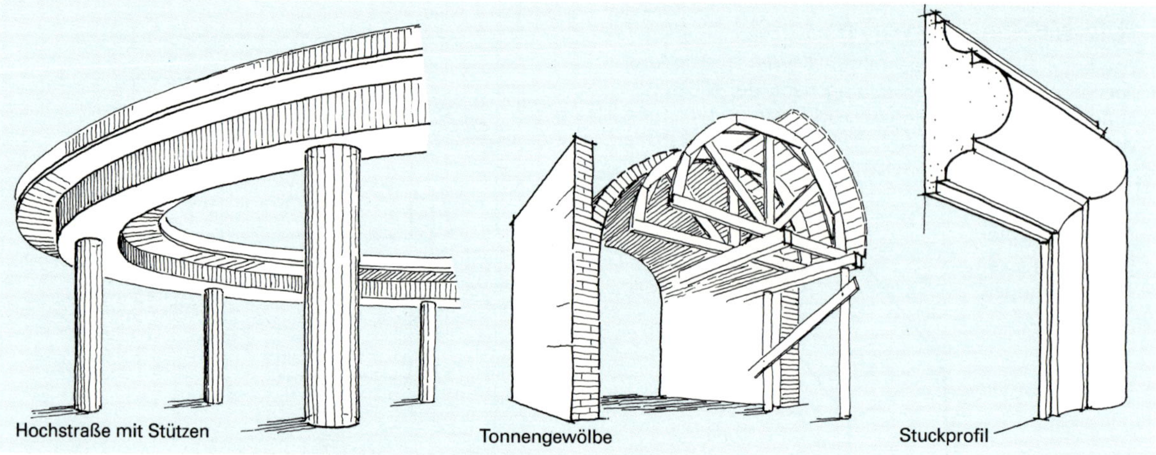

Im Ingenieur-, Hoch- und Tiefbau sind vielfach Betonschalungen für Säulen, Silos, Durchlässe und zylindrisch gekrümmte Brüstungen erforderlich. Auch Lehrgerüste für kreisförmige Bögen und Gewölbe, Betontröge und Stuckprofile haben zylindrische Formen.

Im Schalungsbau müssen solche Schalungen entweder aus ebenflächigen Schalelementen zusammengesetzt (Bretter, Schaltafeln) oder aus dünnen Platten gebogen werden. Für die Schalungszeichnungen sind Abwicklungen erforderlich.

Leitfragen:

1. Wie werden zylindrische Körper dargestellt?
2. Wie ermittelt man die Längen gekrümmter Strecken?
3. Welche geometrischen Formen ergeben sich beim Abwickeln zylindrischer Körper?

Lernziele:

Abwicklung zylindrischer Körper mit Zirkel und Lineal konstruieren.

Genauigkeit abgewickelter Längen beurteilen.

4.1.2 Die Abwicklung zylindrischer Körper

Die Mantelfläche eines Zylinders wird so abgewickelt, dass sie in einer Ebene liegt. Dabei ergibt sich ein Rechteck, das aus der Zylinderhöhe h und dem Kreisumfang U besteht.

Der **Umfang** wird durch Abstecken mit dem Zirkel ermittelt. Je kleiner die Teilstücke, desto genauer ist das Ergebnis.

Für viele Konstruktionen empfiehlt es sich, den Umfang mithilfe der Zeichendreiecke in regelmäßige Teile aufzuteilen:

8 Teile = 45°, 90°... (noch ungenau)
12 Teile = 30°, 60°, 90°...
16 Teile = 22,5°, 45°, 67,5°...

Am genauesten wird der Umfang durch Rechnung ermittelt: $U = d \cdot \pi$

Der durch Rechnung ermittelte Umfang wird mithilfe der Streckenteilung in die gewünschte Zahl von Teilen unterteilt.

Die Darstellung zylindrischer Körper. Die Draufsicht erhält zwei senkrecht zueinander stehende Mittelachsen, die Ansicht eine Mittelachse. Eine Seitenansicht erübrigt sich.

Die Abwicklung des Zylindermantels ergibt eine Rechteckfläche.

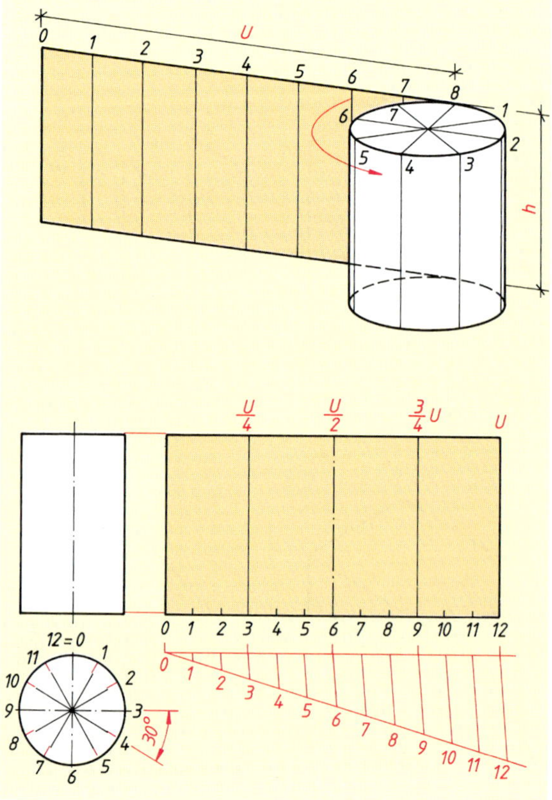

Abwicklung eines Zylinders

4.2 Pyramidenförmige Körper

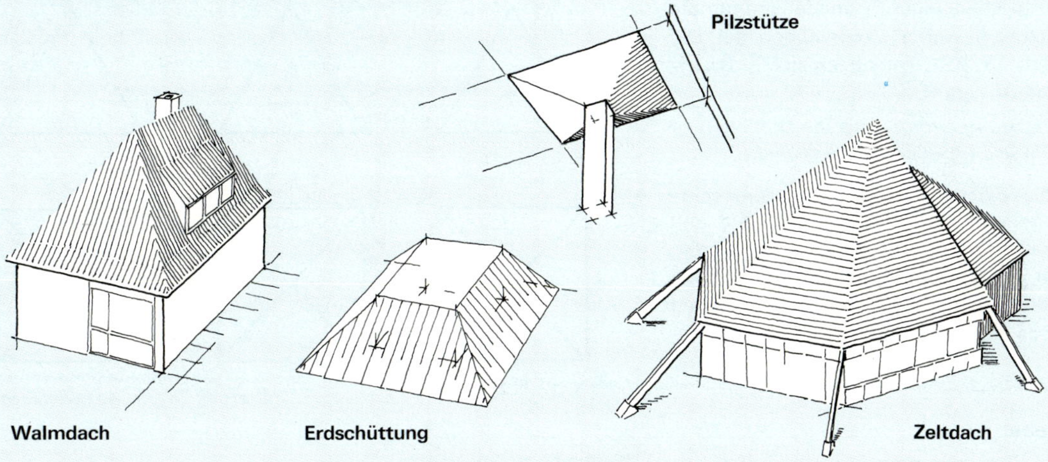

An Walmdächern, zusammengesetzten und pyramidenförmigen Dächern, bei Betonschalungen und aufgeschütteten Erdkörpern treten Kanten und geneigte Flächen auf, die in den Ansichten nicht in wahrer Größe erscheinen.

Lernziel:

Die Lage der sich nicht in wahrer Größe abzeichnenden Kanten und Flächen in Bezug auf die Bildebene angeben.

Wahre Größen geneigter Kanten und Flächen konstruieren.

Leitfragen:

1. Wie werden die Kanten zugespitzter Körper bezeichnet?
2. Was versteht man unter der Neigung einer Kante oder Fläche?
3. Welche Kanten und Flächen erscheinen in den Projektionen nicht in wahrer Größe?
4. Wie werden die wahren Kantenlängen ermittelt?
5. Wie werden wahre Pyramidenflächen zeichnerisch ausgetragen?

4.2.1 Bezeichnungen an zugespitzten Körpern

a_1, a_2	= Grundlinien
ABCD	= Grundfläche
S	= Spitze
h	= Pyramidenhöhe
AS, BS...	= Gratlinien
ABS, DAS...	= Pyramidenflächen
l_1...	= Höhe der Pyramidenfläche

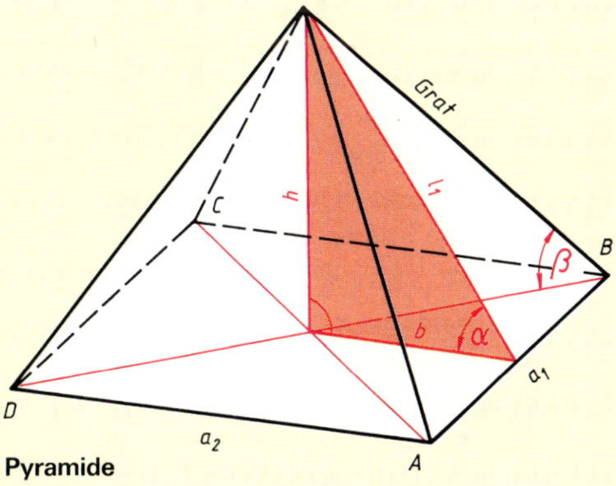

Pyramide

4.2.2 Neigung von Kanten und Flächen

Bei pyramidenförmigen Körpern sind zwei verschiedene Neigungswinkel zu beachten:

α = Neigungswinkel einer Mantelfläche
β = Neigungswinkel einer Gratlinie

Die Neigung von Geraden oder Flächen kann mit dem Neigungswinkel oder mit dem Neigungs-(Steigungs-)verhältnis ausgedrückt werden.

Höhe: Grundlänge $= h:b$ ($= \tan\alpha$)

$h:b = 1:1$ ($\alpha = 45°$)

$h:b = 1:2$ ($\alpha \approx 27°$)

$h:b = 2:3 = 1:1{,}5$ ($\alpha \approx 33°$)

$h:b = 2:1$ ($\alpha \approx 56°$)

Die Anwendung erfolgt hauptsächlich bei Böschungen im Erd- und Straßenbau.

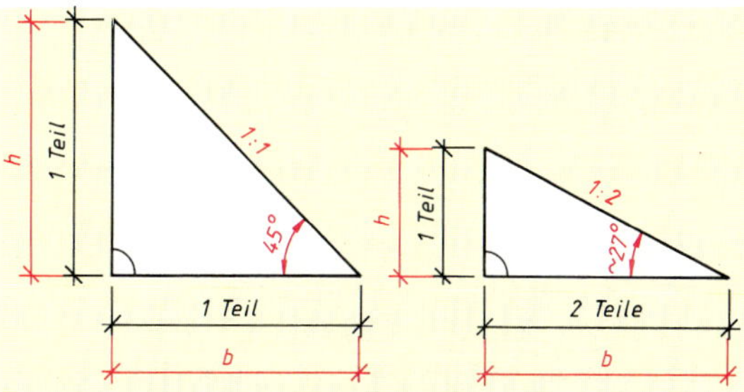

Neigungs-(Steigungs-)verhältnisse

4.2.3 Wahre Längen

In den Ansichten einer Pyramide wird nur die Grundfläche in wahrer Größe abgebildet. Die Gratlinien AS, BS... verkürzen sich in Draufsicht und Ansicht ①.

Die Verkürzung erfolgt, weil die Gratlinien zu keiner Projektionsebene parallel sind.

Wird die Pyramide so um ihre senkrechte Achse gedreht, dass die Gratlinien B'S und D'S parallel zur Ansichtsebene liegen, werden diese in der Vorderansicht in wahrer Größe abgebildet ②. Bei regelmäßigen Pyramiden genügt es, nur **eine** Gratlinie zu drehen ③.

Aufgabe:

Fertigen Sie aus Zeichenkarton das Modell einer quadratischen Pyramide mit den Grundkanten $a = 6$ cm und der Höhe $h = 5$ cm.

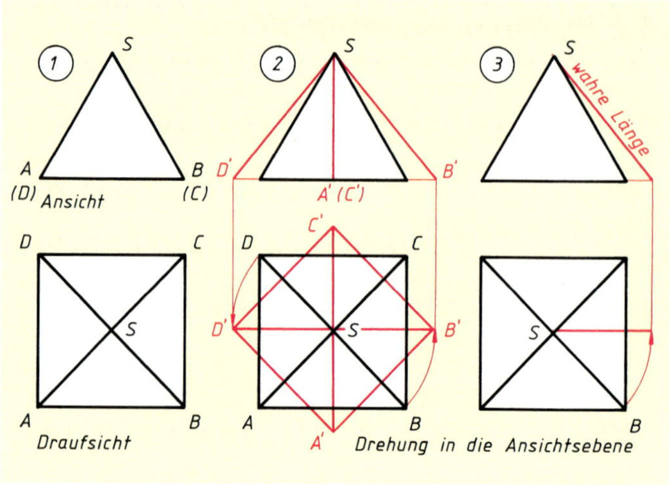

Pyramide, wahre Längen

4.2.4 Wahre Flächen

Die Mantelflächen erscheinen in wahrer Größe, wenn man sie in die Grundrissebene klappt (Parallelität mit der Bildebene). Die Klappung zeigt sich in der Ansicht als Kreisbogen; in der Draufsicht wird die Spitze S rechtwinklig zur Grundkante nach außen projiziert. Die Dreieckshöhe l_1 (l_2) erscheint in der Ansicht somit in wahrer Größe.

Beim Zeichnen der wahren Mantelflächen ergeben sich auch die wahren Längen der Gratlinien.

Kontrolle: Zusammengehörige Gratlinien müssen gleich lang sein.

Diese Methode wird häufig für die Darstellung wahrer Größen (Abwicklungen) von Dachflächen und Betonschalungen zugespitzter Baukörper verwendet.

Für Blecharbeiten und Kartonmodelle sind zusammenhängende Mantelflächen zweckmäßig (Dreieckskonstruktionen mit drei gegebenen Seiten).

Nicht in wahrer Größe abgebildete Kanten oder Flächen werden so gedreht oder geklappt, dass sie zu einer Bildebene parallel sind.

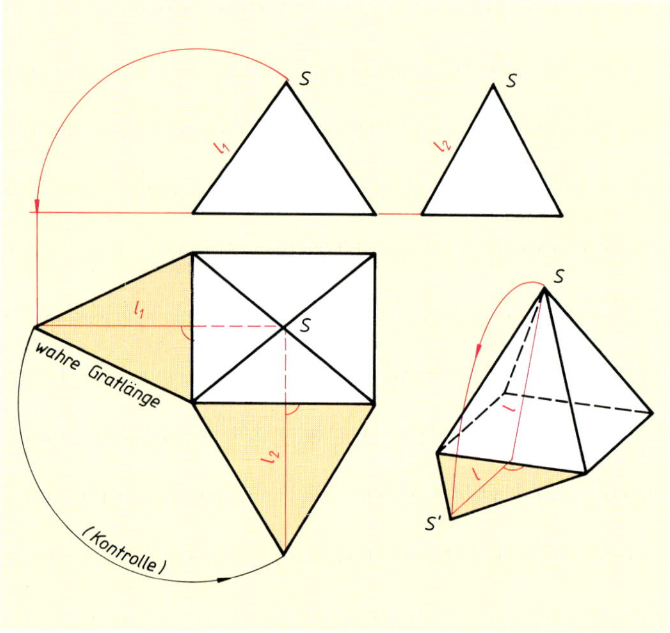

Pyramide, wahre Flächen (Klappverfahren)

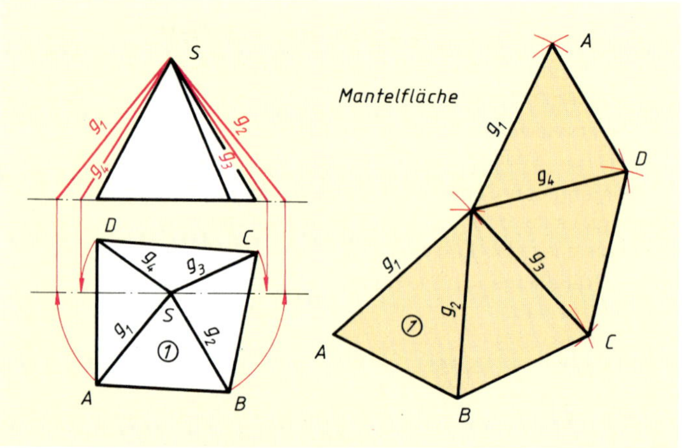

Unregelmäßige Pyramide, wahre Größen

Aufgaben: Wahre Längen und Flächen

Zeichnen Sie die dargestellten zugespitzten Körper 1–9 in drei Ansichten mit den jeweils verlangten wahren Größen und dazu ein Schrägbild (vgl. Musterlösung). Für das Zeichnen der Schrägbilder ist ein zusätzliches Blatt zu verwenden.

Musterlösung: Walmdach

Neigungswinkel des Hauptdachs $\alpha = 50°$
Neigungsverhältnis des Walms $h:b = 3:2$
Gesucht: wahre Gratlänge, wahre Walm- und Hauptdachfläche, wahre Gratneigung.

1. **Pyramide mit rechteckiger Grundfläche**
   Gesucht: wahre Gratlänge, zwei wahre Mantelflächen.
2. **Walmdach**
   Gesucht: vgl. Musterlösung.
3. **Fertigteil-Fundament,** M 1:10 – cm.
   Gesucht: zwei schräge Schalflächen.
4. **Turmdach, regelmäßiges Sechseck**
   Gesucht: Abwicklung, Dachneigung.
5. **Baugrube für Brückenpfeiler,** M 1:100 – m.
   Gesucht: Schnitt A–B, Maße der Baugrube, zwei wahre Böschungsflächen.
6. **Messe-Pavillon**
   Gesucht: wahrer Grat, Gratneigung, wahre Dachflächen.

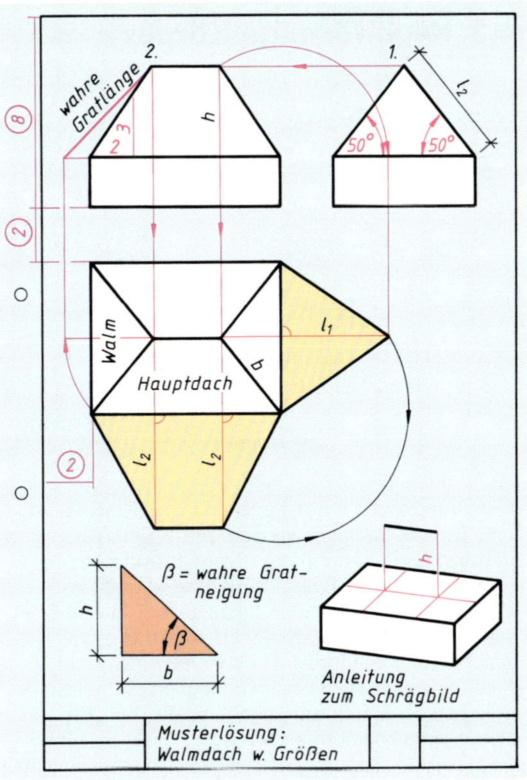

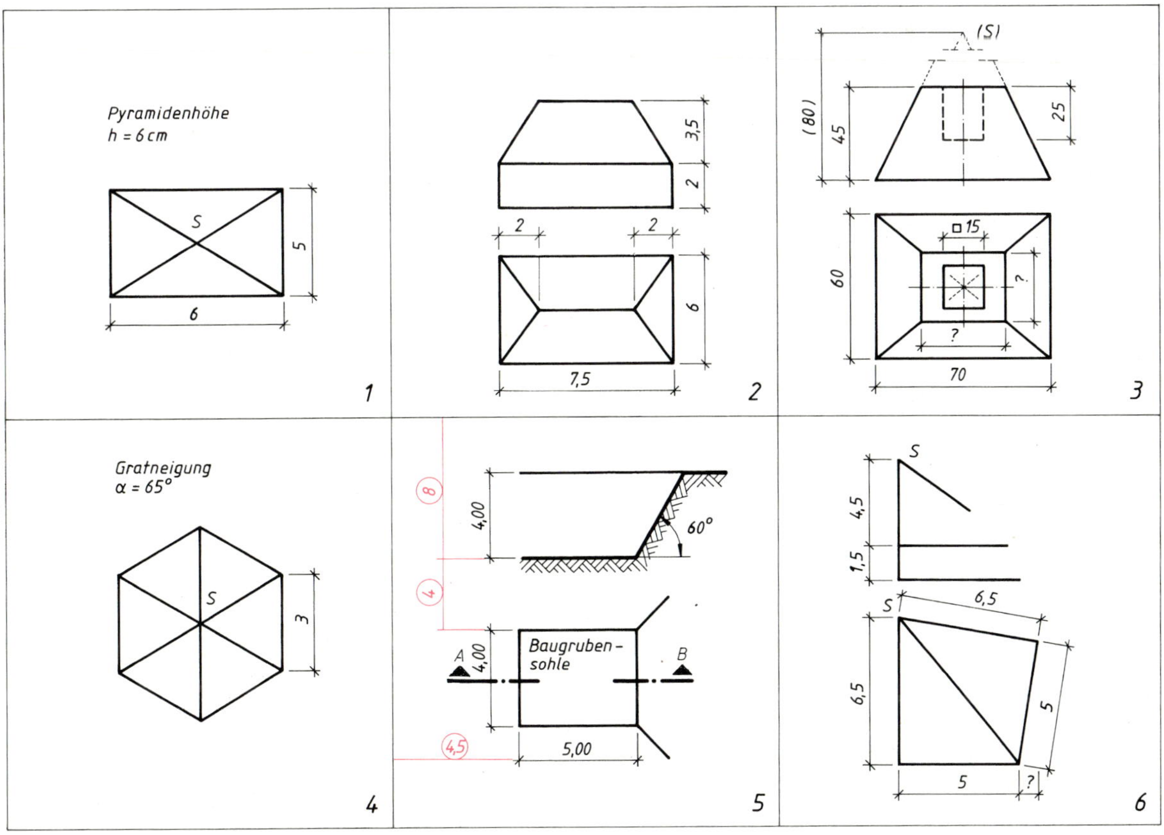

4.3 Kegelförmige Körper

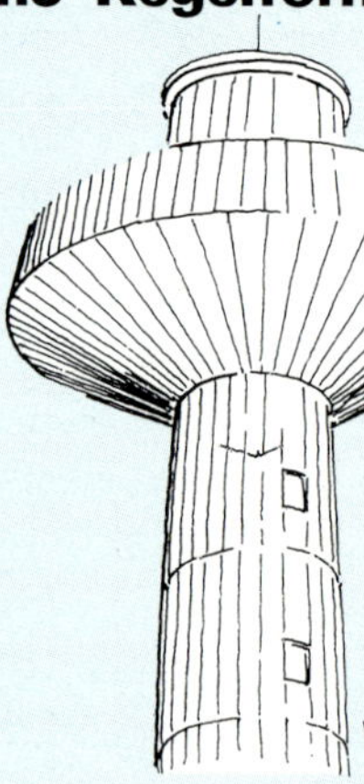
Wasserreservoir

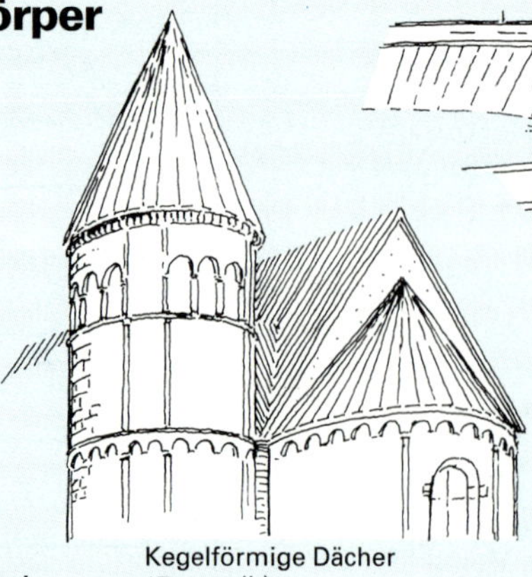
Kegelförmige Dächer (Romanik)

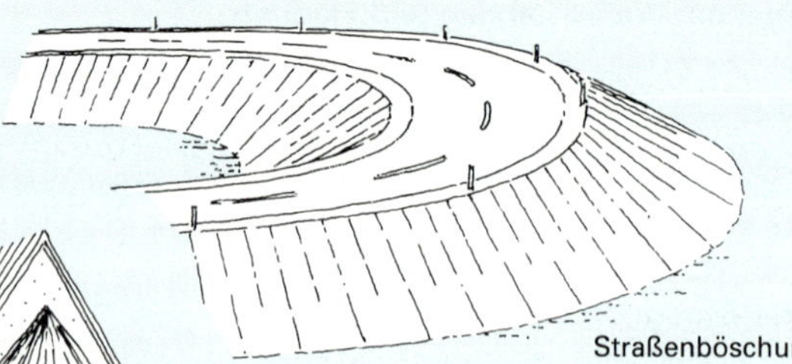
Straßenböschung

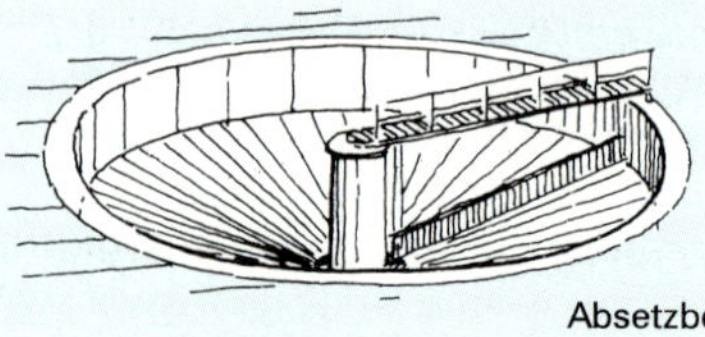
Absetzbecken

Die Grundfläche eines Kegels ist eine Kreisfläche. Die Mantelfläche weist eine zur Spitze zunehmende Krümmung auf. Deshalb sind kegelförmige Körper aus den im Bauwesen üblichen Werkstoffen schwieriger herzustellen. Betonschalungen für Silos, Klärbecken und Pilzstützen haben Kegelform; Turmdächer und Erker bereiten bei Bedachungsarbeiten oft Schwierigkeiten. Der „Schüttkegel" spielt bei Böschungen eine wichtige Rolle.

Leitfragen:

1. Wie werden kegel- und kegelstumpfförmige Körper in den Ansichten dargestellt?
2. Wie werden wahre Längen am Kegel ermittelt?
3. Welche Form hat der Kegelmantel?

Lernziel:

Kegelförmige Körper in den Ansichten darstellen, Abwicklung der Mantelfläche konstruieren.

4.3.1 Darstellung kegelförmiger Körper

Die Draufsicht zeigt die kreisförmige Grundfläche mit dem Kreisumfang. Jeder Punkt der Umfangslinie ergibt mit der Spitze verbunden eine **„Mantellinie"** (l). Nur die beiden die Ansichten begrenzenden Mantellinien werden in wahrer Größe, alle übrigen Mantellinien werden verkürzt abgebildet. Da alle Mantellinien gleich lang sind, kann z. B. für die Konstruktion der Abwicklung die Mantellinie l aus der Ansicht entnommen werden.

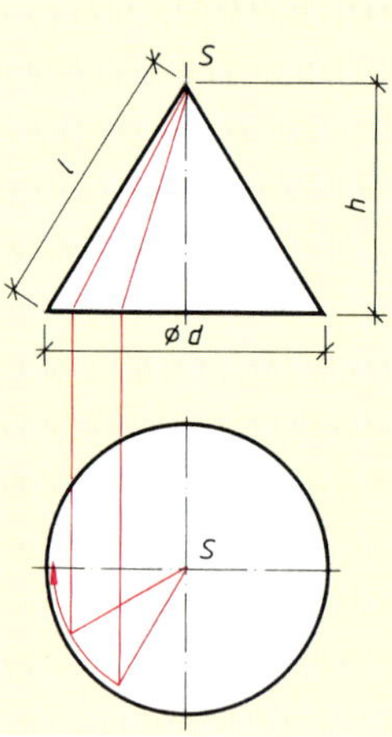

Kegel

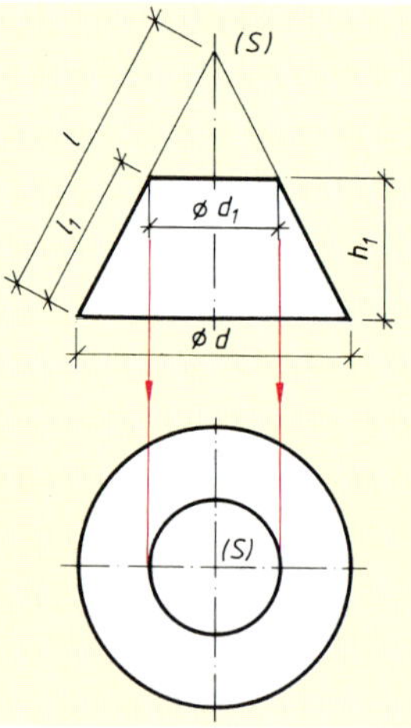

Kegelstumpf

4.3.2 Abwicklung des Kegels

Die Mantelfläche des Kegels ist ein Kreisausschnitt, dessen Radius der Mantellinie l und dessen Bogenlänge dem Umfang des Grundkreises entsprechen.

Konstruktion: Grundkreis in gleiche Teile teilen (8, 12, 16 Teile); Kreisbogen mit Mantellinie l schlagen und darauf die Teile des Grundkreises mit dem Stechzirkel abtragen.

Je flacher der Kegel ist, desto größer ist die Bogenlänge im Verhältnis zur Mantellänge l.

Die Abwicklung des Kegelmantels ist ein Kreisausschnitt.

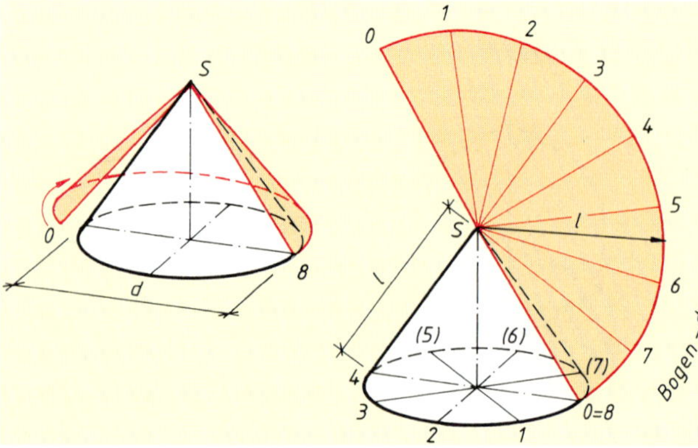

Abwicklung eines Kegels

5 Zusatzaufgaben

Aufgaben:

1. bis **4.** Mauerwerks- und Betonkörper mit Aussparungen.

   Zeichnen Sie zu den in Draufsicht und Ansicht gegebenen Körpern eine Seitenansicht und eine Isometrie. Die Hüllkörper haben die Prismenmaße 5 × 4 × 6 cm. Die Maße der Aussparungen sind selbst zu wählen.

5. bis **7.** Zeichnen Sie zu den gegebenen Ansichten die Draufsicht und eine Kavalierperspektive.

8. bis **10.** Zu den gegebenen Isometrien von Mauerwerkskörpern sind drei Ansichten und eine Isometrie mit anderem Ausgangspunkt zu zeichnen (vgl. nebenstehende Blatteinteilung).

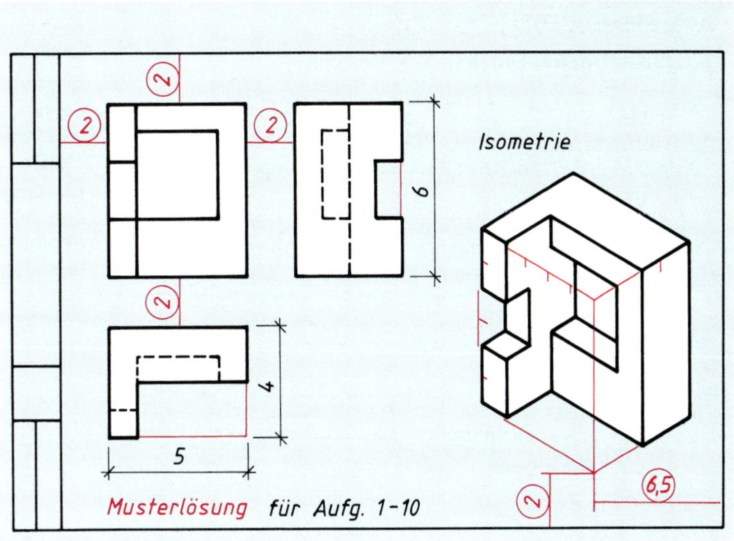

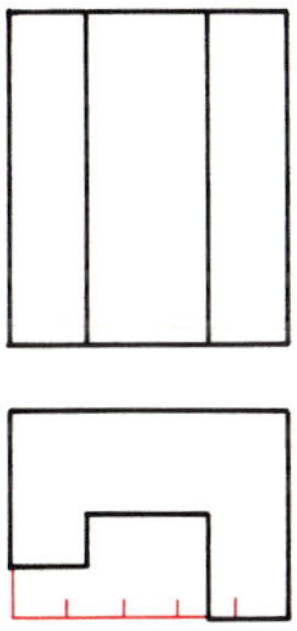
1

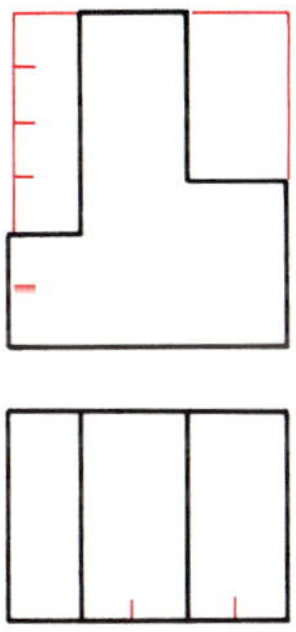
2

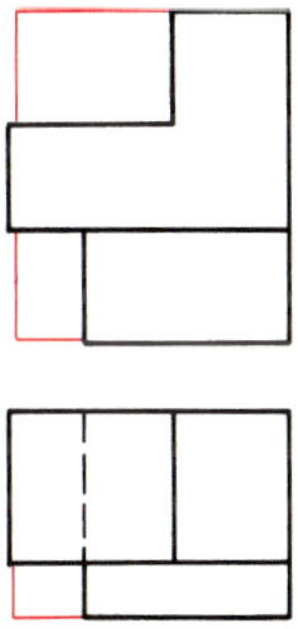
3

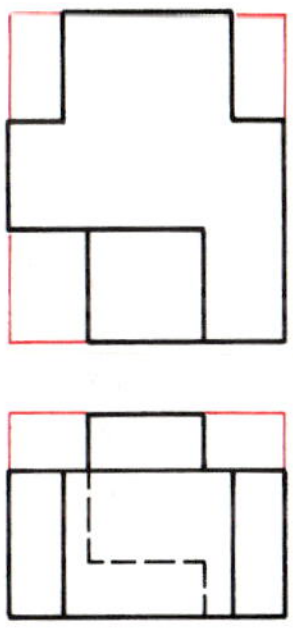
4

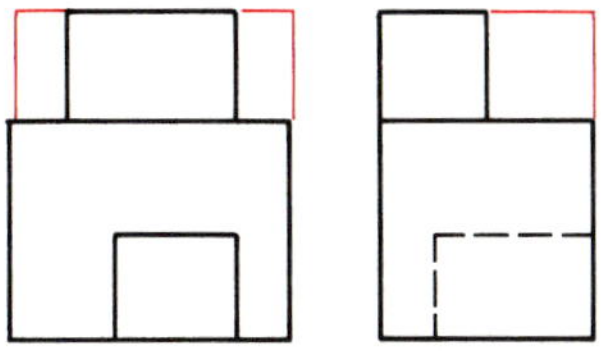
5

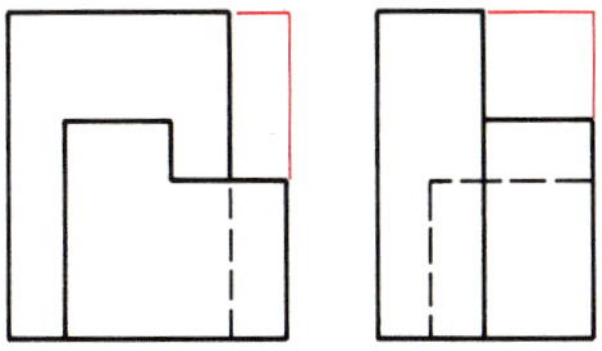
6

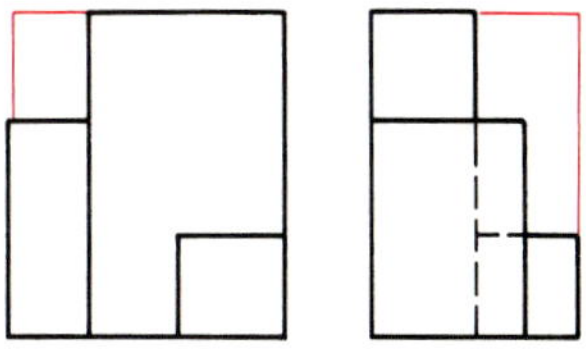
7

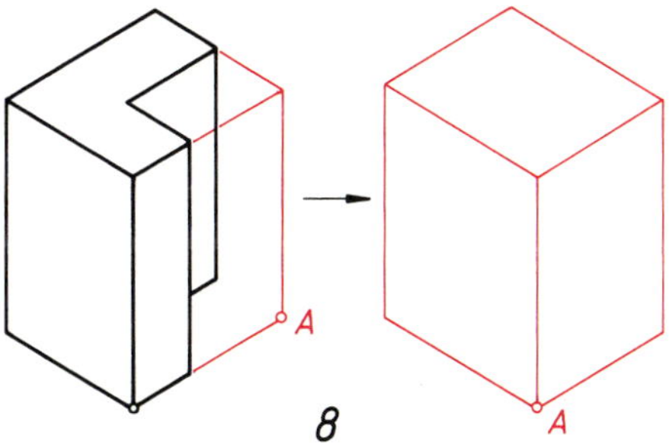

8

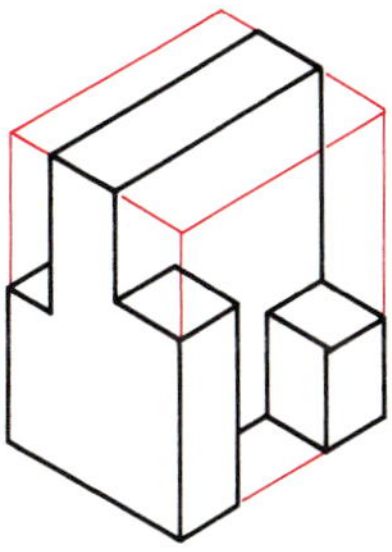
9

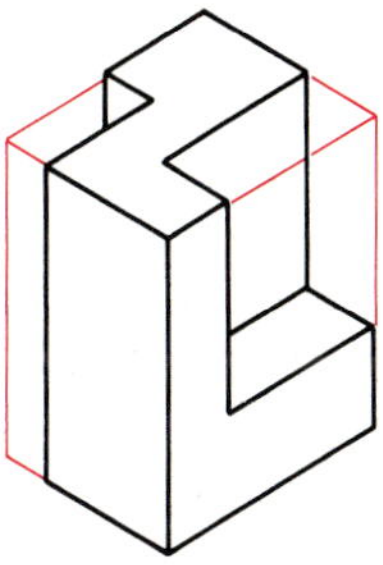
10

Aufgaben:

1. **Balkentreppe,** Fertigteil M 1 : 10 – cm.
   Zeichnen Sie drei Ansichten mit Bemaßung (Breitformat).
2. **Holzverbindung** (Blatt) M 1 : 5 – cm.
   Zeichnen Sie drei Ansichten mit Bemaßung (Breitformat).
3. **+4. Betonkörper** mit Aussparungen M 1 : 10 – cm.
   Hüllkörper 60 × 50 × 80 cm. Zeichnen Sie Vorder- und Seitenansicht sowie die Schnitte A–B und C–D mit Bemaßung (Breitformat vgl. Blatteinteilung).
5. **Gartenmauer** mit Müllbox M 1 : 20 – m, cm.
   Zeichnen Sie drei Ansichten und den Schnitt A–B einschließlich vollständiger Bemaßung (Breitformat).
6. **Eingangstreppe** mit Pflanztrog M 1 : 20 – m, cm.
   Zeichnen Sie Draufsicht, Vorderansicht und Schnitt A–B mit vollständiger Bemaßung (Breitformat).

** = schwierige Aufgabe („Sternchenaufgabe")*

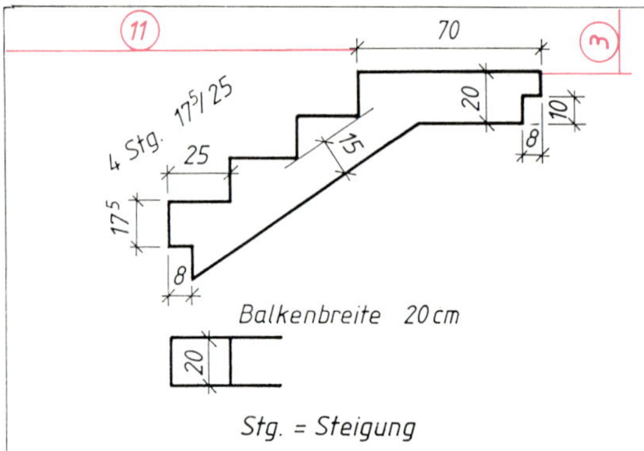

1

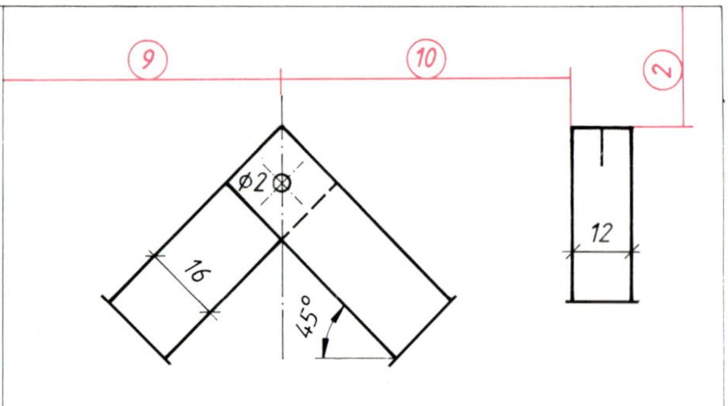

2

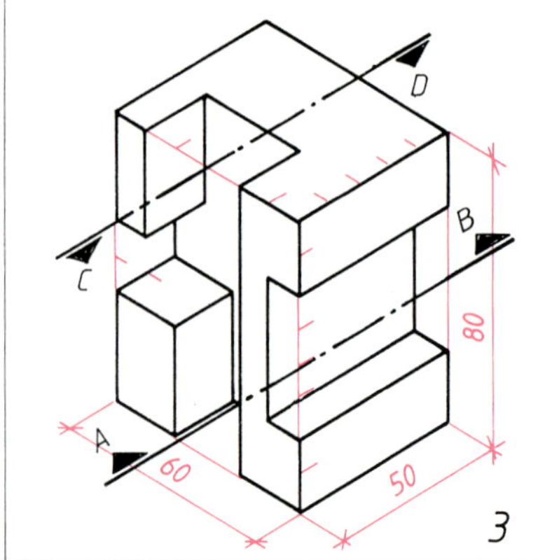

3

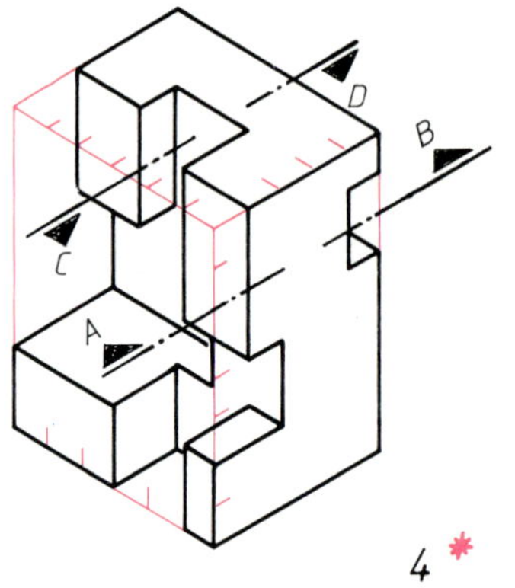

4 *

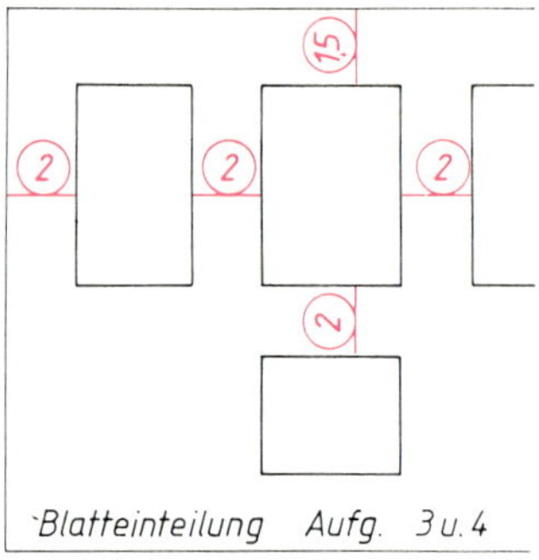

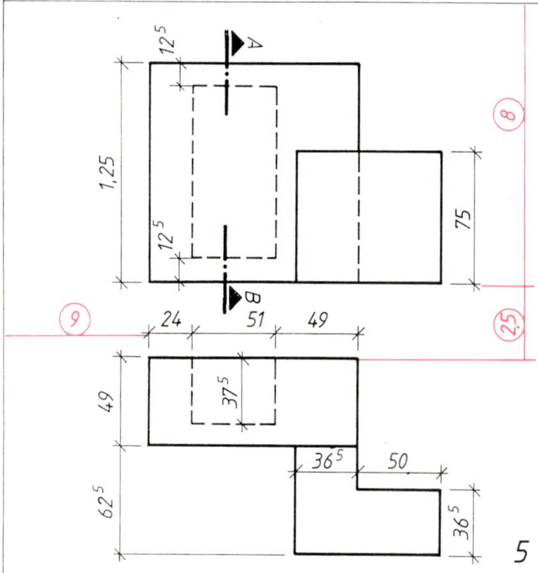

5

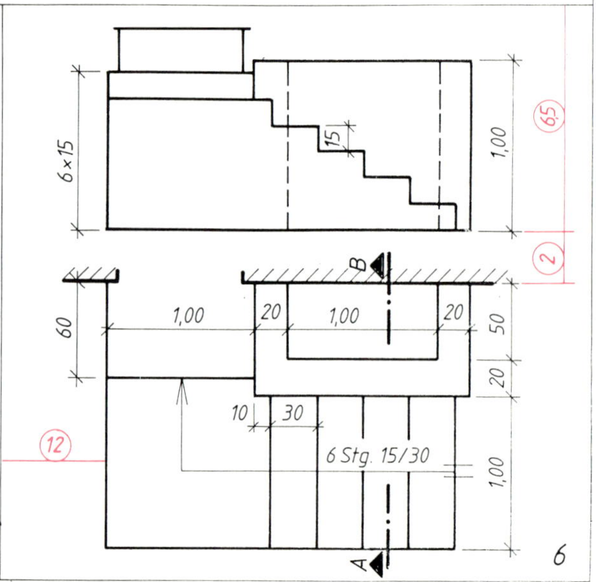

6

6 Bauzeichnungen

6.1 Zeichnungsarten nach DIN 1356

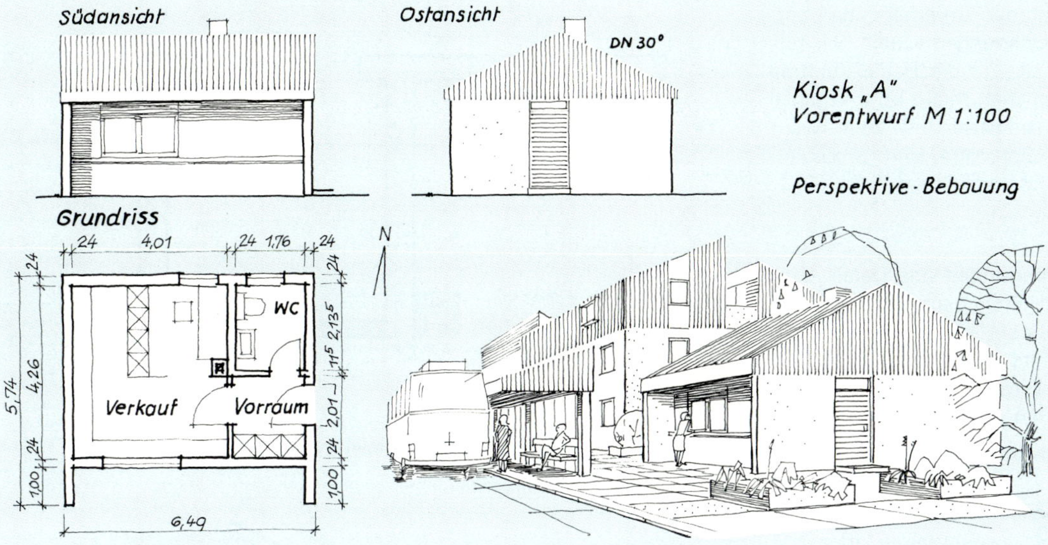

Bauzeichnungen dienen nach DIN 1356 dem Entwurf, der Bauvorlage, der Herstellung und der Aufnahme von Bauwerken. Sie sind Verständigungsmittel zwischen Bauherrn, Architekt, Baubehörde und Bauausführenden. Jede Bauzeichnung ist daher inhaltlich auf ihren besonderen Zweck abgestimmt. So sieht z. B. die Zeichnung für den Bauherrn anders aus als die für den ausführenden Baufachmann.

Bei Bauzeichnungen unterscheidet man entsprechend ihrem Zweck Entwurfs-, Ausführungs- und Bestandszeichnungen sowie Sonder- und Abrechnungszeichnungen.

Lernziele:

- Bauzeichnungen nach DIN 1356 unterscheiden und Anwendungen angeben.
- Einfache Bauzeichnungen lesen und anfertigen (Grundrisse, Schnitte, Einzelzeichnungen).

6.1.1 Bauzeichnungen für den Entwurf

Vorentwurfszeichnungen zeigen eine Lösung der Bauaufgabe mit angenäherten Abmessungen von Räumen und Bauteilen sowie die Gliederung der Baukörper und deren örtliche Einfügung (vgl. Abb. oben).

Maßstab 1 : 200 oder 1 : 100

Entwurfszeichnungen enthalten die beschlossene Lösung der Bauaufgabe mit den Abmessungen von Räumen und Bauteilen.

Maßstab 1 : 100

Zeichnungen für die Bauvorlage sind Entwurfszeichnungen, die bereits die geforderten Angaben der Baugenehmigungsbehörde berücksichtigen.

Maßstab 1 : 100

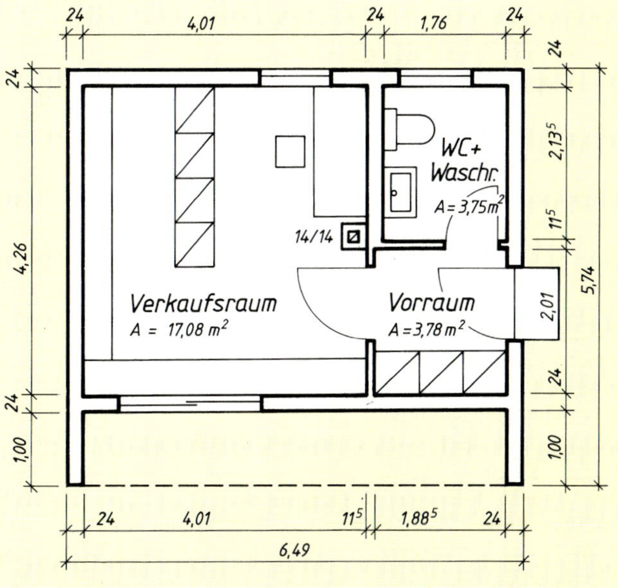

Entwurfszeichnung (Entwurfsvorlage)

6.1.2 Bauzeichnungen für die Ausführung

Ausführungszeichnungen werden auf der Grundlage der Entwurfszeichnungen erstellt. Sie enthalten alle für die Bauausführung erforderlichen Maße und Angaben sowie Hinweise über zu verwendende Baustoffe und anzuwendende Konstruktionen.

Maßstab 1 : 50

Teilzeichnungen sind Detail- bzw. Einzelzeichnungen und ergänzen die Ausführungszeichnungen für bestimmte Ausschnitte des Bauwerks. Diese werden entsprechend vergrößert dargestellt.

Maßstab 1 : 20, 1 : 10, 1 : 5, 1 : 1

Sonderzeichnungen stellen besondere Ausführungen dar, z. B. von Stahlbeton-, Stahl- oder Holzbau, Entwässerungs- und Heizungsanlagen. Wegen der Übersichtlichkeit werden andere Bauteile und Einrichtungen nur so weit mit dargestellt, wie dies notwendig ist.

Maßstab je nach Erfordernis

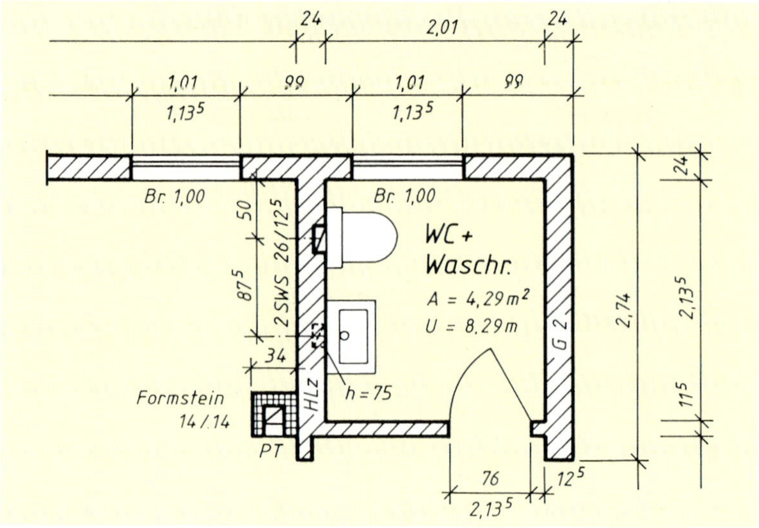

Ausführungszeichnung 1 : 50 (Ausschnitt)

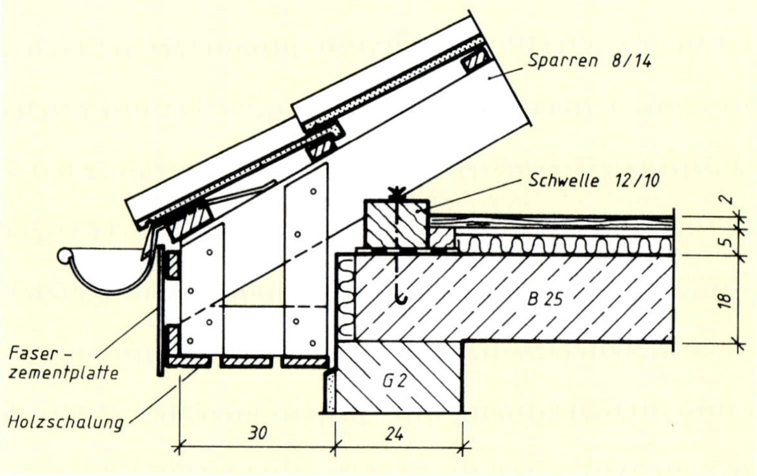

Teilzeichnung, Traufpunkt 1 : 10

6.2 Darstellung von Bauzeichnungen

In Bauzeichnungen werden Ansichten, Grundrisse und Schnitte dargestellt.

6.2.1 Grundrisse

Grundrisse sind Schnittzeichnungen. Die Schnittebenen verlaufen **waagerecht** durch das Bauwerk und sind so festgelegt, dass Wandöffnungen, z. B. Fenster- und Türöffnungen, geschnitten werden. Somit ist der Grundriss die Draufsicht auf die unter der Schnittebene liegenden Bauteile.

Die Grundrisse werden mit den Geschossen bezeichnet, in denen die Schnittebenen angeordnet sind. Entsprechend unterscheidet man **Untergeschoss-** (UG), **Erdgeschoss-** (EG), **Obergeschoss-** (OG) und **Dachgeschoss-** (DG) **Grundrisse.**

Der **Fundamentplan** ist ein Grundriss, der durch die Schnittführung im Fundamentbereich entsteht.

6.2.2 Schnitte

Schnitte entstehen durch **senkrecht** geführte Schnittebenen. Auch hier wird die Lage der Ebenen so festgelegt, dass Wand- und Deckenöffnungen geschnitten sind. Zudem soll der Verlauf vorhandener Treppen erkennbar sein.

Man unterscheidet **Längs-** und **Querschnitte.** Der Verlauf der Schnittebenen wird im Grundriss mit der Angabe der Blickrichtung gekennzeichnet (vgl. auch 3.3). Die oben dargestellten Zeichnungen sind Grundriss- und Schnittzeichnungen des Gebäudes Kiosk.

6.2.3 Ansichten

Ansichten werden nach der Himmelsrichtung unterschieden, aus der sie betrachtet werden. Sind auf einem Zeichenblatt mehrere Ansichten dargestellt, werden sie abweichend von DIN 6 in der Folge der Abwicklung angeordnet (vgl. Vorentwurf S. 369).

6.3 Bemaßen von Bauzeichnungen nach DIN 1356

6.3.1 Grundrisse und Schnitte

In Bauzeichnungen werden in der Regel **Rohbaumaße** eingetragen. Der Umfang der Maßeintragung ist von der Art bzw. dem Zweck der Zeichnung abhängig. Sämtliche zur Klarstellung erforderlichen Maße sind einzutragen.

Bei der in Bauzeichnungen üblichen Anwendung von **Kettenmaßen** ist die Bemaßung dem Fertigungsablauf anzupassen. Dabei ist zu beachten, dass jeweils das weniger wichtige Maß ein „Hilfsmaß" ist. Es ist jedoch nicht üblich, eine besondere Kennzeichnung vorzunehmen. Innenmaße sind nach Möglichkeit außerhalb des Grundrisses anzuordnen. Dadurch wird Platz gewonnen für andere wichtige Eintragungen, wie z. B. Raumbezeichnungen, Höhenlage des Fußbodens u.a.m.

6.3.2 Angabe von Höhenlagen

Höhenlagen von Bauteilen sind in Grundrissen, Schnitten und Ansichten mit gleichseitigen Dreiecken festzulegen. Dabei bezeichnen Höhenangaben mit

- offenen (weißen) Dreiecken **fertige Höhenlagen** (z. B. Oberkante fertiger Fußboden, FFB),
- angelegten (schwarzen) Dreiecken **Rohbauhöhenlagen** (z. B. Oberkante Rohdecke, RFB).

Die Höhenzahl steht rechts neben, über oder unter dem Höhendreieck. Das Höhenmaß wird in der Praxis zweckmäßigerweise auf die Oberkante der Rohbaudecke bezogen (RFB 0.00). Darüber liegende Höhen erhalten ein Pluszeichen, darunter liegende ein Minuszeichen.

6.3.3 Bemaßen von Geschosshöhen, Treppen und Wandöffnungen

Geschosshöhen werden als Differenz zwischen den Oberkanten der Fertigfußböden eines Geschosses (Fertig-Geschosshöhe) oder als Differenz zwischen den Oberkanten der Rohbaudecken (Roh-Geschosshöhe) angegeben. Lichte **Rohbauhöhen** werden von der Oberkante Rohbaudecke bis zur Unterkante der darüber liegenden Rohbaudecke gemessen.

Bei **Treppen** werden sowohl im Grundriss als auch im Schnitt die Anzahl der Steigungen und das Steigungsverhältnis durch das Verhältnis Steigung zu Auftritt angegeben (z. B. 15 × 18,3/27).

Bei **Wandöffnungen** (Fenster, Türen) ist die Breite über, die Höhe unter der Maßlinie einzutragen. Als Breiten und Höhen gelten die kleinsten Lichtmaße der Wandöffnungen.

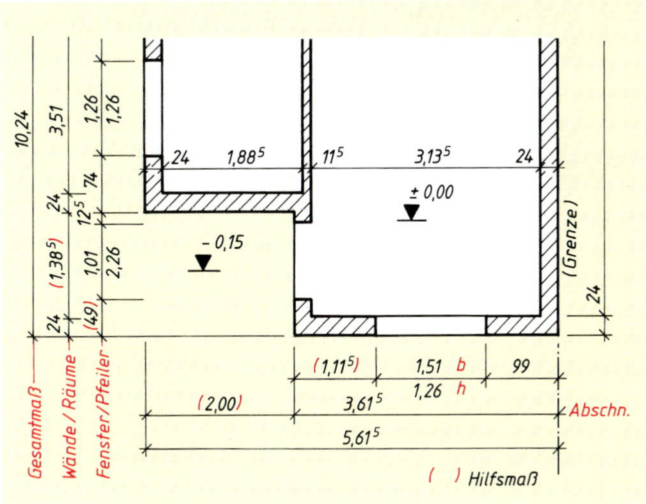

Maßanordnung und Maßeintrag

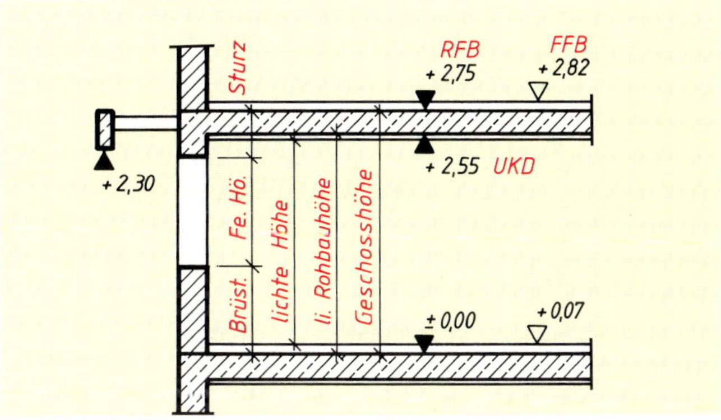

Höhenlagen, Höhenmaße

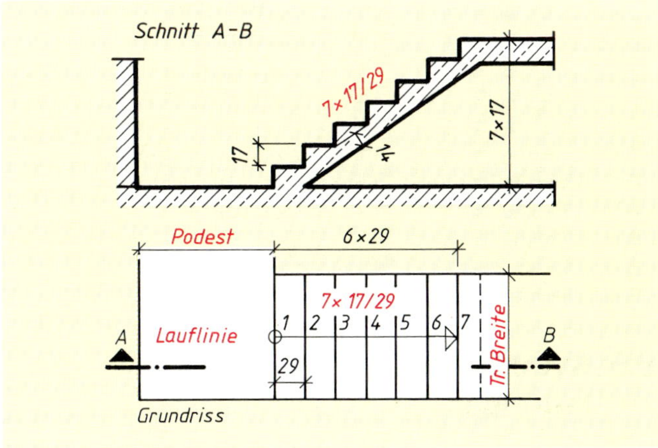

Bemaßung in Treppenzeichnungen

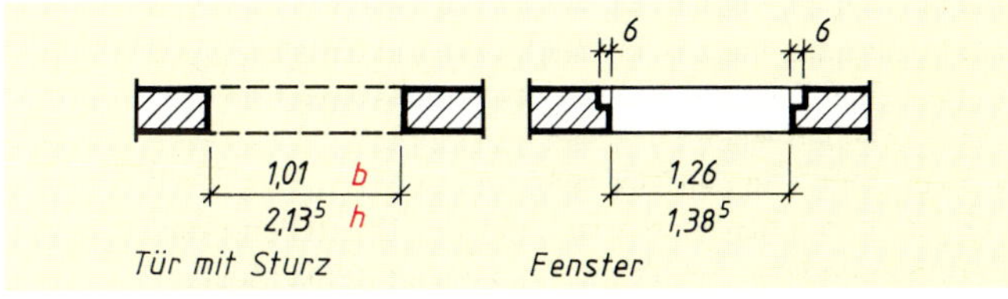

Bemaßen von Wandöffnungen

6.4 Schraffuren und Symbole für die Darstellung von Baustoffen und Bauteilen nach DIN 1356

Baustoff bzw. Bauteil	Ausführungs- und Teilzeichnungen, Darstellungsart: schwarz-weiß	farbig
Natürlicher Boden		
Aufgefüllter Boden		
Mauerwerk aus künstlichen Steinen		braunrot
Unbewehrter Beton		olivgrün
Bewehrter Beton		blaugrün
Betonfertigteile		violett
Holz in Schnittflächen quer / längs		braun
Dichtungsschichten: Pappen, Folien / Anstriche		
Dämmschichten (Wärme, Schall)		
Putz- und Mörtelschichten		

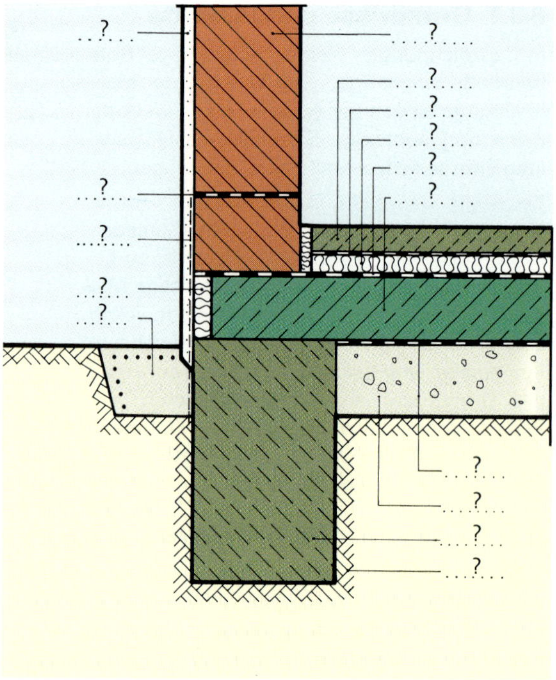

Beispiel: Gebäudesockel
Aufgabe: Geben Sie die Baustoffe an.

6.5 Abkürzungen

Um Bauzeichnungen übersichtlich zu halten, werden häufig vorkommende Bezeichnungen abgekürzt.

UG	Untergeschoss	Roll	Rollladen
EG	Erdgeschoss	HKN	Heizkörpernische
OG	Obergeschoss	PT	Putztür
RFB	Rohfußboden	WD	Wanddurchbruch
FFB	Fertigfußboden	WS	Wandschlitz
OK	Oberkante	DD	Deckendurchbruch
UK	Unterkante	DA	Deckenaussparung
DN	Dachneigung	mNN	m über Normal-Null
DV	Dachvorsprung	KS	Kontrollschacht
HG	Hausgrund	BA	Bodenablauf
Stg	Steigung	S	Sohle
Br	Brüstung	K	Krone (Damm)

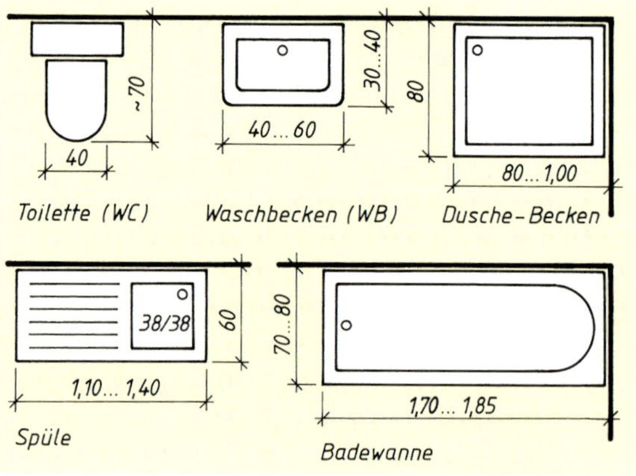

Symbole für sanitäre Einrichtungen

6.6 Symbole für Entwässerungsleitungen

Liegende Entwässerungsleitungen (Grundleitung) werden in Entwässerungszeichnungen oder Fundamentplänen mit Symbolen dargestellt. Mit den Symbolen sind Rohrdurchmesser, Fließrichtung und Gefälle angegeben. Die Symbole werden etwa maßstäblich in der Länge der verwendeten Rohre gezeichnet.
Abweichend von der DIN 1986 wurde hier für Ausführungszeichnungen eine ausführlichere Darstellung der Grundleitungen gewählt (dies gilt auch für das Musterbeispiel auf S. 376).

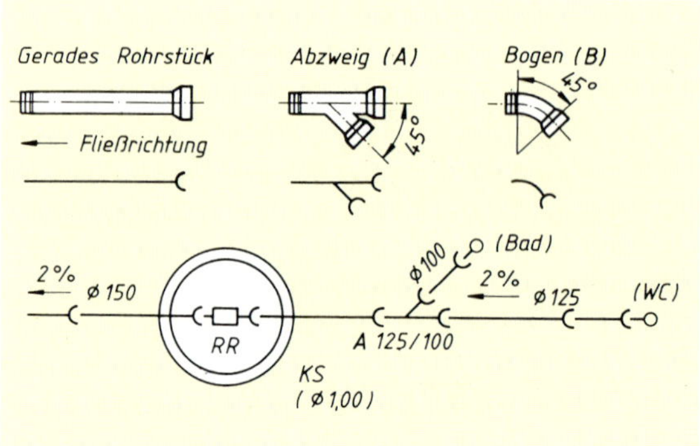

Darstellung von Entwässerungs-Grundleitungen

6.7 Lesen von Zeichnungen – Ferienhaus, Grundriss des Erdgeschosses

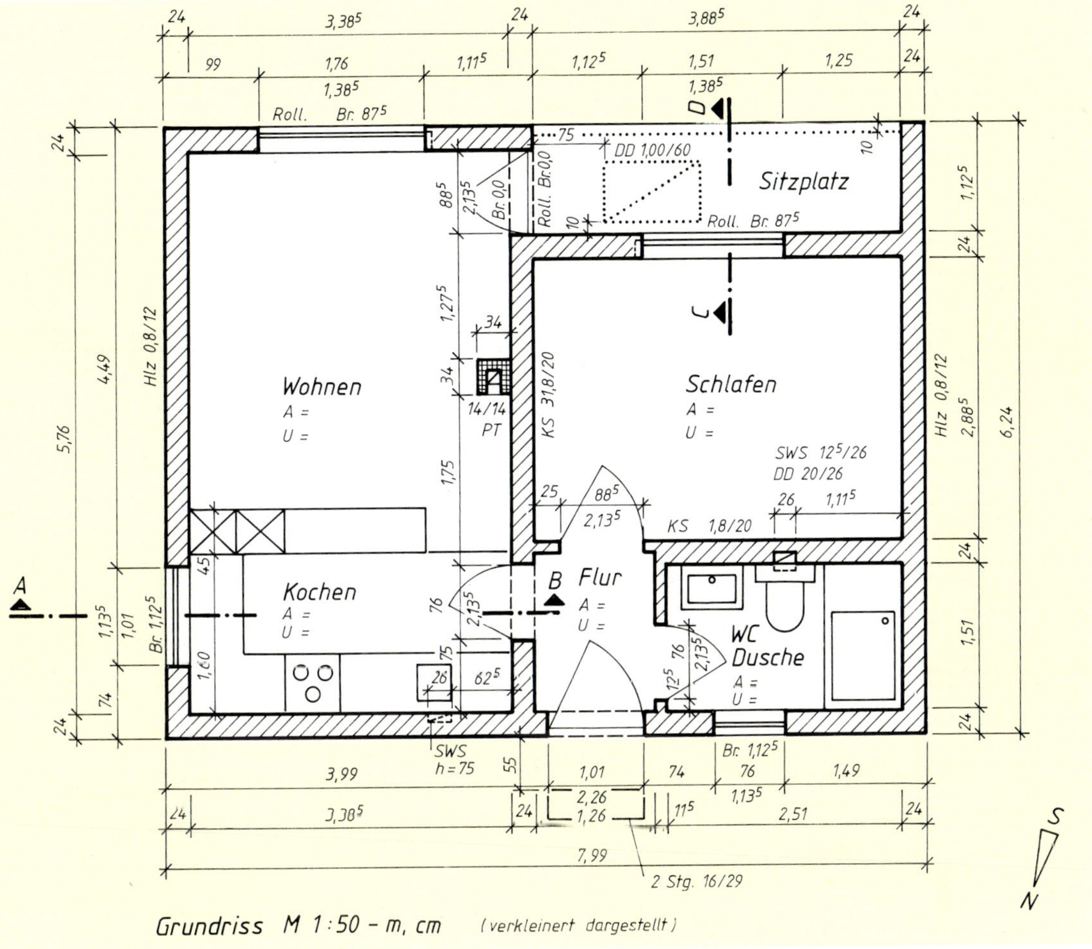

Aufgaben:

1. Nennen Sie die Außenmaße des Gebäudes.
2. Welche Dicke haben die Umfassungswände? Aus welchem Baustoff bestehen sie?
3. Welche Rohbaumaße weist der Schlafraum auf (WC/Dusche, Flur...)?
4. Berechnen Sie Flächen und Umfänge der Räume.
5. Welche Breite und Höhe weist die Haustür auf (... die Schlafraumtür)?
6. Wie groß ist das Wohnraumfenster? Wie groß ist die Brüstungshöhe dieses Fensters? Wie wird diese Höhe aus Block- und $1^1/_2$-Normalformat erreicht? In welcher Höhe liegt die Unterkante des Rollladenkastens über dem Rohfußboden?
7. Welche Fenster sind ohne Rollladenkasten geplant?
8. In welchem Abstand von der Mauerecke ist das WC-Fenster einzumessen? Ermitteln Sie den Abstand der Haustür von derselben Mauerecke.
9. In welchem Abstand von der südlichen Umfassungswand ist der Schornstein anzulegen? Kontrollieren Sie seinen Abstand von der Nordwand. Mit welchem Maß ist die gesamte Maßkette längs der mittleren Tragwand zu vergleichen?
10. Kontrollieren Sie die Fenster/Pfeiler-Maßkette der südlichen Umfassungswand.
11. Welche Art von Aussparungen sind für die Entwässerung des WC vorgesehen? Welchen Querschnitt weist die Wandaussparung auf?
12. Über dem Sitzplatz ist der Deckendurchbruch für eine Einschubtreppe. Geben Sie alle vier Abstände des DD bis zum Rand des Deckenstücks an.
13. Welche Einrichtungsgegenstände weist der Waschraum auf?
14. In welcher Himmelsrichtung ist das Küchenfenster angeordnet?
15. Ist die Lage der Räume bezüglich der Himmelsrichtungen zweckmäßig gewählt?

Ferienhaus, Schnitte

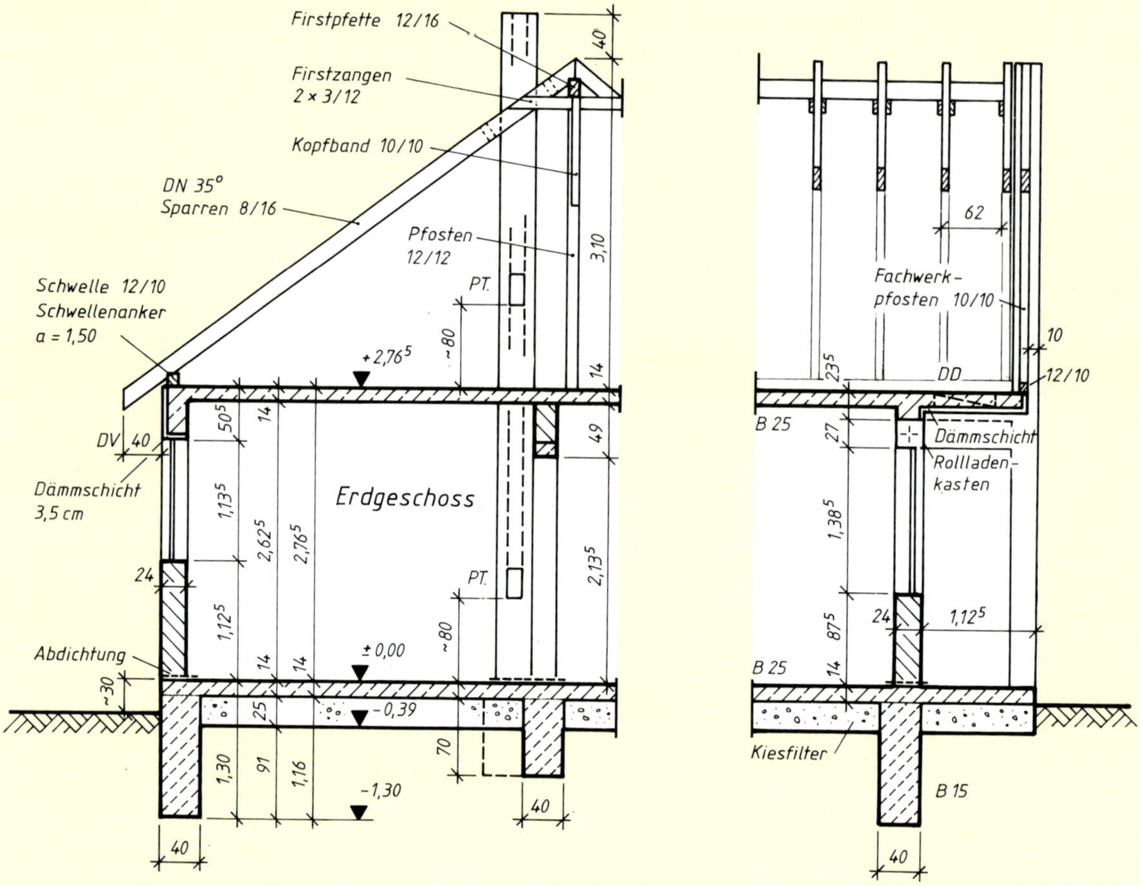

Schnitt A–B M 1:50 – m,cm (verkleinert dargestellt) Schnitt C–D

Aufgaben:

1. Nennen Sie die Dicke der Decke über dem Erdgeschoss.
2. Wie ist der Rohfußboden gegen den Baugrund aufgebaut?
3. Wie tief ist das Mittelfundament auszuheben? Wie hoch müssen die Fundamente über die Baugrundsohle geschalt werden? Um wie viel ist das Fundament unter der Umfassungswand tiefer als das unter der Mittelwand auszuheben?
4. Welches ist die Sockelhöhe?
5. Wo sind Abdichtungsschichten anzubringen?
6. Aus welchen Baustoffen bestehen Fundamente, Bodenplatte und Decke?
7. Wie groß ist die lichte Rohbauhöhe ... die Geschosshöhe? Wie viele Block- und $1\,^1/_2$-Normalformat-Schichten sind bis UK Decke zu vermauern?
8. Die Stürze über den Innentüren bestehen aus 12 cm hohen Fertigteilen. Wie hoch muss darüber gemauert werden?
9. Welche Höhe hat der Sturz des Küchenfensters (einschließlich Decke)? Welche Dicke hat er ohne Dämmplatte (Betondicke)?
10. Auf welchen Bauteilen sind Dämmschichten anzubringen?
11. Wie hoch ist der Schornsteinkopf über den First zu führen?
12. Welche Querschnitte haben Sparren, Schwelle, Firstpfette und Pfosten?
13. Über welchen Umfassungswänden sind Schwellen angeordnet? Wie sind die Schwellen mit der Decke verankert?

Bauzeichnungen sind sehr sorgfältig zu fertigen. Es müssen alle zur Errichtung des Bauwerks nötigen Maße und Angaben aus ihnen entnommen werden können. Zur Kontrolle sind alle Maße auf der Baustelle zu überprüfen.

6.8 Musterbeispiele und Übungen – Grundriss, Schnitt

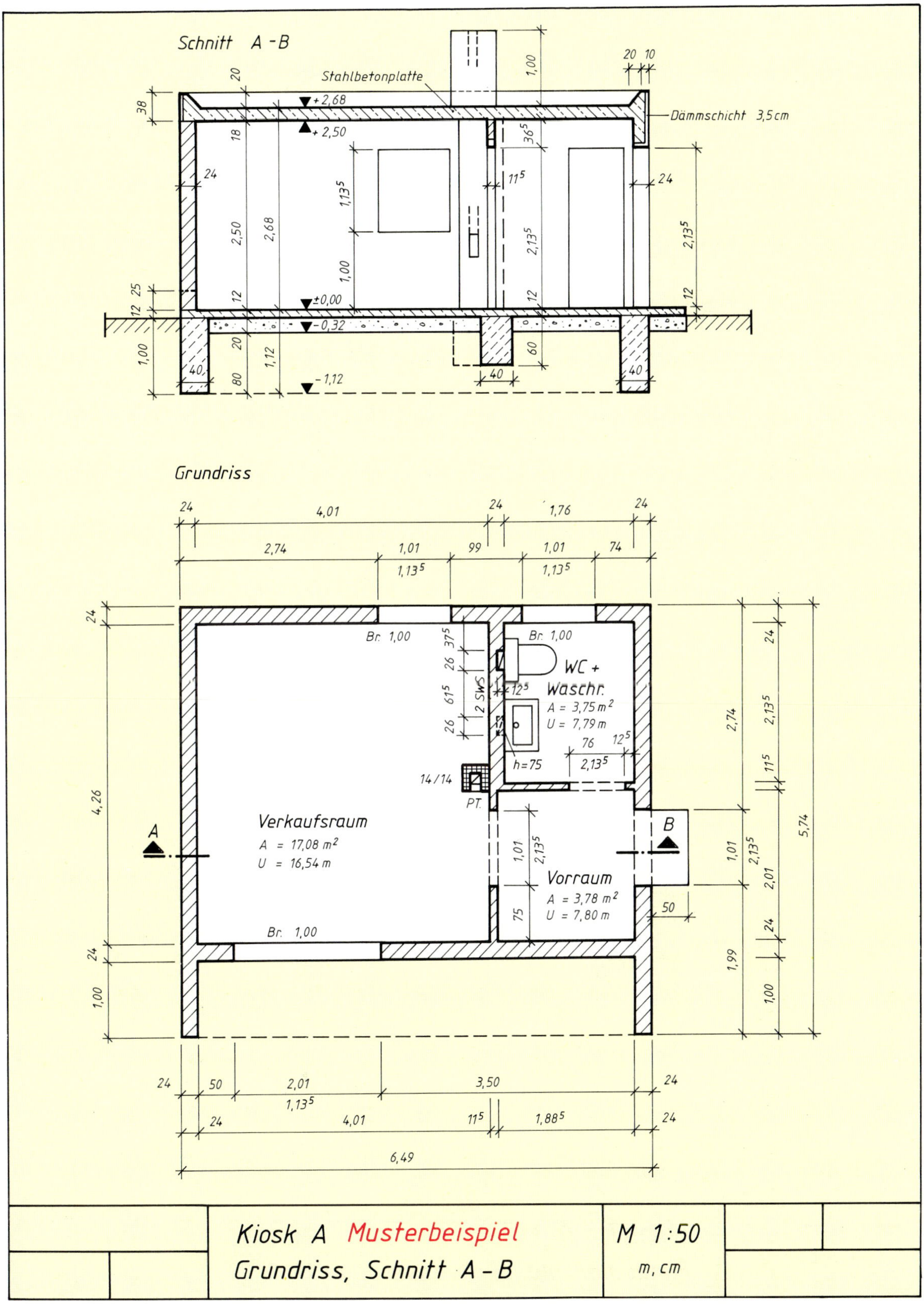

Fundamentplan

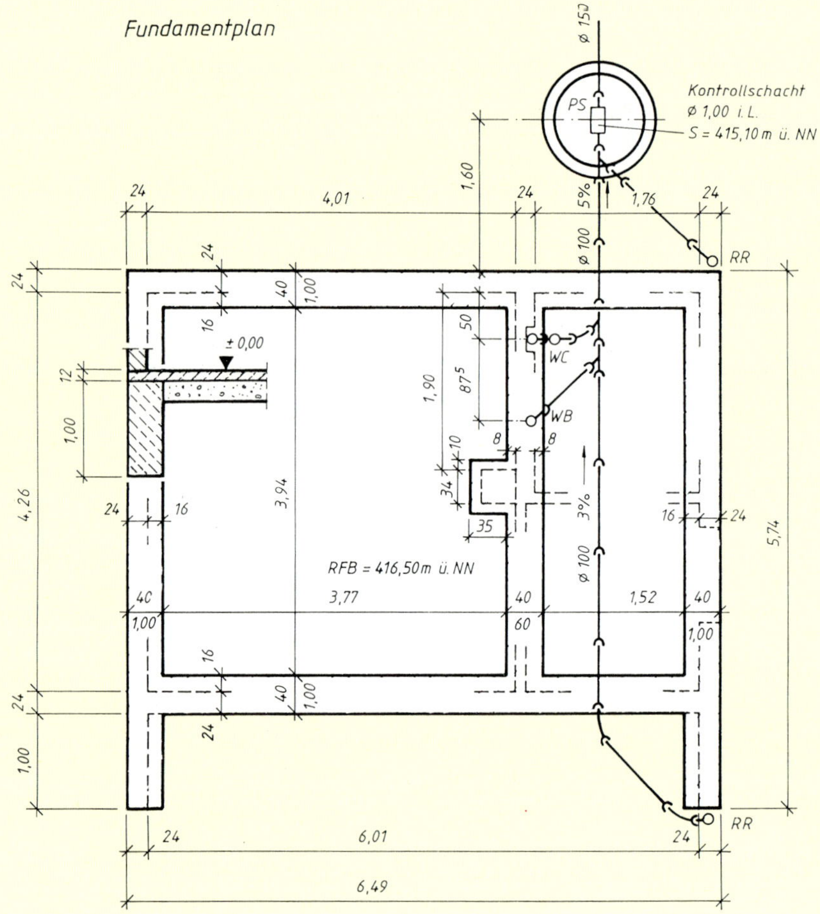

Schnitte / Umfassungswand

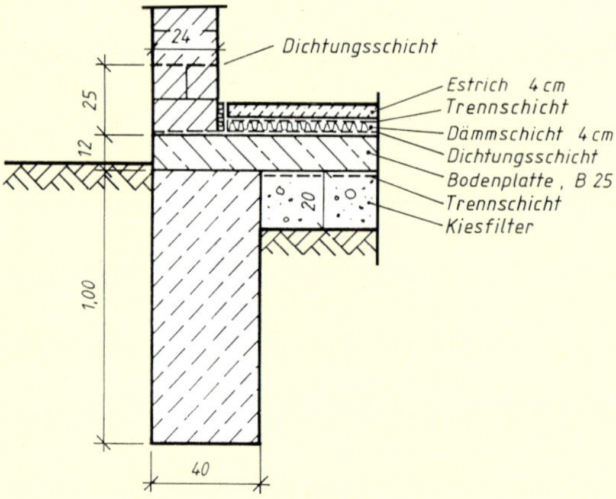

Mittelwand

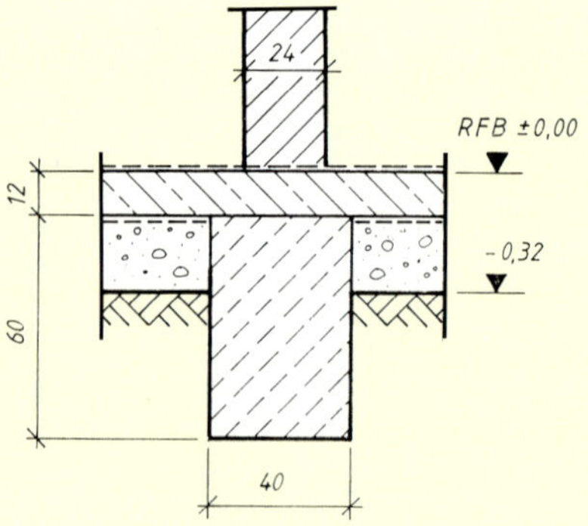

	Kiosk A, Musterbeispiel	M 1:50	
	Fundamentplan, Entwässerung	M 1:20	

Hinweis für alle nachfolgenden Aufgaben: Jede Aufgabe ist entsprechend der **Musterlösung** („Kiosk A") bzw. entsprechend der jeweils vorgegebenen Zeichnung zu lösen.

Bei den Aufgaben bis Seite 385 sind die Maße des „Kiosks B" zu benutzen.

Aufgaben: Zeichnen Sie den mit Achtelmeter (am) vermaßten **Grundriss** und **Schnitt** des **Kiosks „B"** im M 1:50 – m, cm, wie das auf Seite 375 dargestellte Musterbeispiel (Hochformat). Alle **am**-Maße sind durch **Rohbaumaße** zu ersetzen.

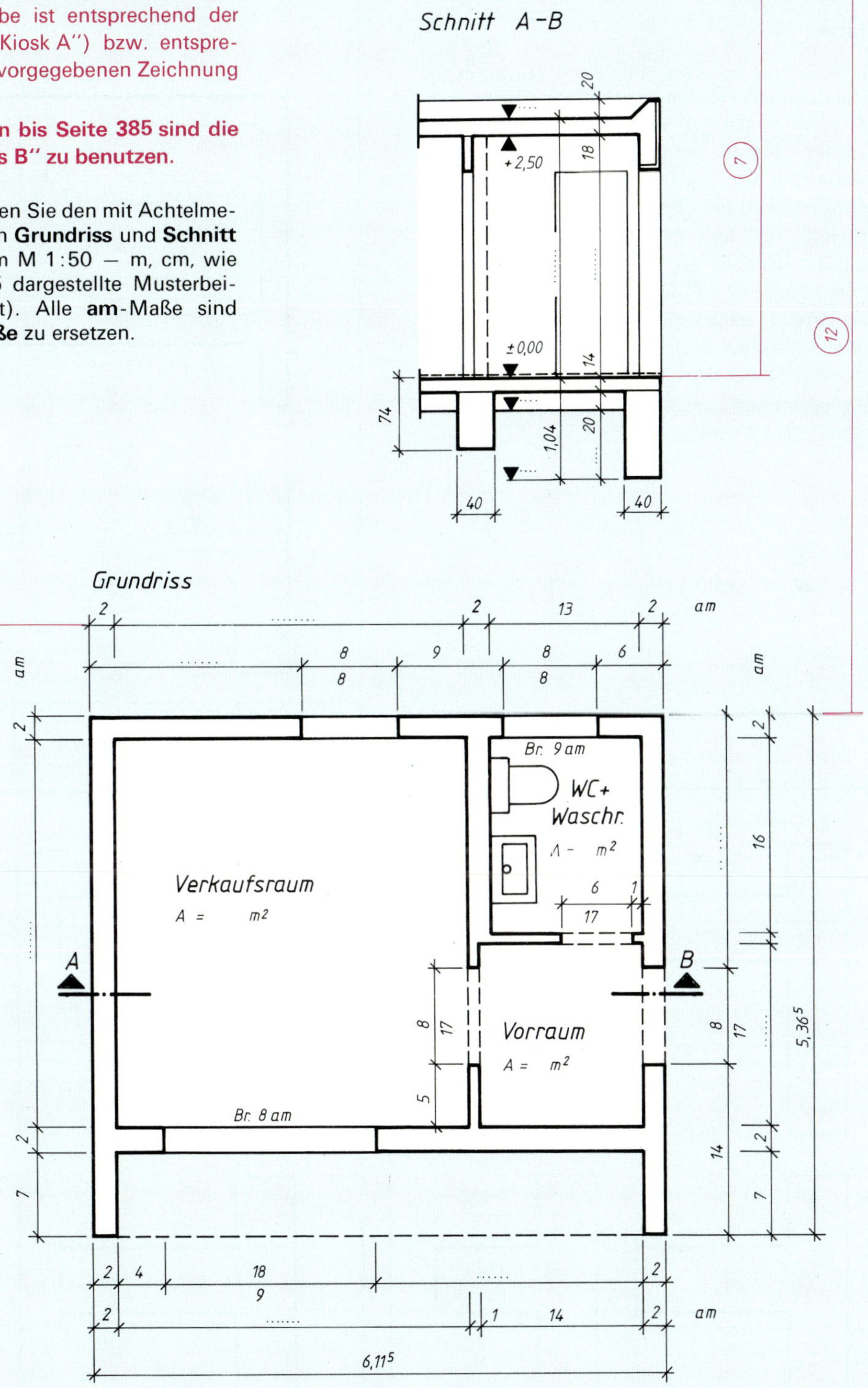

	Kiosk B, Aufgabe Grundriss, Schnitt A-B	M 1:50 m, cm		

Fundamentplan, Mauerverbände

Aufgaben:

1. Zeichnen Sie zu dem von Ihnen ausgeführten Grundriss den **Fundamentplan** des **Kiosks B** im M 1 : 50 – m, cm (vgl. Musterbeispiel S. 376).
   Zeichnen Sie als Detail die Schnitte durch das Fundament der Umfassungswand und das der Mittelwand im M 1 : 20 – m, cm.
2. Zeichnen Sie den **Mauerverband** (Maueranschluss) der Ecke des **Kiosks B** als Verband für Blocksteine (12 DF) in jeweils zwei getrennten Schichten (1 am ≙ 1 cm)
   a) unterhalb der Brüstung,
   b) oberhalb der Brüstung.
3. **Mauerverband,** wie Aufgabe 2, jedoch als Verband für NF-Steine.

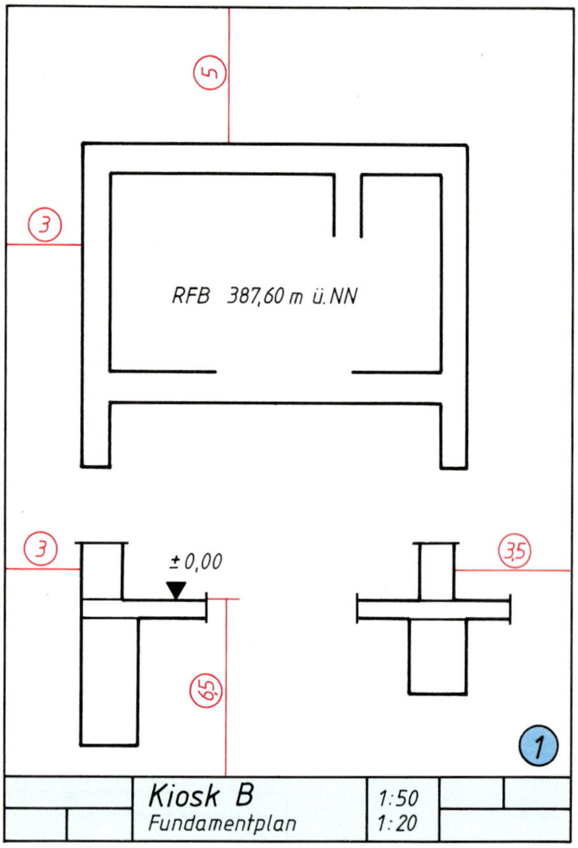

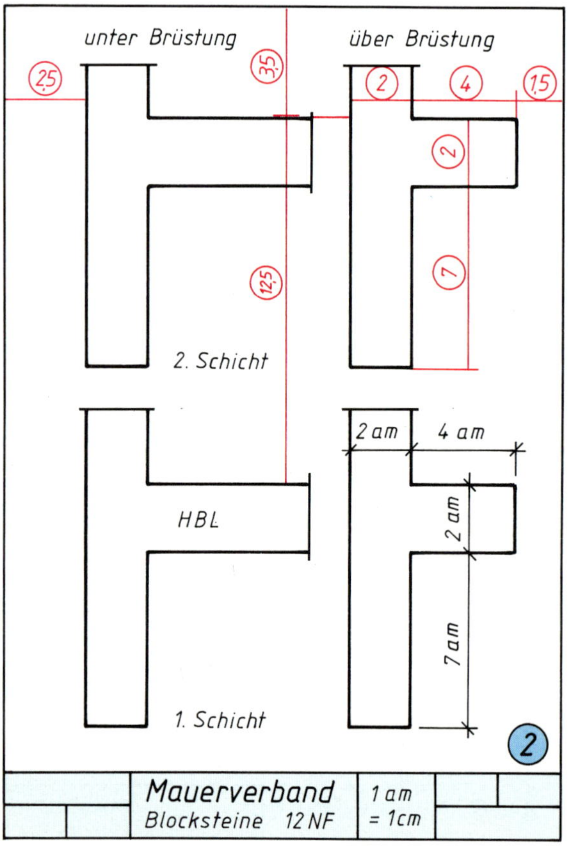

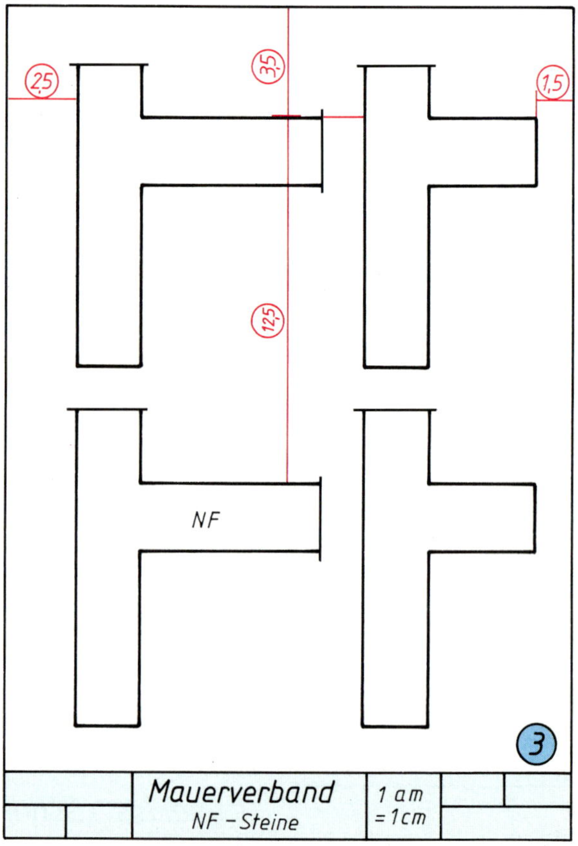

Mauerverbände

Aufgaben:

1. **Kreuzverband,** 1 am ≙ 0,5 cm
   Zeichnen Sie den Mauerverband der Wand mit Hauseingang in vier getrennten Schichten. In der Ansicht soll der Verband nur im Bereich der im Aufgabenblatt dargestellten Lagerfugen eingezeichnet werden. Der Sturz ist als scheitrechter Sturz mit senkrecht stehenden Steinen auszuführen. Steinformat 2 DF.
2. **Blockverband,** 1 am ≙ 0,5 cm
   Zeichnen Sie den Verband der Fensterwand in zwei getrennten Schichten und in der Ansicht. Die Stürze sind wie in Aufgabe 1 als scheitrechte Stütze auszuführen. Steinformat 2 DF.
3. **Wandschnitte, Fenster mit Rollladenkasten**
   M 1 : 20 – m, cm
   Zeichnen Sie die Schnitte A–B und C–D des Kiosks B. (Das Flachdach ist nur als Betonplatte mit Aufkantung zu zeichnen.)

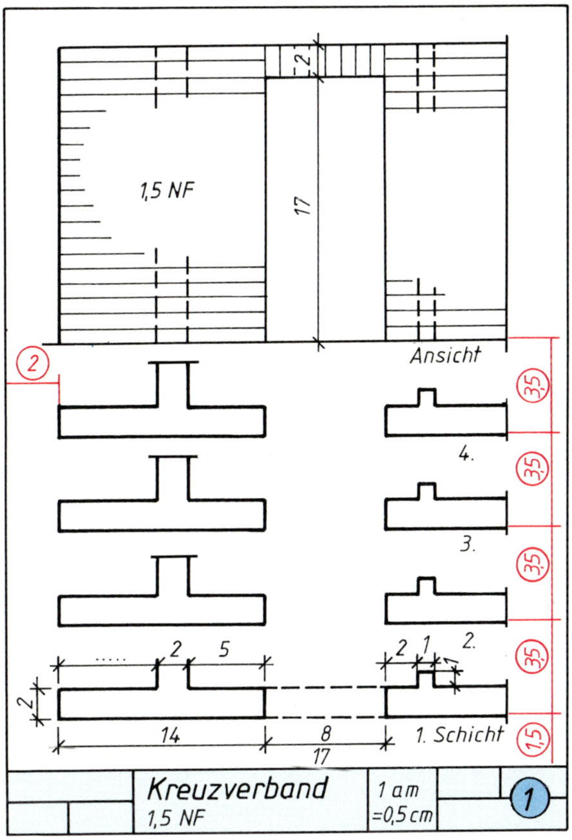

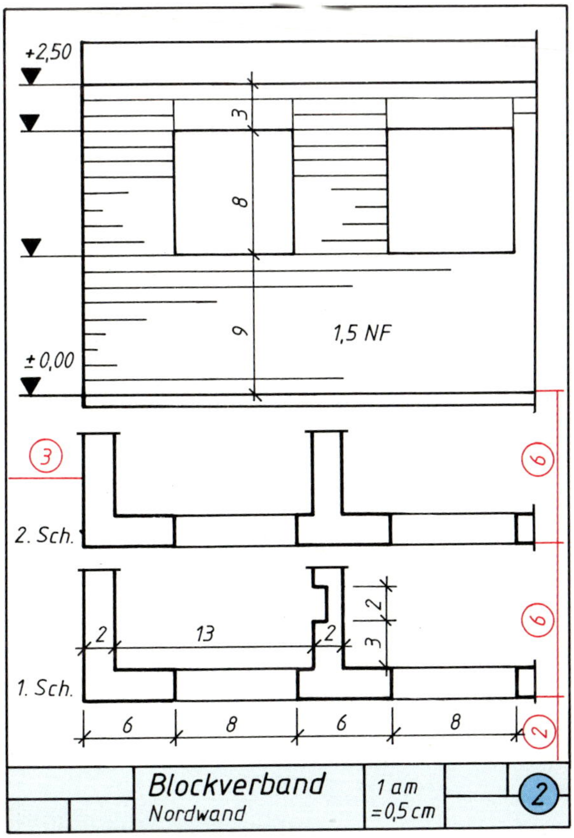

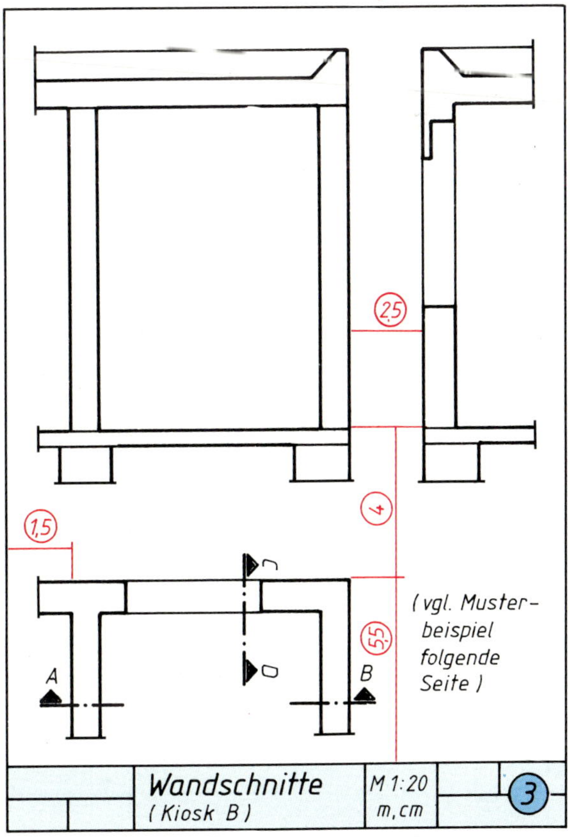

Bewehrung, Schalung

Aufgaben:

1. Zeichnen Sie die **Bewehrung** des Stahlbetonsturzes für den **Kiosk B,** M 1 : 20, lichte Weite $w = 2{,}26$ m. Tragstähle 3 ∅10, Montagestab ∅10, Bügel ∅8, Bügelabstand $s = 20$ cm; Stahlliste.

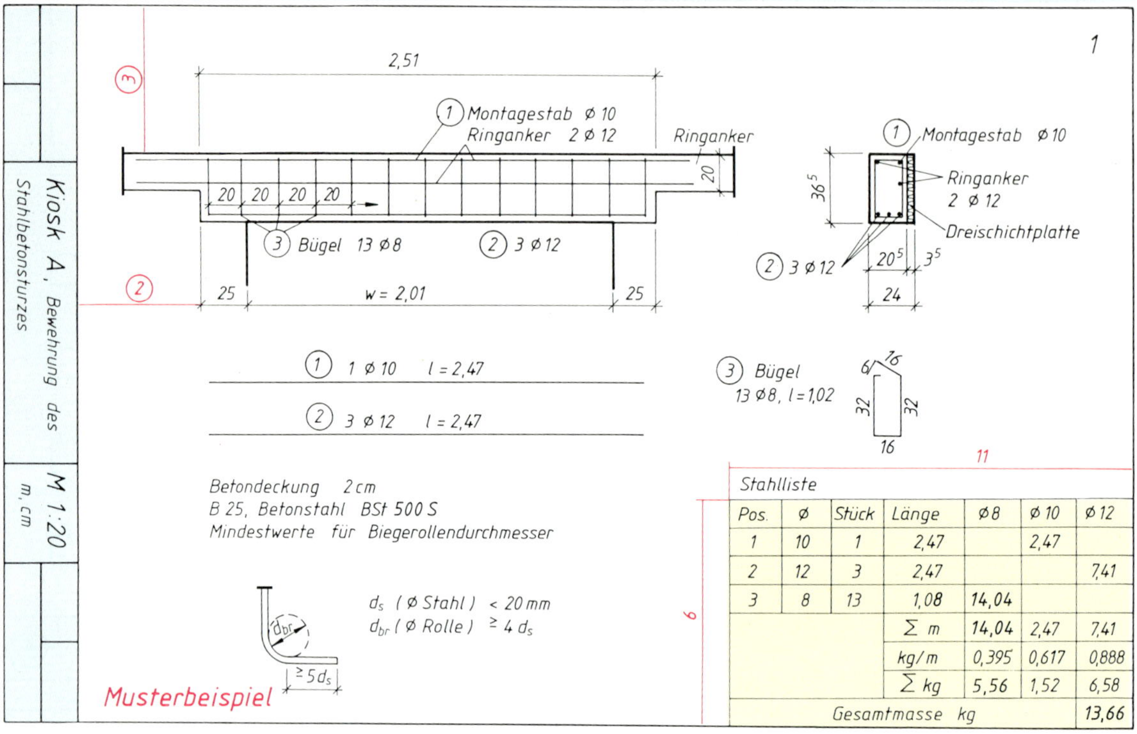

Stahlliste

Pos.	ø	Stück	Länge	ø 8	ø 10	ø 12
1	10	1	2,47		2,47	
2	12	3	2,47			7,41
3	8	13	1,08	14,04		
			Σ m	14,04	2,47	7,41
			kg/m	0,395	0,617	0,888
			Σ kg	5,56	1,52	6,58
Gesamtmasse kg						13,66

2. Zeichnen Sie die **Schalung** für den Sturz in **Kiosk B,** M 1 : 10. Ansicht bis zur Mittelachse, **Schnitt A–B**; Holzstärken wie in der Musterlösung.

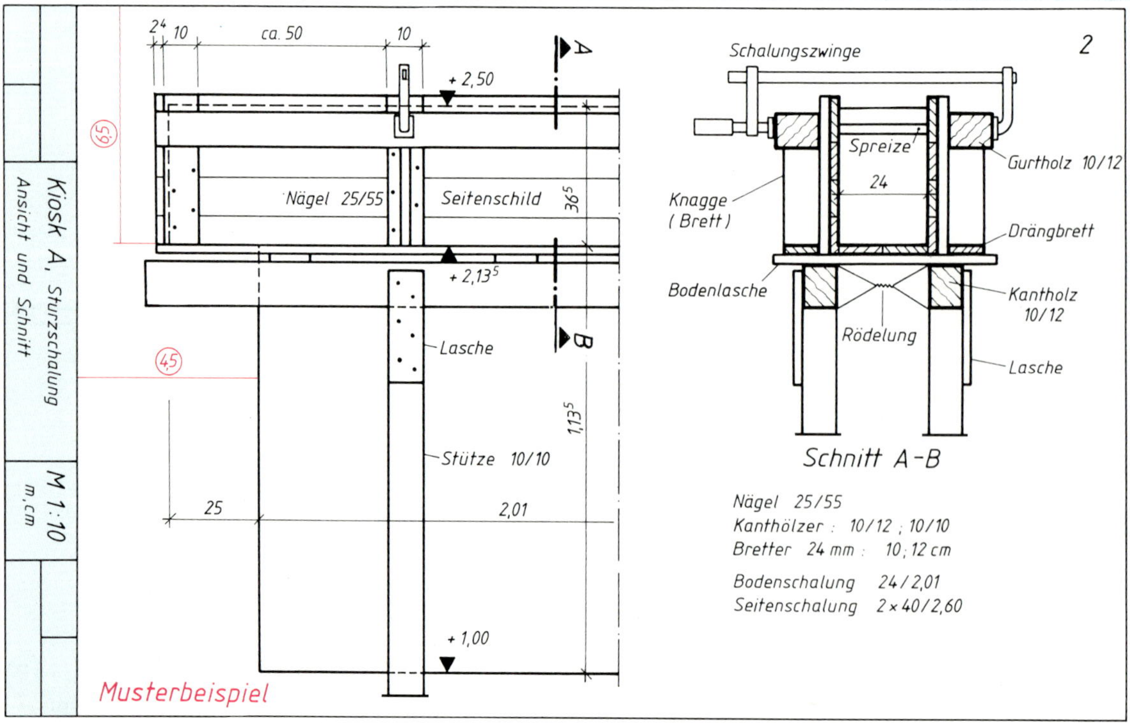

Balkenlage

Aufgabe: Zeichnen Sie die **Balkenlage** zum **Kiosk B,** M 1 : 50, und das **Auflagerdetail** M 1 : 10. Balken 10/22, Wechsel 10/22, Kopfanker, Giebelanker und Zuganker. (Die Balkenlage ist ohne Schornstein dargestellt.)

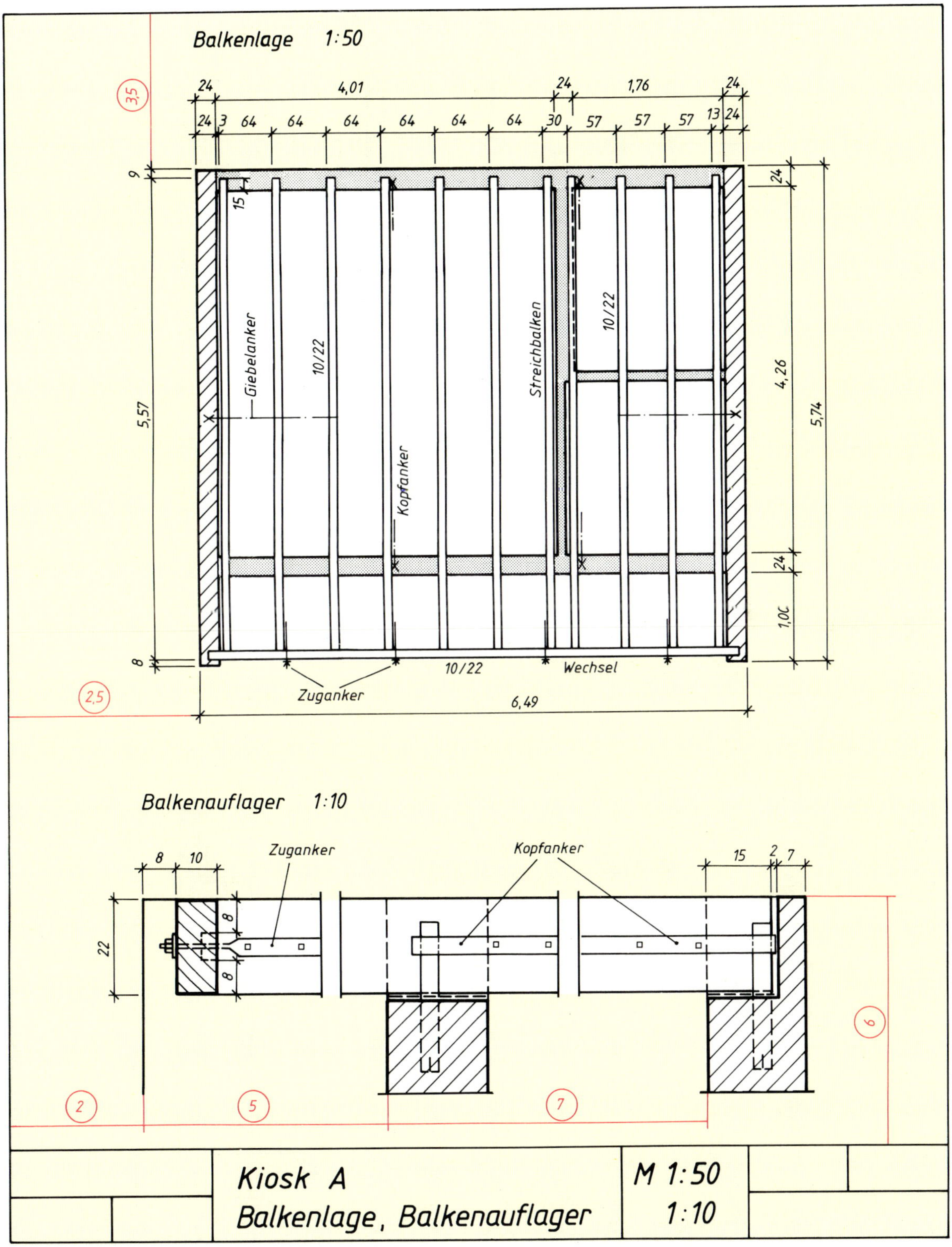

Schornsteinauswechslung, Pfettendach

Aufgaben:

1. Zeichnen Sie einen **Ausschnitt der Balkenlage** des Kiosks B mit **Schornsteinauswechslung,** M 1 : 55, und ein **Detail im Grundriss und Schnitt,** M 1 : 10. Verwenden Sie dazu den Schornstein des Kiosks A.

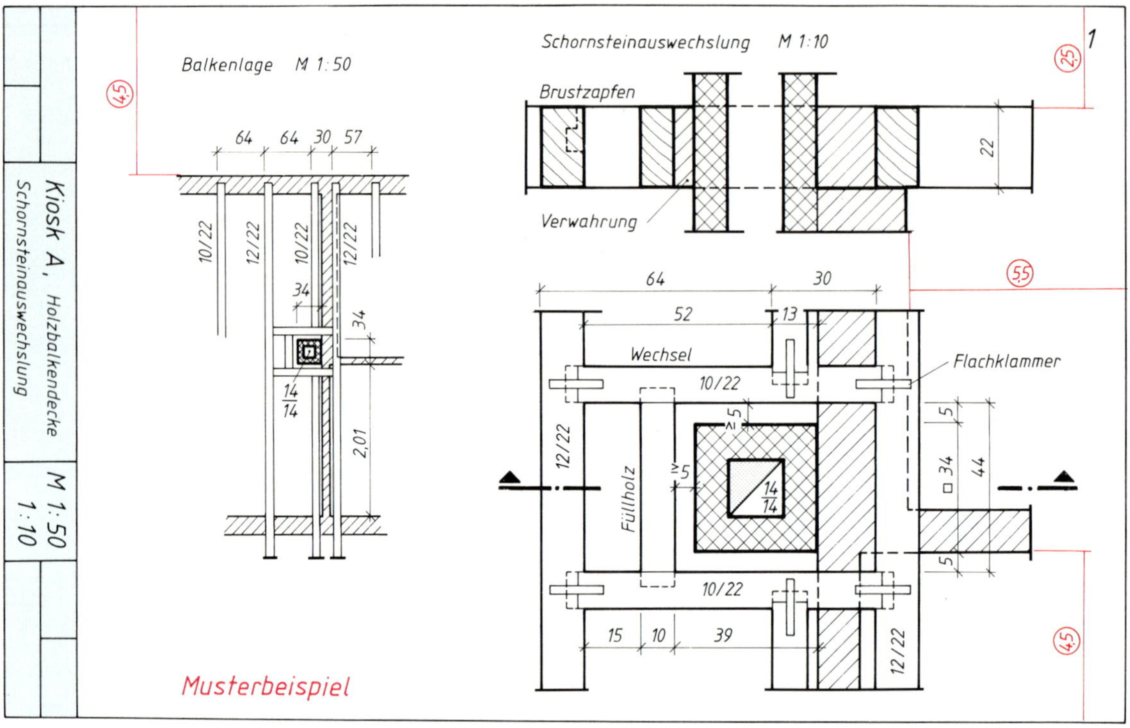

2. Zeichnen Sie zum Kiosk B ein **Pfettendach** mit DN = 35°, M 1 : 50, und das **Traufdetail als Schnitt und Draufsicht,** M 1 : 10.

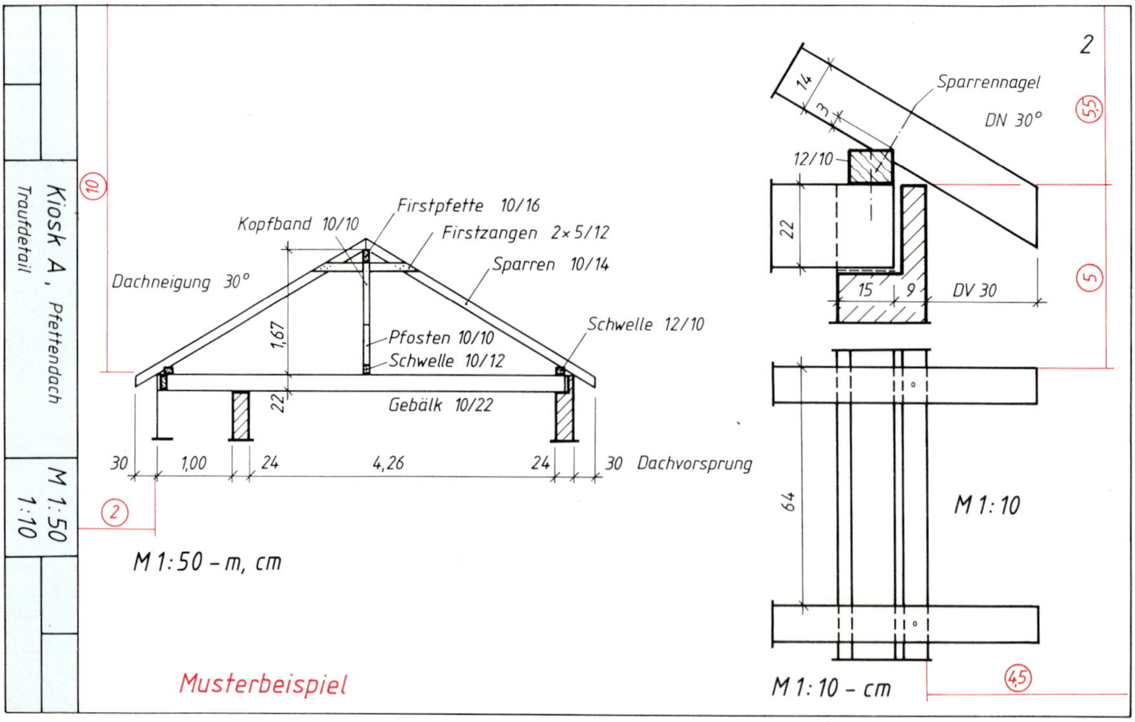

Fachwerkwand

Aufgabe: Zeichnen Sie die Rückwand zum Kiosk B als **Fachwerkwand:** Ansicht und Grundriß, M 1 : 50, Knotenpunkte und Sockeldetail, M 1 : 10. Holzquerschnitte wie im Musterbeispiel.

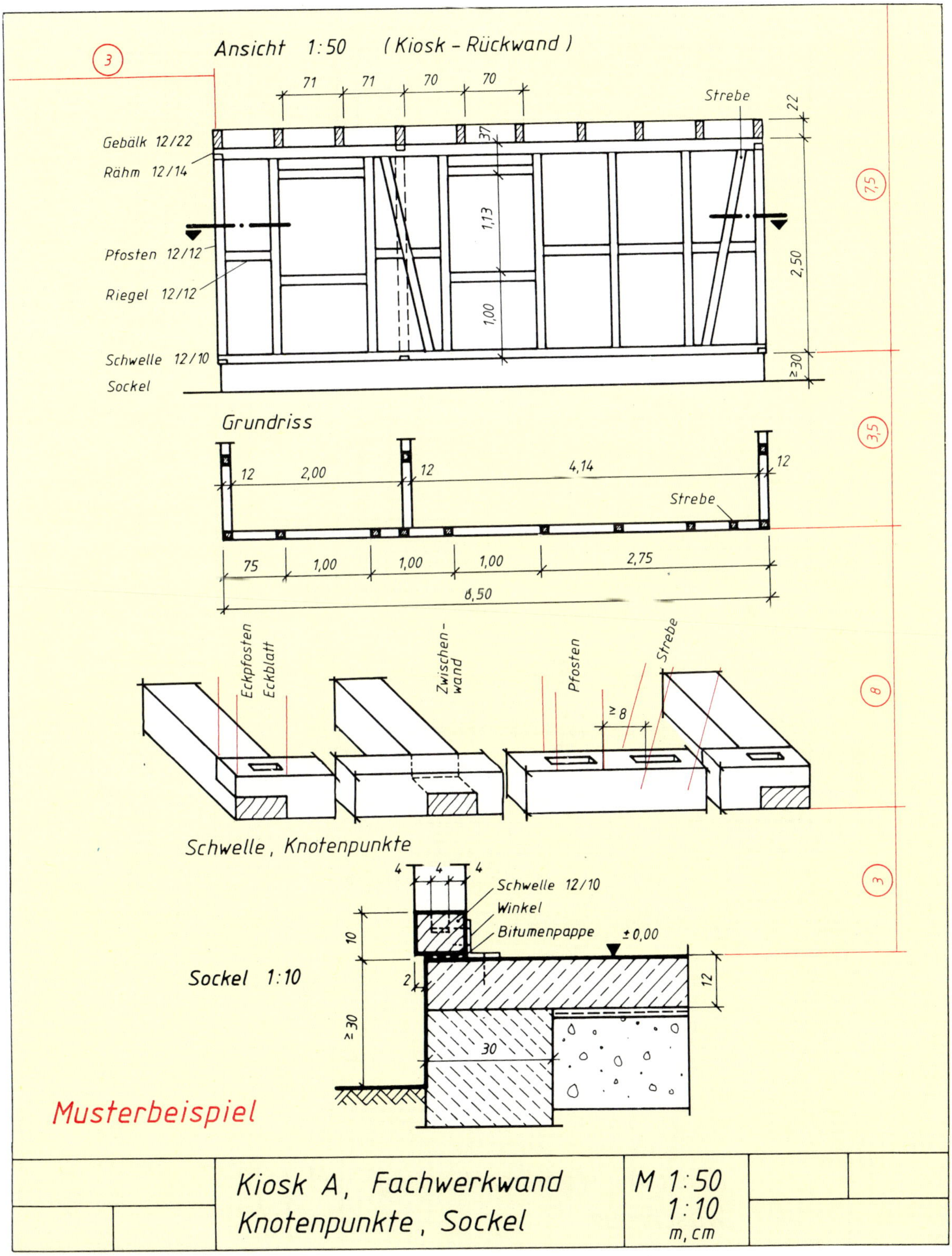

Fliesenbelag

Aufgabe: Zeichnen Sie den **Fliesenbelag** für die vorgegebene Wand des Waschraumes in Kiosk B in Ansicht, Grundriss und Schnitt, M 1:20. Fliesen 150/150 mm, Fuge 3 mm, Höhe 10 Fliesen, Sockel 97/197 mm.

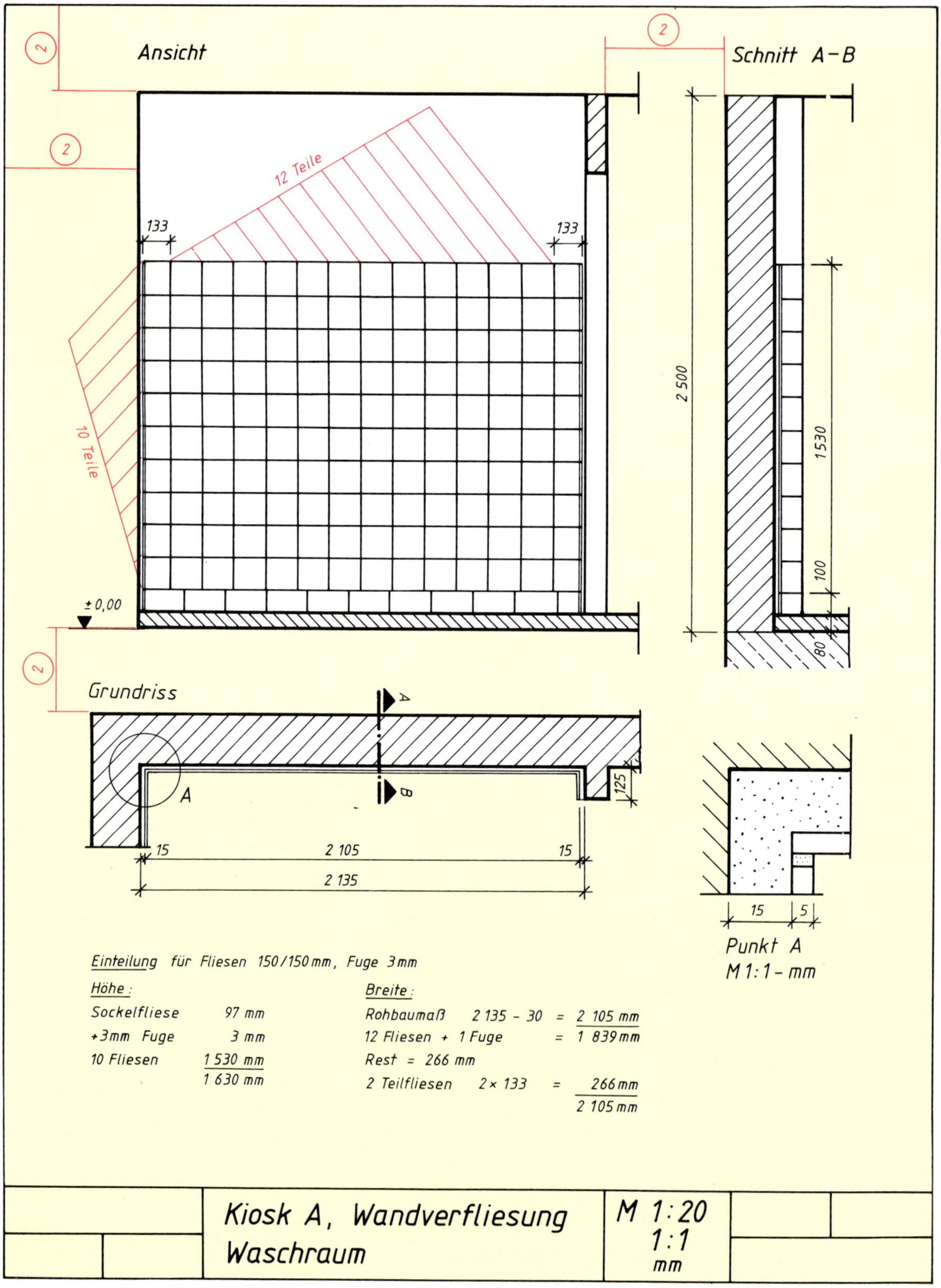

Fliesenbelag; Wandbauplatten

Aufgaben:

1. Zeichnen Sie für den Waschraum des **Kiosks B** die **Bodenverfliesung.**
Fliesen 97/197 mm, Fuge 3 mm. Wählen Sie verschiedene Verlegemuster.

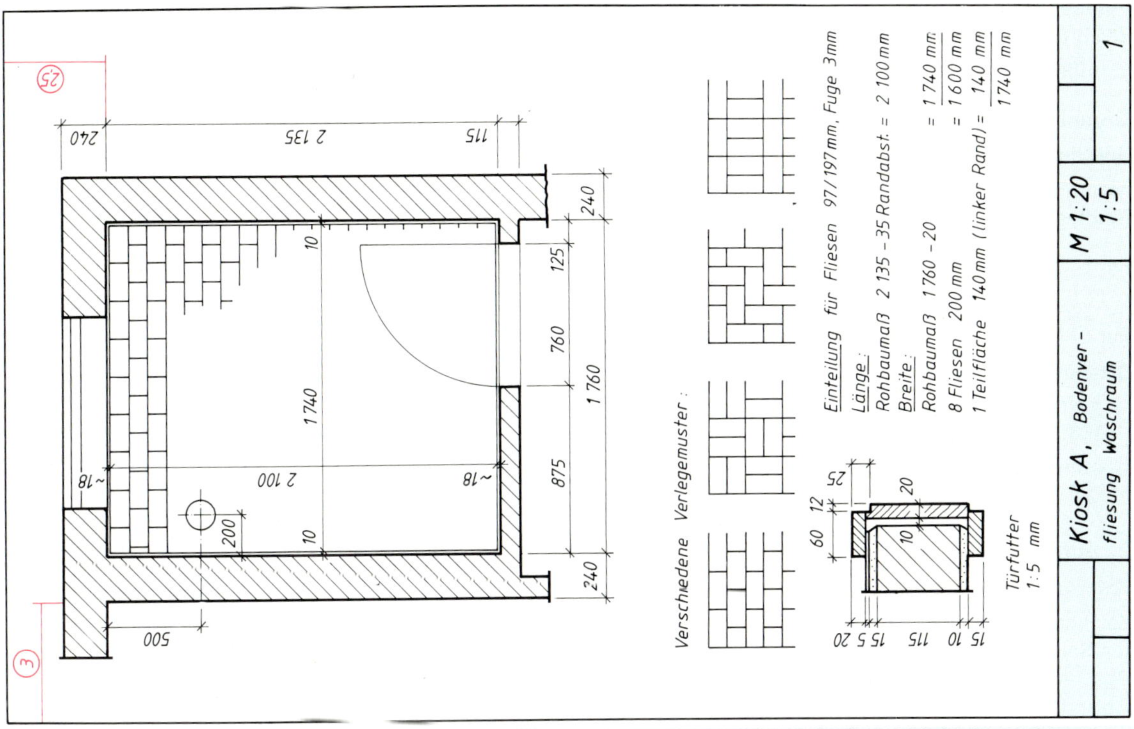

2. Zeichnen Sie für Kiosk B die **Zwischenwand aus Gips-Wandbauplatten** in zwei getrennten Schichten und die Ansicht. Wandbauplatten 66,6/50/8 cm.

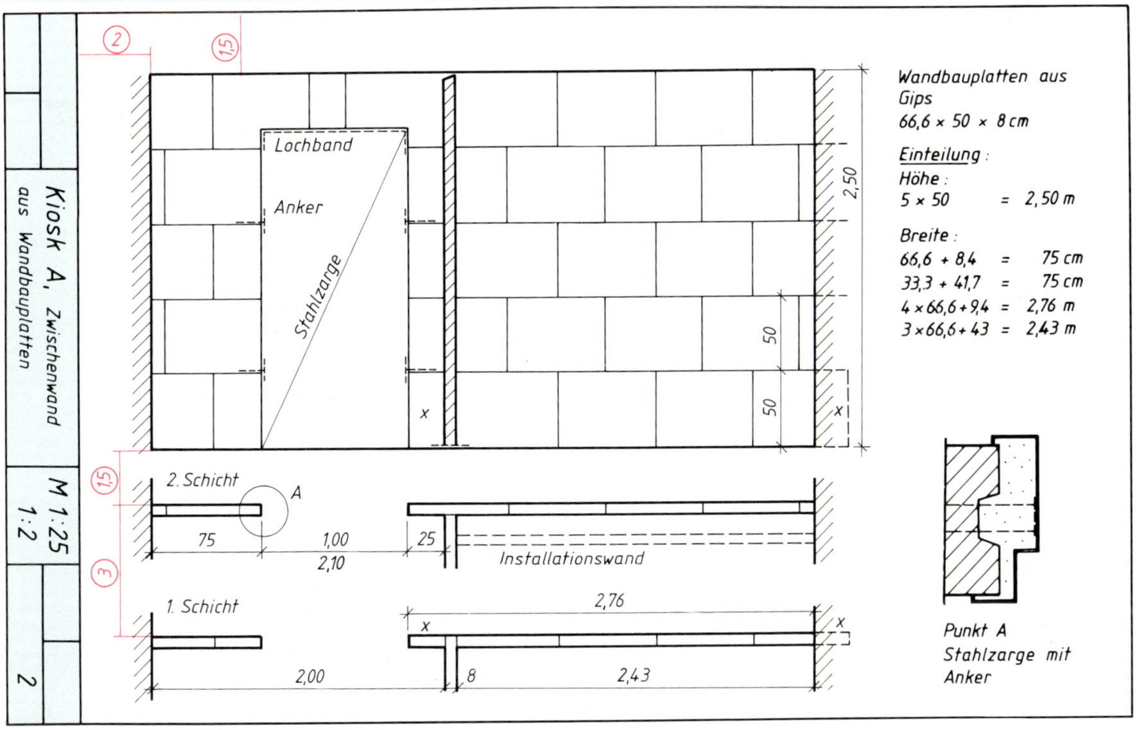

Baugruben

1. Aufgabe:

Baugrube mit Schnurgerüst, M 1 : 50 – m

Böschungsneigung 60° Fundament 60/50 cm
Baugrubenhöhe 2,20 m Arbeitsraum 70 cm

Zeichnen Sie Schnitt und Draufsicht. Berechnen Sie den Schnurgerüstabstand vom Hausgrund (HG).

Grundlagen zu Baugrubenböschungen

Böschungsneigungen:

Nichtbindiger Boden	$\alpha = 45°$ (1 : 1)
Bindiger Boden	$\alpha = 60°$ ($\sim$5 : 3)

Für $\alpha = 60°$ ist $\frac{h}{b} = \frac{1{,}732}{1}$; $b = \frac{h}{1{,}732}$

Für $h = 2{,}50$ m $b = \frac{2{,}50\ \text{m}}{1{,}732} = \mathbf{1{,}44\ m}$

Schnurgerüstabstand

$s = a + b + 1{,}00$

$= 0{,}80\ \text{m} + 1{,}44\ \text{m} + 1{,}00\ \text{m} = \mathbf{3{,}24\ m}$

Böschungsschraffur: Die kurzen, $^2/_3$-langen Schraffen zeigen mit dem freien Ende die Böschung abwärts.

2. Aufgabe:

Baugrube am Hang, M 1 : 200 – m

Zeichnen Sie zu der unten in der Draufsicht dargestellten Baugrubensohle die Draufsicht und die Profile.
Böschungsneigung 1 : 1
Geländeneigung 1 : 10 (= ... Prozent?)

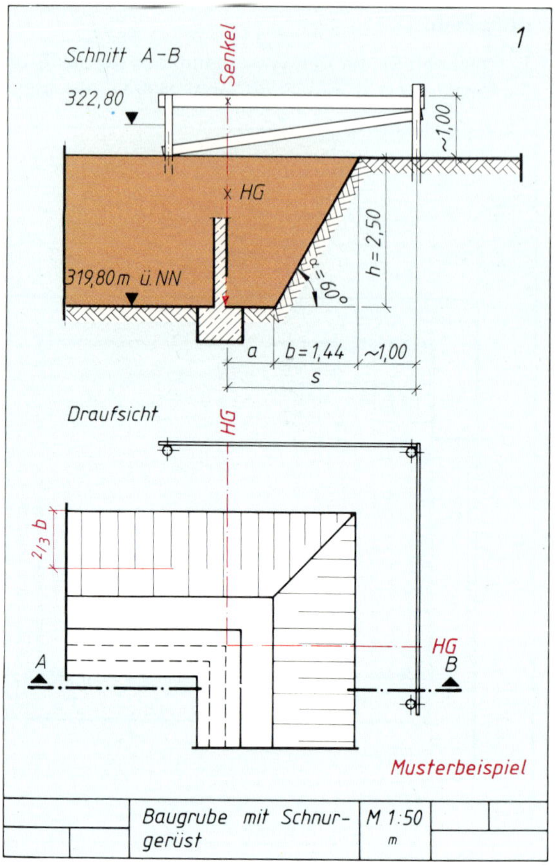

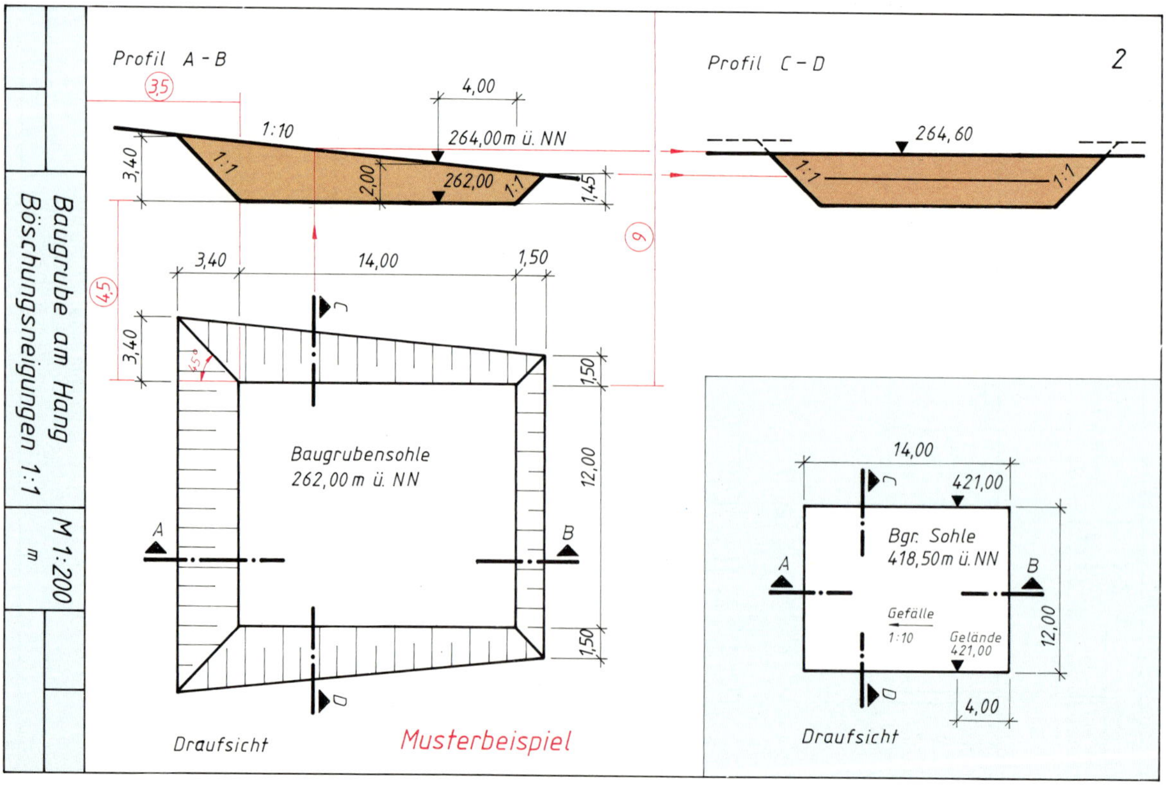

Graben und Damm

Graben
Böschungsneigung 1:1
M 1:100
m

1

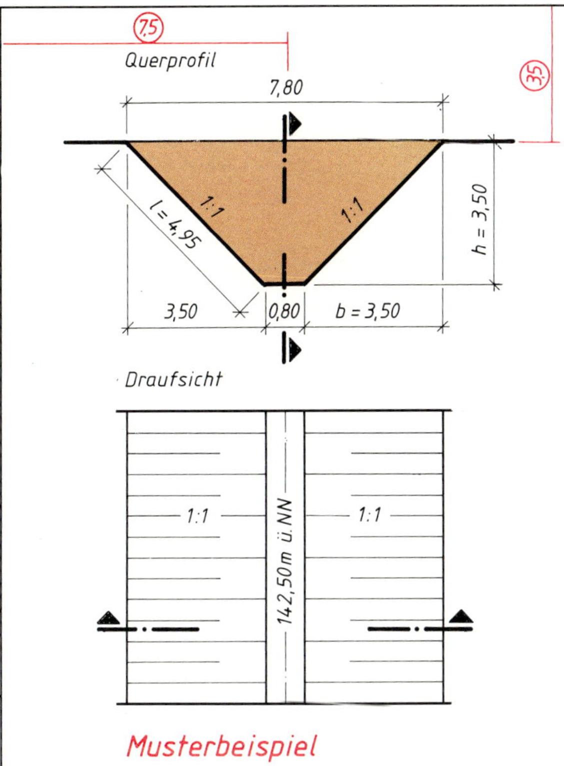

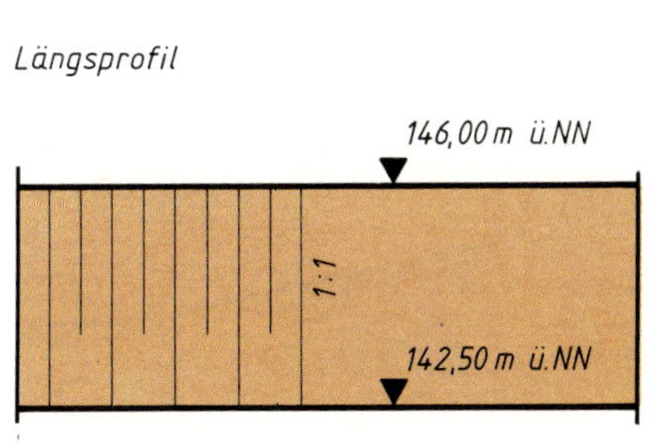

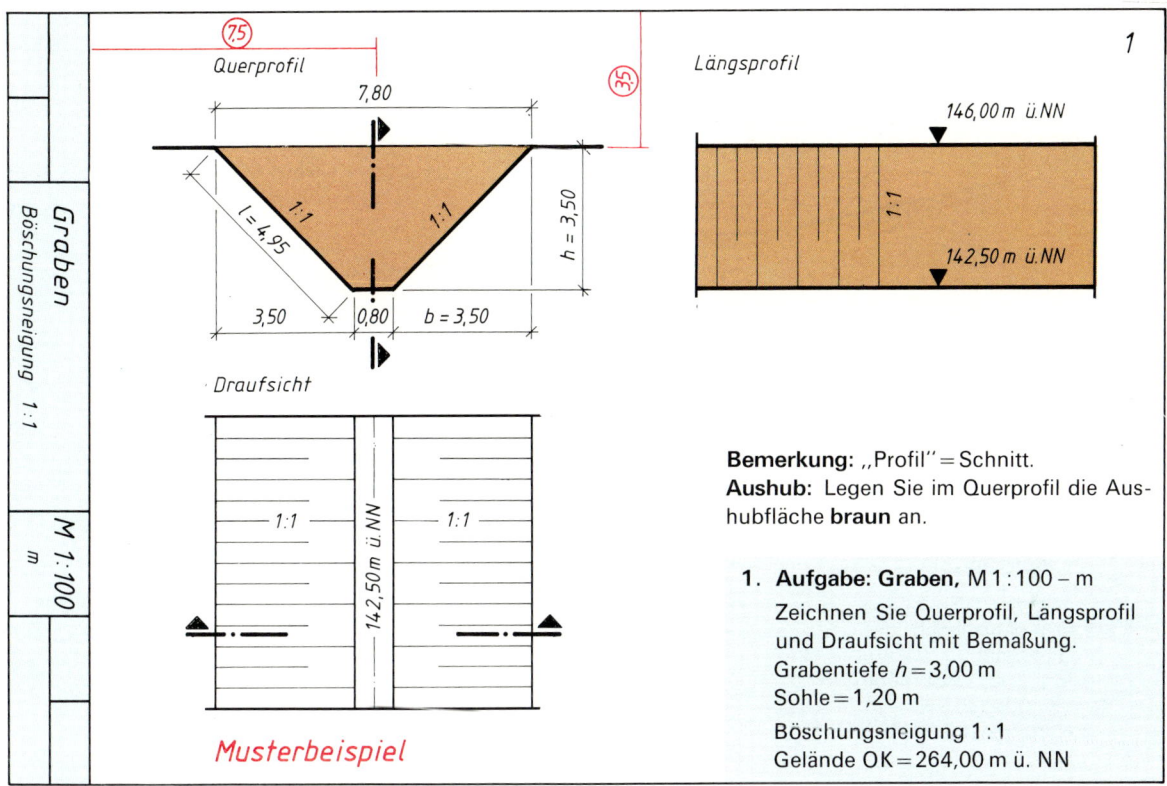

Bemerkung: „Profil" = Schnitt.
Aushub: Legen Sie im Querprofil die Aushubfläche **braun** an.

1. **Aufgabe: Graben,** M 1 : 100 – m
   Zeichnen Sie Querprofil, Längsprofil und Draufsicht mit Bemaßung.
   Grabentiefe $h = 3{,}00$ m
   Sohle = 1,20 m
   Böschungsneigung 1 : 1
   Gelände OK = 264,00 m ü. NN

Hochwasserdamm
Böschungsneigung 1:1,5
M 1:100
m

2

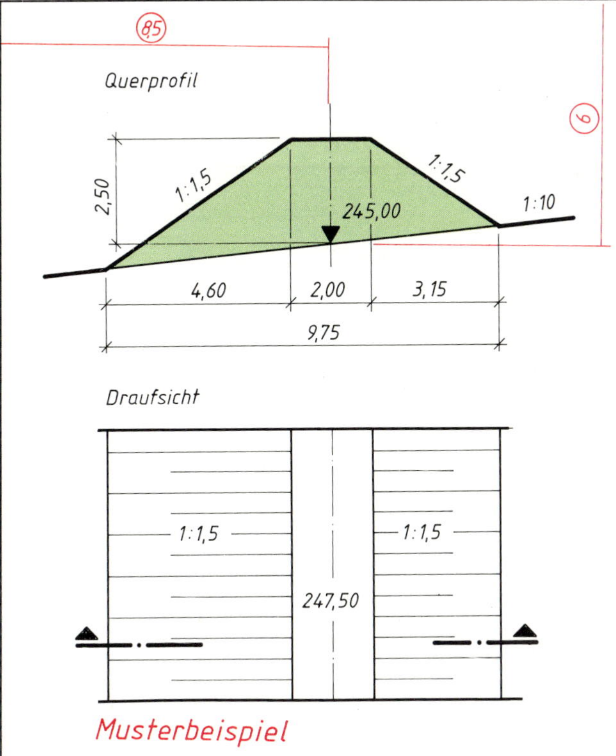

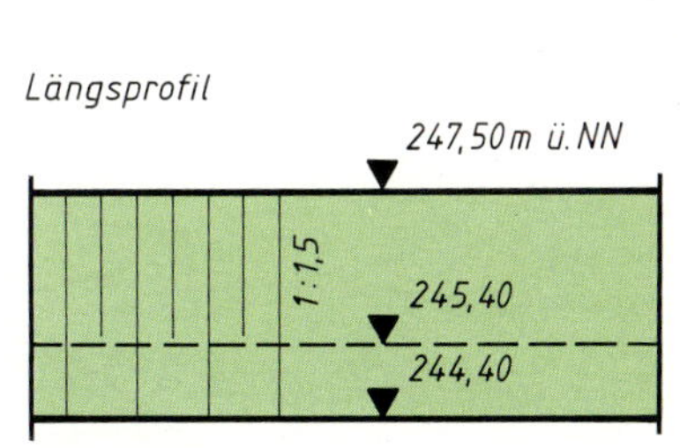

Aufschüttung: Legen Sie im Quer- und Längsprofil die Aufschüttfläche **grün** an.

2. **Aufgabe: Hochwasserdamm**
   M 1 : 100 – m
   Zeichnen Sie Querprofil, Längsprofil und Draufsicht mit Bemaßung.
   Böschungshöhe (in der Achse) $h = 2{,}75$ m
   Krone = 1,50 m, Böschungsneigung 1 : 1,5
   Geländehöhe in der Achse 196,00 m ü. NN
   Geländequerneigung 1 : 8

Querprofile

Gelände – Querprofil — M 1:100 m

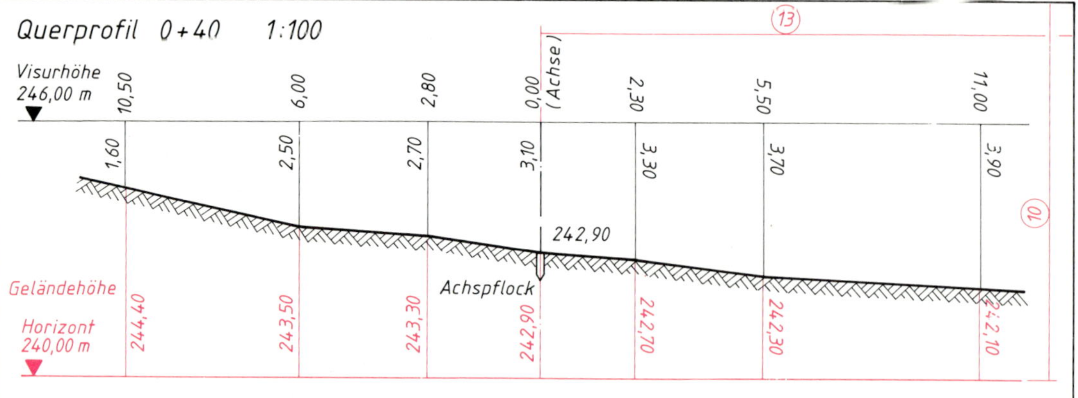

Profil 0+40, Horizont 246,00

Aufschrieb (Feldbuch)

links: Punkt	Ablesung	Höhe	rechts: Punkt	Ablesung	Höhe
0,00 Pflock	3,10	242,90	2,30	3,30	242,70
2,80	2,70	243,30	5,50	3,70	242,30
6,00	2,50	243,50	11,00	3,90	242,10
10,50	1,60	244,40			
0,00	2,70	?	3,50	2,90	?
2,60	2,20		7,00	3,30	
6,40	1,70		8,50	3,50	
9,80	1,50		11,20	3,80	

Musterbeispiel

1. Aufgabe:

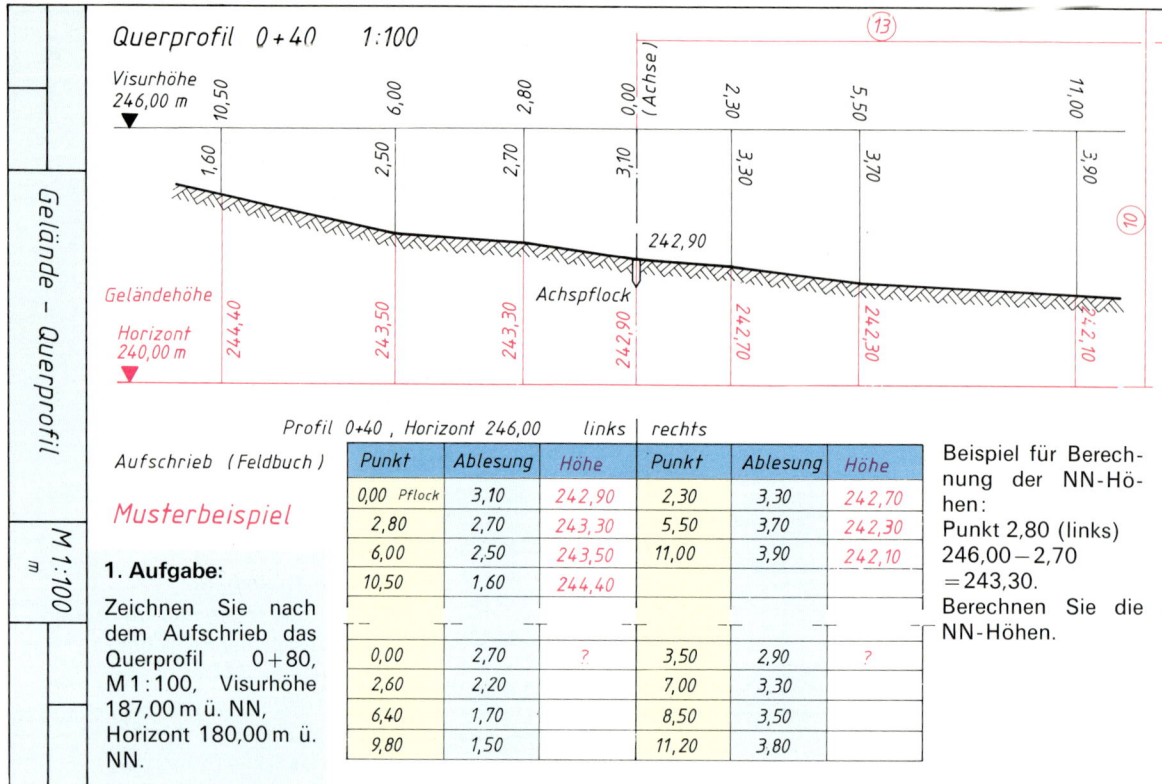

Zeichnen Sie nach dem Aufschrieb das Querprofil 0+80, M 1:100, Visurhöhe 187,00 m ü. NN, Horizont 180,00 m ü. NN.

Beispiel für Berechnung der NN-Höhen:
Punkt 2,80 (links)
246,00 − 2,70 = 243,30.
Berechnen Sie die NN-Höhen.

Querprofil mit Damm — M 1:100 m

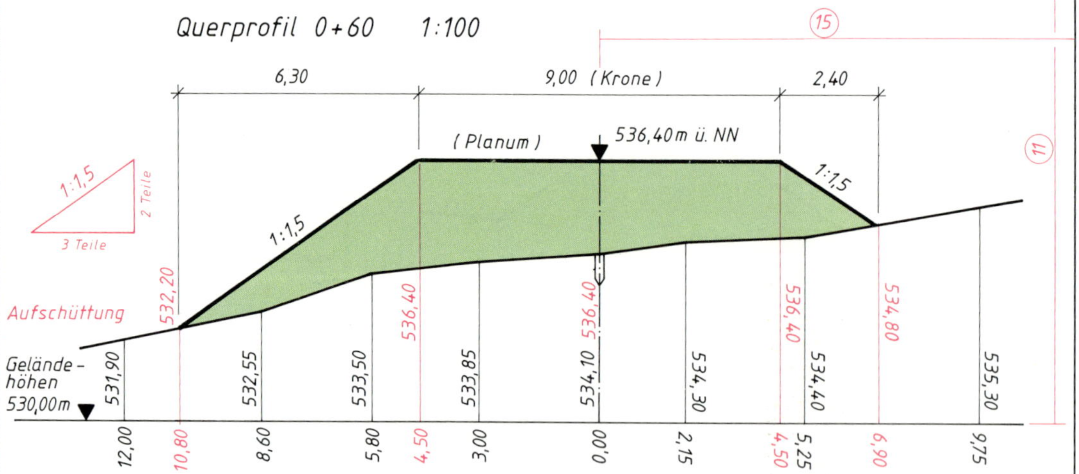

Musterbeispiel

2. Aufgabe:

Zeichnen Sie Gelände und Dammschüttung M 1:100 des Profils 0+20: waagerechte Krone (Planum) 8,00 m
Kronenhöhe 278,10 m ü. NN
Horizont 270,00 m ü. NN
Böschungsneigung 1:1,5

Profil 0+20

links: Punkt	Geländehöhe	rechts: Punkt	Geländehöhe
0,00 Pflock	274,80	2,80	274,00
3,00	275,50	7,10	273,30
5,50	275,95	9,40	272,90
9,80	276,20	13,20	272,40

Bemaßen Sie wie im Musterbeispiel: Böschungsenden, Böschungsbreiten. Legen Sie die Aufschüttfläche grün an.

7 Bauskizzen

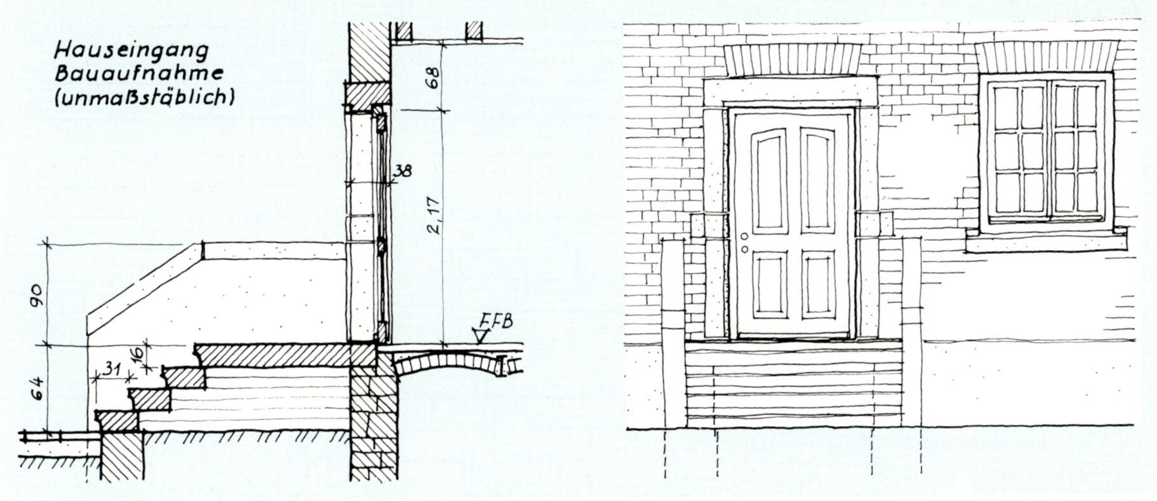

Zur Darstellung von Baugedanken werden zunächst Skizzen verwendet, bevor man zur genaueren Ausarbeitung von Plänen übergeht. Dies geschieht bei Entwurfszeichnungen für Gebäude, aber auch konstruktive Gedanken werden im frühen Planungsstadium festgehalten. Besondere Bedeutung hat die Skizze beim Aufmaß bestehender Gebäude oder Bauteile zwecks Umbau oder Anbau. Diese Aufgabe ist heute im Zusammenhang mit Stadtsanierungen besonders häufig. Bei der Bauablaufplanung werden Baustelleneinrichtungen und Schalungseinsatz oft skizziert. Auf der Baustelle dienen Skizzen zur Erläuterung von Arbeitsanweisungen.

Lernziel:

Technik der Strichführung bei Freihandskizzen.
Erkennen und Wiedergeben von Maßverhältnissen.
Einfache Bauskizzen ausführen.

7.1 Technik der Strichführung

Freihändig gezogene Linien sollen möglichst geradlinig sein. Die üblichen Linienbreiten für sichtbare Kanten, Schnittkanten und Hilfslinien sind einzuhalten.

Aufgabe:
Zeichnen Sie auf einem unlinierten Blatt parallele Linien unterschiedlicher Linienbreite senkrecht, waagerecht oder schräg.

Der Handballen liegt auf dem Zeichenblatt auf. Bei längeren Linien wird kurz abgesetzt und der Auflagepunkt des Handballens entsprechend verrückt. Es zeigt sich, dass senkrechte Linien besser zu ziehen sind als waagerechte oder schräge: Deshalb ist es zweckmäßig, das Zeichenblatt beim Ausziehen in die jeweils günstigste Lage zu drehen.

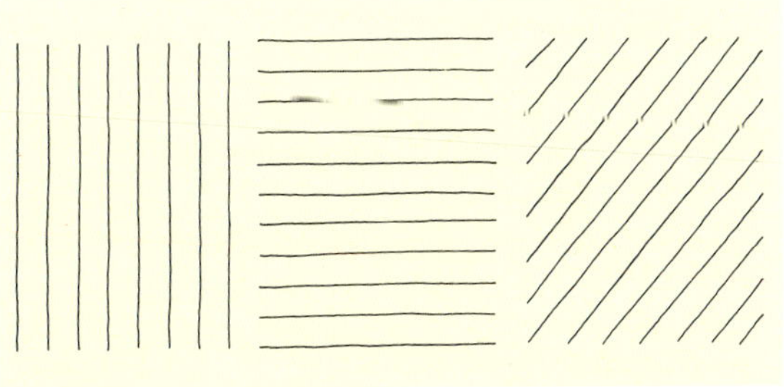

Strichübungen

7.2 Maßverhältnisse erkennen und wiedergeben

Aufgaben:
Ergänzen Sie die nichtgegebenen Maße mithilfe des jeweils gegebenen Maßes, ohne einen Maßstab zu benützen.

Anschließend fertigen Sie eine größere Freihandskizze mit Bemaßung.

1. Bodenfliese
2. Formschornstein
3. Wohnraum
4. Ansicht einer Giebelfläche

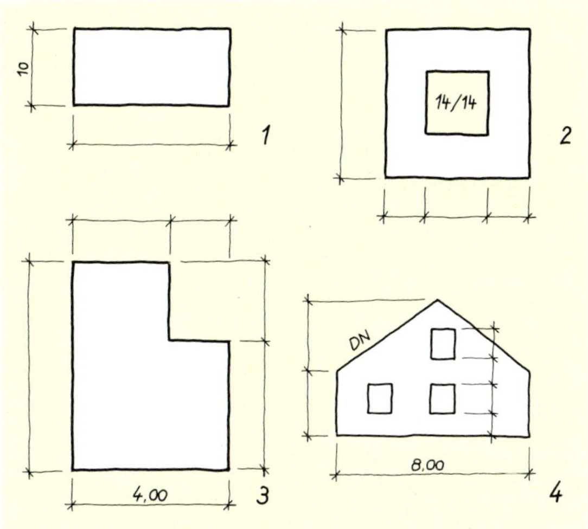

Maßverhältnisse erkennen

Aufgaben:

1. Skizzieren Sie nach der Verbandsdarstellung in Grundrissschichten die Ansichten von Blockverband und Läufer-Zierverband.
   Steinlänge 2 cm, Steinhöhe 0,5 cm.

Die roten Ziffern geben jeweils die Reihenfolge an, in der die Skizzen gefertigt werden.

2. Skizzieren Sie verschiedene **Fliesen-Verlegemuster** bzw. **Ziegel-Flachschichten.**
   Fliesengröße 1 × 2 cm.

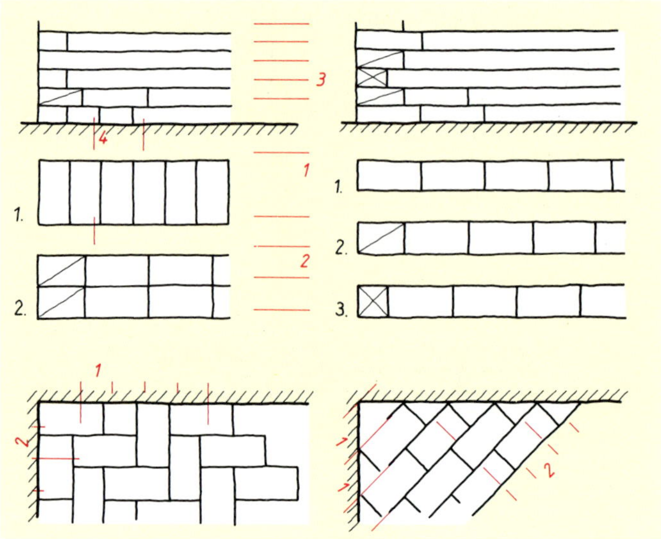

Beispiele von Verbänden und Verlegemustern

3. **Fassadenbekleidung** als Deckelschalung, Schnitt und Ansicht.
   Bretter 16 cm breit, 2 cm dick, Überdeckung 3 cm auf waagerechter Lattung.
   Querschnitte von gespundeten Brettern ohne und mit Schattennut.
   Breite 10 cm, Dicke 2 cm.

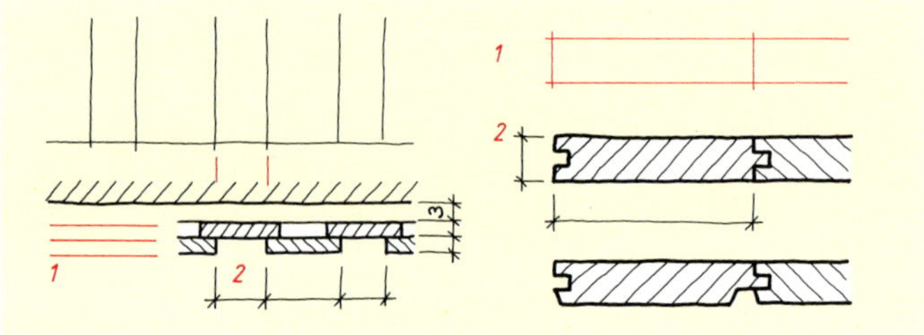

Holzverschalung

4. **Boden einer Unterzugsschalung** als Schild mit Laschen.
   Dicke des Unterzugs 30 cm, lichte Länge 1,63 m. Bretter 10 cm breit, 24 mm dick, Laschenabstand ca. 35 cm. Bemaßung.

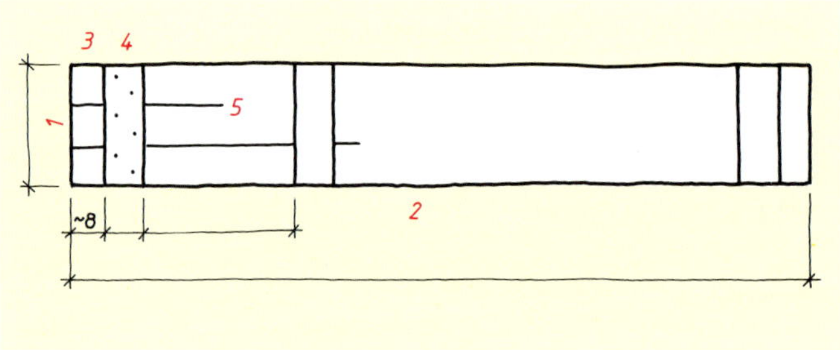

Schild für Unterzugsschalung

7.3 Ausführung von Bauskizzen

Für **konstruktive Skizzen** verwendet man zweckmäßigerweise kariertes Papier oder Transparentpapier mit unterlegtem Karo- oder Millimeterpapier auf einer Zeichenplatte.

Zuerst werden die wesentlichen Teile mit dünnen Linien vorgezeichnet. Sind auf diese Weise die konstruktiven Zusammenhänge gefunden, werden die Linien mit einem Zeichenstift mittlerer Härte (z. B. HB) oder auch mit Filzschreiber unter Beachtung der Linienbreiten ausgezogen.

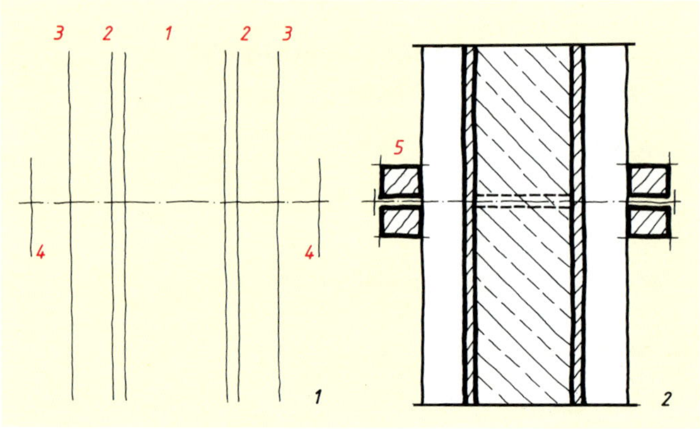

Skizzenfolge (1, 2): Schalung für eine Stahlbetonwand

Aufgaben:

1. **Mauerecke,** 24 cm dick, aus den Formaten 2 DF ($1^1/_2$ NF) und 3 DF ($2^1/_4$ NF) im Blockverband.
   Skizzieren Sie eine Kavalierprojektion, wobei die Mauerenden abgetreppt und verzahnt darzustellen sind.

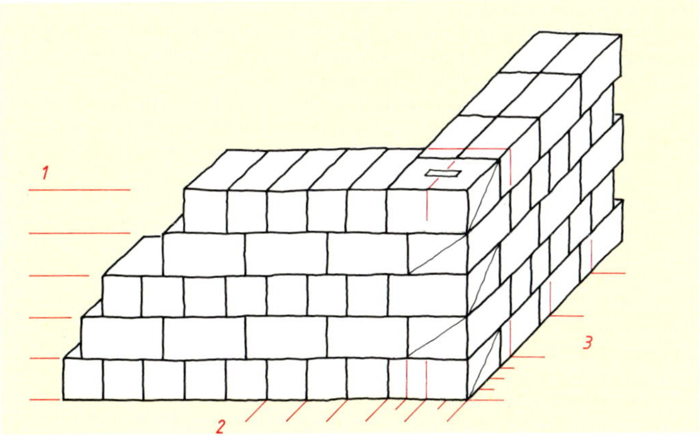

Mauerecke

2. **Schalung für ein Streifenfundament**
   Skizzieren Sie in der Reihenfolge:
   Fundament 0,40/1,00 m,
   Arbeitsraum je 0,60 m, Böschung 60°,
   Schalhaut 24 mm,
   zwei Spannanker mit Abstandshaltern,
   Gurthölzer 12/10 cm.

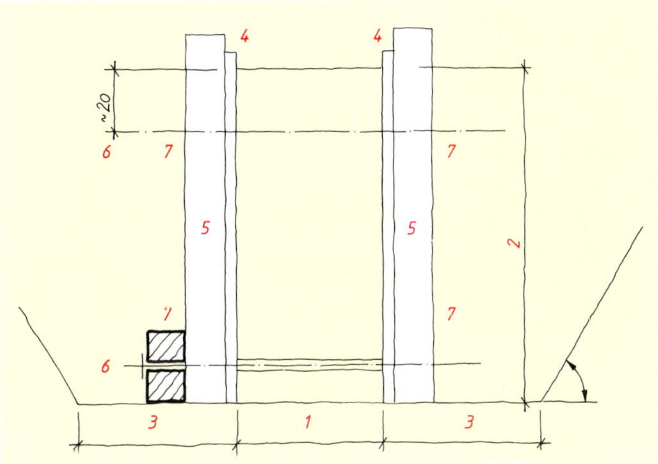

Schalung für Fundament

3. **Bewehrung eines Unterzugs**
   Dicke 30 cm, Höhe 37,5 cm,
   lichte Weite 2,50 m, Auflager 25 cm.
   Untere Bewehrung 4 ∅ 14,
   Montagestäbe 2 ∅ 10,
   Bügel ∅ 8, Bügelabstand 20 cm,
   Betondeckung 2 cm.
   Skizzieren Sie Ansicht und Schnitt.

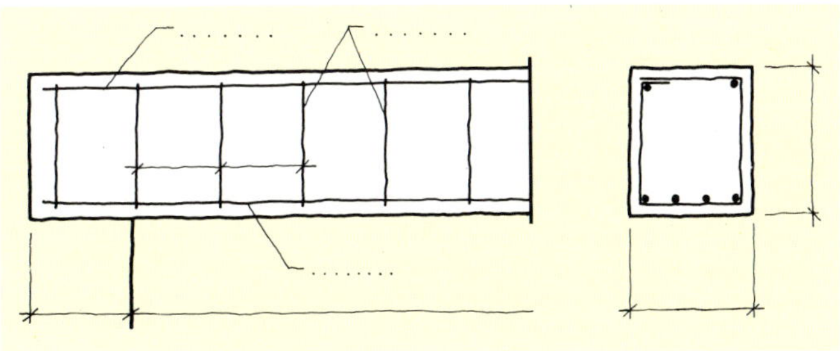

Bewehrung eines Unterzugs

4. **Balken-Auflager**
   Wanddicke 30 cm, Balken 12/22 cm,
   Balkenauflager 20 cm auf Bitumenbahn,
   Vormauerung 7 cm,
   Stahlbetongurt 15 cm hoch mit Dämmschicht 3,5 cm, Mauerwerk aus Blocksteinen. Der Balken soll seitlich verkeilt werden.
   Skizzieren Sie Längsschnitt A–B und Querschnitt C–D.

5. **Aufmaßskizze** eines kleinen Raumes in Ihrer Wohnung (z. B. Flur, Bad) einschließlich Tür- und Fensteröffnungen (Grundriss und Ansicht einer Wand)

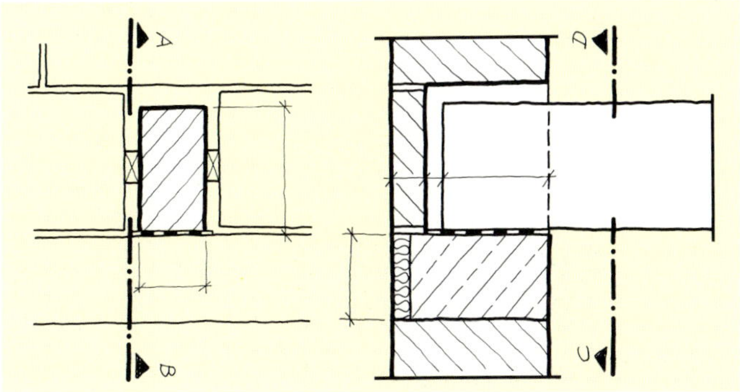

Balken-Auflager

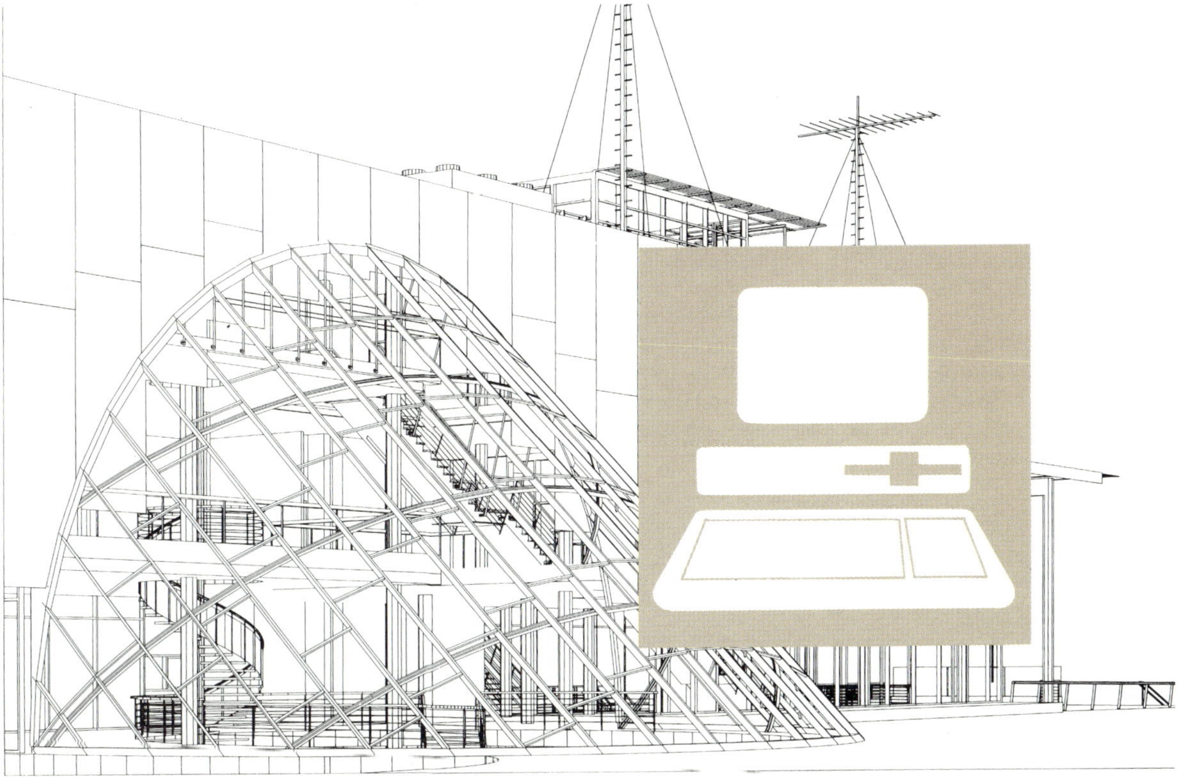

1 Struktur eines Computers

Der Einsatz von Computern steigt in Handwerksbetrieben und Industrieunternehmen, in Architektur- und Ingenieurbüros und in den Ämtern der Bauverwaltungen. Diese Entwicklung wird durch die erhöhte Leistungsfähigkeit der Anwenderprogramme begünstigt. Damit wird die Forderung nach wirtschaftlichem Einsatz der Datenverarbeitungsanlagen erfüllt. Die Baufachleute erarbeiten mit den Programmen Bauwerksentwürfe und führen Berechnungen durch, deren Ergebnisse sie kritisch bewerten und umsetzen.

1.1 Einsatzgebiete der Computertechnik

Die ersten programmgesteuerten Rechner – sie heißen Computer – wurden vom Jahr 1941 an zu Forschungszwecken eingesetzt. Heute finden Computer in der Planung, Herstellung und Vermarktung von Produkten Anwendung. Sie sind auch aus dem Dienstleistungsbereich nicht mehr wegzudenken. Computer vereinfachen viele Aufgabenlösungen im Bauhandwerk und in der Bauindustrie.

Computer im Dienstleistungsbereich

Computer ermöglichen in vielen Hinsichten Vereinfachungen und Verbesserungen:

- Der Bordcomputer eines Autos teilt dem Fahrer den jeweiligen Benzinverbrauch mit und überwacht die Funktion vieler Teile
- Wir können zu jedem Zeitpunkt Geld am Bankterminal abheben. Weiterhin ist die Abwicklung von Bankgeschäften durch den Personal Computer und die Datenfernübertragung möglich (Home Banking)
- Scannerkassen ersparen zeitaufwendiges Eintippen von Preisen. Hierbei erkennt ein Lichtstift den Strichcode (engl. bar code) auf dem Warenetikett
- Die Deutsche Bahn AG setzt Computer bei der Ausgabe von Fahrkarten ein
- Informationen zu Sport- und Kulturveranstaltungen können über T-Online bezogen werden.

Computer in der Bauwirtschaft und anderen Wirtschaftszweigen

Die Computertechnologie ergänzt herkömmliche Vorgehensweisen beim Entwerfen von Bauwerken. Diese werden vom Architekt, Ingenieur und Techniker auch mittels CAD-Programmen geplant und gezeichnet. Das zugehörige Leistungsverzeichnis wird anhand von Textbausteinen erstellt. Eine Baufirma, die sich um den Bauauftrag bewirbt, kalkuliert das Angebot mittels EDV und berechnet so die Angebotssumme. Das Aufmessen und die Abrechnung einer erbrachten Bauleistung wird durch die elektronische Auswertung von Formeln wesentlich vereinfacht. Elektronische Rechner regeln im Baugewerbe Produktionsprozesse überall dort, wo Fertigungsvorgänge unter gleich bleibenden Bedingungen mehrfach ausgeführt werden. Dies gilt für Fertigteilwerke und Transportbetonwerke.

Computergesteuerte Roboter werden bei vielen industriellen Fertigungsvorgängen eingesetzt. Sie können z.B. Schweißarbeiten durchführen oder Werkstücke transportieren.

Frauenkirche Dresden in CAD-Darstellung

Computergesteuerter Fertigungsroboter

1.2 Das EVA-Prinzip

EVA steht für Eingabe-Verarbeitung-Ausgabe. EVA bezieht sich auf die Behandlung von Daten, welche bei Menschen und Computern auf vergleichbare Art vorgenommen wird.

Datenverarbeitung durch den Menschen

Ein Autofahrer sieht ein Stoppschild. Diese Information wird verarbeitet und als Ergebnis der Bremsvorgang ausgeführt.

Datenverarbeitung in einem Computer

Daten werden dem Computer über eine Tastatur eingegeben und in der Zentraleinheit verarbeitet. Das Ergebnis wird auf dem Bildschirm ausgegeben.

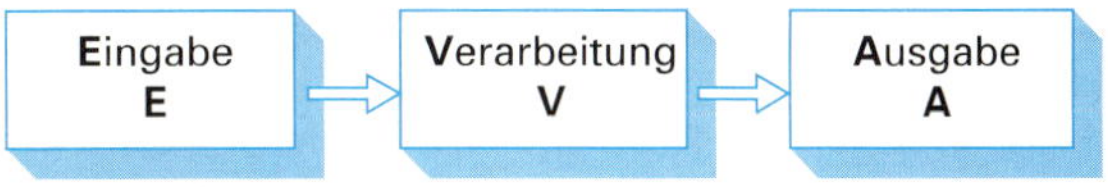

EVA-Prinzip

1.3 Begriffe

Die Computertechnik führt zur Entstehung neuer Begriffe und Abkürzungen:

Hardware	Dieser Begriff bezeichnet die gesamte materielle Maschinenausrüstung des Computers. Sie besteht aus der Zentraleinheit und den peripheren Geräten (Eingabe- und Ausgabegeräte).
Chips	Sie stellen die Grundelemente eines DV-Systems dar. Sie bestehen aus Silicium, worauf Halbleiterelemente gebracht werden. Die Forschungsarbeiten führen zu einer Kapazitätserweiterung der Chips. So ist die Unterbringung von 16 Megabytes auf einem Chip mit einer Grundfläche von 1 cm^2 möglich.
Bit	Abkürzung von **B**inary Dig**it** (deutsch: Binärziffer). Ein Bit kann nur den Wert 0 (nicht leitend) oder den Wert 1 (leitend) haben. Das Bit ist die kleinste Speichereinheit einer DV-Anlage.
Byte	Es besteht aus 8 Bit und ist die kleinste adressierbare Speichereinheit.
Cursor	Der Cursor ist das Laufzeichen zur Markierung der Stelle auf dem Bildschirm, welche gerade beschrieben werden kann. Der Cursor wird mit der Tastatur oder mit der Maus gesteuert.
ROM	**R**ead **O**nly **M**emory wird mit Festspeicher übersetzt. Aus diesem Speicher wird ausschließlich gelesen.
RAM	**R**andom **A**ccess **M**emory bedeutet Direktzugriffsspeicher. Über ein System von Adressen kann auf einen beliebigen Speicherplatz zugegriffen werden. Der Speicher ist im Gegensatz zum ROM-Speicher auch beschreibbar.
BUS	Ein Bus ist eine Übertragungsleitung, welche die Zentraleinheit, die Eingabe- und die Ausgabegeräte verbindet. Der Bus ist maßgeblich für die Rechengeschwindigkeit des Computers. Man unterscheidet die Busarten Datenbus, Adressbus und Steuerbus.
Software	Dieser Begriff ist die Sammelbezeichnung für alle Programme, d.h. die Systemprogramme des Betriebssystems und die Anwendungssoftware zur Lösung verschiedener Aufgaben.
Programme	Sie enthalten Befehle und andere Anweisungen als Arbeitsvorschrift für Datenverarbeitungsanlagen.
Datei	So wird eine Sammlung von Daten bezeichnet, die in einem Speicher (z.B. Diskette) untergebracht sind.
CAD	**C**omputer-**A**ided **D**esign bedeutet computerunterstütztes Entwerfen und Konstruieren.
Btx	**B**ildschirm**t**e**x**t
T-Online	Online-Dienst der Deutschen Telekom. Elektronisches Kommunikationssystem, das mithilfe des Computers und eines Modems oder einer ISDN-Karte angewählt werden kann und das vielfältige Dienste zur Verfügung stellt wie z.B. Home Banking, Abrufen und Versenden von Nachrichten (E-Mail), Zugang zum Internet u.a.
Zentraleinheit	Sie besteht aus Mikroprozessor, Speicherbausteinen sowie der Ein-/Ausgabesteuerung
EDV	**E**lektronische **D**aten**v**erarbeitung
Roboter	Eine automatisierte Maschine wird als Roboter bezeichnet
ISDN	Abkürzung für **I**ntegrated **S**ervices **D**igital **N**etwork (wörtlich: Dienste integrierendes digitales Nachrichtennetz). Digitales Fernsprechnetz für gewöhnliche Telefongespräche, Datenfernübertragung, Fax und weitere Dienste. ISDN bietet eine höhere Leistungsfähigkeit gegenüber dem herkömmlichen, analogen Fernsprechnetz wie beispielsweise höhere Übertragungsgeschwindigkeit und bessere Sprachqualität bei Telefonaten.

Zusammenfassung

Computer finden im Dienstleistungsbereich und in allen Industriezweigen verbreitet Anwendung.

Computer arbeiten nach dem EVA-Prinzip.

Die Computer-Technologie führte u.a. folgende Begriffe in die deutsche Sprache ein:

- Hardware – Bit – Chip – Programme
- Software – Byte – Cursor – Daten, Datei.

Aufgaben:

1. *Nennen Sie Situationen, in welchen Sie mit dem Computer zu tun hatten.*
2. *Beschreiben Sie das Prinzip, nach dem der Computer arbeitet.*
3. *Erklären Sie die Begriffe*
   - *Hardware*
   - *Software*
   - *Cursor*
   - *CAD.*

2 Handhabung eines Computers

2.1 Inbetriebnahme

Die Stromversorgung eines Computers wird durch das Netzteil vorgenommen. Nach dem Einschalten des Rechners wird das Betriebssystem von der Festplatte geladen. Während des Ladevorgangs darf sich keine Diskette im Laufwerk A: befinden. Der Bildschirm muss getrennt ein- und ausgeschaltet werden. Nach dem Start erscheint am Bildschirm die Benutzeroberfläche (engl. Windows, d.h. Fenster). Sie bietet über Symbole verschiedene Programme wie Textverarbeitung, Tabellenkalkulation und CAD an. Der Benutzer aktiviert das gewünschte Programm mit der Maus. Eine ungewollte Unterbrechung des Druckers beim Ausdrucken von Arbeitsergebnissen wird durch Bereitstellung einer ausreichenden Papiermenge am Anfang der Arbeitssitzung gewährleistet.

Am Ende einer Arbeitssitzung werden zuerst die Peripheriegeräte und danach der Computer ausgeschaltet.

2.2 Die Tastatur

Die Tastatur eines Computers besteht aus vier Tastenblöcken:

- Funktionstastenblock (Programmsteuertastatur)
- Alphanumerischer Tastenblock (Schreibmaschinentastatur)
- Cursorblock (Steuertastenblock)
- Numerischer Tastenblock (Rechenblock).

Viele Tasten sind doppelt oder dreifach belegt.

Mehrfunktionstastatur (MF-Tastatur)

Einige Tasten sind im Folgenden erklärt:

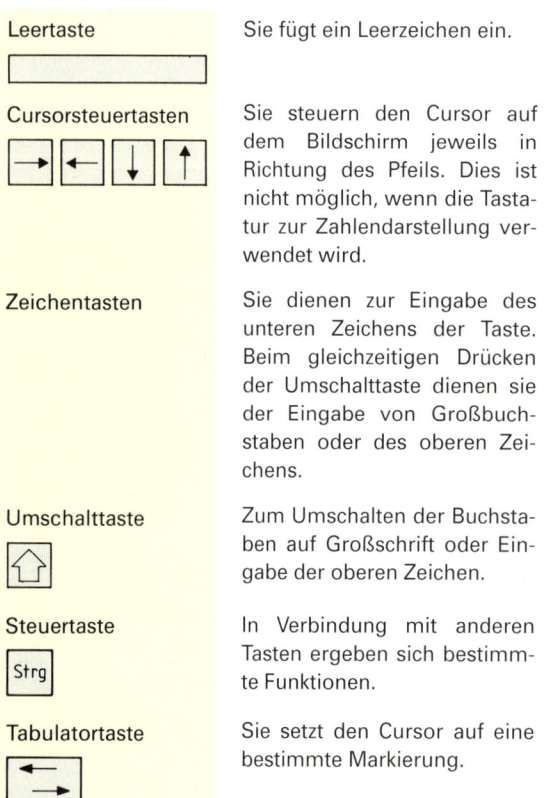

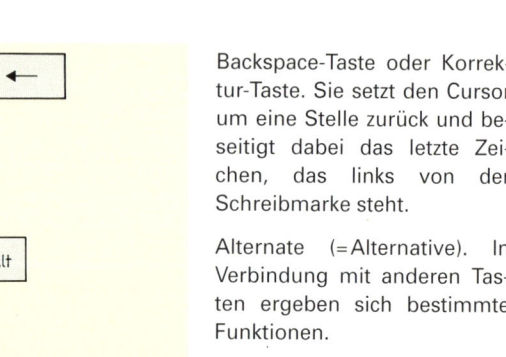

Leertaste [ ]	Sie fügt ein Leerzeichen ein.
Cursorsteuertasten [→] [←] [↓] [↑]	Sie steuern den Cursor auf dem Bildschirm jeweils in Richtung des Pfeils. Dies ist nicht möglich, wenn die Tastatur zur Zahlendarstellung verwendet wird.
Zeichentasten	Sie dienen zur Eingabe des unteren Zeichens der Taste. Beim gleichzeitigen Drücken der Umschalttaste dienen sie der Eingabe von Großbuchstaben oder des oberen Zeichens.
Umschalttaste [⇧]	Zum Umschalten der Buchstaben auf Großschrift oder Eingabe der oberen Zeichen.
Steuertaste [Strg]	In Verbindung mit anderen Tasten ergeben sich bestimmte Funktionen.
Tabulatortaste [⇆]	Sie setzt den Cursor auf eine bestimmte Markierung.
[←]	Backspace-Taste oder Korrektur-Taste. Sie setzt den Cursor um eine Stelle zurück und beseitigt dabei das letzte Zeichen, das links von der Schreibmarke steht.
[Alt]	Alternate (=Alternative). In Verbindung mit anderen Tasten ergeben sich bestimmte Funktionen.
[Esc]	Escape (=Abbrechen). Zum Abbrechen von Programmen oder zum Einstieg in Hilfsprogramme.
Eingabe-(Enter-) oder Returntaste [↵]	Sie bewegt den Cursor an den Anfang der nächsten Zeile und beendet (bzw. bestätigt) Anweisungen an den PC.
[Einfg]	Sie ermöglicht das Einschieben von Zeichen in einen fortlaufenden Text.
[Entf]	Sie löscht einzelne Zeichen, die rechts von der Schreibmarke stehen.
[Num]	Die Num-Taste stellt die Belegung des numerischen Tastaturfeldes ein.

2.3 Disketten

Disketten dienen zur Speicherung von Daten. Mit ihrer Hilfe werden Daten gesichert oder von einem Rechner auf einen anderen übertragen. Hierfür werden die Daten auf eine **Magnetscheibe** geschrieben, deren **Durchmesser 3,5 Zoll** beträgt. Die Diskette hat eine Zentrieröffnung, durch welche die Spindel der Diskettenstation greift. Daten werden durch das Kopffenster von der Diskette gelesen und darauf geschrieben. Disketten können durch die Schreibsperre gegen unbeabsichtigtes Überschreiben geschützt werden. Eine mit Spezialvlies ausgeschlagene Hülle schützt die Magnetscheibe vor Schmutz und Staub. Durch das Formatieren wird eine Diskette in Spuren (ringförmig) und Sektoren (keilförmig) unterteilt und zur Datenaufnahme vorbereitet. Die 3,5-Zoll-Disketten sind infolge der starren Kunststoffkassette gut geschützt.

Die wichtigsten **Regeln zum Schutz von Disketten**:

- Nicht biegen oder knicken, vor Hitze schützen
- Magnetfläche niemals berühren
- keine magnetischen Gegenstände in unmittelbarer Nähe von Disketten lagern
- Diskette mit Schriftaufkleber kennzeichnen
- Diskette staubfrei aufbewahren (Karton, Hülle).

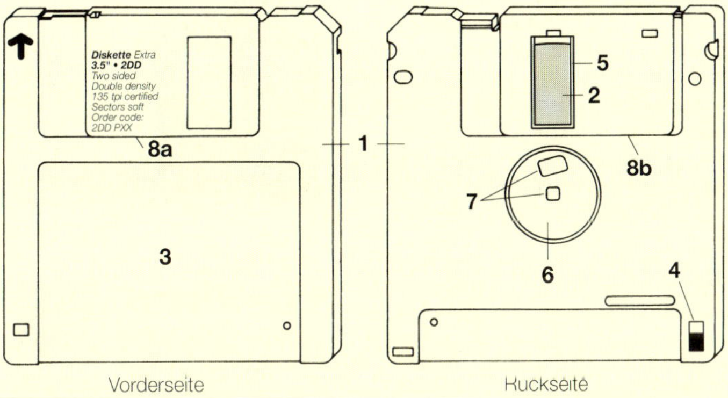

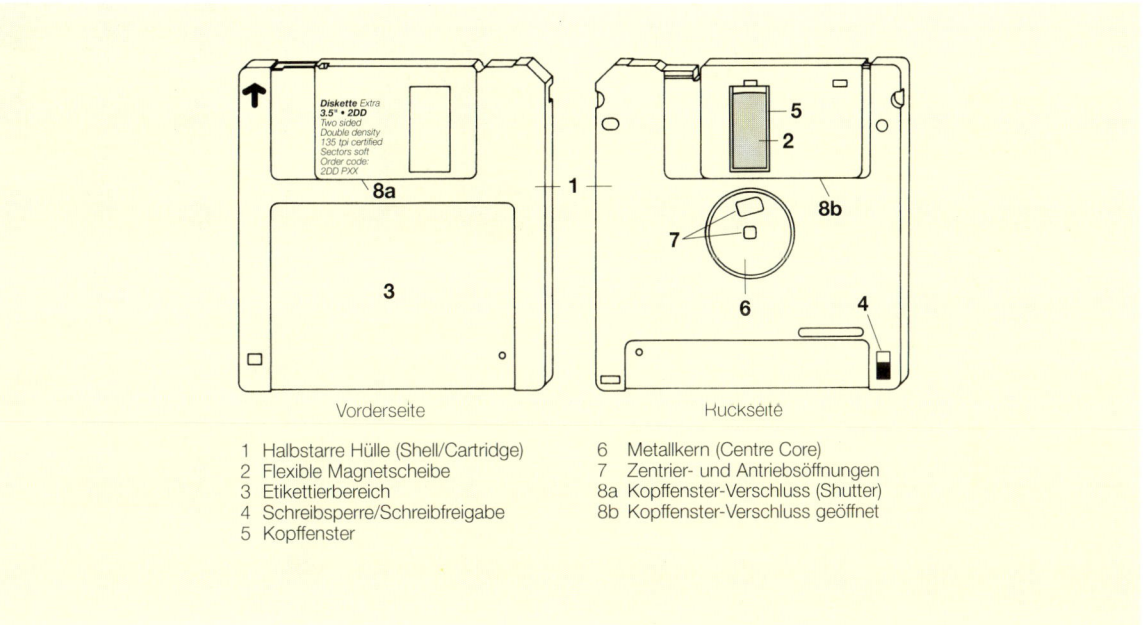

1 Halbstarre Hülle (Shell/Cartridge)
2 Flexible Magnetscheibe
3 Etikettierbereich
4 Schreibsperre/Schreibfreigabe
5 Kopffenster
6 Metallkern (Centre Core)
7 Zentrier- und Antriebsöffnungen
8a Kopffenster-Verschluss (Shutter)
8b Kopffenster-Verschluss geöffnet

Aufbau einer Diskette

Zusammenfassung

Die Tastatur setzt sich aus vier Tastenblöcken zusammen.

Das Betriebssystem ermöglicht dem Benutzer den Einsatz von Hardware und Software.

Disketten sind wie die gesamte Hardware empfindlich und erfordern daher sorgfältige Behandlung.

Der Dezimalpunkt steht anstelle des Dezimalkommas.

Bei der Zahleneingabe darf die Zahl 0 nicht mit dem Buchstaben o verwechselt werden.

Aufgaben:

1. *In welche Tastenblöcke wird die Tastatur unterteilt?*
2. *Wozu dient das Betriebssystem?*
3. *Erklären Sie den Begriff „Benutzeroberfläche".*
4. *Wodurch werden Disketten geschützt?*
5. *Wodurch wird der Schreibschutz einer Diskette hergestellt?*
6. *Welche Regeln sind bei der Inbetriebnahme eines Computers zu beachten?*
7. *Nennen Sie weitere Bezeichnungen für die Eingabetaste.*

3 Arbeitsplatz Datenverarbeitungsanlage

Die wesentlichen Bestandteile einer Datenverarbeitungsanlage sind die Zentraleinheit und die peripheren Geräte.

Arbeitsplatz Computer

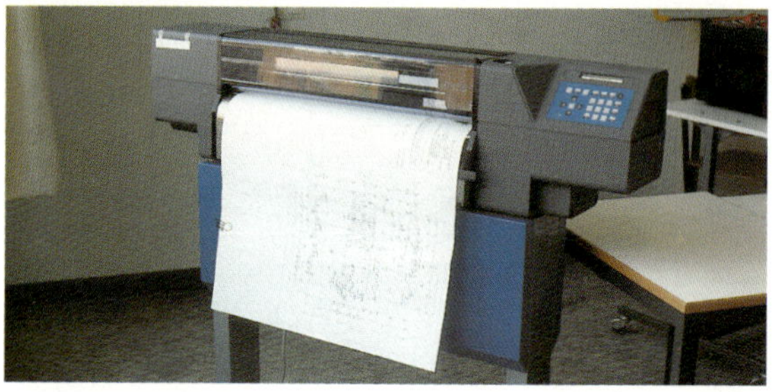

Plotter

Maus

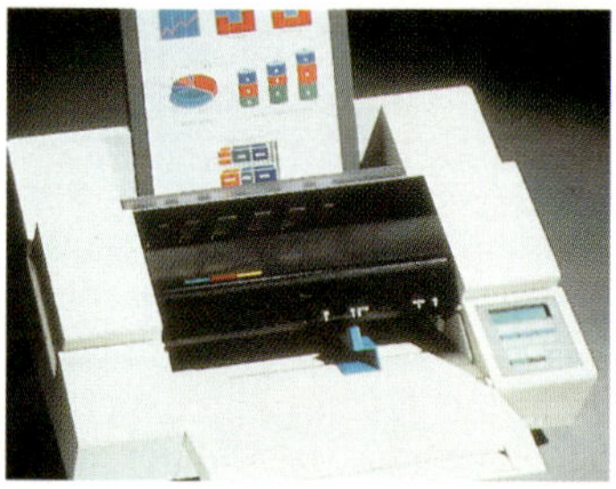

Farbdrucker

3.1 Die Zentraleinheit

Die **Zentraleinheit** wird auch als **CPU** bezeichnet (Abkürzung für **Central Processing Unit**). Sie überwacht und steuert die gesamte Anlage. Die CPU hat drei wesentliche Bestandteile:

Steuerwerk

Das Steuerwerk regelt die Programmsteuerung sowie die Ein-/Ausgabesteuerung. Es setzt Befehle in Schaltungen um und übermittelt sie als Steuerimpulse an die anderen Anlagenbestandteile.

Rechenwerk

Das Rechenwerk führt die arithmetische und logische Verknüpfung von Daten aus.

Hauptspeicher

Der Hauptspeicher enthält einige Systemprogramme des Betriebssystems, die Anwenderprogramme und die Daten. Der Hauptspeicher wird unterteilt in **Arbeitsspeicher (RAM)**, Ergänzungsspeicher und **Festspeicher (ROM)**. Der Arbeitsspeicher verwaltet Speicherzellen, die adressierbar sind. Die Nummer einer Speicherzelle ist deren Adresse. Der Ergänzungsspeicher dient zur Aufnahme von Zwischenwerten. Der Festspeicher enthält Programme, die über einen längeren Zeitraum nicht geändert und daher nur aus dem Festspeicher gelesen werden.

3.2 Die Peripherie

Die Peripherie eines Rechners umfasst alle Geräte, die die Ein- und Ausgabe von Daten vornehmen.

Eingabegeräte

Tastatur

Die Tastatur dient zur Eingabe von Programmen, Steueranweisungen und Daten.

Maus

Die Maus ist ein Handsteuergerät, das an der Unterseite eine Rollkugel und an der Oberseite mindestens eine Taste besitzt. Sie ist über ein Kabel mit dem Rechner verbunden. Durch Rollen der Maus auf einer ebenen Unterfläche wird der Cursor auf dem Bildschirm bewegt. So können verschiedene Symbole eines Programmmenüs auf dem Bildschirm angesteuert und durch Drücken der Maustaste ausgewählt werden (Maus-Menütechnik).

Grafisches Tablett

Ein elektronischer Stift wird auf einem Tablett bewegt. Der Computer registriert die ausgeführten Bewegungen, speichert sie und überträgt sie auf den Bildschirm. Weiterhin ermöglicht ein Tablett die Menütechnik.

Weitere Eingabegeräte

Andere Eingabegeräte sind der Bildschirm (Menüauswahl mittels Sensortechnik), Scanner, akustische Eingabe von Wörtern, Massenspeicher, Geräte zur Datenfernverarbeitung.

Ausgabegeräte

Bildschirm

Der Bildschirm gibt Daten in Textform aus oder stellt sie als Grafik dar. Bildschirme sind einfarbig (monochrom) oder farbig. Ihre Größe wird durch die Länge der Bildschirmdiagonalen in Zoll ausgedrückt (12-, 14-, 19-, 20-Zoll).

Drucker

Daten können in verschiedenen Schriftbildern gedruckt werden. Zusätzlich ist die genaue Abbildung von Grafiken möglich. Die Drucker werden unterteilt in

- Nadeldrucker
- Tintenstrahldrucker
- Laserdrucker.

Plotter

Plotter dienen überwiegend als Zeichengeräte, die digital gespeicherte Daten als Zeichnung ausgeben.

Massenspeicher

Dateien können auf Massenspeicher wie Diskette, Festplatte, Kassette und Band ausgegeben werden. Die Dateien werden somit gespeichert. Sie können zu einem späteren Zeitpunkt wieder eingelesen und weiterverarbeitet werden.

4 Informationsdarstellung im Computer

4.1 Kodierung von Information

Aufgaben aus dem Bereich der technischen Mathematik werden herkömmlich mit dem Dezimalsystem gelöst. Es hat die Zahl 10 als Basis. Der **Computer** setzt die Aufgaben in das **Binärsystem** (=Dualsystem) um, welches auf der Zahl 2 basiert. Dies geschieht über eine Zwischendarstellung von Buchstaben, Zahlen und Zeichen durch Dezimalstellen. Die hierfür verwendete Kodierung heißt **ASCII** (**A**merican **S**tandard **C**ode of **I**nformation **I**nterchange). Diese Dezimalzahlen werden von einem Kodierer im Binärsystem dargestellt, so dass der Computer die Zahlen weiterverarbeiten kann. Ein Dekodierer sorgt im Anschluss an die Verarbeitung der Binärzahl für deren Umsetzung in eine Dezimalzahl im ASCII-Code, welche anschließend wieder als Buchstabe, Zahl oder Zeichen entschlüsselt wird.

4.2 Bit und Byte

Die Verarbeitung der Zahlen im Computer geschieht durch Bits. Ein **Bit** ist die kleinste Informationseinheit. Es ist einem elektrischen Schalter vergleichbar und stellt nicht leitend die Zahl 0 dar, leitend die Zahl 1. Dezimalzahlen werden als Summe von leitenden Bits durch Exponentialzahlen mit der Basis 2 dargestellt. Dies wird am Beispiel der Zahl 170 gezeigt.

Bit	8	7	6	5	4	3	2	1
	2^7	2^6	2^5	2^4	2^3	2^2	2^1	2^0
Wort des Bits (leitend=1)	128	64	32	16	8	4	2	1
170 (binär)	1	0	1	0	1	0	1	0

Acht Bits werden zu einem **Byte** zusammengefasst. Das Byte ist die Einheit für die Speicherkapazität eines Computers. 1024 Bytes (=2^{10} Bytes) werden als ein **Kilobyte (KB)**, also **1000 Bytes**, bezeichnet. **1024 Kilobytes** ergeben ein **Megabyte (MB)**. Ein **Gigabyte (GByte, GB)** besteht aus **1024 MB**.

Der 16-Megabit-Chip hat eine Speicherkapazität von exakt 16777216 Bits. Seine Siliciumfläche beträgt 86,5 Quadratmillimeter – weniger als die Hälfte eines Pfennigstücks.

Der Hauptspeicher eines Mikrocomputers hat 8 MByte und ist erweiterbar.

Eine Diskette speichert bis zu 1,44 MByte.

Festplatten haben eine Speicherkapazität zwischen 200 MByte und mehreren GByte.

Zusammenfassung

Der Computer arbeitet im Binärsystem.

Ein Bit (Binary Digit) ist die kleinste Informationseinheit. Ein Byte besteht aus 8 Bits.

Es gilt: 1 KByte = 1000 Bytes,
1 MByte = 1000 KBytes.

Zeichen	Bit 1	Bit 2	Schalter 1	Schalter 2
Zeichen 1	0	0		
Zeichen 2	0	1		
Zeichen 3	1	0		
Zeichen 4	1	1		

Darstellung mit 2 Bit

Mit 2 Bit können 4 „Zustände" dargestellt werden.
2 2^2

Mit 8 Bit lassen sich 2^8=256 Zeichen darstellen.

dezimal (dekadisch)	dual	2^3 8	2^2 4	2^1 2	2^0 1
0	0	0	0	0	0
1	1	0	0	0	1
2	10	0	0	1	0
3	11	0	0	1	1
4	100	0	1	0	0
5	101	0	1	0	1
6	110	0	1	1	0
7	111	0	1	1	1
8	1000	1	0	0	0
9	1001	1	0	0	1
⋮					
15	1111	1	1	1	1

Zahlendarstellung im Dualsystem

16-Megabit-Chip

Aufgaben:

1. *Welche Basiszahl hat das Binärsystem?*
2. *Stellen Sie folgende Zahlen im Binärsystem dar: 1, 2, 4, 5, 20, 83.*
3. *In welchen Einheiten wird die Speichergröße von Computern angegeben?*
4. *Wie viele Zeichen können mit 1 Byte dargestellt werden?*

5 Programmiersprachen

5.1 Überblick

Computer unterstützen uns bei der Bewältigung vielfacher Aufgaben des privaten und beruflichen Alltags. Beispiele hierfür sind die Adressenverwaltung eines Sportclubs und die Massenberechnung der Mauerwände eines Neubaus für die Abrechnung einer Baufirma. Die Aufgabenlösung setzt jedoch voraus, dass der Computer ausführbare Anweisungen erhält. Diese Anweisungen werden dem Computer durch ein Programm mitgeteilt, welches mehrfach verwendet werden kann.

Zu Beginn der Entwicklung wurden die Computer in ihrer Maschinensprache programmiert. Die Enwicklung von maschinenorientierten Sprachen folgte. Sie sind eng an die Struktur von Maschinensprachen angelehnt, die im Rechnersystem verwendet werden. Um jedoch dem zu programmierenden Problem mehr Rechnung zu tragen, wurden problemorientierte Programmiersprachen entwickelt. Hierbei sind zu unterscheiden:

- **technisch-wissenschaftliche Sprachen** (Algol, Fortran, PL/1, ADA, QuickBASIC, Pascal, C)
- **kommerziell orientierte Sprachen** (z.B. Cobol)
- **Sprachen zur Erstellung von Expertensystemen** (z.B. Lisp).

Die Namen der **Programmiersprachen** weisen auf ihre Einsatzgebiete hin:

Fortran leitet sich aus Formula Translator ab und bedeutet Formelübersetzer, **Cobol** heißt Common Business Oriented Language und kann mit allgemein betriebswirtschaftlich orientierte Sprache übertragen werden. Die Übersetzung der problemorientierten Programmiersprachen in die Maschinensprache eines EDV-Systems erfolgt durch einen **Compiler** (=Übersetzungsprogramm), welcher das Quellprogramm auf Syntaxfehler überprüft und in die Maschinensprache übersetzt. Danach wird das Programm ausgeführt.

Einige Programmiersprachen gibt es auch in leistungsfähigeren Quick- oder Turbo-Versionen. Die Programmerstellung wird durch den Editor dieser Versionen vereinfacht. Im Editor entfallen die Zeilennummern des Programms. Die Dateiverwaltung erfolgt über ein Menü.

5.2 Die Programmiersprache QBASIC

QBASIC ist im Lieferumfang des Betriebssystems DOS enthalten. QBASIC ist eine vereinfachte Version von QuickBASIC, welches aus BASIC entwickelt wurde. Diese einfache problemorientierte Sprache wird hauptsächlich auf Mikrorechnern (Home Computer, Personal Computer) angewendet. BASIC bedeutet **B**eginners **A**ll **S**ymbolic **I**nstruction **C**ode. Dies kann mit symbolischer Befehlssatz für Anfänger ins Deutsche übersetzt werden. QBASIC-Programme werden durch einen Interpreter entschlüsselt. Hieraus können bei umfangreichen Programmen große Ablaufzeiten resultieren. Die Programme werden nach ihrer Struktur unterteilt in lineare und verzweigte Programme.

5.2.1 Lineare Programme

Lineare Programme sind nach dem EVA-Prinzip (Eingabe-Verarbeitung-Ausgabe) aufgebaut. Einige wesentliche QBASIC-Anweisungen sind im Ausdruck des Programms zur Berechnung von Kreisumfang und Kreisfläche enthalten.

```
REM Programm zur Berechnung der Kreisfläche
REM Kreisumfang und Kreisfläche
INPUT "Radius = "; R
PRINT "Kreisumfang = "; 2 * 3.14 * R
PRINT "Kreisfläche = "; 3.14 * R * R
END
```

Übung 1, Programm

Zur Programmeingabe wird QBASIC vom Menü oder von der Betriebssystemebene aus gestartet. Die Eingabe einer Programmzeile wird mit der Eingabetaste abgeschlossen. Die REM-Anweisungen enthalten erklärende Bemerkungen (engl. remark=Bemerkung). Beim Lesen des Programms ist es vorteilhaft zu wissen, welche Anweisung das Programm an welcher Stelle ausführt. Die REM-Anweisungen stellen für den Computer keine ausführbaren Anweisungen dar. Sie verlängern die Laufzeit des Programms und benötigen Platz im Hauptspeicher. Das eingegebene Programm wird durch den START-Befehl gestartet. Die INPUT-Anweisung dient zur Belegung der Variablen R durch den Programmanwender. Auf dem Bildschirm erscheint ein Fragezeichen, d.h., die Programmausführung wird unterbrochen, bis die Variable R mit einem Wert belegt wird. Dies nimmt der Programmbenutzer durch Tippen von 1.5 und abschließendes kurzes Drücken der Returntaste vor. Hierauf wird der Programmlauf fortgesetzt. PRINT-Anweisungen geben das Ergebnis auf dem Bildschirm aus, LPRINT-Anweisungen senden das Ergebnis zum Drucker. Die vorgenannten Anweisungen können jedoch so ergänzt werden, dass jeder, der das Programm startet, Informationen darüber erhält, welche Werte eingegeben werden müssen und welche Ergebnisse das Programm berechnet. Übung 1 zeigt die Textergänzungen. Die Texte müssen in Anführungszeichen stehen.

```
Radius = ? 1.5
Kreisumfang =  9.42
Kreisfläche =  7.065
```

Übung 1, Ergebnis des Programmlaufs

Die END-Anweisung beendet ein QBASIC-Programm.

Die Menübefehle

Die Menüleiste bietet Befehle über einen Begriff an. Wird ⟨Datei⟩ mit Mausklick aktiviert, so folgt ein nach unten gezogenes Menü (engl. Pull-down-Menü). Der gewünschte Befehl wird mit Mausklick gewählt. Eine Datei kann neu angelegt, geöffnet, gedruckt und gespeichert werden.

```
Datei  Bearbeiten  Ansicht  Suchen  Ausfüh
                                  KREIS.BAS -
 Neu                      hnung der Kreisfläche
 Öffnen...                eisfläche
 Speichern
 Speichern unter...       ; 2 * 3.14 * R
                          ; 3.14 * R * R
 Drucken...
```

Pull-down-Menü Datei

5.2.2 Verzweigte Programme

Programmverzweigungen werden erreicht durch logische Abfragen mit nachfolgender Sprunganweisung (IF-THEN-GOTO-Anweisung), durch Unterprogramme (SUB- and END-SUB-Anweisung) und durch Programmschleifen. Sie ermöglichen die mehrfache Ausführung von Anweisungen, wie das Bedrucken von Adressenetiketten zur Versendung von Briefen. Die FOR-TO-Anweisung und die NEXT-Anweisung begrenzen die Schleife. I wird als Laufvariable bezeichnet. Ihr Startwert ist I=1. Sie wird bei jedem Schleifendurchgang um 1 erhöht, bis die Schleife I=3 durchlaufen ist. Dann wird das Programm fortgesetzt. Alle Anweisungen, welche zwischen der FOR-TO- und der NEXT-Anweisung stehen, werden pro Schleifendurchgang einmal ausgeführt.

Sinnbild	Benennung
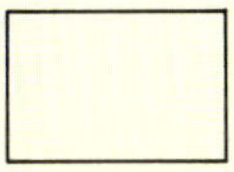	Verarbeitung, allgemein (einschl. Ein- und Ausgabe)
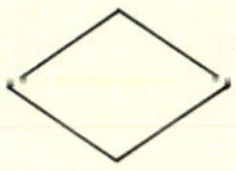	Verzweigung
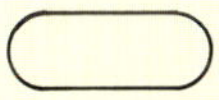	Grenzstelle (Start, Ende)
	Verbindungsstelle

Sinnbilder für Programmablaufpläne

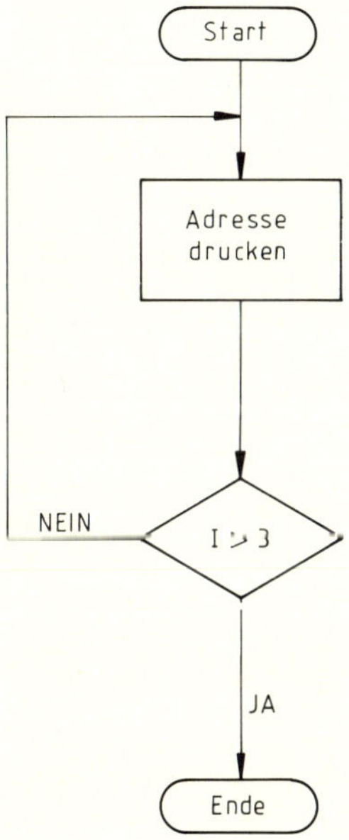

Programmablaufplan

```
FOR I = 1 TO 3
PRINT
PRINT "Fa. H. Mayer GmbH"
PRINT "Bahnhofstr. 6"
PRINT "72213 Stuttgart"
NEXT I
END
```

```
Fa. H. Mayer GmbH
Bahnhofstr. 6
72213 Stuttgart

Fa. H. Mayer GmbH
Bahnhofstr. 6
72213 Stuttgart

Fa. H. Mayer GmbH
Bahnhofstr. 6
```

Programm mit Schleife in QBASIC

Zusammenfassung

QBASIC	kennt folgende Anweisungen:
PRINT	Ausgabe von Ergebnissen. Texte, die auf dem Bildschirm erscheinen sollen, stehen zwischen Anführungszeichen
REM	Bemerkungen im Programm
INPUT	Belegung einer Variablen
END	Beenden eines Programms
Datei	Menübefehl zur Dareiverwaltung. Eine neue Datei wird angelegt oder eine vorhandene Datei geöffnet. Die Datei wird gesichert und gedruckt.

Aufgaben:

1. *Wozu dienen Programmiersprachen?*
2. *Welche Bedeutung hat die REM-Anweisung?*
3. *Nennen Sie die Auswirkung der PRINT-Anweisung.*
4. *Erklären Sie die INPUT-Anweisung.*
5. *Erstellen Sie ein Programm zur Berechnung der Zylinderoberfläche und des Zylindervolumens.*
6. *Sichern Sie eine Datei auf Diskette.*
7. *Welche Bedeutung haben die folgenden Anweisungen:*
   a) LIST
   b) LLIST
   c) LPRINT?

6 Anwenderprogramme

Das Erstellen von Programmen ist zeitaufwendig und oft kompliziert. Der Leiter eines Handwerksbetriebs kann die erforderliche Zeit nicht aufbringen. Daher entstanden Softwarefirmen, die Programme nach dem Bedarf von Anwendern schreiben. Der Softwaremarkt bietet heutzutage Programme zur Bearbeitung nahezu aller technischen und kaufmännischen Fragen.

6.1 Menütechnik

Die Anwenderprogramme umfassen meist **mehrere Leistungen** in einem **Programmpaket**. Die Leistungen werden über ein so genanntes **Menü** auf dem Bildschirm angeboten. Die Auswahl aus dem Menü geschieht durch

- Eingabe eines Buchstabens oder Wortes
- Eingabe einer Kennzahl
- Bewegung des Cursors zur gewünschten Menüzeile und Drücken der Eingabetaste
- Ansteuern des Menüpunktes mit der Maus.

```
           | 01  AUSSCHREIBUNG / VERGABE
           | 02  BAUABRECHNUNG
           | 03  KOSTENPLANUNG
           | 04  DATEN-AUSTAUSCH
           |
           | 11  TEXTVERARBEITUNG
           | 88  PARAMETER-EINSTELLUNG
           | 99  DATENSICHERUNG
DRUCKER 1  | >00<
PRN        | <ES>=ENDE  D=DATUM  P=DRUCKERWAHL  ?=TASTEN
```

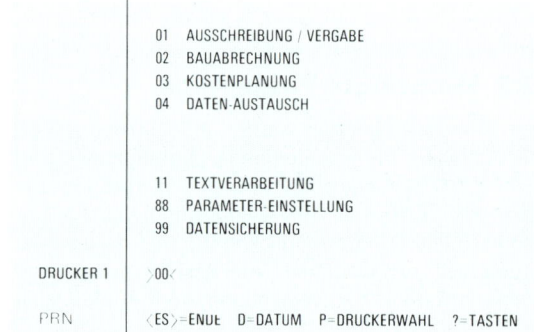

Hauptmenü eines Programmpakets aus der Baubranche

6.2 Standardsoftware

Standardsoftware hat den beruflichen und den privaten Softwareanwender als Zielgruppe und ist daher sehr weit verbreitet.

Textverarbeitungsprogramme

Sie erleichtern den geschäftlichen Schriftverkehr. Textverarbeitungsprogramme werden für **Kundenbriefe**, zur **Rechnungsschreibung** und zur Erstellung von **Leistungsverzeichnissen** eingesetzt, da sie u.a. folgende Vorteile haben:

- Texteingabe mit umfangreichen Korrekturmöglichkeiten wie Überschreiben, Löschen und Einfügen von Zeichen oder ganzen Abschnitten
- Festlegung des linken und rechten Zeilenrandes
- automatischer Zeilen- und Seitenumbruch
- Möglichkeit zur automatischen Silbentrennung und Rechtschreibkontrolle
- Arbeiten mit Textbausteinen
- Kopieren von Textabschnitten aus verschiedenen Dateien zu einer neuen Datei, z.B. für weitere Ausschreibungen
- Serienbriefe
- automatische Seitennummerierung
- Adressverwaltung mit einer Datenbank, welche im Softwareumfang enthalten ist.

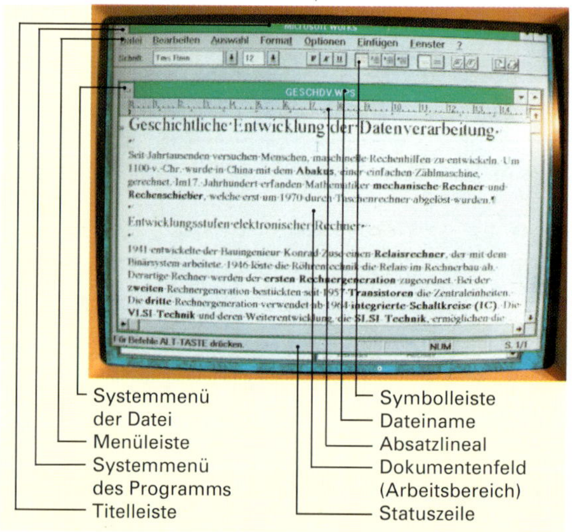

Arbeitsbildschirm eines Textverarbeitungsprogramms

Tabellenkalkulationsprogramme

In der Bautechnik werden sie zur Aufgabenlösung in der **Tragwerksberechnung** und beim Wärmeschutznachweis eingesetzt. Sie dienen als Rechenhilfe für die **Angebotskalkulation** sowie für **Aufmaß** und **Abrechnung**.

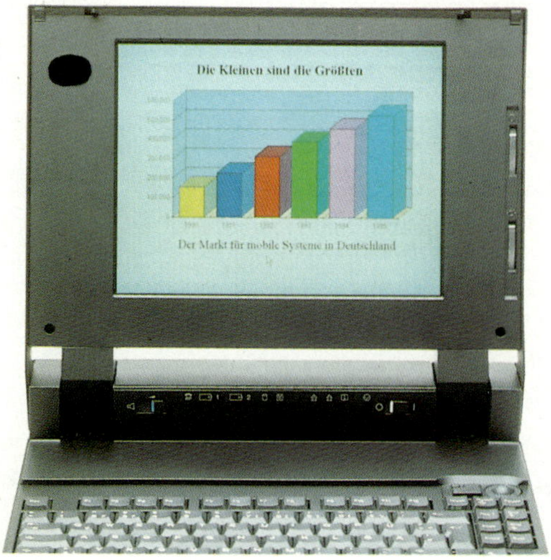

Ergebnis eines Tabellenkalkulationsprogramms

Die Programme unterteilen den Bildschirm in **Zeilen** und **Spalten**. Die dadurch entstandenen **Felder** dienen zur Eingabe von Texten und Zahlen. Die Zahlenfelder werden durch eine Formeleingabe verknüpft. Die Ergebnisse stehen in Feldern, welche der Programmbenutzer festlegte.

Der **Vorteil** dieser Programme besteht u.a. darin, dass bei Eingabe einer geänderten Zahl das **neue Ergebnis** nach **sehr kurzer Rechenzeit** zur Verfügung steht.

Programme für Geschäfts- und Präsentationsgrafik

Diese Programme dienen hauptsächlich dazu, umfangreiche **Zahlenkolonnen** als **Balken-**, **Säulen-** oder **Kreisdiagramme** darzustellen. Das Zahlenmaterial wird durch statistische Untersuchungen ermittelt oder entstammt der Unternehmensverwaltung. Die Grafiken können durch Zahlen und Texte ergänzt werden. Die Darstellung erfolgt ein- oder mehrfarbig. Die **Ausgabe** der Grafiken über **Drucker** und **Plotter** ist möglich, so dass sie in Vortragsunterlagen übernommen werden können.

Computergrafiken und Computerbilder können mit Projektionspanels und Overheadprojektoren auf eine Leinwand projiziert werden. Hierzu wird das Panel, welches über eine Schnittstelle die Grafik vom Computer übernimmt, auf den Projektor gelegt.

Projektion eines Computerbildes

6.3 Branchensoftware

Branchensoftware bietet Lösungen zu **speziellen Problemen** an, deren Bearbeitung mit anderer Software zu aufwendig, zu umständlich oder gar nicht möglich wäre. Branchensoftware wird von folgenden Baufachleuten eingesetzt:

- Architektur- und Ingenieurbüros
- Ämter der Bauverwaltungen
- Betriebe des Bauhandwerks und der Bauindustrie

Softwarefirmen programmieren die Branchensoftware anhand des **Anforderungskatalogs** des **Kunden**. Hierbei entstehen **Einzellösungen** oder Programmpakete, die den Anforderungen eines erweiterten Interessentenkreises entsprechen. So kann **ein Kalkulationsprogramm für mehrere Baufirmen** geeignet sein oder durch geringfügige Änderungen an die besonderen Anforderungen einer Firma angepasst werden. Zur weiteren **Qualitätssteigerung** der Branchensoftware benötigen die Softwarefirmen den **kritischen Erfahrungsbericht** der **Baufachleute**, welche die Software anwenden und somit auch prüfen.

AVA-Programme

Verwaltungen, Architekten und Ingenieure führen die Ausschreibung, Vergabe und Abrechnung (AVA) von Bauleistungen teilweise oder vollständig mit AVA-Programmpaketen durch. Diese ermöglichen die rasche Erstellung von Leistungsverzeichnissen, deren Auswertung sowie die Massenermittlung und die Abrechnung von Bauleistungen.

ORDNUNGS-ZAHL Z1	Z2	POS.	TEXT	MENGE ME	EINH.-PREIS DM	GESAMT PREIS DM
1.	2.		ERDARBEITEN			
1.	2.	41.	OBERBODEN ABTRAGEN BIS 50 M FOERDERWEG	50.000 M3	1,20	60,00
1.	2.	42.	EINBAUEN SEITL. GELAG. OBERBODEN	40.000 M3	2,80	112,00
1.	2.	43.	AUSBRECHEN BIT. SCHICHTEN 25 BIS 40 CM	120.000 M3	5,10	61[illegible]00
1.	2.	44.	BIT. SCHICHTEN ANHAUEN UND ABKANTEN	30.000 M	34,00	1.020,00
1.	2.	45.	AUSBAUEN BORDSTEINE ALLE-FORMATE	100.000 M	17,50	1.750,00
1.	2.	46.	BAUGRUBEN AUSHEBEN BIS 3 M TIEFE	1500.000 M3	2,80	4.200,00
1.	2.	47.	BIS 6 M TIEFE	1700.000 M3	2,80	4.760,00
1.	2.	48.	GRAEBEN IN BAUGRUBEN TIEFE BIS 1,75 M	500.000 M3	24,60	12.300,00
1.	2.	49.	BODEN IN FLAECHEN ABTRAGEN	250.000 M3	0,80	200,00
1.	2.	54.	AN LEITUNGEN DN BIS 300	15.000 M	182,00	2.730,00
1.	2.	56.	ZULAGE FUER FUNDAMENTE USW.	10.000 M3	49,00	495,00
1.	2.	58.	ABTRANSPORT 23 BIS 26 KM	1800.000 M3	13,20	23.760,00
1.	2.	60.	AUFFUELLGEBUEHREN ERSTATTEN	1800.000 M3	13,80	24.840,00
1.	2.	61.	BODEN EINBAUEN IN BAUGRUBEN	450.000 M3	11,90	5.355,00
1.	2.	62.	IN ARBEITSRAEUMEN EINBAU	350.000 M3	12,20	4.270,00
1.	2.	64.	ZULAGE FUER SIEBSCHUTT	500.000 M3	36,85	18.425,00
1.	2.	66.	ZULAGE FUER KIESSAND UND KIES 16/32 MM	40.000 M3	51,20	2.048,00
1.	2.	67.	ZULAGE FUER SCHOTTER-SPLITT-SAND 0/56 MM	400.000 M3	36,20	14.480,00
1.	2.		SUMME Z2			121.417,00

Liste eines Leistungsverzeichnisses

CAD-computerunterstütztes Entwerfen und Konstruieren

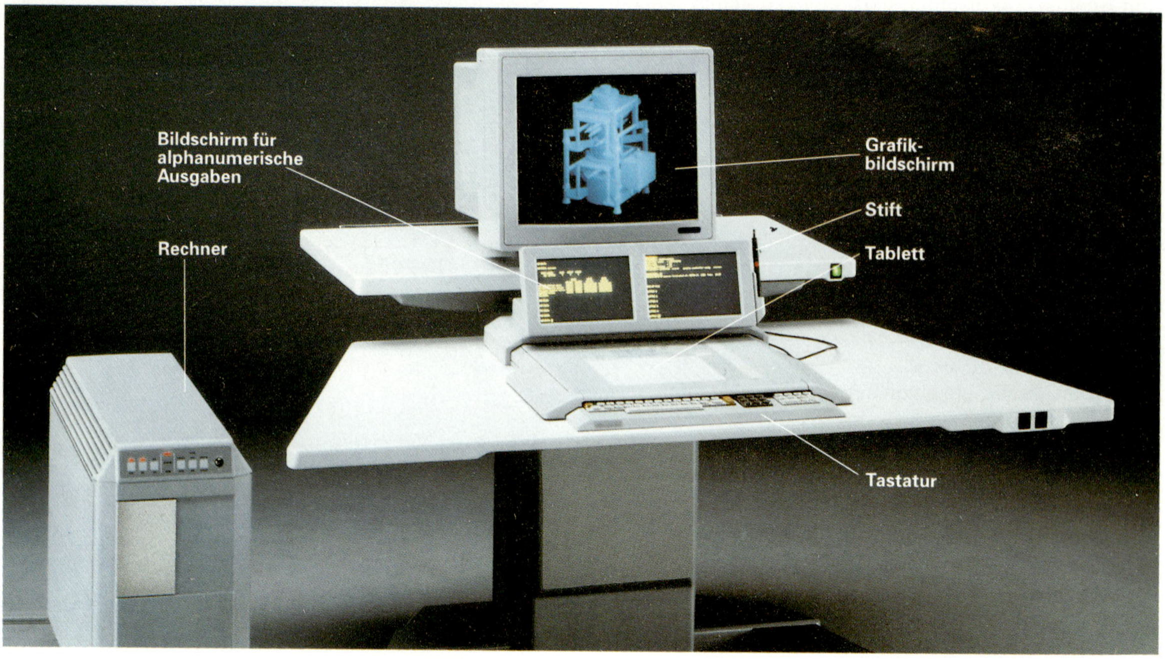

CAD-Arbeitsplatz

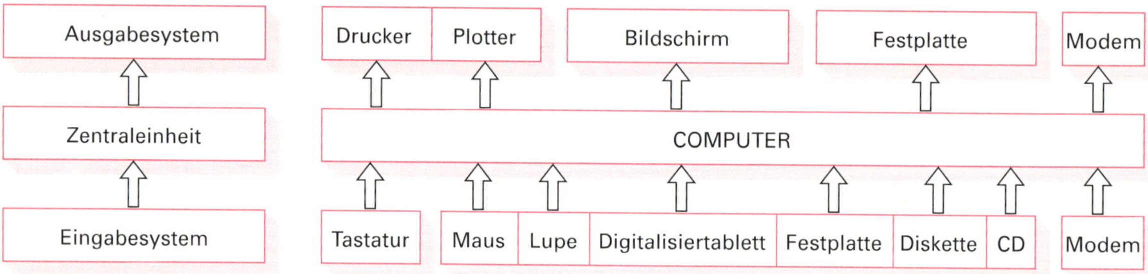

Datenverarbeitungsanlage (schematisch)

CAD-Programme

Die CAD-Technik (Computer-Aided Design) unterstützt den Entwurf und die konstruktive Planung von Bauwerken. Der Plotter zeichnet die Pläne, welche am Bildschirmarbeitsplatz entwickelt wurden.

Die CAD-Technologie wird in vielen Gebieten der Bautechnik angewendet.

- Architektur: Gebäudeentwurf und Installationsführung
- Konstruktiver Ingenieurbau: Entwurf von Tragwerken und deren Bemessung (Schal- und Bewehrungspläne)
- Tief- und Straßenbau, Vermessungswesen: Zeichnen von Lageplänen, Höhenplänen, Regelquerschnitten und Querprofilen sowie Geländedarstellungen

Die CAD-Technologie bietet folgende Vorteile:

- jederzeit Zugriff zu Daten, welche einmal erstellt wurden. Die Daten sind somit mehrfach verwendbar
- Alle Baustoffmengen werden ermittelt. Sie stehen somit für Ausschreibungsunterlagen (Leistungsverzeichnisse) zur Verfügung.

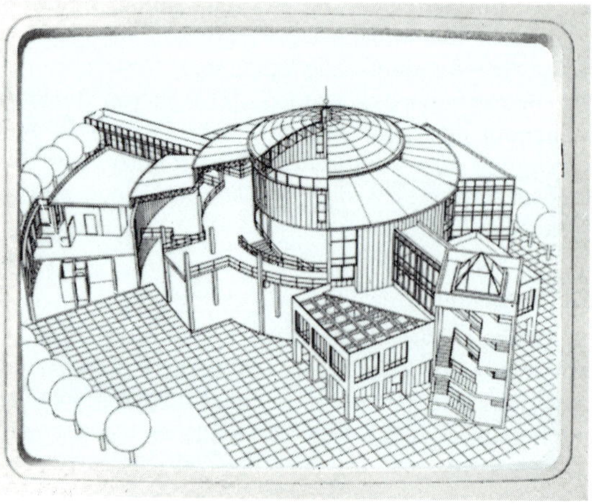

Bauwerke in 3D-CAD-Darstellung

Kalkulationsprogramme

Eine Bauunternehmung kann anhand des Leistungsverzeichnisses und des Kalkulationsprogramms die voraussichtlichen Kosten einer Bauleistung erfassen. Die Aufwandswerte und die Baustoffpreise für eine bestimmte Bauleistung sind in einer Datenbank enthalten. Der Einheitspreis und der Gesamtpreis werden für jede Position kalkuliert und die Angebotssumme berechnet.

Abbundprogramme

Abbundprogramme berechnen aus den Konstruktionsmaßen des Dachstuhls die Abbundmaße. Diese werden der Abbundmaschine übermittelt. Das Konstruktionsprogramm weist dem Maschinensteuerungsprogramm die Aggregate, z.B. Bohrer oder Fräse, automatisch zu. Die Abbundstraße wird mit der richtigen Rohware beschickt und der vollautomatische Abbund beginnt. Mit dem Abbundprogramm und einem Plotter können auch Lehren im Maßstab 1:1 gezeichnet werden.

Programme zur Tragwerksplanung

Sie waren die erste Branchensoftware, welche Bauingenieure einsetzten (s.a. Kap. 7.1, Geschichtliche Entwicklung der Datenverarbeitung). Zunächst wurden Einfeld- und Mehrfeldträger sowie Rahmentragwerke elektronisch berechnet. Heute leisten die Programme auch die Berechnung und Bemessung von Bauwerken, welche technisch sehr anspruchsvoll sind. Die Laufzeiten der Programme werden immer kürzer. Viele Programme zur Tragwerksplanung haben Datenschnittstellen zu CAD-Programmen.

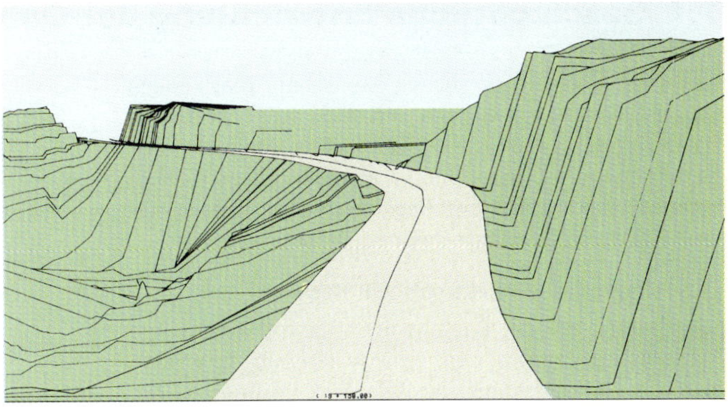

CAD-Geländedarstellung

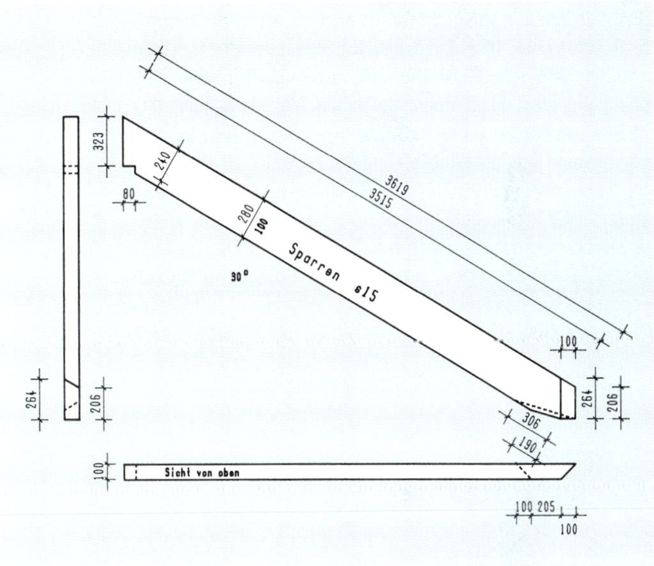

Berechnungsbeispiel für den vollautomatisierten Abbund

Zusammenfassung

Die Menütechnik ermöglicht das Auswählen eines Programmteils aus einem Programmpaket.

Standardsoftware ist weit verbreitet.

Der Softwaremarkt bietet u.a. an:

- Textverarbeitungsprogramme
- Tabellenkalkulationsprogramme
- Programme für Geschäfts- und Präsentationsgrafik.

Baufachleute setzen als Branchensoftware ein:

- AVA-Programme
- CAD-Programme
- Statikprogramme
- Kalkulationsprogramme
- Abbundprogramme.

Aufgaben:

1. *Erklären Sie den Begriff „Menütechnik".*
2. *Wozu dient Standardsoftware?*
3. *Unterscheiden Sie die Branchensoftware von der Standardsoftware.*
4. *Welche Möglichkeiten bietet die Textverarbeitung im Vergleich zur herkömmlichen Schreibmaschine?*
5. *Nennen Sie Anwendungsmöglichkeiten für Tabellenkalkulationsprogramme.*
6. *Erklären Sie das Wort „Präsentationsgrafik".*
7. *Weshalb sollten Baufachleute dem Softwarehersteller einen Erfahrungsbericht über die eingesetzte Software geben?*
8. *Für welche Zwecke kann die CAD-Technologie in der Bauplanung eingesetzt werden?*
9. *Beschreiben Sie den Einsatz von Abbundprogrammen.*

7 Auswirkungen der Computertechnik

7.1 Geschichtliche Entwicklung der Datenverarbeitung

Seit Jahrtausenden versuchen Menschen, maschinelle Rechenhilfen zu entwickeln. Um 1100 v.Chr. wurde in China mit dem **Abakus**, einer einfachen Zählmaschine, gerechnet. Im 17. Jahrhundert erfanden Mathematiker **mechanische Rechner** und **Rechenschieber**, welche erst um 1970 durch **Taschenrechner** abgelöst wurden.

Abakus

Entwicklungsstufen elektronischer Rechner

1941 entwickelte der Bauingenieur Konrad Zuse einen **Relaisrechner**, der mit dem Binärsystem arbeitete. 1946 löste die **Röhrentechnik** die Relais im Rechnerbau ab. Derartige Rechner werden der **ersten Rechnergeneration** zugeordnet. Bei der **zweiten** Rechnergeneration bestückten seit 1957 **Transistoren** die Zentraleinheiten. Die **dritte** Rechnergeneration verwendete ab 1964 **integrierte Schaltkreise (IC)**. Die **VLSI-Technik** und deren Weiterentwicklung, die **SLSI-Technik**, ermöglichen die Unterbringung von mehreren Millionen Bit in einem Chip. VLSI steht für Very Large Scale Integration und bedeutet Integration von Schaltelementen, SLSI heißt Super Large Scale Integration. Die RISC-Architektur von Mikrochips (RISC=Reduced Instruction Set Computer) hat viele Berechnungszeiten erheblich reduziert. Die elektronischen Speichermedien werden durch **optische Speicher** ergänzt. Diese werden auch als Optical Disc, Laser Disc, **Compact Disc** oder Bildplatte bezeichnet. Die Speicherkapazität einer Disc beträgt mehrere hundert MByte. Die Information einer CD wird im CD-ROM-Laufwerk gelesen.

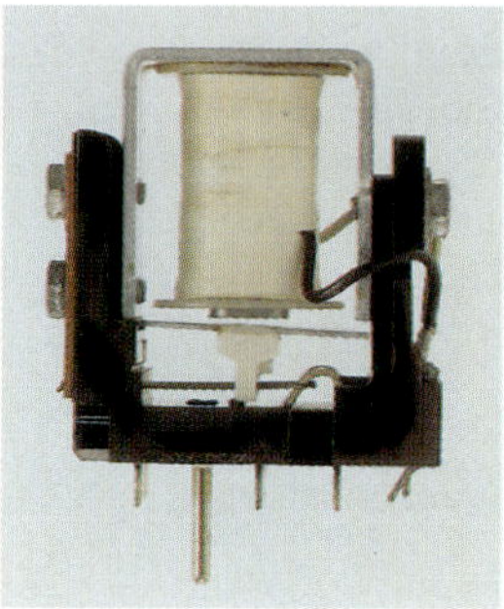

Drahtrelais

Größenvergleich:
Röhre–Transistor–Chip

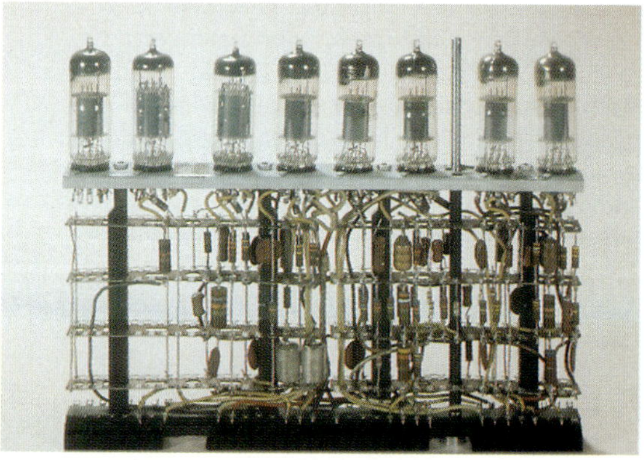

Röhrensteckeinheit

7.2 Datenschutz

Infolge der raschen Verbreitung der Computer in Betrieben und Verwaltungen entsteht die Möglichkeit, Daten zu speichern, zu verarbeiten und weiterzugeben. Somit entsteht aber auch die Forderung, Daten vor Missbrauch zu schützen.

Gesetze

Die rechtmäßige Handhabung der Daten wird durch folgende Gesetze festgelegt:

- **Bundesdatenschutzgesetz** und
- **Datenschutzgesetze der Länder**.

Der Bund und die Länder benennen **Beauftragte**, die den Datenschutz durch Kontrollmaßnahmen wie stichprobenartige Einzelfallüberprüfungen und die Untersuchung komplexer, oft weit verzweigter Datenverarbeitungssysteme gewährleisten.

Passwörter

Daten können weiterhin durch Passwörter (Buchstaben und/oder Zahlenkombinationen) geschützt werden, die nur dem zugriffsberechtigten Dateibenutzer bekannt sind. So kann mit einer Scheckkarte am Bankterminal nur dann Geld abgehoben werden, wenn die zugehörige Kodenummer eingegeben wird. Unbefugten ist der Zugriff zu einer Datei somit erschwert.

Datenschutz muss sein

Kopie von Daten

Der Schutz von Daten gegen unbeabsichtigten Verlust wird durch regelmäßige Abspeicherung auf Diskette erreicht. Darüber hinaus sollten die Daten nochmals auf eine weitere Diskette kopiert werden. Hierdurch werden die Daten gesichert, auch wenn eine Diskette beschädigt wird. Originaldisketten, die kommerzielle Software enthalten, werden an einem sicheren Ort aufbewahrt, nachdem sie zuvor auf **Arbeitsdisketten** kopiert worden sind.

Softwareschutz

Software, die auf Originaldisketten, Arbeitsdisketten oder Festplatten vorhanden ist, darf nur von **befugten Personen** genutzt werden. Das **Kopieren** von Software ist nur **im Rahmen** der **Vertragsbedingungen** zulässig.

Alle anderen Kopien sind widerrechtlich!

Computerviren

Computerviren sind Programme, welche vor allem durch die Benutzung von **Software**, deren **Herkunft unbekannt** ist, in einen **Rechner übertragen** werden. Ein Computervirus kann Dateien ändern oder vernichten sowie das Zusammenwirken der Hardwarekomponenten beeinträchtigen oder stilllegen. Viren können durch spezielle Software aufgefunden und beseitigt werden.

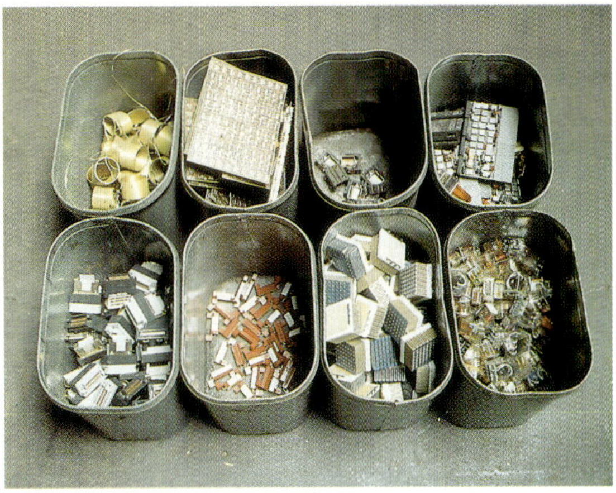

Vorsortierung zum Computerrecycling

7.3 Computer und Umwelt

Pro Jahr entstehen in der Bundesrepublik Deutschland 1200000 Tonnen Elektronikschrott. Die Entsorgung von Computern, Computerteilen und Druckern sowie anderen Hardwareteilen darf nicht mit dem Hausmüll erfolgen. Computermüll sollte der **Wiederverwertung** (Recycling) zugeführt oder derart entsorgt werden, dass **keine Umweltbeeinträchtigung** entsteht.

Notebook

7.4 Ausblick

Die Anwendung von Computern nimmt im Berufsfeld Bautechnik und in anderen Berufsfeldern weiterhin zu.

Die **technische Entwicklung** von Mikrocomputern wurde auf sehr **leistungsfähige, tragbare Computer** ausgedehnt. Ein **tragbarer Rechner** wird als **Notebook** bezeichnet. Der Einsatz dieser Rechner ist **standortunabhängig**. Das Aufmessen von Bauleistungen auf der Baustelle ist somit problemlos möglich. Aus dem Softwaresektor ist eine **zunehmende Benutzerfreundlichkeit** der Programme zu erwarten. Dies bedeutet für den Programmbenutzer eine verkürzte Einarbeitungszeit und damit eine gesteigerte Wirtschaftlichkeit sowie eine vereinfachte Anwendung der Programme. Der Anwender muss jedoch weiterhin **Daten und Programmergebnisse kritisch** auf ihre sachliche Richtigkeit **untersuchen**, um Fehler auszuschließen, die aus möglichen Schwachstellen der Software herrühren können. **Multimediafähige Computer** verknüpfen Text, Grafik, Musik, Sprache, Video, Foto und Film in einem System.

Multimediacomputer

Roboter

Im Automobilbau steuern Computer gesamte Produktionsstraßen. Roboter führen nahezu alle Schweißarbeiten aus. In der Elektronikindustrie werden Videorekorder, Videokameras, Fernsehgeräte und Stereoanlagen weitgehend vollautomatisch hergestellt. In der Bautechnik wird der Robotereinsatz zur werkseitigen Herstellung von gemauerten Wandscheiben getestet. Viele Verbindungsmittel des Ingenieurholzbaus werden durch Roboter hergestellt.

Unfallverhütungsvorschriften

Unfallverhütungsvorschriften (UVV) müssen auch am Arbeitsplatz **Computer** eingehalten werden.

Die **Dauer einer Arbeitssitzung** am Computer darf die **zulässige Höchstzeit nicht überschreiten**, um **gesundheitliche Risiken zu vermeiden** und **konzentriertes Arbeiten** zu gewährleisten. Die **Bildschirmarbeitsplätze** müssen nach den **geltenden Vorschriften** und **Empfehlungen** gestaltet sein.

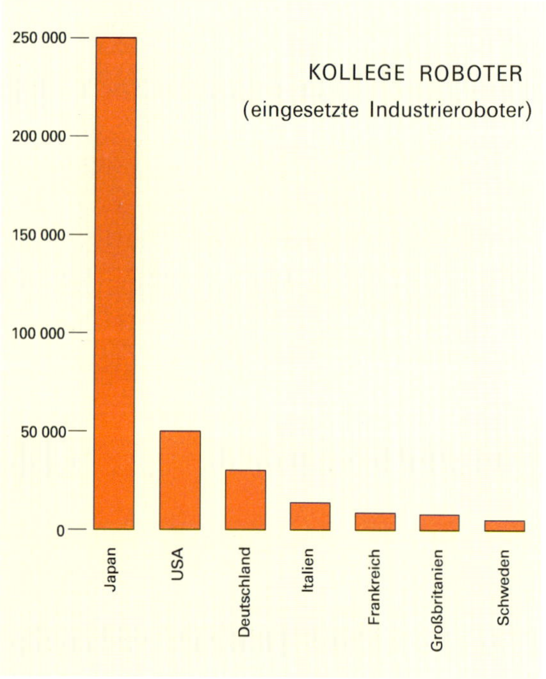

Energiesparender Computer

Handcomputer

Mobile Datenerfassung unterwegs...

Zusammenfassung

Die Weiterentwicklung von Hard- und Software verläuft sehr zügig.

Datenschutz erfolgt u.a. durch Gesetze, Datenschutzbeauftragte, Passwörter und Arbeitsdisketten.

Software darf nicht widerrechtlich kopiert werden.

Computerviren zerstören Dateien.

Computermüll ist kein Hausmüll.

Notebook-PC sind standortunabhängig.

Aufgaben:

1. *Beschreiben Sie die Entwicklung der Elektronik.*
2. *Weshalb müssen Daten geschützt werden?*
3. *Begründen Sie, weshalb EDV-Ergebnisse überprüft werden sollen.*
4. *Welche Vorteile haben tragbare Computer?*
5. *Wohin mit Hardwareteilen, die nicht repariert werden können?*
6. *Wodurch kommen Computerviren in den Computer?*

Begriffserklärungen

ARBEITSDISKETTE ist die Kopie der Originaldiskette und dient zur Programmsicherung

ACII ist eine Kodierung zur Darstellung von Information

AUSGABEGERÄTE s. Peripherie

AVA kürzt Ausschreibung, Vergabe und Abrechnung ab. AVA-Programme werden in der Bauwirtschaft vielfach angewendet

BETRIEBSSYSTEM ermöglicht die Nutzung von Programmen und peripheren Einheiten

BINÄRSYSTEM ist ein Zahlensystem mit der Basiszahl 2

BIT ist die kleinste elektronische Speichereinheit

BILDSCHIRM dient zur Datenausgabe

BUS ist ein Kanal, der im Computer den Datentransport übernimmt

BYTE setzt sich aus 8 Bits zusammen

CAD heißt Computer-Aided Design und bedeutet rechnerunterstütztes Entwerfen und Konstruieren

CD bedeutet Compact Disc

CHIP ist das technische Grundelement eines Datenverarbeitungssystems

COMPILER dient zum Übersetzen eines ganzen Programms in die Maschinensprache eines Computers

COMPUTERVIREN zerstören Dateien

CPU bedeutet Central Processing Unit, s. Zentraleinheit

CURSOR ist die Blinkanzeige auf dem Bildschirm

DATEI ist eine Ansammlung gleichartiger Daten

DATENSCHUTZ wird durch Gesetze, Beauftragte und Passwörter erreicht

DISKETTE ist ein Massenspeicher für Daten

DRUCKER dient zur Datenausgabe

EINGABEGERÄTE s. Peripherie

EVA-Prinzip: Eingabe, Verarbeitung, Ausgabe. Computer arbeiten nach diesem Prinzip

FESTPLATTE ist ein Massenspeicher für Daten. Ihre Kapazität entspricht der von mehreren Disketten

GRAFISCHES TABLETT dient zur Dateneingabe

HARDWARE besteht aus Chips und den peripheren Geräten der DV-Anlage

INTERPRETER ist ein Programm, welches z.B. QBASIC-Anweisungen in die Maschinensprache des Computers übersetzt

KALKULATIONSPROGRAMME werden eingesetzt, um die Kosten zu erfassen, die im Rahmen einer Baumaßnahme auftreten

KILOBYTE, 1 KByte = 1024 Bytes

KOMPILIERER s. COMPILER

MASSENSPEICHER dient zur Aufnahme großer Datenmengen. Disketten und Festplatten sind Massenspeicher

MAUS ist ein Eingabegerät

MEGABYTE, 1 MByte = 1024 KBytes

MENÜTECHNIK ermöglicht das Anwählen eines gewünschten Programmteils über den Bildschirm

MIKROCOMPUTER heißt die Gruppe von Computern, zu welcher die PC gehören

PASSWORT muss eingegeben werden, um zu einer geschützten Datei Zugriff zu haben. Es dient dem Datenschutz

PC ist die Abkürzung für Personal Computer

PERSONAL COMPUTER heißt „persönlicher Computer"

PERIPHERIE eines Computers bezeichnet die Geräte für die Eingabe und Ausgabe von Daten, z.B. Maus, Tastatur, Bildschirm, Drucker, Plotter, Diskette, Festplatte, CD, Steuerhebel

PLOTTER ist ein Zeichengerät und dient zur Datenausgabe

PROGRAMME stellen ausführbare Anweisungen für den Computer dar

PROGRAMMIERSPRACHEN sind nach Regeln aufgebaut und werden zum Erstellen von Programmen angewendet. Bedeutende Programmiersprachen sind z.B. ALGOL, FORTRAN, QBASIC, PASCAL, COBOL

QBASIC ist eine Programmiersprache zur Lösung von Problemen aus dem Bereich der Technik und der Wissenschaft

QuickBASIC-, QBASIC-Anweisungen
- END beendet ein Programm
- FOR-TO-NEXT bildet eine Schleife
- GOTO Sprunganweisung
- IF-THEN Logische Abfrage, Vergleich
- INPUT Belegung einer Variablen während des Programmablaufs von außen
- PRINT Schreibanweisung
- REM Einfügen von Bemerkungen in ein Programm

RAM (Random Access Memory) ist der adressierbare Arbeitsspeicher der Zentraleinheit

ROM (Read Only Memory) ist der lesbare Festspeicher der Zentraleinheit

SCHLEIFE ist eine Anweisung innerhalb eines Programms, eine Berechnung mehrfach durchzuführen

SOFTWARE ist der Überbegriff für alle Programme. Sie setzt sich aus den Programmen des Betriebssystems und den Anwendungsprogrammen zusammen

TASTATUR dient zur Eingabe von Daten

TEXTVERARBEITUNG vereinfacht die herkömmliche Schreibarbeit

WINDOWS ist eine grafische Benutzeroberfläche. Der Benutzer aktiviert mit der Maus über ein Symbol das gewünschte Programm.

ZENTRALEINHEIT besteht aus Steuerwerk, Rechenwerk und Hauptspeicher. Sie überwacht die DV-Anlage

Sachwortverzeichnis

Bildquellenverzeichnis

Verfasser und Verlag danken den nachstehend genannten Firmen, Privatpersonen und Institutionen für die Überlassung von Vorlagen zu folgenden Abbildungen:

Arbeitsgemeinschaft der Bau-Berufsgenossenschaften, Frankfurt (Main), Seite 202 (3)
Arbeitsgemeinschaft der Bitumen-Industrie e.V., Hamburg, Seiten 205 (1), 207 (2)
BASF, Ludwigshafen, Seiten 202 (2), 203 (1)
BASF Magnetics GmbH, Mannheim, Seite 397
Bau-Berufsgenossenschaft, Frankfurt (Main), Seiten 9 (2), 96 (2)
Beton-Verlag, Düsseldorf, Umschlagfoto, Seite 124 (1, 2, 3, 4)
Bilfinger + Berger Bauaktiengesellschaft, Mannheim, Seite 183 (1)
CAPAROL Farben GmbH u. Co., Ober-Ramstadt, Seite 84 (1)
Chemisches Institut Dr. Flad, Stuttgart, Seite 23 (1)
DESOWAG GmbH, Düsseldorf, Seiten 168 (1, 2, 3, 4), 169 (1, 2, 3, 4, 5, 6, 7)
Deutsche Pectacrete-Gesellschaft mbH, Hamburg, Seite 114 (3)
Deutsche Pittsburgh Corning GmbH, Düsseldorf, Seite 208 (1)
Diem-Werke Ges.m.b.H. & Co., Lochau, Österreich, Seite 130 (2, 3)
Deutsche Doka Schalungstechnik GmbH, Maisach, Seiten 139 (1), 144 (1)
Karl-Friedrich Emig, Hamburg, Seite 208 (2)
A.W. Faber-Castell, Stein, Seite 318 (4, 5, 6, 9)
Fachverband Betonstahlmatten e.V., Düsseldorf, Seite 146 (1)
Geo Fennel Führer GmbH Vermessungsinstrumente, Baunatal, Seite 38 (3)
Hebel Malsch GmbH, Malsch, Seite 137 (1)
IBM Deutschland Informationssysteme GmbH, Stuttgart, Seiten 394 (1, 2), 398 (1, 4), 399 (3), 402 (3), 406 (2, 3, 4), 407 (1, 2, 3), 408 (2, 3, 4)
isorast GmbH + Co. KG, Taunusstein, Seite 203 (2)
Alfred Kärcher & Co., Winnenden, Seite 57 (3)
Manfred Kielhorn, Bad Gandersheim, Seite 192
Gebr. Knauf Westdeutsche Gipswerke, Iphofen, Seite 136 (2)
Krings Verbau GmbH, Heinsberg, Seite 51 (5)
Lescha Maschinenfabrik GmbH & Co. KG, Gersthofen, Seite 130 (1)
Liebherr Mischtechnik GmbH, Bad Schussenried, Seite 121 (5)
Marabuwerke Erwin Martz GmbH & Co., Tamm, Seite 318 (1, 3, 7)
Merk-Holzbau GmbH & Co., Aichach, Seite 153 (1)
Nemetschek Programmsystem GmbH, München, Seite 393
Norsk Data GmbH, Hamburg, Seite 404 (1)
PCI Augsburg GmbH, Augsburg, Seiten 203 (3), 204, 208 (3)
PERI GmbH, Weißenhorn, Seiten 125 (4), 144 (2), 189 (4), 194 (4)
Presseamt Erfurt, Seite 2 (1)
Putzmeister-Werk Maschinenfabrik GmbH, Aichtal, Seiten 135 (1), 136 (1, 3)
RIB Bausoftware GmbH, Stuttgart, Seiten 404 (2), 405 (1)
rotring-werke Riepe KG, Hamburg, Seite 318 (8)
Schwenk Baustoffwerk KG, Ulm, Seite 122
Sharp Electronics (Europe) GmbH, Hamburg, Seite 403 (1)
Siemens-Museum, München, Seite 394 (3)
Standardgraph Filler & Fiebig GmbH, Geretsried, Seite 318 (2)
Steinzeug GmbH, Köln, Seiten 63 (1, 2), 65 (2, 3)
Thyssen Hünnebeck GmbH, Ratingen, Seite 186 (3)
Tiefbau Berufsgenossenschaft, München, Seite 52 (3)
VELUX GmbH, Hamburg, Seite 191 (4)
Verkehrsamt Berlin, Seite 2 (3)
Verlag Bau + Technik GmbH, Düsseldorf, Seite 212 (3)
Wacker-Werke GmbH u. Co. KG, München, Seite 131 (3)
Württembergische Bau-Berufsgenossenschaft, Stuttgart, Seite 209
Carl Zeiss, Oberkochen, Seite 36 (4)
Zentralverband des Deutschen Baugewerbes, Bonn, Seite 5 (1)